actas

EVOLUCIÓN HUMANA EN EUROPA Y LOS YACIMIENTOS DE LA SIERRA DE ATAPUERCA

HUMAN EVOLUTION IN EUROPE AND THE ATAPUERCA EVIDENCE

Jornadas Científicas / Workshop

Castillo de la Mota. Medina del Campo. Valladolid, 1992

JUNTA DE CASTILLA Y LEÓN
Consejería de Cultura y Turismo
1995

JORNADAS CIENTÍFICAS
WORKSHOP

Presidente

D. Emilio Zapatero Villalonga
Consejero de Cultura y Turismo de la Junta de Castilla y León

Comité Científico
Scientific Commitee

Prof. Emiliano Aguirre
Museo Nacional de Ciencias Naturales, C.S.I.C., Madrid

Dr. Juan Luis Arsuaga
Universidad Complutense de Madrid

Dr. José María Bermúdez de Castro
Museo Nacional de Ciencias Naturales, C.S.I.C., Madrid

Dr. Eudald Carbonell
Universitat Rovira i Virgili, Tarragona

Dr. Chris B. Stringer
The Natural History Museum, London

Comité Organizador
Organizing Commitee

D. José Javier Fernández
Consejería de Cultura y Turismo. Junta de Castilla y León, Valladolid

Dr. Roger Miles
The Natural History Museum, London

Dña. Ana Isabel Ortega
Grupo Espeleológico Edelweiss, Burgos

Dra. Carme Prats
Museo Nacional de Ciencias Naturales, C.S.I.C., Madrid

Dr. José David Sacristán
Servicio Territorial de Cultura y Turismo de Burgos

Prof. Emiliano Aguirre

Dr. Juan Luis Arsuaga

Dr. José María Bermúdez de Castro

Dr. Eudald Carbonell

Las traducciones castellano/inglés e inglés/castellano realizadas por Transec han sido revisadas por las siguientes personas:

Juan Luis Arsuaga, José Miguel Carretero, Ana Gracia e Ignacio Martínez
Departamento de Paleontología de la Facultad de Ciencias Geológicas de la Univ. Complutense de Madrid

José María Bermúdez de Castro, J. Carlos Díez y Marina Mosquera
Museo Nacional de Ciencias Naturales, C.S.I.C., Madrid

Eudald Carbonell y Carolina MalloL
Laboratori d'Arqueología de la Universitat Rovira i Virgili, Tarragona

Agradecimientos

La realización de este proyecto, que comenzó en octubre de 1991, fue posible gracias a las aportaciones económicas de la Consejería de Cultura y Turismo de la Junta de Castilla y León, Iberdrola, The British Council, La Sociedad de Amigos del Museo Nacional de Ciencias Naturales de Madrid, C.S.I.C., y el Excmo. Ayuntamiento de Atapuerca. Los miembros del Comité Organizador de esta Reunión, así como todo el equipo de excavación del complejo de yacimientos de la Sierra de Atapuerca agradecen muy sinceramente la generosidad de estas entidades e instituciones.

I.S.B.N. Obra completa: 84-7846-463-8
Volumen 1: 84-7846-386-0

Depósito Legal: VA. 133-1995

Imprime: Sever-Cuesta
Prado, 10 - 47003 Valladolid

actas

EVOLUCIÓN HUMANA EN EUROPA Y LOS YACIMIENTOS DE LA SIERRA DE ATAPUERCA

HUMAN EVOLUTION IN EUROPE AND THE ATAPUERCA EVIDENCE

Volumen 1

José María Bermúdez, Juan Luis Arsuaga y
Eudald Carbonell (Eds.)

JUNTA DE CASTILLA Y LEÓN
Consejería de Cultura y Turismo

Índice

VOLUMEN 1

VOLUMEN 2

Arqueología

Presentación

Hace unos años la Junta de Castilla y León editaba y presentaba a la comunidad científica una memoria que contenía los resultados de las primeras excavaciones arqueológicas-paleontológicas en la Sierra de Atapuerca. Desde entonces, nuevas intervenciones en la Sima de los Huesos han permitido incrementar notablemente la cifra de fósiles humanos, destacando la representación de todos los elementos óseos del esqueleto, constituyendo así la muestra de homínidos más completa del Pleistoceno Medio.

Además, la excavación de los rellenos sedimentarios de los yacimientos de la Trinchera del Ferrocarril está aportando los datos necesarios para conocer los útiles que manejaban los homínidos y reconstruir los ecosistemas que se sucedieron en aquella región durante una parte del Pleistoceno.

Para contrastar los avances que estos trabajos aportan a la investigación y entendiendo su importancia, la Junta de Castilla y León organizó en 1992 en colaboración con el Museo de Historia Natural de Londres y el Museo Nacional de Ciencias Naturales de Madrid, las jornadas científicas internacionales sobre la "Evolución humana en Europa y los yacimientos de la Sierra de Atapuerca", en Burgos.

Reflejo de aquellas jornadas son las Actas que ahora presentamos y que confiamos sirvan para dar a conocer los nuevos hallazgos a la comunidad científica y permitan su discusión y valoración en el contexto europeo, en la esperanza de que todo ello nos introduzca en este apasionante mundo de nuestros primeros antepasados.

JUAN JOSÉ LUCAS
Presidente de la Junta de Castilla y León

Introducción

El 29 de junio de 1992 comenzaban en el Castillo de la Mota de Medina del Campo (Valladolid) unas Jornadas Científicas de carácter internacional sobre Evolución Humana en Europa y los yacimientos de la Sierra de Atapuerca (Burgos), presididas por el Excmo. Sr. D. Emilio Zapatero Villalonga, Consejero de Cultura y Turismo de la Junta de Castilla y León. Estas Jornadas fueron realizadas en el marco de la exposición "Primeros Europeos", organizada por el Museo Nacional de Ciencias Naturales de Madrid y el Natural History Museum de Londres, y su objetivo fundamental fue la presentación de los resultados más relevantes obtenidos durante las excavaciones e investigaciones llevadas a cabo en el complejo de yacimientos mesopleistocénicos de la Sierra de Atapuerca desde 1978. A esta presentación asistió una nutrida representación de expertos de todo el mundo en temas relacionados con diversos aspectos del Cuaternario y la evolución humana.

El indudable éxito de las Jornadas Científicas movió a la Consejería de Cultura y Turismo de la Junta de Castilla y León a asumir el compromiso de publicar los resultados de la Reunión. Este volumen recoge la mayor parte de las ponencias presentadas en versiones castellana e inglés, con el objeto de dar la máxima difusión posible a su contenido. Todos nos congratulamos y felicitamos por el nuevo éxito que supone la publicación de este libro, y deseamos que ésta haya sido la primera de una serie de Reuniones Científicas en torno a las investigaciones que seguirán realizándose en el futuro sobre los yacimientos de la Sierra de Atapuerca. Antes de comentar la organización de este volumen, queremos dar algunos breves apuntes sobre los acontecimientos más relevantes de las excavaciones e investigaciones en Atapuerca de los últimos años.

Historia reciente de Atapuerca.

La historia de las excavaciones sistemáticas en los yacimientos pleistocénicos de la Sierra de Atapuerca comienzan en 1976. En este año, el profesor Trinidad Torres, que preparaba su tesis doctoral sobre úrsidos fósiles de la Península Ibérica, realizó excavaciones y muestreos en los rellenos kársticos de la Trinchera del Ferrocarril. Durante esta campaña, miembros del grupo de espeleología Edelweiss, de la Excma. Diputación Provincial de Burgos llamaron la atención de T. Torres sobre la existencia de una gran acumulación de fósiles de oso en la Sima de los Huesos de la vecina Cueva Mayor. La consiguiente excavación de este yacimiento dio como resultado numerosos restos de oso, entre los que se reconocieron diecisiete fósiles humanos. Consciente de la importancia del hallazgo T. Torres informó al Dr. Emiliano Aguirre, quien, tras su primer estudio de los fósiles humanos, comenzó a elaborar un ambicioso proyecto de excavación que abarcará el conjunto de los depósitos pleistocenos de la Sierra de Atapuerca.

En 1978 E. Aguirre inició, al frente de un equipo multidisciplinar, prospecciones y excavaciones en los yacimientos de la Sierra de Atapuerca, que desde 1991 están bajo la dirección de los doctores Juan Luis Arsuaga, José María Bermúdez de Castro y Eudald Carbonell. Hasta el año 1983 los trabajos se centraron en los yacimientos de la Trinchera del Ferrocarril: Gran Dolina (TD), Galería (TG), Tres Simas-Boca Norte (TN), Cueva de los Zarpazos (TZ). En la campaña de ese año, se realizó un muestreo en la Sima de los Huesos (SH) encontrándose dos dientes humanos.

Las excavaciones sistemáticas en SH comenzaron en 1984. Hasta 1989 se procedió a evacuar al exterior los sedimentos superficiales que habían sido revueltos durante décadas por excavadores aficionados y que contenían grandes bloques de caliza. Estas tareas, así como las condiciones de trabajo en SH, se vieron facilitadas, desde 1987 por la perforación de un conducto en el techo de la contigua Sala de los Cíclopes. Los sedimentos alterados eran lavados y triados buscando posibles fósiles humanos. De este modo, se encontraron alrededor de 200 nuevos fósiles humanos entre miles de restos de oso y otros carnívoros. En la campaña de 1989 se finalizó la evacuación de materiales removidos. Desde entonces, solo se excavan niveles *in situ* en SH, habiéndose hallado numerosos fósiles humanos, entre los que destacan los tres cráneos recuperados en julio de 1992.

Las intervenciones en los yacimientos de la Trinchera del Ferrocarril han continuado ininterrumpidamente, extendiéndose a los rellenos Trinchera-Penal (TP) y Sima del Elefante (TE). A lo largo de estos años se han excavado hasta 13 superficies con ocupación humana en el yacimiento TG, que han proporcionado numerosos restos de fauna y piezas de industria lítica. En la actualidad la excavación está próxima a alcanzar los niveles basales estériles. En TD se han excavado en extensión los niveles superiores (TD12 y TD11) y se han realizado muestreos en toda la sección de este yacimiento. Además, durante las campañas de 1990 y 1991, se ha llevado a cabo una intervención arqueológica en los niveles TD4 y TD5, donde han aparecido utensilios líticos junto con fósiles de macromamíferos.

Organización del libro.

El presente volumen se ha dividido en tres secciones que agrupan diferentes ponencias de la Reunión de acuerdo con su temática. La primera sección, *Contexto Geológico y Paleontológico,* incluye nueve capítulos dedicados a cuestiones generales de geología y de los registros de paleofauna y paleovegetación de yacimientos europeos del Pleistoceno Medio. Un total de cinco capítulos de esta sección ofrecen información sobre los yacimientos de la Sierra de Atapuerca. La segunda sección, *Paleoantropología,* contiene ocho capítulos dedicados a los homínidos del Pleistoceno Medio. El estudio de diversos aspectos de los restos humanos de la Sima de los Huesos (SH) de la Cueva Mayor de Atapuerca ocupa una parte sustancial de esta sección (cuatro capítulos). Finalmente, la sección denominada *Arqueología,* incluye ocho capítulos que tratan desde varios puntos de vista el registro arqueológico del Pleistoceno Medio de Europa y regiones próximas de África y Asia. Dos capítulos de esta sección se ocupan extensamente de los yacimientos mesopleistocénicos de Atapuerca.

En el primer artículo de la sección Contexto Geológico y Paleontológico, el Prof. W. R. Farrand estudia los aspectos geológicos del sistema kárstico de Yarimburgaz, próximo a la ciudad de Istambul (Turquía), y de sus rellenos del Pleistoceno Medio y Superior. Este trabajo incluye también una breve descripción de los registros arqueológicos y paleontológico, y los datos geocronológicos obtenidos hasta el momento en los niveles de las cavidades superior e inferior de este sistema kárstico. Una puesta al día del yacimiento del Pleistoceno Medio de la cueva de Pontnewydd, en el norte de Gales, constituye el tema del segundo capítulo de esta sección. En este trabajo, el Dr. Aldhouse-Green describe brevemente la estratigrafía, los registros arqueológico y paleontológico, los últimos datos geocronológicos para los depósitos de la cueva, y da una interpretación de la naturaleza de la ocupación humana. El Dr. Alan Turner ofrece a continuación una perspectiva paleobiogeográfica de las especies de macromamíferos que ocuparon la Península Ibérica durante el Pleistoceno Inferior y Medio. El Dr. Turner, en una interesante discusión, intenta relacionar la posible presencia de homínidos en la Península Ibérica durante el Pleistoceno Inferior y comienzos del Pleistoceno Medio con ciertas diferencias en la composición de la fauna de macromamíferos entre dicha península y el resto de Europa. En el siguiente capítulo, la Dra. J. Renault-Miskowsky resume los resultados de las investigaciones sobre la paleovegetación del área mediterránea, a través del análisis de muestras de polen de yacimientos al aire libre y en cueva de la Península Ibérica, Francia y la Península Italiana.

El capítulo firmado por el Dr. A. Pérez-González y sus colaboradores presenta una revisión de la estratigrafía del yacimiento del complejo TG-TN de la Trinchera del Ferrocarril de la Sierra de Atapuerca, que incluye una nueva nomenclatura para las diferentes facies del relleno, cuyo origen se discute. Este artículo contiene un pormenorizado estudio sedimentológico y mineralógico, que se relaciona con las condiciones climáticas existentes durante la fase de relleno.

Los autores del siguiente capítulo, Dr. T. Torres y J. Cervera, realizan interesantes análisis multivariante y cladístico de las especies arctoides y espeloides de osos del Pleistoceno de la Península Ibérica. Estos análisis permiten contrastar las diferencias observadas con otros métodos y técnicas estadísticas entre las especies incluidas en dichas líneas. La paleoavifauna de la unidad TG11 (G III en la nomenclatura de Pérez-González *et al.,* en este volumen) ocupa el siguiente capítulo (A. Sánchez). Este trabajo contiene una interesante discusión sobre las inferencias paleoecológicas que pueden o no desprenderse de la diversidad del registro de aves en yacimientos de fósiles, con especial énfasis en el caso de Atapuerca. La Dra. M. García-Antón nos expone en el siguiente capítulo el análisis realizado de las muestras de polen obtenidas en los diferentes niveles de los rellenos del karst de la Sierra de Atapuerca. El estudio de la paleovegetación de este área nos ofrece un conjunto de datos importantísimo para detectar variaciones climáticas durante el tiempo de deposición. El estudio tafonómico de los microvertebrados de los niveles de la secuencia de Gran Dolina (TD) de la Trinchera de Atapuerca constituye el objeto del último capítulo de esta sección (Dra. Y. Fernández-Jalvo). La metodología expuesta en este trabajo permite, entre otras cosas, la identificación de especies de aves predadoras y mamíferos carnívoros, la inferencia de condiciones paleoambientales, y la correlación entre niveles de yacimientos de fósiles mediante el análisis tafonómico del registro.

En el primer artículo dedicado a cuestiones específicas sobre los homínidos, el Prof. E. Trinkaus nos muestra el panorama actual sobre las tendencias evolutivas observadas en el registro del género *Homo* durante el Pleistoceno Medio. En concreto, el Prof. Trinkaus centra su discusión en la selección direccional hacia un aumento significativo de la capacidad encefálica en este período, a pesar de los problemas obstétricos, de termorregulación, vulnerabilidad neonatal, etc., que implica este aumento. Por contra, apenas se observan cambios en la morfología del aparato postcraneal. El Prof. Trinkaus comenta la importancia que tendrá el estudio en profundidad de la muestra de homínidos de SH en la resolución de los problemas planteados. El Prof. M. H. Wolpoff examina en el siguiente capítulo la debatida cuestión sobre el origen del Hombre moderno. Este trabajo incide sobre todo en la evolución de los homínidos europeos durante el Pleistoceno Medio Superior. Se comentan la teoría "presapiens" y la posibilidad, sugerida por algunos autores, de la coexistencia de *H. erectus* y *H. sapiens* en Europa, y se discute la propuesta de una especie europea, *H. heidelbergensis,* para explicar la variabilidad observada en los homínidos europeos del Pleistoceno Medio y su dinámica evolutiva singular. Por último, el Prof. Wolpoff expone sus argumentos en favor del modelo de evolución multirregional aplicado al continente europeo. El Dr. Wu Xinzhi examina en el siguiente capítulo las muestras de cráneos del Pleistoceno Medio de China, África y Europa, y ofrece una explicación para las diferencias y similitudes observadas. La cuestión de hasta donde puede llegar el estudio de la variación genética de las poblaciones humanas actuales para dilucidar cuestiones de nuestro pasado evolutivo, tiene su lugar en el siguiente capítulo firmado por los Drs. J. Bertranpetit y F. Calafell. Un análisis por componentes principales y otro de distancias genéticas de frecuencias génicas de un cierto número de alelos en muestras de poblaciones europeas, sirve de ejemplo para ilustrar el interés de estas investigaciones en paleodemografía.

Los cuatro artículos siguientes tratan sobre los restos humanos fósiles de SH de la Sierra de Atapuerca. El primero de ellos (Dr. J. M. Bermúdez de Castro) contiene una puesta al día en la determinación del número mínimo de individuos de hipodigma de SH. También se abordan cuestiones sobre la estimación de la edad de muerte y el sexo, y se discuten las posibles causas del origen de la acumulación de los homínidos de SH. El análisis cladístico de los rasgos observados en los restos craneales y postcraneales de SH ocupa el siguiente capítulo (Dr. J. L. Arsuaga y colaboradores). Como resultado de este análisis, se realiza una propuesta filogenética para las poblaciones humanas del Pleistoceno Medio y Superior. En el siguiente capítulo, el Dr. A. Rosas analiza los rasgos de la muestra de mandíbulas humanas de SH. Este trabajo considera la variabilidad cualitativa desde el punto de vista de los procesos de morfogénesis que dan lugar al fenotipo final del adulto. Factores como el tamaño o alometrías de crecimiento se consideran responsables de la variabilidad observada. Por último, la Dra. P. J. Pérez pone punto final al estudio de los homínidos de SH y a esta sección con un estudio de las lesiones temporomandibulares que con cierta frecuencia se observan en la cavidad glenoidea del temporal y en el cóndilo mandibular de estos homínidos.

La sección dedicada a la Arqueología se compone de ocho artículos, direccionados al conocimiento de tipología, tecnología, estrategias y procesos de los cazadores-recolectores del Pleistoceno Medio.

El primer artículo, escrito por el Dr. Mohamed Sahnouni, contiene información estratigráfica y tecnológica del yacimiento de Aïn Hanech, en Argelia. Las estrategias operativas a nivel de la industria lítica con producción de poliedros, esferoides y subesferoides indica una gran antigüedad para este registro, comparable al existente en los Bed I y II de Olduvai. Posiblemente sea el lugar de ocupación humana más antiguo de África del Norte, según el autor. El Dr. Carlo Peretto, en un artículo sobre Paleolítico inferior de Italia, propone la existencia de una serie de fases de ocupación en el tramo del Pleistoceno Inferior y Medio. La primera estaría representada por Monte Poggiolo, la segunda por Isernia la Pineta y la tercera por el grupo de industrias Achelenses. El Profesor Vadim Ranov nos describe la situación de la arqueología en Asia Central, recorriendo de forma espacio-temporal todo el Pleistoceno Medio. Se hace énfasis en las series loésicas, donde se localizan los registros arqueológicos más significativos. El Dr. Clive Gamble desarrolla en su artículo una revisión del tratamiento de las actividades de las poblaciones mesopleistocénicas, en base a formas de organización y tecnología. Este tipo de tratamiento permitirá, según el autor del artículo, controlar de forma científica la variabilidad sincrónica y diacrónica de estas crono-culturas. Los Drs. Pierre-Jean Texier y Hélène Roche desarrollan el concepto de predeterminación en las cadenas operativas líticas del Achelense primitivo. Este concepto se aplica a bifaces y hendedores del yacimiento de Isenya en Kenia.

Por otro lado, el Dr. Manuel Santonja revisa en su artículo la importancia que tienen las ocupaciones al aire libre en la Cuenca del Duero en la zona próxima a la Sierra de Atapuerca. Este autor describe los tipos y la antigüedad del material achelense hallado en las terrazas fluviales, poniendo de manifiesto que en este tipo de ocupaciones también se puede identificar la existencia humana. Asimismo, el Dr. Santonja hace referencia a la problemática de las industrias achelenses en la Meseta y en Europa. El equipo de arqueología del proyecto de la Sierra de Atapuerca, formado por el Dr. Carbonell y colaboradores, analiza de forma sistemática y extensa los caracteres morfotécnicos y potenciales de los objetos producidos por el comportamiento operativo de los homínidos mesopleistocénicos de la Sierra de Atapuerca. Todo este análisis se aborda en el contexto de lugares de ocupación bien datados y en un marco estratigráfico preciso, con registro faunístico asociado. Finalmente se hace un repaso a todas las ocupaciones del Pleistoceno Medio europeo, a nivel de registro lítico. Por último, el Dr. Carlos Díez aborda la problemática de los procesos generados por la introducción, aprovechamiento, destrucción, transformación y conservación de restos faunísticos en Centros de Intervención prehistóricos del Pleistoceno Medio. Se propone un modelo que es aplicado al registro del Pleistoceno español y en especial a los yacimientos de la Sierra de Atapuerca.

J. M. BERMÚDEZ DE CASTRO
E. CARBONELL
J. L. ARSUAGA

CONTEXTO GEOLÓGICO
Y PALEONTOLÓGICO

Geoarqueología de la cueva de Yarimburgaz, Turquía

Geoarchaeology of Yarimburgaz Cave, Turkey

William R. Farrand. *Geological Sciences. The University of Michigan. Ann Arbor, MI 48109-1063, USA*

Resumen.

El estudio geológico ha revelado una historia sedimentaria compleja, que empieza mucho antes de que hubiera cualquier evidencia de presencia humana en la cueva. Los cantos y arena depositados por agua a gran velocidad dan paso a arcillas muy finas sedimentadas en agua inmóvil, presumiblemente cuando la cueva no estaba abierta al exterior, o la entrada estaba mucho más lejos que ahora. En los niveles medios de las excavaciones de la cueva inferior predominan arcillas de color marrón rojizo con arenas dispersas y pequeños guijarros de sílex aislados (1-2 cm), junto con un creciente número de huesos de animales, mayoritariamente oso de las cavernas, y utensilios líticos aportados por los humanos. La evidencia concluyente sobre la ocupación del Paleolítico Inferior de la Cueva Inferior que ha escapado a la erosión, aparece en depósitos muy rocosos, lo que sugiere que la cueva estaba muy abierta, quizá como hoy día. Sin embargo la posición exacta o la configuración de la boca de la cueva no es bien conocida. Hubo una considerable desintegración del techo de la cueva, puede que debido a terremotos, lo que hizo que se desprendieran y cayeran al suelo muchas lajas de caliza. Algún tiempo después de la ocupación de la cueva en el Paleolítico Inferior, se debió producir una gran erosión que eliminó total o parcialmente la evidencia del Paleolítico Medio y Superior, especialmente en la Cueva Inferior. El siguiente acontecimiento identificable fue la entrada a la Cueva Superior de una gran cantidad de arena de playa que se corresponde con un alto nivel del mar del Último Interglacial, o Curva 5 de isótopos de oxígeno. No está claro por qué esta arena no llegó hasta la Cueva Inferior. O bien su entrada (o entradas) se encontraba bloqueada, o bien la arena ha sido eliminada totalmente de la Cueva Inferior por erosión posterior. Durante el Pleistoceno Superior y el Holoceno la Cueva Superior fue frecuentada por gentes del Paleolítico Superior, Calcolítico y finalmente por Bizantinos.

Abstract.

Geologic study has revealed a complex sedimentary history, beginning well before there was any evidence of human presence in the cave. Cobbles and sand deposited by high velocity water, gave way to quiet water deposition of very fine clays, presumably at a time when the cave was not open to the exterior, or when the cave entrance was much farther distant than at the present configuration. The middle levels in the Lower Cave excavations are dominated by reddish brown clayey loams with scattered grit and isolated small chert pebbles (1-2 cm), along with an increasing number of animal bones, largely cave bear, and stone implements imported by humans. The final evidence of Lower Paleolithic occupation of the Lower Cave, such as has escaped erosion, occurs in very rocky deposits, suggesting that the cave was rather wide open, perhaps similar to today However, the exact position or configuration of the cave mouth is not clear. There was considerable breakdown of the cave roof, perhaps induced by earthquakes, dropping numerous slabby limestone fragments to the cave floor. Sometime after the Lower Paleolithic use of the cave, considerable erosion must have occurred, removing much or all of the Middle and Upper Paleolithic evidence, especially in the Lower Cave. The next identifiable event was the influx, into the Upper Cave, of a large quantity of beach sand, which is tentatively correlated with a high sea level of the Last Interglacial, or Isotope Stage 5. However, it is not clear why this sand did not also flood into the Lower Cave. Either its entrance(s) were blocked, or the sand has been completely removed from the Lower Cave by subsequent erosion. During Late Pleistocene and Holocene time the Upper Cave was frequented by Upper Paleolithic, Chalcolithic, and ultimately Byzantine peoples.

Palabras clave:

Pleistoceno, Cueva de Yarimburgaz, Turkia, Estratigrafía, Geocronología.

Key words:

Pleistocene, Yarimburgaz cave, Turkey, Stratigraphy, Geochronology.

1. *Plano de la parte exterior de la cueva de Yarimburgaz, mostrando las catas excavadas (P, R, S, T, U, V, W y Z) en la cueva Inferior (según F. C. Howell y G. Arsebük, inédito).*

1
Introducción.

1.1.
Descripción de la Cueva.

La cueva de Yarimburgaz se encuentra a una corta distancia al norte del aeropuerto de Estambul, a unos 2 km al norte del nacimiento de la laguna de Küçük Çekmece, que linda con el Mar de Mármara, en una colina de piedra caliza atravesada por el río Sazlidere. El sistema de la cueva (Fig. 1), tal y como lo topografió el Club de Espeleología Turco está formado por dos corredores, uno inferior más largo (unos 500 m), y otro superior más corto, que termina a unos 50 m de la entrada actual. Las bocas de los dos corredores tienen de ancho 11,5 y 18,6 m respectivamente, y miran hacia el sur. Un pequeño pasadizo transversal conecta ambos corredores, inclinándose desde la cueva superior a la inferior. Nuestros esfuerzos para encontrar una conexión estratigráfica en los sedimentos del corredor transversal se vieron frustrados por las modificaciones efectuadas en época Bizantina, que incluyeron excavaciones de extensión desconocida y la construcción de muros de piedra a través del corredor.

El corredor inferior es aún hoy una cueva con actividad kárstica, con espeleotemas activos y charcos de agua estancada en sus cavidades más profundas y oscuras. Hay evidencia de agua corriente en forma de cantos redondeados de cuarzo y sílex, así como de arena estratificada en el suelo de la cueva. Hemos excavado sedimentos similares en niveles del Paleolítico Inferior presentes en la parte externa del corredor inferior, como se describe más adelante. También aparecieron depósitos de limo muy fino y arcilla en la parte activa de la cueva, especialmente donde los conductos laterales se unen al corredor principal. Estos depósitos finos parecen ser sedimento externo reelaborado, o bien arcillas de descalcificación arrastradas de otras partes del sistema kárstico. De nuevo aparecen niveles similares en los depósitos del Paleolítico Inferior.

La cueva superior sufrió grandes modificaciones en época Bizantina, ya que se construyó dentro una iglesia, con su fachada en el exterior de la boca. Estos cambios destruyeron una cantidad desconocida de depósitos prehistóricos, aunque quedan algunos restos de niveles del Calcolítico y Paleolítico Superior. La cueva inferior también fue modificada por excavadores clandestinos o buscadores de tesoros. En nuestras excavaciones aparecieron pozos modernos de 2 a 3 m de profundidad, y se ha perdido toda evidencia de depósitos intermedios entre el Paleolítico Inferior y los niveles

1. *Plan of the outer part of Yarimburgaz cave, showing excavated trenches (P, R, S, T, U, V, W, and Z) in the Lower Cave (after F. C. Howell and G. Arsebük, unpublished).*

1
Introduction.

1.1.
Description of the Cave.

Yarimburgaz Cave is located a short distance north of the Istanbul international airport, about 2 km north of the head of the Küçük Çekmece lagoon, which borders the Sea of Marmara, in a limestone ridge cut by the Sazlidere (river). The cave system (Fig. 1), as mapped by the Turkish Speleological Club, consists of two passages, the longer, lower passage penetrating about 500 m into the limestone ridge, but the shorter, higher one reaches a dead end only 50 m from the present entrance. The mouths of the two passages are, respectively, 11.5 and 18.6 m/sl and face southward. A short transverse passageway connects the two longer passages, sloping down from the upper to the lower cave. Our efforts to find a stratigraphic connection in the cave sediments in the transverse passage were thwarted by Byzantine modifications, including an unknown amount of excavation and construction of stone walls across the passage.

The lower passage is still an active karstic cave, with growing speleothems and pools of standing water in its dark, inner recesses. One can see evidence of running water in the form of rounded quartz and chert cobbles and stratified sand on the cave floor. We excavated similar deposits in Lower Paleolithic levels in the outer part of the lower passage, as described below. Also, deposits of very fine silt and clay occur in the active portion of the cave, especially where lateral karstic conduits join the main passage. These fine deposits appear to be reworked surface soil or decalcification clays washed in from other parts of the karstic system. Again, they have counterparts in the Lower Paleolithic deposits.

The upper cave, also, has been strongly modified in Byzantine times when a church was carved into its walls, and a façade constructed outside the cave mouth. These modifications removed prehistoric deposits to an undetermined extent, but some Chalcolithic and Upper Paleolithic deposits remain. The lower cave was also disturbed by illicit excavators or treasure seekers. Modern pits as deep as 2 or 3 m were revealed in our excavations, and any evidence of prehistoric deposits intermediate in age between the Lower Paleolithic and the modern, mixed debris is missing, i.e., Middle/Upper Paleolithic and Chalcolithic, which are present in the upper cave.

We believe that both the upper and lower passages formerly continued out beyond their present mouths at the

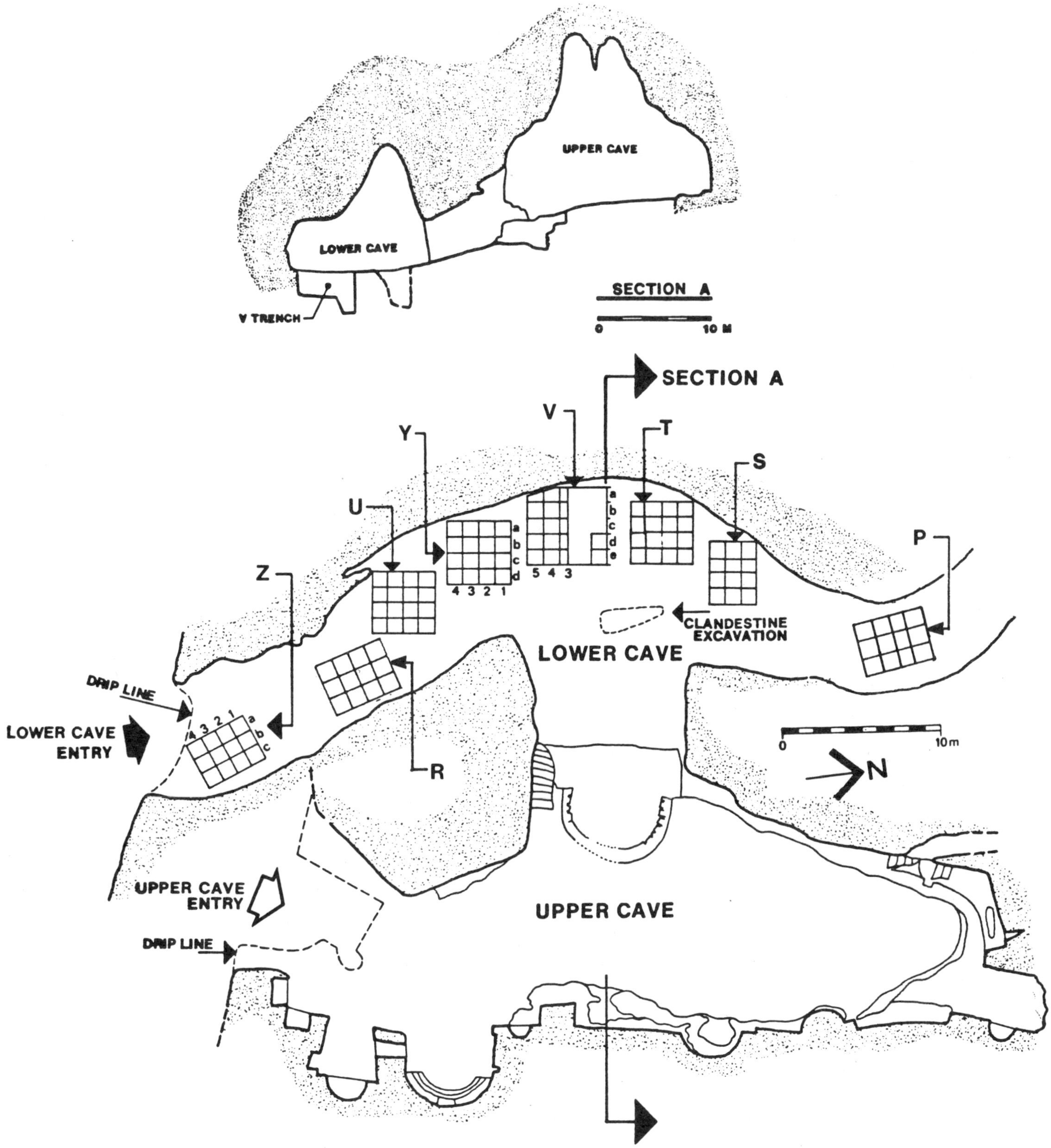
UPPER CAVE
LOWER CAVE
V TRENCH
SECTION A
0
10 M
SECTION A
V
T
Y
S
U
P
Z
a b c d
4 3 2 1
5 4 3
a b c d e
CLANDESTINE EXCAVATION
LOWER CAVE
DRIP LINE
LOWER CAVE ENTRY
4 3 2 1
a b c
R
0
10m
N
UPPER CAVE ENTRY
UPPER CAVE
DRIP LINE

modernos revueltos; por ejemplo no aparece Paleolítico Medio/Superior ni Calcolítico, que sí están presentes en la cueva superior.

Creemos que tanto el corredor superior como el inferior continuaban más allá de sus bocas actuales en la época en que se produjeron las ocupaciones del Paleolítico Inferior, cuando el valle del Sazlidere no estaba tan erosionado como ahora. No hemos encontrado restos prehistóricos cerca de la cornisa actual, en la zona donde se podría esperar una más intensa ocupación. Por otra parte, la evidencia de erosión en los sedimentos preexistentes de la cueva es muy clara en la boca del corredor inferior (nuestra cata Z-88).

times of the Lower Paleolithic occupations, when the Sazlidere valley had not been eroded as deeply as now. We found no prehistoric remains in the vicinity of the modern drip line, in the area where one expects rather intense utilization of a cave. On the other hand, evidence of erosion of preexisting cave sediments was very clear at the mouth of the lower passage (our trench Z-88).

1.2.
Las excavaciones.

La excavación científica en la cueva de Yarimburgaz fue comenzada por el Sr. Özdogan en 1986 (Özdogan y Alpaslan Koyunlu, 1986) principalmente en la cueva superior, aunque también se practicó una cata profunda en la cueva inferior (su cata A.71). Las excavaciones de la cueva superior revelaron, bajo la alteración Bizantina, un registro de ocupaciones Calcolíticas así como evidencia del uso de la cueva en el Paleolítico Medio y Superior. En la cueva inferior aparecieron depósitos del Paleolítico Inferior inmediatamente debajo de la alteración moderna.

Nuestras excavaciones en la cueva inferior en 1988, 1989 y 1990 se realizaron bajo la dirección de F. Clark Howell (Universidad de California-Berkeley) y Güven Arsebük (Universidad de Estambul), con un equipo de estudiantes turcos y apoyo económico de la "National Geographic Society". Se excavaron nueve catas, la mayoría de 5 x 5 m, entre la cornisa moderna y el límite marcado por la luz natural (Fig. 1), y otra cata más en la ladera bajo la boca de la cueva inferior. La cata más profunda (V-88, adyacente a la A-71 de Özdogan), llegó a los 5 m bajo el suelo actual de la cueva inferior, pero en los 3 últimos metros parece no haber industria ni restos óseos. No se alcanzó la roca madre en ningún punto a lo largo del eje central de la cueva inferior. Las designaciones de las catas y las unidades de excavación, o "niveles", se explican más adelante en el epígrafe Estratigrafía.

1.2.
The Excavations.

Scientific excavation in Yarimburgaz Cave was begun by M. Özdogan in 1986 (Özdogan and Alpaslan Koyunlu 1986), mainly in the upper cave, but he also excavated a deep trench in the lower cave (his trench A.71). The upper cave excavations revealed a record of Chalcolithic occupations below the Byzantine disturbance, and some evidence of Upper and Middle Paleolithic use of the cave. In the lower cave he found Lower Paleolithic deposits immediately below the modern disturbance.

Our excavations in the lower cave in 1988, 1989, and 1990 were under the direction of F. Clark Howell (University of California-Berkeley) and Güven Arsebük (Istanbul University), with a team of Turkish students, and financial support from the National Geographic Society. Nine trenches, in most cases 5 x 5 m, were excavated from the modern drip line to the inner limit of daylight (Fig. 1), and another trench was placed on the talus slope just outside the lower cave mouth. The deepest trench (V-88, adjacent to Özdogan's A.71 trench) reached 5 m below the present floor of the lower cave, but the lower 3 m appear to be barren of artifacts or bones. We did not reach bedrock at any point along the central axis of the lower cave. The trench designations and the excavation units, or "levels", are explained under "Stratigraphy" below.

2
Observaciones geológicas.

En 1989 y 1990 examiné las secciones puestas al descubierto por los excavadores, recogí muestras de sedimentos y comencé una síntesis estratigráfica de los depósitos en las dos cuevas, superior e inferior, conjuntamente con observaciones geomorfológicas del terreno que rodea la cueva de Yarimburgaz. También reuní muestras para realizar un estudio paleomagnético, que está en marcha. El estudio de los sedimentos, llevado a cabo por J. McMahon de la Universidad de Michigan, todavía no está terminado, aunque se dispone de cierta información preliminar. Pueden encontrarse descripciones generales de los sedimentos hallados en las excavaciones en la sección Estratigrafía.

2.1.
Geomorfología.

De la inspección visual del paisaje actual alrededor de las cuevas y del estudio de los mapas topográficos locales se pueden hacer dos observaciones respecto al proceso de formación del yacimiento de las cuevas de Yarimburgaz. En primer lugar la simple proyección de las inclinaciones de las laderas a través del valle de Sazlidere frente a las cuevas sugiere que la roca madre puede estar a una profundidad de unos 90 a 100 m, aunque los sondeos realizados un kilómetro valle abajo para el viaducto de la nueva autopista muestran la roca madre a unos 30 metros. En cualquier caso el valle donde están las cuevas indudablemente ha sufrido varias veces erosiones por debajo de su nivel actual (ej.: durante los ciclos glaciales), durante la ocupación en el Paleolítico Inferior y posteriormente. Por lo tanto, la actual llanura de inundación pantanosa del Sazlidere no es representativa de la morfología del valle durante las ocupaciones prehistóricas. De hecho en el valle del tributario justo al norte de las cuevas (ver el siguiente párrafo), hay un pozo que muestra casi dos metros de sedimentos gruesos cuarcíticos (arena, guijarros y grava), que se supone son representativos de los que subyacen a los sedimentos cenagosos del cauce del Sazlidere. Este depósito aluvial puede haber sido una fuente local de cuarzo, cuarcita y sílex (?), materias primas como las que utilizaron los habitantes de las cuevas en el Paleolítico Inferior para fabricar utensilios y percutores.

Otra observación geomorfológica se refiere a la configuración de la cueva de Yarimburgaz en el pasado. La parte interna de la cueva inferior se bifurca a unos 240 m de la en-

2
Geological Observations.

In 1989 and 1990 I examined the sections exposed by the excavators, collected sediment samples, and began a stratigraphic synthesis of the deposits in both the lower and upper caves, along with geomorphological observations of the terrain surrounding Yarimburgaz Cave. Samples were also collected for paleomagnetic study, which is in progress. The sediment study, by J. McMahon of the University of Michigan, is not yet complete, although some preliminary information is available. General descriptions of the sediments encountered in the excavations are given in the "Stratigraphy" section below.

2.1.
Geomorphology.

Visual inspection of the present landscape around the caves and study of local topographic maps led to two observations that bear on site-formation processes of the Yarimburgaz caves. First, simple projection of the valley slopes across the Sazlidere valley in front of the caves suggests that the bedrock valley may be as much as 90 to 100 meters deep, although borings for the new highway viaduct just over one kilometer downvalley reveal bedrock at about 30 meters. In any case, the valley in front of the caves has undoubtedly been eroded well below its present level several times (i.e., during glacial cycles) during and since the Lower Paleolithic occupation. The present marshy floodplain of the Sazlidere is, therefore, not representative the morphology of the valley during prehistoric occupations. In fact, in the tributary valley just north of the caves (see also the next paragraph), a pit exposes nearly two meters of coarse quartzitic alluvium (sand, gravel and cobbles), which can be presumed to be representative of coarse alluvium underlying the marshy sediments of the main Sazlidere thalweg. This alluvium may have been a local source of quartz, quartzite, and chert (?) raw materials such as those used for artifacts and manuports by the Lower Paleolithic inhabitants of the caves.

Another geomorphic observation relates to the configuration of the Yarimburgaz cave in the past. The inner part of the lower cave bifurcates about 240 m from the cave entrance (Eyice, 1978), a shorter passage continuing due north from that point and a longer passage veering off 25° east of north. As far as is known both passages end in culs-de-sac. If trada (Eyice, 1978), desde donde un corredor pequeño continúa hacia el norte y otro más largo se desvía 25° al noreste. Aparentemente ambos corredores terminan en un callejón sin salida. Si esos corredores se continuaran con igual dirección y elevación sobresaldrían sobre el paisaje actual unos 300 metros al norte de la boca de la cueva, es decir, en la parte norte de la colina en la que se encuentra la cueva de Yarimburgaz. En ese punto hay un importante valle afluente que se inclina hacia el sur formando un ángulo recto para unirse al valle principal del Sazlidere. Es un valle muerto, es decir, actualmente no tiene cauce, pero en su suelo encontramos un depósito aluvial cuarcítico (como se ha mencionado anteriormente). Este valle es la extensión lógica del sistema de la cueva inferior, y puede representar una porción colapsada de ese sistema que estaba activa durante el Paleolítico Inferior. En ese caso posiblemente se trataría de una zona en la que el sedimento cuarcítico habría entrado en los corredores de la cueva inferior. Si esto fuera así, podría afirmarse que el paisaje de Yarimburgaz era considerablemente diferente al actual cuando las cuevas fueron ocupadas en el Paleolítico Inferior.

3
Sedimentos de la cueva.

3.1.
Cueva superior.

Una característica notable de la secuencia de la cueva superior es la presencia de una gran unidad de arena de cuarzo bien clasificada y gravilla (Unidad 11 en la cata de Özdogan A.29), dentro o en la base de los niveles del Paleolítico Medio (?). Al principio consideré que esta arena había sido arrastrada a través de la entrada de la cueva, puede que en relación con una situación del nivel del mar más alto. Sin embargo el que se encontrara arena y grava en las excavaciones en la cueva inferior, así como en las cavidades más internas de la cueva inferior, apuntó la posibilidad de que la arena de la unidad 11 también derivase del interior de la cueva. En 1990 ensanchamos la cata A.29, dejando al descubierto un depósito de arena de mayor potencia de lo que hasta entonces se conocía. Tiene al menos 2 m de espesor y todavía no se ha llegado a su base. La arena presenta características típicas de un depósito de playa con estratificación cruzada, con buzamientos de las capas en diferentes direcciones. Existen alternancias en el tamaño del grano, desde arena fina bien clasificada hasta arena mal clasificada con gravilla (hasta 5-6 mm como máximo), y

one extends the trends and elevations of the passages, they project *above* the present landscape about 300 meters north of the cave mouth, that is, on the north side of the hill in which Yarimburgaz cave is located. At that point there is a prominent tributary valley trending due south that makes a right angle turn to join the main Sazlidere valley. This is a dead valley, that is, it has no stream channel at the present time, but it is floored with quartzitic alluvium (as mentioned above). The valley is the logical extension of the lower cave system and may represent a collapsed portion of that system that was functional during Lower Paleolithic times. Therefore, it is possibly an area in which the quartzitic alluvium entered the lower cave passages. If this is so, one must realize that the Yarimburgaz landscape was considerably different from the present topography at the time of the Lower Paleolithic occupation of the caves.

3
Cave Sediments.

3.1.
Upper Cave.

One striking characteristic of the upper cave sequence is the presence of a large unit of well-sorted quartz sand and fine gravel, Unit 11 in Özdogan's trench A.29 within or at the base of Middle (?) Paleolithic levels. At first, I considered that this sand washed in through the cave entrance, perhaps in relation with a higher sea-level stand. The occurrence of sand and gravel in the lower cave excavations, however, as well as in the inner recesses of the lower cave system, raised the possibility that the Unit 11 sand also was derived from stream flow from the cave interior. We enlarged trench A.29 in 1990 revealing a much thicker deposit of sand than previously known. It is at least 2 m thick, and its base was not reached. The sand is cross-stratified, with bedding dipping in several different directions, typical of a beach deposit. There are alternations in grain size thoughout the beach deposit, from well-sorted fine sand to somewhat poorly sorted sand with small gravel (up to 5-6 mm maximum), and variably cemented throughout the deposit. Contrary to Özdogan's interpretation, the sand rests on large boulders, not bedrock.

2. *Secciones idealizadas de las catas S, T, A.71, V e Υ, aproximadamente a lo largo de la línea central de la Cueva Inferior. La entrada de la cueva se encuentra a unos 18 m a la derecha de la Cata Υ-88. Los estratos geológicos, de la T a la Z, están identificados entre las catas.*

2. *Generalized section drawings of Trenches S, T, A.71, V and Υ, approximately along the center line of the Lower Cave. The cave entrance is about 18 m to the right of Trench Υ 88. Geologic strata, T through Z, are labeled in the area between the trenches.*

cementación variable a lo largo del depósito. La arena descansa en grandes bloques erráticos, y no en la roca madre como había interpretado Özdogan.

Desafortunadamente no se han encontrado fósiles en la arena que confirmen su origen marino. Sin embargo, su altitud, a unos 12 m por encima del nivel del mar, y el hecho de que esté cubierta por depósitos de edad relativamente joven, hace que tenga muchas posibilidades de ser un depósito del Interglacial Superior (Tirreniense en sentido amplio, o curva 5 de la cronología de isótopos de oxígeno). Por lo tanto si esta correlación es correcta, tendría entre 85.000 y 125.000 años de antigüedad.

3.2. Cueva Inferior.

Se ha preparado una sección-tipo (Fig. 2), que sigue más o menos la línea media de la cueva inferior. Los números de nivel en cada cata fueron marcados independientemente de las demás, a excepción de S-89 y T-89, que fueron excavadas simultáneamente y en las que las correlaciones quedaron patentes en el momento de la excavación. Las correlaciones mostradas en la sección-tipo han sido efectuadas por mí y están sujetas a modificaciones, ya que el análisis no ha terminado aún.

No fossils, unfortunately, were found in the sand and gravel to confirm its marine origin. Its altitude, however, about 12 m above sea level, and the fact that it is overlain by deposits of relatively young age, makes it a good candidate for the Last Interglacial beach (Tyrrhenian in the broad sense, or oxygen-isotope Stage 5 of deep-sea chronology). Its age would, therefore, be somewhere between 125,000 and 85,000 BP, if this correlation is valid.

3.2. Lower Cave.

A summary section has been prepared (Fig. 2) that follows more or less the midline of the lower cave. The level numbers shown in each trench were assigned independently of those in the other trenches, excepting those of trenches S-89 and T-89, which were dug simultaneously and in which the correlations were immediately apparent during excavation. The correlations shown in the composite section are my own and are subject to modification as our analysis continues.

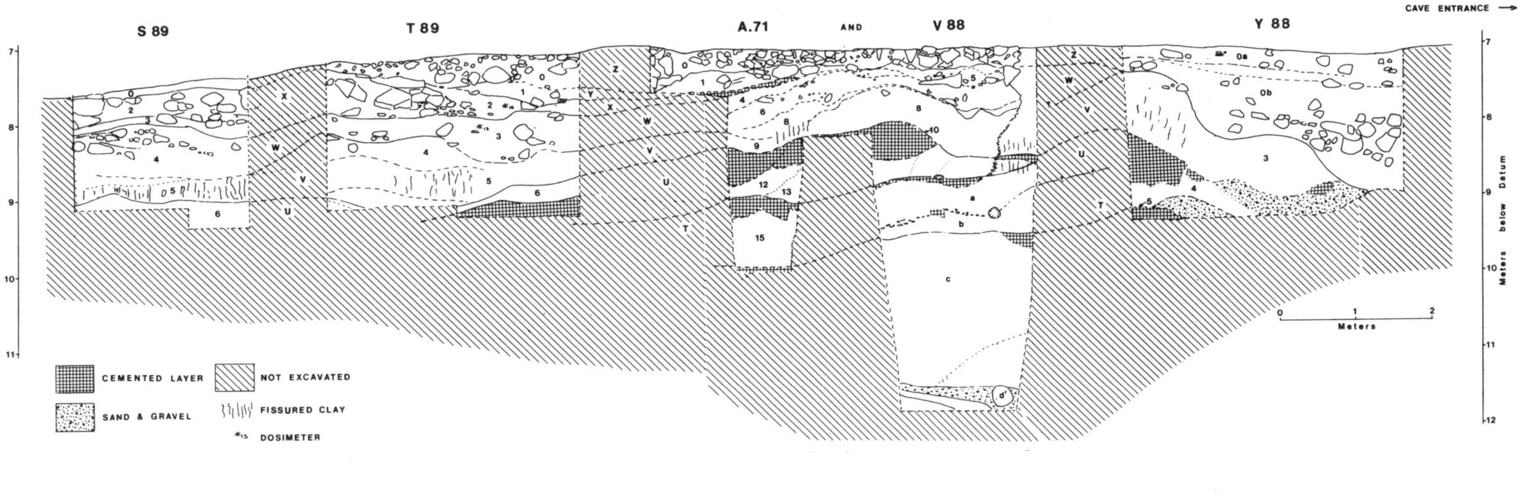

4
Estratigrafía de la cueva inferior.

4.1.
Unidades estratigráficas.

Las características principales de la estratigrafía son las siguientes: las catas se designan mediante mayúsculas seguidas del año en que se excavó la cata. No utilizamos las letras Q, W y X porque no existen en el alfabeto turco. La cata U no está incluida, ya que no había mucha profundidad hasta la roca madre y su estratigrafía no era definitiva. La cata A.71 excavada por Özdogan en 1986 es contigüa a nuestra cata V-88. Los "Niveles" enumerados más abajo son unidades de excavación únicas para cada cata, y la numeración no coincide necesariamente de una cata a otra.

Estrato Z.—Alteraciones modernas y relleno.

Todas las catas	Nivel 0
N-90	Niveles 0, 1 y 2?
Z-88	Niveles 0, 1, 2, 3, 5 y 6

El estrato heterogéneo incluye restos de época Bizantina y modernos en un sedimento bastante pedregoso. El color varía desde el marrón claro grisáceo hasta el marrón oscuro o incluso negro, en función de la proporción de materia orgánica. Los clastos son más bien angulosos, y su tamaño varía entre unos 20 a 30 cm. La potencia media de la capa es de unos 30 a 40 cm en la parte central y exterior de la zona excavada, pero va acuñándose hacia el interior hasta alcanzar de 10 a 15 cm (en las catas P-90 y S-89). Sin embargo en la cata Y-88 se ha rellenado de escombros modernos un pozo de al menos dos metros de profundidad, como puede verse por la presencia de plásticos y alambre de espino (Niveles 0a y 0b). Presumiblemente estos depósitos y el pozo son el resultado de excavaciones ilegales y no están relacionados con el proceso de formación del yacimiento prehistórico.

Gran Discordancia.

Estrato Y.—Marga rojiza clara a marrón amarillento con pocos cantos.

Cata P-90	perdido
Cata R-90	Nivel 0, inferior
Cata S-89	perdido
Cata T-89	Nivel 1
Cata V-88	Nivel 1
Cata A.71	Nivel 1
Cata Y-88	Nivel 0b, cara oeste
Cata Z-88	perdido

4
Stratigraphy of the Lower Cave.

4.1.
Stratigraphy units.

The main features of the stratigraphy are as follows. The trenches are designated by capital letters followed by the year in which in trench was excavated. We did not use the letters Q, W, and X because they do not occur in Turkish. Trench U is not included here because it was very shallow over bedrock and its stratigraphy not definitive. Trench A.71 excavated by Özdogan in 1986 is contiguous to our Trench V-88. The "Levels" listed below are the excavation units unique to each trench, and the numbered levels are not necessarily the same, from trench to trench.

Stratum Z.—Modern disturbance and fill.

All trenches	Level 0
N-90	Levels 0, 1, and 2?
Z-88	Levels 0, 1, 2, 3, 5 & 6

This heterogeneous stratum includes Byzantine to modern debris in a rather rocky sediment. Color ranges from light grayish brown to dark brown, even black, as a function of the amount of organic matter present. Rock fragments are rather angular and range up to 20 or 30 cm in length. Normally this stratum is about 30 to 40 cm thick in the central and outer part of the excavated area, but it thins to 10 to 15 cm towards the interior (at trenches P-90 and S-89). In Trench Y-88, however, a pit at least two meters deep has been refilled with debris (Levels Oa and Ob) in very recent times, as seen by the presence of plastic and barbed wire. Presumably these deposits and the pit itself are the results of illicit excavations, and they are not related to the prehistoric site-formation precesses.

Major unconformity.

Stratum Y.—Soft reddish to yellowish brown loam with few rocks.

Trench P-90	missing
Trench R-90	Level 0, lower
Trench S-89	missing
Trench T-89	Level 1
Trench V-88	Level 1
Trench A.71	Level 1
Trench Y-88	Level 0b, west side
Trench Z-88	missing

Estrato X.–Estrato muy pedregoso con matriz marrón clara relativamente escasa y algunos huesos y restos líticos.

Cata P-90	Nivel 1
Cata R-90	Nivel 1
Cata S-89	Nivel 1, 2, 3
Cata T-89	Nivel 2
Cata V-88	Nivel 2 & 3
Cata A.71	Nivel 2 & 3
Cata Y-71	Nivel 2 & 3
Cata Y-88	Nivel 1a
Cata Z-88	Nivel perdido

Los clastos de este estrato tienden a ser más angulosos cerca de las paredes, mientras que hacia el centro de la cueva son más redondeados (corroídos). Estos depósitos reflejan un período de gran desintegración del techo de la cueva, pero no se ha determinado todavía si dicha desintegración se debió al clima, a terremotos o cualquier otra causa.

En la parte este (medial) de la cata Y se han perdido los niveles 1a, 1b, 1c, 1d, 2a y 2b, probablemente eliminados por un pozo reciente, aunque están bien representados cerca de la pared de la cueva.

Estrato W.–Marga sólida de color marrón grisáceo claro a oscuro, rojiza en algunas zonas, con cantos dispersos, algunos con la superficie fuertemente meteorizada.

Cata P-90	Nivel 2
Cata R-90	Nivel 2
Cata S-89	Nivel 4
Cata T-89	Nivel 3 y 4
Cata V-88	Nivel 4 al 7, brecha nivel 6 incluida
Cata A.71	Niveles 4 a 7
Cata Y-88	Niveles 1b
Cata Z-88	perdido

Discordancia.

Estrato V.–Arcilla marrón rojizo oscura a marga arcillosa con pocos cantos y zonas (bloques?) de ocre amarillo con clastos de sílex redondeados, de 1 a 2 cm de diámetro.

Cata P-90	perdido
Cata R-90	Niveles 3 y 4
Cata S-89	Nivel 5
Cata T-89	Nivel 5
Cata V-88	Niveles 8 y 9
Cata A.71	Niveles 8 y 9
Cata Y-88	Niveles 1c, d, 2a, 2b(?) y 3a, b
Cata Z-88	perdido

Stratum X.–Very rocky stratum with relatively sparse, pale brown matrix, and a moderate number of bones and artifacts.

Trench P-90	Level 1
Trench R-90	Level 1
Trench S-89	Level 1, 2, 3
Trench T-89	Level 2
Trench V-88	Levels 2 & 3
Trench A.71	Levels 2 & 3
Trench Y-71	Levels 2 & 3
Trench Y-88	Level 1a
Trench Z-88	missing

Nearer the walls the rocks in this layer tend to be rather angular, but toward the center of the cave they are more rounded (corroded). These deposits reflect a period of rather intense breakdown of the cave roof, but whether the cause was climatic or due to earthquakes, or something else, is yet to be determined.

On the east (medial) side of Trench Y, Levels 1a, 1b, 1c, 1d, 2a, and 2b are missing, presumably removed by a recent pit excavation, although they are well represented closer to the cave wall.

Stratum W.–Light to dark grayish brown, redder in some areas, firm (clay) loam with scattered rocks, some with heavy weathering rinds.

Trench P-90	Level 2
Trench R-90	Level 2
Trench S-89	Level 4
Trench T-89	Levels 3 & 4
Trench V-88	Levels 4 through 7, including Level 6 breccia
Trench A.71	Levels 4 through 7
Trench Y-88	Levels 1b
Trench Z-88	missing

Unconformity.

Stratum V.–Dark reddish brown clay to clay loam with only a few small rocks and patches (pebbles?) of yellow ocher and isolated, well-rounded chert pebbles, 1-2 cm diameter.

Trench P-90	missing
Trench R-90	Levels 3 & 4
Trench S-89	Level 5
Trench T-89	Level 5
Trench V-88	Levels 8 & 9
Trench A.71	Levels 8 & 9
Trench Y-88	Levels 1c, d, 2a, 2b (?), & 3a, b
Trench Z-88	missing

En todas las catas esta arcilla se encuentra muy fisurada, formando bloques verticales que recuerdan a una estructura pedogénica, aunque probablemente puedan atribuirse a la desecación durante un período de hiato posterior a la acumulación de la arcilla. Los "bloques" arenosos de ocre amarillo presumiblemente han sido arrancados de los sedimentos subyacentes.

Probable discordancia.

Estrato U.—Marga compacta marrón grisáceo claro, amarillo rojizo o marrón amarillento, con bastantes lentejones y nódulos cementados y pocos bloques grandes, aunque son comunes los cantos de sílex aislados.

Cata P-90	Nivel 3
Cata R-90	Nivel 5
Cata S-89	Nivel 6
Cata T-89	Nivel 6
Cata V-89	Nivel 6, sin la concreción subyacente
Cata A.71	Niveles 10 al 13
Cata Y-88	Nivel 4 superior
Cata Z-88	Nivel 4 superior

La fuerte cementación a techo de este estrato parece debida a la colofanita, derivada quizá de la descomposición del apatito de los huesos. En muchos sitios aparecen encostramientos (drusas) de colofana mamilar, de color naranja rosáceo.

Discordancia.

Estrato T.—Marga arcillosa marrón amarillento a marrón rojizo oscuro con algunas zonas cementadas, drusas de colofanita y lentejones de arena y grava.

Cata P-90	Nivel 4
Cata V-88	Niveles a y b
Cata A.71	Niveles 14 y 15
Cata Y-88	Nivel 4 inferior
Cata Z-88	Nivel 4 inferior

A esta capa no se llegó en la cata S. En la cata T la excavación se detuvo en una costra dura, que tal vez sea el techo del estrato T. La parte superior de esta capa se va endureciendo hasta convertirse en concreción, pero la arcilla marrón rojiza inferior es relativamente blanda, con bastantes cantos redondeados dispersos y concreciones de colofanita.

In all trenches this clay loam is conspicuously fissured, forming vertically oriented prismatic blocks resembling a pedogenic structure, but probably to be attributed to desiccation during a period of non-deposition that followed the accumulation of the loam. The ocherous, sandy yellow "pebbles" were presumably ripped up from underlying sediments.

Probable unconformity.

Stratum U.—Light grayish brown, reddish yellow, or yellowish brown hard loam with numerous cemented lenses and nodules, few large rocks, but isolated chert pebbles common.

Trench P-90	Level 3
Trench R-90	Level 5
Trench S-89	Level 6
Trench T-89	Level 6, but not the underlying concretion
Trench V-88	Levels 10 through 13?
Trench A.71	Levels 10 through 13
Trench Y-88	Upper Level 4
Trench Z-88	Upper Level 4

Strong cementation in the top of this stratum appears to be by collophane, presumably derived from the decay of bone apatite. Vugs of pinkish orange, mammilary collophane occur in many places.

Unconformity.

Stratum T.—Yellowish brown to dark reddish brown clay loam with some cemented zones, collophane vugs, and lenses of sand and gravel.

Trench P-90	Level 4
Trench V-88	Levels a & b
Trench A.71	Levels 14 & 15
Trench Y-88	Lower Level 4
Trench Z-88	Lower Level 4

This layer was not reached in Trench S. In Trench T excavation stopped on a hard crust, possibly the top of Stratum T. The upper part of this layer is rather firm to hard concretion, but the reddish brown clay loam in the lower part is relatively soft with scattered, well-rounded small pebbles common, and collophane concretions.

Gran Discordancia.

Estrato S.–Capa gruesa y compleja de bloques de caliza fuertemente meteorizados (hasta 1 m de diámetro) dispersos en una arcilla fina marrón rojiza, que se interdigita con facies de arenas gruesas.

Cata N-90	Niveles 3 a 6
Cata V-88	Niveles c y d
Cata A.71	Niveles 16 y travertino
Cata Y-88	Nivel 5 y quizá Nivel 4 inferior (gravas gris-rojo) en la parte este
Cata Z-88	Niveles 9 a 13?

Los bloques de caliza miden normalmente de 50 a 100 cm y están apoyados en la matriz, es decir, normalmente no están en contacto mutuo. Se encuentran fuertemente desgastados, y han desarrollado cortezas laminares meteorizadas de unos 9 a 10 cm de grosor. Además el techo de este depósito está cementado de forma más o menos continua (colofanita?) y parece a veces travertino, aunque no lo es. La potencia total de esta capa (unos 2 metros) hasta ahora sólo está expuesta en la Cata V-88, aunque aquí las zonas central (este) y lateral (oeste) son bastante diferentes. La sección oeste de la cata, como la de la cata Y-88, muestra grandes bloques de caliza en una matriz de arcilla muy fina marrón rojizo a amarillo rojizo ("Unidad d" de 1988), pero la sección este, que se encuentra situada más o menos a lo largo de la línea media de la cueva, no tiene bloques y está formada por un sedimento arenoso grueso muy duro, de un gris muy pálido ("Unidad c") entrecruzado con vetas de un rojo brillante (fisuras con relleno rojo). El sedimento gris parece ser un depósito gleyzado, es decir, depositado en condiciones reductoras (subacuosas), y su textura granulosa puede atribuirse a una cementación incipiente más que a un componente arenoso. Son corrientes los clastos pequeños de sílex en los primeros 15-20 cm de esta capa. La coloración rojo brillante parece ser un material teñido con hematita que se ha filtrado a lo largo del sistema de grietas. Las secciones de la parte norte y sur de la cata V-88 muestran claramente la transición abrupta de esta facies gris y roja a una arcilla fina marrón rojiza en la pared oeste. Donde las dos facies se interdigitan las grietas de la matriz están rellenas de un material blanco gredoso de composición indeterminada (no es $CaCO_3$), y hay lentejones de bloques y pequeños cantos procedentes del sedimento gris y rojo en las facies arcillosas marrones.

Major unconformity.

Stratum S. Thick, complex deposit of large, heavily weathered limestone blocks (up to 1 m diameter) scattered throughout a reddish brown, smooth clay loam that interfingers with a gritty sand facies.

Trench N-90	Levels 3 through 6
Trench V-88	Levels c & d
Trench A.71	Level 16 & travertine
Trench Y-88	Level 5 and possibly lower Level 4 (gray-red gravels) on the east side
Trench Z-88	Levels 9 through 13?

The limestone blocks commonly measure 50 to 100 cm across and are matrix-supported, i.e., they usually are not touching each other. Moreover, they are heavily corroded and have developed laminated weathered rinds as much as 9 to 10 cm thick. In addition, the upper contact of this deposit is more or less continuously cemented (with collophane?), in places resembling travertine, which it is not. The total thickness of this layer (some 2 meters) is exposed only in Trench V-88 so far, but here the medial (east) and lateral (west) sides of the trench are quite dissimilar. The west wall of the trench, like that of Trench Y-88, reveals large blocks of limestone scattered throughout a very smooth reddish brown to reddish yellow clay ("Unit d" of 1988), but the east wall, which is situated more or less along the mid-line of the cave, has no blocks and exposes a very firm, very pale gray, gritty sediment ("Unit c") crisscrossed with prominent bright red veins (or fissures with a bright red filling). The gray sediment appears to be a gleyed deposit, that is, deposited under reducing (subaqueous) conditions, and its grittiness is to be attributed to incipient cementation rather than a sandy component. Small chert pebbles are common in the top 15 to 20 cm of this layer. The bright red coloration appears to be a hematite-stained material that has filtered in along a system of pervasive cracks. The north and south walls of Trench V-88 show clearly the abrupt transition of this gray-and-red fissured facies into the smooth reddish brown clay of the west wall. Where the two facies interfinger, the cracks in the matrix are filled with a chalky white material of undetermined composition (but not $CaCO_3$), and there are lenses of pebbles and small cobbles that project from the gray-and-red sediment in the brown clayey facies.

The origin of this deposit and of the unusual gray-and-red alteration is unclear at present. The smooth brown clay

No está claro todavía el origen de este depósito y de la extraña alteración "gris y roja". La arcilla fina marrón muestra laminación débil en algunas zonas, lo que sugiere sedimentación en aguas tranquilas; en otras zonas, especialmente en la parte baja de la cata V-88 y en los Niveles del 9 al 11 en la cata Z-88, es sustituida por arcilla margosa de aspecto arenáceo marrón amarillenta con laminaciones remarcadas por un tinte negro, probablemente óxido de manganeso. Las facies gruesas sugieren que hubo agua corriente a lo largo de la línea media de la cueva, mientras que la arcilla fina se acumuló más cerca de las paredes.

Estrato R.—Arena estratificada, grava y bloques: Unidad d' en la parte inferior de la cata V-88. Este sedimento parece continuar bajo el suelo actual de V-88, donde un pozo descubrió un nivel de clastos de sílex, de 3 a 4 cm de diámetro. Aunque los afloramientos son limitados, estos depósitos estratificados parecen penetrar hacia el sudoeste, es decir desde la esquina noreste de la cata V-88 hacia la pared de la cueva, lo que sugiere la existencia de una corriente fluyendo desde el interior de la cueva hacia el exterior.

4.2.
Análisis granulométricos.

Los resultados preliminares del laboratorio revelan el carácter de algunos de los estratos descritos anteriormente. La figura 3 presenta tres muestras representativas. La muestra superior, YBZ-56, está dominada por fragmentos gruesos de roca de 8-9 mm, con una distribución más o menos homogénea de elementos más pequeños. La muestra media, YBZ-72, de la parte superior del estrato S, es una arcilla arenosa típica, con sólo una pequeña cantidad de fragmentos de roca de más de −1 phi (o 2 mm). La muestra inferior, YBZ-76, de la base del Estrato S, va de arena bien clasificada de tipo medio a arena de grano fino, no más grueso de −1 phi (2 mm) ni más fino de 5 phi (0,031 mm). En la parte inferior de las excavaciones, no mostrada aquí, en el estrato R, aparece arena más gruesa y pequeños guijarros (de 3-4 cm de diámetro). A partir de estos resultados preliminares parece que los depósitos son de grano fino y bien clasificados en la parte inferior, convirtiéndose progresivamente en más margosos, y apareciendo claramente pedregosos en la parte superior. Esto refleja grandes diferencias en el medio sedimentario y en los mecanismos de acumulación. Aunque la historia de la sedimentación todavía no está clara, estos cambios sugieren un papel decreciente del caudal de agua al irse acumulando los depósitos en la cueva.

shows some faint laminations in places, suggesting deposition in standing water; in other places, especially deep in Trench V-88 and Levels 9 through 11 in Trench Z-88, it gives way to a laminated yellowish brown sandy clay loam, the laminations being highlighted by black staining, probably manganese oxide. The pebbly facies suggest that running water persisted along the midline of the cave while the fine clay accumulated nearer the cave wall.

Stratum R.—Stratified sand, gravel, and cobbles: Unit d' at the bottom of Trench V-88. This sediment appears to continue below the present floor of V-88 where a hole exposed a bed of chert cobbles, commonly 3 to 4 cm diameter. Although the exposures are limited, these stratified deposits seem to dip toward the southwest, that is from the northeastern corner of Trench V-88 toward the cave wall, suggesting stream flow outward from the cave interior.

4.2.
Granulometric analyses.

Preliminary laboratory results reveal the character of several of the strata described above. Figure 3 shows three representative samples. The uppermost (YBZ-56) is dominated by coarse rock fragments, 8-16 mm, with a more or less even distibution of smaller elements. The middle sample, YBZ-72, from the top of Stratum S, is a typical sandy clay loam, with only a scattering of rock fragments larger than −1 phi (or 2 mm). The lowest sample shown, YBZ-76, is from the base of Stratum S which is a distinctly well-sorted medium to fine-grained sand, with nothing coarser than −1 phi (2 mm) or finer than 5 phi (.031 mm). At the bottom of the excavations, but not shown here, coarser sand and small cobbles (3-4 cm diameter) occur in Stratum R. Thus, it can be seen from these preliminary results that the deposits are fine grained and well sorted in the lower part and become progressively loamier, then distinctly rocky at the top, reflecting considerable differences in sedimentary environment and mechanisms of deposition. Although the sedimentary history is not completely understood yet, these changes suggest the decreasing role of running water as the deposits were accumulating in the cave.

Tabla 1.—*Dataciones de radiocarbono de la cueva superior de Yarimburgaz.*

Table 1.—*Radiocarbon dates por Yarimburgazupper cave.*

Level	Date (BP, uncalibrated)	Material	Lab. number
Level 2	5930 ± 110	(lower part)	GrN-15534
Level 3	6880 ± 90	(fill w/ mollusks)	GrN-15528
Level 4a	7330 ± 60	(upper part of fill)	GrN-15529
Level 6	8110 ± 320	(black, peat-like)	GrN-15532
Level 7a	7640 ± 90	(a black lens)	GrN-15533
Level 7b	9190 ± 100	(thick peat-like fill)	GrN-15531
Level 7 upper	10000 ± 80	(organic-rich sed.)	Beta-42734
Level 7 lower	11840 ± 100	(charcoal fragments)	Beta-42733 (AMS)
Level 8	24510 ± 240	(charcoal fragments)	Beta-42732 (AMS)

4.3. Resultados arqueológicos.

Haré un breve resumen de los principales descubrimientos arqueológicos. Se está llevando a cabo el estudio de la industria lítica y de los restos óseos y, por lo tanto, la información aquí aportada es provisional.

Özdogan y Alpaslan Koyunlu publicaron (en 1986) una breve nota sobre los materiales recuperados en la cueva superior. La mayoría de los hallazgos Calcolíticos eran fragmentos cerámicos, con unos pocos utensilios de piedra y moluscos marinos y de agua dulce. Bajo el Calcolítico apareció industria de cuarcita y sílex dispersa (unos 30 restos en total) entre abundantes lentejones o fragmentos de carbón en los Niveles 6 y 7. La mayor parte de la industria lítica no es diagnóstica, estando formada por lascas utilizadas o retocadas. Algunas de ellas muestran huellas de talla Levallois, aunque las dataciones de radiocarbono obtenidas por Özdogan y nosotros mismos colocan estos niveles en el Paleolítico superior o Neolítico inferior.

En la cueva baja, la industria del Paleolítico Inferior aparece inmediatamente debajo de la intrusión moderna. Incluye lascas y núcleos, algunos retocados o utilizados, con cantos tallados y chopping tools, y una cantidad mediana a grande de cantos no trabajados catalogados como percutores. No es muy común el retoque bifacial y no hay muchas herramientas estandarizadas grandes, tales como hachas de mano, hendedores o triedros. Las materias primas incluyen cuarzo, cuarcita y sílex, pero no hemos encontrado ninguna fuente local de dichas materias primas aparte de los pequeños cantos que sabemos yacen bajo la llanura de inundación del río local y bloques pequeños transportados a través de los corredores kársticos de la cueva inferior, ya mencionados anteriormente.

Se recuperaron unas 1.400 piezas de industria, sobre todo de los 2 primeros metros bajo el suelo de la cueva infe-

4.3. Archaeological Results.

I will summarize briefly the main archaeological discoveries. Study of the artifacts and animal bones is continuing, and, therefore, the information reviewed here is tentative.

A brief note on the materials recovered in the upper cave was published by Özdogan and Alpaslan Koyunlu (1986). Most of the Chalcolithic finds were sherds, a few stone tools, and marine and freshwater mollusks. Below the Chalcolithic, sparse flint and quartzite artifacts (about 30 total) occurred along with an abundance of charcoal lenses or fragments in Levels 6 and 7. Most of the stone objects are nondiagnostic utilized or retouched flakes or chunks, but a few of them show traces of Levallois preparation, but the radiocarbon dates obtained by Özdogan and ourselves place them in a final Paleolithic or early Neolithic time frame.

In the lower cave, Lower Paleolithic artifact assemblages occur immediately below the modern disturbance. These include cores and flakes, some retouched or utilized, along with pebble tools and chopping tools, and moderate-to-large unworked cobbles, catalogued as manuports. Bifacial retouch is very uncommon, and there are no standardized large tools, such as handaxes, cleavers, or trihedrals. Raw materials include quartz, quartzite, and chert, but we found no local source of these materials, other than the small pebbles known to be buried below the local river floodplain and small pebbles entrained through the karstic passages of the lower cave, mentioned above.

Some 1400 artifacts were recovered, mostly from the first 2 m below the floor of the lower cave (strata X, W, V). A few enigmatic cobbles, posible manuports, occurred between 2 and 2.5 m depth (strata U, T) along with a few herbivore bones. We found neither bones nor artifacts below 2.5 m depth, and no evidence of the presence of fire in the Lower Paleolithic sediments of the lower cave.

3. *Distribución del tamaño del grano en tres muestras representativas de la Cata V-88. Muestra YBZ-56 recogida en el Estrato O, en la parte superior de la cata (7 m bajo el Nivel Cero). La muestra YBZ-72 viene de la parte superior del estrato S, a 10 m bajo el Nivel Cero. La muestra YBZ-76 representa sedimentos arenosos de la base del estrato S, 11,5 m bajo el Nivel Cero. La escala de las dimensiones en unidades phi va de los 16 mm (extremo izquierdo) a < 0,001 mm (extremo derecho).*

3. *Grain size distribution in three representative samples from Trench V 88. Sample YBZ-56 collected from Stratum O at the top of the trench (7 m below datum). YBZ-72 comes from the top of Stratum S, at 10 m below datum. YBZ-76 represents sandy sediments of the base of Stratum S, 11.5 m below datum. The size scale in phi units ranges from 16 mm (far left bar) to <.001 mm (far right bar).*

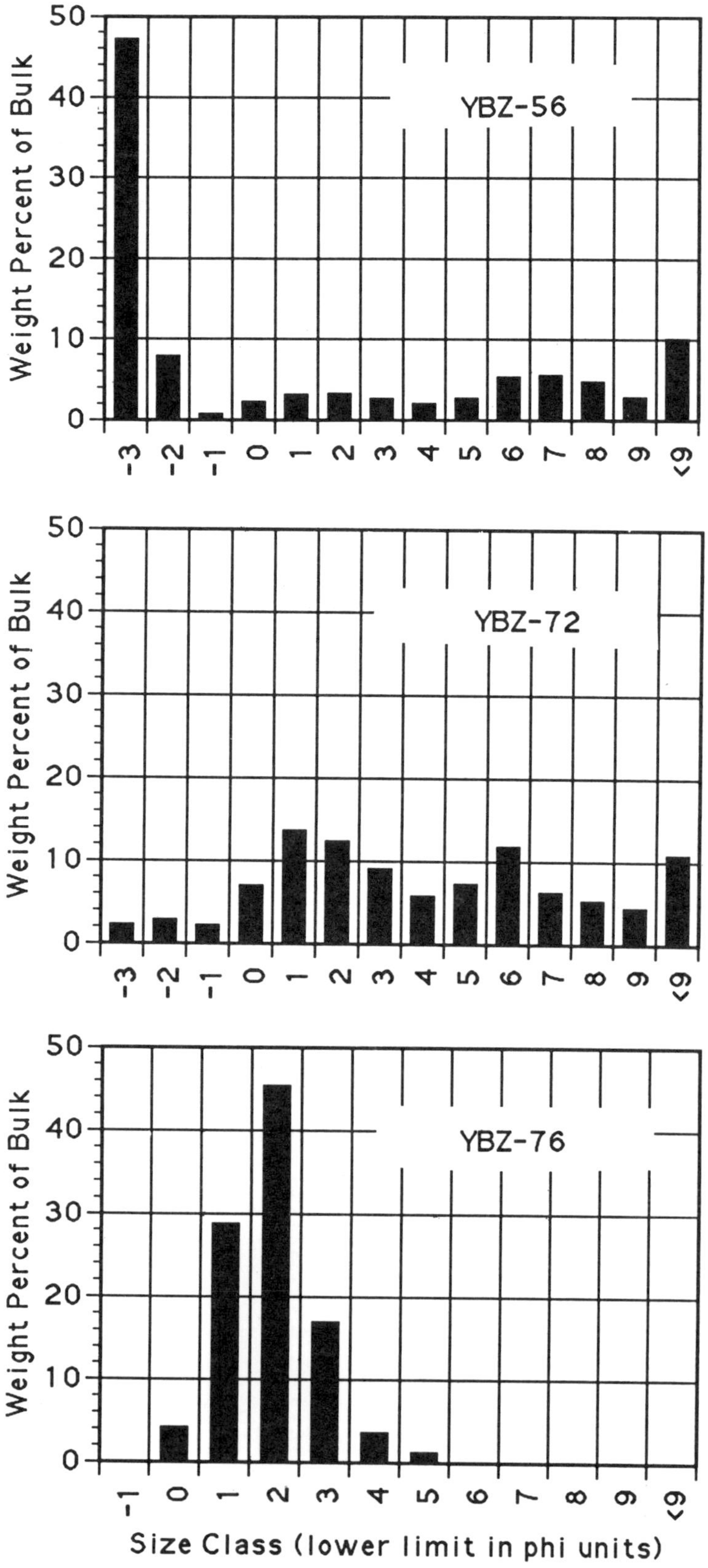

rior (Estratos X, W, V). Unos cuantos cantos enigmáticos, puede que percutores, y unos pocos huesos de herbívoros aparecieron a una profundidad entre 2 y 5 metros (estratos U, T). No encontramos huesos ni artefactos por debajo de los 2,5 metros, ni tampoco evidencias de fuego en los sedimentos del Paleolítico Inferior de la cueva inferior.

En los niveles altos de la cueva inferior los restos óseos eran muy abundantes, en especial los de oso de las cavernas, *Ursus deningeri.* Una lista preliminar de herbívoros incluye: *Equus caballus, Sus scrofa, Dama, Capreolus, Megaceros, Bos/Bison, Gazella* y *Capra.* Además del oso, se pueden citar otros carnívoros como *Canis* (2 spp.), *Vulpes, Panthera* (2 spp), *Felis* (2 spp) y *Crocuta.* La microfauna no es muy rica o variada. Comprende principalmente murciélagos, unos pocos lagomorfos, algunos esciúridos, cricétidos, arvicólidos, múridos, *Spalax,* insectívoros y glíridos. Estos micromamíferos están siendo estudiados por W. v. Koenigswald en Bonn. Por otra parte se han tomado muestras para un análisis de polen que todavía no se ha llevado a cabo.

Aunque la cueva pueda haber sufrido ocupaciones alternativas de humanos y osos de las cavernas, la coincidencia de huesos e industria y la agrupación aparente de huesos y piedras en algunos "suelos de hábitat" demuestran que la cueva fue utilizada por los humanos. De hecho la industria lítica humana y los huesos de animales aparecen juntos siempre, excepto en la cata Y-88, Nivel 5 (= Estrato S) donde se encontraron algunos carnívoros y sus presas (?) sin ningún signo de actividad humana. Hasta la fecha el único fósil humano encontrado en la cueva es un robusto incisivo (I_2 izquierdo) poco desgastado, que apareció en el nivel 1c en Y-88.

Bones were very abundant in the upper levels of the lower cave, especially bones of cave bear, *Ursus deningeri.* A preliminary list of herbivores includes *Equus caballus, Sus scrofa, Dama, Capreolus, Megaceros, Bos/Bison, Gazella,* and *Capra.* Carnivores, other than cave bear, were *Canis* (2 spp.), *Vulpes, Panthera* (2 spp.), *Felis* (2 spp.), and *Crocuta.* The microfauna is not very rich or diverse, comprising mostly bats, a few lagomorphs, some Sciurids, Cricetids, Arvicolids, Murids, *Spalax,* insectivores and Glirids. These micromammals are being studied by W. v. Koenigswald in Bonn. Samples for pollen analysis have been collected and are awaiting analysis.

Although the cave may have alternated between a human habitat and a cave bear habitat, the co-occurrence of bones and artifacts and the apparent clustering of bones and stones on certain "living floors" argues strongly for human utilization of the cave. In fact, human artifacts and animal bones always co-occur, except in Trench Y-88, Level 5 (=Stratum S) where several carnivores and their prey (?) were found without any trace of human activity. To date, the only human fossil found in the cave is an unworn, robust incisor (left I_2) from Level 1c in Y-88.

4.4. Cronología.

La edad de las asociaciones de industria de la cueva inferior todavía es bastante dudosa. Los resultados preliminares de análisis de resonancia de espín electrónico (ESR) en cuatro dientes de *Ursus* dan edades máximas de 161.000 a 315.000 años. Una datación efectuada por series de uranio 238 en travertino dio una edad mínima de 150.000 años, compatible con la estimación ESR (Blackwell *et al.,* 1990). Por otra parte, Howell (comunicación personal) ve un "parecido sustancial, incluso estrecho" (substantial, even close resemblance) entre la asociación faunística de Yarimburgaz y otros yacimientos de Europa central y occidental cuyas edades son mucho más

4.4. Chronology.

The age of artifact assemblages in the lower cave is still largely speculative. Preliminary electron-spin resonance (ESR) results on four *Ursus* teeth suggest a maximum age of 161,000 to 315,000 years, and a uranium-series date on cave travertine of $\geq$ 150,000 years is consistent with the ESR estimate (Blackwell *et al.,* 1990). On the other hand, Howell (personal communication) sees a "substantial, even close resemblance" between the Yarimburgaz faunal assemblage and other sites in central and western Europe whose ages are much older than the Yarimburgaz radiometric dates, ranging from 350,000 to as much as 730,000 years ago.

antiguas (350.000 a 750.000 años) que las fechas radiométricas de Yarimburgaz.

Los niveles con estratificación cruzada de la cueva superior limitan la edad de los sedimentos del Paleolítico Inferior de la cueva inferior, si nuestra estimación de su edad como Interglacial Superior (dada anteriormente) es correcta. En ese caso los depósitos de la cueva inferior serían, como mínimo, anteriores al Último Interglaciar. Sin embargo hay un problema para comprender la naturaleza de la sedimentación en la cueva inferior durante el Interglacial Superior, ya que el corredor inferior está unos 7 metros por debajo de las arenas de playa de la cueva superior. ¿Por qué entonces dichas arenas no aparecen también en la cueva inferior? Puede que la boca de la cueva inferior estuviera bloqueada por sedimentos que han sido erosionados desde entonces. El corredor transversal entre la cueva superior y la inferior tendría que haber estado asimismo bloqueado, o bien la arena habría entrado también aquí. Otra posibilidad es que corrientes de agua de origen kárstico hayan eliminado cualquier signo de arena de playa y sedimentos asociados de la cueva inferior, además de cualquier resto de niveles del Paleolítico Medio y Superior.

The cross-stratified beach deposits in the upper cave constrains the age of the Lower Paleolithic deposits in the lower cave, if our assessment of their Last Interglacial age (given above) is correct. In that case, the lower cave deposits should be at least older than the Last Interglacial. There is a problem, however, in understanding the nature of deposition in the lower cave during the Last Interglacial because the lower passage is some 7 m lower than the beach sands in the upper cave. Why do these sands not occur also in the lower cave? Perhaps the mouth of the lower cave was blocked by deposits that have since been eroded away. In this case, the transverse passage between the upper and lower caves must have been blocked as well, or the sands would have washed down there, too. Another possible solution calls on active karstic streams that eroded away all traces of the beach sand and associated sediments in the lower cave, as well as any Middle and Upper Paleolithic artifacts.

5 Historia de la sedimentación.

5.1. Conclusiones preliminares.

La siguiente secuencia de acontecimientos se basa en la inspección ocular de los sedimentos de la cueva inferior. El primer ciclo sedimentario –Niveles R y S de la parte inferior de la cata V-88 (2 a 2,5 m)– comienza con arena de cuarzo con clastos, estratificada y clasificada. Por encima de este nivel hay arcillas muy finas y uniformes interdigitadas con sedimentos arenosos, que indican una sedimentación de baja energía cerca de la cara oeste de la cueva inferior, mientras que aguas corrientes transportaban sedimentos fluviales a lo largo del eje de la cueva. La parte superior del primer ciclo es un horizonte fuertemente cementado (fosfático?), irregular en su configuración, que sugiere una discordancia erosiva.

El segundo ciclo sedimentario (Estratos T, U y V) comprende arcillas marrón rojizo oscuro con cantos de cuarzo o cuarcita muy esparcidos. Hacia la mitad de esta unidad aparece un horizonte arcilloso continuo, de color amarillo claro o naranja (Estrato U). Muchas concreciones están cubiertas

5 Sedimentary History.

5.1. Preliminary Conclusions.

Visual inspection of the lower cave sediments suggests the following history. The first sedimentary cycle Strata R and S of the lowermost 2 to 2.5 meters in Trench V-88 begins with sorted and stratified quartz sand and pebbles. Above this level are very fine smooth clays that interfinger with gritty sediments, indicating quiet water deposition near the west side of the lower cave while running water was carrying fluvial sediments along the cave axis. The top of the first cycle is a strongly cemented (phosphatic?) horizon, irregular in configuration, suggestive of an erosional unconformity.

The second sedimentary cycle (Strata T, U, and V) comprises dark reddish brown clay loams with widely scattered quartz and quartzite pebbles. A consistent light yellow or orange loamy horizon (Stratum U) occurs in the middle of this unit. Numerous vugs are lined with secondary phosphate (collophane) and scattered masses of sediments are firmly cemented with collophane. A firm, dark reddish brown loam por fosfatos secundarios (colofanita), y masas dispersas de sedimentos están firmemente cementadas con esta misma colofanita. Una arcilla marrón rojizo oscuro con fisuras verticales marcadas señala el techo de este ciclo (Estrato V). Las fisuras sugieren la desecación de sedimentos en el suelo de la cueva durante un largo período de tiempo en el que la sedimentación fue escasa o nula, e indican que en aquel momento la cueva se encontraba abierta al exterior. Numerosos restos óseos y algunos utensilios prueban la utilización de la cueva inferior por animales y humanos durante la fase final del segundo ciclo.

Los sedimentos del tercer ciclo (Estratos W, X e Y) son diferentes, con numerosos clastos y relativamente poca matriz entre los fragmentos de roca. Los huesos y utensilios son muy abundantes en este ciclo. Mientras que los sedimentos del primer y segundo ciclo son producto de una sedimentación lenta debida al agua corriente del interior de la cueva, los sedimentos del tercer ciclo pueden ser el resultado de terremotos que desprendieron rocas del techo de la cueva durante un período de tiempo relativamente corto.

Sobre los depósitos del tercer ciclo hay un espesor variable de sedimentos y detritos modernos. Normalmente es bastante delgado (de 10 a 20 cm), pero en algunos lugares aparecen pozos hondos con desechos del siglo XX (plásticos, etc.). La ausencia de industria lítica del Paleolítico Medio y Superior y del Neolítico indica que hay un intervalo muy grande de tiempo entre la acumulación del tercer ciclo y los desechos modernos que lo cubren. Puede que los sedimentos posteriores al Paleolítico Inferior fueran eliminados por la erosión, aunque no hay ninguna evidencia clara a techo de los sedimentos del tercer ciclo, excepto la erosión en la cata Z-88, que puede haber tenido lugar en este intervalo (ver más adelante). Por otra parte esta evidencia puede haber sido alterada por actividades recientes.

En la cata Z-88, justo dentro del umbral actual de la cueva inferior, los sedimentos a techo son de época bizantina y moderna. Descansan sobre una superficie muy irregular que parece más una discordancia erosiva que un pozo moderno. Los sedimentos más bajos, Nivel 4 e inferiores, recuerdan a los de las secciones inferiores de las catas Y-88 y V-88. El nivel 4 es una arcilla de color marrón amarillento, amarillo castaño o marrón grisáceo, muy compacta e incluso dura (cuando está seca), con algo de arena y cantos dispersos. Por debajo están los niveles 7 y 8, que contienen arena y limo finamente laminados, algo teñidos con manganeso(?). Estas unidades recuerdan a la "Marga arcillosa marrón amarillento a marrón rojizo oscuro con algunas zonas cementadas y len-

with conspicuous vertical fissures marks the top of this cycle
(Stratum V). The fissures suggest desiccation of sediments on the cave floor during an extended period of time when little or no deposition was taking place, and imply that the cave was open to the external atmosphere at the time. Abundant animal bones and some artifacts imply human and animal utilization of the lower cave during the final phase of the second cycle.

The third cycle sediments (Strata W, X, and Y) are quite different, being very rocky with relatively little matrix between the rock fragments. Bones and artifacts are very abundant in this cycle. Whereas the sediments of the first and second cycles are logically products of slow deposition by running water issuing from the cave interior, the third-cycle sediments may be the result of earthquakes that detached rocks from the ceiling of the cave during a relatively short time span.

Above the third cycle deposits is a variable thickness of modern sediments and detritus. It is usually very thin (10 to 20 cm), but deep pits with 20th century debris (plastics, etc.) occur in places. The absence of Middle and Upper Paleolithic and Neolithic artifacts implies a very long time gap between the third cycle accumulation and modern debris that caps it. Perhaps post-Lower Paleolithic sediments were removed by erosion, but there is no clear evidence for erosion at the top of the third-cycle sediments, except the erosion in Trench Z-88 which may have occurred in this interval (see below). Admittedly such evidence may have been disturbed by recent activities.

In Trench Z-88, just inside the present drip line of the lower cave, the uppermost sediments are Byzantine and modern. They overlie a very irregular surface that appears more likely to be an erosional unconformity than a modern pit. The lower sediments, Level 4 and lower, are reminiscent of those in the lower sections of trenches Y-88 and V-88. Level 4 is yellowish brown, brownish yellow, or light grayish brown loam, very firm to hard (when dry) with some sand and scattered pebbles; and Levels 7 and 8 below it contain finely laminated very fine sand and silt with some manganese (?) staining. These units recall the "Yellowish brown to dark reddish brown clay loam with some cemented zones and lenses of sand and gravel" (see above) of the lower part of the second sedimentary cycle. Below this, Unit 12 comprises abundant limestone blocks that are highly corroded and topped by a phosphatic (?) crust, reminiscent of the upper part of the first cycle sediments in Trench V-88. Moreover, all these units in Trench Z-88 are archaeologically sterile, like tejones de arena y grava" (ver más arriba) de la parte inferior del segundo ciclo de sedimentación. Más abajo la unidad 12 comprende abundantes bloques de caliza bastante desgastados, y a techo aparece una costra de fosfato(?), que evoca la parte superior de los sedimentos del primer ciclo en la cata V-88. Además todas estas unidades en la cata Z-88 son arqueológicamente estériles, como los estratos correlacionables de las catas V-88 e Y-88. La ausencia de cualquier tipo de utensilios del Paleolítico Inferior en la cata Z-88, en la boca de la cueva, que tendría que haber sido una zona de actividad importante o por lo menos un área de gran tráfico, parece confirmar la idea de que la erosión ha eliminado los sedimentos equivalentes al tercer ciclo y la parte superior del segundo ciclo en el interior de la cueva.

Diciembre de 1992.

the presumably correlative strata in trenches V-88 and Y-88. The absence of any Lower Paleolithic artifacts in Trench Z-88 at the cave mouth, which would certainly have been an important activity area or at least the site of heavy traffic, seems to confirm the idea that erosion has removed sediments equivalent to the third cycle and the upper part of the second cycle of the cave interior.

BIBLIOGRAFÍA

Blackwell, B., Schwarcz, H. P., Porat, N., Howell, F. C., and Arsebük, G. (1990): Electron spin resonance (ESR) dating of *Ursus* teeth from Yarimburgaz, Turkey. *Geological Society of America, Abstracts with Programs* 22, A120-A121.

Eyice, S. (1978): Tarihde Küçükçekmece. *Güney-Dogu Avrupa Arastirmalari Dergisi, Istanbul Üniversitesi Edebiyat Facültesi* 6/7, 57-120.

Özdogan, M. and Aspaslan Koyunlu, Y. M. (1986): Yarimburgaz Magarasi. 1986 Yili Calismalarinin ilk Sonuçlari ve bazi gözlemler. *Arkeoloji've Sanat,* Istanbul 32/33, 4-17.

Evolución humana en Europa y los yacimientos de la Sierra de Atapuerca, págs. 37-55

Cueva de Pontnewydd, Gales. Un yacimiento arqueológico con restos humanos del Pleistoceno Medio: revisión de la estratigrafía, dataciones, tafonomía y de su interpretación.

Pontnewydd Cave, Wales, a later Middle Pleistocene hominid and archaeological site: a review of stratigraphy, dating, taphonomy and interpretation

Stephen Aldhouse-Green. *National Museum of Wales, Cathays Park, Cardiff CF1 3NP, Reino Unido*

Resumen:

La cueva de Pontnewydd ha proporcionado restos de homínidos de afinidad probable con los neandertales tempranos junto con una industria achelense. La ocupación humana es del Pleistoceno Medio final, datada en c. 225 ka. Los restos de homínidos, industria y fauna están en una posición secundaria depositados por debris-flows y en consecuencia tienen muchos problemas de interpretación. Sin embargo, es posible hacer un intento de definir la naturaleza de la ocupación original que pudo haber sido importante y de su contexto medioambiental. La cueva de Pontnewydd esta situada al norte de Gales lejos de la distribución bien conocida de los yacimientos contemporáneos del Paleolítico inferior. Las circunstancias que llevaron a su conservación son inusuales y parece probable que los yacimientos que existieron entre estos se hayan destruido por procesos glaciales.

Abstract:

Pontnewydd Cave has yielded hominid remains of probable Early Neanderthal affinity together with an Acheulian industry. The human occupation is of later Middle Pleistocene age c. 225 ka. The hominid remains, artefacts and fauna were emplaced by debris flows and, in consequence, the evidence poses many problems of interpretation. Nonetheless, it is possible to attempt an assessment of the nature of the original occupation, which may have been substantial, and its environmental context. Pontnewydd Cave is situated in North Wales far from the known distribution of contemporary early Palaeolithic sites. The circumstances that led to its preservation are unusual, and it seems probable that intervening sites have been destroyed by glacial processes.

Palabras clave:

Pleistoceno, Paleolítico, Neanderthal, homínidos, arqueología, Achelense, fauna, cuevas.

Key words:

Pleistocene, Paleolithic, Neanderthal, hominids, Archaeologie, Acheulian, fauna, caves.

1. *Cueva de Pontnewydd. Localización del yacimiento. El recuadro del ángulo superior derecho muestra la distribución de los hallazgos más antiguos del Paleolítico de Gran Bretaña.*
2. *Cueva de Pontnewydd. Plano del yacimiento, 1989.*
3. *Cueva de Pontnewydd. Nueva Entrada (Sitio H). Secuencia estratigráfica. Sección JK (1989) a través de la boca de la cueva. Determinaciones ESR por Rainer Grün; datos TL en sílez quemado y estalagmitas por Sheridan Bowman y Nicholas Debenhan (British Museum Research Laboratory); Series de Uranio en estalagmitas por Miro Ivanovich (UKAEA).*

1. *Pontnewydd Cave. Location of site. The inset shows the distribution of earlier Palaeolithic finds in Britain.*
2. *Pontnewydd Cave. Plan of site, 1989.*
3. *Pontnewydd Cave. The New Entrance (Site H). Stratigraphic sequence. Section JK (1989) across mouth of cave. ESR determination by Rainer Grün; TL dates on burnt flint and stalagmite by Sheridan Bowman and Nicholas Debenhan (British Museum Research Laboratory); U-series on stalagmites by Miro Ivanovich (UKAEA).*

1 Introducción.

El programa actual de excavaciones en la cueva de Pontnewydd comenzó en 1978 y los resultados han sido publicados extensamente (Green, 1984, Green, 1988, Green *et al.*, 1989). El presente artículo revisa, pone al día y amplía otros anteriores pero el lector debe remitirse a éstos para la documentación original completa.

La cueva de Pontnewydd se encuentra a unas setecientas millas (unos mil km) en línea recta –o bastante más lejos puesto que el neandertal caminaba– al norte del yacimiento de Atapuerca. En el momento de su ocupación Pontnewydd estuvo situada en una masa europea de tierra continua y es apropiado por tanto ver el yacimiento desde una perspectiva europea.

En Gales, las cuevas paleolíticas, la mayoría de un tamaño relativamente pequeño, sólo se encuentran en los afloramientos calcáreos del Carbonífero, en los límites sur y norte del país. Gales es una zona de tierras altas que en tiempos estuvo completamente o casi completamente helada (Campbell & Bowen, 1989). El efecto destructivo de estas glaciaciones probablemente ofrece una explicación del aislamiento aparente de la cueva de Pontnewydd de las áreas principales de asentamientos paleolíticos en Gran Bretaña. La cueva de Pontnewydd se localiza en el norte de Gales, en el valle del río Elwy (Fig. 1) y está a una altitud de unos 50 m por encima del nivel del río y a unos 90 m sobre el nivel del mar. El sistema kárstico en si mismo es "horizontal" con fisuras y pasajes laterales que se abren en ángulo recto desde el pasaje principal (Fig. 2).

El arrastre glacial pudo haber rellenado el valle más profundamente en el pasado, quizás incluso hasta el nivel de la cueva. Se ha sugerido, por tanto, que la erosión de los depósitos externos y de la entrada por el curso fluvial pudo ser el mecanismo inicial, por lo menos para los depósitos de arrastre que rellenan la cueva (Embleton en Green, 1984). Si esto es así, el río debió correr incluso a un nivel más alto que el de la cueva de Pontnewydd, 20 m más arriba, a la altura del yacimiento de Cae Grown, situado a unos 111 m por encima del nivel del mar. La cueva fue rellenada de forma parecida por debris-flows en el Pleistoceno Medio (Green 1986, 39). Un mecanismo alternativo pudo haber afectado el retroceso de depósitos glaciares inestables, quizás iniciado por el encajonamiento del río en las vertientes. Los resultados de los análisis cuantitativos de los minerales pesados y de los arcillosos, seguidos de los realizados por estudios morfológicos que incluyen un examen por SEM, muestran que diferentes fuentes

1 Introduction.

The current programme of excavations at Pontnewydd Cave commenced in 1978 and the results have been widely published (Green 1984, Green 1988, Green *et. al.* 1989). The present account reviews, updates and extends previous accounts but the reader is referred to these for full primary documentation.

Pontnewydd Cave lies some 700 miles (some 1000 kilometres) in a straight line –or rather further as the Neanderthal walks– due north of the site of Atapuerca. At the time of its occupation, Pontnewydd was probably situated within a continuous European landmass and it is appropriate, therefore, to view the site from an European perspective.

In Wales, Palaeolithic caves –mostly of relatively small size– are found only in the Carboniferous Limestone outcrops at the southern and northern ends of the country. Wales is a highland area which, at times, has been completely –or very nearly completely– glaciated (Campbell & Bowen 1989). The destructive effect of these glaciations probably offers an explanation of the apparent isolation of Pontnewydd Cave from the main areas of Palaeolithic settlement in Britain. Pontnewydd Cave is located in North Wales in the valley of the River Elwy (Figure 1) and lies some 50 m above the level of the river at an overall height of 90 metres above sea level. The cave system itself is 'horizontal' with fissures and side-passages opening at right-angles from a main passage (Figure 2).

Glacial drift may have filled the valley to some depth in the past –perhaps even to the level of the cave– and lubrication of external and entrance deposits by such a high level river has been proposed as a possible trigger mechanism for some, at least, of the debris flows which fill the cave (Embleton in Green 1984). If so, the river must have flowed at an even higher level than Pontnewydd Cave for the site of Cae Gronw, over 20 metres higher at 111 metres above sea level. The cave was similarly filled by Middle Pleistocene debris flows (Green 1986, 39). An alternative mechanism may have involved slumping of unstable glacial deposits, perhaps initiated by river-undercutting downslope. The results of quantitative heavy mineral and clay mineral analyses, followed up by morphological studies involving examination by SEM, show that different sources and contexts are involved for the emplacement of different debris flows (D. A. Jenkins in press). Thus the lowest fossiliferous unit, the Intermediate complex, seems to have been emplaced as a consequence of the redeposition of material from the landsurface to the

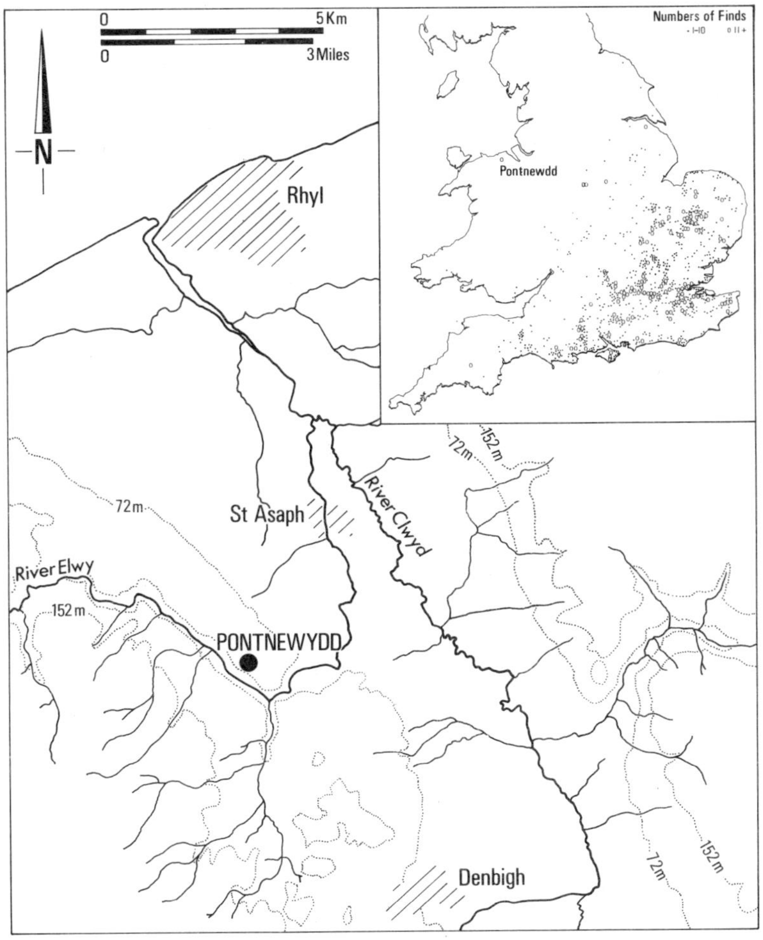
0
5 Km
0
3 Miles
N
Numbers of Finds
Pontnewdd
Rhyl
St Asaph
River Clwyd
River Elwy
72m
152m
PONTNEWYDD
Denbigh

1

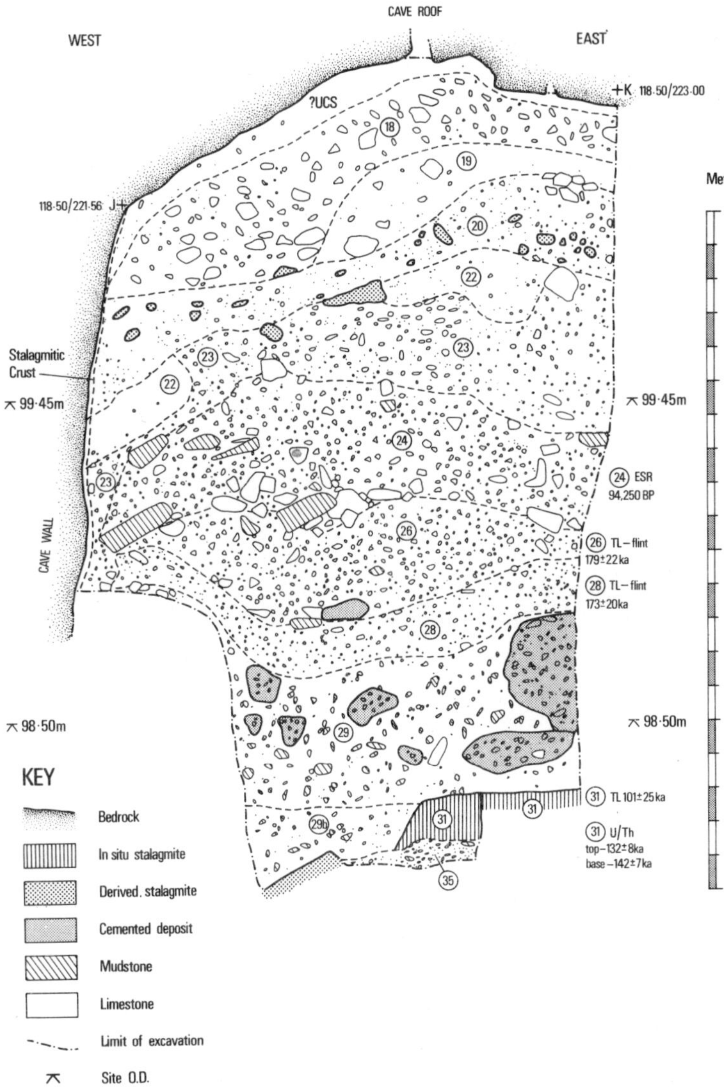
CAVE ROOF
WEST
EAST
?UCS
+K 118·50/223·00
118·50/221·56 J
Stalagmitic Crust
99·45m
99·45m
CAVE WALL
24 ESR 94,250 BP
26 TL–flint 179±22ka
28 TL–flint 173±20ka
98·50m
98·50m
31 TL 101±25ka
31 U/Th top–132±8ka base–142±7ka
Metres
2
1
0
KEY
Bedrock
In situ stalagmite
Derived. stalagmite
Cemented deposit
Mudstone
Limestone
Limit of excavation
Site O.D.

3

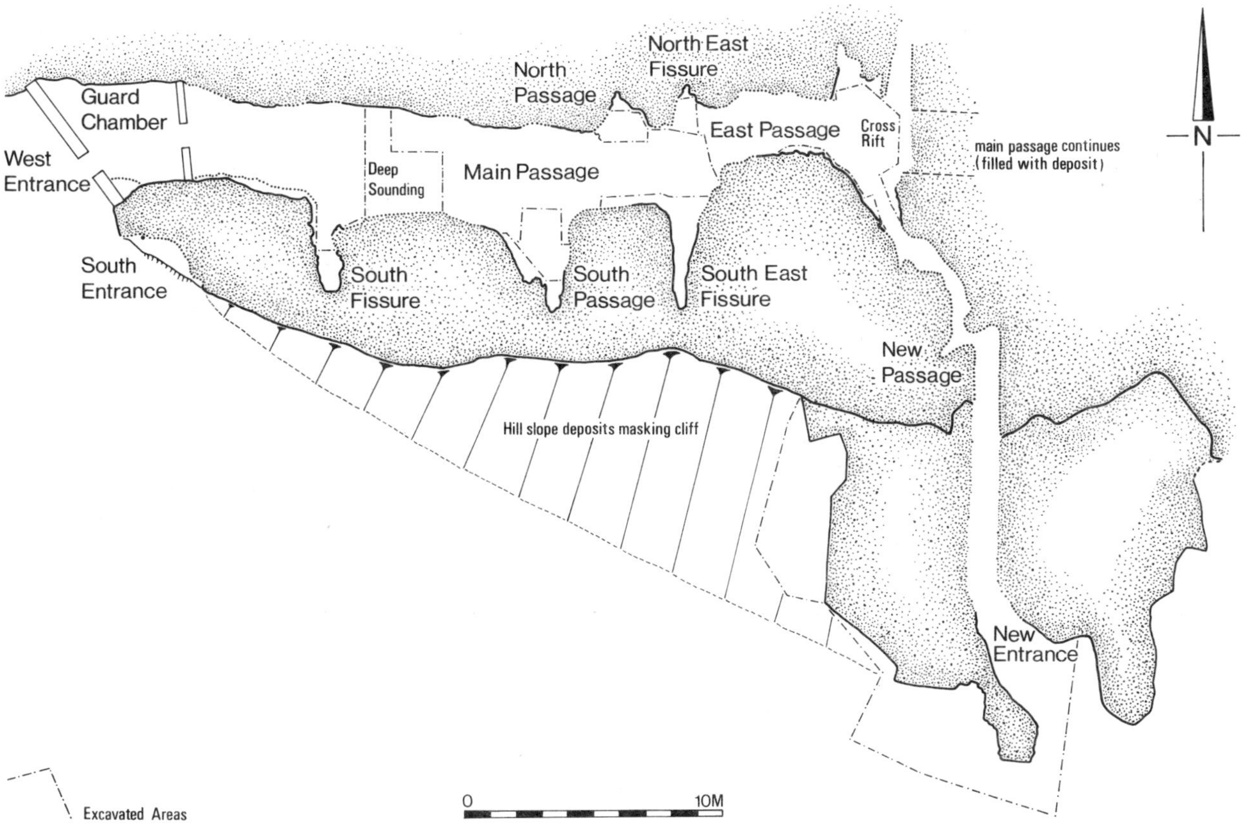
North Passage
North East Fissure
Guard Chamber
West Entrance
East Passage
Cross Rift
main passage continues (filled with deposit)
N
Deep Sounding
Main Passage
South Entrance
South Fissure
South Passage
South East Fissure
New Passage
Hill slope deposits masking cliff
New Entrance
Excavated Areas
0
10M

2

y contextos están implicados en el emplazamiento de los diferentes debris-flows (D. A. Jenkins, en prensa).

Así pues, la unidad fosilífera inferior, el Complejo Intermedio, parece haberse emplazado como consecuencia de la redeposición del material desde la superficie al norte del escarpado, principalmente a través de procesos de vertiente moderados. Por contra, la brecha inferior que se sitúa encima, y que ha ofrecido la mayor parte de los hallazgos de homínidos e industria, muestra evidencias de la entrada de materiales más lejanos, de los afloramientos del Paleozoico inferior del oeste, y por lo tanto es coherente con la evidencia de una glaciación local anterior a dicha entrada.

north of the escarpment, principally through temperate slope processes. By contrast, the overlying Lower Breccia, which has yielded the bulk of the artefactual and hominid finds, shows evidence of the input of more distant material from Lower Palaeozoic outcrops to the west and, so, is consistent with evidence for local glaciation prior to input.

2 La cueva de Pontnewydd: La estratigrafía sedimentaria.

La secuencia sedimentaria (Tabla 1) de la cueva presenta un registro fragmentario de acontecimientos y procesos, ambos erosivos y deposicionales, que abarcan por lo menos 300.000 años. Una serie de un espesor de 3 m de depósitos basales (las Arenas Inferiores y Superiores y las Gravas) no contiene ni industria ni fauna, pero es rica en guijarros y nódulos de rocas volcánicas (originalmente del noroeste de Gales y del Distrito del English Lake, pero que fueron transportados a la zona de la cueva por la actividad glacial y periglacial). Su presencia es importante porque demuestra la disponibilidad local de la serie completa de rocas volcánicas que posteriormente fueron usadas para hacer herramientas por los homínidos, cuyos restos se han encontrado en la cueva. Debemos señalar que algo de sílex está también presente en estos depósitos basales, aunque de pequeño tamaño y de mala calidad. Estas Arenas y Gravas se emplazaron principalmente como debris-flows de rápido movimiento originado desde la entrada de la cueva. El estudio con el SEM ha indicado una gama amplia de litologías y procedencias, que indican mezcla exterior a la cueva, probablemente en el contexto del transporte y deposición glacial.

En la secuencia basal de los depósitos, las arenas inferiores y las gravas 3 (LSG 3) son las únicas que sólo contienen calizas (aunque altamente expuestas a la intemperie) además de las abundantes rocas volcánicas y micritas presentes a través de la unidad de arenas y gravas. LSG 3 representa el debris-flows más antiguo en la cueva, pero está erosionado, y actualmente está cortado por depósitos posteriores (LSG 1 y

2 Pontnewydd Cave: The Sediment Stratigraphy.

The sedimentary sequence (Table I) in the cave presents a fragmentary record of events and processes, both depositional and erosional, covering at least 300,000 years. A 3 metres thick series of basal deposits (the Upper and Lower Sands and Gravels) contains neither artefacts nor fauna but is rich, nonetheless, in pebbles and cobbles of volcanic rocks (ultimately from North West Wales and the English Lake District, but transported to the vicinity of the cave by glacial and periglacial activity). Their presence is important because it demonstrates the local availability of the full range of volcanic rocks which were later used for tool manufacture by the early hominids whose remains have been found in the cave. We should note that some flint is present also in these basal deposits, albeit small in size and of poor quality. These Sands and Gravels were mostly emplaced as fast-moving debris flows originating from the cave entrance. SEM study has indicated a wide range of lithologies and provenances suggestive of mixing outside the cave, probably in the context of glacial transportation and deposition.

In the basal sequence of deposits, Lower Sands and Gravels 3 (LSG3) alone contains limestone, albeit highly weathered, in addition to the abundant volcanics and mudstones present throughout the Sands and Gravels unit. LSG3 represents the oldest debris flow in the cave, but is eroded and actually undercut by later flows (LSG1 and LSG2). Its partial preservation in some areas of the cave, and the survival also of its contained limestone clasts, probably relates to the protection provided by localised cementation through the for-

Tabla I.—*Cueva de Pontnewydd. Secuencia cronoestratigráfica. Nótese que la capa más antigua, LSG 3, realmente se sitúa estratigráficamente por encima de la LSG 2.*

Table I.—*Pontnewydd Cave. Chronostratigraphic sequence. Note that the earliest layer, LSG 3, actually occurs stratigraphically above LSG 2.*

Layer/event	Principal mode of emplacement	Probable age	Archaeological and faunal remains
Laminated Travertine	in situ	Post-glacial	fauna
Upper Clays and Sands	fluvial	Late- and Post-glacial	fauna, including mollusca
Upper Breccia	debris flow	35-25 ka	fauna & artefacts
Silt	fluvial	>25 ka	fauna
Stalagmite	in situ	220-80 ka	absent
Lower Breccia	debris flow	220+ ka	fauna, artefacts, human maxilla fragment & teeth
Intermediate	debris flow	220+ ka	fauna, artefacts & human molar
Upper Sands & Gravels	debris flow	>245 ka	absent
Lower Sands & Gravels 2	debris flow	>245 ka	absent
Lower Sands & Gravels 1	fluvial	>245 ka	absent
Cementation of LSG 3	in situ	>245 ka	absent
Lower Sands & Gravels 3	debris flow	>245 ka	absent

LSG 2). Su conservación parcial en algunas áreas de la cueva y la supervivencia también de algunas calizas clásticas probablemente se relaciona con la protección facilitada por cementaciones localizadas a causa de la formación de concreciones calcáreas intersticiales. La aparente ausencia de calizas en las otras capas basales (LSG 2-3 y USG) de esta cueva calcárea puede relacionarse con su destrucción por actividad solucional, probablemente posterior a la deposición. La cronología de los depósitos basales es desconocida, anterior a una equivalencia amplia con el estadio isotópico del oxígeno 8 o más antigua. Mientras se está intentando inferir un origen en el estadio isotópico 9 para la cementación de LSG 3, con una edad del estadio isotópico 10 para su deposición, tal cementación pudo fácilmente haber ocurrido durante una fase templada dentro de un estadio frío (Campbell & Bower, 1977, 83). Es más seguro, sin embargo, referirse a estos depósitos basales sólo como estadio isotópico 8 o anterior.

Sobre los depósitos basales se sitúan las capas del Complejo Intermedio, que destacan visualmente dentro de la estratigrafía merced a sus vivos colores amarillo, naranja y marrón. El análisis mineralógico de la arena y la arcilla de estos sedimentos muestra que han soportado una intensa alteración química por su exposición subaérea característica de condiciones climáticas templadas. Como consecuencia se produjo la liberación de hierro seguida por oxidación y precipitación con la formación consecuente de oxidos férricos hídricos. La fauna del Complejo Intermedio (Tabla 2) coincide precisamente con la evidencia de sus sedimentos y es totalmente coherente con una atribución interglacial. La eviden-

mation of interstitial calcite. The apparent total absence of limestone from the other basal layers (LSG2-3 and USG) of this limestone cave may relate to their destruction by solutional activity, most probably post-emplacement. The chronology of the basal deposits is unknown, beyond a broad equivalence with Oxygen Isotope Stage 8 or earlier. Whilst it is tempting to infer a Stage 9 origin for the cementation of LSG3 with a Stage 10 age for its emplacement, such cementation could as easily have occurred during a milder phase within a cold stage (Campbell & Bowen 1977, 83). Is is safest, therefore, to refer these basal deposits only to 'Stage 8 or earlier'.

Above the basal deposits lie the layers of the Intermediate complex, which stand out visually within the stratigraphy by virtue of their vivid buff, orange and yellow colours. Analysis of the sand and clay mineralogy of these sediments shows then to have undergone the intense chemical weathering characteristic of warm climate conditions, resulting in the release of iron followed by oxidation and precipitation with the consequential formation of hydrous ferric oxides. The fauna from the Intermediate complex (Table II) precisely mirrors the evidence of its sediments and is wholly consistent with an interglacial attribution. The chronostratigraphic evidence available would indicate a Stage 7 date.

Above the Intermediate deposits lies the Lower Breccia, a debris flow of Middle Pleistocene age, which contains the bulk of the hominid and artefactual remains. The Lower Breccia fauna (Table III) represents a mixture of interglacial elements, probably reworked from the Intermediate comcia cronoestratigráfica disponible daría una fecha en el estadio isotópico 7.

Sobre los depósitos intermedios se sitúa la Brecha Inferior, un debris-flows del Pleistoceno Medio que contiene la mayor parte de los restos de homínidos y de industria. La fauna de la Brecha Inferior (Tabla 3) representa una mezcla de elementos interglaciales, probablemente reelaborados del Complejo Intermedio y elementos más fríos. La atribución de la fauna de Pontnewydd dentro de estadios de preservación (Currant en Green, 1984) actualmente experimenta una redefinición por Andrew Currant y Elisabeth Walker. Coronando inmediatamente la Brecha Inferior hay áreas localizadas de suelo estalagmítico o bolsas individuales, a veces de un tamaño muy pequeño. La distribución topográfica de esta estalagmita probablemente corresponde con la existencia anterior de puntos o áreas de goteo en el techo. La datación de estos espeleotemas ha demostrado que su formación ha sido episódica y que se ha desarrollado a lo largo de un período considerable de tiempo con un origen que empieza dentro del estadio isotópico 7 (Tabla 4). Allí donde el verdadero suelo estalagmítico está presente, invariablemente se encuentra muy fragmentado. En la parte norte de la cueva, a la entrada del Cross Rift, un área de este suelo *in situ,* generalmente de gran espesor y de una edad correspondiente al estadio isotópico 5, está cementada a la pared de la cueva. Contigua a ésta, aparecen áreas del mismo suelo rotas, pero en un nivel a unos 0,20 m por debajo. Esto puede ser el resultado de una compactación post-deposicional de los depósitos suprayacentes, lo que trajo consigo un rehundimiento del suelo y la ruptura consecuente. El suelo habría llegado a ser vulnerable a la alteración por la entrada del debris-flows de la Brecha Superior. Separando la capa estalagmítica que se habría formado localmente sobre la Brecha Inferior de la inmediata Brecha Superior, hay un depósito laminado de limo de origen fluvio-lacustre de baja energía. El estudio al SEM indica un contexto muy frío para el origen de estos sedimentos. El debris-flows que se sitúa inmediatamente por encima de la Brecha Superior, del Pleistoceno Superior tardío, se depositó con alguna fuerza. Este depósito realmente fue capaz de reelaborar industria y huesos y de remover y deslizar grandes placas de estalagmita de su posición original *in situ* sobre la superficie de la Brecha Inferior. La Brecha Superior, como antes lo hiciera la Brecha Inferior, aparentemente canalizó depósitos anteriores. Finalmente, la secuencia culmina en una capa de arcillas de deposición y arenas, cubierta por una estalagmita, casi con toda certeza de edad Holocena en base a su contenido de moluscos y microfauna.

plex, and colder elements. The attribution of the Pontnewydd fauna into preservation stages (Currant in Green 1984) is currently undergoing reassessment by Andrew Currant and Elizabeth Walker. Immediately capping the Lower Breccia are localised areas of stalagmitic floor or individual bosses, sometimes of very small size. The topographic distribution of this stalagmite probably corresponds with the former existence of points or areas of roof drip. Dating of these speleothems has shown their formation to have been episodic and to span a considerable period of time with formation beginning within Oxygen Isotope Stage 7 (Table IV). Where actual stalagmitic floor is present, it is invariably badly cracked. On the north side of the cave, at the entrance to the Cross Rift, an area of such *in situ* floor, generally of substantial thickness and of Oxygen Isotope stage 5 age, is cemented to the cave-wall. Contiguous with this, broken but conjoining areas of the same floor occur at a level *c.* 0.20 metres lower. This may be the result of post-emplacement compaction of the underlying deposits leading to lowering of the floor and its consequential break-up. The floor would then have become vulnerable to disturbance by the incoming Upper Breccia debris flow.

Separating the stalagmite which had formed locally on the Lower Breccia from the overlying Upper Breccia, is a laminated Silt deposit of low energy fluvial/lacustrine origin. SEM study indicates a very cold context for the origin of these sediments. The overlying Upper Breccia debris flow, of later Upper Pleistocene age, was emplaced with some force. Indeed, it was able to rework artefacts and bones and to remove and raft quite large slabs of stalagmite from their original *in situ* position on the surface of the Lower Breccia. The Upper Breccia, as the Lower Breccia earlier, apparently channelled earlier deposits.

Finally the sequence is capped by a layer of water-laid clay and sand, itself overlain by a stalagmite, almost certainly of Holocene age on the basis of contained mollusca and microfauna.

Tabla II.—*Fauna de la cueva de Pontnewydd: Complejo Intermedio. Identificaciones por Andrew Currant.*

Table II.—*Pontnewydd cave fauna: Intermediate Complex. Identifications by Andrew Currant.*

MAMMALIA

Primates	**Carnivora**
Homo sapiens neanderthalensis	Canis lupus
	Ursus
Lagomorpha	Ursus arctos
Lepus timidus	Panthera pardus
Rodentia	**Perissodactyla**
Castor fiber	Equus
Arvicola cantiana	**Artiodactyla**
Lemmus lemmus	Cervus elaphus
Microtus gregalis	Capreolus capreolus
Apodemus *cf.* sylvaticus	

Tabla III.—*Fauna de la cueva de Pontnewydd: Brecha Inferior. Identificaciones por Andrew Currant.*

Table III.—*Pontnewydd cave fauna: Lower Breccia. Identifications by Andrew Currant.*

MAMMALIA

Insectivora	**Carnivora**
Cf. Desmana moschata	Canid
	Canis lupus
Primates	Vulpes vulpes
Homo sapiens neanderthalensis	Ursus
	Cf. Crocuta crocuta
	Felis sylvestris
Lagomorpha	Panthera leo
Lepus timidus	Panthera pardus
Lepus sp.	**Perissodactyla**
	Equus
Rodentia	Dicerorhinus sp.
Castor fiber	Dicerorhinus hemitoechus
Arvicola sp.	Dicerorhinus kirchbergensis
Microtus gregalis	**Artiodactyla**
Microtus oeconomus	Cervus elaphus
Dicrostonyx torquatus	Rangifer tarandus
Lemmus lemmus	Capreolus capreolus
Ochotona sp.	*Cf.* Megaloceros
	Bos or Bison

AVES

Branta bernicla	Melanitta nigra
Oenanthe oenanthe	Mergus merganser

3
La geocronología de la cueva de Pontnewydd.

Se ha desarrollado una cronología para la cueva de Pontnewydd basada principalmente en series de uranio y en métodos de datación de termoluminiscencia, pero también usando ESR y carbono 14. Se han encontrado estalagmitas *in situ* de forma discontinua en dos horizontes: sobre la superficie de la Brecha Inferior y cerrando la secuencia. El espeleotema presente en contextos secundarios parece provenir de la estalagmita formada sobre la Brecha Inferior, a parte de que existen fragmentos estalagmíticos ocasionales. Hay que señalar una tendencia general claramente evidente en la cueva de Pontnewydd en lo referente a las dataciones de elementos calcáreos: en todas partes las fechas de TL son siempre de un 15 por 100 a un 20 por 100 más recientes que las de las series de uranio (Debenham en Green *et al.,* 1989, 27).

3.1.
Cronología de los depósitos de la cueva.

Las pruebas de datación ofrecen límites cronológicos para los acontecimientos sedimentarios, e incluso pueden usarse para correlacionar los horizontes en diferentes áreas de la cueva. Desgraciadamente el horizonte inferior –el depósito de gravas y arenas silíceas– no contiene material apropiado para obtener fechas fiables.

Los horizontes superiores de la cueva están mejor expuestos en el Pasaje Este. Los depósitos del Complejo Intermedio no contienen ninguna calcita datable, pero un núcleo de sílex quemado de esta capa (muestra D687) ha ofrecido una edad de 200 ± 25 ka. También se encuentra sílex quemado en la capa superior de la Brecha Inferior (269 ± 37 ka. [D4367]) y otra vez en la "Nueva Entrada" donde se han obtenido fechas más jóvenes de 179 ± 22 ka. y 173 ± 20 ka. (H598 y H1036, respectivamente). Todas estas fechas se superponen dentro de una variación de 2 s y, por lo tanto, no se puede afirmar con seguridad si existen uno o más episodios de ocupación. Si un único episodio está reflejado, la media ponderada y una desviación standard dan una edad de 191 ± 17 ka.

Las placas estalagmíticas y áreas de suelo continuo formado sobre la superficie de la Brecha Inferior han dado una edad mínima por series de uranio para los depósitos de la Brecha Inferior e Intermedia (Tabla 4). Los resultados más antiguos se centran en torno a 220 ka., y proceden de una placa estalagmítica (F534), una zona de la pared ("wall flowstone") (B274), y una zona del suelo actual (D1288, D1711, D1693). Las determinaciones dentro del estadio

3
The Geochronology of Pontnewydd Cave.

A chronology for Pontnewydd Cave has been developed, based principally on Uranium-series and thermoluminescence dating methods, but also using ESR and ^{14}C. *In situ* stalagmite has been found discontinuously in two horizons: on the surface of the Lower Breccia and capping the sequence. Speleothem present elsewhere in derived contexts seems likely to derive from the stalagmite formed on the Lower Breccia, apart from occasional stalactite fragments. It should be noted that an overall trend is clearly in evidence at Pontnewydd –where dates on calcite are concerned– whereby TL dates are generally some 15 % to 20 % younger than Uranium-series (Debenham in Green *et. al.* 1989, 27).

3.1.
Chronology of the cave deposits.

The dating evidence provides chronological markers for the sedimentary events, and can also be used to correlate the horizons in different areas within the cave. Unfortunately, the lowest horizon –the siliceous Sands and Gravels deposit– has proved to lack suitable material for reliable dating.

The upper horizons of the cave are best exposed in the East Passage. The Intermediate complex deposits do not contain any dateable calcite, but a burnt flint core from this layer (sample D687), has yielded an age of 200 ± 25 ka. Burnt flint is present also in the overying Lower Breccia (269 ± 37 ka. (D4367) and, again, in the New Entrance where younger dates of 179 ± 22 ka. and 173 ± 20 ka. (H598 and H1036 respectively) have been obtained. All of these dates overlap within their 2s ranges and one cannot say with confidence, therefore, whether one or more episodes of occupation are indicated. If only one event is involved, a weighted mean and standard deviation give an age of 191 ± 17 ka.

A minimum U-series age for the Lower Breccia and Intermediate deposits (Table IV) has been provided by dating the stalagmitic bosses and areas of continuous floor formed on the surface of the Lower Breccia. The oldest results centre on 220 ka. and come from a stalagmitic boss (F534); an area of wall flowstone (B274); and an area of actual floor (D1288; D1711; D1693). Determinations within Oxygen Isotope Stage 6 (CO; D604) involve only isolated stalagmitic bosses but massive formation is attested within Stage 5 in the range 130-100 ka. –for example a 60 cm. thick boss

Tabla IV.—*Cueva de Pontnewydd. Determinaciones de series de uranio en calcita. Las muestras* in situ, *mostradas en negrita, son todas de calcita formada en la Brecha Inferior (excepto H1713 = "Nueva Entrada"). Las muestras derivadas son todas de contextos de la Cueva Principal, que probable o ciertamente son posteriores a las muestras* in situ. *Claves de laboratorio: HPS = Henry Schawarcz; UKAEA = United Kingdom Atomic Energy Authority.*

Table IV.—*Pontnewydd cave. Uranium-Series determinations on calcite.* In situ *samples, shown in bold, are all from calcite formed on Lower Breccia (except H1713 = New Entrance). Derived samples are all from Main Cave contexts which probably or certainly post-date the* in situ *samples. Lab key: HPS = Henry Schwarcz; UKAEA = United Kingdom Atomic Energy Authority.*

			Lab	
B260		307 + 44/-35	HPS	porous flowstone
B162		255 + 89/-47	HPS	calcite coating on block
B279		227 + 24/-20	HPS	stalagmitic clast
D534:2		**227 + 13**	**HPS**	*in situ* **boss**
D1288:C		**224 + 41/-31**	**UKAEA**	*in situ* **floor**
D1288:B		**215 + 36**	**HPS**	
B274		**217 + 24/-20**		*in situ* **flowstone above LB**
B148		209 ± 16	HPS	stalagmite clast
B262		179 ± 12	HPS	stalactite
CO		**177 + 12**	**HPS**	*in situ* **boss**
D604		**161 + 11**	**HPS**	*in situ* **boss**
BOa		149 ± 9	HPS	flowstone clast
H1713	**top**	**132.0 + 8.2/-7.6**	**UKAEA**	*in situ* **floor**
	base	**141.6 + 7.3/-6.8**		
F375/431	top	126 + 8/-7	UKAEA	massive (60 cm thick) rafted boss
	base	99 + 8/-7	UKAEA	
D187		125 ± 6	HPS	stalactite
B275		123 ± 4	HPS	stalagmite clasts
F1058		**100.4 + 4.4/-4.2**	**UKAEA**	*in situ* **floor**
D312	**top**	**89.3 + 2.7**	**HPS**	*in situ* **boss**
	base	**95.7 ± 4.3**		
D642		**83 + 9**	**HPS**	*in situ* **boss**

isotópico 6 (CO; D604) afectan sólo a placas estalagmíticas aisladas pero la formación masiva está dentro del estadio isotópico 5 entre los 130-100 ka. Por ejemplo, una placa de 60 cm de espesor (F375) que se ha encontrado arrastrada dentro de la Brecha Superior está delimitada por fechas de 126 ka. (arriba) y 99 ka. (base). Finalmente pequeños episodios posteriores de formación estalagmítica se datan sobre 95-83 ka.

La secuencia de la "Nueva Entrada" se encuentra todavía en fase de estudio detallado. Los niveles excavados hasta el momento consisten en una serie de debris-flows, que reposan sobre un suelo estalagmítico del último interglacial (Fig. 3). La secuencia parece mostrar arenas y arcillas superiores superpuestas a dos capas de "colluviation/scree layers" (18 y 19), seguido por una secuencia de al menos cinco debris-flows distintos (20/22; 23; 24; 26/28; 29) que contienen una muestra de fauna e industria en posición secundaria.

(F375) found rafted within the Upper Breccia had limiting dates of 126 ka. (top) and 99 ka. (base). Finally, later small episodes of stalagmite formation are attested around 95-83 ka.

The New Entrance sequence is still in course of detailed study. The levels so far excavated consist of a series of debris flows overlying a Last Interglacial stalagmitic floor (Figure 3). The sequence would seem to involve Upper Clays and Sands overlying two colluviation/scree layers (18 and 19), followed by a sequence of at least five different debris flow layers (20/22; 23; 24; 26/28; and 29) containing a range of derived fauna and artefacts.

4
Los mamíferos.

La fauna aparece primero en el Complejo Intermedio y en los sucesivos niveles —la Brecha Inferior, los lechos de limo (en el último limitado a *Dicrostonyxtorquatus*) y la Brecha Superior. Los "tipos de conservación" faunísticos usados por Andrew Currant (1984) para distinguir la fauna de la Brecha Inferior y del Complejo Intermedio están actualmente en

4
The Mammalian Remains.

Fauna occurs first in the Intermediate complex and in the succeeding levels —the Lower Breccia, Silt beds (the latter limited to *Dicrostonyx torquatus*) and Upper Breccia. The faunal 'preservation types' used by Andrew Currant (1984) to distinguish separate Intermediate and Lower Breccia faunas are presently in course of reconsideration and, so, will be discurso de reconsideración y por tanto no se tendrán en cuenta aquí. Es posible identificar la fauna del Complejo Intermedio como un conjunto interglacial con especies boscosas como *Capreolus capreolus, Castor fiber* y *Apodemus cf. sylvaticus,* todas consideradas como obligadamente boscosas. Por el contrario, la fauna encontrada en la Brecha Inferior es claramente un palimsepto que representa un amplio espectro desde el punto de vista climático y cronológico. *Capreolus capreolus* y *Castor fiber* reaparecen en la Brecha Inferior –aunque probablemente derivan de los depósitos intermedios y están por tanto reelaborados– pero también aparecen especies indicadoras de climas más fríos como *Lemmus lemmus* y *Microtus oeconomus.* Nuestra mejor interpretación –apoyada en varios estudios sedimentológicos– es que la fauna contenida en estos depósitos sucesivos representa respectivamente ecosistemas de bosque abierto y de estepa.

Un nuevo conjunto faunístico del Pleistoceno Superior, fácilmente reconocible por sus impregnaciones oscuras características, puede detectarse en la Brecha Superior junto a fauna del tipo de conservación propio de los depósitos intermedios y de la Brecha Inferior, que claramente ha sido reelaborada en la Brecha Superior. Es importante, por tanto, destacar que el emplazamiento de la fauna ha sido el resultado de procesos destructivos que sólo ocasionalmente han fragmentado en mayor o menor medida el material. Estos procesos han impedido el estudio de la fauna y han provocado dificultades en el reconocimiento de marcas de corte con utensilios, aunque en dos ejemplos –caballo y oso, respectivamente– estas marcas han aparecido dentro de la fauna de la Brecha Inferior.

regarded here. It is possible to identify the fauna from the Intermediate complex as an interglacial assemblage with such woodland species attested as *Capreolus capreolus, Castor fiber* and *Apodemus* cf. *sylvaticus* present, all normally regarded as obligate woodland species. By contrast, the fauna found in the Lower Breccia is clearly a palimpsest representing a wide climatic and chronological range. *Capreolus capreolus* and *Castor fiber* recur in the Lower Breccia –where they are perhaps derived from reworked Intermediate deposits– but colder climate indicators such as *Lemmus lemmus* and *Microtus oeconomus* appear there also. Our best interpretation –and one lent support by the varied sedimentological studies– is that the faunas contained in these successive deposits represent, respectively, open woodland and steppe environments.

A new faunal input, of Upper Pleistocene age and easily recognised by its characteristic dark staining, can be detected in the Upper Breccia along fauna with of the characteristic Intermediate/Lower Breccia preservation type(s) which has evidently been reworked into the Upper Breccia. It is important, therefore, to recognize that the emplacement of the fauna has been the result of destructive processes which, with only occasional exceptions, have fragmented much of the material. Those processes have impeded study of the fauna and have rendered difficult also the recognition of traces of butchering (stone tool cut-marks), although two such instances –respectively horse and bear– havecome to light within the Lower Breccia fauna.

5 Los restos de homínidos.

Las excavaciones actuales han deparado un total de 14 restos de homínidos (Tabla 5). Estos incluyen hallazgos de dientes aislados (unos diez en total) junto con dos fragmentos de mandíbula, una vértebra y un metatarso. La importancia de estos descubrimientos se refuerza por el hecho de que junto a Swanscombe son los únicos yacimientos del Pleistoceno Medio de Gran Bretaña que ha proporcionado restos humanos.

El número mínimo de individuos representados por los 14 restos humanos es de 4. Al menos dos de los individuos serían jóvenes y los otros dos adultos. El número máximo de individuos sería de siete: 2 adultos y 5 jóvenes.

De los individuos presentes, dos o tres están representados por molares permanentes con un marcado grado de tau-

5 The Hominid Finds.

The current excavations have yielded a total of 14 hominid finds (Table V). These include isolated finds of teeth (some 10 in all) together with two jaw fragments, one vertebra and one metatarsal. The importance of these discoveries is reinforced by the fact that Swanscombe is the only other Middle Pleistocene sites in Britain to have produced human remains.

Analysis of the possible minimum number of individuals represented by the 14 separate finds indicates a likely figure of four individuals. At least two adults are indicated and two juveniles with a maximum possible number of two adults and five juveniles –a total of seven persons in all.

Of the individuals present two or three have yielded perrodontismo, un carácter que se da paralelamente en Krapina, en Croacia, y también en Atapuerca. Este rasgo facilita el posible nexo de unión entre los individuos de Pontnewydd y los últimos neandertales. La morfología y dimensiones de los dientes de Pontnewydd son compatibles con tal atribución. Tres ejemplares (PN2, PN3, PN14) proceden de contextos no estratificados, y por sí mismos no presentan evidencia alguna de una edad pleistocena, aunque la ausencia de hallazgos arqueológicos posteriores a la ocupación del Paleolítico inferior hace probable que este material sea de la misma antigüedad que los otros hallazgos de homínidos mencionados.

manent molars displaying a marked degree of taurodontism, a feature finding a parallel both at Krapina in Croatia and, again, at Atapuerca. It is the occurrence of taurodontism which provides the tentative link between the Pontnewydd individuals and later Neanderthals. The morphology and dimensions of the Pontnewydd teeth are consistent with such an attribution. Three specimens (PN2, PN3, PN14) derive from unstratified contexts and present, of themselves, no certain evidence of a Pleistocene age although the absence of any certainly later archaeological finds from the site since the Lower Palaeolithic occupation makes it likely that this material is of the same antiquity as the other hominid finds.

Tabla V.–*Cueva de Pontnewydd. Lista de los hallazgos de homínidos. Identificaciones por Chistopher Stringer.*

Table V.–*Pontnewydd cave. List of hominid finds. Identifications by Christopher Stringer*

Hominid Ref. no.	Season	Site ref. no.	Context	Grid Sq. & depth	Description
PN1	1980	D415	Junction of Buff & Orange Intermediate	H9 (98.92)	Left M^2 (moderate wear)
PN2*	1980	A80	World War II Dump	-	Immature right mandible fragment with crown of unerupted molar (?m_3)
PN3*	1978	C5	Dump of modern spoil in East Passage	-	Fragment of adult thoracic vertebra
PN4	1982	D1740-1	Lower Breccia	I8 (98.95)	Fragment of right maxilla with unworn M^1 and worn dM^2 in place
PN5	1983	D2212	Lower Breccia	J7 (99.18-08)	Lower left premolar (P_4 or P_3) with slight wear. The root does not survive
PN6	1983	D2261	Lower Breccia	J7/k7 (99.66-33)	Lower right premolar (P_3) (unworn). Root incompletely formed
PN7	1985	D3970	Lower Breccia	H6 (99.26)	Lower left premolar (P_3) (unworn). Root incompletely formed (antimere of PN6?)
PN8*	1984	A354	World War II Dump	-	?Right M_2, possibly part of specimen PN2. Very slightly worn. Attributed to PN2 in Day (1986,27) and in Stringer (1986,60)
PN9	1983	D2069	LB	17SW (99.20-10)	Fragment of (fairly worn) molar
PN10	1988	D4852	LB-Pond matrix (99.48-99.38)	K7SW	Lower incisor
PN11	1988	D4843	LB	G7SW (99.21)	?Left M_1
PN12	1989	D2859	LB	I3NE (99.40-30)	Left M^1, unworn, one contact facet
PN13	1985	D4029	LB(f)	H7SE (99.10-99.00)	Right M_1 (very heavily worn)
PN14*	1980	A114	Bottom of Boyd Dawkins Dump		Metatarsal from small individual (not robust)

* = modern context.
contexto moderno.

6 La industria lítica.

Un interrogante aun no resuelto es la posibilidad de que existan dos fases en la ocupación del Paleolítico Inferior, quizás correspondientes respectivamente con los contextos sucesivamente templado y más frío del Complejo Intermedio y del lecho de la Brecha Inferior. Sin embargo, la evidencia de tales ocupaciones distintas puede considerarse ahora como improbable, puesto que las áreas de los depósitos Intermedios ya excavados han dado muy pocos resultados en términos de industria (Tabla 6). Se han encontrado en total un diente de homínido y cinco útiles dentro del Complejo Intermedio y todos ellos en su capa superior. Por tanto, podría haber al menos una posibilidad de que estos hallazgos sean intrusivos. Según esto, parece poco probable que la ocupación humana de Pontnewydd sucediera dentro de un clima templado.

La industria lítica está hecha en su mayor parte sobre guijarros de rocas volcánicas –derivados principalmente de las secuencias volcánicas del Paleozoico inferior del norte de Gales– mientras que las rocas sedimentarias, incluyendo el silex y el "chert", representan solo el 20 por 100 del conjunto (Tabla 7). El uso de cantos de rocas duras impone restricciones para el estudio tipológico. Así, Mark Newcomer (en Green, 1984) fue capaz de demostrar, a través de la talla experimental, que la principal limitación es la del refinamiento. En realidad, los tipos de utensilios pueden hacerse tanto sobre roca dura como sobre sílex, excepto por algunas diferencias como el espesor de los bifaces o el número y calidad de las lascas Levallois. Otra variable importante probablemente controlada por un modelo de "facturas hendidas" espaciadas en muchas de las rocas duras, es el porcentaje de piezas de deshecho identificables. De hecho, Newcomer fue capaz de demostrar cómo el 99 por 100 de los elementos resultantes de la talla de un bloque de sílex controlado se reconocían como deshechos de la creación de un utensilio, en comparación con el 84 por 100 para el caso de la lava feldespática-pírica y con el 14 por 100 para el tufo sárdico. El estudio de la industria del pasaje principal de la cueva ha mostrado un descantillado extensivo natural. Las lascas pequeñas de roca volcánica están totalmente ausentes de los "debris flows", y parecería probable, por lo tanto, que esta alteración aconteció antes del transporte dentro de la cueva. En realidad, el hecho de que este descantillado a veces corte una patina anterior apoya esta visión. Aquí, la alteración natural resultante de una exposición en un período de condiciones climáticas severas, que incluyen crioturbación, puede ser la explicación. Una conse-

6 The Artefacts.

One unresolved question concerns the possibility of two phases of Lower Palaeolithic occupation, perhaps corresponding respectively to the successively temperate and colder contexts of the Intermediate complex and the Lower Breccia bed. However, the evidence for such discrete occupations can now be seen as improbable, given the substantial areas of Intermediate deposits now excavated with little result in artefactual terms (Table VI). In all, one hominid tooth and five artefacts have been found within the Intermediate complex and these only within its uppermost layer. There would seem, therefore, to be a significant possibility, at least, that these finds may be intrusive. Accordingly, it would seem unlikely that the human occupation of Pontnewydd was a temperate climate event.

The artefacts are made for the most part on pebbles of volcanic rocks –derived chiefly from the Lower Palaeozoic volcanic sequences of North Wales– whilst sedimentary rocks, including flint and chert, represent only 20 % of the assemblage (Table VII). The use of pebbles of hard rocks imposes constraints upon typological study. Thus, Mark Newcomer (in Green 1984) was able to demonstrate, through experimental knapping, that the principal limitation is that of refinement. Indeed, the artefact-types can be made equally as well on hard rock as on flint, save for such differences as the thickness of the handaxes or the number and clarity of Levallois flakes. Another important variable –probably controlled by a pattern of spaced 'fracture cleavages' in many of the hard rocks–is the percentage of identifiable waste pieces. Indeed, Newcomer was able to show how 99 % of the debitage of a control block of flint was recognisable as the debris of artefact manufacture, compared with 84 % in the case of feldspar-phyric-lava and as little as 14 % with shardic tuff.

Study of the artefacts from the main cave passage has demonstrated extensive natural chipping. Tiny chips of volcanic rocks appear to be totally absent from the debris flows and it would seem likely, therefore that this damage took place before transport into the cave. Indeed, the fact that such chipping sometimes cuts through earlier patina lends support to this view. Here, natural damage resulting from exposure to a period of severe climatic conditions involving cryoturbation may provide an explanation. An obvious consequence of the presence of such natural damage is the possibility of recognising only the more obviously and regularly retouched artefacts.

cuencia obvia de la presencia de esta alteración natural es la posibilidad de reconocer sólo el utillaje más obvio y regularmente retocado.

La industria, un total de unas 600 piezas, está dominada por bifaces (53), raederas laterales y transversales (28) y productos de tecnología Levallois (34) (Fig. 4). Los bifaces están hechos en su mayoría sobre cantos, a veces modificados glacialmente y con áreas corticales todavía presentes; unos pocos están probable o ciertamente hechos sobre lasca. Todos están tallados con percusión dura, y aparecen en su mayor parte no refinados, cuando se comparan con los ejemplos en sílex. Choppers y chopping tools también aparecen ocasionalmente.

6.1. Tecnología Levallois.

Las lascas con preparación centrípeta son los productos más comunes de la tecnología Levallois, con cuchillos y puntas sobre lasca también presentes de forma ocasional. Los nú-

The industry, a total of some 600 artefacts, is dominated by handaxes (53); by side and transverse scrapers (28); and by the products of Levallois technology (34) (Figure 4). The handaxes are for the most part made on pebbles, sometimes glacially modified and with cortical areas still present; a few are certainly or probably made on flakes. All display hard-hammer technique and appear, for the most part, relatively unrefined when compared with examples of flint. Occasional choppers and chopping tools also occur.

6.1. Levallois technology.

Flakes with centripetal preparation are the commonest products of Levallois technology with occasional flake-blades and points also present. The core-types reflect the problems

Tabla VI.—*Cueva de Pontnewydd. Distribución de artefactos en función del contexto estratigráfico principal.*

Table VI.—*Pontnewydd cave. The distribution of stratified artefacts by principal stratigraphic context.*

Context	Number of artefacts in each context	% of total
Upper Breccia	72	35.3
Lower Breccia	127	62.3
Buff Intermediate	5	2.4
Total	204	

Tabla VII.—*Cueva de Pontnewydd. Frecuencia de artefactos según el tipo de roca. Identificaciones petrológicas por Richard Bevins.*

Table VII.—*Pontnewydd cave. Artefact frequencies by rock tipe. Petrological identifications by Richard Bevins*

Rock type	Upper Breccia Nos.	Lower Breccia Nos.	Buff Int. Nos.	Overall Nos.	Totals %
Ia. Flint	2	11	2	15	7.3
Ib. Carboniferous chert	1	3	1	5	2.5
Ic. Other cherts	1	–	–	1	0.5
II. Ignimbrite	9	21	–	30	14.7
III. Rhyolite	13	27	1	41	20.1
IV. F. P. Lava	12	18	–	30	14.7
V. F. S. tuff	9	23	–	32	15.7
VI. Other tuffs	15	11	–	26	12.7
VII. Sandstones & other sedimentary rocks	7	10	1	18	8.8
VIII. Quartz	1	–	–	1	0.5
IX. Andesite	1	–	–	1	0.5
X. Dacite	–	2	–	2	1.0
XI. Basalt	1	1	–	2	1.0
Totals (nos)	72	127	5	204	

4. Cueva de Pontnewydd. Artefactos: a-b, bifaces amigdaloides (tufo volcánico y dacita); c, bifaz lanceolado (arenisca); d, chopping tool (lava-feldespafírica); e, lasca Levallois (riolota); f-g, núcleos discoidales (riolita e ignimbrita); h, raederas laterales (riolita). Dibujos por Hazel Martingell.

cleos reflejan los problemas de las materias primas, puesto que aparecen en todos los casos inagotados, con golpes que no alcanzan su objetivo y mínimamente preparados. De nuevo aparecen algunas lascas sobrepasadas.

6.2. Raederas.

La raedera más común es la lateral, pero también aparecen las transversales y en extremo. Las formas más simples de retoque son las que aparecen con mayor frecuencia y el retoque "elegante" es menos común. Newcomer ha sido capaz de demostrar que el retoque fino es factible sobre al menos algunas de las materias primas de Pontnewydd, y por tanto la baja frecuencia de retoque fino puede haber sido una elección cultural, o quizás más probablemente puede relacionarse con el uso no restringido de una abundante fuente de materia prima. Esta visión tiene un apoyo en la presencia rara de retoque bifacial sobre las raederas, un recurso que puede indicar el reavivamiento de una pieza acabada.

Globalmente, está claro que el conjunto de utensilios tallados por los homínidos de Pontnewydd representa una interacción entre la habilidad tecnológica, calidad y disponibilidad de materias primas, estrategias de acumulación de alimentos y restricciones medioambientales. Como Newcomer (1984) ha demostrado, las posibilidades de las materias primas son a veces mejores que la calidad alcanzada. Pero los homínidos de Pontnewydd estaban explotando una gran fuente de materia prima –quizás con la excepción del tufo silíceo fino (Green 1988)– que no necesita generalmente de perfeccionamiento, reavivado o transformación. La producción de bifaces y raederas requiere un grado de habilidad cognitiva y el producto final estuvo quizás generalmente predeterminado, aunque es en realidad la habilidad del tallador la que ve la posibilidad de transformar el fin de su proceso de talla, una vez que dicho proceso se ha visto alterado por el desprendimiento del núcleo de una lasca no deseada. Pero a la vez que las materias primas tienen diferentes posibilidades también imponen restricciones (Green, 1984, Villa, 1981): así los bifaces tienden a ser relativamente bastos y los productos de técnica Levallois son a menudo totalmente inútiles. Debemos recordar aquí que el conjunto esta probablemente compuesto en su mayor parte por utensilios desechados, núcleos agotados y productos de talla no seleccionados para el uso –por ejemplo en el caso de lascas Levallois mal realizadas– o abandonados cuando son inútiles para un nuevo uso (Barton, 1990, 30).

4. Pontnewydd Cave. Artefacts: a-b, amygdaloid handaxes (volcanic tuff and dacite); c, lanceolate handaxe (sandstone); d, chopping tool (feldspar-phyric-lava), e, Levallois flake (rhyolite); f-g, discoidal cores (rhyolite and ignimbrite); h, side-scraper (rhyolite). Drawings by Hazel Martingell.

of the raw materials with unfininshed, unstruck, mis-hit and minimally prepared cores all present. Again, some outrepassé flakes occur.

6.2. Scrapers.

The commonest scraper type is the side-scraper, but transverse and end-scrapers also occur. The simpler forms of retouch occur most frequently and "elegant" retouch is less common. Newcomer was able to demonstrate that fine retouch is perfectly possible on some, at least, of the Pontnewydd raw materials and, accordingly, the low frequency of fine retouch may have been a cultural choice or, perhaps more probably, may relate to the unconstrained use of an abundant supply of raw material. This view is lent some support by the only rare occurrence of bifacial retouch on scrapers –a device which may indicate the resharpening of a curated piece.

Overall it is clear that the range of tools knapped by the Pontnewydd hominids represents an interaction between technological skill, quality and availability of raw materials, food accumulation strategies and environmental constraints. As Newcomer (1984) has demonstrated, the possibilities of the raw materials are sometimes greater than the quality achieved. But, here, the hominids were exploiting a copious supply of raw material –save only for the, perhaps prized, fine silicic tuff (Green 1988)– with no need generally of curation, resharpening or transformation. The production of handaxes and scrapers requires a degree of cognitive skill and the end–product was perhaps generally predetermined –although it is the really skilled knapper who sees the possibilities of transforming the goal of his/her reduction process once halted by an unexpected flaw in the rock or an unsuccessful blow. But whilst the raw materials had possibilities, they also had constraints (Green 1988; Villa 1981): thus the handaxes tend to be relatively unrefined and the products of Levallois technology are often plainly inept. We must remember, here, that the assemblage is likely to be composed, for the most part, of discarded tools, worked-out cores and of knapping products either not selected for use –for example, in the case of mis-hit Levallois flakes– or abandoned when incapable of further use (Barton 1990, 30).

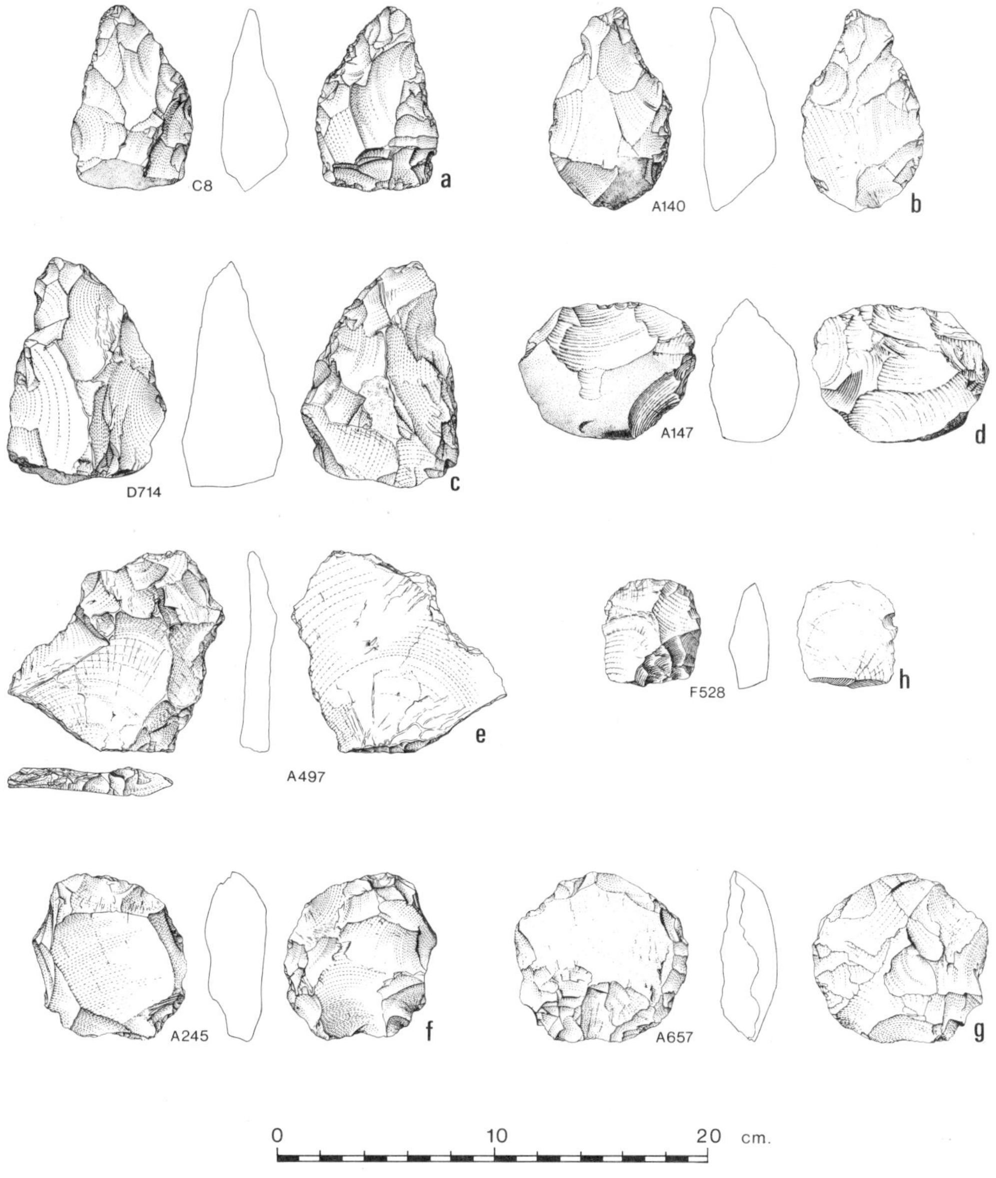

7

La naturaleza de la ocupación.

No es posible, por la posición secundaria de los hallazgos, hacer una afirmación definitiva sobre la edad precisa y el contexto climático de la ocupación. Parecería, sin embargo, que la ocupación humana del yacimiento no es contemporánea de la fase interglacial representada por el Complejo Intermedio. Tal interpretación no implicaría necesariamente que la ocupación del yacimiento fuera de corta duración. En realidad, la ocupación pudo haberse extendido durante milenios, empezando quizás con el final del estadio isotópico 7c, del cual puede ser coetáneo el Complejo Intermedio. La ocupación continuó a través de la fase estadial 7b, momento en el que pudo haberse depositado la Brecha Inferior, y acabó quizás muy al principio del 7a, cuando parece que la estalagmita empieza a formarse sobre la superficie de la Brecha Inferior. Debemos señalar aquí el análisis de las faunas interglaciales de Currant (1986), que sugiere que los humanos estuvieron generalmente ausentes de Gran Bretaña durante los períodos interglaciales plenos, una limitación que puede derivarse de la naturaleza boscosa del medio ambiente interglacial, combi-

7

The Nature of the Occupation.

It is not possible, because of the derived nature of the finds, to make a definitive statement concerning the precise age and climatic context of the occupation. It would seem, however that the human occupation of the site is not contemporary with the interglacial phase represented by the Intermediate complex. Such an interpretation of the evidence would not necessarily imply that occupation of the site was short-lived. Indeed, the occupation may have extended over millennia beginning, perhaps, with the close of Oxygen Isotope Stage 7c, with which the Intermediate complex may be coeval, continuing through the stadial phase 7b, when the Lower Breccia may have been emplaced, and closing perhaps at the very beginning of 7a, when it would seem that stalagmite began to form on the surface of the Lower Breccia.

We may note here Currant's analysis (1986) of interglacial faunas which suggests that humans were generally absent from Britain during full interglacial periods, a limitation which may arise from the wooded nature of the interglacial environment combined with the fact that Britain seems to nado con el hecho de que Gran Bretaña parece haberse separado del continente por el estrecho de Dover durante al menos los dos últimos interglaciales (Balescu, *et al.,* 1992).

Podemos especular, aunque con precaución, sobre la naturaleza de la ocupación humana de la cueva de Pontnewydd. Seguramente las áreas de entrada, si las medidas actuales son comparables con los espacios de habitación originales, pudieron acomodar solamente a un grupo de unas 6 a 12 personas. En realidad, es más probable que la cueva fuera un yacimiento de ocupación ocasional de un grupo que se encontrara a lo largo del acantilado al este de la entrada principal, o incluso sobre las colinas de los acantilados. Esta teoría se vería apoyada por el descubrimiento de un bifaz en un coluvion post-glacial durante las excavaciones encaminadas a localizar la Nueva Entrada. La abundancia de hallazgos de industria y fauna en la cueva principal e igualmente en la "Nueva Entrada" sugiere la existencia de un orígen anterior del material para los "debris flows", que emplazaron estos objetos fuera de las entradas de la cueva. La existencia anterior de tales depósitos puede, por tanto, tomarse como una ocupación primaria fuera de la cueva, a lo largo de los acantilados exteriores donde es improbable que los depósitos contemporáneos hayan sobrevivido a causa de los procesos posteriores glaciales y periglaciales.

Es difícil, una vez más, hacer algo más que una especulación sobre la función del yacimiento dentro de su territorio. La cueva pudo haber sido algo más que un yacimiento de tránsito, lo que resulta evidente por el tipo de utensilios producidos. Así, tenemos puntas de lanza potenciales para la caza, bifaces y lascas cortantes para el descuartizamiento, y raederas para la preparación ulterior. Las piedras quemadas prueban presumiblemente la utilización del fuego. Una vez más la evidencia indirecta del asentamiento primario a lo largo o sobre los acantilados de fuera de las entradas es crucial para la interpretación del yacimiento, que hubiera sido por si mismo un ventajoso punto de control del movimiento de la caza a lo largo del valle de Elwy, aunque la configuración del suelo en las dolinas encima de la cueva no favoreciera el uso del acantilado como un "arrojadero". Un atractivo más pudo haber sido la disponibilidad de cantos volcánicos, como materia prima para la manufactura de utensilios, bien dentro de la cueva o en depósitos de terraza contiguos.

La naturaleza de la ocupación de la cueva de Pontnewydd —el yacimiento más al noroeste del achelense europeo— continúa siendo un enigma, pero la investigación sigue para aumentar los conocimientos sobre este puesto avanzado del mundo del Paleolítico Inferior.

have been cut off from the Continent by the Straits of Dover during at least the last two interglacials (Balescu *et. al.* 1992).

We can speculate only with caution on the nature of the human occupation of Pontnewydd Cave. Indeed the entrance areas, if present sizes are comparable with the original living spaces, would have provided accommodation for only 6-12 persons at most. It is actually more likely that the cave was incidental to the occupation–site proper which may have lain along the cliff to the east of the main entrance or even, in part, on the hill above the cliffs —a view supported by the discovery of a handaxe in Post-Glacial colluvium during deep excavations conduted to locate the New Entrance. The wealth of finds of artefacts and fauna both in the main cave and, equally, within the New Entrance is suggestive of the former existence of substantial source material for the debris flows, which emplaced these finds, *outside* the cave entrances. The former existence of such deposits, therefore, may betoken substantial occupation outside the caves proper, along the exterior cliffs, where contemporaneous deposits are unlikely to have survived because of later glacial and periglacial processes.

It is difficult, again, to do more than to speculate on the function of the site within its territory. The cave must have been more than some kind of transit site, as is evident from the range of tools produced: thus we have potential spearpoints for hunting, handaxes and sharp flakes for butchering and scrapers for hide-preparation. Burnt stones presumably evidence the lighting of fires. Again, the indirect evidence for substantial settlement along or above the cliffs outside the entrances is crucial to the interpretation of the site which would have lent itself as a vantage point for monitoring the movement of game along the Elwy Valley, although the configuration of the ground on the ridge above the cave would not favour the use of the cliff above as a 'jump-site'. A further local attraction may have been the availability of volcanic pebbles, as raw material for artefact manufacture, if exposed within the cave or in contiguous terrace deposits.

The nature of the occupation of Pontnewydd Cave —the most north-westerly Acheulian site in Europe— remains enigmatic, but research is continuing to provide growing insight into this remote outpost of the Lower Palaeolithic world.

8 Resumen final.

La cueva de Pontnewydd ha sido rellenada con "debris flows" en distintas ocasiones y los restos arqueológicos, de homínidos y faunísticos están todos contenidos en dichos depósitos.

Hay dataciones abundantes y consistentes de series de uranio en las estalagmitas (que dan una edad mínima) y TL sobre el sílex indicando una edad real para la ocupación. Esta parece haber tenido lugar en torno a 225-200 ka., en un contexto climático que puede haber sido frío y con indicación de un paisaje abierto. Los depósitos de la cueva como conjunto se extienden desde por lo menos 250 ka. hasta el Holoceno. La ocupación humana por un grupo de primitivos neandertales (adultos y jóvenes) está fuertemente asociada con la Brecha Inferior, pero la fauna contenida que va desde el reno al corzo es claramente un palimsesto que cubre un amplio espectro de tiempo. La ausencia virtual de industria y restos humanos en las capas del Complejo Intermedio, excepto por unos pocos ejemplares superficiales y probablemente intrusivos, sugiere que la ocupación humana no se relaciona con el contexto interglacial que representa este complejo. La industria contiene un abanico de bifaces, productos Levallois (principalmente lascas y unas pocas puntas y cuchillos sobre lasca) y raederas laterales. Inusualmente para Gran Bretaña los utensilios están hechos generalmente sobre rocas volcánicas, reflejando la localización del yacimiento en la zona de las "Highland", en contraste con el sílex usual. La materia prima presenta limitaciones para el proceso de talla, resultando a veces productos levallois inútiles y bifaces relativamente no refinados, pero no determina los tipos de utensilio. El yacimiento sugiere una ocupación primaria principalmente localizada a lo largo de los acantilados originales propiamente fuera de las cuevas. El conjunto de utensilios es indicativo de actividades de caza, descuartizamiento y preparación posterior. La localización remota y aparentemente aislada de la cueva (el yacimiento achelense más al noroeste de Europa) es probablemente un reflejo de la destrucción de los yacimientos del Paleolítico Inferior en las tierras medias y altas de Gran Bretaña por procesos glaciales y periglaciales.

8 Summary.

Pontnewydd Cave has been infilled with debris flows on a number of occasions and the archaelogical, hominid and faunal evidence is all contained within these debris flows. There is abundant and consistent dating evidence from U-series on stalagmite (giving a minimum age) and TL on flint, indicating probably, an actual age for the occupation. This would seem to have taken place *c.* 225-200 ka. in a climatic context which may have been cool with an open landscape. The cave deposits as a whole probably span the period from at least 250 ka. to the Holocene.

The human occupation by an Early Neanderthal group with adults and juveniles, is closely associated with the Lower Breccia but the contained fauna –ranging from reindeer to roe deer– is clearly a palimpsest covering a wide range of time. The virtual absence of artefact and human remains from the Intermediate complex layers –except for a few superficial and probably intrusive specimens– suggests, however, that the human occupation is unlikely to relate to the specifically interglacial context represented by that complex. The industry contains a range of handaxes, Levallois products (principally flakes, and a few points and flake-blades) and side-scrapers. Unusually for Britain, the artefacts are generally made of volcanic rocks –reflecting the location of the site in the Highland Zone– in contrast to the usual flint. The raw material presented constraints to the knappers resulting in sometimes inept Levallois products and relatively unrefined handaxes but did not deter them from attempting and, indeed, achieving such implement types. The evidence from the site is suggestive of a substantial occupation perhaps principally located along the original cliff-face outside the caves proper. The artefact range is indicative of hunting, butchering and hide-preparation activities. The remote and apparently isolated position of the cave, the most north-westerly Acheulian site in Europe, is probably a reflection of the destruction of the intervening early Palaeolithic sites over much of midland and upland Britain by glaciation and periglacial processes.

9 Agradecimientos.

Quiero extender un caluroso agradecimiento a los muchos especialistas en el Cuaternario que han estado asociados a este proyecto: R. E. Beyins, P. A. Bull, D. J. Case, S. N. Collcutt, A. Pontnewydd Currant, N. C. Debenhan, C. Embleton, N. Ivanovich, D. A. Yenkins, H. Livingstone, T. I. Molleson, M. H. Newcomer, A. Rae, H. P. Schwarcz y C. B. Stringer; También a K. S. Brassil y E. A. Wolker, dos miembros claves del equipo de excavación. Deseo dar las gracias también a Derek Roe que leyó este artículo antes de su publicación y que ha sido una valiosísima fuente de buen consejo y apoyo durante muchos años. Me he beneficiado también de las discusiones con William Farrand. El trabajo ha sido apoyado financieramente por " The National Museum of Walles", "The British Academy", "The Cambrian Archaelogical Association", "The Board of Celtic Studies", "The Prehistoric Society", "The Royal Archeological Institute", "The Society of Antiquaries of London y "The LSB Leakey Foundation".

Agradezco el permiso para excavar el yacimiento a Cadw y al "Nature Conservance Council" que protege el yacimiento como un Monumento Antiguo y como un sitio de interés científico especial. Por encima de todo mi gratitud para con el propietario Sir Watkin Williams-Wynn por su conformidad con las excavaciones y su generosa donación de los hallazgos al "National Museum of Wales".

Diciembre de 1992.

9 Acknowledgements.

I extend my warmest thanks to the many Quaternary specialists who have been associated with this project: R. E. Bevins, S. G. E. Bowman, P. A. Bull, D. J. Case, S. N. Collcutt, A. P. Currant, N. C. Debenham, C. Embleton, J. Huxtable, M. Ivanovich, D. A. Jenkins, H. Livingston, T. I. Molleson, M. H. Newcomer, A. Rae, H. P. Schwarcz and C. B. Stringer; also, to K. S. Brassil and E. A. Walker, two key members of the excavation team. I am pleased to acknowledge Derek Roe also, who read this paper prior to its publication and who has been an invaluable source of good advice and support over many years. I have benefited also from discussions with William Farrand.

The work has been supported financially by the National Museum of Wales, the British Academy, the Cambrian Archaeological Association, the Board of Celtic Studies, the Prehistoric Society, the Royal Archaeological Institute, the Society of Antiquaries of London and the LSB Leakey Foundation.

I am pleased to acknowledge the granting of permission by Cadw and by the Nature Conservancy Council to excavate the site which is protected by law both as an Ancient Monument and as a Site of Special Scientific Interest. Above all my gratitude goes to the landowner, Sir Watkin Williams-Wynn for his ready agreement to these excavations and his generous donation of the finds to the National Museum of Wales.

BIBLIOGRAFÍA

BALESCU, S., PACKMAN, S. C., WINTLE, A. G. & GRÜN, R. (1992): Thermoluminescence dating of the Middle Pleistocene raised beach of Sangatte (northern France). *Quaternary Research* 37, 390-396.

BARTON, C. M. (1990): Stone tools and Palaeolithic settlement in the Iberian peninsula. *Proc. Prehist. Soc.,* 56, 15-32.

CAMPBELL, S. & BOWEN, D. Q. (1989): *Geological Conservation Review: Quaternary of Wales.* Peterborough, UK. Nature Conservancy Council.

CURRANT, A. P. (1986): Man and the Quaternary faunas of Britain. In (S. N. Collcutt Ed.). *The Palaeolithic of Britain and its Nearest Neighbours: Recent Trends,* pp. 50-52. Sheffield: Department of Archaeology and Prehistory, University of Sheffield.

DAY, M. H. (1986): *Guide to Fossil Man,* 4th edition. London: Cassell.

GREEN, H. S. (1984): *Pontnewydd Cave. A Lower Palaeolithic Hominid Site in Wales: the First Report.* Cardiff: National Museum of Wales.

GREEN, H. S. (1986): The palaeolithic settlement of Wales research project. In (S. N. Collcutt Ed.). *The Palaeolithic of Britain and its Nearest Neighbours: Recent Trends,* pp. 36-42. Sheffield: Department of Archaeology and Prehistory, University of Sheffield.

GREEN, H. S. (1988): Pontnewydd Cave: the selection of raw materials for artefact-manufacture and the question of natural damage. In (R. J. MacRae & N. Moloney Eds.). *Non-Flint Stone Tools and the Palaeolithic Occupation of Britain,* pp. 223-232. Oxford: British Archaeological Reports, British Series 189.

GREEN, H. S., BEVINS, R. E., BULL, P. A., DEBENHAM, N. C., EMBLETON, C., IVANOVICH, M., LIVINGSTON, H., RAE, A. M., SCHWARCZ, H. P. & STRINGER, C. B. (1989): Le site acheuléen de la Grotte de Pontnewydd, Pays de Galles: géomorphologie, faune, hominidés fossiles, géologie et industrie lithique dans le contexe paléoécologique. *L'Anthropologie* 93, I, 15-52.

GREEN, H. S. & WALKER, E. (1991): *Ice Age Hunters: Neanderthals and Early Modern Hunters in Wales.* Cardiff: National Museum of Wales.

JENKINS, D. A., in press, Interpretation of interglacial cave sediments from a hominid site in North Wales: translocation of Ca-Fe-Phosphates.

STRINGER, C. B. (1986): The British fossil hominid record. In (S. N. Collentt, Ed.), *The Palaeolithic of Britain and its Nearest Neighbours Recent Trends,* pp. 59-61. Sheffield: Department of Archaeology and Prehistory, University of Sheffield.

VILLA, P. (1981): Matières et provinces culturelles dans l'Acheuléen français *Quaternaria* 23, 19-35.

Evolución humana en Europa y los yacimientos de la Sierra de Atapuerca, págs. 57-73

Variaciones regionales en la fauna de grandes mamíferos del Pleistoceno Inferior y Medio de Europa. Una perspectiva Ibérica

Regional Variations in Lower and Middle Pleistocene Larger Mammal Faunas of Europe: An Iberian Perspective

Alan Turner

Hominid Palaeontology Research Group, Department of Human Anatomy and Cell Biology, University of Liverpool, PO Box 147, Liverpool L69 3BX, UK.

Resumen

Durante las etapas primera y media del período Villafranquiense, la fauna de grandes mamíferos de la Península Ibérica era similar a la de otras regiones europeas. Las diferencias aparecieron durante el Pleistoceno Inferior, y en el Pleistoceno Medio y Superior la fauna ibérica había adquirido un número de características regionales. La estructura del grupo de grandes carnívoros, y en particular la escasez general de hienas carroñeras (destructoras de cadáveres) durante el Pleistoceno Medio, pudo haber convertido la Península Ibérica en un atractivo refugio para los primeros homínidos que colonizaron Europa.

Abstract:

During the early and middle portions of the Villafranchian span the larger mammal fauna of the Iberian peninsula was similar to that of other European regions. Differences occurred during the Lower Pleistocene, and by the Middle and Upper Pleistocene the Iberian fauna had acquired a number of regional characteristics. The structure of the larger carnivore guild there in particular, with the general scarcity of carcase-destroying hyaenas during the later Lower Pleistocene and earlier part of the Middle Pleistocene, could have made the Iberian peninsula an attractive refuge for earliest European hominid colonists.

Palabras clave:

Iberia, Fauna de grandes mamíferos del Villafranquiense-Galeriense, diferencias regionales, primeros homínidos.

Key words:

Iberia, Villafranchian-Galerian larger mammal fauna, regional differences, earliest hominids.

1
Introducción.

En artículos previos he subrayado los cambios masivos en la fauna de mamíferos terrestres Plio-pleistocenos que acompañaron nuestra propia aparición y evolución, y el efecto producido por las alteraciones en la estructura del grupo de los grandes carnívoros sobre la fuente de recursos de los homínidos representada por los grandes ungulados (Turner, 1988, 1989, 1992, en prensa a-d). En una región como Europa donde sólo durante el 12 por 100 del pasado millón de años han existido condiciones totalmente interglaciares (Zagwijn, en prensa) el éxito de las ocupaciones habría dependido de la explotación de los animales como fuente única de alimentación durante la mayor parte del tiempo (Turner, 1982).

Sin embargo, las primeras discusiones sobre Europa se han centrado de una manera amplia en la fauna de mamíferos del continente durante los pasados 3 millones de años. Aparte de estar de acuerdo con el nivel de resolución requerido en ese punto, una perspectiva tan general está justificada solamente para la primera parte de ese período, la etapa faunística del Villafranquiense que duró hasta cerca de hace 1 millón de años, ya que la fauna de ese tiempo está menos diferenciada regionalmente. Con la transición a la fauna post-Villafranquiense del Pleistoceno Medio es apropiado poner más énfasis en la diversidad geográfica observada en la fauna terrestre, una diversidad derivada en gran parte de la intensidad creciente de las oscilaciones climáticas orbitales inducidas, que fueron una destacada característica del último millón de años. En vista del tema de este encuentro, discutiré tal diversidad con especial referencia a la Península Ibérica.

1
Introduction.

In previous papers I have stressed the massive changes in the Plio-Pleistocene terrestrial mammalian fauna that accompanied our own appearance and evolution, and the effect of alterations in the structure of the guild of larger carnivores on the resource afforded the hominids by the larger ungulates (Turner, 1988, 1991, 1992, in press a-d). In a region such as Europe, where only around 12 % of the past 1.0 Ma has witnessed fully interglacial conditions (Zagwijn, in press), successful occupation would have depended upon the exploitation of animals as the single most important item in the food supply for most of the time (Turner, 1992).

However, earlier discussions of the European evidence have been concerned with the broader picture of the mammalian fauna in the continent as a whole over the past 3.0 Ma. Besides being in line with the level of resolution required at that point, such an overall perspective is justified so far as the earlier part of that period, the Villafranchian faunal span which lasted until ca. 1.0 Ma, is concerned, since the fauna of that is less regionally differentiated. With the transition to the post-Villafranchian fauna of the Middle Pleistocene it is appropriate to give greater emphasis to the geographic diversity seen in the terrestrial fauna, a diversity stemming in large part from the increased intensity of orbitally-induced climatic swings that have been a marked feature of the last 1.0 Ma. In view of the theme of this meeting, I shall discuss such diversity with especial reference to the Iberian Peninsula.

2
La fauna Villafranquiense-Galeriense de Europa.

El final del Villafranquiense en Europa se caracteriza por un cambio global en la fauna de mamíferos (Kursten, 1968; Kahlke, 1975; Maglio, 1975, Azzaroli, 1983; Azzaroli *et al.*, 1988; Aguirre & Morales, 1990), que sucede hace alrededor de un millón de años, aunque el cambio fue sucediendo con anterioridad a ese momento (Agustí & Moya Solá, en prensa; Sher, en prensa). Este acontecimiento ahora se reconoce como uno de los varios cambios sucedidos durante ese período y el Galeriense subsiguiente (Torre, 1987; Azzaroli *et al.* 1988; Masini & Torre, 1990; Turner, 1992), todos indudablemente producidos por los acontecimientos climáticos a

2
The Villafranchian-Galerian Fauna of Europe.

The end of the Villafranchian in Europe is marked by a wholesale turnover in the mammalian fauna (Kurten, 1968; Kahlke, 1975; Maglio, 1975; Azzaroli, 1983; Azzaroli *et al.*, 1988; Aguirre & Morales, 1990), centering on the period around 1.0 Ma but underway for some time before that (Agustí & Moya Solá, in press; Sher, in press). This event is now recognised as one among several during that faunal span and the subsequent Galerian (Torre, 1987; Azzaroli *et al.*, 1988; Masini & Torre, 1990; Turner, 1992), all undoubtedly induced by the massive climatic events of the past several million years recorded in marine and continental deposits gran escala sucedidos durante los pasados millones de años registrados en los depósitos marinos y continentales (Shackleton *et al.;* Prentice & Denton, 1988; Zagwijn, 1985; De Jong, 1988; Zagwijn & Suc, 1984).

Como Zagwijn (en prensa) ha subrayado, el cambio hacia una intensidad mayor en la fluctuación climática que sucede al final del Pleistoceno Inferior concluye con el dominio de la vegetación de estepa en la Europa del sur, y no en el cinturón de bosques de período frío que se había supuesto previamente. La vegetación de hoja ancha termófila sobrevivió a los períodos fríos sólo en áreas restringidas de condensación adecuada, en los valles húmedos y profundos de las regiones de los Balcanes, Cárpatos y Apeninos. El predominio de la vegetación abierta que empezó en las últimas fases del período faunístico Villafranquiense es por lo tanto una clave importante para entender la transición subsiguiente. Azzaroli (1982) ha llamado la atención sobre la aparición casual en Europa de bóvidos de cuerpo más pesado de los géneros *Bison* y *Bos* y de grandes cérvidos del género *Megaloceros* al final del Villafranquiense, y otros han llamado la atención sobre la eventual aparición de Ovibovini en localidades españolas e italianas (Moya-Solá, 1987; De Giuli *et al.,* 1986). El origen de estos taxones parece encontrarse en la Europa del Este y Asia, y la influencia asiática en particular es la que parece dominar muchos de los sucesos de finales del Pleistoceno Inferior y del Pleistoceno Medio.

(Shackleton *et al.,* 1984; Prentice & Denton, 1988; Zagwijn, 1985; De Jong, 1988; Zagwijn & Suc, 1984).

As Zagwijn (in press) has stressed, the change to an increased intensity of climatic fluctuation at the end of the Lower Pleistocene resulted in the dominance of steppe vegetation in southern Europe, and not the cold-period forest belt that has previously been assumed. Thermophilus broadleaved vegetation survived the cold periods only in restricted areas of adequate condensation in deep, moist valleys of the Balkan, Carpathian and Appenine mountain regions. The predominance of open vegetation that began in the later stages of the Villafranchian faunal span is therefore an important key to understanding the transition that followed. Azzaroli (1983) drew attention to the eventual appearance in Europe of heavier bodied bovids of the genera *Bison* and *Bos* and large cervids of the genus *Megaloceros* at the end of the Villafranchian, and others have drawn attention to the appearance of the Ovibovini in Spanish and Italian localities (Moya-Solá, 1987; De Giuli *et al.,* 1986). The origins of these taxa appear to lie in eastern Europe and Asia, and it is this Asian influence in particular that seems to dominate many of the events of the later Lower Pleistocene and Middle Pleistocene.

2.1. Modelos regionales.

La distribución en el tiempo de los grandes miembros de la fauna europea de mamíferos se muestra en las Tablas 1-4, dividida simplemente por conveniencia en un número de grupos taxonómicos. Las líneas sobre las Tablas exponen el registro europeo global, mientras que los paréntesis muestran el principio (<) y el final (>) del registro Ibérico para las especies en las que he sido capaz de convencerme por mi mismo de que existen evidencias razonables.

Ungulados.—Aguirre & Morales (1990) y Agustí & Moya (en prensa) destacan la naturaleza generalizada de la fauna Ibérica Villafranquiense, con la mayoría de los taxones europeos presentes. Hacia el fin de dicho período hay una inmigración de cérvidos cuyo origen es probablemente asiático (Vislobokova, 1990), con el Megacerini de gran talla en forma de *M. solilhacus* que aparece en Venta Micena (Menén-

2.1. Regional Patterns.

The distribution in time of the larger members of the European mammalian fauna is given in Tables 1-4, broken down purely for convenience into a number of taxonomic groupings. The lines on the tables show the overall European record, while the brackets show first (<) and last (>) Iberian records for the species where I have been able to satisfy myself that reasonable evidence exists.

Ungulates.—Aguirre & Morales (1990) and Agusti & Moya-Solá (in press) point to the generalised nature of the Iberian Villafranchian fauna, with most of the European taxa present. Towards the end of the span there is an immigration of Cervidae of probable Asian origin (Vislobokova, 1990), with the larger bodied Megacerini in the form of *M. solilhacus* appearing at Venta Micena (Menéndez, 1987) and *M.*

Tabla 1.—*Fauna europea del Villafranquiense-Galeriense. Proboscidea, Perissodactyla, Hippopotamidae y Suidae. Se muestran las distribuciones cronológicas generales, con la distribución de la Península Ibérica superpuesta « ». Fuente bibliográfica para todas las tablas: Agustí* & *Moya-Solá (en prensa); Azzaroli (1983); Azzaroli* et al. *(1988); Aguirre (in lit.); Aguirre* & *Morales (1990); Bonadonna* & *Alberdi (1987); Bruning (1980); Forsten (1988); Heintz (1970); Heintz* et al. *(1974); Kahlke (1975); Masini* & *Torre (1990); Torre (in lit.). En Turner (1992) pueden encontrarse otras fuentes bibliográficas.*

Table 1.—*European Villafranchian-Galerian Fauna. Proboscidea, Perissodactyla, Hippopotamidae and Suidae. General chronological distributions are shown, with Iberian distribution « » superimposed. Sources for all tales: Agustí* & *Moya-Solá (in press); Azzaroli (1983); Azzaroli* et al. *(1988); Aguirre (in lit.); Aguirre* & *Morales (1990); Bonadonna* & *Alberdi (1987); Bruning (1980); Forsten (1988); Heintz (1970); Heintz* et al. *(1974); Kahlke (1975); Masini* & *Torre (1990); Torre (in lit.). For additional sources see Turner (1992).*

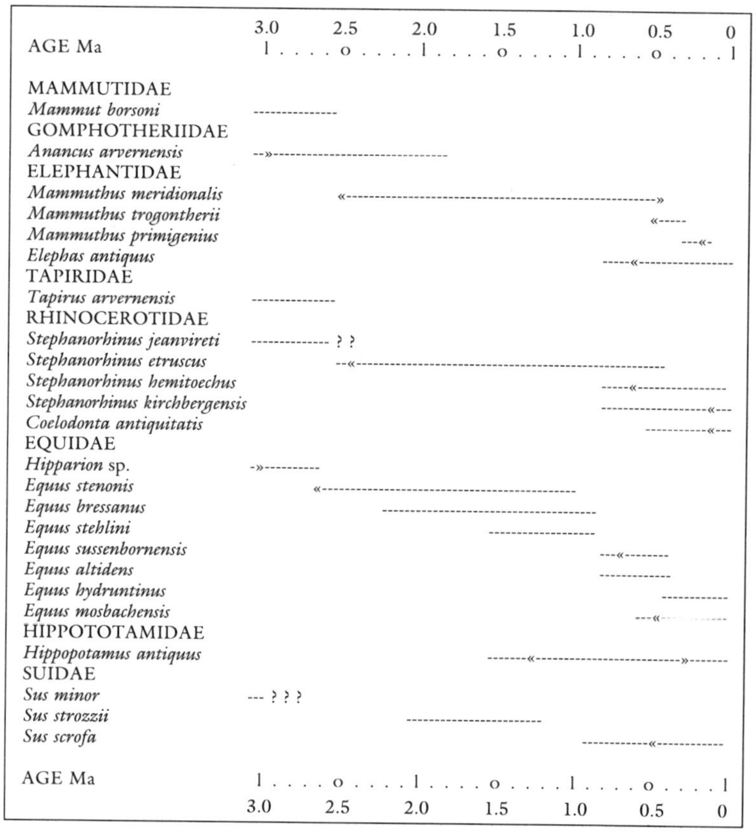

dez, 1987) y *M. savini* en Cueva Victoria (Carbonell *et al.*, 1981). Esta dispersión está registrada en muchas partes de Europa, aunque la taxonomía está actualmente poco clara como resultado de un exceso de descubrimientos relativamente recientes y la aparición de nuevas especies tales como *M. boldrinii* en Pietraffita en Umbria (Abbazzi, 1991). Torre *et al.* (en prensa) señalan que *M. arambourgi* es conocido desde la fauna de la de la Unidad Farneta en Italia, pero puede haber algunos indicios de aparición más temprana en localidades de España. Pero a pesar de la dispersión temprana en Iberia, es notable la ausencia general de Megacerini en el Pleistoceno Medio de la Península Ibérica, aunque Agustí & Pons-Moya (en prensa) mencionan algunas "citas dudosas" en las terrazas del río Manzanares. Esta ausencia contrasta significativamente con la situación en Europa Central, donde los ciervos megacerinos son un importante componente de la fauna de muchos yacimientos.

La aparición de *Cervus elephus* en los depósitos TD4 en Atapuerca pueden ser una de las apariciones europeas más antiguas de ciervo rojo. La especie está bien representada en

savini at Cueva Victoria (Carbonell *et al.*, 1981). This dispersion is recorded in many parts of Europe, although the taxonomy is presently unclear as a result of a spate of relatively recent discoveries and the erection of new species such as *M. boldrinii* at Pietrafitta in Umbria (Abbazzi, 1991). Torre *et al.*, (in press) point out that *M. arambourgi* is known from Farneta Unit faunas in Italy, but there may be some suggestion of earlier appearance at Spanish localities. But despite their early dispersion to Iberia, the general absence of the Megacerini in the Middle Pleistocene of the Iberian peninsula is notable, although Agustí & Moya-Solá (in press) do mention some 'doubtful citations' in terraces of the Manzanares river. This absence is in marked contrast to the situation in central Europe, where megacerine deer are an important component of the fauna at many sites.

The appearance of *Cervus elaphus* in the TD4 deposits at Atapuerca may be one of the oldest European occurrences of the red deer. The species is well-represented in the British type Cromerian deposits of West Runton, where it exhibits the typical 'acoronate' antler form of the earliest European

Tabla 2.—*Fauna europea del Villafranquiense-Galeriense. Cervidae. Fuentes bibliográficas como en la tabla 1.*

Table 2.—*European Villafranchian-Galerian Fauna. Cervidae. Sources as for Table 1.*

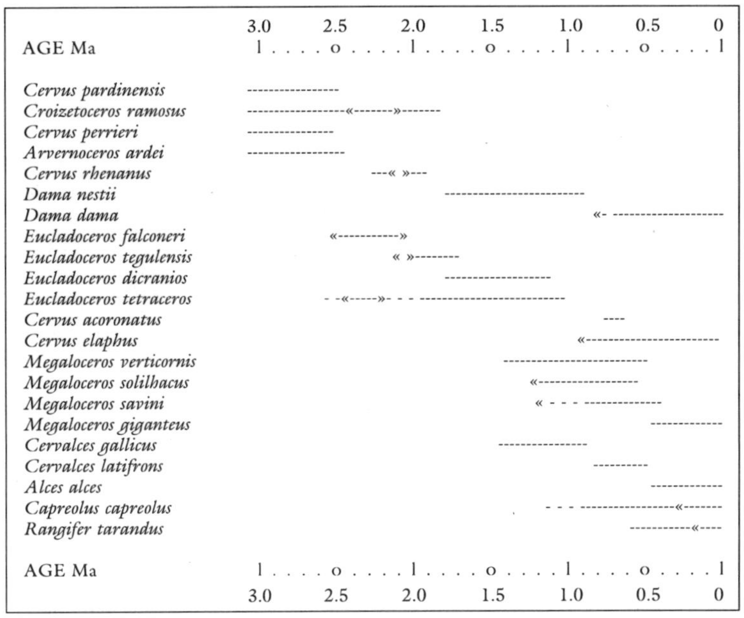

los depósitos británicos de tipo Cromerian de West Runton donde existe la forma "acoronada" de asta típica de los ejemplares europeos más tempranos (Lister, 1984; 1986). Según Lister (1988) la morfología acoronada puede verse como un fenómeno intraespecífico.

Agustí & Moya-Solá (en prensa) también señalan la presencia de ovibovinos *Praevibos* sp. y *Soergelia mino* en Venta Micena, una aparición paralela a la de los yacimientos italianos de Piro Nord (De Giuli *et al.,* 1986) y Casa Frata (De Giuli & Masini, 1986). Un paralelismo más, en cierto modo paradójico en vista del origen Beringiano de los ovibovinos, ocurre con la aparición de *Hippopotamus* en Venta Micena y en la fauna de la unidad de Tasso de Italia, pero volveré sobre este punto más adelante.

La taxonomía de los équidos de la Península Ibérica es muy compleja como sucede en el resto de Europa, pero sigue el mismo modelo de cambio a lo largo del tiempo. Bonadonna & Alberdi (1987) y Alberdi & Ruiz-Bustos (1989) sugieren un esquema de evolución para el grupo stenonine ampliamente basado en el material español, pero extrapolable a otras regiones, que incorpora seis cronosubespecies de *Equus stenonis* y las especies *E. altidens* y *E. sussenbornensis.* Lo cierto es que los caballine aparecen en España en el Pleistoceno Medio con *E. mosbachensis* en Cueva del Congosto y de las Figuras (Bonadonna & Alberdi, 1987) y *E. germanicus* en TD 10-11 y TG 10-11 en Atapuerca (Aguirre *et al.,* 1990), aunque persisten las formas stenonine. Desgraciadamente, no hay

specimens (Lister, 1984; 1986). According to Lister (1988), the acoronate morphology may be seen as an intraspecific phenomenon.

Agustí & Moya-Solá (in press) also note the presence of the ovibovines *Praeovibos* sp. and *Soergelia minor* at Venta Micena, an appearance paralleled at the Italian sites of Piro Nord (De Giuli *et al.,* 1986) and Casa Frata (De Giuli & Masini, 1986). A further parallel, somewhat paradoxical in view of the Beringian origin of the ovibovines, is seen in the appearance of *Hippopotamus* at Venta Micena and in the Tasso Unit fauna of Italy, but I shall return to this point below.

The equids of the Iberian peninsula appear as taxonomically complex as they do elsewhere in Europe, but follow the same general pattern of change over time. Bonadonna & Alberdi (1987) and Alberdi & Ruiz-Bustos (1989) suggest a scheme of evolution for the stenonine group, largely based on Spanish material but extrapolatable to other regions, which incorporates six chrono-subspecies of *Equus stenonis* and the species *E. altidens* and *E. sussenbornensis.* The true, caballine horses appear in Spain in the Middle Pleistocene, with *E. mosbachensis* at Cueva del Congosto y de las Figuras (Bonadonna & Alberdi, 1987) and *E. germanicus* in TD 10-11 and TG 10-11 at Atapuerca (Aguirre *et al.,* 1990), although stenonine forms persist. Unfortunately, there are no equid remains from the reversely-magnetized levels below the base of TD 3 at Atapuerca. Alberdi & Ruiz-Bustos (1989) suggest that *E. sussenbornensis* at Huescar-1 and Cullar

Tabla 3.—*Fauna europea del Villafranquiense-Galeriense. Bovidae. Fuentes bibliográficas como en la tabla 1.*

Table 3.—*European Villafranchian-Galerian Fauna. Bovidae. Sources as for Table 1.*

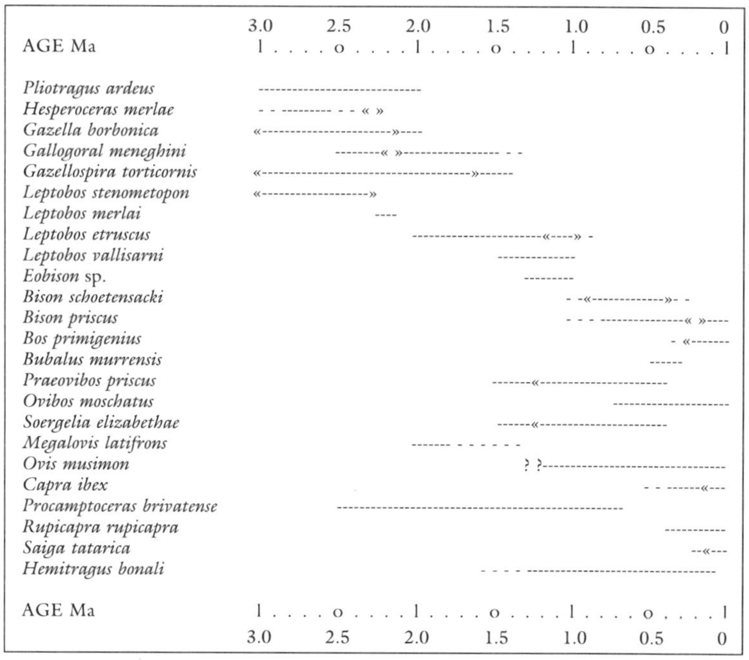

restos de équidos de los niveles de polaridad magnética inversa debajo de la base de TD 3 en Atapuerca. Alberdi & Ruiz-Bustos (1989) sugieren que *E. sussenbornensis* en Huescar-1 y Cullar de Baza-1 pueden ser, de hecho, una fauna de caballos temprana, aunque Foresten (1988) las sitúa firmemente dentro del grupo stenonine, pero la similitud aparente con el material de Sussenborn sugiere un contacto con las poblaciones de équidos en las regiones más centrales de Europa en este tiempo.

Pero algunos ungulados, ampliamente distribuidos en Europa durante el Pleistoceno Medio y Superior, nunca alcanzaron la Península Ibérica. Entre los taxones del Villafranquiense final y el Galerian inicial podemos mencionar el bóvido *Hemitragus,* presente en Isernia la Pineta y Vallonet, aunque está excluido de la lista de fauna ibérica de Agustí y Pons Moya (en prensa), que rechazan las investigaciones previas de Cueva Victoria, así como miembros de la tribu Alcini (alces) del género *Alces.* El último género ha sido formalmente propuesto recientemente por Kahlke (1990) como el sinónimo senior de *Libralces* y *Cervalces,* entre otros. El actual *Alces alce* no sólo está ausente de la fauna Ibérica, sino que tampoco aparece ninguna de las especies más tempranas, como *A. gallicus* o su supuesto descendiente *A. latifrons.* El ejemplar de *Alce* más próximo a la Península Ibérica fue en-

de Baza-1 may in fact be an early caballine form, although Forsten (1988) places it firmly within the stenonine group, but the apparent similarly to the material from Sussenborn itself betokens contact with equid populations in more central regions of Europe at this time.

But some ungulates widely distributed in Europe during the Middle and Upper Pleistocene never reached the Iberian Peninsula. Among later Villafranchian and earlier Galerian taxa we may mention the bovid *Hemitragus,* recorded at Isernia La Pineta and Vallonnet but excluded from the Iberian faunal list by Agustí & Moya-Solá (in press) who reject previous identifications at Cueva Victoria, and members of the cervid tribe Alcini (elks) of the genus *Alces.* The latter genus has recently been formally proposed by Kahlke (1990) as the senior synonym of *Libralces* and *Cervalces,* among others. Not only is the extant *Alces alces* absent from the Iberian fauna; none of the earlier species, such as *A. gallicus* or its very large putative descendant *A. latifrons,* appears there either. The nearest specimen to the peninsula appears to be that identified as *A. carnutorum* by Heintz & Poplin (1981), found in the French Pyrenees (see the useful distribution maps provided by Kahlke, 1990). Interestingly enough, the genus has only relatively recently been observed in Italy, where *A. gallicus* appears at Il Crostolo in Emilia (Ambroset-

Tabla 4.—*Fauna europea del Villafranquiense-Galeriense. Grandes Carnivora. Fuentes bibliográficas como en la tabla 1 y observaciones personales.*

Table 4.—*European Villafranchian-Galerian Fauna. Larger Cernivora. Sources as in Table 1 and direct observation.*

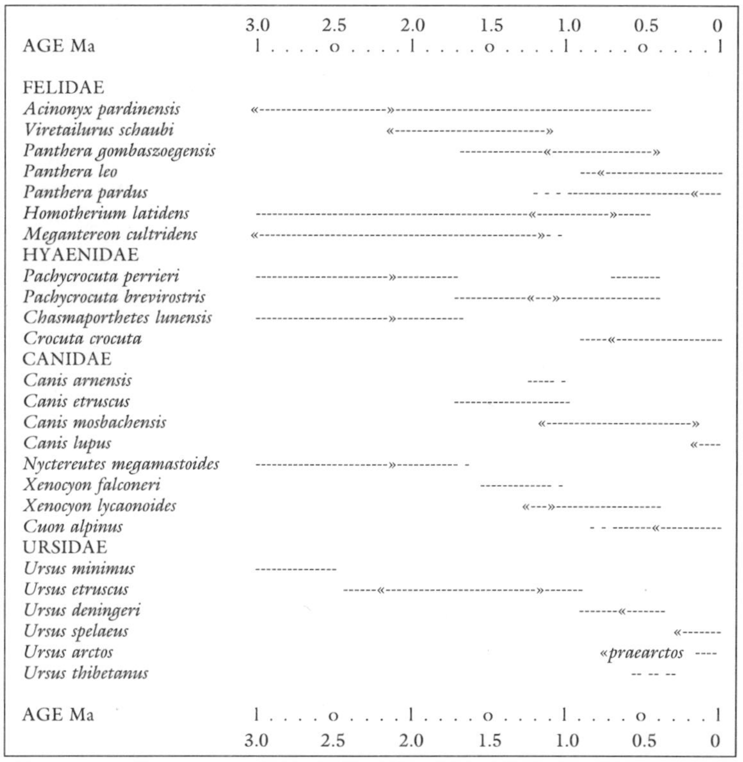

contrado en los Pirineos franceses e identificado como *A. carnutorum* por Heinzt & Popplin (1981) (ver los útiles mapas de distribución proporcionados por Kahlke, 1990). Este género sólo ha sido observado en épocas relativamente recientes en Italia, donde *A. gallicus* aparece en Il Crostolo en Emilia (Ambrosetti & Cremaschi, 1976) y *A. latifrons* en Ranica (Azzaroli, 1979).

En Gran Bretaña, *A. gallicus* está bien representado en los depósitos del Pleistoceno Inferior en East Runton (Lister, 1988), mientras que *A. latifrons* se registra ampliamente en los depósitos del Pleistoceno Medio inicial relacionados con el Interglacial Cromerian, pero el género no vuelve a aparecer otra vez hasta que la especie actual *A. Alces* se encuentra en los depósitos del Pleistoceno Superior (Lister, 1984; Fig. 5).

Otros taxones están pobremente representados, o restringidos a sus distribuciones dentro de la Península Ibérica. Este grupo incluye *Saiga tartica, Mammuthus primigenius, Coelodonta antiquitatus, Rangifer tarandus* y *Ovibos moschatus.* Estos taxones están considerados generalmente como indicadores de clima frío, como quizás lo es también *Capra ibex,* aunque este último se encuentra en una variedad de localidades del norte, sudeste y oeste, así como en Gibraltar (Busk, 1879; Davidson, 1976; Strauss, 1987; Zilhao, 1986).

ti & Cremaschi, 1976) and *A. latifrons* at Ranica (Azzaroli, 1979). In Britain, *A. gallicus* is well represented in Lower Pleistocene deposits at East Runton (Lister, 1988) while *A. latifrons* is recorded from broadly early Middle Pleistocene deposits referred to the Cromerian interglacial, but then the genus does not occur again until the extant species *A. alces* is found in Upper Pleistocene deposits (Lister, 1984: Figure 5).

Other taxa are poorly represented, or restricted in their distributions within the peninsula. This group includes *Saiga tartarica, Mammuthus primigenius, Coelodonta antiquitatus, Rangifer tarandus* and *Ovibos moschatus.* These would generally be considered cold indicators, as perhaps would *Capra ibex,* although the latter is found in a variety of localities in northern, southeastern and western deposits as well as in Gibralter (Busk, 1879; Davidson, 1976; Strauss, 1987; Zilhao, 1986). In contrast, *Mammuthus primigenius* and *C. antiquitatis* managed to reach even the southern parts of Italy, while *Ovibos moschatus* and *Saiga tartarica* have no record there (Sala *et al.,* in press) and *Rangifer tarandus* just qualified for entry at the Grotta del Principe in Liguria (Barral & Simone, 1967). Even where such cold indicator species do appear to have been exploited by people of the Iberian Upper Palaeolithic in some numbers, such as at the Cantabrian localities where ibex is an important component of some assemblages

En cambio, *Mammuthus primigenius* y *C. antiquitatis* llegaron a alcanzar incluso las zonas meridionales de Italia, mientras que *Ovibus moschatus* y *Saiga tartarica* no tienen registro en esa región (Sala *et al.*, en prensa) y *Rangifer tarandus* se encuentran sólo en la entrada de la Grotta del Príncipe en Liguria (Barral & Simone, 1967). Incluso, cuando tales especies indicadoras de clima frío parecen ser explotadas de manera sistemática por las poblaciones del Paleolítico superior de la Península Ibérica, tal como sucede en las localidades cantábricas, donde el ibex es un importante componente de algunos conjuntos (Strauss, 1987), están acompañadas por elementos templados como *Cervus elephus, Sus scrofa* e *Hystrix cristata.* Estas asociaciones refuerzan la teoría formulada anteriormente sobre la aparición de hipopótamos junto con ovibovinos.

Otros taxones, tales como *Capreolus capreolus, Ovis* y *Stephanorhinus kirchbergensis,* que aparecen bastante pronto en Europa central, sólo aparecen más tarde en España. Lo mismo es válido para el género *Bison,* que aparece en los depósitos italianos de la Unidad Farneta en Pirro Nord. La especie hallada en este sitio ha sido descrita como de tamaño pequeño, con la morfología dental y craneal primitiva, y en ocasiones ha sido clasificada como del género *Eobison* (De Giuli *et al.*, 1986). Una forma de gran parecido se observa en Sainzelles en la Auvergne, pero el bovino de Venta Micena anteriormente clasificado como *Bison* por Moya-Solá (1987) ha sido asignado recientemente a Bovini, género y especie indeterminados (Martínez, 1991). Parece que hay probabilidades de revisar los representantes más tempranos del género *Bison* en Europa (Sher, comunicación personal) aunque su origen asiático es ampliamente aceptado (Sala, *et al.*, en prensa). La primera forma totalmente moderna parece ser *B. schoetensacki* anteriormente considerada como una especie de tamaño pequeño (Kurten, 1968) por la confusión creada por el material tipo de Mauer (Sher, comunicación personal), pero ahora se reconoce como un animal de talla grande (Sala *et al.*, en prensa). Esta especie se encuentra principalmente en las regiones más al norte de Europa, pero se ha encontrado en localidades Mediterráneas tanto en Isernia (Coltorti *et al.*, 1982) como en Atapuerca, donde aparece en el nivel TD4 y niveles superiores y aparentemente ha sido también encontrado en el nivel TD2 bajo la inversión del Brunhes-Matuyama (Aguirre *et al.*, 1990; Aguirre, comunicación personal).

Bos primigenius, una especie que aparece relativamente tarde en muchas regiones, se encuentra ya en las localidades españolas del Pleistoceno Medio de Torralba y Solana de Zamborino, en condiciones aparentemente templadas. Una

(Strauss, 1987), they are accompanied by temperate elements such as *Cervus elaphus, Sus scrofa* and *Hystrix cristata.* These associations reinforce the point made earlier about the appearance of hippos together with ovibovines.

Other taxa again, such as *Capreolus capreolus, Ovis* and *Stephanorhinus kirchbergensis,* which appear quite early in central Europe, only appear late in Spain. The same is true of the genus *Bison,* which appears in Italian Farneta Unit deposits at Pirro Nord. The species has been described as small, with primitive dental and cranial morphology, and has at times been placed in a separate genus, *Eobison* (De Giuli *et al.*, 1986). A broadly similar form is known from Sainzelles in the Auvergne, but the bovine from Venta Micena previously placed in *Bison* by Moya-Solá (1987) has now been referred simply to Bovini gen. et. sp. indet. (Martínez, 1991). It would seem that there is scope for revision of the earliest representatives of the genus *Bison* in Europe generally (Sher, pers. comm.), although origin in Asia is widely accepted (Sala *et al.*, in press). The first of the fully modern forms appears to be *B. schoetensacki,* formerly believed to have been a small species (Kurten, 1968) on the basis of confusion over the type material from Mauer (Sher, pers. comm.), but now recognised as a large animal (Sala *et al.*, in press). It is mainly found in more northerly regions of Europe, but it has been recorded in Mediterranean localites at both Isernia (Coltorti *et al.*, 1982) and Atapuerca where it occurs in the TD 4 level and upwards and has apparently been found in the TD 2 level beneath the Brunhes-Matuyama reversal (Aguirre *et al.*, 1990; Aguirre, pers. comm.).

Bos primigenius, a relatively late-occurring species in many regions does appear somewhat early in Spanish Middle Pleistocene localities at Torralba and Solana de Zamborino, in seemingly temperate conditions. A form close to *B. primigenius* has recently been identified at Vallonnet on the basis of metapodia said to be closer morphologically to *Bos* that to *Bison* (de Lumley, *et al.*, 1988), but this attribution may well warrant further examination.

Carnivora. Among the Hyaenidae, the giant *Pachycrocuta brevirostris* seems to have gone extinct in Iberia earlier than in many other parts of western Europe, following its restricted appearance at sites such as Cueva Victoria, Venta Micena and Almenara, and it is not recorded there in the Middle Pleistocene. The species is abundant at Untermassfeld in Germany in latest Lower Pleistocene desposits, where its bone-consuming abilities are very much in evidence, and is also seen at the contemporary site of Vallonnet (de Lumley *et al.*, 1988). Middle Pleistocene occurrences at sites such as Gomforma próxima al *B. promigenius* que ha sido recientemente identificada en Vallonnet en base al estudio de metápodos, parece estar, según de Lumley, *et al.* (1988), más próxima morfológicamente del *Bos* que del *Biso,* pero esta atribución puede precisar un examen posterior.

Carnívora.–Entre los Hyaenidae, el gigante *Pachycrocuta brevirostris* parece haberse extinguido antes en la Península Ibérica que en la mayor parte de Europa Occidental, restringiéndose su presencia al Pleistoceno Inferior de yacimientos tales como Cueva Victoria, Venta Micena y Almenara. La especie es abundante en los depósitos superiores del Pleistoceno Inferior de Untermassfeld en Alemania, donde existe una clara evidencia de sus habilidades en el consumo de huesos, así como en el yacimiento contemporáneo de Vallonnet (De Lumley, *et al.,* 1988). Algunas apariciones en yacimientos del Pleistoceno Medio, como Gombaszoeg, Sussenborg, Verteszzollos y Forest Bed de la secuencia Cromerian en Inglaterra atestiguan la presencia continuada de esta especie como un miembro importante de la fauna de grandes mamíferos (Turner, en prensa). Esta especie también ha sido documentada en el yacimiento del Pleistoceno Medio inicial de Slivia (Bon *et al.,* 1992).

Pachycrocuta perrieri puede documentarse por última vez en la Península Ibérica (Puebla de Valverde), mientras que en el resto de Europa parece haberse extinguido localmente después de apariciones en Chilhac, Seneze y Teglen (Turner, en prensa). Los datos previos de la presencia de la especie en los depósitos de la Unidad de Olivola (Azzaroli, 1983) se consideran hoy incorrectos (Torre, *in lit.).* La especie reaparece en Europa durante el Pleistoceno Medio, pero no parece que haya vuelto a entrar en España, Italia o Gran Bretaña en ese período. Sin embargo, *P. perrieri* está claramente representada en el Pleistoceno Medio de Francia (Lunel Viel, l'Escale), Alemania (Mosbach, Mauer, Hundscheim) y Grecia (Petralona) (Kurten & Poulianos, 1977, 1981; Turner, 1990, 1992).

Crocuta crocuta se documenta desde la unidad inferior TD3 de Atapuerca justo encima de lo que parece ser el limite del Brunhes/Matuyama (Aguirre *et al.;* 1990 Aguirre & Morales, 1990). Éste bien puede ser el registro más temprano de la especie en Europa, aunque también se ha encontrado en los últimos conjuntos Villafranquienses de las fisuras del Karst en la Selva Vecchia en Italia (Azzaroli, 1983; Torre *in lit.).* Aguirre (comunicación personal) ha mencionado la presencia probable de coprolitos de hiena en los últimos depósitos del Pleistoceno Inferior en Láchar (Granada), pero la baszoeg, Sussenborn, Verteszzollos and the Forest Bed deposits of the Cromerian sequence in England attest to its continued presence as an important member of the larger mammal fauna (Turner, in press b), and it has been recorded from the Italian early Middle Pleistocene site of Slivia (Bon *et al.,* 1992).

Pachycrocuta perrieri may be last recorded in the peninsula at Puebla de Valverde, earlier than elsewhere in Europe where it seems to have become locally extinct after appearances at Chilhac, Seneze and Tegelen (Turner, in press c). Former records of the species in deposits of the Olivola Unit (Azzaroli, 1983) are now regarded as incorrect (Torre, in lit.). The species reappears in Europe in the Middle Pleistocene, but does not seem to have re-entered Spain, Italy or Britain at that time although it is crearly represented in France (Lunel Viel, l'Escale), Germany (Mosbach, Mauer, Hundscheim) and Greece (Petralona) (Kurten & Poulianos, 1977, 1981; Turner, 1990, 1992).

Crocuta crocuta is reported from the lower unit TD 3 of Atapuerca, just above what appears to be the Brunhes/Matuyama boundary (Aguirre *et al.,* 1990; Aguirre & Morales, 1990). This may well be the earliest record of the species in Europe, although it is also found in latest Villafranchian assemblages from the karst fissures at Selva Vecchia in Italy (Azzaroli, 1983; Torre, *in lit.).* Aguirre (pers. comm.) has mentioned the presence of probable hyaena coprolites in the latest Lower Pleistocene deposits at Lachar (Granada), but the species responsible is not clear. In Britain, where vast numbers of Upper Pleistocene specimens have been found, it first appears in the Freshwater Bed desposits of the Cromerian type locality at West Runton and, perhaps slightly later, at Westbury-sub-Mendip (Turner, in press a). Elsewhere in Europe (at Mosbach 2, Petralona, Lunel Viel, Stranska Skala and Sussenborn, for example) the species is part of a thoroughly Middle Pleistocene fauna, but early appearance in Iberia implies equally early presence at least in the central part of Europe. Agustí & Moya-Solá (in press) point to the general scarcity of hyaenas in Middle Pleistocene deposits of the peninsula, and it is clear that the large, hyaena-accumulated assemblages containing copious quantities of *Crocuta crocuta* itself that are known from many sites in other parts of western Europe do not seem to occur there. On the other hand, *C. crocuta* is not entirely absent from the peninsula, and the difference in bone accumulation may reflect behavioural differences in the populations of the area induced by localised circumstances, as Kruuk (1972) found in the case of living eastern African representatives.

 especie responsable no está clara. En Gran Bretaña, donde se han encontrado gran número de especies del Pleistoceno Superior, *C. crocuta* aparece en primer lugar en los depósitos de Freshwater Bed de la localidad de tipo Cromerian en West Runton y quizás poco después en Westbury-sub-Mendip (Turner, en prensa). Por toda Europa, (Mosbach 2, Petralona, Lunel Viel, Stranska Skala y Sussenborn, por ejemplo) la especie forma parte de una fauna mesopleistocena, pero la aparición temprana en la Península Ibérica implica igualmente la presencia temprana en Europa central. Agustí & Moya-Solá (1992) indican la escasez general de hienas en los depósitos del Pleistoceno Medio de la Península Ibérica, y está claro que los grandes conjuntos de acumulaciones de hienas que contienen copiosas cantidades de *Crocuta crocuta* bien documentadas en otros sitios de Europa occidental no parece que se encuentren en la Península Ibérica. Por otra parte, *C. crocuta* no está totalmente ausente de la Península Ibérica y la diferencia en la acumulación de restos puede reflejar diferencias en el comportamiento de las poblaciones del área inducida por circunstancias muy concretas, como Kruuk (1972) documentó en el caso de representantes actuales del este de África.

Entre los Felidae, el *Viretailurus schaubi* es un animal bastante enigmático. Esta especie sólo se ha documentado con certeza en St. Vallier (Viret, 1954), pero su presencia ha sido defendida como probable en Cueva Victoria (Carbonell *et al.*, 1981) y en Puebla de Valverde (Kurten & Crusafont Pairo, 1977). Esta especie no se ajusta bien con ningún otro taxon de félido conocido y de ahí la decisión de Hemmer (1964) de situarla en otro género diferente.

Panthera gombaszoegensis puede haber persistido en la Península Ibérica durante más tiempo que en otras muchas partes de Europa, como lo atestigua su presencia en los niveles superiores de Atapuerca (Aguirre *et al.*, 1990). Pero también aparece bastante tarde en Mosbach, y ahora es conocida en los depósitos superiores en Westbury-sub-Mendip y probablemente también en Swanscombe en Gran Bretaña (Turner, en prensa). En cambio, *Acinonyx pardinensis,* no se registra en la península después de su aparición en la Puebla de Valverde, que sería contemporánea con su presencia en el yacimiento francés de St. Vallier, donde está quizás mejor representada. No se han repetido sugerencias anteriores de una presencia más temprana en Cueva Victoria (Carbonell, *et al.*, 1981). El registro subsecuente de la especie hasta el que puede ser el último dato de su presencia en Europa (Mosbach) es extremadamente irregular, siendo muy difícil una verdadera apreciación de su distribución. Muchos de los ejemplares co-

Among the Felidae, the medium-sized *Viretailurus schaubi* is a rather enigmatic beast. Only really well known from St Vallier (Viret, 1954), its presence has been tentatively claimed at both Cueva Victoria (Carbonell *et al.*, 1981) and Puebla de Valverde (Kurten & Crusafont Pairo, 1977). It does not fit well with any other known felid taxon, hence the decision by Hemmer (1964) to place it in a separate genus.

Panthera gombaszoegensis may have lingered in the Iberian Peninsula longer than than in many other parts of Europe in view of its discovery in upper levels at Atapuerca (Aguirre *et al.*, 1990). But it also appears quite late in time at Mosbach, and is now known from uppermost deposits at Westbury-sub-Mendip and possibly also from Swanscombe in Britain (Turner, in press a). In contrast, *Acinonyx pardinensis* is not recorded in the peninsula after its appearance at Puebla de Valverde, contemporary with its appearance at the French site of St Vallier where it is perhaps best represented. Earlier suggestions for its presence at Cueva Victoria (Carbonell, *et al.*, 1981) have not been repeated. The subsequent record of the species until what may be its last record in Europe at Mosbach is extremely patchy, redering a true appreciation of its distribution very difficult. Many of the known specimens are of large animals-Kurten (1968) suggested lion size, and while that may have exaggerated the situation slightly the Untermassfeld specimen is certainly enormous.

Panthera leo also appears in deposits at Atapuerca and Solana de Zamborino, and these seem to be the earliest records of this cat in the area. Its earliest European appearance is at Vallonnet (de Lumley *et al.*, 1988), and it has now been recorded at the Italian site of Isernia la Pineta at the very end of the Lower Pleistocene (Sala, 1990). In Britain, the earliest record is at Westbury-sub-Mendip (Turner, in press a), and the lion soon became a fairly common member of the European fauna.

The first European record of *Panthera pardus* is not clear, but Martínez (1991) has argued convincingly against a previous identification of this species at Venta Micena and I have been unable to find any clear documentation of its presence in Iberia other than specimens from the Upper Pleistocene deposits of the Genista Cave in Gibralter (Busk, 1879). The species is present at Vallonnet, but there is an earlier possible appearance based on an isolated upper canine from the Auvergne site of Ceyssaguet (Turner, unpublished data). With such a secretive, usually solitary animal it is hard to discern the true pattern of distribution, but it remains a consistent component of European faunas in all areas throughout most of the Pleistocene, and it is simply unlikely to have been nocidos son de gran talla –Kurten (1968) sugirió el tamaño de un león–, pero mientras que esta apreciación puede ser exagerada, el ejemplar de Untermassfeld es realmente enorme.

Las primeras evidencias de *Panthera leo* en la Península Ibérica aparecen en los depósitos de Atapuerca y Solana de Zamborino. La primera aparición europea de esta especie ocurre en Vallonet (De Lumley *et al.*, 1988), y ha sido bien documentada en el yacimiento italiano de Isernia la Pineta muy a finales del Pleistoceno Inferior (Sala, 1990). En Gran Bretaña, el primer dato de este félido, que pronto llegó a ser un miembro común de la fauna europea, lo encontramos en Westbury-sub-Mendip (Turner, en prensa).

La primera documentación europea de *Panthera pardus* no está clara, pero Martínez (1991) ha demostrado convincentemente que esta especie no se encuentra en Venta Micena, y yo mismo no he podido encontrar una documentación clara de su presencia en la Península Ibérica, a excepción de los ejemplares de los depósitos del Pleistoceno Superior de la Cueva en Gibraltar (Busk, 1879). La especie está presente en Vallonet, pero es posible una aparición anterior basada en un canino superior aislado del yacimiento de Auvergne de Ceyssaguet (Turner, datos sin publicar). Con tal escasez de datos normalmente es muy difícil discernir el verdadero modelo de distribución de un animal solitario, pero sigue siendo un componente consistente de las faunas europeas en todos las áreas a lo largo de la mayor parte del Pleistoceno y parece improbable que haya estado ausente de la Península Ibérica. Un punto interesante sobre el que es necesario llamar la atención es el hecho de que el león, el leopardo y la hiena manchada son todos de origen africano (Turner, 1990). Su aparición en Europa puede muy bien señalar un acontecimiento de dispersión desde África coincidiendo en parte con el cambio del final de la fauna Villafranquiense en Euroasia, aunque la presencia de *Crocuta crocuta* en los depósitos más tempranos en los Siwaliks, donde se ha denominado erróneamente como *C. sivalensis* (Turner, en preparación) puede simplemente reflejar movimientos eurasiáticos.

Entre los félidos macairadóntidos, las últimas apariciones de *Meganteron cultridens* se registran en Cueva Victoria y Venta Micena (Martínez, 1991) en Pirro Nord en Italia (De Giuli *et al.*, 1986) y en Schernfeld en Baviera (Dehm, 1962; Turner, en prensa d), y esta especie no forma parte de la fauna del Pleistoceno Medio del continente. En cambio, el macairodonte de mayor tamaño *Homotherium latidens* se conoce en Europa durante el Villafranquiense y en el Galeriense donde continúa apareciendo frecuentemente hasta lo que pueden ser sus últimos datos en Mosbach 2 y en los niveles

absent from Iberia. One interesting point to stress is the fact that the lion, leopard and the spotted hyaena are all African in origin (Turner, 1990). Their appearance in Europe may well mark a dispersal event from Africa coincident in part with the end-Villafranchian faunal turnover in Eurasia, although the presence of *Crocuta crocuta* in earlier deposits in the Siwaliks, where it is erroneously referred to *C. silvalensis* (Turner, in press d; in preparation), may simply reflect Eurasian movements.

Among the machairodont cats, *Megantereon cultridens* makes what seem to be its last European appearances at Cueva Victoria and Venta Micena (Martínez, 1991), at Pirro Nord in Italy (De Giuli *et al.*, 1986) and at Schernfeld in Bavaria (Dehm, 1962; Turner, in press d), and plays no part in the Middle Pleistocene fauna of the continent. In contrast, the larger machairodont *Homotherium latidens* is known in Europe throughout the Villafranchian and into the Galerian, where it continues to appear widely until what may be its last records in Mosbach 2 and in the upper levels at Westbury-sub-Mendip (Turner, in press a). If *H. latidens* is indeed conspecific with *H. crenatidens* as seems increasingly likely (Martínez, 1991; Turner, in press a), then this animal, together with *Pachycrocuta perrieri* and *Acinonyx pardinensis,* is one of the longest-lived of all the larger Villafranchian species. Its presence in the peninsula is, however, more restricted. It first appears at Incarcal and is represented at Venta Micena and Cueva Victoria (Martínez, 1991), and is last recorded in Huescar-1 deposits (Alcalá & Morales, 1989). The degree of overlap with *Megantereon cultridens* in this region is therefore minimal.

Among the Canidae, a further notable absence from the Iberian Middle Pleistocene is the large canid *Xenocyon lycaonoides,* only seemingly present if at all at Venta Micena and Cueva Victoria. Martínez (1991) has suggested that the Venta Micena material might more properly be referred to *Canis,* although the morphology of the lower carnassial appears to argue against that identification. Although never abundant, the species is present at a variety of other sites in Europe, such as Untermassfeld, Petralona, Westbury-sub-Mendip and Mosbach. Larger canid presence in Iberia during the later Lower Pleistocene and into the Middle Pleistocene is therefore restricted to a medium-sized species of *Canis,* at times referred to *Canis mosbachensis* (itself often referred to *C. lupus mosbachensis)* and at other times referred to *C. etruscus.*

The appearance of the large *Canis lupus,* the extant wolf, seems to occur over large areas of Europe some time towards the very end of the Middle Pleistocene. In Britain it is com-superiores de Westbury-sub-Mendip (Turner, en prensa a). Si *H. latidens* es realmente sinónimo de *H. crenatidens,* como parece cada vez más probable (Martínez, 1991; Turner, en prensa a), entonces este animal es, junto a *Pachicrocuta perreri* y *Acinonyx pardinensis,* una de las especies de gran talla más persistentes del Villafranquiense. Su presencia en la Península Ibérica es, sin embargo, más restringida. Primero aparece en Incarcal y está representado en Venta Micena y Cueva Victoria (Martínez, 1991), y se documenta por último en los depósitos Huescar-1 (Alcalá & Morales, 1989). El grado de superposición con *Megantereon cultridens* en esta región es por tanto mínimo.

Entre los Canidae, una notable ausencia del Pleistoceno Medio Peninsular es el gran cánido *Xenocyon lycaonoides,* sólo quizás presente, si se confirma, en Venta Micena y Cueva Victoria. Martínez (1991) ha sugerido que el material de Venta Micena debe incluirse en el género *Canis,* aunque la morfología de la carnicera inferior parece estar en contra de esa identificación. Aunque nunca de un modo abundante la especie está presente en otros muchos yacimientos europeos, como Untermassfeld, Petralona, Westbury-sub-Mendip y Mosbach. La presencia de grandes cánidos en la Península Ibérica a finales del Pleistoceno Inferior y en el Pleistoceno Medio está por lo tanto restringida a especies de tamaño medio de *Canis,* a veces relacionados con *Canis mosbachensis* (a veces también atribuidos a *C. lupus mosbachensis)* y en otras ocasiones referidos como *C. etruscus.*

La aparición de la especie de gran talla *Canis lupus,* el lobo actual, parece ocurrir a lo largo de grandes áreas de Europa a veces muy hacia finales del Pleistoceno Medio. En Gran Bretaña es común en conjuntos relacionados con el último Interglacial (= Estadio 5e) (Turner, en prensa a), mientras que en Italia se documenta en depósitos en San Sidero que pueden datarse como de la última glaciación (Sala *et al.,* en prensa). El tiempo de aparición en la Península Ibérica no está claro.

mon in assemblages referred to the last interglacial (= Stage 5e) (Turner, in press a), while in Italy is is reported in deposits at San Sidero that may date to the penultimate glaciation (Sala *et al.,* in press). The timing of appearance in Iberia is not clear.

3
Factores de control.

La impresión general es que la fauna Ibérica de grandes mamíferos de todo el Pleistoceno glacial, desde el estadio 22 de paleotemperaturas oceánicas, no se diferencia fácilmente en conjuntos glaciares e interglaciares. Si comparamos las 3 regiones peninsulares de Europa Occidental, Iberia, Italia y las Islas Británicas, vemos que algo similar sucede en Italia

3
Controlling Factors.

The overall impression is that the Iberian large mammal fauna of the fully glacial Pleistocene, the period since Stage 22 of the ocean core record, does not easily differentiate into glacial and interglacial assemblages. If we compare the three peninsula regions of western Europe, Iberia, Italy and the British Isles, we see that is also true of Italy (Sala *et al.,* in press)

(Sala *et al.,* en prensa), pero no es válido para Gran Bretaña, donde las faunas de períodos fríos y cálidos son notablemente diferentes (Stuart, 1983).

Agustí & Moya-Solá (en prensa) hacen hincapié en que la temperatura de la Península Ibérica fue probablemente un factor menos importante en las distribuciones de grandes mamíferos, que la alteración de fases húmedas y secas que acompañan a los ciclos glaciares. Esto parece haber sido especialmente cierto en la última mitad del Pleistoceno Inferior cuando las planicies mediterráneas occidentales fueron invadidas por taxones de carácter beringian procedentes de los biotopos abiertos de Siberia, de los cuales los ovibovinos de Venta Micena son un ejemplo particular. Entonces, así como durante el Pleistoceno Superior cuando los elementos típicos "fríos" de la fauna europea glacial aparecen en la Península Ibérica acompañados por elementos templados, la aparición de estos taxones beringianos está acompañada por *Hippopotamus.*

Muchos de los cambios en el grupo de los carnívoros reflejan sin duda las alteraciones en la fauna de ungulados, aunque la variación regional en algunas de las distribuciones es muy pronunciada. Esto es especialmente cierto para el período de supervivencia de algunos de los taxones. *Pachycrocuta perrieri* y *Pachycrocuta brevirostris* no aparecen juntos en Europa, incluso aunque el primero reaparece en el Pleistoceno Medio en yacimientos como Mosbach, l'Escale y Petralona. El lapso de la ausencia de *P. perrieri* coincide con la aparición europea no sólo de *P. brevirostris* sino también de *Panthera gombaszoengensis, Canis* y *Xenocyon* y se está intentando inferir alguna relación causal entre estos acontecimientos (Turner, en prensa c, en prensa d).

Un hecho aparentemente extraño en el grupo de los carnívoros europeos es la ausencia de *Acinonyx* en el Pleistoceno. Si el clima de la Península Ibérica estuvo marcado por fases secas durante los glaciares dominantes de la época, entonces la correspondiente vegetación abierta hubiera provisto un hábitat muy adecuado para tales especies cursorípedas de talla grande. Pudo ocurrir una extinción local muy temprana de la especie, debido a las oscilaciones glaciares del Pleistoceno, y posteriormente fue incapaz de recolonizar la Península Ibérica.

but untrue of Britain, where the cold and warm period faunas are markedly different (Stuart, 1983).

Agustí & Moya-Solá (in press) stress that temperatures in the Iberian Peninsula were probably less important factors in the distributions of larger mammals than the alternation of wet and dry phases that accompanied the glacial cycles. This would seen to have been especially true in the latter half of the Lower Pleistocene when western Mediterranean plains were invaded by taxa of Beringian character from the open biotopes of Siberia, of which the ovibovines at Venta Micena are a particular example. Then, as during the Upper Pleistocene when the typical 'cold' elements of the European glacial fauna appear in the Iberian pensinsula accompanied by temperate elements, the appearances of these Beringian taxa are accompanied by *Hippopotamus.*

Many changes in the carnivore guild no doubt reflect the alterations in the ungulate fauna, although the regional variation in some of the distributions is quite marked. This is especially true in the length of time that some taxa seem to have survived. *Pachycrocuta perrieri* and *Pachycrocuta brevirostris* do not co-occur in Europe, even when the former reappears at Middle Pleistocene sites such as Mosbach, L'Escale and Petralona. The gap in the presence of *P. perrieri* coincides with the European appearance not only of *P. brevirostris* but also with that of *Panthera gombaszoegensis, Canis* and *Xenocyon,* and it is tempting to infer some causal relationship between these events (Turner, in press c, in press d).

One apparent oddity in the Iberian carnivore guild is the Pleistocene absence of *Acinonyx.* If the climate of the peninsula was marked by dry phases during the dominant glacials of the time, then the correspondingly open vegetation would have provided an extremely suitable habitat for such a large cursorial species. It may be that it became locally extinct too long in advance of the swing towards the glacial oscillations of the Pleistocene, and was then unable to recolonise the peninsula.

4
Homínidos.

Aunque muchos defienden que la dispersión de los homínidos en Europa se inició en el período entre 1.5-1.0 ma, es difícil señalar una prueba de tal dispersión anterior al Jaramillo, y que tales ocupaciones fueron claramente esporádicas y permanecieron como tal durante el Pleistoceno Inferior (Ackerman, 1989; Delson, 1989; Bonifay & Vandermeersch, 1991; Turner, 1992). Las ocupaciones más intensas evidentemente son un fenómeno del Pleistoceno Medio. Es interesante la coincidencia de estas ocupaciones con el cambio faunístico del final del Villafranquiense y la dispersión en Europa de otras muchas especies.

Los datos medioambientales referidos a los sitios más antiguos implican que los mamíferos terrestres han sido probablemente un componente sustancial de la dieta de los homínidos europeos, aunque las fuentes marinas pueden haber sido una alternativa importante (Turner, 1992). En cualquier caso, la estructura del grupo de los grandes carnívoros habría condicionado la disponibilidad y el acceso a los cadáveres de ungulados, como ocurre hoy en día en África (Kruuk, 1972). El mayor incremento en la intensidad de las ocupaciones humanas aparece después de c. 0.5 ma, cuando la estructura y tamaño global del grupo de los grandes carnívoros se ha reducido a cuatro especies: *Panthera leo, Panthera pardus, Crocuta crocuta* y *Canis lupus* y cuando las dos grandes hienas *Pachycrocuta brevirostris* y *P. perrieri* se extinguieron finalmente en algunas regiones.

En España, la ausencia de *P. brevirostris* después de su breve aparición en Venta Micena y Cueva Victoria y el fracaso de *P. perrieri* en recolonizar la península durante su retorno a Europa en el Pleistoceno Medio, implicaría que al grupo le faltan dos de los más importantes destructores de esqueletos. Ciertamente, a finales del Pleistoceno Inferior hubo un período en el que la Península Ibérica careció de carnívoros destructores de grandes huesos hasta la aparición de *Crocuta crocuta,* cuya registro está marcado quizás por la presencia de coprolitos de hiena en los últimos depósitos del Pleistoceno Inferior de Láchar. Si consideramos a los homínidos como carroñeros potenciales, la Península Ibérica pudo haber ofrecido un lugar atractivo para ellos durante el Pleistoceno Inferior y la primera parte del Pleistoceno Medio. Si hubo ocupaciones humanas esporádicas en Europa durante el Pleistoceno Inferior, entonces La Península Ibérica también pudo haber ofrecido un refugio hasta que las condiciones mejoraron en el Pleistoceno Medio. Desde el punto de vista paleoecológico, entonces, tendría sentido intensificar la investigación de las primeras ocupaciones humanas en esta región.

4
Hominids.

Although many argue that hominid dispersion into Europe occurred initially in the period 1.5-1.0 Ma, it is difficult to point to unequivocal evidence earlier than the Jaramillo event, and any such occupation was clearly sporadic and remained so throughout the Lower Pleistocene (Ackerman, 1989; Delson, 1989; Bonifay & Vandermeersch, 1991; Turner, 1992). More intensive occupation is evidently a Middle Pleistocene phenomenon. The coincidence with the end-Villafranchian faunal turnover and the dispersion into Europe of many other species is noteworthy.

The environmental data referred to earlier imply that terrestrial mammals are likely to have been an important component of diet of European hominids, although marine resources may have been an important alternative (Turner, 1992). In any event, the structure of the larger carnivore guild would have conditioned the availability of and access to ungulate carcases, just as it does in Africa today (Kruuk, 1972). The major increase in the intensity of human occupation occurs after c. 0.5 Ma, when the structure and overall size of the guild of larger carnivores had reduced to just four species, *Panthera leo, Panthera pardus, Crocuta crocuta* and *Canis lupus* and when the two large hyaenas *Pachycrocuta brevirostris* and *P. perrieri* had finally become locally extinct.

In Spain, the absence of *P. brevirostris* after its brief appearance at Venta Micena and Cueva Victoria, and the failure of *P. perrieri* to recolonise the peninsula during its return to Europe in the Middle Pleistocene, would have meant that the guild there lacked two of the most important carcase destroyers. Indeed, for a period in the later Lower Pleistocene there may have no large bone-destroying carnivore in the peninsula until the appearance there of *Crocuta crocuta,* perhaps marked by the presence of hyaena coprolites in the latest Lower Pleistocene deposits of Lachar. From the hominid perspective, as potential scavengers, the peninsula may have offered a more attractive locality than many other parts of Europe during the Lower Pleistocene and the earlier part of the Middle Pleistocene. If sporadic human occupation of Europe did occur during the Lower Pleistocene, then Iberia might very well have offered a refuge until conditions improved in the Middle Pleistocene, and it would make palaeoecological sense to intensify the search for earliest occupation there.

5 Agradecimientos.

Agradezco a E. Aguirre, P. Andrews, E. Bonifay, M.-F. Bonifay, J. Cervera, A. Currant, C. Gamble, H.-D. Kahlke, R.-D. Kahlke, F. Massini, J. Morales y D. Torre por haberme facilitado material y/o por sus exposiciones sobre las teorías aquí mencionadas. Agradezco a J. M. Bermúdez de Castro y los miembros del Comité Organizador su invitación para participar en la reunión, y a la plantilla del Museo Nacional de Ciencias Naturales de Madrid por su gran ayuda y hospitalidad. La investigación ha sido financiada con una beca de "The Leverhulme Trust" y con una Acción Integrada del British Council.

Marzo, 1993.

5 Acknowledgements.

I am grateful to E. Aguirre, P. Andrews, E. Bonifay, M.-F. Bonifay, J. Cervera, A. Currant, C. Gamble, H.-D. Kahlke, R.-D. Kahlke, F. Massini, J. Morales and D. Torre for access to material and/or for discussions on the topics mentioned here. I thank J. M. Bermúdez de Castro and members of the Organising Committee for the invitation to participate in the meeting, and the staff of the Museo Nacional de Ciencias Naturales in Madrid for much assistance and hospitality. The research was supported by a grant from The Leverhulme Trust and by an Accion Integrada award from the British Council.

72 ABBAZZI, L. (1991): Il grande cervide del giacimento tardo Villafranchiano di Pietrafitta (Umbría). Unpubl. Thesis in Geol. Sciences, University of Florence.

ACKERMAN, S. (1989): European prehistory gets even older. *Science,* 246, 28-30.

AGUIRRE, E., ARSUAGA, J. L., BERMÚDEZ DE CASTRO, J. M., CARBONELL, E., CEBALLOS, M., DÍEZ, C., ENAMORADO, J., FERNÁNDEZ-JALVO, Y., GIL, E., GRACIA, A., MARÍN-NÁJERA, A., MARTÍNEZ, I., MORALES, J., ORTEGA, A. I., ROSAS, A., SÁNCHEZ, A., SÁNCHEZ, B., SESE, C., SOTO, E., TORRES, T. J. (1990): The Atapuerca sites and the Ibeas hominids. *Hum. Evol.,* 5, 55-73.

AGUIRRE, E. & MORALES, J. (1990): Villafranchian faunal record of Spain. *Quartarpalaontol,* 8, 7-11.

AGUSTÍ, J. & MOYA-SOLÁ, S. (in press): Mammalian dispersal events in the Spanish Pleistocene. *Cour. Forsch. Senckenberg.*

ALBERDI, M. T., RUIZ-BUSTOS, A. (1989): Taxonomía y biostratigrafía de Equidae (Mammalia, Perissodactyla) en la Cuenca de Guadix-Baza (Granada). *Trabajos sobre el Neogeno-Cuaternario,* 11, 239-272.

ALCALÁ, L. & MORALES, J. (1989): Los carnívoros del Pleistoceno Medio de Cullar de Baza-1 Huescar-1 (Cuenca de Guadix-Baza). In (M. T., ALBERDI & F. P., BONADONNA, Eds.). *Geología y Paleontología de la Cuenca de Guadix-Baza (Granada),* 215-223. Madrid: Trabajos sobre el Neogeno-Cuaternario 11.

AMBROSETTI, P. L. & CREMASCHI, M. (1976): Segnalazione di una fauna villafranchiana superiore con *Libralces gallicus* nei livelli fluviolacustri soprastanti alle faune calabriane ad *Arctica islandica* nei dintorni di reggio Emilia. *Boll. Soc. Geol. Ital.,* 94, 1.361-1.374.

AZZAROLI, A. (1977): The Villafranchian stage in Italy and the Plio-Pleistocene boundary. *G. Geol.,* 41, 61-79.

AZZAROLI, A. (1979): On the occurrence of the cervid genus *Libralces* in Pleistocene of Italy. *Palaeontogr. Ital.,* 71, 48-54.

AZZAROLI, A. (1983a): Quaternary mammals and the "end Villafranchian" dispersal event a turning point in the history of Eurasia. *Palaeogeogr., Palaeoclimatol., Palaeoecol.,* 44, 117-139.

AZZAROLI, A. (1983a): On the Quaternary and recent cervid genera *Alces, Cervalces, Libralces. Boll. Soc. Paeontol. Ital.,* 20, 147-154.

AZZAROLI, A., DE GIULI, C., FICCARELLI, G. & TORRE, D. (1988): Late Pliocene to early Mid-Pleistocene mammals in Eurasia: faunal succession and dispersal events. *Palaeogeogr., Palaeoclimatol., Palaeoecol.,* 66, 77-100.

BARRAL, L. & SIMONE, S. (1967): Nouvelles fouilles a la Grotte du Principe (Grimaldi, Ligurie Italienne). Decouverte du Paleolitique inferieur. *Bull. Mus. Anthrop. Prehist. Monaco.,* 14, 5-23.

BON, M., PICCOLI, G. & SALA, B. (1992): La fauna Pleistocenica della breccia di Slivia (Carso Triestino) nella collezione del Museo Cívico di Storia Naturale di Trieste. *Atti Mus. civ. Stor. Nat. Trieste.,* 44, 33-51.

BONADONNA, F. P. & ALBERDI, M. T. (1987): *Equus stenonis* Cocchi as a biostratigraphical marker in the Neogene-Quaternary of the western Mediterranean basin: consequence on Galerian-Villafranchian chronostratigraphy. *Quat. Sci. Rev.,* 6, 55-66.

BONIFAY, E. & VANDERMEERSCH, B. (Eds.) (1991): *Les Premiers Europeens.* Paris: Editions du C. T. H. S.

BRUNING, H. (1980): Die eiszeitliche Tierwelt von Mosbach. *Naturhist. Mus. Mainz, Museunmsfuhrer,* 6, 1-60.

BUSK, G. (1879): On the ancient or Quaternary fauna of Gibralter, as exemplified in the mammalian remains of the ossiferous breccia. *Trans. Zool. Soc. Lond.,* 10, 53-136 plus plates.

CARBONELL, E., ESTÉVEZ, J., MOYA-SOLÁ, S., PONS-MOYA, J., AGUSTÍ, J. & DE VILLALTA, J. (1981): Cueva Victoria (Murcia, España): lugar de ocupación humana más antiguo de la Península Ibérica. *Endins,* 8, 47-57.

COLTORTI, M., CREMASCHI, M., DELITALA, M. C., ESU, D., FORNASERI, M., MCPHERRON, A., NICOLETTI, M., van OTTERLOO, R., PERETTO, C., SALA, B., SCHMIDT, V. & SEVINK, J. (1982): Reversed magnetic polarity at an early Lower Palaeolithic site in Central Italy. *Nature,* 300, 173-176.

DAVIDSON, I. (1976): Les Mallaetes and Monduver: the economy of a human group in prehistoric Spain. In (G. SIEVEKING, I., LONGWORTH & K. WILSON, Eds.). *Problems in Economic and Social Archaeology,* pp. 483-499. London: Duckworth.

DE GIULI, C. & MASINI, F. (1986): Late Villafranchian faunas in Italy: the Casa Frata local fauna (Upper Valdarno, Tuscany). *Palaeontogr. Ital.,* 74, 1-9.

DE GIULI, C., MASINI, F. & TORRE, D. (1986): The latest Villafranchian faunas in Italy: the Pirro Nord Fauna (Apricena, Gargano). *Palaeontogr. Ital.,* 74, 51-62.

DEHM, R. (1962): Altpleistocane Sauger von Schernfeld bei Eichstatt in Bayern. *Mitt. Bayer. Staatssaml. Palaont. Hist. Geol.,* 2, 17-61.

DE JONG, J. (1988): Climatic variability during the past three million years, as indicated by vegetational evolution in northwest Europe and with emphasis on data from the Netherlands. *Phil. Trans. R. Soc.,* B 318, 603-617.

DELSON, E. (1989): Oldest Eurasian stone tools. *Nature* 340, 96.

DE LUMLEY, H., KAHLKE, H. D., MOIGNE, A. M. & MOULLE, P. E. (1988): Les faunes de grands mammiferes de la Grotte du Vallonnet Roquebrune-Cap-Martín, Alpes Maritimes. *L'Anthropologie,* 92, 465-496.

FORSTEN, A. (1988): Middle Pleistocene replacement of stenonid horses by caballoid horses-ecological implications. *Palaeogeogr., Palaeoclim., Palaeoecol,* 65, 23-33.

HEINTZ, E. & POPLIN, F. (1981): *Alces carnutorum* (Laugel, 1862) du Pleistocene de Saint-Prest (France). Systematique et evolution des Alcines (Cervidae, Mammalia). *Quartarpalaontologie,* 4, 105-122.

HEMMER, H. (1964): Studien an *'Panthera schaubi* Viret' aus dem Villafranchien von Saint-Vallier (Drome). *N. Jb. Geol. Palaont. Abh.,* 122, 324-336.

KAHLKE, H. D. (1975): The macro-faunas of continental Europe during the Middle Pleistocene: stratigraphic sequence and problems of intercorrelation. In (K. V. BUTZER & G. LL. ISAAC, Eds.). *After the Australopithecines,* pp. 309-374. The Hague: Mouton Press.

KAHLKE, H. D. (1990): On the evolution, distribution and taxonomy of fossil elk/moose. *Quartarpalaontologie,* 8, 83 106.

KRUUK, H. (1972): *The Spotted Hyaena.* Chicago: University of Chicago Press.

KURTEN, B. (1963): Villafranchian faunal evolution. *Comm. Biol.,* 26, 3-18.

KURTEN, B. (1968): *Pleistocene Mammals of Europe.* London: Weidenfeld and Nicolson.

KURTEN, B. & POULIANOS, A. N. (1977): New stratigraphic and faunal material from Petralona cave with special reference to the Carnívora. *Anthropos,* 4, 47-130.

KURTEN, B. & POULIANOS, B. (1981): Fossil Carnívora of Petralona Cave: Status of 1980. *Anthropos,* 8, 9-56.

KURTEN, B. & CRUSAFONT PAIRO, M. (1977): Villafranchian Carnivores (Mammalia) from La Puebla de Valverde (Teruel, Spain). *Comm. Biol.,* 85, 1-39.

LISTER, A. M. (1984): Evolutionary and ecological origins of British deer. *Proc. R. Soc. Edinburgh,* 82B, 205-229.

LISTER, A. M. (1986): New results on deer from Swanscombe, and the stratigraphical significance of deer in the Middle and Upper Pleistocene of Europe. *J. Arch. Sci.,* 13, 319-338.

LISTER, A. M. (1988): Diversity and evolution of antler for min Quaternary deer. In (C. WEMMER, Ed.). *Biology and Management of the Cervidae,* pp. 81-98. Washington: Smithsonian Institution.

MAGLIO, V. J. (1975): Pleistocene faunal evolution in África and Eurasia. In (K. W. BUTZER & G. L., ISAAC, Eds.). *After the Australopithecines,* pp. 419-476. The Hague: Mouton.

MARTÍNEZ, B. (1991): Revisión Sistemática y Estudio Cuantitativo de la Fauna de Macromamíferos del Yacimiento de Venta Micena (Orce, Granada). Unpublished Ph. D. Thesis, University of Barcelona.

MASINI, F. & LOVARI, S. (1988): Systematics, phylogenetic relationships, and dispersal of the chamois *(Rupicapra* spp.). *Quat. Res.,* 30, 339-349.

MASINI, F. & TORRE, D. (1990): Large mammal dispersal events at the beginning of the late Villafranchian. In (E. LINDSAY, V. FAHLBUSCH & P. MEIN, Eds.). *European Neogene Mammal Chronology.* Nato así series A, 180, 31-38.

MENÉNDEZ, E. (1987): Cérvidos del yacimiento del Pleistoceno inferior de Venta Micena-2, Orce (Granada, España). *Paleont. i. Evol. Mem. Esp.,* 1, 129-181.

MOYA-SOLÁ, S. (1987): Los bóvidos (Artiodactyla, Mammalia) del yacimiento del Pleistoceno inferior de Venta Micena (Orce, Granada, España). *Paleont. i. Evol. Mem. Esp.,* 1, 181-236.

PONS-MOYA, J. (1987): Los carnívoros (Mammalia) de Venta Micena (Granada, España). *Paleont. i. Evol. Mem. Esp.,* 1, 109-127.

PRENTICE, M. L. & DENTON, G. H. (1988): The deep-sea oxygen isotope record, the global ice sheet system and hominid evolution. In (F. E. GRINE, Ed.). *Evolutionary History of the "Robust" Australopithecines,* pp. 383-403. New York: Aldine de Gruyter.

SALA, B. (1990): *Panthera leo fossilis.* (Reich, 1906) (Felidae) di Isernia la Pineta (Pleistocene moyen inferieur d'Italie). *Geobios,* 23, 189-194.

SALA, B., MASINI, F., FICCARELLI, G., ROOK, L. & TORRE, D. (in press): Mammal dispersal events in the Middle and Late Pleistocene of Italy and western Europe. *Cour. Forsch. Senckenberg.*

SHACKLETON, N. J., BACKMAN, J., ZIMMERMAN, H., KENT, D. V., HALL, M. A., ROBERTS, D. G., SCHNITKER, D., BALDAUF, J. G., DESPRAIRIES, A., HOMRIGHAUSEN, R., HUDDLESTUN, P., KEENE, J. B., KALTENBACK, A. J., KRUMSIEK, K. A. O., MORTON, A. C., MURRAY, J. W. & WESTBERG-SMITH, J. (1984): Oxygen isotope calibration of the onset of ice-rafting and history of glaciation in the North Atlantic region. *Nature,* 307, 620-623.

SHER, A. V. (1986): On the history of mammal fauna of Beringida. *Quartarpalaontologie,* 6, 185-193.

SHER, A. (in press): Beringian fauna and early Quaternary mammal dispersal in Eurasia: ecological aspects. *Cour. Forsch. Senckenberg.*

STRAUSS, L. G. (1987): Hunting in later Upper Paleolithic western Europe. In (M. H., NITECKI & D. V., NITECKI, Eds.). *The Evolution of Human Hunting,* pp. 147-176. New York: Plenum Press.

STUART, A. J. (1983): *Pleistocene Vertebrates in the British Isles.* London: Longman.

TORRE, D. (1987): Pliocene and Pleistocene marie-continental correlations. *Ann. Inst. Geol. Publ. Hung.,* 70, 71-77.

TORRE, D., FICCARELLI, G., MASINI, F., ROOK, L. & SALA, B. (in press): Mammal dispersal events in the early Pleistocene of western Europe. *Cour. Forsch. Senckenberg.*

TURNER, A. (1988): Relative scavenging opportunities for East and South African Plio-Pleistocene hominids. *J. Arch. Sci.,* 15, 327-341.

TURNER, A. (1990): The evolution of the guild of larger terrestrial carnivores in the Plio-Pleistocene of África. *Geobios,* 23, 349-368.

TURNER, A. (1991): Origin des grands mammiferes Plio-Pleistocenes d'Europe et migrations humaines. In (E. BONIFAY & B. VANDERMEERSCH, EDS.). *Les Premiers Europeens,* pp. 267-271. París: Editions du Comité des Travaux Historiques et Scientifiques.

TURNER, A. (1992): Large carnivores and earliest European hominids: changing determinants of resource availability during the Lower and Middle Pleistocene. *J. Hum. Evol.,* 22, 109-126.

TURNER, A. (in press a): Larger carnivores (Mammalia, Carnivora) from Westbury-sub-Mendip, Somerset.

TURNER, A. (in press b): Remains of *Pachycrocuta brevirostris* (Mammalia, Hyaenidae) from the Lower Pleistocene site of Untermassfeld near Meiningen. *Quartarpalaontologie.*

TURNER, A. (in press c): Evolution and dispersion of larger mammals in Europe during the time-span of *Homo erectus. Cour. Forsch. Senckenberg.*

TURNER, A. (in press d): Villafranchian-Galerian larger carnivores of Europe: dispersions and extinctions. *Cour. Forsch. Senckenberg.*

VIRET, J. (1954): Le loes a bancs durcis de Saint-Vallier (Drome) et sa faune de mammiferes Villafranchiens. *Nouv. Arch. Mus. Hist. Nat. Lyon.,* 4, 1-200.

VISLOBOKOVA, I. A. (1990): The fossil deer of Eurasia. *Akad. Nauk. SSSR,* 240, 1-208 (in Russian).

ZAGWIJN, W. H. (1985): An outline of the Quaternary stratigraphy of the Netherlands. *Geol. Mijn.,* 64, 17-24.

ZAGWIJN, W. H. (in press): Migration of vegetation during the Quaternary in Europe. *Cour. Forsch. Senckenberg.*

ZAGWIJN, W. H. & SUC, J. P. (1984): Palynostratigraphie du Plio-Pleistocene d'Europe et de Mediterranee nord-occidentales: correlations chronostratigraphiques, histoire de la vegetation et du climat. *Paleobiol. Cont.,* 14, 475-483.

ZILHAO, J. (1976): The Portuguese Estremadura at 18.000 B. P. In (A. APSIMON, Ed.). *The Pleistocene Perspective,* Vol. 2, pp. 107-123. London: Allen & Unwin.

Evolución humana en Europa y los yacimientos de la Sierra de Atapuerca, págs. 75-98

Vegetación y Paleoclimatología del Pleistoceno Medio en la cuenca mediterránea francesa

Middle Pleistocene vegetation and palaeoclimatology in the French Mediterranean Basin

Josette Renault-Miskovsky

Unité de Palynologie, Laboratoire de Préhistoire du M. N. H. N. Institut de Paléontologie Humaine, 1 rue René Panhard, 75013 Paris, Francia.

Resumen

Los depósitos arqueológicos, de cueva o al aire libre, repartidos alrededor de la Cuenca mediterránea francesa y pertenecientes al Paleolítico inferior e inicios del Paleolítico medio son los únicos sedimentos continentales-regionales que datan del Pleistoceno Medio y del final del Pleistoceno Inferior. Han sido objeto de estudios pluridisciplinares. Los resultados de la Palinología, en ausencia de una larga secuencia de referencia próxima, son comparados entre sí y situados en el cuadro cronológico general europeo. Ello permite seguir la evolución de la vegetación, principalmente la vegetación mediterránea, entre los estadios isotópicos 24 y 6, de los episodios climáticos regionales.

Abstract

These are archaelogical deposits, in caves or in the open air, distributed around the french mediterranean Basins and belonging to the lower Palaeolithic and to the beginning of the middle Palaeolithic which represent the only continental and regional deposits dating from Middle Pleistocene and the end of the Lower Pleistocene. They had formed the subjet of pluridisciplinary studies. The resuts of Palynology, wihout a long referring sequence, are compared together and placed in the general european chronological plan. They allow to know the evolution of the vegetation, especially mediterranean vegetation, and between isotopic stages 24 and 6, of the regional climatic episodes.

Palabras clave:

Pleistoceno Medio, Suroeste de Francia, Climatología, Análisis polínico.

Key words:

Middle Pleistocene, South-Eastern France, Climatology, Polinic analysis.

1 Introducción.

Las secuencias sedimentarias continentales pertenecientes al Pleistoceno Medio, bien representadas por todo el litoral mediterráneo, aparecen en forma de rellenos arqueológicos, al aire libre o en cueva. Datados tanto por sus vestigios como por métodos de dataciones absolutas corresponden a yacimientos del Paleolítico inferior o del inicio del Paleolítico medio: la cueva de Vallonnet (donde la base de la estratigráfica se sitúa en el Pleistoceno Inferior), La Caune de l'Arago, la cueva d'Aldène, el yacimiento al aire libre de Terra-Amata y la cueva de Lazaret (Fig. 1).

Vamos a presentar los yacimientos, su estratigrafía y los resultados paleoambientales obtenidos, entre ellos los resultados de la palinología, e igualmente intentar seguir la evolución de la vegetación y los climas regionales. Sin embargo, los resultados son aún fragmentarios y en ausencia de una larga secuencia de referencia no podemos correlacionarlos entre ellos más que apoyándonos en el cuadro geocronológico general establecido para Europa.

A partir de estos datos aún parciales, discutiremos sin embargo la escasa importancia de los relictos terciarios en el seno de esta vegetación.

1 Introduction.

Sequences of continental sediments belonging to Middle Pleistocene are well represented along the whole of the Mediterranean coast and are to be found in the form of archaeological fillings in the open air or in caverns. Both on the basis of their remains and according to absolute dating techniques they correspond to lower Palaeolithic sites or to the beginnings of the middle Palaeolithic. The sites analysed are: the cave of Vallonnet, (where the stratigraphic base dates from Lower Pleistocene), La Caune de L'Arago, the cave of Aldène, the open air site of Terra-Amata and the cave of Lazaret (Fig. 1).

In this paper a study is made of the sites, their stratigraphy, and the palaeo-environmental results obtained, including palynological data, in an attempt to trace the evolution of the vegetation and the regional climates. However, the results are still fragmentary and, in the absence of an extensive reference sequence, we are unable to correlate them together except by relying on the general geochronological plan established for Europe.

On the basis of this data, although limited, we will endeavour to show the relatively small importance of the tertiary relicts contained in this vegetation.

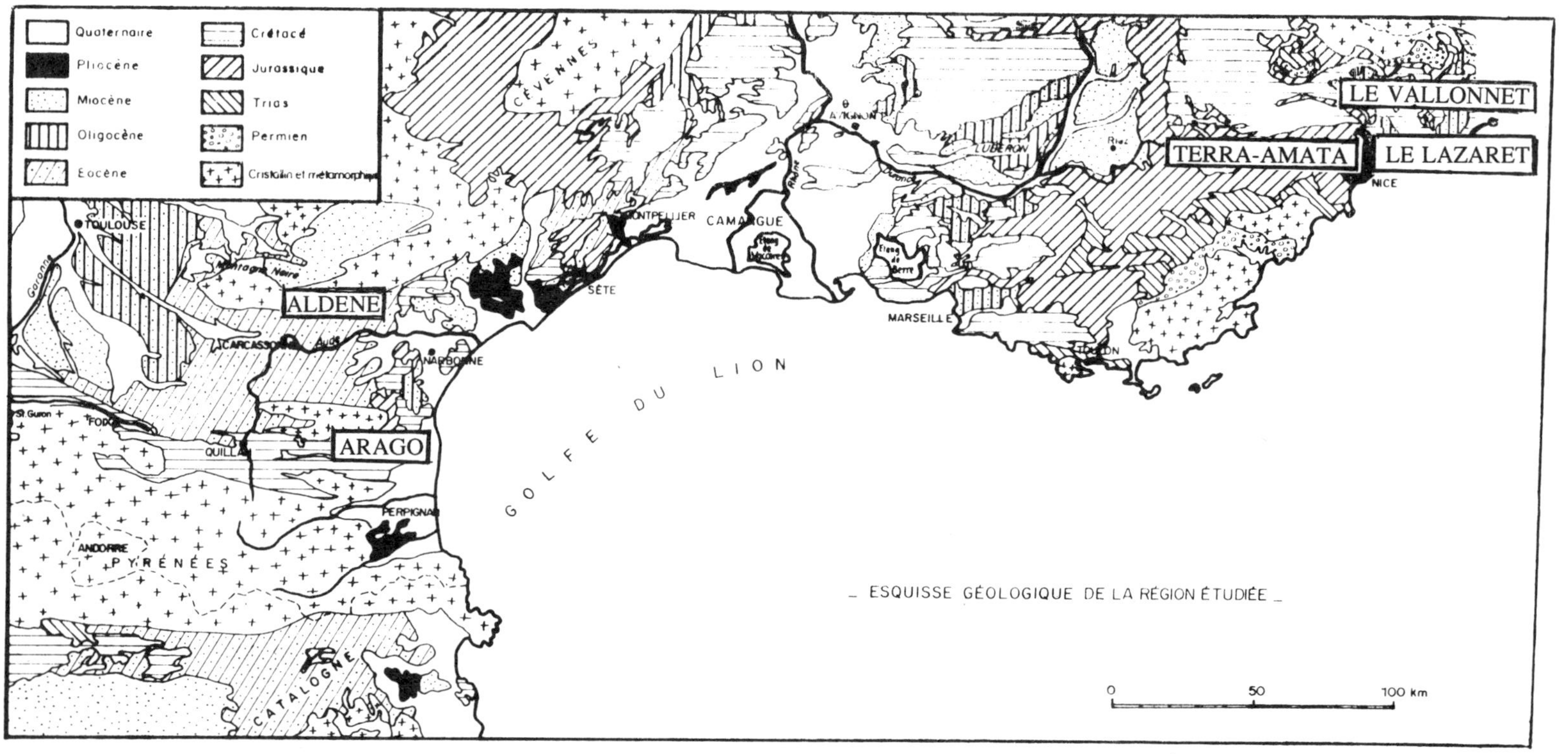

1. *Mapa de localización de los yacimientos.*

1. *Map of Sites.*

2
La cueva de Vallonnet.

La cueva de Vallonnet está situada en los Alpes Marítimos, en el territorio de la comuna de Roquebrune-Cap-Martin, a 110 m de altitud, en el margen derecho de un pequeño barranco, "le Vallonnet". Esta cueva, excavada en un macizo calcáreo del Jurásico superior y abierta hacia el norte, comienza por un estrecho pasillo que desemboca en una pequeña sala. Fue descubierta, en abril de 1958, por René Pascal. Desde 1962 hasta 1973, Henry de Lumley organizó doce campañas de excavación, que fueron retomadas a partir de 1986 (H. de Lumley, 1976-1988). Es estudio de este yacimiento y del material arqueológico y paleontológico descubierto fue realizado por un equipo pluridisciplinar.

En el relleno de la cueva, que no sobrepasa 1,5 m de espesor, se han puesto de manifiesto cinco conjuntos climoestratigráficos:

– El conjunto estratigráfico I, que corresponde a un primer relleno continental, está constituido por gruesos bloques caídos y una costra estatagmítica; dataría, según el análisis por el método ESR, de 1,40 a 1,37 ma (Yokoyama *et al.*, 1988).

– El conjunto estratigráfico II está constituido por arenas marinas testimoniando un mar transgresivo, atribuido al Pleistoceno Inferior y que debe corresponderse con uno de los mares transgresivos más cálidos de la segunda mitad de este período, entre 1,37 y 0,98 ma, probablemente con la fase cálida 25 de la curva climática general, cuya edad está comprendida entre 0,98 y 1,15 ma. (Yokoyama *et al.*, 1988).

– El conjunto estratigráfico III, segundo relleno continental, está constituido por un depósito de arenas arcillo-limosas que ha sido subdividido en tres capas C, B2 y B1. Este conjunto estratigráfico ha proporcionado una rica fauna epivillafranquiense, el "Horizonte de faunas de Vallonnet", así como industria arcaica sobre cantos. Los datos estratigráficos, bioestratigráficos y paleomagnéticos (episodio de Jaramillo), así como las dataciones absolutas, permiten atribuir a este conjunto una edad comprendida entre 980.000 y 910.000 años (Yokoyama *et al.*, 1988); puede establecerse una correlación con la fase de enfriamiento climático 24 de la curva climática general.

– El conjunto estratigráfico IV está caracterizado por una costra estalagmítica de cierre. Ha sido datada en 900.000 años por el método ESR (Yokoyama *et al.*, 1988) y su formación podría correlacionarse con la fase cálida 23 de la curva climática general.

2
The Vallonnet Cave.

The Vallonnet cave is situated in the Maritime Alps in territory belonging to the Roquebrune-Cap-Martin commune, at an altitude of 110 metres on the right edge of a small gully, "Le Vallonnet". The cave, excavated in a calcareous mass belonging to the Upper Jurassic period, and opening towards the north, begins with a narrow passageway that leads into a small chamber. It was discovered in April 1958 by Rene Pascal. Between 1962 and 1973 Henry de Lumley organised twelve excavation campaigns and excavation was resumed from 1986 onwards (H. de Lumley, 1976-1988). Analysis of the site and of the archaeological and palaeontological material unearthed was carried out by a multidisciplinary team.

In the cave filling, which does not exceed a thickness of 1.5 metres, five climostratigraphic units have been found:

Stratigraphic unit I, which corresponds to a primary continental filling, is made up of thick fallen blocks and a stalagmitic crust. According to analysis by ESR method it would date from 1.40 to 1.37 MY (Yokoyama *et al.*, 1988).

Stratigraphic unit II is constituted of marine sands giving evidence of sea transgression, attributed to Lower Pleistocene and presumably corresponding to one of the warmest transgressive seas of the second half of this period, between 1.37 and 0.98 MY, probably to the warm phase 25 of the general climatic curve dated between 0.98 and 1.15 MY (Yokoyama *et al.*, 1988).

Stratigraphic unit III, second continental filling, consists of a deposit of argillaceous-lime sands which has been subdivided into three layers: C,B2 and B1. This assemblage is rich in epi-Villafranchian fauna, the "Vallonnet-s fauna horizon", and also in archaic pebble industry. Stratigraphic, biostratigraphic and paleomagnetic (Jaramillo episode) data, in addition to absolute dating enable us to assign this assemblage to a period somewhere between 980,000 and 910,000 years (Yokoyama *et al.*, 1988); a correlation can be established with cooling phase 24 on the general climatic curve.

Stratigraphic unit IV is characterised by a stalagmitic floor. It has been dated around 900,000 years by ESR method (Yokoyama *et al.*, 1988) and its formation could be correlated with warm phase 23 of the general climatic curve.

Stratigraphic unit V is made up of colluvial clays which have been progressively deposited throughout the various humid phases of the Quaternary period.

The filling of the Vallonnet cave is of particular interest as it reveals the existence of a glacio-eustatic transgression between two continental formations in the Lower Pleistocene.

– El conjunto estratigráfico V está constituido por arcillas coluviales que se han despositado progresivamente a lo largo de diversas fases húmedas del Cuaternario.

El interés excepcional del relleno de la cueva de Vallonnet es el de poner de manifiesto la existencia de una transgresión glacio-eustática entre dos formaciones continentales en el Pleistoceno Inferior. Si se admite que durante el Cuaternario las líneas transgresivas de la costa marina están, en valor absoluto, aproximadamente a la misma altitud, es posible concluir que esta región de los Alpes Meridionales, y en particular el Cap-Martin y el sector de Vallonnet, se han levantado 110 m.

La industria comprende esencialmente cantos tallados, lascas, solamente dos piezas con retoques continuos sobre lascas, percutores y huesos utilizados (H. de Lumley, 1988b).

El conjunto estratigráfico III de cueva de Vallonnet ha proporcionado una fauna de grandes mamíferos epivillafranquienses, característica del final del Pleistoceno Inferior. Más de 25 especies han podido ser identificadas. Los carnívoros, que representan alrededor del 30 por 100 de la fauna, han habitado probablemente la caverna. Es posible distinguir dos grupos (H. de Lumley *et al.*, 1988):

– Una asociación característica del Villafranquiense final, caracterizada por elementos evolucionados que podrían ser en parte endémicos.

– Una asociación con elementos post-villafranquienses.

El estudio de la fauna de roedores, en particular la ausencia de *Mimomys,* la presencia de un ratón arcaico, *Ungaromys nanus,* y el estado de evolución de los ratones del género *Microtus* del tipo "microto-nivaloide" y "pitimio-gregaloide", permite situar cronológicamente el sitio de Vallonnet posteriormente a las faunas de Valerots, de Courrerolles y de Bourgade y anterior a las de West-Runton. Esta fauna podría ser contemporánea al interglaciar de Bavel correspondiente al episodio de Jaramillo (0,90-0,97 ma) (Chaline, 1988).

If it is granted that during the Quaternary Period the transgressive shoreline of the marine coast remained more or less at the same altitude, in absolute terms, then we can conclude that this region of the meridional Alps, especially Cap-Martin and the Vallonnet area, has risen some 110 metres.

The stone-tool industry found mainly comprises shaped stones, flake tools, only two items that display continuous reworking on the flake, chopping tool and used bones (H. de Lumley, 1988b).

Stratigraphic unit III of the Vallonnet cave has supplied us with a fauna of large Villafranchian mammals, characteristic of the end of the Lower Pleistocene. More than twenty five species have been identified. The carnivores, which represent more or less thirty per cent of the fauna, probably inhabited the cavern. Two groups can be distinguished (H. de Lumley *et al.,* 1988):

– one collection typical of the end of the Villafranchian period, characterised by evolved elements which could be partly endemic.

– another collection with post-Villafranchian elements.

A study of the rodent fauna, in particular the absence of *Mimomys,* the presence of an archaic mouse, *Ungaromys nanus,* and the state of evolution displayed by the *Microtus genus* of mice of the types "microto-nivaloid" and "pitimio-gregaloid", enable us to locate the Vallonnet site in a chronological position later than the fauna of Valerots, Courrerolles and Bourgade and prior to those of West-Runton. This fauna is possibly contemporaneous with the Bavel interglacial which corresponds to the Jaramillo episode (0.90-0.97 MY) (Chaline, 1988).

2.1. Palinología.

El análisis polínico de los cinco conjuntos estratigráficos del relleno de la cueva de Vallonnet ha permitido definir seis tipos distintos de vegetación atribuibles respectivamente a seis fases climáticas diferentes (Renault-Miskovsky & Girard, 1988) (Fig. 2):

2.1. Palynology.

Pollen analysis of the five stratigraphic units of the Vallonnet cave filling has enabled us to define six different types of vegetation which can, in turn, be attributed to six different climatic phases. (Renault-Miskovsky & Girard, 1988) (Fig. 2).

2. *Datos de la palinología en la cueva de Vallonnet (Renault-Miskovsky & Girard, 1988).*

2. *Palynological data for the Vallonnet cave. (Renault-Miskovsky & Girard, 1988).*

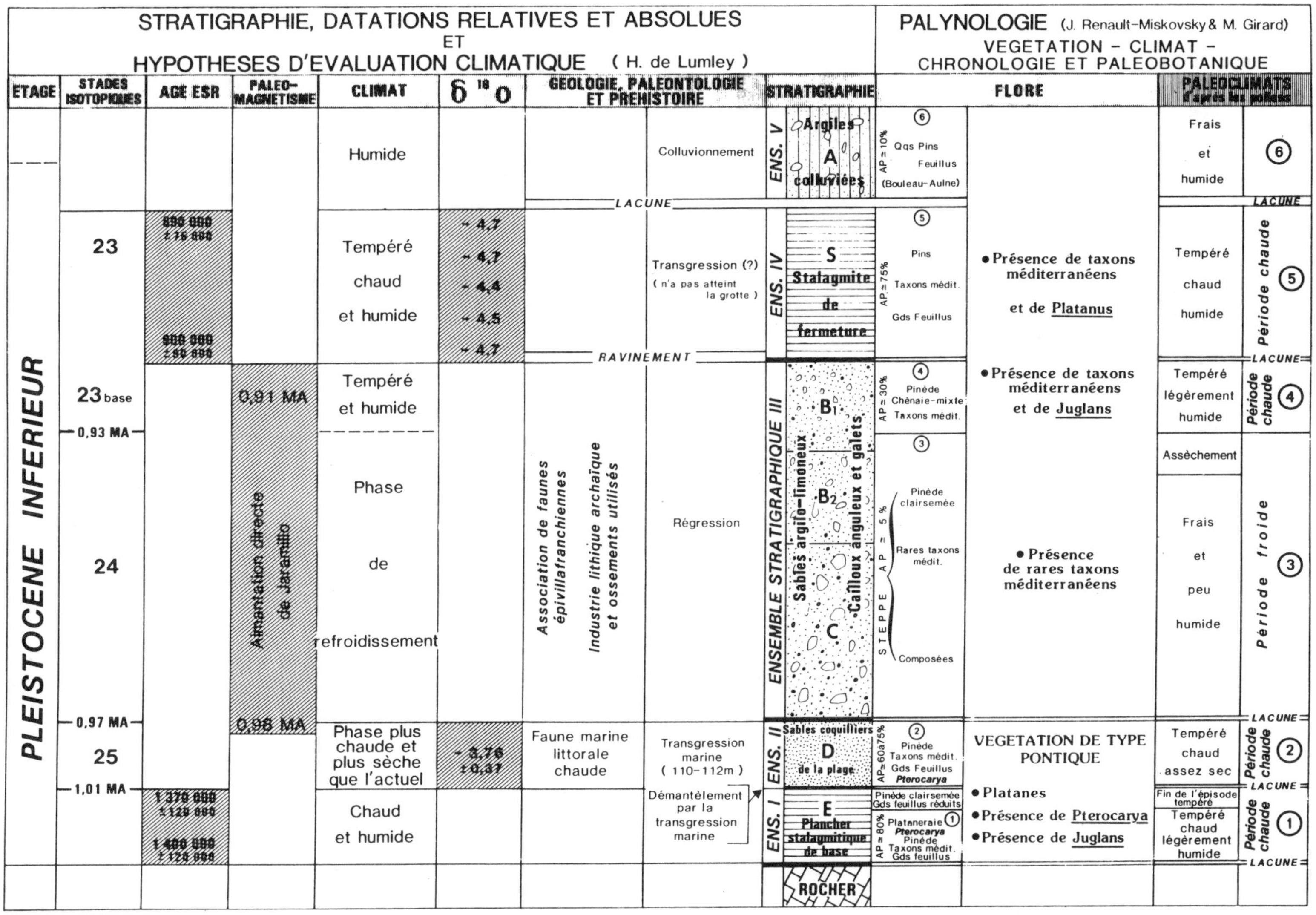

— El primer tipo de vegetación, contemporáneo de la estalagmita de base (capa E, conjunto estratigráfico I) y que ha debido establecerse bajo un clima cálido y húmedo, más húmedo que el clima mediterráneo actual, puede ser relacionado con un período de tipo interglaciar del Pleistoceno Inferior, hacia alrededor de 1,37 ma. Comprende un bosque denso de grandes frondosas, entre ellas *Platanus y Pterocarya,* de taxones mediterráneos y de pinos.

— El segundo tipo de vegetación, se corresponde con las arenas de la transgresión marina (capa D, conjunto estratigráfico II) y está constituido por un bosque en regresión pero que comprende aún una cubierta arbórea termófila dominada por el pinar y taxones mediterráneos; el clima contemporáneo de su formación, templado-cálido y seco, representa el máximo térmico de todo el diagrama. Correspondería al estadio isotópico 25 y estaría datado en alrededor de 1 ma.

The first type of vegetation, contemporaneous with the stalagmitic base (level E, stratigraphic unit I), must have been established under the influence of a warm, humid climate, more humid than the present Mediterranean climate, and can be related to a kind of interglacial period during the Lower Pleistocene, some time around 1.37 MY. It consists of a dense woodland of large broad-leafed species, including *Platanus* and *Pterocarya,* of Mediterranean taxa and pines.

The second type of vegetation corresponds to the marine transgression sands (level D, statigraphic unit II) and is made up of a woodland in regression, but still comprising a thermophilous arboreal cover dominated by pine and Mediterranean taxa. The climate contemporaneous with its formation, temperate-to-warm and dry, represents the uppermost value on the whole diagram and would correspond to isotope stage 25, dated around 1 MY.

– El tercer tipo de vegetación, individualizado en los dos tercios inferiores del relleno arqueológico (capas C, B2 y la base de B1 del conjunto estratigráfico III) es una vasta estepa, estando los árboles diezmados por la bajada de la temperatura y sobre todo por la sequía de un período fresco (de tipo glaciar) que duró cerca de 50.000 años en el Pleistoceno Inferior entre alrededor de 970.000 y 925.000 años (fase 24?). Sin embargo, los árboles que no soportan el frío intenso como el pino resinero, las oleáceas y *Quercus* mediterráneos están siempre presentes.

– El cuarto tipo de vegetación aparece en el tercio superior del conjunto estratigráfico III (techo de la capa B1); la ligera recuperación de los árboles (pinares, robledales mixtos y taxones mediterráneos) corresponde a un período de recalentamiento climático permitiendo un inicio de reinstalación forestal (de tipo interestadial) hacia 0,91 ma (inicio de la fase 23?).

– El quinto tipo de vegetación se estableció durante la formación de la estalagmita de cierre (capa S, conjunto estratigráfico IV). El bosque principal comprende pinos, grandes frondosas y taxones mediterráneos; ha debido de instalarse bajo un clima templado-cálido húmedo (con valor de interglaciar), al final del Pleistoceno Inferior hacia 900.000 años (fase 23?).

– No atribuimos valor botánico ni climático al sexto tipo de vegetación procedente de un coluvión (capa A, conjunto estratigráfico V), aunque denota a priori la necesidad de una fuerte humedad.

Este estudio palinológico del Pleistoceno Inferior plantea además el problema de la supervivencia y extinción de ciertos relictos terciarios como *Pterocarya,* aparentemente más sensibles a la sequía que a las bajadas de temperatura. Representa pues un hito importante para la comprensión de la instalación de la vegetación mediterránea y permite así precisar el ambiente del hombre prehistórico descubriendo el litoral mediterráneo al alba del Cuaternario.

The third type of vegetation, present in the lower two thirds of the archaeological filling (layers C, B2 and the base of B1 of stratigraphic unit III) is an immense steppe where the trees have been decimated by the drop in temperature and, above all, by the extreme dryness of a cool period (of glacial type) which lasted around 50,000 years in the Lower Pleistocene between approximately 970,000 and 925,000 years (phase 24?). However, trees which do not endure the intense cold, such as the maritime pine, the Oleaceae and the Mediterranean *Quercus* continue to be present.

The fourth type of vegetation appears in the upper third of stratigraphic unit III (upper part of level B1); the slight recuperation of the trees (pine, mixed oak woods and Mediterranean taxa) indicates a period of increased climatic warmth that permitted the beginning of renewed forest growth (of an interstadial kind) around 0.91 MY (beginning of phase 23?).

The fifth type of vegetation was established during the formation of the stalagmitic floor (level S, stratigraphic unit IV). The main woodland consists of pines, large broad-leafed species and Mediterranean taxa and must have developed under a temperate-to warm, humid climate (of interglacial value) at the end of the Lower Pleistocene around 900,000 years (phase 23?).

We have not attributed botanic or climatic values to the sixth type of vegetation of colluvial origin (layer A, stratigraphic unit V) although it would suggest, a priori, the necessity of considerable humidity.

It must be emphasised that this palynological study of the Lower Pleistocene raises questions about the survival and extinction of certain tertiary relicts such as *Pterocarya,* apparently more sensitive to the dry conditions than to the decreases in temperature. It thus makes a vital contribution to our understanding of how the Mediterranean vegetation took hold, at the same time revealing what the Mediterranean littoral was like at the dawn of the Quaternary Period, enabling us to form a more exact picture of the environment of prehistoric man.

3
La Caune de l'Arago.

La Caune de l'Arago, situada en la comuna de Tautavel en los Pirineos Orientales, se abre a 110 m por encima del nivel actual del Verdouble, en la extremidad del macizo de Corbières, y constituye una de las más grandes cavernas del mismo. La galería de entrada es un gran pasillo ovalado que alcanza los 120 m de altura y 10 m de ancho. Un gran taller de excavaciones, organizado desde 1964 por el Profesor Henry de Lumley y su equipo, y una serie de sondeos, de los que cinco llegan al suelo rocoso de la caverna, han permitido estudiar la estratigrafía del relleno cuaternario de un espesor de casi 16 metros (Fig. 3).

Este relleno comprende varios complejos sedimentarios que corresponden a varias fases climáticas del Pleistoceno (Fig. 3). Está totalmente formado durante el período paleomagnético de Brunhes y reposa sobre una costra estalagmítica basal datada en 690.000 años; la última costra estalagmítica que sella el complejo a techo está datada en 35.000 años (H. de Lumley *et al.,* 1984).

Los restos óseos de grandes mamíferos, particularmente abundantes en el complejo medio (conjuntos I, II y III), están bien conservados y corresponden a numerosas especies (Crégut, 1979; Crégut & Guérin, 1979, Crégut, 1984; Moigne, 1983).

La secuencia inferior del complejo medio (conjuntos I y II) está caracterizada por los cérvidos; están presentes además los bóvidos, entre los cuales *Praeovibos,* y los équidos. Desde el punto de vista climático, esta secuencia comprendería una fase fría y seca contemporánea de un paisaje estépico, seguida de una fase templado-húmeda que ha favorecido la instalación de un paisaje boscoso intercalado con extensiones herbáceas.

En la secuencia superior del complejo medio (conjunto III) los cérvidos disminuyen; la especie más frecuente es el muflón, seguido por el caballo y el ciervo. Especies propias de clima frío e incluso ártico *(Rangifer, Praeovibos)* conviven con especies de clima templado. Así, en esta secuencia se ha puesto de manifiesto una nueva fluctuación climática fría y un paisaje a menudo abierto pero a veces forestado que evoca un mosaico de biotipos.

Desde el punto de vista de la datación relativa, Crégut ha atribuido la secuencia inferior del complejo medio al "Mindel antiguo" mientras que la secuencia superior dataría, según Crégut y Guérin del final del Mindel.

Sin embargo, veremos más tarde que es en un ambiente vegetal próximo al actual, por tanto mediterráneo, donde hay que situar una fauna compuesta de carnínoros (león,

3
La Caune de L'Arago.

La Caune de L'Arago is located in the Tautavel commune in the eastern Pyrenees. The opening is to be found 110 m above the current level of the Verdouble, on the edge of the Corbieres ridge, and the cavern is one of the largest in the area. The entrance gallery is a long oval passageway reaching a height of 120 m and a width of 10 m. A large excavation workshop headed since 1966 by Professor H. de Lumley and his team, and a series of cores, five of which reach the rock-bed of the cavern, have facilitated the study of the stratigraphy of the Quaternary filling, almost 16 m thick (Fig. 3).

This filling consists of various sediment assemblages which correspond to different climatic phases of the Pleistocene Period (Fig. 3). Its formation belongs entirely to Brunhes paleomagnetic period and lays over a stalagmitic floor dated at 690,000 years. The last stalagmitic floor which seals the complex is dated at 35,000 years (H. de Lumley *et al.,* 1984).

The osseous remains of large mammals, particularly abundant in the middle complex (units I, II, III), are well preserved and correspond to numerous species (Crégut, 1979; Crégut & Guérin, 1979; Crégut, 1984; Moigne, 1983).

The lower sequence of the middle complex (units I & II) is characterised by the presence of cervids; bovids are also present, including *Praeovibos,* and equidae. From the climatic point of view, this sequence would include a cold, dry phase accompanied by steppe-like conditions, followed by a temperate, humid phase which favoured the extension of woodland environment interspersed with areas of herbaceous cover.

In the upper sequence of the middle complex (unit III) cervine remains decrease. The most prevalent species is the muflon, followed by the horse and the deer. Species that live in a cold and even arctic climate *(Rangifer, Praeovibos)* are to be found alongside species proper to temperate conditions. Hence it is clear that in this sequence we have further evidence of another cold climatic fluctuation together with a landscape which is often open but sometimes forested containing an evolutionary mosaic of biotypes.

As far as relative dating is concerned, Crégut attributes the lower sequence of the middle complex to "ancient Mindel", while the upper sequence is dated, according to Crégut and Guérin, to the end of "Mindel".

Nevertheless, we shall see later that the fauna found is most suited to a vegetational structure similar to that which prevails today - the Mediterranean. We are dealing with a fauna which consists of carnivores (lion, lynx...) that could

PRELEVEMENTS	DATATIONS	STADES	COMPLEXES		ENSEMBLES	STRATIGRAPHIE Stalagmite	STRATIGRAPHIE sols	PALYNOLOGIE	VEGETATION	CLIMAT
		3	COMPLEXE SOMMITAL	séquence sup.	VI					
CAG PY	35.000									
		4			V		A0	Strate herbacée riche et ligneux méditerranéens —	Garrigue	Chaud et sec
							A1			
							A2			
	92.000 128.000 195.000 220.000	5		séquence inf.			A3	Association Chênes verts + Chênes blancs + Pins + quelques Caducifoliés + taxons méditerranéens	Forêt méditerranéenne + ou - dense	Tempéré- chaud + ou - sec
	250.000	6			IV		B	Alternance de couverts arborés méditerranéens et de strates herbacées	Alternance de forêt méditerranéenne et de paysages découverts	Alternance Tempéré- chaud Froid- sec
	320.000						C			
C8 C2 C3	370.000							Couvert arboré et méditerranéen	Forêt très thermophile	Tempéré- chaud
	400.000	11								
C7			COMPLEXE MOYEN	séquence supérieure	III		D	Couvert arboré et méditerranéen	Forêt très thermophile	Tempéré- chaud
								Couvert arboré		Alternance
							E	Progression des herbacées Couvert arboré	Paysage ouvert Forêt thermophile	
	430.000	12						Progression des herbacées	Paysage ouvert	Tempéré- chaud
							F	Couvert arboré	Forêt thermophile	et
								Progression des herbacées	Paysage ouvert	
	450.000 480.000						G	Couvert arboré à Conifères (Pins, Cupréssacées) + Bouleaux + Aulnes + thermophiles + taxons méditerranéens	Forêt thermophile	Froid- sec
					LACUNE SEDIMENTAIRE					
		13		séquence inférieure	II		H I J	Pins dominants avec Cupressacées Caducifoliés et taxons méditerranéens	Forêt thermophile + ou - ouverte	Tempéré alternativement humide ou sec
	530.000				I		K L	Pins et Genévriers dominant une strate herbacée à Asteracées et Poacées	Paysage ouvert	Froid- sec
C5		14					M N O P			
	570.000						Q R S	Chute du Sapin remontée du Pin et des Caducifoliés thermophiles	Forêt semi-montagnarde	Frais et humide
	620.000	15		LACUNE SEDIMENTAIRE						
		16	COMPLEXE DE BASE	séquence sup.	j i h g		T U V W	Sapins et autres Conifères dominants avec Caducifoliés thermophiles	Forêt montagnarde	Frais et très humide
				séquence inf.	f e d c b		X Y1 Y2 Y3 Z	Conifères (Pins, Genévriers, Sapins) + Bouleaux dominants + essences thermophiles et rares méditerranéennes	Forêt semi-montagnarde	Tempéré-frais et humide
					LACUNE SEDIMENTAIRE					
	660.000				a					
					LACUNE SEDIMENTAIRE					
	690.000	17						Genévriers (+ Pins + Chênes verts + Pistachiers)	Couvert arboré bas à Genévriers	Assez chaud relativement sec

lince...) que podrían vivir aún en Corbières si no hubiesen sido cazados, y grandes herbívoros (piezas de caza estacional), particularmente adaptada a un clima frío y seco y a una alimentación en praderas o en estepas ligeramente arboladas. La coexistencia de estas faunas "frías" y cubiertas arbóreas mediterráneas deja por tanto suponer que durante el Pleistoceno Medio las faunas europeas han "respondido" más deprisa huyendo de las olas de empeoramiento climático hacia la cuenca mediterránea, adaptándose a este nuevo medio que ha servido también de refugio a la flora termófila (Renault-Miskovsky & Moigne, 1989).

La avifauna ha sido estudiada por C. Mourer-Chauvire (1981). Los restos óseos están dominados por la paloma y la chova, pero incluyen numerosos elementos mediterráneos viviendo en rocas y árboles. La atribución del yacimiento al Pleistoceno Medio está confirmado por la presencia de *Perdix paleoperdix y Corvus pliocaenus.* El conjunto de aves puede ser comparado con una fauna subactual en un ambiente típicamente mediterráneo, bajo un clima sin embargo más frío que el actual.

El estudio de los micromamíferos (Chaline, 1981), muestra, desde las capas H a D, una asociación de roedores de paisajes periglaciares en mosaico con estepa en las zonas elevadas, ripisilva cerca de las riberas y refugios de especies meridionales en las zonas protegidas, al pie del acantilado y cerca de la cueva. Esta fauna presenta una gran homogeneidad y se acerca a las asociaciones del Pleistoceno Medio (con *Eliomys quercinus, Microtus brecciensis, Pliomys lenki y Allocricetus bursae).* Sin embargo, el conjunto III se situaría más particularmente en una fase fría definida en Aldène.

Numerosos restos humanos, entre los más antiguos de Europa, han sido exhumados desde 1964 a lo largo de las excavaciones, particularmente a techo de la secuencia inferior y toda la secuencia superior (conjunto III) del complejo medio. Es importante resaltar el descubrimiento, en el suelo G, de un rostro completo unido a un parietal. Todos los restos humanos estudiados hacen que, el Hombre de Tautavel datado alrededor de 450.000 años, sea atribuido a la población europea de *Homo erectus* y llamada Anteneardentalense (M. A. de Lumley, 1981).

Homo erectus es el autor de una industria lítica que caracteriza una de las facies industriales con escasos bifaces o sin bifaz; contemporánea del Achelense puede ser individualizada bajo el nombre de "Tautaveliense" (H. de Lumley *et al.,* 1979).

Para evaluar la edad de cada uno de los conjuntos estratigráficos del relleno se han empleado diferentes métodos de datación, principalmente Uranium/Thorium y ESR prin-

continue to inhabit Corbières if they had not been hunted out of existence, and large herbivores (objects of seasonal hunting) ideally suited to a cold, dry climate and the alimentary conditions supplied by grasslands and sparsely wooded steppe. The coexistence of these "cold" fauna with tree-covered areas of a Mediterranean type leads us to believe that during the Middle Pleistocene the European fauna responded more quicker, retreating from the onset of a deteriorating climate and seeking refuge in the Mediterranean basin, where they managed to adapt to this new environment which served also as a refuge for thermophilous flora (Renault-Miskovsky & Moigne, 1989).

The avifauna has been studied by C. Mourer-Chauvire (1981). The osseous remains are dominated by the pigeon and the chough, but also include numerous Mediterranean types that inhabited rocks and trees. The attribution of the site to Middle Pleistocene is confirmed by the presence of *Perdix paleoperdix* and *Corvus pliocaenus.* This association of birds resembles that of a typically Mediterranean environment, but prior to that of the present day, belonging to a colder climate than currently prevails.

The study of micromammals (Chaline, 1981) from level H to level D reveals a collection of rodents from periglacial landscapes intermingled with steppe on higher ground, ripisilva near the banks of the river and refuges of meridional species in the protected areas at the foot of the rock face and near the cave itself. This fauna presents considerable homogeneity and tends to be similar to the Middle Pleistocene associations (with *Eliomys quercinus, Microtus brecciensis, Pliomys lenki* and *Allocricetus bursae).* Unit III, however, would be more exactly situated in a cold phase more clearly seen in Aldène.

Numerous human remains, among the most ancient in Europe, have been unearthed since 1964 especially from the top of the lower sequence and the whole of the upper sequence (unit III) of the middle complex. Special mention should be made of the discovery, in floor G, of a complete skeletal face joined to the parietal bone. A study of all the human remains has led archaeologists to assign Tautavel Man, dated around 450,000 years, to the European population of *Homo erectus,* called Anteneardentalian (M. A. de Lumley, 1981).

Homo erectus is the author of a stone-tool industry which is characterised by the presence of few or no bifaces; contemporary with the Acheulian, it can be specified under the name "Tautavelian" (H. de Lumley *et al.,* 1979).

To assess the age of each stratigraphic unit of the filling, different dating methods have been used, especially Uranium/Thorium and ESR (Falguères, 1986). The mean valuc cipalmente (Falguères, 1986). La media de todas las dataciones absolutas figuran en la tabla de vegetación (Fig. 3).

3.1.
Palinología.

Las muestras destinadas al análisis polínico han sido extraídas en 1975 a lo largo de los cortes realizados en esta época en los diferentes cuadrados de muestreo y estudiadas por mi misma. Numeradas de PY 1 a PY 314 y referidas ahora al último cuadro estratigráfico establecido por H. de Lumley, constatamos que los resultados corresponden a la costra estaagmítica de base, el complejo medio (conjuntos I, II y III) y el complejo superior (conjuntos IV y V). Además, desde 1981 a 1983 se ha efectuado toda una serie de sondeos, atravesando el relleno en diferentes puntos y permitiendo alcanzar la totalidad de los conjuntos estratigráficos (Fig. 3).

Podcmos no obstante resaltar algunas observaciones generales:

– En la costra estalagmítica basal (estadio 17, 690.000 años), un verdadero bosque de enebros asociado a pinos, encinas y lentisco, evoca una vegetación muy local bajo clima bastante cálido y relativamente seco.

– Un bosque semi-montano o montano de carácter fresco y húmedo parece estar instalado durante la formación del complejo de base (estadio 16 entre 660.000 y 620.000 años).

– El abeto retrocede al inicio del complejo medio (después del estadio 15, alrededor de 570.000 años).

– Entre las coníferas, subsisten los pinos y los enebros hasta el inicio del conjunto III del complejo medio (inicio del estadio 12, hacia 480.000 años).

– Los taxones mediterráneos se desarrollan a partir de la parte superior del conjunto I y en el conjunto II del complejo medio (estadio 13, entre 530.000 y 480.000 años).

– A partir de la base del conjunto III del complejo medio (estadio 12, 480.000-450.000 años), la vegetación arbórea se estabiliza con una asociación de pinos, árboles caducifolios (entre ellos *Quercus* t. *pedunculata)* y taxones termófilos y mediterráneos (como *Quercus ilex* y a menudo *Pistacia)* interrumpido no obstante por episodios con vegetación abierta y estrato herbáceo más o menos desarrollado. Esta alternancia de paisajes es sin duda la manifestación de una serie de fases climáticas sucesivas, templado-cálidas y húmedas y frías y secas.

– El óptimo climático parece por tanto situarse, entre

of all absolute datings is shown in the vegetation table (Fig. 3).

3.1.
Palynology.

I myself conducted a study of the samples set aside for pollen analysis in 1975, samples extracted from the cuts made at this time in the different sample sectors. They have been numerated from PY 1 to PY 314 and related to the last stratigraphic classification established by H. de Lumley. It can be seen that the results correspond to the stalagmitic floor, the middle complex (units I, II, III), and the upper complex (units IV and V). In addition, from 1981 to 1983, a series of drill core samples were taken boring through the filling at different points, enabling us to permeate the whole series of stratigraphic units (Fig. 3).

Some general observations can be made:

– in the stalagmitic floor (stage 17, 690,000 years) a forest of juniper together with an assemblage of pine, *Quercus ilex* and *Pistacia* evidences vegetation of a local kind associated with a fairly warm and relatively dry climate.

– a semi-mountane or mountane forest, suitable to a cool, damp climate, seems to have established itself during the formation of the base complex (stage 16, between 660,000 and 620,000 years).

– the spruce recedes at the beginning of the middle complex (after stage 15, around 570,000 years).

– among the conifers, pine and juniper subsist until the beginning of unit III of the middle complex (beginnning of stage 12, around 480,000 years).

– Mediterranean taxa begin to develop from the upper part of unit I onwards and in unit II of the middle complex (stage 13, between 530,000 and 480,000 years).

– from the base of unit III of the middle complex onwards (stage 12, 480,000-450,000 years) the arboreal vegetation stabilises with an assemblage of pine, deciduous trees (including *Quercus pedunculata* type) and thermophilous and Mediterranean taxa (such as *Quercus ilex* and often *Pistacia),* which is, nevertheless, interrupted by episodes of open vegetation and more or less developed grassland strata. This alternating mosaic of landscapes undoubtedly reflects a series of successive climatic phases varying from temperate-to-warm and humid, to cold and dry.

– the climatic optimum therefore seems to be situated more or less between 500,000 and 100,000 years at the level of stages 13 to the beginning of 12, 11, 11 to 6 and 5.

alrededor de 500.000 y 100.000 años, a nivel de los estadios 13 inicio del 12, 11, 11 a 6 y 5.

— A nivel del estadio 4, entre los 90.000 y 35.000 años, algunos espectros polínicos ilustran una vegetación próxima a la actual, al final de esta secuencia larga pero discontinua.

A pesar de algunos hiatus sedimentarios y numerosas lagunas en los histogramas, debidas a la casi esterilidad en material esporo-polínico en ciertos niveles, hay que señalar que, desde el inicio del Pleistoceno Inferior y sobre todo durante el Pleistoceno Medio, el clima del sur-sureste de Francia ha conservado siempre un carácter mediterráneo.

Es necesario incluso remarcar que desde el estadio 13, hacía 500.000 años, la flora mediterránea juega un gran papel en el paisaje. Los resultados polínicos de la Caune de l'Arago tienen pues tendencia a "recalentar" el clima evocado por la fauna compuesta de elementos árticos que han debido, desde nuestro punto de vista, migrar de las áreas heladas septentrionales hacia la cuenca mediterránea y se han adaptado en esta zona de refugio.

Así los sondeos: C5 (que atraviesan el complejo de base y el conjunto I del complejo medio) estudiado por mi, C2 (que corta el relleno de la costra estalagmítica de base hasta el techo del complejo medio), C7 (conjuntos II y III del complejo medio), C8 (techo del complejo medio), C3 (transición complejo medio - complejo superior) y C AG (que concierne el complejo superior), han sido seccionados en el laboratorio para diversos análisis.

La palinología ha dado lugar a varias publicaciones y tesis doctorales (Nicol-Pichard, 1985; Gautier, 1984, 1992; Rahardjo, 1984; Renault-Miskovsky, 1976, 1980, 1981; Renault-Miskovsky & Moigne, 1989; Cattani & Renault-Miskovsky, 1989).

La monografía de la Caune de l'Arago está realizándose, pero mientras tanto hemos hecho constar los principales datos polínicos en la tabla (Fig. 3).

3.2. Conclusiones.

Hemos situado algunos grupos de vegetación, a los cuales hemos atribuido una significación climática regional y puntual, en el cuadro estratigráfico general establecido por H. de Lumley según los otros resultados. Pero dado que ciertos niveles se han revelado pobres en esporas y granos de polen o totalmente estériles, no podemos desafortunadamente seguir una verdadera dinámica de la vegetación y del clima.

— at stage 4 level, between 90,000 and 35,000 years, some pollen samples give evidence of a vegetation system similar to that of the present day, at the end of this long but discontinuous sequence.

Despite the existence of several hiatuses in the deposits, and numerous lacunae in the histograms, owing to the almost complete lack of pollen and spores at certain levels, it must be emphasised that ever since the beginning of the Lower Pleistocene and especially during the Middle Pleistocene, the climate of south, south-eastern France has always maintained a Mediterranean typology.

It should also be noted that from stage 13 onwards, around 500,000 years, Mediterranean flora have played an important role in the landscape. Results of pollen analysis from the Caune de L'Arago point to a tendency of the climate to warm up again after a colder period indicated by arctic fauna which, in our opinion, have migrated in search of a refuge from the freezing conditions of areas further north towards the Mediterranean basin where they have subsequently adapted to the more clement surroundings.

This is shown by the core samples: C 5 (which cuts the base complex and unit I of the middle complex), which I myself have analysed; C 2 (which cuts through the filling of the stalagmitic crust to the upper limit of the middle complex); C 7 (unit II & III of the middle complex); C 8 (upper layer of the middle complex); C 3 (marking the transition between middle and upper complex) and C AG (the upper complex) which have been sectioned for diverse analyses in the laboratory.

The palynology of the area has given rise to various publications and doctoral theses (Nicol-Pichard, 1985; Gautier, 1984,1992; Rajardjo, 1984; Renault-Miskovsky, 1976, 1980, 1981; Renault-Miskovsky & Moigne, 1989; Cattani & Renault-Miskovsky, 1989).

The monograph of the Caune de L'Arago is still in preparation but, for the meantime, we have presented the principal pollen data in the table below (Fig. 3).

3.2. Conclusions.

We have situated some vegetation assemblages, to which we attribute a regional and particular climatic significance, on the general stratigraphic classification established by H. de Lumley on the basis of other results obtained. But unfortunately, given that certain levels have proved poor or totally sterile in spores and pollen grains, it is impossible to trace an accurate evolution of vegetation and climate.

4
La cueva de Aldène.

La cueva de Aldène, situada a 270 m de altitud en el contrafuerte de la Montagne Noire, pertenece a Languedoc-Roussillon, en el departamento de Héraut, a 45 km al oeste de Narbonne y cerca de la ciudad de Cesseras. La entrada de la cueva se abre en las gargantas de Cesse.

La estratigrafía del relleno ha sido descrita por Barral y Simone (1972) y la sedimentología efectuada por Baïsas (1975). Sólo algunos testigos del relleno primitivo permiten reconstruir una estratigrafía relativamente somera descompuesta en tres conjuntos: las capas inferiores (M a I, atribuidas al "Mindel-Riss"), las capas medias (H a B que datarían del "Riss" final) y las capas superiores (A_2 y A_1, "Riss-Würm").

El estudio de micromamíferos ha sido realizado por Chaline (1976). La sucesión de las asociaciones de roedores puesta de manifieso ha permitido distinguir seis fases climáticas: las dos primeras (con *Pliomys episcopalis)* parecen contemporáneas del "interglaciar Mindel-Riss", las otras han sido atribuidas a las zonas climáticas rissienses, puestas ya de manifiesto en Arago, Orgnac 3, la Fage y en el inicio de Grimaldi.

La lista preliminar de la macrofauna ha sido establecida por Bonifay (1989). Ésta pone de manifiesto la presencia de formas arcaicas, como *Ursus deningeri, Hyanea prisca* y los géneros *Macaca, Plionarctos* y *Hemitragus.* Los conjuntos más ricos (I y K) son contemporáneos del Pleistoceno Medio de clima de tipo interglaciar.

4
The Aldène Cave.

The Aldène Cave, situated at an altitude of 270 m on a buttress adjoining the Montagne Noire, falls within the territory of Languedoc-Roussillon in the Department of Héraut, 45 km to the west of Narbonne and near the city of Cesseras. The entrance to the cave is to be found in the Cesse gorge.

The stratigraphy of the filling has been described by Barral and Simone (1972) and the sedimentology carried out by Baïsas (1975). Evidence from the primitive filling is limited, allowing us to reconstruct no more than a relatively summary stratigraphy divided into three units: the lower layers (M to I, attributed to Mindel-Riss), the middle layers (H to B, dated to the end of Riss) and the upper layers (A^2 and A^1, Riss-Würm).

A study of the micromammals has been carried out by Chaline (1976). The succession of rodent associations that has come to light enables us to distinguish six climatic phases. The first two (with *Pliomys episcopalis)* seem to belong to the "Mindel-Riss interglacial", while the others have been assigned to the Riss-type climatic zones already seen in Arago, Orgnac 3, La Fage and at the beginning of Grimaldi.

The preliminary list of macrofauna has been drawn up by Bonifay (1989). This shows the presence of archaic forms like *Ursus deningeri, Hyanea prisca,* and the genera *Macaca, Plionarctos,* and *Hemitragus.* The richest assemblages (I to K) belong to the interglacial type climate of the Middle Pleistocene.

4.1.
Palinología.

El estudio polínico de Ledru (1986) efectuado capa por capa pone de manifiesto (Fig. 4).

– En los seis espectros de base (de M a I), el establecimiento de una cubierta forestal (AP: 60 por 100) constituida por taxones muy termófilos y mediterráneos.

– Posteriormente tres espectros, en H, E y C, testimonian enfriamientos sucesivos.

– En la parte superior (A_2 y A_1) la recuperación de la cubierta forestal con taxones termófilos y mediterráneos.

Estos datos confirman los otros resultados paleoclimáticos (sedimentología y paleontología animal), pero el espacia-

4.1.
Palynology.

The pollen analysis carried out, layer by layer, by Ledru (1986) shows (Fig. 4) the following:

– in the six series taken from the base (from M to I) the establishment of forest cover (AP: 60%) made up of decidedly thermophilous and Mediterranean taxa.

– this is followed by three series, in H, E and C, which evidence successive climatic cooling.

– in the upper part (A^2 and A^1) the forest cover recovers, with thermophilous and Mediterranean taxa.

This data confirms the other paleoclimatic results (sedimentology and animal paleontology), but the significant miento importante entre cada muestra y la relativa pobreza en granos de polen y en taxones de las muestras, no permiten seguir una verdadera dinámica de la vegetación.

No obstante, algunas abservaciones generales se desprenden de este análisis acerca de las vegetaciones del Pleistoceno Medio en la cuenca mediterránea francesa:

– El porcentaje de polen de árboles es siempre elevado y cercano al 50 por 100.

– Los árboles dominantes son encinas, pinos y cupresáceas, taxones templados *(Quercus* tipo *pedunculata, Alnus, Betula, Corylus, Carpinus, Ulmus, Tilia,* etc.) e incluso si se exceptúan ciertos porcentajes importantes de *Platanus,* ciertamente sobrerepresentado (?), taxones muy termófilos y mediterráneos, principalmente Anacardiáceas *(Pistacia)* y Oleáceas.

5
El yacimiento de Terra-Amata.

El yacimiento de Terra-Amata se encuentra en Niza, en las pendientes occidentales del Mont-Boron.

Trabajos de explanación importantes efectuados en octubre de 1965 para la construcción de un inmueble, permitieron localizar la zona de hábitats prehistóricos. Se llevaron a cabo excavaciones de emergencia en 1966 por H. de Lumley y su equipo (H. de Lumley *et al.,* 1976).

Los sedimentos cuaternarios llegan a 10 m de espesor. Los depósitos de arenas limosas aislados han sido datados del final del Plioceno, gracias al estudio de la microfauna (foraminíferos).

Por encima, los depósitos del Pleistoceno Medio antiguo ("Mindelienses") más importantes pueden ser subdivididos en cuatro conjuntos o ciclos, de ellos los tres primeros (conjuntos estratigráficos A, B y C1) comienzan cada uno por una playa marina transgresiva recubierta por sedimentos en gran parte de origen eólico (regresión marina). C2 constituye el cuarto conjunto.

Estas playas, situadas a la misma altitud, corresponden probablemente a interestadios menores del extremo final del Pleistoceno Medio antiguo ("Mindel"). Son anteriores a la playa del "Mindel-Riss" (Pleistoceno Medio-Medio), cuya línea de costa se encuentra a algunos centenares de metros en la cueva de Lazaret.

gaps between each sample, and the relative poverty of the samples for pollen grains and taxa, prevent us from tracing accurately the development of the vegetation.

However, the analysis does allow us to offer some observations of a general nature with regard to Middle Pleistocene vegetation in the French Mediterranean Basin:

– the percentage of tree pollen is always high and near 50%.

– the dominant trees are *Quercus ilex,* pines and cypress, temperate taxa *(Quercus pedunculata* type, alder, birch, hazel, *Carpinus,* elm, linden), and even, with the exception of certain significant and surprising percentages of *Platanus,* thermophilous and Mediterranean taxa, principally Anacardiaceae *(Pistacia)* and Oleaceae.

5
The Terra-Amata site.

The Terra-Amata site is to be found in Nice, on the western slopes of Mont Boron. Land survey work carried out in 1965 with a view to the building of a private property, led to the discovery of an area of prehistoric habitats. Emergency excavations were carried out in 1966 by H. de Lumley and his team (H. de Lumley *et al.,* 1976).

The Quaternary deposits reach a thickness of 10 m. Isolated deposits of limy sands have been dated to the end of the Pliocene as a result of studies of the microfauna (foraminiferae). Above, the most important deposits from ancient Middle Pleistocene (Mindelian) can be subdivided into four groupings or cycles, the first three of which (stratigraphic units A, B and C1) all begin with a transgressive marine beach covered with sediments largely of aeolicar origin (marine regression). C2 constitutes the fourth grouping.

These beaches, situated at the same altitude, probably correspond to minor interstages at the very end of ancient Middle Pleistocene (Mindel). They pre-date the "Mindel-Riss" beach (Middle-mid Pleistocene) which coastline is to be found at several hundred metres in the Lazaret cave.

The so-called Middle-mid Pleistocene or "middle-Riss", is characterised by an important floor reaching a thickness of some 2.50 m.

4. *Diagrama polínico de la cueva de Aldène (Ledru, 1986).*

4. *Pollen diagram of the Aldène cave. (Ledru, 1986).*

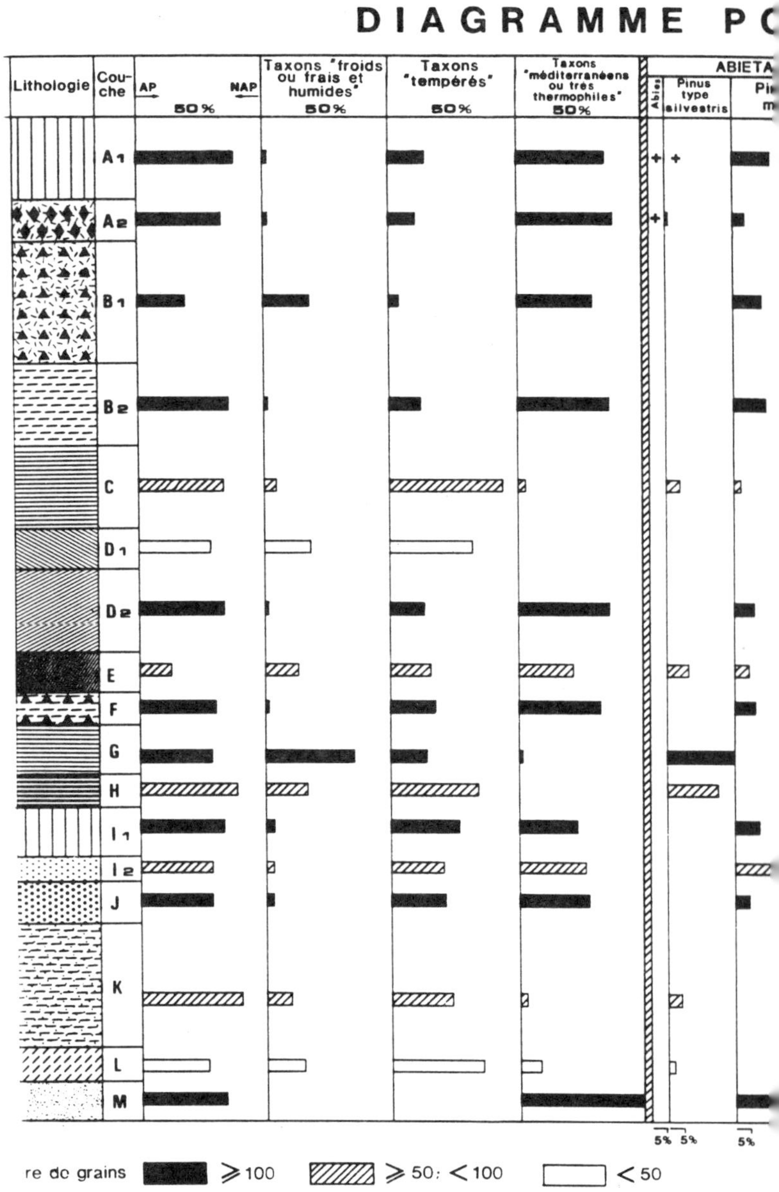

El Pleistoceno llamado Medio-Medio, o "Mindel-Riss" está pues caracterizado por un importante suelo, pudiendo llegar a 2,50 m de espesor.

El Pleistoceno Medio Superior o "Riss" está representado por limos loesoides amarillos, conservados únicamente en la zona sur.

El suelo "Riss-Würm" ha sido casi completamente desmantelado. Sólo se ha conservado la parte inferior de la zona de acumulación arcillosa y el encostramiento calcáreo, en la zona sureste del corte.

The Upper-middle Pleistocene or "Riss" is represented by yellow loamy loess preserved only in the southern area.

The "Riss-Würm" floor has been almost completely dismantled. Only the lower part of the area has been preserved, with its accumulation of clay soils and the calcareous overlayer in the south-eastern area of the cut.

A broad stream bed, which cuts through the Quaternary deposits that antedate the last glaciation, has been filled with greyish-brown clayey soils, probably at the end of the "Würmian" period.

NIQUE DU TEMOIN N° 1 DE LA GROTTE D'ALDENE

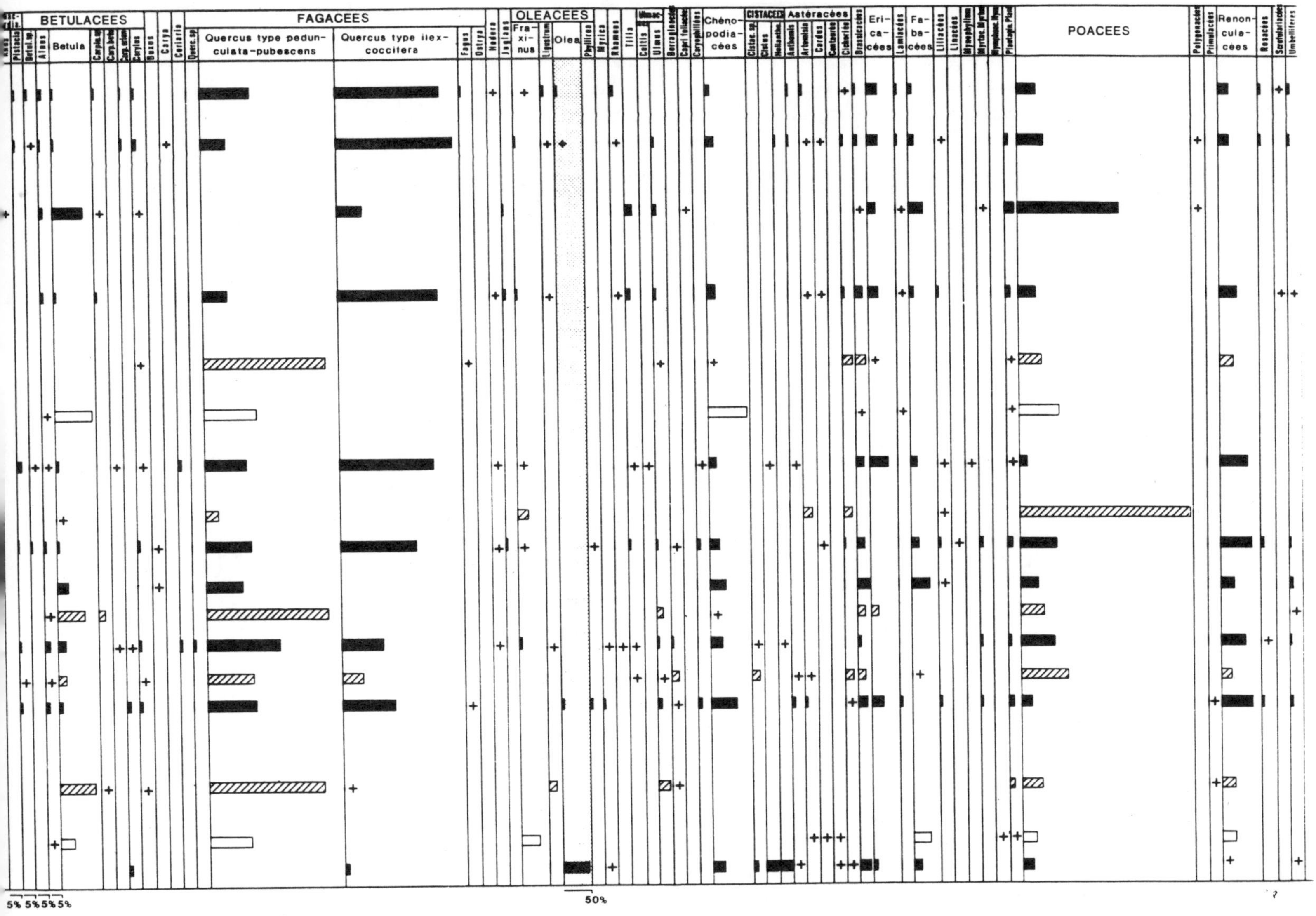

Una ancha vaguada, cortando los depósitos cuaternarios anteriores a la última glaciación, ha sido rellenada probablemente al final del "Würmiense" por tierras arcillosas pardas.

Las arcillas rojas coluviales, que reposan en discordancia sobre los depósitos cuaternarios y que pueden llegar a cerca de 3 m, datan grandes períodos de deforestación posglaciar y contienen restos de cerámica romana.

La fauna de grandes mamíferos encontrados en Terra-Amata pertenecen a las especies siguientes: *Ursus* sp. (oso indeterminado), *Elephas antiquus* Falconer y Cautley (elefante

The red colluvial clays, which have settled somewhat discordantly over the Quaternary deposits, and which reach, in places, a thickness of nearly 3 m, give chronological evidence of extensive periods of post-glacial deforestation, and contain Roman ceramic remains.

The large mammal fauna found in Terra-Amata belong to the following species: *Ursus sp* (unspecified bear), *Elephas antiquus* Falconer and Cautley (ancient elephant), *Dicerorhinus hemitoechus* (Falconer) or steppe *rhinocerus* (Guerin), *Sus scrofa L.* (wild boar), *Cervus elaphus L.* (deer), *Bos primigenius* antiguo), *Dicerorhinus hemitoechus* (Falconer) o rinoceronte de estepa (Guerin), *Sus scrofa* L. (jabalí), *Cervus elaphus* L. (ciervo), *Bos primigenius* Bojanus (uro), *Hemitragus* sp. (tahr), cáprido indeterminado, *Oryctolagus cuniculus* L. (conejo).

La mayor parte de la fauna proviene de las unidades estratigráficas C1, sólo algunos restos son de la formación Ba. La mayor parte de los restos de jabalí, los huesos de ciervo, de uro, de cápridos y de conejo provienen de la formación C1b. En cambio, la mayoría de la cornamenta de ciervo y en particular grandes cornamentas bastante bien conservadas han sido encontradas en la formación C1a.

Observamos pues que esta fauna encierra casi únicamente formas que indican un medio forestal y un clima templado, pero es incompleta, en particular por la ausencia casi total de carnívoros. Esto puede explicarse por el hecho de que se trata de una fauna cazada por los hombres que debían poseer técnicas de caza que les permitía capturar de forma preferencial ciertas especies. Se observa también la ausencia total de équidos. La ausencia de caballos en Terra-Amata, especie adaptada a un medio de estepa o de pradera, es pues una indicación suplementaria del aspecto muy boscoso del paisaje circundante (Mourer-Chauviré & Renault-Miskovsky, 1980).

Se han utilizado varias formas de datación para situar el yacimiento de Terra-Amata en la cronología del Cuaternario.

— Dataciones relativas: industrias líticas (Achelense antiguo); vestigios humanos (coprolitos e impronta de un pie en el suelo dunar, de un individuo que pudiera medir 1,56 m); suelos de ocupación (huella de chozas ovalares y hogares que, gracias a sílex quemados, han sido datados entre los más antiguos conocidos en el mundo); estado de evolución de las faunas *(Dicerorhinus hemitoechus* atribuido por Guérin al Mindel y *Palaeoloxodon antiquus* próximo al de cova Molinarino en Roma datado en 420.000 años).

— Dataciones absolutas: lascas de caliza silificada o de sílex quemados, provenientes del conjunto estratigráfico C1a han sido datadas por termoluminescencia en 380.000 años. Los suelos de ocupación de Terra-Amata serían por tanto contemporáneos a los de Vertesszöllös, en Hungría, datados en 1976 por Jeffrey & Bada en 370.000 años por el método de aminoácidos.

Bojanus (aurochs), *Hemitragus sp* (tahr, unspecified caprid), *Oryctolagus cuniculus L.* (rabbit).

Most of the fauna were found in the stratigraphic layer C1; only a few remains are from the Ba formation. Most of the wild-boar remains, plus the bones of deer, aurochs, caprids and rabbit come from C1b. On the other hand, most of the deer antlers, including some large and well-preserved specimens, have been found in the C1a formation.

It can be seen that this fauna almost exclusively comprises those forms that point to a forest environment and a temperate climate; but the record is incomplete, particularly because of the almost total absence of carnivores. This may be explained if we suppose that we are dealing with fauna hunted by men who must have used hunting techniques which enabled them to capture certain selected species. The total absence of equidae is also noteworthy. The absence of horses in Terra-Amata, a species particularly adapted to steppe or open grassland environment, may be taken as further evidence of the densely wooded nature of the surrounding landscape (Mourer-Chauvire & Renault-Miskovsky, 1980).

Various forms of dating methods have been used in order to situate the Terra-Amata site in the chronology of the Quaternary period.

— Relative Dating: stone-tool industry (ancient Acheulian); traces of human habitation (coprolites, and a footprint in the dune floor belonging to an individual who could have measured 1.56 m); occupation floors (the remains of oval huts and fires which, from the evidence of burnt silex, have been dated among the oldest known in the world); evolution stage of the fauna *(Dicerorhinus hemitoechus* attributed by Guérin to Mindel, and *Palaeoxodon antiquus,* similar to the specimen from the Molinarino cave in Rome, dated around 420,000 years).

— Absolute Dating: flake tools of silicified limestone or burnt silex, proceeding from stratigraphic unit C1a, have been dated by thermoluminescent testing at 380,000 years. The occupation floors of Terra-Amata therefore seem to be contemporary with those of Vertesszöllös, in Hungary, dated in 1976 by Jeffrey & Bada at 370,000 years, using aminoacid testing.

5.1. Palinología.

Numerosos coprolitos, pertenecientes con toda probabilidad a un homínido y recogidos "in situ" en la duna datada como interestadio mindeliense tardío, han sido objeto de un análisis polínico (Beaulieu, 1967). Este autor pone de manifiesto:

– La asociación de un grupo de taxones litorales: *Crithmum maritimum*, *Ephedra* cf. *distachya*, *Thymelaea* sp. y *Plantago coronopus*.

– La proximidad de una ripisilva con la presencia de alisos y fresnos.

– La presencia de elementos termófilos o incluso típicamente mediterráneos (pino resinero, pino carrasco, encina y brezo blanco).

– Aportes de pisos montanos próximos: pino albar y abeto.

El pino y el abeto constituyen por igual los principales taxones, entre más de cien restos de carbón vegetal (Vernet, 1975), procedentes sin ninguna duda de hogares que pueden considerarse entre los más antiguos del mundo. Añadimos a estas determinaciones un fragmento de madera de *Fagus* sp. y una madera perteneciente probablemente a una rosácea: *Prunus mahaleb*. El madroño es el único elemento mediterráneo inventariado y este estudio tiende a demostrar también que el piso montano estaba ciertamente muy próximo al yacimiento, y por tanto cercano al litoral mediterráneo.

El estudio palinológico de todos los sedimentos del conjunto del yacimiento ha sido realizado por Renault-Miskovsky. Si agrupamos los resultados obtenidos en las series sedimentarias atribuidas al Mindel y al Mindel-Riss, podemos hacer las siguientes constataciones:

– Los conjuntos mindelienses A y B son casi estériles.

– En las secuencias C1 y C2, los resultados son variables: los cortejos florísticos más abundantes se sitúan sobre todo en la base de los conjuntos transgresivos. La arena dunar del conjunto regresivo en la cima de C1, así como la parte superior de los limos loesoides regresivos de C2 son muy pobres o estériles. Las informaciones concernientes a la vegetación contemporánea de estos depósitos y los climas serán pues fragmentarios.

– Por otra parte, casi todas las capas que constituyen el gran paleosuelo por encima de los conjuntos dunares contienen polen y esporas.

El examen de los resultados conduce a las observaciones siguientes:

5.1. Palynology.

Numerous coprolites, most probably belonging to a hominid and collected "in situ" from a dune dated as late Mindelian interstage, have been the object of pollen analysis carried out by de Beaulieu in 1967. His study shows:

– assemblage of littoral taxa: *Crithmum maritimum*, *Ephedra* cf. *distachya*, *Thymelaea* sp. and *Plantago coronopus*.

– the proximity of a wooded river bank with Ash and Alder trees.

– the presence of thermophilous elements or even typically Mediterranean taxa (maritime pine, Alep pine, holm oak and white heather.

– pollen transported from nearby mountain stage: Scots pine and fir.

Pine and fir constitute, to an equal degree, the principal taxa among more than 100 remains of carbonized vegetable matter (Vernet, 1975), undoubtedly proceeding from fires which can be considered among the oldest in the world. We can add to these a fragment of wood from *Fagus* sp. and another probably from Rosaceae *(Prunus mahaleb)*. The *Arbutus unedo* is the only Mediterrean element indexed. This study would also tend to show that the montane belt was definitely close to the site, and therefore close to the Mediterranean coast.

The palynological study of all the sediments from the site complex has been carried out by Renault-Miskovsky. If we group together the results obtained from the sedimentary series dated to Mindel and Mindel-Riss, we can make the following observations:

– the mindelian assemblages A and B are almost sterile.

– in sequences C1 and C2 the results are variable. The most abundant floral associations are situated, above all, at the base of the transgressive sections. Wind-blown sands of the regressive sediment section at the top of C1 are very poor and sterile, as is the upper section of the regressive loess silt of C2. Any information to be gleaned regarding the vegetation and climates contemporaneous with these deposits cannot be more than fragmentary.

On the other hand, nearly all the layers that constitute the great palaeo-floor above the dune sections contain pollen and spores. Detailed examination of the results leads to the following observation: in all sections, the arboreal rate is always relatively high: it ranges between 40% and 90% and is generally close to 60%.

The tree types that have been indexed can be divided into three large groups:

– En todos los conjuntos, la tasa de deforestación es siempre relativamente importante: varía entre 40 y 90 por 100 y es a menudo cercano al 60 por 100.

– Los géneros arbóreos inventariados pueden ser agrupados en tres grandes conjuntos:

a) Los árboles que prefieren frío o fresco y humedad, tales como las coníferas *Picea, Abies, Pinus* tipo *sylvestris* y frondosas como *Betula, Fagus, Alnus, Salix,* es decir, géneros en la mayoría de los casos propios de pisos montanos; son los más abundantes (es de destacar que el gran número de pólenes de pinos causa quizás en ocasiones una sobrerepresentación de este grupo).

b) Las especies muy termófilas o típicamente mediterráneas tales como *Quercus* tipo *ilex,* oleáceas (tipo *Olea,* tipo *Phyllirea* y *Fraxinus), Pistacia, Celtis, Ostrya o Carpinus orientalis, Rhammus, Pinus* tipo *pinaster* y *Pinus* tipo *halepensis,* a los cuales adjuntaremos *Platanus, Buxus,* cupresáceas y las siguientes herbáceas: *Acanthus, Theligonum cynocrambe* y cistáceas; este grupo está numéricamente tan bien representado como el precedente.

c) Los árboles de zonas templadas y húmedas son por el contrario variadas, aunque poco abundantes; no sobrepasan el 10 ó 15 por 100. Son las grandes frondosas: robles, tilos, olmos, carpes, fresnos, castaños, arces, a los cuales hay que añadir el avellano, la hiedra, el durillo y el acebo.

El conjunto de datos faunísticos y florísticos de Terra-Amata sugiere un paisaje muy boscoso bajo un clima templado, sin embargo más continental que el clima actual en el litoral, pero que se ajustaría mejor con la hipótesis de una fase interglaciar que con la de una fase glaciar. En cambio, la posición estratigráfica de los suelos de ocupación en el yacimiento indica que éstos se han formado al final de una fase glaciar. Se pueden por tanto sugerir que los suelos de ocupación de Terra-Amata se han formado en el transcurso de un largo período muy templado, teniendo prácticamente el valor de un interglaciar, y se sitúan al final del complejo glaciar "mindeliense" (Mourer-Chauviré & Renault-Miskovsky, 1980).

a) Trees which prefer cold or cool conditions and moisture, such as the conifers *Picea, Abies, Pinus sylvestris* and broad-leafed species such as *Betula, Fagus, Alnus, Salix,* which, in the majority of cases, are typical of montane belt. These are the most abundant, although it should be pointed out that the large number of pine pollen grains sometimes causes this group to be unduly over-represented.

b) The clearly thermophilous or typically Mediterranean species such as *Quercus ilex* type, the Oleaceae (for example: *Olea* type, *Phyllirea* type, *Fraxinus), Pistacia, Celtis, Ostrya* or *Carpinus orientalis, Rhamnus, Pinus pinaster* type and *Pinus halepensis* type, to which we can add *Platanus, Buxus,* Cupressaceae and the following herbaceous species: *Acanthus, Theligonum cynocrambe* and Cistaceae. This group is as well represented numerically as the previous one.

c) On the other hand, the trees that belong to temperate and humid conditions are varied but not very abundant, not exceeding 10 or 15%. These are the large broad-leafed species: oak, lime, elm, *Carpinus betulus* or hornbeam, ash, chestnut, maple; to which should be added hazel, ivy, honeysuckle and the holly tree.

This set of faunal and floral data from Terra-Amata suggests a densely wooded landscape under the influence of a temperate climate although more continental than that to be found in the coastal region today. The data seem to respond more easily to the hypothesis of an interglacial rather than a glacial phase. On the other hand, the stratigraphic position of the occupation floors at the site indicates that these were formed at the end of a glacial phase. It may be suggested therefore that the occupation floors of Terra-Amata were formed during the course of a long period of temperate conditions, practically of an interglacial kind, and are to be dated to the end of the Mindelian glacial episode. (Mourer-Chauviré & Renault-Miskovsky, 1980).

6 La cueva de Lazaret.

Los depósitos cuaternarios de la cueva de Lazaret alcanzan más de ocho metros de espesor (H. de Lumley & Tavoso, 1969).

Reposando sobre el suelo rocoso de la caverna, dos playas marinas superpuestas han sido depositadas por dos

6 The Lazaret Cave.

The Quaternary deposits in the Lazaret cave reach a thickness of more than 8 m (H. de Lumley & Tavoso, 1969). Overlying the bedrock of the cavern floor are two marine beaches, one on top of the other, deposited by two transgressive seas during the Middle Pleistocene. The upper marimares transgresivas del Pleistoceno Medio. La playa marina superior, que contiene grandes cantos, está datada en 200.000 años y antiguamente fue llamada cordón litoral del "mar Mindel-Riss"; se corresponde con una fase climática templada.

Por encima, los depósitos continentales del Pleistoceno Medio superior, de edad comprendida entre 200.000 y 120.000 años, abarcan tres conjuntos estratigráficos (C I, C II y C III) constituidos por capas con grandes bloques y gravas arcillosas separadas por niveles más arcillosos y menos pedregosos. Es en este conjunto (antiguamente llamado Riss I, Riss II, Riss III) donde han sido descubiertos varios suelos de ocupación del Achelense superior y Achelense final.

Una importante costra estalagmística (conjunto E) recubre, en el fondo de la cueva, los depósitos del Pleistoceno Medio. Está formado por varias cubiertas superpuestas de edades comprendidas entre 120.000 y 60.000 años.

La costra estalagmítica superior (conjunto G), de poco espesor, data de 37.000 años.

En suelos de ocupación de final del Pleistoceno Medio han sido descubiertas industrias líticas abundantes.

En el conjunto estratigráfico C III (o Riss III) los útiles corresponden a un Achelense final pobre en bifaces, de corte tipo levallois, rico en raederas.

En el conjunto estratigráfico II (o Riss II) los utensilios corresponden a un Achelense superior rico en bifaces.

Las excavaciones afectuadas en el interior de la cueva en el conjunto C III han puesto de manifiesto una gran cabaña de 11 m de longitud por 3,5 m de ancho construida sobre la pared Este. En el suelo subsisten las huellas de dos fuegos encendidos en el hueco de depresiones ligeramente excavadas en la arcilla y, alrededor de los hogares, restos de camas realizadas con algas marinas y probablemente cubiertas de pieles, e igualmente el conjunto de postes que constituyeron la armadura de la tienda (H. de Lumley & Piveteau, 1969).

El medio ambiente de la cueva de Lazaret, encrucijada de varios nichos ecológicos, es conocida gracias a estudios paleontológicos y paleobotánicos.

Los mamíferos descubiertos en el conjunto estratigráfico continental superior (C III) son carnívoros y herbívoros.

El estudio permite precisar que la caza de carnívoros era practicada esencialmente para recuperar la piel. El aporte de carne es en efecto poco importante (550 kg para el conjunto) y debido principalmente a los lobos que representan el 41 por 100 del número total de predadores matados. Pero son los artiodáctilos los que parecen constituir la caza preferida de los hombres de Lazaret, sobre todo los ciervos y las ca-

ne beach, containing large pebbles, is dated around 200,000 years and was formerly called the coastal strip of the "Mindel-Riss sea". It corresponds to a mild climatic phase.

Above, continental deposits from Upper-middle Pleistocene, between 200,000 and 120,000 years old, span three stratigraphic units (CI, CII, CIII) made up of layers containing large boulders and argillaceous gravel, separated by sequences that are more clayey and less stony. It is in this section (formerly called Riss I, Riss II, Riss III) that various occupation floors have been discovered, belonging to the upper Acheulean and the end of that period.

In the deepest part of the cave, the Middle Pleistocene deposits are covered by an important stalagmitic crust. It is formed of various layers bedded one upon the other ranging between 120,000 and 60,000 years old.

The upper stalagmitic crust (unit G), of little thickness, dates back 37,000 years.

Abundant stone-tool industry has been found in the occupation floors belonging to the end of the Middle Pleistocene.

In stratigraphic unit C III (or Riss III) the artefacts correspond to the end of the Acheulean period, poor in bifaces, rich in scrapers, where the trimmming and preparation of the stones shows Levalloisian characteristics.

In stratigraphic unit II (Riss II) the artefacts correspond to the upper part of the Acheulean, rich in hand axes.

Excavations carried out in the interior of the cave in unit C III have revealed a large hut, 11 m long by 3.5 m wide, built against the east wall. On the occupation floor, traces can be seen of two fires lit in shallow pits hollowed out of the clay and, around the fires, the remains of beds made out of sea-weed and probably covered with skins, and, similarly, the assemblage of stakes which constituted the framework of the dwelling (H. de Lumley & Piveteau, 1969).

Palaeontological and palaeobotanical studies have enabled us to glean imformation about the environmental conditions of the Lazaret cave, a mosaic of various ecological niches.

The mammals discovered in the upper part of the continental stratigraphic unit (C III) are carnivores and herbivores.

On analysis, we can conclude that carnivores were hunted essentially for their skins. The meat contribution from carnivores is of little importance (550 kilograms for the whole unit) and consists principally of wolves, which represent 41% of the total number of predators killed. But the favourite prey of the inhabitants of Lazaret seems to have largely consisted of artiodactlys, above all deer and goats, which betbras; ellos solos proporcionan el 86 por 100 de la totalidad de herbívoros abatidos y aseguran lo esencial de la nutrición en carne (25 toneladas). Es igualmente probable la utilización de su piel (principalmente la de cabra) y de ciertos tendones.

La determinación específica, y a veces subespecífica, de los ejemplares cazados permitiría situar la posición cronológica del conjunto considerado, en el inicio del Pleistoceno Superior más que al final del Pleistoceno Medio. (Patou, 1984).

ween them account for 86% of the total number of herbivores slaughtered and supplied the bulk of the meat requirements (25 tons). It is equally probable that the skins were used (especially goat-skins) and also certain sinews.

Specification of the hunted specimens would suggest a date for the unit in question at the beginning of the Upper Pleistocene rather than at the end of the Middle Pleistocene period. (Patou, 1984).

6.1. Palinología.

Algunas muestras palinológicas efectuadas en los coprolitos y en los sedimentos por debajo o entre los huesos, repartidos en el fondo de la cabaña achelense, han revelado una gran abundancia de pinos (a menudo pegados) y la presencia de algunas oleáceas *(Phillyrea* cf. *media)* (Beaulieu, 1969). El autor señala la escasez de frondosas caducifolias y no concede ninguna significación a las herbáceas.

El estudio polínico de una secuencia del conjunto C III (risiense) sugiere también que el paisaje de los alrededores de Niza era boscoso: los pinos silvestres dominando y las otras especies se suponen que descendían hasta el litoral (Guyomarc'h, 1981). El clima se supone por tanto más frío que el actual pero la presencia de taxones mediterráneos sería testigo de un microclima que caracteriza las pendientes bien expuestas de Mont Boron (Fig. 5).

En cambio, los conjuntos estratigráficos I, II y III muestreados en diferentes lugares de la cueva (delante, debajo y por detrás del porche) se han mostrado estériles en granos de polen. Resultados aislados en los conjuntos estratigráficos E y G muestran la presencia de episodios con *Pinus* y *Betula* acompañados de taxones mediterráneos en proporción no despreciable. Varias hipótesis son enunciadas: presencia de un paisaje en mosaico, sobre representación de *Pinus* y *Betula,* perturbación por polen subactual (Gautier, 1992).

6.1. Palynology.

Palynological samples, taken from coprolites and the sediments below or between the bones scattered over the base of the Acheulean hut, have revealed an abundance of pine and the presence of some oleaceae *(Phillyrea* cf. *media)* (de Beaulieu, 1969). The author remarks the scarcity of broad-leafed deciduous species and does not attribute any significance to herbaceous taxa.

Pollen analysis of a sequence of unit C III (Rissian) also suggests that the landscape around Nice was wooded: *Pinus sylvestris* is prevalent, and presumably the other species also continued as far as the coast (Guyomarc'h, 1981). We can deduce, therefore, that the climate was colder than that of the present day, but the presence of Mediterranean taxa would suggest a microclimate that characterised the open slopes of Mont-Boron. (Fig. 5).

On the other hand, samples taken from different parts of the cave (in front of, below and behind the cave entrance) show that stratigraphic units I, II and III are sterile in pollen grains. Isolated results obtained from stratigraphic units E and G show the presence of episodes with *Pinus* and *Betula,* together with a reasonably significant proportion of Mediterranean taxa. Various hypotheses have been put forward: mosaic landscape, over-representation of *Pinus* and *Betula,* interference from pollen of more recent origin (Gautier, 1992).

5. *Diagrama polínico de la cueva de Lazaret, cuadrado 013 (Guyomarc'h, 1981).*

5. *Pollen diagram of the Lazaret cave, quadrant 013 (Guyomarc'h, 1981).*

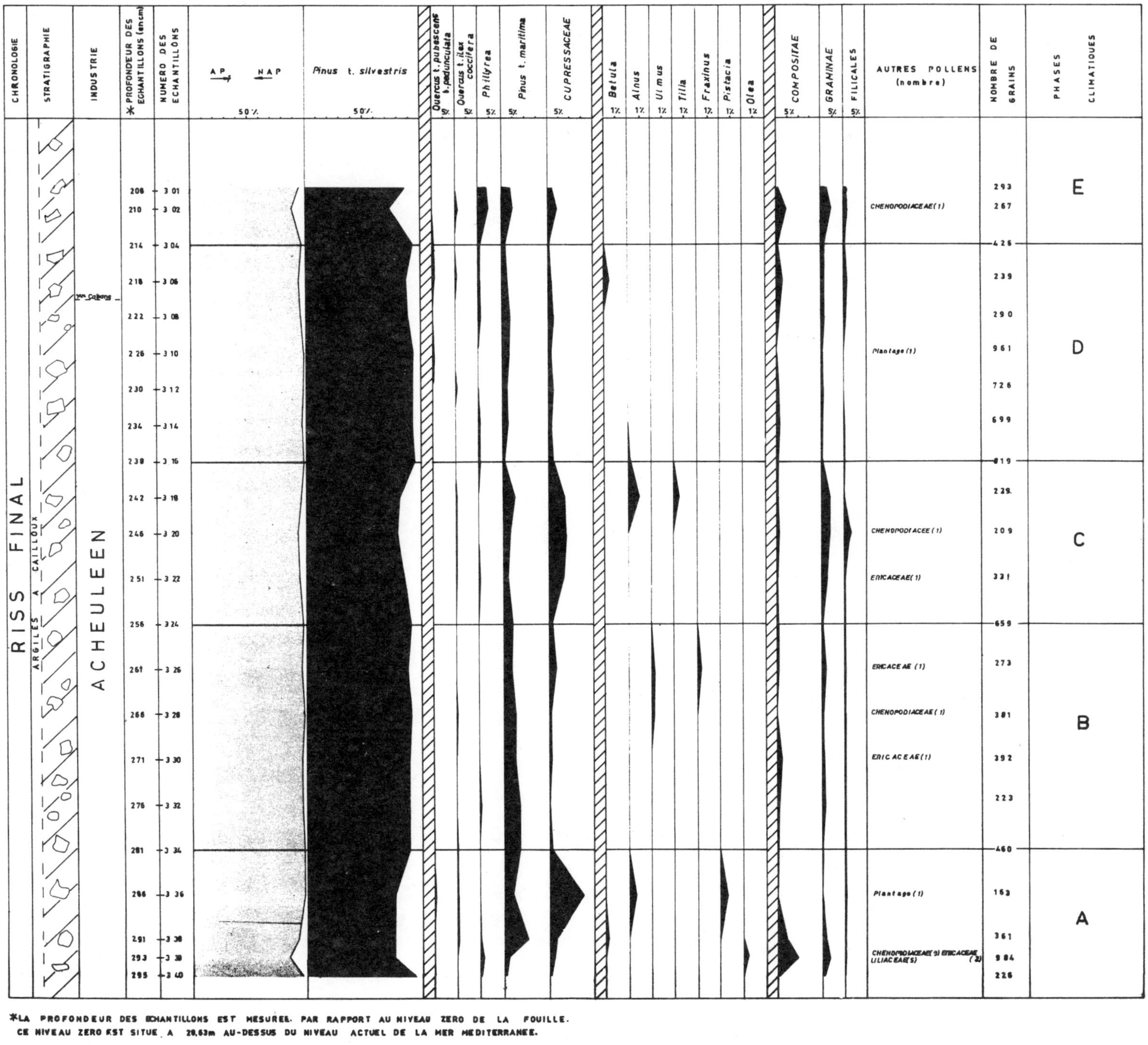

6. Situación de los yacimientos prehistóricos de la cuenca mediterránea francesa en la cronoestratigrafía del Pleistoceno Medio.

6. Location of the prehistoric sites of the French Mediterranean Basin on the Middle Pleistocene chronostratigraphy.

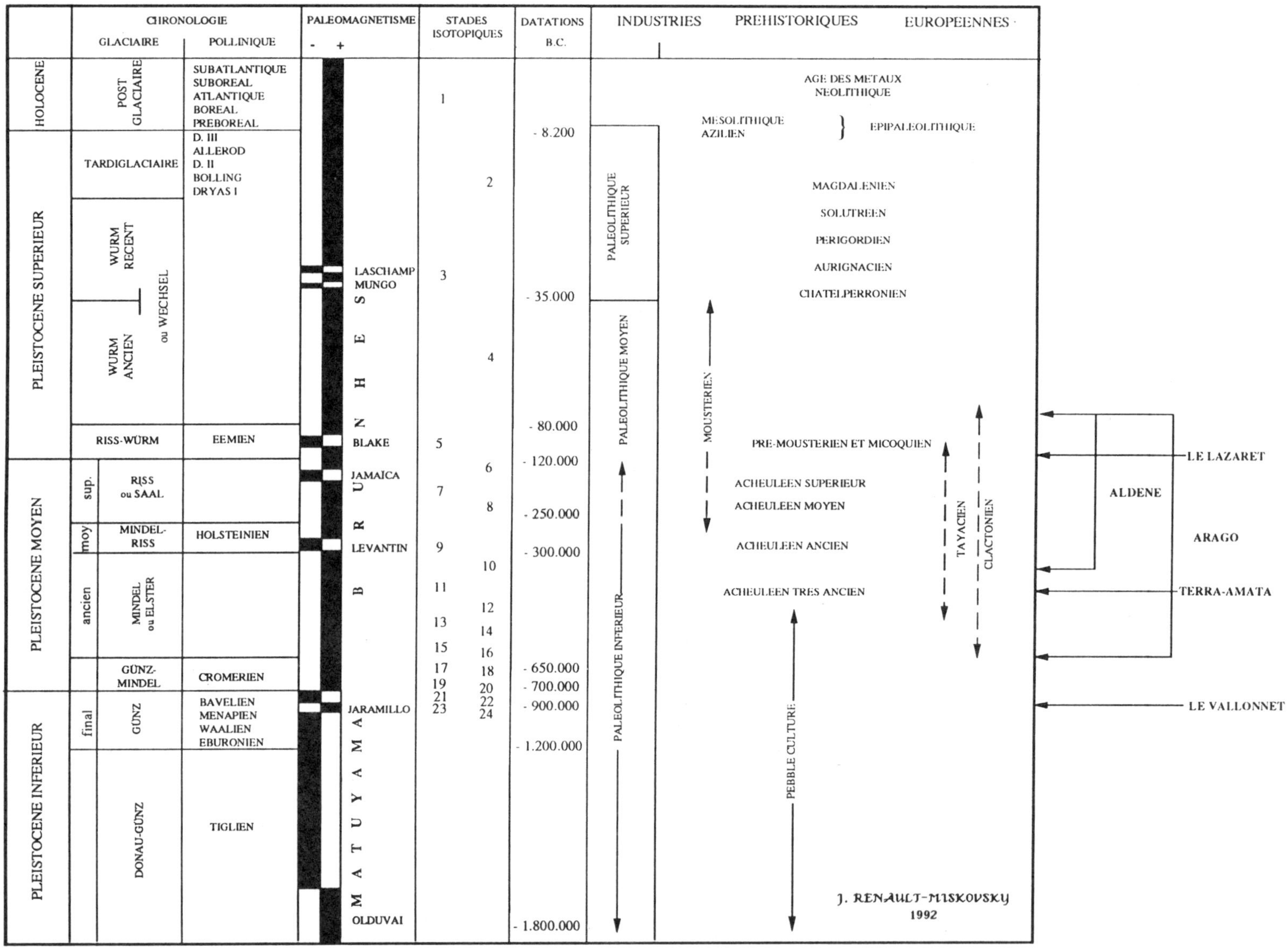

7
Conclusiones.

El conjunto de datos recogidos conduce a las siguientes observaciones:

— Los paisajes que se suceden en el sur de Francia, entre finales del Pleistoceno Inferior (Vallonnet) y el estadio 6 del Pleistoceno Medio (Lazaret), no están nunca totalmente deforestados; son escasas las extensiones estépicas, aunque se manifiestan en los estadios 14 y 12 de la Caune de l'Arago.

— La cubierta arbórea es normalmente termófila y los taxones mediterráneos ocupan un lugar importante. Los episodios climáticos más termófilos se sitúan en los siguientes conjuntos: final del estadio 12 y estadio 11 en la Caune de l'Arago (paso del complejo medio al complejo final) y en los suelos datados en alrededor de 400.000 años en Terra-Amata.

— La asociación roble-encina es característica de la vegetación que se instala a partir del estadio 13 en la Caune de l'Arago y durante todos los episodios más clementes.

— Tal asociación se vuelve a encontrar en los sedimentos del relleno kárstico de Atapuerca en España (García-Antón, 1989, García-Antón & Sáinz-Ollero, 1991).

— En Italia es la asociación *Quercus-Carpinus* quien se pone a menudo de manifiesto, es decir, una selección entre los árboles caducifolios seguramente debida al sustrato calcáreo (Cattani, García-Antón & Renault-Miskovsky, 1992).

— Aunque la asociación de taxones mediterráneos está siempre presente durante el Pleistoceno Inferior y Medio en el sur de Francia, al igual que en España e Italia, se constata en cambio, que los relictos terciarios no están más que levemente representados (salvo *Pterocarya* en Francia, *Pterocarya* y *Cedrus* en Italia). Esta escasez está seguramente ligada al sustrato, normalmente kárstico, si excluimos de esta observación, la representación regularmente esporádica de géneros particulares, tales como *Platanus, Juglans* y *Castanea* que han resistido el frío y han subsistido desde el inicio del Cuaternario en zonas de refugio naturalmente numerosas en la cuenca mediterránea.

Marzo, 1993.

7
Conclusions.

The data collected gives rise to the following observations:

— Successive landscapes in southern France between the end of the Lower Pleistocene (Vallonnet) and stage 6 of Middle Pleistocene (Lazaret) are never totally deforested; extensive steppe is rare, although some evidence is to be found in stages 14 and 12 of the Caune de L'Arago.

— The arboreal cover is normally thermophilous, and Mediterranean taxa make a significant contribution. The most temperate climatic episodes are to be found in the following complexes: the end of stage 12, and stage 11, in the Caune de L'Arago (marking the transition from the middle to the final complex); and in the floors dated around 400,000 years in Terra-Amata.

— The oak/holm oak association is characteristic of the vegetation that establishes itself from stage 13 onwards in the Caune de L'Arago and during all the most clement episodes.

— A similar association comes to light again in the karst filling sediments at Atapuerca in Spain (García-Antón, 1989, García-Antón & Sáinz-Ollero, 1991).

— In Italy, it is the *Quercus/Carpinus* association that is frequently apparent i.e. a selection of deciduous trees which is clearly related to the calcareous substrate (Cattani, García-Antón & Renault-Miskovsky, 1992).

— Although the association of Mediterranean taxa is always present during lower and Middle Pleistocene in southern France, as it is in Spain and Italy, on the other hand, it is clear that the tertiary relicts are no more than lightly represented (with the exception of *Pterocarya* in France, *Pterocarya* and *Cedrus* in Italy). The scarcity of such remains is undoubtedly related to the substrate, which is normally karstic, if we exclude from this observation the sporadic but regular representation of certain genera such as *Platanus, Juglans* and *Castanea* which have resisted the cold and subsisted from the beginning of the Quaternary period in such refuge areas as are frequently to be found in the Mediterranean basin.

BIBLIOGRAFÍA

BAÏSAS, P. (1975): *Les sédiments du Mindel-Riss, du Riss et du Würm final de la grotte d'Aldène (Cesseras, Hérault).* Thèse de 3ème cycle, Univ. Aix-Marseille II.

BARRAL, L. & SIMONE, S. (1972): Le Mindel-Riss et le Riss à la grotte d'Aldène (Cesseras, Hérault). *Bull. Mus. Anthr. prehist., Monaco* 18: 45-68.

BEAULIEU, J. L. de (1967): Aspects de la végétation d'un nouveau site préhistorique mindélien des Alpes-Maritimes, d'aprés l'analyse pollinique. *Comptes rendus de l'Academie des Sciences,* 264, sér. D: 2741-2743.

BEAULIEU, J. L. de (1969): Analyse pollinique des sédiments du sol de la cabane acheuléenne du Lazaret. *Mém. Soc. Préh. Fr., Paris,* 7: 125-126.

BONIFAY, M. F. (1989): Etude preliminaire de la grande faune d'Aldène (Hérault, France). Fouilles du Musée d'Anthropologie préhistorique de Monaco. *Bull. Mus. Anthropol. préhist. Monaco,* 32: 5-11.

CATTANI, L. & RENAULT-MISKOVSKY, J. (1989): La réponse des végétations aux variations climatiques quaternaires autour des sites archéologiques du Sud de la France et du Nord-Est de l'Italie. *Il Quaternario,* 2 (2): 147-170.

CATTANI, L., GARCÍA-ANTÓN, M. & RENAULT-MISKOVSKY, J. (1992): Lower and Middle Pleistocene circum-mediterranean. Result and attemps of archeo-palynological correlations. *8th International Palynological Congress-Archeological Palynology,* proceeding: in press.

CHALINE, J. (1974): Les rongeur de la grotte d'Aldène; une nouvelle séquence climatique du Pleistocène Moyen. *Bull. Mus. Anthropl. préhist. Monaco,* 19: 5-20.

CHALINE, J. (1981): Les Rongeurs de la Caune de l'Arago à Tautavel et leur place dans la biostratigraphie européenne. Colloque international du C. N. R. S., Tautavel. *Datations absolues et analyses isotopiques en Préhistoire. Méthodes et limites.* Prétirage, pp. 193-203.

CHALINE, J. (1988): Les rongeurs de la grotte du Vallonnet (Alpes-Maritimes). L'environnement et l'age du site. *L'Anthropologie,* 92 (2): 497-499.

CRÉGUT, E. (1979): *La faune de Mammifères du Pléistocène Moyen de la Caune de l'Arago à Tautavel, Pyrénées-Orientales.* Trav. Laboratoire de Paléontologie Humaine et de Préhistoire. Univ. Provence, Marseille, Mém. 3, t. 1: 381 p.

CRÉGUT, E. (1981): Données de la faune de grand mammifères pour la biostratigraphie et l'environnement du gisement Pléistocène Moyen de la Caune de l'Arago à Tautavel. Colloque international du C. N. R. S., Tautavel. *Datations absolues et analyses isotopiques en Préhistoire. Méthodes et limites.* Prétirage pp. 223-242.

CRÉGUT, E. & GUÉRIN, C. (1979): Première découverte en Europe sud-occidentale de *Praeovibos priscus* (Mammalia, Artiodactyla, Ovibovinae) dans le gisement Péistocène Moyen anté-rissien de la Caune de l'Arago (Tautavel, Pyrénées-Orientales, France). *Geobios,* 12 (3): 459-465.

FALGUÈRES, C. (1986): *Datations de sites acheuléens et mousteriens du midi méditerranéen par la méthode de Resonance de Spin electronique.* Thèse de Doctorat, M. N. H. N. Paris.

GARCÍA-ANTÓN, M. (1989): *Estudio palinológico de los yacimientos mesopleistocenos de Atapuerca (Burgos): reconstrucción paisajística y paleoclimática.* Tesis Doctoral, Univ. Autónoma de Madrid.

GARCÍA-ANTÓN, M. & SÁINZ OLLERO, H. (1991): Pollen records from the Middle Pleistocene Atapuerca site (Burgos, Spain). *Palaeogeography, Palaeoclimatol., Palaeoecol.,* 85: 199-206.

GAUTHIER, A. (1984): *Contribution à l'ètude palynologique du remplissage du Pléistocène Moyen de la Caune de l'Arago (Tautavel, Pyrénées-Orientales). Analyse pollinique de la carotte n.º 8. Paléoclimatologie de l'ensemble stratigraphique V.* Mém. D. E. A., M. N. H. N. et Univ. Paris VI, Paris.

GAUTHIER, A. (1992): *Paléoenvironnement du Pléistocène Moyen dans le Sud de la France. Apport et limites de l'analyse pollinique de trois sites préhistoriques: Caune de l'Arago, Orgnac 3, Grotte du Lazaret.* Thèse de Doctorat, M. N. H. N., Paris.

GUYOMARC'H, P. (1981): *Evolution de la végétation dans les ensembles rissien supérieur et post-rissien de la Grotte du Lazaret, Nice (Alpes Maritimens). Etude méthodologique.* Thèse de 3ème cycle, Univ, Provence, Aix-Marselle.

LEDRU, M. P. (1986): Palynologie de la grotte d'Aldène (Cesseras, Hérault). *Bull. Mus. Anthr. Preh. Monaco,* 29: 25-42.

LUMLEY, H. DE (1976): Les civilisations du Paléolithique inférieur en Provence. In: *La Préhistoire française.* Editions du C. N. R. S., I-2: 819-874.

LUMLEY, H. DE (1988a): La grotte du Vallonnet, Roquebrune-Cap-Martin, Alpes-Maritimes. Situation géographique, description, historique. *L'Anthropologie,* 92(2): 387-397.

LUMLEY, H. DE (1988b): La stratigraphie du remplissage. *L'Anthropologie,* 92 (2): 407-428.

LUMLEY, H. DE & PILLARD, B. (1969): L'habitat et les mêmes activités de l'Homme du Lazaret. In: Lumley, H. de (ed.), *Une cabane acheuléenne dans la grotte du Lazaret (Nice),* pp. 183-222. Mémoires de la Société Préhistorique française, tome 7.

LUMLEY, H. DE & TAVOSO, A. (1969): *La stratigraphie.* In: LUMLEY, H. DE (ed.), *Une cabane acheuléenne dans la grotte du Lazaret (Nice),* pp. 17-24. Mémoires de la Société Préhistorique française, tome 7.

LUMLEY, H. DE, LUMLEY, M. A. DE, MISKOVSKY, J. C. & RENAULT-MISKOVSKY, J. (1976): Le site de Terra-Amata. Impasse Terra-Amata, Nice, Alpes-Maritimes. *Livret-guide de l'excursion B1. Sites paléolithiques de la région de Nice et grottes de Grimaldi,* U. I. S. P. P., IX ème Congrès. p. 13-49.

LUMLEY, H. DE, CAMARA, A., GELEUNSE, V., KREZPKOWSKA, J., PARK, Y. C., SVOBODA, J. (1979): Les industries lithiques de l'Homme de Tautavel. *Dossiers del'Archéologie.* Paris, 36: 60-69.

LUMLEY, H. DE, FOURNIER A., PARK, Y. C., YOKOYAMA, Y. & DEMOUY, A. (1984): Stratigraphie du remplissage Pléstocène Moyen de la Caune de l'Arago à Tautavel. Etude de huit carottages effectués de 1981 à 1983. *L'Anthropologie,* 88 (1): 5-18.

LUMLEY, H. DE, KAHLKE, H. D., MOIGNE, A. M. & MOULLE, P. E. (1988): Les faunes de grands mammifères de la grotte du Vallonnet. Roquebrune-Cap-Martin, Alpes-Maritimes. *L'Anthropologie,* 92 (2): 465-496.

LUMLEY, M. A. DE (1981): L'Homme de Tautavel. Critères morphologiques et stade évolutif. Colloque International du C. N. R. S., Tautavel. *Datations absolues et analyses isotopiques. Méthodes et limites.* Prétirage, pp. 259-264.

LUMLEY, M. A. DE & PIVETEAU, J. (1969): L'Anthropologie. In: Lumley, H. de (ed.), *Une cabane acheuléenne dans la grotte du Lazaret (Nice),* pp. 223-232. Mémoires de la Société Préhistorique française, tome 7.

MOIGNE, A. M. (1983): *Taphonomie des faunes quaternaires de la Caune de l'Arago à Tautavel.* Thèse 3 ème cycle, Univ. Paris VI et M. N. H. N., Paris.

MOURER-CHAUVIRE, C. (1981): Les oiseaux du Pléistocène Moyen de la Caune de l'Arago à Tautavel. Colloque International du C. N. R. S., Tautavel. *Datations absolues et analyses isotopiques. Méthodes et limites.* Prétirage, pp. 205-212.

MOURER-CHAUVIRE, C. & RENAULT-MISKOVSKY, J. (1980): Le paléoenvironnement des chasseurs de Terra-Amata (Nice, Alpes Maritimens) du Pléistoène Moyen. La flore et la faune des grands mammifères. *Geobios,* 13 (3): 279-287.

NICOL-PICHARD, S. (1985): Analyse pollinique sur matériel carotté en site archéologique (Caune de l'Arago, Tautavel, Pyrénées-Orientales). *C. R. Acad. Sc. Paris,* 300, sér. II, n.º 20: 1039-1044.

PATOU, M. (1984): *Contribution à l'étude des mammifères des couches supérieures de la grotte du Lazaret (Nice, (A.-M.). Méthodes et résultats paléontologiques et paléoethnographiques.* Thèse de 3ème cycle. Univ. Paris VI et M. N. H. N., Paris.

RAHARDJO, A. T. (1984): *Contribution à l'étude palynologique du remplissage du Pléistocène Moyen de la Caune de l'Arago à Tautavel (Pyrénées orientales). Analyse pollinique de la carotte 3; paléoclimatologie de l'ensemble IV.* Thèse de 3 ème cycle, Univ. Paris VI et M. N. H. N., Paris.

RENAULT-MISKOVSKY, J. (1976): La vegetation au Pléistocène Moyen en Provence. In: Lumley, H. de (ed.), *La Préhistoire Française.* C. N. R. S.

RENAULT-MISKOVSKY, J. (1980): Le paéoenvironnement de l'Homme de Tautavel (Caune de l'Arago, à Tautavel, Pyrénées orientales): la faune et la flore en Roussillon au Pléistocène Moyen. *Comptes rendus de l'Academie des Sciences,* 290, sér. D: 747-750.

RENAULT-MISKOVSKY, J. (1981): Etude palynologique du remplissage de la Caune de l'Arago à Tautavel. Signification chronologique, paléoclimatique et paleoethnographique des flores. Colloque International du C. N. R. S., Tautavel. *Datations absolues et analyses isotopiques en Préhistoire. Méthodes et limites.* Pretirage: 253-258.

RENAULT-MISKOVSKY, J. & GIRARD, M. (1988): Palynologie du remplissage de la grotte de Vallonnet (Roquebrune-Cap-Martin. Alpes Maritimes). Nouvelles données chronologiques et paléoclimatiques. *L'Anthropologie,* 92 (2): 437-448.

RENAULT-MISKOVSKY, J. & MOIGNE, A. M. (1989): La réponse des faunes et des flores aux variations climatiques. In: Mohen, J. P. (ed.), *Le temps de la Préhistoire.* Ed. Archeologia, S. P. F., Paris, Vol. II, pp. 60-64.

VERNET, J. L. (1975): Les charbons de bois des niveaux mindéliens de Terra-Amata (Nice, Alpes Maritimes). *Comptes rendus de l'Académie des Sciences,* 280, sér. D: 1535-1537.

YOKOYAMA, Y., BIBRON, R. & FALGUÉRES, C. (1988): Datation absolue des planchers stalagmitiques de la grotte du Vallonnet à Roquebrune-Cap-Martin (Alpes-Maritimes), France, par la résonance de spin électronique (ERS). *L'Anthropologie,* 92 (2): 429-436.

Evolución humana en Europa y los yacimientos de la Sierra de Atapuerca, págs. 99-122

Aproximación a la estratigrafía de galería en la trinchera de la Sierra de Atapuerca (Burgos)

An approach to the galeria stratigraphy in the Sierra de Atapuerca trench (Burgos)

A. Pérez-González, T. Aleixandre*, A. Pinilla*, J. Gallardo**, J. Benayas*, M. J. Martínez*** y A. I. Ortega****.*

* *Centro de Ciencias Medioambientales. CSIC. Serrano 115 bis. 28006 Madrid. España.*

** *E.T.S. Ing. Agrónomos. U.P.M. 28040 Madrid. España.*

*** *Instituto Ciencias Materiales Sede D. CSIC. Serrano 113. 28006 Madrid. España.*

**** *Grupo Espeleológico Edelweiss. Diputación Provincial. 09071 Burgos. España.*

Resumen:

En la trinchera del ferrocarril desmantelado en el relieve conforme mesozoico de la Sierra de Atapuerca han quedado al descubierto fisuras y cavidades de origen freático-vadoso, rellenas principalmente por materiales alóctonos a los que se asocian restos de fauna e industria lítica. Una de estas cavidades cuya evolución está además controlada por los sistemas de fracturación y planos de estratificación es Galería. El relleno de Galería, de edad Pleistoceno Medio Superior, se ha originado en varias fases. La más antigua (G. I) corresponde a facies de interior de acreción laminar por transporte hídrico o de aguas estancadas. Las fases de relleno G. II a G. V son sedimentos clásticos con una gran influencia del exterior, generadas por flujos de gravedad y accionamiento hídrico. Estos últimos depósitos son secuencias alternantes de transporte de gravilla de carga de fondo y limo-arcilla de suspensión. G. VI es la formación edáfica relicta de la Sierra de Atapuerca. Mineralógicamente, los depósitos de Galería son muy uniformes, caracterizándose en las fracciones pesadas de arena y limo por los resistentes turmalina, circón y rutilo, y en los minerales ligeros por el cuarzo. Los minerales de la arcilla son también muy homogéneos, apareciendo en G. I el mineral fosfatado crandalita junto con la ilita, que es el mineral mayoritario en el resto de las fases de relleno. El clima templado-mediterráneo tiene que haber sido sin embargo lo suficientemente frío en invierno para producir el fraccionamiento de las rocas por helada.

Abstract:

Fissures and cavities of a phreatic-vadose origin, mainly filled with allochthonous materials to which remains of fauna and lithic industry are associated, have been uncovered in the Mesozoic mont relief in Sierra de Atapuerca in a dismantled railway trench. One of these cavities, whose evolution is, in addition, controlled by fracturing systems and bedding planes, is Galería. From the Middle Upper Pleistocene, the Galería fill originated in several phases. The oldest (G. I) relates to interior facies of a laminar accretion by water transportation or stagnant waters. The G. II to G. V fill phases are clastic sediments with a heavy influence from outside, generated by gravity flows and water action. These latter deposits are alternating sequences of fine bed load gravel transportation and silt-clay suspension. G. VI is the relict edaphic formation of Sierra de Atapuerca. Mineralogically, the Galería deposits are highly uniform and characterised by stable tourmaline, zircon and rutile in the heavy fractions of sand silt and, in the light minerals, by quartz. The clay minerals are also very homogeneous. The phosphated mineral, crandallite, together with illite, which is the majority mineral in the rest of the fill phases, appear in G. I. However, the temperate Mediterranean climate must have been sufficiently cold in winter to have produced rock frost fractioning.

Palabras clave:

Karst, Geomorfología, Sedimentología, Mineralogía, Pleistoceno Medio.

Key words:

Karst, Geomorphology, Sedimentology, Mineralogy, Middle-Pleistocene.

1

Introducción.

La Sierra de Atapuerca se sitúa a 15 km al este de la ciudad de Burgos (Fig. 1) y en su vertiente meridional, en la trinchera del ferrocarril abandonado, se observan fisuras y cavidades rellenas por sedimentos en los que se asocian restos de fauna e industria lítica, que han sido objeto algunas de ellas —Galería y Gran Dolina— de estudios estratigráficos previos por Gil *et al.* (1987).

En este artículo se presentan los primeros resultados de los trabajos de campo y laboratorio iniciados en julio de 1990. Estos estudios están dirigidos a completar el conocimiento de la evolución geodinámica y geomorfológica del entorno de la Sierra de Atapuerca y el análisis de los fenómenos endokársticos y exokársticos y sus rellenos, aspectos éstos que en su conjunto han sido tratados por Torres (1976) y Zazo *et al.* (1983).

1. *Localización de Galería en la Sierra de Atapuerca al NE de Ibeas de Juarros. Leyenda: (1): Curva de nivel. (2): Cota en metros. (3): Río permanente con dirección de flujo. (4): Arroyo. (5): Límites municipales. (6): Carreteras. (7): Núcleos urbanos. (8): Trinchera del ferrocarril. (9): Galería.*

1. *Location of Galería in Sierra de Atapuerca to the NE of Ibeas de Juarros. Legend. (1): Contour line. (2): Level in metres. (3): Perennial river with flow direction. (4): Stream. (5): Municipal limits. (6): Roads. (7): Villages. (8): Railway trench. (9): Galería.*

1

Introduction.

Sierra de Atapuerca is located 15 km to the east of the city of Burgos (Fig. 1) and, on its south side, sediment filled fissures and cavities where remains of fauna and lithic industry can be seen in the abandoned railway trench. Some of these —Galería and Gran Dolina— have been the subject of previous stratigraphic surveys by Gil *et al.* (1987).

The first results of field and laboratory work which commenced in July, 1990 are presented in this article. These surveys are intended to complete our knowledge of the geodynamic and geomorphological evolution of the Sierra de Atapuerca surroundings and to analyse the endokarstic and exokarstic phenomena and their fills. These are aspects which have already been dealt with in overall fashion by Torres (1976) and Zazo *et al.* (1983).

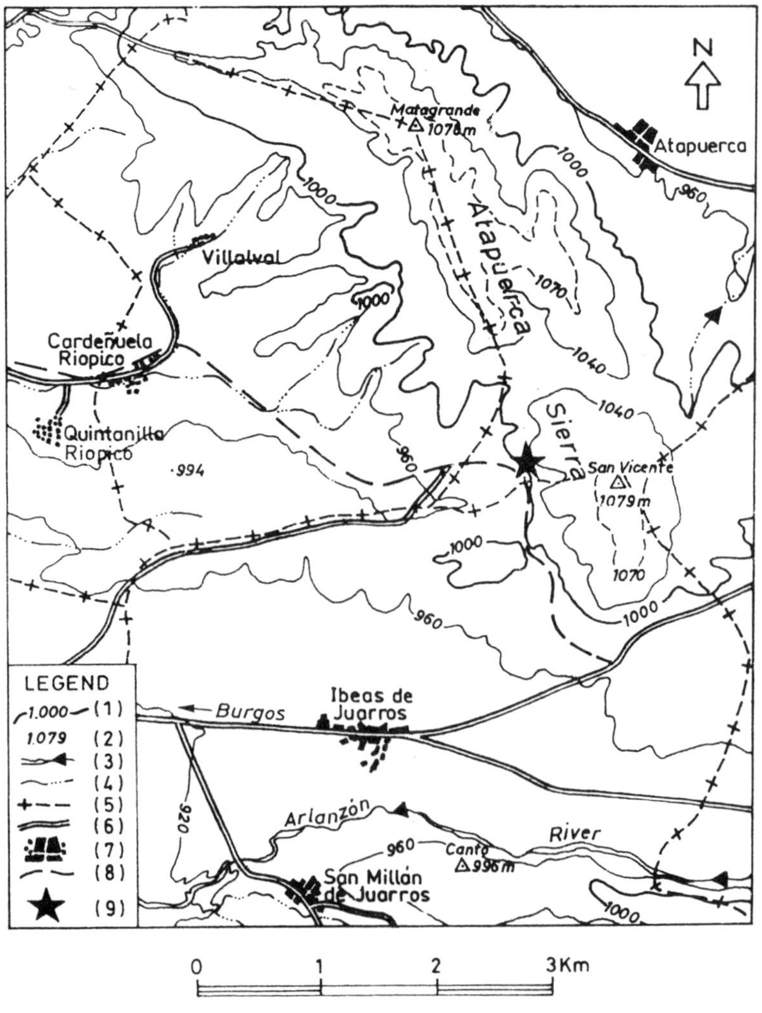

2 Geología y geomorfología.

La Sierra Mesozoica de Atapuerca se encuentra casi en el límite de las cuencas hidrográficas de los ríos Duero y Ebro, coincidiendo artificialmente este límite con las Depresiones geológicas terciarias del mismo nombre.

La Sierra de Atapuerca, por su situación geográfica, pertenece a la gran cuenca interior castellana del Duero (Fig. 2), en su borde nororiental que enlaza a través del Corredor de la Bureba con la Depresión externa de la Meseta del Ebro.

Los márgenes montañosos cabalgantes del surco Ebro-Rioja o de la Bureba (Fig. 2), están formados por pizarras, areniscas y conglomerados, principalmente paleozoicos de la Sierra de la Demanda, y los carbonatados y detríticos mesozoicos de la Cordillera Cantábrica e Ibérica.

Estructuralmente (Fig. 3) la Sierra de Atapuerca se corresponde a un anticlinal tumbado con convergencia NE y de dirección ibérica NNW-SSE (Olive, *et al.,* 1990). Esta estructura forma un relieve conforme *(Mont),* de calizas, dolomías y calcarenitas del Cretácico superior (Turoliense a Santoniense). El Karst de los yacimientos de Atapuerca se desarrolla a favor de las dolomías y calizas, a veces oolíticas, del Turoniense medio-Coniaciense, que representan un episodio regresivo marino de plataforma interna, con un espesor de unos 45 m (Olive *et al., o.c.,* Pineda & Arce, 1993). En discordancia angular y erosiva, afloran, en uno y otro flanco del anticlinal de Atapuerca, conglomerados calizos y arcillas rojas del Oligoceno.

El Terciario más reciente, de edad miocena, se encuentra en disposición horizontal o subhorizontal, aunque la inclinación puede ser de algunos grados cuando se apoya en el relieve residual de la Sierra de Atapuerca. Litológicamente, está compuesto, de abajo a arriba, por margas, arcillas y arenas yesíferas, a las que se superponen hasta 20 o más metros de calizas y margas, con grandes nodulizaciones de sílex. Según los autores antes citados, estos términos carbonatados estratigráficamente superiores pertenecerían, o al techo del Aragoniense, o al Vallesiense medio.

Desde un punto de vista del clima, los datos de las estaciones más próximas a la Sierra de Atapuerca (Burgos y Villafría) con altitudes alrededor de los 900 m, indican una precipitación media anual entre 500-550 mm, siendo la primavera (150-170 mm) y el otoño (140-150 mm) las estaciones más lluviosas, y el invierno (130-150 mm) y el verano (90-110 mm) las más secas.

La temperatura media anual es de 10,3° C en Burgos. Los meses de julio (18,5° C) y agosto (18,8° C) son los más calu-

2 Geology and Geomorphology.

The mesozoic Sierra de Atapuerca is almost on the boundary of the hydrographic catchment areas of the rivers Douro and Ebro. This limit artificially coincides with the geological tertiary Depressions with the same name.

Because of its geographical location, Sierra de Atapuerca belongs to the extensive inland castilian, catchment area of the Douro (Fig. 2) on its north-east border which links through the La Bureba corridor with the Ebro Meseta's external Depression.

The mountain sides, overthrusting from the Ebro-Rioja groove or from La Bureba (Fig. 2) are formed by mainly palaeozoic shales, sandstones and conglomerates of Sierra de la Demanda and the mesozoic carbonated and detrital materials of the Cantabrian and Iberian Cordilleras.

Structurally (Fig. 3), Sierra de Atapuerca is an overturned anticline with a NE vergency and Iberian NNW-SSE direction (Olive, *et al.,* 1990). This structure forms a *mont* relief of upper Cretaceous limestones, dolomites and calcarenites (Turolian to Santonian). The Atapuerca deposit's Karst developed in favour of dolomites and limestones, sometimes oolitic, of the middle Turonian-Coniacian which represent a regressive internal marine platform episode with a thickness of about 45 m (Olive *et al., o.c.,* Pineda & Arce, 1993). Oligocene limestone conglomerates and red clays outcrop on both sides of the Atapuerca anticline in unconformity and erosive discordance.

The most recent tertiary, of miocene age, is located in a horizontal or subhorizontal arrangement although the dip may be a few degrees when resting on the residual relief of Sierra de Atapuerca. Lithologically, it is made up, in ascending order, by marls, clays and gypsum sands over which are superimposed up to 20 or more metres of limestones and marls with large silex nodulizations. According to the aforementioned authors, these carbonated, stratigraphically upper layers would belong either to the Aragonian or to the middle Vallesian.

From a climate point of view, data from the weather stations nearest Sierra de Atapuerca (Burgos and Villafría), with heights around 900 m, indicate a mean annual precipitation between 500 and 550 mm. Spring (150-170 mm) and autumn (140-150 mm) are the rainiest seasons and winter (130-150 mm) and summer (90-110 mm) the driest.

The mean annual temperature is 10.3°C in Burgos. July (18.5°C) and August (18.8°C) are the hottest and January (2.5°C) and December (2.1°C) the coldest. There are 68 days

2. *Contexto geológico general de los yacimientos pleistocenos de la Sierra de Atapuerca (Burgos). Leyenda. (1): Paleozoico. (2): Mesozoico. (3): Cenozoico. (4): Cabalgamiento. (5): Yacimientos. (6): Núcleos urbanos.*

2. *General geological context of the Sierra de Atapuerca (Burgos) Pleistocene deposits. Legend. (1): Palaeozoic. (2): Mesozoic. (3): Cenozoic. (4): Overthrust. (5): Sites. (6): Villages.*

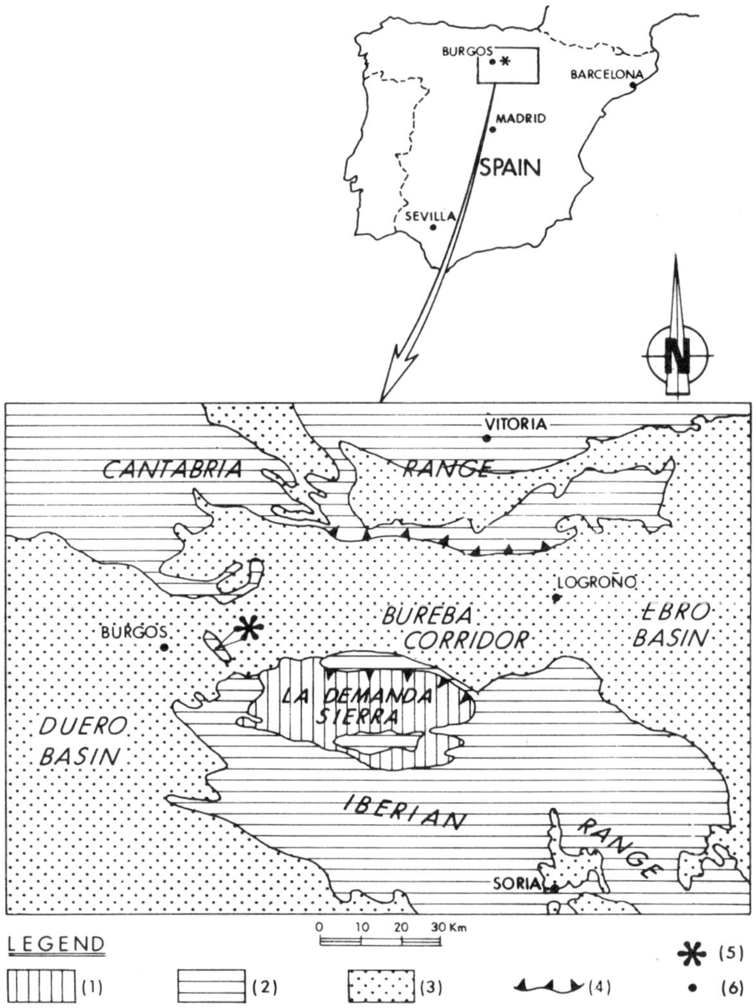

rosos y enero (2,5° C) y diciembre (2,1° C) los más fríos. Los días de helada son 68, en enero 18 días, estando libres de las mismas los meses de junio, julio, agosto y septiembre. La temperatura mínima absoluta es de −18° C y la máxima absoluta de 38° C.

Según la clasificación de Papadakis el clima es Mediterráneo templado (INIA, 1973).

El paisaje medianamente accidentado (Figs. 4 y 5) de mesas, de valles poco profundos y vertientes estructuradas en terrazas escalonadas de rebordes suavizados, está dominado por un relieve residual conforme *(Mont),* alargado en dirección NW-SE, cuya zona culminante arrasada en cotas de 1.080 m (San Vicente 1.079 m., Matagrande 1.078 m), determina una superficie de erosión denominada So por Zazo *et al.* (1983 y 1987).

with frost, 18 in January, and the months of June, July, August and September are free of it. The minimum absolute temperature is −18°C and absolute maximum 38°C.

According to the Papadakis classification, the climate is temperate mediterranean (INIA, 1973).

The medium rough landscape (Figs. 4 and 5) of mesas and shallow valleys and hillsides structured in smooth edged stepped terraces is dominated by a *mont* residual relief running in a NW-SE direction, whose culmination area has been removed at levels of 1.080 m (San Vicente, 1.079 m, Matagrande 1.078 m) determines an surface of erosion called *So* by Zazo *et al.* (1983 and 1987).

This erosion surface has its correlative formation in the Oligocene conglomerates which, in unconformity and erosive discordance, rest on the upper Cretaceous, carbonated-

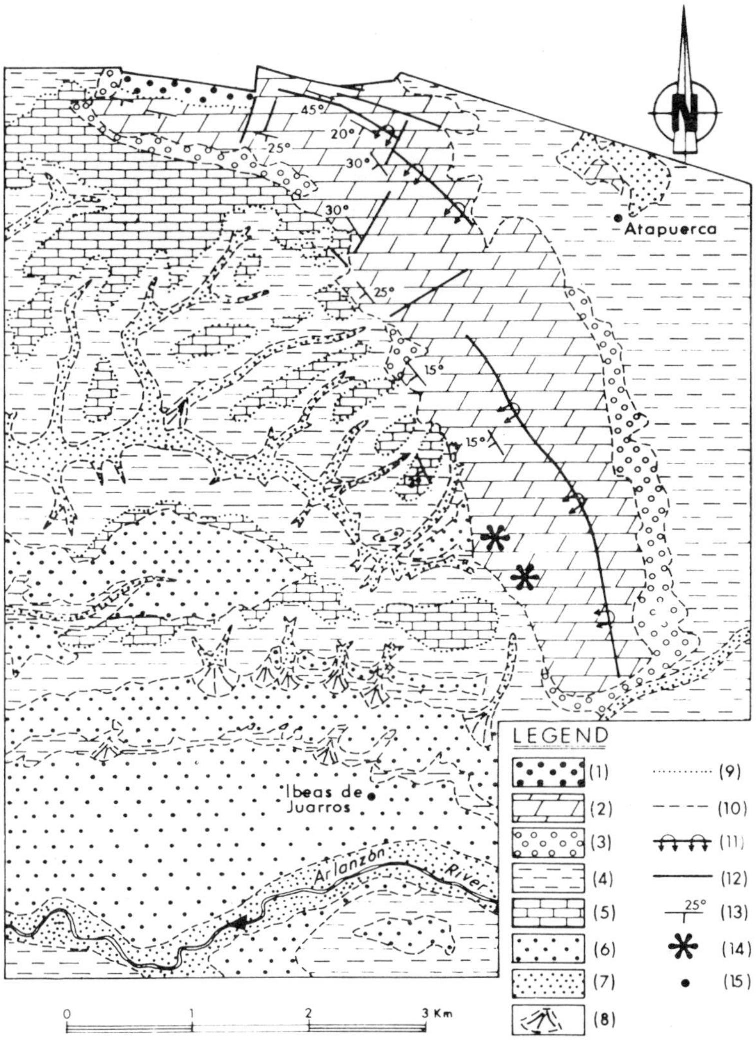

3. *Marco geológico de los yacimientos de la Sierra de Atapuerca (Simplificado de Olive* **et al.,** *1990; Pineda & Arce, 1993). Leyenda. (1): Arenas, gravas y arcillas-Cretácico inferior. (2): Dolomías, calizas y margas-Cretácico superior. (3): Conglomerados y arcillas-Terciario inferior. (4): Margas, yesos, arcillas, arenas y calizas-Mioceno medio. (5): Calizas, sílex-Mioceno, superior. (6): Gravas poligénicas y arenas-Terrazas pleistocenas. (7): Gravas, limos, arcillas y arenas-Llanuras aluviales holocenas. (8): Gravas, arenas...-Conos aluviales holocenos. (9): Contacto concordante. (10): Contacto discordante. (11): Anticlinal tumbado. (12): Falla. (13): Dirección y cantidad de buzamiento. (14): Yacimientos de Trinchera (Galería) y Cueva Mayor-Pleistoceno. (15): Núcleos urbanos.*

3. *Geological framework of the Sierra de Atapuerca deposits (Simplified of Olive* **et al.,** *1990; Pineda & Arce, 1993). Legend. (1): Sands, gravels and clays-lower Cretaceous. (2): Dolomites, limestones and marls-upper Cretaceous. (3): Conglomerates and clays-lower Tertiary. (4): Marls, gypsums, clays, sands and limestones-middle Miocene. (5): Limestones, sílex-upper Miocene. (6): Polygenic gravels and sands-Pleistocene terraces. (7): Gravels, silts, clays and sands-Alluvial holocene plains. (8): Gravels, sands, ...-Alluvial Holocene fans. (9): Concordant contact. (10): Discordant contact. (11): Overturned anticline. (12): Fault. (13): Direction and amount of dip. (14). Trench Sites (Galería) and Cueva Mayor-Pleistocene. (15): Villages.*

Esta superficie de erosión tiene su formación correlativa en los conglomerados oligocenos que, en discordancia angular y erosiva, se apoyan en los materiales carbonatados-detríticos del Cretácico superior. La Sierra de Atapuerca ya debía ser, en cierta medida, un relieve positivo en esa época, sucesivamente realzado por impulsos tectónicos durante el Mioceno y Plioceno.

El anticlinal mesozoico de Atapuerca, durante todo ese período, ha sido un relieve diferenciado emergido en la cuenca continental terciaria. Sin embargo, parece conveniente hacer investigaciones adicionales de relación entre este relieve estructural y las limolitas, arcillas y niveles de cantos silíceos de la facies pliocena de Pedraja (Olive *et al., o.c.),* que tienen su techo a 1.200 m de altitud a unos 15 km a oriente del flanco tumbado del anticlinal de Atapuerca.

detrital materials. To a certain extent, Sierra de Atapuerca must have already been a positive relief in that age, successively pushed up by tectonic thrusts during the Miocene and Pliocene.

During the whole of this period, the Atapuerca mesozoic anticline was a differentiated relief emerging in the continental tertiary basin. Nevertheless, it would seem advisable to carry out additional investigations for relating this structural relief and the siltstones, clays and siliceous pebble levels of the Pedraja pliocene facies (Olive *et al., o.c.)* which have their top at 1.200 m above sea level about 15 km to the east of Atapuerca's overturned anticline side.

Surfaces and flat structural plains (Figs. 4 and 5), both in lacustrine limestones of the middle and upper Miocene, are the oldest topographical forms constructed and preserved

4. *Relaciones litológico-estructurales y geomorfológicas de los yacimientos de Trinchera (Galería) y Cueva Mayor. Leyenda. (1): Dolomías, calizas y margas-Cretácico superior. (2): Margas, yesos, arcillas... Mioceno medio. (4): Conglomerados (?). (5): Gravas calizas-Glacis/Terraza pleistocena. (6): Superficie de erosión terciaria (So).*

4. *Lithological-structural and geomorphological relations of the Trench sites (Galería). Legend. (1): Dolomites, limestones and marls-upper Cretaceous. (2): Marls, gypsums, clays ... middle Miocene. (4): Conglomerates - (?). (5): Limestone gravels-glacis/pleistocene terrace. (6): Tertiary erosion surface (So).*

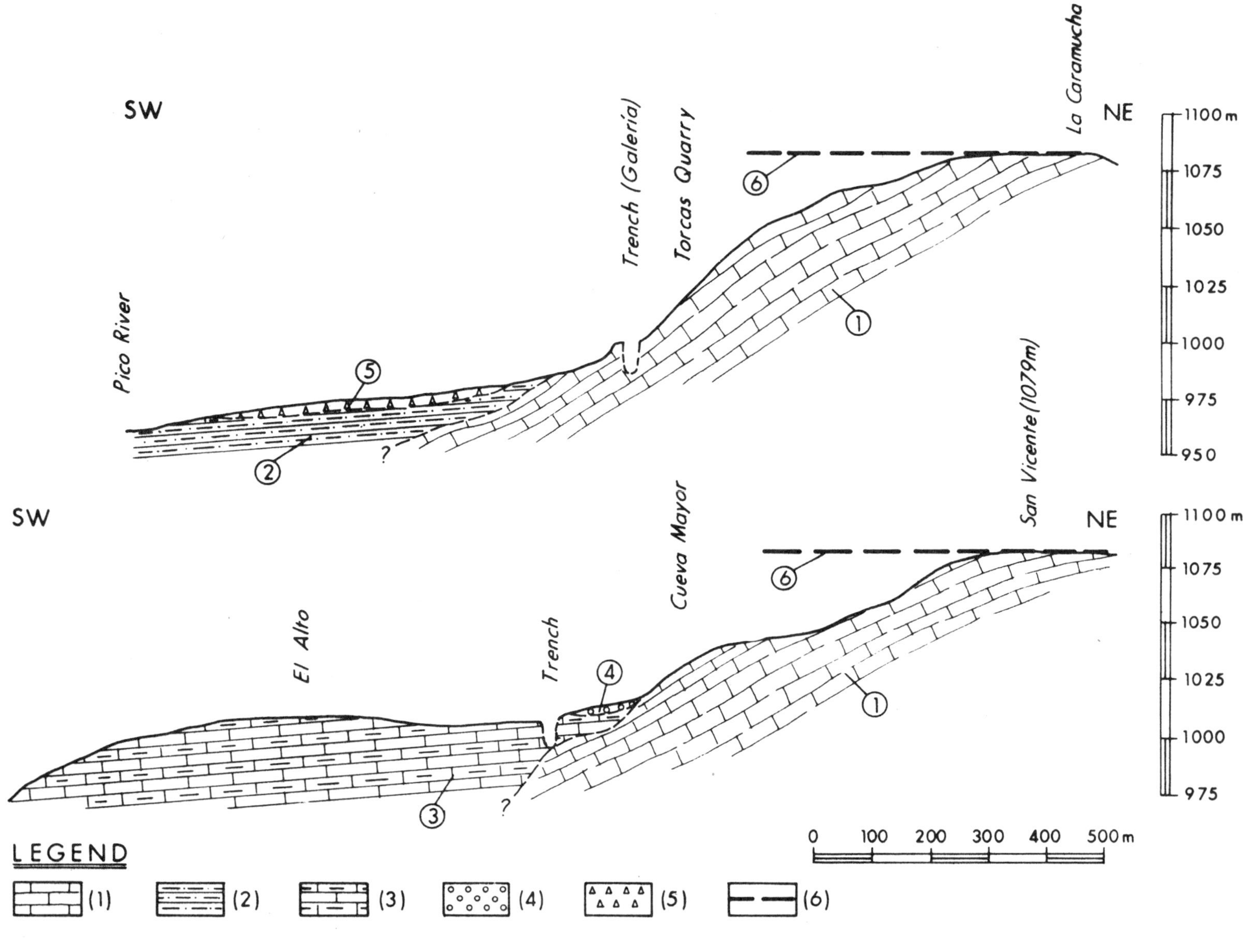

Superficies y replanos estructurales (Figs. 4 y 5), ambos en calizas lacustres del Mioceno medio o superior, son las formas topográficas más antiguas construidas y preservadas sobre los sedimentos de la cuenca terciaria. Estos elementos geomorfológicos se presentan inclinados algunos grados (< 3-4°), teniendo como eje divergente el relieve conforme de Atapuerca, lo que indica que este *mont* de dirección ibérica ha sufrido reajustes verticales positivos en épocas neotectónicas. Facies correlativas a este proceso de levantamiento reciente podrían ser las brechas y conglomerados calizos con bloques que, en discordancia, reposan perimarginalmente on the Tertiary basin's sediments. These geomorphological elements dip a few degrees (< 3-4°), having the Atapuerca *mont* relief as a divergent axis, which indicates that this Iberian direction *mont* has undergone positive vertical readjustments in neotectonic ages. Facies correlative to this recent upthrusting process could be the breccias and limestone conglomerates with blocks which, in discordance, perimarginally rest on the miocene carbonated layers (Fig. 4) or on the Sierra de Atapuerca's upper cretaceous dolomites and limestones.

Fluvial dissection is, however, the conspicuous pleistocene landscape of the Atapuerca surroundings. On its right

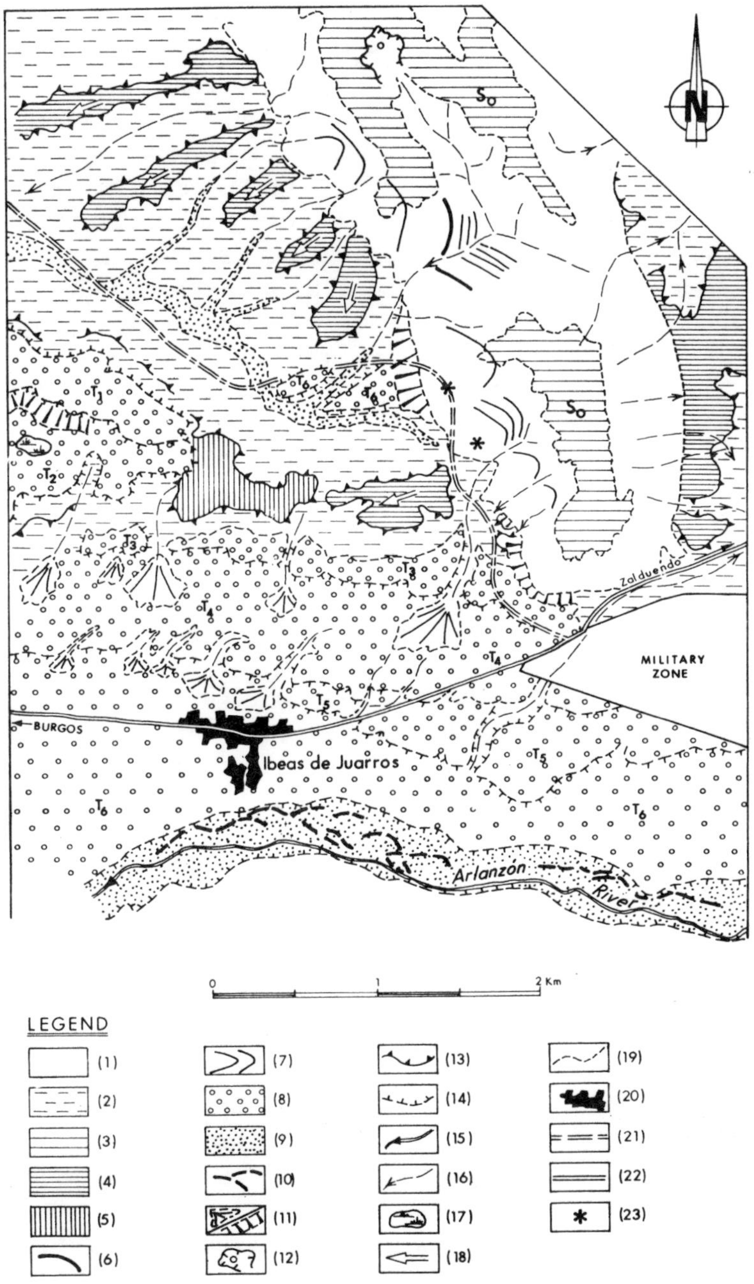

5. *Esquema geomorfológico del entorno próximo a los yacimientos pleistocenos de la Sierra de Atapuerca. Leyenda. (1): Relieve conforme* ***(Mont)*** *de la Sierra de Atapuerca. (2): Neógeno. (3): Superficie de erosión terciaria (So). (4): Superficie estructural en calizas lacustres miocenas. (5): Replano estructural en caliza lacustre miocena. (6): Resalte de capa inclinada. (7): Traza de capa. (8): Terrazas (T 1 a T 6). (9): Fondos de valle y llanura aluvial del río Arlanzón. (10): Cauces abandonados. (11): Conos aluviales y coluviones. (12): Dolina abierta. (13): Escarpe en capas calizas. (14): Escarpe de borde de terraza. (15): Cauce permanente (río Arlanzón) con dirección de flujo. (16): Cauces de funcionamiento estacional o esporádico. (17): Laguna temporal. (18): Basculamiento. (19): Contacto discordante. (20): Núcleo urbano. (21): Ferrocarril desmantelado. (22): Carretera. (23): Yacimientos pleistocenos de Trinchera (Galería) y Cueva Mayor.*

5. *Geomorphological sketch of the surroundings near to the Sierra de Atapuerca Pleistocene sites. Legend. (1): Sierra de Atapuerca* ***mont*** *relief. (2): Neogene. (3): Tertiary erosion surface (So). (4): Structural surface in lacustrian miocene limestone. (5): Flat structural plain in lacustrian miocene limestone. (6): Resistant ridges. (7): Bed trace. (8): Terraces (T 1 to T 6). (9): Valley bottom and the river Arlanzón flood plain. (10): Abandoned channels. (11): Alluvial fans and colluvials. (12): Open doline. (13): Escarpment in limestone beds. (14): Terrace edge escarpment. (15): Perennial channel (river Arlanzón) with flow direction. (16): Seasonal or sporadic channels. (17): Temporary lake. (18): Tilt. (19): Discordant contact. (20): Village. (21): Dismantled railway. (22): Road. (23): Trench (Galería) and Cueva Mayor Pleistocene sites.*

sobre los términos carbonatados miocenos (Fig. 4) o sobre las dolomías y calizas del Cretácico superior de la Sierra de Atapuerca.

La disección fluvial es, sin embargo, el modelado conspicuo pleistoceno del entorno de Atapuerca. El río Arlanzón en el perfil transversal de Ibeas de Juarros ha construido, en su margen derecha, un sistema escalonado de terrazas con cotas relativas sobre el cauce a: +0,50-1 m (Llanura aluvial

bank, the river Arlanzón has constructed a stepped terrace system in the Ibeas de Juarros cross profile with relative levels over the river bed at: +0,50-1 m (present day floodplain), +3 m (T 6, Ibeas de Juarros terrace), +10 m (T 5), +20 m (T 4), +35 m (T 3), +60 m (T 2, La Laguna) and +85 m (T 1, Escampa Colina). This first terrace, the highest preserved in this Ibeas de Juarros profile, is located at 994 m absolute level, inserted in lacustrian limestones 1.007 m actual), +3 m (T 6, Terraza de Ibeas de Juarros), +10 m (T 5), +20 m (T 4), +35 m (T 3), +60 m (T 2, La Laguna) y + 85 m (T 1, Escampa Colina). Esta primera terraza que es la más alta preservada en este perfil de Ibeas de Juarros, se encuentra a 994 m de cota absoluta, encajada en las calizas lacustres a 1.007 m de El Alto (Fig. 4). El nivel de terraza T 2 (La Laguna), se apoya sobre los términos inferiores de estas calizas del Mioceno superior que se presentan muy karstificadas y cuyos huecos de disolución están rellenos por terra-rossa (2,5 YR). Los procesos de disolución selectivos de la caliza han aislado grandes núcleos de sílex, con ejes mayores de hasta 0,60 m o más metros, bien visibles, entre otros puntos, en Las Escabadas, lugar en el camino entre Ibeas de Juarros y La Laguna. Estos bloques de sílex pueden rodar por las laderas de las mesas hasta alcanzar los replanos suavemente inclinados de las terrazas adosadas a ellas; en otras ocasiones podrían haberse incorporado a las cargas de fondo transportadas en el pasado por el río Arlanzón.

Los depósitos fluviales del río Arlanzón están formados por texturas de clastos soportados *(clast-supported)*, compuestos principalmente por cuarcitas y pizarras, en tamaños mayoritarios comprendidos entre 4 y 6/7 cm. Las pizarras son porcentualmente más abundantes en tamaños inferiores a los 2-3 cm de eje mayor. En las barras del cauce actual pueden contabilizarse clastos calizos terciarios que, sin embargo, parecen ausentes en las terrazas superiores.

Las facies reconocidas representan barras y rellenos de canal, siendo los espesores vistos no superiores a los 3-4 m. El río Arlanzón es, en la actualidad, un río de baja sinuosidad de carácter entrelazado.

El Karst de la Sierra de Atapuerca tiene un origen freático (p.e. Cueva Mayor), es un Karst cubierto (Torres, 1976, *o.c.)*, cuya fase principal de desarrollo coincide para Zazo *et al.* (1983 & 1987, *o.o.c.c.)* con la sedimentación de las calizas de techo del Aragoniense o del Vallesiense medio. Para estos autores Cueva Mayor y las cavidades de Trinchera serían formas seniles, al menos desde la terraza de +60 m del río Arlanzón (T 2, en este trabajo). Es, entonces, durante el Cuaternario, cuando se originan fases vadosas y reactivaciones parciales del Karst en relación con cambios climáticos y descensos del nivel de base del río Arlanzón. Galería responde a este esquema freático-vadoso y su evolución hasta alcanzar la forma actual ha estado controlada por los planos de estratificación y por los sistemas de fracturas de direcciones más o menos normales a la dirección de las capas cretácicas calizas.

from El Alto (Fig. 4). The T 2 terrace level (La Laguna) rests on the lower layers of these upper miocene limestones which appear highly karstified and whose dissolution hollows are filled by terra-rossa (2.5 YR). Selective limestone dissolution processes have isolated large nucleii of silex with longest axes of up to 0.60 m or more, highly visible, amongst other places, at Las Escabadas, a place on the path between Ibeas de Juarros and La Laguna. These blocks of silex may roll down the mesas's sides until they reach the gently sloping flats of the terraces attached to them; on other occasions, they might have been embodied into the bed loads transported in the past by the river Arlanzón.

The river Arlanzón's fluvial deposits are formed by clast-supported textures mainly made up of quartzites and shales in sizes mostly between 4 and 6/7 cm. The shales are percentage-wise more abundant in sizes less than 2-3 cm longest axis. Tertiary limestone clasts can be accounted for in the current river bed bars but, however, they would seem to be absent in the upper terraces. The facies recognised represented bars and channel fills with thicknesses seen of not more than 3-4 m. At the present time, the Arlanzón is a braided low sinuosity river.

The Sierra de Atapuerca Karst has a phreatic origin (e.g., Cueva Mayor). It is a covered Karst (Torres, 1976, *o.c.)*, whose main development phase coincides, for Zazo *et al.* (1983 & 1987, *o.o.c.c.)*, with the sedimentation of the top limestones of the Aragonian or middle Vallesian. For these authors, Cueva Mayor and the Trench cavities would be senile forms, at least from the +60 m river Arlanzón terrace (T 2 in this paper). It was, then, during the Quaternary when the vadose phases and partial reactivations of the Karst in relation to climate changes and drops in the river Arlanzón's base level originated. Galería responds to this phreatic-vadose scheme and its evolution until reaching the current form was controlled by bedding planes and by fracture systems with directions more or less perpendicular to the direction of the cretaceous limestone beds.

3
Estratigrafía.

Se han diferenciado en Galería cinco fases clásticas de relleno (G. I a G. V) y una formación edáfica relicta que se ha denominado G. VI. Las litologías y facies principales y las relaciones entre las unidades y capas diferenciadas están dibujadas en la Figura 6, y su descripción es la que sigue:

G. I.–Esta unidad corresponde a la sección más inferior no excavada de Galería, por lo que su estratigrafía todavía no está bien establecida. Sin embargo, su techo está nítidamente señalado por un horizonte muy continuo gris muy negro (10 YR 3/1) de excrementos de murciélagos, que puede alcanzar hasta 27 cm de espesor en el lado sur de Galería.

Los sedimentos detríticos principales de este relleno I, están formados por facies rítmicamente laminadas de arena limo-arcillosa, limo, arcilla o arcilla limosa (Fig. 7). La frac-

3
Stratigraphy.

Five clastic fill phases (G. I to G. V) and an edaphic relict formation which has been named G. VI have been distinguished in Galería. The lithologies and main facies and relations between the units and layers differentiated are drawn in Figure 6, and their description is as follows:

G. I.–This unit pertains to the lowest unexcavated section of Galería and, therefore, its stratigraphy has still not been established. Nevertheless, its top is clearly indicated by a very continuous grey very black horizon (10 YR 3/1) of bat excrement which can reach 27 cm thick on the south side of Galería.

The main detrital sediments of this fill I are formed by rhythmically laminated facies of sand-clayey, silt, clay or silty clay (Fig. 7). The sandy fraction is always a majority in very fi-

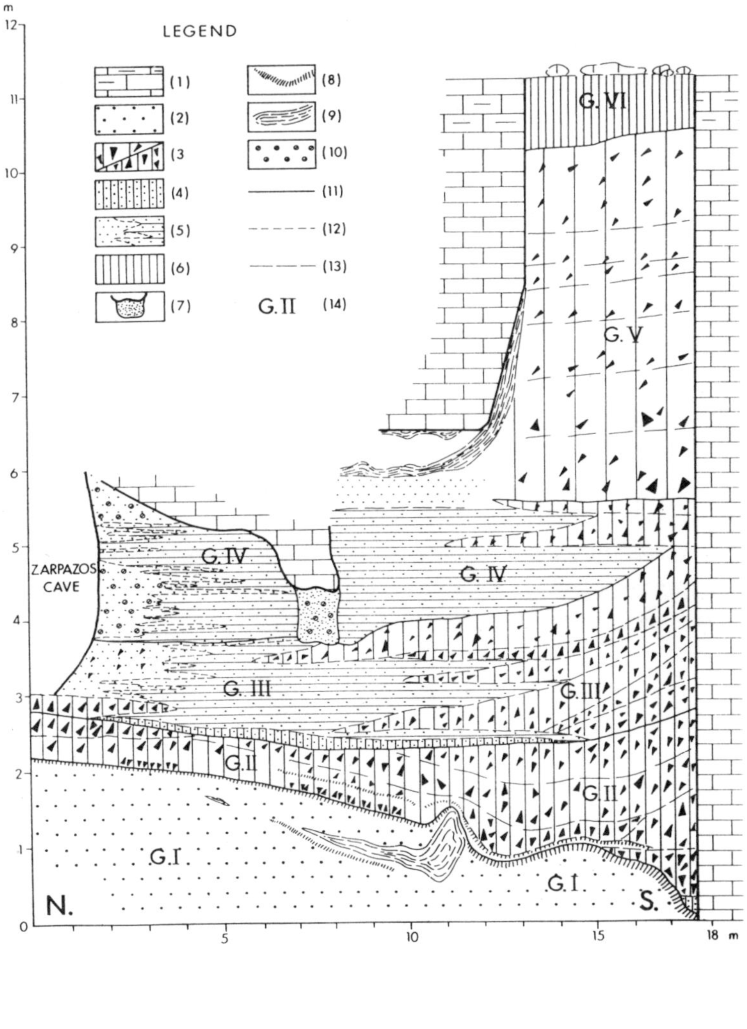

6. *Unidades de relleno de Galería y litologías características. Leyenda. (1): Dolomías, calizas y margas del Cretácico superior (paredes de Galería). (2): Arcillas, limos y arenas muy finas laminadas o masivas. (3): Gravas y bloques calizos angulosos-subangulosos, limo-arcillas y gravillas (depósitos de gravedad). (4): Limo-arcillas con clastos calizos. (5): Alternancia de limo-arcillas y gravilla caliza. Limo-arcillas y arenolimo-arcillas de acreción laminar. (6): Formación edáfica. (7): Surco relleno. (8): Depósitos coprogénicos. (9): Espeleotemas. (10): Nódulos de arcilla cementados. Discontinuidades estratigráficas. (11): Discordancia angular. (12): Contacto entre capas. (13): Estratificación supuesta. (14): Fases de relleno de Galería. Hay abundancia de fauna e industria en G. II y G. III. En G. I, hay microfauna pero no macro. Fauna e industria son escasas en G. IV y G. V.*

6. *Galería fill units and characteristic lithologies. Legend. (1): Dolomites, limestones and marls of the upper Cretaceous (Galería walls). (2): Clays. silts and very fine laminated or massive sands. (3): Gravels and angular-subangular limestone blocks, silt-clays and very fine gravels (gravity deposits). (4): Silt-clays with limestone clasts. (5): Alternancy of silt-clays and very fine limestone gravel. Silt-clays and sandy silt-clays of laminar accretion. (6): Edaphic formation. (7): Filled scour. (8): Coprogenic deposits. (9): Speleothems. (10): Cemented clay nodules. **Stratigraphic discontinuities.** (11): Unconformity. (12): Contact between layers. (13): Superimposed bedding. (14): Galería fill phases. There is an abundance of fauna and industry in G. II and G. III. In G. I there is microfauna but no macro. Fauna and industry are scarce in G. IV and G. V.*

7. Clasificación textural en el diagrama de Shepard (1954) de los sedimentos detríticos de Galería. Leyenda. G. I: muestras 0, 1, 2, 3, 4, 5, 7, 8, 9 y 10 son depósitos de acreción laminar; 6, sedimentos coprogénicos, G. II: muestras 12, 14, 15, 16 y 17, matriz depósitos de gravedad; 11, arcilla-limosa masiva basal del lado sur; 13, arcilla-limosa laminar a muro en la zona central de G. II, G. III: 18, limo-arcilla de base de G.III; 19, 20 y 21, matriz depósitos de gravedad; 22, 23, 24 y 25 depósitos de acreción por actividad hídrica. G. IV: muestras 27 a 32, depósitos de acreción por transporte hídrico. G. V: 33 y 34, matriz depósitos de gravedad. La muestra 35 corresponde a la estructura de erosión y relleno de G. IV.

7. Texture classification in Shepard's diagram (1954) of the Galería detrital sediments. Legend. G. I: samples 0, 1, 2, 3, 4, 5, 7, 8, 9, and 10 are laminar accretion deposits; 6, coprogenic sediments. G. II: samples 12, 14, 15, 16 and 17, gravity deposit matrix; 11, massive basal silty-clay from the south side; 13, laminar silty-clay below the centra area of G. II. G. III: 18, base silt-clay; 19, 20 and 21, gravity deposit matrix; 22, 23, 24 and 25, water activity accretion deposits. G. IV: samples 27 to 32, water transportation accretion deposits. G. V: 33 and 34, gravity deposit matrix. Sample 35 pertains to the erosion and fill structure of G. IV.

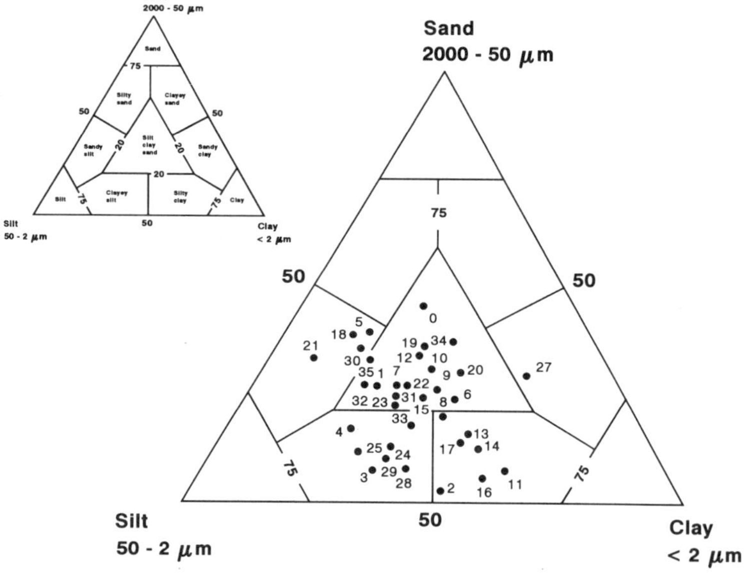

ción arenosa siempre es mayoritaria en la arena muy fina (125-50 µm) y nunca es mayor del 45 por 100 del total de la muestra (Fig. 8). El espesor de la laminación tiene un rango entre 1 y 10 mm, y el color depende de las débiles variaciones del contenido de arcilla y de arena de las laminaciones, que pueden no ser mayores del 6 por 100. Las láminas más ricas en arcilla son de colores pardo fuerte o pardo (7,5 YR 5/8 ó 5/4) y las más claras o arenosas de colores amarillento rojizas o amarillento parduzco (7,5 YR 8/6 ó 10 YR 6/8).

Otras facies clásticas interestratificadas son las masivas o aparentemente masivas, bioturbadas y con contenidos arenosos, a veces superiores a la media de las facies rítmicamente laminadas de esta unidad. Otra característica es que incorporan cantos de arcilla *(mud balls)*.

La mineralogía de arenas (500-50 µm), es muy uniforme en ambas facies (Fig. 9). En los minerales transparentes la asociación es turmalina (45 por 100) - circón (33 por 100), acompañada por el también resistente rutilo (16 por 100); hay un cortejo de otros minerales como el granate, anatasa, broquita, estaurolita, silimanita y epidota-zoisita que porcentualmente no sobrepasan ninguno de ellos el 3 por 100. En los minerales ligeros, el cuarzo es dominante, con una media del 92 por 100; el resto de los minerales presentes son los feldespatos (6 por 100) y micas (2 por 100).

Se ha estudiado además la mineralogía en las clases de limo de 50-20 µm, 20-8 µm y 8-2 µm (Fig. 10). En lo referente

ne sand (125-50 µm) and is never greater than 45% of the total sample (Fig. 8). The thickness of the lamination ranges between 1 and 10 mm and the colour depends on the weak variations in the lamination's clay and sand content which may possibly not be higher than 6%. The laminates richest in clay are dark brown in colour (7.5 YR 5/8 or 5/4) and the lightest or sandiest are reddish yellow or brownish yellow (7.5 YR 8/6 or 10 YR 6/8).

Other interstratified clastic facies are the massive or apparently massive, biodisturbed and with sandy contents, at times higher than the average of the rhythmically laminated facies of this unit. Another feature is that they embody mud balls.

The sand mineralogy (500-50 µm) is highly uniform in both facies (Fig. 9). In transparent minerals, the association is tourmaline (45%) - zircon (33%), accompanied by the also stable rutile (16%); there is a suite of other minerals like garnet, anatase, brookite, staurolite, sillimanite and epidote-zoisite. None of them exceeds 3%. In the light minerals, quartz is predominant with an average of 92%; the remainder of the minerals present are feldspars (6%) and micas (2%).

In addition, the mineralogy in 50-20 µm, 20-8 µm, and 8-2 µm, types of silt were also studies (Fig. 10). As far as heavy minerals in the 50-20 µm, and 20-8 µm, fractions are concerned, associations are, respectively: tourmaline (35%) - rutile - (30%) - zircon (26%) and rutile (43%) - anatase (29%)

8. *Composición granulométrica de los depósitos de Galería (Misma leyenda que la Fig. 7).*

8. *Granulometric composition of the Galería deposits (same legend as Fig. 7).*

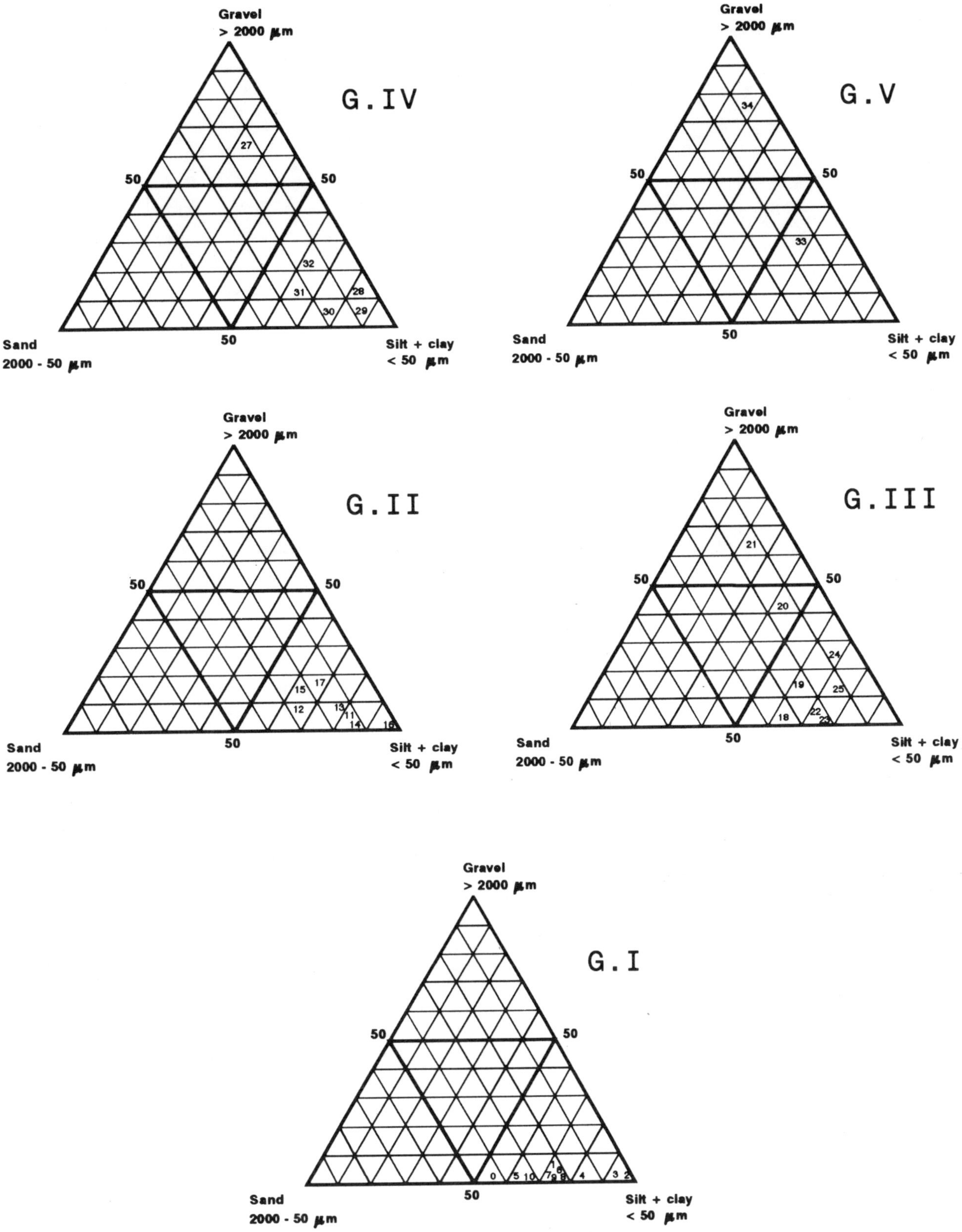

9. Composición mineralógica pesada y ligera de las fases de relleno de Galería en la fracción de arena de 500 a 50 μm.

9. Heavy and light mineralogy composition of the Galería fill phases in the 500 to 50 μm fraction. 11 *number of analyses made. (45%), percentage average. [28%-59%], range in percentages.*

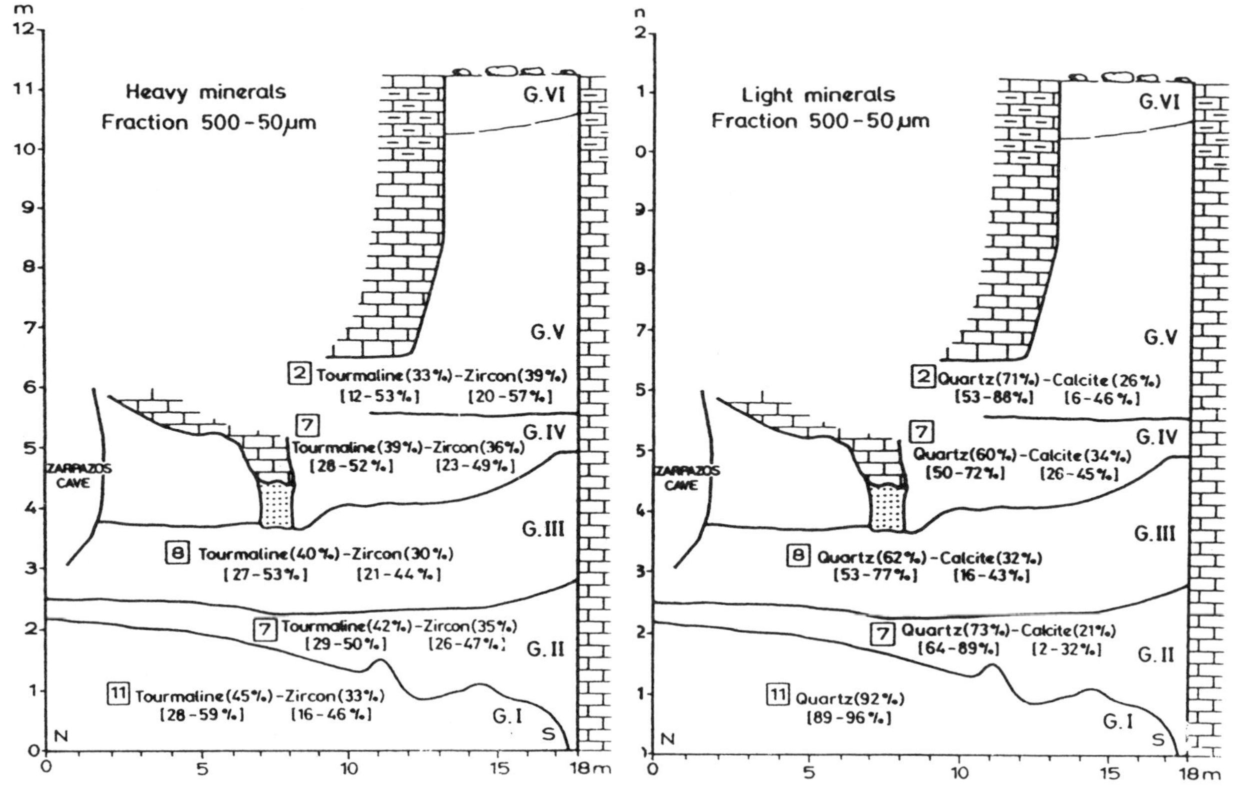

a minerales pesados en las fracciones de 50-20 μm y 20-8 μm, las asociaciones son respectivamente: turmalina (35 por 100) - rutilo (30 por 100) - circón (26 por 100) y rutilo (43 por 100) anatasa (29 por 100) y como secundarios en esta última asociación aparecen la turmalina (18 por 100) y el circón (10 por 100). En los ligeros, el cuarzo sigue siendo mayoritario en 50-20 μm, con un 83 por 100 y en las fracciones 20-8 μm y 8-2 μm, la asociación es de cuarzo-micas, siendo las micas con un 54 por 100 el mineral principal en 8-2 μm Los feldespatos están siempre representados con porcentajes medios de: 6 por 100 (50-20 μm), 5 por 100 (20-8 μm) y 7 por 100 (8-2 μm).

En la mineralogía de arcillas (< 2 μm), la composición es mayoritariamente ilítica y determinados niveles laminados de acreción arcillosa contienen porcentajes del 11 al 16 por 100 de esmectita.

La caolinita es escasa entre el 4 y el 10 por 100, pero hay un mineral característico de esta fase I de relleno basal que es la crandalita (3-30 por 100) que es un hidróxido aluminoso fosfatado que tiene su origen en una reacción entre el aluminio que deriva de las arcillas y soluciones fosfatadas (Goldberg & Nathau, 1975; Bögli, 1980) que, en este caso, provie-

and, as secondaries in the latter association there appear tourmaline (18%) and zircon (10%). In light minerals, quartz is still a majority in 50-20 μm, with 83%, and in the 20-8 μm, and 8-2 μm, fractions, the association is quartz-mica, with mica being the main mineral with 54% in 8-2 μm. Feldespars are always represented with average percentages of 6% (50-20 μm), 5% (20-8 μm) and 7% (8-2 μm).

The composition in clay mineralogy (< 2 μm) is mostly illitic and certain laminated levels of clay accretion contain percentages from 11 to 16% of smectite.

Kaolinite is scarce, between 4 and 10%, but there is a characteristic mineral in this phase I of basal fill which is crandallite (3-30%). This is a phosphated aluminous hydroxide originating in a reaction between aluminium deriving from clays and phosphated solutions (Goldberg & Nathau, 1975; Bögli, 1980) which, in this case, comes from the horizons of bat excrement appearing interstratified between the laminar and massive facies and, in particular, above this unit I, as has been said earlier.

These bat excrement facies contain high percentages of clay (> 40%) and, in a thin laminate, red amorphous iron oxide impregnations whilst dark organic pigments staining the

10. *Minerales ligeros de las fracciones de limo y número de fragmentos de hueso en los rellenos de Galería.*

10. *Light minerals of the silt fractions and number of bone fragments in the Galería fills. Numbers in a square, in curved and square brackets, have the same meaning as in Fig. 9.*

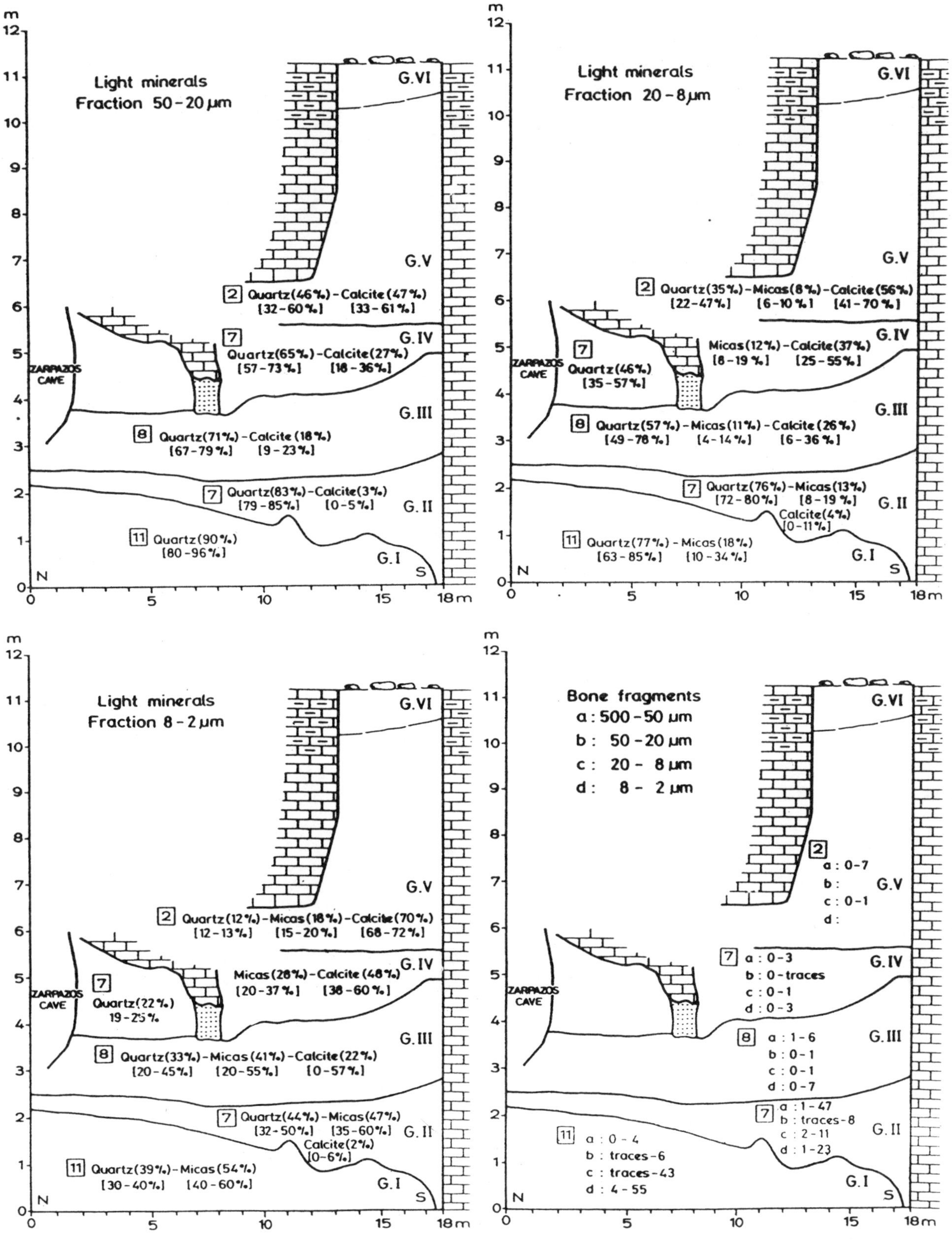

nen de los horizontes de heces de murciélago que aparecen interestratificadas entre las facies laminares y masivas, y en particular, a techo, como se ha dicho de esta unidad I.

Estas facies de excrementos de murciélago, contienen altos porcentajes de arcilla (> 40 por 100) y, en lámina delgada, se observan impregnaciones rojas de óxidos de hierro amorfo y pigmentos orgánicos oscuros que tiñen el material mineral formado por arenas muy finas y limo grueso (50-20 μm), principalmente, y fragmentos de huesos. Los horizontes de guano interestratificados son delgados y discontinuos, con espesores no superiores a los 3-4 cm.

Por último, hay que señalar los sedimentos de precipitación caliza, entre los que destacan dos espeleotemas, uno basal de 20 cm de potencia (TNI, nivel 1 de Gil *et al.,* 1987) que se apoya en la dolomía mesozoica, y otro interestratificado entre las facies de acreción laminar. Estos espeleotemas son cristalinos, aunque hay otros muy irregulares y mucho más delgados y masivos.

Las relaciones entre las distintas capas/estratos que conforman la fase de relleno I es complicada. Existen fases de erosión y de deformación/colapso que determinan disconformidades y discordancias, a veces con fuertes valores angulares.

Los sedimentos continuos coprogénicos de techo, indican un lapso de tiempo de mínima sedimentación, al que sigue un estado general de deformación/hundimiento hacia el sur que se verá acentuado una vez que se deposite la fase de relleno II.

G. II.—Esta fase de colmatación engloba los términos estratigráficos TG 6-8, TG 9 y TG 10 junto con sus correlativos hacia el sur de Galería TN 2, TN 3, TN 4-TN 6 y TN 7, de la nomenclatura de Gil *et al.* (1987, *o.c.).*

La fase II, significa el inicio en Galería de una nueva etapa de sedimentación hasta su relleno definitivo de las fases V-VI. La sedimentación de la fase II, está constituida, de una manera genérica, por depósitos clásticos de gravedad con entradas principalmente sur y, en mucha menor medida, norte que tienden hacia las partes centrales de Galería a facies más finas que soportan algún clasto.

En el sector sur de Galería se identifican al menos tres depósitos de gravedad, pudiendo diferenciarse en el superior, por sus características faciales, hasta tres subunidades.

Son depósitos de clastos soportados calizos de gravas finas a gruesas, rara vez bloques que presentan, sobre todo, los términos inferiores muy escasa matriz arcillo-limosa (Figs. 7 y 8). Hacia techo los clastos están soportados por una matriz

mineral material formed mainly by very fine sands and coarse silt (50-20 μm) and also bone fragments are observed. The interstratified guano horizons are thin and discontinuous with thicknesses not exceeding 3-4 cm.

Finally, limestone precipitation sediments must be mentioned, amongst which two speleothems, one 20 cm thick basal (TNI, level 1 of Gil *et al.* 1987) which rests on the mesozoic dolomite, and the other interstratified between the laminar accretion facies stand out. These speleothems are crystalline, although there are other, very irregular and much thinner and massive ones.

Relations between the different strata conforming fill phase I are complicated. There are erosion and deformation/collapse phases determining unconformabilities sometimes with high angular values

The continuous, top coprogenic sediments indicate a lapse of minimum sedimentation time which is followed by a general state of deformation/sinking southwards which would be accentuated once fill phase II is deposited.

G. II.—This filling up phase embraces the stratigraphic terms TG 6-8, TG 9 and TG 10, together with their correlatives southwards of Galería, TN 2, TN 3, TN 4-TN 6 and TN 7 of the nomenclature of Gil *et al.* (1987, *o.c.).*

Phase II means the commencement of a further sedimentation stage in Galería up till its final fill of phases V-VI. The phase II sedimentation is made up generically by clastic gravity deposits with mainly south entrances and, to a much lesser extent, north which, towards the central parts of Galería, tend towards finer facies supporting some clast.

In the south Galería sector, at least three gravity deposits are identified, and up to three sub-units can be distinguished in the upper one by its facies characteristics.

These are clast supported limestone deposits of fine to coarse gravel, infrequently blocks displaying a very scarce silty clay matrix, particularly the lower layers (Figs. 7 and 8). Towards the top, the clasts are supported by a very fine gravel matrix or supported by muds or by muds with very fine gravel. In these stratigraphic top and particulary lateral positions, there is a better differentiation of layers. The clasts are angular or subangular and when found below the intercalated guano level (Fig. 6), are rounded or subrounded by alteration of organic, acid, percolation water.

Towards Galería's centre sector, the level of guano loses thicknesses until it disappears and it is in these areas of interaction with the gravity deposits coming from the north where fine speleothemic, crystalline horizons can be de gravilla o soportados por fangos o por fangos con gravilla. En estas posiciones estratigráficas de techo, y sobre todo, lateralmente hay una mejor diferenciación de capas. Los clastos son angulosos o subangulosos y cuando se encuentran a muro del nivel de guano intercalado (Fig. 6), son redondeados o subredondeados por alteración de aguas de percolación orgánicas ácidas.

Hacia el sector central de Galería, el nivel de guano pierde espesor hasta desaparecer y es en esas zonas de interacción con los depósitos de gravedad que provienen del norte donde se pueden encontrar finos horizontes espeleotémicos cristalinos, intercalados en fangos (muds) enriquecidos en arcilla (< 45 por 100. Fig. 7).

La cementación calcítica es muy irregular, dando origen a auténticas brechas en las zonas basales de la unidad. El color general de la unidad II es rojizo (5 YR 5/8), medido tanto en las matrices fangosas como en los fangos ricos en arcilla.

En cuanto a la mineralogía de arenas y limos, los resultados obtenidos demuestran una gran similitud de facies mineralógicas de los minerales transparentes pesados en relación con la fase de relleno I; diferencias más significativas se establecen con los minerales ligeros y de la arcilla.

En la fracción de arena 500-50 μm (Fig. 9), la asociación sigue siendo turmalina (42 por 100) - circón (35 por 100) y el rutilo (12 por 100) como mineral acompañante. Otros minerales presentes son también el granate, la anatasa, broquita, la estaurolita (2 al 5 por 100), epidota y presencia de clorita. En los minerales ligeros la asociación es ya en cambio de cuarzo (73 por 100) - calcita (21 por 100), alcanzando los feldespatos un 5 por 100 y las micas 1 por 100.

En las clases de limo 50-20 μm y 20-8 μm a pesar de que en algunas muestras tan sólo hay indicios de minerales pesados, la asociación es, en la primera de las fracciones, de rutilo-turmalina junto con los secundarios circón y anatasa; en la segunda de las fracciones domina la anatasa y el rutilo, sobre el circón y la turmalina. En los ligeros (Fig. 10), en 50-20 μm la asociación es cuarzo (83 por 100) - calcita (3 por 100) y en 20-8 μm y 8-2 μm, la asociación está compuesta en ambas fracciones por cuarzo y micas, con débiles porcentajes de calcita.

La composición mineralógica de las arcillas es ilítica con porcentajes de caolinita alrededor del 10 por 100, estando ausentes la esmectita y el mineral fosfatado de alteración crandalita.

G. III.—Esta fase de relleno de Galería se dispone en suave discordancia angular sobre la unidad II. Estratigráfica-

found interstratified with clay rich muds (> 45%) (Fig. 7).

Calcite cementation is very irregular giving rise to authentic breccias in the unit's basal zones. The general colour of Unit II is reddish (5 YR 5/8) measured both in muddy matrixes and in clay rich muds.

With respect to sand and silt mineralogy, the results obtained show a great similarity of the heavy, transparent minerals in mineralogic facies in relation to fill phase I; more significant differences are established with light minerals and clay.

In the 500-50 μm sand fraction (Fig. 9), the association is still tourmaline (42%) - zircon (35%) and rutile (12%) as accompanying mineral. Other minerals also present are garnet, anatase, brookite, staurolite (2 to 5%) epidote and a presence of chlorite. On the other hand, in light minerals, the association is quartz (73%) - calcite (21%), with feldspars reaching 5% and micas 1%.

In the 50-20 μm and 20-8 μm silt types, despite there being in some samples only signs of heavy minerals, the association is, in the first of the fractions, rutile-tourmaline together with the secondary zircon and anatase; in the second of the fractions, anatase and rutile predominate over zircon and tourmaline. In the light minerals (Fig. 10), in 50-20 μm, the association is quartz (83%) - calcite (3%) and in 20-8 μm and 8-2 μm the association is made up of quartz and micas, with weak percentages of calcite, in both fractions.

The clay mineralogic composition is illitic with percentages of kaolinite around 10%. Smectite and the phosphated crandallite alteration mineral are absent.

G. III.—This Galería fill phase is arranged in gentle unconformity over unit II. Stratigraphically, it pertains to the terms TG 10A, TG 11 and its lateral TN 8 of Gil *et al., o.c.*

Sedimentation in this fill phase III is only clastic, the same as the subsequent phases IV and V. Gravity sediments, together with those generated by water transport, are characteristics of phase III.

Up to 6 gravity deposits can be distinguished on the south side of Galería, some heavily dipping northwards, with values reaching 28-30° in the north-south direction which is the direction of the section discovered in the excavation. Facies-wise, these deposits are similar to those of phase II, onto which they are superimposed and their origin is south or north but, as happens in the underlying fill phase, the these facies mostly enter from the south. Descriptively, different types of deposit can be found; thus, the lowest of them all is a massive 5YR 5/8 coloured silty clay supporting very fine gravel (< 1 cm longest axis), angular limestone with mente se corresponde con los términos TG 10A, TG 11 y su lateral TN 8 de Gil *et al., o.c.*

La sedimentación es en esta fase de relleno III únicamente clástica, al igual que las fases subsiguientes IV y V. Los sedimentos de gravedad, junto con los generados por transporte hídrico, son los característicos de la fase III.

Se pueden diferenciar en el lado sur de Galería hasta 6 depósitos de gravedad, algunos de ellos fuertemente inclinados al norte, con valores que llegan a alcanzar los 28-30° en dirección norte-sur, que es la dirección del frente descubierto en la excavación. Facialmente, estos depósitos son semejantes a los de la Fase II a los que se superponen y su procedencia también es sur o norte pero, al igual que ocurre en la fase de relleno subyacente, la entrada de estas facies es mayoritaria del sur. Descriptivamente, pueden encontrarse diferentes tipos de depósitos; así el más inferior de todos ellos es una arcilla limosa masiva de color 5 YR 5/8 que soporta gravilla (< 1 cm, de eje mayor), caliza angulosa con gravas calizas angulosas o subangulosas, ordenadas relativamente en horizontes inclinados al norte. Variaciones textuales son, por ejemplo: a) depósitos de clastos angulosos frescos soportados con muy escasa materia arcillosa y de gravilla (< 10 por 100) o b) gravilla (habitualmente en tamaños inferiores a los 2 cm de eje mayor), en distinta proporción, que soporta clastos calizos en tamaños que se agrupan entre 6 y 12 cm de eje mayor, siendo también la proporción de la matriz arcillo-limo-arenosa (Figs. 7 y 8) variable, pero nunca mayor del 20-25 por 100.

Todos estos depósitos tienen, en común, la desorientación de sus elementos clásticos y una dispersión acusada de tamaños en la fracción de grava por encima de 4 cm. Los tamaños máximos medidos en el eje mayor no sobrepasan los 30-35 cm.

Lateralmente, hacia el norte, los depósitos de gravedad se digitan con facies bien organizadas por flujos de agua. Estas facies ocupan las áreas centrales de Galería (Fig. 6) y forman una sucesión de materiales con dos litologías básicas: la inferior, compuesta por una gravilla de grano soportado calizo, prácticamente sin matriz arcillosa, muy uniforme en su tamaño, entre 1 y 3 cm de eje mayor las más gruesas, angulosas-subangulosas, donde pueden identificarse estructuras internas de estratificación oblicua o cruzada planar de bajo ángulo, cuando estos términos litológicos clásticos se presentan con un cierto grosor no son mayores en esta fase III de unos 15 cm; el término superior es limo-arcilloso (Figs. 7 y 8), masivo aunque a veces se observan finas laminaciones, de mm, y estructuras de ripples. Su color es amarillento

angular and subangular limestone gravels in relative order in horizons sloping northwards. Textural variations are, for example: a) deposits of fresh angular clasts supported with very scarce clayey and very fine gravel material (< 10%) or b) very fine gravel (usually in sizes less than 2 cm longest axis), in a different proportion, which supports limestone clasts in sizes ranging between 6 and 12 cm longest axis; the proportion of the clay-silt-sandy matrix (Figs. 7 and 8) also varies but never greater than 20-25%.

All these deposits have disorientation of their clastic elements and a marked dispersion of sizes in the gravel fraction over 4 cm in common. The maximum longest axis sizes measured do not exceed 30-35 cm.

Laterally northwards, the gravity deposits finger in with facies well organized by water flows. These facies occupy central areas of Galería (Fig. 6) and form a succession of materials with two basic lithologies: the lower, made up of a gravelly limestone, with practically no clayey matrix, very uniform in its size, with the coarsest angular-subangular 1 and 3 cm longest axis, where an internal structure of planar cross bedding can be identified. When these lithological clastic layers appear with a certain thicknness they are not greater in this phase III than about 15 cm; the upper term is massive clayey-silt (Figs. 7 and 8), though sometimes fine laminations of mm and ripple structures can be seen. They are reddish yellow in colour (5 YR 6/8-7/8) and may reach 10 cm thick.

This alternating sequence of two basic lithologies changes towards the small Los Zarpazos cave (north of Galería) to fine clayey-silt or sand clayey-silt layers through wedging of very fine gravel clastic lithologies. In these areas, however, these fine gravels can still be recognised together with clasts of limestone breccia with bones from a northern origin floating in the fine lithologies.

An apparently massive, 5 YR 6/8 coloured silt-clay-very fine sandy layer is found in the base of these alternating layers like a first phase III deposit. It embraces pebbles and large bone fragments and, with a maximum thickness of about 35 cm, thins out both north and southwards until disappearing. This stratum rests in discordance on the fill phase II and its top is eroded (cut and fill) by the upper alternating sequence (Fig. 6).

As occurs in II, the calcite cementation is irregularly distributed and is concentrated on the south side of Galería giving a breccia nature to the gravity deposits affected, and in the central sector under the erosive episode intercalated in the lower half of fill phase IV.

rojizo (5 YR 6/8-7/8) y sus espesores pueden llegar a los 10 cm.

Esta secuencia alternante de dos litologías básicas cambia hacia la covacha de los Zarpazos (norte de Galería), a términos finos limo-arcillosos o areno limo-arcillosos por acuñamiento de las litologías clásticas de gravilla. En estas zonas, sin embargo, se siguen reconociendo estos términos gruesos y clastos de brecha caliza con huesos de procedencia norte que flotan en las litologías finas.

En la base de esta alternancia de términos, y como un primer depósito de la fase III, se encuentra una capa limo-arcillo-arenoso muy fina, aparentemente masiva, de color 5 YR 6/8 que engloba cantos y grandes fragmentos de hueso que, con un espesor máximo de unos 35 cm, se adelgaza tanto en sentido norte como sur hasta desaparecer. Este estrato se apoya en discordancia sobre la fase de relleno II y su techo está erosionado (cut and fill) por la secuencia alternante superior (Fig. 6).

La cementación calcítica, al igual que ocurre en II, se distribuye irregularmente, concentrándose en el lado sur de Galería, confiriendo un carácter bréchico a los depósitos de gravedad afectados y en el sector central debajo del episodio erosivo intercalado en la mitad inferior de la fase de relleno IV.

Considerando ahora las facies mineralógicas presentes (Fig. 9) no hay variaciones sustanciales respecto a I y II. En los minerales transparentes (fracción 500-50 μm) la composición es de turmalina (40 por 100) - circón (30 por 100), alcanzando el rutilo el 16 por 100 de media en las ocho muestras estudiadas. En el cortejo de minerales acompañantes aparecen como nuevos, la distena, la clorita con mayor presencia y el cloritoide. La estaurolita llega al 4 por 100. En los ligeros cuarzo (62 por 100) y calcita (32 por 100) son mayoritarios; los feldespatos alcanzan el 4 por 100 y las micas el 1 por 100.

En las clases 50-20 μm y 20-8 μm, las asociaciones no se diferencian tampoco de lo encontrado en II. En la primera es turmalina-rutilo y, como secundarios, circón y anatasa; en el tamaño medio de limo rutilo-anatasa-turmalina son más abundantes, quedando relegado el circón a un papel secundario. En los ligeros (Fig. 10) las asociaciones son de cuarzo-micas-calcita, siendo la calcita porcentualmente mucho más abundante que en II.

En los minerales de la arcilla la ilita sigue siendo dominante con porcentajes entre el 70 y el 90 por 100, acompañada secundariamente por la caolinita (9 al 13 por 100). La calcita aparece en alguna muestra.

Considering now the mineralogical facies present (Figure 9), there are no substantial variations compared to I and II. In the transparent minerals (500-50 μm fraction), the composition is tourmaline (40%) - zircon (30%) with rutile reaching a 16% average in the eight samples studied. Kyanite, chlorite with a greater presence and chloritoid appear as new in the accompanying minerals suite. Staurolite reaches 4%. In light minerals, quartz (62%) and calcite (32%) are a majority; feldspars reach 4% and micas 1%.

Associations in the 50-20 μm and 20-8 μm classes are not different to that found in II either. It is tourmaline-rutile in the former, with zircon and anatase as secondaries; rutile-anatase-tourmaline are the most abundant in the medium size of silt, whilst zircon is relegated to a secondary role. In light minerals (Fig. 10), associations are quartz-micas-calcite with calcite being percentage-wise much more abundant than in II.

In clay minerals, illite is still predominant with percentages between 70 and 90%, accompanied secondarily by kaolinite (9 to 13%). Calcite appears in the odd sample.

G. IV.—This new clastic filling phase which, facies-wise, is very similar to G. III is arranged in erosive discordance. Equivalent layers in the nomenclature of Gil *et al., o.c.,* are TG 12 and base of TN 9.

Two clastic flows with calcite cement can be distinguished in the south wall of Galería. They are formed by fine gravels which support angular limestone clasts with longest axes between 5 and 35 cm. The clayey-silty matrix is not greater than 10%.

These two gravity deposits interfinger northwards with well organised very fine subangular gravels with no matrix or a very scarce clayey one which, laterally to the north, alternate with silt-clays or clayey-silt sands (Figs. 7 and 8) with a massive appearance. The internal structures of the fine subangular gravel layers are cross planar stratification and cut and fill structures are recognised above the beds. The differences between these organised facies and the similar ones of G. III is that the G. IV ones, at least in the south half of Galería, do not display alternating fine-coarse sequences and the latter facies are somewhat greater in average size than those of G. III.

A massive sandy silt filled quadrangular cross sectioned erosion structure (Figs. 7 and 8) in which nodules of cemented clay float is recognised in the centre part of Galería and, stratigraphically, in the lower half of G. IV (Fig. 6).

As in G. III, fine gravel layers tend to wedge towards the

G. IV.–En discordancia erosiva se dispone esta nueva fase clásica de colmatación que facialmente es muy parecida a G. III. Capas equivalentes en la nomenclatura de Gil *et al., o.c.,* son TG 12 y base de TN 9.

En la pared sur de Galería se diferencian dos coladas clásticas con cemento calcítico, formadas por gravas finas que soportan clastos angulosos calizos con ejes mayores comprendidos entre 5 y 35 cm. La matriz arcillosa-limosa no es mayor del 10 por 100.

Estos dos depósitos de gravedad se digitan hacia el norte con términos bien organizados de gravilla subangulosa y grava fina, también subangulosa, sin matriz o muy escasa arcillosa que, lateralmente al norte, alternan con limo-arcillas o arenas limo-arcillosas (Figs. 7 y 8) de apariencia masiva. Las estructuras internas de los términos de gravilla y grava fina son de estratificación cruzada planar y se reconocen a techo de las capas, estructuras de corte y relleno (cut and fill). Las diferencias de estas facies organizadas con sus semejantes de G. III, es que las G.IV, al menos en la mitad sur de Galería, no presentan secuencias alternantes fino-grueso y estas últimas facies son de tamaño medio algo mayor que las de G. III.

En la parte central de Galería, y estratigráficamente en la mitad inferior de G. IV (Fig. 6), se reconoce una estructura de erosión de sección cuadrangular rellena por un limo arenoso (Figs. 7 y 8) masivo, en el que flotan nódulos de arcilla cementada.

Hacia la covacha de los Zarpazos, al igual que en G.III tienden a acuñarse los términos detríticos gruesos aumentando la proporción de materiales finos limo o areno limo-arcillosos, organizados en láminas de 2 a 6 cm de espesor con hiladas de gravilla fina y nodulizaciones de arcilla parda cementada. En el tercio superior de esta fase de relleno hay una carbonatación masiva que afecta a los sedimentos y que está en relación con la presencia de un espeleotema cristalino que indica el final de la sedimentación de G. IV, datado en: 118 ka + 71 ka – 49 ka (U/Th, por Grün & Aguirre, 1987); 177,3 ka ± 23 ka (ESR, Grün & Aguirre, *o.c.;* 211 ka + 32 ka (ESR, Falgueres, 1986).

En la fracción arenosa (500-50 μm) la mineralogía de los pesados (Fig. 9) sigue siendo idéntica a las de las otras fases de relleno: turmalina (39 por 100) - circón (36 por 100) como mayoritarios, seguidos del rutilo (13,5 por 100); del cortejo de minerales indicados para G. III, casi desaparecen la distena y la clorita. En los ligeros cuarzo (60 por 100) y calcita (34 por 100) son los principales y, como siempre, con escasos porcentajes de feldespatos y micas. En las clases de limos 50-20 μm y 20-8 μm las asociaciones son, respectivamente, small Los Zarpazos cave, increasing the proportion of fine sandy-silt-clayey materials organized in 2 to 6 cm thick laminates with rows of very fine gravel and cemented brown clay nodulizations. In the upper third of this fill phase, there is a massive carbonation affecting the sediments which is in relation to the presence of a crystalline speleothem indicating the end of the G. IV sedimentation, dated at: 118 ka. +71 ka - 49 ka (U/Th, by Grün & Aguirre, 1987); 177.3 ka ± 23 ka (ESR., Grün & Aguirre, *o.c.);* 211 ka + 32 ka (ESR., Falgueres, 1986).

In the sandy fraction (500-50 μm), the mineralogy of the heavy ones (Fig. 9) is still identical to those of the other fill phases: tourmaline (39%) - zircon (36%) as majorities followed by rutile (13.5%); kyanite and chlorite almost disappear from the suite of minerals indicated for G. III. In the light minerals, quartz (60%) and calcite (34%) are the main ones and, as always, with low percentages of feldspars and micas. In the 50-20 μm and 20-8 μm silt classes, the associations are, respectively, tourmaline-rutile followed by zircon-anatase and rutile-tourmaline-anatase.

By comparison with the other fill phases, the percentage increase of carbonates in all fractions is worthy of note in the light minerals (Fig. 10); micas and feldspars keep to their usual percentages.

Of clay minerals, illite between 60 and 95% is the main one with kaolinite between 3 and 11%. The clear percentage presence of calcite, particularly above G. IV and in the fine facies near to the small Los Zarpazos cave is noticeable.

G. V.–This pertains to the fill phase of Galería's vertical chimney and, at the same time, represents the filling up of the cavity. This final fill/filling up phase is the TN 9 of Gil *et al., o.c.* It is filled by no less than 6 or 7 mass clastic movements of supported subangular gravels, separated by texturally finer sandy silt or sandy silt-clayey horizons (Figs. 7 and 8), which support very fine gravel clasts.

The thickest gravity deposits are located below and above, each of them over 1 m thick. The lower one contains the biggest angular gravels which, however, accumulate below 15 cm longest axis. The calcite cementation, though irregular, is more intense in the basal layers.

The transparent, light mineral associations (Figs. 9 and 10) do not display any worthwhile variation with respect to the foregoing fill units. In heavy minerals, the grouping is tourmaline (33%) - zircon (39%) and, in the light, quartz (71%) - calcite (26%). In the remaining fractions it is only worth mentioning that the trend towards a per-turmalina-rutilo seguidos de circón-anatasa y rutilo-turmalina-anatasa.

En los ligeros (Fig. 10) cabe destacar, por comparación con las otras fases de relleno, el aumento porcentual en todas las fracciones de los carbonatos; micas y feldespatos se mantienen en sus porcentajes habituales.

De los minerales de la arcilla la ilita, entre un 60 y 95 por 100, es el principal, estando la caolinita entre el 3 y el 11 por 100. Hay que señalar la clara presencia porcentual de calcita, en particular a techo de G. IV y en las facies finas próximas a covacha de los Zarpazos.

G. V.—Corresponde a la fase de relleno del conducto vertical de Galería y representa, al mismo tiempo, la colmatación de la cavidad. Esta fase de relleno/colmatación final es la TN 9 de Gil *et al., o.c.* No menos de 6 ó 7 coladas clásticas de gravas subangulosas soportadas lo rellenan, separadas por horizontes texturalmente más finos limo arenosos o areno limo-arcillosos (Figs. 7 y 8), que soportan clastos de gravilla.

Los depósitos de gravedad más espesos se sitúan a muro y a techo, con potencias cada uno de ellos superior a 1 m, siendo el inferior el que contiene gravas angulosas más grandes que, sin embargo, se acumulan por debajo de los 15 cm de eje mayor. La cementación calcítica, aunque irregular, es más intensa en los términos basales.

Las asociaciones de minerales transparentes y ligeros (Figs. 9 y 10) no presentan ninguna variación remarcable con respecto a las unidades de relleno anteriores. En los minerales pesados la agrupación mineral es turmalina (33 por 100) - circón (39 por 100) y en los ligeros cuarzo (71 por 100) - calcita (26 por 100). En el resto de las fracciones si acaso señalar que se mantiene la tendencia de aumento porcentual de los carbonatos y la disminución del cuarzo.

En los minerales de la arcilla la ilita sigue siendo mayoritaria (78 y 80 por 100) y la caolinita no sobrepasa el 11 por 100.

G. VI.—Es la formación edáfica más antigua conservada en las laderas de la Sierra de Atapuerca. Se trata de un suelo profundo, el horizonte C se encuentra a 1,80 m. Este suelo está formado por los horizontes A, Bt, Bk y Ckm. Se le clasifica de acuerdo con la Soil Taxonomy, como un Petrocalcic Palexeralf. El suelo actual dominante en la zona es un Typic Xerorthent que es un suelo poco evolucionado rico en materia orgánica de horizontes A, BA, R.

centage increase in carbonates and reduction in quartz is kept to.

In clay minerals, illite is still the majority (70 and 80%) and kaolinite does not exceed 11%.

G. VI.—This is the oldest edaphic formation preserved on the sides of Sierra de Atapuerca. It is a deep soil, the C horizon is 1.80 m down. This soil is formed by A, Bt, Bk and Ckm horizons. It is classed as a Petrocalcic Palexeralf according to the Soil Taxonomy. The current predominant soil is a Typic Xerorthent which is an undeveloped soil rich in organic matter from the A, BA, R horizons.

4
Discusión de los resultados y conclusiones.

A pesar de que la calidad de la observación todavía no es muy buena en G.I, no hay duda de que las facies laminares o masivas de esta unidad son sedimentos de acreción por transporte hídrico con capacidad de tracción suficiente para incorporar mud balls de capas inferiores y generar estructuras internas de laminación oblicua de bajo ángulo. Depósitos arcillosos laminados y carbonatados delgados y discontinuos indican sedimentaciones por aguas estancadas. En la unidad inferior G. I se han producido dos o tres etapas de deformación/colapso, erosiones y momentos de mayor estabilidad marcados por los horizontes no muy gruesos de restos fecales de murciélago. Un horizonte conspicuo es el que cierra la sedimentación de G. I antes del comienzo de G. II por lo que este hiato debe ser de cierta consideración.

Una aproximación cronológica de esta fase de relleno G. I, es la establecida para el espeleotema (TG4 de Gil *et al.*, 1987) representado en la figura 6, de (ESR) 317, 6 ± 60 ka o mayor de 350 ka (U/Th).

La sedimentación de G. I responde a facies de interior de cavidad de medios confinados con no influencia directa del exterior o relativa. Estas condiciones van a variar dramáticamente a partir de G. II. Aunque la base de esta nueva unidad de relleno mantiene algunas características de G. I, como la presencia en los términos más basales (Fig. 6) de horizontes de guano y espeleotemas discontinuos y delgados, pero, es evidente, la influencia directa del exterior con la entrada de detritos externos de gravas, gravillas angulosas/subangulosas y fangos, organizados en flujos de gravedad. A estos movimientos de masa, podrían acompañar caídas libres (debris fall) de material alterado no consolidado de las paredes y techo de Galería. Este último proceso resulta necesario para explicar la abertura de la cavidad hacia el exterior y el cambio subsiguiente de sedimentación.

La unidad de relleno G. III se instala en discordancia angular sobre G. II. Este nuevo hiato es también de valor temporal desconocido. Los depósitos se organizan en dos facies principales que se interdigitan. Ambas responden a dos medios bien distintos y su tiempo de deposición no se corresponde a un mismo momento.

Los depósitos de gravedad siguen acumulándose en la pared sur de Galería en mucha mayor cantidad que los que entran por el lado norte (Fig. 6), mientras que en los sectores centrales la colmatación se origina por la acumulación de elementos clásticos dispuestos en una serie rítmica formada por una secuencia de dos términos litológicos. Uno inferior de

4
Discussion of results and conclusions.

Despite the fact that the quality of the observation is still not very good in G. I., there is no doubt that the laminar or massive facies of this unit are accretion sediments from water transportation with sufficient traction capacity to incorporate mud balls from lower layers and generate internal, low angle oblique lamination structures. Thin, laminated clay deposits and thin discontinuous carbonates indicate sedimentations from stagnant water. In the lower unit, G. I., two or three deformation/collapse stages, erosions and moments of greater stability marked by not very thick horizons of bat excrement occurred. One conspicuous horizon is that which closes the G. I., sedimentation before G. II commences, so this hiatus must be of some importance.

A chronological approximation of this G. I., fill phase is as established for speleothem (TG 4 of Gil *et al.* 1987) represented in figure 6, of (ESR) 317, 6 ± 60 ka or greater than 350 ka (U/Th).

The G. I. sedimentation relates to interior cavity facies, confined means facies with no direct influence from the outside or relative influence. These conditions are going to vary dramatically as from G. II. Although the base of this new fill unit keeps some G. I. features, like the presence of guano horizons and discontinuous, thin speleothems in the most basal layers (Fig. 6), the direct influence from outside is obvious, with the entry of external detritus of gravels, very fine angular/sub-angular gravels, and muds, organized into gravity flows. Free falls (debris falls) of non consolidated altered material from the walls and top of Galería could accompany these mass movements. This latter process proves necessary to explain the opening of the cavity to the outside and the subsequent change in sedimentation.

The G. III fill unit is installed in unconformity on G. II. This new hiatus is also of an unknown time value. The deposits are organised into two main facies which interfinger. They both relate to two very different environments and their deposition time does not pertain to one and the same moment.

Gravity deposits still accumulate on the Galería's south wall in a much greater quantity than those which enter on the north side (Fig. 6), whilst in the central sectors, filling up starts by the accumulation of clastic elements arranged in a rhythmic series formed by a sequence of two lithological layers. One is the lower with very fine, homometric angular/subangular gravels with bed load water action. The other, the upper one, is mud and seems to represent deposits of ver-gravillas homométricas angulosas/subangulosas de accionamiento hídrico de carga de fondo y otro superior de fangos que parece representar depósitos de acreción vertical o de tracción en algunas ocasiones por la presencia eventual de ripples aislados y laminaciones de estratificación cruzada planar de muy bajo ángulo. Estos términos fangosos presentan con cierta frecuencia excavaciones (Scours) a su techo originadas por las corrientes que transportaban las gravillas de la secuencia superior.

En los horizontes de limo-arcillas, de suspensión de G. III (TG 11 de Gil *et al.,* 1987), Carbonell *et al.* (1987) y Aguirre *et al.* (1990), señalan la presencia de ocupaciones humanas (GSu 1 a 10), con industria en cuarcita y sílex y restos de huesos de vertebrados.

Los depósitos de G. IV, se disponen en discordancia erosiva sobre G. III y presentan un conjunto de facies semejantes a las de la fase de relleno anterior, pero el carácter alternante no es tan evidente, al menos en la mitad meridional de Galería. Aquí las estructuras de corriente de las capas de gravilla y los surcos (Scours) rellenos permiten medir direcciones aparentes de aporte este-oeste y sur.

En párrafos anteriores se ha dicho que los distintos flujos de gravedad y las facies alternantes de accionamiento hídrico no corresponden a un mismo momento de depósito. En la única sección norte-sur expuesta de Galería puede observarse el comienzo de secuencias alternantes con texturas de base algo más gruesas y erosivas que se relacionan lateralmente con los acuñamientos de los depósitos de gravedad. Éstos parecen que son el comienzo de ciclos en el que a una fase/s de flujos de gravedad sucede una alternante de accionamiento hídrico.

En Galería pueden diferenciarse dos de estas etapas en G. III y tres en G. IV. Este mecanismo de relleno puede tener sus causas en fluctuaciones climáticas.

Del análisis global de las facies mineralógicas encontradas, cabe decir de los minerales pesados y ligeros que su composición es muy homogénea en Galería; esta homogeneidad se extiende a los depósitos de relleno de Gran Dolina, a las terrazas fluviales del río Arlanzón e inclusive a los depósitos terciarios circundantes a la trinchera del ferrocarril. La asociación en las arenas está dominada en todos los casos por los minerales estables turmalina-circón y rutilo. En los minerales ligeros el cuarzo es el mineral dominante a excepción de la fracción de limo 8 a 2 μm, donde micas y calcitas son más abundantes. Los escasos feldespatos conservados en todas las fracciones apenas si presentan signos de alteración.

tical accretion or traction on some occasions because of the possible presence of isolated ripples and very low angle cross planar bedding laminations. These muddy layers frequently display scours at their top, originated by the currents which transported the very fine gravels from the upper sequence.

In the silt-clayey suspension horizons of G. III (TG 11 of Gil *et al.,* 1987), Carbonell *et al.* (1987) and Aguirre *et al.* (1990) indicate the presence of human occupation (GSu 1 to 10), with industry in quartzite and silex and remains of vertebrate bones.

The G. IV deposits are arranged in erosive discordance on G. III and display a group of facies similar to those of the previous fill phase, but the alternating nature is not as evident, at least in the Galería's southern half. Here, the current structures of the layers of very fine gravel and filled scours enable apparent east-west and south inflow directions to be measured.

It has been stated in previous paragraphs that the different gravity flows and the alternating water action facies do not pertain to one and the same time of deposit. In the only exposed north-south section of Galería, the commencement of alternating sequences with somewhat thicker and erosive base textures which are laterally related with the wedgings of gravity deposits can be observed. These would seem to be the commencement of cycles in which a gravity flow phase/ phases succeed an alternating water action one.

In Galería, two of these stages can be distinguished in G. III and three in G. IV. This fill mechanism may have its causes in climate fluctuations.

From the overall analysis of the mineralogical facies found, it can be stated of the heavy and light minerals that their composition is highly homogeneous in Galería; this homogeneity extends to the Gran Dolina fill deposits, to the river Arlanzón's fluvial terraces and even to the tertiary deposits surrounding the railway trench. The association in sands is dominated in all cases by the stable minerals, tourmaline-zircon and rutile. In the light minerals, quartz is the predominant one except for the 8 to 2 μm silt fraction where micas and calcites are more abundant. The scarce feldspars preserved in all fractions hardly show signs of alteration.

Clay minerals are also very homogeneous in Galería and Gran Dolina. In Galería, in G. I., crandallite, a phosphated mineral which is a poor palaeoenvironmental indicator (Bull, 1983) appears. Illite, a majority on all levels and in all facies, indicates a mediterranean type alteration, with a pH near to neutral and non intense washing (Pedro, 1968) which the presence of carbonates in the Galería entry facies reinforces.

Los minerales de la arcilla son también muy homogéneos en Galería y Gran Dolina. En Galería, en G. I, aparece la crandalita mineral fosfatado que es un pobre indicador paleoambiental (Bull, 1983). La ilita mayoritaria en todos los niveles y facies indica una alteración de tipo mediterráneo, con pH cercano a la neutralidad y lavado no intenso (Pedro, 1968), que la presencia de carbonatos en las facies de entrada de Galería viene a reforzar.

El registro palinológico de las fases de relleno G. III y G. V (García-Antón & Sáinz Ollero, 1991), corrobora que el clima era templado en un principio (G. III) y de carácter más mediterráneo en G. IV; pero las oscilaciones climáticas fueron poco notables por la relativa importancia de las variaciones de los grupos florísticos. Sin embargo, estas oscilaciones climáticas tienen que haber sido capaces de producir una alteración de bisialitización, con la aparición de ilita como mineral en equilibrio en el medio (Pedro, *o.c.),* por un lado, y por otro, el fraccionamiento por helada de las rocas carbonatadas hasta detritos de tamaño de gravilla y muy homométricos. La humedad tendría que haber sido suficiente en algún momento, para indicar los movimientos de masa en el exterior y luego para distribuir en régimen de transporte hídrico las facies alternantes de limo-arcilla y gravilla criofractada, de G. III y G. IV.

Las variables meteorológicas descritas al principio del escrito, sugieren que con el clima mediterráneo templado actual es posible la alteración, el fraccionamiento y el transporte de los detritos. La mayor frecuencia de alguno de estos últimos mecanismos en el pasado tiene su causa en variaciones en uno u otro sentido de los elementos meteorológicos pero dentro de un marco climático no muy distinto al del presente.

La ocurrencia de estos procesos y relleno de Galería, en particular de G. II a G. IV, por los datos geocronológicos, faunísticos y florísticos conocidos ha tenido lugar durante el Pleistoceno Medio Superior. El fin del relleno de Galería ocurre con los depósitos de G. V y con el suelo relicto G. VI, el cual por su grado de evolución puede correlacionarse con suelos de las terrazas medias-bajas (Gallardo *et al.,* 1987) del valle del Tajo de edad Pleistoceno Medio-Superior. Investigaciones adicionales se realizan en la actualidad tendentes a interrelacionar los suelos relictos de la Sierra de Atapuerca con los de la toposecuencia de terrazas del río Arlanzón.

The palinological record of the G. III and G. IV fill phases (García-Antón and Sáinz Ollero, 1991) corroborates the fact that the climate was temperate initially (G. III) and more mediterranean in nature in G. IV; but the climate fluctuations were not noticeable from the relative importance of the variations in floristic groups. Nevertheless, these climate oscillations must have been able to produce a bisialitization with the appearance of illite as a mineral in equilibrium in the medium (Pedro, *o.c.),* on the one hand and on the other, frost fractioning of the carbonated rocks down to detritus of a very fine gravel size and very homometric. Moisture must have been sufficient at some time for the mass movements to begin outside and then to distribute the alternating silt-clay and very fine cryofractured gravel of G. III and G. IV in a water transportation regime.

The meteorological variables described at the beginning of this paper suggest that alteration, fractioning and transportation of detritus is possible with the current, temperate mediterranean climate. The greater frequency of some of these latter mechanisms in the past have their cause in variations of the meteorological elements one way or the other but within a climate framework not too far removed from the present one.

These Galería processes and fill occurred during the Middle-Upper Pleistocene, particularly from G. II to G. IV, according to the geochronological, faunistic and floristic data known. The end of the Galería fill occurred with the G. V deposits and the G. VI relict soil which, because of its degree of evolution, may be correlated with soils from the middle-low terraces (Gallardo *et al.,* 1987) of the Middle-Upper Pleistocene aged river Tagus valley. Additional investigations are currently being carried out tending to interrelate the reclict soils of Sierra de Atapuerca with those of the river Arlanzón's terrace toposequence.

5
Agradecimientos.

Este trabajo ha sido realizado gracias a los fondos de ayuda aportados por la CICYT (Proyecto n.º PB90-0126-C03-01) y los autores quieren agradecer a E. Aguirre, E. Carbonell y J. M. Bermúdez de Castro las útiles discusiones mantenidas en campo acerca de la Estratigrafía de los rellenos del Karst de la Sierra de Atapuerca e, igualmente, a C. Paretto por las indicaciones sobre la relación de los niveles de guano y la alteración de los clastos calizos, en los depósitos de Galería.

Julio, 1993.

5
Acknowledgements.

This work has been performed thanks to the grant provided by the CICYT (Project no. PB90-0126-CO3-01) and the authors would like to thank E. Aguirre, E. Carbonell and J. M. Bermúdez de Castro for the useful field discussions held on the stratigraphy of Sierra de Atapuerca's Karst fills and, likewise, C. Paretto for indications on the relationship of guano levels and alteration of limestone clasts in the Galería deposits.

AGUIRRE, E., ARSUAGA, J. L., BERMÚDEZ DE CASTRO, J. M., CARBONELL, E., CEBALLOS, M., DÍEZ, C., ENAMORADO, J., FERNÁNDEZ JALVO, Y., GIL, E., GRACIA, A., MARTÍN NÁJERA, A., MARTÍNEZ, I., MORALES J., ORTEGA, A. I., ROJAS, A., SÁNCHEZ, A., SÁNCHEZ, B., SESE, C., SOTO, E. y TORRES, I. J.: The Atapuerca sites and the Ibeas Hominids. *Human Evolution,* 5, 1, 55-73.

BÖGLI, A. (1980): *Karst hydrology and physical speleology.* Berlín: Spinger-Verlag.

BULL, P. (1983): Chemical sedimentation in caves. En: A. S. Goudie and K. Pye (Edts.). *Chemical sediments and Geomorphology.* London: Academic Press, 301-319.

CARBONELL, E., DÍEZ, C. y SOTO, E. (1987): Estudio preliminar de los suelos de ocupación de Atapuerca (Burgos). En: E. Aguirre, E. Carbonell y J. M. Bermúdez de Castro (Edts.). *El hombre fósil de Ibeas y el Pleistoceno de la Sierra de Atapuerca I.* Publ. Junta de Castilla y León, 425-439.

FALGUERES, C. (1986): *Datations des sites acheuléens et mousteriens du Midi Méditerranéen par la méthode de Résonance de Spin Electronique.* Thése. Mus. Natl. Hist. Nat. Paris, 173 pp.

GALLARDO, J., PÉREZ GONZÁLEZ, A. y BENAYAS, J. (1987): Paleosuelos de los piedemonte villafranquienses y de las terrazas pleistocenas de la región del valle del Henares - Alto Jarama. *Boletín Geológico y Minero,* 98, 27-39.

GARCÍA-ANTÓN, M. y SÁINZ-OLLERO, H. (1991): Pollen records from the Middle Pleistocene Atapuerca site (Burgos, Spain). *Paleogeography, Paleoclimatology, Palaeoecology,* 85, 199-206.

GIL, E., AGUIRRE, E. y HOYOS, M. (1987): Contexto estratigráfico. En: E. Aguirre, E. Carbonell y J. M. Bermúdez de Castro (Edts.). *El hombre fósil de Ibeas y el Pleistoceno de la Sierra de Atapuerca I.* Publ. Junta de Castilla y León, 47-54.

GOLDBERG, P. S. and NATHAN, Y. (1975): The phosphate mineralogy of the-Tabun cave, Mount Carmel, Israel. *Mineralogycal Magazine,* 40, 253-258.

GRÜN, R. y AGUIRRE E. (1987): Datación por ESR y por la serie del U, en los depósitos cársticos de Atapuerca. En: E. Aguirre, E. Carbonell y J. M. Bermúdez de Castro (Edts.). *El hombre fósil de Ibeas y el Pleistoceno de la Sierra de Atapuerca I.* Publ. Junta de Castilla y León, 201-204.

INIA (1973): Estudio agroclimático de la Cuenca del Duero. Mapas Ministerio de Agricultura. Madrid.

OLIVE, A., RAMÍREZ MERINO, J. L., ORTEGA, L. I. (1990): *Mapa Geológico de España a Escala 1: 50.000 (Belorado, 201),* I.T.G.E., Madrid.

PEDRO, G. (1968): *Distribution des principaux types d'alteration chimique à la surface du globe.* Présentation d'une esquisse géographique. Rev. Geog. Phys. Géol Dyn., 10, 457-470.

PINEDA A., ARCE, J. M. (1993): *Mapa Geológico de España a Escala 1: 50.000. (Burgos, 200).* I.T.G.E., Madrid.

TORRES, T. J. (1976): El Karts de la Sierra de Atapuerca. En: J. M. Apellaniz Castroviejo, J. L., Uribarri Angulo (Edts.). *Cuadernos de Arqueología de Deusto* 1, 13-15.

ZAZO, C., GOY, J. L., HOYOS, M. (1983): Estudio Geomorfológico de los alrededores de la Sierra de Atapuerca (Burgos). *Estudios Geol.,* 39, 179-185.

ZAZO, C., GOY, J. L., HOYOS, M. (1987): 2. Contexto geológico y geomorfológico. En: E. Aguirre, E. Carbonell, J. M. Bermúdez de Castro (Edts.), *El hombre fósil de Ibeas y el Pleistoceno de la Sierra de Atapuerca I,* 41-46. Consejería de Cultura y Bienestar Social. Junta de Castilla y León.

Evolución humana en Europa y los yacimientos de la Sierra de Atapuerca, págs. 123-135

Análisis Multivariante de la morfología dental de los Ursidos del Plio-Pleistoceno, con algunas consideraciones sobre la posición filogenética de *Ursus deningeri* Von Reichenau de Cueva Mayor (Sima de los Huesos).

Multivariate Analysis of the dental morphology of Plio-Pleistocene Ursids, with some observations concerning the phylogenetic position of *Ursus deningeri* Von Reichenau from Cueva Mayor (Sima de los Huesos, Atapuerca).

Torres T. y Cervera J.***

* *Departamento de Ingeniería Geológica. Escuela Técnica Superior de Ingenieros de Minas de la Universidad Politécnica de Madrid. Ríos Rosas 21. 28003 Madrid. España.*

** *Departamento de Paleontología, Facultad de Ciencias Geológicas, Ciudad Universitaria. 28040 Madrid. España.*

Resumen:

En el presente estudio se analizan las frecuencias poblacionales de distintos morfotipos para un total de 23 caracteres dentarios en 8 poblaciones pertenecientes a 4 especies de úrsidos Plio-Pleistocenos Ibéricos. Los datos fueron sometidos a un Análisis de Componentes Principales para identificar los morfotipos más distintivos; a un análisis fenético de agrupamiento, que ha mostrado las relaciones entre las distintas poblaciones y/o especies; y a un análisis cladístico, por el método de parsimonia. Los resultados son compatibles entre sí y confirman la separación entre las líneas arctoide y espeloide. Dentro de la especie ***Ursus spelaecus*** *destaca la singularidad de los osos del yacimiento de Troskaeta, así como el paralelismo entre las distintas poblaciones marginales (El Toll y Reguerillo). Por su parte el* ***Ursus deningeri*** *de Cueva Mayor aparece claramente separado de* ***Ursus spelaeus*** *y de la línea arctoide.*

Abstract

In this paper 8 populations belonging to 4 species of Plio-Pleistocene Iberian ursids have been analyzed. The population frequencies of several different morphotypes in 23 dental characters were subjected to a Principal Component Analysis, in order to identify the most distinctive morphotypes. Then a Cluster Analysis was made, which revealed relationships between the different populations and/or species. A complementary Cladistic Analysis was made using parsimony. The results are congruent and confirm the split in two lines: the arctoid and the speloid ones. Within the Ursus spelaeus species the singular characteristics of the bears from the Troskaeta site appears remarkable, and also noticeable is the similarity between the different marginal populations (El Toll and Reguerillo). Ursus deningeri from Cueva Mayor seems to be clearly distinct from Ursus spelaeus and from the arctoid line.

Palabras clave:

Ursidos, Plio-Pleistoceno europeo, análisis fenético, análisis cladístico, morfología dental.

Key words:

Ursids, European Plio-Pleistocene, Phenetic analysis, Cladistic analysis, Dental morphology.

1 Introducción.

La morfología dentaria de los osos del Plioceno superior (Villafranquiense inferior) y Pleistoceno ha sido objeto de numerosas consideraciones y estudios, que componen un cuerpo bibliográfico monumental. En ocasiones, el intento de fijar las características morfológicas de las distintas especies llevó a numerosos autores a la definición de "morfologías tipo", que en la mayor parte de los casos quedaban invalidadas ante la enorme variabilidad morfológica de los dientes de oso, en especial de los del grupo espeloide: *Ursus deningeri* Von Reichenau y *Ursus spelaeus* Rosenmüller-Heinroth. Podrían servir como ejemplo las láminas de la monografía de Abel y Kirle (1931) sobre el yacimiento de Mixnitz. Aunque la variabilidad no es tan elevada en los osos etrusco-arctoides: *Ursus etruscus* G. Cuvier y *Ursus arctos* Linneo, también en ellos se evidencia una dispersión morfológica que no se detecta en ningún otro carnívoro.

La primera cuantificación de la morfología dentaria de los úrsidos aparece en los trabajos de Musil (1959), en cuya filosofía se inspiran los subsiguientes de Torres (1984, 1988). Recientemente Rabeder (1983) y Rabeder y Tsoukala (1990) han publicado trabajos en los que correlacionan la posición cronoestratigráfica de los yacimientos de oso de las cavernas con las frecuencias de ciertos morfotipos que establecen en los cuartos premolares superiores e inferiores. La falta de coincidencia entre estos morfotipos y los existentes en la Península Ibérica impide, al menos por ahora, la aplicación crítica de este método sobre el material ibérico.

El gran auge que en los últimos años han ido tomando las herramientas taxonómicas por ordenador, así como la respetable cantidad de yacimientos bien representados, han animado a los autores a emprender este trabajo.

2 Esquema filogenético de los osos del Pleistoceno Ibérico.

De acuerdo con Torres (1992) (Fig. 1), los osos del Pleistoceno Ibérico en su mayor parte se pueden considerar como descendientes de un ancestro común *Ursus etruscus* G. Cuvier, ya que sólo de forma esporádica aparecen restos de un oso de caracteres muy arcaicos, *Ursus mediterraneus* Forsyth-Major, que se puede ligar a una especie cenozoica ancestral, *Ursus ruscinensis* Deperet; ésta también podría ser ancestro común del ya citado *U. etruscus.*

1 Introduction.

The dental morphology of the Upper Pliocene (lower Villafranchian) and Pleistocene bears has been the object of a large number of studies constituting an enormous bibliography. Sometimes the attempt to establish the morphological characteristics of the different species has led several authors to define morphotypes which, in most cases, have been rendered useless by the high morphological variability of the bear teeth, particularly those of the speloid group: *Ursus deningeri* Von Reichenau and *Ursus spelaeus* Rosenmüller-Heinroth. The illustration plates in Abel and Kirle's monograph (1931), concerning the Mixnitz site, are a good example. Although variability is not as pronounced in the etruscoarctoid bears –*Ursus etruscus* G. Cuvier and *Ursus arctos* Linneo– they also show a higher level of morphological disparity than any other carnivore.

The first quantitative approach to the Ursid dental morphology was the work of Musil (1959), whose methodology inspired subsequent works by Torres (1984, 1988). Rabeder (1983) and Rabeder & Tsoukala (1990) have tried to correlate the chrono-stratigraphic position of different cave bear sites and the frequencies of morphotypes, established for the upper and lower fourth premolars. The absence of any significant coincidence between these morphotypes and those present in the Iberian Peninsula makes nowadays impossible the application of this method to the Iberian material.

The recent advances in computer-aided taxonomy and the number of well represented sites available, have encouraged us to undertake the present work.

2 Iberian pleistocene Bears Phylogeny.

According to Torres (1992) (Fig. 1), most of the Iberian Pleistocene bears can be considered the descent of a common ancestor, *Ursus etruscus* G. Cuvier. Another bear with archaic characters, *Ursus mediterraneus* Forsyth-Mayor, very scarce, can be related with a Cenozoic ancestral species, *Ursus ruscinensis* Deperet, which could itself be an ancestor of the above mentioned *Ursus etruscus.*

The common trend of all the Pleistocene bears is to beco-

1. *Esquema de la filogenia de los osos del Pleistoceno de Europa (Torres 1992).*

1. *Phylogenetic Tree of the Pleistocene bears in Europe. (Torres 1992).*

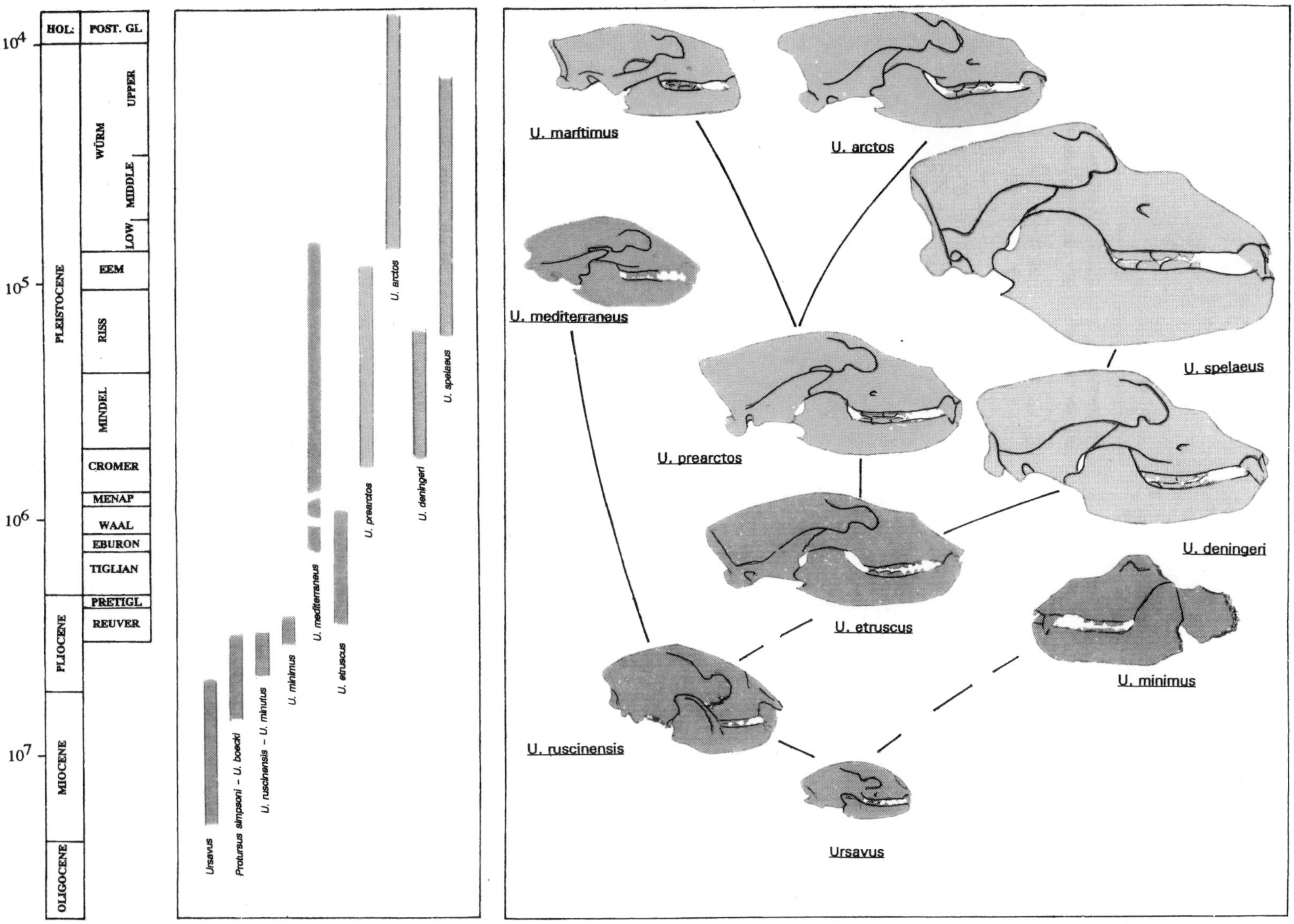

Parece que la tendencia común de todos los osos del Pleistoceno es la adaptación hacia el omnivorismo, fenómeno cuyo reflejo se puede apreciar en las morfologías de la dentición y del esqueleto. *Ursus minimus* Deveze-Debouillet sería el primer representante fallido de esta evolución.

Los grandes osos pleistocenos se agrupan en dos líneas bien diferenciadas: arctoides y espeloides. Los primeros todavía retienen caracteres morfológicos y posiblemente conductas propias de carnívoros; los segundos retienen pocos caracteres carnívoros y sus pautas sociales quizá fueran distintas.

El grupo arctoide está representado por *Ursus prearctos* Boule (Cromer-Riss) y *Ursus arctos* Linneo (Würm-actual).

me omnivorous, as the dental and skeletal morphology reflects. *Ursus minimus* Deveze-Debouillet would be the first unsuccessful representative of this evolutive process.

The large Pleistocene bears can be grouped into two clearly different lineages: the arctoid and the speloid lines. The former retains morphological and, possibly, behaviourial traits characteristic of carnivores; the latter presents very few carnivorous features, and their behaviourial patterns were maybe different.

The arctoid group is represented by *Ursus prearctos* Boule (Cromer-Riss) and *Ursus arctos* Linneo (Würm-present).

The speloid group includes: *Ursus deningeri* Von Reiche-

El grupo espeloide comprende: *Ursus deningeri* Von Reichenau (Cromer-Riss inferior) y *Ursus spelaeus* Rosenmüller-Heinroth (Riss superior-Würm).

La distribución de *Ursus deningeri* en la Península Ibérica es poco conocida, ya que sólo hay un yacimiento bien representado, Cueva Mayor en Atapuerca (Burgos), y otros dos con muy pocos restos: Cueva de Lezetxiki (Mondragón-Guipúzcoa) y Cueva Nueva I-II (Pedraza-Segovia). Cueva Mayor, Mindel, representa el material mas antiguo y Lezetxiki (Riss inf.?) sería el mas moderno.

El oso de las cavernas, *Ursus spelaeus,* ocupó tres áreas: Borde Mediterráneo, Borde Cantábrico y Meseta (Fig. 2), Torres *op. cit.* Muy posiblemente el material conocido sea exclusivamente del Würm, y presenta una homogeneidad aparente elevada. De este conjunto sólo destaca el material de Troskaeta (Ataun-Guipúzcoa), donde se ha descrito, Torres *et al.* (1991) una subespecie, *Ursus spelaeus parvilatipedis* Torres, que combina caracteres arcaicos con otros fuertemente derivados.

3

Material y métodos.

Para este trabajo se han contemplado los datos del siguiente material:

– *Ursus etruscus* G. Cuvier: Muestra europea completa, Torres (1990 en prensa).

2. *Distribución de **U. spelaeus** en la Península Ibérica (Torres 1984; modificado).*

2. ***Ursus spelaeus** distribution in the Iberian Peninsula. (Torres 1984-modified version).*

nau (Cromer-lower Riss) and *Ursus spelaeus* Rosenmüller-Heinroth (upper Riss-Würm).

The distribution of *Ursus deningeri* in the Iberian Peninsula is not well known, as there are only one well-represented site (Cueva Mayor in Atapuerca, Burgos) and another two with few remains each (Lezetxiki Cave in Mondragón, Guipúzcoa, and Cueva Nueva I-II in Pedraza, Segovia). Cueva Mayor (Mindel) provides the oldest material, and Lezetxiki (lower Riss ?) the most recent.

The cave bear, *Ursus spelaeus,* occupied three areas: The Northern Mediterranean region, the Cantabrian area and the Meseta (Central Plain) (Fig. 2), Torres (op. cit.). All the *Ursus spelaeus* material are possibly from the Würm period, and seems to be highly homogeneous. The only remarkable material is the cave bear from Troskaeta site (Ataun-Guipúzcoa), where Torres *et. al.* (1991) have described a new subspecies, *Ursus spelaeus parvilatipedis* Torres, which combines archaic characters with clearly derived ones.

3

Material and methods.

In this paper we have used data from:

– *Ursus etruscus* G. Cuvier: Whole European sample, Torres (1990, in press).
– *Ursus arctos* Linneo: Iberian sample, Torres (1984).

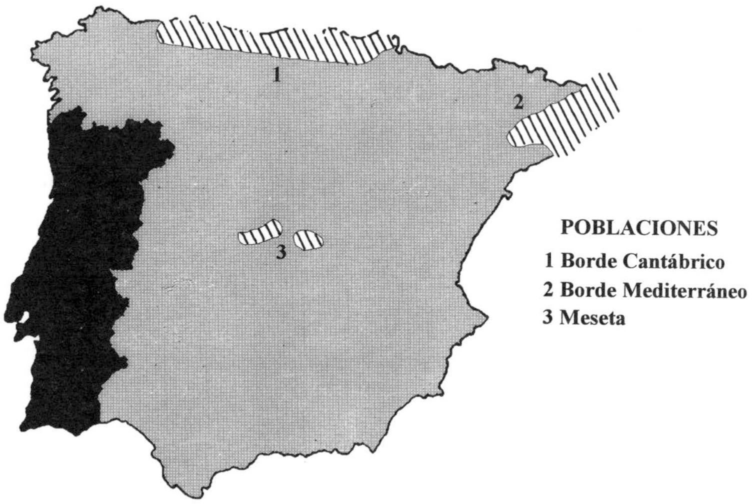

– *Ursus arctos* Linneo: Muestra ibérica, Torres (1984).
– *Ursus spelaeus* Rosenmüller-Heinroth: Material procedente de las siguientes localidades y excavaciones:

Cueva de Arrikrutz (Oñate-Guipúzcoa). Excavación Torres 1975.

Cueva de Ekain (Deba-Guipúzcoa). Excavación Barandiarán-Altuna 1969-1975.

Cueva El Reguerillo (Torrelaguna-Madrid). Excavación Torres 1975-1980.

Cueva de El Toll (Moiá-Barcelona). Excavación Thomas-Villalta 1968.

– *Ursus spelaeus parvilatipedis* Torres.

Cueva de Troskaeta (Ataun-Guipúzcoa). Excavación Torres 1987-1988.

– *Ursus deningeri* Von Reichenau.

Cueva Mayor (Atapuerca-Burgos). Excavación Torres 1976, Aguirre 1978-79.

Para la mayoría de los yacimientos se ha contado únicamente con los datos procedentes de Torres (1984), aunque se ha reducido el número de morfotipos, agrupando aquéllos que no diferían excesivamente entre sí. Para Cueva Mayor se han añadido los datos de Ceballos (1986) y para Troskaeta se ha contado con los de Torres *et al. (op. cit.)*. Los datos de *Ursus etruscus* proceden de Torres (1990), y los de *Ursus arctos* proceden de Torres (1984) aunque se han actualizado. No se cuenta con suficiente material de *U. prearctos.*

Se ha trabajado con las frecuencias de los morfotipos siguientes:

Cuarto premolar superior:

P4S1: Paracono simple
P4S2: Metacono simple
P4S3: Deuterocono simple

Primer molar superior:

M1S1: Parastilo grande
M1S2: Protocono con metacónulo y duplicado
M1S3: Metastilo bien desarrollado
M1S4: Hipocono simple

Segundo molar superior:

M2S1: Paracono simple
M2S2: Protocono simple con metacónulo
M2S3: Metacono duplicado
M2S4: Hipocono duplicado
M2S5: Talón corto y agudo

– *Ursus spelaeus* Rosenmüller-Heinroth: material from the following sites and excavations:

Arrikrutz cave (Oñate-Guipúzcoa). Torres Excavation, 1975.

Ekain cave (Deba-Guipúzcoa). Barandiarán-Altuna Excavation 1969-1975.

Reguerillo cave (Torrelaguna-Madrid). Torres Excavation 1975-1980.

El Toll cave (Moiá-Barcelona). Thomas-Villalta Excavation 1968.

– *Ursus spelaeus parvilatipedis* Torres.

Troskaeta cave (Ataun-Guipúzcoa). Torres Excavation 1987-1988.

– *Ursus deningeri* Von Reichenau.

Cueva Mayor (Atapuerca-Burgos). Torres Excavation 1976, Aguirre Excavation 1978-1979.

In most of the sites data from Torres (1984) have been only employed, although the number of morphotypes has been reduced, grouping similar ones. Data from Ceballos (1986) have been added for Cueva Mayor, and those of Torres *et. al. (op. cit.)* for Troskaeta. *Ursus etruscus* data has been published in Torres (1990), and those for *Ursus arctos* has been updated from Torres (1984). There is not enough material available for *Ursus prearctos,* so this bear has been ignored in the present study.

We have studied the population frequencies of the following morphotypes:

Fourth Upper Premolar:

P4S1: Single paracone
P4S2: Single metacone
P4S3: Single deuterocone

First Upper Molar:

M1S1: Large parastyle
M1S2: Protocone with metaconule, duplicated
M1S3: Well developed metastyle
M1S4: Single hypocone

Second Upper Molar

M2S1: Single paracone
M2S2: Single protocone with metaconule
M2S3: Duplicated metacone
M2S4: Duplicated hypocone
M2S5: Talon, short and sharply ended

M2S6: Talón normal y agudo
M2S7: Talón normal y redondeado

Cuarto premolar inferior:

P4I1: Paracónido ausente
P4I2: Paracónido simple
P4I3: Paracónido complicado
P4I4: Cúspula lateral interna

Primer molar inferior:

M1I1: Paracónido "Ursavoide"
M1I2: Protocónido con cúspulas posteriores
M1I3: Hipocónido con hipoconúlido y rídulas internas grandes

Segundo molar inferior:

M2I1: Paracónido representado por dos lóbulos de esmalte
M2I2: Protocónido simple (con sin cúspulas)
M2I3: Metacónido triple
M2I4: Entocónido simple
M2I5: Entocónido doble (con alguna cúspula)
M2I6: Entocónido triple
M2I7: Hipocónido con hipoconúlido rídulas internas grandes

Tercer molar inferior:

M3I1: Perímetro circular/elíptico
M3I2: Con surco labial angosto
M3I3: Con surco labial ancho
M3I4: Con surcos labial y lingual.

Estos morfotipos han sido transformados en variables a partir de su frecuencia de aparición en cada uno de los yacimientos sometidos a estudio. Con el fin de simplificar los cálculos se han eliminado las variables complementarias, que en cada caso supondrían el aditivo hasta el 100 por 100 de frecuencia total. Con las frecuencias porcentuales de morfotipos de las piezas dentarias de cada uno de los yacimientos estudiados se confeccionó una matriz de datos que fue empleada para el análisis multivariante descrito a continuación.

Los análisis de Agrupamiento y de Componentes Principales han sido realizados con el programa "Numerical Taxonomy System" (NTSYS-pc), versión 1.50 (Rohlf, 1989). El análisis cladístico se llevó a cabo con el programa PAUP, versión 2.4.1, del Illinois Natural History Museum.

M2S6: Talon, normal and sharply ended
M2S7: Talon, normal and rounded ended

Fourth Lower Premolar

P4I1: Paraconid absent
P4I2: Single paraconid
P4I3: Complicated paraconid
P4I4: Internal lateral cusp

First Lower Molar

M1I1: "*Ursavus*-like" paraconid
M1I2: Protoconid with posterior cusps
M1I3: Hypoconid with hypoconulid and large internal crests

Second Lower Molar

M2I1: Paraconid duplicated
M2I2: Single protoconid (without cusplets)
M2I3: Triple metaconid
M2I4: Single entoconid
M2I5: Double entoconid (with cusp)
M2I6: Triple entoconid
M2I7: Hypoconid with hypoconulid and large internal crests

Third Lower Molar

M3I1: Circular/elliptic perimeter
M3I2: With close labial groove
M3I3: With broad labial groove
M3I4: With labial and lingual grooves

The variables consist in the frequencies of each morphotype in every one of the sites under study. In order to simplify the calculations we have left out the complementary variables, which would suppose an addition of up to 100% of the total frequency. With the percentage frequencies recorded for the morphotypes of the dental pieces we have made the data matrix that was used for the multivariate analysis as described below. The Cluster Analysis and the Principal Components Analysis were carried out using the program "Numerical Taxonomy System" (NTSYS-pc) version 1.50 (Rohlf, 1989). The cladistic analysis was made with the program PAUP version 2.4.1, from the Illinois Natural History Museum.

4

Análisis de componentes principales.

Se calcularon los cuatro primeros componentes principales, que explican (Tabla 1), el 84,5 por 100 de la varianza, y se analizaron las cargas de las distintas variables sobre cada uno de ellos. En la tabla sólo se han representado los valores que cargan por encima de ± 0.5.

El análisis de componentes principales posee un especial interés, ya que permite evaluar los rasgos que separan entre sí las distintas poblaciones. Para realizarlo se calculó la matriz de correlación entre las variables, sobre la que se computaron los valores y vectores propios. Los datos originales fueron proyectados sobre estos vectores.

– El primer componente principal (Figs. 3 y 4) (abscisas), permite separar con absoluta nitidez el grupo de especies arctoides *(U. etruscus* y *U. arctos)* de las espeloides *(U. spelaeus* de El Toll, Reguerillo, Ekain, Arrikrutz y Troskaeta y *U. deningeri* de C. Mayor). De acuerdo con los valores de la Tabla 1, sobre el primer componente principal cargan variables relacionadas con la complejidad dentaria, sobre todo en el área del trígono/trigónido.
– El segundo componente principal (Fig. 3) (ordenadas), discrimina las poblaciones de Troskaeta y Cueva Mayor del resto. Las variables que cargan positivamente miden complejidad de la dentición superior y del M_2. Frecuencias elevadas de las morfologías "Entocónido del M_2 simple" y "M_3 con surco labial y lingual" caracterizan en parte a las poblaciones citadas.
– El interés mayor del tercer componente principal (Fig. 4) (ordenadas), reside en que permite analizar el interior del grupo "arctoide", ya que separa *Ursus etruscus* de *U. arctos.* Está relacionado (Tabla 1) con variables del trígono/trigónido, así como con un estado concreto del talón del M_2 (corto-agudo, variable M2S5).
– El cuarto componente principal también separa fundamentalmente a *Ursus arctos* de *U. etruscus,* con variables relacionadas con los M2 superior e inferior. No se ha representado gráficamente.

Si se representan los tres primeros factores de forma simultánea (Fig. 5), se puede apreciar con nitidez que:

– *U. etruscus* y *U. arctos* se sitúan en una zona claramente diferenciada, aunque separados notablemente entre sí.
– *U. deningeri* de C. Mayor se emplaza en una posición aislada, muy separada de los osos de las cavernas con características morfológicas "típicas".

4

Principal components analysis.

The first four principal components were calculated which, as can be seen in Table 1, explained 84.51% of the variance. We have analyzed the variable loadings on each component. The table only shows values greater than 0.5 in absolute terms.

The Principal Components Analysis enables the evaluation of which are the characters that separate the different populations. We have calculated the correlation between the variables, the Eigenvalues and Eigenvectors. The original data were projected onto the Eigenvectors, and the resulting matrix analyzed.

– The First Principal Component (Figs. 3 and 4) (abscissas), allows us to make a clear distinction between the arctoid *(U. etruscus* and *U. arctos)* and the speloid *(U. spelaeus* from El Toll, Reguerillo, Ekain, Arrikrutz and Troskaeta, and *U. deningeri* from Cueva Mayor) groups. The variables with greater values in the first principal component (see Table 1) are those related with the dental complexity, mainly in the area of the trigon/trigonid.
– The Second Principal Component (Fig. 3), (ordinates), singles out the Troskaeta and Cueva Mayor populations. The variables with a positive value measure the complexity of the upper teeth and the second lower molar M_2. The above mentioned populations are pointed out in part by high frequencies of the morphologies "M_2, single entoconid" and "M_3, with labial and lingual groove".

– The third principal component (Fig. 4) (ordinates), is interesting mainly because it makes possible to analyze further details within the "arctoid" group, since it separates *Ursus etruscus* and *Ursus arctos.* It is related (see Table 1) with variables of the trigon/trigonid, and with high frequencies of a particular morphology in the heel of the second upper molar M_2 (short-sharply ended, variable M2S5).

– The fourth principal component (not in the graphics) separates mainly *Ursus arctos* and *Ursus etruscus;* the variables related to it are those from the second upper and lower molars M_2.

In Fig. 5 the first three Principal Components are represented simultaneously. Is it possible to appreciate clearly that:

– *U. etruscus* and *U. arctos,* although widely separated, are located quite far from the rest.
– *U. deningeri* from Cueva Mayor occupies an isolated position, clearly separated from the true cave bears with "typical" morphological characteristics.

Tabla 1.—*Cargas de las distintas variables en los componentes principales. Sólo se han incluido los valores por encima de ± 0.500.*

Table 1.—*Weighting of the different variables on the principal components. Only absolute values greater than 0.500 have been included.*

Variable	Componente Principal			
	1	2	3	4
P4S1	–0,541	0,517		
P4S2	–0,828			
P4S3				
M1S1		0,830		
M1S2	–0,535		0,494	
M1S3		–0,852		
M1S4		0,707		
M2S1	0,597	–0,647		
M2S2	0,516		0,499	–0,688
M2S3	0,784			
M2S4	0,954			
M2S5			0,939	
M2S6	–0,945			
M2S7	0,934			
P4I1	–0,967			
P4I2			–0,769	
P4I3	0,959			
P4I4	0,886			
M1I1	–0,665		0,523	
M1I2	0,819			
M1I3	0,947			
M2I1				–0,589
M2I2	–0,585	0,606		
M2I3		–0,841		
M2I4		0,831		
M2I5				0,625
M2I6				–0,600
M2I7	0,953			
M3I1	–0,947			
M3I2	0,745			
M3I3	0,760			
M3I4		0,685	–0,587	
Varianza explicada	42,88%	21,00%	11,81%	8,81%
Varianza acumulada	42,88%	63,88%	75,69%	84,51%

3. *Análisis de Componentes Principales, primer componente versus segundo componente. Para corregir el efecto de proyección sobre un plano se ha calculado el árbol de distancias mínimas (Minimun Spanning Tree), cuyos valores se representan en la figura.*

3. *Principal Component Analysis, first component versus second component. To correct the effect of the projection onto a plane the Minimum Spanning Tree has been calculated and its values represented on the graph.*

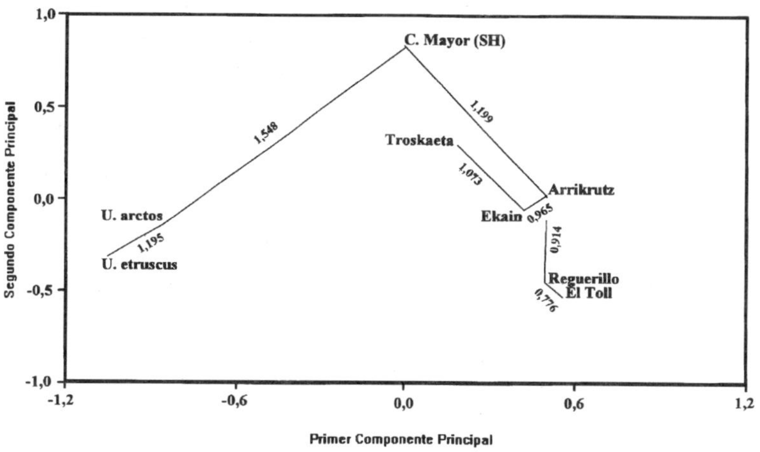

4. *Análisis de Componentes Principales, primer componente versus tercer componente. Para evitar el efecto de proyección sobre un plano, se ha calculado el árbol de distancias mínimas (Minimun Spanning Tree) cuyos valores se representan en la figura.*

4. *Principal Component Analysis, first component versus third component. To avoid the effect caused by projection onto a plane we have calculated the Minimum Spanning Tree and its values are represented on the graph.*

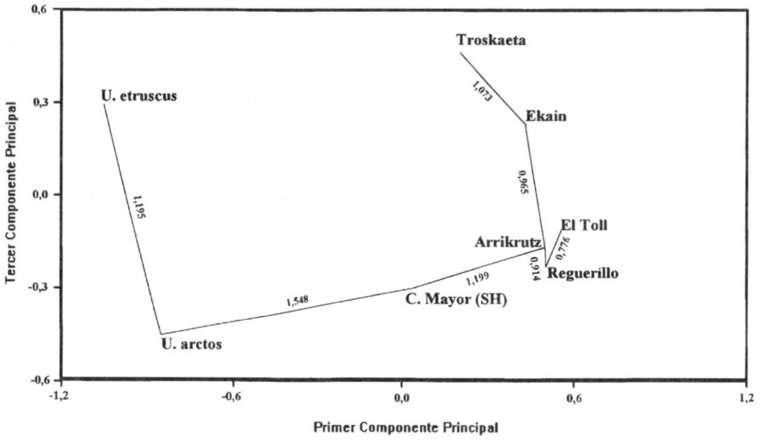

5. *Análisis de Componentes Principales: Componentes Primero a Tercero.*

5. *Principal Component Analysis: First versus Third Component.*

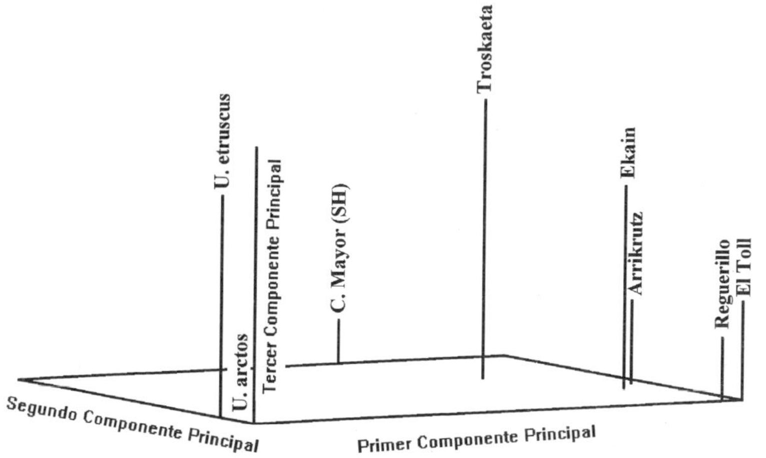

6. *Dendrograma obtenido del análisis de agrupamiento.*

6. *Phenogram obtained from Cluster analysis.*

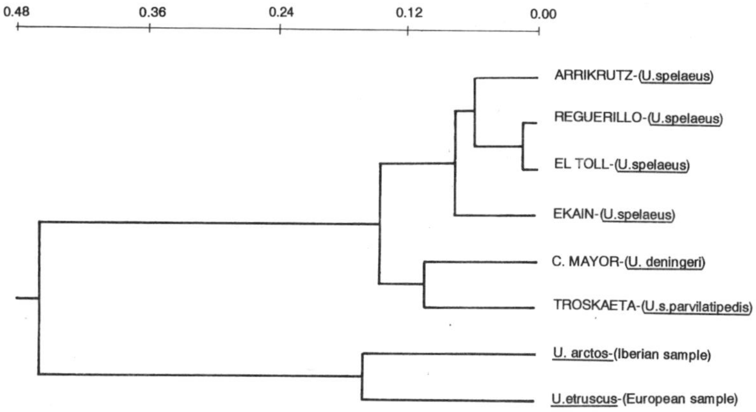

– *U. spelaeus parvilatipedis* de Troskaeta ocupa una posición intermedia entre *U. spelaeus* y *U. deningeri.*
– La población de *U. spelaeus* se subdivide en dos agrupaciones: El Reguerillo + El Toll y Ekain + Arrikrutz.

– *U. spelaeus parvilatipedis* from Troskaeta cave appears in an intermediate position, between *U. spelaeus* and *U. deningeri.*
– The *U. spelaeus* (s.e.) population is subdivided in two groups: Reguerillo + El Toll, and Ekain + Arrikrutz.

5 Análisis de agrupamiento.

También se realizó un análisis de agrupamiento según el método descrito por Sokal y Sneath (1973). Las variables se estandarizaron, midiéndose a continuación la semejanza entre grupos con el coeficiente de Nei.

Sobre la matriz de semejanza se aplicó el método de agrupamiento UPGMA (Unweighted Pair-Group Method, Arithmetic Averages), obteniéndose el dendrograma de la Fig. 6. Con el fin de comprobar la adecuación del dendrograma con la estructura original de los datos se calculó el coeficiente de correlación cofenética, Rohlf y Sokal (1981), obteniéndose un valor de 0.95363 (t de Mantel $t = 3.773$, $p < 0.9999$).

El análisis del dendrograma permite realizar las consideraciones siguientes:

– Existe una gran distancia entre las formas arctoides *(U. arctos* y *U. etruscus)* y las espeloides *(U. deningeri, U. spelaeus* y *U.s. parvilatipedis)*.
– Dentro de las especies espeloides hay dos agrupaciones muy netas que separan el conjunto de poblaciones "normales" de *U. spelaeus* y la agrupación correspondiente a C. Mayor *(U. deningeri)* y Troskaeta *(U.s. parvilatipedis)*; estos últimos, a su vez, separados entre sí.
– La distancia existente entre *U. etruscus* y *U. arctos* es muy notable y prácticamente equivale a la que se detecta entre *U. spelaeus* y *U. deningeri + U.s. parvilatipedis*.
– Dentro de la población normal de oso de las cavernas existe una gran semejanza entre las de El Reguerillo y El Toll, ambas situadas en el borde de la especie, en áreas que ecológicamente no eran especialmente favorables. Las poblaciones del Borde Cantábrico, Ekain y Arrikrutz, no parecen diferir mucho entre sí.

5 Cluster analysis.

A Cluster analysis was also carried out using the method described by Sokal and Sneath (1973). The variables were first standardised, and the intergroup dissimilarity was measured using the NEI distance coefficient. The similarity matrix was treated with the algorithm UPGMA (Unweighted Pair-Group Method, Arithmetic Averages), obtaining the phenogram in Fig. 6. In order to check the consistency between the phenogram and the pattern of the original data matrix we calculated the cophenetic correlation coefficient, Rohlf and Sokal (1981), which has a value of 0.95363 (t of Mantel $t = 3.773$, $p < 0.9999$).

Analysis of the phenogram leads to the following observations:

– There is a significative distance between the arctoidforms *(U. arctos* and *U. etruscus)* on one side, and the speloid group *(U. deningeri, U. spelaeus* and *U.s. parvilatipedis)* on the other.
– Within the speloid species there are two distinct groups; The assemblage of "normal" *Ursus spelaeus* populations, opposing the group of Cueva Mayor *(U. deningeri)* and Troskaeta *(U.s. parvilatipedis)*, itself divided.
– The distance between *U. etruscus* and *U. arctos* is remarkable, and similar to the interval between *U. spelaeus* and *U. deningeri + U.s. parvilatipedis.*
– Within the normal cave bear population there is a notable similarity between the Reguerillo and El Toll populations, situated on the margins of the species main area, in not particularly favourable sectors. The populations from the Cantabrian area, Ekain and Arrikrutz, seem to be not very dissimilar.

6 Análisis complementario por el método cladístico.

Con el fin de complementar los datos obtenidos a partir del análisis de agrupamientos se realizó también un análisis cladístico, transformando las frecuencias en estados poblacionales del carácter en cuestión. A falta de grupo externo se tomó como ancestro común *U. etruscus,* aunque lo deseable sería emplear material de Ursavus.

Los resultados aparecen en la Fig. 7:

6 Complementary analysis by cladistic method.

To complement the data obtained from the Cluster Analysis, a cladistic analysis was carried out transforming the frequencies into population states of the character (qualitative characters). We have used *U. etruscus* as the common ancestor in the absence of an outgroup, although would be preferable to use material from Ursavus. The results of the analysis are shown in Fig. 7:

7. Dendrograma obtenido del análisis cladístico.

7. Dendrogram obtained from cladistic analysis.

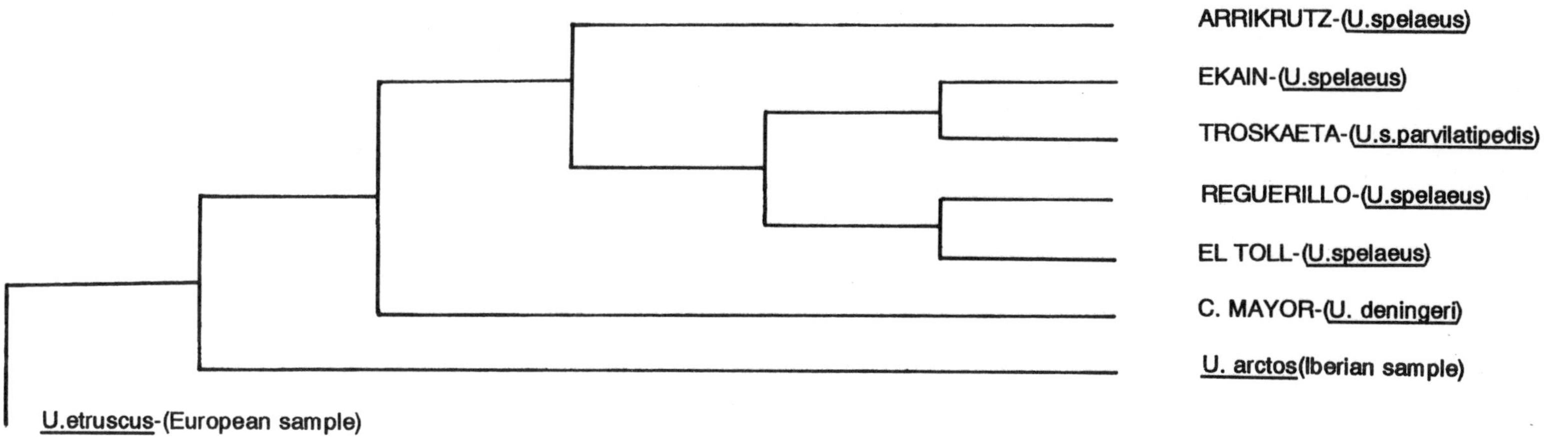

– Se vuelve a detectar la gran separación existente entre *U. etruscus* y *U. arctos*.
– *U. deningeri* de C. Mayor se separa netamente de las poblaciones de *U. spelaeus*.
– Entre El Reguerillo y El Toll se mantiene una gran semejanza; pero en este caso *U.s. parvilatipedis* de Troskaeta aparece relacionado más estrechamente con *U. spelaeus* de Ekain, mientras que *U. spelaeus* de Arrikrutz se sitúa en una posición más marginal.

– Again, the large distance dividing *U. etruscus* and *U. arctos* is striking.
– *U. deningeri* from Cueva Mayor is clearly distinct from the *U. spelaeus* populations.
– There is a considerable resemblance between Reguerillo and El Toll populations. *U.s. parvilatipedis* from Troskaeta appears in this analysis more closely related to the Ekain *U. spelaeus,* while the Arrikrutz cave bear adopts a marginal position.

7 Conclusiones.

El análisis multivariante s.l. se muestra como un método de gran utilidad para el estudio de las poblaciones de úrsidos. No aparecen discordancias notables entre los resultados obtenidos mediante la aplicación de métodos diferentes:

Hay una neta separación entre las especies espeloides y las arctoides.

La diferenciación *U. etruscus-U. arctos* aparece fuertemente marcada.

U. deningeri de C. Mayor aparece siempre netamente diferenciado respecto de las poblaciones "normales" de *U. spelaeus*.

U. spelaeus parvilatipedis de Troskaeta también posee características propias, aunque la cronología que le ha sido atribuida (Würm tardío s.l.) a partir del grado de evolución del postcraneal (carpo y tarso en especial) debería reconsiderarse, valorando más los caracteres "arcaizantes" en la morfología dentaria, que posiblemente lleven a asignarle una antigüedad mayor.

7 Conclusions.

The multivariate analysis s.l. appears as an extremely useful method for the study of Ursid populations. We have not found any notable discrepancies between the results obtained from the application of different methods:

There is a clear separation between the speloid and the arctoid groups of species.

The differentiation between *U. etruscus* and *U. arctos* appears to be very pronounced.

Ursus deningeri from Cueva Mayor seems to be easily distinguishable from the *U. spelaeus* "normal" populations.

Ursus spelaeus parvilatipedis from Troskaeta also displays unique characteristics. There are reasons to reconsider the previously assigned chronology (late Würm s.l.), estimated in view of the derived state of the postcranial elements (specially the carpus and tarsus). The archaic characters found in the dental morphology seems to favour a possible more ancient date.

134 Hay un estrecho paralelismo en las morfologías dentarias de las poblaciones marginales de *U. spelaeus,* El Reguerillo y El Toll.

Las poblaciones de *U. spelaeus* del Borde Cantábrico de la Península Ibérica tienden a aproximarse morfológicamente.

There is a very close parallelism in the dental morphologies between the marginal *U. spelaeus* populations, Reguerillo and El Toll.

There is a trend in the *U. spelaeus* populations from the Cantabrian region of the Iberian Peninsula to have similar morphological characteristics.

8

Agradecimientos.

Los autores agradecen al Dr. J. L. Arsuaga sus comentarios y ayuda en el proceso de interpretación de los resultados. El presente trabajo ha sido financiado por el Proyecto de la D. G. I. C. Y. T. PB90-0126-C03-2 y por el Contrato CEC: F12W-CT91-0075 (ENRESA).

Marzo de 1993.

8

Acknowledgements.

The authors thank Dr. J. L. Arsuaga for his comments and assistance in the interpretation of these results. This paper has been financed by the D. G. I. C. Y. T. project PB90-0126-C03-2 and by the CEC contract F12W-CT91-0075 (ENRESA).

BIBLIOGRAFÍA

ABEL, O. & KIRLE, G. (1931): Die Drachenhöle bei Mixnitz. *Herausgegeben vom Soeläologischen Inst. beim Minister für Land Und Forstwirschaft. 953 pp., 200 taf. 76 textfig.*

CEBALLOS, M. (1986): *Estudio Biométrico y Morfológico de una población de Ursus deningeri del Pleistoceno Medio de la Sierra de Atapuerca, Burgos.* Tesis de Licenciatura 153 p. (inédito).

MUSIL, R. (1959): Der holenbäre aus der Höle Barová. *Acta Mus. Moraviae, LXIV: 89-114, 10 láminas.*

RABEDER, G. & TSOUKALA, E. (1990): Morphodynamic analysis of some cave bear teeth from Petralona Cave (Chaldiki, North-Greece). *Beitr. Paläont. Österr. 16: 103-109.*

RABEDER, G. (1983): Neuse vom Hölenbären. Zur Morphogenetik der Backenzäne. *Die Höle 34/2: 67-85.*

ROHLF, F. J. (1989): Ntsys-pc. *Numerical Taxonomy and Multivariate Analysis System. Version 1.50. Programa y manual.* Exeter Publishing, Ltd. New York.

ROHLF, F. J. & SOKAL, R. R. (1981): Comparing numerical taxonomic studies. *Systematic Zoology, 17: 407-412.*

SOKAL, R. R. & SNEATH, P. H. A. (1963): *Principles of Numerical Taxonomy.* Freeman. San Francisco, 359 pp.

TORRES, T. COBO, R. SALAZAR, A. (1991): La población de oso de las cavernas *(U. spelaeus parvilatipedis* n. ssp.) de Troskaeta'ko Kobea (Ataun-Guipúzcoa). *Rev. Soc. Est. Vascos, Munibe, 43: 3-85.*

TORRES, T. (1978): Los osos fósiles de la Sierra de Atapuerca (Burgos). *Bol. geol. y Min., LXXXIX, II: 123-132.*

TORRES, T. (1984): *Ursidos del Pleistoceno Holoceno de la Península Ibérica.* Tesis Doctoral de la U. P. de Madrid, 653 pp. 636 figs. 249 tablas.

TORRES, T. (1988): Osos *(Mammalia, Carnivora, Ursidae)* del Pleistoceno de la Península Ibérica. *Publ. Espec. Itto. Geol y Min. de España, 316 p. 295 figs. 137 tab.*

TORRES, T. (1990): Los restos de oso del yacimiento de Venta Micena (Orce, Granada) y el material de *U. etruscus* G. Cuvier del Villafranquiense Europeo. J. Gibert Ed. (en prensa).

Las aves de la unidad estratigráfica TG-11 de la Galería (Sierra de Atapuerca, Burgos, España)

Birds of the stratigraphic unit TG-11 at la Galeria (Sierra de Atapuerca, Burgos, Spain)

Antonio Sánchez Marco.

Departamento de Paleobiología. Museo Nacional de Ciencias Naturales C.S.I.C. José Gutiérrez Abascal, 2. E-28006 Madrid. España.

Resumen:

Se ha pasado revista a los nuevos datos sobre los fósiles avianos contenidos en la unidad estratigráfica TG-11 del yacimiento conocido como ***La Galería,*** *situado en la Sierra de Atapuerca. La interpretación paleoecológica que se había realizado en trabajos anteriores, a la vista de los nuevos hallazgos, puede ser ratificada y ampliada. Es consistente con el mantenimiento de los mismos biotipos que se habían identificado, pero se discuten algunos aspectos de las reconstrucciones paisajísticas. Estando compuesto el registro mayoritariamente de neoespecies, y en función de la coherencia taxonómica inducida de las ornitocenosis actuales, se han realizado algunas previsiones sobre las aves que cabe esperar encontrar en el futuro. Finalmente, se menciona el importante papel que pudo tener la región como lugar de recepción de invernantes.*

Abstract

New data has been reviewed concerning the avian fossils appeared in stratigraphic unit TG-11 of the site known as ***Galería,*** *situated in the Sierra de Atapuerca. In view of the new findings, the palaeoecological interpretation resulting from previous studies can now be ratified and extended. This study comes out in favour of maintaining the same biotopes that had previously been identified, but discusses some aspects of landscape reconstructions. Since the record is composed predominantly of neospecies, and in light of the taxonomical coherence induced from the present-day ornithocenoses, certain forecasts have been ventured as to those birds that can be expected to be discovered in the future. Lastly, reference is made to the important role that may have been played by this region as a reception area for wintering species.*

Palabras clave:

Paleornitología, paleoecología, Atapuerca, Pleistoceno Medio, Cuaternario ibérico, región mediterránea.

Key words:

Palaeornithology, palaeoecology, Atapuerca, Middle Pleistocene, Iberian Quaternary, Mediterranean region.

1 Introducción.

Este trabajo se centra en la unidad estratigráfica TG-11, que se incluye en el conjunto sedimentario superior, TG-III (Gil, 1986), del perfil estratigráfico del yacimiento de la *Galería* (40° 21' N, 0° 10' E del meridiano de Madrid). Éste es uno de los afloramientos mejor conocidos de los localizados en la trinchera de un antiguo ferrocarril minero a su paso por la Sierra de Atapuerca. La unidad suprayacente, TG-12, se ha desvelado paleontológicamente estéril, en tanto que la excavación en los sedimentos a suelo de TG-11, esto es: en TG-10, se encuentra en fase inicial.

La unidad TG-11 presenta un espesor máximo de 1,20 m y se compone de una sucesión de delgados niveles de lutitas pardo-rojizas y lechos de microconglomerados (Gil *et alii,* 1987). No se poseen dataciones absolutas para esta unidad en particular; no obstante, la costra estalagmítica que sella a techo el perfil estratigráfico (Gil *et alii, o.p.),* situada a 3 m por encima de TG-11, ofrece una edad de unos 118.000 a.a.a. por el método $^{230}Th/^{234}U$, en tanto que el mismo método, aplicado sobre el conjunto de espeleotemas que se desarrolla a techo de la unidad TG-4, a unos 2,5 m por debajo de TG-11, le asigna una antigüedad mayor de 350.000 años (Grün & Aguirre, 1987).

Cualquier tipo de interpretación fiable de una colección de objetos fósiles extraídos de un lecho sedimentario requiere que se garanticen un conjunto de pasos en el proceso de la excavación. Uno de los más debatidos es, sin duda, el muestreo (véase, p.e., Morales, 1989). En las excavaciones que se vienen efectuando en el yacimiento, se recogen con cuidado todos los objetos fósiles de 3 cm en adelante. Por tanto, en el conjunto de restos de aves, este tamaño demarca aproximadamente dos categorías de talla. La colección de huesos por encima de 3 cm constituyen una muestra de las biocenosis pretéritas; es la muestra registrada en el sedimento. Por el contrario, la fracción de talla inferior es una muestra del registro.

1 . Introduction.

This paper focusses on the stratigraphic unit TG-11, which is a part of the upper sedimentary assemblage TG-III (Gil, 1986) of the stratigraphic profile of the site named *Galería* (40° 21' N, 0° 10' E from the Madrid meridian). This site constitutes one of the best known outcrops amongst those that have been located in the trench made for an old mine railway went along Sierra de Atapuerca. The overlying unit, TG-12, has been revealed to be palaeontologically sterile, whilst the excavation of the sediments beneath TG-11, that is, TG-10, is still at an initial stage.

Unit TG-11 displays a maximum thickness of 1.20 m and comprises a series of thin levels of reddish-brown lutites and microconglomerate beds (Gil *et alii,* 1987). No absolute dating has been inferred for this specific unit; nevertheless, the stalagmitic crust that seals off the stratigraphic profile at its ceiling (Gil *et alii, o.p.),* situated 3 m above TG-11, has been conferred an age of 118,000 years using the $^{230}Th/^{234}U$ method. The same method has been applied to a group of speleothemes that have developed at the ceiling of unit TG-4, about 2.5 m below TG-11 resulting in the assignation of an age of over 350,000 years (Grün & Aguirre, 1987).

For any interpretation of a collection of fossil objects extracted from a sedimentary bed to be regarded as reliable, the performance of a series of steps has to be guaranteed in the excavation process. One of the most controversial of such steps is without doubt that of sampling (see, e.g., Morales, 1989). In the excavations that have been carried out up to date at the site, all fossil objects measuring 3 cm or over have been carefully gathered. Consequently, with regard to the assemblage of bird remains, this measurement roughly delimits two size categories. The collection of bones measuring over 3 cm represents a sample of the past biocenoses; this is the sample recorded in the sediment. On the other hand, the fraction of smaller-sized bones is a sample of the record.

2 Registro Taxonómico.

En el tiempo que media entre los primeros informes paleornitológicos sobre la *Galería* (Sánchez, 1987a, 1987b) y el presente, han sido varias las campañas de excavaciones que se han sucedido. Ha crecido el volumen de restos fósiles y, con-

2 Taxonomic record.

The period of time that has elapsed from the first palaeornithological reports on *Galería* (Sánchez, 1987a, 1987b) up to the present day has borne witness to a succession of several excavation campaigns. The volume of fossil remains has siguientemente, nuestro conocimiento de las aves que poblaron la Sierra de Atapuerca durante el Pleistoceno Medio. La lista taxonómica que se dio en Sánchez (1987a) abarcaba desde el techo de la unidad estratigráfica TG-11 hasta el nivel de excavación SU-9. El presente informe casi acaba con esta unidad, pues añade a lo anterior parte de los materiales extraídos de los niveles SU-10 y SU-11. Probablemente, cuando se hayan examinado todos los restos avianos de los niveles excavados últimamente, se obtendrá un conjunto taxonómico mayor que el que se conoce hasta el momento.

Las novedades que se publican ahora son consistentes con la recreación paleoambiental que se esbozó en los estudios anteriores y contribuyen a perfilar más nítidamente la imagen de las ornitofaunas pretéritas de esta región.

grown and, as a result, our knowledge of the birds that inhabited the Sierra de Atapuerca during the Middle Pleistocene has also increased. The taxonomic list published by Sánchez (1987a) covered a range from the ceiling of stratigraphic unit TG-11 to excavation level SU-9. This present report almost completes the record for this unit, since it adds to the previous list part of the materials extracted from levels SU-10 and SU-11. When all the avian remains belonging to the recently excavated levels have been examined, we will probably obtain a larger taxonomic assemblage than that known up to date.

The new items that are now being published are in line with the palaeoenvironmental reconstruction outlined in the above mentioned studies and help to achieve a more nitid picture of past ornithofaunas of this region.

O. Anseriformes
F. Anatidae
G. *Anas*

A. crecca L.
A. platyrhynchos L.
A. cf. querquedula L.

O. Falconiformes
F. Falconidae
G. *Falco*

F. tinnunculus L.

O. Galliformes
F. Tetraonidae
G. *Perdix*

P. palaeoperdix Mourer-Chauviré

G. *Coturnix*

C. coturnix (L.)

O. Gruiformes
F. Gruidae
G. *Porzana*

P. cf. pusilla (Pallas)

F. Otidae
G. *Otis*

O. tarda (L.)

O. Charadriiformes
F. Charadriidae
G. *Vanellus*

V. vanellus (L.)

G. *Pluvialis*

P. apricaria (L.)

F. Scolopacidae
G. *Limosa*

L. limosa (L.)

G. *Tringa*

T. erythropus (Pallas)
T. totanus (L.)

G. *Gallinago*

G. media (Latham)
G. gallinago (L.)

G. *Calidris*

C. alpina (L.)

F. Laridae
G. *Sterna*

S. albifrons Pallas

O. Columbiformes
F. Columbidae
G. *Columba*

C. livia Gmelin/*oenas* L.

O. Passeriformes
F. Alaudidae
G. *Galerida*

G. cristata L.

G. *Lullula*

L. arborea L.

G. *Alauda*

A. arvensis L.

F. Muscicapidae
G. *Turdus*

T. merula L.
T. pilaris L./*T. viscivorus* L.
T. viscivorus L.

F. Emberizidae
G. *Emberiza*

E. citrinella L.

F. Fringillidae
G. *Fringilla*

F. coelebs L.

F. Sturnidae
G. *Sturnus*

Sturnus sp.

F. Corvidae

G. *Pica*

P. pica (L.)

G. *Pyrrhocorax*

P. pyrrhocorax (L.)

P. graculus (L.)

G. *Corvus*

C. monedula L.

C. antecorax Mourer-Chauviré

El yacimiento de la *Galería,* con unas 30 especies identificadas hasta el momento, encierra una riqueza taxonómica similar a las de Fontechevade (Mourer-Chauviré, 1975) y Hunas (Jánossy, 1983), y menor que las de Le Lazaret, La Fage (Mourer-Chauviré, *op. cit.)* y Stránská Skála (Jánossy, 1972), entre las localidades europeas del Pleistoceno Medio.

En la figura 1 se representan las familias según el número de especies que se han hallado. Se han tenido en cuenta sólo aquellas nominaciones específicas inequívocamente identificadas al menos a nivel genérico. La familia Sturnidae se consigna con una entrada porque se considera *Sturnus sp* como una especie, aunque indeterminada. Como se observa en esta figura, los dos niveles que se incorporan en este trabajo incrementan considerablemente la visión de la diversidad ornítica local registrada en Atapuerca. Así, la simple adición de las tres especies de anátidas, además de *P. cf. pusilla, V. vanellus, T. erythropus* y *Sturnus sp. (P. pica,* detectada a partir de un hueso del nivel SU-9, en lo concerniente a comparaciones se toma como dato antiguo) suponen la aparición de tres nuevas familias: Anatidae, Rallidae y Sturnidae. Las dos primeras eran esperadas en el contexto paleoecológico que se había delineado en los trabajos anteriores (Sánchez, *op. cit.),* con una relativamente rica representación de especies ligadas a hábitats ribereños. Particularmente llamativo era el hecho de que no se hubiera hallado ninguna anátida, siendo tan masiva la participación de las limícolas en la lista taxonómica. La previa ausencia de la familia Rallidae, como la aún no detectada Ardeidae, no era tan conspicua porque ambas familias parecen haber contado en el Pleistoceno Medio, como en la actualidad, con escasos efectivos en Europa. En nuestro conocimiento, tan sólo existen tres yacimientos europeos mesopleistocenos con más de dos rállidas identificadas: Le Lazaret (Locus VIII), con tres especies (Mourer-Chauviré, 1975); Prezletice, probablemente también con tres especies (Jánossy, 1983), y La Fage (Aven 1), en cuyo amplio registro estratigráfico Mourer-Chauviré *(op. cit.)* ha encontrado cuatro especies.

The *Galería* site, for which up to date 30 species have been identified, displays a taxonomic wealth, which, when compared to the other European Middle Pleistocene localities, is seen to be similar to those of Fontechevade (Mourer-Chauviré, 1975) and Hunas (Jánossy, 1983), and less extensive than those of Le Lazaret, La Fage (Mourer-Chauviré, *op. cit.)* and Stránská Skála (Jánossy, 1972).

In figure 1, the families are represented according to the number of species that have been found. The only specific names taken into consideration were those that, at least at genus level, have been unmistakably identified. The Sturnidae family is assigned an entry because *Sturnus sp* is considered to be an –albeit unspecified–species. As can be observed in the figure, the two levels incorporated into the study markedly improve the picture given of the local ornithic diversity recorded at Atapuerca. Thus, the simple addition of the three anatidae species, as well as *P. cf. pusilla, V. vanellus, T. erythropus* and *Sternus sp.* (for comparison purposes, *P. pica,* whose detection is based on a bone from level SU-9, is taken as an ancient datum) implies the appearance of three new families: Anatidae, Rallidae and Sturnidae. The first two of these were expected to appear in the palaeoecological context that had been outlined in previous studies (Sánchez, *op. cit.)* and which featured a relatively rich representation of species linked with riverside habitats. The fact that no anatids had been found was particularly striking, given the truly massive presence of the limicolae on the taxonomic list. The previous absence of the Rallidae family, along with that of the as yet undetected Ardeidae, did not appear to be so conspicuous due to the fact that both families occurred in very small numbers in Europe in the Middle Pleistocene, as they do today. As far as we know, there are only three European Middle Pleistocene sites that have seen the identification of more than two rallids: Le Lazaret (Locus VIII), featuring three species (Mourer-Chauviré, 1975); Prezletice, which likely also contains three species (Jánossy, 1983); and La Fage (Aven 1), Mou-

1. *Familias según n.º de especies (o géneros, en su defecto) encontradas.*

1. *Families according to no. of species found (or genera, in the absence of the latter).*

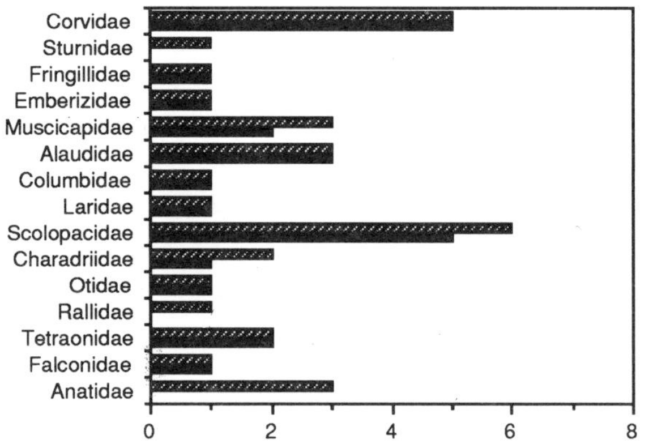

2. *Biotopos representados en función del número de especies.*

2. *Representation of biotopes in accordance with the number of species.*

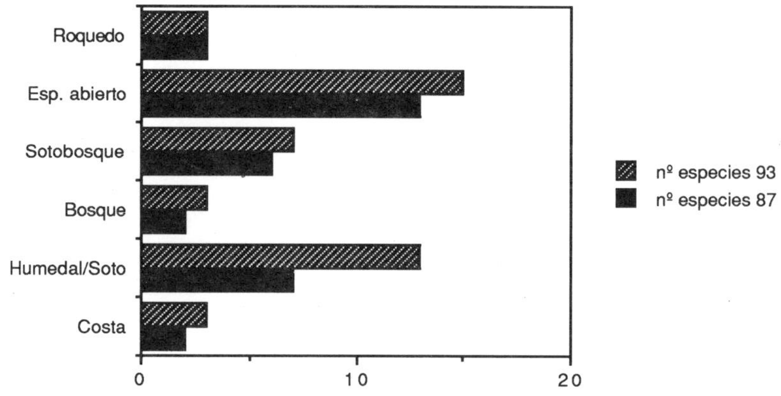

Entre las familias passeriformes de pequeña talla, Fringillidae y Emberizidae, dos grupos ampliamente diversificados, cada una aparece con una sola especie. No parece que estos hallazgos se puedan tomar como un reflejo fidedigno del pasado; más bien, estos taxones se encuentran subrepresentados. Excepto en yacimientos en que se han dado condiciones muy favorables de fosilización y conservación, la contribución de taxones de pequeña talla es escasa y, por tanto, probablemente aleatoria. En el futuro, cabe esperar que se incrementen los hallazgos de estas familias y que se incorporen otras, como Ploceidae.

La identificación de sólo dos depredadores de vertebrados terrestres, *Falco tinnunculus* y *Corvus antecorax* (suponiendo que éste último tuviera el mismo comportamiento que el actual *C. corax),* está en desacuerdo con la variedad de biotopos de la sierra de Atapuerca. Dos ausencias destacables son las de los órdenes Accipitriformes y Strigiformes. Aunque para estos grupos, no puede esgrimirse la talla pequeña ni que las condiciones ambientales no favorecieran su existencia en la zona, quizá haya que aducir también el efecto de una deriva aleatoria sobre su registro fósil. En todo caso, hay que esperar la aparición de especímenes de estos dos órdenes, particularmente, por lo que ya se conoce, de los géneros *Buteo* y *Tyto;* si bien existen precedentes con buenos registros, como el de Fontechevade (Mourer-Chauviré, 1975), donde no se han hallado rapaces nocturnas.

Una de las apariciones con mayor interés que cabría consignar en el futuro, y que sería compatible con el esquema paleoecológico de Atapuerca, sería la de *Alectoris.* En Aridos-1, Mourer-Chauviré (1980) refiere el hallazgo de *Alectoris* del grupo *graeca-rufa.* La identificación de este género en la *Galería* contribuiría a la datación de la separación de ambas especies.

rer-Chauviré *(op. cit.)* having discovered four species in the extensive stratigraphic record of this site.

Amongst the small-sized families of the Passeriformes order, we find Fringillidae and Emberizidae, two highly diversified groups which are each represented by a single species. It would seem that such findings could not be regarded as being a trustworthy reflection of what really occurred in the past; rather, it would appear that these taxa are underrepresented. The contribution of small sized taxa to the records is very sparse, with the exception of those found at sites at which the conditions for fossilization and conservation of remains were very favourable, and therefore is likely to prove aleatory. It is to be expected that in the future more finds will be made of these families, and that others shall be discovered, such as Ploceidae.

The fact that only two depredators of land vertebrates have been identified, namely *Falco tinnunculus* and *Corvus antecorax* (provided that the latter had the same behaviour as the present-day *C. corax),* does not tally with the variety of biotopes found in the Sierra de Atapuerca. Noteworthy absences are those of the orders Accipitriformes and Strigiformes. Although the arguments concerning small size and unfavourable environmental conditions for their existence in the area are not valid in the case of these groups, a possible factor that could be alleged as causing their absence is the effect of an aleatory drift on their fossil record. In any case, the appearance of specimens of these two orders is to be expected, above all of the genera *Buteo* and *Tyto*-if we are to go by present knowledge. However, precedents are known of sites with good records where no nocturnal birds of prey have been found.

One of the most interesting appearances that could well be recorded in the future, and which would be compatible with the palaeoecological pattern of Atapuerca, is that of

Alectoris. At Aridos-1, Mourer-Chauviré (1980) confirmed the finding of *Alectoris* of the group *graeca-rufa.* The identification of this genus in *Galería* would constitute a step towards dating the separation of the two species.

3
Registro paleoecológico y fenológico.

Los taxones nuevos que se apuntan en este trabajo no modifican la visión de los biotopos que se obtenía en anteriores escritos. En la figura 2, se han comparado los datos hasta el nivel SU-9 con los datos actuales, representando los principales hábitats según el número de especies características de cada uno. Se ha tenido presente que algunas especies son características de más de uno de ellos; aunque, para simplificar, el máximo de biotopos caracterizados por cada especie ha sido de dos.

Uno de los pasos para realizar reconstrucciones paleoambientales consiste en individualizar los biotopos implicados por los taxones que se reconocen en el registro. Seguidamente, a cada biotopo se le asigna como peso la cantidad de restos fósiles (o una función de ésta, como la proporción que guarda con el total de restos o el número mínimo de individuos) que se le atribuyen. Es decir, si un biotopo está caracterizado por dos especies, una con tres especímenes (p.e., NMI: 1) y la otra con diez (p.e., NMI: 3), el biotopo en cuestión obtiene una representación equivalente a trece especímenes (3 individuos), o la proporción de esta cifra con la del total del registro. Hasta el presente, no existe ningún estimador fiable del ajuste de las proporciones taxonómicas de la muestra registrada con las de la población pretérita. Por diversos factores, unos grupos se muestran subrepresentados, en tanto que otros están suprarrepresentados. En los yacimientos en cavidades rocosas, las especies típicas de roquedo alcanzan proporciones muy elevadas. En la *Galería,* los restos de una de ellas, *C. antecorax,* suman el cincuenta por ciento del total de los fósiles avianos. Tras sumar los restos de las otras especies de roquedo, también mayoritarias, se podría inferir equivocadamente que las paleornitocenosis de este período estaban fundamentalmente determinadas por un hábitat de roquedo. El caso del roquedo es sólo un ejemplo, tomado por su conspicuidad; y también se podrían apuntar ejemplos de errores similares referidos a inferencias paleoclimáticas.

Es posible que contemplar el número de especies características de cada biotopo no capacite para realizar reconstrucciones paleoambientales más fidedignas que las obteni-

3
Palaeoecological and phenological record.

The new taxa registered in this study do not modify the oversight of the biotopes that had been achieved in earlier publications. Figure 2 illustrates the comparison of data collected up to level SU-9 with data available today, the main habitats being shown in accordance with the number of species that characterize them. It has been borne in mind that some species are characteristic of more than one habitat; however, in order to simplify matters, each species has been taken as characterizing a maximum of two biotopes.

One of the steps to be taken in order to carry out palaeoenvironmental reconstructions lies in individualizing the various biotopes whose existence is implied by the taxa identified in the record. Next, each biotope is weighted according to the amount of fossil remains attributed to it (or a function of the said amount, for instance the proportion it bears with regard to the total number of remains or the minimum number of individuals). That is to say, if a biotope is characterized by two species, one featuring three specimens (e.g., MNI: 1) and the other ten (e.g., MNI: 3), then the biotope in question achieves a representation equivalent to thirteen specimens (3 individuals) or to the proportion of this figure with the total record. Up to date, there has been no reliable method of estimating the degree to which the taxonomic proportions of the recorded sample match those of the past population. Due to a variety of factors, some groups appear to be underrepresented, whereas others are clearly overrepresented. At sites situated in rocky cavities, species that are typical of rock areas account for a very high proportion of the remains. At *Galería,* the remains of one such species, *C. antecorax,* represent fifty percent of the total avian fossils encountered. If we were to add to these the remains of the other rock species –also found in majority proportions– we could mistakenly infer that the palaeornithocenoses of this period were predominantly determined by a rock habitat. Moreover, the case of the rock habitat is only one example, which I have used due to its conspicuousness; we could also cite examples of similar errors made in relation to palaeoclimatic inferences.

3. *Biotopos según número de especies. Datos modernos.*

3. *Biotopes according to number of species. Modern data.*

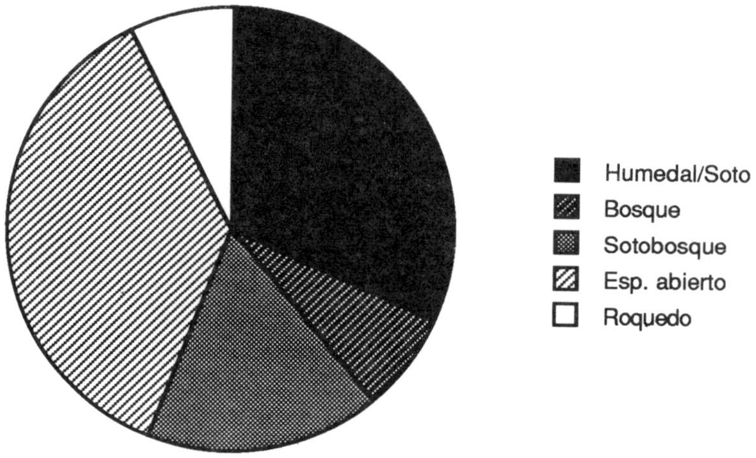

das a partir del número de restos. Probablemente, haya que combinar ambas vías.

En la figura 2, se observa el biotopo al que se ha denominado de *costa,* y que está caracterizado por especies que, sin ser exclusivas de este hábitat, lo frecuentan en mayor o menor medida que el de las *riberas* del interior. Recurriendo a criterios extrínsecos a la paleornitología –paleogeografía, sedimentología, etc.–, se puede prescindir de éste (Fig. 3). Este caso está muy claro.

Si bien no hay un estimador fiable del ajuste de las proporciones de la muestra fósil con las de la población viva, tampoco existe otro para ajustar aquéllas con la extensión relativa de cada biotopo. Lo que significa que las longitudes de las barras de la figura 2, o las superficies de la figura 3, probablemente no son representativas de las extensiones relativas de los biotopos pretéritos, sino simplemente de las abundancias de cada fracción del registro fósil, se tomen éstas como se tomen. Es evidente que existe, en cada caso, una relación entre abundancia de seres y extensión del biotopo que los soporta, pero esta relación es compleja. Además, para la paleontología, está oscurecida por los procesos tafonómicos. El hábitat de *bosque* recibe sólo tres entradas (Fig. 2). Pudiera ser interpretado como evidencia de la escasez de masas boscosas en la región; aunque habría que matizarla considerando que las especies forestales son escasas, si se comparan con las de otros hábitats, y que la mayor parte de los predadores aéreos buscan sus presas en espacios abiertos. Lo que, en principio, implica esperar que el biotopo de *bosque* esté subrepresentado. De todos modos, no se han encontrado restos de las especies más típicamente forestales, como pudieran ser *Parus,* algunas strigidae o piciformes. Conviene señalar que este último grupo está bien representado en La Fage, Le Lazaret

Possibly the method of taking into consideration the number of characteristic species of a given biotope does not enable us to achieve more trustworthy palaeoenvironmental reconstructions than those carried out based simply on the number of remains found. Probably what has to be done is to use a combination of both methods.

In figure 2, we can observe the biotope that has been labelled as a *coastal* biotope and which is characterized by species that, although not exclusive to this habitat, are seen to frequent it to a greater or lesser degree than they do the inland *waterside* habitat. Recurring to extrinsic criteria to palaeornithology –palaeogeography, sedimentology, etc.–, the latter habitat can be excluded (fig. 3). This is in fact quite a clear-cut case.

Just as there is no reliable means of estimating the degree to which the proportions of the fossil sample match those of the living population, neither is there a way of matching the former to the relative extension of each biotope. What this implies is that the lengths of the bars in figure 2, or the surfaces in figure 3, probably do not represent the relative extensions of the past biotopes, but simply indicate the relative abundance of each fraction of the fossil record, whichever way such abundance is to be interpreted. It is evident that in each case there is a relation between the amount of beings present and the extension of the biotope that bears them-however, this relation is a complex one. Moreover, from a palaeontological point of view, it is clouded by taphonomic processes. The *woodland* habitat has only three entries (fig. 2). This fact could be interpreted as proof that wooded areas were scarce in the region; although such a conclusion would have to be qualified by taking into account the fact that forest species are generally scarce when compared with

(Mourer-Chauviré, 1975), Aridos 1 (Mourer-Chauviré, 1980) y Stránská Skála (Jánossy, 1972).

Los dos biotopos que alcanzan mayor representación en el registro de TG-11 son el de *bordes de agua* y el de *espacios abiertos*. En efecto, es tanto en los sotos y humedales, como en las zonas de contacto entre bosques y espacios abiertos donde se concentra la mayor diversidad ornítica. La abundancia de fósiles de aláudidos (Sánchez, 1987a) parece estar determinada por la presión cazadora de rapaces diurnas, probablemente *Falco,* que, una vez que se deshicieran de los despojos de las presas, caerían éstos al interior de la cueva.

Las especies que han permitido identificar el biotopo de ribera son abundantes, de las cuales, siete tienen en la actualidad status fenético de exclusivamente invernantes en la Península Ibérica. Si los hábitos migratorios de estas aves fueron durante el Pleistoceno Medio similares a los que poseen en nuestros días, en los alrededores de cueva deberían existir condiciones adecuadas para acoger a una rica ornitofauna de invernantes europeos, bien como punto de recalada, o bien para pasar la estación dura.

those of other habitats, and that most winged predators search for their prey in open spaces. This, then, would at first seem to suggest that the *woodland* biotope is underrepresented. In any case, no remains have been found of the most typical forest species, such as for example *Parus,* and certain Strigidae or piciforms. It should also be pointed out that this latter group is well represented at La Fage, Le Lazaret (Mourer-Chauviré, 1975), Aridos 1 (Mourer-Chauviré, 1980) and Stránská Skála (Jánossy, 1972).

The *lowland* and that of *open country* constitute the two most highly represented biotopes in the TG-11 record. In fact, the greatest ornithic diversity is to be observed both in lowland and wetlands and in areas where woods and open country converge. The abundance of Alaudidae fossils (Sánchez, 1987a) would seem to be the result of the pressure placed on them by the hunting activities of diurnal birds of prey-in all probability, *Falco.* Once the latter had got rid of their prey's remains, these would fall into the cave.

There is a long list of species that have led to the identification of the waterside biotope. Seven of them at present enjoy the phenetic status of wintering exclusively on the Iberian Peninsula. If the migratory habits of these birds were similar during the Middle Pleistocene to what they are today, then in the vicinity of the cave the suitable conditions should exist for the reception of a rich ornithofauna of European wintering individuals that would use the area either as a landing point or as a place to spend the hard season.

4 Agradecimientos.

Deseo agradecer a los directores del proyecto de Atapuerca la confianza que vienen depositando en mí. Quiero también expresar en esta ocasión mi reconocimiento al amplio y experto grupo de excavadores, sin los cuales nada es posible. Este proyecto se beneficia del soporte económico de la DGICYT, proyectos PB90-0126-C03-01 y PB93-0066-C03-03 y de la Consejería de Cultura y Turismo de la Junta de Castilla y León.

Diciembre de 1992.

4 Acknowledgements.

I should like to thank the directors of the Atapuerca project for the confidence they have shown in me. On this occasion I would also like to acknowledge the efforts of the large and expert group of excavators, without whom nothing would be possible. The said project is aided by the financial support of the DGICYT, proyectos PB90-0126-C03-01 y PB93-0066-C03-03 and the Regional Ministry of Culture and Tourism of the Regional Government of Castilla-León.

GIL, E. (1986): Taxonomía y bioestratigrafía de micromamíferos del Pleistoceno Medio, especialmente roedores, de los rellenos kársticos de la trinchera del ferrocarril de la Sierra de Atapuerca (Burgos). Tesis doctoral. Universidad de Zaragoza.

GIL, E.; AGUIRRE, E. & HOYOS, M. (1987): Contexto estratigráfico. En (E. AGUIRRE, E. CARBONELL & J. M. BERMÚDEZ DE CASTRO, eds.). *El hombre fósil de Ibeas y el Pleistoceno de la Sierra de Atapuerca, I,* pp. 47-54. Valladolid: Junta de Castilla y León.

GRÜN, R. & AGUIRRE, E. (1987): Datación por "ESR" y por la serie del "U", en los depósitos cársticos de Atapuerca. En (E. AGUIRRE, E. CARBONELL & J. M. BERMÚDEZ DE CASTRO, eds.). *El hombre fósil de Ibeas y el Pleistoceno de la Sierra de Atapuerca, I,* pp. 201-204. Valladolid: Junta de Castilla y León.

JÁNOSSY, D. (1972): Die Mittelpleistozäne Vogelfauna der Stránská Skála. *Anthropos, 20 (12),* 35-64.

JÁNOSSY, D. (1983): Die Jungmittelpleistozäne Vogelfauna von Hunas (Hartmannshof). *Quartär-Bibliothek 4,* 265-288.

JÁNOSSY, D. (1983): Die Mittelpleistozäne Vogelfauna von Prez-letice bei Prag (CSSR). *Schriftenr. geol. Wiss. 19/20,* 247-269.

MORALES, A. (1989): Zooarqueología. En (E. AGUIRRE, coor.). *Paleontología,* pp. 381-410. Madrid: Consejo Superior de Investigaciones Científicas.

MOURER-CHAUVIRÉ, C. (1975): Les oiseaux du Pléistocène Moyen et Supérieur de France. *Docum. Lab. Fac. Sc. Lyon. 64,* 624 pp.

MOURER-CHAUVIRÉ, C. (1980): Las aves del sitio de ocupación achelense de Aridos-1 (Arganda, Madrid). En (M. SANTONJA, N. LÓPEZ & A. PÉREZ, eds.). *Ocupaciones achelenses en el Valle del Jarama,* pp. 145-160. Madrid: Diputación Provincial de Madrid.

SÁNCHEZ, A. (1987a): Aves fósiles de Atapuerca. En (E. AGUIRRE, E. CARBONELL & J. M. BERMÚDEZ DE CASTRO, eds.). *El hombre fósil de Ibeas y el Pleistoceno de la Sierra de Atapuerca, I,* pp. 67-73+114. Valladolid: Junta de Castilla y León.

SÁNCHEZ, A. (1987b): Saalian *s.l.* avian findings in the northern Iberian Plateau. *Docum. Lab. Géol. Lyon* 99, 193-196.

Evolución humana en Europa y los yacimientos de la Sierra de Atapuerca, págs. 147-165

Paleovegetación del Pleistoceno Medio de Atapuerca a través del análisis polínico

Pollen analysis of Middle Pleistocene palaeovegetation at Atapuerca

Mercedes García Antón

Departamento de Biología (Unidad de Botánica), Facultad de Ciencias, Universidad Autónoma de Madrid. 28049 Madrid. España

Resumen

Se ha abordado el estudio polínico de los yacimientos mesopleistocenos que rellenan antiguas cavidades kársticas de la Sierra de Atapuerca (Burgos, España) y que constituyen los yacimientos paleontológico-arqueológicos que llevan el mismo nombre. Los depósitos analizados son los pertenecientes a la Trinchera: Gran Dolina, Galería y parte de Tres Simas boca Norte. Gran parte de las muestras resultaron ser estériles, de manera que sólo se han podido extraer resultados de la parte superior de Galería (niveles TG-12 y TG-11) y de espectros polínicos aislados de Gran Dolina. De manera general puede concluirse que los componentes esenciales de la vegetación durante el Pleistoceno Medio de Atapuerca son Quercus de tipo caducifolio y perennifolio acompañados de una serie de taxones arbóreos de carácter mediterráneo o templado cuya variación ha permitido establecer algunas diferencias climáticas. Sólo en algunos momentos de las muestras analizadas de Gran Dolina o en una zona concreta de Galería adquieren mayor importancia Pinus o Cupresáceas.

Abstract

Pollen analysis has been carried out in the Middle Pleistocene sites that fill the ancient karstic cavities of the Sierra de Atapuerca (Burgos, Spain). The deposits analised were those that correspond to the railway trench (Trinchera): Gran Dolina, Galería, and part of the north mouth of Tres Simas. As a large proportion of the samples turned out to be sterile, we have only been able to obtain results from the upper part of Galería (levels TG-12 and TG-11) and isolated pollinic spectra taken from Gran Dolina. In general terms we can draw the conclusion that the essential components of Middle Pleistocene vegetation at Atapuerca were deciduous and evergreen Quercus, together with a series of Mediterranean or temperate arboreal taxa, variations in which enable us to establish some climatic differences. Only occasionally, in samples obtained from Gran Dolina or a particular area of Galería, do Pinus or Cupressaceae acquire any notable significance.

Palabras clave:

Pleistoceno Medio, Atapuerca, Climatología, Análisis polínico.

Key words:

Middle Pleistocene, Atapuerca, Climatology, Polinic analysis.

1 Introducción.

Los yacimientos de Atapuerca se hallan localizados a 15 km al este de la ciudad de Burgos, en los rellenos sedimentarios de las cavidades kársticas de una pequeña elevación que constituye la Sierra de Atapuerca (altitud máxima 1.078 m). La Sierra, constituida por calizas del Cretácico Superior, no sobrepasa los 25 km^2 de extensión y está rodeada de terrenos neógenos y cuaternarios.

El proceso de karstificación de esta estructura cretácica parece que ha sido funcional desde el Neógeno, al menos durante el Plioceno (Zazo *et al.,* 1983). Al final del Pleistoceno Inferior y en relación con el nivel de base del río Arlanzón, los procesos kársticos cambian dando lugar a la apertura al exterior de las cavidades y el inicio de relleno de las mismas. El proceso de acumulación de materiales, incluidos los faunísticos y los dejados por el hombre que utilizaron estas cuevas, finalizan en el Pleistoceno Superior, al menos en Trinchera donde se hallan localizados los yacimientos estudiados por nosotros.

El estudio polínico de estos rellenos sedimentarios, que abarcan la totalidad del Pleistoceno Medio y que disponen de una gran riqueza en restos faunísticos y humanos, es de gran interés para el conocimiento de la paleovegetación y paleoclima de este período tan desconocido desde el punto de vista palinológico.

El conocimiento de la vegetación presente actualmente en la Sierra de Atapuerca y su entorno es básico para la interpretación de los resultados paleobotánicos obtenidos del estudio polínico. Por este motivo exponemos brevemente algunas anotaciones botánicas actuales relacionadas estrechamente con características climáticas, geológicas y litológicas de este territorio.

1 Introduction.

The Atapuerca site is located some 15 km to the east of the city of Burgos, in sedimentary fillings of the karstic cavities on a slight elevation that constitutes the Sierra de Atapuerca (maximum height 1.078 m). This Sierra, made up of upper Cretaceous limestone, does not exceed 25 km^2 and is surrounded by Neogene and Quaternary soils.

The karstifying process of this Cretaceous structure seems to have been taking place since Neocene age, at least during the Pliocene (Zazo *et al.,* 1983). Changes take place in the karstic processes at the end of the Lower Pleistocene and in relation to the base level of the Arlanzón river, causing the cavities to be opened to the outside and subsequently filled. The accumulation of material, including faunal remains and those left by the men who used these caves, came to an end during the Upper Pleistocene, at least in the Trinchera where the sites we have studied are situated.

The pollinic study of these sedimentary fillings, which cover the whole of the Middle Pleistocene and provide an enormous wealth of faunal and human remains, is of great interest for our knowledge of the palaeovegetation and palaeoclimate of this period, hitherto largely unknown from the palynological point of view.

Knowledge of present-day vegetation conditions in the Sierra de Atapuerca and its surroundings is essential for any interpretation of the palaeobotanical results obtained from the pollinic study. We have therefore included some brief botanical observations, which are closely related to the climatic, geological and lithological characteristics that pertain in the area.

2 Vegetación actual del entorno de Atapuerca.

La vegetación que se encuentra actualmente sobre la estructura caliza que forma la Sierra de Atapuerca es un encinar-quejigar continental aclarado. Presenta un cierto matiz atlántico puesto de manifiesto por la presencia de taxones tales como el brezo *Erica vagans.* Está muy alterado por una acción humana secular encaminada a la extracción de leña, la elaboración de carbón vegetal y el pastoreo. Estas prácticas han determinado su actual fisonomía caracterizada por el porte arbustivo de las encinas y los quejigos. En el caso de las

2 Present day vegetation in the Atapuerca area.

The vegetation which is currently to be found on the limestone structure forming the Sierra de Atapuerca is basically a continental-type cleared woodland of holm-oak and gall-oak. There are certain Atlantic features shown by the presence of taxa such as the heather *Erica vagans.* It has been heavily disturbed by human activity aimed at the removal of firewood, the processing of charcoal, and the pasturing of animals. These practises have determined its present features, characterised by the bushlike appearance of the holm-oaks encinas la denominación local de carrascales se ajusta mejor a la estructura de estas formaciones degradadas que cubren la pequeña elevación calcárea donde se hallan ubicados los yacimientos.

La continentalidad del interior de la Península Ibérica, caracterizada por unas condiciones climáticas mucho más extremas que las imperantes en zonas próximas a los litorales, junto con los condicionantes propios que determina el sustrato calizo, es responsable de la pobreza florística de estas formaciones. Las escasas precipitaciones, combinadas con las características del régimen térmico (fríos invernales/calores estivales) constituyen los elementos que más contribuyen a explicar las características estructurales y morfológicas del paisaje vegetal.

Las comunidades vegetales asentadas en la Sierra son pobres en especies y de estructura muy sencilla. El estrato arbóreo está dominado por la encina *(Quercus rotundifolia)* y el quejigo *(Quercus faginea)*. Ambas especies están adaptadas al clima mediterráneo, especialmente la encina que se localiza esencialmente en las laderas de solana donde las condiciones de temperatura y déficit hídrico son más marcadas. Los quejigos, más exigentes en cuanto a requerimientos hídricos, predominan sobre todo en las zonas de umbría, donde las condiciones de menor insolación y evapotranspiración permiten obtener mayor rendimiento de las limitadas precipitaciones generales.

En el sotobosque escasean las lianas, que son características de los encinares litorales o montanos próximos a la costa; tan sólo se puede destacar la presencia de madreselvas *(Lonicera implexa)*, *Rubia peregrina*, y en paredes de umbría como en la entrada a Cueva Mayor, hiedra *(Hedera helix)*. Tampoco son frecuentes los grandes arbustos, pero se pueden encontrar el aladierno *(Rhammus alaternus)*, el majuelo *(Crataegus monogyna)* o el endrino *(Prunus spinosa)*. Muchos de ellos, junto con distintas especies de los géneros *Rosa* y *Rubus*, proliferan como consecuencia del nivel de agresión que registran estas comunidades, y que favorece la aparición de orlas de matorrales espinosos.

Los claros de bosque están cubiertos por un aulagar-tomillar en que las especies más significativas son la aulaga *(Genista scorpius)* y el tomillo *(Thymus zygis)*.

En la parte superior de la Sierra, de relieve plano, las zonas sin arbolado son más extensas presentando un aspecto típico de paramera. En ellas abundan pastizales de *Festuca hystris, Carex halleriana, Crucianella angustifolia, Koelleria vallesiana* y especies leñosas de aspecto rastrero como *Thymus zygis, Convolvulus lanuginosus o Teucrium polium*. En pe-

and gall-oaks. In the case of the holm-oaks, the local name "carrascales" comes closer to describing these somewhat degraded formations that cover the calcareous slight elevation where the sites are located.

The continental nature of the interior of the Iberian Peninsula, characterised by much more extreme climatic conditions than those that prevail in coastal areas, together with the conditioning features determined by the limestone substrata, is responsible for the floral poverty of these formations. Scarce rainfall, coupled with seasonal changes in temperature (cold winters/hot summers), accounts, more than any other factor, for the structural and morphological features of the vegetation.

The vegetation that has established itself in the Sierra is poor in species and of a very simple structure. The arboreal layer is dominated by the holm-oak *(Quercus rotundifolia)* and the gall-oak *(Quercus faginea)*. Both species are well adapted to the Mediterranean climate, especially the holm-oak which is mainly to be found on the south exposed slopes where the temperature and lack of water are most pronounced. The gall-oaks, which require more water, tend to dominate more in the shaded areas where the reduced insolation and evapotranspiration allows them to make maximum use of the limited rainfall.

Vines, characteristic of montane and coastal holm-oak groves and scrubland are rare in the understorey here. Special mention can only be made of the presence of honeysuckle *(Lonicera implexa)*, *Rubia peregrina*, and, on shaded walls like the entrance to Cueva Mayor, ivy *(Hedera helix)*. Large shrubs are not very frequent either, but the buckthorn *(Rhamnus alaternus)* can be found, along with the hawthorn *(Crataegus monogyna)* and the sloe *(Prunus spinosa)*. Many of them, together with different species of the genera *Rosa* and *Rubus*, thrive as a consequence of the level of human disturbance which has also led to the appearance of thorny thickets. The clearings are covered with an association of gorse *(Genista scorpius)* and thyme *(Thymus zygis)*.

In the upper part of the Sierra, which is flat, the areas which are not tree-covered become more extensive, presenting the typical features of a high moorland. Here we find an abundance of grazing lands containing *Festuca hystris, Carex halleriana, Crucianella angustifolia, Koelleria vallesiana* and woody species creeping such as *Thymus zygis, Convolvulus lanuginosus* or *Teucrium polium*. In small clay hollows, where greater moisture levels accumulate, there are isolated instances of clumps of heather *(Erica vagans, Calluna vulgaris)* which point towards the washing process that these soils queñas depresiones arcillosas que acumulan mayor humedad aparecen de forma aislada algunos brezos *(Erica vagans, Calluna vulgaris)* que informan acerca del proceso de lavado de bases que han debido de sufrir los suelos en relación con la influencia atlántica. Igualmente en estos microambientes se localizan puntualmente formaciones de gamonales *(Asphodelus cerasiferus),* cuya presencia está probablemente relacionada con el sobrepastoreo y el incendio.

Desde el punto de vista del dinamismo de la vegetación, el encinar-quejigar de la Sierra de Atapuerca parece encontrarse en fase de recuperación, si bien de forma lenta debido a las dificultades ambientales (continentalidad, suelo somero, etc.) a las que ha de enfrentarse la vegetación. En este proceso de recuperación han debido intervenir decisivamente, como en otras zonas de España, el abandono de prácticas de carboneo y la reducción de la ganadería, especialmente de cabras.

En el entorno inmediato de la Sierra de Atapuerca otra comunidad vegetal aumenta la diversidad del conjunto regional. Son los melojares *(Quercus pyrenaica)* que se localizan en las zonas llanas de las inmediaciones, sobre materiales silíceos, que corresponden a las terrazas dejadas principalmente por el río Arlanzón. En estos terrenos, hoy día utilizados como zonas de cultivo cerealístico, se mantienen de forma residual pequeños retazos de lo que en otro tiempo fueran estos melojares. Próximas a cursos de agua se localizan comunidades ripícolas hoy día muy degradadas, donde los chopos, casi de forma monoespecífica, marcan el trayecto de los ríos.

Fitogeográficamente el área circundante del yacimiento de Atapuerca es compleja, pues en ella confluyen influencias florísticas diversas que la convierten en una encrucijada biogeográfica. Se trata de un territorio con características de páramo, muy próximo a la divisoria de aguas de las cuencas del Duero y el Ebro, que marca la transición entre comunidades vegetales individualizadas florísticamente (cortejo calcícola o acidófilo) y ecológicamente (atlanticidad, mediterraneidad, continentalidad).

En el entorno próximo a los yacimientos de Atapuerca se reconocen en la actualidad gran variedad de formaciones vegetales: encinares subrupícolas, quejigares continentales y subatlánticos, melojares sobre terrazas, rañas o laderas, bosques ribereños de fresnos, álamos y sauces, y a menos de 15 km en línea recta hayedos en las estribaciones de la Sierra de la Demanda.

Los encinares de paramera, comentados anteriormente, con claros ocupados por brezales de *Erica vagans* y *Calluna vulgaris,* y los quejigares más húmedos son exponentes de la mencionada influencia oceánica que enlaza la Cordillera Can-

must have undergone in relation to the Atlantic influence. Moreover, in these microenvironments can be found formations of asphodel *(Asphodelus cerasiferus),* the presence of which is probably related to the effects of over-pasturing and fire.

With regard to the present state of vegetation growth, the holm-oak/gall-oak association on the Sierra de Atapuerca seems to have entered a recuperation phase, albeit a slow one owing to the environmental difficulties (continental features, shallow soil, etc.). This recovery process has undoubtedly been favorably influenced, as in other areas of Spain, by the abandonment of charcoal making processes, and the reduction of livestock, especially that of goats.

In the immediate vicinity of the Sierra de Atapuerca another vegetal community adds to the diversity of the regional complex. This is the *Quercus pyrenaica* woodland, which is to be found on the flat, flint-based lands which correspond to the terraces left principally by the Arlanzón river. On these lands, nowadays used for the cultivation of cereal crops, there still exist small residual traces of what , in times past, were *Quercus pyrenaica* groves. Near the water courses we find riparian communities, nowadays much degraded, where poplars, almost exclusively, mark out the courses of the rivers.

In phytogeographic terms the area surrounding the Atapuerca site is a complex one, a mixture as it is of diverse floral influences which make it something of a biogeographic mosaic. A region of high-moorland characteristics, very close to the watershed of the Duero and Ebro basins, it marks the transition between vegetal communities individualised floristically (calcicolous or acidophilous group) and ecologically (Atlantic, Mediterranean, Continental system).

Nowadays, the environment surrounding the Atapuerca sites presents a great variety of vegetal formations: crevice-living holm-oaks, Continental and sub-atlantic gall-oaks, *Quercus pyrenaica* on the terraces and hillsides, river-bank woods of ash, poplar and willow, and, less than 15 km away as the crow flies, beech groves in the foothills of the Sierra de La Demanda.

The high-moorland holm-oak groves we have spoken of earlier, with their heather-covered clearings of *Erica vagans* and *Calluna vulgaris,* and the damper gall-oak groves are evidence of the Oceanic influence that links the Cordillera Cantábrica with the Sierra de La Demanda, facilitating the existence, in the latter, of significant Atlantic taxa like *Daboecia cantabrica, Ulex europaeus, Endressia castellana, Angelica laevis, Physospermum cornubiense, Ranunculus nigrescens, Meconopsis cambrica, Fagus sylvatica,* etc.

fábrica con la Sierra de la Demanda, permitiendo la existencia en esta última de taxones atlánticos significativos como *Daboecia cantabrica, Ulex europaeus, Endressia castellana, Angelica laevis, Physospermum cornubiense, Ranunculus nigrescens, Meconopsis cambrica, Fagus sylvatica,* etc.

Sin embargo, los melojares que rodean la Sierra de Atapuerca ocupando las terrazas y rañas cuaternarias, son similares estructural y florísticamente a los del Sistema Central, mientras que los quejigares continentales de las margas miocénicas del fondo de la cubeta del Duero se relacionan biogeográficamente, en base a su cortejo florístico calcícola, con los que se extienden por el Sistema Ibérico o la Alcarria.

En los cercanos Montes de Oca (alrededor de Puras de Villafranca), en las gargantas que se han abierto en los rañizos fácilmente erosionables, aparecen retazos de bosques mixtos de frondosas con una riqueza florística en las que conviven *Quercus faginea, Quercus pyrenaica, Fagus sylvatica, Frangula alnus, Acer campestre, Acer monspessulanum, Sorbus aria, Evonymus europaeus, Ligustrum vulgare, Tilia platyphyllos.* En estos bosques se mezcla un cortejo florístico de influencia atlántica *(Lonicera periclymenum, Helleborus viridis, Ribes alpinus, Erica vagans,* etc.) con otro mediterráneo *(Lonicera xylosteum, L. estrusca, Viburnum lantana, Tamus communis, Ligustrum vulgare, Genista scorpius, Aphyllanthes monspeliensis,* etc.). Ello pone de manifiesto una situación de transición cuya consideración es de máximo interés para analizar adecuadamente la singularidad de la vegetación de esta zona.

Esta gran diversidad que cabe detectar en la vegetación actual se ha representado catenalmente en un corte realizado entre Quintanilla-Villar y el Pico de San Millán (2.132 m), en la Sierra de la Demanda (Fig. 1). Constituye un fenómeno de gran importancia a la hora de interpretar los resultados paleobotánicos del Pleistoceno Medio obtenidos en Atapuerca a partir del análisis palinológico llevado a cabo en este yacimiento.

3
Análisis palinológico.

3.1.
Método de estudio.

El análisis polínico del yacimiento de Atapuerca se ha centrado en el estudio de muestras extraídas en tres depósitos distintos: Gran Dolina, Galería y Tres Simas boca Norte. En

However, the *Quercus pyrenaica* that surround the Sierra de Atapuerca occupying the terraces and Quaternary hillsides, show a structural and floral similarity to those of the Sistema Central, while the continental gall-oak woodlands growing in the Miocene loam at the bottom of the Duero basin show, according to their calcicolous floristic accompaniment, a biogeographic relationship with those of the Sistema Ibérico or the Alcarria.

On the nearby Montes de Oca (in the vicinity of Puras de Villafranca), in the gullies that have been carved in the easily eroded hillsides, there are scatterings of mixed clumps of broad-leafed species of enormous floristic wealth where the following types can be found side by side: *Quercus faginea, Quercus pyrenaica, Fagus sylvatica,Frangula alnus, Acer campestre, Acer monspessulanum, Sorbus aria, Evonymus europaeus, Ligustrum vulgare, Tilia platyphyllos.* In these woodlands we can find a mixed floral accompaniment of Atlantic influence *(Lonicera periclymenum, Helleborus viridis, Ribes alpinus, Erica vagans,* etc.) and Mediterranean *(Lonicera xylosteum, L. estrusca, Viburnum lantana, Tamus communis, Genista scorpius, Aphyllantes monspeliensis,* etc.). All this suggests a transition stage, which is of utmost importance for any adequate analysis of the remarkable singularity of the vegetation in this area.

The extraordinary diversity which can be seen in the present day vegetation cover has been represented on a cross-section profile depicting an imaginary segment made between Quintanilla-Villar and the Pico de San Millán (2.132 m) in the Sierra de La Demanda (Fig. 1). This diversity is of enormous importance when it comes to interpreting the palaeobotanical results for the Middle Pleistocene obtained from Atapuerca on the basis of palynological analysis carried out at the site.

3
Palynological analysis.

3.1.
Method.

We have centered our pollen analysis of the Atapuerca site on the study of samples taken from three different deposits: Gran Dolina, Galería and the northern entrance to Tres Si-

1. *Esquema catenal de la vegetación natural en el entorno de la Sierra de Atapuerca.*

1. *Cross-section Profile of natural vegetation in the Atapuerca area.*

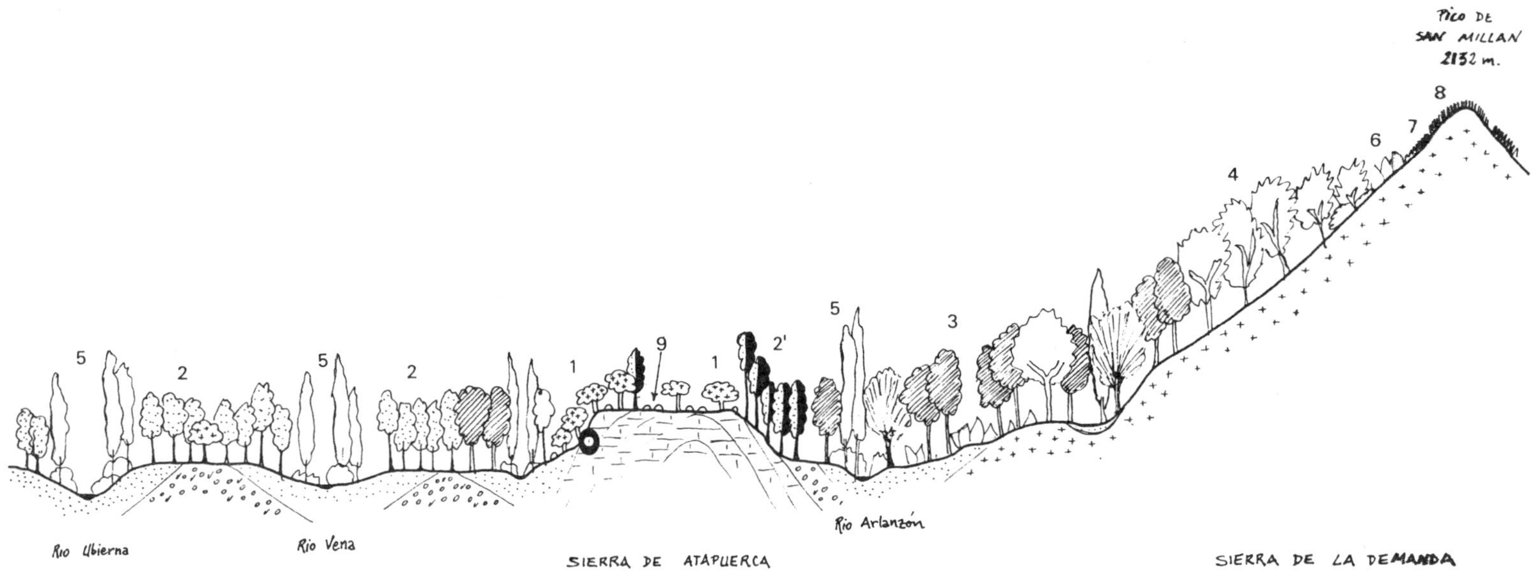

1 Carrascales subrupícolas.
2⁻ Quejigares continentales.
2′ Quejigares húmedos.
3 Melojares.
4 Hayedos.
5 Formaciones riparias.
6 Brezales.
7 Enebrales rastreros.
8 Pastizales psicroxerófilos.
9 Tomillares de paramera.

Gran Dolina se han analizado un total de 86 muestras, localizadas desde el nivel estratigráfico TD-1 hasta TD-11. Corresponden a un muestreo estratigráfico (con un número de muestras proporcional a la potencia del nivel), salvo las situadas en TD-11, donde se estableció un muestreo regular cada 10 cm. El depósito de Galería comprende 119 muestras (niveles TG-3 a TG-12) extraídas regularmente cada 5 cm. Finalmente en Tres Simas boca Norte se tomaron 12 muestras situadas en el nivel estratigráfico TN-6.

En el laboratorio se han utilizado distintos tratamientos con objeto de separar los pólenes y esporas del resto de los materiales (orgánicos y/o minerales) que les engloban y donde fueron fosilizados. Tratamientos físicos como trituración o tamizaje han facilitado el posterior tratamiento químico a base de ácidos (ClH, FH) o bases (KOH). Se ha seguido la metodología clásica (Sittler, 1955) con adaptaciones propias al tipo de sedimento existente en Atapuerca.

Dada la pobreza polínica que presenta en general este tipo de sedimentos las muestras se han sometido posteriormente a técnicas de concentración de polen por flotación en un líquido de densidad 2 (licor de Thoulet: IK I_2Cd, H_2O), siguiendo la metodología descrita por Girard y Renault-Miskovsky (1969).

mas. In Gran Dolina, a total of 86 samples have been analised, located from level TD 1 to TD 11 on the stratigraph. They were taken on the basis of stratigraphic sampling (the number of samples being proportional to the width of each level) except in TD 11 where samples were taken regularly every 10 cm. Galería deposit totals some 119 samples (from level TG 3 to TG 12) taken at a regular distance of 5 cm. Finally, 12 samples were taken from stratigraphic level TN 6 of the north mouth of Tres Simas.

The samples were then subjected to various forms of treatment in the laboratory in order to separate the pollen and spores from the other material (organic and/or mineral) in which they were encompassed and fossilised. Physical treatment, such as pulverising or sieving, enabled us to proceed to subsequent chemical processes using acids (ClH, FH) or alkalis (KOH). The classical methodology was followed, allowing for adaptations to suit the sediment type found in Atapuerca.

On account of the fact that these types of sediments generally offer poor quantities of pollinic remains, pollen concentration techniques were subsequently applied, floating the samples in a liquid of density 2 (liqueur de Thoulet: IK, I_2Cd, H_2O), according to the method described by Girard and Renault-Miskovsky (1969).

Una vez determinados y contabilizados al microscopio óptico los granos de polen y esporas de cada muestra se han elaborado los espectros polínicos de las mismas calculando los porcentajes relativos de cada taxón en relación a dos sumas: la *suma de base,* que incluye los pólenes de especies arbóreas (AP), los de especies no arbóreas (NAP) y los indeterminables; y la *suma total* donde están incluidos la totalidad de los pólenes y esporas, es decir, los AP, los NAP, las esporas, los indeterminados y los indeterminables. Los porcentajes de estos tres últimos grupos han sido calculados en base a la suma total para el resto de los taxones (AP y NAP) se ha tenido en cuenta la suma de base.

Finalmente se han elaborado diagramas polínicos detallados donde se representa la variación de cada uno de los taxones identificados a lo largo de la serie de muestras analizadas, separando las especies arbóreas (AP) de las no arbóreas (NAP). Igualmente se han elaborado diagramas sintéticos, donde se han agrupado los taxones en conjuntos florísticos de exigencias ecológicas similares, representándose sus porcentajes de forma acumulativa.

3.2.
Resultados e interpretación.

Gran parte de las muestras analizadas han resultado estériles desde el punto de vista palinológico. Únicamente los dos niveles superiores de Galería (TG-11 y TG-12) y algunas muestras aisladas de Gran Dolina presentan contenido en pólenes y esporas.

De los resultados procedentes de la flora cabe destacarse la identificación de 81 taxones distintos. De ellos 27 se han identificado a nivel taxonómico de familia, 2 a nivel de tribu, 50 a nivel genérico, 2 que agrupan a varias especies *(Quercus)* y otros 2 considerados como tipos polínicos *(Carpinus).* A ellos hay que añadir los dos tipos morfológicos de esporas.

Algunos de los taxones arbóreos han resultado de gran interés paleobiogeográfico como es el caso de *Platanus, Juglans, Carpinus* o *Castanea* por ser considerados por muchos autores como especies alóctonas y reintroducidas recientemente por el hombre en la Península Ibérica procedentes del este del Mediterráneo. Nuestros datos junto con una revisión bibliográfica de las referencias de dichos taxones en nuestro territorio para todo el Cuaternario apoyan la hipótesis de su carácter autóctono pudiendo considerarse a la Península Ibérica como un área con zonas refugio (García Antón *et al.,* 1990). Ello no descarta que el hombre las haya

Once the pollen grains and spores of each sample had been determined and counted under a microscope, we proceeded to the elaboration of pollinic spectra, calculating the relative percentages of each taxon with reference to two sums: the pollen sum, which includes pollen from arboreal species (AP), non-arboreal species (NAP) and those that could not be specified; and the total pollen sum, which includes the entire sum of pollen grains and spores i.e. the AP and the NAP,the spores, the indeterminate and the indeterminable. The percentages of these last three groups have been calculated according to the total pollen sum, while, for the remaining taxa (AP and NAP), the pollen sum is what has been considered.

Finally, we have made detailed pollen diagrams showing the variation in each of the identified taxa throughout the profile, separating arboreal species (AP) from non-arboreal species (NAP). Synthetic diagrams are also shown, grouping the taxa according to floristic assemblages that share similar ecological requirements, giving cumulative percentages.

3.2.
Results and Interpretation.

Many of the samples analised turned out to be sterile for palynological purposes. Only the two uppermost levels of Galería (TG 11 and TG 12) and some isolated samples from Gran Dolina yielded any pollen and spore content.

It should be stressed that, as a result of pollinic analysis of the flora, 81 distinct taxa have been identified. Of these, 27 have been taxonomically identified down to family specification, 2 in terms of tribe, 50 at generic level, two of which group together various species *(Quercus)* and another two that are considered as pollinic types *(Carpinus).* To these we must add the two morphological types of spores.

Some of the tree taxa, such as *Platanus, Juglans, Carpinus* or *Castanea,* have proved to be of great palaeobiogeographical interest, as they are considered by many authors to be alochthonous, of eastern Mediterranean origin, and only recently re-introduced to the Iberian Peninsula by Man. Our own data however, supported by some revision of the bibliography and references to the mentioned taxa in our territory for the whole of the Quaternary period, add weight to the hypothesis that they are,in fact, autochthonous, and that the Iberian Peninsula may have served as a refuge area (García-Antón *et al.,* 1990). That does not rule out the possibility utilizado y favorecido su expansión sobre todo a partir de los últimos milenios. Igualmente han aparecido taxones que actualmente no se encuentran de forma espontánea en la Península Ibérica como es el caso de *Picea* y *Carpinus* tipo *orientalis,* o cuya presencia, extremadamente restringida, sólo se conoce desde época reciente *(Carpinus* tipo *betulus).*

that Man may have made use of them and helped them to spread, especially during the last two millennia. Similarly, there is evidence of taxa which, nowadays, are not to be found naturally in the Iberian Peninsula, as is the case, for instance, with *Picea* and *Carpinus orientalis* type, or examples of taxa which are extremely scarce and only known since recent times *(Carpinus betulus* type).

4 Gran Dolina.

De las muestras analizadas en Gran Dolina sólo presentan contenido polínico un porcentaje bajo de las mismas, si bien son representativas de casi todos los niveles estratigráficos. Por ello, no son útiles para detectar cambios paulatinos en la vegetación relacionados con parámetros climáticos como sería el caso de existir una secuencia continua, pero sí permiten interpretar situaciones concretas dentro de cada nivel (Fig. 2).

En líneas generales, los espectros polínicos de Gran Dolina tienen una importante representación de *Quercus* caducifolios y perennifolios, aunque en determinados momentos parecen tener mayor importancia gimnospermas como *Pinus* y Cupresáceas.

En TD-2 sólo se ha obtenido una muestra con contenido polínico aunque muy pobre, de manera que la información que se puede extraer de la misma sólo es interpretable a nivel cualitativo. Algunos de los taxones presentes (Cupresáceas, pinos, *Betula, Artemisia)* indican en su conjunto condiciones más bien frías, estando ausentes taxones más térmicos. *Quercus* tipo caducifolio, taxón que soporta bien el frío pero no la sequedad aparece también en este nivel. En el conjunto de muestras de Atapuerca ésta es la única información existente para el Pleistoceno Inferior, ya que es en la base de TD-3 donde está marcado el límite de la inversión magnética Matuyama-Brunhes (Carracedo *et al.,* 1987).

El nivel estratigráfico TD-3 no contiene registro polínico y en TD-4 sólo la muestra superior de todas las analizadas presenta polen. En estos niveles la cueva parece estar abierta al exterior, siendo la energía de transporte lenta; la existencia de bloques caídos y niveles conglomeráticos en TD-4 se interpretan como relacionados con fluctuaciones climáticas (Fernández Jalvo, 1988). Con una sóla muestra polínica en este nivel no pueden detectarse dichas fluctuaciones. No obstante, a partir del alto porcentaje de especies arbóreas (65 por 100) dominados por ambos tipos polínicos de *Quercus* y pi-

4 Gran Dolina.

Only a very small percentage of the Gran Dolina analised samples offer any pollinic content, even though they are representative of nearly all the stratigraphic levels. For this reason they are not really of any service in helping us to detect gradual climate-related vegetation changes, as would be the case if the sequence were continuous, but they do enable us to interpret particular situations within each level (Fig. 2).

In general terms, the pollinic spectra of Gran Dolina show a significant proportion of deciduous and evergreen *Quercus,* although, at certain stages, conifers such as *Pinus* and *Cupressaceae* seem to be more important.

In TD 2 only one sample containing rather poor pollen remains was found, so, any information it provides can only be interpreted in qualitative terms. Some of the taxa present *(Cupressaceae,* pine, *Betula, Artemisia),* taken as a whole, indicate rather cold conditions, as more thermophilous taxa are absent. Deciduous *Quercus,* a taxon that stands up well to the cold but not to dry conditions, also appears at this level. Of the entire sample assemblage from Atapuerca this is the only information that exists for the Lower Pleistocene, as it is at the base of TD 3 that we find the upper limit of the Matuyama-Brunhes magnetic inversion (Carracedo *et al.,* 1987).

There is no pollen record for stratigraphic level TD 3, and only the uppermost sample of all those analised in TD 4 has pollinic evidence. At both these levels the cave appears to be open to the outside, and the transporting energy is slow. The existence of fallen blocks and levels of conglomeratic formations in TD 4 can be interpreted as evidence of climatic fluctuation (Fernández Jalvo, 1988). However, with only one pollen sample for this level, these fluctuations cannot be detected. On the other hand, judging from the high percentage of tree species (65%) dominated both by the *Quercus* and by the pine pollinic types, and further supported by the existence of certain significant taxa *(Fagus, Betula, Juglans,*

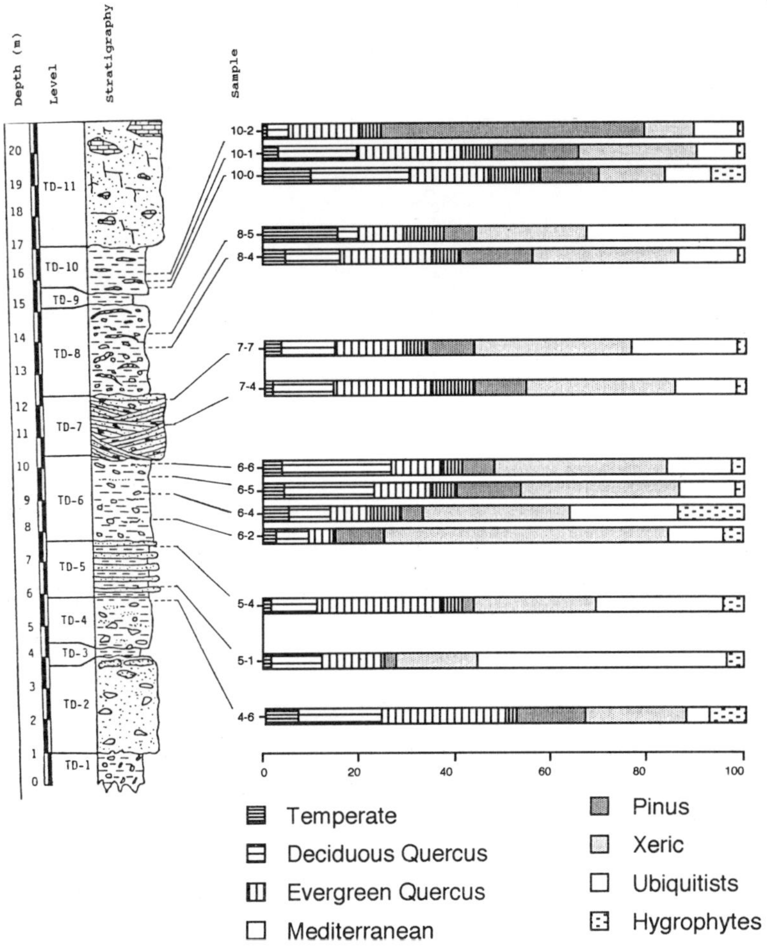

2. *Espectros polínicos sintéticos del depósito de Gran Dolina.*

2. *Synthesis of pollen spectra from the Gran Dolina deposit.*

nos, y basándose en la existencia de algunos taxones significativos *(Fagus, Betula, Juglans, Ulmus* y *Olea)* cabe interpretar esta fase de transición entre un período cálido y otro frío.

En TD-5 dos muestras con contenido polínico, una en la base y otra próxima a la costra estalagmítica, muestran caracteres polínicos que parecen poner de manifiesto condiciones climáticas más secas que en la muestra de TD-4. Los porcentajes arbóreos (entre 30 por 100 y 40 por 100) son debidos esencialmente a los dos tipos de *Quercus,* estando ausentes taxones de carácter templado. La muestra superior, con una mayor representación de *Quercus* esclerófilos, parece indicar unas condiciones de mayor xericidad.

El nivel TD-6 ha dado una pequeña secuencia de espectros polínicos lo que permite apreciar cambios paulatinos. Destacan en conjunto la presencia importante de Cupresáceas, *Quercus* perennifolios y caducifolios así como *Olea.* Sin embargo las Cupresáceas son más abundantes en la parte ba-

Ulmus and *Olea)* it is possible to find here a transition phase between a warm period and a colder one.

In TD 5, two samples containing pollen, one situated at the base and the other near the stalagmitic crust, display characteristics that seem to point to drier climatic conditions than those suggested by the TD 4 sample. The percentages of tree pollen (between 30% and 40%) are supplied, essentially, by the two types of *Quercus,* while more temperate taxa are absent. The upper sample, where evergreen *Quercus* is more numerous, would seem to indicate more xeric conditions.

From level TD 6 we have managed to obtain a small sequence of pollinic spectra, which gives us some idea of gradual climatic changes. In general, what stands out is the fact that *Cupressaceae,* evergreen and deciduous *Quercus* and, likewise, *Olea* are well represented. However, the *Cupressaceae* are more abundant in the lower part of the sequence, sal de la secuencia, mientras que en las muestras finales son en parte sustituidas por el aumento de *Quercus* caducifolios y Ericáceas. Todo ello parece indicar un cambio en las condiciones climáticas desde situaciones de una gran xericidad hacia un incremento de humedad. La presencia de algunos taxones mediterráneos *(Ceratonia, Celtis, Olea, Pistacia, Phyllirea)* al final de la secuencia indicarían características climáticas no muy frías.

En TD-7 las Cupresáceas, aunque no desaparecen, pierden la singularidad que mantenían anteriormente. El bosque está dominado por ambos tipos de *Quercus* y pinos, junto con una mezcla de elementos florísticos de muy diferente carácter *(Olea* o *Vitis* aparecen junto a *Fagus)*. Climáticamente puede interpretarse que las condiciones no eran frías ni marcadamente templadas.

En TD-8 las dos muestras con contenido polínico presentan considerables porcentajes de *Castanea* dentro del marco habitual en que ambos tipos de *Quercus* predominan. Están presentes además otros taxones como *Betula, Acer, Alnus, Hedera, Fagus, Salix,* y Ericáceas, indicando características climáticas no muy rigurosas de carácter cálido o templado.

El último nivel con contenido en polen de Gran Dolina (TD-10) está representado por tres muestras en su parte inferior. En ellas destaca un progresivo aumento de *Pinus* (hasta superar el 50 por 100 del total de polen) una disminución simultánea de los componentes mediterráneos (especialmente *Olea)* y templados *(Quercus* caducifolios). Ello podría representar el paso hacia una fase fría.

Los niveles de Gran Dolina TD-10 y TD-11 parecen ser desde el punto de vista estratigráfico los relacionados de forma más segura con los niveles de Galería TG-10 y TG-11 respectivamente. Sin embargo, en Galería sólo los niveles TG-11 y TG-12 han dado resultados polínicos, con lo cual no hemos podido establecer ninguna relación entre ambas secuencias de Trinchera.

5 Galería.

La secuencia polínica obtenida en los niveles TG-11 y TG-12 es continua, al contrario de los espectros polínicos comentados anteriormente, lo que ha permitido establecer conclusiones más detalladas sobre la variación de la vegetación y el clima. Esta secuencia representa el final del relleno sedimentario mesopleistoceno contando con varias dataciones abso-

while in the last samples they are, to some extent, replaced by an increase of deciduous *Quercus* and *Ericaceae*. All these suggest that the dry conditions have gradually given way to a wetter climate. The presence of some Mediterranean taxa *(Ceratonia, Celtis, Olea, Pistacia, Phyllirea)* at the end of the sequence, show that the climate was not very cold.

In TD 7 the *Cupressaceae,* without disappearing altogether, are no longer so notable, and it is both types of *Quercus* and pine that take over, together with a mixture of floristic elements of very different types *(Olea* or *Vitis* appear together with *Fagus)*. A possible interpretation is that the climatic conditions were neither cold nor particularly temperate.

In TD 8 the two samples containing pollen provide considerable percentages of *Castanea,* within the usual pattern of predominance of both types of *Quercus*. In addition to these, we find other taxa such as *Betula, Acer, Alnus, Hedera, Fagus, Salix* and *Ericaceae,* again reflecting climatic conditions that were warm or temperate and in no way severe.

The last level in Gran Dolina to provide pollen content is TD 10, with three samples of interest taken from the lower part. Here we find a progressive increase in *Pinus* (eventually reaching a value of more than 50% of the total pollen remains) accompanied, simultaneously, by a reduction in the level of Mediterranean components (especially *Olea)* and temperate species (deciduous *Quercus)*. This could reflect a gradual transition towards a cold phase.

From a stratigraphic point of view, levels TD 10 and TD 11 of Gran Dolina seem to be the ones that most closely relate to levels TG10 and TG 11 respectively of Galería However, in Galería, only levels TG 11 and TG 12 have provided positive results for pollinic study, so we have been unable to establish any clear relation between both profiles of the Trinchera.

5 Galería.

Unlike the pollinic spectra we have spoken about so far, the pollen sequence obtained from levels TG 11 and TG 12 is a continuous one and, as such, enables us to draw rather more detailed conclusions about climate and vegetation variation. This sequence can be taken to represent the end of the Middle Pleistocene sedimentary filling, according to the results of lutas en la costra estalagmítica a techo del nivel TG-12: 118.000 + 71.000 −49.000 BP por método U/Th, 177.000 ± 23.000 BP según ESR (Grün & Aguirre, 1987) y 211.000 ± 32.000 BP mediante ESR (Falguères, 1986).

Los resultados que pueden extraerse de la vegetación quedan reflejados en los dos diagramas polínicos que han sido elaborados. Teniendo en cuenta la variación de los distintos taxones se ha sectorizado el diagrama en cinco zonas polínicas (Fig. 3).

Si se exceptúa la zona IV, el resto de la secuencia analizada presenta una cierta uniformidad florística. Los porcentajes totales del componente arbóreo oscilan ligeramente en torno al 50 por 100. Entre ellos dominan *Quercus* (perennifolios y caducifolios) y *Pinus,* coexistiendo con ellos, al igual que en muchas muestras de Gran Dolina, un amplio conjunto de taxones de características ecológicas muy diversas, característica coincidente con muchas de las muestras de Gran Dolina. En función de las variaciones cualitativas y cuantitativas de estos últimos taxones se han establecido las demás zonas polínicas.

A continuación se describen e interpretan los resultados de cada una de las zonas polínicas establecidas, relacionando los cambios florísticos con posibles oscilaciones de los parámetros climáticos (García Antón & Sáinz Ollero, 1990).

5.1. Zona I.

Se caracteriza por la dominancia de ambos tipos de *Quercus,* aunque los de tipo caducifolio están mejor representados. Están acompañados de otros árboles caducifolios especialmente el haya *(Fagus),* pero también *Alnus, Viburnum/Sambucus, Corylus, Juglans, Fraxinus, Salix,* etc. La presencia del abeto *(Picea)* está restringida en Atapuerca a esta zona del diagrama.

Las formaciones de brezos *(Erica)* parecen jugar un papel importante, pudiendo formar parte del sotobosque o bien alternar con el bosque en áreas más abiertas.

Todas estas características parecen indicar unas condiciones climáticas de cierta humedad, al menos de tipo ambiental, donde las temperaturas no serían excesivamente frías.

various absolute dating tests applied to the upper limit of the stalagmitic crust on level TG 12: 118,000 + 71,000 − 49,000 BP according to U/Th method; 177,000 +/− 23,000 BP according to ESR (Grün & Aguirre, 1987) and 211,000 +/− 32,000 BP by means of ESR (Falguères, 1986).

Vegetation results are shown in the two pollinic diagrams. In an attempt to reflect the way in which percentages of the different taxa vary in the course of the sequence, we have divided up the diagram into five pollinic zones. (Fig. 3).

With the exception of zone IV, the rest of the sequence shows a certain floristic uniformity. Total percentages for the tree-pollen component range around the 50% mark. These percentages are largely dominated by *Quercus* (evergreen and deciduous) and *Pinus,* while, as was the case with many of the Gran Dolina samples,we find, co-existing alongside these, a broad assemblage of taxa of extremely diverse ecological characteristics. It is on the basis of the qualitative and quantitative variations of these taxa that the other pollinic zones have been established.

In what follows, we offer a description and interpretation of the results obtained from each of the pollinic zones, relating floristic changes to possible climatic fluctuations (García-Antón & Sáinz Ollero, 1990).

5.1. Zone I.

Characterised by the predominance of both types of *Quercus,* although there is a greater evidence of the deciduous type. They are accompanied by other deciduous trees, especially the beech *(Fagus),* but also *Alnus, Viburnum/Sambucus, Corylus, Juglans, Fraxinus, Salix,* etc. In Atapuerca, the presence of the spruce *(Picea)* is restricted to this zone of the diagram.

The heather associations *(Erica)* seem to play an important part in the overall picture, either forming part of the understorey or alternating with the woodland cover in more open areas.

All these characteristics seem to point to fairly damp climatic conditions, at least in environmental terms, where the temperatures would not have been very cold.

3. *Diagrama polínico detallado del depósito de Galería (niveles TG-11 y TG-12).*

3. *Detailed pollen diagram of Galería deposit (levels TG-11 and TG-12).*

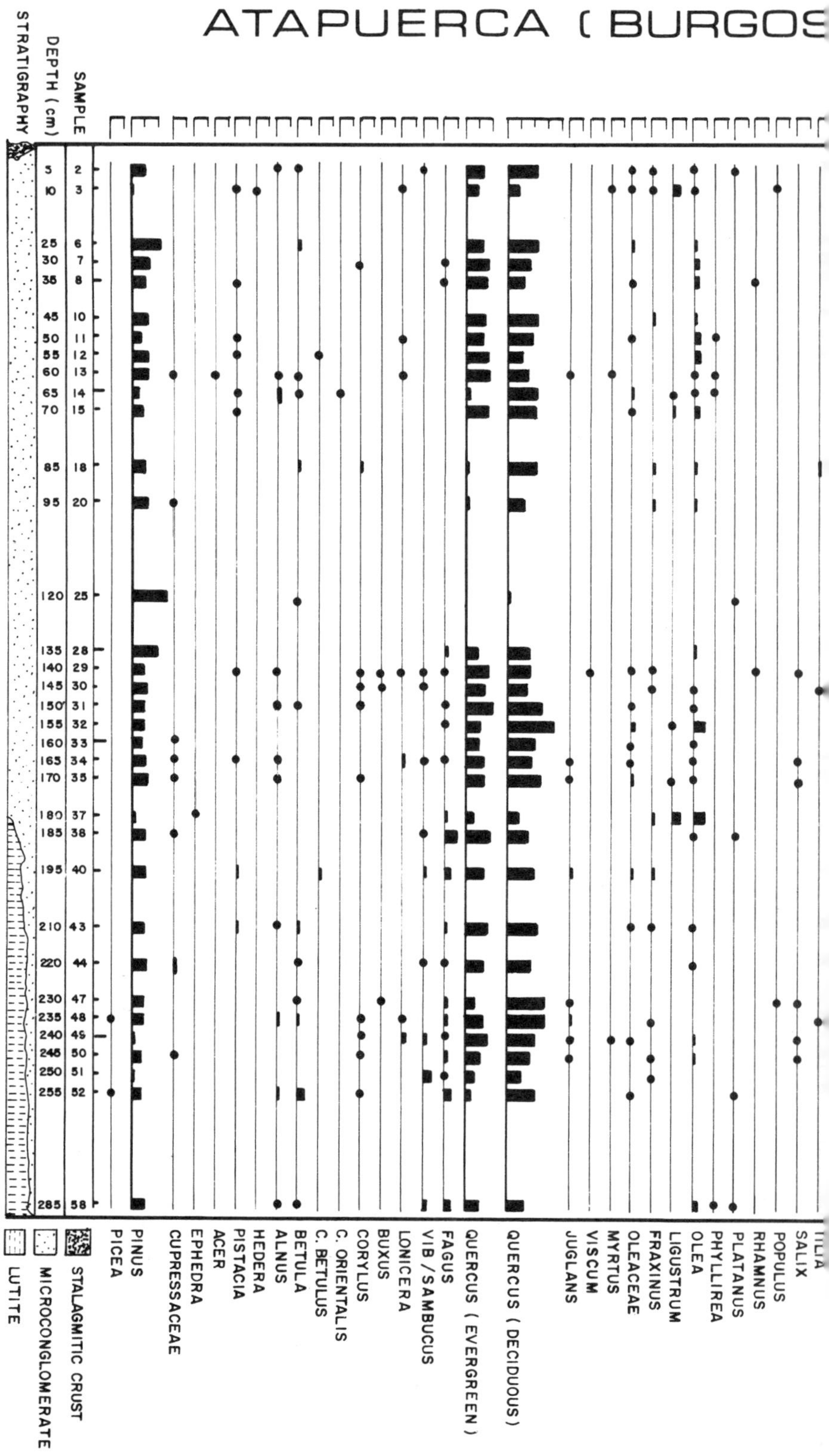

PAIN) : "GALERIA". Altitude 1.078 m.

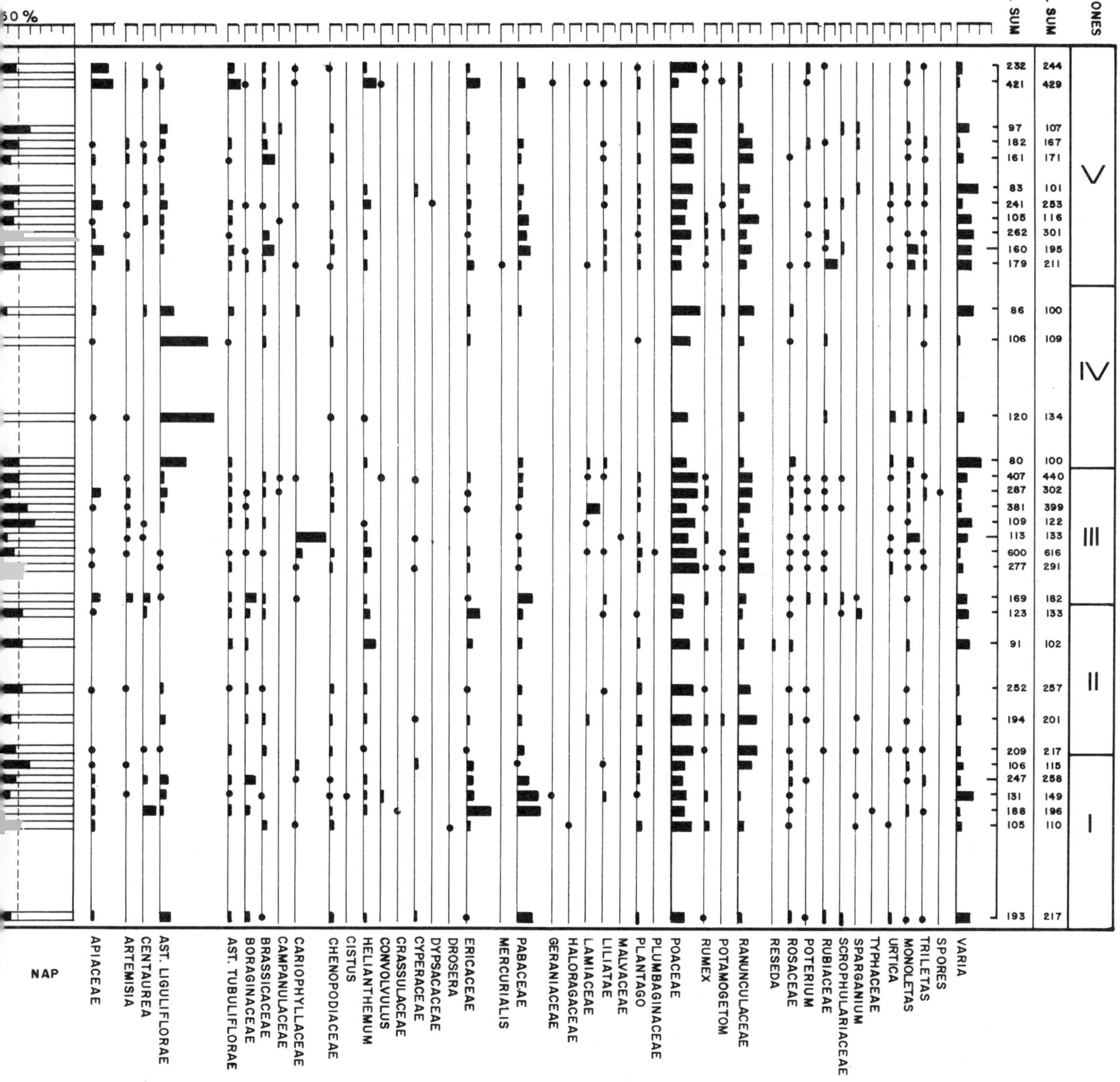

5.2. Zona II.

Sigue dominando *Quercus* de tipo caducifolio, aunque las diferencias respecto a los perennifolios son menores. El haya se mantiene, alcanzando en algunos momentos valores relativamente altos (8 por 100). En su conjunto los espectros polínicos de esta zona están menos diversificados en especies arbóreas y los porcentajes de *Ericaceae* dejan de ser importantes.

Dado que los bosques mixtos parecen ser más exigentes desde el punto de vista climático que los de menor diversidad arbórea, la zona II puede representar una ligera degradación de las condiciones ambientales anteriores, probablemente un empobrecimiento del abastecimiento hídrico de los suelos y un ligero cambio de clima hacia situaciones térmicas más frías.

5.2. Zone II.

Deciduous *Quercus* continues to dominate, although to a lesser extent now in relation to the evergreen type. Beech is still present, even attaining relatively high values (8%) in some places. Taken as a whole, the pollinic range in this zone is less diverse in tree species, and the percentages of *Ericaceae* are no longer important.

Given that mixed woodlands seem to demand better climatic conditions than those containing less diversity of tree species, zone II could be considered to reflect a slight deterioration with respect to the previous environmental conditions, with less moisture getting through to the soils and some climatic change towards cooler temperatures.

5.3. Zona III.

Los espectros polínicos de esta zona muestran nuevamente un enriquecimiento en taxones, pudiéndose observar una mayor mezcla de los diferentes conjuntos florísticos (mediterráneos, submediterráneos, templados), con valores muy parecidos entre sí.

La característica esencial de esta zona es la disminución de los porcentajes de *Fagus* al mismo tiempo que aumenta la importancia de *Olea*. Teniendo en cuenta que la sola presencia del olivo es un fuerte indicador de mediterraneidad, esto induce a pensar en una modificación de las características ambientales. Quizá estuviera más marcada la estacionalidad o las precipitaciones fueran menores, provocando la disminución de caducifolios y brezales.

5.3. Zone III.

The pollinic spectra of this zone show a renewed enrichment of taxa, with a greater mixture of the different floristic assemblages (Mediterranean, sub-Mediterranean, temperate), each one more or less equally represented.

The essential characteristic of this zone is the decrease in percentages of *Fagus,* accompanied, at the same time, by the increasing importance of *Olea*. Bearing in mind that the olive, merely by its presence, is a clear sign of Mediterranean conditions, the features of zone III suggest some modification in environmental characteristics. Perhaps the difference in the range of seasons was more extreme, or the precipitation was less, with the result that the deciduous types and heath-covered areas became less common.

5.4. Zona IV.

En comparación con el resto de las zonas diferenciadas esta zona presenta unas características singulares de composición florística y de representación cuantitativa de los taxones que componen sus espectros polínicos. Su característica fundamental es la neta predominancia del conjunto herbáceo cuyo peso viene dado principalmente por compuestas liguliflоras y gramíneas. En el estrato arbóreo los pinos presentan las frecuencias más altas de todo el diagrama.

5.4. Zone IV.

In comparison with the other zones we have distinguished, the pollinic spectrum of this zone presents a remarkable singularity in terms of its floristic composition and the number of taxa represented. Essentially, it is characterised by the overall predominance of its herbaceous assemblage, which is chiefly made up of *Asteraceae Liguliflorae* type and *Poaceae*. In terms of the tree pollen, *Pinus* reaches its highest percentages throughout the diagram.

Se han representado únicamente los cuatro espectros polínicos que mostraron un mayor contenido en polen. Su secuencia representa una sucesión en la instalación progresiva de pinos y compuestas ligulifloras que culmina en la muestra 25, donde estos dos grupos de taxones constituyen aproximadamente un 70 por 100 del total. Posteriormente, en las muestras 20 y 18 *Quercus* vuelve, de forma gradual, a recuperar sus valores medios de representación en el conjunto del diagrama.

Es una zona problemática de interpretar dado el bajo contenido polínico de las muestras (sólo se han representado las cuatro muestras que superan el nivel de 100 pólenes). Posiblemente represente un cambio de vegetación (estepización) como consecuencia fundamentalmente de una reducción de las precipitaciones y un cierto descenso de las temperaturas (aridificación). Las dos muestras que limitan con las zonas III y IV, aunque presentan también altos porcentajes de compuestas ligulifloras y pinos, están más diversificadas en su composición florística, lo que indicaría un cambio gradual y coherente en el comienzo y final de esta zona.

We have presented only the four pollinic spectra that showed the highest pollen content. Taken as a sequence, they represent part of the process of progressive establishment of pine and *Asteraceae Liguliflorae* type that culminates in sample 25, where these two groups of taxa constitute approximately 70% of the total. Afterwards, in samples 20 and 18, *Quercus* gradually reappears, recovering more or less its average value for the diagram as a whole.

It is a difficult zone to interpret, given the low pollen content of the samples (we have only presented those four samples that contained 100 or more pollen grains). Possibly it reflects a change in the vegetation (a gradual process towards a steppe-type ecosystem), essentially brought about as a result of a reduction in the precipitation level and a drop in temperatures (increasing aridity or xeric conditions).

The two samples most proximate to zones III and V, although they too present high percentages of *Asteraceae Liguliflorae* type and *Pinus,* display a more diverse floristic composition, which would suggest a gradual and coherent transition at the beginning and end of this zone.

5.5. **Zona V.**

Esta última zona, que representa los espectros polínicos más próximos al final del depósito sedimentario de Galería, vuelve a tener una alta riqueza florística. Son de nuevo importantes los porcentajes de *Quercus* (caducifolios y perennifolios). La zona viene marcada sobre todo por una buena representación del componente mediterráneo: *Olea, Pistacia, Ligustrum* y la aparición de *Phyllirea.* Igualmente cabe destacar las presencias más esporádicas de *Betula, Lonicera, Fraxinus, Ulmus, Alnus, Rhammus, Myrtus, Celtis, Carpinus* tipo *orientalis.* Todo ello parece indicar la presencia de un clima donde el carácter mediterráneo está más marcado que en la zona III.

El diagrama sintético representado en la Figura 4 resume de una manera más simplificada los resultados anteriormente comentados. En los grupos de taxones establecidos según sus requerimientos ecológicos se ha representado por separado *Quercus* caducifolios y perennifolios de sus respectivos grupos (templado y mediterráneo) dado que la abundancia de estos dos taxones enmascararía la importancia del resto de los componentes del grupo.

En términos de vegetación resultan dominantes las formaciones de bosque mixto de *Quercus* acompañados por taxones pertenecientes a distintos elementos florísticos. Éstos

5.5. **Zone V.**

This last zone, containing the pollen range closest to the end of the sedimentary deposit in Galería, presents us with a renewed wealth of floristic content. Once again, the percentage of *Quercus* is significant (deciduous and evergreen). Above all, this zone is notable for its Mediterranean component: *Olea, Pistacia, Ligustrum* and the apparition of *Phyllirea.* Special mention should also be made of the presence, albeit sporadic, of *Betula, Lonicera, Fraxinus, Ulmus, Alnus, Rhamnus, Myrtus, Celtis, Carpinus orientalis* type. All these features seem to indicate a climate more markedly Mediterranean in nature than that reflected in zone III.

The synthetic diagram shown in (Fig. 4) summarises, in a more simplified way, the results we have discussed above. In taxa groups established according to ecological requirements we have represented deciduous and evergreen types of Quercus separately from their respective groups (temperate taxa and Mediterranean taxa), since the abundance of these two taxa would be such as to conceal the importance of the rest of the components of the group.

With regard to the vegetation, the dominant feature is that of a mixed woodland of *Quercus* accompanied by taxa belonging to different floristic elements. These enable us to

4. *Diagrama polínico sintético del depósito de Galería (niveles TG-11 y TG-12).*

4. *Synthesised pollen diagram of Galería deposit (levels TG-11 and TG-12).*

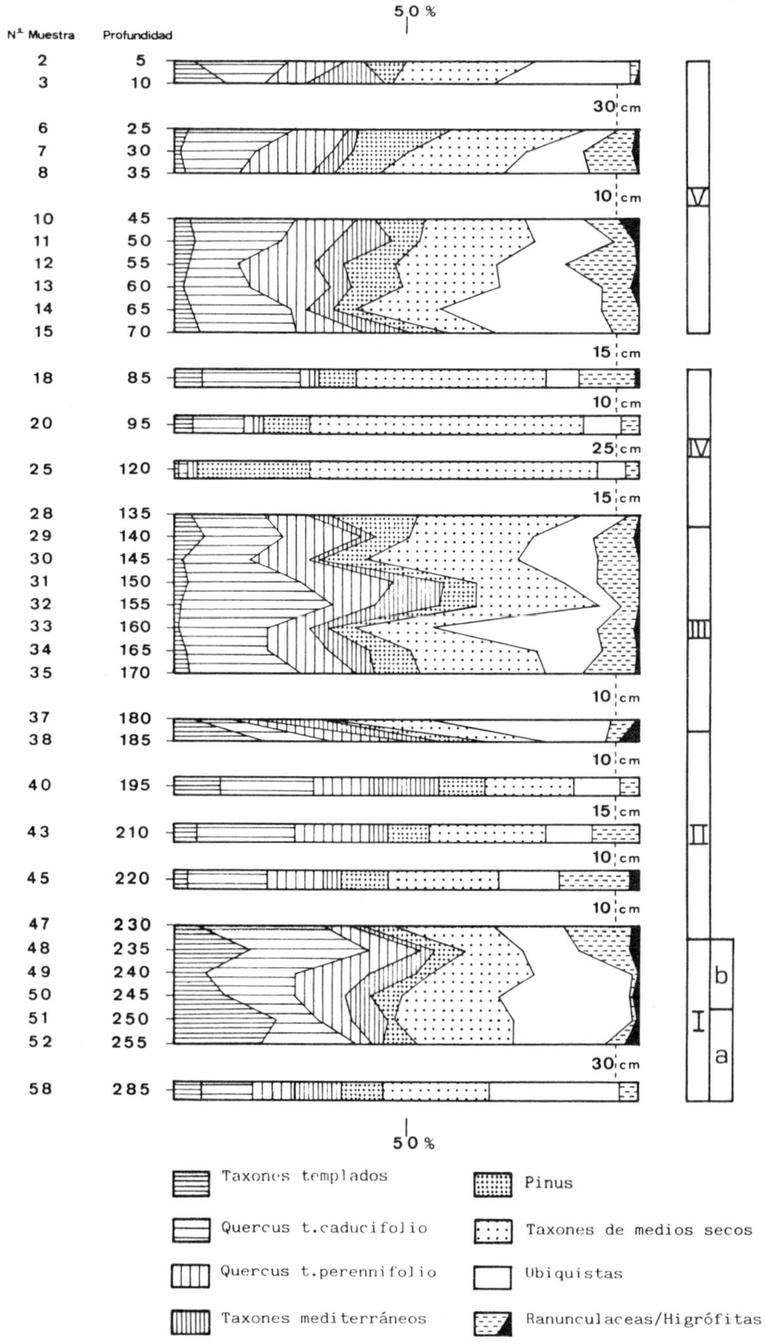

permiten distinguir variantes en función de la relevancia de unos sobre otros.

Así, en la parte basal del diagrama se aprecia una neta predominancia de taxones templados frente a los mediterráneos, sobre todo en la zona I, debido no sólo a la presencia de *Quercus* caducifolios sino también a otros componentes

distinguish varying values for the relative importance of one group as against the other. Thus, for example, in the lower part of the diagram we can see an overall predominance of temperate taxa vis-à-vis those of a Mediterranean type, above all in zone I, owing, not only to the presence of deciduous *Quercus*, but also to that of other vegetal components requi-

	Nivel estratigráfico	Nivel polínico	Vegetación	Clima	Hipótesis curvas paleotemperatura
Galería	TG-12	V	Bosque de *Quercus* con *Olea* y *Pistacea*	Templado, Mediterráneo	6 ->5? 8 ->7?
		IV	*Asteraceae liguliflorae* y *Poaceae* con *Pinus*	?	
		III	Bosque de *Quercus* con *Olea*	Templado, menos húmedo	
	TG-11	II	Bosque de *Quercus* con *Fagus*	Templado, húmedo	
		I	Bosque de *Quercus* con *Fagus*, *Betula*, *Alnus* y *Ericaceae*		
Gran Dolina	TD-11		Esteril		
	TD-10		*Pinus*	Frío, xérico	8?
			Bosque de *Quercus* y *Pinus* con *Olea*	Templado, húmedo?	
	TD-9		Esteril		
	TD-8		Bosque de *Quercus* y *Pinus* con *Castanea*	Templado cálido, húmedo?	11
	TD-7		Bosque de *Quercus* con *Pinus*, *Fagus*, *Olea*, *Vitis*	?	11/13?
	TD-6		Bosque de *Quercus* y *Cupresaceae* con *Olea*, *Celtis*, *Pistacea*	Menos frío, menos xérico	13
			Cupresaceae con *Quercus*, *Olea*	Frío, xérico	14
	TD-5		Bosque abierto de *Quercus*	Frío, xérico	16
	TD-4		Bosque de *Quercus* y *Pinus* con *Fagus*, *Olea*	Transición cálido-frío	18 ->17? 17 ->16?
	TD-3		Esteril		
	TD-2		*Pinus*, *Cupresaceae*,*Quercus*, *Betula*, *Artemisia*		
	TD-1		Esteril		

Tabla 1.—*Tipo de vegetación, clima e hipótesis de paleotemperatura asociados a los distintos niveles polínicos o estratigráficos de los depósitos de Galería y Gran Dolina.*

Table I.—*Vegetation tipe, climate and hypothetical temperature curves for the different pollinic and stratigraphic levels of Galería and Gran Dolina deposits.*

vegetales más exigentes en humedad. Otra variante de este bosque mixto se manifiesta en las zonas III y IV. En ambos casos parecen estar los elementos mediterráneos mejor representados en detrimento de los de carácter templado.

En la Tabla 1 se sintetizan los resultados polínicos obtenidos en el yacimiento de Atapuerca, relacionando las variaciones de vegetación con los parámetros climáticos y sus posibles correlaciones con las curvas de paleotemperatura.

ring damper conditions. Another variant in this mixed woodland can be seen in zones III and V. In both of these cases, it is the Mediterranean elements which seem to be better represented, to the detriment of those species of a temperate nature.

The pollinic results obtained from the Atapuerca site can be seen in a synthesised form in Table I. Variations in vegetation are related to climatic features which, in turn, are correlated with possible values on the palaeotemperature curves.

6 Conclusiones.

Gran número de las muestras analizadas han resultado ser estériles o de baja riqueza polínica. No obstante los niveles superiores de Galería (TG-11 y TG-12) han proporcionado una secuencia continua que ha permitido el establecimiento de un diagrama polínico. La existencia de numerosas muestras estériles en Gran Dolina sólo ha permitido presentar los datos como espectros polínicos aislados.

La aparición simultánea de taxones de requerimientos ecológicos distintos, puede ser explicada por lavariedad ambiental que actualmente presenta el entorno próximo a la Sierra de Atapuerca. La existencia de una cierta zonación altitudinal, relacionada con la Sierra de la Demanda, podría aportar taxones de características atlánticas mientras que el claro efecto solana/umbría que hoy día se observa en la Sierra de Atapuerca podría haber proporcionado refugios en orientaciones sur a determinadas especies termófilas en momentos más fríos; la diversidad de sustratos litológicos (calizas, cantos silíceos) así como la presencia de cauces próximos aumentaría la estructura en mosaico de la vegetación; por último la situación estratégica de esta Sierra donde confluyen influencias atlánticas, mediterráneas y continentales aumentarían esta diversidad.

Las fluctuaciones climáticas parecen no muy marcadas y se ponen de manifiesto a través de variaciones en la importancia relativa de los distintos conjuntos florísticos y no en base a sustituciones drásticas de los taxones dominantes (principalmente especies del género *Quercus*).

Diciembre de 1992.

6 Conclusions.

A large number of the samples we analysed turned out to be sterile, or their pollen content was poor. However, the upper levels of Galería (TG 11 and TG 12) have provided us with a continuous sequence which has enabled us to draw a pollinic diagram. The high number of sterile samples from Gran Dolina prevents us from presenting the data as anything more than isolated pollinic spectra.

The fact that taxa requiring different ecological conditions appear simultaneously, can be explained in terms of the environmental variety that characterises the Sierra de Atapuerca and its surroundings even today. The existence of a certain altitudinal zonation, connected with the Sierra de La Demanda, could be the source of Atlantic-type taxa, while the effective combination of sunshine and shade, which can easily be seen today in the Sierra de Atapuerca, could have provided suitable south-facing refuges for certain thermophilous species during colder times. The diversity of the lithological substrata (limestone, siliceous pebble), along with the presence of streams nearby, would further favour the development of the mosaic-like structure of the vegetation, whose variety could already to some extent be explained in terms of the strategic setting of this Sierra, a meeting point for Atlantic, Mediterranean and Continental influences.

The climatic fluctuations do not seem to have been very pronounced, as they are reflected not so much in drastic replacement of the dominant taxa (principally species of the *Quercus genus),* as in variations in the relative importance of the different floristic assemblages.

CARRACEDO, J. C., FRIEDRICH, H. SOLER, V. & AGUIRRE, E. (1987): Estratigrafía magnética del complejo de Atapuerca. Determinación del límite Matuyama-Brunhes. En: E. AGUIRRE, E. CARBONELL y J. M. BERMÚDEZ DE CASTRO (eds.), *El hombre fósil de Ibeas y el Pleistoceno medio de la Sierra de Atapuerca.* Publ. Junta de Castilla y León: 193-200.

FALGUÈRES, C. (1986): *Datations de sites acheuléens et mousteriens du midi méditerranéen par la méthode de Resonance de Spin electronique.* Thèse de Doctorat, M. N. H. N. Paris.

FERNÁNDEZ JALVO, J. (1988): *Tafonomía de vertebrados en Gran Dolina, Atapuerca (Burgos).* Memoria de Licenciatura, Facultad de Ciencias Geológicas, Univ. Complutense Madrid.

GARCÍA ANTÓN, M. & SÁINZ OLLERO, H. (1991): Pollen records on the Atapuerca Middle Pleistocene site (Burgos, Spain). *Palaeogeography, Palaeoclimatol, Palaeoecol,* 85: 199-206.

GARCÍA ANTÓN, M., MORLA JUARISTI, C. & SÁINZ OLLERO, H. (1990): Consideraciones sobre la presencia de algunos vegetales relictos terciarios en la Península Ibérica durante el Cuaternario. *Bol. R. Soc. Esp. Hist. Nat. (sec. Biol.),* 86 (1-4): 95-105.

GIRARD, M. & RENAULT-MISKOVSKY, J. (1969): Nouvelles techniques de préparation en palynologie appliquées à trois sédiments du Quaternaire final de l'Abri Cornille (Istres, Bouches-du-Rhône). *Bull. de l' A. F. E. Q.,* 4: 275-284.

GRÜN, R. & AGUIRRE, E. (1987): Datación por ERS y por la serie del U, en los depósitos kársticos de Atapuerca. En E. AGUIRRE, E. CARBONELL y J. M. BERMÚDEZ DE CASTRO (eds.), *El hombre fósil de Ibeas y el Pleistoceno Medio de la Sierra de Atapuerca.* Publ. Junta de Castilla y León: 201-204.

SITTLER, C. (1955): Méthodes et techniques physicho-chimiques de préparation des sédiments en vue de leur analyse pollinique. *Rev. I. F. P.,* 10 (2).

ZAZO, C., GOY, J. L. & HOYOS, M. (1983). Estudio geomorfológico de los alrededores de la Sierra de Atapuerca (Burgos). *Estudios Geológicos,* 39: 179-185.

Evolución humana en Europa y los yacimientos de la Sierra de Atapuerca, págs. 167-201.

Tafonomía de microvertebrados de Dolina. Revisión de un estudio previo

Small mammal taphonomy of Dolina. Revision of a previous study

Yolanda Fernández-Jalvo

Museo Nacional de Ciencias Naturales (CSIC), José Gutiérrez Abascal, 2. 28006-Madrid. España.

Resumen:

La serie completa del Pleistoceno Medio está registrada en el yacimiento Dolina, de la Trinchera de Atapuerca. Un estudio tafonómico de los micromamíferos recogidos de los niveles fosilíferos de esta serie fue efectuado con anterioridad por Fernández-Jalvo (1988) y posteriormente publicado por Fernández-Jalvo & Andrews (1992). No obstante, las muestras utilizadas en este estudio previo fueron tomadas según criterios estratigráficos. Consecuentemente, algunas de estas muestras representaban varios metros de extensión tanto vertical como horizontal, y los cambios en la organización de los fósiles no fueron tenidas en cuenta. Los resultados obtenidos en aquel estudio previo fueron considerados suficientemente concluyentes con respecto a una interpretación general tanto sobre el origen de las asociaciones de fósiles como de los sucesivos estadios de la cueva durante el relleno. No obstante, ciertos problemas de detalle no pudieron ser solucionados, debido a la gran extensión de las muestras. Por ello se ha efectuado un nuevo muestreo, esta vez siguiendo criterios tafonómicos, que nos permitan contrastar los resultados de este estudio previo, así como solucionar algunas discrepancias de detalle.

Abstract:

The whole Middle Pleistocene sequence is recorded at the site Dolina from la Trinchera de Atapuerca. A taphonomic study of the small mammals recovered from the fossiliferous levels of this series was previously done by Fernández-Jalvo (1988) and recently published by Fernández-Jalvo and Andrews (1992). Nevertheless, samples used for this previous study were taken according to stratigraphical criteria. Consequently, some of these samples represent several metres both in vertical and horizontal extension, and sedimentological fossil organization changes were not taken into account. Results obtained from this previous analysis were considered conclusive with regard to the general interpretations of both the origin of the fossil assemblages and the succeeding stages during the infilling. However, the great extension of the samples, obscured the solution of some problems in detail. New sampling has been made, this time according to taphonomic criteria, that allows us to contrast this previous result and solution some discrepancies of detail.

Palabras clave:

Tafonomía, asociación fósil, micromamíferos, predadores, digestión, microscopia electrónica de barrido, cuevas, Atapuerca, Pleistoceno Medio.

Key words:

Taphonomy, fossil assemblage, small mammals, predators, digestion, SEM, karstic, Atapuerca, Middle Pleistocene.

1 Introducción.

La presencia humana en la Sierra de Atapuerca, hace al menos 600.000 años, está demostrada debido al reciente descubrimiento de industria lítica en la base de la serie de Dolina. Restos humanos en la Trinchera de Atapuerca no han sido encontrados por el momento, si bien, una de las cuevas del complejo cárstico de Atapuerca/Ibeas, conocido con el nombre de Sima de los Huesos, engloba abundantes fósiles humanos (Arsuaga, *et al.* 1993) con más de 700 restos recuperados hasta el final de la campaña de excavación de 1992, que representan a 26 individuos (Bermúdez de Castro, com. pers.). Estos fósiles humanos han sido encontrados en la Sima de los Huesos junto a restos de carnívoros y, especialmente abundantes, restos de osos *(Ursus deningeri),* pero ni industria lítica ni restos de herbívoros han sido encontrados aún. Estos rasgos indican que estos homínidos no habitaron en la cueva o, al menos, no hay evidencia de un campamento en la Sima de los Huesos. Un estudio tafonómico de los restos humanos de la Sima de los Huesos está actualmente siendo desarrollado (Andrews & Fernández-Jalvo en prep.).

El yacimiento llamado Dolina es uno de los más representativos del complejo cárstico de Atapuerca/Ibeas. Dolina se encuentra expuesto en una de las paredes de una trinchera de ferrocarril abandonada. Este yacimiento es importante debido a que todo el Pleistoceno Medio se encuentra representado en los 18 metros de sección vertical, y también porque es rico en restos paleontológicos (tanto micro - como macrovertebrados) y arqueológicos (industria lítica). La reversión paleomagnética Matuyama-Brunhes ha sido detectada cerca de la base de la serie de Dolina (Carracedo, Soler y Chicharro, com. pers.), aproximadamente a 4 metros sobre el suelo de la Trinchera (en el tercer nivel estratigráfico: TD3), lo que marca el comienzo del Pleistoceno Medio. Los niveles superiores de Dolina han sido bioestratigráficamente correlacionados con yacimientos europeos del Pleistoceno Medio final (Aguirre, *et al.* 1987). Se han distinguido once niveles estratigráficos en la serie de Dolina (Figura 1), siete de ellos presentan contenido fósil (TD3, TD4, TD5, TD6, TD8, TD10, TD11) y el resto (TD1, TD2, TD7, y TD9) parecen ser estériles.

Existen muchos factores que controlan la composición de micromamíferos, muchos de ellos son diferentes de los procesos tafonómicos que afectan normalmente a los grupos de macromamíferos. Estos factores pueden alterar tanto la representación de especies (Tabla 1) como la abundancia relativa de cada una de ellas. El examen de modificaciones en

1 Introduction.

Evidence of human activity, at least 600.000 years ago, is obvious at the Sierra de Atapuerca. Stone tools have been recently found at the base of the Dolina series. No human fossil bones have been found at Trinchera de Atapuerca as far. Nevertheless, one of the caves of the Atapuerca/Ibeas cave complex, named Sima de los Huesos, has yielded abundant hominid remains (Arsuaga, *et al.,* 1993) with more than 700 specimens recovered by the end of 1992 season, representing almost 26 individuals (Bermúdez de Castro, pers. com.). Human remains have been found at Sima de los Huesos together with carnivore remains and, especially abundant, cave bears *(Ursus deningeri),* but neither stone tools nor herbivore remains have been recovered yet. These features indicate that humans had not been living anywhere inside this cave or, at least, there is no evidence of a camps site in Sima de los Huesos. The taphonomic study about the meaning of these human skeletons in the Sima de los Huesos is presently in progress (Andrews & Fernández-Jalvo in prep.).

The site named Dolina is one of the most significant sites from the Atapuerca/Ibeas cave complex. Dolina is exposed in the side of an abandoned railway cutting. This site is important because the whole Middle Pleistocene is recorded along its 18 metres of vertical section, and also because it is rich in palaeontological (both small and large vertebrates) and archaeological (stone tools) remains. The Matuyama-Brunhes palaeomagnetic boundary has been detected near the bottom of the Dolina series (Carracedo, Soler and Chicharro, pers. com.), about 4 m. from the trench floor (at the third stratigraphical level: TD3), marking the beginning of the Middle Pleistocene. The uppermost levels of Dolina have been biostratigraphically correlated with European deposits of late Middle Pleistocene in age (Aguirre *et al.,* 1987). Eleven stratigraphical levels have been distinguished at the Dolina series (Figure 1), seven of them have fossil content (TD3, TD4, TD5, TD6, TD8, TD10, TD11) and the levels TD1, TD2, TD7 and TD9 are considered sterile.

There are many factors controlling the composition of small mammal faunas, many of them different from taphonomic processes for large mammals. These factors may alter both the species composition (Table 1) and the relative proportions in which they occur. Examining modifications on small mammal fossils, some procedures of accumulation and fossilization processes, can be identified, and from this, cave infilling evolution of the site and palaeoenvironmental interpretation of the area can be proposed.

1. Columna estratigráfica de Dolina (según Gil, 1986). A la izquierda se muestra la escala en metros. La segunda columna indica los niveles de Dolina. A la derecha se representan de forma esquemática las unidades estratigráficas. La flecha indica el cambio paleomagnético Matuyama-Brunhes.

1. Stratigraphic column of Dolina (according to Gil, 1986). Left hand column shows thickness in metres. The middle column shows the levels of the Dolina sequence. On the right is a schematic representation of the stratigraphic units. The arrow shows the position of the Matuyama-Brunhes paleomagnetic change.

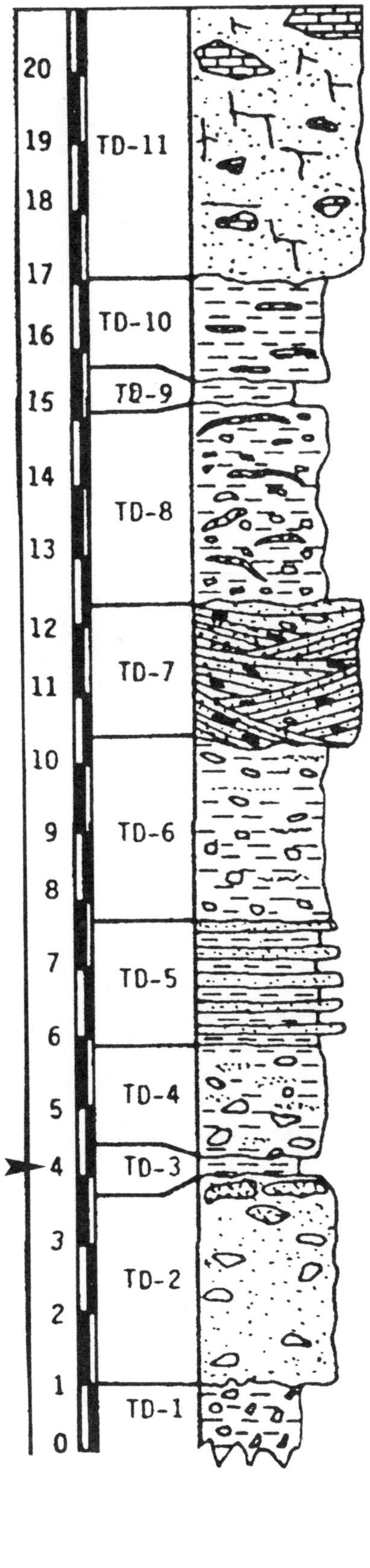

Gravillas de caliza con niveles arcillosos y frecuentes bloques caídos.

Limestone gravels with silty layers and frequent roof-fall blocks.

Brecha calcárea en una matriz arcillosa. Algunos de los clastos calcáreos alcanzan 20 cm de diámetro. Algunos bloques caídos del techo alcanzan 1 m de diámetro.

Cave breccia in a reddish silty matrix. Some of the limestone clasts reach 20 cm of diameter and there are also some roof-fall blocks of about 1 m.

Arcillas rojo-verdosas, cementadas. / Brown-greenish silt, cemented.

Brecha de clastos calcáreos en una matriz arcillosa fuertemente cementadas, especialmente hacia el techo del nivel.

Breccia of limestone clasts in a silty matrix heavily cemented, especially at the top of the level.

Areniscas y conglomerados de clastos calcáreos redondeados y gravas, estratificación cruzada. Cementado.

Sandstone and conglomerate of rounded limestone clasts and gravels, cross bedded. Secondarily cemented.

Bloques de caliza en una matriz arcillosa rojiza. Existe un cambio lateral, con mayor abundancia de bloques que de arcillas hacia el SW, y más arcillas que bloques hacia SE.

Unsorted limestone blocks in a redish silty matrix. There is lateral change, with more limestone blocks than silt in the NW, more silty in the SE. Interpreted as mud flow.

Niveles interestratificados de arcillas y gravillas. El techo es predominantemente arcilloso.

Interbedded levels of silt and gravel. The top is predominantly silty.

Clastos calcáreos en una matriz arcillosa, pobremente seleccionados.

Limestone clasts in a silty matrix, poorly sorted.

Arcillas marrones. / Brown silts.

Nódulos de limos carbonatados en una matriz arcillosa marrón-amarillenta, y bloques estalagmíticos a techo.

Nodules of carbonated clay in a dark yellowish-brown silty matrix, and stalagmitic blocks at top.

Clastos calcáreos en una matriz arcillosa marrón-rojiza.

Limestone clasts in a brown-reddish silty matrix.

Tabla 1.–*Especies de micromamíferos reconocidos en Dolina. Según Gil, 1986*

Table 1.–*The small mammal species from Dolina. According to Gil, 1986.*

Especies	TD3	TD4	TD5	TD6	TD8	TD10	TD11
Pitymys gregaloides	x	x	x	x			
P. subterraneus			x	x	x	x	x
P. sesei			x	x			
P. aguirrei	x	x	x	x			
P. atapuerquensis						x	
Mimomys savini	x	x	x	x			
Pliomys episcopalis	x	x	x	x			
Pl. lenki						x	x
Microtus lignani			x	x			
M. brecciensis	x	x	x	x	x		x
M. arvalis-agrestis						x	x
Arvicola chalinei	x	x	x	x			
Arvicola aff. *sapidus*						x	x
Allocricetus bursae	x	x	x	x	x	x	x
Apodemus cf. *flavicollis*	x	x	x	x		x	x
Eliomys quercinus quercinus	x	x	x	x			x
Talpa sp.	x	x		x		x	
Erinaceus cf. *europaeus*		x					
Beremendia cf. *fissidens*			x	x			
Sorex sp.		x	x	x		x	x
Crocidura sp.	x	x	x	x			
Oryctolagus sp.	x	x	x	x	x	x	x
Marmota cf. *marmota*				x		x	
Hyxtrix cf. *major*			x	x			
Castor fiber			x	x			
MNI	36	36	412	115	7	94	20
Número de especies	12	14	18	20	4	11	10

los fósiles de micromamíferos puede permitir identificar los procedimientos de asociación y de fosilización, y a partir de ello, se pueden llegar a proponer la evolución de relleno de la cueva e interpretaciones paleoambientales.

En Dolina se ha efectuado ya un estudio tafonómico en los fósiles de micromamíferos (Fernández-Jalvo, 1988; Fernández-Jalvo & Andrews, 1992), empleando muestras tomadas para estudios bioestratigráficos. Consecuentemente, cada una de las muestras representan varios metros en extensión tanto vertical como horizontal. Los resultados de este estudio previo (Figura 2) parecían concluyentes para la interpretación de las fuentes de producción de estas asociaciones de fósiles de micromamíferos y la solución de procesos ocurridos durante el relleno de la cueva. No obstante, la gran extensión de estas muestras no permitieron explicar ciertos problemas de detalle especialmente de los niveles TD4, TD8 y TD10. TD4 reveló ciertas anomalías que sugerían la posibilidad de la existencia de más de una fuente de aporte, pero debido a la gran extensión de las muestras, el origen de tales anomalías no pudieron ser detectadas. TD8 presentaba un problema relacionado con el ambiente de fosilización. TD8 presentaba una peculiar alteración que afectaba principalmente a la dentina y al tejido óseo dejando sin alterar al esmalte. Esta alteración aparece en TD8, como también un fuerte encostramiento carbonático. Para comprender cómo

A previous work of the small mammal taphonomy was already made at Dolina (Fernández-Jalvo, 1988; Fernández-Jalvo & Andrews, 1992) using samples taken for biostratigraphical purposes. Consequently, each sample represented several metres of vertical and horizontal extension. Results from this previous study (Figure 2) seemed to be conclusive for interpreting the small mammal source and the succesion of processes during the cave infilling. Nevertheless, the great extension of these samples did not let us to explain problems of detail, observed at levels TD4, TD8 and TD10. TD4 revealed some anomalies that suggested the possibility of more than one source for the small mammals, and due to the great extension of the sample, the origin of these anomalies could not be detected. TD8 showed a problem related with the fossilization environment. A peculiar alteration found only at TD8, which mainly affected the dentine and bone leaving the enamel unaffected. This alteration concurred with a strong carbonatic cementation at this unit. Experimental work has been extended in order to understand this alteration and its relationship with the environment where remains fossilized. TD10 illustrated a problem related with sample sorting, since teeth were taken almost exclusively, while postcranial skeleton was represented by very few elements. The predator that produced this fossil assemblage could not be well identified at the previous work given this

2. *Resultados de Fernández Jalvo & Andrews (1992). Modificado en Fernández Jalvo (1992).*

"DOLINA" TD

NIVEL	SEDIMENT.	DISTRIB. FOSILES	ROTURA − +	MODIFIC. PRED.	CATEG. PREDT.	MODIFIC. POSTDEP.	RECONST. AMBIENT.	cierre ← apert. →	ESTD. TAF.
TD 11	Gravas calcáreas Bloques caídos	agrup. y dispers.		Digest. ligera concentr. en área extrmd.	2 Búho chico	Corrosión del suelo Meteoriz. Raíces	Amplia conexión con el exterior posible colapso del techo		III
TD 10	Brecha calcárea Bloques caídos	agrup. y dispers.		Digest. muy fuerte	4 - 5 a.diurna o m.carnv.	Corrosión del suelo Meteoriz. Raíces			
TD 9	Lutitas	——		——	——	——	Cierre temporal de la cueva		II
TD 8	Brecha fuertemt. encostr.			Digest. muy ligera o ausente	1 o trampa natural	Corros. dentina y hueso Elemts.en conex.anat.	Comienzo del cierre de cueva		
TD 7	Conglom. Estratif. cruzada	——		——	——	——	Muy alta energía de transporte		I
TD 6	Coladas de barro	dispers.		Digest. fuerte-moderada	3 Cárabo	Alteración de cueva	Restos de micromam. entran en la cueva con el sedimento		
TD 5	Alternancia de gravas y arcill.	dispers. y rara vez agrup.		Digest. fuerte-moderada Fósiles redond.	3 Cárabo	Alteración de cueva			
TD 4	Cantos calcáreos en matriz lutítica	agrup. y rara vez dispers.		Digest. ligera concentr. a.extrmd	¿mezcla? 2 B.chico y otro pred.?	Alteración de cueva	Micromam. transport. desntro de egagrópilas		
TD 3	Arcillas marrones	dispers.		Digest. moderada -ligera	3 Búho real	Alteración de cueva. Rotura por pisoteo	La cueva comienza a abrirse		
TD 2	Bloques calcáreos matriz lut. caótico	——		——	——	——	Cueva cerrada		-
TD 1	Lutitas pardo-roj. con cantos	——		——	——	——	Cueva cerrada		

se ha producido este tipo de alteración y su relación con el ambiente donde los restos fosilizaron, se han incrementado las observaciones y estudios experimentales. TD10 ilustraba un problema relacionado con el triado de la muestra, ya que se tomaron casi exclusivamente los dientes, mientras que los elementos postcraneales eran muy escasos. El predador que produjo esta asociación de fósiles no pudo ser bien identificado en el estudio previo dada la práctica ausencia de postcraneal. Los niveles TD5 y TD6 se han incluido también en el presente trabajo, porque se vio que los fósiles presentaban alteraciones tafonómicas muy parecidas entre sí (Fernández-Jalvo, 1988; Fernández-Jalvo & Andrews, 1992), y dicha semejanza podía ser consecuencia de muestreo. En resumen, se va a intentar en el presente trabajo resolver los problemas que no pudieron ser solucionados antes y concluir el estudio tafonómico de Dolina, y ello se efectuará mediante un nuevo examen de las asociaciones de micromamíferos de los niveles considerados problemáticos.

2. *Results from Fernández Jalvo & Andrews (1992).*

GRAN DOLINA

LEVEL	STRATIGRAPHY	FOSSIL DISTRIB.	BREAK. − +	PREDEP. MODIF.	POSTD. MODIF.	PREDATOR CATEG.	ENVIRON. RECONST.	closed ← open →	TAPH. STAD.
TD 11	Limestone gravels. Roof-fall blocks	concent. & dispers		Light digest. on tip	Soil acidity Weath. Root-M	2 Long eared o.	Gravitat. cone Wide conect. by cave roof colapse		III
TD 10	Cave breccia. Roof-fall blocks	concent. & dispers.		Very heavy digest.	Soil acidity Weath. Root-M	4 - 5 Diurnal raptor or small carnivore			
TD 9	Silt	——		——	——	——	Cave temporary concealed		II
TD 8	Heavily cemented breccia			Bones in anat. position	Corros. dentine and bone	Possibly natural trap	Cave becomming concealed		
TD 7	Sandstone Cross-bedding	——		——	——	——	Very high energy of transport		I
TD 6	Mudflow from outside	dispers.		High to moder. digest.	Cave corros.	3 Tawny owl	Small m. bones came into the cave with the sediment		
TD 5	Silt and gravels inter-bedded	dispers. & concent. uncomm.		High to moder. digest. Rounded bones	Cave corros.	3 Tawny owl			
TD 4	Limestone clasts in a silty matrix	concent. & dispers. uncomm.		Light digest. on tip & mod.	Cave corros.	mixture? 2 Long eared o.& unknown	Small m. bones came in inside pellets		
TD 3	Silt	dispers.		Moder. / light digest.	Cave corros. Breakg. by trampl.	3 European eagle owl	Cave aperture starts		
TD 2	Lacustrine cave infilling	——		——	——	——	Inner sediment.		-
TD 1	Cave infilling	——		——	——	——	Inner sediment.		

scarcity of postcrania. The TD5 and TD6 fossil assemblages have also included here, because they were vey similar each other (Fernández-Jalvo, 1988; Fernández-Jalvo & Andrews, 1992), and such high similarity could be consequence of sampling method. In summary, it is attempted here, by re-examining the small mammal assemblages from these problematic levels, to resolve problems that were not well understood before and to conclude the taphonomic study of Dolina.

2 Métodos.

Los fósiles de micromamíferos de Dolina han sido examinados microscópicamente con diferentes aumentos (x80 a x40), siguiendo el procedimiento descrito en detalle en Andrews (1990). Determinados fósiles han sido seleccionados para ser observados con mayor detalle al microscopio electrónico de barrido (MEB) de cámara ambiental. Este tipo de microscopios permite introducir muestras sin metalizar al tener la columna de vacío dividida en dos cámaras (cámara de la columna y cámara portamuestras) con distinto sistema de bombeo y distinto vacío (10^{-4} torr y 10^{-1} torr, respectivamente, Taylor, 1986). Este sistema de MEB ha permitido obtener una amplia base de datos de muestras actuales y fósiles.

Las siguientes categorías de información han sido investigadas en las asociaciones de fósiles de cada uno de los niveles estratigráficos de la serie de Dolina,

	Características	Información
1	Representación de elementos anatómicos.	Predador. Pre- y Post-enterramiento.
2	Rotura de elementos anatómicos.	Predador. Pre- y Post-enterramiento.
3	Digestión (grados y frecuencias).	Predador.

2.1. Representación de elementos esqueléticos (Tablas 2 y 3).

1a.—Recuento de los diferentes elementos anatómicos (N) y cálculo de las abundancias relativas (número de fósiles de un determinado elemento esquelético dividido por el número esperado de cada uno de dicho elemento esquelético y multiplicado por el número mínimo de individuos (MNI) (Tabla 2).

1b.—Proporciones de los diferentes elementos se indican mediante cuatro índices (Tabla 3)

—pc/c: relación entre el esqueleto postcraneal y los elementos del cráneo, lo que se establece al dividir cinco de los elementos postcraneales (húmero, radio, ulna, fémur y tibia) por el número de mandíbulas, maxilares y dientes sueltos;

2 Methods.

The small mammal fossils from Dolina have been examined microscopically, following the procedure described in detail by Andrews (1990). For the collection as a whole a variable magnification (x8 to x40) light microscope has been used, backed up with a scanning electron microscope (SEM) provided with an environmental chamber. This type of SEM enables uncoated specimens to be viewed directly, because the vaccum column is divided into two independent parts with a different pumping system and different vaccum (Taylor, 1986). The chamber where the specimen is introduced has relatively low vacuum (10^{-1} torr) in contrast with the rest of the column (10^{-4} torr). This system has provided a large data base for both recent and fossil specimens.

The following categories of information have been investigated for fossils from each of the stratigraphic units at Dolina,

	Features	Information
1	Representation of skeletal elements.	Predator. Pre- and Post-burial.
2	Breakage of skeletal elements.	Predator. Pre- y Post-burial.
3	Digestion (grade and frequence).	Predator.

2.1. Representation of skeletal elements (Tables 2 and 3).

1a. Numbers of skeletal elements (N) have been counted and relative abundances calculated based on comparison with the expected numbers of each element multiplied by minimum numbers of individuals (MNI) (Table 2);

1b. proportions of different elements are indicated by four indices: (Table 3);

—postcrania in relation to crania were shown by an index comparing five postcranial elements (humerus, radius, ulna, femur and tibia) to numbers of mandibles, maxillae and isolated molars; - a second index compares *humeri and femora to mandibles and maxillae;*

—loss of distal limb elements is shown by an index compa-

Tabla 2.–*Elementos esqueléticos de fósiles de micromamíferos de Dolina.*

Table 2.–*Skeletal elements of the small mammal fossils from Dolina.*

Skeletal elements	TD10		TD6		TD5		TD4		Anom. TD4	
	N	%	N	%	N	%	N	%	N	%
Mandible	18	26.5	9	40.9	89	47.3	28	87.5	12	75.0
Maxilar	14	20.6	6	27.3	66	35.1	14	43.8	0	0.0
Scapula	0	0.0	1	4.5	9	4.8	6	18.8	3	18.8
Humerus	23	33.8	18	81.8	119	63.3	24	75.0	6	37.5
Radio	16	23.5	10	45.5	52	27.7	12	37.5	1	6.3
Ulna	21	30.9	15	68.2	108	57.4	24	75.0	4	25.0
Pelvis	2	2.9	7	31.8	22	11.7	5	15.6	0	0.0
Femur	35	51.5	8	36.4	155	82.4	31	96.9	16	100.0
Tibia	30	44.1	17	77.3	188	100.0	31	96.9	7	43.8
Vertebra	93	8.5	44	12.5	390	13.0	192	37.5	51	19.9
Incisor	135	99.3	41	93.2	298	79.3	47	73.4	20	62.5
Molar	277	67.9	75	56.8	633	56.1	108	56.3	39	40.6
Calcaneus	18	26.5	4	18.2	48	25.5	10	31.3	5	31.3
Astragalus	38	55.9	7	31.8	48	25.5	14	43.8	1	6.3
Ribs	15	1.8	16	6.1	70	3.1	41	10.7	6	3.1
Metapodial	128	18.8	48	21.8	301	16.0	93	29.1	29	18.1
Phalanges	327	16.0	84	12.7	320	5.7	108	11.3	65	13.5
Total of small mammals	1190		410		2916		788		265	
MNI of small mammals	34		11		94		16		8	
Reptiles	69	3.84	23	3.83	305	6.61	81	7.87	53	13.12
Amphibians	463	25.79	69	11.48	1077	23.35	119	11.56	48	11.88
Birds	55	3.06	84	13.98	244	5.29	40	3.89	28	6.93
Fishes	18	1.00	3	0.50	65	1.41	1	0.10	10	2.48
Bats	0	0.00	12	2.00	5	0.11	0	0.00	0	0.00
Total	605	33.70	191	31.78	1696	36.77	241	23.42	139	34.41
Total microvertebrates	1795		601		4612		1029		404	

–un segundo índice compara los húmeros y fémures con las mandíbulas y los maxilares contabilizados en la muestra;

–la pérdida de elementos distales de las extremidades se calcula al dividir el número de tibias y radios por el de fémures y húmeros;

–la proporción relativa de dientes aislados fueron calculados con respecto al número de alvéolos vacíos en las mandíbulas y los maxilares. Según este índice los valores resultantes que sean > 100 se interpretan como una pérdida relativa o destrucción de las mandíbulas y de los maxilares; cuando la proporción es < 100, se interpreta una pérdida de dientes. Este índice ha sido calculado separadamente para incisivos y molares.

ring numbers of tibiae and radii with numbers of femora and humeri;

–relative proportions of *isolated teeth* were calculated with reference to numbers of empty alveolar spaces in the jaws, such that proportions > 100 were taken to signify relative loss of jaws and < 100 relative loss of teeth; this index was calculated separately for incisors and molars.

Tabla 3.—*Proporciones de elementos de fósiles de micromamíferos de Dolina.*

Table 3.—*Element proportions of the small mammal fossils from Dolina.*

Index	Stratigraphic levels TD10	TD6	TD5	TD4	Anom.TD4
Postcrania/crania	64.7	120.9	126.3	130.1	106.7
Femur+humerus/ mandible+maxilla	181.3	173.3	176.8	131.0	183.3
Tibia+radius/ femur+humerus	79.3	103.8	87.6	78.2	36.4
Isolated molars	486.0	192.3	152.2	100.0	111.4
Isolated incisors	710.5	273.3	200.0	127.0	166.7

2.2.
Rotura de elementos esqueléticos (Tablas 4 y 5).

2a.—La determinación de la rotura del esqueleto postcraneal está basado en el recuento de elementos completos, extremos proximales, diáfisis y extremos distales (Tabla 4), calculando las proporciones de cada grupo de elementos respecto al total de fragmentos de cada extremidad (húmero, ulna, tibia y fémur).

2b.—La rotura en el cráneo se indica en términos de proporciones de cráneos completos, proporciones de maxilares con el arco cigomático y molares e incisivos desprendidos de sus alvéolos.

2c.—La rotura en mandíbulas es indicada por las proporciones de semi-mandíbulas completas (sin hacer distinción entre derecha o izquierda), proporciones de cuerpos mandibulares con el borde inferior roto y molares e incisivos desprendidos de sus alvéolos.

2d.—La rotura en dientes incluye tanto la rotura transversal como la longitudinal, y asume solamente un tipo de rotura por diente; se calcula separadamente la rotura de incisivos y de molares, así como de dientes sueltos y de dientes que permanecen en sus alvéolos.

2.2.
Breakage of skeletal elements (Tables 4 and 5)

2a. Breakage of postcrania is based on separation of each element into complete, proximal, shaft and distal segments, with the proportions of each category calculated against the whole.

2b. Breakage of skulls is indicated by proportions of complete skulls, proportions of maxillae retaining the zygomatic process, and molars and incisors lost from the maxillae.

2c. Breakage of mandibles is indicated by proportions of complete haf-mandibles (with no distinction being made between left and right), proportions of mandibular bodies with inferior border broken, and molar and incisor loss.

2d. Breakage of teeth includes both transverse and longitudinal breaks and assumes one break only per tooth, and is calculated separately for isolated teeth and those in place in the jaws, and for molars and incisors.

2.3.
Digestión.

La digestión en dientes consiste en el cálculo de los porcentajes de dientes que presenten cualquier señal de digestión (Tabla 6). La digestión ha sido analizada separadamente en molares y en incisivos, distinguiendo dientes en sus alvéolos y dientes aislados; el número de dientes digeridos se compara con el número total de dientes registrados, y en los digeridos, el grado y el área digerida se refiere al número de dientes di-

2.3.
Digestion.

Digestion of teeth measures the porportions of teeth showing any signs of digestion (Table 6). Digestion has been investigated separately for molars and incisors, distinguishing teeth in place in the jaws from isolated teeth. Numbers of teeth digested are shown as proportions of total numbers of teeth, and for the digested teeth the distribution and degree of digestion are shown relative to the numbers of digested

Tabla 4.–*Rotura de elementos postcraneales de fósiles de micromamíferos de Dolina.*

Table 4.–*Breakage of postcrania in the small mammal fossils from Dolina.*

Breakage of PC	TD10		TD6		TD5		TD4		Anom. TD4	
	N	%	N	%	N	%	N	%	N	%
Humerus										
Complete	0	0.0	1	5.6	2	1.7	1	4.2	0	0.0
Proximal	4	17.4	6	33.3	25	21.0	4	16.7	2	33.3
Shaft	15	65.2	7	38.9	52	43.7	10	41.7	3	50.0
Distal	4	17.4	4	22.2	40	33.6	9	37.4	1	16.7
Ulna										
Complete	0	0.0	0	0.0	0	0.0	1	4.2	0	0.0
Proximal	18	85.7	5	33.3	59	54.6	14	58.3	2	50.0
Shaft	3	14.3	9	60.0	46	42.6	8	33.3	2	50.0
Distal	0	0.0	1	6.7	3	2.8	1	4.2	0	0.0
Femur										
Complete	0	0.0	0	0.0	0	0.0	2	6.5	0	0.0
Proximal	10	28.6	1	12.5	59	38.1	19	61.3	6	37.5
Shaft	21	60.0	6	75.0	82	52.9	6	19.3	10	62.5
Distal	4	11.4	1	12.5	14	9.0	4	12.9	0	0.0
Tibia										
Complete	0	0.0	0	0.0	1	0.5	0	0.0	0	0.0
Proximal	4	13.3	2	11.8	22	11.7	3	9.7	0	0.0
Shaft	12	40.0	10	58.8	101	53.7	17	54.8	6	85.7
Distal	14	46.7	5	29.4	64	34.1	11	35.5	1	14.3

geridos; la distribución de la digestión se refiere a la concentración de la digestión en el extremo extra-mandibular del incisivo o a lo largo de los bordes de las coronas de los molares; la digestión en los elementos postcraneales se ha calculado para los extremos distales de los húmeros y en los proximales de los fémures.

Los efectos tafonómicos producidos por la predación han sido estudiados en profundidad por Andrews (1990), y el presente trabajo se basa en su metodología. Según este autor, los predadores de micromamíferos pueden dividirse en tres grupos: mamíferos carnívoros, como zorros, comadrejas y vivérridos; aves de presa diurnas, como los halcones, águilas y ratoneros; y las rapaces nocturnas.

Los pequeños mamíferos carnívoros cazan fundamentalmente de noche y producen grandes modificaciones en sus presas debido a que suelen masticarlas antes de ingerirlas (Andrews y Evans, 1983). Las aves de presa diurnas cazan durante el día y con frecuencia desgarran a sus presas utilizando sus potentes picos y garras antes de ingerirlas, provocando elevados índices de rotura. Las estrigiformes en general cazan por la noche, aunque algunas especies son crepusculares; las presas de pequeño tamaño las ingieren completas, pe-

teeth. Distribution mainly records concentration of digestion on the tips of incisors or along edges of molar crowns, and degrees of digestion follow an scale from light to extreme shown in Figure 3. Digestion of postcrania has been calculated for proximal femora and distal humeri, showing proportions of fossil bones affected (Table 6).

Taphonomic effects by predation have been extensively studied by Andrews (1990), and the present study is based on his methodology. According to this author, predators of small mammals can be divided into three natural groups: mammalian predators such as foxes, weasels and viverrids; diurnal birds of prey such as falcons, eagles and buzzards; and the nocturnal owls.

Mammalian predators hunt mainly at night, and they produce the greatest modifications of their prey by using their shearing or crushing teeth to break up their prey before ingestion (Andrews and Evans, 1983). The diurnal birds of prey frequently tear apart their prey using their powerful beaks and talons before ingestion, resulting in high levels of breakage. The owls as a group hunt by night, although some species are more crepuscular. Small sized prey are usually swallowed whole, but larger prey may be dismembered in

Tabla 5.—*Rotura de maxilares y dientes de fósiles de micromamíferos de Dolina.*

Table 5.—*Breakage of cranial and dental elements of the small mammal fossils from Dolina.*

	Stratigraphic levels				
	TD10 %	TD6 %	TD5 %	TD4 %	Anom.TD4 %
Breakage of skulls					
% Complete	0.0	0.0	0.0	0.0	–
% Maxillae with zygomatic	35.7	16.7	33.3	14.3	–
% Molars missing from maxillae	71.4	88.9	93.4	85.7	–
% Incisors missing from maxillae	71.4	100.0	98.5	100.0	–
Brakage of mandibles					
% Complete	5.6	0.0	6.7	21.4	0.0
% Inferior border broken	55.6	66.7	77.5	42.9	75.0
% Molars missing from mandibles	50.0	85.2	86.5	85.7	97.2
% Incisors missing from mandibles	50.0	100.0	94.4	82.1	100.0
Breakage of teeth					
% Molars broken "in situ"	38.5	0.0	2.0	0.0	0.0
% Isolated molars broken	77.3	48.0	42.3	38.0	43.6
% Incisors broken "in situ"	76.9	–	33.3	60.0	–
% Isolated incisors broken	96.3	82.9	88.6	87.2	75.0
% Total molars broken	72.5	44.4	39.4	32.3	42.5
% Total incisors broken	94.6	82.9	87.5	84.6	75.0

ro las de mayor tamaño las desmiembran de forma similar a las aves diurnas. Las diferentes formas de ingestión que presentan estos grupos de predadores se corresponden con una mayor o menor alteración del esqueleto de sus presas. Existe correlación entre el grado de rotura de los elementos esqueléticos y la intensidad con que esos elementos son digeridos, y entre la representación anatómica y los rasgos de digestión. Estas diferencias de ingestión producen consecuentemente diferencias en las asociaciones esqueléticas producidas por cada tipo de predador. Hay una correlación general entre grados de rotura de los elementos anatómicos y la intensidad de alteración por procesos digestivos del predador. Esto es en parte debido a que los restos óseos fragmentados son más susceptibles al ataque ácido y a la actividad enzimática de la digestión de los predadores que los restos óseos enteros, y en parte a que existe una elevada acidez en el estómago de las aves diurnas y de los mamíferos carnívoros. Existen también variaciones en los grados de digestión dentro de cada una de las tres categorías, íntimamente correlacionadas con los porcentajes de dientes afectados, pudiéndose así diferenciar las siguientes cinco categorías de predadores (según Andrews, 1990 y la Figura 3):

1.—digestión ligera o ausente: molares 0-3 por 100, incisivos 8-13 por 100;

2.—digestión ligera: molares 4-6 por 100, incisivos 20-30

similar fashion to that of the diurnal birds of prey. These activities produce corresponding differences in the skeletal associations produced by the predators. There is a general correlation between degree of breakage of skeletal elements and the extent to which they are affected by the digestive processes of the predator, and between anatomical representation and digestion features. This is in part because the broken bone remains are more liable to attack by acid and enzymatic activity in the predator's stomach, but in part it arises because there is increased chemical activity in the stomachs of diurnal raptors and mammalian carnivores, in comparison to owls. There is also variation in degrees of digestion within the three predator categories, closely correlated with the percentage of prey's teeth affected, and five categories of digestion are distinguished, following Andrews (1990), and Figure 3:

1. absent or light digestion, molars 0-3%, incisors 8-13%;

2. light digestion, molars 4-6%, incisors 20-30% (only in tips);

3. moderate/heavy digestion, molars 18-22%, incisors 50-70%;

4. extreme digestion, molars 50-70%, incisors 60-80%;

5. extreme digestion, molars 50-100%, incisors 100%.

por 100 (solamente en la parte del incisivo que sobresale de la mandíbula);

3.–digestión moderada/fuerte: molares 18-22 por 100, incisivos 50-70 por 100;

4.–digestión extrema: molares 50-70 por 100, incisivos 60-80 por 100;

5.–digestión extrema: molares 50-100 por 100, incisivos 100 por 100.

La categoría 1, con predadores tales como la lechuza común y campestre y el búho nival, producen digestión ligera (Fig. 3). Los predadores de la categoría 2 como el búho chico y ciertas especies de búhos africanos también producen digestión ligera, pero el esmalte desaparece completamente de la parte del incisivo que sobresale de la mandíbula (parte extra-mandibular) (Fig. 3). La categoría 3 está formada por predadores tales como los cárabos comunes y los búhos reales, los cuales producen una alteración moderada/fuerte del esmalte sobre una amplia porción del diente (Figura 3). En la categoría 4 se encuadran los mochuelos, cernícalos y halcones peregrinos entre las aves diurnas, y entre los mamíferos se encuentran vivérridos y algunos mustélidos que provocan modificaciones de grado fuerte/extremo en el esmalte y fuerte alteración en la dentina (Figura 3); los mustélidos se caracterizan por un bajo porcentaje de elementos afectados por digestión. La categoría 5 incluye los representantes más extremos entre las aves diurnas tales como las águilas ratoneras y los milanos, y mamíferos como cánidos y félidos. Los mamíferos carnívoros también producen cierto redondeamiento en los bordes salientes de las partes anatómicas, en especial en los extremos rotos de los elementos de las extremidades; si bien marcas de mordeduras son raras en restos de micromamíferos, excepto en algunos casos de cánidos y algunos mustélidos (Andrews & Evans, 1983).

Otras observaciones se han considerado también tales como el color, el depósito de óxido de magneso, redondez de los bordes y salientes, pulido de la superficie, pisoteo, alteración por meteorización, marcas de dientes (tanto de roedor como de carnívoros), marcas de raíces, descamación superficial o superficies corroídas, entre otras. La descripción sistemática de todas estas relaciones ayuda a reconocer las fuentes de aporte de estos fósiles, así como el tipo de agentes que pudieron alterar la asociación, tanto antes como después del enterramiento. El trabajo experimental y las observaciones de alteraciones producidas por agentes tafonómicos actuales son una importante fuente de información.

Category 1 predators, such as barn owls, great grey owls and snowy owls, produce light digestion (Fig. 3). Category 2 predators, such as long-cared owl and African species of eagle owls, also produce light digestion with the enamel removed from the tips of the incisors (Fig. 3). Category 3, such as tawny owls and European eagle owls, produce moderate/heavy digestion of the enamel over large parts of the crowns (Fig. 3). Category 4 predator, such as little owls, kestrels and peregrines, amongst the raptors, and mammals like viverrids and some mustelids, produce heavy/extreme enamel damage and dentine destruction (Fig. 3); mustelids are characterized for a low percentage of digested teeth. Category 5 predators include the most extreme diurnal raptors, like buzzard and kites, and mammals, such as canids and felids. The mammalian carnivores also produce some rounding of exposed edges of bones, particularly broken end of limb bones, but gnaw marks are rare on small mammal remains, except for some instances of canid and mustelids (Andrews & Evans, 1983).

Other observations have also been considered, such as colour, manganese stains, rounding, polishing, trampling marks, weathering, tooth marks (both rodent's and carnivore's), root marks, desquamatory or corroded surface among others. The systematic description of all these features aids in recognizing the source as well as the type of agent that could alter the assemblages, both before and after burial. Experimental work as well as observation of present-day agents of modification are important data base of information.

Sampling has been performed according to the sedimentological and taphonomic features of the level. Fossil distribution at the the section has been the main criteria for sampling, together with sedimentological changes. When sediment was homogeneous (eg., TD4) the outcropped level was divided into several fictitious columns taking samples at every 10 cm.

3. *Grados de digestión de incisivos a la izquierda, de molares a la derecha. El esmalte está en blanco, la dentina representada con sombreado y los espacios vacíos dentro de las coronas en negro.*

3. *Grades of digestion of incisors on the left, molars on the right. Enamel surfaces on white, dentine is shown shaded, and empty spaces within the crowns are shown black.*

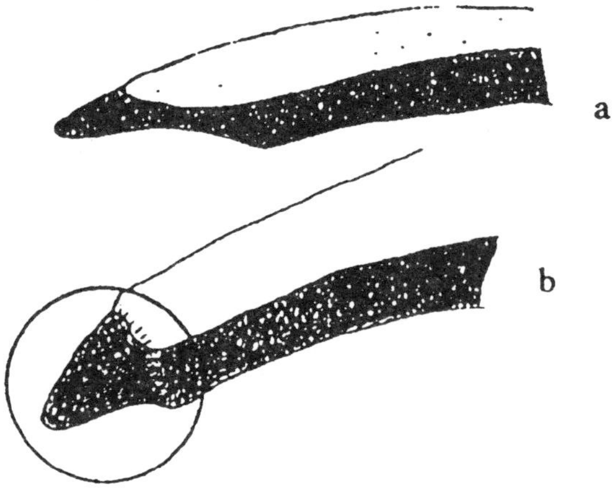

La digestión **ligera** afecta a toda la superficie del esmalte, que muestra un ligero picoteado (a). En algunos casos, la digestión está concentrada en la parte extramandibular del diente (b), donde el esmalte ha desaparecido totalmente; esto indica que el diente estaba retenido en la mandíbula durante el proceso digestivo. La dentina puede estar digerida, obteniendo una superficie ligeramente ondulada.

Light It can affect the whole enamel surface showing a slightly to moderate pitting (a). Occasionally heavier digestion occurs at the tips of the incisor, where the enamel is totally removed (b). The dentine may be slightly digested, producing a wavy outline.

Digestión **moderada.** La superficie del esmalte está ahora más intensamente afectada, así como la dentina que ofrece una textura ondulada. El esmalte permanece a lo largo del diente, excepto en el extremo oclusal del diente.

Moderate The surface of the enamel is more intensively affected, and the dentine is also modified with a wavy surface. Enamel remains along the length of the tooth, except sometimes when it is removed from the tips.

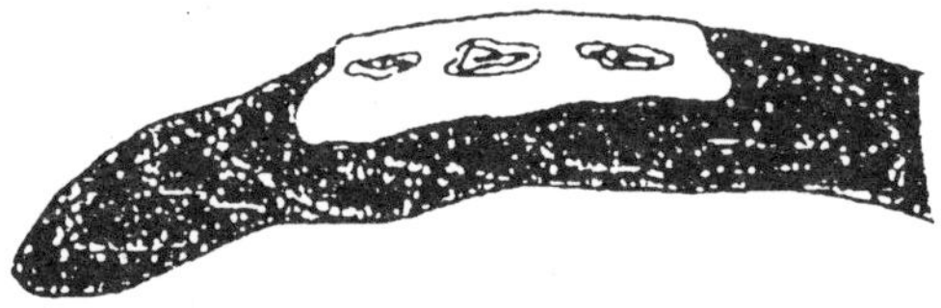

Digestión **fuerte.** Las señales de digestión aparecen tanto en el esmalte como en la dentina, obteniéndose una superficie ondulada en ésta última y reducción del esmalte a pequeños islotes sobre la dentina.

Heavy Digestion occurs on both enamel and dentine, producing a wavy surface on the latter and reducing the enamel to small islands on the surface of the dentine.

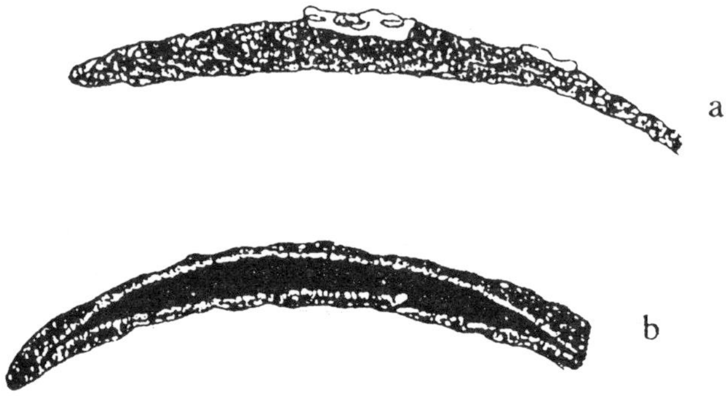

Digestión **extrema.** La alteración aparece tanto en la dentina como en el esmalte. En algunos dientes no queda rastro del esmalte y sólo se reconoce un centro de dentina de textura muy ondulada. En otros incisivos, prácticamente todo es dentina y sólo existen pequeñísimos islotes de esmalte (a), en ocasiones la dentina está tan afectada y debilitada que llega a colapsar por su propio peso (b). Apenas se puede reconocer la forma del incisivo.

Extreme Damage is extensive on both the enamel and the dentine, some teeth having all of the enamel removed, leaving a narrow and dentine core, while others also have much of the dentine removed so that the edges of the dentine, or of the enamel if still remains, collapses in on itself (b). Where enamel remains on these teeth it is restricted to small islands separated by areas of dentine (a).

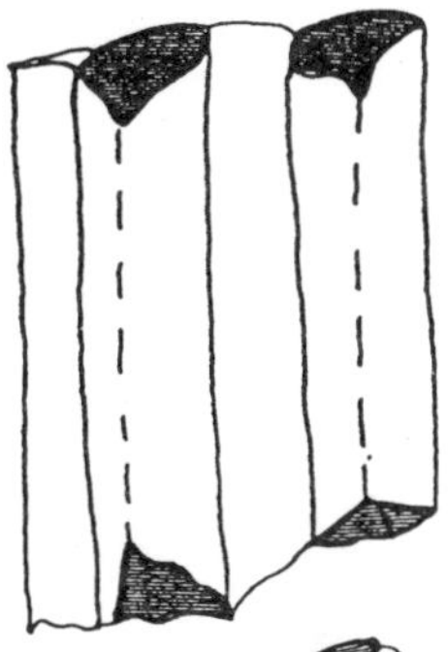

Digestión **ligera** en arvicólidos. La alteración se restringe a los bordes oclusales y radiculares de los ángulos salientes de las columnas del diente. No suele penetrar a través del esmalte en la dentina, pero los bordes del diente están redondeados y los molares de vértices apicales están truncados. Las formas más redondeadas de los dientes de los múridos y de los cricétidos hace más difícil la identificación de la digestión, la cual aparece como un picoteado de la superficie del esmalte. Los insectívoros no presentan alteración visible.

Light Digestion in microtine molars is restricted to the occlusal corners of the salient angles of the teeth and does not penetrate below the alveolar margins. Also it does not usually penetrate through the enamel and into the dentine, so that the corners of the teeth are rounded and the salient angles flattened. Murids and cricetids have a smoother enamel and more rounded shape; for that digestion is harder to identify. Insectivore molars do not show any alteration.

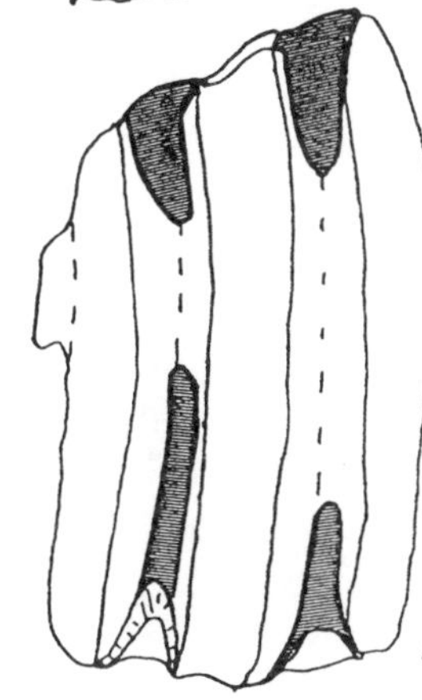

A

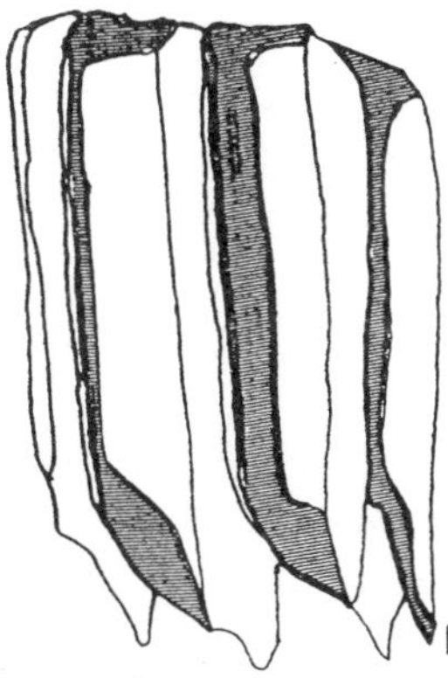

B

Digestión **moderada.** El esmalte ha desaparecido parcial (A) o totalmente a lo largo de las columnas del diente (B), dejando un borde suavizado. Los dientes de múridos y de cricétidos muestran una superficie picoteada más acusada que en el caso anterior. No se observa modificación en los dientes de insectívoros.

Moderate The enamel has been removed along the half (A) or the entire length of the salient angles (B), leaving a smooth edge. Murids and cricetids show a pitted enamel in its surface. No modification is observed in insectivore teeth.

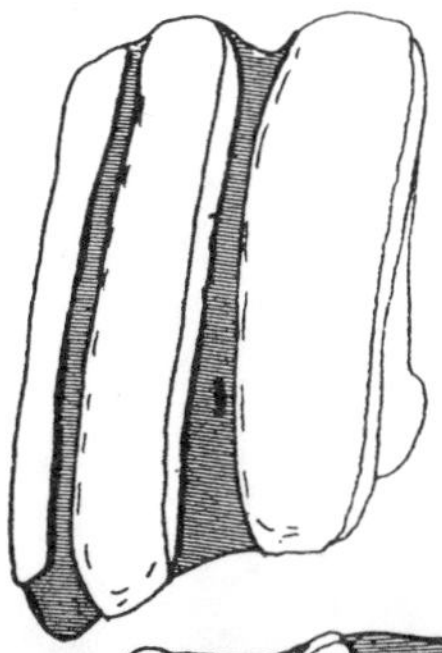

Digestión **fuerte.** Los bordes y ángulos de los dientes de arvicólidos están fuertemente redondeados y el esmalte ha desaparecido de todo el borde saliente de la columna del diente; la dentina está expuesta y suavizada. En los dientes de múridos y cricétidos aparece una superficie fuertemente picoteada y han desaparecido algunas áreas de esmalte a lo largo de los bordes y de las facetas de desgaste. Una alteración parecida presentan los dientes de insectívoros; éstos como los de múridos y cricétidos no presentan la dentina alterada.

Heavy In microtine teeth, corners are strongly rounded and deeply penetrated salient angles, with the enamel wider removed from the entire length of the salient angle and the dentine exposed and also affected, is flattened. In murid and cricetid teeth, the surface is heavily pitted and the enamel partly removed along the edge of the wear facet, similar stage is seen in insectivores, dentine is not affected.

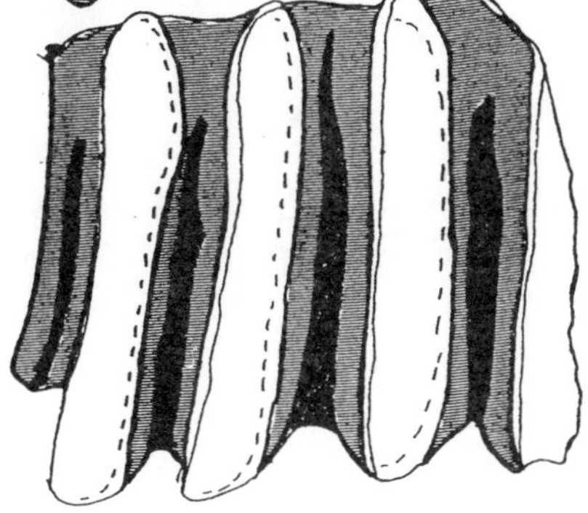

Digestión **extrema.** La alteración es tan fuerte que es difícil identificar los dientes. En arvicólidos la alteración del esmalte se extiende nuevamente a lo largo de los ángulos salientes de las columnas, pero esta vez la digestión ha afectado seriamente a la dentina que presenta una típica superficie ondulada y llega a colapsar. Los dientes de múridos y cricétidos muestran una fuerte alteración; la mayor parte del esmalte ha desaparecido. Los dientes de insectívoros presentan casi la total desaparición del esmalte que queda reducido a islotes.

Extreme The damage is so great that only rarely the teeth are identifiable. In microtine the damage of the enamel again extends along the salient angles but there is considerable digestion of the dentine, which undermines the enamel shell and causes it to collapse inwards along the length of the salient angles. This produces a characteristic curled appearance, enamel and dentine are forming walls along the tooth. Murids and cricetids show extreme digestion, with more of the enamel removed. In insectivore molars the enamel may be largely removed, leaving islands of cracked and scored enamel, or it may be entirely missing and the dentine hollowed out and etched so that only the bare outlines of the teeth remains.

El segundo muestreo que se ha llevado a cabo en Dolina, se ha efectuado de acuerdo a criterios sedimentarios y tafonómicos de cada nivel. La distribución de los fósiles observable en la sección ha sido el principal criterio de muestreo, junto con los posibles cambios sedimentarios. Cuando el sedimento era homogéneo (ej.: TD4) el nivel se dividía en varias columnas ficticias tomando muestras cada 10 cm.

3 Resultados y discusión.

Los resultados de los análisis tafonómicos de micromamíferos del nuevo muestreo efectuado en Dolina se encuentra en las Tablas 2-6. Los niveles TD4, TD5, TD6, TD10 son el objeto de estudio de este artículo. Los datos equivalentes obtenidos con anterioridad en Dolina han sido publicados en Fernández-Jalvo & Andrews (1992). TD3 y TD11 no han sido revisados dado que en el estudio previo efectuado, los resultados fueron claros y no se tuvieron problemas de interpretación. TD8 ha sido revisado a través de estudio experimental que será descrito más adelante. TD1, TD2, TD7 y TD9 no contienen fósiles.

Los sedimentos de la unidad TD4 están pobremente estratificados, con clastos calcáreos de tamaño variable y dispersos en una matriz arcillosa, marrón-rojiza. Los micromamíferos fósiles presentan una distribución heterogénea en el nivel, con áreas de mayor concentración de fósiles, así como ausencia de orientación predominante. En Fernández-Jalvo (1988) y Fernández-Jalvo & Andrews (1992) se propuso la presencia de un búho chico como predador de los micromamíferos, dado que se observaron grados y porcentajes de digestión bajos y una elevada proporción de incisivos digeridos en la parte extra-mandibular. No obstante, algunos de los incisivos y molares estaban moderadamente digeridos y este rasgo no se ajustaba con el modelo de alteración de los búhos chicos.

Debido a un muestreo más detallado desarrollado en TD4, se han podido diferenciar dos grupos. La mayoría de las muestras de TD4 mostraban porcentajes muy bajos (15,4 por 100 en incisivos y 4,7 por 100 en molares) de dientes que siempre estaban ligeramente digeridos, lo mismo que los elementos postcraneales (1,8 por 100). Estos rasgos se corresponden con los de predadores de la categoría 1 ó 2 de modificación (según la clasificación de Andrews –1990–), pero la

3 Results and discussion.

The results of the small mammal taphonomic analyses from new sampling at Dolina are shown in Tables 2-6. Levels TD4, TD5, TD6, TD10 are the subjects of this paper. The equivalent data previously obtained at Dolina are already published in Fernández-Jalvo & Andrews (1992). TD3, and TD11, have not been re-examined because previus results were clear and did not have problems of interpretation. TD8 has been re-examined through experimental work that will be described below. TD1, TD2, TD7 and TD9 contain no fossils.

Sediments of unit TD4 are very poorly stratified, with variable sized limestone clasts in a brown-reddish silty matrix. Small mammal fossils have heterogeneous distribution along this level, and some areas have higher fossil content, and random orientation as well. In Fernández-Jalvo (1988) and Fernández-Jalvo & Andrews (1992) a short-eared owl was proposed such as the small mammal predator due to a low grade and percentage of fossils affected by digestion, and a high proportion of incisors digested in the tip. Nevertheless, some incisors and molars were found to have moderate grade of digestion and this feature does not fit with a short-eared owl pattern of modification.

Due to a more detailed sampling made at TD4, two different groups could be distinguished. Most of the new samples from TD4 showed very low percentages (15,4% for incisors and 4,7% for molars) of lightly digested teeth, and postcrania as well (1,8%). These features are consistens with a category 1 or 2 predator (according to Andrews' –1990– classification), but the evidence of digestion in incisors always concentrated in the tip (Figure 4) is characteristic of a category 2 predator. Features observed at most of the samples from TD4 are similar to those of long-eared owl pattern of modification. In contrast to this, other samples from TD4 have

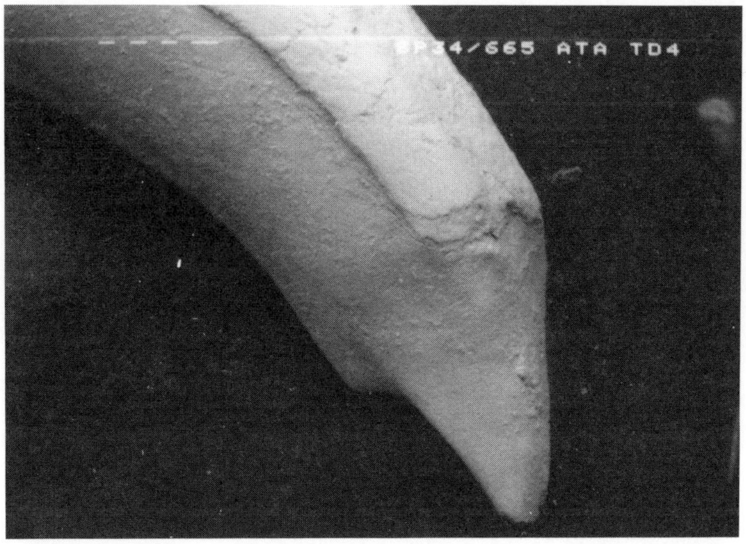

4. *Fotografía al microscopio electrónico de barrido (MEB) de un incisivo digerido en la parte extra-mandibular. Figura publicada en Fernández Jalvo & Andrews (1992).*

4. *Microphotograph at the SEM of an incisors digested in the tip (TD4). Figure published in Fernández Jalvo & Andrews (1992).*

Tabla 6.—*Digestión de dientes y elementos postcraneales de fósiles de micromamíferos de Dolina.*

Tabla 6.—*Digestion of teeth and postcranial elements of the small mammal fossils from Dolina.*

	Stratigraphic levels				
	TD10 %	TD6 %	TD5 %	TD4 %	Anom.TD4 %
Digestion of teeth					
% Molars digested "in situ"	28.2	0.0	30.6	0.0	0.0
% Isolated molars digested	51.6	28.0	35.1	5.6	15.4
% Incisors digested "in situ"	23.1	–	16.7	0.0	–
% Isolated incisors digested	47.4	36.6	33.6	17.0	25.0
% Total molars digested	48.7	25.9	34.8	4.7	15.0
% Total incisors digested	45.3	36.6	33.2	15.4	25.0
Digestion grades in molars					
% Light	37.0	28.6	51.1	100.0	66.7
% Moderate	30.5	57.1	26.2	0.0	16.7
% Heavy	20.8	14.3	22.8	0.0	16.7
% Extreme	11.7	0.0	0.0	0.0	0.0
Digestion grades in incisors					
% Tip	41.8	40.0	39.6	100.0	60.0
% Surface	58.2	60.0	60.4	0.0	40.0
% Light	28.4	26.7	48.5	100.0	60.0
% Moderate	29.9	40.0	29.7	0.0	40.0
% Heavy	38.8	33.3	21.8	0.0	0.0
% Extreme	3.0	0.0	0.0	0.0	0.0
Digestion of postcrania					
% Proximal femora	20.0	12.5	12.9	3.2	12.5
% Distal humeri	13.0	5.6	17.6	0.0	0.0

evidencia de digestión en incisivos concentrada siempre en la punta o parte extra-mandibular (Figura 4) es característico y exclusivo de predadores de la categoría 2 de alteración. Los rasgos de la mayoría de las muestras de TD4 son semejantes a las del modelo de alteración que presenta el búho chico. Por el contrario, otras muestras de TD4 presentan porcentajes más elevados de dientes afectados por digestión (25 por 100 en incisivos y 15 por 100 en molares), con grados que llegan a ser claramente moderados, y estando los incisivos digeridos

been observed to have higher percentages of affected teeth (25% for incisors and 15% for molars), corrosion by digestion dispersed all over the incisor surface, and moderate grades affecting some of the teeth (Table 6). The latter group of samples has been named "Anomalous TD4". Breakage has been found to be also different between these two groups of fossil assemblages. Fossils having low digestion have also very low breakage, and these with higher rates of digestion have also higher breakage (Tables 4 and 5). Apart en toda su superficie con cierta frecuencia (Tabla 6). Este último grupo de muestras ha sido llamado "Anomalía de TD4". La rotura es bastante diferente entre estos dos grupos. Las asociaciones en las que los fósiles presentan grados de digestión muy baja, tienen también una rotura baja, y aquéllas que presentan digestión más elevada, tienen una rotura bastante más elevada que los anteriores (Tablas 4 y 5). Aparte de estas alteraciones, y respecto a modificaciones superficiales, no se han observado diferencias. No existe evidencia de exposición al aire libre o de corrosión del suelo. Rotura, representación de elementos esqueléticos y digestión del grupo llamado "Anomalía de TD4" sugieren la presencia de un predador de la categoría 3 de alteración, posiblemente se trate de un representante poco destructivo de esta categoría, ya que el tipo de alteración encontrado se asemeja al patrón de alteración del búho real. Los búhos reales en la actualidad pueden anidar y habitar en el interior de cuevas, pero los búhos chicos nunca entran en cuevas, siempre se instalan en árboles, tanto para anidar como para reposar (Mikola, 1986). Consecuentemente, creo que en caso de que los restos óseos estuvieran expuestos a la intemperie, debieron estar protegidos por la propia estructura de las egagrópilas, dada la ausencia de alteraciones por agentes exocársticos. Los elementos anatómicos no presentan selección ni de tamaño ni de peso, sino que tienen una organización al azar y concentraciones locales de fósiles. Todos estos rasgos sugieren que los restos entraron en la cueva aún dentro de las egagrópilas, bien por gravedad, tal y como se muestra en la Figura 5, o por arrastre en una lámina o corriente de agua. Se conoce experimentalmente, que cuando las egagrópilas están completamente secas, éstas pueden resistir transportes (Fernández-Jalvo, 1988) por largos períodos de tiempo de exposición a este agente, manteniéndose su estructura prácticamente inalterable. Con respecto a los fósiles de la "Anomalía de TD4", éstos no presentan tampoco evidencias de transporte, si bien la rotura es mucho más importante y aparentemente producida antes de que se originaran procesos de mineralización (predominio de rotura irregular), efecto que posiblemente se deba a procesos de pisoteo.

Las asociaciones de fósiles de los niveles TD5 y TD6 son ricos en fósiles. Estas unidades fueron consideradas en el trabajo previo (Fernández-Jalvo, 1988; Fernández-Jalvo & Andrews, 1992) muy parecidas entre sí, tanto respecto al predador como a los eventos post-predación observables en dichas asociaciones. La intención en esta revisión de los niveles es verificar tal semejanza; para poder contrastarlos, ambos niveles serán descritos juntos.

from these modifications reported above, there are no differences regarding superficial alterations or colour. There is no evidence of exo-karstic environmental influence or soil corrosion. Breakage, anatomical element representation and digestion from "Anomalous TD4" suggest the presence of a category 3 predator, possibly a member at the low end of this category, because the type of modification observed in this fossil assemblage is similar to the modification pattern of European eagle owls. Present-day European eagle owls have been found in caves, but short-eared owls never come into caves, they are always installed in trees, both nesting or roosting (Mikola, 1986). Consequently, I believe that in case that bone remains stayed exposed to the exo-karstic environment, they should be protected by the pellet structure, given the absence of alterations by exo-karstic agents. The anatomical elements have not selection of size or weight, but they have a random orientation and local concentration of elements along the section. All these features suggest that bone remains could come into the cave still inside the pellets whether by gravity, as shown in Figure 5, or by water streams. It is experimentally known that pellets when dried, they may be preserved almost complete for relatively long periods of time (Fernández-Jalvo, 1988). With regard to fossils from "Anomalous TD4", they do not show evidences of transport, although breakage is much higher and apparently produced before mineralization (predominance of irregular breakage) possibly by trampling.

Fossil aseemblages from TD5 and TD6 are rich in fossils. These units were considered in the previous work (Fernández-Jalvo, 1988; Fernández-Jalvo & Andrews, 1992) similar each other, regarding both the type of predator and post-predation events. The intention of this re-evaluation is to verify such similarity; in order to contrast them, both TD5 and TD6 are going to be described together.

Unit TD5 is characterized by interbedded levels of silt gravel. This indicates oscillations of transport energy up through the unit and into the overlying unit, TD6. The latter unit is much less well sorted (Figure 1), being an assemblage of stones and blocks in abundant silty matrix.

Anatomical elements from TD5 and TD6 are well represented, including small bones such as metapodial, vertebrae and phalanges (Table 2). Indices that compare the postcranial skeleton and the craneal elements indicate predominance of postcrania (Table 3). Isolated teeth are abundant suggesting some destruction of jaws. The postcranial fragments represented are mainly shafts at both levels (Table 4), but while TD5 has a very equal proportion of irregular and trans-

5. *Sección esquemática en la que se muestra el reposadero de una rapaz, en un árbol próximo a una comunicación con una cueva, y el lugar donde van cayendo las egagropilas (marcado con una estrella), ya en el interior de la cavidad (Figura tomada de Andrews, 1990).*

5. *Schematic drawing showing a raptor roosting tree placed near to a cave connection, and the site where pellets are falling down (marked by a star) inside the cave (Figure taken from Andrews, 1990).*

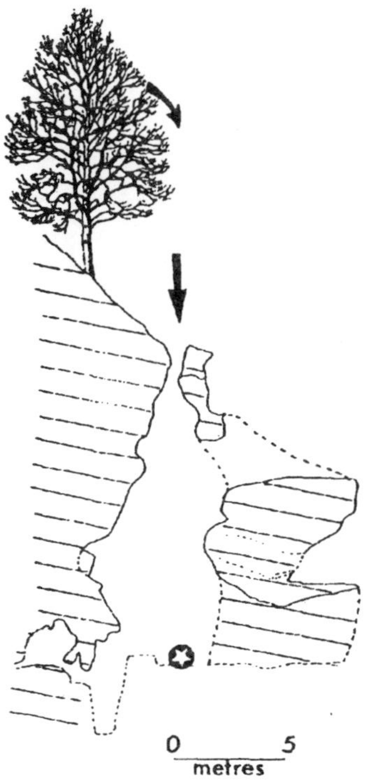

La unidad TD5 se caracteriza por niveles inter-estratigráficos de arcillas y gravillas. Esto indicaría oscilaciones de energía de transporte a lo largo del relleno del nivel y hasta alcanzar el siguiente nivel TD6. Esta última unidad (TD6) presenta una peor ordenación estratigráfica que TD5; se trata de un conjunto de bloques y cantos en una matriz arcillosa abundante.

Los elementos anatómicos de TD5 y TD6 están bien representados, incluyendo huesos de pequeño tamaño tales como metápodos, vértebras y falanges (Tabla 2). Los índices que relacionan los elementos postcraneales con los del cráneo indican predominio de los primeros (Tabla 3). Los índices de dientes aislados son altos lo que sugiere cierta destrucción de mandíbulas y maxilares. Los fragmentos de huesos largos son principalmente diáfisis en ambos niveles (Tabla 4), pero mientras que en TD5 existen proporciones similares de rotura irregular y transversal, en TD6 hay predominio de rotura irregular. Este rasgo sugiere que en TD6 la rotura se pudo producir cuando los restos óseos estaban aún frescos, mientras que en TD5 la rotura se produjo en momentos previos y posteriormente a la mineralización de los restos óseos. La rotura en los maxilares y mandíbulas (Tabla 5) es ligeramente más alta en TD6 que en TD5, si bien la rotura de los

versal breakage, TD6 has predominance of irregular breakage. This irregular edge of fossil fragments from TD6 could suggest that breakage took place when bones were still fresh, while at TD5 breakage could occur both before and after mineralization. Breakage of jaws (Table 5) is slightly higher at TD6 than at TD5, though breakage of teeth are similar at both levels. Postcranial elements have been found to be digested at both levels (Table 6), sometimes reaching moderate grades of digestion. Percentage of teeth affected by digestion is relatively high (26% to 37%), several of them are heavily digested. Numerous dental and postcranial elements were broken before digestion, and this may indicate a destructive ingestion. Percentages and features of fossils affected by digestion suggest the influence of an owl from the category 3 of predators according to Andrews' (1990) classification. Features observed in the small mammal assemblages from TD5 and TD6 are similar to the pattern of alteration observed in present-day tawny owls' prey aseemblages. Same identification was interpreted in the previous work of 1988. Consequently, absence of mixture suggesting the presence of another predator has been verified.

There is a high abundance of fossils that are stained by oxide of manganese, mainly at the top of TD5. This tinge is dientes es similar en ambos niveles. Se han encontrado señales de digestión en los elementos del esqueleto postcraneal de TD5 y de TD6 (Tabla 6), que a veces llegan a estar moderadamente digeridos. El porcentaje de dientes afectados por digestión es relativamente alta (26 por 100 a 37 por 100), varios de ellos en grados fuertes. Varios elementos dentales y postcraneales fueron rotos antes de ser digeridos, lo que indicaría una ingestión destructiva por parte del predador. Los porcentajes y rasgos de fósiles afectados por digestión sugieren la influencia de una estrigiforme de la categoría 3 de alteración, según la clasificación de Andrews (1990). Los rasgos observados en las asociaciones de fósiles de micromamíferos de TD5 y TD6 se asemejan al patrón de alteración producido por los cárabos comunes de la actualidad en sus presas. Esta misma identificación se obtuvo en el trabajo previo de 1988. No se han encontrado evidencias de mezclas producidas por la intervención de otro predador que pudiera co-habitar o alternarse con el predador identificado durante todo el tiempo que representan los sedimentos de TD5 y de TD6.

Existe una gran abundancia de fósiles que están teñidos superficialmente por óxido de manganeso, principalmente en la parte superior de TD5. Esta tinción provoca una coloración heterogénea en el conjunto. Los fósiles de TD6 están normalmente sin afectar por esta mineralización y el color es homogéneamente ocre. Varios fósiles de TD5 presentan una descamación superficial. Este tipo de modificación se ha observado principalmente en medios básicos. Algunos de los fósiles de TD5 presentan estrías producidas por pisoteo o fricción contra el sedimento que fueron posteriormente afectadas por esta descamación.

Se han detectado nuevamente semejanzas tafonómicas entre TD5 y TD6. Para verificar tales semejanzas, se han comparado ciertos rasgos diagnósticos de ambas asociaciones mediante un test de X^2.

Rotura en postcraneal; elementos completos, número de fragmentos proximales, distales y diáfisis en cada nivel.

	Completos	Epif. prox.	Diáfisis	Epif. dist.
TD6	1	14	32	11
TD5	3	165	281	121

El valor resultante es X^2*=2,10, con 3 grados de libertad (0,7 >P >0,5)*. No existen, por tanto, diferencias significativas entre las asociaciones de estos dos niveles en lo que se refiere a este rasgo.

giving an heterogeneous colour to the assemblage. Fossils of TD6 are normally unaffected by this mineralization and colour is homogeneously ocre. Several fossils from TD5 have superficial desquamatory. This type of modification has been observed in alkaline environments. Some of the fossils from TD5 have trampling marks that were later affected by this desquamation.

Taphonomic similarities between TD5 and TD6 have been observed once more. In order to verify this similarity, different and diagnostic features from assemblages of both levels have been compared through a X^2 test.
X^2 test of breakage in postcrania; complete elements, shafts, and proximal and distal ends are compared.

Breakage pc.	Completes	Prox. ends	Shafts	Distal ends
TD6	1	14	32	11
TD5	3	165	281	121

The resulting value is X^2*=2,10. 3 grades of freedom (0,7 > P> 0,5)*. There are no significant difference between TD5 and TD6 according to this trait.

Postcranial elements affected by digestion have similar percentages (TD6=15,5% and TD5=14,4%), and similar percentages of elements moderately digested (TD6=11% and TD5=10%). These elements never showed heavy or extreme grades, and most of them are lightly digested.

Postcrania	Non-digested	ligera	moderada
TD6	49	8	1
TD5	488	74	8

X^2*=0,07. 2 grades of freedom (0,99> P> 0,88)*. There are no significant difference between TD5 and TD6 regarding this trait.

The type of breakage (irregular vs. tranversal) recorded in these elements is different, likely due to postpredation taphonomic processes. While TD6 has predominance of irregular breakage, TD5 has more equal percentages of irregular and tranversal type of breakage (Table 4).

La digestión registrada en estos elementos presenta unos porcentajes muy próximos en ambos tramos (15,5 por 100 en TD6 y 14,4 por 100 en TD5). De igual forma, en ambos casos la digestión alcanza grados moderados (11 por 100 en TD6 y 10 por 100 en TD5), pero nunca lo supera y el grado más frecuente es el ligero.

Postcraneal	No-digerido	ligera	moderada
TD6	49	8	1
TD5	488	74	8

$X^2=0{,}07$ *(2gl)* por lo que las diferencias entre TD5 y TD6 respecto a este rasgo no son significativas $0{,}99>P>0{,}88$.

El tipo de rotura (irregular vs. transversal) registrado en los elementos de las extremidades es algo diferente, posiblemente debido a procesos tafonómicos post-predación. Mientras que en TD6 existe predominio de fragmentación irregular, en TD5 ambos tipos de rotura están más igualados e, incluso, existe una ligera superioridad de la rotura transversal (Tabla 4).

Respecto a la rotura observada tanto en mandíbulas como en maxilares es prácticamente la misma en TD5 que en TD6 (Tabla 5). Nuevamente se ha comparado TD5 y TD6 para el caso de los maxilares, mediante el test de X^2. Para ello se han tenido en cuenta los maxilares con arco cigomático, los maxilares sin arco cigomático y el número de paladares aislados.

Maxilares	Mx.+zyg.	Mx.-zyg.	Paladares
TD6	1	1	4
TD5	28	10	44

El valor resultante es $X^2=0{,}72$, *2gl.* $0{,}7>P>0{,}5$. Es decir, no existen diferencias significativas entre TD5 y TD6 para este rasgo.

Respecto a las mandíbulas se ha considerado el número de aquellas que están completas, las que presentan la rama ascendente rota y las que tengan destrucción total de la rama ascendente.

Regarding breakage in jaws, TD5 and TD6 have similar features (Table 5). Once more the X^2 test has been used to compare this trait in the TD5 and TD6 small mammal assemblages. Maxilar plus zygomatic process, maxilar minus zygomatic process, and isolated palates are the fragments considered.

Maxillae	Mx.+zyg.	Mx.-zyg.	Palates
TD6	1	1	4
TD5	28	10	44

The resulting value is $X^2=0{,}72$. *2 grades of freedom* $(0{,}7>P>0{,}5)$. There are no significant difference between TD5 and TD6 according to this trait.

With regard to breakage in mandibles, three groups have been considered: complete mandibles, mandibles with the ascendum ramus broken, and mandibles with the ascendum ramus missing.

Mandibles	Completes	asc.r.broken	asc.r.missing
TD6	0	0	9
TD5	6	14	69

The resulting value is $X^2=2{,}19$. *2 grades of freedom* $(0{,}5>P>0{,}3)$. There are no significant difference between TD5 and TD6 according to this trait.

The following trait to be compared has been digestion in teeth. The X^2 test has been calculated for incisors and for molars, considering non-digested elements, and lightly, moderately and heavily digested teeth.

Incisors	Non-digested	light	moderate	heavy
TD6	27	4	7	5
TD5	203	49	30	22

$X^2=3{,}62$. *3 grades of freedom* $(0{,}5>P>0{,}3)$; the difference between TD5 and TD6 is not significant regarding this trait.

Mandíbulas	Completas	r. asc. rota	r. asc. dest.
TD6	0	0	9
TD5	6	14	69

El valor resultante es $X^2=2{,}19$, *2gl. 0,5* $>P>0{,}3$. Luego las diferencias entre TD5 y TD6 no son significativas respecto a estas características.

El siguiente rasgo que se ha comparado es la digestión en dientes.

Se ha calculado el X^2 en incisivos y en molares, teniendo en cuenta elementos no-digeridos, y los que lo están ligera, moderada y fuertemente digeridos.

Incisivos	No diger.	ligera	moderada	fuerte
TD6	27	4	7	5
TD5	203	49	30	22

$X^2=3{,}62$ *(3gl.)* $0{,}5>P>0{,}3$; la diferencia entre TD5 y TD6 no es significativa en lo que respecta a la digestión de los incisivos.

Molares	No diger.	ligera	moderada	fuerte
TD6	60	6	12	3
TD5	445	121	62	54

$X^2=11{,}91$, 3 grados de libertad, $0{,}01>P>0{,}001$.

El valor resultante de X^2 respecto a la digestión en molares indica que existen diferencias significativas entre TD5 y TD6. Esto se debe, por un lado, a que existe un valor proporcionalmente menor de elementos afectados en TD6 (26 por 100) que en TD5 (35 por 100) y, por otro, a que los porcentajes de elementos digeridos en los distintos grados de alteración tampoco coinciden entre los de uno y otro nivel (ver Tabla 6). Sin embargo, el número de molares afectados por digestión de TD5 respecto a TD6 *no* son substancialmente

Molars	Non-digested	light	moderate	heavy
TD6	60	6	12	3
TD5	445	121	62	54

$X^2=11{,}91$. 3 grades of freedom, $0{,}01 > P > 0{,}001$.

The resulting value of X^2 regarding digestion in molars shows significant difference between TD6 and TD5. This is due to some different proportion of affected elements (TD5=35% and TD6=26%) and differences among the proportion of digestion grades between both levels (Table 6). Nevertheless, according to the method followed in this study (Andrews, 1990), the digestion features at TD5 fossil assemblages are not different enough to those of TD6 to suggest another taphonomic agent or predator. Prey's assemblages produced by raptors from categories 1 or 2 have proportion of digested molars between 6 and 0% always lightly affected. Those produced by predators from categories 4 or 5 have proportions of digested molars between 50 and 100%, reaching extreme grades of modification. In sumary, from a statistical point of view, the X^2 test shows significant differences between TD5 and TD6 according to one of the compared traits, that is, digestion of molars. From a taphonomic viewpoint, this trait and other modifications observed at TD5 and TD6 fossil assemblages are not different to each other. Taphonomic features from TD5 and TD6 are consistent with a category 3 predator, more precisely with a tawny owl pattern of modification. These conflicting results advice a better definition of variation limits of the different taphonomic agents to apply statistical treatments to this method that allows us to obtain conclusions with a high grade of confidence. The effectiveness of applying statistical tests to this model in the present state of knowledge and development has to be reassessed.

TD8 has not been sampled again, but experimental work and present and fossil specimens from sites of known conditions of formation have been analyzed. TD8 is a cave breccia in silty matrix, heavily cemented. Unfortunately, specimen numbers are low, so that the element representation and breakage data are not reliable, although the appearance is given of extreme element breakage and destruction. None of the rodent incisors and only one of the molars show signs of digestion. There is therefore little evidence of predator activity at this level. The small mammal fossils are very scarce in diferentes entre sí según el método tafonómico. Ambos valores o porcentajes se ajustan a los proporcionados por un predador de la categoría de modificación intermedia. Las concentraciones de los predadores de las categorías de modificación inmediatamente inferior a la propuesta para TD5 y TD6 suelen presentar entre un 0 y un 6 por 100 de elementos afectados siempre en grado ligero. Los predadores de categorías de modificación inmediatamente superior suelen presentar entre un 50 y un 100 por 100 de elementos afectados. Por tanto, el predador de TD5 y TD6 no puede ser otro que un predador de la categoría de modificación intermedia. En resumen, desde un punto de vista estadístico, el X^2 de la digestión en molares señala diferencias significativas entre los valores de TD5 y TD6 y, desde el punto de vista del método tafonómico, los resultados de los molares, como los de otros rasgos característicos entre ambos niveles con los de un predador de la categoría de modificación intermedia, más exactamente con el modelo de alteración de los cárabos actuales. Este resultado aconseja efectuar una mejor definición de los límites de variación de los distintos agentes tafonómicos para poder practicar un tratamiento estadístico en este método tafonómico que permita extraer conclusiones con un grado de confianza alto. La eficacia de la aplicación de los test en este modelo, con el presente estado de conocimiento y desarrollo del mismo, se ha de replantear.

TD8 no ha sido muestreado de nuevo, pero se ha seguido experimentando y desarrollando observaciones en otros yacimientos para encontrar una solución a la problemática alteración superficial que se observó en los fósiles de este nivel. TD8 es una brecha calcárea en una escasa matriz arcillosa. El tramo presenta un fuerte desarrollo de costra estalagmítica formada en varios episodios y termina con una costra estalagmítica de 3 a 5 cm. de desarrollo vertical. Desgraciadamente, el número de fósiles extraídos de este nivel es muy bajo y los datos sobre la representación de elementos esqueléticos y rotura no son fiables. Ninguno de los incisivos de micromamífero presenta digestión y tan sólo uno de los molares lo está. Existe, por tanto, muy poca evidencia de la intervención de un predador en la producción de esta asociación. Los fósiles de micromamíferos son muy escasos en comparación con el gran espesor de TD8, además varios de estos restos están aún en conexión anatómica. Todo ello sugiere que los fósiles de micromamíferos de TD8 podrían ser restos de animales que cayeron a la cueva, posiblemente debido a que en este período del relleno, la cueva pudo actuar como una trampa natural.

comparison with the relatively great thickness of unit 8, and several of them are still anatomically joint. All this is suggesting that the small mammal fossils from TD8 may be remains of incidental death (possibly a natural trap).

Most of the fossils from unit 8 show signs of a type of corrosion which is clearly distinguishable from the effects of digestion: tooth enamel is frequently unaffected, but dentine in teeth (Figures 6 & 7) is superficially attacked. Bone is also affected. The even coverage of the whole surface and the modification of bone and dentine rather than enamel appears to be the result of high alkalinity in the sedimentary environment in contrast to the acidity of predator digestion. Experimental work using extreme alkaline pH have been performed to characterize the type of modifications. Specimen from sites formed under alkaline conditions such as Maiden Castle and Swildons' Hole (from England), and Songhor and Rusinga (from Kenya) have been analyzed. From all these observations a description of modifications from alkaline environments has been established (Fernández-Jalvo, 1992). The main features of modifications in a very alkaline environment are, superficial desquamatory of osseous tissue, mosaic cracking and longitudinal cracking of the dentine, and unaffected enamel. In an acid environment, the most mineral component (the enamel) is predominantly affected. Features of alterations by alkaline environment have been found in fossils from TD8, although the exact type of modification has not been experimentally reproduced yet. A weak acid influence, because the enamel is unaffected, can be proposed to have attacked the small mammal remains already weakened by alkaline water. The peculiar modification observed at TD8, together with sedimentological features of this unit (cave breccia in silty matrix, heavily cemented) makes to think that TD8 was formed under prolonged exposure to standing alkaline water having sporadic flows of weakly acid water.

Unit 10 is a cave breccia of 1.5 m thickness in reddish silty matrix with some clasts reaching 20 cm diameter and roof-fall bloscks of 1 m. There is a higher silty content upwards in the series. Several small beds of few centimetres thickness and lenticular shape can be differenciated. Fossil content is homogeneous along the entire unit from base to top, but some local patches of higher fossil content can be distinguished laterally in the unit. TD10 has abundant small mammal fossils (Table 2). Breakage is very high. Anatomical elements are well represented, having a predominance of small size bones especially the most robust, such as astragali and calcanei, as well as teeth. Mandibles, maxillae and pelvis are relatively

6. *Detalle de un incisivo de TD8 mostrando la dentina afectada por corrosión (foto MEB publicada en Fernández Jalvo & Andrews, 1992).*

6. *Detail of an incisor from TD8 showing the dentine affected by corrosion (SEM microphotograph published in Fernández Jalvo & Andrews, 1992).*

7. *Detalle de un molar de micromamífero de TD8 que presenta la dentina disuelta (foto MEB publicada en Fernández Jalvo & Andrews, 1992).*

7. *Detail of a micromammal molar from TD8 having the dentine disolved (SEM microphotograph Figure published in Fernández Jalvo & Andrews, 1992).*

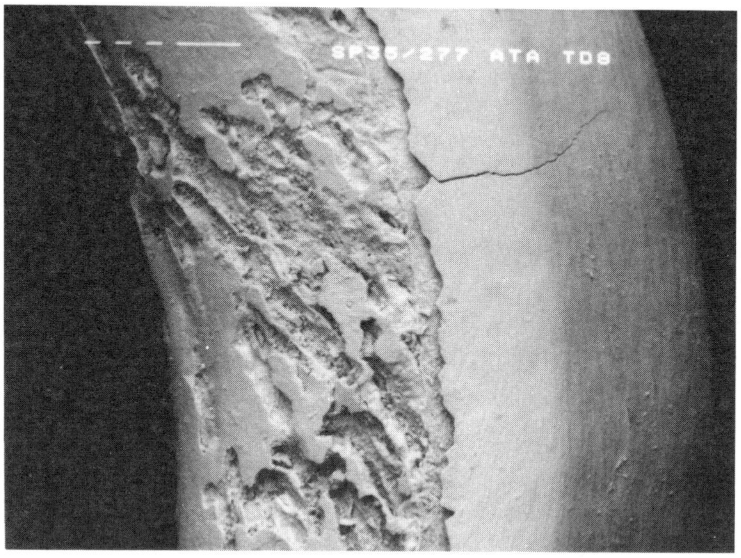

La mayoría de los fósiles de este nivel presentan señales de un tipo de corrosión claramente distinguible de la producida por digestión: el esmalte de los dientes suele estar sin alterar, pero la dentina está superficialmente atacada (Figuras 6 y 7). El tejido óseo está también afectado. El hecho de que la alteración afecte indistintamente a toda la superficie y que la modificación afecte al hueso y a la dentina más que al esmalte parece ser el resultado de una elevada alcalinidad del medio sedimentario, en contraste con los efectos por la acidez del estómago de predadores. Se ha desarrollado trabajo experimental empleando soluciones con un pH extremadamente básico y es contrastado con soluciones extremadamente ácidas a fin de caracterizar el tipo de modificación de cada tipo. Se han estudiado colecciones de fósiles procedentes de yacimientos que se han formado bajo condiciones de alta basicidad, como Maiden Castle y Swildon's Hole (de Inglaterra), y Songhor y Rusinga (de Kenia). A partir de todas estas observaciones se ha podido establecer una descripción de modificaciones producidas en medios básicos (Fernández-Jalvo, 1992). Los rasgos principales de este tipo de alteración son: descamación superficial del tejido óseo, agrietamiento en mosaico y longitudinal de la dentina y esmalte sin modificar. En un medio extremadamente ácido, el componente más mineralizado (el esmalte) es el más afectado. Los rasgos de alteración de medios básicos han sido encontrados en TD8, aunque el tipo de alteración no es exactamente el mismo que el conseguido experimentalmente. Se propone, como posible hipótesis alternativa, la influencia de ácidos débiles, dado que el esmalte está intacto, que afectaron a los restos de micromamíferos ya debilitados en un medio básico. La peculiar

scarce, and scapulae are absent. Long bones are always broken, the indices of isolated teeth are high and the proportions of cranial elements compared to postcrania suggest a high destruction of jaws. All these features are consistent with trampling pattern (Andrews, 1990). *"The pattern that emerges from these results on trampling is one of breakage of skulls, jaws and postcrania leading to complete absence of skulls, reduction of maxillae, considerable isolated teeth, considerable breakage of larger postcranial elements (increases in proximal femora and distal humeri) and some degree of loss, but no loss or breakage of smaller elements. There is not great difference in the relative proportions of distal limb elements to proximal ones, nor in postcrania to crania (discounting the excess of isolated teeth in the trampled sample).* Trampling marks are also recorded on these fossils. Manganese staining is also very frequent, suggesting flooding conditions during sedimentation. These conditions contribute to a more effective destruction under pressure. Nevertheless, there is an apparent contradiction between this pattern and the preservation of jaws in TD10. Although indices of isolated teeth are very high suggesting a high destruction of jaws, both mandibles and maxillae from TD10 are relatively complete or more complete than expected when compared to assemblages affected by trampling. As said before, several mandibles and maxillae have been cemented. This cementation could protect some of these jaws from trampling. Apart from trampling marks already mentioned, some remains have rounded edges. Because there is no evidence of transport, rounded edges could be due to abrasion against the sediment during trampling.

alteración observada en TD8, junto con los rasgos sedimentarios del nivel (brecha calcárea en una matriz arcillosa, fuertemente encostrada) hace pensar que TD8 se formó bajo condiciones de una exposición prolongada en un medio calcáreo activo, encharcado y tranquilo, con aportes esporádicos de aguas ácidas débiles o poco activas.

El nivel TD10 es una brecha calcárea de 1,5 m de espesor en una matriz arcillosa con algunos clastos de 20 cm de diámetro y bloques caídos de hasta 1 m de diámetro. Hacia el techo del nivel hay un mayor contenido en arcillas. Se ha observado la presencia de varios pequeños niveles de forma lenticular y de pequeña extensión. El contenido fósil es homogéneo en todo el nivel desde la base al techo del nivel, si bien lateralmente existen áreas localizadas de mayor riqueza en fósiles. TD10 presenta una gran abundancia fosilífera (Tabla 2). La rotura es muy elevada. Los elementos anatómicos están bien representados, con predominio de elementos de pequeño tamaño, especialmente aquellos que son más robustos tales como astrágalos y calcáneos, así como dientes. Las mandíbulas, maxilares y pelvis son escasos, y las escápulas ausentes. Los huesos largos están siempre rotos, los índices de dientes aislados son elevados, y las proporciones de elementos craneales comparados con el esqueleto postcraneal sugieren una elevada destrucción de los maxilares. Todas estas características se ajustan al modelo de pisoteo propuesto por Andrews (1990) *"The pattern that emerges from these results on trampling is one of breakage of skulls, jaws and postcranial leading to complete absence of skulls, reduction of maxillae, considerable isolated teeth, considerable breakage of larger postcranial elements (increases in proximal femora and distal humeri) and some degree of loss, but no loss or breakage of smaller elements. The is not great difference in the relative proportions of distal limb elements to proximal ones, nor in postcrania to crania (discounting the excess of isolated teeth in the trampled sample)"*. Además, existen estrías producidas por pisoteo o fricción contra el sedimento en muchos de estos fósiles. Tinción por óxido de manganeso es también frecuente en estos fósiles, lo que sugiere la existencia de condiciones de encharcamiento. Tales condiciones contribuyen a una destrucción más efectiva al sufrir procesos de presión. Existe, no obstante, una aparente contradicción entre este modelo y la preservación de los maxilares en TD10. Si bien, los índices de dientes aislados son muy elevados indicando una elevada destrucción de los maxilares, resulta que éstos están relativamente completos o más completos de lo que cabría esperar en asociaciones que han sufrido procesos de pisoteo. Como se ha dicho anteriormente, varias mandíbulas y maxilares se han encontrado ce-

Some rodent tooth marks have been also observed on these fossils suggesting that bones were exposed on the surface during a relative long period of time. This hypothesis is reinforced by the evidence of small mammal fossils having signs of weathering (Figure 8) in grade 1 according to Andrews' (1990) pattern. Large mammal fragments taken together with the small mammals show weathering in a stage 3, according to Beherensmeyer's (1978) pattern. Root marks have been also recognized. Sometimes roots have burrowed the fossil surfaces, sometimes they left sinuous grooves on them. Both weathering and root marks are evidence of exo-karstic environmental influence but it seems that this exposure occured when bone remains were in the cave. There is no evidence of reworking processes at this level, and exo-karstic taphonomic agents and cave alterations are apparently alternating their activity. The succeding events occured as follows, cementation-trampling-weathering-root marks. In such case, plants grew at this cave suggesting a direct conection or entrance nearby the site. Both taphonomic modifications as well as sediment traits (see sedimentary description) suggest that the roof cave could collapse by that time and leave the site exposed to the exo-karstic environment.

With regard to modifications produced by predators, fossils from TD10 show the highest digestion in Dolina sequence. More than 25% of the long bones are digested (Table 6), being 14% of them moderately digested. Jaws are also digested, including a mandible of insectivore heavily affected and the *"in situ"* teeth are extremely digested. This is interesting because insectivore mandibles have a very compact tissue, and it makes difficult to be affected by digestion, except for very agressive stomac acids such as these from mammalian carnivore's or diurnal raptor's. With regard to digestion in teeth, around 50% of molars and 50% of incisors show signs of digestion, some of them reaching extreme grades, and some having evidence of breakage before digestion. Most of the incisors have signs of digestion all over the surface. All these features suggest a high destruction during ingestion.

In Fernández-Jalvo (1988) and Fernández-Jalvo & Andrews (1992) the analyzed sample was biased during sorting, having an over-representation of teeth and jaws, and postcrania almost absent. A category 4-5 predator was proposed such as possible agent, but better specification could not be made because postcrania was absent. Difference between diurnal raptors (category 4) and mammalian carnivores (category 5) is established according to the intensity of digestion in postcrania. Postcranial elements obtained now, with no

8. *Molar meteorizado (TD10; foto MEB publicada en Fernández Jalvo & Andrews, 1992).*

8. *Weathered molar (TD10) Figure published in Fernández Jalvo & Andrews, 1992).*

mentadas. Esta cementación pudo servir de protección a algunos de estos maxilares que fueron afectados por procesos de presión. Aparte de las estrías de pisoteo ya mencionadas, algunos de los restos de TD10 presentan bordes redondeados. Dado que no existe evidencia de transporte, los bordes redondeados pudieron deberse a la abrasión de los restos contra el sedimento durante el proceso de pisoteo.

Algunos fósiles presentan marcas de dientes de roedores lo que sugiere que los huesos estuvieron expuestos en superficie durante un período de tiempo relativamente largo. Esta hipótesis está apoyada por la existencia de fósiles de micromamíferos modificados por agentes exocársticos o de meteorización (Figura 8) en grado 1, según Andrews (1990). Los restos de macromamíferos aparecen también afectados por meteorización en un estadio 3 según la clasificación de Behrensmeyer (1987). También se han encontrado marcas de raíces que, a veces, perforan a los fósiles y otras dejan unas marcas sinuosas en la superficie del fósil. Tanto la alteración por meteorización, como las marcas de raíces indican exposición a agentes de alteración exocársticos, pero parece ser que esta exposición se produjo cuando los restos estaban ya en la cueva. No se han observado evidencias de reelaboración en este nivel, y los agentes tafonómicos alternan su actividad con los de alteración de cueva. La sucesión de acontecimientos ocurridos es la siguiente: cementación-pisoteo-meteorización-marcas de raíces. En tal caso, las plantas debieron de crecer en la cueva y ello se puede explicar si se considera una conexión o entrada en las proximidades del yacimiento. Tanto las alteraciones tafonómicas como los rasgos sedimentarios (ver descripción del nivel) sugieren que el techo de

sorting selection, show lower digestion than expected in case that the assemblages were produced by mammalian carnivores. Additionally, the characteristic rounded edge produced by mammalian carnivores and described by Andrews (1990) has not been detected here. Consequently, a diurnal raptor is the most likey candidate, possibly a member at the low end of this group, in which the type of modification made by kestrels is the most similar to TD10 assemblage.

la cueva colapsó y dejó el yacimiento expuesto al medio exocárstico.

Respecto a las modificaciones que pudieron producir los predadores, los fósiles de TD10 presentan la más elevada digestión de toda la serie de Dolina. Más del 25 por 100 de los huesos largos están digeridos (Tabla 6), de los cuales un 14 por 100 lo está en grado moderado. Los maxilares (superiores e inferiores) están también digeridos, incluida una mandíbula de insectívoro fuertemente digerida, y los dientes que permanecen en sus alvéolos que lo están en grado extremo. Esto es importante porque las mandíbulas de los insectívoros tienen un tejido mucho más compacto que otros micromamíferos, lo que hace que sea muy difícil que estén afectados por digestión, excepto por ácidos gástricos muy agresivos tales como los mamíferos carnívoros o aves diurnas. Con respecto a la digestión en dientes, alrededor de un 50 por 100 de molares y 50 por 100 de incisivos presentan señales de digestión, algunos de ellos en grados extremos, y varios con evidencia de haber sido fragmentados antes de ser digeridos. La mayoría de los incisivos están digeridos en toda su superficie. Todos estos rasgos sugieren una elevada destrucción durante la ingestión.

En Fernández-Jalvo (1988) y Fernández-Jalvo & Andrews (1992) la muestra analizada estaba sesgada durante el proceso de triado. Existía una sobre-representación de dientes y mandíbulas, mientras que el postcraneal estaba casi ausente. Se propuso la intervención de un predador de la categoría 4 ó 5, pero no se pudo especificar más debido a que apenas existía postcraneal. La diferencia entre aves diurnas (categoría 4) y mamíferos carnívoros (categoría 5) se basa en la intensidad de digestión y porcentajes de elementos postcraneales afectados. El esqueleto postcraneal obtenido ahora muestra una digestión más baja que la que cabría esperar en caso de que se trate de una asociación producida por mamíferos carnívoros. Además, no existe un característico redondeamiento que producen los mamíferos carnívoros y que ha sido descrito por Andrews (1990). Consecuentemente, se propone la intervención de una rapaz diurna, posiblemente un miembro de baja destrucción dentro de este grupo, entre los cuales, el patrón de alteración desarrollado por los cernícalos es el que más se aproxima a los rasgos de la asociación de TD10.

4 Discusión general.

En párrafos anteriores se han descrito y discutido, nivel por nivel, determinados rasgos por separado (rotura, representación esquelética, digestión, etc.). Cuando se comparan estos rasgos en todos los niveles simultáneamente, los sucesivos cambios a lo largo del relleno de Dolina son más evidentes. Es importante indicar que no se han detectado en estos niveles procesos de reelaboración.

Con respecto a la rotura, se puede observar una misma tendencia, tanto en elementos craneales (Figura 9), como en el postcraneal (Figura 10). TD4 presenta los valores más elevados de elementos completos, porque el predador identificado pertenece a una categoría de modificación baja. Los efectos tafonómicos post-predación (como compactación del sedimento) han producido cierta alteración en la asociación original. En contraste con TD4, las muestras que han sido agrupadas bajo el nombre "Anomalía de TD4" no presentan ningún elemento completo, debido a que el predador inferido pertenece a una categoría de modificación relativamente alta (categoría 3) y a la intervención de procesos destructivos (pisoteo). Los predadores identificados en TD5 y TD6 coinciden, por lo que el tipo de alteración producido por ellos es la misma. Sin embargo, lor procesos post-predación podrían ser diferentes debido a que el sedimento es diferente y, por tanto, procesos como la compactación del sedimento puede provocar distintos efectos. Se ha detectado la intervención de aves diurnas en TD10, y la rotura provocada durante la ingestión es mayor que en ningún otro nivel de Dolina, además en TD10 existen claras evidencias de procesos destructivos post-predación (pisoteo). Sin embargo, en TD10 existe un elevado porcentaje de mandíbulas completas (Figura 9). Esto es debido a que varias de ellas debieron estar cementadas antes de sufrir dichos procesos de pisoteo, lo que las protegió de efectos más destructivos.

La Figura 10 muestra porcentajes de tipos de fractura en postcraneal transversal vs. irregular. La interpretación de este criterio es discutible, según afirman investigadores tales como Villa y Mahieu (1991) que han estudiado en detalle la fracturación, pero en términos generales, puede considerarse un criterio orientativo. La rotura transversal es frecuente en TD4, lo que sugeriría que la fragmentación tuvo lugar fundamentalmente cuando los restos estaban mineralizados. La "Anomalía de TD4" tiene predominio de rotura irregular, lo que indicaría que se produjo fragmentación cuando los restos estaban aún frescos, posiblemente debido a procesos de pisoteo, ya mencionados. TD5 y TD6 difieren notablemente

4 General discussion.

In previous paragraphs, different taphonomic traits (breakage, skeletal representation, digestion, etc.) have been discussed level by level. When comparing these levels all together, the succeding changes along the Dolina series are more evident. It is important to indicate that reworking processes have not been detected.

With regard to breakage, a similar tendency can be observed, both in cranial elements (Figure 9) and postcrania (Figure 10). TD4 has been considered to have the highest value of complete elements, because identified predators belong to a low category of modification. Taphonomic effects after predation (such as sediment compactness) have produced some variation on the original assemblage. In contrast to TD4, samples named "Anomalous TD4" have not any complete element. This is because the inferred predator seems to belong to a higher category of modification (category 3) and destruction by trampling processes is evident. The inferred predators from TD5 and TD6 coincide, and so the type of modifications due to these raptors is presumed to be similar to each other. Nevertheless, with regard to post-burial effects some differences could be assumed between TD5 and TD6, because sediment type is different and, consequently, processes such as sediment compactness may cause different effects. Diurnal raptors were involved in TD10, and breakage by predation is higher than any other level in the Dolina sequence. In addition, fossils from TD10 have signs of destruction due to trampling processes. Howe ver, TD10 has higher percentage of complete mandibles than expected in a trampled assemblage (Figure 9). This comes about, because several jaws were cemented that protected them from trampling.

Figure 10 shows percentages of postcranial fragments having transversal vs. irregular breakage edges. This is a controversial criteria according to researchers that have investigated breakage in detail, such as Villa & Mahieu (1991). This trait has not been fully considered given these interpretative difficulties, but in general terms it can be orientative. Transversal breakage is frequent at TD4, suggesting fracturation when remains were already mineralized. "Anomalous TD4" has predominance of irregular edge indicating early breakage, surely due to trampling processes already mentioned. TD5 and TD6 notably differ according this trait (Figure 10). Such dissimilarity can be due to the distinc sediment nature that produce different compactness effects on bone remains. Fragments bearing irregular edge are predominant at TD10,

9. *Mandíbulas y maxilares completos.*

9. *Mandibles and maxillae completes.*

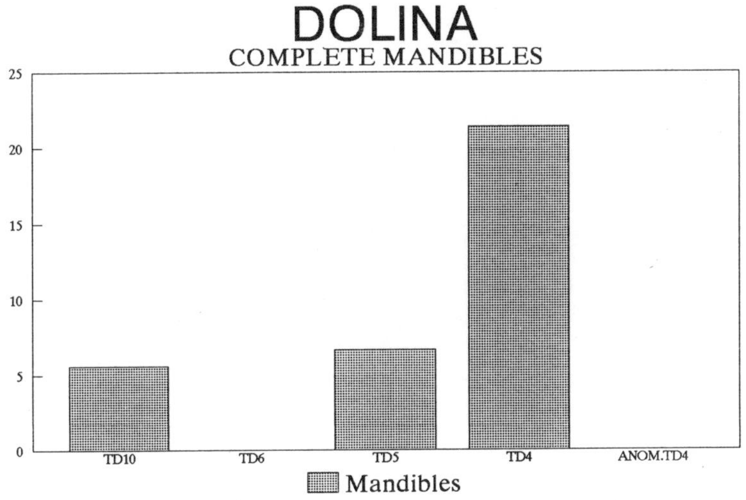

10. *Tipo de rotura y elementos completos postcraneales.*

10. *Breakage type and complete elements of postcrania.*

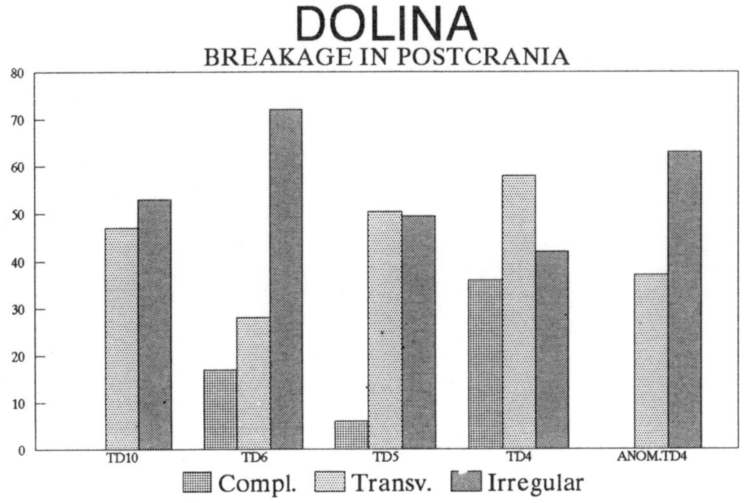

respecto a este rasgo (Fig. 10). Esta diferencia puede ser debida al diferente tipo de sedimento, que produjo diferentes efectos en los restos de micromamíferos. En TD10, los fragmentos con rotura irregular son mucho más abundantes, lo que apoya la hipótesis de procesos de pisoteo ocurridos antes del enterramiento.

En las Figuras 11, 12 y 13 se representan los porcentajes de elementos afectados por digestión y los grados de alteración. El porcentaje más elevado de elementos afectados (dentición y postcraneal) aparece en TD10, donde también presenta grados extremos de digestión. Todos estos rasgos son consistentes con un predador de la categoría 4 de modificación (un ave diurna). TD5 y TD6, junto con "Anomalía de TD4", presentan valores medios, y los grados de digestión fuertes sugieren la intervención de predadores de la categoría 3 de modificación (rapaces nocturnas-crepusculares). TD5 y TD6 presentan rasgos de mayor destrucción que "Anomalía de TD4" (porcentajes más elevados, mayor frecuencia de grados fuertes de alteración y más abundancia de elementos rotos antes de ser digeridos). El porcentaje de digestión más bajo es el que presenta TD4. La rotura antes de la digestión no se ha detectado en ninguno de estos elementos, y el 100 por 100 de los incisivos están exclusivamente digeridos en la punta. Todo ello concide con un predador de la categoría 2 de modificación (rapaces nocturnas). Todos los predadores inferidos en este trabajo verifican y precisan las identificaciones efectuadas en Fernández-Jalvo (1988) y Fernández-Jalvo y Andrews (1992).

Al comparar las abundancias relativas de cada uno de los niveles analizados aquí con los de las rapaces actuales inferi-

and this reinforced the hipothesis of trampling processes occured before burial.

Figures 11, 12 and 13 represent percentages of anatomical elements affected by digestion, and grades of alteration in teeth. The highest percentage of digested elements (teeth and postcrania) appears at TD10, where extreme grades of digestion also appears. All these traits are consistent with a category 4 predator (a diurnal raptor). TD6 & TD5, together with "Anomalons TD4", have medium values, and the heavy grades of digestion suggest a category 3 predator (nocturnal-crepuscular owls). TD5 and TD6 show higher percentages, grades of digestion and breakage before digestion than "Anomalous TD4", indicating more destructive predators in TD5 and TD6 than in "Anomalous TD4". The lowest percentages of digestion, always having light grades of modification invariably appears at TD4. Breakage before digestion never occurs, and a 100% of the incisors are exclusively digested in the tip. All this is consistent with a category 2 predator (nocturnal owl). All predators inferred at this paper verify and precise indentifications made in Fernández-Jalvo (1988) and Fernández-Jalvo & Andrews (1992).

Comparing the relative abundances of anatomical elements from every analyzed level to the present-day predator inferred (Figures 14, 15 16 & 17), some simierities can be observed, but they are never the same. These differences can be due to post-predation taphonomic processes that have disturbed and modified the original assemblage. An interesting diagram is showed in Figure 18. Here the relative abundances from TD4, TD5 and TD6 have been represented together. These three levels were considered to have been

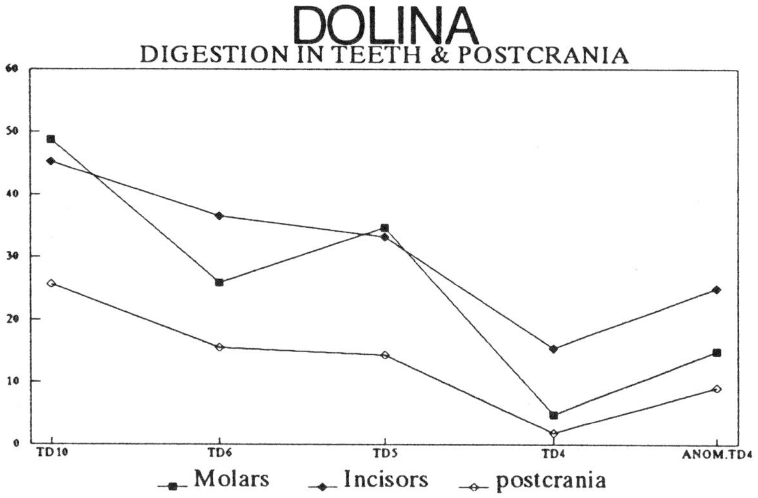

11. *Porcentajes de elementos digeridos.*

11. *Percentages of digested elements.*

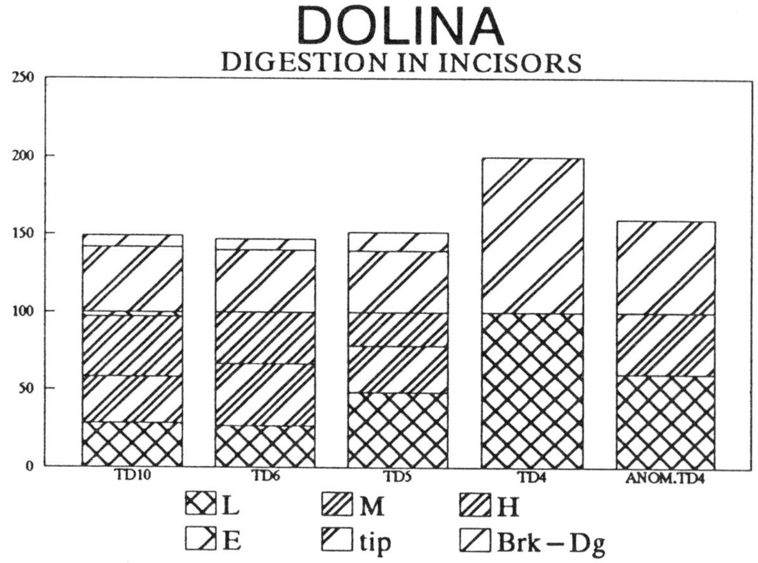

12. *Grados de digestión en incisivos.*

12. *Grades of digestion in incisors.*

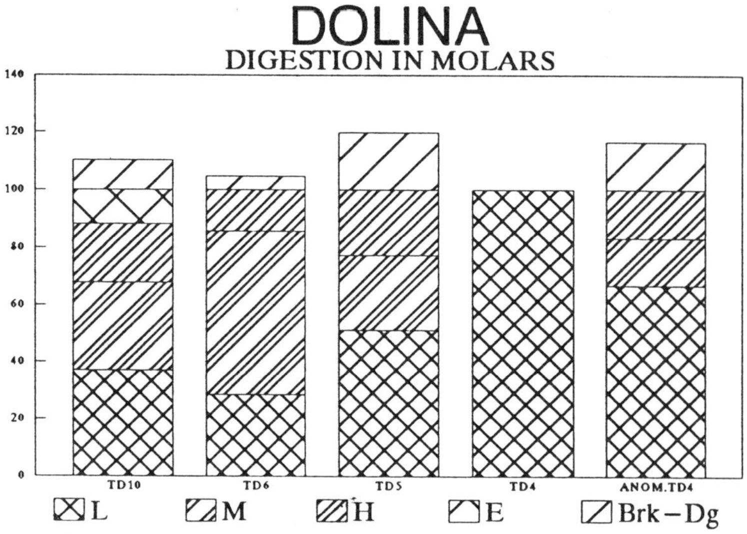

13. *Grados de digestión en molares.*
L = digestión ligera; M = digestión moderada; H = digestión fuerte; E = digestión extrema; tip = digestión en la porción extramandibular del incisivo; Brk-Dg = rotura previa a la digestión.

13. *Grades of digestion in molars.*
L = light digestion; M = moderate digestion; H = heavy digestion; E = extreme digestion; tip = digestion in the tip of the incisor; Brk-Dg = breakage before digestion.

das (Figuras 14, 15, 16 y 17), se pueden observar algunas semejanzas, pero nunca son suficientemente parecidas. Estas diferencias pueden deberse a los procesos tafonómicos post-predación que han alterado las asociaciones originales. Un diagrama interesante es el que se muestra en la figura 18, donde se han representado las abundancias relativas de TD4, TD5 y TD6. Estos tres niveles fueron considerados afectados por procesos de compactación del sedimento. Los perfiles tienen una gran semejanza entre sí, a pesar de que los predadores inferidos no son siempre el mismo. La figura 18 muestra un importante aspecto del método tafonómico: la

mainly modified by sediment compactness. Profiles have high similarities between them, even though the inferred predators are not always the same. Figure 18 shows and important aspect of the taphonomic method: the necessity of considering all the available information together, and never individual traits. Especially difficult is to take into account the relative abundances of anatomical elements such as unique criteria to deduce the predator, because this is a feature easily disturbed by post-predation taphonomic agents.

A final revision is the representation of non-rodent microvertebrates. These kind of observations are not strictly

14. *TD10 y cernícalos actuales.*

14. *TD10 and present-day kestrels.*

15. *TD5 y TD6 y cárabo común.*

15. *TD5 and TD6 and tawny owl.*

16. *TD4 y búho chico.*

16. *TD4 and long-eared owl.*

17. *"Anom. TD4" y búho real.*

17. *"Anom.TD4" and European eagle owl's nest.*

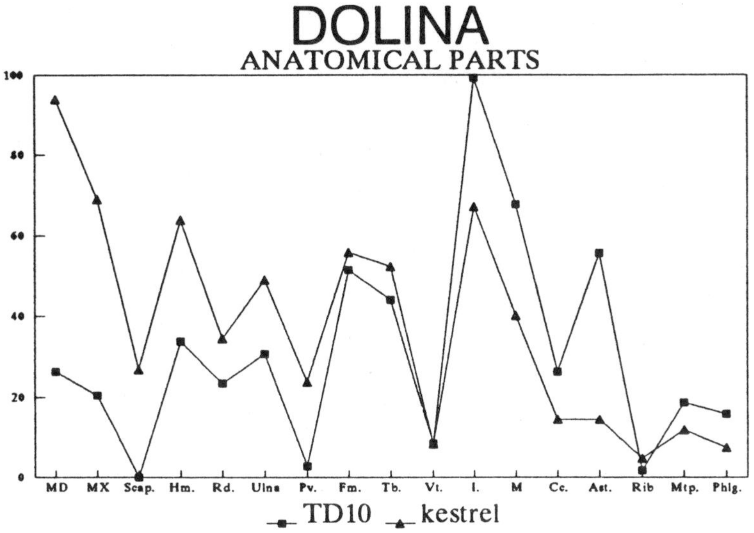

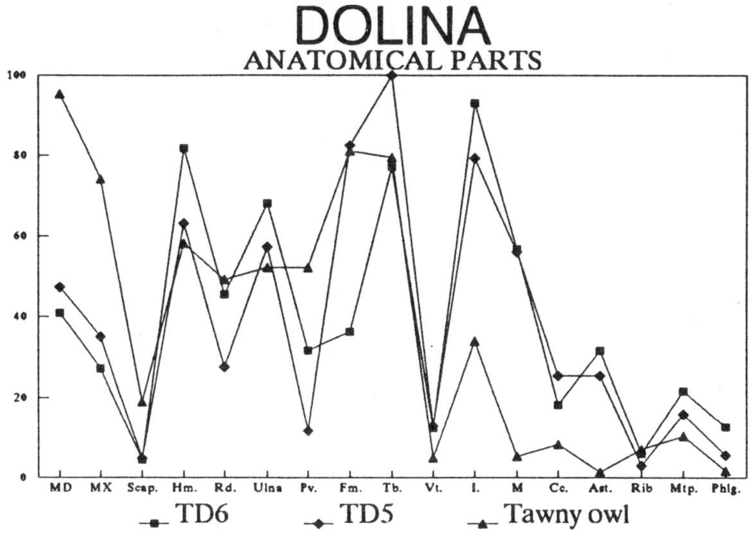

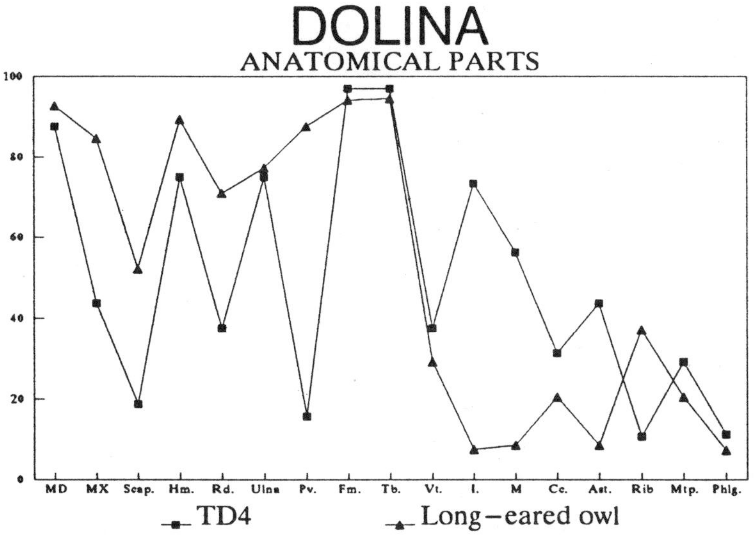

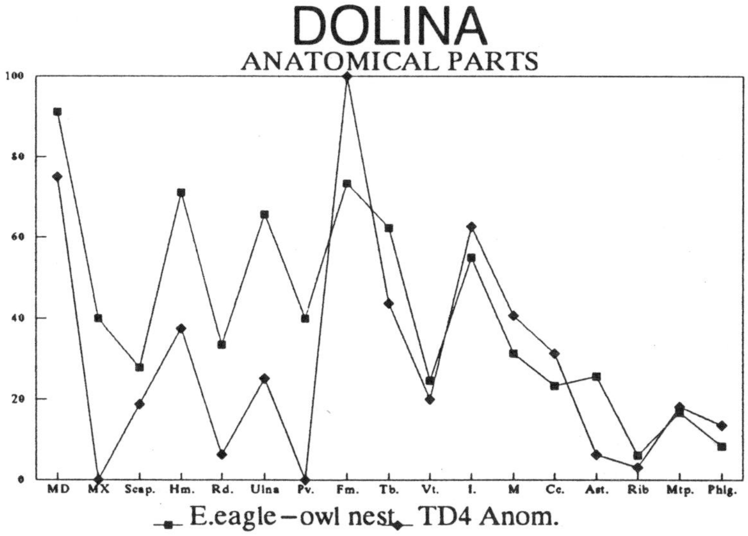

necesidad de considerar toda la información disponible en conjunto, nunca rasgos por separado. Especialmente difícil es considerar las abundancias relativas como único criterio para deducir el predador, porque este rasgo esta fácilmente distorsionado por agentes tafonómicos post-predación.

Para terminar esta revisión se han representado los microvertebrados no-roedores. Este tipo de observaciones no son estrictamente tafonómicas y no ayudan en la identificación de los predadores o de cualquier mecanismo o agente de alteración. No obstante, pueden ayudar a entender el significado y repercusión de los diferentes predadores inferidos.

taphonomic and do not help to identify the predator or any other mechanism or agent of alteration. Nevertheless, they may help to understand the significance and repercussion of the different inferred predators.

Comparing percentages resulting from adding all the non-rodent microvertebrates divided into the total number of fossil from each level, an interesting information is obtained (Figure 19 & 20). The reduction at TD4. The predator that was inferred at TD4 (long-eared owl) is characterized for being selective hunter, having preferences of some prey and a diet mainly based on small mammals. The diagram repre-

18. *TD6, TD5 y TD4.*

18. *TD6, TD5 and TD4.*

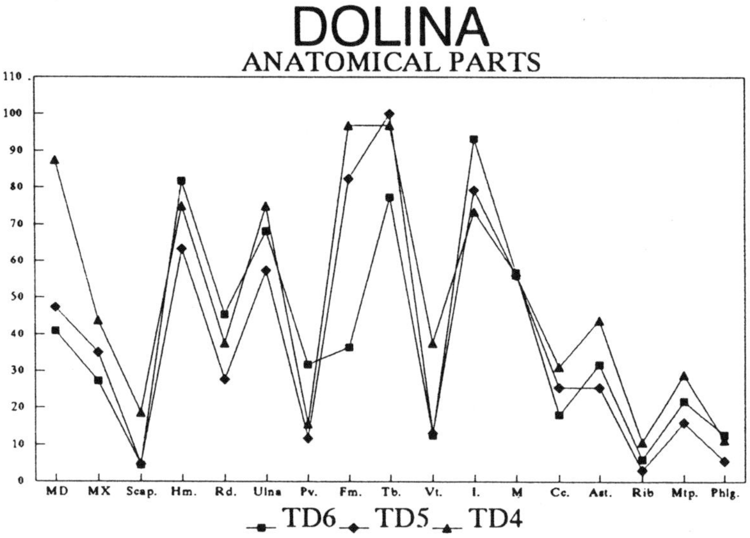

19. *Porcentajes de microvertebrados no-roedores.*

19. *Percentages of non-rodent microvertebrates.*

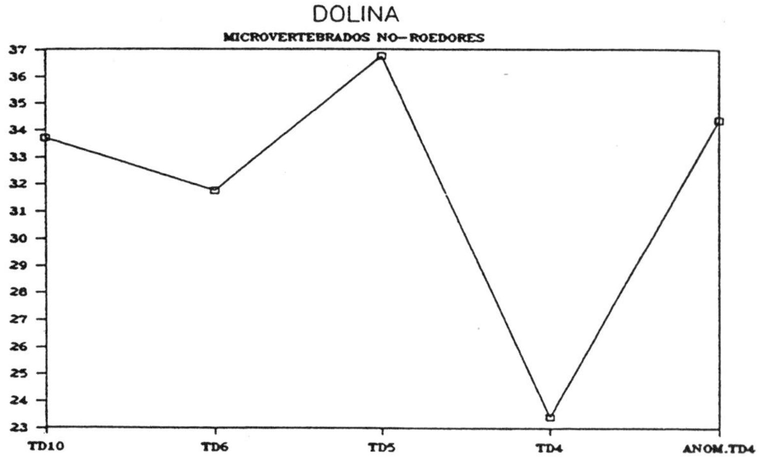

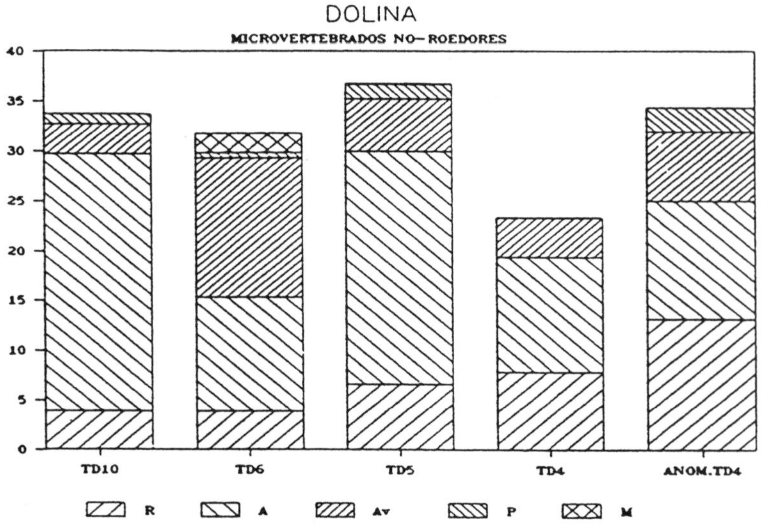

20. *Porcentajes de los diferentes tipos de microvertebrados no-roedores. R = reptiles; A = anfibios; Av = aves; P = peces; M = murciélagos.*

20. *Percentages of the different types of non-rodent microvertebrates. R = reptiles. A = amphibian. Av = avian. P = fished. M = bats.*

Al comparar los porcentajes que resultan al sumar todos los microvertebrados no-roedores y divididos por el número total de fósiles de cada nivel, obtenemos una interesante información (Figuras 19 y 20). Es sugerente la inflexión que se observa en TD4. El predador identificado en este nivel (búho chico) se caracteriza por ser altamente selectivo en su caza, mostrando gran preferencia por ciertas presas y una dieta principalmente basada en micromamíferos. El diagrama representado en la Figura 19 coincide con tal comportamiento. En contraste, el resto de los predadores identificados son cazadores oportunistas y capturan cualquier presa disponible en el área donde viven, por lo que la diversidad de sus presas es mayor.

sented in Figure 19 is consistent with such behaviour. In contrast to it, the other inferred predators are opportunistic hunters and capture any available prey in their living area, and so, prey diversity is higher.

5
Conclusiones.

Una vez concluido el análisis tafonómico, y con ayuda de información sedimentológica, paleontológica y ecológica, se puede obtener una interpretación más fiable de los sucesivos estadios por los que ha atravesado la cueva durante el relleno, así como de la interpretación del medio.

5.1.
El relleno.

Los sedimentos de los niveles más inferiores, TD1 y TD2, aparte de no presentar contenido fósil, corresponden a un depósito de interior de cueva (M. Hoyos, com. pers.). En la fase tafonómica I han sido incluidos TD3, TD4, TD5, TD6 y TD7 (Figura 21). En términos generales se podría decir que existe un aumento en la energía del relleno desde la base hacia el techo de la fase I. Al comparar características de TD1-2, respecto a TD4-7, se puede concluir que existe una progresiva apertura de la cueva al medio exocárstico. Desde un punto de vista tafonómico, no se han producido fuertes alteraciones en las asociaciones, excepto por la influencia de agentes físicos tales como procesos de pisoteo y procesos post-enterramiento, así como algunas alteraciones químicas y físicas provocadas por los predadores. La actividad del predador ha sido importante, más que ningún otro agente tafonómico.

TD8 y TD9 constituyen la fase II (Figura 21). En este período, las alteraciones químicas son más importantes que las producidas por los predadores (ausentes) o de origen físico. TD8 presenta un tipo de alteración que podría estar relacionada con medios básicos, y la escasez de fósiles, así como la ausencia de digestión sugieren que la cueva pudo actuar como una trampa natural. Las condiciones necesarias para el desarrollo de un encostramiento como el que caracteriza a este nivel definen períodos de encharcamiento, baja energía y aportes intermitentes (no continuos) lo que está en consonancia con las condiciones necesarias para que se produzca la alteración de la parte orgánica de los tejidos óseos en medios básicos. Estas condiciones sugieren que se ha producido disminución de la energía respecto al nivel previo TD7, e incluso una posible tendencia a la reducción del contacto con el exterior; probablemente la cueva se estaba cerrando. Si se considera esta hipótesis, el nivel TD9 podría representar un período en el que desaparece toda conexión entre la cueva y el exterior.

5
Conclusions.

One the taphonomic analyses are concluded, and helped by sedimentological, palaeontological and ecological information, a more understandable interpretation of the succeding events during the cave infilling, as well as an environmental interpretation can be more accuretely conceived.

5.1.
The infilling.

TD1 and TD2 have no fossils and their sediments are typical of inner cave infilling (Hoyos, pers. com.). The taphonomic phase I includes TD3, TD4, TD5, TD6 and TD7 (Figure 21). In general terms can be said that the energy of infilling is increasing from base to top. Comparing features of TD1-2 to those of TD4-7, a progressive aperture of the cave to the exo-karstic environment is also considered. From a taphonomic point of view, there are no strong modifications, except for physical agents such as trampling and post-burial physical processes, as well as for some chemical and physical alterations by predators. Predator's activity has been very important, more than any other taphonomic agent.

TD8 and TD9 constitute the taphonomic phase II (Figure 21). At this time, chemical alterations are more important than predator (absents) or physical influence. TD8 has a type of modification that could be related to alkaline environments, and the scarcity of fossils as well as the absence of digestion evidence suggest that the cave could act such as a natural trap. The sedimentological conditions needed to get the cementation observed at TD8 are intermittent flood periods of calm and highly calcareous water. It takes long time and needs strong evaporation. This is compatible with the environmental conditions needed to altere the organic matter from bone tissues in alkaline environments. These conditions suggest a reduction in the infilling energy of TD8, at least when compared to TD7, and possibly a tendency of the cave to be sealed, going to be isolated from the exo-karstic environment. Considering this hypothesis, TD9 could correspond to the algid point of sealing. No fossils have been found in TD9.

TD10 and TD11 constitute the third taphonomic phase (Figure 21b). From TD10 arriving to TD11, taphonomic modifications suggest a connection between the cave and the

21. *Interpretación del relleno de Dolina.*
Fase 0 = La cueva está aislada y sin conexión con el medio exo-cárstico (ambiente exterior, sub-aéreo). Relleno de interior de cueva: TD1 y TD2. Fase I=La cueva ampliando la conexión con el medio exo-cárstico: TD3, TD4, TD5, TD6 y TD7. Fase II = La conexión entre la cueva y el medio exo-cárstico es cada vez más restringido: TD8. Posible cierre temporal de la cueva al exterior: TD9. Fase III = El techo de la cueva ha colapsado próximo a Dolina. La conexión entre la cueva y el medio exo-cárstico es prácticamente directo: TD10 y TD11.

21. *Dolina cave infilling interpretation.*
Fase 0 = Cave sealed; there is no connection to the exo-karstic (open-air) environment. Inner infilling: TD1 & TD2. Fase I = The cave is getting wider and wider connection to the exo-karstic environment: TD3, TD4, TD5, TD6 & TD7. Fase II = Tendency to a more restricted connection between the cave and the exo-karstic environment: TD8. Possible temporal sealing: TD9. Fase III = Roof-cave collapsed near to Dolina site. Connection between the cave and the exo-karstic environment is direct TD10 & TD11.

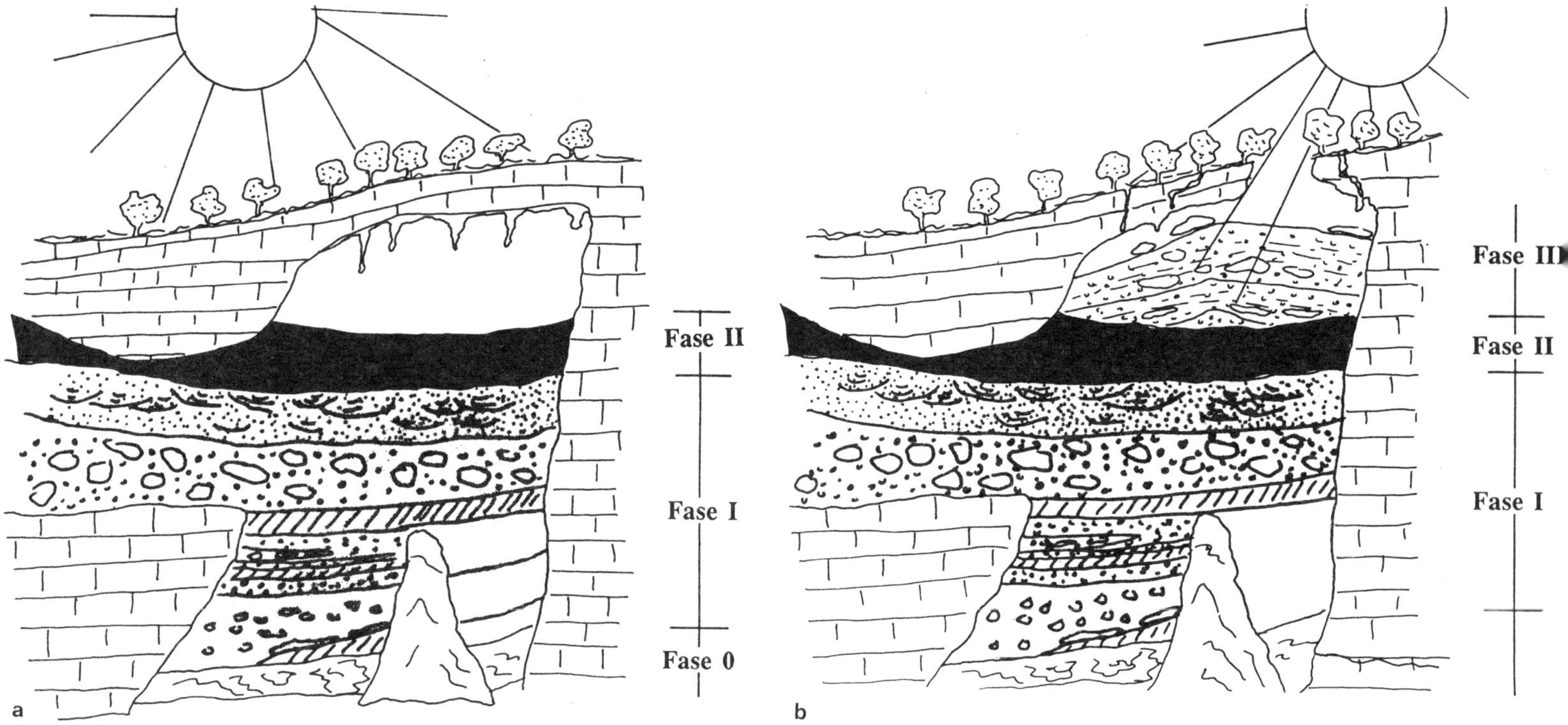

La tercera fase tafonómica corresponde a los niveles TD10 y TD11 (Figura 21b). A partir de TD10 y hasta TD11, las alteraciones que se han observado en los fósiles sugieren un amplio contacto entre la cueva y el medio exterior exo-cárstico. Las alteraciones por raíces y meteorización son frecuentes tanto en TD10 como en TD11. En el primero de estos niveles existe además cementación calcárea que sugiere una cierta influencia de condiciones de cueva. En TD11, los fósiles presentan corrosión del suelo y mayor frecuencia de marcas de raíces, señalando un mejor desarrollo de un incipiente suelo. Todas estas alteraciones tafonómicas hacen pensar que en estos últimos momentos del relleno, la cueva estaba sufriendo procesos de colapso del techo y una tendencia a una conexión cada vez más amplia con el exterior.

exo-karstic environment. Root-marks and weathering are common modifications at both levels. TD10 has calcareous cementation, indicating a higher influence of karstic environment. Fossils from TD11 are more frequently affected by soil corrosion and root-marks, suggesting a better soil development. At TD11 there is only fossil content at the base of the unit. All these modifications make to think that the cave roof is collapsing, and this allowed a more direct and wider contact between the exo-karstic environment and the endo-karstic one. Both physical and chemical activity are important at these levels.

5.2. Los predadores.

La mayoría de los niveles fosilíferos de Dolina, presentan evidencias de la intervención de predadores (TD3, TD4, TD5, TD6, TD10, TD11). Los predadores inferidos en Dolina pertenecen a diferentes categorías (Figura 22). Predadores de categorías intermedias han sido deducidas en TD3 y "Ano-

5.2. The predators.

Most of the fossiliferous levels from Dolina sequence (TD3, TD4, TD5, TD6, TD10, TD11) have influence of predation. Predators inferred at Dolina belong to different categories (Figure 22). Predators of categories of intermediate modification have been deduced from TD3 and "Anomalous

22. *Predadores inferidos a partir de las alteraciones observadas en los fósiles de micromamíferos y que han intervenido en la formación del yacimiento.*
TD3, Bubo bubo, *modelo del búho real. TD4,* Asio otus, *modelo del búho chico. ANOM.TD4,* Bubo bubo, *modelo del búho real. TD5,* Strix aluco, *modelo del cárabo común. TD6,* Strix aluco, *modelo del cárabo común. TD10,* Falco tinnunculus, *modelo del cernícalo. TD11,* Asio otus, *modelo del búho chico.*

22. *Raptors inferred from the small mammal fossil alterations to have had influence in the site formation.*
TD3, Bubo bubo, *European eagle owl's pattern. TD4,* Asio otus, *long-eared owl's pattern. ANOM.TD4,* Bubo bubo, *European eagle owl's pattern. TD5,* Strix aluco, *tawny owl's pattern. TD6,* Strix aluco, *tawny owl's pattern. TD10,* Falco tinnunculus, *kestrel's pattern. TD11,* Asio otus, *long-eared owl's pattern.*

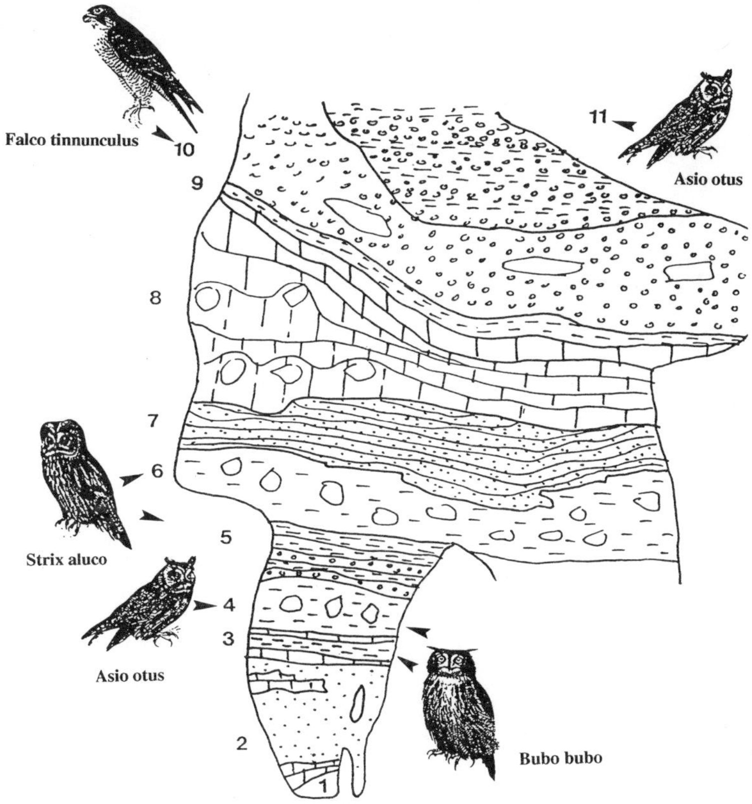

malía de TD4", y TD5 y TD6. Los rasgos de las asociaciones de fósiles de los dos primeros niveles (TD3 y "Anomalía de TD4") son similares al modelo de alteración producido por el búho real. TD5 y TD6, aún teniendo rasgos de alteración intermedia, éstos son más destructivos que en los niveles previos, y más similar al patrón de alteración de los cárabos comunes. La intervención de rapaces diurnas es evidente en TD10. Finalmente TD11 y TD4 presentan evidencias de una muy baja alteración y los rasgos de digestión son muy similares al patrón de modificación de los búhos chicos.

Los predadores inferidos en Dolina son típicos habitantes de bosque. Todos ellos presentan preferencias por bosques abiertos, especialmente los cernícalos, y los búhos reales suelen estar próximos a lagos o ríos. La mayoría de estos predadores son cazadores oportunistas y capturan cualquier presa disponible en el área donde vive. Los micromamíferos introducidos por estos predadores constituyen una representación bastante fiel de los hábitats que existieron en el pasado en los alrededores de este lugar. No obstante, su actividad puede introducir sesgos, debido a sus costumbres de vida y caza (nocturna, crepuscular, diurna) o su tamaño (como los cernícalos que están limitados por su pequeño ta-

TD4", and TD5 and TD6. The fossil assemblage traits at TD3 and "Anomalous TD4" are consistent with the European eagle owl pattern of modification. TD5 and TD6 having features of intermediate modification, they show a higher destruction than TD3 and "Anomalous TD4", more similar to the tawny owl pattern of modification. Diurnal raptors have been detected on top of the Dolina series, at TD10. Finally, TD11 and TD4 have evidences of a predator of very low modification and features of digestion suggested the presence of a long-eared owl predator type of modification.

The inferred predators from the Dolina series are typical forest inhabitants. All of them have preferences for open woodland (especially kestrels) and European eagle owls are frequently associated to wet areas, near lakes or rivers. Most of them are opportunistic hunters and capture any available prey in their living area. The small mammals introduced by these predators are an accurate representation of the surrounding habitat where accumulated. Nevertheless, their activity may introduce some bias, depending on their behaviour (nocturnal or diurnal) or size (kestrels are conditioned by their small size). Presence of long-eared owl in Dolina is important, because this type of predators are selective hunmaño). La presencia de búho chico en Dolina es importante, porque este tipo de predadores son muy selectivos, especialistas en micromamíferos, y preferencia de determinadas especies. Este rasgo ya ha sido observado con anterioridad (Figuras 19 y 20). El búho chico viaja grandes distancias hasta encontrar su presa, la cual no es representativa del ambiente en el que será acumulada; estas estrigiformes viven en bosques (pueden tolerar bosques más densos que otras rapaces), pero cazan en áreas abiertas. Tal hábito puede introducir importantes errores de interpretación paleoecológica y climática. Cuando un predador oportunista en la caza es reemplazado por otro de caza selectiva se puede interpretar como cambio climático ya que este último proporcionará una super abundancia de un taxón determinado y el predador oportunista proporcionará un espectro de especies más amplio.

6
Agradecimientos.

Quiero expresar mi más profunda gratitud al Dr. Peter Andrews, quien no sólo me animó en mi trabajo, sino que me proporcionó valiosas sugerencias y discusiones durante el desarrollo del mismo. Estoy también agradecida a los doctores Bermúdez de Castro y Fernández López por la revisión crítica del manuscrito. Gracias también al Prof. Aguirre y a los doctores Arsuaga, Bermúdez de Castro y Carbonell, así como al equipo de Atapuerca por su ayuda durante las excavaciones. Susan Barnes y Christopher Jones de la Unidad de Microscopia Electrónica del Museo de Historia Natural de Londres (NHM) me han ofrecido su valiosa ayuda con el manejo del MEB y el Departamento de Fotografía del mismo centro y Mariano Bautista, su gran trabajo profesional. Gracias también al Departamento de Paleontología del NHM por el interés y grandes facilidades proporcionadas a mi trabajo, así como al Museo Nacional de Ciencias Naturales de Madrid.

La investigación referida aquí ha sido subvencionada por la Fundación L.S.B. Leakey, la Royal Society de Londres, el C.S.I.C. y la D.G.I.C.Y.T., proyecto n.º PB 90-0615-CO3-01.

Junio, 1993.

ters, being specialist on small mammals and having preferences for some specific preys. This feature has been observed in Figures 19 and 20. Long-eared owls travel kilometres until finding its prey, which are not representative of the surrounded area where accumulated; these owls normally live in forest (they may tolerate thicker woodland than other raptors), but they hunt in open areas. Such behaviour may produce mistakes in palaeoecological and climatic interpretations. When an opportunistic predator's accumulation is replaced by a selective's one, this may be interpreted such as a climatic change since the latest will accumulate an over-representation of a determined species of small mammal and the former will have a wider spectrum of species.

6
Acknowlegments.

I would like to express my deepest gratitude to Dr. Peter Andrews who not only encouraged my work but provided valuable suggestions and advices during the progress of this study. I am also grateful to Dr. Bermúdez de Castro and Dr. Fernández López for their critical review of the manuscript. Thanks are extended to Prof. Aguirre, Dr. Arsuaga, Dr. Bermúdez de Castro, Dr. Carbonell and to the Atapuerca team for assistance during the excavations. Susan Barnes and Christopher Jones of the Electron Microscopy Unit of the Natural History Museum of London have offered their helpful assistance with the SEM handling, and the Department of Photography of the NHM and Mariano Bautista their professional and rapid work. Thanks to the Department of Palaeontology of the NHM for the interest and great facilities given to my work, as well as to the Museo Nacional de Ciencias Naturales de Madrid.

The research reported here has been funded by the L.S.B. Leakey Foundation, the Royal Society of London, C.S.I.C. and the D.G.I.C.Y.T., project n.º PB 90-0615-CO3-01.

ANDREWS, P. (1990): *Owls, Caves and Fossils.* Londres: Nat. H. Mus. Publications.

ANDREWS, P. & NESBIT EVANS, E.M.N. (1983): Small mammal bone accumulations produced by mammalian carnivores *Palaebiology* 9, 289-307.

ARSUAGA, J. L., MARTÍNEZ, I., GRACIA, A., CARRETERO, J. M. & CARBONELL, E. (1993): Three new human skulls from the Sima de los Huesos Middle Pleistocene site in Sierra de Atapuerca, Spain. *Nature* 362, 534-537.

BEHRENSMEYER, A. K. (1978): Taphonomic and ecologic information on bone weathering. *Paleobiology* 4, 150-162.

FERNÁNDEZ-JALVO, Y. (1988): *Tafonomía de microvertebrados de Gran Dolina, Atapuerca (Burgos).* Tesis de Licenciatura. Universidad Complutense de Madrid.

FERNÁNDEZ-JALVO, Y. (1992): *Tafonomía de microvertebrados del complejo cárstico de Atapuerca (Burgos).* Tesis Doctoral. Universidad Complutense de Madrid.

FERNÁNDEZ-JALVO. Y. & ANDREWS, P. (1992): Small mammal taphonomy of Gran Dolina, Atapuerca (Burgos), Spain. *Journal of Archaeological Science* 19, 407-428.

MIKKOLA, H. (1983): *Owls of Europe.* Carlton: T. y A. D. Poyser.

TAYLOR, P. D. (1986): Scanning electron microscope uncoated fossils *Paleontology* 29, 685-690.

VILLA, P. & MAHIEU, E. (1991): Breakage pattern of human long bones *Journal of Human evolution* 21, 27-48.

PALEOANTROPOLOGÍA

Evolución humana en Europa y los yacimientos de la Sierra de Atapuerca, págs. 205-228

Cerebros y cuerpos: tendencias evolutivas en mosaico de la morfología del hombre arcaico durante el Pleistoceno Medio

Brains and Bodies: Mosaic Trends in Middle Pleistocene Archaic *Homo* Morphology

Erik Trinkaus

Department of Anthropology, University of New Mexico, Albuquerque, NM 87131, USA
URA 376 du. C.N.R.S., Laboratoire d'Anthropologie, Université de Bordeaux I, 33405 Talence, France

Resumen

El estudio de las tendencias evolutivas en el tamaño del cerebro y la morfología del esqueleto postcraneal a lo largo de la evolución del Homo arcaico, prestando especial atención a los períodos de estasis frente a los de cambio evolutivo durante el Pleistoceno Medio, revelan un patrón mixto. En comparación con el escaso cambio producido en el tamaño del cuerpo, y tras un período de estasis durante el Pleistoceno Inferior, el cerebro ha experimentado un aumento importante de su tamaño durante el Pleistoceno Medio y el Pleistoceno Superior inicial. Tanto la morfología de la diáfisis femoral como el robusto pilar iliaco del coxal, indican éxtasis evolutivo durante el Pleistoceno Inferior y un cambio direccional, aunque de menor cuantia que el del tamaño del cerebro, durante el Pleistoceno Medio. Otros rasgos para los que existe evidencia fósil, tanto entre los primeros representantes del género Homo como entre los del Pleistoceno Medio y Superior, parecen presentar, o bien el patrón morfológico arcaico, o bien una considerable variabilidad, no direccional, a través del tiempo. Entre estos rasgos se encuentran: la forma de la diáfisis de las primeras falanges del pie, la morfología del borde axilar de la escápula, la orientación de la cavidad sigmoidea mayor de la ulna, la morfología de la cresta de inserción del músculo oponente del pulgar (M. opponens pollicis), la forma de la articulación carpo-metacarpo del pulgar, y la de la tuberosidad apical de las terceras falanges de la mano. Esperamos que estos patrones morfológicos, proporcionen un marco de referencia para los futuros análisis de los restos postcraneales tanto de Atapuerca, como de otros homínidos del Pleistoceno Medio.

Abstract:

A consideration of trends in human brain size and postcranial morphology through the period represented by archaic Homo, with emphasis on patterns of stasis or change through the Middle Pleistocene, reveals a mixed pattern. Human brain size, in the the context of little change in body size, exhibits a pronounced and long term increase through the Middle Pleistocene into the early Late Pleistocene after a period of virtual stasis through Early Pleistocene post-habiline archaic Homo. Femoral shaft morphology and iliac acetabulo-cristal buttress morphology indicate similar Early Pleistocene stasis and directional change through the Middle Pleistocene, but of a smaller magnitude than the brain size increase. Other features for which early Homo, Late Pleistocene archaic Homo and some Middle Pleistocene fossil evidence exists, including pedal proximal phalangeal diaphyseal shape, scapular axillary border morphology, ulnar trochlear notch orientation, pollical carpo-metacarpal articular morpology M. opponens pollicis crest morphology, and manual apical tuft morphology, appear to exhibit stasis in an archaic pattern or considerable non-directional variability through time. Is hoped that these patterns will provide a framework for the ongoing analysis of the Atapuerca and other Middle Pleistocene hominid remains.

Palabras clave:

Evolución humana, Tamaño del cerebro, Morfología del esqueleto postcraneal, Tendencias evolutivas en mosaico.

Key words:

Human evolution, Brain size, Postcranial morphology, Mosaic evolutionary trends.

1

Introducción.

Un hombre de ciencia no intenta probar nada. Sólo intenta encontrar aquello que se prueba a sí mismo.
(Chesterton, 1929: 48).

Durante las pasadas dos décadas, la investigación paleoantropológica se ha centrado en tres fases fundamentales de la evolución de los homínidos: 1) el origen de la familia *Hominidae* y la naturaleza biológica de los primeros homínidos 2) el origen del género *Homo* y el número y naturaleza de sus primeros representantes, y 3) el origen del hombre moderno y la relación existente entre los últimos representantes del *Homo* arcaico (como los Neanderthales) y los primeros humanos modernos. Últimamente, el tercer punto ha llamado especialmente la atención (Trinkaus, 1989a; Mellars & Stringer, 1989; Stringer, 1990; Bräuer & Smith, 1992; Thorne & Wolpoff, 1992), con un creciente interés en los bien conocidos neandertales del Viejo Mundo.

A través de las diversas investigaciones, ha ido aumentando el conocimiento sobre lo que, hace casi dos décadas, se denominó como "the muddle in the middle" (Butzer & Isaac, 1975). Es decir ¿cuáles fueron los cambios en la naturaleza y el comportamiento humano, que tuvieron lugar durante el Pleistoceno Medio? y ¿cómo afectan estos cambios a nuestro entendimiento tanto de la evolución humana en el Pleistoceno Medio, como de los productos finales de dicha evolución, a saber, lo que conocemos como los últimos humanos arcaicos y los primeros humanos modernos?

En la última década, el registro paleoantropológico del Pleistoceno Medio europeo ha aumentado significativamente gracias a los numerosos restos humanos hallados en la Sima de los Huesos (Sierra de Atapuerca). Estos restos, se unen a los ya conocidos en otros yacimientos como los de Ehringsdof, Mauer, Petralona, Steinheim y Swanscombe, así como a los nuevos descubrimientos (sólo descritos parcialmente) de Arago, Biache, Bilzingsleben, Castel di Guido, la Chaise-Bourgeois-Delaunay y otros. Con la mejora de los marcos de referencia cronológica, paleoambiental y arqueológica, estos restos humanos van completando nuestra visión sobre la evolución humana en el Pleistoceno Medio. Está claro, que la descripción detallada de estos fósiles y su integración en el conocimiento general del Pleistoceno Medio europeo y mundial, mejorará considerablemente nuestra comprensión sobre las cuestiones antes mencionadas en relación a la evolución humana y sus productos, durante el Pleistoceno Medio.

1

Introduction.

A man of science isn't trying to prove anything. He's trying to find out what will prove itself.
(Chesterton, 1929: 48).

During the past two decades human paleontological research has focused on three major periods of hominid evolution: the origin of the Hominidae and the biological nature of the earliest hominids, the origin of the genus *Homo* and the number and nature of those early members of our genus, and the origins of modern humans and the relationship between late archaic humans (such as Neandertals) and the earliest modern humans. The last issue in particular has recently attracted attention (e.g., Trinkaus, 1989a; Mellars & Stringer, 1989; Stringer, 1990; Bräuer & Smith, 1992; Thorne & Wolpoff, 1992), with ongoing emphasis on the paleontologically well-known Neandertals of the northwestern Old World.

Through this research, there has been growing knowledge of, and increasing appreciation for, what was referred to almost two decades ago as the "muddle in the middle" (Butzer & Isaac, 1975). Namely, what were the changes in human biology and behavior that occurred during the Middle Pleistocene, and what implications might they have for our understanding of both Middle Pleistocene human evolution and the end products of that evolution, what we call late archaic humans and early modern humans?

In the past decade, the European Middle Pleistocene human paleontological record has been significantly augmented by the now numerous human remains from the Sima de los Huesos in the Sierra de Atapuerca. These remains join fossils long since known from the sites of, for example, Ehringsdorf, Mauer, Petralona, Steinheim and Swanscombe and ones discovered more recentry (and only partially described to date) from Arago, Biache, Bilzingsleben, Castel di Guido, La Chaise-Suard, La Chaise-Bourgeois-Delaunay and others. With improving chronological, paleoenvironmental and archeological frameworks, these human remains are gradually filling out our image of Middle Pleistocene human evolution. It is clear that as more and more of these fossils are described in detail and integrated into the common pool of human paleontological knowledge for the Middle Pleistocene, in Europe and elsewhere, our comprehension of the above issues regarding Middle Pleistocene human evolution and its products will improve vastly.

In light of this, and in keeping with my understanding of the goals of the workshop on "Human Evolution in Europe

Por ello, y según lo que yo entiendo sobre los objetivos de estas jornadas cuyo título es "La evolución humana en Europa y la evidencia de Atapuerca", me gustaría hacer algunos comentarios sobre nuestro conocimiento actual acerca de las tendencias evolutivas de la Evolución Humana durante el Pleistoceno Inferior, Medio y Superior, puesto que se relacionan directamente con nuestra comprensión global del Pleistoceno Medio. Dichos comentarios se exponen aquí como una revisión del estado de la cuestión, o como hipótesis generales, con posibilidad de ser modificadas una vez que los restos de Atapuerca (y otros restos humanos del Pleistoceno Medio) se describan e integren en el registro paleoantropológico. Se espera, que estas reflexiones suministren un marco de referencia para algunas de las cuestiones planteadas, aún cuando los modelos específicos tengan que ser modificados en el futuro.

Concretamente, prestaré atención al tamaño del cerebro y a la morfología de esqueleto postcraneal. El primero, ha recibido una atención progresiva, puesto que el tamaño del cerebro es uno de los aspectos de la anatomía humana mejor documentados en el registro, y que puede relacionarse, por lo menos a nivel general, con una selección direccional frente a una selección estabilizadora. La segunda cuestión ha recibido menos atención de la que merece, debido a la naturaleza "cefalocéntrica" de la paleontología humana, pero también aporta valiosa información a largo plazo, sobre las tendencias evolutivas de los homínidos. El registro postcraneal anterior a los enterramientos intencionados del Pleistoceno Superior es tan fragmentario, que la discusión sobre su morfología, si exceptuamos la diáfisis femoral, estará muy condicionada por la cantidad disponible de restos.

En este artículo, la cuestión preliminar es: ¿hasta qué punto fueron significativos los cambios biológicos en la naturaleza humana, durante el Pleistoceno Medio?. Y como corolarios a esta cuestión, podemos incluir las siguientes: ¿hasta qué punto existieron diferentes complejos anatómicos cambiando al mismo tiempo?, y ¿qué os dice esto acerca de los productos finales de este período evolutivo, es decir, acerca de los últimos hombres arcaicos y los primeros hombres anatómicamente modernos?

and the Atapuerca Evidence", I would like to offer a few comments on our current knowledge of trends in human evolution during the Middle (and Early and Late) Pleistocene, as it relates to our understanding of the Middle Pleistocene. These are offered as a state-of-the-art review, or as general hypotheses, subject to modification as the Atapuerca remains (and other Middle Pleistocene human remains) become described and integrated into the human paleontological record. It is hoped that these thoughts will provide a framework for some of these issues, even if the specific patterns recognized here are to be modified in the future.

More specifically, I will focus on two general areas of human anatomy, brain size and postcranial morphology. The former has received ongoing attention, since brain size provides one of the better documentable aspects of Pleistocene human anatomy that can be related, at least at a general level, to directional versus stabilizing selection. The latter has received less attention than it deserves, given the cephalocentric nature of human paleontology, but it too offers valuable insights into long term trends in hominid paleontology. Given the fragmentary nature of human postcranial remains prior to the advent of intentional burial in the Late Pleistocene, the discussion of the postcrania (other than femoral midshafts) wil be in terms of examples, largely determined by the nature of the currently available paleontological record.

In this, the primary question is: To what extent were there significant human biological changes during the Middle Pleistocene? Corollaries to this include: To what extent were different anatomical complexes changing in unison? and: What might this tell us about the products of this evolutionary period, late archaic and early modern humans?

2
La muestra.

Aunque en este trabajo, la atención se centra en el Pleistoceno Medio y sus productos evolutivos del Pleistoceno Superior inicial, situaré éstos en el contexto de lo que cada vez más se acepta como una unidad evolutiva única. Dicha unidad evolutiva incluye a lo que hoy denominamos por convenio *Homo erectus* y al *"Homo sapiens* arcaico". Las interminables discusiones respecto a la posición del límite *Homo erectus/ "Homo sapiens* arcaico", y sobre si el "verdadero *Homo erectus"* existió o no en Europa, no nos han conducido a nada claro. El supuesto límite entre las dos especies es el resultado de los sucesivos hallazgos, combinado con un sentimiento general, de que la cantidad de cambio morfológico dentro de esta unidad evolutiva es demasiado grande para ser incluida dentro de una única especie. Por ello, sería más conveniente descartarlo, y definir unidades espaciales y temporales más significativas, a nivel de subespecie, al igual que la diversidad humana se divide comunmente en muestras geográficas.

Como consecuencia de lo anterior, me referiré a este segmento de la evolución del género *Homo* como *"Homo* arcaico posterior al *Homo habilis* o post-habilino (Trinkaus & Wolpoff, 1992)[1], y me referiré a submuestras dentro de este grupo definidas por: 1) unidades temporales (geológicas), como el Pleistoceno Inferior, Medio y Superior, subdivididos a su vez en inicial y final cuando sea apropiado, y 2) linajes geográficos, en África, Eurasia occidental (Europa más el Oriente próximo) y Eurasia oriental. La discusión incluye, no obstante, los términos *Homo erectus* y *"Homo sapiens* arcaico" según lo establecido actualmente. El límite entre ellos será temporal, puesto que no existe un límite morfológico claro, y se situará en los 400.000 años antes del presente (400 Ka. A. P), ya que los especímenes cuya edad geológica es igual o superior a ésta, se consideran dentro de la especie *H. erectus.*

2
The Sample.

Even through the focus here is on the Middle Pleistocene and its early Late Pleistocene evolutionary products, I will place this in the context of what is increasingly seen as a single evolutionary unit. This unit includes what is now, by convention, referred at as *Homo erectus* plus "archaic *Homo sapiens"*. This has led to interminable, and evolutionarily largely meaningless, arguments regarding the position of the *Homo erectus* / "archaic *Homo sapiens"*. boundary, and whether "true *Homo erectus"* existed in Europe. Since that purported species boundary is a product of the history of discovery combined with a generally feeling that the amount of morphological evolution within this unit is too great to be subsumed within one species, it needs to be dismissed and more meaningful temporal and spatial units defined, at the subspecies level, much as modern human diversity is commonly divided into geographical samples.

As a result, I will refer to this segment of *Homo* evolution as "Post-habiline archaic *Homo"* (Trinkaus & Wolpoff, 1992)[1], and I will refer to subsamples of "post-habiline archaic *Homo"* by temporal (geological) units, Early, Middle and Late Pleistocene subdivided to early and late as appropriate, and geographical lineages in Africa, western Eurasia (Europe plus the Near East) and eastern Eurasia. The discussion will nonetheless include, given current conventions, the term *Homo erectus,* and "archaic *Homo sapiens"*. The boundary between them will be a temporal one, since no clear morphological one exists, and it will be placed at ca. 400 ka. B. P. such that specimens with geological ages $\geq$ 400 ka. B. P. wil be placed in *H. erectus.*

3
Un comentario sobre la Polaridad.

En la pasada década, estuvo de moda describir el patrón de cambio morfológico acontecido durante la evolución humana, bajo el prisma de la polaridad de estados de los caracteres estudiados. Esta terminología surge directamente de la asimilación, por parte de la paleontología humana, de una metodología cladística, asumiendo implícitamente, que la precisa asignación de polaridades a los rasgos en cuestión (o a sus es-

3
A Comment on Polarity.

Is has become fashionable during the past decade to describe the pattern of morphological change during hominid evolution in terms of the inferred polarity of the character states of the defined traits. This emerges directly out of an integration of cladistic terminology and methodology into human paleontology, with the implicit assumption that once one has accurately assigned polarities to the traits in question, phylotados), nos conduce a una propuesta filogenética y a una mejor comprensión de los restos. El paso siguiente puede ser la interpretación funcional de los cambios o estasis morfológicos y la de los escenarios evolutivos resultantes. Pero esto no es más que la guinda del pastel, aderezo sabroso, pero innecesario.

El enfoque cladístico plantea dos dificultades, especialmente si se aplica su metodología con mucho rigor (ver Trinkaus, 1990 para mayor detalle). La primera de ellas, se refiere al hecho de que en principio, la evolución dentro de una especie, ocurre por cambios en la distribución y/o la frecuencia de la variabilidad. Esto es cierto si se considerara a la especie en su totalidad, espacial y temporalmente, o bien se subdivide en linajes regionales semi-autónomos.

Puesto que la evolución consiste en la conversión de la variabilidad intra-poblacional en variabilidad inter-poblacional dentro de las unidades de especie, es sencillamente imposible definir polaridades rígidas para los rasgos (o sus estados). Sólo se puede hablar de patrones de variación cambiantes. El uso de términos tales como, ancestral frente derivado (o plesiomorfo contra apomorfo), puede ser solamente general y nunca absoluto, sobre todo, en la forma que implican los análisis cladísticos más específicos. Puede haber no obstante, estados del carácter, que cambien sus frecuencias desde 0 por 100 hasta la fijación dentro de una especie (o linaje evolutivo intra-especie), aunque el proceso obedece a un cambio en las distribuciones y no, al simple reemplazamiento de un estado del carácter por otro.

La segunda cuestión se refiere a la tautología potencial que supone definir los caracteres y sus múltiples estados, antes de entender su significado biológico. La definición apropiada de los rasgos evolutivos relevantes, depende del conocimiento de la biología funcional implícita, cualesquiera que sean las valencias selectivas de los diversos estados del carácter[2]. Sin este conocimiento, es muy fácil (y a menudo ocurre), utilizar rasgos biológicamente muy correlacionados (por lo que se aumenta su peso en los análisis subsecuentes), o utilizar, como rasgos independientes, tanto los principales como los secundarios (aumentando otra vez el peso del complejo), o mezclar rasgos biológicos principales, que pueden ser compartidos por taxones evolutivamente próximos y aparecer, en una combinación única, en el taxón de interés (de tal modo que se exagera la divergencia aparente del taxón en cuestión).

Por tanto, si el análisis de la polaridad de los rasgos (o incluso, el de la frecuencia de los estados del carácter), no es precedido por el análisis funcional de los fósiles, será relativa-

genetic insight will follow and then the job of understanding the remains is accomplished. Functional interpretations of the morphological changes or stasis, and resultant adaptive scenarios, may follow, but they remain little more than frosting on the cake, a tasty but unnecessary addition.

There are two difficulties with this approach, especially in its more extreme version depicted here (see Trinkaus [1990] for further comments). First, evolution within species occurs in terms of shifting distributions of variation. This is true whether the species is considered over is entire temporal and spatial distribution or divided into semi-autonomous regional lineages. Since evolution consists of the conversion of within-population variation into between-population variation, it is simply impossible to define rigid polarities for traits (or character states thereof) within species units. One can only talk of shifting patterns of variation, and the use of terms such as ancestral versus derived (or plesiomorphous versus apomorphous) can only be general and never absolute in the way implied in most supra-specific cladistic analyses. One may nonetheless have character states which shift their frequencies from 0% to fixation in a within-species lineage, but the process is one of changing distributions and not of simple character state replacement.

The second issue regards the potential tautology of defining traits and their multiple character states prior to understanding the underlying biology of the traits in question. The appropriate definition of evolutionarily relevant traits depends upon knowing the underlying functional biology of the trait complex, whatever the selective valences of the alternative character states[2]. Without this knowledge, it is far too easy (and often occurs) to multiply count biologically correlated traits (thereby magnifying their weight in any subsequent analysis), to count as separate traits both primary and secondary units (again magnifying the weight of the complex), and to blend together primary biological traits all which may be shared with evolutionarily adjacent taxonomic units but occur in a unique combination in the taxon of interest (thereby magnifying the apparent divergence of the taxon in question).

As a result, if full functional analysis of the remains does not procede any polarity (or even character state frequency) analysis, it is relatively easy to create a biologically meaningless arrangement of the units in question. However, defining relevant units of analysis (or samples of fossils) and even posing paleontologicaly interesting questions of functional significance, dependens upon the identification of traits for analysis. As a result, *any* consideration of polarity or frequency mente fácil crear una ordenación biológica de las unidades evolutivas en cuestión, sin ningún sentido. Por otro lado, la definición de "unidades relevantes para el análisis" (o muestras de fósiles), e incluso, el planteamiento de muchas cuestiones interesantes con significado funcional, depende de la identificación y elección de los rasgos a analizar. Por ello, *cualquier* consideración de la polaridad o frecuencias de distribución de los caracteres, debe mantener una constante retroalimentación o "feedback", entre la identificación y cuantificación del rasgo, y su análisis funcional.

El uso de polaridades en el presente trabajo, tiene el propósito de ser solamente una cuestión de grado, en la que la frecuencia de los estados de los caracteres en cuestión, probablemente han cambiado a lo largo de la evolución del *Homo* arcaico post-habilino. Dado el pequeño tamaño de las muestras, especialmente para el Pleistoceno Inferior y Medio, es a menudo difícil discutir patrones y rangos de variación. Los pocos o únicos especímenes disponibles para una unidad temporal/espacial dada, se consideran representativos de la tendencia general de la muestra, y los rangos de variación han de basarse en los conocidos para otras muestras de homínidos.

distributions must contain a constant feedback between trait identification and quantification on the one hand and functional analysis on the other.

The use of polarity, to the extent employed in the following discussion, is therefore intended to be merely one of degree, one implying the degree to which the frequency distributions of the character states in question are likely to have changed during post-habiline archaic *Homo* evolution. Given small sample sizes, especially for the Early and Middle Pleistocene, it is often difficult to discuss patterns and ranges of variation. The few or single specimens available for a given temporal/spatial unit become representative of the sample's central tendency, and ranges of variation can only be invoked based on those known for other hominid samples.

4 Cerebros.

El estudio de la evolución de la capacidad craneal de los homínidos, durante el período representado por el *Homo* aracaico post-habilino, ha estado dominado en la pasada década por consideraciones macro-evolutivas, y por la cuestión de si la evolución del tamaño cerebral dentro de la especie *H. erectus,* indica estasis evolutivo, como sugieren Gould & Eldredge (1997) y Stanley (1979). La discusión (Rightmire, 1981, 1986, 1988, 1990; Allen, 1982; Wolpoff, 1984; Clausen, 1989; Donnelly, 1992; Leigh, 1992) actualmente se ha paralizado debido a consideraciones metodológicas y al creciente desacuerdo sobre qué especímenes se deben incluir en el análisis, o más concretamente, cuantos fósiles del Pleistoceno Medio final (<400 ka. A. P) deben incluirse en el análisis. Como se ha mencionado anteriormente, este problema sólo puede resolverse estudiando una unidad evolutiva más relevante: el *Homo* arcaico post-habilino.

Si el *Homo* arcaico post-habilino se divide en las unidades evolutivas tradicionales (semi-taxonómicas/semi-geológicas), se detecta un aumento de la capacidad craneal a través de

4 Brains.

The evaluation of hominid brain size evolution during post-habiline archaic *Homo* has been dominated in the past decade by macro-evolutionary considerations, or whether brain size evolution within *H. erectus* can be considered as indicating stasis, as suggested by Gould and Eldredge (1977) and Stanley (1979). The resultant discussion (e.g., Rightmire, 1981, 1986, 1988, 1990; Allen, 1982; Wolpoff, 1984; Clausen, 1989; Donnelly, 1992; Leigh, 1992) has been stalemated largely by methodological considerations and ongoing disagreements as to which specimens to include within the analysis, or more appropriately, how many of the later Middle Pleistocene (<400 ka. B. P.) fossils to include. As mentioned above, this problem can only by resolved by looking at a more relevant evolutionary unit, post-habiline archaic *Homo.*

If post-habiline archaic *Homo* is divided into traditional, semi-taxonomic/semigeological, units, there is a steady increase in endocranial capacity across the units (Table 1). The are similar ranges of variation in the three archaic *Homo* samples, and the differences between the temporally adjacent

Tabla 1.—*Parámetros estadísticos básicos de la capacidad endocraneal (en cc) para cuatro muestras de* ***Homo*** *post-habilino. "****H. erectus****" incluye especímenes de entre 1,8 y 0,4 m.a. A.P., es decir, el* ***H. erectus*** *tradicional; "Mid. Pleist." incluye especímenes de "****H. sapiens*** *arcaico" desde los 400 Ka hasta los 120 Ka A.P., "Late Pleist." incluye a los especímenes de* ***Homo*** *arcaico del último interglacial y principios de la última glaciación; y "Early Mod." incluye a los primeros humanos modernos y al espécimen Omo-Kibish 2, de afinidad dudosa entre los últimos hombres arcaicos y los primeros hombres modernos. Datos de Trinkaus & Wolpoff (n.d.).*

Table 1.—*Summary statistics for endocranial capacity (in cc) for four samples of Pleistocene post-habiline* ***Homo****. "****H. erectus****" includes traditional* ***H. erectus*** *specimens, from 1.8 to 0.4 ma B.P.; "Mid. Pleist." includes "archaic "****H. sapiens****" specimens from < 400 ka to 130 Ka B.P., "Late Pleist." includes last interglacial and early last glacial archaic* ***Homo*** *specimens, and "Early Mod." includes initial early modern humans and one specimen of questionable late archaic/early modern (Omo-Kibish 2). Data from Trinkaus & Wolpoff (1992).*

	Mean	Median	Std. Dev.	Min.	Max.	N
H. Erectus	949.3	932	144.1	700	1,225	22
Mid. Pleist.	1,213.0	1,230.5	137.1	950	1,450	20
Late Pleist.	1,453.1	1,550	181.6	1,200	1,750	17
Early Mod.	1,516.0	1,553	98.6	1,280	1,620	10

ellas (Tabla 1). Los rangos de variación de las tres muestras de *Homo* arcaico son similares, y las diferencias entre los promedios temporalmente contiguos, 263,7 cc. y 240,1 cc., son aproximadamente iguales. Sin embargo, la muestra de *H. erectus* abarca casi 1,4 m.a., mientras que la del Pleistoceno Medio cubre 270 ka. y la del Pleistoceno Superior sólo 90 ka. La muestra de los primeros humanos modernos se diferencia minimamente de la de los últimos hombres arcaicos (T de Student, p = 0.254).

Más adecuadamente, si la capacidad craneal de los distintos especímenes se representa frente a la edad geológica más fiable para cada uno de ellos (Figura 1), surge un modelo diferente. Durante el Pleistoceno Inferior (entre el 75 y el 80 por 100 del tiempo de duración del tradicional *H. erectus*), se produce un estasis evolutivo en el tamaño del cerebro; la pendiente de la recta de regresión no es significativamente distinta de cero (Trinkaus & Wolpoff, 1992). Sin embargo, durante el Pleistoceno Medio y en el Pleistoceno Superior, se produjo un aumento significativo y relativamente estable de la capacidad craneal, con un promedio para los hombres arcaicos de principios de la última glaciación de 1494,1 cc. (± 173,5 cc., N=13). Esto representa un incremento del 66,1 por 100 sobre el promedio de los especímenes cuya antigüedad está entre los 800 y los 500 ka. A. P (899,3 ± 145,2 cc., N=7). Al mismo tiempo, no hubo o fue muy escaso, el aumento promedio de volumen corporal, como indican las dimensiones de la diáfisis femoral (Trinkaus & Wolpoff, 1992). El patrón es mucho más evidente si se emplea toda la muestra del Viejo Mundo, pero es válido incluso para muestras regionales, incluyendo la de Eurasia occidental (Figura 1). Claramente, durante el Pleistoceno Medio, se produjo un incremento importante del tamaño del cerebro.

Durante la evolución de los homínidos, ha existido una fuerte selección en contra de la encefalización debido al alto coste que supone tener, especialmente durante el desarrollo, un cerebro significativamente más grande. Entre estos costes, podemos citar los debidos al proceso del parto (dada nuestra condición bípeda), la vulnerabilidad del neonato (de-

means, 263.7 cc. and 240.1 cc., are roughly equal. However, the *H. erectus* sample spans almost 1.4 ma, whereas the later Middle Pleistocene sample covers 270 ka. and early Late Pleistocene sample spans anly 90 ka. The early modern human sample, for reference, is minimally (Student's t P = 0.254) different from the late archaic one.

More appropriately, if the individual specimen endocranial capacity values are plotted against the best available geological ages for them (Figure 1), a different pattern emerges. During the Early Pleistocene, between 75% and 80% of the duration of traditional *H. erectus*, there was virtual stasis in brain size with a slope that is highly insignificantly different from zero (Trinkaus & Wolpoff, 1992). Yet, during the Middle Pleistocene and into the Late Pleistocene, there was a highly significant and relatively steady increase in endocramial capacity, resulting in a mean value of 1494.1 cc (± 173.5 cc, N = 13) for early last glacial late archaic humans. This represents a 66.1% increase over the average of 899.3 cc (± 145.2 cc, N = 7) for the specimens between 800 and 500 ka. B. P. At the same time, there was little or no change in average human body mass, as indicated by their femoral diaphyseal dimensions (Trinkaus & Wolpoff, 1992). The pattern is clearest if the total Old World sample is employed, but it holds even for regional samples, including a western Eurasian oe (Figure 1). Clearly, there was a major increase in human brain size during the Middle Pleistocene.

During hominid evolution, there has been stabilizing selection against encephalization, given the costs especially during development of having a significantly larger brain. These include parturitional ones (given our bipedal pelvis), neonatal vulnerability (given our secondary altriciality), nutritional (given the fetal brain growth rates for about a year post-natally), metabolic (given the need to provide high blood flow and its contained nutrients to the brain), and thermoregulatory (to prevent overheating of a relative large brain) (Martin, 1983: Tague, 1986; Abitbol, 1987, 1990; Falk, 1990; Foley, 1990; Trinkaus & Tompkins, 1990; Foley & Lee, 1991). The advantages of a larger brain, presuma-

1. *Capacidad endocraneal en el* ***Homo*** *arcaico post-habilino frente a edad geológica (en Ka.). La muestra se ha subdividido en muestras geográficas con los especímenes de África (AFR), Eurásia occidental (Europa más el Oriente Próximo) (WEA), y Eurásia oriental (EEA). De Trinkaus & Wolpoff (1992).*

1. *Endocranial capacities of post-habiline archaic* ***Homo*** *plotted against geological age (in ka.). The sample is divided into geographical subsamples of Africa (AFR), western Eurasian (Europe and the Near East) (WEA) and eastern Eurasian (EEA) specimens. From Trinkaus & Wolpoff, (1992).*

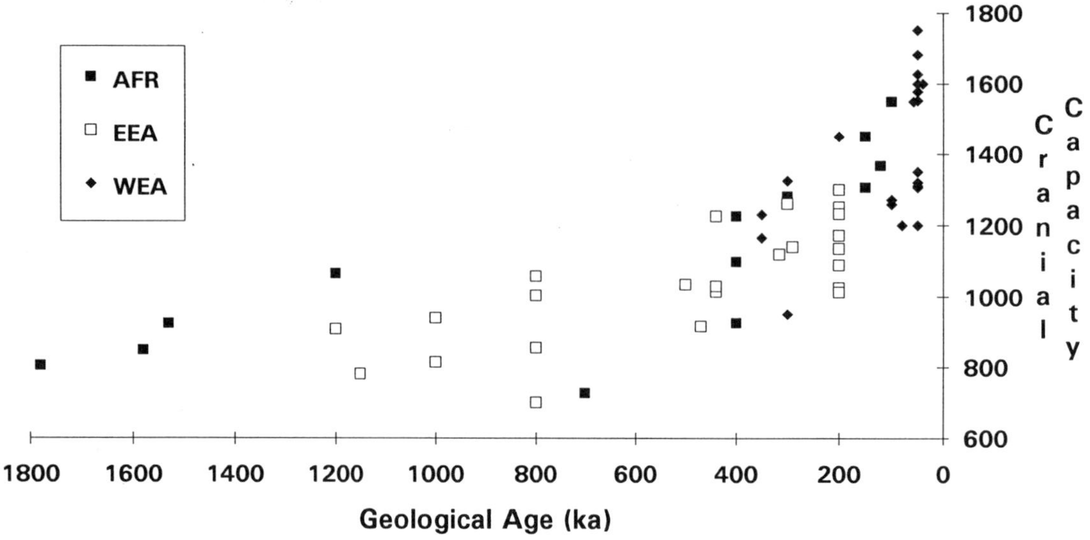

bido a nuestro lento desarrollo o altricialidad secundaria), factores nutricionales (debido a las altas tasas de crecimiento del cerebro fetal durante el primer año de vida extra uterina), metabólicos (dada la necesidad de suministrar al cerebro un flujo sanguíneo constante y altamente nutritivo), y termorreguladores (para impedir el calentamiento excesivo de un cerebro relativamente grande) (Martin 1983; Tague, 1986; Abitbol, 1987, 1990; Falk, 1990; Foley, 1990; Trinkaus & Tompkins, 1990; Foley & Lee, 1991). Las ventajas de un cerebro más grande, probablemente aquellas que impulsaron su selección a favor anulando la selección en contra, incluyen capacidades intelectuales (cognitivas) muy aumentadas y, al menos en el hombre, un mejor control, tanto motor como sensorial, de los tractos respiratorios necesarios para el lenguaje y de la extremidad superior necesaria para la manipulación. Las mejoras intelectuales siguen siendo difíciles de definir de forma precisa, pero deben haber incluido un incremento en la capacidad de almacenamiento, reutilización y procesamiento de la información, incluyendo todas las aptitudes de asociación y comunicación relacionadas con el lenguaje.

De lo anterior se deduce, que durante el Pleistoceno Medio y el Pleistoceno Superior inicial, existió entre los homínidos una fuerte presión selectiva a favor de la encefalización. Aunque la naturaleza de esa presión selectiva no se puede extraer del registro paleoantropológico, tres fenómenos atestiguan su existencia, a saber, la expansión ecogeográfica, las capacidades manipulativas, y la reducción de la complejidad en la secuencia de talla. A pesar de los actuales "condiciona-

bly the ones driving the directional selection which overrode the stabilizing selection, include enhanced cognitive abilities and, at least in humans, increased motor and sensory control of the respiratory passages for language and of the upper limb for manipulation. Those cognitive abilities remain difficult to define precisely, but they must included increased information storage, retrieval and processing abilities, including all of the associational and communicative skills normally associated with language.

The implication is therefore that during the Middle and early Late Pleistocene, there was major directional selective pressure promoting hominid encephalization. The actual nature of that directional selection is not currently discernable from the paleoanthoropological record, although three phenomenon (ecogeographical expansion, manipulative abilities, and lithic reduction sequence complexity) reflect its occurrence. Regardless of the actual "conditions, causes, consequences and (/or) constraints" (Foley, 1990: 335) on this encephalization, and given the overriding importance of information processing for modern human foraging economies (Binford, 1978; Gould, 1980), it is clear that this Middle Pleistocene encephalization represents a major elaboration in the foraging systems of the hominids involved.

Taking this as a baseline for major Middle Pleistocene human evolution in one, behaviorally central, functional complex, the question (and its corollaries) posed above can repharased to read: What significant human biological changes in human postcranial morphology occurred during the mientos, causas, consecuencias y/o limitaciones" de la encefalización (Foley, 1990: 355), y dada la gran importancia que tiene el procesamiento de la información para las economías recolectoras del hombre moderno (Binford, 1978; Gould, 1980), está claro que la encefalización de los homínidos del Pleistoceno Medio, representa sistemas de recolección más elaborados, eficaces o complejos.

Tomando este proceso como la guía maestra de la evolución humana en el Pleistoceno Medio, la cuestión planteada anteriormente puede replantearse como: ¿Qué cambios biológicos significativos ocurrieron durante el Pleistoceno Medio en la morfología del esqueleto postcraneal, que puedan correlacionarse con este patrón de incremento del tamaño cerebral?

5
Cuerpos.

El registro postcraneal del género *Homo* en el Pleistoceno Medio e Inferior es muy escaso. Sólo la diáfisis femoral está suficientemente representada, como para permitir un análisis cuantitativo. Existen por supuesto, restos de otras regiones del esqueleto postcraneal, que proporcionan información sobre los modelos de cambio (o estasis) morfológico, pero sólo son suficientes para insinuar la naturaleza de dichos cambios.

5.1.
Diáfisis femoral.

Existe un registro de diáfisis femorales más o menos completas para los tres grupos de *Homo* arcaico post-habilino aquí definidos. Sin embargo, sólo dos especímenes, KNM-ER 737 y KNM-ER 803A facilitan datos cuantitativos sobre el *Homo erectus* del Pleistoceno Inferior, siendo los restantes, de depósitos del Pleistoceno Medio o Superior. Todos ellos, no obstante, indican para el *Homo* arcaico, un patrón morfológico estable a lo largo de todo el Pleistoceno.

Todos los fémures de este *Homo* arcaico, comparten una morfología de la diáfisis, en la que: la sección transversal es subcircular; hay *línea áspera* bien definida pero no existe pilastra; se produce un engrosamiento de la diáfisis en su región próximo-medial que desplaza la anchura mínima de la

Middle Pleistocene that might correlate with this pattern of brain size increase?

5
Bodies.

For Middle and Early Pleistocene genus *Homo* material, samples sufficient for quantitative analysis exist only for the femoral diaphysis. There are remains for additional portions of the postcrania which provide a strong suggestion of patterns of morphological change (or stasis) but none are sufficient to do more tham imply the natures of the changes.

5.1.
Femoral diaphyses.

Femoral diaphyses of varying completeness exist for the three post-habiline archaic *Homo* groups defined here. However, only two specimens, KNM-ER 737 and KNM-ER 803A provide quantitative data for Early Pleistocene *H. erectus,* and the remainder derive from Middle or Late Pleistocene deposits. They nonetheless indicate a consistent pattern through the Pleistocene for archaic *Homo.*

All of these archaic *Homo* femora share a common diaphyseal morphology, in which the diaphysis is sub-circular in cross-section, there is a prominent *linea aspera* but no pilaster, there is a proximo-medial diaphyseal buttress of varying size which displaces the minimum breadth distal of midshaft, and cortical bone is generally thick resulting in a relatively

2. *Índice pilástrico en el **Homo** arcaico post-habilino frente a la edad geológica (en Ka.). Datos femorales de Weidenreich (1941), Trinkaus (1976, 1993, no publ.), Leakey et al. (1978), Day (1971), Geraads & Tchernov (1983), Belli et al. (1991), y Hublin (1992). Las edades geológicas como en Trinkaus & Wolpoff (1992).*

2. *Femoral midshaft pilastric indices of post-habiline archaic **Homo,** plotted against geological age (in ka.). Femoral data from Weidenreich (1941), Trinkaus (1976, 1993, unpub. data), Leakey **et al.** (1978), Day (1971), Geraads & Tchernov (1983), Belli **et al.** (1991), and Hublin (1992). Geological ages as summarized in Trinkaus & Wolpoff (1992).*

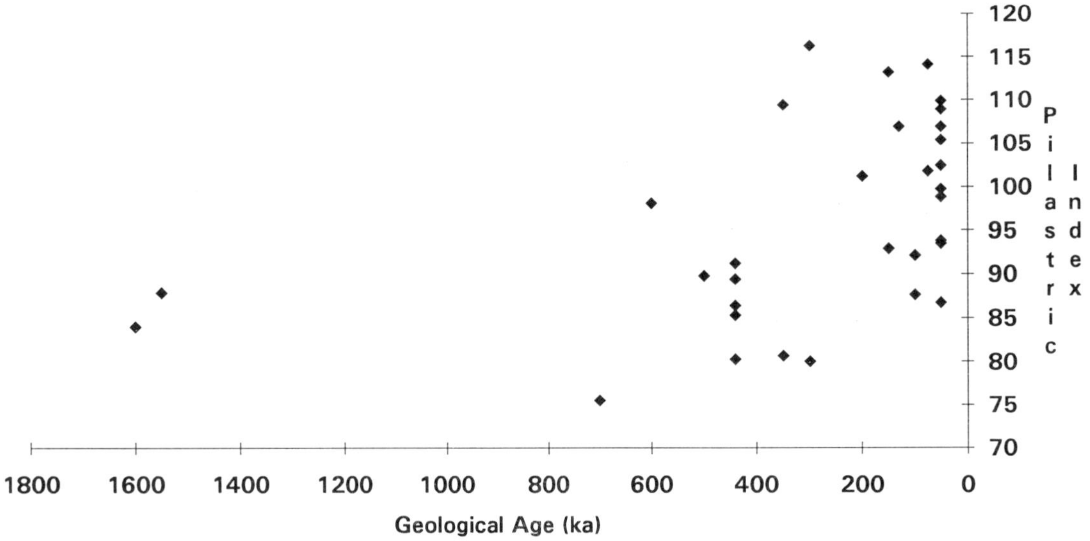

caña hacia la región distal del hueso; y existe una gruesa cortical que resulta en un canal medular relativamente pequeño. Aunque este patrón morfológico es bastante estable en el *Homo* arcaico post-habilino, la diáfisis femoral muestra una tendencia a tornarse más redonda a través del tiempo. Todos los especímenes de *H. erectus* tienen diámetros anteroposteriores (AP) de la diáfisis más pequeños que los mediolaterales (ML). Los especímenes del Pleistoceno Medio final y el Pleistoceno Superior son más variables. A media diáfisis, algunos presentan el mismo grado de aplastamiento AP que el *H. erectus,* mientras que en otros, el diámetro AP es algo más grande que el ML.

Esta morfología se refleja en parte en sus índices pilástricos ((diámetro AP a media diáfisis/diámetro ML)*100). Cuanto mayor es el índice, mayor es la dimensión anteroposterior de la diáfisis en la mitad. El gráfico de índices pilástricos frente a tiempo geológico para el *Homo* arcaico post-habilino (Figura 2), muestra éste aparente estasis morfológico durante el Pleistoceno Inferior, con un aumento regular, aunque modesto, del índice pilástrico durante el Pleistoceno Medio. La pendiente de la recta de regresión calculada por mínimos cuadrados, es significativamente distinta de cero ($p < 0.01$), lo que refleja esta tendencia real a través del tiempo. Es interesante notar que los datos del fémur, muestran un patrón similar al de la capacidad endocraneal, en la que hay muy poco cambio durante el Pleistoceno Inferior, pero se produce un aumento importante durante el Pleistoceno Medio y Pleistoceno Superior inicial.

Este mismo patrón de cambio, se encuentra en una variable que refleja mejor la distribución del hueso en la sección y

seal morphology is quite consistent through post-habiline archaic *Homo,* the diaphyses show a tendency to become rounder throungh time. The *H. erectus* specimens all have AP external diameters smaller than their ML ones, whereas the later Middle and Late Pleistocene specimens are more variable, with some having the same AP flattening and others being slighter larger AP than ML at midshaft.

This morphology is reflected in part in their pilastric indices (midshaft AP/ML*100), in which a higher index indicates a relatively greater antero-posterior dimension to the midshaft. The plot of pilastric indices versus geological time for post-habiline archaic *Homo* (Figure 2) shows this apparent stasis intrough the Early Pleistocene, with a steady, if modest, increase in the index through the Middle Pleistocene. The least squares slope through the data is significantly different from zero at the $P < 0.01$ level, indicating a real trend through time. More interestingly, data show a pattern similar to the endocranial capacity distribution, in which there is little change through the Early Pleistocene but a significant increase through the Middle and early Late Pleistocene.

The same pattern is evident in a more mechanically relevant measurement of the distribution of bone in the femoral midshaft, the ratio of the AP to ML second moments of area, or I_x/I_y. This is calculated from coordinates of the subperiosteal and endosteal contours of the midshaft cross sections of available femora, thereby taking into account the full distribution of cortical bone within the diaphysis (Ruff, 1989). Even though the available sample is smaller, it is sufficient to indicate little change through the Early Pleistocene, with a gradual shift through the Middle and Late Pleistocene to

3. *Índice I_x/I_y a media diáfisis femoral en el* ***Homo*** *arcaico post-habilino frente a la edad geológica (en Ka.). Datos de Ruff y Trinkaus (no publ.). Para los especímenes Pleistocenos de* ***Homo,*** *utilizados en los otros análisis de robustez femoral, los datos han sido tomados de Ruff et al. (1993).*

3. *Femoral midshaft I_x/I_y plotted against geological age (in ka.) for post-habiline archaic* ***Homo*** *femora. Data from Ruff and Trinkaus (unpub. data), for pecimens employed in parallel analyses of Pleistocene* ***Homo*** *femoral robusticity (Ruff* ***et al.,*** *1993).*

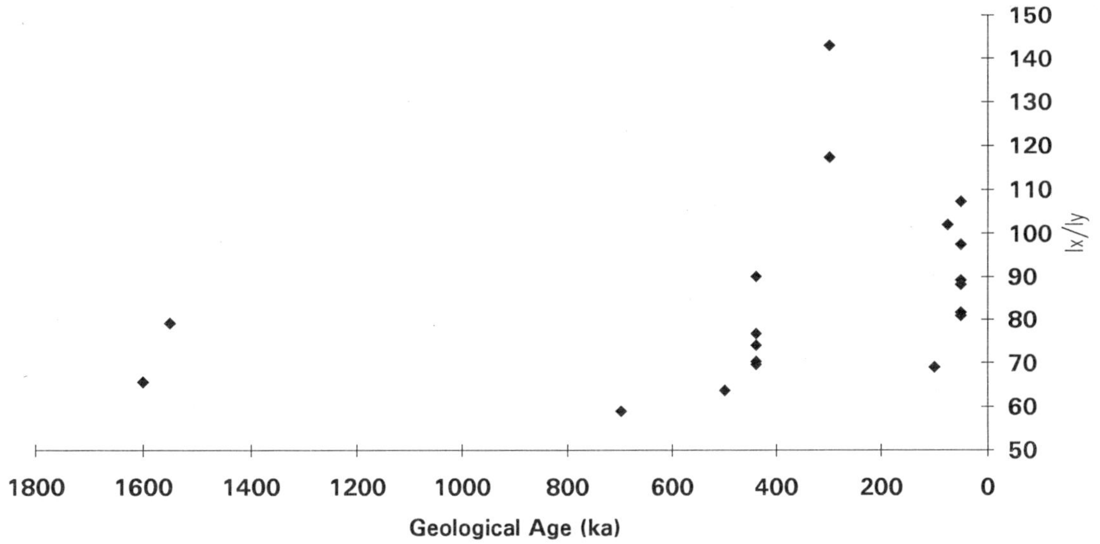

es mecánicamente más relevante. Se trata de la proporción entre el segundo momento del área AP y el ML de la sección a media diáfisis, o I_x/I_y. Estos momentos se han calculado coordenando los contornos externo e interno de la sección transversal de los fémures disponibles, teniendo en cuenta así, la distribución total de hueso cortical en la diáfisis (Ruff, 1989). Aunque la muestra disponible es pequeña, se aprecia muy poca variación durante el Pleistoceno Inferior, con un cambio gradual, hacia secciones femorales más redondas (valores más altos del índice I_x/I_y), durante el Pleistoceno Medio y Superior (Figura 3). El modelo, sólo se interrumpe por el elevado índice de los fémures de Guido 2 y Kabwe E690, ambos del Pleistoceno Medio. El significado funcional de este patrón de cambio, y el similar mostrado por los índices pilástricos, es todavía incierto. Probablemente, son el resultado de cambios tanto en los patrones de actividad física como en las proporciones corporales, cambios que han afectado a la relación entre los niveles de esfuerzo mecánico en sentido AP y ML de la diáfisis.

Si dividimos la muestra utilizada en el estudio del índice pilástrico, en submuestras de *H. erectus,* hombre del Pleistoceno Medio final y hombre del Pleistoceno Superior (Tabla 2, Figura 4), la gráfica resultante sugiere un cambio gradual, desde índices pilástricos muy bajos en el *H. erectus* hasta valores más altos en las otras dos submuestras (que además no presentan diferencias apreciables entre ellas). Sin embargo, no está claro si este cambio es real, o es simplemente la ruptura artificial de una curva que sería continua, y mostraría rangos de variación razonables para cualquier período de tiempo. Los primeros hombres modernos, con índices pilástricos

rounder femora, with higher I_x/I_y values (Figure 3). The pattern is interrupted only the rather high values for the Guido 2 and Kabwe E690 Middle Pleistocene femora. The functional significance of this and parallel pattern exhibited by pilastric indices remains uncertain; they are probably the result of a combination of changes in activity patterns and bodily proportions affecting the relative levels of AP versus ML strains through the femoral midshaft.

If the sample of pilastric indices is divided into *H. erectus,* later Middle and Late Pleistocene archaic human subsamples (Table 2, Figure 4), there is a suggestion of a shift from quite low pilastric indices in the *H. erectus* sample to higher values in the later Middle and Late Pleistocene archaic samples, with no discernable difference between the two later archaic samples. Yet, it is unclear whether the suggestion of a shift from late *H. erectus* to later Middle Pleistocene humans is real or merely an artificial break in an otherwise continuous curve, exhibiting reasonable ranges of variation within any one time segment. The early modern humans, with generally highly pilastric femora, overlap the upper end of the Late Pleistocene archaic human sample but remain essentially above the archaic human range, and one *H. habilis* spcimen, KNM-ER 1481A, falls well within the early *H. erectus* pattern in morphology and pilastric index (88.9) (Trinkaus, 1984). However, this subdividing of the archaic *Homo* remains into taxonomic and temporal subsamples, as with endocranial capacity, obscures the overall pattern of stasis through the Early Pleistocene with gradual, if modest, change through the Middle and early Late Pleistocene.

Tabla 2.–*Índice pilástrico en muestras de hombre arcaico post-habilino y primeros humanos modernos. (Ver Tabla 1 para la definición de las muestras. Datos de Weidenreich (1941), Trinkaus (1976, n.d., no publ.), Leakey et al. (1978), Day (1971), Vandermeersch (1981), Geraads & Tchernov (1983), Belli et al. (1991), y Hublin (1992).*

Table 2.–*Femoral pilastric indices for samples of post-habiline archaic and early modern humans. (See Table 1 for sample definitions). Data from Weidenreich (1941), Trinkaus (1976, n.d., unpub. data), Leakey* **et al.** *(1978), Day (1971), Vandermeersch (1981), Geraads & Tchernov (1983), Belli* **et al.** *(1991), and Hublin (1992).*

	Mean	Median	Std. Dev.	Min.	Max.	N
H. Erectus	86.8	87.1	6.2	75.5	98.1	10
Mid. Pleist.	103.8	108.4	11.8	80.7	116.3	8
Late Pleist.	100.1	100.7	8.5	86.7	114.1	14
Early Mod.	125.4	125.8	9.0	109.7	142.3	15

generalmente muy elevados, aunque solapan algo con el límite superior del rango de variación de la muestra de hombres arcaicos del Pleistoceno Superior, quedan esencialmente por encima del mismo, y un espécimen de *H. habilis,* KNM-ER 1481A, con un índice pilástrico de 88,9, encaja muy bien con el patrón morfológico de *H. erectus* (Trinkaus, 1984). Sin embargo, esta subdivisión del *Homo* arcaico en submuestras temporales y taxonómicas, oculta, al igual que ocurría con la capacidad craneal, el patrón global de estasis evolutivo durante el Pleistoceno Inferior, con un cambio gradual, aunque modesto, durante el Pleistoceno Medio y el Pleistoceno Superior inicial.

5.2.
El Pilar Iliaco.

Aunque difícil de cuantificar, el mismo patrón morfológico de pilar iliaco se encuentra en los cinco coxales fósiles de *Homo* que comprenden el amplio período de tiempo que va, desde el Plioceno final hasta el Pleistoceno Medio. Por otro lado, son relativamente más abundantes los restos del Pleistoceno Superior.

Los dos coxales más antiguos de *Homo,* KNM-ER 3228 del Plioceno final (1,95 m.a. A. P.), y KNM-ER 1808 del Pleistoceno inicial (1,7 m.a. A. P.) junto con OH 28, de principios del Pleistoceno Medio (700 Ka. A. P.), exhiben (o parecen exhibir, como es el caso de KNM-ER 1808), un pilar iliaco masivo, proyectado y con una cortical muy gruesa (Day, 1971, 1982; Rose, 1984). Estos tres fósiles, son seguidos en el tiempo por los coxales, de la mitad del Pleistoceno Medio (350 ka. B. P.), de Aragó 44 y Kabwe E719 (Sigmon, 1982; Stringer, 1986; Trinkaus, observ. pers.). En éllos el pilar iliaco es todavía prominente y su pared externa muestra un grosor excepcional de la cortical (este espesor cortical en Kabwe E719 está a 9,8 desviaciones estandar del promedio de una muestra de europeos actuales, cuyo tamaño corporal, estimado por la altura de acetabulo, es similar al del ejemplar

5.2.
Iliac Acetabulo-Cristal Buttress.

Although difficult to quantify, a similar pattern through time appears in the five late Pliocene through Middle Pleistocene hominid ossa coxae providing evidence of their iliac pillar morphologies, combined with the abundant remains from Late Pleistocene archaic humans. The two earlier ossa coxae, KNM-ER 3228 from the terminal Pliocene (ca. 1.95 ma. B. P.) and KNM-ER 1808 from the initial Pleistocene (ca. 1.7 ma. B. P.), plus the OH 28 os coxae from the initial Middle Pleistocene (ca. 700 ka. B. P.) exhibit (or appear to exhibit, as in the case of KNM-ER 1808) massive, projecting and cortically very thick iliac acetabulo-cristal buttresses (Day, 1971, 1982; Rose, 1984). These are followed in time by the mid-Middle Pleistocene (ca. 350 ka. B. P.) ossa coxae, Arago 44 and Kabwe E719 (Sigmon, 1982; Stringer, 1986; Trinkaus, pers. observ.), in which the acetabulo-cristal buttress is still prominent and exhibits an exceptional external cortical bone thickness (the Kabwe E719 external cortical thickness is 9.68 standard deviations from a Recent European sample with a similar body size, as indicated by its acetabular height [Stringer, 1986]. Comparable metric data are unavailable for Late Pleistocene specimens, but radiographic

4. *Índice pilástrico en el* ***Homo*** *arcaico post-habilino y los primeros humanos modernos frente a la edad geológica (en Ka.). Los especímenes han sido divididos en muestras de* ***Homo erectus,*** *hombres arcaicos del Pleistoceno Medio final (Mid. Pleist.), hombres arcaicos del Pleistoceno Superior (Late Pleist.), y primeros hombres modernos del Pleistoceno Superior (Early Mod.). Datos de Weidenreich (1941), Trinkaus (1976, 1993, no publ.), Leakey et al. (1978), Day (1971), Vandermeersch (1981), Geraads & Tchernov (1983), Belli et al. (1991), Hublin (1992) y Trinkaus & Wolpoff (1992).*

4. *Femoral midshaft pilastric indices of post-habiline archaic* ***Homo*** *and early modern humans, plotted against geological age (in ka.). The specimens are divided into* ***H. erectus,*** *later Middle Pleistocene archaic human (Mid. Pleist.), Late Pleistocene archaic human (Late Pleist.), and Late Pleistocene early modern human (Early Mod.) samples. Data from Weidenreich (1941), Trinkaus (1976, 1993, unpub. data), Leakey* ***et al.*** *(1978), Day (1971), Vandermeersch (1981), Geraads & Tchernov (1983), Belli* ***et al.*** *(1991), Hublin (1992), and Trinkaus & Wolpoff (1992).*

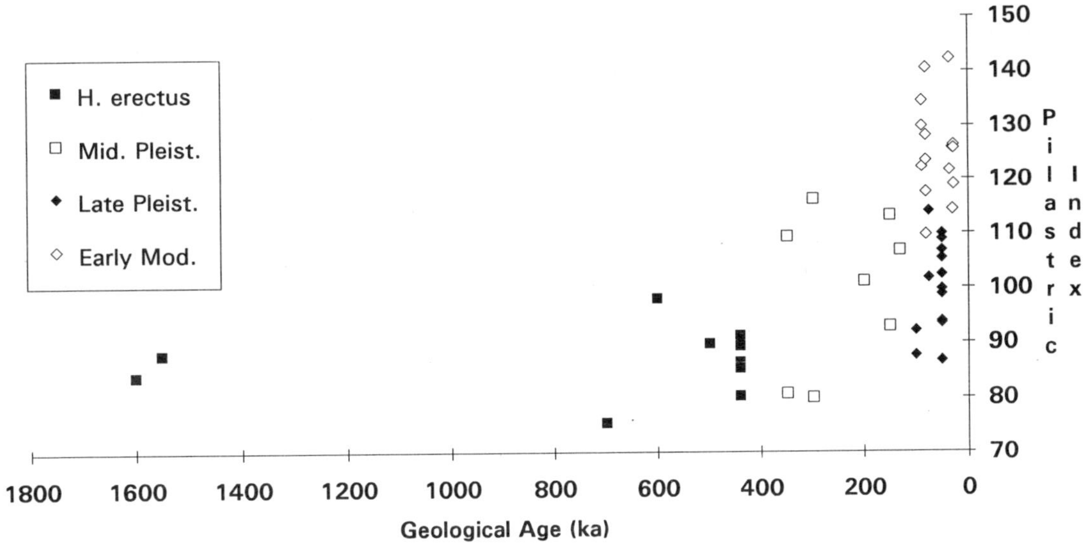

fósil; Stringer, 1986). Esta variable no se puede tomar directamente en la mayor parte de los fósiles del Pleistoceno Superior. Sin embargo, las imágenes radiológicas y las fracturas naturales del coxal entre los hombres arcaicos de Europa y Próximo Oriente, muestran un escaso espesor cortical de la pared externa del pilar iliaco, encajando muy bien entre los rangos de variación de muestras recientes.

Si fuera posible relacionar el espesor cortical de la pared externa del pilar iliaco, con la edad geológica de todos estos coxales, el patrón resultante mostraría un cambio pequeño o inexistente durante el Pleistoceno Inferior y a partir de ahí, una reducción gradual del espesor cortical durante el Pleistoceno Medio y Superior, alcanzándose las proporciones humanas modernas hacia el inicio del último período Glacial. Este patrón, es paralelo al encontrado para la forma de la diáfisis femoral, aunque contrasta con la escasa reducción de robustez femoral durante la evolución del *Homo* arcaico, como se ha determinado relacionando los segundos momentos de área a media diáfisis con la longitud femoral apropiada (Ruff *et al.,* 1993).

images and natural breaks of European and Near Eastern late archaic humans indicate little of external cortical thickness of earlier ossa coxae and fall well within the ranges of variation of Recent human samples.

If it were possible to plot relative external cortical thickness of the acetabulo-cristal buttress versus geological age for these habiline and post-habiline archaic *Homo* ossa coxae, the pattern suggested is one of little or no change through the Early Pleistocene, and then a gradual reduction of the cortical thickness through the Middle Pleistocene and into the Late Pleistocene, reaching modern human proportions by the early last glacial. The pattern parallels that of the femoral diaphyseal shape, although it contrasts with the rather minimal reduction in femoral diaphyseal robusticity through archaic *Homo,* as quantified by scaling midshaft second moments of area to the appropriate power of femoral length (Ruff *et al.,* 1993).

5.3. Falanges de pie.

Existe poca información relevante sobre la anatomía del pie de los miembros del género *Homo* anteriores a los Neandertales, y especialmente, se conoce muy mal, a los homínidos del Pleistoceno Medio. Sin embargo, debido a la presencia de al menos 24 falanges de pie en la colección de Atapuerca

5.3. Pedal Phalanges.

Possibly relevant locomotor anatomy further distal on the lower limb is poorly known for members of the genus *Homo* prior to the Late Pleistocene Neandertals, and especially poorly known for Middle Pleistocene human remains. However, the presence of al least two dozen pedal phalanges in

Tabla 3.—*Proporción de primeras falanges de pie con la anchura a media diáfisis mayor que la altura, en los dedos 2 a 4. La muestra del Pleistoceno Superior incluye a los neandertales del Próximo Oriente y a los neandertales europeos del último interglacial y principios de la última glaciación. Datos de Trinkaus (1975, 1983, no publ.). El número entre paréntesis indica el tamaño de la muestra.*

Table 3.—*Proportions of sample of pedal proximal phalanges from rays 2 to 4 in which the midshaft breadth is greater than the midshaft height. The Late Pleistocene sample includes Near Eastern adnd European last interglacial and early last glacial Neandertals. Data from Trinkaus (1975, 1983, unpub. data). The number in parentheses provide sample sizes.*

	PP 2	PP 3	PP 4
Late Pleist.	100.0 % (11)	100.0 % (12)	100.0 % (10)
Amerindian (Pecos)	23.4 % (47)	30.2 % (43)	23.9 % (46)
Amerindian (Libben)	30.4 % (40)	27.5 % (40)	25.0 % (40)
Euroamerican	5.7 % (35)	17.1 % (35)	20.0 % (35)

(Rosas, 1985; Arsuaga *et al;* 1990), me interesa hacer unos cuantos comentarios sobre la morfología de las primeras falanges de pie en *Homo.*

En los neandertales, la primera falange de los tres dedos centrales del pie, se diferencia de las del hombre moderno por tener la diáfisis más ancha que alta. Mientras que en los neandertales esto ocurre en el 100 por 100 de los casos (Trinkaus, 1975, 1983), en el hombre actual tiene una frecuencia de entre el 5,7 y el 30,2 por 100 (Tabla 3). La altura de las primeras falanges en relación a su longitud es similar en los neandertales y el hombre moderno. Sin embargo la anchura diafisiaria es relativamente más grande en los primeros.

Las falanges de pie de los primeros representantes del género *Homo,* con la excepción de las de Atapuerca, son tan escasas, que no podemos intuir nada sobre como podría haber variado esta estructura durante el Pleistoceno Medio. Sin embargo, existe una primera falange atribuible a la especie *Homo habilis* (sensu lato), el espécimen Omo 28 del Plioceno Superior, que muestra una diáfisis excepcionalmente ancha en relación a su altura y longitud. Si este espécimen es indicativo de la morfología de los homínidos del Plioceno Superior y Pleistoceno Inferior, podemos concluir que, durante la evolución del *Homo* arcaico, no se han producido grandes variaciones en la anchura relativa de la diáfisis de las primeras falanges del pie.

the Atapuerca collection (Rosas, 1985; Arsuaga *et al.,* 1990) makes a few comments on proximal pedal phalangeal morphology relevant.

Neandertal proximal pedal phalanges from the three middle rays contrast with those of most more recent humans in having diaphyses which are wider than high. Whereas 100% of the Neandertal middle three ray pedal proximal phalanges have these relatively wide diaphyses (Trinkaus, 1975, 1983), only between 5.7% and 30.2% of Recent human ones have relatively wider diaphyses (Table 3). In the Neandertals, their phalangeal diaphyseal heights relative to phalanx length are similar to those of recent humans, but their diaphyseal breadths are relatively larger.

Earlier Pleistocene genus *Homo* pedal phalanges, with the exception of the Atapuerca ones, do not exist to indicate how this pattern might have changed during the Middle Pleistocene. However, one earlier proximal pedal phalanx probably attributable to *H. habilis (sensu lato),* the Omo 28 specimen from the late Pliocene, exhibits an exceptionally wide diaphysis relative to its height and length. If this specimes is indicative of late Pliocene and Early Pleistocene hominid pedal phalangeal morphology, it would argue for only subtle changes in the relative breadths of proximal pedal phalangeal diaphyses through archaic *Homo.*

5.4. Morfología del borde axilar de la escápula.

Es sabido desde hace mucho, que los últimos humanos arcaicos presentan, con una alta frecuencia, un borde axilar en el que: el margen lateral está situado ventralmente, existe sobre la cara dorsal de la escápula una barra o pilar óseo longitudinal muy pronunciado y paralelo al borde axilar, y como consecuencia, se forma un surco axilar en posición dorsal (Eickstedt, 1925). En el hombre moderno, o bien el margen lateral se sitúa dorsalmente y el pilar óseo (poco desarrollado)

5.4. Scapular Axillary Border Morphology.

Is has long been noted that late archaic humans have a high frequency of a morphology of the scapular axillary border, one in which the lateral border is ventrally positioned, there is a prominent structural buttress on the dorsal surface adjacent to the axillary margin, and there is a consequent sulcus on the dorsal side of the margin (e.g., Eickstedt, 1925). More recent humans tend to have either a pattern with a dorsally located lateral margin and a ventrally positioned but usually

Tabla 4.—*Frecuencia de los tres morfotipos de borde axilar en muestras humanas del Pleistoceno Superior y recientes. Datos de Trinkaus (1977, 1983, no publ.), Dittner (1976) y Vandermeersch (1991). El número entre paréntesis indica el tamaño de la muestra.*

Table 4.—*Axillary border frequencies for Late Pleistocena and recent human samples. Data from Trinkaus (1977, 1983, unpub. data), Dittner (1976) and Vandermeersch (1991). The number in parentheses after the sample names indicate sample size.*

	Dorsal	Bisulcate	Ventral
Late Pleistocene Archaic (28)	76.8 %	19.6 %	3.6 %
Early Modern (10)	0.0 %	90.0 %	10.0 %
Amerindians (Pecos) (119)	86.6 %	13.4 %	0.0 %
Amerindians (Arikara) (198)	78.5 %	20.2 %	1.3 %
Europeans (Serbian) (120)	75.8 %	23.8 %	0.4 %

ventralmente, o bien, existe una morfología intermedia, con el margen lateral centrado sobre el borde axilar y el pilar óseo repartido entre la cara dorsal y la ventral. Estos tres modelos, se han descrito respectivamente como surco axilar dorsal, surco axilar ventral y surco axilar doble. En muestras suficientemente grandes, tanto de escápulas fósiles como recientes, existe un gradiente de frecuencias entre un patrón y otro, y probablemente sería más correcto describirlos según la posición del pilar óseo longitudinal y no por la posición del surco axilar (rasgo probablemente secundario).

Anteriormente, el surco axilar dorsal se había interpretado en términos de desarrollo muscular (necesario para lograr la estabilización correcta de la articulación escápulo-humeral durante la actividad vigorosa; Trinkaus, 1977). Actualmente, parece que esta morfología es la consecuencia de un refuerzo estructural producido por un patrón de esfuerzos aún no determinado (Churchill & Trinkaus, 1990). Al margen de la interpretación funcional, el surco axilar dorsal, el doble y el ventral, se corresponden respectivamente con una hipertrofia muscular decreciente. Este hecho se ve apoyado por los patrones de asimetría bilateral en muestras recientes (Trinkaus, 1977; Chambers, 1992) y por los cambios en la frecuencia de cada modelo durante el Pleistoceno Superior, aunque eso sí, aceptando cierto grado de remodelación durante el desarrollo[3].

Desde los homínidos del Pleistoceno Superior hasta el hombre actual, existe un modelo general en el que el surco axilar dorsal es más frecuente en la muestra de los últimos hombres arcaicos, el doble en los primeros humanos modernos, y el ventral en las muestras recientes (Tabla 4). Sin embargo, si la muestra del Pleistoceno Superior se subdivide en, una del último Interglacial y otra del inicio de la última Glaciación, el patrón cambia ligeramente. En la primera muestra, las escápulas con surco dorsal son las menos, mientras que en la segunda, todas las escápulas menos una, presentan surco axilar dorsal. Esto sugiere, que el surco axilar dorsal se hace más común a lo largo de la evolución de los neandertales "clásicos", y que su frecuencia desciende posteriormente.

smaller structural buttress, or an intermediate pattern with a mid-lateral margin and a more even distribution dorsally and ventrally of the buttressing. These three patterns have been described, respectively as the dorsal sulcus, ventral sulcus and bisulcate patterns. In any sufficiently large sample, Recent or Pleistocene, they grade into each other and should probably be described more in terms of the positioning of the buttress than of the (probably secondary) sulci.

Although previously interpreted in terms of relative muscle development for appropriate synergistic stabilization of the scapulo-humeral joint during vigorous activity (Trinkaus, 1977), it now appears that the morphology is a consequence of structural buttressing for as yet undetermined loading patterns rather than for specific muscular hypertrophy (Churchill & Trinkaus, 1990). Regardless of the actual functional interpretation, the dorsal to bisulcate to ventral pattern appears to be one of decreasing hypertrophy, as indicated by both patterns of bilateral asymmetry in Recent human samples (Trinkaus, 1977; Chambers, 1992) and frequency shifts during the Late Pleistocene, combined with some degree of developmental plasticity[3].

In later Pleistocene to recent human samples, there is a general pattern in which the dorsal sulcus pattern is dominant in the late archaic sample, the bisulcate one in the early modern human sample, and the ventral one in Recent human samples (Table 4). However, if the Late Pleistocene sample is subdivided into last interglacial and early last glacial samples (Table 5), the pattern changes slightly. In the last interglacial sample, there are proportionately fewer dorsal sulcus scapulae, and in the early last glacial sample all but one have the dorsal sulcus pattern. The suggestion is therefore that the dorsal sulcus pattern becomes more common through the evolution of the "classic" Neandertals, and then decreases in frequency thereafter.

Since the only currently known Middle Pleistocene scapulae are the three as yet unpublished ones from Atapuerca (Arsuaga *et al.*, 1990), it is necessary to consider much earlier material of archaic *Homo* for an indication of possible Middle

Tabla 5.—*Frecuencia de los tres morfotipos de borde axilar en muestras humanas del último interglacial y principios de la última glaciación (Pleistoceno Superior). Datos de Trinkaus (1977, 1983, datos no publicados) y Vandermeersch (1991). El número entre paréntesis indica el tamaño de la muestra.*

Table 5.—*Axillary border frequencies for Late Pleistocena last interglacial and early last glacial samples. Data from Trinkaus (1977, 1983, unpub. data) and Vandermeersch (1991). The numbers in parentheses after the sample names indicate sample size.*

	Dorsal	Bisulcate	Ventral
Last interglacial (17)	67.6 %	32.4 %	5.9 %
Early last glacial (11)	90.9 %	9.1 %	0.0 %

Puesto que actualmente, las únicas escápulas conocidas del Pleistoceno Medio son las tres todavía no publicadas de Atapuerca (Arsuaga *et al.*, 1990), es necesario considerar material de *Homo* mucho más antiguo para intentar definir el posible patrón morfológico del Pleistoceno Medio. Dos especímenes de *Homo erectus* conservan el borde axilar, KNM-ER 1808 y KNM-WT 15000. El primero, muestra el surco axilar en posición dorsal (Walker, com. pers.), mientras que el segundo, presenta surco axilar ventral (Walker & Leakey, 1993). Estos pocos datos sugieren que la variabilidad de este rasgo debe ser considerable a lo largo de todo el Pleistoceno, cualquiera que sea la distribucion de frecuencias entre los homínidos del Pleistoceno Superior.

5.5.
Orientación de la epífisis proximal de la ulna.

El análisis comparativo de la ulna proximal de los hombres arcaicos del Pleistoceno Superior (Fischer, 1906; Trinkaus, 1983), ha revelado que poseen una cavidad sigmoidea mayor o troclea ulnar, orientada más anteriormente (hacia volar) de lo que es común entre los humanos modernos. En estos últimos, la orientación de esta estructura es generalmente próximo-anterior. Este rasgo, se debe describir en relación al plano coronal definido por el eje de pronaciación-supinación del antebrazo. Sin embargo, el estado fragmentario de la mayoría de las ulnas fósiles (Senut, 1981; Trinkaus, 1985) requiere la comparación entre la altura o diámetro antero-posterior del olécranon, y la altura de la apófisis coronoides. Ambas medidas se toman desde la superficie dorsal de la epífisis proximal de la ulna y en el plano sagital (McHenry *et al.*, 1976; Senut, 1981).

He comparado estas dos variables en muestras de hombres actuales, hombres arcaicos, primeros humanos modernos del Pleistoceno Superior, y un espécimen del Pleistoceno Medio (KNM-BK 66, atribuido a *H* cf. *erectus* [Solan & Day, 1992]) (Figura 5). En esta gráfica se observa un solapamiento total entre los primeros humanos modernos y el hombre ac-

Pleistocene patterns. Two early *H. erectus* specimens preserve axillary borders, KNM-ER 1808 and KNM-WT 15000. The former exhibits a dorsal sulcus pattern (Walker, pers. comm.), whereas the latter has a ventral sulcus pattern (Walker & Leakey, 1993). These few data therefore suggest that considerable variability in this trait should be expected through the Pleistocene, whatever the frequency distributions of Late Pleistocene humans may be.

5.5.
Proximal Ulnar Orientation.

Comparative analysis of the proximal ulnae of Late Pleistocene archaic humans (e.g., Fischer, 1906; Trinkaus, 1983) has shown that they differ from Recent humans in having more directly volarly oriented trochlear notches, rather than the proximo-volarly oriented ones more common among modern humans. This pattern is best described as the orientation of the trochlear notch relative to the coronal plane defined by the pronation-supination axis of the forearm. However, the incompleteness of the vast majority of Pleistocene human ulnae (Senut, 1981; Trinkaus, 1985) requires the use of a comparison of the olecranon height to the coronoid height, each measured in a sagittal plane from the dorsal surface of the proximal ulna (McHenry *et al.*, 1976; Senut, 1981).

A plot of these two proximal ulnar variables, including samples of Recent humans, Late Pleistocene early modern humans, Late Pleistocene archaic humans, and one Middle Pleistocene specimen (KNM-BK 66) (attributed to late *H.* cf. *erectus* [Solan & Day, 1992]) (Figure 5), shows a consistent relationship between the two variables for the Recent humans, a virtually complete overlap between the Recent and

5. *Gráfica de la altura olecraniana frente a la altura coronoidea de la ulna en muestras de, hombre actual (Modern), hombres anatómicamente modernos del Pleistoceno Superior (Early Mod.), hombres arcaicos del Pleistoceno Superior (Late Pleist.) y BK 66* ***(H. erectus).*** *La muestra actual incluye individuos de Europa occidental (Hambucken, com. pers.), Amerindios del suroeste Norteamericano (Niewoehner, com. pers.), y San = "Bushmen" of South Africa (McHenry, com. pers.). Datos paleontológicos de Trinkaus (1983, no publ.) y Senut (1981).*

5. *Plot of ulnar olecranon height versus coronoid height for Recent (Modern), Late Pleistocene anatomically modern (Early Mod.), Late Pleistocene archaic (Late Pleist.) and the BK 66* ***(H. erectus)*** *human ulnae. The Recent sample includes western European (Hambucken, pers. comm.), southwestern U. S. Amerindian (Niewoehner, pers. comm.) and San (McHenry, pers. comm.) samples. Paleontological data from Trinkaus (1983, unpub. data) and Senut (1981).*

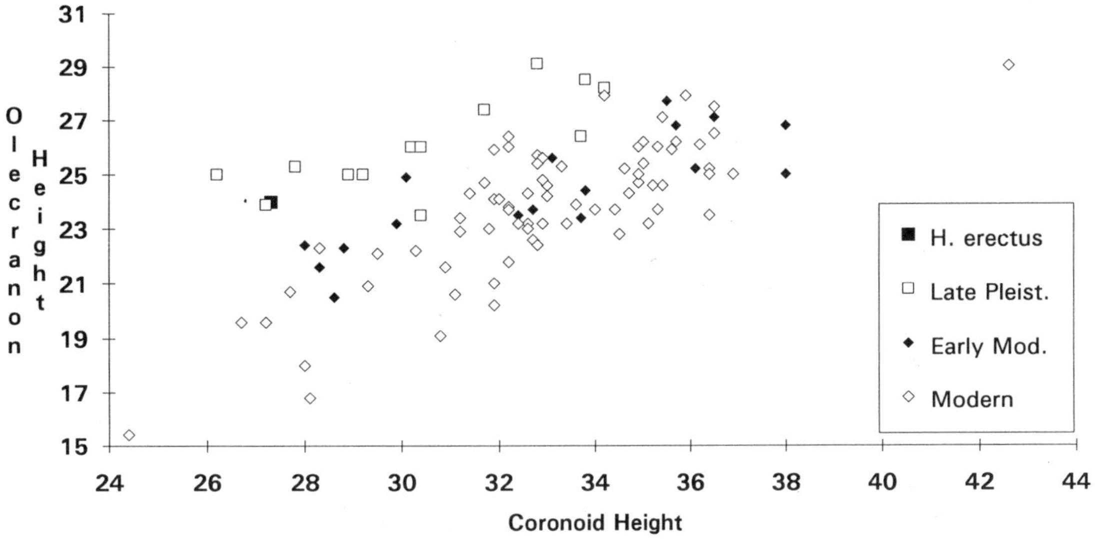

tual, los hombres arcaicos situados muy por encima de estos, y BK 66 en el centro del rango de los hombres arcaicos del Pleistoceno Superior. Si comparamos sólo los especímenes fósiles (Figura 6), observamos que, a pesar de cierto grado de solapamiento entre los rangos de variación, existe una distribución diferente para los hombres arcaicos y los primeros humanos modernos.

Para este rasgo, el único espécimen disponible del Pleistoceno Medio, BK 66, sigue claramente el patrón de los hombres arcaicos. Por último, la troclea ulnar de los *Australopithecus* (Senut, 1981) tiene una orientación incluso más anterior que la de los miembros arcaicos del género *Homo*. Parece por lo tanto probable que éste sea el patrón representativo del *Homo* arcaico, aun cuando los datos del Pleistoceno Medio e Inferior sigan siendo inadecuados para detectar cualquier posible tendencia durante ese período de tiempo, y se pueda esperar cierta variación del carácter dentro de la muestra.

early modern human samples, the late archaic humans largely above the recent humans, and the BK 66 specimen falling in the middle of the late archaic human range. A plot of only the Pleistocene specimens (Figure 6) indicates the different distributions of the archaic and early modern human ulnae with respect to this feature, despite some overlap of their ranges of variation.

In this, the one available Middle Pleistocene specimen clearly follows the late archaic pattern. In addition, the ulnar trochlear notches of the genus *Australopithecus* (Senut, 1981) have a similar orientation, one which is, if anything, more volar than among archaic members of the genus *Homo*. It therefore appears likely that this pattern is representative of archaic *Homo* generally, even though Early and Middle Pleistocene data remain inadequate to detect any possible trend through that time period, and some within-sample variation in the feature is to be expected.

5.6. Morfología de la articulación carpo-metacarpo del dedo I.

En todos los miembros del género *Homo* (y en otros hominoideos de gran tamaño), esta articulación tiene forma de silla de montar con un desarrollo variable de la convexidad en sentido dorso-palmar (Lewis, 1989). En el hombre moderno, las superficies articulares del trapecio y primer metacarpiano son suavemente convexas, formando una articulación con tres grados de libertad que permite amplios movimien-

5.6. Pollical Carpo-Metacarpal Articular Morphology.

The first, or pollical, carpo-metacarpal articulation of members of the genus *Homo* (and other large-bodied hominoids) is sellar shaped, with a variably developed distal convexity to the dorso-palmar arc (Lewis, 1989). In modern humans, the matching surfaces of the trapezium and the metacarpal are moderately convex, allowing considerable movement of the joint with three degrees of freedom while providing a broad

6. *Gráfica de la altura olecraniana frente a la altura coronoidea de la ulna en muestras de, hombres anatómicamente modernos del Pleistoceno Superior (Early Mod.), hombres arcaicos del Pleistoceno Superor (Late Pleist.) y BK 66* ***(H. erectus).*** *Fuentes como en la figura 5.*

6. *Plot of ulnar oleacranon height versus coronoid height for Late Pleistocene anatomically modern (Early Mod.), Late Pleistocene archaic (Late Pleist.) and the BK 66* ***(H. erectus)*** *human ulnae. Sources as in figure 5.*

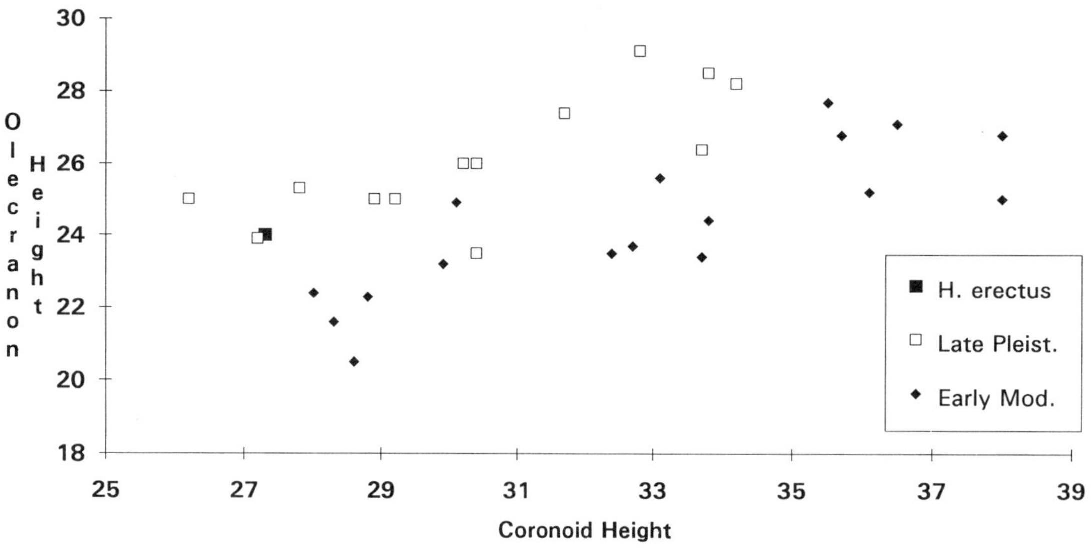

tos, a la vez que ofrece una extensa superficie articular para la transmisión de fuerzas a través de la misma (Cooney *et al.*, 1981).

En los últimos hombres arcaicos, la base del primer metacarpiano es altamente variable en dirección dorso-palmar, pudiendo ser desde cóncava (como en el hombre moderno) a recta o ligeramente convexa (Musgrave, 1971; Stoner & Trinkaus, 1981; Trinkaus, 1983; Villemeur, 1991). En ellos, la faceta articular del trapecio destinada al primer metacarpiano tiene forma de silla de montar, pero su arco dorso-palmar es generalmente más plano que en el hombre actual (Stoner y Trinkaus, 1981; Villemeur, 1991). Las implicaciones de esta configuración, en relación al rango de movimientos articulares no están claras, pero es probable que, al menos en parte, sirviera para resistir altos niveles de estrés articular (Trinkaus *et al.*, 1991), ya que en la base del pulgar las fuerzas de reacción intra-articulares son principalmente axiales (Cooney & Chao, 2977; Toft & Berme, 1980).

El trapecio fósil más antiguo perteneciente al género *Homo* es OH 7, un espécimen atribuido a la especie *H. habilis*. En OH 7, la articulación en cuestión es, en sentido dorso-palmar, igual de plana o más que la de los últimos hombres arcaicos (Trinkaus, 1989b). Dos metacarpianos del Pleistoceno Inferior, SK 84 (Napier, 1959) y SKX 5020 (Susman, 1989), de los cuales, uno o ambos pueden atribuirse a la especie *Homo erectus* (Trinkaus y Long, 1990), muestran una moderada concavidad dorso-palmar de la faceta articular para el trapecio, dentro de los rangos de variación, tanto de los últimos hombres arcaicos como de los humanos modernos. Por último, todos los fósiles de *Homo* poseen una morfología muy

surface to transmit axial joint reaction force (Cooney *et al.*, 1981).

In late archaic humans, the base of the first metacarpal is highly variable in a dorso-palmar direction, with the dorso-palmar articular arc varying from concave (as in recent humans, to straight, to slightly convex (Musgrave, 1971; Stoner & Trinkaus, 1981; Trinkaus, 1983; Villemeur, 1991). All of their trapezia have sellar shaped metacarpal 1 facets, but their dorso-palmar arcs are generally flatter than those of recent humans (Stoner & Trinkaus, 1981; Villemeur, 1991). The implications of this configuration to potential ranges of joint movement remain unclear, but it is likely that it served in part to resist elevated levels of joint reaction force (Trinkaus *et al.*, 1991), which are predominantly axial at the base of the thumb (Cooney & Chao, 1977; Toft & Berne, 1980).

Interestingly, the one geologically older genus *Homo* trapezium, that of OH 7, a *H. habilis* specimen, exhibits a degree of dorso-palmar flattening similar to, or even more pronounced than, that of late archaic humans (Trinkaus, 1989b). Two Early Pleistocene human first metacarpals, SK 84 (Napier, 1959) and SKX 5020 (Susman, 1989), one or both of which may be attributable to *H. erectus* (Trinkaus & Long, 1990), exhibit moderate dorso-palmar concavities of their carpal surfaces, falling within the ranges of variation of both late archaic and modern humans in this feature. They are all quite distinct from the pattern known for *Australopithecus* (Bush *et al.*, 1982), which more closely resembles that of *Pan*.

Again, without Middle, or even late Early, Pleistocene human remains for this feature, it is difficult no predict the diferente a la encontrada en los *Australopithecus,* en los que esta articulación recuerda mucho a la del chimpancé (género *Pan)* (Bush *et al.,* 1982).

De nuevo, sin restos humanos del Pleistoceno Medio e incluso del Pleistoceno Superior inicial, es difícil predecir la naturaleza de los cambios en esta región articular durante el Pleistoceno Medio. Sin embargo, la similitud entre los restos del Pleistoceno Inferior y Superior, sugieren un considerable período de estasis evolutivo durante la evolución del *Homo* arcaico.

nature of changes in this articular region during the Middle Pleistocene. However, the similarities of these Early and Late Pleistocene remains suggests that there was considerable stasis in this feature through archaic *Homo.*

5.7. Desarrollo de la cresta de inserción del músculo oponente del pulgar.

El primer metacarpiano de los últimos humanos arcaicos, también se caracteriza por otros dos rasgos: tienen muy desarrollada la cresta de inserción del músculo oponente del pulgar *(M. opponens pollicis),* y tienen la epífisis distal o cabeza metacarpiana, muy ancha (Musgrave, 1971; Vlček; 1975; Trinkaus, 1983). Existe no obstante cierta variación, con al menos un individuo (Tabun 1) que presenta una cresta muy moderada, y otros que tienen crestas fuertemente desarrolladas. De todas formas, una cresta singular está presente en todos los especímenes adultos conocidos (Trinkaus, 1983; Vandermeersch, 1991) e incluso en varios inmaduros (Vlček, 1975; Heim, 1982).

Entre los homínidos del Pleistoceno Inferior, sólo dos primeros metacarpianos del genero *Homo* conservan esta región, son SK 84 (Napier, 1959) y SKX 5020 (Susman, 1989). El primero tiene una cresta del *M. opponens pollicis* poco o nada desarrollada, mientras que el segundo presenta una cresta prominente, similar a la de los humanos arcaicos del Pleistoceno Superior. Por tanto, parece probable, aunque no confirmado, que la hipertrofia de este músculo y su inserción muscular fue una característica del *Homo* arcaico durante el Pleistoceno Medio e Inferior.

5.7. Pollical Opponens Pollicis Crest Development.

Late archaic human pollical metacarpals are also characterized by having prominent crests for their *M. opponens pollicis* associated with a broad metacarpal head (Musgrave, 1971; Vlček, 1975; Trinkaus, 1983). These is some variation among late archaic humans, with at least one individual (Tabun 1) having a modest crest and others having highly prominent crests. However, a distinct crest is present on all known adult specimens (Trinkaus, 1983; Vandermeersch, 1991) and even on several inmmature ones (Vlček, 1975; Heim, 1982).

Among earlier Pleistocene hominids, the only first metacarpals preserving this region and possibly attributable to *Homo* are SK 84 (Napier, 1959) and SKX 5020 (Susman, 1989). The former has little or no development of an *M. opponens pollicis* crest, whereas the latter has a prominent one, indistinguishable from those of Late Pleistocene archaic humans. It therefore appears likely, if unconfirmed, that hypertrophy of this muscle and its metacarpal attachment was characteristic of archaic *Homo* through the Early and Middle Pleistocene.

5.8. Desarrollo de la tuberosidad apical de las terceras falanges de mano.

Los humanos modernos se diferencian de otros homínidos, por tener la tuberosidad apical de las terceras falanges de la mano muy ancha, y esta característica estaba aún más pro-

5.8. Manual Apical Tuft Development.

Modern humans are distinct from other hominoids in having enlarged manual apical tufts, and this pattern was apparently more pronounced among archaic members of the genus *Ho-*

nunciada entre los miembros arcaicos del genero *Homo*. Los últimos hombres arcaicos presentan en los cinco dedos de la mano, y especialmente en los tres centrales, tuberosidades apicales excepcionalmente anchas en sentido radio-ulnar (Musgrave, 1971; Trinkaus, 1983). Además, la falange distal de pulgar, tiene en promedio, una desviación hacia ulnar más pronunciada que en el hombre moderno (Stoner, 1981), que se pone de manifiesto, tanto por la desviación ulnar de la diáfisis respecto a la base, como por la suave asimetría de la propia tuberosidad apical.

Estos rasgos, que se relacionan con la hipertrofia general de la mano en estos homínidos (Trinkaus 1983; Villemeur, 1991), se encuentran también entre los restos humanos del Pleistoceno Inferior. El espécimen de *H. habilis* OH 7 presenta una tuberosidad apical ensanchada en la falange distal del dedo I (y en otra tercera falange), pero al tratarse de un individuo inmaduro y carecer de epífisis proximal, no se puede determinar la orientación real de dicha falange. En SKX 5016, falange distal de dedo I probablemente de la especie *H. erectus* (Susman, 1989), también encontramos el ensanchamiento característico de la tuberosidad distal, presente en los últimos hombres arcaicos. Además, muestra alguna desviación ulnar del extremo distal, aunque no la asimetría de la tuberosidad apical característica de las falanges distales del pulgar en el *Homo* arcaico posterior en el tiempo.

Estos datos predicen un cierto estasis durante la evolución del *Homo* arcaico en la morfología de las terceras falanges de mano, aunque con una posible variación en el grado de desviación ulnar de la falange distal del pulgar. Es interesante observar como las pocas falanges distales publicadas de Atapuerca (Aguirre *et al.,* 1989), muestran un desarrollo de la tuberosidad apical y, probablemente, una desviación ulnar de la falange distal del pulgar, que encajan con este modelo.

mo. Late archaic humans exhibit exceptionally radio-ulnarly broad distal apical tufts on all five digits, but especially on the middle three rays (Musgrave, 1971; Trinkaus, 1983). In addition, their pollical distal phalanges have a more pronounced ulnar deviation, on the average, than do recent humans (Stoner, 1981), which is evident both as an ulnar deviation of the shaft relative to the base and as a slight asymmetry of the apical tuft.

This pattern, which is related to their overall manual hypertrophy (Trinkaus, 1983; Villemeur, 1991), is evident in part among Early Pleistocene human remains. The *H. habilis* OH 7 specimen exhibits apical tuft enlargement of the pollical distal phalanx and of one other distal phalanx, but its immature status (and absense of proximal epiphyses) precludes determination of the orientation of the distal pollical phalanx. The possibly *H. erectus* SKX 5016 pollical distal phalanx (Susman, 1989) exhibits the tuft enlargement characteristic of later archaic *Homo* with some ulnar deviation of the distal end, but it lacks the asymmetry of the tuft seen in later archaic *Homo* pollical distal phalanges.

These data therefore predict some stasis in distal manual phalangeal morphology through archaic *Homo,* with some possible shift in the degree of ulnar deviation of the pollical phalanx. Interestingly, the few published Atapuerca manual distal phalanges (Aguirre *et al.,* 1989) exhibit a pattern of apical development and (possibly) pollical distal phalanx ulnar deviation in agreement with this pattern.

6
Conclusiones.

Estas consideraciones sobre las tendencias evolutivas, en el tamaño del cerebro y la morfología del esqueleto postcraneal en el *Homo* arcaico, sugieren un estasis morfológico considerable de este último durante el Pleistoceno Medio. No obstante, se han producido ligeros cambios, como en el caso de la forma de la diáfisis femoral o el grosor del pilar iliaco, lo que, después de un período virtual de estasis durante el Pleis-

6
Conclusions.

These considerations of trends in brain size and postcranial morphology through archaic *Homo,* with focus on the Middle Pleistocene, suggest that there was considerable stasis in basic postcranial morphology during this time period. However, there were some subtle shifts, such as in femoral diaphyseal shape and iliac acetabulo-cristal buttres thickness, implying modest changes in human behavior during the toceno Inferior, implica ciertos cambios en el comportamiento humano durante el Pleistoceno Medio. De todos modos, ninguno de los cambios en el esqueleto postcraneal es comparable en magnitud al aumento de casi un 66 por 100 que se produjo en la capacidad endocraneal, durante el Pleistoceno Medio y el Pleistoceno Superior inicial. Parece pues, que la evolución de los últimos humanos arcaicos, durante el Pleistoceno Medio y Superior, ha estado marcada por un incremento importante de las capacidades neurológicas, mientras que las capacidades manipulativas cambiaron muy poco, y sólo hubo modestas variaciones en cuanto al comportamiento locomotor se refiere. Esto representa una cierta paradoja, dada la cantidad de cambio producida en el comportamiento durante el Pleistoceno Medio, que puede implicar un mayor grado de mosaicismo que el que se deduce de cualquier complejo funcional, pero que sin embargo necesita ser resuelto a través de nuevas investigaciones. Consecuentemente, dada la escasez de restos humanos de finales del Pleistoceno Inferior y Pleistoceno Medio, especialmente de la extremidad superior, estos patrones deberán ser testados, revisados y redefinidos, a medida que el nuevo material (como el de Atapuerca) complete gradualmente el registro.

Las implicaciones de estos patrones morfológicos en el origen del hombre moderno, acaecida aparentemente durante el Pleistoceno Superior inicial, están poco claras. No hay duda de que el cambio morfológico que condujo hasta los primeros (y robustos) hombres modernos, no implicó un cambio significativo en el tamaño del cerebro con respecto a los últimos hombres arcaicos del Pleistoceno Superior, sin embargo, supuso cambios sustanciales en la morfología de esqueleto postcraneal, tanto en las extremidades superiores como en las inferiores (Trinkaus, 1983, 1986, 1989c). Sin entrar en la discusion sobre qué poblaciones de hombre arcaico fueron antepasadas del hombre actual, lo que todas estas consideraciones indican, es que la naturaleza de los cambios en la morfología de esqueleto postcraneal, y sus implicaciones funcionales, han sido esencialmente las mismas en ambos grupos. La variabilidad regional de los cambios postcraneales existente entre los últimos hombres arcaicos y los primeros humanos modernos tiene que haber sido determinada, más por la naturaleza de los fósiles de estos últimos, que por la variación morfológica de los primeros.

Ahora, sólo tenemos que esperar hasta que los restos humanos de Atapuerca produzcan su impacto en nuestro punto de vista sobre "the muddle in the middle", período cada vez más crucial para el entendimiento de la evolución del género *Homo*.

Middle Pleistocene after a period of virtual stasis during the Early Pleistocene. Yet, none of these postcranial changes were of a magnitude even approaching the 66% increase in endocranial capacity that occurred during the Middle and early Late Pleistocene. It therefore appears that the evolutionary emergence of late archaic humans, during the Middle Pleistocene and into the Late Pleistocene, was one accompanied by major increases in neurological processing and control of the anatomy while the basic levels and patterns of manipulative behavior changed little and there were only modest shifts in locomotor behavior. This presents a certain paradox regarding the contrasting implied amounts of behavior change during the Middle Pleistocene, one which may imply greater mosaic evolution than is implied by any one functional complex but nonetheless needs to be resolved throungh further research. Consequently, given the dearth of late Early and Middle Pleistocene remains, especially for the upper limb, these patterns need to be tested, revised and refined as new material (e.g., the Atapuerca sample) gradually fills in the record.

The implications of these patterns for the evolutionary emergence of early modern humans, apparently in the early Late Pleistocene, are less clear. There is little doubt that the morphological shift to robust early modern humans involved no significant change in brain size relative to Late Pleistocene archaic humans yet included major changes in postcranial morphology, throughout the upper and lower limbs (cf. Trinkaus, 1983, 1986, 1989c). All that these considerations can underline is that, regardless of which late archaic human populations were ancestral to early modern humans, the nature of the changes in postcranial morphology, and their functional implications, are likely to have been essentially the same. Regional variation in the postcranial changes between late archaic and early modern human are likely to have been determined more by the nature of the early modern human remains than by variation in the late archaic human morphology.

We can now only wait until the Atapuerca human remains have their full impact on our views of the "muddle in the middle", the period which is increasingly crucial to our understanding of genus *Homo* evolution.

7 Agradecimientos.

Me gustaría dar las gracias a todos los miembros del equipo de Ibeas-Atapuerca, por haberme invitado a participar en las Jornadas sobre los Yacimientos de Atapuerca celebradas en Medina del Campo (Burgos), y por la generosidad demostrada al compartir conmigo sus conocimientos sobre estos Yacimientos y sus fósiles.

Las investigaciónes sobre las que se basan estos comentarios, han sido financiadas en parte por la Fundación Wenner-Gren, NSF, la Fundación L.S.B. Leakey, el C. N. R. S., y la Universidad de Nuevo Méjico, y ha sido posible gracias a la buena disposición de los colaboradores de toda Europa y del Próximo Oriente. El análisis de las capacidades endocraneales del *Homo* arcaico se ha llevado a cabo en colaboración con M. H. Wolpoff. Los datos sobre la sección transversal de los fémures han sido elaborados en colaboración con C. B. Ruff, quien también ha elaborado por si solo, parte de ellos. Los datos de ulna del hombre moderno han sido facilitados por A. Kambucken, W. A. Niewoehner y H. M. McHenry. A. WalKer ha tenido la amabilidad de facilitarme la morfología del borde axilar de la escápula de KNM-ER 1808. Mi más sincero agradecimiento a todas estas personas e instituciones.

Diciembre de 1992.

NOTAS

[1] Si la unidad evolutiva de *"Homo* arcaico post-habilino" se tuviera que considerar como una especie aparte del hombre actual, debería llamarse *Homo neanderthalensis,* y el nombre de *H. erectus* pasaría a ser un sinónimo. Si el origen del hombre moderno no se considera como un evento de especiación, entonces todos estos homínidos deberían incluirse dentro de la especie *Homo sapiens.*

[2] Por "biología funcional" se entienden las bases biológicas de los rasgos en cuestión, incluyendo (si es posible) el grado de determinación genética frente a la plasticidad durante el desarrollo, su desarrollo en relación a otras estructuras anatómicas adyacentes, si es un rasgo principal o simplemente la consecuencia secundaria del cambio en estructuras relacionadas, su posible relación pleitrópica con otras estructuras, y su grado de estabilidad a lo largo de la vida. Éstos se aplican si el rasgo en cuestión es selectivamente neutro está bajo una combinación de selección estabilizadora y/o direccional.

[3] El grado de plasticidad potencial del borde axilar de la escápula no se conoce. La alta frecuencia de asimetría bilateral encontrada en el hombre moderno (Trinkaus, 1977; Chambers, 1992), junto con el hecho de que en estos casos, la configuración "más robusta" (surco dorsal) aparece con mayor frecuencia en el lado derecho (Trinkaus, 1977), indican una alta plasticidad de este rasgo. Sin embargo, la posesión de uno de los tres patrones morfológicos en las fases tempranas del desarrollo (individuos juveniles), sugiere un cierto control genético, o bien, que la remodelación debida a ciertos patrones de actividad, se produce muy pronto en el desarrollo.

7 Acknowledgment.

I would like to thank all of the members of the Ibeas-Atapuerca team for inviting me to participate in the workshop at Medina del Campo on the Atapuerca sites and for generously sharing their knowledge of the site and its fossils with me. The research on which these comments is based has been funded in part by the Wenner-Gren Foundation, NSF, the L. S. B. Leakey Foundation, C. N. R. S., and the University of New Mexico, and has been made possible by the openness of curators across Europe and the Near East. The analysis of the archaic *Homo* endocranial capacities has been done in collaboration with M. H. Wolpoff, the lower limb diaphyseal cross-sectional data have been generated in conjunction with C. B. Ruff and in part solely by him, and the modern human ulnar data was provided by A. Hambucken, W. A. Niewoehner and H. M. McHenry. A. Walker kindly provided information on the KNM-ER 1808 scapular morphology. To all of these institutions and individuals I am grateful.

NOTES

[1] If this unit of "post-habiline archaic *Homo*" were to be considered specifically distinct from modern humans, it would have to be called *Homo neanderthalensis* and *H. erectus* would then become a junior synonym. If the emergence of modern humans were considered *not* to be a speciation event, then they would all have to subsumend into *H. sapiens.*

[2] "Functional" considerations are here taken to include determination of the biological basis for the trait in question, including (if possible) its degree of genetic determination versus developmental plasticity, its developmental discreteness relative to adjacent anatomical structures, whether it is a primary trait or merely a secondary consequence of changing relationships between adjacent structures, its possible pleiotropic relationship to other structures, and its degree of stability through the life cycle. These apply whether the trait is selectively neutral or under some combination of stabilizing and/or directional selection.

[3] The degree of potential for plasticity in the scapular axillary border remains uncertain. The high levels of bilateral asymmetry recorded for it (Trinkaus, 1977; Chambers, 1992), combined with a tendency in modern humans for the (presumably dominant) right side to have the "more robust" pattern (Trinkaus, 1977), imply considerable plasticity. However, the appearance of distinctive patterns relatively early in development (by juvenile years) suggest that either it is somewhat genetically encoded or that the plastic modeling is occurring from activity patterns early in development.

BIBLIOGRAFÍA

ABITBOL, M. M. (1987): Obstetrics and posture in pelvic anatomy. *J. Hum. Evol.,* 6, 243-255.

ABITBOL, M. M. (1990): The multiple obstacles to encephalization. *Beh. Brain Sciences,* 13, 344-345.

AGUIRRE, E., ARSUAGA, J. L., BERMÚDEZ DE CASTRO, J. M., GRACIA, A., MARTÍNEZ, I. & ROSAS, A. (1989): Human remains from Atapuerca-Ibeas (Burgos, Spain). In (G. Giacobini, Ed.), *Hominidae,* pp. 251-255. Milan: Editoriale Jaca Book.

ALLEN, L. L. (1982): Stasis vs. evolutionary change in *Homo erectus* (abstract). *Am. J. Phys. Anthropol,* 57, 166.

ARSUAGA, J. L., CARRETERO, J. M., GRACIA, A., & MARTÍNEZ, I. (1990): Taphonomical analysis of the human sample from the Sima de los Huesos Middle Pleistocene site (Atapuerca/Ibeas), Spain. *Hum. Evol.,* 5, 505-513.

BELLI, G., BELLOUMINI, G., CASSOLI, P. F., CECCHI, S., CUCARZI, M., DELITALA, L., FORNACIARI, G., MALLEGNI, F., PIPERNO, M., SEGRE, A. G., & SEGRE-NALDINI, E. (1991): Découverte d'un fémur humain acheuléen à Notarchirico (Venosa, Basilicate). *L'Anthropol,* 95, 47-88.

BINFORD, L. R. (1978): *Nunamiut Ethnoarchaeology.* New York: Academic Press.

BRÄUER, G., & SMITH F. H. (Eds.) (1992): *Continuity or Replancement. Controversies in* Homo sapiens *evolution.* Rotterdam: Balkema.

BUSH, M. E., LOVEJOY, C. O., JOHANSON, D. C., & COPPENS, Y. (1982): Hominid carpal, metacarpal, and phalangeal bones recovered from the Hadar Formation: 1974-1977 collections. *Am. J. Phys. Anthropol,* 57, 651-678.

BUTZER, K. W., & ISAAC, G. L. (1975): Preface. In (K. W. BUTZER & G. L. ISAAC, Eds.), *After the Australopithecines,* pp. XII-XI. The Hague: Mouton Pub.

CHAMBERS, K. E. (1992): Variations in morphology of the scapular border in anatomically modern *Homo sapiens* (abstract), *Am. J. Phys. Anthropol. Suppl,* 14, 59.

CHESTERTON, G. K. (1929): The blast of the book. In: *The Scandal of Father Brown,* pp. 47-61. New York: Penguin Books (reprinted 1978).

CHURCHILL, S. E., & TRINKAUS, E. (1990): Neandertal scapular glenoid morphology. *Am. J. Phys. Anthropol,* 83, 147-160.

CLAUSEN, I. H. S. (1989): Cranial capacity in *Homo erectus:* stasis or non stasis, direction of trend. In (G. Giacobini, Ed.), *Hominidae,* pp. 217-220. Turin: Jaca Book.

COONEY, W. P. III, & CHAO, E. Y. S. (1977): Biomechanical analysis of static forces in the thumb during hand function. *J. Bone Joint Surg.,* 59-A, 27-36.

COONEY, W. P. III, LUCCA, M. J., CHAO, E. Y. S., & LINSCHEID, R. L. (1981): The kinesiology of the thumb trapeziometacarpal joint. *J. Bone Joint Surg.,* 63-A, 1371-1381.

DAY, M. H. (1971): Postcranial remains of *Homo erectus* from Bed IV, Olduvai Gorge, Tanzania. *Nature,* 232, 383-387.

DAY, M. H. (1982): The *Homo erectus* pelvis: punctuation or gradualism? In (H. de Lumley, Ed.), L'Homo erectus *et la Place de l'Homme de Tautavel parmi les Hominidés Fossiles,* pp. 411-421, Paris: C. N. R. S.

DITTNER, C. B. (1976): *The Morphology of the Axillary Border of the Scapula with Special Reference to the Neandertal Problem.* M. A. Thesis, Univ. Tennessee.

DONNELLY, S. M. (1992): Patterns in the evolution of *Homo erectus* reconsidered (abstract). *American Journal of Physical Anthropology,* Suppl., 14: 71.

EICKSTEDT, E. F. von (1925): Variationen am Axillarrand der Scapula (Sulcus axillaris teretis und Sulcus axillaris subcapularis). *Anthropol. Anz,* 2, 217-228.

FALK, D. (1990): Brain evolution in *Homo:* the "radiator" theory. *Beh. Brain Sciences,* 13, 333-381.

FISCHER, E. (1906): Die Variationen an Radius und Ulna des Menschen. *Z. Morphol. Anthropol,* 9, 147-247.

FOLEY, R. A. (1990): The causes of brain enlargement in human evolution. *Beh. Brain Sciences,* 13, 354-356.

FOLEY, R. A., & LEE, P. C. (1991): Ecology and energetics of encephalization in hominid evolution. *Phil. Trans. Roy. Soc. (Lond.),* 334B, 223-232.

GERAADS, D., & TCHERNOV, E. (1983): Fémurs humains du Pleistocène moyen de Gesher Benot Ya'acov (Israël). *L'Anthropologie,* 87, 138-141.

GOULD, R. A. (1980): *Living Archaeology.* Cambidge: Cambridge University Press.

GOULD, S. J., & ELDREDGE, N. (1977): Punctuated equilibria: tempo and mode of evolution reconsidered. *Paleobiology,* 3, 115-151.

HEIM, J. L. (1982): *Les Enfants Néandertaliens de La Ferrassie.* Paris: Masson.

HUBLIN, J. J. (1992): Le fémur humain Pleistocène moyen de l'Aïn Maarouf (el Hajeb, Maroc). *C. r. Acad. Sci. Paris.* Série 2, 314, 975-980.

LEAKEY, R. E., LEAKEY, M. G., & BEHRENSMEYER, A. K. (1978): The hominid catalogue. In: (M. G. LEAKEY, & R. E., LEAKEY, Eds.). *Koobi Fora Research Project 1: The Fossil Hominids and an Introduction to their Context, 1968-1974,* pp. 86-182. Oxford: Oxford, Univ. Press.

LEIGH, S. R. (1992): Cranial capacity evolution in *Homo erectus* and early *Homo sapiens. Am. J. Phys. Anthropol,* 87, 1-14.

LEWIS, O. J. (1989): *Functional morphology of the evolving hand and foot.* Oxford: Oxford, Univ. Press.

MARTIN, R. D. (1983): Human brain evolution in an ecological context: *52nd James Arthur Lecture on the Evolution of the Human Brain.* New York: American Museum of Natural History.

MCHENRY, H. M., CORRUCCINI, R. S., & HOWELL, F. C. (1976): Analysis of an early hominid ulna from the Omo Basin. *Am. J. Phys. Anthropol,* 44, 295-304.

MELLARS, P., & STRINGER, C. B. (Eds.) (1989): *The Human Revolution.* Princeton: Princeton, Univ. Press.

MUSGRAVE, J. H. (1971): How dextrous was Neanderthal man? *Nature,* 233, 538-541.

NAPIER, J. R. (1959): Fossil metacarpals from Swartkrans. *Fossil Mammals of Africa,* 17, 1-18.

NAPIER, J. R. (1962): Fossil hand bones from Olduvai Gorge. *Nature,* 196, 409-411.

RIGHTMIRE, G. P. (1981): Patterns in the evolution of *Homo erectus. Paleobiology,* 7, 241-246.

RIGHTMIRE, G. P. (1986): Stasis in *Homo erectus* defended. *Paleobiology,* 12, 324-325.

RIGHTMIRE, G. P. (1988): *Homo erectus* and later Middle Pleistocene humans. *Annu. Rev. Anthropol,* 17, 239-259.

RIGHTMIRE, G. P. (1990): *The Evolution of* Homo erectus. Cambridge: Cambridge, Univ. Press.

ROSAS, A. (1985): Falanges humanas de la Sima de los Huesos (Cueva Mayor), Sierra de Atapuerca (Burgos). Estudio anatómico y comparativo. *Actas IV Congr. Esp. Antrop. Biol. (Barcelona),* pp. 557-566.

ROSE, M. D. (1984): A hominine hip bone, KNM-ER 3228, from east Lake Turkana, Kenya. *Am. J. Phys. Anthropol,* 63, 371-378.

RUFF, C. B. (1989): New approaches to structural evolution of limb bones in primates. *Folia Primat.,* 53, 142-159.

RUFF, C. B., TRINKAUS, E., WALKER, A., & LARSEN, C. S. (1993): Postcranial robusticity in *Homo* I: Temporal trends and mechanical interpretations. *Am. J. Phys. Anthropol.,* 91, 21-53.

SENUT, B. (1981): *L'Humerus et ses Articulations chez les Hominidés Plio-Pléistocènes.* Paris: C. N. R. S.

SIGMON, B. A. (1982): Comparative morphology of the locomotor skeleton of *Homo erectus* and the other fossil homonids, with special reference to the Tautavel innominate and femora. In (H. de Lumley, Ed.). *L'*Homo erectus *et la Place de l'Homme de Tautavel parmi les Hominidés Fossiles,* pp. 422-446. Paris: C. N. R. S.

SOLAN, M., & DAY, M. H. (1992): The Baringo (Kapthurin) ulna. *J. Hum. Evol.,* 22, 307-313.

STANLEY, S. M. (1979): *Macroevolution.* San Francisco: W. H. Freeman.

STONER, B. P. (1981): *A Statistical Analysis of the Neanderthal Thumb: Functional Adaptations for the Transmission of Force.* B. A. Thesis, Harvard Univ.

STONER, B. P., & TRINKAUS, E. (1981): Getting a grip on the Neandertals: Were they all thumbs? (abstract). *Am. J. Phys. Anthropol.,* 54, 281-282.

STRINGER, C. B. (1986): An archaic character in the Broken Hill innominate E. 719. *Am. J. Phys. Anthropol.,* 71, 115-120.

STRINGER, C. B. (1990): The emergence of modern humans. *Sci. Am.* 262 (12), 98-104.

SUSMAN, R. L. (1989): New hominid fossils from the Swartkrans Formation (1979-1986 excavations): Postcranial specimens. *Am. J. Phys. Anthropol.,* 79, 451-474.

TAGUE, R. G. (1986): *Obstetric adaptations of the human bony pelvis.* Ph. D. Thesis, Kent State Univ.

THORNE A. G., & WOLPOFF M. H. (1992): The multiregional evolution of humans. *Sci. Am.* 266 (4): 76-83.

TOFT, R., & BERME, N. (1980): A biomechanical analysis of the joints of the thumb. *J. Biomech.,* 13, 353-360.

TRINKAUS, E. (1975): *A Functional Analysis of the Neandertal Foot.* Ph. D. Thesis, Univ. Pennsylvania.

TRINKAUS, E. (1976): The evolution of the hominid femoral diaphysis during the Upper Pleistocene in Europe and the Near East. *Z. Morphol. Anthropol.*, 67, 44-59.
TRINKAUS, E. (1977): A functional interpretation of the axillary border of the Neandertal scapula. *J. Hum. Evol.*, 6, 231-234.
TRINKAUS, E. (1983): *The Shanidar Neandertals.* Academic Press, New York.
TRINKAUS, E. (1984): Does KNM-ER 1481 establish *Homo erectus* at 2.0 myr BP? *Am. J. Phys. Anthropol.*, 64, 137-139.
TRINKAUS, E. (1985): Cannibalism and burial at Krapina. *J. Hum. Evol.*, 14, 203-216.
TRINKAUS, E. (1986): The Neandertals and modern human origins. *Annu. Rev. Anthropol.*, 15, 193-218.
TRINKAUS, E. (Ed.) (1989a): *The Emergence of Modern Humans: Biocultural Adaptations in the Later Pleistocene.* Cambridge: Cambridge Univ. Press.
TRINKAUS, E. (1989b): Olduvai Hominid 7 trapezial metacarpal 1 articular morphology: Contrasts with recent humans. *Am. J. Phys. Anthropol.*, 80, 411-416.
TRINKAUS, E. (1989c): The Upper Pleistocene transition. In: E. TRINKAUS (ed.), *The Emergence of Modern Humans: Biocultural Adaptations in the Later Pleistocene.* Cambridge: Cambridge University Press., pp. 42-46.
TRINKAUS, E. (1990): Cladistics and the hominid fossil record. *Am. J. Phys. Anthropol.*, 83, 1-11.
TRINKAUS, E. (1993): A note on the KNM-ER 999 hominid femur. *J. Hum. Evol.* 24, 493-504.
TRINKAUS, E., CHURCHILL, S. E., VILLEMEUR, I., RILEY, K. G., HELLER, J. A., & RUFF, C. B. (1991): Robusticity *versus* shape: the functional interpretation of Neandertal appendicular morphology. *J. Anthropol. Soc. Nippon*, 99, 257-278.
TRINKAUS, E., & LONG, J. C. (1990): Species attribution of the Swartkrans Member 1 first metacarpals: SK 84 and SKX 5020. *Am. J. Phys Anthropol.*, 83, 419-424.
TRINKAUS, E., & TOMPKINS, R. L. (1990): The Neandertal life cycle: The possibility, probability, and perceptibility of contrasts with recent humans. In (C. J. De Rousseau, Ed.), *Primate Life History and Evolution,* pp. 153-180. Monographs in Primatology Vol. 14. New York: Wiley-Liss.
TRINKAUS, E., & WOLPOFF, M. H. (1992): Brain size in post-habiline archaic *Homo* (abstract). *Am. J. Phys Anthropol. Suppl.*, 14, 163.
VANDERMEERSCH, B. (1981): *Les Hommes Fossiles de Qafzeh (Isræl).* Paris: C. N. R. S.
VANDERMEERSCH, B. (1991): La ceinture scapulaire et les membres supérieurs. In (O. BAR-YOSEF & B. VANDERMEERSCH, Eds.), *Le Squelette Moustérien de Kébara 2,* pp. 157-178. Paris: C. N. R. S.
VILLEMEUR, I. (1991): *Etude Morphologique et Biomécanique du Squelette de la Main des Néandertaliens. Comparison avec la Main des Hommes Actuels.* Thèse de Doctorat, Univ. Bordeaux I.
VLČEK, E. (1975): Morphology of the firts metacarpal of Neanderthal individuals from the Crimea. *Bull. Mém. Soc. Anthropol. Paris,* Série 13, 2, 257-276.
WALKER, A. & LEAKEY, R. (1993): The postcranial bones. In (A. Walker & R. Leaey, Eds.), *The Nariokotome* Homo erectus *Skeleton,* pp. 95-160. Cambridge: Harvard Univ. Press.
WEIDENREICH, F. (1941): The extremity bones of Sinanthropus pekinensis. *Palaeontol. Sinica,* 5D, 1-150.
WOLPOFF, M. H. (1984): Evolution in *Homo erectus:* the question of stasis. *Paleobiology 10:* 389-406.

Evolución humana en Europa y los yacimientos de la Sierra de Atapuerca, págs. 229-241

Europeos del Pleistoceno Medio y orígenes de los humanos modernos

Middle Pleistocene Europeans and the Origins of Modern Humans

Milford H. Wolpoff

Paleoanthropology Laboratory, Department of Anthropology, University of Michigan, Ann Arbor MI 48109-1382, U.S.A.

Resumen

Un modelo regional de evolución humana en el Pleistoceno Medio y Superior ha tenido diferentes interpretaciones, que incluyen la proposición de un linaje único y exclusivo (especie evolutiva) en Europa, la existencia de un ancestro local pero no-Neandertal para los humanos modernos, o la presencia de un elemento Neandertal significativo en la ascendencia de los europeos actuales. Este artículo considera la interpretación más extrema, que los europeos del Pleistoceno Medio y comienzos del Superior son una especie distinta, Homo heidelbergensis. Las evidencias revisadas aquí sugieren la existencia de una línea europea propia, o población, que persiste a lo largo del Pleistoceno Medio y Superior. Esta línea no puede interpretarse como una especie única puesto que existen evidencias de intercambios genéticos con otras poblaciones y porque los Neandertales contribuyeron al origen de los ancestros de los europeos actuales, que no son una especie diferente.

Abstract

A regional pattern to human evolution in Middle and Late Pleistocene Europe has been given several different interpretations, ranging from a distinct lineage (evolutionary species) in Europe, to a local but non-Neandertal ancestry for modern humans, to a significant element of Neandertal ancestry for living Europeans. This paper examines the most extreme interpretation, that the Middle and earlier Late Pleistocene Europeans are a distinct species, Homo heidelbergensis. Evidence reviewed here suggests there is a distinct European line, or deme, that persists throughout the Middle and Late Pleistocene. It cannot be interpreted as a unique species because there is evidence of genic exchanges with other populations, and because Neandertals contribute to the ancestry of living Europeans, who are not a unique species.

Palabras clave:

Europa, Evolución, Pleistoceno Medio, Neandertal, Evolución Regional, Especiación.

Key words:

Europe, Evolution, Middle Pleistocene, Neandertal, Regional Evolution, Speciation.

1 Introducción.

Hasta hace poco, Europa ha sido el único foco para las teorías del origen del hombre moderno. Aquéllos que piensan que la humanidad moderna se originó a partir de una única población, trasladaron su atención a una fuente distinta de Europa a partir de la hipótesis de Protsch (1975) sobre el "origen africano". Dicho cambio marca el comienzo en el desarrollo de una teoría que siempre ha tenido connotaciones bíblicas, pues a ella se ha aludido con denominaciones como "El arca de Noé" (Howells, 1976), "El jardín del Edén" (Wainscoat, 1987) y finalmente la teoría de la "Eva Negra" (Cann., 1987). A pesar de todo, para muchos, Europa continúa desempeñando un papel decisivo en la comprensión del origen del hombre moderno. Sobre la participación de las poblaciones europeas en el origen de la humanidad moderna, no sólo se han formulado muchos interrogantes sino que se siguen planteando otros nuevos. Estas cuestiones rondan invariablemente el "Problema Neandertal": el debate sobre si la mayoría, algunos o ninguno de los Neandertales están o no relacionados directamente en la ascendencia de la humanidad moderna. Tan fuerte era la idea de que Europa fue el centro de la evolución humana, que se tomó como un dogma el que si algunos o todos los Neandertales no eran los ancestros del hombre moderno algún otro linaje *europeo* lo había de ser. De aquí, las teorías "PreNeandertales" y "Presapiens" (c. f. Vallois, 1954). Europa continúa pesando tan fuerte en las mentes de algunos, que imaginan que la sustitución de los Neandertales por poblaciones más modernas en Europa prueba la teoría del reemplazamiento en todas las demás regiones (c. f. Stringer y Gamble, 1993). El eurocentrismo ya no es tan común hoy en día, y lo cierto es que Europa desempeñó un papel significativo en la evolución humana, un papel entre muchos. La pregunta que todavía nos hacemos es ¿cuál fue este papel?

1 Introduction.

Until recently Europe has been the virtually singular focus modern human origins theories. For those who believe there is a single population source for modern humans, only with Protsch's (1975) claim of "African origins" did focus shift to a different source area. This shift in focus marks the beginnings of the development of a theory that has continued to flirt with biblical connotations as it changed from "Noah's Ark" (Howells, 1976) to the "Garden of Eden" (Wainscoat, 1987), and finally to the "Eve" theory (Cann, 1987). Even still, in the minds of many Europe continues to play a critical role in understanding modern human origins. Questions not only have been, but still continue to be, raised about a European role in modern population origins. These invariably revolve around the "Neandertal Issue" –the debate over whether most, some, or no Neandertals were on the direct line of modern human ancestry. So powerful was the notion that Europe was the center of human evolution, it was taken as a given that if some or all of the Neandertals were not ancestral to moderns, another *European* lineage was. Hence, the "Preneandertal" and "Presapiens" theories (c.f. Vallois, 1954). Europe continues to loom so strongly in the minds of some that they imagine the replacement of Neandertals there by more modern populations proves the theory of replacement everywhere (c.f. Stringer & Gamble, 1993). Eurocentrism is not as common today, and the fact is that Europe does play a significant role in human evolution– one role of many. The question we still grapple with is what that role was.

2 Dos puntos de vista.

Aparte de la idea pasada de moda de "Los estadios de evolución humana", que minimiza la importancia evolutiva de la diferenciación regional, la mayoría de los investigadores han reconocido una combinación única de caracteres en el Pleistoceno Medio y comienzos del Superior percibiendo una o varias, en algunos casos separadas, líneas evolutivas en Euro-

2 Two views.

Apart from the old-fashioned "stages of human evolution" approach which minimizes the evolutionary importance of regional differentiation, most workers have recognized a unique combination of features in the Middle and early Late Pleistocene European sample and have envisioned one or more distinct, and in some cases separate, evolutionary lines pa. En los extremos, podemos considerar dos posiciones diferentes que asumen la variación regional europea.

En un artículo de gran influencia, Howell (1960) sugirió la presencia de un linaje europeo en el Pleistoceno Medio, *más avanzado* que el de los "pitecantropinos" de Asia. Swanscombe y Steinheim son los ancestros de los hombres modernos en este modelo, y sólo los Neandertales "clásicos" evolucionaron en una dirección diferente y llegaron a extinguirse. *En un sentido amplio los Neandertales son los ancestros de los europeos modernos en esta interpretación.*

Como alternativa diametralmente opuesta al origen del hombre moderno a partir de la muestra europea del Pleistoceno Medio, Stringer (1992) cree que los europeos fueron una especie distinta, cuya evolución llevó a los extintos Neandertales. Él sostiene que los Neandertales son las poblaciones terminales de una especie propia europea, *Homo heidelbergensis,* separada de *Homo sapiens* tan pronto como se pobló el continente o quizás poco después de este evento. El argumento de que esta variación regional puede interpretarse a nivel de diferencias específicas se basa en el "hecho" de que la culminación de ese linaje, los Neandertales, se extinguieron sin contribuir al acerbo genético de los europeos modernos. La idea de que los Neandertales son una especie distinta no es nueva, y la identificación como especies diferentes de distintos linajes evolutivos, en el Pleistoceno Medio, es una expectativa razonable de este precepto. Las amplias implicaciones biológicas de una línea europea única incluyen el aislamiento reproductor y un modelo singular de cambio evolutivo. Sin embargo, la idea de que los Neandertales, los últimos miembros de este linaje, pudieran ser una especie distinta mientras que todos sus contactos con las poblaciones "modernas" contemporáneas revelan evidencias de mestizaje (una sugerencia hecha en Stringer y Grün, 1992), es cuando menos contradictoria.

La definición Wiley de especie evolutiva, que Stringer (1992) afirma aceptar como el principio en el que basa su interpretación, es la siguiente:

Un linaje único de poblaciones con relaciones de tipo antecesor-descendiente, que mantiene su identidad respecto de otros linajes similares y que tiene sus propias tendencias evolutivas y destino histórico.... Por linaje entiendo una población o una serie de poblaciones que comparten una historia común de descendencia no compartida con otras (1981, p. 25).

Identificar las características regionales propias durante un largo período de tiempo no es suficiente para la identifica-

in Europe. At the extremes, we can examine two different positions that both assume distinct European regional variation.

In a very influential paper, Howell (1960) suggested the interpretation of a European lineage in the Middle Pleistocene, *more advanced* than the "pithecanthropines" of Asia. Swanscombe and Steinheim are ancestral to moderns in this model, and only the late "classic" Neandertals evolved off in a different direction and became extinct. *Broadly speaking Neandertals are ancestral to modern Europeans in this interpretation.*

As a diametrically opposite alternative to modern human origins in the Middle Pleistocene European sample, Stringer (1992) believes the Europeans were a separate species, whose evolution led to the extinct Neandertals. He contends that Neandertals are the terminal populations of the discrete European species, *Homo heidelbergensis,* divided from *Homo sapiens* perhaps as early as the time of the first significant populating of the continent, or certainly soon thereafter. The argument that this regional variation is at the species level is based on the "fact" that the culmination of that lineage, Neandertals, became extinct with out contributing to the modern European gene pool. The idea that Neandertals are a separate species is not a new one, and the extension of this species difference into the Middle Pleistocene as an evolutionary lineage is a reasonable expectation of this precept. The broad biological implications of a unique European lineage include reproductive isolation and a singular pattern of evolutionary change. However, the idea that Neandertals, the last members of this lineage, could be a distinct species while their every contact with contemporary "modern" populations reveals evidence of interbreeding (a claim made in Stringer & Grün, 1992) is, to say the least, contradictory.

Wiley's definition of evolutionary species, which Stringer (1992) asserts he accepts as the principle behind his interpretations, is:

A single lineage of ancestral-descendant populations which maintains its identity from other such lineages and which has its own evolutionary tendencies and historical fate. ...By lineage I mean one or a series of demes that share a common history of descent not shared by other demes (1981, p. 25).

Identifying unique regional features for a long period of time is not enough for species identification, according to

232 ción de especies, de acuerdo con ésta y con la mayoría de las otras definiciones de especie. Tiene que haber también tendencias evolutivas propias y que no exista evidencia de intercambio genético que pueda hacer que su descendencia sea compartida por miembros de otras especies. Sin embargo, la teoría de Stringer requiere una comprobación de algunas diferencias significativas en la *dirección* evolutiva de la muestra europea, observando la variación de *Homo heidelbergensis* a lo largo del tiempo. Si las tendencias evolutivas en esta supuesta especie son las mismas que en otras especies, en *Homo sapiens* por ejemplo, y si hay evidencia de hibridación entre ambas especies, entonces la identificación de dos especies evolutivas contemporáneas debe haber sido un error. Estas consideraciones son la base para la discusión sobre *Homo heidelbergensis* que viene a continuación.

this and most other definitions of species. There must also be unique evolutionary tendencies, and no evidence of genic exchange that would make its history of descent shared by members of other species. Therefore, the Stringer theory requires a demonstration of some significant differences in evolutionary *direction* in the European sample, as *Homo heidelbergensis* is viewed over time. If evolutionary tendencies in this alleged evolutionary species are the same as the tendencies in another species, for instance *Homo sapiens,* and if there is evidence of mixture between the two species, the identification of two contemporary evolutionary species must have been a mistake. This expectation is the basis for the discussion of *Homo heidelbergensis* below.

3 Los europeos del Pleistoceno Medio.

Estos dos puntos de vista coinciden en la observación de que hubo un morfotipo europeo propio, cuyo linaje se extiende a lo largo del Pleistoceno Medio y la mayor parte del Superior, pero difieren al valorar su contribución al origen de los europeos modernos. Las diferencias se manifiestan en la interpretación de los europeos del Pleistoceno Medio. Según la visión de Stringer, éstos son los primeros representantes de una especie de homínido diferente, que evolucionó en paralelo al resto de la humanidad durante el resto del Pleistoceno y que se extinguió hace unos 35.000 años. En la interpretación de Howell, estas poblaciones europeas son los ancestros mesopleistocenos de los humanos modernos. Estas dos hipótesis son clara y fácilmente diferenciables como hemos señalado anteriormente.

Las interpretaciones históricas de los fósiles europeos empiezan con los primeros cráneos descubiertos, Steinheim y Swanscombe. Ambos resultaron ser hembras en poblaciones con un marcado dimorfismo sexual (Wolpoff, 1980) y, debido a que los cráneos femeninos son más gráciles que los masculinos, contribuyeron a reforzar la idea de que los europeos eran "más modernos" que sus contemporáneos.

Es interesante revisar la muestra craneal como un todo, puesto que ahora se conocen tanto los de las hembras (Arago, 21, Steinheim, Swascombe) como los de los machos (Bilzingsleben, Petralona, Vertesszölös). La mayor parte de esta muestra, contra la teoría de Stringer (1985), se considera, y

3 Middle Pleistocene Europeans.

These two views agree on the observation that there was a distinct European morphotype with a long ancestry through the Middle and most of the Later Pleistocene but differ on its contribution to modern humans Europeans. The differences are manifest in how the Middle Pleistocene Europeans are interpreted. According to Stringer's view these are the founders of a hominid species that evolved in parallel to the rest of humanity for most of the remaining Pleistocene, and then became extinct some 35,000 years ago. According to Howell's interpretation they are the Middle Pleistocene ancestors of modern humans. These two hypotheses are clearly and easily differentiable, as noted above.

Historic interpretations of the European materials began with the first discovered crania, Steinheim and Swanscombe. Both of these happen to be females in populations with marked sexual dimorphism (Wolpoff, 1980) and because female crania are more gracile than males, this contributed to the precept that the Europeans were "more modern" than their contemporaries.

It is productive to review the cranial sample as a whole, since both females (Arago 21, Steinheim, Swanscombe) and males (Bilzingsleben, Petralona, Vértesszölös) are now known. Most of this sample, contra Stringer (1985), is widely and I contend justifiably regarded as representing a single evolving species (Wolpoff, 1971, 1980). The exception is the fragmentary cranium I from Bilzingsleben, which

Tabla 1.–*Características (1) regionales de los cráneos mejor conservados del Pleistoceno Medio de Europa y Este de Asia (3).*
(1) Estados del carácter variando en la muestra, con un mínimo de dos ejemplares por cada estado. (2) Se tiene en cuenta la morfología de Swanscombe. (3) Las observaciones son del autor y de Li & Etler (1982) y Pope (1992).

Table 1.–*Informative (1) regional characteristics for the best preserved Middle Pleistocene crania from Europe and East Asia (3).*
(1) Features with character states varying in the sample, with a minimum of two specimens for each state. (2) Uses Swanscombe morphology. (3) From author's observations, Li and Etler (1992) and Pope (1992).

Specimen	alveolar profile	maxillary notch	high zygomatic root	puffy midface	Cheek orientation	nasal angle	frontal boss	bregmatic eminence	Tall Sagittal Keel	promint glabella	arched supra orbitals	vertical parietal valls	angular torus	flexed occipital angle	occipital torus
Petralona	flat	no	no	yes	angled	higher	no	no	no	no	no	yes	yes	no	strong
Bilzings-leben I									no	yes	no			yes	strong
Arago	prognathic	no	no	yes	angled	higher	no	no	low, weak	no	no	yes	yes	no[2]	weak[2]
Steinheim	prognathic	no	no	no	flat	higher	yes	no	no	yes	yes	yes	no	no	weak
ZKT 11	prognathic	yes	yes	no	flat	lower	yes	yes	yes	yes	yes	no	yes	yes	strong
Dali	flat	yes	yes	no	flat	lower	yes	yes	yes	yes	yes	no	yes	no	strong
Yunxian 2	prognathic	yes	yes	no	flat	higher	no	no	yes	yes	no	no	no	yes	strong

yo lo encuentro justificado, como representante de una especie evolutiva única (Wolpoff, 1971, 1980). La excepción es el fragmento de cráneo de Bilzingsleben, al cual Vlcek (1989, y referencias posteriores) clasifica como *Homo erectus.*

La Tabla 1 muestra los estados de 15 caracteres que varían significativamente en los europeos del Pleistoceno Medio. Los tres europeos mejor conservados se comparan con una muestra del Pleistoceno Medio del este de Asia, puesto que la continuidad local regional se ha reconocido en esta región desde el tiempo de Weidenreich y ha sido discutida únicamente por Bräuer (1989), quien afirma que existen lagunas en el registro fósil. Los caracteres se escogieron por:

* ser independientes del tamaño
* ser claramente visibles en los ejemplares (independientemente de la conservación y reconstrucción)
* haber sido reivindicados en el pasado como caracteres particulares de una región geográfica o de otra.

Los caracteres definen dos conjuntos:

1.–Europeo: Petralona y Arago 21, que son los más próximos, comparten once de los quince caracteres, seguidos por Steinheim que comparte cinco de ellos.

2.–Este de Asia: ZKT 11 y Dali son los más próximos compartiendo trece de los quince caracteres, seguidos por Yunxian que comparte ocho de ellos.

Estos dos conjuntos son los que comparten el número más grande de caracteres, apoyando la poco sorprendente

Vlček (1989 and references therein) categorizes as *Homo erectus.*

Table 1 shows the character states for 15 homologous features that vary informatively in the Middle Pleistocene Europeans. The three best preserved Europeans are compared with a Middle Pleistocene East Asian sample, as local regional continuity has been recognized in East Asia since Weidenreich's time and disputed only by Bräuer (1989), who asserts there are gaps in the fossil record. The features were chosen because:

* they are independent of size
* they are clearly visible on the specimens (independent of preservation and reconstruction)
* there are past claims that they are particularly characteristic of one region or the other

The features define two clusters:

1.–European: Petralona and Arago 21 closest, sharing 11 out of 15 characters, followed by Steinheim sharing 5 of these.

2.–East Asian: ZKT 11 and Dali closest, sharing 13 of 15 characters, followed by Yunxian sharing 8 of these.

These are the two sets with the largest number of shared characters, supporting the surely unsurprising contention opinión de que la regionalidad contribuye significativamente al modelo de variación (Bu y Wu, 1982).

Steinheim, el siguiente ejemplar mejor definido del conjunto europeo, tiene un gran interés, puesto que muestra ciertas diferencias con otros ejemplares del conjunto dignas de resaltar. Vlcek (1986, 89) atribuye las diferencias morfológicas de Steinheim a diferencias específicas, lo que constituye un eco de la teoría presapiens, pero con detalles bastante distintos, puesto que la teoría de Vleck contempla la contemporaneidad del *Homo erectus* europeo y de una línea arcaica de *Homo sapiens,* representada por Steinheim. Sin embargo, Steinheim tiene los supraorbitales muy espesos y prominentes (que por ejemplo sobrepasan a todos los *machos* Neandertales) una bóveda craneana pequeña (yo le estimo una capacidad craneal entre 900-950 cc). Yo creo que hay una explicación mucho más probable para sus otras diferencias sistemáticas con los europeos del Pleistoceno Medio. En el análisis de "cluster" de estos caracteres, Steinheim se agrupa con los otros dos ejemplares europeos, pero está invariablemente más cerca que éstos del conjunto asiático (esto contrasta con los resultados del conjunto asiático, en el que ningún ejemplar está particularmente más cercano a los europeos). De los trece caracteres compartidos por Dali y ZKT 11, Steinheim comparte cinco, el mismo número de caracteres que comparte con la pareja de Petralona y Arago. Steinheim por tanto, muestra una mezcla real de caracteres europeos y asiáticos, resultando más asiático en la cara y menos asiático en los caracteres de la región neurocraneal. Estos caracteres faciales predominan en la argumentación de Vlcek para establecer la distinción a nivel específico entre Steinheim y sus contemporáneos europeos, pero seguramente son más un reflejo de diferencias geográficas que de grado evolutivo. Por tanto, Steinheim proporciona evidencia en contra del establecimiento de especies distintas entre las poblaciones de los extremos de Eurasia en el Pleistoceno Medio. En particular, indica que el llamado *Homo heidelbergensis* en Europa y el *Homo sapiens* en Asia no son cada uno líneas evolutivas distintas, sino que, más bien, parecen ser los dos extremos de un amplio sistema continental de intercambio genético.

No pretendo sugerir que la muestra europea evolucione a partir de una población asiática; de hecho yo no mantengo dicha opinión. Es muy improbable que esta muestra del Pleistoceno Medio represente a lo primeros europeos, y sus relaciones con otras poblaciones no indican necesariamente su origen, por más que la afortunada colocación de los fragmentos de Bilzingsleben en un molde del homínido 9 de Olduvai (Vlcek y Mania, 1989) señale la dirección adecuada

that distinct regionality contributes significantly to the pattern of variation (Wu & Wu, 1982).

Steinheim, the next most complete of the Europeans specimens, is great interest here, as this female is somewhat distinct from the other Europeans. Vlček (1986, 1989) considers the morphological distinctions of Steinheim to reflect a species difference –reminiscent of the presapiens theory but with quite different details as Vlček's theory envisions contemporaneity of European *Homo erectus* and an archaic *Homo sapiens* line represented by Steinheim. However Steinheim has very thick and prominent supraorbitals (for instance exceeding all *male* Neandertals) and a small cranial vault (I estimate a cranial capacity of 900-950 cc). I believe there is a much more likely explanation of its other systematic differences from the Middle Pleistocene Europeans. In cluster analyses of the features Steinheim groups with the other two Europeans, but it is invariably the closest of them to the Asian cluster (this contrasts with the Asian cluster, where no specimen is particulary more closely linked to the Europeans). Of the 13 characters shared by Dali and ZKT 11, Steinheim shares 5, the same number of characters that is shares with the Petralona and Arago pair. Steinheim, thus, shows a real mixture of European and Asian features-most Asian in the face and least Asian in the features of the cranial posterior. The facial features predominate in Vlček's argument for species distinction between Steinheim and her contemporaries, but they much more likely reflect the influence of geographic difference than one of evolutionary grade. Steinheim thus provides evidence supporting the interpretation that there was no species distinction between populations at these two ends of Eurasia in the Middle Pleistocene. In particular, it indicates that so-called *Homo heidelbergensis* in Europe and *Homo sapiens* in Asia are not each unique lines of descent, but rather appear to be the two ends of a continent-wide network of genic exchanges.

I do not mean to suggest that the Europeans sample evolved from an Asian population; in fact, I do not mean to address this issue. It is unlikely that this Middle Pleistocene sample represents the earliest Europeans, and its relationship to other populations does not necessarily indicate its ancestry, any more than successfully placing the Bilzingsleben fragments into a cast of Olduvai Hominid 9 (c.f. Vlček & Mania, 1989) adequately addresses the ancestry issue. As a whole the sample testifies to two propositions:

en esta cuestión. Como conjunto, la muestra prueba dos proposiciones:

1.–que los europeos mesopleistocenos tenían una combinación propia de caracteres regionales

2.–que hay evidencia de contacto entre ellos y, por lo menos, sus contemporáneos asiáticos.

Si hubo especiación entre los europeos, ésta fue posterior al Pleistoceno Medio.

4
Tendencias evolutivas.

Biache es un ejemplar también de mucho interés en la historia europea. Datado de una época muy posterior, al final del Pleistoceno Medio, es uno de los primeros fósiles que muestra una preponderancia de caracteres Neandertales, que incluyen:

* aplanamiento lamboideo que se extiende hasta el occipucio
* contorno semi-circular del cráneo en norma lateralis
* procesos mastoideos pequeños y yuxtamastoideos expandidos
* amplia inserción del semispinalis capitis
* torus nucal débil, que se extiende horizontalmente a través del occipucio
* fosa suprainiaca ancha y elíptica.
* incisivos superiores con forma en pala y corona curvada.

La mujer de Biache vivió bastante después de los primeros europeos conocidos, pero comparte un numero de caracteres propios con la mujer más antigua de Swanscombe. La idea de una evolución local de los Neandertales desde las poblaciones europeas más tempranas es aceptada generalmente e incontrovertible.

La "neandertalización" progresiva de los europeos continuó a lo largo de la mayor parte del Pleistoceno Superior (Wolpoff 1982; Vandermeersch, 1985; Hublin, 1988). Esto implica que en la población europea premoderna hubo una diferenciación regional continuada. Pero al mismo tiempo, esta población muestra un número de tendencias evolutivas diferentes que incluyen:

1.–that these Europeans had a unique combination of regional features

2.–that there is evidence of contact between them and, at the least, their Asian contemporaries.

If there was speciation for the Europeans, it came later in time than the Middle Pleistocene.

4
Evolutionary trends.

Biache is also of some interest in the Europeans narrative. Dated to a much later time, at the end of the Middle Pleistocene, it is one of the earliest specimens to show a preponderance of Neandertal features, including:

* lambdoidal flattening extending onto the occiput,
* semi-circular cranial contour in *norma lateralis,*
* small mastoids and a expanded juxtamastoid,
* broad *semispinalis capitis* insertion,
* weakly expressed muchal torus, extending horizontally across most of the occiput,
* a very broad elliptical suprainiac fossa,
* maxillary incisor shoveling with a curved crown.

The Biache woman lived well after the earliest known Europeans, but shares a number of distinct features with the earlier woman from Swanscombe. The arguments for local evolution of the Neandertals broadly from earlier Europeans populations is wide accepted and incontrovertible.

The progressive "neandertalization" of the Europeans continues through much of the Late Pleistocene (Wolpoff, 1982; Vandermeersch, 1985; Hublin, 1988). This implies that in the premodern European deme there was continued regional differentiation. But at the same time, this deme shows a number of other evolutionary trends including:

236

- * expansión significativa de la capacidad craneal
- * reducción del torus supraorbital
- * adelgazamiento de los huesos de la bóveda craneal
- * expansión del plano occipital a expensas del plano nucal
- * reducción dental postcanina
- * aparición de una verdadera eminencia mentoniana
- * disminución del dimorfismo sexual.

Éstas son las tendencias evolutivas que caracterizan a todas las poblaciones humanas durante el Pleistoceno Medio y en el inicio del Superior, en todas las regiones donde están representadas. Si los europeos estuvieran genéticamente aislados de las otras poblaciones humanas, según la hipótesis que propone la existencia de un linaje europeo diferenciado, la presencia inequívoca en Europa de estas tendencias reflejaría un número de homoplasias desconocido hasta la fecha. El hecho de que los europeos comparten estas tendencias evolutivas con otras poblaciones implica que la interpretación de aislamiento genético probablemente es incorrecta.

5

Europeos del Pleistoceno Superior.

Por tanto, aunque la población europea continuó su evolución regional en el Pleistoceno Superior, los intercambios genéticos con otras regiones continuaron dejando su huella. Por ejemplo, al comparar las mujeres de Krapina C, Tabun y Zuttiyeh, ejemplares que tienen una antigüedad similar, se observa en la cara un número de caracteres asiáticos derivados que también se aprecian en la mujer de Jinniushan: forma redondeada de los supraorbitales, profundo sulco supratoral y frente redondeada, región intraorbital plana, y proceso nasal del frontal en posición baja. Estas similitudes no contradicen los otros caracteres que sugieren diferencias entre los grupos europeo y asiático, pero indican que había un flujo genético continuo entre ellos durante el Pleistoceno Medio final y en el comienzo del Pleistoceno Superior. Este punto se confirma desde la perspectiva del este asiático en un reciente análisis de Pope (1992).

Estas consideraciones refuerzan más aún lo que el análisis de Steinheim sugería ya claramente: que los europeos son distintos pero no pueden ser un linaje separado puesto que están genéticamente conectados con otros grupos de la especie humana.

- * significant cranial capacity expansion
- * supraorbital reduction
- * thinning of the cranial vault
- * expansion of the occipital plane at the expense of the nuchal plane
- * postcanine dental reduction
- * appearance of a true mental eminence
- * diminution of sexual dimorphism.

These are the evolutionary trends that characterize human populations throughout the Middle and early Late Pleistocene in every region they have been found. Their unequivocal presence in Europe would reflect a hereto forth unheard of number of evolutionary homoplaises developing in the Europeans, if the Europeans were genetically isolated from other human populations at this time as the interpretation of a different European lineage implies. The fact that the Europeans share these evolutionary tendencies with other human populations means that the interpretation of genetic isolation is unlikely to be correct.

5

Late Pleistocene Europeans.

Moreover, even as this deme continued its regional evolution in the Late Pleistocene, genic exchanges from other regions continued to leave their mark. For instance, the comparison of Krapina C, Tabun and Zuttiyeh woman, specimens that may be of similar antiquity, reveals a number of shared Asian –related features of the face such as the rounded supraorbital form, deep supratoral sulcus and rounded forehead, flat innerorbital region, and low nasal process of the frontal– seen also in the woman from Jinniushan. These similarities do not belie the other features that suggest distinctions between European and Asian clades, but they do indicate that there was continued gene flow between these regions in the late Middle and early Late Pleistocene. This point is confirmed from the East Asian perspective in a recent analysis by Pope (1992).

These considerations further support what the Steinheim analysis strongly suggests-the Europeans are distinct but cannot be a separate lineage as they are genetically connected to other parts of the human species.

Por lo tanto, esto por si solo demuestra que la teoría de la especie europea dista mucho de ser correcta, aún cuando el análisis de los Neandertales posteriores no lo hiciera. Pero a parte de estos datos, mientras continuamos valorando su magnitud e importancia, *hubo* claramente una contribución Neandertal al acerbo genético del europeo moderno, como propuso Howell (Clark y Lindly, 1989; Wolpoff, 1989b; Lindly y Clark, 1990; Frayer, 1992; y Smith, 1992). Esto puede verse resumido en los siguientes puntos:

1.–las tendencias evolutivas de los Neandertales europeos apuntan en la dirección de una morfología más moderna

2.–semejanzas entre los primeros europeos post-Neandertales y los Neandertales

3.–la persistencia de caracteres propios europeos a través del Rubicón Neandertal/post-Neandertal.

En primer lugar, hay tendencias evolutivas propias dentro de la muestra Neandertal europea y éstas se orientan invariablemente en la dirección de los europeos post-Neandertales (Smith, 1982, 1983; Smith y Ranyard, 1980; Smith *et al,* 1989; Wolpoff, 1989b; Wolpoff *et al.,* 1981), de manera parecida a como se pensó en un tiempo (Howell, 1952, 1957). La gran colección del Pleistoceno Medio de Atapuerca se sitúa en la base de esta muestra. Las tendencias evolutivas europeas que pueden reconocerse *en los Neandertales* incluyen:

* reducción de las superestructuras craneales (regiones central y lateral del torus supraorbital y torus nucal) y adelgazamiento de los huesos craneanos.
* expansión del aspecto superciliar del torus supraorbital.
* reducción dental anterior.
* reducción de la amplitud nasal.
* aparición de una auténtica eminencia mentoniana, con trígono mentoniano.

En segundo lugar, algunos de los europeos post-Neandertales más antiguos retienen una alta proporción de caracteres que claramente les asemejan a los Neandertales. Por ejemplo, del yacimiento moravio de Mladec, la forma y muchas de las características morfológicas del cráneo 5, así como el tamaño relativo de las articulaciones y superficies articulares o ciertos detalles de las diáfisis del espécimen número 25, son reminiscentes de la condición Neandertal (Frayer, 1986; Frayer *et al.,* 1994).

Alone, this shows that the European species theory is not likely to be correct, even if the analysis of subsequent Neandertals didn't. But beyond these data, while we continue to grapple with its magnitude and importance, there clearly *was* a Neandertal contribution to modern European gene pools, as Howell proposed (Clark & Lindly, 1989; Wolpoff, 1989b; Lindly & Clark, 1990; Frayer, 1992; Smith, 1992). Briefly put, this can be seen in:

1.–evolutionary trends within the European Neandertals, pointing in the direction of more modern morphology

2.–early post-Neandertal Europeans resemblances to the Neandertals

3.–the persistence of unique Europeans features across the Neandertal-post Neandertal boundary.

First, there are distinct evolutionary trends within the European Neandertal sample, and these are invariably in the direction of the post-Neandertal Europeans (Smith, 1982, 1983; Smith & Ranyard, 1980; Smith *et al.,* 1989; Wolpoff, 1989b; Wolpoff *et al.,* 1981), not away them as once thought (c.f. Howel, 1952, 1957). The large Middle Pleistocene collection from Atapuerca stands at the base of this sample. The European evolutionary trends that can now be recognized *within the Neandertals* include:

* reduction in the cranial superstructures (central and lateral supraorbital, and nuchal tori) and cranial bone thickness
* expansion of the supercillary aspect of the supraorbital torus
* anterior dental reduction
* nasal breadth reduction
* appearance of a true mental eminence with a mental trigone.

Second, some of the earliest post-Neandertal Europeans retain a high enough proportion of Neandertal features to clearly resemble them. For instance, from the Moravian site of Mladeč, the shape and many of the morphological characteristics of cranium 5, and the relative joint sizes and articular surfaces and shaft details of postcranial specimen 25, are reminiscent of the Neandertal condition (Frayer, 1986; Frayer *et al.,* 1996).

En tercer lugar, un número de caracteres Neandertales aparecen en los post-Neandertales europeos más antiguos. Éstos incluyen rasgos craneales (ver a continuación), mandibulares y, hasta cierto punto, características post-craneales, a pesar de que la variación de éstas últimas en los primeros ejemplares post-Neandertales se conoce pobremente, especialmente en la pelvis, en comparación con la de las mandíbulas, dientes y cráneos y, por tanto, su configuración en el tiempo todavía no se ha establecido exactamente. En muchos casos, la frecuencia de estos "caracteres Neandertales" disminuye durante el Paleolítico Superior hasta su desaparición, pero en otros rasgos hay persistencia hasta los distintos grupos europeos recientes e incluso actuales (Frayer, 1986, 1992, 1993; Frayer *et al.*, 1994; Holloway, 1985; Sailvassy *et al.*, 1987; Wolpoff, 1989b; Wolpoff y Frayer, 1992). Los caracteres craneales que unen estas muestras europeas sucesivas por su aparición en los post-Neandertales con frecuencias significativas y caracterizados incorrectamente como autoapomorfías Neandertales (Hublin, 1978, Santa Luca, 1978, Stringer *et al.*, 1984), son los siguientes:

* aplanamiento lambdoideo
* presencia de fosa suprainiaca
* orientación parasagital del hueso zigomático
* ángulo nasal elevado
* frontal amplio y maxilares de moderados a grandes
* angulación posterolateral del borde orbital superior
* presencia de tubérculo mastoideo
* foramen horizontal-oval dividido por una barra ósea
* presencia de espacio retromolar.

Estos caracteres no son todos exclusivos de Europa. Sin embargo, su combinación en ejemplares únicos tiende a discriminar a los europeos de otras poblaciones, y están casi invariablemente ausentes en las poblaciones que se consideran habitualmente como las antecesoras de los europeos post-Neandertales por aquellos que niegan un papel significativo para los Neandertales (por ejemplo, Klasies River Mouth, Border Cave, Skhul o Qafzeh). Si los neandertales fueron una especie distinta, su modelo de variación a lo largo del tiempo es inexplicable, puesto que sus caracteres exclusivos o comunes vuelven a aparecer una y otra vez en las poblaciones que los reemplazan. Hay una explicación mucho más probable.

Third, a number of Neandertal features appear in the earliest of the post-Neandertal Europeans. These include crania (see below), mandibles, and to some extent postcranial characteristics, although postcranial variation in the earliest post-Neandertals, especially pelvic, is poorly known compared with the jaws, teeth, and crania, and therefore its temporal patterning is yet to be accurately established. In many cases these "Neandertal features" decrease in frequency within the Upper Paleolithic until they disappear, but for others there is persistence to the recent and living Europeans range of variation (Frayer, 1986, 1992, 1993; Frayer *et al.*, 1994; Holloway, 1985; Szilvássy *et al.*, 1987; Wolpoff, 1989b; Wolpoff & Frayer, 1992). Cranial features that link these successive Europeans samples through their appearance in the post-Neandertals at significant frequencies include the following, incorrectly characterized (c.f. Hublin, 1978; Santa Luca, 1978; Stringer *et al.*, 1984) as Neandertal autapomorphies:

* lambdoidal flattening
* suprainiac fossa
* parasagittal orientation of the zygomatic (including the orbital pillar)
* high nasal angle
* large frontal and moderate to lage maxillary sinuses
* posterolateral angulation of the superior orbital border
* mastoid tubercle
* bridged horizontal-oval foramen
* retromolar space.

These features are not all unique to Europe. However, their combination in single specimens tends to discriminate Europeans from other populations, and they are almost invariably absent in the populations usually advanced as the ancestors of the post-Neandertal Europeans by those who deny a significant role for the Neandertals (e.g. Klasies River Mouth, Border Cave, Skhũl, or Qafzeh). Their pattern of variation across time is inexplicable if the Neandertals were a distinct species, as time after time their unique or common features would be required to reappear in the populations who replaced them. There is a far more likely explanation!

6
Evolución Multirregional en Europa.

El modelo de evolución humana que contempla a *Homo sapiens* como especie subdividida regionalmente y que explica la persistencia de diferencias locales, a pesar de los cambios evolutivos de la especie, por una serie de equilibrios regionales entre los efectos de la deriva genética, la selección natural y los intercambios genéticos se denomina la evolución Multirregional.

El hecho es que una extinción virtualmente completa de los Neandertales, incluso si ésta fue el final de una línea evolutiva europea distinta, no desaprobaría el modelo de Evolución Multirregional (en contra de Stringer, 1992; Stringer y Gamble, 1993). Tal extinción podría ser *en parte,* una prueba en contra, si se demostrara que puede encontrarse en todas las demás regiones (excepto en la de origen), el mismo proceso de extinción y reemplazamiento que ha sido postulado para el origen de los humanos modernos pero, sencillamente, éste no es el caso. Por el contrario, las evidencias de otras regiones aportan las pruebas más fuertes en favor del modelo de la evolución Multirregional (Wolpoff, 1988a, 1992), y en el desarrollo de este modelo nunca se planteó que *todas* las población modernas tuvieran sus raíces en sus últimos predecesores pleistocenos (Wolpoff, Wu & Thorne, 1984). Un planteamiento que sería especialmente embarazoso para ser propuesto por un norteamericano o un australiano descendientes de europeos. La evolución Multirregional, es un modelo evolutivo en una especie politípica ampliamente extendida y no se afirma que la continuidad regional se encuentre en cualquier región.

Los datos del Pleistoceno Superior europeo, sin embargo, constituyen un pilar de apoyo más fuerte de lo que Stringer y sus colegas admiten, ya que implica que, a pesar de la existencia de diferenciaciones regionales significativas en Europa, hay una considerable continuidad genética entre los Neandertales y los post-Neandertales europeos. Los orígenes de los europeos modernos han de encontrarse en una combinación de ancestros locales y las consecuencias de los intercambios genéticos con otras regiones. La contribución de los europeos del Pleistoceno Medio a los orígenes del hombre moderno es, por tanto, muy significativa, pero en ningún caso exclusiva.

6
Multiregional evolution in Europe.

The model of human evolution that regards *Homo sapiens* as a regionally subdivided species and explains the persistence of local differentiation in the face of species-wide evolutionary changes by combinations of regional balances between drift, selection and genic exchanges is Multiregional evolution.

The fact is that a virtually complete Neandertal extinction, even if it was the termination of a distinct European clade, would not be a disproof of the Multiregional Evolution model (contra Stringer 1992; Stringer & Gamble, 1993). It could be *part* of a disproof *if* it could be shown that the same extinction and replacement process accounted for modern human origins everywhere else (except the region of origin) as well, but this is simply not the case. To the contray, evidence from other regions provides the strongest support for Multiregional evolution (Wolpoff, 1989a, 1992) and in developing the model it was never claimed that *every* modern population has its roots in their late Pleistocene predecessors (Wolpoff, Wu & Thorne, 1984) a claim that would be particulary embarrassing for a North American or Australian of European descent to make. Multiregional evolution is a model of the evolutionary process in a widely spread polytypic species, and not an assertion that regional continuity will be found everywhere.

The Late Pleistocene European data, however, provide a somewhat stronger pillar of support than Stringer and his colleagues admit, as they inply that in spite of significant regional differentiation in Europe, there is considerable genetic continuity between the Neandertals and the post-Neandertal Europeans. Modern European origins are to be found in a combination of local ancestry and the consequences of genic exchanges with other regions. The contribution of the Middle Pleistocene Europeans to modern human origins is therefore quite significant, but not at all unique.

240

7 Resumen.

La teoría de la especiación de los homínidos de Europa en el Pleistoceno Medio y Superior inicial se contradice por los datos de una gran variedad de fuentes. La población europea era distinta (con una variación regional tan marcada como en cualquier otra área geográfica), pero, por sí misma, esta distinción fenética no prueba una distinción filogenética. Hay buenas razones para continuar aceptando la relevancia y validez de las ideas esenciales de Howell.

7 Summary.

The theory of speciation in the Middle and earlier Late Pleistocene hominids of Europe is contradicted by data from a variety of sources. The European deme was distinct, perhaps as much so as the regional variation in any other area, but by itself phenetic distinction does not prove phylogenetic differentiation. There are good reasons to continue to accept the relevance, and validity of Howell's essential insights.

8 Agradecimientos.

Agradezco enormemente a José María Bermúdez de Castro y a sus colegas por su invitación y financiación para participar en las Conferencias del Castillo de la Mota sobre la Evolución Humana en Europa y la Evidencia de Atapuerca, por su maravillosa hospitalidad durante mi visita y por la oportunidad que me han brindado para intercambiar ideas con amigos y colegas en un marco muy agradable. Doy las gracias a K. Adam y Wu Xinzhi por permitirme estudiar los ejemplares a su cargo, que me fueron de gran utilidad para preparar mi ponencia. Varios aspectos de esta investigación se pudieron realizar gracias a las becas otorgadas por "The National Science Foundation", "National Academy of Sciences" y "Rackham graduate school" de la Universidad de Michigan. Agradezco a T. Crummett su ayuda en los análisis de "cluster".

Diciembre de 1992.

8 Acknowledments.

I am deeply grateful to José-María Bermúdez de Castro and his colleagues for inviting and funding me to attend the Castillo de la Mote workshop on human evolution in Europe and the Atapuerca evidence, for their wonderful hospitality during my visit, and for the opportunity to exchange ideas with many respected friends and colleagues in a uniquely pleasant setting. I thank K. Adam, M-A. DeLumley, Lü Zuné, D. Mania, J. Melentis, C. Stringer, B. Vandermeersch, Wu Rukang, and Wu Xinzhi for permission to study the specimens in their care that were important no me in preparing this discussion. Various aspects of this research were generously supported by grants from the National Science Foundation, National Academy of Sciences, and Rackham graduate school at the University of Michigan. I thank T. Crummett for help in the cluster analyses.

BRÄUER, G. (1989): The evolution of modern humans: a comparison of the African and non-African evidence. In (P. Mellars & C. B. Stringer, Eds.): *The Human Revolution: Behavioural and Biological Perspectives on the Origins of Modern Humans,* pp. 123-154. Edinburgh: Edinburgh University Press.

CANN, R. L. (1987): In search of Eve. *The Sciences,* 27: 30-37.

CLARK, G. A. & LINDLY, J. M. (1989): The case for continuity: observations on the biocultural transition in Europe and Western Asia. In (P. Mellars & C. B. Stringer, Eds.): *The Human Revolution: Behavioural and Perspectives on the Origins of Modern Humans,* pp. 626-676. Edinburgh: Edinburgh University Press.

FRAYER, D. W. (1986): Cranial variation at Mladeč and the relationship between Mousterian and Upper Paleolithic hominids. In (V. V. Novotný & A. Mizerová, Eds.): *Fossil Man. New Facts, New Ideas. Papers in Honor of Jan Jelínek's Life Anniversary. Anthropos* (Brno) 23: 243-256.

FRAYER, D. W. (1992): The persistence of Neanderthal features in post-Neanderthal Europeans. In (G. Bräuer & F. H. Smith, Eds.): *Continuity or Replacement? Controversies in Homo sapiens Evolution,* pp. 179-188. Rotterdam: Balkema.

FRAYER, D. W. (1993): Evolution at the European adge: Neanderthal and Upper Paleolithic Relationships. *Préhistoire Européenne,* 2: 9-69.

FRAYER, D. W., JELÍNEK, J., SMITH, F. H. & WOLPOFF, M. H. (1996): *Upper Pleistocene Human Remains from Mladec Cave, Moravia* (in preparation).

HOLLOWAY, R. L. (1985): The poor brain of *Homo sapiens neanderthalensis:* see what you please. In (E. Delson, Ed.): *Ancestors: The Hard Evidence,* pp. 319-324, New York: Alan R. Liss.

HOWELL, F. C. (1952): Pleistocene glacial ecology and the evolution of "Classic Neandertal" man. *Southwest Journal of Anthropology,* 8: 377-410.

HOWELL, F. C. (1957): The evolutionary significance of variation and varieties of "Neanderthal" man. *The Quarterly Review of Biology,* 32: 330-347.

HOWELL, F. C. (1960): European and Northwest African middle Pleistocene hominids. *Current Anthropology,* 1: 195-232.

HOWELLS, W. W. (1976): Explaining modern man: evolutionists *versus* migrationists. *Journal of Human Evolution,* 5: 477-496.

HUBLIN, J. J. (1978): Quelques caractéres apomorphies du crâne néandertalien et leur interpretations phylogénique. *Comptes Rendus de L'Academie des Sciences,* Série D, 287: 923-926.

HUBLIN. J. J. (1988): Les plus Anciens Representants de la Lignee preneandertalienne. *L'Homme de Néandertal,* Volume 3, *L'Anatomie.* Liège, pp. 81-94.

LI TIANYUAN & ETLER, D. A. (1992): New Middle Pleistocene hominid crania from Yunxian in China. *Nature,* 357: 404-407.

LINDLY, J. M. & CLARK, G. A. (1990): Symbolism and modern human origins. *Current Anthropology,* 31 (3) 233-261.

POPE, G. G. (1992): Craniofacial evidence for the origin of modern humans in China. *Yearbook of Physical Anthropology,* 35: 243-298.

PROTSCH, R. (1975): The absolute dating of Upper Pleistocene sub-Saharan fossil hominids and their place in human evolution. *Journal of Human Evolution,* 4: 297-322.

SANTA LUCA, A. P. (1978): A re-examination of presumed Neandertal-like fossils. *Journal of Human Evolution,* 7: 619-636.

SMITH, F. H. (1982): Upper Pleistocene hominid evolution in south-central Europe: A review of the evidence and analysis of trends. *Current Anthropology,* 23: 667-703.

SMITH, F. H. (1983): On hominid evolution in south-central Europe. *Current Anthropology,* 24: 236-237.

SMITH, F. H. (1992): The role of continuity in modern human origins. In (G. Bräuer & F. H. Smith, Eds.): *Continuity or Replacement? Controversies in Homo sapiens Evolution,* pp. 145-156. Rotterdam: Balkema.

SMITH, F. H. & RANYARD, G. C. (1980): Evolution of the supraorbital region in Upper Pleistocene fossil hominids from south-central Europe. *American Journal of Physical Anthropology,* 53: 589-609.

SMITH, F. H., SIMEK, J. F. & HARRILL, M. S. (1989): Geographic variation in supraorbital torus reduction during the later Pleistocene (c. 80,000-15000 BP). In (P. Mellars & C. B. Stringer, Eds.): *The Human Revolution: Behavioural and Biological Perspective on the Origins of Modern Humans,* pp. 172-193. Edinburgh: Edinburgh University Press.

STRINGER, C. B. (1985): Middle Pleistocene hominid variability and the origin of Late Pleistocene humans. In (E. Delson, Ed.): *Ancestors: The Hard Evidence,* pp. 285-295. New York: Alan R. Liss.

STRINGER, C. B. (1988): The dates of Eden. *Nature,* 331: 565-566.

STRINGER, C. B. (1992): Replacement, continuity and the origin of *Homo sapiens.* In (G. Bräuer & F. H. Smith, Eds.): *Continuity or Replacement? Controversies in Homo sapiens. Evolution,* pp. 9-24. Rotterdam: Balkema.

STRINGER, C. B. & GAMBLE, C. (1993): *In Search of the Neanderthals.* London: Thames and Hudson.

STRINGER, C. B. & GRÜN R. (1992): Neanderthal dates debated. *Nature,* 356: 201-202.

STRINGER, C. B., HUBLIN, J. J. & VANDERMEERSCH, B. (1984): The origin of anatomically modern humans in western Europe. In (F. H. Smith and F. Spencer, Eds.): *The Origins of Modern Humans: A World Survey of the Fossil Evidence,* pp. 51-135. New York: Alan R. Liss.

SZILVÁSSY, J., KRITSCHER, H. & VLCEK, E. (1987): Die Bedeutung röntgenologischer Methoden für anthropologische Untersuchung ur-und fühgeschichtlicher Gräberfelder. *Annals of the Vienna Natural History Museum,* 98: 313-352.

THORNE, A. G. & WOLPOFF, M. H. (1992): The multiregional evolution of humans. *Scientific American,* 266 (4): 76-83.

VALLOIS, H. V. (1954): Neanderthals and presapiens. *Journal of the Royal Anthropological Institute,* 84: 111-130.

VANDERMEERSCH, B. (1985): The origin of the Neandertals. In (E. Delson, Ed.): *Ancestors: The Hard Evidence,* pp. 306-309. New York: Alan R. Liss.

VLČEK, E. (1986): Les Anteneandertaliens en Europe Centrale et leur Comparision avec l'Homme de Tautavel. *L'Anthropologie,* 90: 503-513.

VLČEK, E. (1989): *Homo erectus* in Europa. *EAZ Ethnographische-Archäologische Zeitschrift,* 30: 287-305.

VLČEK, E. & MANIA, D. (1989): Die Hominidenreste von Bilzingsleben. Funde von (1972 bis 1987). *Zeitschrift für Morphologie und Anthropologie,* 23: 219-235.

WAINSCOAT, J. (1987): Out of the Garden of Eden. *Nature,* 325: 13.

WILEY, E. O. (1981): *Phylogenetics. The Theory and Practique of Phylogenetic Systematics.* New York: John Wiley & Sons.

WOLPOFF, M. H. (1971): Vértesszöllös and the presapiens theory. *American Journal of Physical Anthropology,* 35: 209-216.

WOLPOFF, M. H. (1980): Cranial remains of Middle Pleistocene European hominids. *Journal of Human Evolution,* 9: 339-358.

WOLPOFF, M. H. (1982): The Arago dental sample in the context of hominid dental evolution. In *L'Homo erectus et la Place de l'Homme de Tautavel Parmi les Hominidés Fossiles,* Volume 1, pp. 389-410. Nice: Louis-Jean Scientific and Literary Publications.

WOLPOFF, M. H. (1989a): Multiregional evolution: the fossil alternative to Eden. In (P. Mellars & C. B. Stringer, Ed.): *The Human Revolution: Behavioural and Biological Perspectives on the Origins of Modern Humans,* pp. 62-108. Edinburgh: Edinburgh University Press.

WOLPOFF, M. H. (1989b): The place of the Neandertals in human evolution. In (E. Trinkaus, Ed.): *The Emergence of Modern Humans. Biocultural Adaptations in the Later Pleistocene,* pp. 97-141 and combined references for the volume on pp. 232-276. Cambridge: Cambridge University Press.

WOLPOFF, M. H. (1992): Theories of modern human origins. In (G. Bräuer & F. H. Smith, Eds.): *Continuity or Replacement? Controversies in Homo sapiens Evolution,* pp. 25-63. Rotterdam: Balkema.

WOLPOFF, M. H. & FRAYER, D. W. (1992): Neanderthal dates debated. *Nature,* 356: 200-201.

WOLPOFF, M. H., SMITH, F. H., MALEZ, M., RADOVČIĆ, J. & RUKAVINA, D. (1981): Upper Pleistocene human remains from Vindija Cave, Croatia, Yugoslavia. *American Journal of Physical Anthropology,* 54: 499-545.

WOLPOFF, M. H., SPUHLER, J. N., SMITH, F. H. RADOVČIĆ, J., POPE, G., FRAYER, D. W., ECKHARDT, R. & CLARK, G. (1988): Modern human origins. *Science,* 241: 772-773.

WOLPOFF, M. H., WU XINZHI & THORNE, A. G. (1984): Modern *Homo sapiens* origins: a general theory of hominid evolution involving the fossil evidence from east Asia. In (F. H. Smith & F. Spencer, Eds.), *The Origins of Modern Humans: A World Survey of the Fossil Evidence,* pp. 411-483. New York: Alan R. Liss.

WU RUKANG & WU XINZHI (1982): Comparison of Tautavel man with *Homo erectus* and early *Homo sapiens* in China. In: *L'Homo erectus et la Place de l'Homme de Tautavel Parmi les Hominidés Fossiles,* Volume 2, pp. 605-616. Nice: Louis-Jean Scientific and Literary Publications.

Evolución humana en Europa y los yacimientos de la Sierra de Atapuerca, págs. 243-248

Comparación morfológica de los cráneos humanos del Pleistoceno Medio en China y Europa

Morphological Comparison between Human Skulls of Middle Pleistocene from China and Europe

Wu Xinzhi

Institute of Vertebrate Paleontology and Paleoanthropology Academia Sinica, Beijing 100044 PR China

Resumen.

Existen diferencias en la morfología detallada o en la frecuencia de aparición de algunos caracteres (elevación medio sagital, perfil sagital de la escama frontal, orientación de la superficie anterolateral del hueso cigomático, disposición del borde inferior de los huesos malares, presencia de exóstosis del oído) en los cráneos del Pleistoceno Medio de China y Europa. Al mismo tiempo, se parecen en otros caracteres (localización del máximo espesor del cráneo, sulcus interparietal, bunnig, torus maxilar, dirección paralela del segmento frontal de las líneas temporales, osículo lamboidal) comparándolos con los especímenes africanos. En el presente artículo intentaremos explicar estos fenómenos.

Abstract:

There are differences in detailed morphology or frequency of appearance in some features (mid-sagittal elevation, mid-sagittal contour of the frontal squama, orientation of anterolateral surface of zygomatic bone, lower border of bones of cheek region, ear exostosis) of the middle Pleistocene skulls from China and Europe. While they are similar in other features (location of maximum breadth of skull, interparietal sulcus, bunning, maxillary torus, parallel course of the frontal segment of temporal lines, lambdoidal ossicle) as compared to the african specimens. Tentative explaination of these phenomena was made in the present paper.

Palabras clave:

Cráneo, Morfología, China, Europa, Pleistoceno Medio.

Key words:

Skull, Morphology, China, Europe, Middle Pleistocene.

En la discusión sobre la continuidad de la evolución humana en China, hemos usado una serie de caracteres morfológicos comunes como prueba principal. Algunos especialistas que no creen en esta hipótesis argumentan que estos caracteres no sólo se ven comúnmente en China sino que también son compartidos por los contemporáneos de otras regiones. La investigación de la morfología detallada de algunos de estos caracteres en las diferentes regiones geográficas puede ayudar a que el escenario de la evolución humana sea más claro.

Los cráneos chinos y los europeos del Pleistoceno Medio presentan diferencias en los siguientes caracteres:

In discussing the continuity of human evolution in China we have used a series of common morphological characters as the main evidence. Some scholars who do not believe this hypothesis argued that these characters are not only commonly seen in China but also shared by the counterparts of other regions. To investigate the detailed morphology of some of these characters in different regions may help to make the scenarios of human evolution clearer. This is a part of this study.

Chinese and european Middle Pleistocene skulls have differences in following features:

1
Elevación medio-sagital.

En Petralona se extiende a lo largo de los dos tercios de la línea media del hueso frontal. Su contorno parece un triángulo bilateral con las puntas hacia abajo y hacia arriba la máxima anchura localizada en la parte superior. No es alto, en comparación con su anchura. La elevación medio-sagital se ve también en la parte media de los huesos parietales. En Arago esta estructura puede discernirse en el tercer cuarto (de arriba a abajo) del hueso frontal. Es muy débil y su contorno es indeterminado. No hay elevación medio sagital en la zona parietal. En Swanscombe no hay prueba clara de elevación medio-sagital sobre el cráneo. En Steinheim parece no existir tal estructura sobre el hueso frontal pero está presente en la parte posterior del hueso parietal, su forma es irregular.

En Zhoukoudian se extiende sobre la mayor parte de los huesos frontal y parietal. Parece una arista con casi la misma anchura en la mayor parte de su longitud y es mucho más gruesa comparada con la de los especímenes europeos. En Hexian se extiende sobre toda la escama frontal detrás de la hendidura supratoral. El grosor relativo, comparándolo con su anchura, no es tan alto como en los otros especímenes chinos. En Dali existen la mitad inferior de la escama frontal excepto en la hendidura supratoral. Está configurado de forma delgada con la máxima anchura en su parte media. Es especialmente grueso en dicha parte. En Maba, sólo se conserva el tercio inferior de la porción media de la escama frontal. Hay una elevación medio-sagital débil en esta parte inferior. En Jinniushan, esta estructura está presente sobre la parte central conservada de la escama frontal (Wu, 1988). En Quyuan River Mouth, esta estructura está ausente (Li y Etler, 1992).

1
Mid-sagittal elevation.

In Petralona it extends along the upper two thirds of the medial line of frontal bone. Its contour looks like a bilateral triangle with the tip pointing downward and forward and the maximum breadth locating at the upper part. It is not high (thick) in comparison with its breadth. The medial sagittal elevation is also shown at middle part of the parietal bones. In Arago this structure can be discerned at the third fourth (from above downward) of the frontal bone. It is very weak and the contour is indistinct. There is no medial sagittal elevation on the parietal part. In Swanscombe no clear evidence of mid-sagittal elevation on the skull. In Steinheim it seems to be no such structure on frontal bone, but presents on the posterior part of parietal bone. Its shape is irregular.

In Zhoukoudian it extends on most part of frontal and parietal bones. It looks like a ridge with almost similar breadth in most part of its length and is much thicker as compared to the European specimens. In Hexian it extends on the whole frontal squama behind the supratoral groove. The relative thickness as compared with its breadth is not as high as that in other chinese specimens. In Dali it exists at lower half of the frontal squama except the supratoral groove. It is spindle shaped with the maximum breadth at its middle part. It is especially thick at the middle part. In Maba only lower one third of the median portion of the frontal squama was preserved. There is a weak mid-sagittal elevation at this lower part. In Jinniushan this structure is present on the preserved central part of frontal squama (Wu 1988). In Quyuan River Mouth this structure is absent. (Li and Etler, 1992).

En general, el ratio entre el grosor y la anchura de la elevación es mucho mayor en los especímenes chinos que en Petralona y parece que esta estructura aparece más frecuentemente y más pronunciadamente en China que en Europa. En África la elevación mediosagital, si existe, es normalmente similar a la de Petralona y no a la de los cráneos chinos (Wu y Bräuer, en prensa).

In general, the ratio of the thickness to the breadth of the elevation is much larger in chinese specimens than that of Petralona. And it seems that this structure appears more frequently and stronger in China than in Europe. In Africa the mid-sagittal elevation, if present, is usually similar to that of Petralona instead of chinese ones (Wu and Bräuer *in press*).

2 Contorno medio-sagital de la escama frontal.

La Tabla siguiente muestra algunas medidas e índices de la escama frontal de importantes cráneos del Pleistoceno Medio de China y Europa.

2 Mid-sagittal contour of the frontal squama.

Following table shows some measurements and indices of frontal squama of the important Middle Pleistocene skulls from China and Europe:

	g-b	glabella subtense fraction	g-b subtense	n-b	nasion subtense fraction	29f/29d	29e/29d	29c/29
Martin no.	(29d)	(29f)	(29e)	(29)	(29c)			
ZKDIII	98.0	46.0	14.0	101.5	47.0	0.47	0.14	0.46
X	111.0	54.5	13.7	113.5	52.0	0.49	0.12	0.46
XI	105.0	55.0	17.7	107.0	51.0	0.52	0.17	0.48
XII	106.5	61.3	13.0	113.2	56.0	0.57	0.12	0.49
Hexian	112.0	64.0	–	–	–	0.57	0.19	–
Dali	113.0	49.0	19.5	115.0	50.0	0.43	0.17	0.43
Maba	113.0	51.0	20.0	116.0	55.0	0.45	0.17	0.47
Petralona	111.5	78.0	15.0	111.0	78.0	0.69	0.13	0.70
Arago	104.5	57.5	12.5	–	–	0.55	0.11	–
Steinheim	101.5	66.0	17.0	–	–	0.65	0.16	–

La comparación muestra que la glabela subtense fraction y la nasion subtense fraction son relativamente más cortas en los especímenes chinos. La posición de la parte más saliente de la curva medio-sagital se localiza en una posición anterior y más baja en los especímenes chinos que en los europeos. Los contemporáneos africanos están generalmente más próximos a los europeos en estos dos índices (Wu y Bräuer en prensa).

The comparison shows that the glabella subtense fraction and nasion subtense fraction are relatively shorter in chinese specimens. The position of the most bulging part of the median sagittal curve locates at a more anterior and lower position in chinese specimens than in European ones. The african counterparts are generally closer to european ones in these two indices (Wu and Bräuer *in press*).

3
Orientación de la superficie anterolateral del proceso frontal del hueso cigomático.

En los especímenes chinos (Zhoukoudian, Dali, Jinniushan, Quyuan River Mouth, Maba), el ángulo formado por las líneas horizontales que representan la orientación de la superficie anterolateral de los procesos frontales de los huesos cigomáticos es bastante más grande que en Steinheim, mientras que el ángulo es más pequeño en Petralona y Arago. Algunos de los especímenes africanos tienen un ángulo más grande, otros más pequeño. Tienen un espectro más amplio para este carácter que los especímenes de China.

3
Orientation of antero-lateral surface of the frontal process of the zygomatic bone.

In chinese specimens (Zhoukoudian, Dali, Jinniushan, Quyuan River Mouth, Maba) the angle formed by the horizontal lines representing the orientation of the anterolateral surface of the frontal processes of zygomatic bones is rather large as in Steinheim, while the angle is smaller in Petralona and Arago. Some of the african specimens have larger angle; some, smaller, they have a broader spectrum for this feature than in China.

4
Orientación de la línea inferior del proceso cigomático del maxilar y del proceso maxilar del hueso cigomático.

Estas líneas forman una línea menos curvada en Europa que en China. En Europa, esta línea se extiende del lado inferomedial al superolateral más directamente; en China, su segmento superior se dirige más horizontalmente; el segmento inferior, más hacia arriba.

Mientras que los especímenes africanos tienen las formas características para los especímenes europeo y chino, respectivamente.

Hablando en términos generales, con respecto a los caracteres tres y cuatro mencionados anteriormente, los homínidos africanos tienen un espectro más amplio que los de Eurasia (Wu y Bräuer, en prensa).

4
The lower border of zygomatic process of maxilla and maxillary process of zygomatic bone.

These borders form less curved line in Europe than in China. In Europe this line extends from inferomedial side to superolateral side more directly; in China its upper segment directs more horizontally; the lower segment more upward.

While the african specimens have the shapes characteristic for chinese and european specimens respectively.

Generally speaking, with regard to the above mentioned features 3 and 4, the african hominids have broader spectrum than that in Eurasia (Wu and Bräuer *in press).*

5
Exóstosis del oído.

No se documenta exóstosis del oído en los ejemplares del Pleistoceno Medio de Europa y África, mientras que está presente en los cráneos de Zhoukoudian y Dali.

Además de las diferencias, existen unas similitudes compartidas por los especímenes chinos y europeos pero distintos de algunos especímenes africanos (Wu y Bräuer en prensa):

5
Ear exostosis.

There is no ear exostosis reported in european and african Middle Pleistocene specimens, while it is present in Zhoukoudian and Dali skulls.

In addition to the dissimilariries there are some similarities shared by chinese and european specimens, but different from some african specimens (Wu and Bräuer *in press):*

a) El máximo espesor del cráneo se localiza en el tercio medio de la longitud craneal en todos los cráneos del Pleistoceno Medio de China y Europa. Y está en el tercio posterior en algunos cráneos africanos.

b) *Sulcus interparietal.*–Está ausente en los especímenes chinos y europeos, pero presente en algunos africanos.

c) *Bunning.*–Está ausente en los especímenes del Pleistoceno Medio chino y europeo, pero presente en algunos especímenes africanos (ej.: Eliye Springs, Laetoli 18).

d) *Torus maxilar.*–No se ha documentado en los especímenes africanos pero está presente en Zhoukoudian y Arago.

e) Dirección paralela del segmento frontal de la línea temporal. En Arago, estos segmentos de ambos lados son más mas o menos paralelos y son bastante largos. La distancia co-co es sólo un poco más larga que ft-ft. El espesor frontal mínimo está sobre la mitad del segmento frontal de las líneas temporales. En el cráneo V de Zhoukoudian, puede observarse una dirección casi paralela del segmento frontal de las líneas temporales.

Este fenómeno aparece raramente en Eurasia mientras que es más frecuente en África.

f) *Osículo lamboidal.*–En Zhoukoudian, cuatro de los seis cráneos conservados tienen la región apex de la escama occipital separada del resto del plano occipital por una sutura transversal accesoria que forma un osículo separado bilateral triangular. En dos de estos casos, hay una sutura casi separada de la escama superior total. En los otros dos cráneos restantes, hay un gran hueso interparietal cuya altura es más de la mitad de la de escama superior (Weidenreich, 1943). En el cráneo de Dali, se perdieron una gran parte de la mitad derecha del hueso occipital y una parte medial apical más pequeña de la mitad izquierda de este mismo hueso. Entre el segmento superior del ala izquierda de la sutura lamboidal y el margen superior del hueso occipital hay un residuo pequeño de un hueso interparietal. El parietal de Dingcun y los dos parietales de Xujiayao, muestran un indicio que indica la existencia probable de un hueso interparietal por la forma de la extremidad supramedial del hueso. En el *Homo erectus* de Hexian y en los *homos sapiens* más tempranos de Jinniushan, Chaoxian y Quyuan River Mouth, no puede observarse ninguno de estos pequeños osículos en esta región. En Europa, el hueso

a) The maximum breadth of the skull locates at Middle third of the cranial length in all of the Middle Pleistocene skull of both China and Europe. It is in the posterior third in some african skulls.

b) *Interparietal sulcus.*–It is absent in both chinese and european specimens but present in some african specimens.

c) *Bunning.*–This is absent in chinese and european Middle Pleistocene specimens but present in some african specimens. (e.g. Eliye Springs, Laetoli, 18).

d) *Maxillary torus.*–This has not been reported in african specimens, but present in Zhoukoudian and Arago.

e) Parallel course of the frontal segment of temporal line. In Arago this segment of both sides are more or less parallel and are rather long. The distance co-co is only slightly longer than ft-ft. Te minimum frontal breadth is at about midway of the frontal segment of temporal lines. In skull V of Zhoukoudian an almost parallel course of the frontal segment of temporal lines could be seen.

This phenomenon appeared rarely in Eurasia while it was more frequent in Africa.

f) *Lambdoidal ossicle.*–In Zhoukoudian four out of six preserved skull-caps have the apex region of the occipital squama separated from the rest part of the occipital plane by an accessory transverse suture to form a separated bilateral triangular ossicle. In two of these cases there is a suture mendosa separated almost the entire upper scale. In the two remaining skulls there is a large interparietal bone the height of which is about half the height of the upper scale (Weidenreich, 1943). In Dali skull a large part of the right half of occipital bone and a smaller medial apical part of the left half of this bone were lost. Between the upper segment of the left wing of lambdoidal suture and the upper margin of occipital bone there is a small remnant of an interparietal bone. The one parietal bone from Dingcun and two parietal bones from Xujiayao show a sign indicating the probable existence of an interparietal bone, by the shape of the supero-medial corner of the bone. In Hexian *Homo erectus* and the early *Homo sapiens* from Jinniushan, Chaoxian and Quyuan River Mouth none of small ossicle could be seen this region.

lamboidal de forma irregular se ha observado en el cráneo de Petralona, unos triangulares existen en Atapuerca. Por tanto, en Eurasia este hueso pequeño aparece más frecuentemente que en África en donde sólo un espécimen del Pleistoceno Medio (Ndutu) tiene un hueso pequeño triangular en esta zona.

Por lo tanto la morfología detallada de los caracteres mencionados anteriormente muestra complicadas relaciones entre los homínidos del Pleistoceno Medio. Aunque existen similitudes entre los especímenes chinos y europeos que conciernen a algunos de estos caracteres, las diferencias existentes entre ellos en el detalle morfológico y la frecuencia de aparición de otros caracteres merecen contemplarse como la prueba indicadora de una evolución relativamente separada durante un largo tiempo de los homínidos de Europa y China. El flujo genético fue subsidiario a la evolución humana en China. Las similitudes morfológicas entre Europa y China pueden explicarse por su mismo origen en el África del Pleistoceno Inferior. La deriva genética pudo jugar un importante papel responsable de las similitudes y diferencias entre África, Europa y China.

Marzo de 1993.

In Europe irregular shaped lambdoidal bone has been seen in Petralona skull, triangular ones existed in Atapuerca.

So in Eurasia this small bone is more frequently shown than in Africa in which only Middle Pleistocene specimen (Ndutu) has a small triangular bone at this spot.

Therefore the detailed morphology of above mentioned features shows complicated relations among the Middle Pleistocene hominids. Although there were similarities between chinese and european specimens concerning some of these features but the differences between them in morphological detail and frequency of appearance in other features deserve to be envisaged as the evidence indicating relatively separate evolution for long time of the hominids of Europe and China. Gene flow was subsidiary to the human evolution in China. The similarities in morphology between Europe and China could be explained by the same origin of them in early Pleistocene Africa. Genetic drift could play important role responsible to the similarities and dissimilarities between Africa, Europe and China.

BIBLIOGRAFÍA

Li, Tianyuan and Dennis Etler (1992): New Pleistocene hominid crania from Yunxian, China. *Nature*. Vol. 357, n.° 6.377, pp. 404-407.

Weidenreich, F. (1943): *The Skull of Sinanthropus pekinensis; a comparative study on a primitive hominid skull. Palaeontologia Sinica*. New series D, n.° 10.

Wu, Rukang (1988): The reconstruction of the fossil human skull from Jinniushan, Yinkou, Liaoning Province and its main features. *Acta Anthropologica Sinica*, Vol. 7, n.° 2, pp. 97-101.

Wu, Xinzhi and G. Bräuer (1993): Morphological comparison of archaic *Homo-sapiens* crania from China and Africa. *Acta Anthropologica Sinica* (in press, in chinese).

Evolución humana en Europa y los yacimientos de la Sierra de Atapuerca, págs. 249-262

La genética y el pasado de las poblaciones humanas de Europa Occidental

Genetics and the past of human populations in Western Europe

Jaume Bertranpetit y Francesc Calafell

Laboratorio de Antropología. Facultad de Biología. Universidad de Barcelona. España.

Resumen:

La estructura genética de las poblaciones actuales puede ser interpretada como el resultado de una historia demográfica, ya que las principales fuerzas que configuran las características genéticas de una población son la migración y la deriva genética. En el presente trabajo, presentamos un estudio de la variación de las frecuencias genéticas, centrado en la Península Ibérica, y extendido a continuación hasta abarcar toda la Europa Occidental. Se usan dos metodologías: un análisis continuo mediante componentes principales, y un dendrograma construido a partir de distancias genéticas entre poblaciones discretas. Ambos tipos de análisis coinciden en su resultado: los vascos son el principal rasgo del paisaje genético de Europa Occidental. Esta singularidad se interpreta como la conservación de la diferenciación genética originada antes del Neolítico, sin que sea posible precisar con exactitud en qué período se produjo. Finalmente, presentamos el estado actual de la genética evolutiva humana y discutimos qué cuestiones de la evolución humana pueden ser abordadas por la genética en un futuro próximo.

Abstract:

The genetic structure of extant populations can be interpreted as the outcome of a certain demographic history, as the main forces that shape the genetic features of a population are migration and drift. In this paper, we present a gene-frequency variation study focused on the Iberian Peninsula and further extended to Western Europe. Two approaches are used: a continuous analysis through principal components, and a dendrogram drawn from genetic distances between discrete populations. Both types of analysis yield the same result: the Basques are the main feature of Western Europe genetic landscape. This distinctiveness is interpreted as the preservation of a genetic differentiation originated at some indeterminated period before the Neolithic. Finally, the present state of human evolutionary genetics is described, and the expectations on what issues on human evolution may be addressed by genetics in a near future are discussed.

Palabras clave:

Análisis de componentes principales, Frecuencias genéticas, Península Ibérica, Europa Occidental.

Key words:

Principal component analysis, Gene franquencies, Iberian Peninsula, Western Europe.

1
Los genes y el pasado.

La presencia de un estudio genético dentro de un marco de análisis de la evolución humana puede resultar chocante, especialmente si se pretenden dilucidar etapas antiguas de nuestra evolución. Las perspectivas evolutivas de los análisis genéticos tienen como fuente de información los genomas de los individuos actuales, descendientes quizá de individuos cuyos restos fósiles se están recuperando, pero entre los que hay un lapso inmenso de tiempo. ¿Cómo puede, pues, integrarse un estudio genético dentro de este marco? ¿Cuáles son las posibilidades y limitaciones de la genética al tratar de reconstruir el pasado? ¿Hasta dónde puede la genética ofrecer su participación y dónde las dudas pueden tener más peso que las pretendidas conclusiones?

Todas estas preguntas no tienen respuestas taxativas: hay preguntas evolutivas concretas a las que la genética puede responder, otras que muy probablemente no hará nunca y una franja que se encuentra abierta al debate, al socaire de nuevos análisis, de nuevos desarrollos tecnológicos, tanto en biología molecular como en modelos teóricos. Y en esta interfase –fundamental para el avance de la ciencia– es donde se centra la mayor parte del debate, apasionado muchas veces, en el que elementos extracientíficos como posicionamientos *a priori,* protagonismos científicos, o el idealismo en la capacidad explicatoria de ciertos resultados pueden jugar un papel demasiado importante.

Lo que está fuera de dudas, a pesar de su reciente desarrollo, es que en la composición genética de las poblaciones actuales persisten trazas de un pasado remoto y que depende de nuestra destreza poderlo recuperar. Los grandes rasgos genéticos de las poblaciones de los diversos continentes reflejan procesos de expansión asociados a cambios demográficos, que a su vez van ligados a cambios culturales que han tenido lugar en el pasado, siendo la expansión del Neolítico uno de los procesos que mayor impacto ha tenido en diversas áreas geográficas (Cavalli-Sforza *et al.,* 1993 y 1994).

Esta capacidad de inmersión en el pasado no debe sorprendernos. El desarrollo en este siglo de la genética de poblaciones –y los conocimientos más recientes en evolución molecular– han sentado las bases para comprender los cambios genéticos en el transcurso de las generaciones: la reconstrucción de la evolución, de su forma y ritmo. La formulación de los relojes moleculares (véase Nei, 1987 para una revisión) supuso un importante avance, y tanto la sistemática como la comprensión de la evolución de los seres vivos han tenido un enorme crecimiento con las aportaciones del análi-

1
Genes and the past.

A genetic study may seem odd in a book devoted to the analysis of human evolution, especially in its earlier stages. Genetic analyses draw their information from the genomes of living individuals, who are the descendants of ancient populations whose fossilized remnants are being unearthed and studied. There is a huge time span between the fossil and the living man. Thus, how can we gain insight into human evolution from genetics? What are the possibilities and shortcomings of the genetic attempts to reconstruct the past? How far back in time may we rely on genetics? We have no ultimate answer to these questions. There are some issues in evolution that genetics can address and others are excluded from the scope of genetics, but there is an intermediate area open to debate, pushed forward by new developments both in molecular biology and theoretical models. In this interphase –which is essential to scientific progress– much passionate discussion is focused, too often unduly heated by prejudice, scientific vanity, or results explained too idealistically.

Undoubtedly, the genetic composition of extant populations contains traces of a distant past. Our skills are decisive when trying to uncover the history behind the present genetic structure. The main genetic features of the populations in different continents echo expansion processes linked to demographic changes, which are themselves related to past cultural changes. The neolithic expansion, one such process, had a great impact in several geographic areas (Cavalli-Sforza *et al.,* 1993, 1994).

We should not be amazed by the ability of genetics to delve into the past. The developments in population genetics throughout this century, including the most recent breakthroughs in molecular evolution, have made it possible to understand the genetic changes throughout the generations, and to reconstruct evolution in shape and tempo. Molecular clocks (see Nei, 1987, for a review) led to new insights, and both systematics and evolutionary studies underwent a huge growth spurred by genetic analyses. Therefore, knowledge of human evolution has also benefited from these innovations.

Genetic variations may be observed in many ways. What we observe and how we deal with our results numerically determine the time depth of our studies. DNA sequence comparisons can lead back hundreds of millions of years, while more variable genome regions may allow inferences in the range of tens of thousand years. Human populations are not much genetically diverse; hence, tools are needed to detect sis genético. Y la comprensión de nuestra propia evolución, claro está, ha salido también beneficiada.

Hay muchas formas de observar la variación genética y depende de lo que observemos y cómo realicemos los análisis numéricos, las conclusiones podrán situarse más cerca o lejos en el tiempo. Comparaciones de determinadas secuencias de DNA pueden llevarnos a reconstruir un pasado situado más allá de centenares de millones de años, mientras que las de otras regiones del genoma pueden remontarse a épocas mucho más recientes, del orden de unas decenas de miles de años. Entre poblaciones humanas, con una diversidad genética muy pequeña, precisaremos herramientas que detecten cambios en períodos cortos; las mejor conocidas, tanto en su distribución geográfica como en su dinámica de cambio son las frecuencias génicas. Otro tipo de información, sin embargo, está siendo utilizada con eficacia discutible, como las secuencias de la región de control del DNA mitocondrial (Vigilant *et al.,* 1991), polimorfismos del DNA (Bowcock *et al.,* 1991) o el número variable de repeticiones de grupos de nucleótidos (Chakraborty y Daiger, 1991).

Intentaremos aquí hacer una revisión de la información genética existente para una región concreta –la Península Ibérica dentro del contexto de la Europa Occidental–, y llevaremos a cabo algunos análisis que nos permitan extraer conclusiones en términos de historia de las poblaciones y discutir hasta dónde, en nuestro pasado, puede adentrarnos el análisis genético actual o el que podemos prever en un futuro próximo.

changes in short time spans. Genetic frequencies are one of such tools, and surely the best known, for two reasons: a wide geographical coverage is available, and precise models of time change have been developed. Other types of information, such as mitochondrial DNA control región sequences (Vigilant *et al.,* 1991), DNA polymorphisms (Bowcock *et al.,* 1991) or the variable repeat number of nucleotide groups (Chakraborty and Daiger, 1991) are being used with debatable efficiency.

In this paper, we review all the genetic information available for a certain area –the Iberian Peninsula in Western Europe– and we perform analyses that lead to conclusions in terms of population history, and discuss what time depth genetic analyses can yield, now or in the near future.

2
La diversidad genética en Europa Occidental.

La reconstrucción del pasado parte del análisis de la diversidad actual. El primer paso, pues, es la descripción de esta variación, tan completa como sea posible. En genética de poblaciones humanas tenemos un material extraordinario, recogido por multitud de investigadores durante décadas: las frecuencias génicas para los diversos sistemas polimórficos descritos en el hombre. Estos sistemas genéticos son muy diversos: variantes antigénicas presentes en los eritrocitos (grupos sanguíneos), o presentes en los leucocitos (sistema HLA), variantes de enzimas, de proteínas o de las inmunoglobulinas. Todos ellos comparten un conjunto de propiedades que nos permiten un tratamiento común.

2
Present genetic frequencies and history.

The reconstruction of the past starts from the examination of present diversity. The first step to be taken, is, thus, a complete description of this variation. In human population genetics, outstanding material is available: genetic frequencies for the polymorphic systems described in man, gathered for decades by a large number of researchers. These systems include antigenic variants in red cells (e.g., blood groups), or in white cells (HLA), and variants of enzymes, proteins or immunoglobulins. All of them share a set of properties that allow a common treatment.

Four basic mechanisms make gene frequencies change: mutation, natural selection, migration and genetic drift, but

Entre los mecanismos de cambio de las frecuencias génicas (mutación, selección natural, migración y deriva genética) nos interesan especialmente los dos últimos por su íntima relación con la historia demográfica de la población. La mutación, por su baja frecuencia, no debe tenerse en cuenta. El papel de la selección puede asimismo obviarse escogiendo sistemas genéticos sobre los que la selección no actúe de forma diferencial sobre los diferentes alelos: sólo deben tratarse genes neutros o casi neutros.

La deriva (cambio al azar en las frecuencias génicas en poblaciones debido a su tamaño reducido) puede producir grandes cambios genéticos en condiciones demográficas precisas: poblaciones pequeñas y aisladas, condiciones que debieron prevalecer en el pasado. Cuanto menor y más aislada es una población mayor es su capacidad de diferenciarse. Por ello, no nos debe extrañar que sucesos antiguos dejasen, a través de su impacto demográfico, grandes huellas en el patrimonio genético.

Por último, la migración: con el movimiento de individuos se producirá una gradación en las características genéticas de las poblaciones. Dentro de los procesos que abarca la migración, han tenido mayor impacto en la historia de las poblaciones humanas los movimientos a corta distancia que los raros procesos de movimiento de masas (Cavalli-Sforza *et al.*, 1993).

Las innovaciones tecnológicas que permitieron una expansión demográfica han dejado sus huellas en las poblaciones actuales. Así, se pueden detectar las trazas de las expansiones que la adopción de la agricultura conllevó en varios focos geográficos: el Creciente Fértil, los centros de domesticación en el norte y sur de China, Centroamérica y la región andina, y el oeste de África. Así mismo, otros avances tecnológicos, como la domesticación del caballo en las estepas euroasiáticas o el perfeccionamiento de la navegación en el sureste asiático comportaron movimientos importantes de población, que se reflejan en la composición genética de las poblaciones actuales europea y polinésica, respectivamente. El impacto genético de todos estos procesos es especialmente importante en poblaciones pequeñas. Cuando, después de diversos avatares históricos, estas poblaciones aumentan de tamaño, las características genéticas serán muy difíciles de variar: podemos decir que quedan *congeladas* por el aumento demográfico. Por ello, podemos interpretar el pasado observando el presente.

only the last two are useful to unveil the demographic history of a population. Mutation should not be taken into account as it is too rare an event. The role of selection, which is much more related to environment than to history, can be avoided by choosing known neutral or nearly neutral genes, i.e., genes whose alleles are not differentially affected by a selective agent.

Genetic drift (a random change in gene frequencies in a population due to its small size) can produce large genetic changes when precise demographic conditions are fulfilled: small, isolated populations as they usually were in ancient times. The lesser and more isolated a population, the larger its ability to differentiate. Therefore, we should not wonder that ancient events left large traces in the gene pool through their demographic impact.

As for migration, the displacement of individuals generates a gradation in the genetic features of populations. Short-distance movements have had greater consequences on human population history than the more infrequent mass migrations (Cavalli-Sforza *et al.,* 1993).

The technological innovations that allowed a demographic expansion left their vestiges in present populations. We can detect the traces of the expansions that the shift to agriculture triggered in several world regions: the Fertile Crescent, domestication centers in North and South China, Central America and the Andean region, and West Africa. Other technological breakthroughs, such as horse domestication in the Euroasiatic steppes or navigation improvements in Southeast Asia, brought about important population movements reflected in the genetic makeup of the present European and Pacific populations. The genetic outcome of all these processes is especially important in small populations. When small populations grow, their former genetic features are preserved; they remain *frozen* by the demographic upsurge. Thus, we may interpret the past by observing the present.

3
La variación genética en un marco continuo.

Dentro del marco geográfico que abarcará desde la Península Ibérica hasta Europa Occidental ha sido posible obtener una gran cantidad de información genética. Los resultados que vamos a exponer se basan en el tratamiento de frecuencias génicas para 93 alelos correspondientes a 31 sistemas diferentes. El número de muestras varía según el ámbito geográfico: 851 para la Península Ibérica, 1.726 para la Península Ibérica y Francia y 4.228 para Europa Occidental. Cabe hacer énfasis en que estas elevadísimas cifras representan estudios de un polimorfismo en una población, con muestras normalmente por encima de los 100 individuos. Información más detallada sobre los sistemas usados puede encontrarse en Calafell y Bertranpetit (1994).

El tratamiento de estos datos puede hacerse de diversas maneras, entre las que presentaremos dos. Un análisis continuo por componentes principales (CP) y uno discontinuo con distancias genéticas.

El análisis por componentes principales permite resumir en pocas variables, llamadas componentes principales y construidas como combinaciones lineales de las originales, gran parte de la información contenida en las variables originales.

No entraremos en un análisis detallado de la metodología estadística que esta técnica conlleva; remitimos al lector interesado a tratados de análisis multivariante (Cuadras, 1981), o a la amena exposición de Gould (1981, cap. VI). Los componentes principales permiten visualizar la información contenida en un gran número de variables mediante la representación de pocos componentes principales; cada componente principal explica una fracción de la variabilidad original mayor que la explicada por el siguiente componente principal. Además, los componentes principales son, por construcción, estadísticamente independientes, por lo que acontecimientos diferentes se reflejarán en componentes principales diferentes.

En el caso que nos ocupa, se ha recogido toda la información genética disponible para las poblaciones de la Península Ibérica, y se ha completado con los datos contenidos en Cavalli-Sforza *et al.,* 1994, para Europa Occidental. Consideramos tres marcos geográficos: la Península Ibérica, ésta más Francia, y toda la Europa Occidental continental al oeste del meridiano 15° E y al sur del paralelo 55° N, es decir, la Península Ibérica, Francia, Alemania, el Benelux y partes de Italia, Eslovenia, Polonia, Dinamarca y la República Checa. Las frecuencias de los alelos empleados se han interpolado sobre

3
Genetic variation in a continuous frame.

It has been possible to gather a substantial amount of genetic information for the Iberian Peninsula and the rest of Western Europe. The results presented below are based on a genetic frequency database comprising 31 different systems (93 alleles). Sample numbers vary according to the area considered: 851 in the Iberian Peninsula, 1.726 in the Iberian Peninsula plus France, and 4.228 for Western Europe. It should be stressed that these huge figures mean studies of a certain polymorphism in a given population, with samples usually of more than 100 individuals. More detailed information on the systems used can be found in Calafell and Bertranpetit (1994).

These data can be studied in several ways, two of which are presented here: a continuous principal component (PC) analysis and a discontinuous approach by means of genetic distances.

Principal component analysis summarizes a large fraction of the information contained in the original sample in a few variables. These are referred to as principal components and constructed as linear combinations of the original variables. We will not explain the statistical methodology behind this technique in depth; the interested reader may refer to multivariate analysis treaties (Comrey, 1992) or to the enjoyable summary in Gould (1981, chap. VI). Principal component analysis allows us to visualize the information present in a large number of variables through the representation of a few principal components; the fraction of the original variability explained by the first principal component is larger than that explained by the second, and so on. Furthermore, principal components are, by construction, statistically independent; this means that different events will show up in different principal components.

In this paper, we have gathered all the information available for the Iberian Peninsula populations and completed it with data from Cavalli-Sforza *et al.* (1994) for Western Europe. Three areas are considered: the Iberian Peninsula, the Iberian Peninsula plus France, and continental Western Europe west of meridian 15° E and south of parallel 55° N, i.e., the Iberian Peninsula, France, Germany, the Benelux countries, and parts of Italy, Slovenia, Poland, Denmark and the Czech Republic. The frequencies of the alleles used have been interpolated over a regular grid of points, in order to homogenize the geographic distribution of the frequencies. Principal component analysis has been performed upon the-

1. *Primer componente principal de las frecuencias genéticas de las poblaciones de la Península Ibérica. Vista desde el sureste, como se indica en la figura superior izquierda.*

1. *First principal component of genetic frequencies of the populations in the Iberian Peninsula. View from southeast, as shown by inset.*

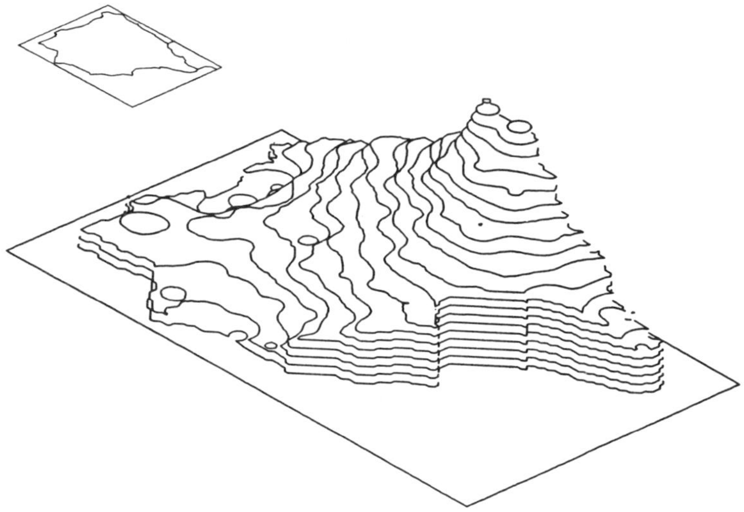

2. *Primer componente principal de las frecuencias genéticas de las poblaciones ibéricas y francesas. Vista desde el sureste (ver figura superior izquierda).*

2. *First principal component of genetic frequencies of the populations in the Iberian Peninsula and France. View from southeast, as shown by inset.*

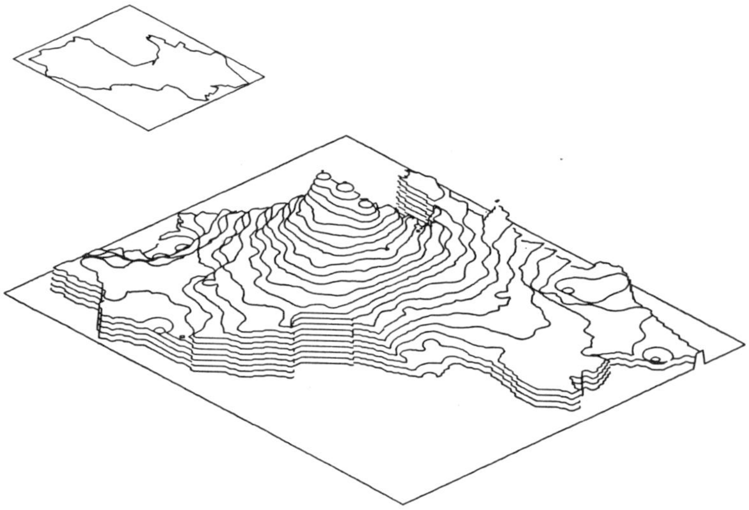

una red constante de puntos, a fin de homogeneizar su distribución geográfica. Estos mapas genéticos parciales se han tratado mediante análisis por componentes principales, que permiten la construcción de mapas sintéticos (Piazza *et al.,* 1981). Cada mapa sintético resume un porcentaje cuantificable y muy elevado de la información contenida en los mapas de los 91 alelos. Como resultado, disponemos para cada punto del mapa, definido por su latitud y longitud, de una tercera dimensión, genética, que podemos representar como un paisaje. Hablamos, así, de *paisajes genéticos,* donde los picos y los valles representan los extremos de la variabilidad genética de las poblaciones. Los paisajes definidos por cada uno de los primeros componentes principales pueden llamarse sintéticos en el sentido de sintetizar la información genética contenida en muchos genes.

se partial genetic maps, leading to the construction of synthetic maps (Piazza *et al.,* 1981). Each synthetic map summarizes a quantifiable and large percentage of the information conveyed by the 91 alleles. As a result, we obtain, for every point on the map (defined by its latitude and longitude), a genetic third dimension, which can be depicted topographically. We speak of *genetic landscapes,* where peaks and valleys represent the extremes of the genetic variability in the populations. Landscapes defined by each of the first principal components may be called synthetic as they synthesize the information contained in many genes.

3.1.
Paso I: La Península Ibérica.

La representación del primer componente principal sobre la Península Ibérica da una imagen muy clara (Figura 1): muestra la diferenciación de la poblacón vasca respecto el resto de la Península. Esta diferenciación es el rasgo más distintivo y globalmente más importante de las diferencias genéticas existentes dentro de la Península Ibérica. Este primer componente explica un 24,5 por 100 de la variación, lo cual indica que muchos de los genes analizados contribuyen al mismo tiempo a mostrar esta diferencia. No se trata, pues, de la detección de una población con alguna característica específica

3.1.
Step I: The Iberian Peninsula.

The representation of the first principal component in the Iberian Peninsula (Figure 1) yields a clear-cut picture: it shows the differentiation of the Basque population from the rest of the Peninsula. This is the most distinctive feature of the genetic differences within the Iberian Peninsula. The first principal component explains 24.5% of the genetic variation, which means that many of the genes analyzed contribute to build up the differences. It is not, thus, the detection of a single specific trait in a population (like the well-known high Rh- frequency among the Basques), but a global and sta-

(como el conocido Rh negativo entre los vascos) sino de una diferenciación global, estadísticamente importante.

El polo opuesto se encuentra en el norte de Portugal, pero de hecho se observa un descenso gradual en todas direcciones, tanto hacia el oeste, como el sur o el este. Quizás sea digno de notar que en la dirección del valle del Ebro (sudeste respecto el pico) es donde la pendiente es menor.

Todas estas observaciones deben su explicación a la historia de la población, tal como se discutirá posteriormente. El pico observado en los vascos sugiere claramente que la delimitación geográfica escogida secciona la distribución de las características genéticas que han formado el primer componente. Por ello nos induce a ampliar el área geográfica, incluyendo Francia.

3.2. Paso II: Francia y la Península Ibérica.

El primer componente en esta área geográfica se mantiene muy cercano a su distribución anterior (Figura 2): sigue claramente mostrándose un pico en la región vasca y un descenso gradual en todas direcciones. Es interesante notar la existencia de grandes regiones muy llanas (que significa que no presentan diferencias en su interior en cuanto a la función de las frecuencias génicas que construyó el primer componente) tanto en el norte de Francia como en el sur de la Península Ibérica. Globalmente Francia aparece homogénea, claro indicador de la ausencia de las características que han construido el primer componente.

Al haber ampliado el área hemos introducido muchos datos nuevos, frecuencias génicas cuya distribución puede haber sido modulada por diversos avatares de la propia historia demográfica no consideradas al analizar exclusivamente la Península Ibérica. Esto no obstante, la singularidad vasca sigue mostrándose como la característica global más importante.

3.3. Paso III: Europa Occidental.

Si aún expandimos más el área, hasta abarcar Europa Occidental, el polo de variación sigue presentándose en la población vasca (Figura 3), con un descenso gradual de las características hacia Centroeuropa, en gran parte ocupada por una planicie. El polo opuesto a los vascos es la zona más distante a ellos y la Península Ibérica se presenta ahora más homogé-

tistically important differentiation. The lowest point in the map lies in Northern Portugal, but a gradual decrease from the Basque peak can be observed in every direction. It should be noted that the gentlest slope is found towards the Ebro valley, southeast from the summit.

All these results can be explained through population history, as will be discussed below. The peak found in the Basque country clearly suggests that the geographic frame chosen dissects the distribution of the genetic characteristics that formed the first component. This leads us to expand the area studied, to include now France.

3.2. Step II: France and the Iberian Peninsula.

The first component in this area (Figure 2) remains close to the previous distribution: a peak is again found in the Basque region, descending evenly in every direction. Flat areas spread over both northern France and the southern Iberian Peninsula; they do not show internal differences in the function of the genetic frequencies that constitutes the first principal component. France looks homogenous, lacking the features that built the first principal component.

When broadening the area studied, many new data have been added. These new genetic frequencies may have been shaped by historical events not affecting the Iberian Peninsula. Nevertheless, the Basque singularity stands out as the most distinctive genetic feature.

3.3. Step III: Western Europe.

If we enlarge our study area even further, to include the whole Western Europe, one end of the variation range stays among the Basques (Figure 3), falling smoothly towards Central Europe, which is a low plain. The lowest point, and thus, that representing the least similarity to Basques, is also the most distant from the Basque Country. Now, the Iberian

3. *Primer componente principal de las frecuencias genéticas en las poblaciones europeas occidentales. Vista desde el sureste.*

3. *First principal component of genetic frequencies of the Western European populations. View from southeast, as shown by inset.*

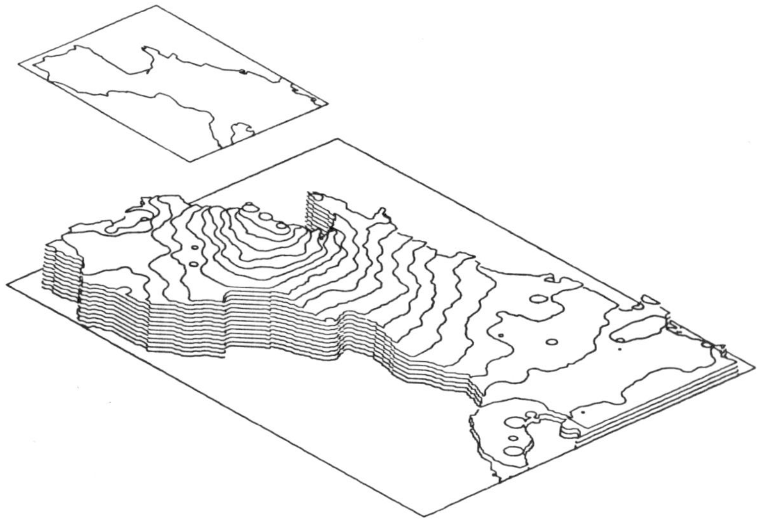

nea, encontrándose en ella sólo una parte de la variación genética global.

Es interesante señalar como la singularidad vasca se mantiene como primer componente principal aún en esta amplia área geográfica: de hecho gran parte de la Europa Occidental presenta escasa variación genética. Es de notar, además, que en la amplia área considerada no se observa ninguna población que forme una colina en la amplia llanura del paisaje genético; esto significa que no hay poblaciones que compartan la composición genética de la población vasca y por tanto no puede hablarse del origen de los vascos a partir de migraciones desde cualquier punto del área considerada. La única interpretación posible será que la diferenciación se ha producido en la misma región actualmente ocupada por los grupos que presentan la caracterización genética y que coinciden con los de habla vasca (Piazza *et al.,* 1988; Cavalli-Sforza, 1988).

Peninsula looks more homogeneous, and encompasses only a part of the total genetic variation.

It should be noted that the Basque singularity remains as the first principal component even in this large geographic area; in fact, most of Western Europe shows scarce genetic variation. Moreover, in the area considered no population forms a hill on the vast plains of the genetic landscape; therefore, no population shares the genetic composition of the Basque population. A putative origin of the Basques as migrants from within Western Europe must be dismissed. The only plausible interpretation is that the differentiation took place in the Basque region itself (Piazza *et al.,* 1988; Cavalli-Sforza, 1988).

4
Relaciones cuantitativas entre poblaciones.

Los componentes principales explican sólo una fracción de la información que nos proporcionan las frecuencias génicas. Sin embargo, podemos medir la diferencia entre las frecuencias de dos poblaciones mediante el cálculo de una distancia genética. La distancia genética empleada, definida por Reynolds *et al.* (1983), no es más que la sofisticación de la suma de las diferencias para cada alelo entre dos poblaciones. La distancia de Reynolds (llamada más corrientemente "coefi-

4
Quantitative relations between populations.

Principal components explain only a fraction of the information provided by genetic frequencies. Nevertheless, the difference in genetic frequencies between two populations can be measured through a genetic distance. The genetic distance we have used was defined by Reynolds *et al.* (1983) and is no more than a sophistication of the addition of the differences for every allele between two populations. Reynolds'distance diferencias genéticas se han originado por deriva, y pretende

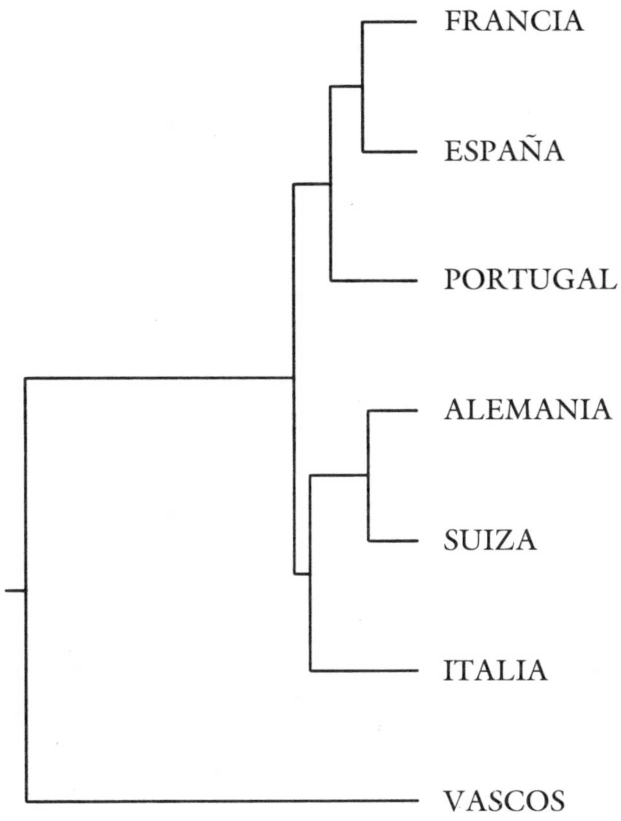

4. *Dendrograma de distancias genéticas de Reynolds entre poblaciones europeas occidentales.*

4. *Reynolds' genetic distance dendrogram on Western European populations.*

ciente de coancestridad" o distancia Fst) presupone que las estimar el tiempo de separación entre cada par de poblaciones dados ciertos supuestos teóricos. Para representar gráficamente una matriz de distancias genéticas, utilizamos el algoritmo UPGMA (Sneath y Sokal, 1973) para construir un dendrograma; se reúnen las dos poblaciones que presentan la menor distancia, se recalculan las distancias considerando que estas dos poblaciones forman ahora una única entidad, y así sucesivamente. En nuestro estudio, hemos comparado la población vasca con la española, portuguesa, francesa, italiana, alemana y suiza, tomando la suma de todos los estudios realizados en estos estados (fuente: Cavalli-Sforza *et al.*, 1994; salvo la Península Ibérica, Calafell y Bertranpetit, 1994), usando 30 genes (85 alelos).

El árbol resultante (Figura 4) muestra dos hechos claros: por una parte, una gran homogeneidad entre poblaciones europeas, incluso muy distantes, y, por otra parte, la disparidad presentada por la población vasca dentro de la *llanura* genética de la Europa Occidental. Resulta, pues, el mismo hallazgo que a partir del análisis por componentes principales.

(more often called coancestry coefficient or Fst distance) assumes that genetic differences originated by drift, and attempts to estimate the separation time between each population pair given certain theoretical conditions. In order to provide a graphical representation of a genetic distance matrix, the *average linkage* or UPGMA algorithm (Sneath and Sokal, 1973) is used to draw a dendrogram: the two populations having the least distance between them are grouped, distances are recomputed considering the first two populations as a single unit, and the process is repeated until the top of the dendrogram is reached.

The Basque population is compared here with national averages from Spain, Portugal, France, Italy, Germany and Switzerland (data from Cavalli-Sforza *et al.,* 1994; save for the Iberian Peninsula: Calafell and Bertranpetit, 1994), using 30 genes (85 alleles). The resulting tree (Figure 4) shows two clear points: a great homogeneity among European populations, even though geographic distances among them are quite large, and, on the other hand, the uniqueness of the Basque population in the Western European genetic plain. These findings are fully congruent with the principal component analysis.

5
Interpretación de la variación genética: los grandes rasgos.

El rasgo genético más importante dentro de las diversas áreas geográficas consideradas es, sin duda, la diferenciación de la población vasca. A partir de esta constatación puede intentarse una interpretación que, estando de acuerdo con la diversificación genética observada y con los posibles mecanismos que la pueden haber generado, se apoye y sea congruente con las aportaciones de la arqueología y lingüística histórica. Teniendo en cuenta el conjunto pluridisciplinar de evidencias la interpretación de la diferenciación se remonta a épocas pre-neolíticas. No hay posibilidad que el patrón genético observado se haya producido posteriormente o por otros mecanismos que la diferenciación *in situ* por deriva genética.

Evidentemente no puede darse una demostración directa, pero ésta es la única interpretación consistente. Para una discusión más extensa y en profundidad véase Bertranpetit y Cavalli-Sforza (1991) y Calafell y Bertranpetit (1994).

La interpretación como diferenciación pre-neolítica no pone un límite inferior al proceso: no puede haberse producido después, pero no sabemos si mucho antes. En este sentido una diferenciación en el Mesolítico es posible, aunque también lo es que sea anterior, tal como ha sugerido y argumentado Straus (1991a y 1991b, entre otros). La posible relación de la diversificación genética con el aislamiento relacionado con el último máximo glaciar (hace unos 18.000 años) es atrayente pero imposible de demostrar desde nuestra perspectiva. Hasta la actualidad los intentos de poner una fecha o un número de generaciones a los procesos que han conducido a la diferenciación tal como la observamos en términos de frecuencias génicas no han dado más que resultados tentativos y aún asumiendo premisas teóricas (sobre todo referentes a la migración) discutibles.

Si ahora observamos el segundo componente principal (Figura 5) para el caso intermedio que comprende la Península Ibérica y Francia, el patrón es completamente diferente. Ahora los dos polos contrarios se sitúan uno en la región mediterránea en el extremo oriental de los Pirineos y el otro en Bretaña, con ciertas afinidades en el País Vasco y Alsacia. La interpretación de este componente es que muestra las consecuencias genéticas del impacto demográfico que tuvo el proceso de neolitización (véase la argumentación en Bertranpetit y Cavalli-Sforza 1991 y Sokal *et al.*, 1991).

5
Interpreting the genetic variation: main traits.

The most distinctive genetic trait within the three areas studied is, undoubtedly, the Basque population differentiation. Starting from this premise we may attempt to provide an interpretation that agrees with the genetic differentiation observed and with the possible mechanisms for its generation, and, on the other hand, one that is based and congruent with data from archaeology and historical linguistics. Taking into account the multidisciplinary body of evidence, the differentiation may have taken place in preneolithic times. There is no possibility that the genetic pattern observed may have been produced afterwards or by mechanisms other than an *in situ* differentiation by genetic drift. Obviously, this scenario cannot be directly proved, but it is the only consistent interpretation; see Bertranpetit and Cavalli-Sforza (1991) and Calafell and Bertranpetit (1994) for an in-depth discussion.

The preneolithic differentiation model does not provide a lower time limit to the process: we know it cannot have happened later, but we do not know if it happened long before. Thus, a mesolithic differentiation is as likely as the earlier date suggested by Straus (1991a and 1991b). The possible relation of the genetic diversification to the isolation in the Last Glacial Maximum (around 18.000 BP) is appealing but unprovable from our standpoint. The attempts to date the process that led to the present differentiation have yielded figures that roughly agree with the actual results if one assumes debatable migration rates.

As for the second principal component in the Iberian Peninsula and France (Figure 5), we obtain a completely different pattern. Now, the extreme points are located at the eastern end of the Pyrenees and in Britanny, the latter having some affinities in the Basque Country and Alsace. This component can be interpreted as the genetic outcome of the demographic impact of the neolithization process (discussed in detail by Bertranpetit and Cavalli-Sforza, 1991 and Sokal *et al.*, 1991).

5. *Segundo componente principal de las frecuencias genéticas en la Península Ibérica y Francia. De nuevo, vista desde el sureste.*

5. *Southeast view of second principal component of genetic frequencies in Iberia and France.*

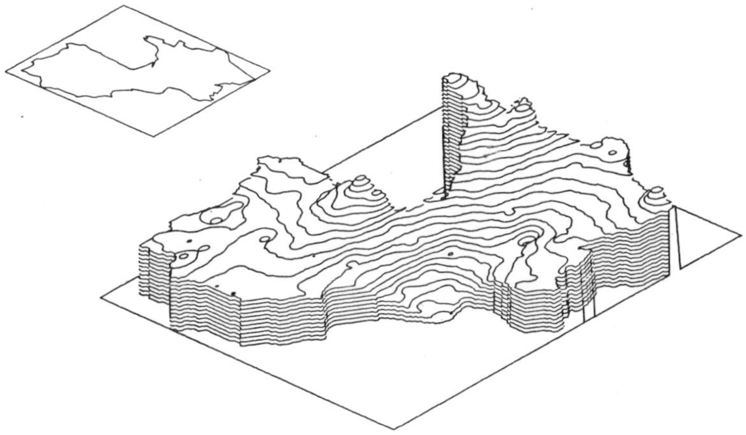

6
¿Qué puede detectar la genética?

Si se analizasen otros componentes principales veríamos que su interpretación se hace cada vez más difícil, ya que han dejado un impacto genético menor. Y no es de extrañar que la interpretación de los dos primeros componentes sea correlativa en el tiempo: es simplemente el resultado de las condiciones demográficas de cada período.

Lo que importa subrayar aquí es que a partir de la información dada por los marcadores clásicos podemos remontarnos a un pasado muy lejano, pero no más allá de un período pre-neolítico poco preciso y que en ningún caso puede postularse anterior al Paleolítico Superior. Fechas, todas ellas, muy modernas para el paleoantropólogo. ¿Significa ello que no hay rastro genético que pueda pertenecer a poblaciones anteriores? ¿Representa que ha habido extinción de los genes de los pobladores de la Europa Occidental anteriores al Paleolítico Superior? La respuesta es un rotundo no. En el presente análisis hemos intentado buscar en el tiempo cuándo se produjeron los sucesos que han dejado el rastro más importante en nuestro patrimonio genético. Pero no descartamos que en la variación no explicada puedan haber rastros de sucesos anteriores o de poblaciones mucho más antiguas. Simplemente el presente análisis no es capaz de detectarlo. Para lograrlo, es preciso abordar otro tipo de análisis genético que no pretenda globalizar y hallar los patrones poblacionales más importantes sino buscar marcadores más específicos de variación genética que, debemos reconocer, ofrecen más promesas que resultados hasta la actualidad. Pero que dan esperanzas a un futuro próximo.

6
What can be detected by genetics?

If other principal components were analyzed, their interpretation would be more and more difficult, as they reflect smaller fractions of the total genetic information. It is not strange that the processes underlying the first two principal components are also ordered in time, as they are caused by the evolving demographic conditions of each period.

We should stress that we can travel far back in time from the information conveyed by classical markers. Nevertheless, we have had to stop at some imprecise time before the Neolithic, surely not beyond the Upper Paleolithic. These are quite modern dates in paleoanthropology. Does this mean that there is no genetic trace of more ancient populations? Have the genes of the Western European populations older than the Upper Paleolithic gone? The answer is a flat no. So far, we have presented some analyses that attempted to date the events that left the most important imprints in our genetic makeup. We cannot rule out, nonetheless, that in the unexplained variation there may be traces of previous events or of older populations; our methods cannot detect them. We should undertake other types of genetic analyses that do not try to provide broad pictures but rather to explore specific markers of genetic variation. Nowadays, these are closer to promises than to facts, although we can expect results in the near future.

Specific DNA segments displaying large variation among individuals and, thus, among populations, may help us to reach this goal. The control region sequence of mitochondrial DNA is the most frequently used material (Vigilant *et*

Secuencias específicas del DNA que presenten mucha variación entre individuos (y por consiguiente entre poblaciones) podrían servir para este propósito, siendo la secuencia de la región de control del DNA mitocondrial el más utilizado (véase Vigilant *et al.,* 1991 como hito dentro de estos estudios). Pero parte de los análisis específicos llevados a cabo han sido posteriormente invalidados (Templeton, 1991, entre otros), por razones exclusivamente estadísticas.

Un trabajo en vías de preparación sobre secuencias del mt-DNA en vascos muestra un patrón de variación similar al de otras poblaciones caucasoides y no parece que vaya a permitir reconocer patrones de variación muy antiguos que puedan interpretarse como vestigios de poblaciones anteriores al Paleolítico Superior. Sin embargo, sí parecen apoyar la idea de la diferenciación *in situ* por aumento demográfico en algún momento del Paleolítico Superior.

al., 1991 is a landmark in this field); nevertheless, part of their conclusions have been refuted (Templeton, 1991, among others) on the basis of statistical flaws.

A study in course on mt-DNA sequences in Basques shows a variation pattern similar to other Caucasoid populations, and it is not likely to produce results which can be interpreted as pre-Upper Paleolithic remnants. However, they may support a scenario of a differentiation *in situ,* with an increase in population size during the Upper Paleolithic.

7
Perspectivas de futuro.

Pero el hecho de no ser capaces de descubrir un lejano eco dejado en los genes no significa que éste no exista. El eco en Europa Occidental nos remonta más allá del Neolítico, quizás en el Solutrense. Esto en sí mismo es ya una sorpresa dentro de los análisis genéticos. Pero no podemos, de momento, hallar rastros más antiguos: si hay restos genéticos que se encuentran en baja frecuencia no serán capaces de construir un componente principal importante. Si se pretende hallar un marcador específico, resulta de momento impensable poder reconocer un haplotipo o una secuencia como característica de poblaciones muy antiguas.

Desconocemos la afinidad genética que puede haber entre poblaciones humanas actuales y otras que vivieron en el pasado, ya sean Neandertales o grupos anteriores. Y somos incapaces de reconocer características genéticas específicas de ellos. Por esto tendremos que trabajar mucho, sin que sepamos cuáles son las probabilidades de éxito, para intentar reconocer que una secuencia sea característica de ciertos pobladores remotos. Éxito que podría hacerse elusivo incluso si antiguos restos óseos nos proporcionaran fragmentos de DNA fósil.

El análisis genético ha proporcionado muchas sorpresas. No podemos, por ello, negar que el futuro sea más sorprendente que las extrapolaciones que podemos hacer, en el presente, desde un pasado reciente. Pero, de momento, es importante saber estar en un presente real, con perspectivas, pero con muchos interrogantes abiertos.

7
Perspectives for the future.

Although we are not able to overhear a distant echo in genes, we cannot deny its existence. The echo in Western Europe leads back to before the Neolithic, perhaps to the Solutrean. This is a surprise, coming from a genetic analysis. We cannot, nowadays, find older traces: if they are found in low frequencies, they will not *weigh* enough to build an important principal component. It is not yet possible to find a haplotype or a sequence specific to very old populations.

The genetic affinity between extant human populations and our ancestors, such as Neanderthals or older groups, remains unknown. We are not able to recognize, say, a *Homo erectus* marker. Therefore, there is hard work to be done if we aim to characterize one of the sequences as specific to ancient populations. Even DNA recovered from hominid fossils may not be sufficiently informative to help in this attempt.

Genetic analysis has provided unexpected insights. Therefore, we should expect amazing results, even far beyond reasonable expectations. Meanwhile, it is really important to know the exact state of research, what open questions there are, and what perspectives.

8
Agradecimientos.

Este trabajo ha sido posible gracias a los proyectos PB89-0220 y PB92-0722 concedidos por la DGICYT.

Marzo de 1993.

8
Acknowledgements.

Financial support for this research came from DGICYT projects PB89-0220 and PB92-0722. Robin Rycroft helped with the english version of the manuscript.

BERTRANPETIT, J., y CAVALLI-SFORZA, L. L. (1991): A genetic reconstruction of the history of the population of the Iberian Peninsula. *Ann. Hum. Genet. 55,* 51-67.

BOWCOCK, A. M., KIDD, J. R., MOUNTAIN, J. L., HEBERT, J. M., CAROTENUTO, L., KIDD, K. K., y CAVALLI-SFORZA, L. L. (1991): Drift, admixture and selection in human evolution: a study with DNA polymorphisms. *Proceedings of the National Academy of Sciences of the USA, 88,* 839-843.

CALAFELL, F., y BERTRANPETIT, J. (1994): Principal component analysis of gene frequencies and the origin of Basques. *Am. J. Phys. Anthrop. 93:* 201-215.

CAVALLI-SFORZA, L. L. (1988): The Basque population and ancient migrations in Europe. *Munibe (Antropología y arqueología), Suplemento n.º 6,* 129-137.

CAVALLI-SFORZA, L. L., MENOZZI, P., y PIAZZA, A. (1993): Demic expansions and human evolution. *Science 259,* 639-646.

CAVALLI-SFORZA, L. L., MENOZZI, P. y PIAZZA, A., (1994): *History and Geography of Human Genes.* Princeton, Princeton University Press.

CHAKRABORTY, R., y DAIGER, S. P. (1991): Polymorphisms at VNTR Loci suggest homogeneity of the white population of Utah. *Hum. Biol., 63,* 571-587.

CUADRAS, L. (1981): *Métodos de análisis multivariante.* Barcelona: Eunibar.

GOULD, S. J. (1981): *La falsa medida del hombre.* Barcelona: Antoni Bosch.

NEI, M. (1987): *Molecular evolutionary genetics.* New York: Columbia Universitary Press.

PIAZZA, A., CAPPELLO, N., OLIVETTI, E., y RENDINE, S. (1988): The Basques in Europe: a genetic analysis. *Munibe (Antropología y arqueología), Suplemento n.º 6,* 169-177.

PIAZZA, A., MENOZZI, P., y CAVALLI-SFORZA L. L. (1981): The making and testing of geographic gene-frequency maps. *Biometrics, 37,* 635-659.

REYNOLDS, J., WEIR, B. S., y COCKERHAM, C. C. (1983): Estimation of the coancestry coefficient: basis for a short term genetic distance. *Genetics, 105,* 767-779.

SNEATH, P. H. A., y SOKAL R. R. (1973): *Numerical Taxonomy.* San Francisco: W.H. Freeman.

STRAUS, L. G. (1991a): Southwestern Europe at the Last Glacial Maximum. *Current Anthropology 32,* 189-199.

STRAUS, L. G. (1991b): Human geography of the Late Upper Paleolithic in Western Europe: present state of the question. *J. Anthrop. Res. 47,* 259-278.

SOKAL, R. R., ODEN, N. L., y WILSON, L. (1991): Genetic evidence for the spread of agriculture in Europe by demic diffusion. *Nature (London), 351,* 143-145.

TEMPLETON, A. R. (1991): Human origins and analysis of mitochondrial DNA sequences. *Science, 255, 737.*

VIGILANT, L., STONEKING, M., HARPENDING, H., HAWKES, K., y WILSON, A. C. (1991): African populations and the evolution of human mitochondrial DNA. *Science, 253,* 1503-1507.

Evolución humana en Europa y los yacimientos de la Sierra de Atapuerca, págs. 263-281

Los homínidos de la Sima de los Huesos del karst de la Sierra de Atapuerca: número mínimo de individuos, edad de muerte y sexo

The hominids from the Sima de los Huesos of the Sierra de Atapuerca karst: Minimum number of individuals, age at death and sex

José María Bermúdez de Castro

Museo Nacional de Ciencias Naturales, C.S.I.C. Departamento de Paleobiología. José Gutiérrez Abascal 2, 28006 Madrid, España

Resumen

El yacimiento mesopleistocénico de la Sima de los Huesos (SH) de la Sierra de Atapuerca (Burgos) ha proporcionado hasta la excavación de 1993 cerca de un millar de fósiles humanos. El análisis de los maxilares y de los dientes ha permitido estimar en 29 el número mínimo de individuos representados en el hipodigma de SH. Uno de los individuos murió entre 4 y 6 años, mientras que el 58,6 por 100 de los individuos del grupo fallecieron entre los 10 y los 20 años, el 31,0 por 100 murieron entre los 20 y los 30 años, y sólo dos individuos superaron los 30 años. El individuo de mayor edad del grupo tenía unos 35 años aproximadamente. La valoración conjunta de los rasgos mandibulares y el tamaño de los dientes ha posibilitado la estimación del sexo en 18 individuos, diez de los cuales serían mujeres y ocho varones. Se discuten brevemente las hipótesis sobre la acumulación de cadáveres en SH en función de la distribución de edades de muerte y del número de individuos representados. Las evidencias apoyan, por el momento, que los fósiles humanos pertenecieron a individuos de una misma población biológica, que murieron en un período de tiempo relativamente corto, mientras que la posibilidad de un evento catastrófico para explicar la acumulación sólo encuentra un apoyo en el perfil de distribución de edades de muerte. Sin embargo, este apoyo se debilita ante la evidencia del patrón de mortalidad observado en el registro fósil europeo de homínidos del Pleistoceno Medio.

Abstract:

The Sima de los Huesos (SH) Middle Pleistocene site at the Sierra de Atapuerca (Burgos, northern Spain) has yielded up to the 1993 excavation near one thousand human fossils. The analysis of the jaws and teeth has allow to estimate that at least 29 individuals are represented in the SH hypodigm. One of the individuals died between the ages of 4 and 6 years, whereas a 58,6 per cent of the individuals deceased between the ages of 10 and 20 years, a 31,0 per cent died between the ages of 20 and 30 years, and only two individuals lived beyond 30 years. The oldest individual at the SH human group was around 35. The assessment as a whole of the mandibular features and dental size has made possible to estimate the sex in a total of 18 individuals, two of whom would be females and 8 males. The hypotheses concerning the accumulation of corpses in SH are briefly discussed according to the distribution of the ages at death and the number of individuals represented. The present evidence support, for the moment, that the human fossil remains belonged to individuals of the same biological population, who died during a relatively short time span, whereas the possibility of a catastrophic event to explain the human accumulation is only supported by the age at death distribution profile. Furthermore, the hypothesis of a catastropic event weakens in view of the pattern of mortality observed in the European Middle Pleistocene hominid fossil record.

Palabras clave:

Pleistoceno Medio. Atapuerca. Homínidos.

Key words:

Middle Pleistocene, Atapuerca, hominids.

1 Introducción.

Las excavaciones sistemáticas en el yacimiento de la Sima de los Huesos (SH) del karst de la Sierra de Atapuerca (Burgos) (Aguirre *et al.*, 1990; Arsuaga *et al.* 1993) ha proporcionado la muestra más completa de homínidos del Pleistoceno Medio hallada hasta el momento en un yacimiento de este período. Los primeros restos humanos fueron descubiertos en 1976 (Aguirre *et al.*, 1976; Aguirre & de Lumley, 1977), y desde 1984 hasta 1993 se han recuperado cerca de un millar de fósiles humanos en SH. Los huesos se encuentran generalmente rotos, aunque su estado de conservación es excelente. Los fósiles humanos aparecen mezclados, y diferentes fragmentos recuperados en años distintos pueden encajar entre sí para completar elementos esqueléticos. La ordenación de todos estos elementos es cada vez más compleja, especialmente en lo que concierne a la determinación del número mínimo de individuos (NMI). El objetivo de este trabajo es presentar esta información, así como ofrecer los datos sobre la estimación de la edad de muerte y el sexo de los individuos identificados, y conocer así la composición del grupo humano representado en el hipodigma de SH. Asimismo, de discutirán brevemente las hipótesis sobre la acumulación de cadáveres en SH en función de la distribución de edades de muerte y del número de individuos estimado hasta el momento.

2 La muestra de homínidos de SH y la determinación de la edad de muerte.

Después de la excavación de 1993 la muestra de homínidos de SH incluye catorce restos mandibulares de cierta entidad, la mayoría de los cuales conserva dientes *in-situ*, así como otros once pequeños fragmentos mandibulares. La muestra incluye también tres fragmentos de maxilar, que conservan los premolares y/o los molares *in-situ*. Uno de los ejemplares (AT-405) pertenece al Cráneo 6, que fue reconstruido a partir de más de 40 fragmentos craneales (Arsuaga *et al.* 1993). El Cráneo 5, que está más completo, también conserva algunos dientes superiores *in-situ*. La muestra de dientes de SH incluye un total de 153 piezas sueltas: 81 dientes inferiores y 72 dientes superiores. Solamente se ha recuperado un diente deciduo. La determinación del NMI fue realizada a partir de los maxilares y dientes sueltos (Tabla 1). En primer lugar se

1 Introduction.

The systematic excavations at the Sima de los Huesos site (SH) of the Sierra de Atapuerca karst (Burgos) (Aguirre *et al.*, 1990, Arsuaga *et al.*, 1993) has yielded the most complete sample of Middle Pleistocene hominids yet found from one only site. The first human remains were discovered in 1976 (Aguirre *et al.*, 1976; Aguirre & de Lumley, 1977), and from 1984 to 1993 near one thousand cranial, dental and postcranial human remains have been recovered from SH. The human fossils appear generally broken, though their state of preservation is excellent. They are mixed up and several fragments found in different years may fit to each other to complete skeletal elements. The arranging of all these elements is more complex every time, especially concerning the determination of the minimum number of individuals (MNI). The purpose of this paper is to present this information, as well as to offer the data about the estimation of the age at death and sex of the individuals identified, and thus to know the composition of the human group represented in the SH hypodigm.

2 The Atapuerca hominid sample and age determination.

After finishing the 1993 excavation the SH hominid sample includes fourteen important mandibular specimens, most of which preserve teeth *in-situ*, as well as eleven smaller mandibular fragments. The sample also includes three maxillary fragments preserving the premolars and/or molars *in-situ*. One of these specimens (AT-405) belongs to Cranium 6, which was reconstructed from more than 40 cranial fragments (Arsuaga *et al.* 1993). The more complete Cranium 5 also preserves some maxillary teeth *in-situ* (Arsuaga *et al.* 1993). A total of 153 teeth were catalogued as isolated specimens: 81 mandibular teeth and 72 maxillary teeth. Only one deciduous tooth belongs to this dental sample. The determination of the MNI was made from this material (Table 1). Firstly, we fitted some isolated teeth into the sockets of the procedió a ubicar en su lugar aquellos dientes que encajaban en sus correspondientes alvéolos. A continuación, se localizaron diferentes asociaciones de dientes sueltos, así como ciertos dientes aislados, que fueron incompatibles entre sí y con los dientes de otros individuos. Los criterios empleados para determinar la asociación de ejemplares fueron la compatibilidad de las facetas de desgaste proximal, la continuidad de las facetas de desgaste oclusal, la similitud en tamaño, morfología y grado de desgaste proximal y oclusal, el estado de desarrollo de las raíces, el encaje oclusal, la presencia de rasgos únicos, tales como la presencia de líneas o surcos de hipoplasia del esmalte que rodea la corona de algunas piezas dentarias. Empleando estos criterios se ha estimado que el NMI del hipodigma de SH es de 29.

En la muestra de homínidos de SH no hay material adecuado para estimar la edad de muerte de los individuos infantiles empleando el método y las técnicas basadas en observaciones histológicas de los dientes (Bromage & Dean, 1985; Beynon, 1986; Bromage, 1987; Dean, 1987; Dean & Beynon, 1991). Éste y otros métodos (Smith, 1986; Conroy & Vannier, 1987, 1988, y ver también Smith, 1991) han permitido mostrar evidencias diversas que convergen en la conclusión de que los homínidos Plio-Pleistocenos tuvieron un patrón de desarrollo dental similar a gorilas y chimpancés, así como un tiempo de crecimiento más corto que el de las poblaciones humanas actuales. A pesar de que algunos autores han cuestionado la fiabilidad de estos métodos (Mann *et al.*, 1987, 1990; Mann 1988; Mann *et al.*, 1990; Simpson *et al.*, 1990; Lampl *et al.* 1993), parece prudente proceder con cautela cuando, por ejemplo, investigamos la edad de muerte de los homínidos del Pleistoceno Medio a partir del tiempo de desarrollo y erupción de los dientes. Es interesante destacar que tanto el estudio del individuo infantil Neandertal de Pech-de-l'Azé (Legoux, 1970), como las observaciones de Wolpoff (1979) en la muestra de homínidos de Krapina, y la más reciente revaluación de la edad de muerte del individuo infantil de la Torre del Diablo de Gibraltar considerando el número de perikimata en el incisivo central superior derecho (Dean *et al.* 1986) sugieren que los Neandertales tuvieron tiempos de desarrollo y erupción de los dientes ligeramente acelerados con respecto a los humanos modernos. Además, si consideramos nuestro desconocimiento de la variabilidad de los patrones de desarrollo dental en las poblaciones humanas del Pleistoceno Medio, llegamos a la conclusión de que la correcta determinación de la edad de muerte de un individuo de estas poblaciones resulta en extremo complicada.

maxillary and mandibular remains. Next, we found some dental associations and some isolated teeth which were incompatible with each other and with the teeth of the other individuals. The criteria used for the association of specimens involved the fit of interproximal wear and continuity of occlusal wear, the similarity in size, morphology and degree of interproximal and occlusal wear, the stage of development (root maturity), the occlusal fit, and the appearance of unique features, such as the presence of severe hypoplasia scars surrounding the crown of some teeth. Using these criteria, it has been estimated that the MNI of the SH hypodigm is 29.

In the Atapuerca hominid sample there is no suitable material to estimate the age at death of subadult individuals using the method and techniques based on dental histological observations (Bromage & Dean, 1985; Beynon, 1986; Bromage, 1987; Dean, 1987; Dean & Beynon, 1991). This and other methods (Smith, 1986; Conroy & Vannier, 1987, 1988, and see also Smith, 1991) have allowed the arising of diverse lines of evidence that converge on the conclusion that Plio-Pleistocene hominids had an ape-like dental development pattern and abbreviated growth periods relative to modern humans. In spite of the fact that some authors have questioned the reliability of these methods (Mann *et al.*, 1987, 1990; Mann, 1988; Mann *et al.*, 1990; Simpson *et al.*, 1990; Lampl *et al.*, 1993), it is best proceed cautiously when we investigate, for example, the age at death of the Middle Pleistocene hominids from the timing of tooth development and eruption. Interestingly, the study of the Neandertal child from Pech-de-l'Azé (Legoux, 1970), as well as Wolpoff (1979)'s observations in the Krapina hominid sample, and the more recent reassessment of the age at death of the Gibraltar child from Devil's Tower by counting perikymata of the upper right central incisor (Dean *et al.* 1986) suggest that Neandertals had slightly accelerated dental formation and eruption schedules in relation to modern humans. Furthermore, if we consider that the dental developmental events of the Middle Pleistocene populations had a certain and unknown variability, the accurate determination of the individual age at death is remarkably difficult. However, we can not give up trying to make this determination and, firstly, we ought to consider the exactness needed to obtain valid conclusions.

The traditional method of assessing dental developmental status based on modern human standards may be an approach to estimate the age at death of the Atapuerca young individuals. In order to make this estimation we have used

El método tradicional de evaluar el estado de desarrollo dental de un individuo en función de los estándares actuales puede ser una primera aproximación para estimar la edad de muerte de los individuos juveniles de SH. Para realizar esta estimación hemos empleado los rangos de tiempo de formación de los dientes en poblaciones actuales de Scott & Symons (1974) y Gustafson & Koch (1974), así como los datos sobre los promedios de edad de formación y erupción del tercer molar más precisos publicados por Johanson (1971). Cuando fue necesario, se realizaron radiografías convencionales de las mandíbulas de SH (AT-1, AT-2, AT-3, AT-75, AT-300, AT-505). Si los Neandertales y, por consigüiente, los homínidos europeos del Pleistoceno Medio tuvieron períodos de desarrollo y erupción dental acelerados con respecto a las poblaciones humanas recientes, obtendremos edades de muerte de los individuos de SH mayores que las que realmente tuvieron.

Para determinar la edad de muerte de los individuos adultos de SH hemos usado el procedimiento de Miles (1963) basado en el desgaste oclusal, que emplea como grupo comparativo de base para establecer criterios sobre tasas de desgaste en dientes particulares a aquellos individuos con dentaduras incompletamente desarrolladas. El mismo procedimiento fue utilizado por Wolpoff (1979) para determinar la edad de muerte de los individuos de Krapina. Este autor comenta que el empleo del método de Miles en muestras compuestas por fósiles pertenecientes a individuos representantes de poblaciones diversas implicaría una importante fuente de inexactitud en los resultados. Afortunadamente éste no parece ser el caso de la muestra de SH. El uso de este método implica también la asunción de que el patrón de desgaste es similar en todos los individuos analizados. En este sentido, Lavelle (1970) y Nowell (1978) han observado un grado de consistencia bastante bueno en el patrón de desgaste, mientras que Trinkaus (1983) y Trinkaus & Thompson (1987) han notado que el desgaste dental está razonablemente bien correlacionado con la edad en Neandertales. Por otro lado, las observaciones en réplicas de alta resolución de la corona de los dientes permanentes y deciduos de Krapina (originales realizados y amablemente cedidos por E. Trinkaus) indica una estrecha similitud entre las muestras de Krapina y Atapuerca con respecto a los patrones de desgaste oclusal de los premolares y molares. Este hecho evoca los comentarios de Trinkaus y Tompkins (1990) sobre las observaciones personales de Trinkaus y Wolpoff de que los patrones de desgaste de los dientes permanentes parecen ser sorprendentemente uniformes en toda la población de Neandertales europeos y del próximo oriente.

the ranges of dental formation timing in modern humans of Scott & Symons (1974) and Gustafson & Koch (1974), as well as the mean ages of the more precise system for determining age from third molar formation obtained by Johanson (1971). When necessary, conventional radiographic observations of the Atapuerca specimens (AT-1, AT-2, AT-3, AT-75, AT-300, AT-505) were made. If Neandertals and, therefore, the European Middle Pleistocene hominids had dental formation and eruption schedules accelerated in relation to modern humans, then we would have obtained ages at death greater than the true ones.

In order to determine the age at death of the SH adult individuals we have employed the tooth wear based procedure developed by Miles (1963), which use as a baseline group those individuals with incompletely developed dentitions to establish criteria about rates of wear for particular teeth. The same methodology was used by Wolpoff (1979) to determine the age at death of the Krapina specimens. This author comments that a major source of inaccuracy would be the use of this procedure when the fossil samples are composed of individuals representing different populations. Fortunately, this seems to be not the case of the SH sample. The use of this method also implies the assumption that the pattern of wear is similar in all the individuals aged. However, a fairly high degree of consistency in wear pattern within populations has been observed by Lavelle (1970) and Nowell (1978), whereas Trinkaus (1983) and Trinkaus & Thompson (1987) have noted that dental wear is reasonably well correlated with age in Neandertals. On the other hand, observations on high-resolution epoxy full-crown replicas of the Krapina deciduous and permanent teeth (originally collected and kindly provided by E. Trinkaus) indicates a close similarity between the Atapuerca and Krapina samples concerning the pattern and premolar and molar rates of occlusal wear. This fact evokes Trinkaus & Tompkins (1990)'s comments on Trinkaus and Wolpoff' personal observation that the patterns of permanent tooth wear appear to be surprisingly uniform across European and Near Eastern Neandertals.

I. *1.–Cara vestibular del canino inferior derecho deciduo AT-90, individuo IX; 2.–Cara distal del canino inferior izquierdo permanente AT-410, individuo XVIII; 3.–Cara distal del tercer premolar superior izquierdo permanente AT-41, individuo XXIX; 4.–Cara mesial del tercer premolar inferior izquierdo permanente AT-148, individuo XI; 5.–Cara mesial del cuarto premolar inferior izquierdo permanente AT-168, individuo XI; 6.–Cara distal del canino inferior izquierdo permanente AT-808, individuo XXVIII; 7.–Cara distal del cuarto premolar inferior derecho permanente AT-277, individuo XVI; 8.–Cara distal del tercer molar inferior de la mandíbula AT-607, individuo XXIII; 9.–Cara distal del tercer molar superior derecho permanente AT-816, individuo XXV; 10.–Cara lingual del tercer molar inferior derecho permanente AT-30, individuo XXVI.*

I. *1.–Buccal view of the deciduous right lower canine AT-90, individual IX; 2.–Distal view of the permanent left lower canine AT-410, individual XVIII; 3.–Distal aspect of the permanent left upper third premolar AT-41, individual XXIX; 4.–Mesial aspect of the permanent right lower third premolar AT-148, individual XI; 5.–Mesial aspect of the permanent right lower fourth premolar AT-148, individual IX; 6.–Distal view of the permanent left lower canine AT-808, individual XXVIII; 7.–Distal view of the permanent right lower fourth premolar AT-277, individual XVI; 8.–Lingual aspect of the permanent left lower third molar of the mandible AT-607, individual XXIII; 9.–Distal view of the permanent right upper third molar AT-816, individual XXV; 10. Lingual view of the right lower third molar AT-30, individual XXVI.*

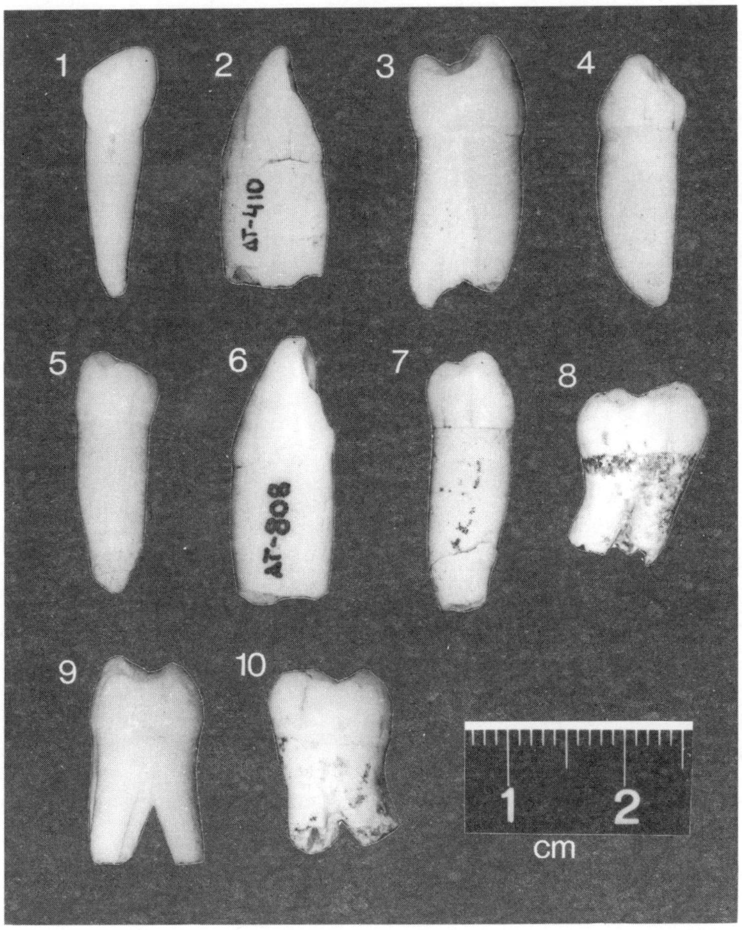

3
Edad de muerte de los homínidos de SH.

Por el momento no hay evidencia en SH de individuos fallecidos durante la infancia, es decir, antes de los dos años (la clasificación de los estados en el ciclo de la vida es una adaptación de la de Timiras, 1972, realizada por Bogin, 1991, p. 16). Solamente un individuo murió durante la primera niñez. El canino inferior deciduo AT-90 (individuo IX: Lámina I, 1) había completado el crecimiento de la raíz, que no muestra signos de reabsorción. Este diente presenta un conspícuo desgaste en la zona distal de la superficie oclusal, donde la dentina es visible en una banda que alcanza aproximadamente 1 mm de anchura. La edad de muerte del individuo IX no puede estimarse con precisión, pero estaría comprendida entre 4 y 6 años. Hay evidencias de que un individuo murió entre la niñez media y tardía (Tabla 1). El ca-

3
Age at death in the SH sample.

For the moment there is no evidence in SH of individuals deceased during the infancy period, that is before the age of 2 (the classification of the stages in the life cycle is an adaptation from Timiras, 1972 made by Bogin, 1991, p. 16). Only one individual died during early chilhood. The deciduous lower canine AT-90 (individual IX: Plate I, 1) had completed the growth of the root, which does not present signs or resorption. This tooth exhibits a conspicuous wear on the distal part of the occlusal surface, where the dentine is exposed in a band about 1 mm wide. The age at death of the individual IX cannot be estimated accurately, but probably he/she died between the ages of 4 and 6 years. There is evidence that one individual deceased between the middle and late childhood (Table 1). The permanent lower canine AT-410 (indi-

Tabla 1.—*Estimación de la edad de muerte y el sexo en los individuos identificados en el hipodigma de SH, con el número de inventario de los restos maxilares y dentales asignados a estos individuos. * Basado en la evidencia dental (Bermúdez de Castro* et al., *1992) y mandibular (Rosas, 1992). M: mandíbula. MS: maxilar.*

Table 1.—*Estimation of the age at death and sex of the individuals identified in the SH hypodigm with the inventory number of the jaws and teeth assigned to these individuals. * Based on dental (Bermúdez de Castro,* et al., *1992) and mandibular evidence (Rosas, 1992). M: mandible. MS: maxilla.*

Individuo	Número de inventario	Diente/Maxilar	Dientes asociados	Edad de muerte estimada	Sexo estimado*
IX	AT-90	MdC der.		4-6	–
XVIII	AT-410	MC izq.		10-11	–
XX	AT-405	maxilar	(P3-P4) izq.	13	M
	AT-820	MSI2 der.			
	AT-558	MSC der.			
	AT-589	MSP3 der.			
	AT-809	MP3 der.			
	AT-406	MSM1 izq.			
	AT-587	MSM1 der.			
	AT-407	MSM2 izq.			
	AT-821	MSM2 der.			
XXIX	AT-41	MSP3 izq.		13	–
II	AT-2	mandíbula	(C-M1) der.	14	M
	AT-767	maxilar	(M1-M3) izq.		
	AT-27	MSI1 izq.			
	AT-42	MSI1 der.			
	AT-162	MI1 der.			
	AT-55	MI2 der.			
	AT-597	MI2 der.			
	AT-578	MC izq.			
	AT-603	MP4 izq.			
	AT-43	MM1 izq.			
	AT-142	MM2 der.			
XIV	AT-272	MM1 der.		14	–
	AT-286	MM1 izq.			
XI	AT-148	MP3 der.		14	F
	AT-168	MP4 der.			
XXVIII	AT-808	MC izq.		15	–
XVI	AT-277	MP4 der.		15	F
XXIII	AT-607	mandíbula	(I2-M3) der. (I2-P3, M1-M3) izq.	17	F
XV	AT-22	MM1 izq.		17	–
	AT-101	MM1 der.			
	AT-271	MM2 der.			
X	AT-172	mandíbula		17	F
	AT-141	MM1 der.			
	AT-556	MM1 izq.			
III	AT-3	mandíbula	P4 izq.	18	F
	AT-104	MI1 izq.			
	AT-103	MI2 izq.			
	AT-67	MC izq.			
	AT-47	MP3 izq.			
	AT-28	MP4 der.			
	AT-273	MM2 izq.			
XXV	AT-604	mandíbula	M3 der.	18	F
	AT-812	MSM1 der.			
	AT-815	MSM2 der.			
	AT-827	MSM2 izq.			
	AT-816	MSM3 der.			
	AT-826	MSM3 izq.			
XXVI	AT-30	MM3 der.		18	–

Individuo	Número de inventario	Diente/Maxilar	Dientes asociados	Edad de muerte estimada	Sexo estimado*
I	AT-1	mandíbula	(M1-M3) der. e izq.	18	F
	AT-60	MC der.			
	AT-276	MC izq.			
	AT-221	MP4 der.			
	AT-580	MP4 izq.			
XIX	AT-505	mandíbula	(M2-M3) izq.	18	F
	AT-576	MM1 izq.			
XII	AT-300	mandíbula	(I2-M3) der.	19	M
VI	AT-75	mandíbula	(M2-M3) izq.	21	F
XXIV	AT-509	mandíbula		21	–
	AT-169	MM3 izq.			
VIII	AT-15	MSM2 izq.		21	M
XXII	AT-605	mandíbula	(M1-M3) izq. y der.	22	M
	AT-197	MSI1 der.			
	AT-282	MI2 der.			
	AT-608	MI2 izq.			
XXVII	AT-772	maxilar	(P3-M2) der.	23	M
	AT-792	mandíbula	(P3-M2) der. y (P3-M1) izq.		
VII	AT-303a	mandíbula		24	M
	AT-23	MSP4 der.			
	AT-193	MSP4 izq.			
	AT-16	MSM1 izq.			
	AT-139	MSM1 der.			
	AT-46	MSM2 der.			
	AT-270	MSM2 izq.			
	AT-140	MSM3 izq.			
	AT-147	MP4 izq.			
	AT-21	MM1 izq.			
	AT-13	MM3 izq.			
XVII	AT-279	MSP4 izq.		25	–
	AT-823	MSP3 der.			
XIII	AT-195	MI2 izq.		26	M
	AT-145	MC izq.			
	AT-591	MC der.			
	AT-64	MP3 izq.			
	AT-590	MP3 der.			
	AT-9	MP4 der.			
IV	AT-250	mandíbula	M2 izq.	27	F
	AT-793	mandíbula	M2 der.		
	AT-102	MP3 izq.			
	AT-74	MP4 izq.			
	AT-14	MM1 izq.			
	AT-100	MM3 izq.			
	AT-810	MSM2 izq.			
	AT-811	MM3 der.			
XXI	AT-700	maxilar	(I1, M2 y M3) der.	32	–
	AT-888	(Cráneo 5) mandíbula	(M1-M3) izq. (P3-M3) der. e izq.		
V	AT-11	MM2 izq.		35	–

nino inferior permanente AT-410 (Lám. I, 2) aún no había emergido. La raíz de este diente mide 9 mm por la cara vestibular y 10 mm por la cara lingual, aunque existen claras evidencias de rotura *post-mortem* en su borde distal. Sin embargo dicho borde está muy adelgazado, indicando que la raíz

vidual XVIII: Plate I, 2) did not erupt. The root of this tooth measures 9 mm on the buccal face and 10 mm on the lingual face. Tough there are clear evidences of breakage *post-mortem* at the distal border of the developing root, this border is thined down, thus indicating that the root did not grow

Tabla 2.–*Distribuciones de la edad de muerte de las muestras de Krapina y Atapuerca. 1. Según las asunciones de Wolpoff (1979), un 25 por 100 del grupo humano de Krapina murió antes de los tres años. Por consiguiente, incrementamos esta muestra con 27 individuos más para obtener una representación adecuada (25 por 100) de este grupo de edad. Wolpoff (1979) opera de un modo diferente. Este autor incluye 21 individuos (el grupo de 0 - 3 años) en la muestra total de la población (82 individuos), para obtener un 25 por 100 de individuos muertos antes de los tres años, reduciendo así la verdadera representación de los otros grupos de edad. 2. Considerando intervalos de edad de siete años, la comparación entre la distribución de Krapina (frecuencias observadas) y la de Atapuerca da un* $X^2 = 14{,}3$*, 5 d.f.,* $P < 0{,}001$.

Table 2.–*Age at death distribution of the Krapina and Atapuerca samples. 1. According to Wolpoff assumptions, it is expected that about a 25 per cent of the Krapina population died before the age of three. Therefore, we increase this population sample with 27 more individuals to get an adequate representation (25%) of this life span. However, Wolpoff (1979) operates in a different way. He includes 21 individuals (the 0-3 age group) in the total population sample (82 individuals), to obtain a 25 per cent of individuals died before the age of three, thus reducing the true representation of the other age groups. 2. Considering seven-year intervals, the comparison between the Krapina (observed frequencies) and Atapuerca distributions gives a* $X^2 = 14.3$*, 5 d.f.,* $P < 0.001$.

Intervalo de muerte	Krapina		Atapuerca
	Número de indiv. observados (frecuencias)	Número de indiv. esperados[1] (frecuencias)	Número de indiv. observados (frecuencias)[2]
0 - 2,9	0 (0,0)	27 (24,8)	0 (0,0)
3 - 5,9	10 (12,2)	10 (9,2)	1 (3,5)
6 - 8,9	13 (15,8)	13 (11,9)	0 (0,0)
9 - 11,9	10 (12,2)	10 (9,2)	1 (3,5)
12 - 14,9	10 (12,2)	10 (9,2)	5 (17,2)
15 - 17,9	20 (24,4)	20 (18,3)	6 (20,6)
18 - 20,9	9 (11,2)	9 (8,2)	6 (20,6)
21 - 23,9	6 (7,3)	6 (5,5)	5 (17,2)
24 - 26,9	3 (3,6)	3 (2,7)	2 (6,9)
27 - 29,9	1 (1,2)	1 (2,9)	1 (3,5)
30 - 32,9	0 (0,0)	0 (0,0)	1 (3,5)
33 - 36,0	0 (0,0)	0 (0,0)	1 (3,5)
Total	82	109	29

no habría crecido mucho más allá de la mitad de su longitud definitiva, y una edad en torno a los 11 años para este individuo. Por consiguiente, el registro fósil indica que sólo el 7,0 por 100 de los homínidos de SH fallecieron antes de alcanzar la edad de 12 años. Este hecho es ilustrado por la curva de supervivencia mostrada en la figura 1. Los individuos infantiles están claramente infrarrepresentados en SH. Una de las tres siguientes causas, o una combinación de las tres, puede explicar esta anomalía: 1) distribución diferencial, debido por ejemplo a un transporte diferencial; 2) acumulación diferencial, i.e. los individuos adultos fueron acumulados preferencialmente en SH; 3) preservación diferencial. La primera posibilidad puede ser rechazada, puesto que en SH no se han observado distribuciones espaciales concretas con respecto a los elementos humanos postcraneales, o con respecto a la edad de muerte de los osos (Arsuaga *et al.*, 1990; Díez, 1992). Por el contrario, la tercera posibilidad es apoyada por la representación de edad de los osos *(Ursus deningeri);* los individuos inmaduros, i.e. aquéllos que murieron antes de los dos años, están representados por un 30 por 100 menos de elementos postcraneales y dientes que los adultos con respecto a su NMI (Díez, 1992). Además, el porcentaje de osos neonatos en SH es significativamente más pequeño que el observado en otros yacimientos (5,5 por 100 en SH vs. 91,1 por 100 en Odessa: Kurten, 1958, en Trinkaus, n.d.).

En el hipodigma de Krapina, Wolpoff (1979) observó que ningún individuo está representado en el período comprendido entre el nacimiento y los 3 años. Sin embargo, la proporción de individuos que murieron antes de los 12 años es del 40 por 100 (Tabla 2). Wolpoff (1979) sugiere que la mortalidad infantil en Krapina pudo haber sido tan elevada

beyond half of its definitive length, and an age at death of around 11 years for this individual. Therefore, the fossil record indicates that only a 7,0 per cent of the SH hominids deceased before raching the age of twelve. This fact is illustrated by the survivorship curve showed in figure 1. The infantile individuals are clearly underrepresented in SH. One of the following three causes, or a combination of them, may explain this anomaly: 1) differential distribution, for instance due to differential transport; 2) differential accumulation, i.e. the adult individuals were certainly preferably accumulated in SH; 3) differential preservation. The first possibility can be refused because neither a concrete spatial distribution concerning the human postcranial elements nor a spatial distribution with regard to the age at death of bears have been recognized in SH (Arsuaga *et al.*, 1990; Díez, 1992). In contrast, the third possibility is supported by the age representation of ursids; the immature individuals, i.e. those which died before the age of two, are represented by a 30 % less of postcranial elements and teeth than the adults in relation to their MNI (Díez, 1992). Furthermore, the percentage of neonates in SH is significantly lower than that observed in other sites (5,5 % in SH vs. 19,1 % in Odessa: Kurten, 1958, in Trinkaus, n.d.).

Wolpoff (1979) observed that no individuals represent the 0 to 3 year life span in the Krapina hypodigm (Table 2). Nevertheless, the proportion of individuals who died before age 12 was 40,2 % (Table 2). Wolpoff (1979) suggests that the infant mortality at Krapina could have been as high as that of the Libben Amerind aboriginal population studied by C.O. Lovejoy; that is, we have no evidence of at least 25 % of the Krapina sample, who probably died from birth to the age of two or three. Therefore, if we consider, in como en la población Libben de amerindios aborígenes estudiada por C.O. Lovejoy; esto es, nos faltaría evidencia de al menos el 25 por 100 de la muestra de Krapina, que probablemente murieron entre el nacimiento y los tres años. Por tanto, si consideramos, de acuerdo con Wolpoff, que los restos de los individuos menores de tres años fueron destruidos tanto por la acción de los agentes tafonómicos como por la propia excavación, podríamos incrementar la muestra con 27 individuos más (82 + 27 = 109, ver tabla 2) para obtener una representación adecuada (25 por 100) de este período de vida.

En un estudio reciente, Trinkaus (n.d.) compara el patrón de mortalidad de los Neandertales con el de algunos grupos humanos actuales predominantemente forrajeros: Dobe !Kung (Howell, 1979) Hadza (Blurton Jones, 1992) y Ache (Hill & Hurtado, n.d. en Trinkaus, n.d.). En estos grupos, el porcentaje de individuos fallecidos antes de cumplir los 10 años varía entre el 39,4 por 100 y el 59,3 por 100. En una amplia muestra de Neandertales, que tiene en cuenta únicamente las dentaduras asociadas de Krapina (NMI = 27), Trinkaus (n.d.) obtiene porcentajes observados y esperados de individuos fallecidos antes de los 10 años dentro de este rango de variación. Parece razonable asumir que la mortalidad infantil durante el Pleistoceno Medio fue tan elevada como la de los Neandertales. Esta asunción puede reforzarse con los datos del yacimiento de Zhoukodian, donde el 68,2 por 100 de los individuos murieron antes de los 15 años (Weidenreich, 1943), y con las observaciones del registro fósil de homínidos de la Caune de l'Arago, donde la evidencia dental indica que aproximadamente la mitad de los individuos murieron durante la niñez (observaciones personales del autor, por cortesía de H. & M. A. de Lumley). Además, es también razonable asumir que la mortalidad infantil de las poblaciones europeas del Pleistoceno Medio fue elevada, probablemente en relación con la muerte prematura de las madres, aunque el cuidado de los individuos infantiles y juveniles huérfanos por miembros del grupo puede haber sido el comportamiento habitual en las poblaciones del Pleistoceno.

La curva de supervivencia de los homínidos de SH sufre una caída muy notable entre las edades de 13 a 20 años (figura 1), puesto que aproximadamente el 55 por 100 de los individuos de SH murieron durante la adolescencia, antes de los 20 años. Los segundos molares superiores del individuo XX no presentan faceta de desgaste distal, y el desgaste oclusal de estos dientes aún no había interesado al hipocono. El canino superior y los premolares superiores e inferiores de este indi-

accordance with Wolpoff, that the absence of individuals under three years of age at Krapina could be the result of destructive taphonomical agents and excavation, we can increase the population sample with 27 more individuals (82 + 27 = 109: see table 2) to get an adequate representation (25 %) of this life span.

In a recent study Trinkaus (n.d.) compares the Neandertal mortality pattern with that of some living predominantly foraging groups: Dobe !Kung (Howell, 1979), Hadza (Blurton Jones, 1992) and Ache (Hill & Hurtado, n.d.: in Trinkaus, n.d.). In these groups the percentage of individuals deceased before the age of 10 years ranges from 39,4 % to 59,3 %. In a large sample of Neandertals, which takes into account only the associated dentitions from Krapina (MNI = 23), Trinkaus (n.d.) obtains observed and expected percentages of the individuals died before the age of 10 years within this range of variation. It seems reasonable to assume that childhood mortality during the Middle Pleistocene was as high as that of the Neandertals. This assumption can take advantage from the data of Zhoukoudian, where 68,2 % of the individuals died before age 15 (Weidenreich, 1943), and from the observations of the hominid fossil record from the Caune de l'Arago, where the dental evidence indicates that about half of the individuals deceased during childhood (personal observations of the author in 1986, by courtesy of H. and M. A. de Lumley). Furthermore, it is also reasonable to assume that infant mortality of the European Middle Pleistocene populations was high, probably very closely related to the premature death of the mothers, though non-parental care of the orphaned infantile or young individuals by members of the social group may have been the habitual behavior in Pleistocene populations (Wolpoff, 1980; Bogin, 1991).

The survivorship curve of the SH hominids falls sharply between the ages of 13 and 20 years, since about 55 % of the SH individuals died during adolescence, before reaching the age of twenty (Fig. 1). The upper second molars of the individual XX do not show interproximal distal wear facet, and the occlusal wear of these teeth does not affect the hypocone. The upper canine and the upper and lower premolars of this individual exhibit small areas of oclusal wear, and his/her age at death could be around 13 years. The same age at death may be estimated for the individual XXIX, whose upper third premolar (AT-41: Plate I, 3) shows an incipient oclusal wear similar to that of the upper third premolars of the individual XX. The age at death assigned to the individual II (14 years) is based on the development stage of the root of the upper third molar, which is about 2 mm long, and on the

1. *Curvas de supervivencia de Atapuerca (SH), Krapina, muestra de epipaleolíticos de Taforalt, y muestra de neolíticos de Catal Hüyük. La curva esperada de Atapuerca asume que el 35 por 100 de los individuos murieron antes de los doce años. Datos tomados de Wolpoff (1979), Ferembach (1962: in Acsádi and Nemeskeri, 1970) y Ángel (1971: en Hassan, 1981). El grupo de 0 a 3 años de la muestra de Krapina incluye 27 individuos (25 por 100 de la muestra): ver el texto para un mayor detalle). La determinación de la edad de muerte de Taforalt se basó en el cierre de las suturas craneales y en el desgaste dental.*

1. *Survivorship curves of Atapuerca (Sima de los Huesos), Krapina, the Epipalaeolithic sample from Taforalt and a Neolithic sample from Catal Hüyük. The expected curve of Atapuerca assumes that 35 % of the individuals died before age twelve. Data from Wolpoff (1979), Ferembach (1962: in Acsádi and Nemeskeri, 1970) and Ángel (1971: in Hassan, 1981). The 0-3 age group at Krapina includes 27 individuals (25 % of the sample): see text for further details. The determination of the age at death of the Taforalt adult individuals was based on the closure of the cranial sutures, and on the dental wear.*

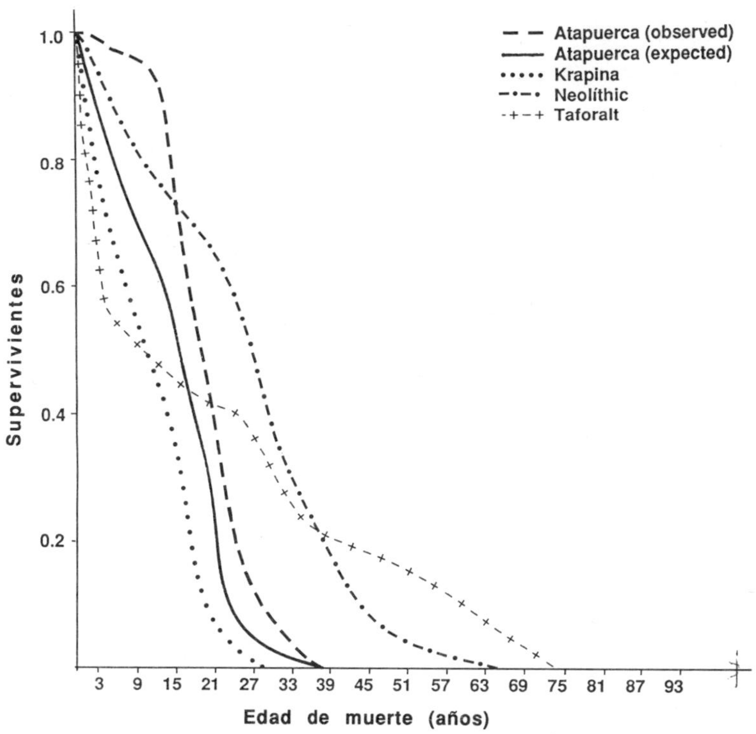

viduo presentan áreas muy pequeñas de desgaste oclusal y su edad de muerte pudo estar en torno a los 13 años. Esta misma edad de muerte puede estimarse para el individuo XXIX, cuyo tercer premolar superior (AT-41: Lám. I, 3) presenta un desgaste oclusal incipiente similar al de los terceros premolares superiores del individuo XX. La edad de muerte asignada al individuo II (14 años) se basa en el estado de desarrollo de la raíz del tercer molar superior, que alcanza unos 2 mm de longitud, y en el incipiente desgaste oclusal del canino y premolares inferiores, cuya raíz está completa. También se ha estimado que la edad de muerte de los individuos XIV y XI (Lám. I, 4 y 5) fue de unos 14 años, dada la similitud del desgaste oclusal de sus piezas dentarias conservadas con el de los dientes del individuo II. Algo mayor es el desgaste del canino inferior AT-808 (individuo XXVIII: Lám. I, 6) y del segundo premolar inferior AT-277 (individuo XVI: Lám. I, 7), a los que se ha asignado una edad aproximada de 15 años.

Los terceros molares de la mandíbula AT-607 (individuo XXIII: figura 2) se encontraban en el inicio de su erupción gingival. Las raíces de este diente tienen 10 mm de longitud (Lám. I, 8). Esto representa el 55-60 por 100 de la longitud de la raíz; es decir, los terceros molares inferiores habrían alcanzado el estado E de la clasificación de Johanson (1971), y la edad de muerte de este individuo había ocurrido hacia los

incipient occlusal wear of the lower canines and premolars, whose root completed growth. The age at death of the individual XIV and XI (Plate I, 4 and 5) probably was also 14 years, because of the similarity of occlusal wear of their preserved teeth with that of the teeth of the individual II. The occlusal wear of the lower canine AT-808 (individual XXVIII: Lám. I, 6) and the lower fourth premolar AT-277 (individual XVI: Plate I, 7) was slightly greater than that of the same teeth in the individual II, and we have estimated that age at death of these individuals was around 15 years.

The third molars of the mandible AT-607 (individual XXIII: Fig. 2) were start erupting (gingival eruption). The roots of these teeth are 10 mm long (Plate I, 8). This represents the 55-60 % of the total length of the roots, i.e. the third molars reached the stage E of the Johanson (1971) classification, and the age at death of this individual occurred when he/she was 17 years old. The occlusal wear of the lower molars of the individuals X and XV is similar to that of the molars of AT-607, and they probably died about 17 years as well. The eruption of the lower third molars of the individuals I, XXV (Plate I, 9), XII (Fig. 3) and XIX was completed. These teeth exhibit an incipient occlusal wear, and they were at the stage F of the Johanson classification, that is, the root of these teeth is practically fully developed, with on-

2. *Vista oclusal de los dientes derecho de la mandíbula AT-607 del individuo XXIII. Notar que el tercer molar aún no había emergido. Escala en centímetros.*

2. *Occlusal view of the right teeth of the mandible AT-607 from the individual XXIII. Note that the third molar did not erupt. Scale bar in cm.*

3. *Vista oclusal de los dientes de la hemimandíbula derecha AT-300 del individuo XII. Escala en centímetros.*

3. *Occlusal view of the dental series of the right half of the mandible AT-300 from the individual XII. Scale bar in cm.*

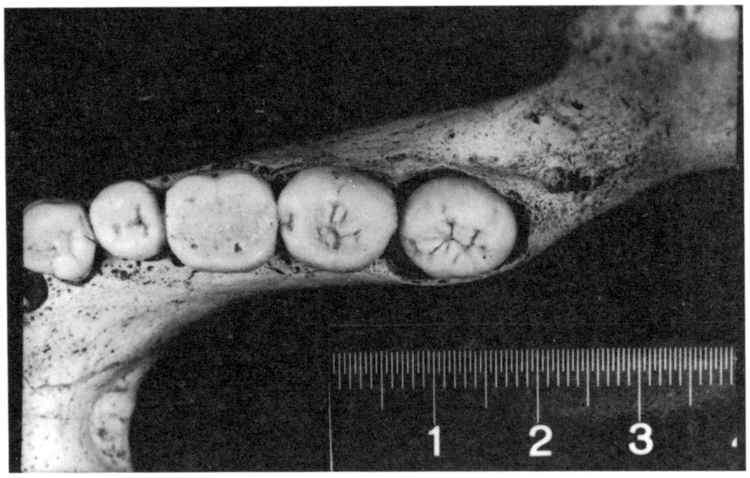

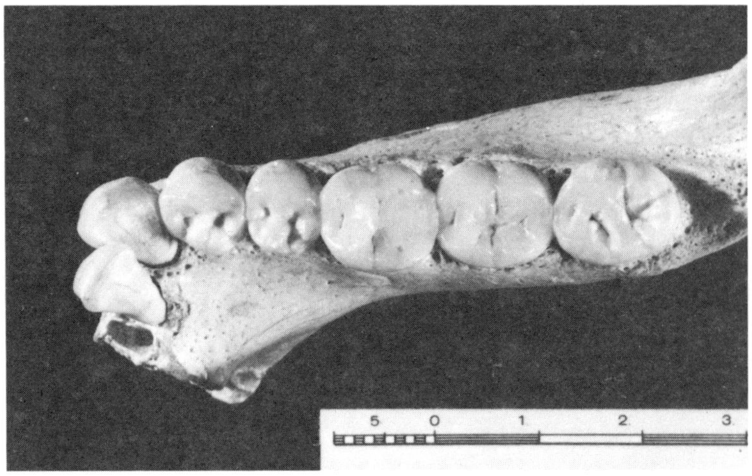

17 años. El desgaste oclusal de los molares inferiores de los individuos X y XV es similar al de los molares de AT-607, y se les asigna, por tanto, la misma edad de muerte. Los terceros molares de los individuos I, XXV (Lám. I, 9), XII (fig. 3) y XIX se encontraban en el estado F de la citada clasificación de Johanson en el momento de la muerte de dichos individuos; es decir, la raíz está prácticamente desarrollada, pero el ápice permanece aún abierto. La erupción de estos dientes se había completado, pero su desgaste oclusal es incipiente, algo mayor en el caso del individuo XII. El segundo molar inferior del individuo III presenta una faceta de desgaste proximal distal apenas perceptible, que indica la completa y reciente erupción del tercer molar. El desgaste oclusal de los molares de este individuo es similar al de los individuos I, XXV y XIX, algo menor qe el del individuo XII. Las raíces del tercer molar AT-30 (individuo XXVI: Lám. I, 10) están rotas y no puede conocerse su estado de desarrollo. El desgaste oclusal de este diente es similar al del individuo I y se le asigna, por tanto, la misma edad de muerte (18 años).

La edad de muerte de los restantes individuos del hipodigma de SH fue superior a los 20 años, pero únicamente dos de ellos superaron los 30 años. El individuo de mayor edad murió alrededor de los 35 años, y es muy razonable considerar que la longevidad máxima en la población de Atapuerca no fue superior a los 40 años. Esta estimación se basa en la elevada tasa de desgaste observada en los dientes anteriores. En efecto, la evidencia (Cráneo 5) indica que el desgaste dental puede eliminar prácticamente la totalidad de la corona de los incisivos poco después de los 30 años. Esto implica importantes consecuencias patológicas derivadas de la exposi-

ly the apex still not closed (18-19 years). The lower second molar of the individual III shows an incipient interproximal distal wear facet, which indicates that the third molar was just erupted. The occlusal wear of the teeth of this individual is similar to that of the individual I, XXV and XIX, and slightly lesser than that of the individual XII. The third molar AT-30 (individual XXVI: Plate I, 10) lost the apical half of the roots, and it is not possible to know their stage of development. The occlusal wear of this tooth is similar to that of the individual I, and the age at death of the individual XXVI probably was also around 18 years.

The age at death of the remaining individuals of the SH hypodigm was greater than 20 years, but only two of these individuals lived beyond 30 years. The oldest individual at SH is around 35, and it is very reasonable to consider that the maximum life span in the Atapuerca population was not greater than 40 years. This estimation is based on the high rate of wear observed in the anterior teeth. In fact, the evidence (Cranium 5, individual XXI) indicates that incisal wear may remove practically the whole of the incisor crowns by the early thirties. This could implicate important pathological consequences derived from exposure of the dental pulp, such as alveolar abscesses and *pre-mortem* tooth loss, with the consequent decrease in the survival capacity of the individuals. Furthermore, the available European Middle Pleistocene hominid fossil record does not give any indication that people lived more than 40 years. Only two specimens from this period show an occlusal wear similar or slightly greater than that of individual V from SH: the Arago 2 mandible, and the specimen AT-76-T1H, a small mandibular fragment recoveción de la cámara pulpar, tales como abscesos alveolares y pérdida de dientes *ante-mortem,* con el consiguiente declive en la capacidad para la supervivencia de los individuos. Además, el registro fósil de homínidos del Pleistoceno Medio europeo no ofrece evidencias de que la gente viviera más allá de los 40 años. Solamente dos ejemplares de este período muestran un desgaste oclusal similar o ligeramente superior al del individuo V de SH: la mandíbula 2 de Arago y el ejemplar AT76-T1H, un pequeño fragmento mandibular recuperado en el yacimiento TG de la Trinchera del ferrocarril de Atapuerca, situado a menos de 1 km de SH (Bermúdez de Castro & Rosas, 1992). H. de Lumley & M. A. de Lumley (1973) comentaron que la mandíbula Arago 2 perteneció a una mujer de unos 40 a 55 años. Sin embargo, estos autores no explican la metodología empleada para estimar la edad de muerte de este individuo. Si la tasa de desgaste oclusal de los dientes postcaninos fue similar en las poblaciones de Arago y Atapuerca, entonces el individuo a quien perteneció el ejemplar Arago 2, así como el individuo a quien perteneció el ejemplar AT76-T1H, probablemente murieron antes de los 40 años. Las distribuciones de edades de muerte esperada y observada en Krapina son significativamente diferentes a las de Atapuerca. La figura 1, que compara las curvas de supervivencia de Krapina (esperada) y Atapuerca (observada) ilustra gráficamente esta diferencia.

4
Estimación del sexo.

Algunos restos craneales y postcraneales de SH pueden ser tentativamente asignados bien a individuos masculinos, bien a individuos femeninos, a partir de los rasgos cuantitativos y cualitativos de estos fósiles. Desafortunadamente, aún no han podido establecerse relaciones entre los restos del neuro y esplacnocráneo y los restos postcraneales. Por consiguiente, hemos intentado estimar el sexo de los individuos juveniles y adultos a partir de la evidencia craneal y dental. En los homínidos de SH hay alguna evidencia para sugerir un dimorfismo sexual en el tamaño de los dientes significativamente mayor que el de las poblaciones humanas recientes (Bermúdez de Castro *et al.* 1993). La estimación del sexo empleando la evidencia de los dientes implica asumir las equivalencias siguientes: dientes pequeños <> individuo femenino y dientes grandes <> individuo masculino. En humanos modernos, el grado de solapamiento entre las respectivas curvas

red from TG, a Middle Pleistocene site also located in the Sierra de Atapuerca not far from SH (Bermúdez de Castro & Rosas, 1992). H. de Lumley & M. A. de Lumley (1973) comment that the mandible Arago 2 belonged to a 40 to 55 year old female. However, these authors do not explain the methodology used to estimate the age at death of this individual. If the rate occlusal wear in the postcanine teeth was similar in both the Arago and Atapuerca populations, then the individual to whom belonged the specimen Arago 2, as well as the individual to whom belonged the specimen AT-76-T1H, probably died before reaching age 40. The observed and expected age at death distributions at Krapina are significantly different from those of Atapuerca. Figure 1, in which the Krapina (expected) and Atapuerca (observed) survivorship curves are compared, illustrates graphically these differences.

4
Sex estimation.

Some neurocranial and postcranial remains from SH may be tentatively assigned either to males or to females starting from the quantitative and qualitative traits of these remains. Unfortunately, no relationship between the cranial (neurocranial bones, maxillas, mandibles and teeth) and postcranial remains has been established yet. Therefore, we have tried to estimate the sex of the young and adult individuals from the cranial and dental evidence. In the SH hominids there is some evidence for a tooth size sexual dimorphism significantly greater than that of modern humans (Bermúdez de Castro *et al.,* 1993). The sex estimation using dental size imply to assume the following equivalences: small teeth <> female and large teeth <> male. In modern humans, the degree of overlapping between males and females for the size of all teeth, including the canines, is considerable. Therefore, the above assumption ought to be tested by estimating the sex of the

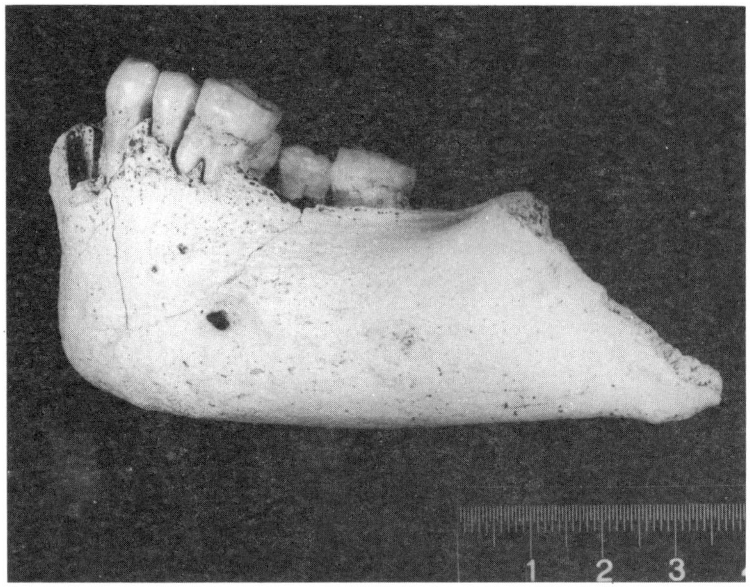

4. *Vista lateral de la mandíbula AT-792 del individuo XXVII. Escala en centímetros.*

4. *Lateral view of the mandible AT-792 from the individual XXVII. Scale in cm.*

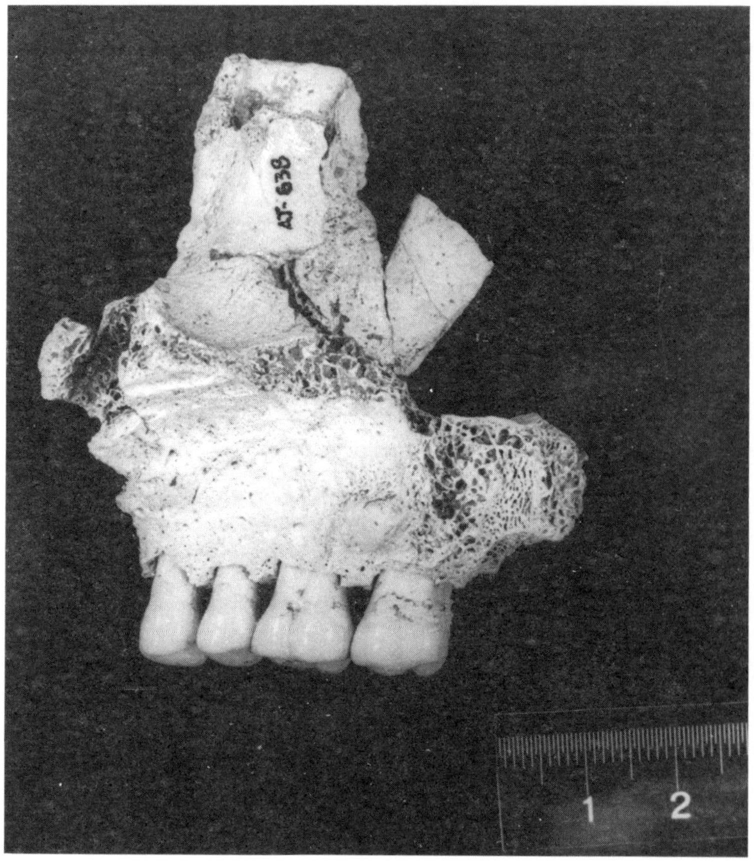

5. *Lado derecho del maxilar superior AT-772 del individuo XXVII. Escala en centímetros.*

5. *Right side of the upper maxilla AT-772 from the individual XXVII. Scale in cm.*

de distribución masculina y femenina para cualquier variable de tamaño de los dientes, incluidos los caninos, es considerable. Por tanto, la asunción anterior debería ser contrastada estimando el sexo de los individuos de SH usando aquellos rasgos craneales y postcraneales cuyo patrón de dimorfismo sexual esté bien establecido. La primera aproximación a este problema ha sido realizada con la amplia muestra de mandíbulas de SH.

La estimación del sexo a partir de las características mandibulares fue llevada a cabo por Rosas (1992) para los ejemplares pertenecientes a los individuos I, II, III, IV, VI, X, XII, XIX, XXII, XXIII y XXV (Tabla 1). La mandíbula AT-792 (individuo XXVII) recuperada durante la excavación de 1993 muestra indudables rasgos masculinos (fig. 4 y 5). La mandíbula AT-888, también recuperada durante la excavación de 1993, pertenece al Cráneo 5 (individuo XXI) y presenta una gran robustez y algunos rasgos masculinos. Esta mandíbula podría ser fácilmente asignada a un individuo masculino. La estimación del sexo a partir del tamaño de los dientes coincide con la de las mandíbulas en los individuos III, IV, VI, VII, X, XII, XIX, XXII, XXIII y XXV. La mandíbula AT-1 (individuo I) es pequeña, aunque robusta, y sus

SH individuals using those cranial and postcranial trait having a well established pattern of sexual dimorphism. The first approach to this problem has been made with the large sample of mandibles from SH.

The estimation of the sex starting from the mandibular features was made by Rosas (1992) for the specimens belonging to the individuals, I, II, III, IV, VI, X, XII, XIX, XXII XXIII and XXV (Table 1). The mandible AT-792 (individual XXVII) recovered during the 1993 excavation shows unquestionable male traits (Fig. 4-5). The mandible AT-888, also recovered during the 1993 excavation, belongs to Cranium 5 (individual XXI) and exhibits a great robustness and some male traits. It could be easily assigned to a male individual. The estimation of the sex from dental size coincides with that of the mandible for the individuals III, IV, VI, VII, X, XII, XIX, XXII, XXIII and XXV. The mandible AT-1 (individual I) is small, though robust, and their teeth are of medium size. The mandible AT-2 (individual II) is also small, though it belongs to an adolescent who died about at the age of fourteen, and only preserves a small portion of the mandibular body. The teeth of this individual are also of medium

6. *Vista oclusal de la mandíbula AT-792 del individuo XXVII. Escala en centímetros.*

6. *Occlusal view of the mandible AT-792 from the individual XXVII. Scale in cm.*

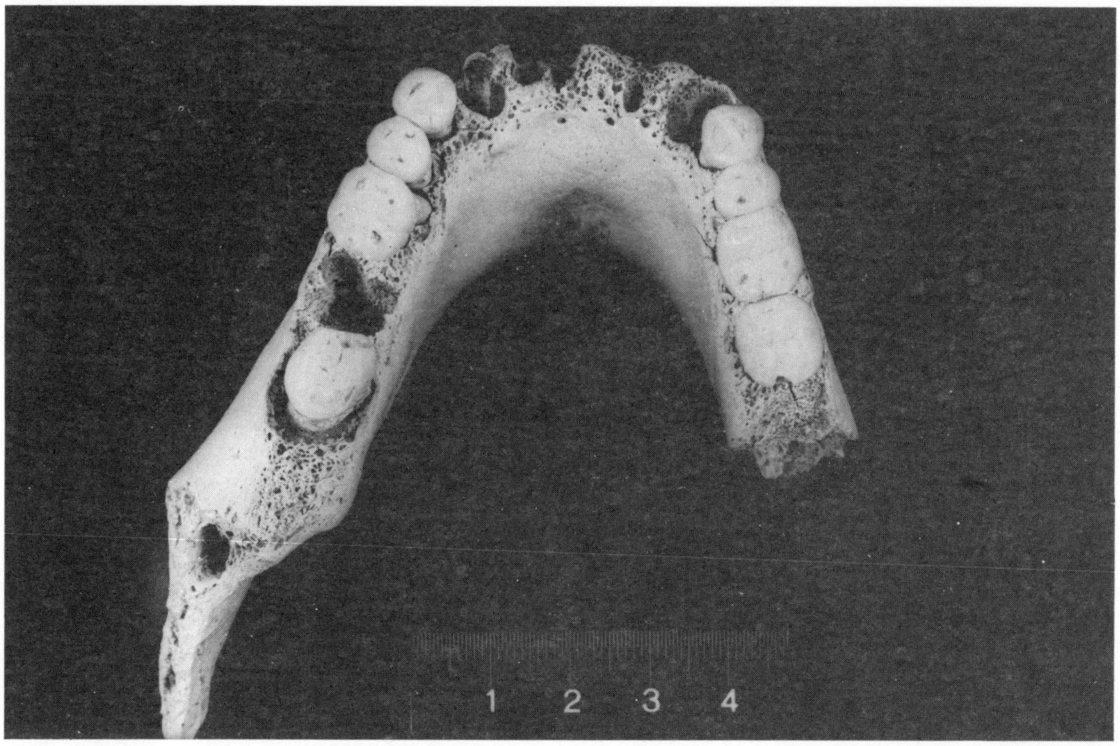

dientes tienen un tamaño intermedio en el rango de la muestra. La mandíbula 2 (individuo II) es también pequeña, aunque pertenece a un adolescente que murió aproximadamente a los catorce años, y solamente se conserva una pequeña porción del cuerpo mandibular. Los dientes de este individuo son también de tamaño intermedio. La mandíbula AT-792 es muy robusta y tiene premolares pequeños y molares de tamaño intermedio, aunque el alvéolo del canino es grande (fig. 6). Los dientes de la mandíbula AT-888 son pequeños. Por consiguiente, en diez de catorce casos (71,4 por 100), el tamaño de los dientes se corresponde con el tamaño de los maxilares, i.e. las mandíbulas pequeñas tienen también dientes pequeños, y las mandíbulas grandes y robustas tienen también dientes grandes. En tres casos la estimación del sexo a partir del tamaño de los dientes ofreció alguna dificultad, mientras que solamente en un caso el tamaño de los dientes y de la mandíbula presentan una clara discrepancia. En suma, la estimación del sexo a partir del tamaño de los dientes ofrece razonablemente garantías cuando los ejemplares son muy pequeños y grandes o muy grandes. Siguiendo este criterio, hemos estimado el sexo de cinco individuos más: VIII, XIII y grandes o muy grandes, y XVI y IX, con dientes muy pequeños (Figs. 7, 8, 9, y 10). Así, el sexo ha sido estimado en un total de 18 individuos, 10 de los cuales serían femeninos y 8 masculinos (Tabla 1).

size. The mandible AT-792 is very robust and have small premolars and intermediate molars, though the canine alveolus is large (Fig. 6). The teeth of the mandible AT-888 are small. Therefore, in ten of fourteen cases (71,4 %) the size of the teeth corresponds to the size of the jaws, i.e. the small mandibles have also small teeth and the large mandibles have also large teeth. In three cases the estimation of the sex from the dental size could offer some difficulty, whereas in only one case the size of the mandible and the teeth are clearly uncorrelated. In short, the sex estimation from the dental size offers reasonable guarantees when the specimens are very small and large or very large. Following this criterion, we have estimated the sex of five more individuals: VIII, XIII and XX, who show large or very large teeth, and XI and XVI, who exhibit very small teeth (Figures 7, 8, 9 and 10). Thus, the sex has been estimated in a total of 18 individuals, ten of whom would be females and eight males (Table 1).

7. Representación bivariante del diámetro mesiodistal (DMD) vs. diámetro bucolingual (DBL) de los caninos inferiores de la Sima de los Huesos de Atapuerca. Los ejemplares pertenecientes a los individuos identificados se indican con números romanos.

7. Bivariate plot of mediodistal diameter (DMD) vs. buccolingual diameter (DBL) for the Atapuerca (SH) lower canines. The specimens belonging to the individuals identified are indicated with Roman numerals.

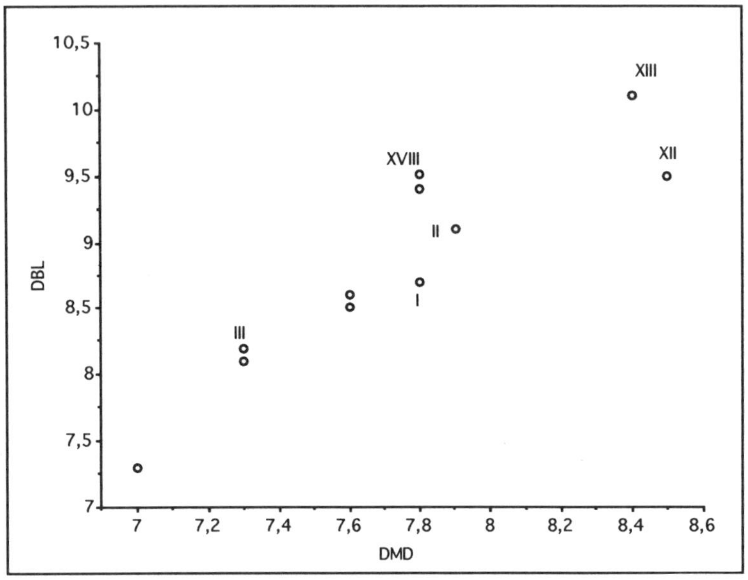

8. Representación bivariante del diámetro mesiodistal (DMD) vs. diámetro bucolingual (DBL) de los terceros premolares inferiores de la Sima de los Huesos de Atapuerca. Los ejemplares pertenecientes a los individuos identificados se indican con números romanos.

8. Bivariate plot of mesiodistal diameter (DMD) vs. buccolingual diameter (DBL) for the Atapuerca (SH) lower third premolars. The specimens belonging to the individuals identified are indicated with Roman numerals.

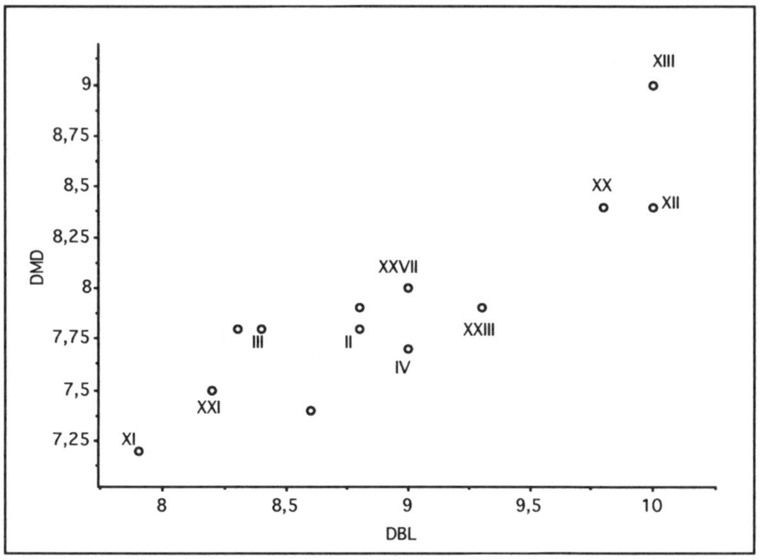

5
Muerte atricional vs. muerte catastrófica.

La muestra de fósiles de SH no es comparable con la de otros yacimientos del Pleistoceno Medio. En efecto, aunque hasta el momento se han recuperado más de once mil restos fósiles en SH, no hay evidencia de la presencia de herbívoros en este conjunto, indicando así que esta cavidad no fue un lugar de consumo ni para carnívoros ni para homínidos. Además, la ausencia de hogares, útiles líticos o marcas de corte excluye la posibilidad de que los restos humanos deriven de un campamento (Díez, 1992; Arsuaga *et al.* 1993). Las marcas de dientes han sido observadas en menos del 1 por 100 de los restos de oso, mientras que no hay evidencia de estas marcas en los restos humanos. SH fue fundamentalmente un lugar de hibernación para osos, que alejaron a otros predadores de la cavidad. Este carácter funcional de SH es apoyado por el hecho de que el 73 por 100 de los ejemplares de oso pertenecieron a hembras, y el 82 por 100 de los individuos eran menores de 30 meses (Díez, 1992). Los homínidos ocupan el segundo lugar con respecto al número de ejemplares y al número de individuos. La presencia de cerca de un millar de homínidos fósiles en un lugar de hibernación no puede ser explicado por la actividad cazadora de osos y de grandes félidos, y se han sugerido causas catastróficas o antrópicas para explicar esta acumulación anómala (Aguirre, 1991/92; Arsuaga *et al.* 1993).

5
Atritional death vs. catastrophic death.

The SH bone sample is not comparable with those of other Middle Pleistocene sites. In fact, though more than eleven thousands fossil remains have been recovered up to the present from SH, there is no evidence of herbivores, thus indicating that this cavity was not a consumption site neither for carnivores nor for humans. Further, the absence of hearths, stone tools or cut-marks excludes the possibility that the human fossils derive from a camp site (Díez, 1992; Arsuaga *et al.* 1993). Tooth marks have been observed on less 1 per cent of the bear bones, whereas there is no evidence of these marks on the human bones. SH fundamentally was an hibernation site for bears, which kept other predators out the cavity. This functional character of the SH site is supported by the fact that a 73 per cent of the bear specimens belonged to females and a 82 per cent of the individuals were younger than 30 months (Díez, 1992). The hominids take the second place concerning the number of specimens and the number of individuals. The presence of at least 29 hominids in an hibernation site cannot be explained by the hunting activity of bears and big felids, and anthropic or catastrophic causes have been suggested to interpret this anomalous accumulation (Arsuaga *et al.* 1993; Aguirre 1991/92).

9. *Representación bivariante del diámetro mesiodistal (DMD) vs. diámetro bucolingual (DBL) de los caninos superiores de la Sima de los Huesos de Atapuerca. Los ejemplares pertenecientes a los individuos identificados se indican con números romanos.*

9. *Bivariate plot of mesiodistal diameter (DMD) vs. buccolingual diameter (DBL) for the Atapuerca (SH) upper canines. The specimens belonging to the individuals identified are indicated with Roman numerals.*

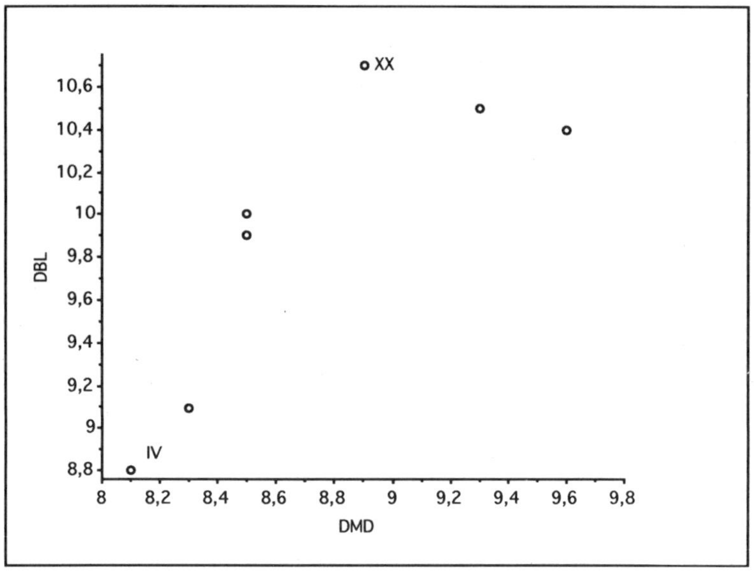

10. *Representación bivariante del diámetro mesiodistal (DMD) vs. diámetro bucolingual (DBL) de los segundos molares superiores de la Sima de los Huesos de Atapuerca. Los ejemplares pertenecientes a los individuos identificados se indican con números romanos.*

10. *Bivariate plot of mesiodistal diameter (DMD) vs. buccolingual diameter (DBL) for the Atapuerca (SH) upper second molars. The specimens belonging to the individuals identified are indicated with Roman numerals.*

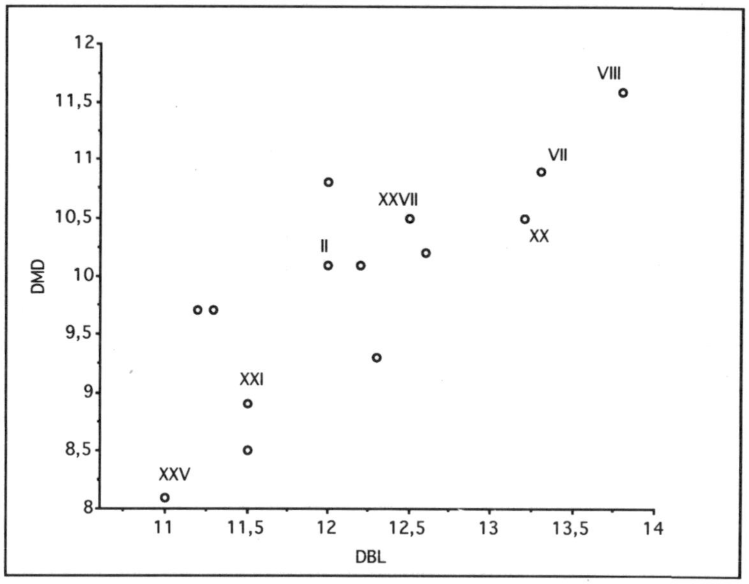

La muestra de fósiles humanos es notablemente homogénea (Arsuaga *et al.*, 1990; Rosas, 1992; Bermúdez de Castro, 1993), sugiriendo así que todos los individuos pudieron pertenecer a la misma población biológica. No es posible establecer por el momento la duración de la acumulación de los homínidos, pero la homogeneidad morfológica de los ejemplares y su inclusión en el mismo nivel sedimentario apoya un intervalo temporal de acumulación relativamente muy corto.

Si consideramos la posibilidad de que la acumulación de cadáveres en SH o en una cavidad próxima se debió a un evento catastrófico que implicó la muerte simultánea de todo un grupo, podemos realizar un sencillo ejercicio para estimar el tamaño de ese grupo. Se puede asignar arbitrariamente el sexo de aquellos individuos en los que existen evidencias todavía poco concluyentes para formular una hipótesis sobre su pertenencia a uno u otro sexo. Nos basaremos para ello en el tamaño y robustez de la mandíbula (individuo XXI) o en el tamaño de los dientes. De este modo, los individuos XV, XXIV y V se consideran femeninos, y los individuos XXVI, XVII y XXI masculinos. Asumiremos, también arbitrariamente, que las mujeres tenían su primer hijo a los 16 años en promedio. Un 82 por 100 de las poblaciones humanas actuales listadas en la tabla 10 de Eveleth & Tanner (1990) tienen promedios para la edad de menarquia entre los 12 y los 13,8 años, por lo que admitiremos también que la edad de menarquia en la población de Atapuerca ocurría igualmente alrededor de los 13 años. Sin embargo, la menarquia es un indicador de madurez sexual, no de fertilidad (Bogin, 1991).

The human sample is remarkably homogeneous (Arsuaga *et al.*, 1990; Rosas, 1992; Bermúdez de Castro, 1993), thus suggesting that all the individuals could belong to the same biological population. It is not possible for the moment to establish the duration of the hominid accumulation time span, but the morphological homogeneity of the specimens and their inclusion in the same stratum support that this time span was relatively short.

If we consider the possibility that the accumulation of corpses were due to a catastrophic event implicating the simultaneous death of a whole hominid group, we can made a simple exercise to estimate the size of that group. We can sex arbitrarily those individuals who were not still assigned either to males or to females. This attribution may be based on the size robustness of the mandible (individual XXI) or on dental size. Thus, the individuals V, XV and XXIV are considered to be females, and the individuals XVII, XXI and XXVI to be males. We will assume also arbitrarily that the females gave birth for the first time at an average of 16 years. A 82,7 per cent of the populations listed in table 10 of Eveleth & Tanner (1990) have mean ages at menarche between 12 and 13,8, and we admit that the average age at menarche in the Atapuerca population also occurred at the age of 13. However, menarche is an indicator of sexual maturity, but it is not a marker of fertility (Bogin, 1991). In fact, it is well known that a period af adolescent sterility (anovulatory menstrual cycles) which ranges from one to three years in both chimpanzees (Goodall, 1983) and humans (Lancaster

11. *Histograma de frecuencias de la distribución de edades de muerte de los individuos identificados en la muestra de fósiles humanos de la Sima de los Huesos de Atapuerca. Intervalos de tres años.*

11. *Frequency distribution of the age at death of the individuals identified in the Atapuerca (SH) fossil hominid sample. Three years intervals.*

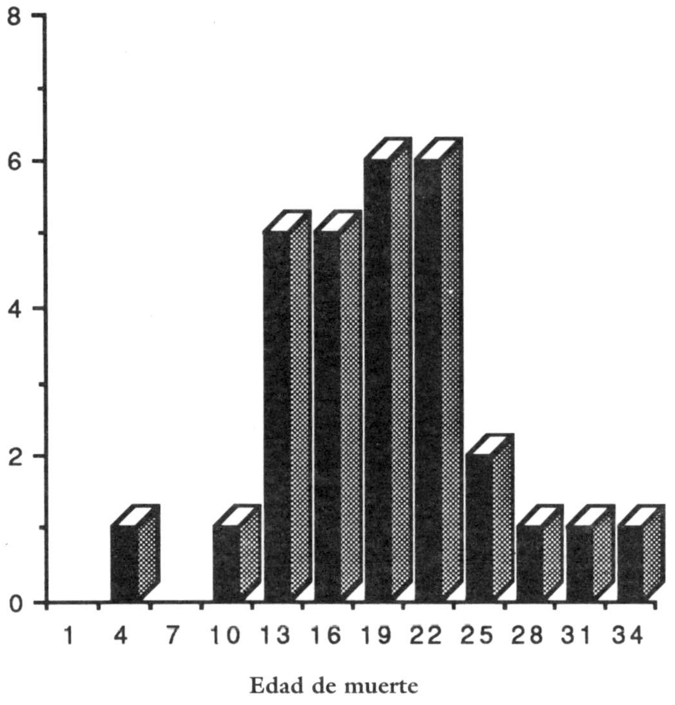

12. *Histograma de frecuencias de la distribución de edades de muerte de los individuos identificados en la muestra de fósiles humanos de la Sima de los Huesos de Atapuerca. Intervalos de seis años.*

12. *Frequency distribution of the age at death of the individuals identified in the Atapuerca (SH) fossil hominid sample. Six years intervals.*

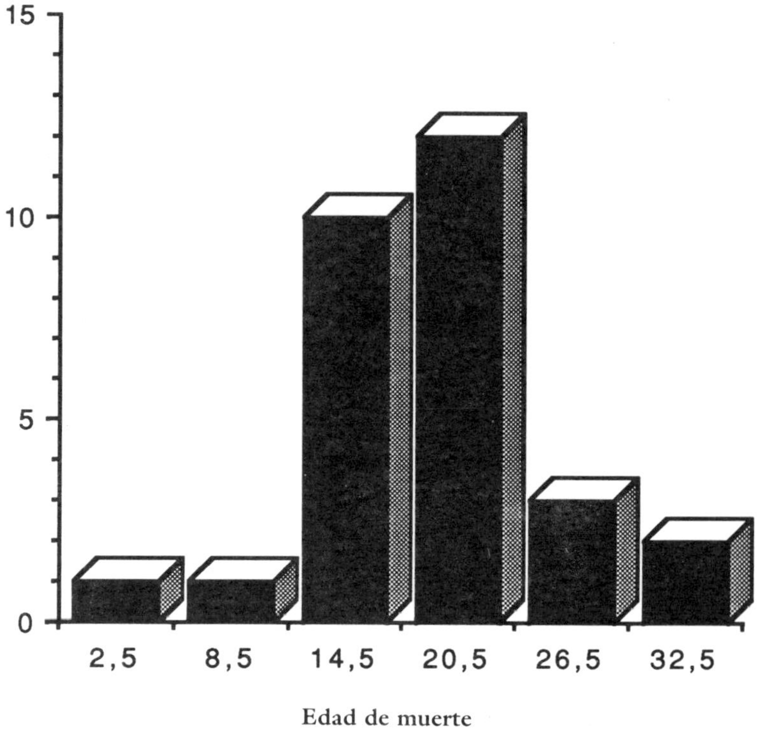

En efecto, se conoce bien que a la primera ovulación, y previamente a la capacidad de concepción (nubilidad), sigue un período de esterilidad (ciclos menstruales anovulatorios), que varían entre uno y tres años tanto en chimpancés (Goodall, 1983) como en la humanidad actual (Lancaster & Lancaster, 1983). Por consiguiente, la edad de 16 años en promedio para tener el primer hijo puede ser una razonable aproximación en nuestro ejercicio. Asumiremos también que el intervalo promedio de nacimientos exitosos en Atapuerca era de 3,5 años, un valor frecuente en grupos de cazadores-recolectores actuales (Lee, 1972; Howel, 1979; Bogin, 1991).

Con estas asunciones podemos calcular fácilmente que el grupo humano representado en SH pudo tener potencialmente 19 hijos vivos menores de 16 años, dos de los cuales podían haber quedado ya registrados en el actual hipodigma. Por tanto, el grupo que presuntamente pereció por la misma causa y en el mismo momento estaría formado por cerca de 50 personas (29 + 17 = 46). Parece difícil aceptar en buena lógica la muerte simultánea de un grupo tan numeroso. No debe olvidarse que la cifra anterior se ha estimado a partir del número mínimo de individuos adultos, un número que presumiblemente aumentará en futuras campañas de excava-

& Lancaster, 1983) follows the first ovulation, previous to the age of initiation of the capacity for conception (nubility). Therefore, we consider that an age of 16 to gave birth the first baby may be an approach to made our exercise. Furthermore, we will assume that the average interval between successful births in the Atapuerca population was 3,5 years, which represents a frequent value in living-gathering groups (Lee, 1972; Howell, 1979; Bogin, 1991).

Bearing in mind these assumptions, we can calculate easily that the SH group could have potentially 19 offspring younger than 16 years, two of which could have been recorded already in the current hypodigm. Therefore, the human group that supposedly died for the same cause, and at the same time would be formed by near 50 people (29+17=46). It seems difficult to accept the simultaneous death of such a large group. It ought to be remembered that these calculations were made from the minimum number of adult individuals, which probably may increase in future excavations. However, the age at death distribution of the SH hominids (Figures 11 and 12) seemingly show a catastrophic prolife. In fact, though the individuals younger than 10 years are absent because of the above mentioned reasons, this profile could fit the age distribution of a group regarding the adolescents and ción. Sin embargo, la distribución de edades de muerte de los individuos de SH (figuras 11 y 12) presenta un perfil aparentemente catastrófico, en el que faltan los individuos infantiles por las posibles razones expuestas con anterioridad, pero que, con respecto a los adolescentes y adultos, podrían ajustarse a la distribución de edades de un grupo. Para resolver esta contradicción, podemos admitir una muerte atricional para los homínidos de SH, y sugerir posibles explicaciones por las que a lo largo de un cierto tiempo se fueron acumulando cadáveres de individuos con preferencia de adolescentes o adultos jóvenes. Probablemente, la mayoría de esas explicaciones, si no todas, serán especulativas. En ningún caso deberán formularse hipótesis sobre la posible existencia de un sesgo en el registro SH, puesto que no se puede ofrecer un sólo argumento tafonómico para sostener que determinada clase de edad entre los adolescentes y adultos jóvenes puede quedar registrada con mayor probabilidad que otras clases de edad.

Aunque existen diferentes soluciones para posibilitar la viabilidad demográfica de una población con el patrón de mortalidad observado en los homínidos de SH (Bermúdez de Castro & Díez, n.d.), parece poco razonable admitir que en las poblaciones europeas del Pleistoceno Medio la mortalidad fuera mayor entre los jóvenes adultos que entre los adultos de más de 30 años, simplemente porque la pérdida de un elevado porcentaje de individuos en el mejor momento para la reproducción representa un considerable coste energético para la especie. Sin embargo, una mirada al registro fósil europeo del Pleistoceno Medio nos muestra como la casi totalidad de los ejemplares registrados, tales como los de Arago, La Chaise Suard, Montmaurin, Orgnac, Lazaret, Vergranne, Ehringsdorf, Steinheim, Mauer, Pontnewydd, Swanscombe o Pinilla del Valle, pertenecieron a adolescentes o adultos jóvenes, muy probablemente menores de 30 años. Tal vez debiéramos reconocer que apenas sabemos nada sobre la biología de los homínidos europeos del Pleistoceno Medio. En este sentido, sería deseable conseguir una mayor precisión en la determinación de la edad de murte, y esforzarse por obtener esta información en toda la muestra de homínidos europeos del Pleistoceno Medio.

adults. To solve this contradiction we can admit an atritional death for the SH hominids, and we could suggest several reasons to explain why the corpses of adolescents and young adults were preferably accumulated during a certain time period. Probably most, if not all, of these reasons will be speculative. Furthermore, hypotheses concerning a possible bias of the fossil record should be not suggested, since there are no taphonomical arguments to support that a certain age class have a greater probability to be recorded than the others.

Though there are some solutions to allow of the demographic viabilty of a population having the mortality pattern observed in the SH hominids (Bermúdez de Castro & Díez, n.d.), it seems little reasonable to admit that the mortality of the adolescents and young adults in the European Middle Pleistocene population were greater than the mortality of the adults older than 30 years, simply because the loss of a high percentage of individuals in the best moment for the reproduction represents a considerable energy cost for the species. However, the European Middle Pleistocene hominid fossil record indicates that most of the specimens recovered from different sites, such as Arago, La Chaise Suard, Montmaurin, Orgnac, Lazaret, Vergranne, Ehringsdorf, Steinheim, Mauer, Pontnewydd, Swanscombe or Pinilla del Valle (Spain), belonged to adolescents or adults probably younger than 30 years. Perhaps, we should accept that our knowledge about the biology of the European Middle Pleistocene hominids is still very limited. In this respect, it would be desirable to get a greater accuracy in the age at death determination, and to struggle to obtain this information in the whole European Middle Pleistocene hominid sample.

6 Agradecimientos.

Quiero agradecer muy sinceramente la ayuda y colaboración de mis compañeros Juan Luis Arsuaga, José Miguel Carretero, Ana Gracia, Ignacio Martínez y Antonio Rosas. Las sugerencias de Juan Carlos Díez Fernández-Lomana han sido especialmente importantes para la realización de este trabajo. Esta investigación ha recibido soporte económico de la Dirección General de Investigación Científica y Técnica (actual proyecto: PB 90-0126-C03-01), y de la Consejería de Cultura de la Junta de Castilla y León. No quiero dejar de mencionar la eficaz y siempre desinteresada colaboración de todos los componentes del Grupo Espeleológico Edelwaiss de Burgos. Las radiografías fueron realizadas por Bernabé Roldán.

Octubre, 1993.

6 Aknowledgements.

We wish to thank Juan Luis Arsuaga, Ignacio Martínez, Ana Gracia, José Miguel Carretero, and specially Juan Carlos Díez Fernández Lomana for their suggestions concerning this work. This research was supported by the Dirección General de Investigación Científica y Técnica of the Spanish M.E.C., Project N.° PB90-0126-C03-01. Funding for the field work came from the Consejería de Cultura y Bienestar Social of the Junta de Castilla y León. The help in the field of the Grupo Espeleológico Edelwaiss of Burgos is much appreciated. The radiographs were made by Bernabé Roldán.

BIBLIOGRAFÍA

ACSÁDI, G. Y. & NEMESKERI, J. (1970): *History of Human Life Span and Mortality.* Budapest: Akadémiai Kiadó.

AGUIRRE, E. (1991/92): "Atapuerca: land change, caves and humans over Middle Pleistocene". *J. Hum. Ecol., 2/3*: 227-270.

AGUIRRE, E., BASABE, J. M. & TORRES, T. (1976): "Los fósiles humanos de Atapuerca (Burgos): Nota preliminar". *Zephyrus,* 26-27: 489-511.

AGUIRRE, E. & LUMLEY, M. A. de (1977): "Fossil men from Atapuerca, Spain: Their bearing on human evolution in the Middle Pleistocene". *J. Hum. Evol.,* 6: 681-688.

AGUIRRE, E., ARSUAGA, J. L., BERMÚDEZ DE CASTRO, J. M., CARBONELL, E., CEBALLOS, M., DÍEZ, J. C., ENAMORADO, J., FERNÁNDEZ-JALVO, Y., GIL, E., GRACIA, A., MARTÍN-NÁJERA, A., MARTÍNEZ, I., MORALES, J., ORTEGA, A. I., ROSAS, A., SÁNCHEZ A., SÁNCHEZ, B., SESÉ, C., SOTO, E. & TORRES, T. J. (1990): "The Atapuerca sites and the Ibeas hominids". *Hum. Evol.,* 5: 55-73.

ARSUAGA, J. L., CARRETERO, J. M., GRACIA, A. & MARTÍNEZ, I. (1990): "Taphonomical analysis of the human sample from the Sima de los Huesos Middle Pleistocene site (Atapuerca/Ibeas, Spain)". *Hum. Evol.,* 39: 179-185.

ARSUAGA, J. L., MARTÍNEZ, I., GRACIA, A., CARRETERO, J. M. & CARBONELL, E. (1993): "Three new human skulls from the Sima de los Huesos Middle Pleistocene site (Atapuerca Spain)". *Nature,* 362: 534-537.

BERMÚDEZ DE CASTRO, J. M. (1993): "The Atapuerca dental remains. New evidence (1987-1991 excavations) and interpretations". *J. Hum. Evol.,* 24: 339-371.

BERMÚDEZ DE CASTRO, J. M. & DÍEZ, J. C. "Middle Pleistocene mortality pattern and fertility: The Atapuerca case". *Am. J. Hum. Biol.,* submitted.

BERMÚDEZ DE CASTRO, J. M., ROSAS, A. (1992): "A human mandibular fragment from the Atapuerca Trench (Burgos, Spain)". *J. Hum. Evol.,* 22: 41-46.

BERMÚDEZ DE CASTRO, J. M., DURAND, A. & IPIÑA, S. L. (1993): "Sexual dimorphism in the human dental sample from the SH site (Sierra de Atapuerca, Spain)". A statistical approach. *J. Hum. Evol.,* 24: 43-56.

BEYNON, A. D. (1986): "Tooth growth structure in living and fossil hominoids". In Cruwys, E. and Foley, R. A. (Eds.). *Teeth and Anthropology.* Oxford: B. A. R. Int. Series, pp. 23-30.

BLURTON JONES, N. G., SMTH, L. C., O'CONELL, J. F., HAWKWS, K & KAMAZORA, C. L. (1992): "Demography of the Hadza, and increasing and high density population of savanna foragers". *Am. J. Phys. Anthropol.,* 89: 159-181.

BOGIN, B. (1991): *Patterns of Human Growth.* Cambridge University Press.

BROMAGE, T. G. (1987): "The biological and chronological maturation of early hominids". *J. Hum. Evol.,* 16: 257-272.

BROMAGE, T. G. & DEAN, M. C. (1975): "Re-evaluation of the age at death of immature fossil hominids". *Nature,* 317: 525-527.

CONROY, G. C. & VANNIER, M. W. (1987): "Dental development of the Taung skull from computerized tomography". *Nature,* 329: 625-627.

CONROY, G. C. & VANNIER, M. W. (1988): "The nature Taung dental maturation continued". *Nature,* 333: 808.

DEAN, M. C. (1987): "Growth layers and incremental markings in hard tissues; a review of the literature and some preliminary observations about enamel structure", in *Paranthropus boisei. J. Hum. Evol.,* 16: 157-172.

DEAN, M. C. & BEYNON, A. D. (1991): "Histological reconstruction of crown formation times and initial root formation times in a modern human child". *Am. J. Phys. Anthrop.,* 86: 215-228.

DEAN, M. C., STRINGER, C. B. & BROMAGE, T. G. (1986): "Age at death of the Neanderthal child from Devil's Tower, Gibraltar and the implications for studies of general growth and development in Neanderthals". *Am. J. Phys. Anthropol.,* 70: 301-309.

DÍEZ, J. C. (1992): *Zooarqueología de Atapuerca (Burgos) e implicaciones paleoeconómicas del estudio tafonómico de yacimientos del Pleistoceno Medio.* Ph. D. Dissertation, Universidad Complutense Madrid.

EVELETH, P. B. & TANNER, J. M. (1990): *Worldwide Variation in Human Growth.* Cambridge: Cambridge University Press.

GOODALL, J. (1983): "Population dinamycs during a 15-year in one community of free-living chimpanzees in the Gombe National Park, Tanzania". *Zietschrift für Tierpsychologie,* 61: 1-60.

GUSTAFSON, G. & KOCH, G. (1974): "Age estimation up to 16 years of age based on dental development". *Odontologisk Revy,* 3: 1-10.

HASSAN, F. A. (1981): *Demographic Archaeology.* New York: Academic Press Inc.

HOWELL, N. (1979): *Demography of the Dobe !Kung.* New York: Academic Press.

JOHANSON, S. J. (1971): "Age determinations from human teeth". *Odontologisk Revy,* 22, Supplement.

LAMPL, M., MONGE, J. M. & MANN, A. E. (1993): "Further observations on a method for estimating hominoid dental developmental patterns". *Am. J. Phys. Anthropol,* 90: 113-127.

LANCÁSTER, J. B. & LANCÁSTER, C. S. (1983): "Parental investment: The hominid adaptation". In Ortner, D. J. (Ed.). *How Human Adapts.* Washington DC: Smithsonian Institution Press, pp. 33-65.

LAVELLE, C. L. B. (1970): "Analysis of attrition in adult human molars". *J. Dent. Res.,* 49: 822-828.

LEGOUX, P. (1970): "Etude odontologique de l'enfant Néanadertalien du Pech-de-l'Azé". *Arch. Inst. Paléontol. Hum.,* 33: 53-87.

LEE, R. B. (1972): "!Kung spatial organization: An ecological and historical perspective". *Hum. Ecol.* 1: 125-147.

LUMLEY, H. DE, LUMLEY, M. A. DE (1973): "Pre-Neanderthal human remains from Arago Cave in Southeastern France". *Yb. Phys. Anthropol,* 17: 162-168.

MANN, A. E. (1988): "The nature of Taung dental maturation". *Nature,* 333: 123.

MANN, A. E., LAMPL, M. & MONGE, J. M. (1987): "Maturational patterns in early hominids". *Nature,* 328: 673-674.

MANN, A. E., LAMPL, M. & MONGE, J. M. (1990): "Patterns of ontogeny in human evolution: evidence from dental development". *Yb. Phys. Anthropol.,* 33: 111-150.

MANN, A., MONGE, J. M. & LAMPL, M. (1990): "Dental caution". *Nature,* 348: 202.

MILES, A. E. W. (1963): "The dentition in the assessment of individual age in skeletal material". In Brothwell, R. D. (Ed.). *Dental Anthropology.* Oxford: Pergamon Press, pp. 191-209.

NOWEL, G. W. (1978): "An evaluation of the Miles method of ageing using the Tepe Hissar dental sample". *Am. J. Phys. Anthropol.,* 49: 271-276.

ROSAS, A. (1992): *Ontogenia y filogenia de la mandíbula en la evolución de los homínidos. Aplicación de un modelo de morfogénesis a las mandíbulas fósiles de Atapuerca.* Ph. D. Dissertation, Universidad Complutense, Madrid.

SCOTT, J. H. & SYMONS, N. B. B. (1974): *Introduction to Dental Anatomy.* Edinburg: Churchill Livingstone.

SIMPSON, S. W., LOVEJOY, C. O. & MEINDL, R. S. (1990): "Hominoid dental maturation". *J. Hum. Evol.,* 19: 285-297.

SMITH, B. H. (1986): "Dental development in *Australopithecus* and early *Homo*". *Nature,* 323: 27-330.

SMITH, B. H. (1991): "Dental development and the evolution of life history in Hominidae". *Am. J. Phys. Anthropol.,* 86: 157-174.

TRINKAUS, E. (1983): *The Shanidar Neandertals.* New York: Academic Press.

TRINKAUS, E. (n.d.): "Neandertal mortality patterns". *J. Arch. Sci.* (In press.).

TRINKAUS, E. & THOMPSON, D. D. (1987): "Femoral diaphyseal histomorphometric age determinations for the Shanidar 3, 4, 5 and 6 Neandertals and Neandertal longevity". *Am. J. Phys. Anthropol.,* 72: 123-129.

TRINKAUS, E. & TOMPKINS, R. L. (1990): "The Neandertal life cycle: the possibility, probability, and perceptibility of contrasts with recent humans". In De Rousseau, C. J. (Ed.). *Primate Life History and Evolution.* New York: Wiley-Liss, Inc., 153-180.

WEIDENREICH, F. (1943): "The skull of *Sinanthropus pekinensis,* a comparative study on a primitive hominid skull". *Paleontologia Sinica New Series* N.° 10, Peiping.

WOLPOFF, M. H. (1979): "The Krapina dental remains". *Am. J. Phys. Anthropol.,* 50: 67-114.

Los restos craneales y postcraneales de la Sima de los Huesos (Sierra de Atapuerca) y la evolución humana en el Pleistoceno Medio

Cranial and postcranial remains at the Sima de los Huesos (Sierra de Atapuerca) and human evolution during the Middle Pleistocene

J. L. Arsuaga, I. Martínez, A. Gracia y J. M. Carretero

Departamento de Paleontología, Facultad de Ciencias Geológicas, Universidad Complutense de Madrid, 28040 Madrid, España

Resumen:

El hallazgo de tres cráneos muy completos durante el verano de 1992, convierte a la muestra de fósiles humanos craneales del yacimiento mesopleistoceno de la ***Sima de los Huesos*** *en una de las más importantes del mundo. El análisis de esta colección muestra que algunos rasgos utilizados frecuentemente en los análisis filogenéticos son de expresión variable dentro de una misma población. Los fósiles craneales de la* ***Sima de los Huesos*** *comparten un cierto número de sinapomorfías con las poblaciones neandertales lo que indica una estrecha relación filogenética. En otros caracteres Atapuerca muestra estados compartidos con los neandertales y las poblaciones humanas modernas. Los rasgos compartidos con los* ***Homo erectus*** *asiáticos se interpretan como plesiomorfías. A partir de estos resultados se propone una hipótesis de relaciones filogenéticas. En la actualidad, más del 70 por 100 del registro fósil mundial de esqueleto postcraneal, para el Pleistoceno Medio, ha sido hallado en la* ***Sima de los Huesos.*** *Esta circunstancia ofrece la posibilidad de analizar la variabilidad y polaridad de determinados caracteres del esqueleto en* ***Homo.***

Abstract:

The finding of three fairly complete crania during the summer of 1992 makes the sample of cranial human fossils discovered at the Middle Pleistocene site of ***Sima de los Huesos*** *one of the most important assemblages in the world. Its study shows that some of the features frequently considered in phylogenetic analysis can have a variable expression within the same population. The cranial fossils found at the* ***Sima de los Huesos*** *share a number of synapomorphies with Neandertal populations, which point at close phylogenetic relationships. As regards other features, the Atapuerca evidence shares common traits with Neandertals and modern human populations. Features shared with the Asian* ***Homo erectus*** *are here interpreted as plesiomorphies. Up to now, over 70 % of the Middle Pleistocene fossil record for the postcranial skeleton has been found at the* ***Sima de los Huesos.*** *This allows us to analyse the phylogenetic variability and polarity presented by certain features of the* ***Homo's*** *skeleton.*

Palabras clave:

Pleistoceno Medio, Atapuerca, Sima de los Huesos, Cráneo, Esqueleto postcraneal.

Key words:

Middle Pleistocene, Atapuerca, Sima de los Huesos, Cranium, Postcranial skeleton.

1 Introducción.

En la campaña de excavaciones de julio de 1992 la muestra de fósiles humanos de la *Sima de los Huesos* experimentó un incremento substancial (Arsuaga *et al.,* 1993). Por otro lado, la apertura de nuevos sectores de excavación en el yacimiento ha permitido progresar en el conocimiento de su estratigrafía y cronología. Aunque posteriores a la celebración de las Jornadas sobre "Evolución Humana en Europa y los Yacimientos de la Sierra de Atapuerca", nos ha parecido obligado insertar estos avances en el texto de nuestra comunicación.

1 Introduction.

Excavations carried out in July 1992 substantially increased the *Sima de los Huesos's* sample of human fossils (Arsuaga *et al.,* 1993). On the other hand, the opening up of new excavation areas in this site has enriched our knowledge of its stratigraphy. Although these developments took place after the *Workshop on Human Evolution in Europe and the Atapuerca Evidence,* it seems inevitable that we should refer to them in our paper.

2 El yacimiento de la Sima de los Huesos.

Este yacimiento se localiza al pie de una sima de 13 m, situada a algo más de medio kilómetro de la actual entrada de *Cueva Mayor.* Recientes prospecciones geofísicas, mediante métodos magnetométricos y gravimétricos (Bergamín *et al.,* 1994), y las investigaciones en curso sobre la red kárstica del complejo *Cueva Mayor-Cueva del Silo* (A. I. Ortega, comunicación personal) señalan la existencia de un antiguo acceso muy próximo a la *Sima de los Huesos,* que se cerró muy probablemente en el Pleistoceno Medio. La Figura 1 muestra la planta y la sección de la *Sima de los Huesos* con las principales áreas de excavación. La mitad proximal del yacimiento forma una rampa cuyo nivel superior es un capa de arcillas ricas en guano de murciélago. Inmediatamente por debajo se extiende una colada estalagmítica inclinada (CR), que aflora en los extremos de la rampa. Los niveles inferiores a la colada son arcillas con restos humanos y de carnívoros. El contenido fosilífero de estas arcillas es creciente hacia la parte final de la rampa. Se ha intervenido en dos sectores de la mitad distal de la *Sima de los Huesos.* El sedimento excavado es una brecha fosilífera de matriz arcillosa, con fósiles de carnívoros y humanos. Una colada estalagmítica (CPV) recubre un área restringida del sedimento (Figura 1).

La mayor parte de los fósiles de la *Sima de los Huesos* pertenecen a *Ursus deningeri* (Torres, 1988). También se encuentran fósiles de otros carnívoros: *Panthera leo, Panthera* cf. *gombaszoegensis, Lynx pardina spelaea, Vulpes vulpes,* Mustelidae sp., Canidae sp. (Cervera, 1992). Por el contrario, no hay registro de herbívoros ni de industria lítica. La Figura 2 indica que no existen sesgos importantes en la representa-

2 The Sima de los Huesos Site.

The site lies at the bottom of a 13 metre shaft which is more than 500 metres from the current opening of the *Cueva Mayor.* Recent geophysic analyses that have employed magnometric and gravimetric tests (Bergamín *et al.,* 1994) and current research on the karst system in the *Cueva Mayor-Cueva del Silo* ensemble (A. I. Ortega, personal communication) suggest the existence of an old entrance close to the *Sima de los Huesos* (an entrance that was probably blocked during the Middle Pleistocene). Figure 1 includes a plan and a section of the *Sima de los Huesos* showing the main excavation areas. The site's proximal half constitutes a ramp whose upper level consists of sterile clays rich in bat guano. Right under these clays there extends a continuous sloping stalagmitic floor (CR) showing up at the two extremes. The levels below this floor consist of clays containing human and carnivore remains. The fossil content of these clays becomes richer as one approaches the ramp's final stretch. Excavations have been carried out in two sections of the *Sima de los Huesos's* distal half. The excavated sediment is a fossiliferous breccia that contains carnivore and human fossils. A stalagmitic floor (CPV) covers a restricted area of the sediment (Figure 1).

Most fossil findings from the *Sima de los Huesos* belong to *Ursus deningeri* (Torres, 1988). However, other carnivores are also represented: *Panthera leo, Panthera* cf. *gombaszoegensis, Lynx pardina spelaea, Vulpes vulpes,* Mustelidae sp., Canidae sp. (Cervera, 1992). On the contrary, there is no record either of herbivores or of any lithic industry. As Figure 2 indicates, the human sample shows no significant bias in the re-

1. *Planta y perfil del yacimiento de la Sima de los Huesos. —1a: Planta de la* ***Sima de los Huesos.*** *Las áreas de excavación aparecen recuadradas. Los cráneos 4, 5 y 6 fueron descubiertos en el área B. La zona rayada corresponde a la extensión de la concreción CPV. El círculo de puntos representa la proyección del conducto vertical por el que se accede al yacimiento. —1b: Perfil de la* ***Sima de los Huesos*** *a lo largo de la línea poligonal marcada en 1a. La flecha indica el acceso al yacimiento. Los espeleotemas se representan con rayado vertical. La sección excavada en T-16 se ha proyectado sobre el perfil.*

1. *Plan and Section of the Sima de los Huesos Site. 1a: A plan of the* ***Sima de los Huesos.*** *Crania 4, 5 and 6 were found in zone B. The striped area corresponds to the extension of CPV concretion. The dotted circle represents the projection of the vertical shaft that provides access to the site. 1b: A section of the* ***Sima de los Huesos*** *along the polygonal line drawn on 1a. The arrow indicates access to the site. Speleothems are represented by vertical stripes. The section excavated in T-16 has been projected on this map.*

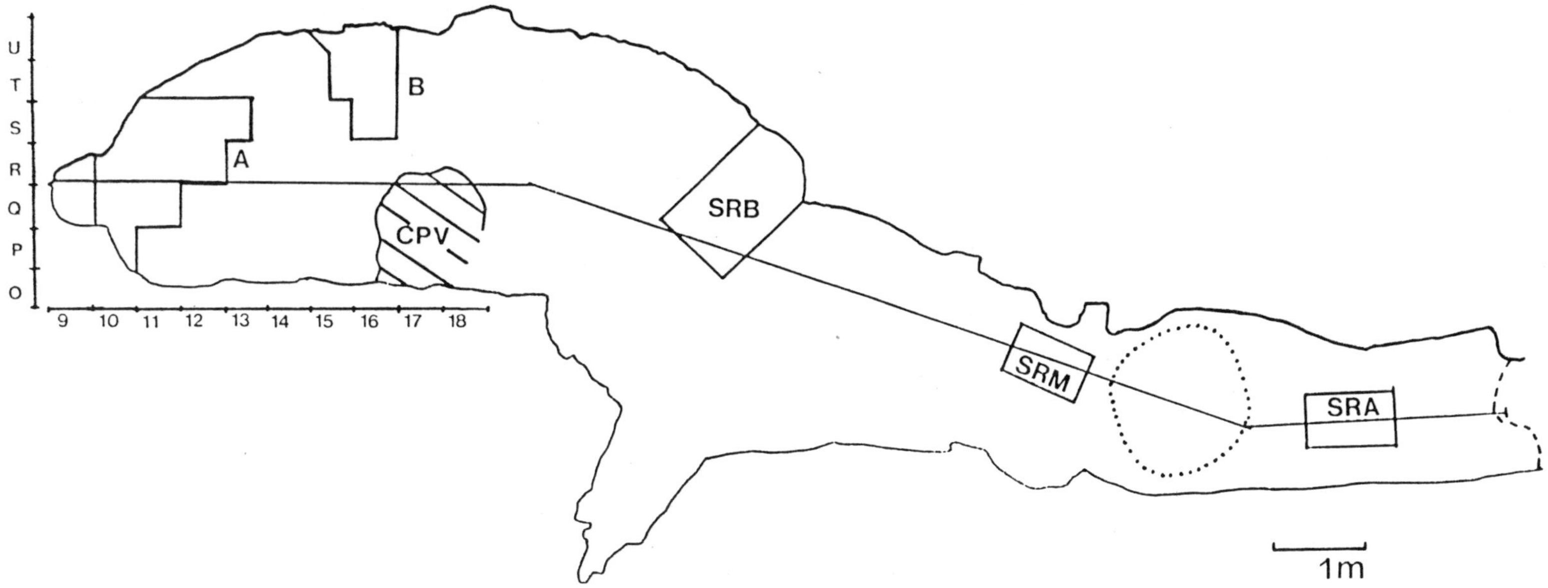

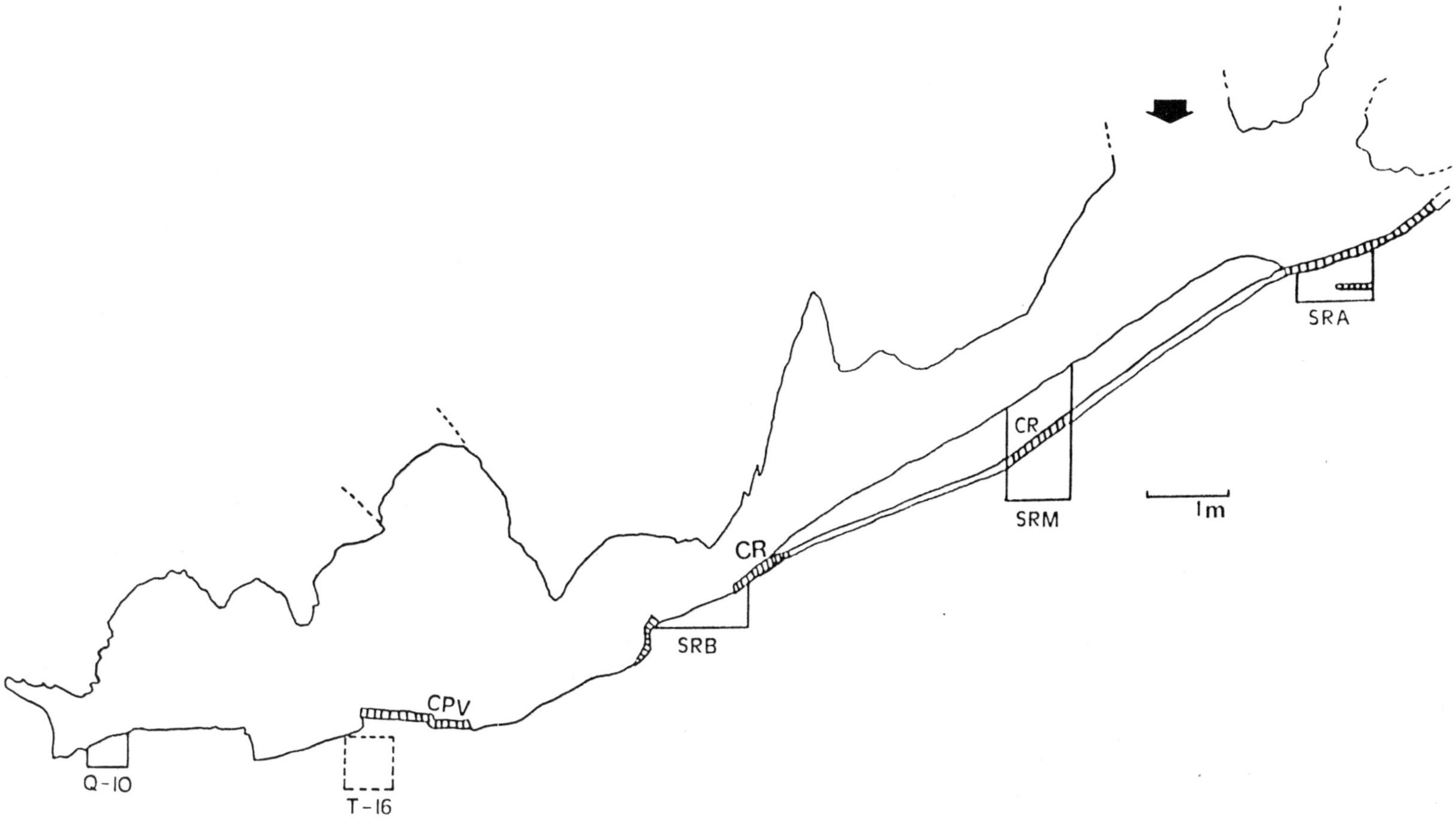

2. *Representación de elementos esqueléticos en la muestra de fósiles humanos de la* ***Sima de los Huesos.*** *Porcentaje acumulativo del número mínimo de unidades anatómicas (N.M.U.A. = número de huesos o regiones óseas conservadas en una muestra, dividido por el número de huesos o regiones óseas de ese mismo elemento presentes en un esqueleto completo), en el yacimiento neandertal de Krapina, una muestra de enterramientos neandertales, otra de neandertales no enterrados (Trinkaus, 1985), en la localidad 333 de Afar (calculado por los autores a partir de los datos publicados por Johanson et al., 1982) y en el yacimiento de la* ***Sima de los Huesos*** *(incluida la campaña de 1992). Lista de unidades anatómicas usadas en el eje de ordenadas (numeradas del 1 al 39): 1) Dientes; 2) vértebras cervicales; 3) vértebras torácicas; 4) vértebras lumbares; 5) sacros; 6) costillas; 7) clavículas; 8) escápulas; 9) húmeros proximales; 10) diáfisis humerales; 11) húmeros distales; 12) ulnas proximales; 13) diáfisis de ulna; 14) ulnas distales; 15) radios proximales; 16) diáfisis de radio; 17) radios distales; 18) carpos; 19) metacarpos; 20) falanges de mano; 21) coxales; 22) fémures proximales; 23) diáfisis de fémur; 24) fémures distales; 25) rótulas; 26) tibias proximales; 27) diáfisis de tibia; 28) tibias distales; 29) fíbulas proximales; 30) diáfisis de fíbula; 31) fíbulas distales; 32) astrágalos; 33) calcáneos; 34) otros huesos del tarso; 35) metatarsos; 36) falanges de pie; 37) esplacnocráneos; 38) mandíbulas; 39) neurocráneos. La diagonal correspondería al porcentaje de un esqueleto completo.*

2. *Representation of Skeletal Elements in the Sima de los Huesos Human Sample. The cumulative percentage of the minimum number of anatomical units (M.N.A.U.= number of bones or bone portions preserved in a sample divided by number of that bone or bone portion belonging to the same element that are present in a complete skeleton) is worked out for: the Krapina collection; a sample of Neandertal burial sites; a sample of Neandertal non-burial sites (Trinkaus, 1985); Afar 333 (worked out by the authors basing on data published by Johanson et al., 1982); and the Sima de los Huesos site (including the 1992 field season). The anatomical units that were considered have been listed on the horizontal axis and numbered from 1 to 29: 1) dentition; 2) cervical vertebrae; 3) thoracic vertebrae; 4) lumbar vertebrae; 5) sacra; 6) ribs; 7) claviculae; 8) scapulae; 9) proximal humeri; 10) humeral shafts; 11) distal humeri; 12) proximal ulnae; 13) ulnar shafts; 14) distal ulnae; 15) proximal radii; 16) radial shafts; 17) distal radii; 18) carpals; 19) metacarpals; 20) hand phalanges; 21) hip bones; 22) proximal femora; 23) femoral shafts; 24) distal femora; 25) patellae; 26) proximal tibiae; 27) tibial shafts; 28) distal tibiae; 29) proximal fibulae; 30) fibular shafts; 31) distal fibulae; 32) tali; 33) calcanei; 34) anterior tarsals; 35) metatarsals; 36) pedal phalanges; 37) upper facial; 38) mandibles; 39) neurocrania. The diagonal line would correspond to the percentage of a complete skeleton.*

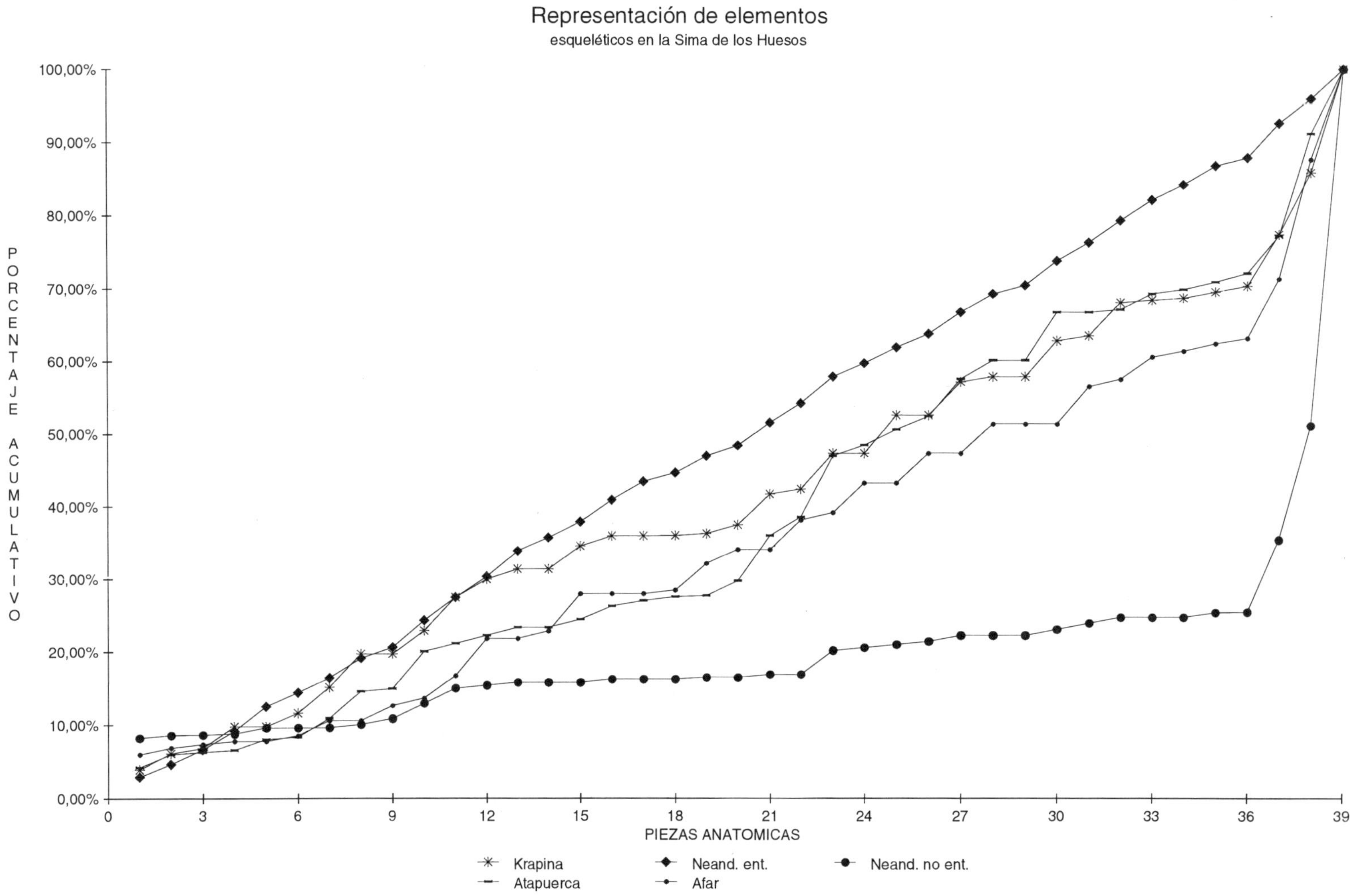

ción de elementos esqueléticos de la muestra de fósiles humanos, lo que nos induce a pensar que en la *Sima de los Huesos* se acumularon cadáveres humanos y no restos óseos aislados (Arsuaga *et al.*, 1990). No obstante, en los sectores excavados hasta la fecha los fósiles humanos no conservan las conexiones anatómicas, aunque hay indicios de asociaciones por individuos. Se conocen otros grandes depósitos de fósiles de oso en ambientes kársticos en el Pleistoceno europeo, pero la acumulación de al menos 29 esqueletos humanos (Bermúdez de Castro, en este mismo volumen) constituye un caso excepcional en el Pleistoceno Medio. Los datos hasta ahora conocidos parecen descartar que los fósiles humanos deriven de actividades de carnívoros o de un lugar de ocupación humana (Arsuaga *et al.*, 1990).

3
Dimensiones generales del cráneo.

Las principales variables craneométricas pueden ser estudiadas en los cráneos 4, 5 y 6 (Figura 3). El Cráneo 5 (sigla de campo AT-700) está prácticamente completo y corresponde a un individuo adulto. El Cráneo 4 (AT-600) conserva la totalidad del neurocráneo y es también adulto. Ambos cráneos fueron descubiertos en julio de 1992. El Cráneo 6 se ha reconstruido a partir de numerosos fragmentos excavados en las campañas de 1991 y 1992, y corresponde a un individuo inmaduro, en el que los segundos molares están recién erupcionados. La capacidad craneal ha sido medida tres veces en el Cráneo 4 (1.390 cc ± 10 cc) y Cráneo 5 (1.125 cc ± 10 cc). Mientras que el Cráneo 5 se agrupa con los especímenes de menor volumen cerebral del registro mesopleistoceno de Europa y África (como Steinheim y Ndutu), el Cráneo 4 presenta uno de los valores más altos del Pleistoceno Medio mundial. La variabilidad observada en la muestra de Atapuerca deja sin fundamento las distinciones taxonómicas establecidas en el registro europeo mesopleistoceno que se basan en la capacidad craneal. El volumen cerebral del Cráneo 6 ha sido estimado, a partir de los otros dos especímenes de Atapuerca, en unos 1.100 cc.

Los cráneos 4, 5 y 6 son altos en norma lateral (Tabla 1). Las dimensiones del Cráneo 4 son en general superiores a las de los cráneos 5 y 6, especialmente en las anchuras del neurocráneo. Los diámetros transversales del Cráneo 4 se sitúan entre los mayores del registro fósil. La máxima anchura del cráneo se sitúa al nivel de la cresta supramastoidea en la muestra de Atapuerca (Tabla 2).

presentation of skeletal elements. This in turn suggests that, rather than isolated bone remains, the *Sima de los Huesos* saw an accumulation of human corpses (Arsuaga *et al.*, 1990). Nevertheless, human fossils from those sections excavated up to now do not preserve anatomical connections, even though certain hints suggest individual associations. Other large deposits of bear fossils have been found in karstic environments for the European Pleistocene, but the accumulation of no less than 29 human skeletons (Bermúdez de Castro, in this volume) constitues a true exception for the whole of the Middle Pleistocene. The available data seem to discard the idea of the human fossils deriving from a camp site or from carnivore activity (Arsuaga *et al.*, 1990).

3
General cranial dimensions.

The main craneometric variables can be studied in crania 4, 5 and 6 (Figure 3). Cranium 5 (AT-700) is practically whole and belongs to an adult individual. Cranium 4 (AT-600), also the skull of an adult, has preserved the entire braincase. Both skulls were discovered in July 1992. Cranium 6 has been reconstructed from numerous fragments unearthed during the 1991 and 1992 campaigns and corresponds to an immature individual in which the second molars are just erupted. Cranial capacity has been measured three times for Cranium 4 (1.390 cc ± 10 cc) and Cranium 5 (1.125 cc ± 10 cc). While Cranium 5 aligns with the specimens that have the smallest brain capacity in the European or African Middle Pleistocene record (for example, Steinheim or Ndutu), Cranium 4 presents one of the largest capacities in the whole of the world's record for that period. The variability displayed by the Atapuerca sample takes away support for taxonomic distinctions established in the European Middle Pleistocene record on the basis of cranial capacity. The cranial volume of Cranium 6 has been estimated at around 1.100 cc, following a comparison with the other two individuals from Atapuerca.

Crania 4, 5 and 6 are high when observed in norma lateralis (Table 1). As a general rule, the dimensions of Cranium 4 are greater than those for Crania 5 and 6, particularly as regards neurocranial breadth. Indeed, Cranium 4's transversal diameters are among the longest in the fossil record. The maximum cranial breadth is situated at the level of the supramastoid crest in the Atapuerca sample. (Table 2).

3. *Fósiles humanos de la* ***Sima de los Huesos.*** *—3a: Vista de los cuadros de excavación T-16 y U-16 durante la campaña de julio de 1992. Entre los fósiles humanos que pueden observarse destacan el Cráneo 5 (AT-700), arriba a la izquierda, el Cráneo 4 (AT-600) en el centro, y junto a él la mandíbula AT-605. —3b: De izquierda a derecha, cráneos 5, 4 y 6. El Cráneo 6 conserva también gran parte del esqueleto facial que no aparece en esta fotografía.*

3. *Human Fossils at the Sima de los Huesos. 3a: A view of the excavation squares during the July 1992 campaign. Among the human fossils that can be seen we have Cranium 5 (AT-700)--top, left-- Cranium 4 (AT-600)-- centre-- and, by its side, mandible AT-605. — 3b: From left to right, crania 5, 4 and 6. Cranium 6 preserves a great part of the facial skeleton which does not appear in this photograph.*

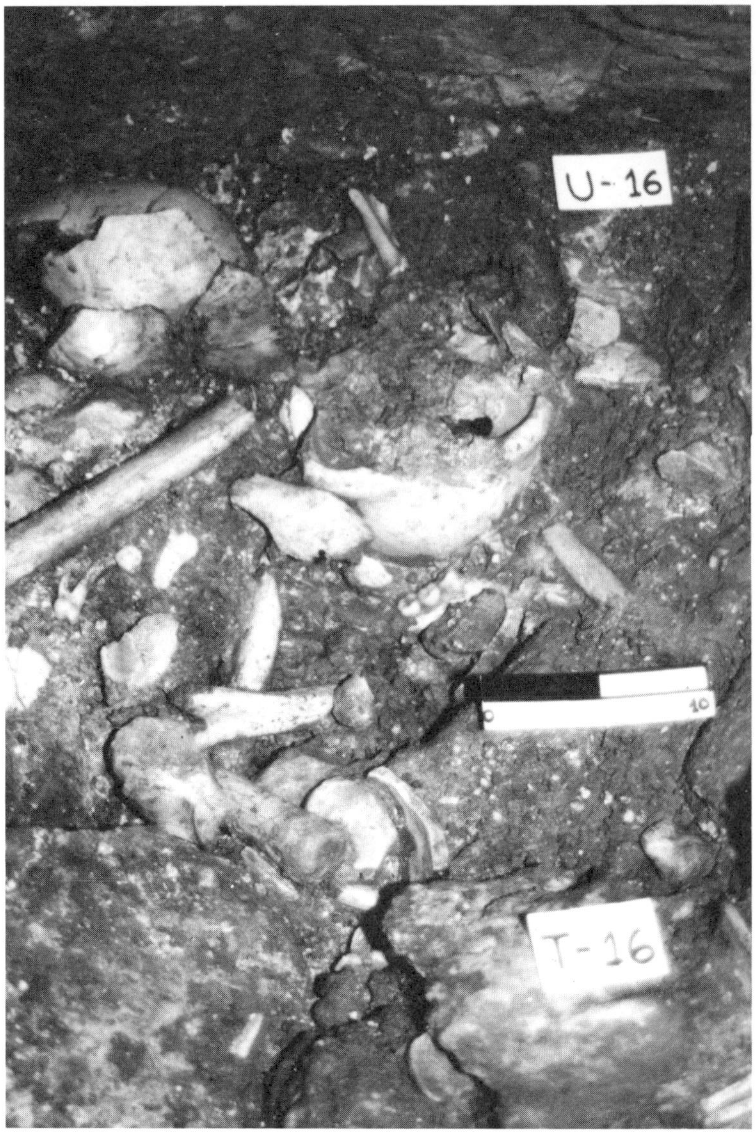

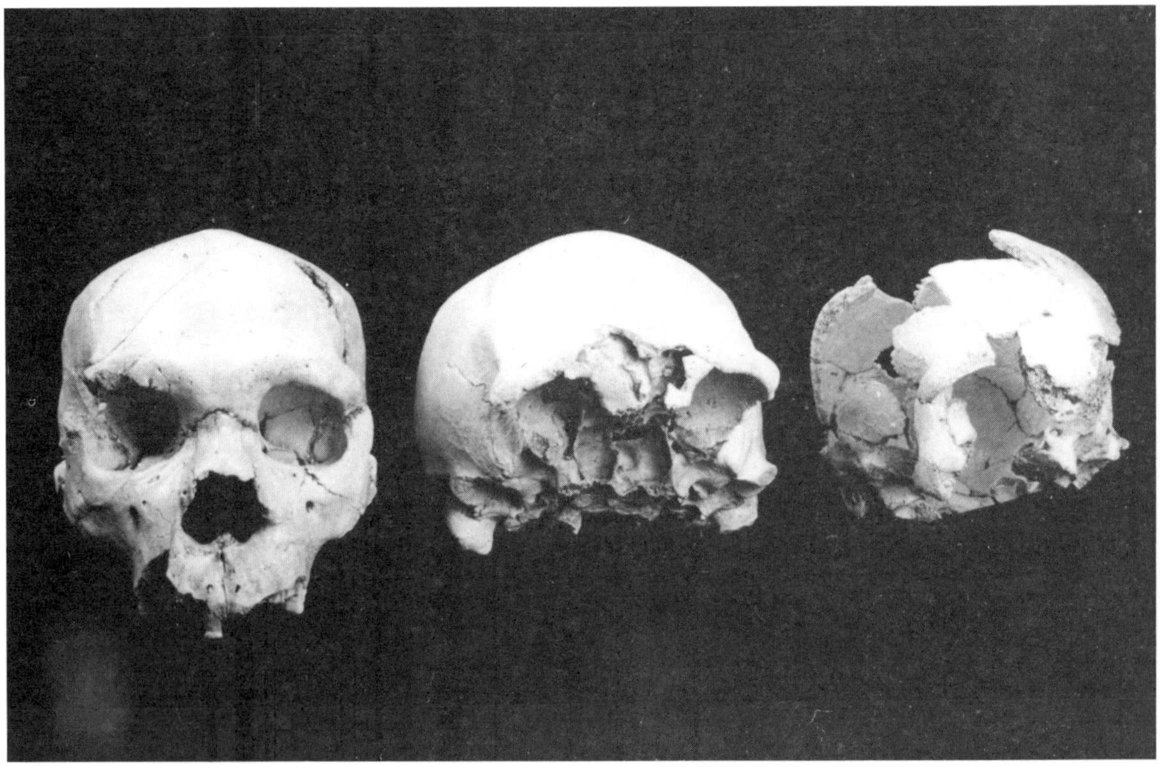

Tabla 1.—*Variables métricas de los cráneos de la* ***Sima de los Huesos.*** ** Medidas de los autores. ** Los valores de Petralona proceden de Stringer* ***et al.*** *(1979). *** El rango neandertal incluye fósiles europeos y asiáticos. Datos de Heim (1976, 1989), Trinkaus (1983) y Howell (1960). — Todos los índices multiplicados por 100. — Todas las variables se expresan en mm. o en grados. 1: La glabela no está completa en el Cráneo 4 pero la variable puede ser estimada con precisión. 2: Tomada donde se encuentre (sobre el hueso parietal o temporal). 5: Calculada como altura Basion-Bregma / distancia Glabela-Opistocráneo. 8: Calculado como arco Lambda-Inion / arco Lambda-Opistion. El inion se sitúa en el centro del tubérculo lineal. En la región lambdática del Cráneo 6 existe un hueso wormiano; el Lambda se ha situado en la intersección de la prolongación de las suturas lambdáticas y sagital (Howells, 1973). 9: Ángulo Lambda-Inion-Opistion. 12: Ángulo del Prostion en el triángulo facial cuyos lados son Basion-Prostion y Nasion-Prostion. Howells (1973). 13: Ángulo en el subespinal formado por las rectas de este punto a los puntos zigomaxilar anterior derecho e izquierdo (Howells. 1973). 15: y 16: Técnica de Smith y Ranyard (1980). Grosores tomados en el lado derecho en el Cráneo 4, en el lado izquierdo en el Cráneo 5 y la media de ambos lados en el Cráneo 6.*

	Cráneo 4*	Cráneo 5*	Cráneo 6*	Petralona**	Rango neandertal***
1. Glabela-Opistocráneo	201	185	186	209	183-215 (N=11)
2. Máxima anchura craneal	164	146	136	156	139-158 (N=11)
3. Anchura frontal máxima	126	118,5	–	120	108,3-128 (N=10)
4. Altura Basion-Bregma	131	125	124	127	109-139,1 (N=9)
5. Índice Altura/Longitud del cráneo	65,2	67,6	69,9	60,8	60,0-66,6 (N=10)
6. I. Anchura Interorbital/A. Bifrontal	32,6	29,5	–	28,7	20,1-29,9 (N=13)
7. Anchura biasteriónica	132	116,5	117,6	119,5	112-125 (N=6)
8. Índice occipital	61,6	56,5	60,3	–	54,9-66,9 (N=8)
9. Ángulo occipital	110,5	116,3	126,3	101	122,5-129 (N=4)
10. Altura Nasion-Prostion	–	85	–	94	78,5-94 (N=8)
11. Anchura bimaxilar	–	118,4	–	(109)	104-120 (N=6)
12. Ángulo facial en el Prostion	–	60,9	–	60,2	59-72,4 (N=7)
13. Ángulo zigomaxilar	–	111,2	–	(120,7)	105-125 (N=8)
14. Anchura nasal máxima	–	38	–	30,9	28-36 (N=8)
15. Grosor del torus supraorbitario en el punto mediorbital	11,5	14,1	6,8	–	8,7-13,9 (N=9)*
16. Grosor del trígono supraorbitario	12	14,6	7,8	–	9,5-13,3 (N=9)*

Table 1.—*Metrical variables of the Atapuerca new skulls. * Data from authors. ** Values of Petralona from Stringer* ***et al.*** *(1979). *** Neandertal range includes European and Asian specimens. Data from Heim (1976, 1989), Trinkaus (1983) and Howell (1960). — All measurements in mm or degrees. — Indices x 100. 1. The glabellar point is not preserved in Cranium 4 but can be accurately located. 2. Wherever it is found (parietal or temporal). 5. Calculated as (Basion - Bregma height / Maximum cranial length) x 100. 8. Calculated as (Lambda-Inion arch/Lambda-Opisthion arch) x 100. Inion located at the centre of the linear tubercle. There is a large wormian bone at Lambda in Cranium 6. The location of the lambdatic point was established using the intersection lambdatic and sagittal sutures prolongations (Howells, 1973). 9. Lambda-Inion - Opisthion angle. 12. Of the facial triangle, the angle at Prosthion, whose sides are Basion-Prosthion and Nasion - Prosthion (Howells, 1973). 13. The angle at Subspinale whose two sides reach from this point to Zygomaxillar anterior left and right (Howells, 1973). 15. & 16. For these measurements the technique of Smith & Ranyard (1980) was used. Measurements were taken at the right side in Cranium 4, left side in Cranium 5 and mean value for Cranium 6.*

	Cranium 4*	Cranium 5*	Cranium 6*	Petralona**	Neandertal range***
1. Glabello-occipital lengh	201	185	186	209	183-215 (N=11)
2. Maximum cranial breadth	164	146	136	156	139-158 (N=11)
3. Maximum frontal breadth	126	118,5	–	120	108,3-128 (N=10)
4. Basion-Bregma heigth	131	125	124	127	109-139,1 (N=9)
5. Height/Length index	65,2	67,6	69,9	60,8	60,0-66,6 (N=10)
6. Inteorbital/bifrontal index	32,6	29,5	–	28,7	20,1-29,9 (N=13)
7. Biasterionic breadth	132	116,5	117,6	119,5	112-125 (N=6)
8. Occipital scale index	61,6	56,5	60,3	–	54,9-66,9 (N=8)
9. Occipital angle	110,5	116,3	126,3	101	122,5-129 (N=4)
10. Nasion-Prosthion heigth	–	85	–	94	78,5-94 (N=8)
11. Bimaxillary breadth	–	118,4	–	(109)	104-120 (N=6)
12. Prosthion angle (Ba-Na)	–	60,9	–	60,2	59-72,4 (N=7)
13. Zygomaxillary angle	–	111,2	–	(120,7)	105-125 (N=8)
14. Nasal breadth	–	38	–	30,9	28-36 (N=8)
15. Thickness at midorbital point	11,5	14,1	6,8	–	8,7-13,9 (N=9)*
16. Thickness at laateral orbital point	12	14,6	7,8	–	9,5-13,3 (N=9)*

4
Principales rasgos del hueso parietal.

El Cráneo 4 muestra bilateralmente un abultamiento triangular en el extremo posterior de las líneas temporales, a nivel de la región astérica, bien individualizado del resto del parietal por un surco superior (Tabla 2). Esta morfología es similar a la que se encuentra en Arago 47. El Cráneo 5 presenta este rasgo mucho más atenuado, y está ausente en el Cráneo 6 y en otros dos individuos de la muestra de Atapuerca. Una ligera carena sagital es apreciable en los cráneos 4 y 5. El perfil transversal de la bóveda biparietal muestra en norma posterior lados convergentes hacia arriba en el Cráneo 4 y más paralelos en los cráneos 5 y 6.

4
Main features of the parietal bone.

Cranium 4 shows a triangular swollen area on the posterior end of the temporal lines, right at the level of the asterionic region. This protuberance is well differentiated from the rest of the parietal bone by means of a superior groove (Table 2). Such morphology is similar to the one represented in Arago 47. In Cranium 5 this feature is much weaker, while in Cranium 6, as well as in some other two individuals from the Atapuerca sample, it is simply absent. A slight sagittal keeling is noticeable in crania 4 and 5. The transversal profile of the biparietal vault shows, when observed in posterior view, sides that are convergent towards the top in Cranium 4 and rather more parallel in crania 5 and 6.

Tabla 2.—*Variables morfológicas de la muestra craneal de la* ***Sima de los Huesos.***

	Cráneo 4	Cráneo 5	Cráneo 6	Resto de la muestra
A.—Posición de la máxima anchura craneal	En la cresta supramastoidea	En la cresta supramastoidea	En la cresta supramastoidea	En la cresta supramastoidea (N=2)
B.—Orientación de las paredes craneales	Convergentes hacia arriba	Paralelas	Paralelas	–
C.—Carena parietal	Ligera	Ligera	–	–
D.—Carena frontal	Ligera	Ligera	Muy ligera	–
E.—Torus angular	Marcado	Ligero	Ausente	Ausente (N=2)
F.—Opistocráneo = Inion	No	No	No	–
G.—Escama occipital >> plano nucal	Sí	Sí	Sí	Sí (N=1)
H.—Fosa suprainíaca	Esbozada	Esbozada	Esbozada	Esbozada (N=2)
I. — Reducción lateral del torus occipital	Sí	Sí	Sí	Sí (N=8)
J. — Cresta occipital externa entre l. nucales	Presente	Ausente	Ausente	Ausente (N=2)
K.—Escama temporal alta y arqueada	Sí	Sí	Sí	Sí (N=2)
L.—Tubérculo mastoideo anterior	Ausente	Ausente	Ausente	Ausente (N=6)
M.—Proceso postglenoideo	Desarrollado	Desarrollado	Desarrollado	Desarrollado (N=4)
N.—Mastoides grandes y proyectadas	Sí	Sí	No	Adultos sí (N=3), inmaduros no (N=2)
O.—Participación del esfenoides a la pared glenoidea medial	Participa	No participa	Participa	Variable (N=5)
P.—Marcada angulación entre el timpánico y el petroso	Sí	Sí	Sí	Sí (N=3)
Q.—Timpánico separado de la mastoides por una fisura marcada	No	No	No	No (N=5)
R.—Hueso timpánico robusto	No	No	No	No (N=5)
S.—Osificación del proceso estiloideo	Sí	Sí	Sí	Sí (N=5)
T.—Torus supraorbital doblemente arqueado	Sí	Sí	Sí	Sí (N=2)
U.—Torus supraorbital continuo	Sí	Sí	Sí	Sí (N=2)
V.—Proyección mesofacial	–	Sí	No	–
W.—Fosa canina	–	No	No	Sí (AT-404)
X.—Borde zigomaxilar inferior	–	Suavemente arqueado	Oblicuo	Oblicuo (AT-404)

5
Morfología occipital.

La muestra de occipitales de la *Sima de los Huesos* presenta una gran homogeneidad morfológica (Tabla 2). El plano occipital es siempre mayor que el plano nucal (Tabla 1). El torus occipital es recto, en norma posterior e inferior, atenuándose lateralmente hacia el asterion. Por encima del torus, en su región central, se observa una superficie bien definida, rugosa y/o porosa, más o menos plana pero no deprimida. El opistocráneo se sitúa en el limite superior de esta región suprainíaca, aunque la longitud craneal es sólo ligeramente inferior cuando se toma sobre el inion. Esta morfología anticipa el modelo neandertal y representa un estado intermedio entre

Table 2.—*Trait variability in the Atapuerca cranial sample.*

	Cranium 4	Cranium 5	Cranium 6	Rest of the Apuerca sample
A.—Position of the maximum cranial breadth	At the supra-mastoid crest	At the supra-mastoid crest	At the supra-mastoid crest	At the supra-mastoid crest (N=2)
B.—Parietal wall sides	Convergent towaeds the top	Parallel	Parallel	–
C.—Parietal keeling	Slight	Slight	–	–
D.—Frontal keeling	Slight	Slight	Very slight	–
E.—Parietal angular torus	Marked	Weak	Absent	Absent (N=2)
F.—Rounded occipital bone; ope=inion	No	No	No	–
G.—Occipital squema >> nuchal plane	Yes	Yes	Yes	Yes (N=1)
H.—Suprainiac fossa	Foreshadowed	Foreshadowed	Foreshadowed	Foreshadowed (N=2)
I. — Occipital torus reduced laterally	Yes	Yes	Yes	Yes (N=8)
J. — External occipital crest between ssperior and inferior muchal lines	Yes	No	No	No (N=2)
K.—High and rounded temporal squama	Yes	Yes	Yes	Yes (N=2)
L.—Anterior mastoid tubercle	No	No	No	No (N=6)
M.—Postglenoid process	Developed	Developed	Developed	Developed (N=4)
N.—Big and projecting mastoid process	Yes	Yes	No	Aduls yes (N=3), immatures no (N=2)
O.—Sphenoid contributes to medial wall of the glenoid fossa	Contribute	Do not contribute	Contribute	Variable (N=5)
P.—Tympanic highly angled to petrous	Yes	Yes	Yes	Yes (N=3)
Q.—Fissure separates mastoid from tympanic	No	No	No	No (N=5)
R.—Robustness of the tympanic region	Not robust	Not robust	Not robust	Not robust (N=5)
S.—Ossification of the styloid process	Yes	Yes	Yes	Yes (N=5)
T.—Double arched shape of the orbital torus	Yes	Yes	Yes	Yes (N=2)
U.—Continuity of the supraorbital elements	Yes	Yes	Yes	Yes (N=2)
V.—Midfacial projection	–	Yes	No	–
W.—Canine fossa	–	No	No	Yes (AT-404)
X.—Zygomaxiliary inferior margin	–	Broadly curving	Oblique	Oblique (AT-404)

5
Occipital morphology.

The sample of occipital bones from the *Sima de los Huesos* is considerably homogeneous in morphology (Table 2). The occipital plane is always larger than the nuchal plane (Table 1). The occipital torus is straight in inferior and posterior views, laterally fading towards the asterion. Above the torus, in its central region, there is a well-defined rough and/or porous surface which is more or less flat but never depressed. The opisthocranion lies at the upper margin of this suprainiac region, although the cranial length is only slightly shorter when measured above the inion. This morphology foreshadows the Neandertal model and represents an interla de los occipitales de Vértesszöllös, Petralona y Steinheim (Hublin, 1982) y la que se observa en Swanscombe, Reinlingen, Biache-Saint-Vaast 1 y, aún más claramente, en Ehringsdorf H y La Chaise Suard. Los fósiles de Atapuerca no presentan protuberancia occipital externa y sólo en el Cráneo 4 es apreciable la cresta occipital externa entre las líneas nucales superior e inferior. Cinco individuos muestran un hueso lambdático supernumerario.

6
Características del hueso temporal.

La morfología del hueso temporal es muy constante a lo largo de la muestra de la *Sima de los Huesos* (Tabla 2). La escama del temporal es alta y su borde superior es arqueado, como en Broken Hill, Steinheim, Petralona, Reinlingen, Ehringsdorf H, los neandertales y las poblaciones humanas modernas. En los ejemplares adultos de la muestra de Atapuerca las apófisis mastoides están bien desarrolladas, tanto en robustez como en proyección desde la base del cráneo, mientras que en los individuos inmaduros el proceso mastoideo está mucho menos desarrollado y no sobrepasa en proyección a la región occipitomastoidea. Este patrón de desarrollo es el mismo que se encuentra entre las poblaciones humanas modernas, mientras que los neandertales "clásicos" se caracterizan por presentar adultos con escasa proyección del proceso mastoideo, que no suele sobrepasar a la región occipitomastoidea adyacente. La morfología mastoidea de los neandertales adultos puede explicarse como retención de un carácter juvenil. Ningún ejemplar de la *Sima de los Huesos* presenta tubérculo mastoideo anterior en la región antero-lateral de la apófisis mastoides. El hueso timpánico no muestra el gran espesor característico de los *Homo erectus* asiáticos, siendo en esta característica similar a Steinheim, Petralona, Broken Hill y las poblaciones neandertales y modernas. Como en neandertales y poblaciones humanas modernas, la apófisis estiloides aparece osificada en los ocho ejemplares de Atapuerca que conservan esta región. El hueso timpánico está dispuesto, respecto al petroso, más coronalmente que en las poblaciones modernas. En este carácter los fósiles de Atapuerca, son, en general, similares a los neandertales, si bien el Cráneo 4 presenta una disposición más sagital del hueso timpánico, comparable a la de Petralona o Broken Hill. En la re-

mediate stage between Vértesszöllös, Petralona and Steinheim (Hublin, 1982), and, on the other hand, Swanscombe, Reinlingen, Biache-Saint-Vaast 1 and, even more clearly, Ehringsdorf H and La Chaise Suard. The Atapuerca fossils do not present external occipital protuberance and only in Cranium 4 can be noticed the external occipital crest between superior and inferior nuchal lines. There are five lambdatic bones from five diferent individuals.

6
Characteristics of the temporal bone.

The morphology of the temporal bone shows little change throughout the *Sima de los Huesos* sample (Table 2). The temporal squama is high and its upper edge is rounded, like in Steinheim, Petralona, Reinlingen, Ehringsdorf H, Neandertals and modern human populations. In the Atapuerca sample, adult specimens have well developed mastoid apophyses, in terms both of robustness and projection from the cranial base. On the contrary, immature individuals have much less developed mastoid processes that project less than the occipitomastoid region. This pattern can also be found in modern human populations, whereas "classic" Neandertals typically have adults with very little projection of the mastoid process, which does not normally get any farther than the adjacent occipitomastoid region. The mastoid morphology of adult Neandertals can be explained as retention of a juvenile feature. None of the *Sima de los Huesos* specimens presents anterior mastoid tubercle in the antero-lateral region of the mastoid apophysis. The tympanic bone is not as typically thick as in Asian *Homo erectus:* a trait also shared by Steinheim, Petralona, Broken Hill and Neandertal and modern human populations. As is also the case with Neandertals and modern humans, the eight Atapuerca specimens that have preserved this region present ossification of the styloid apophysis. The tympanic bone is highly angled to the petrous portion a lot more so than in modern human populations. As far as this feature is concerned, the Atapuerca fossils are, as a general rule, similar to Neandertals, even though Cranium 4 presents a rather more sagital arrangement of the tympanic bone, therefore comparable to Petralona or Broken Hill. In the region around the glenoid fossa there stands out a highly developed postglenoid process, even by the gión de la fosa glenoidea destaca la presencia de un proceso postglenoideo extraordinariamente desarrollado, incluso cuando se compara con el de las poblaciones neandertales. La contribución del esfenoides a la formación de la pared medial de la fosa glenoidea es muy variable en los ocho ejemplares que conservan esta región.

standards of Neandertal populations. The contribution of the sphenoid to the medial wall of the glenoid fossa is quite a variable feature for the eight specimens that have preserved this region.

7 Principales rasgos del hueso frontal.

La morfología del torus supraorbitario es homogénea en la muestra de Atapuerca, pudiéndose estudiar en nueve ejemplares de la colección, incluyendo los individuos inmaduros. Los segmentos glabelar, orbital y lateral del torus están fusionados. La glabela está hinchada y no muestra una depresión marcada en el plano sagital (presente en Broken Hill y Arago 21) (Tabla 2). Los huesos nasales están proyectados y, al igual que en los neandertales y Bilzingsleben, la raíz nasal no está deprimida. A diferencia de los *Homo erectus* asiáticos, el torus aparece curvado sobre las órbitas en norma frontal y presenta un grosor más o menos uniforme (Tabla 1), como también ocurre en Petralona, Steinheim y los neandertales. Los frontales de Atapuerca no muestran un verdadero surco supraorbitario, existiendo un suave cambio de pendiente desde el torus hacia la escama frontal. Así mismo, la fosa supraglabelar está ausente o ligeramente marcada en algunos ejemplares (Cráneo 5, AT-400). Todos los individuos, incluyendo los fragmentarios, presentan un gran desarrollo de una superficie "vermiculada" sobre el torus supraorbitario (Arsuaga *et al.*, 1991). La escama frontal presenta una ligera angulación sagital, más marcada en el Cráneo 4 que en los cráneos 5 y 6. Los senos frontales están bien desarrollados en los fósiles de la muestra de Atapuerca donde pueden observarse, pero no sobrepasan lateralmente el punto medio de la órbita ni penetran en la escama frontal.

7 Main features of the frontal bone.

The morphology of the supraorbital torus is very consistent in the Atapuerca sample, as can be seen in nine specimens of this collection, including immature individuals. There is continuity of the lateral, orbital and glabellar segments of the torus. The glabellar region is inflated and has no deep midline depression on the sagital plane (as can be seen in Broken Hill and Arago 21) (Table 2). There is projection of the nasal bones and, just as in Neandertals and Bilzingsleben, no depression of the nasal root. Unlike in Asian *Homo erectus,* the torus looks curved above the orbits when seen from a frontal view and its thickness remains more or less unchanged (Table 1): something which can also be noticed in Petralona, Steinheim and Neandertals. Atapuerca frontal bones do not show a true supraorbital sulcus; on the contrary, they present a gradual slant that goes from the torus towards the frontal squama. At the same time, the glabellar fossa is either absent or slightly marked in some specimens (Cranium 5, AT-400). All the mature individuals, including the fragmentary ones, show a highly developed "vermiculated" surface on the supraorbital torus (Arsuaga *et al.*, 1991). The frontal squama has a slight sagittal heaping, which is more pronounced in Cranium 4 than in crania 5 and 6. The frontal sinuses are well developed in the Atapuerca fossils where this feature is to be observed, but they do not reach the supraorbital notch laterally nor penetrate the frontal squama.

8 Esqueleto facial.

La región facial se conserva en su totalidad en el Cráneo 5, y en gran parte en el Cráneo 6. También se conocen en la muestra de la *Sima de los Huesos* otros restos más fragmentarios, entre los que destaca AT-404, que representa gran

8 Facial skeleton.

The facial region has been totally preserved in Cranium 5 and to a great extent in Cranium 6. The *Sima de los Huesos* human sample also includes more fragmentary remains, notably AT-404, which represents a great portion of the left side.

parte del lado izquierdo. El prognatismo facial general (expresado como el ángulo en el prostion del triángulo facial superior) es elevado en el Cráneo 5 en relación con los valores de los neandertales, y similar al de Petralona (Tabla 1). El ángulo facial transversal en el subespinal (ángulo zigomaxilar) indica en el Cráneo 5 un marcado prognatismo mesofacial (Tabla 1 y 2), rasgo derivado compartido con los neandertales. El Cráneo 6 no muestra el grado de prognatismo general y mesofacial que caracteriza al Cráneo 5, indicando un desarrollo tardío de esta característica en la ontogenia. La anchura interorbital es grande en relación a la anchura bifrontal en los cráneos 4 y 5 (Tabla 1). En este último, las órbitas son pequeñas (lado izquierdo: anchura = 41,2 mm., altura = 33 mm.) y mesoconcas. En el Cráneo 5, la anchura bimaxilar y la anchura de la apertura nasal son grandes en términos absolutos, y aún más en relación con las dimensiones neurocraneales (Tabla 1). El borde nasal inferior no está bien definido en el Cráneo 5, y es parecido al de Broken Hill 1. Los cráneos 5 y 6 no muestran fosa canina, siendo similares en esto a Petralona y Arago 21, mientras que AT-404 sí presenta fosa canina, como parece ser el caso en Steinheim (aunque este fósil muestra cierto grado de deformación *post-mortem).* La ausencia de fosa canina es constante entre los neandertales, y se encuentra también entre los fósiles africanos del Pleistoceno Medio (Broken Hill y Bodo). La muestra de Atapuerca indica que este carácter es variable en las poblaciones del Pleistoceno Medio europeo. El borde zigomaxilar inferior es arqueado en el Cráneo 5. Dicho borde es recto, oblicuo y de raíz alta en el Cráneo 6 y AT-404 (Tabla 2).

Total facial prognathism (expressed in terms of the prosthion angle of the upper facial triangle) is high in Cranium 5 by Neandertal standards and similar to Petralona (Table 1). The transversal facial angle at subspinale (zygomaxillary angle) shows for Cranium 5 a marked midfacial prognathism (Table 1 & 2): a derived trait shared with Neandertals. Cranium 6 does not have the same degree of total and midfacial prognathism as Cranium 5, which suggests a late development of this trait in ontogeny. The ratio interorbital breadth / bifrontal breadth is high in crania 4 and 5 (Table 1). The Cranium 5 orbits are small (left side: breadth = 41.2 mm, height = 33 mm) and mesoconchic. In Cranium 5, bimaxillary breadth and nasal aperture breadth are large in absolute terms, and even more so if we consider the neurocranial dimensions (Table 1). The inferior nasal rim is not sharply defined in Cranium 5 and is otherwise reminiscent of Broken Hill 1. Crania 5 and 6 do not present canine fossa and are similar in this respect to Petralona and Arago 21, while AT-404 does have a canine fossa, which reminds us of the Steinheim fossil (even though in the latter case a certain degree of *post-mortem* deformation has to be taken into account). The absence of the canine fossa is a steady characteristic among Neandertals and has also been recorded among African Middle Pleistocene fossils (Broken Hill and Bodo). The Atapuerca sample indicates that this is a variable feature in European Middle Pleistocene populations. The inferior zygomaxillary im is arched in Cranium 5. In Cranium 6 and in AT-404, it is straight and oblique, and has a high root (Table 2).

9 Esqueleto postcraneal.

Los restos postcraneales recuperados en la *Sima de los Huesos n*(343 en total), representan actualmente el 73 por 100 del registro mundial mesopleistoceno (Tabla 3). En este trabajo presentamos algunas de las características postcraneales más relevantes de la muestra de Atapuerca.

9 Postcranial skeleton.

The postcranial remains recovered from the *Sima de los Huesos* (a total of 343) currently represent 73 % of the whole world's Middle Pleistocene record (Table 3). In this paper we discuss some of the most relevant postcranial features of the Atapuerca sample.

Tabla 3.—*Contribución de la muestra de restos postcraneales de la* ***Sima de los Huesos*** *al registro mundial del Pleistoceno Medio. Se incluyen los siguientes yacimientos: ASIA.—Trinil, Zhoukoudian, Ngandong y Jinniu Shan; EUROPA.—Arago, Ehringsdorf, La Chaise, Castel di Guido, Grotte du Prince, Pofi, Ponte Mamolo, Sedia del Diavolo y Venosa; ÁFRICA.—Lainyamok, Baringo y Broken Hill. Fuentes: Lumley (1973, 1976), Oakley et al. (1971, 1977), Day, (1986), Tattersall* ***et al.*** *(1988), Orban (1988, 1990), Zun-E (1990). Abreviaturas: E = Europa, AF = África, AS = Asia, Fal. = Falanges, Vert. = Vértebras.*

Table 3.—*Contribution to the Middle Pleistocene world record of* ***Sima de los Huesos*** *postcranial sample. The following sites are included: ASIA.—Trinil, Zhoukoudian, Ngandong y Jinniu Shan; EUROPA.—Arago, Ehringsdorf, La Chaise, Castel di Guido, Grotte du Prince, Pofi, Ponte Mamolo, Sedia del Diavolo y Venosa; AFRICA.— Lainyamok, Baringo and Broken Hill. Sources: Lumley (1973, 1976), Oakley* ***et al.*** *(1971, 1977), Day, (1986), Tattersall et al. (1988), Orban (1988, 1990), Zun-E (1990). Abbreviations: E = Europa, AF = Africa, AS = Asia, Cerv. = cervical; Lum. = lumbar, phal. = phalanges; Thor. = thoracic; vert. = vertebrae.*

Región anatómica	Atapuerca	Europa	África	Asia	E+AF+AS	Registro mundial	Porcentaje
Atlas	4					4	100,00
Axis	2					2	100,00
Vert. cervical	11			1	1	12	91,67
Vert. torácica	5	2		6	8	13	38,46
Vert. lumbar	2					2	100,00
Costillas	9	11		2	13	22	40,91
Clavícula	7	1		1	2	9	77,78
Escápula	10					10	100,00
Húmero	15	2	1	4	7	22	68,18
Ulna	5	1	1	1	3	8	62,50
Radio	7	1			1	8	87,50
Carpo	12			10	10	22	54,55
Metacarpo	2			2	2	4	50,00
Fal. mano	78	1	2	7	10	88	88,64
Sacro	2		1		1	3	66,67
Coxal	19	2	3	1	6	25	76,00
Fémur	30	9	6	12	27	57	52,63
Tibia	23	2	1	3	6	29	79,31
Fíbula	19	1			1	20	95,00
Rótula	6			1	1	7	85,71
Tarso	15			11	11	26	57,69
Metatarso	14	2	1		3	17	82,35
Fal. pie	46			13	13	59	77,97
Total huesos	343	35	16	75	126	469	
Porcentaje	73,13	7,5	3,4	16,0	26,9	100,00	

10 Clavícula.

Se han recuperado siete fragmentos de clavícula en la *Sima de los Huesos*. Todos ellos comparten un mismo rasgo: la diáfisis está aplanada craneocaudalmente en su región central. Este rasgo se puede cuantificar a través del índice a media diáfisis (diámetro vertical/diámetro horizontal). En tres fósiles de Atapuerca se puede calcular este índice (AT-247 = 68,3; AT-550 = 58,4 y AT-249 = 70,6). La misma morfología se encuentra también en la clavícula de Zhoukoudian (índice = 76,3; Weidenreich, 1941), y en general en los neandertales ($\bar{x}$ = 77,6; S = 11,7; N = 13; Trinkaus, 1983). En Qafzeh 9, el índice es más elevado (82,8; Vandermeersch, 1981), así como, en promedio, en la colección esquelética moderna del Instituto de Antropología de la Universidad de Coimbra estudiada por nosotros ($\bar{x}$ = 89,0; S = 18,0; N = 180).

10 Clavicle.

Seven clavicle fragments have been retrieved from the *Sima de los Huesos*. They all share the same feature: the bone shaft presents craniocaudal flattening in its central region. This feature can be expressed in quantitative terms by calculating the midshaft index (vertical diameter / horizontal diameter). This index can be worked out for three Atapuerca fossils (AT-247 = 68.3; AT-550 = 58.4; and AT-249 = 70.6). The same morphology is also shared by the Zhoukoudian clavicle (the index value here is 76.3; Weidenreich, 1941) and by Neandertals in general (77.6 ± 11.7, N = 13, Trinkaus, 1983). In Qafzeh 9 the index is higher (82.8; Vandermeersch, 1981), and so is the mean value for the modern skeletal collection kept at the Instituto de Antropologia de la Universidade de Coimbra a collection that we have also studied (89.0 ± 18, N = 180).

11 Escápula.

Existen en la actualidad diez fragmentos de escápula en la colección de Atapuerca. En uno de ellos, AT-320, se conserva parte del borde lateral y se puede observar la posición que ocupa el surco axilar. En la mayoría de los neandertales este surco se presenta en posición dorsal, mientras que en las poblaciones humanas modernas aparece en posición ventral con mucha mayor frecuencia (Trinkaus, 1977, 1983; Heim, 1982). En AT-320 el surco está en posición dorsal.

Además de los fósiles de Atapuerca, existen cuatro restos de escápula anteriores al PleistocenoSuperior: Sts 7 *(Australopithecus africanus),* A.L. 288-1l *(Australopithecus afarensis)* y KNM-WT 15000 y KNM-ER 1808 *(Homo erectus* u *Homo ergaster).* Tanto Sts 7 como A.L. 288-1 y KNM-WT 15000 presentan un surco axilar en posición ventral, por lo que ésta podría ser la condición primitiva para los homínidos.

Como ha sido notado por otros autores, las escápulas neandertales también se caracterizan por un índice glenoideo bajo (cavidad glenoidea estrecha y larga) en relación al hombre actual (Trinkaus, 1983; Churchill y Trinkaus, 1990). Los valores del índice glenoideo (anchura máxima cavidad glenoidea / longitud máxima) de AT-320 (61,1), AT-343 (59,7) y la Escápula I (AT-566 + AT-487)(69,2) están más próximos al promedio neandertal ($\bar{x}$ = 66,5; S = 3,0; N = 16), que al de una muestra moderna de Nuevo México ($\bar{x}$ = 73,4; S = 3,5; N = 99) dados por Churchill y Trinkaus (1990). En Sts 7 y A.L. 288-, la cavidad glenoidea es también estrecha, por lo que éste parece ser el estado primitivo del carácter.

11 Scapula.

The Atapuerca assemblage currently includes ten scapular fragments. In one of them, AT-320, part of the axillary border is preserved and it is possible to observe the position of the axillary sulcus. In Neandertals, this canal displays a dorsal position, while in modern human populations this position tends to be ventral (Trinkaus, 1977, 1983; Heim, 1982). In AT-320 the canal is in dorsal position. Apart from the Atapuerca fossils, there are four scapular remains earlier than the Upper Pleistocene: Sts 7 *(Australopithecus africanus),* A.L 288-1l *(Australopithecus afarensis),* KNM-WT 15000 and KNM-ER 1808 *(Homo erectus* or *Homo ergaster).* Sts 7, A.L. 288-1l and KNM-WT 15000 show an axillary sulcus in ventral position, which suggests that a high frequency of dorsal axillary sulcus is a Neandertal derived condition.

As has been already noticed by other authors, Neandertal scapulae are characterized by a low glenoid index (narrow glenoid cavity) in comparison with present-day humans (Trinkaus, 1983; Churchill & Trinkaus, 1990). Glenoid index values (maximum breadth of glenoid cavity / maximum length) for AT-320 (61.1), AT-343 (59.7) and Scapula I (AT-566 + AT-487) (69.2) fall closer to the Neandertal mean (66.5 ± 3.0, N = 16) than to the average of a New Mexico modern sample (73.4 ± 3.5, N = 99) (Churchill & Trinkaus, 1990) or the Coimbra sample (72.6 ± 4.2, N = 158). In Sts 7 and A.L. 288-1l, the glenoid cavity is also narrow, so that this seems to be the primitive character state.

12 Húmero.

Entre los quince fragmentos humerales de la colección de Atapuerca, sólo AT-25 conserva la epífisis proximal, que es masiva y robusta (Arsuaga *et al.,* 1991). En ella destacan dos rasgos. Por un lado, el diámetro transversal de la cabeza humeral es mayor que su diámetro vertical (superficie articular proximal alargada en sentido anteroposterior). Esta misma relación se observa en los húmeros neandertales de Düsseldorf, Regourdou, Tabun C1 y Lezetxiki, mientras que en las poblaciones humanas modernas ocurre lo contrario, siendo el diámetro vertical de la cabeza humeral mayor que el diáme-

12 Humerus.

Among the fifteen humeral fragments in the Atapuerca collection only AT-25 has preserved its proximal epiphysis, which is massive and robust (Arsuaga *et al.,* 1991). It presents two outstanding features. On the one hand, the transversal diameter of the head of the humerus is greater than the vertical one (proximal articular surface elongated in anteroposterior direction). The same morphology can be observed in Neandertal humeri from Düsseldorf, Regordou, Tabun C1 and Lezetxiki, while in modern human populations the situation is reversed, so that the vertical diameter is longer (3-

tro transversal (3-4 mm. en promedio). En AT-25, el diámetro transversal de la cabeza ha sido estimado, y el índice resultante (diámetro transversal / diámetro vertical) es mayor que 100. En la serie moderna de Coimbra este índice es siempre inferior a 100 ($\bar{x} = 93{,}4$, $S = 3{,}0$, $N = 158$). Otro carácter de la epífisis proximal de AT-25, Lezetxiki, Düsseldorf, Regourdou y Tabun C1, es el extraordinario desarrollo del trocánter menor, que además está muy proyectado anteromedialmente. En Shanidar 1, aunque parcialmente reconstruida, esta estructura parece estar muy desarrollada (Trinkaus, 1983).

En cuatro húmeros adultos de la muestra de Atapuerca se puede observar la morfología de la tuberosidad deltoidea. En los neandertales, Lezetxiki, el húmero de Zhoukoudian (Weidenreich, 1941; Endo, 1971) y Atapuerca, la cresta lateral que forma la tuberosidad, nunca llega a contactar con el borde externo del hueso (tuberosidad deltoidea cerrada), de forma que el canal de torsión se prolonga hacia proximal por la cara externa y sobrepasa a la "V" deltoidea. Esta morfología es muy rara en las poblaciones modernas, en las que predomina la tuberosidad deltoidea abierta (la cresta lateral que forma la tuberosidad contacta con el borde externo del hueso).

Otro rasgo considerado por Endo (1971) como característico de los neandertales es la presencia de sólo dos crestas en la tuberosidad deltoidea, mientras que en las poblaciones humanas modernas aparecen generalmente tres. Sin embargo, el número de crestas es un carácter variable en la muestra de Atapuerca (N = 4) y ésta variabilidad se observa también en los neandertales (Thoma, 1975) y en la muestra de Qafzeh (Vandermeersch, 1981).

En la epífisis distal de AT-658 pueden observarse tres características típicamente neandertales: 1) presencia de una ancha y profunda fosa olecraneana; 2) el tabique o pilar óseo que limita medialmente la fosa olecraniana se hace muy fino; 3) la sección transversal de la porción distal de la diáfisis (por encima de las fosas olecraniana y coronoidea) tiene forma de triángulo equilátero (caras lateral y medial de similar extensión a partir del borde anterior). Estos caracteres se pueden observar también en Lezetxiki (Basabe, 1966) y en Villafamés (Arsuaga y Bermúdez de Castro, 1984). En los húmeros modernos, la fosa olecraniana es menos ancha, tanto en términos absolutos como relativos, el pilar óseo que la limita medialmente es más grueso, y la sección transversal de la diáfisis en su región distal presenta la cara externa más desarrollada que la interna.

4 mm in average) than the transversal diameter. In AT-25 the transversal diameter of the humeral head has been estimated and the resulting index (transversal diameter / vertical diameter) exceeds 100. In the Coimbra collection this index is always below 100 (93.4 ± 3.0, $N = 158$). Another relevant feature of the proximal epiphysis in AT-25, Lezetxiki, Düsseldorf, Regourdou and Tabun C1 is the unusual development of the lesser trochanter, with a considerable anteromedial projection. Though partially reconstructed, this structure seems to be greatly developed in Shanidar 1 (Trinkaus, 1983).

In four adult humeri from the Atapuerca sample it is possible to know the morphology of the deltoid tuberosity. In Neandertals, Lezetxiki, the Zhoukoudian humerus (Weidenreich, 1941; Endo, 1971) and Atapuerca, the lateral crest of the tuberosity never reaches the lateral border of the shaft (narrow deltoid tuberosity). This morphology is very rare in modern populations, that presents a wide tuberosity with a lateral crest reaching the external margin of the bone.

Another feature considered by Endo (1971) as typical of Neandertals is the existence of no more than two crests on the deltoid tuberosity, whereas in modern human populations there are normally three of them. However, the number of crests is a variable feature in the Atapuerca sample (N = 4): a variability that can also be seen in Neandertals (Thoma, 1975) as well as in the Qafzeh sample (Vandermeersch, 1981).

In AT-658 the distal epiphysis shows three characteristics that are typically Neandertal-like: 1) a wide and deep olecranon fossa; 2) the pillar that medially limits the olecranon fossa becomes very thin; 3) the transversal section of the shaft's distal portion (above the olecranon fossa and the coronoid fossa) is shaped like an equilateral triangle (starting at the anterior rim, the lateral and the medial sides have the same extension). These characters can also be observed in Lezetxiki (Basabe, 1966) and in Villafamés (Arsuaga & Bermúdez de Castro, 1984). In modern humerithe olecranon fossa is not so wide, both in absolute and in relative terms, the medial pillar is thicker, and the transversal section of the distal region of the sahft is more developed on the external than on the internal side.

13
Ulna.

Uno de los rasgos más característicos de la ulna de los neandertales es la disposición de la cavidad sigmoidea mayor, que suele estar orientada más anteriormente que en las poblaciones modernas (Thoma, 1975; Trinkaus, 1983; Aiello y Dean, 1991). Este rasgo se puede cuantificar dividiendo el diámetro anteroposterior de la apófisis olecraniana entre el diámetro anteroposterior de la apófisis coronoide. Cuanto más elevado es el índice, más anteriormente se orienta la cavidad sigmoidea mayor (Trinkaus, 1983). De las cinco ulnas de la muestra de Atapuerca, en dos casos se puede calcular este índice (AT-254 = 75,1; AT-662 = 83,7). Mientras que el valor de AT-662 está muy por encima de dos promedios modernos (europeos: $\bar{x}$ = 71,4; S = 4,6; N = 26 y melanesios: $\bar{x}$ = 71,4; S = 3,8; N = 18; Trinkaus, 1983), el de AT-254 apenas se diferencia de estos mismos promedios. Existe pues una gran variabilidad. La mayoría de los neandertales presentan índices elevados (Shanidar 1, 4, 5, 6 = 86,4; 88,7; 85,5; 87,9 respectivamente; neandertales europeos: $\bar{x}$ = 82,2; S = 3,8; N = 7; Trinkaus, 1983). Los restos de ulna atribuidos al género *Australopithecus* y los del lago Baringo (BK-66) y Olduvai (OH-36) atribuidos a *Homo,* presentan índices muy elevados (Senut, 1981), lo que de nuevo parece indicar que ésta es la condición primitiva.

13
Ulna.

One of the most characteristic features of Neandertal ulnae is the arrangement of the major sigmoid cavity, which tends to have a more anterior orientation than in modern populations (Thoma, 1975; Trinkaus, 1983; Aiello & Dean, 1991). This feature may be expressed in quantitative terms by means of the ratio between the anteroposterior diameter of the olecranon apophysis and the anteroposterior diameter of the coronoid apophysis. The higher this index is, the more frontal the orientation of the major sigmoid cavity becomes (Trinkaus, 1983). This index can be calculated for two out of the four proximal ulnae from Atapuerca (AT-254 = 75.1; AT-662 = 83.7). While the index value for AT-662 is considerably higher than modern mean values (Europeans: 71.4 ± 4.6, N = 26; Melanesians: 71.4 ± 3.8, N = 18; Trinkaus, 1983), the one for AT-254 gets close to present-day average values. Most Neandertals have quite high values (Shanidar 1, 4, 5, 6 = 86.4, 88.7, 85.5, 87.9 respectively; European Neandertals: 82.2 ± 3.8, N = 7; Trinkaus, 1983). Ulnar remains that have been attributed to *Australopithecus,* as well as those from Lake Baringo (BK-66) and Olduvai (OH-36) attributed to *Homo,* display very high indexes (Senut, 1981). Therefore, this seems to be the primitive condition.

14
Hueso coxal.

Uno de los rasgos más típicos del coxal de los neandertales es la rama superior del pubis alargada y fina (McCown y Keith, 1939; Stewart, 1960; Trinkaus, 1976b, 1983; Heim, 1982; Arsuaga, 1985). Este rasgo también puede observarse en el coxal más completo de la colección de Atapuerca (Coxal I = AT-500 + AT-501 + AT-708).

Por otro lado, Rak (1990) encuentra que en Tabun C1, Kebara y Düsseldorf el surco del obturador interno invade la tuberosidad isquiática, cosa que no ocurre ni en Qafzeh 9 ni en una muestra moderna estudiada por este autor (N = 71). No obstante, este rasgo no se puede considerar una apomorfía neandertal *(contra* Rak, 1990), ya que aparece también en Skhul 5 (McCown y Keith, 1939) y está ausente en la Chapelle-aux-Saints. Tampoco se halla en ninguno de los fósiles de la muestra de Atapuerca.

14
Hip bone.

One of the most frequently mentioned features of Neandertal hip bones, a long and thin superior pubic ramus (McCown & Keith, 1939; Stewart, 1960; Trinkaus, 1976b, 1983; Heim, 1982; Arsuaga, 1985), can also be observed in the more complete hip bone from Atapuerca (Os coxae I: AT-500 + AT-501 + AT-708).

On the other hand, Rak (1990) has noticed that in Tabun C1, Kebara and Düsseldorf the obturator groove encroaches upon the ischial tuberosity, an occurrence which does not exist either in Qafzeh 9 or in a modern sample studied by this author (N = 71). This feature, however, is not a Neandertal apomorphy *(contra* Rak, 1990), as it is also present in Skhul 5 (McCown & Keith, 1939) and absent from Chapelle-aux-Saints. It has not been found in any of the Atapuerca fossils either.

15
Fémur.

En conjunto, los fémures de Atapuerca, treinta en total, muestran una serie de rasgos que se encuentran también en otros fósiles del género *Homo*. Aunque la mayoría de estas características pueden encontrarse aisladamente en las poblaciones modernas, su combinación define un complejo que es compartido por los fósiles de *Homo* del Pleistoceno Inferior y Medio, así como por los neandertales (Weidenreich, 1941; Day, 1971; Kennedy, 1983; Trinkaus, 1976a, 1984). Este patrón morfológico se caracteriza por: 1) marcada platimería; 2) fosa y cresta hipotrocantérica muy desarrolladas; 3) cuello femoral comprimido anteroposteriormente; 4) convexidad del borde interno de la diáfisis; 5) perímetro mínimo de la diáfisis situado distalmente; 6) cortical en la mitad del hueso más gruesa en la pared medial que en la lateral, engrosamiento cortical generalizado, canal medular muy reducido y 7) línea áspera baja, con ausencia total o casi total de pilastra. En Atapuerca este último carácter es variable, dado que, aunque en la mayoría de los especímenes no existe pilastra, en AT-616 sí está presente.

16
Tibia.

Entre los restos de tibia de la muestra de Atapuerca ($N=22$), existen varios fragmentos en los que se puede estudiar la forma de la sección a media diáfisis. Todos ellos muestran una sección de forma amigdaloide, un gran espesor de las paredes corticales y un canal medular reducido. Esta geometría de la sección tibial se relaciona con una excepcional robustez y es típica de las tibias neandertales (Lovejoy y Trinkaus, 1980; Endo y Kimura, 1970).

La longitud máxima de uno de los especímenes más completos de la muestra, la Tibia II, se ha estimado en 345 mm. El índice de robustez –(diámetro anteroposterior a media diáfisis x diámetro mediolateral)$^{1/2}$ / longitud máxima– de la Tibia II (7,45) está entre los más bajos del rango neandertal (rango 7,3-8,9; $\bar{x}=8{,}1$; $S=0{,}5$; $N=10$; Lovejoy y Trinkaus, 1980), siendo sólo superior al de Tabun C1 (7,30). En las tibias de Ngandong 14 y Broken Hill el índice de robustez también es bajo (6,7 y 7,0 respectivamente; Trinkaus, 1983), y están muy próximos al promedio de las poblaciones mo-

15
Femur.

On the whole, the Atapuerca femora as many as thirty display a number of features that are also present in other *Homo* fossils. Although most of these traits can be found in modern populations, their combination defines a complex that is shared by Lower and Middle Pleistocene *Homo* fossils as well as by Neandertals (Weidenreich, 1941; Day, 1971; Kennedy, 1983; Trinkaus, 1976a, 1984). This morphological pattern involves the following traits: 1) pronounced platymeria; 2) highly developed hypotrochanteric fossa and crest; 3) anteroposterior flattening of femoral neck; 4) convexity of the shaft's medial border; 5) shaft's minimum perimeter situated distally; 6) cortical at midshaft which is thicker on the medial wall than on the lateral wall; general cortical thickening; very reduced medullary canal; 7) low *linea aspera* and total, or nearly total absence of pilaster. The latter feature shows variability for the Atapuerca sample, since, in spite of the fact that most specimens do not have this pillar, it does exist in AT-616.

16
Tibia.

Among the tibial remains in the Atapuerca sample ($N=22$) there are several fragments in which we can study the midshaft cross section. In all of them, the section presents amygdaloid shape, a considerable thickness of cortical walls and a reduced medullary canal. This geometry of the tibial cross section is related to an exceptional robusticity and is typically found in Neandertal tibiae (Lovejoy & Trinkaus, 1980; Endo & Kimura, 1970).

The maximum length of one of the most complete specimens in the sample, Tibia II, has been estimated at 345 mm. The robusticity index –(midshaft anteroposterior diameter x midlateral diameter)$^{1/2}$ / maximum length– of Tibia II (7.45) falls at the lower end of the Neandertal range (7.3-8.9, mean 8.1 ± 0.5, $N=10$; Lovejoy & Trinkaus, 1980) and only exceeds that of Tabun C1 (7.3). The Ngandong 14 and Broken Hill tibiae also have low robusticity indices (6.72 and 7.0 respectively; Trinkaus, 1983), that are very similar to the mean values for modern populations (Yugoslavians: 7.0 ±

dernas (Yugoeslavos: $\bar{x} = 7{,}0$; S = 0,5; N = 50; Egipcios: $\bar{x} =$ 6,2; S = 0,5; N = 50; Pecos Pueblo: $\bar{x} = 7{,}1$; S = 0,4; N = 50; Lovejoy y Trinkaus, 1980).

Otro reflejo de robustez en las tibias neandertales es la posición retrasada de los cóndilos tibiales en relación al eje longitudinal de la diáfisis (ángulos de divergencia, en general, elevados) y una mayor proyección de la tuberosidad anterior cuando se compara con la longitud máxima de la tibia (Trinkaus, 1975, 1983; Aiello y Dean, 1990). El ángulo de divergencia de la Tibia II (2°), es más bajo que el obtenido por Trinkaus (1975) para algunos neandertales (La Ferrassie 2 = 4°, Shanidar 2 = 4°, Kiik-Koba = 6°, Spy 2 = 5° y Tabun C1 = 3°) y muy similar a los promedios de sus tres muestras modernas (Yugoeslavos: $\bar{x}$ = 2,3°, S = 0,9°, N = 109; Egipcios: $\bar{x}$ = 2,3°, S = 0,7°, N = 107; Melanesios: $\bar{x}$ = 2,7°, S = 0,9°, N = 25). Por otro lado, el valor del índice de proyección de la tuberosidad anterior (proyección / longitud máxima) de la Tibia II (10,7), contrasta con los valores más elevados publicados por Trinkaus (1983) para algunos neandertales (Shanidar 2 = 13,5; Shanidar 5 = 12,5; Tabun C1 = 10,4; La Chapelle = 14,2; La Ferrassie 2 = 12,3; Kiik-Koba 1 = 13,9; Spy 2 = 15,1) y se aproxima mucho más al promedio de una muestra moderna de tibias europeas (rango 7,8-11,8; $\bar{x}$ = 10,3; S = 0,9; N = 78; Trinkaus, 1983). En consecuencia, la Tibia II de Atapuerca comparte con los neandertales una gruesa cortical y la forma amigdaloide de la sección transversal, pero no muestra tan marcados algunos de los rasgos de robustez general que caracterizan a la mayoría de las tibias neandertales.

0.5, N = 50; Egyptians: 6.2 ± 0.5, N = 50; Pecos Pueblo: 7.1 ± 0.4, N = 50; Lovejoy & Trinkaus, 1980).

Another reflection of the Neandertal robusticity is the retracted position of the tibial condyles in relation to the longitudinal axis of the shaft (generally high angles of divergence), as well as the greater projection of the anterior tuberosity when compared with the maximum tibial length (Trinkaus, 1975, 1983; Aiello & Dean, 1990). Tibia II angle of divergence (2°) is lower than the one obtained by Trinkaus (1975) for some Neandertals (La Ferrassie 2 = 4°, Shanidar 2 = 4°, Kiik-Koba = 6°, Spy 2 = 5°, and Tabun C1 = 3°) and very similar to the average values for his three modern samples (Yugoslavians: 2.3° ± 0.9°, N = 109; Egyptians: 2.3° ± 0.7°, N = 107; Melanesians: 2.7° ± 0.9°, N = 25). On the other hand, the projection index of the anterior tuberosity in Tibia II (projection / maximum length = 10.7) is low in contrast with the higher values published by Trinkaus (1983) for some Neandertals (Shanidar 2 = 13.5, Shanidar 5 = 12.5, Tabun C1 = 10.4, La Chapelle = 14.2, La Ferrassie 2 = 12.3, Kiik-Koba 1 = 13.9, Spy 2 = 15.1), while it gets very close to mean values for a modern sample of European tibias (range 7.8-11.8, mean 10.3 ± 0.9, N = 78; Trinkaus, 1983). Therefore, Atapuerca Tibia II shares with Neandertals both a thick cortical bone and the amygdaloid cross section shape at midshaft, but it does not present the high robusticity that is characteristic of most Neandertal tibiae.

17
Espesor cortical.

Todo el esqueleto, craneal y postcraneal, de los homínidos de Atapuerca (individuos infantiles, juveniles y adultos de ambos sexos) se caracteriza por un gran espesor del hueso cortical y una reducción del canal medular en los huesos largos (Arsuaga *et al.,* 1991). Este carácter, presente tanto en los representantes más antiguos del género *Homo* (Weidenreich, 1941; Day 1971; Kennedy, 1983, 1984, 1985) como entre los neandertales (Endo y Kimura, 1970; Lovejoy y Trinkaus, 1980; Trinkaus, 1983; Senut, 1985; Ben-Itzhak *et al.,* 1988), no se encuentra en las poblaciones humanas modernas. En éstas, es posible encontrar grandes espesores corticales en algunos huesos (fémur y tibia sobre todo), pero nunca es un rasgo generalizado a todo el esqueleto.

17
Cortical thickness.

The whole of the cranial and postcranial skeleton in Atapuerca hominids is characterized by the great bone thickness and by a reduction of the medullary canal in long bones (Arsuaga *et al.,* 1991). This condition has been detected both in juveniles and adults of either sex. This robusticity, which is present in early *Homo* (Weidenreich, 1941; Day, 1971; Kennedy, 1983, 1984, 1985) as well as in Neandertals (Endo & Kimura, 1970; Lovejoy & Trinkaus, 1980; Trinkaus, 1983; Senut, 1985; Ben-Itzhak *et al.,* 1988), is not to be found in modern human populations. In modern humans it is possible to come across a considerable cortical thickness in certain bones (especially femur and tibia), but this occurrence never amounts to a general feature of the whole skeleton.

4. Interpretación filogenética de los fósiles de la ***Sima de los Huesos.*** *Se muestra el cladograma más parsimonioso y consistente para la evolución humana en el Pleistoceno Medio y Superior, utilizando los caracteres craneales de la Tabla 2. La muestra de* ***Homo erectus*** *incluye las muestras de Zhoukoudian y Java, aunque podrían ser incluidos otros fósiles asiáticos más fragmentarios, como Hexian y Gongwangling (Wu, 1991). La asignación taxonómica de Yunxian (Tianyuan & Etler, 1992; Pope, 1992) y Narmada (Lumley & Sonakia, 1985; Kennedy et al., 1991) es más problemática. Dali y Jinniushan han sido atribuidos al grupo de los* ***Homo sapiens*** *"arcaicos" (Stringer, 1991). — Apomorfías del nodo A: Occipital redondeado: opistocráneo no coincidente con inion; escama occipital >>plano nucal; torus occipital reducido lateralmente; escama temporal alta y arqueada; osificación del proceso estiloideo. — Apomorfías del nodo B: Fosa suprainíaca (sólo insinuada en Atapuerca); proceso postglenoideo desarrollado; fusión de elementos del torus supraorbitario; proyección mesofacial. — Autapomorfías de los neandertales "clásicos": anchura máxima del cráneo sobre los parietales (convergente con las poblaciones humanas modernas); presencia de tubérculo mastoideo anterior; proceso mastoideo poco desarrollado en proyección. — Autapomorfías de* ***Homo sapiens sapiens:*** *Máxima anchura del cráneo sobre los parietales; huesos timpánico y petroso alineados. — Autapomorfías de* ***Homo erectus:*** *Proceso mastoideo y hueso timpánico separados por una fisura marcada; timpánico robusto. En la muestra de Ngandong hay expansión de la escama occipital (convergencia con el nodo A). En la muestra de Zhoukoudian se observan mastoides reducidas (convergencia con los neandertales "clásicos"). Algunos fósiles asiáticos atribuidos a* ***Homo erectus*** *y* ***Homo sapiens*** *"arcaico" han sido descritos con bordes zigomaxilares inferiores orientados horizontalmente (Pope, 1991; Tianyuan & Etler, 1992) como en los humanos modernos. La polaridad de este rasgo no está clara, pero la topología y consistencia del cladograma son, en cualquier caso, las mismas.* ***Homo erectus*** *y* ***Homo sapiens*** *han sido considerados como grados diferentes (Wolpoff, 1980) o clados diferentes (Andrews, 1984; Stringer, 1991). Si las polaridades aquí propuestas son correctas, la presencia de autapomorfías en* ***Homo erectus*** *excluiría a este grupo de la ascendencia de* ***Homo sapiens.***

4. Phylogenetic Interpretation of the Sima de los Huesos Fossils. Table 2 shows the most consistent cladogram for human evolution during the Upper and Middle Pleistocene. The ***Homo erectus*** *sample includes fossils from Zhoukoudian and Java, although here we could also include other more fragmentary Asian fossils, like Hexian and Gongwanglin (Wu, 1991). Taxonomic classification of Yunxian (Tianyuan & Etler, 1992; Pope, 1992) and Narmada (Lumley & Sonakia, 1985; Kennedy et al., 1991) is more problematic. Dali and Jinniushan have been ascribed to the "archaic"* ***Homo sapiens*** *group (Stringer, 1991). — Apomorphies at Node A: Rounded occipital bone: opisthocranion which does not coincide with the nuchal torus; occipital squama >> nuchal plane; occipital torus reduced laterally; high and arched temporal squama: ossification of styloid process. — Apomorphies at Node B: Suprainiac fossa (only suggested in Atapuerca); developed postglenoid process; continuity of elements in the supraorbital torus; midfacial projection. — Autapomorphies of "classic" Neandertals: maximum cranial breadth at the parietal bones (converging with modern human populations); presence of anterior mastoid tubercle; little projection of mastoid process. — Autapomorphies of* ***Homo sapiens sapiens:*** *maximum cranial breadth at the parietal bones; alignment of tympanic and petrosal bones. — Autapomorhies of* ***Homo erectus:*** *mastoid process and tympanic bone separated by a marked groove; robusticity of tympanic bone; In the Ngandong sample there is expansion of occipital squama (converging with Node A). In the Zhoukoudian sample there are reduced mastoid processes (thus converging with "classic" Neandertals). Some Asian fossils classed as* ***Homo erectus*** *and "archaic"* ***Homo sapiens*** *have been described as having horizontally-oriented lower zygomaxillary margins (Pope, 1991; Tianyuan & Etler, 1992), just like in modern humans. Polarity for this feature has not been clearly established, although the cladogram's topology and consistency remain the same in any case.* ***Homo erectus*** *and* ***Homo sapiens*** *have been regarded as different degrees (Wolpoff, 1980) or different clades (Andrews, 1984; Stringer, 1991). If the polarities that have been suggested here are correct, then the presence of autapomorphies in* ***Homo erectus*** *would exclude this group from the* ***Homo sapiens*** *ancestry.*

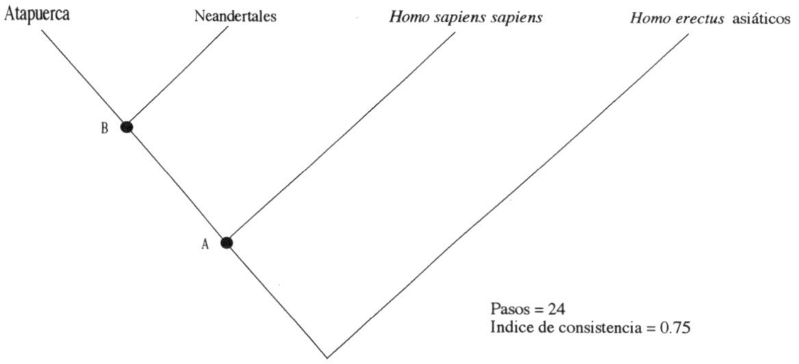

18
Discusión y conclusiones.

En la Tabla 2 se presenta un resumen de los principales caracteres morfológicos en la muestra craneal de la *Sima de los Huesos.* Algunos de éstos aparecen como polimórficos y, por lo tanto, deberían ser utilizados con cautela en los análisis filogenéticos (ej. caracteres B, E, J, O, W). Otro conjunto de caracteres muestran el estado derivado propio de las poblaciones neandertales e indica una estrecha relación filogenética (ej. caracteres H, U, V). También se ha publicado la presencia de rasgos derivados comunes con los neandertales en las mandíbulas de Atapuerca (Rosas, 1987, 1992). Así mismo, se encuentran rasgos compartidos con los neandertales y

18
Discussion and conclusions.

Table 2 shows a summary of the main morphological characters of the *Sima de los Huesos* cranial sample. Some of these characters have proved to be polymorphic and should therefore be used with care in phylogenetic analyses (for example, characters B, E, J, O, W). There is another group of characters that present the derived stage akin to Neandertal populations, which points at a close phylogenetic connection (for example, characters H, U, V). The presence of derived traits shared with Neandertals in the Atapuerca mandibles has also been published (Rosas, 1987, 1992). In the same way, there are some features shared by Neandertals and modern human las poblaciones humanas modernas (ej. caracteres F, G, I, K, P, Q, R, S, T), mientras que en la muestra de la *Sima de los Huesos* se observan otros estados generalmente ausentes en los neandertales (ej. caracteres L, N). Por último, la expresión del carácter M aparece como una peculiaridad de la población de la *Sima de los Huesos.* En la Figura 4 se presenta un análisis de caracteres y una propuesta filogenética para las poblaciones humanas del Pleistoceno Medio y Superior.

El estudio de los ejemplares inmaduros muestra que algunos rasgos del patrón morfológico de Atapuerca aparecen pronto en la ontogenia, mientras que otros (como el desarrollo de las apófisis mastoides y del prognatismo total y mesofacial), alcanzan más tarde su expresión definitiva. Por otra parte, aunque el límite inferior del rango de la capacidad craneal de Atapuerca se solapa con la región superior del rango de los *Homo erectus* asiáticos, resulta evidente que existe un incremento apreciable.

Los fósiles postcraneales de Atapuerca presentan muchos rasgos compartidos con los neandertales. Algunos de estos caracteres muestran el estado derivado de las poblaciones neandertales, mientras que otros son plesiomorfías. Por último, se observan rasgos de expresión variable, que deben ser utilizados con precaución en los análisis filogenéticos. Desgraciadamente, la escasez de registro postcraneal, fuera de Atapuerca, hace difícil, en algunos casos, una valoración completa de los rasgos desde el punto de vista filogenético.

populations (for example, characters F, G, I, K, P, Q, R, S, T), while in the *Sima de los Huesos* sample a number of traits are to be observed (for example, characters L, N) which are generally absent from Neandertal specimens. Finally, character M seems to be expressing a distinctive peculiarity of the *Sima de los Huesos* population. Figure 4 shows an analysis of characters as well as a phylogenetic proposal for Middle and Upper Pleistocene human populations.

The study of immature individuals shows that some features in the Atapuerca morphological pattern appear early in ontogeny, while others (like the development of mastoid apophyses and the general midfacial prognathism) will take longer to acquire their final expression. On the other hand, despite the overlapping that exists between the lower limit of the cranial capacity range in Atapuerca and the upper limit of the Asian *Homo erectus* range, it is nonetheless quite clear that a noticeable increase is to be observed.

Postcranial fossils from Atapuerca share many traits with Neandertals. Some of these characters are Neandertal apomorphies while others are plesiomorphies. Finally, there are a number of variable features that should be used carefully in phylogenetic reconstructions. In some cases, the Lower and Middle postcranial record outside Atapuerca is so poor that a phylogenetic trait analysis is difficult.

19 Agradecimientos.

A Javier Trueba por facilitarnos las fotografías, al *Grupo de Espeleología Edelweiss* por su constante colaboración y por la realización de la planta y perfil de la *Sima de los Huesos* y a José Cervera por sus comentarios. Las excavaciones en los yacimientos pleistocenos de la Sierra de Atapuerca son subvencionadas por la *Junta de Castilla y León.* Esta investigación ha sido subvencionada por la *DGICYT* (proyecto n.º PB90-0126-C03-02).

Marzo, 1993.

19 Acknowledgements.

We remain grateful to Javier Trueba for his pictures; to the *Grupo Espeleológico Edelweiss* for their steady cooperation and for their drawings of the *Sima de los Huesos;* to José Cervera for his useful comments. Excavations at the Atapuerca Pleistocene sites are funded by the *Junta de Castilla y León.* This research has been financed by the *DGICYT* (project number: PB90-026-C03-02).

AIELLO, L. & DEAN, C. (1990): *An introduction to human evolutionary anatomy.* London: Academic Press.

ANDREWS, P. (1984): "An alternative interpretation of the characters used to define *Homo erectus*". *Cour. Forsch. Inst. Senckenberg* 69, 167-175.

ARSUAGA, J. L. (1985): *Antropología del hueso coxal, evolución, dimorfismo sexual y variabilidad.* Tesis Doctoral. Madrid: Universidad Complutense.

ARSUAGA, J. L. & BERMÚDEZ DE CASTRO, J. M. (1984): "Estudio de los restos humanos del yacimiento de la Cova del Tossal de la Font (Villafamés, Castellón)". *Cuadernos de Prehistoria y Arqueología Castellonenses* 10, 19-34.

ARSUAGA, J. L., CARRETERO, J. M., GRACIA, A. & MARTÍNEZ, I. (1990): "Taphonomical analysis of the human sample from the Sima de los Huesos Middle Pleistocene site (Atapuerca/Ibeas, Spain)". *Hum. Evol.* 5, 505-513.

ARSUAGA, J. L., CARRETERO, J. M., MARTÍNEZ, I. & GRACIA, A. (1991): "Cranial remains and long bones from Atapuerca/Ibeas (Spain)". *J. hum. Evol.* 20, 191-229.

ARSUAGA, J. L., MARTÍNEZ, I., GRACIA, A., CARRETERO, J. M. & CARBONELL, E. (1993): "Three new human skulls from the Sima de los Huesos Middle Pleistocene site in Sierra de Atapuerca, Spain". *Nature* 362, 534-537.

BASABE, J. M. (1966): "El húmero premusteriense de Lezetxiki (Guipúzcoa)". *Munibe* 1-4, 13-30.

BEN-ITZHAK, S., SMITH, P., & BLOOM, R. A. (1988): "Radiographic study of the humerus in Neanderthals and *Homo sapiens sapiens*". *Am. J. phys. Anthrop.* 77, 231-242.

BERGAMÍN, J. F., SÁNCHEZ, F., SÁNCHEZ, N., SOUTO, J. & ARSUAGA, J. L. (1994). "Primeros resultados de la prospección geofísica en la zona suroeste de la Cueva Mayor (Sima de los Huesos), Atapuerca (Burgos)". *Actas de la 2.ª Reunión Nacional de Geoarqueología.* Madrid, 14-16 de diciembre de 1992.

CERVERA, J. (1992): "Nuevos hallazgos de carnívoros en el complejo de yacimientos mesopleistocenos de la Sierra de Atapuerca, Burgos". *Rev. Esp. Paleont.* (Extra), 21-28.

CHURCHILL, S. E. & TRINKAUS, E. (1990): "Neandertal scapular glenoid morphology". *Am. J. phys. Anthrop.* 83, 147-160. DAY, M. H. (1971):

DAY, M. H. (1971): "Postcranial remains of *Homo erectus* from bed IV, Olduvai Gorge, Tanzania". *Nature* 232, 383-387.

DAY, M. H. (1986): *Guide to Fossil Man.* London: Cassell.

ENDO, B. (1971): "Some characteristics of the deltoid tuberosity of the humerus in the West Asian and the European "classic" Neanderthals". *J. Anthrop. Soc. Nippon* 79, 249-258.

ENDO, B. & KIMURA, T. (1970): "Postcranial skeleton of the Amud Man". En (H. Suzuki & F. Takay, Eds.) *The Amud Man and His Cave Site,* pp. 231-406. Tokyo: Academic Press.

HEIM, J. L. (1976): *Les Hommes Fossiles de La Ferrassie I.* Paris: Masson.

HEIM, J. L. (1982): *Les Hommes Fossiles de La Ferrassie II.* Paris: Masson.

HEIM, J. L. (1989): "La nouvelle reconstitution du crâne néandertalien de la Chapelle-aux-Saints". Méthode et résultats. *Bull. et Mém. de la Soc. d'Anthrop. de Paris* 1, 95-118.

HOWELL, F. C. (1960): "European and Northwest African Middle Pleistocene Hominids". *Current Anthropology* 1, 195-232.

HOWELLS, H. (1973): *Cranial variation in man.* Cambridge: Harvard University Press.

HUBLIN, J.-J. (1982): "Les anténéandertaliens: présapiens ou prénéandertaliens?" *Geobios* 6, 345-357.

JOHANSON, D. C., TAIEB, M. & COPPENS, Y. (1982): "Pliocene hominids from the Hadar Formation (1973-1979): Stratigraphic, chronologic and paleoenvironmental contexts, with notes on hominid morphology and systematics. In Pliocene Hominid Fossils from Hadar, Ethiopia". *Am. J. phys. Anthrop.* 57, 373-402.

KENNEDY, G. E. (1983): "Some aspects of femoral morphology in *Homo erectus*". *J. hum. Evol.* 12, 587-616.

KENNEDY, G. E. (1984): "The emergence of *Homo sapiens:* the postcranial evidence". *Man* 19, 94-110.

KENNEDY, G. E. (1985): "Bone thickness in *Homo erectus*". *J. hum. Evol.* 14, 699-708.

KENNEDY, K. A. R., SONAKIA, A., CHIMENT, J. & VERMA, K. K. (1991): "Is the Narmada hominid an Indian *Homo erectus?*". *Am. J. phys. Anthrop.* 86, 475-496.

LOVEJOY, C. O. & TRINKAUS, E. (1980): "Strength and robusticity of the neandertal tibia". *Am. J. phys. Anthrop.* 53, 465-470.

LUMLEY, M. A. (1973): "Anténéandertaliens et Néandertaliens du Bassin Méditerranéen Occidental Européen". *Etudes Quaternaires* 2.

LUMLEY, M. A. (1976): "Les Anténéandertaliens dans le Sud". *La Préhistoire Francaise.* (Tome I), pp. 547-560. Paris: C.N.R.S.

LUMLEY, M. A, & SONAKIA, A. (1985): "Première découverte d'un *Homo erectus* sur le continent indien a Hathnora, dans la moyenne vallée de la Narmada". *L'Anthrop.* 89, 13-61.

MCCOWN, T. D. & KEITH, A. (1939): *The Stone Age of Mount Carmel,* Vol. II. Oxford: Clarendon Press.

OAKLEY, K. P., CAMPBELL, B. G. & MOLLESON, T. I. (1971): *Catalogue of Fossil Hominids* (Part II: Europe). London: The British Museum (Natural History).

OAKLEY, K. P., CAMPBELL, B. G. & MOLLESON, T. I. (1977): *Catalogue of Fossil Hominids* (Part I: Africa). London: The British Museum (Natural History).

ORBAN, R. (1988): *Hominid remains. An up date.* (N.° 1, Italia). Belgium: Université Libre de Bruxelles.

ORBAN, R. (1990): *Hominid remains. An up date.* (N.° 3, British Isles and Eastern Germany). Belgium: Université Libre de Bruxelles.

POPE, G. G. (1991): "Evolution of the zygomaticomaxillary region in the genus *Homo* and its relevance in the origin of modern humans". *J. hum. Evol.* 21, 189-213.

POPE, G. G. (1992): "Craniofacial evidence for the origin of modern humans in China". *Yrb. phys. Anthrop.* 35, 243-298.

RAK, Y. (1990): "On the differences between two pelvises of mousterian context from the Qafzeh and Kebara caves, Israel". *Am. J. phys. Anthrop.* 81, 323-332.

ROSAS, A. (1987): "Two new mandibular fragments from Atapuerca/Ibeas (SH site). A reassessment of the affinities of the Ibeas mandibles sample". *J. hum. Evol.* 16, 417-427.

ROSAS, A. (1992): *Ontogenia y Filogenia de la mandíbula en la evolución de los homínidos. Aplicación de un modelo de morfogénesis a las mandíbulas fósiles de Atapuerca.* Tesis Doctoral. Madrid: Universidad Complutense.

SENUT, B. (1981): *L'Humerus et ses Articulations chez les Hominidés Plio-Pléistocènes.* Paris: C.N.R.S.

SENUT, B. (1985): "Computerized tomography of a Neanderthal humerus from Le Regourdou (Dordogne, France): comparisons with Modern Man". *J. hum. Evol.* 14, 717-723.

SIGMON, B. A. (1982): "Comparative morphology of the locomotor skeleton of *Homo erectus* and the other fossil hominids, with special reference to the Tautavel innominate and femora". *Première Congrès International de Paléontologie Humaine* (Nice, 1982), Vol. 1, pp. 422-446. Prétirage, C.N.R.S.

SMITH, F. H. & RANYARD, G. C. (1980): "Evolution of the supraorbital region in Upper Pleistocene fossil hominids from South-Central Europe". *Am. J. phys. Anthrop.* 53, 589-610.

STEWART, T. D. (1960): "Form of the pubic bone in Neanderthal man". *Science* 131, 1437-1438.

STRINGER, C. B. (1991): *'Homo erectus* et *'Homo sapiens archaïque". Peut-on définir Homo erectus?".* En (J.-J. Hublin & A. M. Tillier, Eds.) *Aux Origins d'Homo sapiens,* pp. 49-74. Paris: Puf.

STRINGER, C. B., HOWELL, F. C. & MELENTIS, J. K. (1989): "The significance of the fossil hominid skull from Petralona, Greece". *J. Archaeol. Sci.* 6, 135-253.

TATTERSALL, I., DELSON, E. & VAN COUVERING, J. (1988): *Encyclopedia of Human Evolution and Prehistory.* New York: Garland.

THOMA, A. (1975): "Were the Spy fossils evolutionary intermediates between classic Neanderthal and modern man?". *J. hum. Evol.* 4, 387-410.

TIANYUAN, L. & ETLER, D. A. (1992): "New Middle Pleistocene hominid crania from Yunxian in China". *Nature* 357, 404-407.

TORRES. T. (1988): "Osos *(Mammalia, Carnivora, Ursidae)* del Pleistoceno de la Península Ibérica". *Bol. geol. y Min.* 99, 1-316.

TRINKAUS, E. (1975): "Squatting among the Neandertals: a problem in the behavioral interpretation of skeletal morphology". *J. Archaeol. Sci.* 2, 327-351.

TRINKAUS, E. (1976a): "The evolution of the hominid femoral diaphysis during the Upper Pleistocene in Europe and Near East". *Z. Morph. Anthrop.* 67, 291-319.

TRINKAUS, E. (1976b): "The morphology of the European and Southwest Asian Neandertal pubic bones". *Am. J. phys. Anthrop.* 44, 95-104.

TRINKAUS, E. (1977): "A functional interpretation of the axillary border of the Neandertal scapula". *J. hum. Evol.* 6, 231-234.

TRINKAUS, E. (1983): *The Shanidar Neandertals.* New York: Academic Press.

TRINKAUS, E. (1984): "Does KNM-ER 1481 a establish *Homo erectus* at 2.0 myr BP?". *Am. J. phys. Anthrop.* 64, 137-139.

TRINKAUS, E. (1985): "Cannibalism and burial at Krapina". *J. hum. Evol.* 14, 203-216.

VANDERMEERSCH, B. (1981): *Les Hommes Fossiles de Qafzeh (Israël).* Paris: C.N.R.S.

WEIDENREICH, F. (1941): "The extremity bones of *Sinanthropus pekinensis*". *Paleontologia Sinica* 5, 373-383.

WOLPOFF, M. H. (1980): *Paleoanthropology.* New York: Knopf.

WU, X. (1991): "Continuité évolutive des hommes fossiles chinois". En (J.-J. Hublin & A. M. Tillier, Eds.) *Aux Origins d'Homo sapiens,* pp. 156-179. Paris: Puf.

ZUN-E, LÜ. (1990): "La découverte de l'homme fossile de Jing-Niu-Shan". Première étude. *L'Anthrop.* 94, 899-902.

Evolución humana en Europa y los yacimientos de la Sierra de Atapuerca, págs. 305-331

Estructura de la variabilidad morfológica de los homínidos de Atapuerca. Un estudio de la muestra de mandíbulas

Structure of the morphological variability of the Atapuerca hominids. A study of the mandible sample

Antonio Rosas

Departamento de Paleontología. Facultad de Geología, Universidad Complutense de Madrid. 28040 Madrid. España

Resumen:

En el presente trabajo se propone un modelo estructural sobre la variabilidad morfológica detectada en las mandíbulas de Atapuerca. El trabajo empírico realizado consiste en la definición de los campos de remodelación y direcciones de crecimiento de la mandíbula en la muestra de Atapuerca. La metodología empleada parte de la hipótesis de trabajo por la cual la variabilidad morfológica observada en una población es el resultado de las fluctuaciones originadas en torno a un conjunto finito de procesos de morfogénesis. El desarrollo de este planteamiento exige la construcción previa de un modelo de morfogénesis, el cual será aplicado a las muestras de fósiles objeto de estudio. Como resultado de la aplicación del modelo se concluye que los restos recuperados en la Sima de los Huesos responden todos ellos a un único patrón morfogenético. En torno a este patrón se han identificado dos factores de variación. El primero de ellos consiste en un gradiente alométrico de la morfología, interpretado como un gradiente interindividual de maduración somática. El segundo factor de variación se relaciona con la posición relativa de la mandíbula dentro del complejo cráneo-facial. Este segundo factor no ha sido tratado en este trabajo.

Summary:

This study puts forward a structural model for the morphological variability that has been detected in the Atapuerca mandibles. The empirical work carried out defining the areas of remodelling and the directions of growth of the Atapuerca sample mandible. The methodology employed is based on the working hypothesis according to which the morphological variability observed in a given population is the result of fluctuations which arise in relation to a finite group of morphogenetic processes. A prerequisite for the development of this approach is the prior construction of a morphogenetic model to be applied to the fossil samples under study. As a result of the application of this model, the conclusion was reached that all the remains recovered at La Sima de los Huesos correspond to a single morphogenetic pattern. Using this pattern as a basis, two variation factors were identified. The first of these is an allometric gradient of morphology, interpreted as an interindividual gradient of somatic maturation. The second variation factor is to do with the relative position of the mandible within the craniofacial complex. This second factor has not been dealt with in this study.

Palabras clave:

Atapuerca, Homínidos, Variabilidad, Morfogénesis, Mandíbula.

Key words:

Atapuerca, Hominids, Variability, Morphogenesis, Mandible.

1 Introducción.

Se admite en la actualidad la existencia de una línea evolutiva de homínidos que, durante el Pleistoceno Medio, evolucionó en Europa dando origen al grupo humano neandertal (Stringer, 1982; Stringer *et al.,* 1984; Trinkaus, 1988; Hublin, 1988; Rosas *et al.* 1991).

Los homínidos fósiles de Atapuerca pueden ser incluidos en esta línea filogenética sobre la base de un conjunto de caracteres compartidos con los neandertales y la similitud estructural de la muestra de Atapuerca con otros restos de Pleistoceno Medio europeo (Aguirre and de Lumley, 1977; Rosas, 1985; Bermúdez de Castro, 1986, 1988; Rosas, 1987; Rosas y Bermúdez de Castro, 1986, 1987; Arsuaga *et al.* 1990).

La variabilidad en las muestras de fósiles humanos del Pleistoceno Medio de Europa presenta ciertas peculiaridades que hacen de su estudio un atractivo campo de investigación. En efecto, la variabilidad de los homínidos de Pleistoceno Medio de Europa presenta dos características de interés. 1) Diferentes especímenes de una misma muestra pueden ser interpretados como diferentes estados de evolución (Lumley and de Lumley, 1973; Tillier, 1988), 2) diferentes especímenes pueden presentar combinaciones distintas de caracteres derivados. Como una consecuencia inmediata de lo anterior, se desprende que el conocimiento de las pautas de evolución de los homínidos de Pleistoceno Medio europeo pasa por el esclarecimiento de las pautas de variabilidad de las poblaciones y su relación con el proceso filogenético.

En este sentido, la muestra de mandíbulas recuperada en la Sima de los Huesos brinda una oportunidad única para la comprensión de los cánones de variabilidad de una población de homínidos del Pleistoceno Medio. Tanto el número de especímenes recuperados, como la homogeneidad de la muestra, permiten abordar estudios de variabilidad inaccesible en otras muestras de fósiles humanos. Este conjunto de circunstancias hacen de la muestra de Atapuerca un modelo de referencia obligado en el estudio de otras muestras de fósiles humanos.

El objetivo perseguido en este trabajo consiste en la elaboración de un esquema estructural de la variabilidad de las mandíbulas de Atapuerca. Dicho objetivo se inscribe en un programa de investigación que persigue conocer las relaciones entre los procesos morfogenéticos de la mandíbula (ontogenia) y las pautas de evolución de los homínidos (filogenia) (Rosas, 1992).

1 Introduction.

At present there is a general consensus as to the existence of an evolutionary line of hominids that developed in Europe during the middle Pleistocene, giving rise to the Neanderthal human group (Stringer, 1982; Stringer *et al.,* 1984; Trinkaus, 1988; Hublin, 1988; Rosas *et al.,* 1991).

The Atapuerca fossil hominids can be included in this phylogenetic line on the basis of a series of traits shared with the Neanderthals and the structural similarity between the Atapuerca sample and other European middle Pleistocene remains (Aguirre and de Lumley, 1977; Rosas, 1985; Bermúdez de Castro, 1987; Arsuaga *et al.,* 1990).

The variability observed in the European middle Pleistocene human fossil samples displays certain peculiarities that make its study an attractive field of research. Indeed, the variability of the European middle Pleistocene hominids offers two features of interest: 1) different specimens from the same sample can be interpreted as belonging to different evolutionary stages (Lumley and de Lumley, 1973; Tillier, 1988); 2) different specimens can present varying combinations of derived traits. As a direct result of the above, it follows that in order to gain knowledge as to the evolutionary model of the European middle Pleistocene hominids, we first have to clarify the variability patterns of the populations in question and their relation to the phylogenetic process.

In this sense, the mandible sample recovered at La Sima de los Huesos provides us with a unique opportunity to come to understand the norms governing the variability of a middle Pleistocene hominid population. Owing to both the number of specimens collected and the homogeneous nature of the sample, variability studies unfeasible for other human fossil samples can be undertaken. This series of circumstances make the Atapuerca sample a compulsory model of reference for the study of other human fossil samples.

The aim pursued by this study is to work out a structural schema of the Atapuerca mandible variability. The said objective comes under a research programme whose aim is to discover the realtions existing between the morphogenetic processes of the mandible (ontogeny) and the evolutionary model of the hominids (phylogeny) (Rosas, 1992).

Tabla 1.–*Asignación de sexo y número de individuo de los identificados en el total de la muestra de SH.*

Table 1.–*Asignation of sex and number of individual to those individuals identified for the whore SH sample.*

Espécimen	Sexo	Número de individuo de la muestra de SH
AT-1	♀	I
AT-2	♂	II
AT-3	♀	III
AT-75	♀	V
AT-83	♀	
AT-172	♀	X
AT-250	♀	IV
AT-300	♂	XII
AT-301	♀	
AT-303		VII
AT-304		
AT-505	♀	XIX
AT-506		
AT-509		
AT-510		
AT-511		
AT-604	♂	
AT-605	♂	XXII
AT-606	♂	XXIII
AT-720	♂	
AT-721	♂	

2 Material y métodos.

El material estudiado incluye los restos de mandíbulas recuperados en la Sima de los Huesos hasta la campaña de excavación de 1992. La muestra queda constituida por 21 especímenes correspondientes a un número mínimo de 15 individuos. La distribución de sexos y edades queda recogida en la tabla 1. La localización geográfica, contexto estratigráfico y paleontológico y dataciones de los fósiles humanos pueden ser encontradas en Aguirre *et al.* (1990) y Arsuaga *et al.* (en prensa).

Desde el punto de vista metodológico, abordamos el estudio de la variabilidad desde una perspectiva morfogenética. Esto significa relacionar la expresión fenotípica de los rasgos con procesos concretos de morfogénesis. Para llegar a ello, el estudio que planteamos necesita de la construcción previa de un modelo de los procesos morfogenéticos que tienen lugar en la región anatómica considerada. La información necesaria para la construcción de dicho modelo procede de la biología cráneo-facial y ha sido desarrollado ampliamente en Rosas (1992). A continuación esbozamos los pro-

2 Material and methodology.

The material studied includes the remains of mandibles recovered at La Sima de los Huesos up to the 1992 excavation campaign. The sample comprises 21 specimens which correspond to a minimum number of 15 individuals. Table 1 reflects the sex and age distribution. Information regarding geographical location, stratigraphic and palaeontological context and dating of the human fossils can be found in Aguirre *et al.* (1990) and Arsuaga *et al.* (1993).

As far as methodology is concerned, we tackled the study of variability from a morphogenetic standpoint. This implied relating the phenotypic expression of the features to specific morphogenetic processes. In order to achieve this, and according to the way we had set out the study, it was necessary to previously construct a model of the morphogenetic processes that take place in the anatomical region under consideration. The necessary information for the construction of such a model is to be found in the field of craniofacial biology and has been extensively developed in Rosas (1992). In the following section we shall outline the fundamental cesos fundamentales que tienen lugar en el crecimiento del complejo cráneo-facial que afectan a la morfología de la mandíbula.

2.1.
Crecimiento y morfogénesis de la mandíbula.

El crecimiento de la mandíbula se establece mediante un complejo juego de remodelación ósea en diferentes direcciones del espacio (Enlow and Harris, 1965; Enlow, 1991). Durante su crecimiento, la mandíbula experimenta un desplazamiento en sentido anterior con un cierto componente rotacional. Es decir, la mandíbula, al crecer, define una trayectoria curvilínea. Los procesos de remodelación que experimenta una mandíbula dependen del tipo concreto de trayectoria que siga el ejemplar en cuestión.

El crecimiento se establece mediante el binomio desplazamiento anterior-crecimiento posterior (Enlow, 1991). Es decir, a la vez que la mandíbula es desplazada anteriormente motivada por el crecimiento del conjunto del esplacnocráneo, se producen depósitos de hueso en el cóndilo, región distal del cuerpo de la mandíbula (protuberancia mandibular) y borde posterior de la rama ascendente, todos ellos de componente posterior. Simultáneamente, el borde anterior de la rama ascendente experimenta remodelación, dando lugar al proceso denominado: resituación de la rama ascendente. La resultante de ello es que, el espacio que previamente era ocupado por la rama, pasa a ser territorio del cuerpo mandíbula. De este modo, la mandíbula incrementa su longitud a la vez que se hace sitio a las nuevas piezas dentarias en fase de erupción. El mencionado proceso lleva a su vez emparejado el desplazamiento hacia posterior del foramen mandibular, que ocupa posiciones más distales respecto a la serie dentaria a medida que progresa la ontogenia.

Simultáneamente, durante el crecimiento, el borde basal de la mandíbula experimenta una continua transformación. De forma resumida podemos decir que el crecimiento del cóndilo suele ser más intenso que el incremento vertical del macizo naso-maxilar. Esto determina una trayectoria curvilínea y ascendente de la mandíbula como un todo. Durante este desplazamiento, la parte posterior del borde experimenta reabsorción, en tanto que la parte anterior del mismo borde experimenta deposición de hueso (Skieller y Björk, 1983; Björk, 1991).

Dos factores topológicos condicionan en todo momento el crecimiento de la mandíbula. Éstos son 1) el contacto articular a través de los cóndilos y 2) el mantenimiento de la oclusión dentaria.

processes that take place in the growth of the craniofacial complex and which affect the morphology of the mandible.

2.1.
Mandible growth and morphogenesis.

Mandible growth is established by means of a complex process of osseous remodelling in different spatial directions (Enlow and Harris, 1965; Enlow, 1991). During its growth, the mandible undergoes an anterior shift featuring a certain rotational component. That is to say, the mandible, upon growing, traces a curvilinear path. The remodelling processes undergone by any given mandible depend on the specific path that is traced by the example in question.

Growth is established then by means of the binomial: anterior displacement-posterior growth (Enlow, 1991). That is, at the same time as the mandible is displaced anteriorly due to the growth of the whole splanchnocranium, bone deposits appear on the condyle, the distal region of the mandible body (mandibular protuberance) and the posterior border of the ascending ramus all such deposits are seen to have a posterior component. Simultaneously, the anterior border of the ascending ramus undergoes remodelling, giving rise to the process called ascending ramus relocation. The consequence of this is that the space which previously was occupied by the ramus now becomes a domain of the body of the mandible. In this way, the mandible increases in length and at the same time makes room for the new dental pieces which are at the stage of eruption. The above process is in turn accompanied by the posterior displacement of the mandibular foramen, which takes up a more and more distal position in relation to the dental series as ontogeny progresses.

Simultaneously, the basal border of the mandible undergoes continuous transformaton during the growth process. In short, we could say that the growth of the condyle is normally more intense than the vertical increase of the nasomaxillary mass. This results in an anterior and ascending curvilinear trajectory of the mandible as a whole. During this displacement, the posterior part of the basal border experiences reabsorption, whereas the anterior part of the same border is subjected to bone deposition (Skieller and Björk, 1983; Björk, 1991).

There are two topological factors that at all times condition mandibular growth, namely: 1) articular contact through the condyles; and, 2) the maintaining of dental occlusion.

Tabla 2.—*Pesos de los componentes principales realizado sobre variables del cuerpo mandibular a nivel del M1.*

Table 2.—*Principal component weights carried out on mandible body variables at M1 level.*

	PC1	PC2	PC3	PC4
VAR34	0,549	−0,165	0,215	−0,791
VAR35	0,507	0,279	−0,812	0,074
VAR32	0,462	−0,732	0,082	0,495
VAR33	0,478	0,600	0,537	0,352

3 Morfología de las mandíbulas y estudio comparado.

La descripción de detalle del material estudiado puede encontrarse en Aguirre *et al.* (1979); Aguirre and de Lumley (1977; 1987); Rosas (1987a; 1987b; 1992; in pre.); Rosas *et al.* 1991).

3.1. Estudio del Tamaño.

Puede apreciarse en la muestra de Atapuerca un amplio espectro de variación en el tamaño de los especímenes adultos. La mandíbula de mayor tamaño es AT-605. Sin embargo, cabe sospechar que este espécimen no representa el máximo de tamaño en la población. A juzgar por los rasgos conservados en los pequeños fragmentos AT-303, AT-720 y AT-721, en el seno de la población de Atapuerca existen expecímenes de mayor tamaño.

Se realiza un análisis de componentes principales con las variables de la mandíbula mejor representadas en la muestra. Éstas son: la altura (VAR 34) y espesor (VAR 35) del cuerpo a nivel de agujero mentoniano y la distancia de agujero mentoniano al borde basal (VAR32) y al borde basal (VAR33). Se persigue conocer el comportamiento conjunto de estas variables a la vez que definir una ordenación de la muestra en base al primer componente principal, interpretado como el vector que mejor recoge el tamaño de los especímenes.

En la tabla 2 se exponen los datos numéricos del análisis. El primer componente recoge un 79,5 por 100 de la variabilidad total registrada. Su definición responde a los criterios básicos para ser considerado un vector de tamaño. Presenta todos los coeficientes positivos, la contribución de todas las variables es parecida y la variación recogida supera en mucho a la de los siguientes componentes (el segundo, tercero y

3 Morphology of the mandibles and their comparative study.

A detailed description of the material studied is to be found in Aguirre *et al.* (1979); Aguirre and de Lumley (1977; 1987); Rosas (1987a; 1987b; 1992; in press); Rosas *et al.* (1991).

3.1. Study of Size.

A wide range of variation is to be observed in the size of adult specimens appearing in the Atapuerca sample. The largest mandible is AT-605. Nevertheless, it is to be suspected that this specimen does not represent the maximum size for the population in hand. If we are to go by the traits conserved in the small fragments AT-303, AT-720 and AT-721, it is clear that at the heart of the Atapuerca population, there are larger-sized specimens.

The principal components were analyzed using the mandible variables that were best represented in the sample. The said variables were: the height (VAR34) and thickness (VAR35) of the body at the mental foramen level and the distance from the mental foramen to the basal border (VAR32) and to the alveolar border (VAR33). The aim pursued here was to determine the joint behaviour of the said variables, while at the same time defining an order of the sample based on the first principal component, the latter being interpreted as the vector that best represented the size of the specimens.

Table 2 shows the numerical data resulting from the analysis. The first component registers 79.5 % of the total variability recorded. Its definition satisfies the basic criteria necessary for it to be considered a size vector. All its coefficients are seen to be positive, there is a similar contribution made

1. *Representación de los dos primeros componentes principales extraídos de las variables del cuerpo de la mandíbula en la muestra de SH.*

1. *Representation of the first two principal components taken from the mandible body variables in the SH sample.*

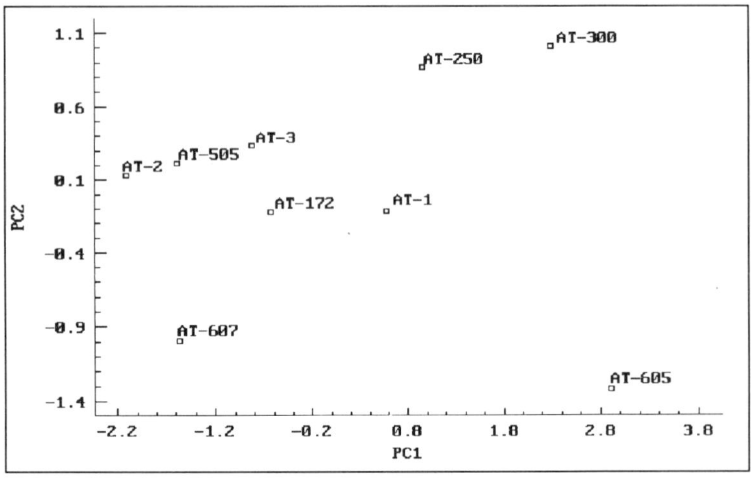

cuarto recogen el 14,6 por 100, 5,1 por 100 y 0,6 por 100, respectivamente). La ordenación que arroja el análisis es, de menor a mayor: AT-2, AT-505, AT-607, AT-3, AT-172, AT-1, AT-250, AT-300 y AT-605 (Fig. 1). Esta ordenación es congruente con una primera apreciación extraída de la comparación visual de los especímenes. Aceptamos este orden de tamaño en el seno de esta muestra. De esta ordenación hay que extraer a los individuos inmaduros AT-2 y AT-607, que aún no habían acabado su crecimiento en el momento de morir. En la ordenación mencionada apreciamos un continuo en el incremento de tamaño en el que el resto AT-1 ocupa una posición intermedia en la muestra. Comparando los valores numéricos del espécimen más pequeño (AT-505) con el más grande (AT-605) se puede estimar en un 30 por 100 la diferencia entre ambos ejemplares.

A continuación realizamos un estudio comparado de los rasgos morfológicos.

3.2.
Rasgos invariantes en las mandíbulas de SH.

Las mandíbulas de la Sima de los Huesos presentan un patrón morfológico constante que puede definirse del siguiente modo:

– Existe una clara separación entre las regiones alveolar y basal de la mandíbula (zonas de reabsorción y deposición). La línea de demarcación la determina una línea milohioidea que arranca a unos 10 mm por debajo del borde alveolar en la

by each variable, and the variation registered by far exceeds that of the components following it (the second, third and fourth components register variability percentages of 14.6 %, 5.1 % and 0.6 %, respectively. The order established by the analysis, in sequence of increasing size, is as follows: AT-2, AT-505, AT-607, AT-3, AT-172, AT-1, AT-250, AT-300 and AT-605 (Fig. 1). This order is in line with a first assessment derived from visually comparing the specimens. We accept this size order at the heart of the sample in question. The immature individuals AT-2 and AT-607, however, have to be removed from the order, since at the time of their death they had not finished growing. In the said order, we observe a size increase continuum, in which specimen AT-1 takes up an intermediate position within the sample. On comparing the numerical values of the smallest specimen (AT-505) with those of the largest one (AT-605), the difference between both can be estimated at being 30 %.

The next step was to carry out a comparative study of the morphological traits observed.

3.2.
Invariant features of the SH mandibles.

The mandibles from La Sima de los Huesos exhibit a constant morphological model which can be defined as follows:

– There is a clear separation between the alveolar and basal regions of the mandible (areas of reabsorption and deposition). The demarcation line is determined by a mylohyoid ridge that starts about 10 mm below the alveolar borvertical del último molar y desciende de forma oblicua hasta alcanzar la vertical de los premolares, prácticamente en contacto con el margen interno de las fosas digástricas. Esta línea oblicua interna nunca es tuberculada. Por encima de la mencionada línea encontramos un plano submaxilar amplio y continuo que se extiende anteriormente para formar una superficie continua con el plano alveolar. Por debajo de la línea oblicua interna se localiza una fosa submaxilar poco excavada, que adquiere una característica forma triangular al quedar limitada inferiormente por el reborde óseo correspondiente al borde basal de la mandíbula. El límite posterior de la fosa submaxilar se corresponde con un escalón o cambio de plano que da paso a la fosa pterigoidea de la rama. De este modo en las mandíbulas de SH prepondera un plano submaxilar muy amplio, en continuidad con el plano alveolar, quedando la fosa submaxilar más limitada a la porción postero-inferior del cuerpo de la mandíbula.

– Presencia de un tubérculo óseo en el borde alveolar interno a nivel del M3 y en continuidad con el espacio retromolar. Es constante en estas mandíbulas la presencia de un pequeño tubérculo en el borde alveolar a nivel del M3 que, junto a la disposición de la línea milohioidea antes comentada y a la presencia constante de espacio retromolar, forma parte del conjunto de rasgos que definen el modelo estructural de las mandíbulas de SH.

– Presencia de espacio retromolar. Desde el punto de vista categórico, es constante en todos los especímenes adultos la existencia de espacio retromolar. Queda definido morfológicamente por un patrón de crestas externa e interna prácticamente idéntico en todos los especímenes. Sin embargo, los restos AT-83 y AT-510 no parecen exhibir este espacio, presentando una configuración de área posterior al último molar bien distinta al resto de la muestra. Esta disposición se interpreta como ausencia de la estructura debida a un estado inmaduro de desarrollo.

– Cambio abrupto de nivel en la cara externa de la mandíbula, en el tránsito entre el cuerpo y la rama, lo que determina una profunda fosa masetérica.

– Ausencia de escotadura pregoníaca, lo que determina un borde basal rectilíneo en vista lateral. Es constante en toda la muestra un perfil rectilíneo del borde basal en todo su recorrido. Éste incluye la zona de tránsito entre el cuerpo y la rama de la mandíbula, lugar donde suelen manifestarse escotaduras o inflexiones en el perfil basal de la mandíbula.

– Cóndilo dividido en dos por la cresta intermedia. De los cuatro cóndilos conservados en la muestra, todos ellos presentan una misma distribución de su masa ósea. En todos

der at the vertical of the last molar and descends in an oblique fashion until it reaches the vertical of the premolars, almost coming into contact with the inside margin of the digastric fossae. In no case does this inner oblique line appear tuberculated. Above the said line we encounter a wide and continuous submaxillary plane that extends anteriorly to form a continuous surface with the alveolar plane. Beneath the inner oblique line there is a shallow submaxillary fossa which takes on a characteristic triangular form due to the fact that its inferior boundary is marked by the osseous edge of the basal border of the mandible. The posterior limit of the submaxillary fossa corresponds to a step or a change of plane that gives way to the pterygoid fossa of the ramus. In this way the SH mandibles reflect a preponderance of a very wide submaxillary plane, a continuation of the alveolar plane, the submaxillary fossa being more limited to the postero-inferior part of the mandible body.

– The presence of an osseous tubercle on the inside alveolar ridge at M3 level and following on from the retromolar space. The mandibles in question constantly show a small tubercle on the alveolar ridge at M3 level, a factor which, along with the above mentioned arrangement of the mylohyoid line and the constant presence of retromolar space, constitutes one of the series of features that define the structural model of the SH mandibles.

– Presence of retromolar space. From a categorical point of view, the existence of retromolar space appears as a constant factor in all the adult specimens. Morphologically speaking, the space is defined by a pattern of inner and outer crests which is seen to be practically identical in all specimens. However, the remains labelled AT-83 and AT-510 do not seem to manifest the said space, showing quite a different configuration of the area behind the last molar when compared to the rest of the sample. The interpretation of such an arrangement is that the structure in question is absent due to an immature stage of development.

– Abrupt change of level on the outer side of the mandible at the transitionary point between body and ramus a fact which gives rise to a deep masseteric fossa.

– Absence of the pregonial notch, resulting in a rectilinear basal border, when viewed laterally. In a constant fashion for the entire sample, the basal border is seen to present a rectilinear profile along its whole length. This includes the area of transition between the mandible body and ramus an area where the basal profile of the mandible often displays depressions or inflections.

los ejemplares el cóndilo queda repartido a ambos lados del plano de la rama ascendente, dividido, en vista anterior, por la cresta intermedia que forma la escotadura sigmoidea.

Este conjunto de expresiones morfológicas y de relaciones espaciales, permite afirmar la existencia de un mismo esquema de forma en el conjunto de la muestra. Se aprecia en la muestra una gran similitud estructural, de tal manera que en ciertos casos se hace necesario una comparación muy de detalle para determinar si dos fragmentos simétricos de mandíbula pueden o no pertenecer a un mismo individuo. Tal es el caso de la gran similitud entre los restos AT-3 y AT-172, o entre los restos AT-83 y AT-510. Al mismo tiempo, los restos AT-1, AT-75 y AT-505 presentan una morfología de la parte posterior del cuerpo de la mandíbula y zona de intersección entre el cuerpo y la rama muy similares, cuya diferencia fundamental estriba en variaciones de talla y espesor de las paredes óseas.

Este conjunto de hechos, unido a las condiciones tafonómicas del yacimiento de SH, permiten enunciar y trabajar sobre la hipótesis de que los restos fósiles descubiertos en la Sima de los Huesos pertenecieron a un conjunto de individuos todos ellos miembros de una única población biológica. El enunciado de esta afirmación fue propuesto anteriormente por Rosas *et al.* (1990) y Arsuaga *et al.* (1990). En el análisis aquí realizado se reafirma la hipótesis a la luz de las nuevas evidencias.

3.3.
Rasgos variables en las mandíbulas de SH.

3.3.1. Región sinfisaria.

En esta región son variables: la altura de la sínfisis, los relieves estructurales de la cara interna y el resalte del trígono mentoniano y su correlación con la depresión mandibular.

La altura de la sínfisis se ordena de modo similar al aceptado para el tamaño total. El orden obtenido es: AT-1, AT-250, AT-605 y AT-300. Bajo la hipótesis de una relación estrictamente lineal, el ejemplar más grande AT-605 debería marcar el máximo en altura. No es esta la situación. El máximo en la altura de la sínfisis lo obtiene AT-300, segundo en tamaño total. Dos factores influyen en la alteración de orden hipotético. Uno, corresponde a la formación de escotadura submentoniana en AT-605, lo que disminuye su altura; dos,

– Intermediate crest dividing the condyle into two. All the four condyles preserved in the sample display the same bone mass distribution. In each of the specimens, the condyle is distributed on either side of the ascending ramus plane and is divided –from an anterior view– by the intermediate crest that forms the sigmoid notch.

As a result of the above series of morphological expressions and spatial relations, it is possible to assert the existence of a single form schema for the whole sample. A great structural similarity is observed in the sample, so much so that in certain cases a very detailed comparison has to be performed in order to ascertain whether or not two symmetrical mandible fragments may belong to a single individual. Such is the case with the great similarity between specimens AT-3 and AT-172, or that between AT-83 and AT-510. Likewise, specimens AT-1, AT-75 and AT-505 display a very similar morphology with regard to the posterior part of the mandible body and the body-ramus intersection, the fundamental difference lying in variations in size and thickness of the osseous walls.

These facts, together with the taphonomic conditions of the SH site, allow us to enunciate and develop the hypothesis that the fossil remains discovered at La Sima de los Huesos belonged to a group of individuals that were all members of a single biological population. The declaration of this statement was previously proposed by Rosas *et al.* (1990). During the course of the present analysis, this hypothesis has been reasserted in light of the new evidence.

3.3.
Variable features in the SH mandibles.

3.3.1. Symphyseal region.

In this region, the following factors are variable: the symphyseal height, the structural prominences of the inner side and the projection of the mental trigonum and its correlation with the mandibular depression.

The sequence of the sample with regard to symphyseal height is similar to that accepted for overall size. The resulting order is as follows: AT-1, AT-250, AT-605, AT-300. Hypothetically speaking, if a strictly linear relation existed, then the largest specimen, AT-605, should set the maximum height for the sample. However, this is not the case. The specimen exhibiting maximum symphyseal height is AT-300, second largest in overall size. There are two factors that bring

AT-300 presenta una sínfisis especialmente alta como consecuencia de un fuerte incremento del componente alveolar de la mandíbula. Lo discutiremos más adelante. El espesor de la sínfisis ordena los restos de modo que AT-250 presenta el valor más alto; salvo este caso, el orden creciente en espesor se mantiene paralelo al tamaño. Encontramos también una excepción a la hipótesis de linealidad. Sin embargo, debemos señalar que en AT-250 y AT-172, el espesor máximo de la sínfisis se alcanza a nivel del toro transverso inferior, mientras que en el resto de la muestra el espesor máximo se obtiene en el toro transverso superior. La diferencia encontrada en AT-250 puede ser debida a otras alteraciones que discutiremos más adelante.

La morfología de la región sinfisaria es susceptible de ordenarse en una secuencia tal que se pasa de sínfisis inclinadas, con altura sinfisaria baja y con ausencia de depresión mandibular, a mandíbulas con sínfisis más altas en las que se acentúan los rasgos morfológicos. Esta acentuación de rasgos ocurre tanto en la cara externa como en la interna. En la cara externa con la aparición de depresión mandibular y trígono mentoniano. En la cara interna, en la que aparece un mayor desarrollo de los relieves estructurales, en especial el toro transverso superior. La ordenación que nos aparece es AT-1, AT-250, AT-605 (AT-506) y AT-300. También en este caso el resto AT-300 alcanza un máximo morfológico que no se ajusta a su tamaño. Vemos que en este espécimen se dan una serie de procesos reflejados en la morfología de la región sinfisaria que lo apartan de la norma hipotética. La mandíbula AT-605, límite superior en tamaño, no alcanza el máximo morfológico en la región sinfisaria.

3.3.2. *Zona basal de la sínfisis.*

Se aprecia en la muestra de Atapuerca una tendencia a la reabsorción en el área basal de la sínfisis. Podemos distinguir dos pautas. De un lado, la tendencia a la acentuación de las fosas digástricas, muy patente en el resto AT-250 y se esboza en AT-172. El resto de inmaduro AT-607 muestra ya la acentuación de relieves. De otro, la formación de escotadura submentoniana que abarca a la totalidad del área basal sinfisaria.

about this change in the hypothetical order. First of all, the formation of a submental notch in AT-605 reduces the specimens height. Secondly, AT-300 displays a particularly high symphysis due to a considerable increase in the alveolar component of the mandible. This point will be discussed at a later stage. As far as the thickness of the symphysis is concerned, the order of the remains is such that AT-250 emerges as recording the highest value; with the exception of this specimen, the sequence of increasing thickness remains parallel to that of size. Here we have found another exception to the linearity hypothesis. However, it must be pointed out that in specimens AT-250 and AT-172, maximum symphyseal thickness is reached at the level of the inferior transverse torus, whereas for the rest of the sample maximum thickness is obtained at the superior transverse torus. The difference encountered in AT-250 could be put down to other alterations which will be dealt with later on.

The morphology of the symphyseal region was prone to be ordered in such a sequence that reflected a progression from slanting symphyses low in symphyseal height and lacking in mandibular depressions to mandibles with higher symphyses featuring accentuated morphological traits. This accentuation of traits is seen to occur both on the inner and outer side of the jaw. The outer side sees the appearance of a mandibular depression and a mental trigonum. The inner side, which displays a greater development of structural protuberances, shows particular accentuation at the superior transverse torus. The sequence to be observed here is that of AT-1, AT-250, AT-605 (AT-506) and AT-300. Here again specimen AT-300 attains a morphological maximum value that does not appear in line with its size. What we observe in this specimen is a series of processes reflected in the morphology of the symphyseal region which set it apart from the hypothetical norm. Mandible AT-605, representing the upper limit as regards size, does not reach the morphological maximum in its symphyseal region.

3.3.2. *Basal symphyseal area.*

A tendency towards reabsorption in the basal symphyseal area is detected in the Atapuerca sample. There are two patterns that are to be highlighted. On the one hand, we observe a tendency towards the accentuation of the digastric fossae. This is very clear in specimen AT-250, and is incipient in AT-172. The specimen corresponding to the immature individual AT-607 already shows accentuated prominences. On

AT-1 presenta una escotadura submentoniana bien visible con el máximo de profundidad en AT-605. AT-300 no presenta ningún tipo de escotadura. La morfología de la zona basal de la sínfisis parece llevar una dinámica algo diferente a los caracteres hasta ahora estudiados. Es clara la propensión de estas mandíbulas a la actividad de reabsorción en este área. Puede verse un incremento en estas dinámicas con el aumento de tamaño. No obstante son de señalar las excepciones que de nuevo representan AT-250 y AT-300. En el primer caso, la reabsorción se localiza en las fosas digástricas dando lugar a espina interdigástrica mientras que en AT-300 no hay reabsorción.

3.3.3. *Región del foramen mentoniano.*

Varios son los aspectos a considerar en este apartado. Consideraremos las posiciones antero-posterior y vertical del foramen mentoniano, incluyendo las relaciones de estas posiciones con la altura del cuerpo de la mandíbula.

3.3.3.1. *Posición antero-posterior del foramen.*

Existen cuatro posiciones antero-posteriores diferentes del foramen mentoniano en la muestra de Atapuerca. Éstas son: 1) a nivel del P4, lo presentan los restos AT-2, AT-301 y AT-505; 2) a nivel del intersepto P4-M1, los presentan los AT-3 y AT-172; 3) a nivel del M1 en un lado y a nivel del P4-M1 en el otro, lo presenta el resto AT-1; 4) a nivel del M1, lo presenta AT-300 a nivel de la raíz proximal y AT-250 a nivel de la raíz distal. La posición antero-posterior del foramen detectada en la muestra es congruente con una ordenación por tamaños. En efecto, los individuos más pequeños, ya sea por tamaño absoluto ya sea por una edad inmadura, presentan el foramen a nivel del P4. A medida que aumenta el tamaño del espécimen el foramen de desplaza y va ocupando posiciones relativas más retrasadas. En los ejemplares de mayor tamaño AT-300 y AT-605 el foramen alcanza la vertical del M1. Existe una ligera excepción a esta norma representada por el resto AT-250. Este espécimen, aún no siendo el más grande, es el que presenta un foramen en posición más distal. La razón de ello obedece a que en AT-250 se aprecian evidencias de remodelación ósea propia de estados seniles, las cuales acentúan los procesos que dan lugar al desplazamiento del foramen.

the other hand, there is the formation of a submental notch which encompasses the whole basal symphyseal area. AT-1 displays a clearly visible submental notch, whereas maximum depth of the latter is achieved in AT-605. No notch whatsoever is to be seen in AT-300. The morphology of the basal symphyseal zone seems to involve rather different dynamics than those governing the traits studied thus far. There is a clear propensity of these mandibles to experience reabsorption in this area. Such dynamics can be seen to increase in step with greater size. Nevertheless we must once again point out the exceptions provided by AT-250 and AT-300. In the former specimen, reabsorption occurs in the digastric fossae, giving rise to an interdigastric spine, whilst no reabsorption is observed in AT-300.

3.3.3. *Mental foramen region.*

In this section there are several aspects to be considered. We shall discuss the anteroposterior and vertical positions of the mental foramen, without overlooking the relations of these positions with the height of the mandible body.

3.3.3.1. *Anteroposterior position of the foramen.*

In the Atapuerca sample there are four different anteroposterior positions of the mental foramen. The foramen is displayed: 1) at P4 level by specimens AT-2, AT-301 and AT-505; 2) at the P4-M1 interseptum by specimens AT-3 and AT-172; 3) at M1 level on one side and at P4-M1 level on the other by specimen AT-1; 4) at M1 level by AT-300 at the level of the proximal root and by AT-250 at distal root level. The anteroposterior position of the foramen as detected in the sample is in line with a sequence ordered according to size. Indeed, the individuals displaying smaller dimensions, whether this be due to their absolute size or to the fact that they are of an immature age, present a foramen at P1 level. As the size of the specimen grows, the foramen is displaced and takes up relative positions increasingly towards the rear. In the largest specimens, AT-300 and AT-605, the foramen is seen to reach the M1 vertical. Specimen AT-250 constitutes a slight exception to this norm. Despite the fact that this specimen is not the largest, it is nevertheless the one that exhibits the most distal foramen. The reason for this lies in the fact that in AT-250, we observe signs of osseous remodelling characteristic of senile states and which accentuate the processes that lead to the displacement of the foramen.

3.3.3.2. *Posición en la vertical.*

Todas las mandíbulas de la muestra presentan el foramen mentoniano en la mitad inferior del cuerpo de la mandíbula. En los individuos inmaduros, el foramen mentoniano se localiza en la línea media de la vertical del cuerpo de la mandíbula. A partir de esta situación parecen presentarse dos tendencias con el aumento del tamaño. Una, en la que el foramen adquiere posiciones cada vez más inferiores, cuyo ejemplo límite lo encontramos en AT-300. Y otra en la que el foramen mantiene la posición o se eleva en la vertical del cuerpo (AT-605). Por tanto, la hipótesis de relación tamaño/forma queda desdoblada en dos pautas contrarias en lo que a este rasgo se refiere.

3.3.3.3. *Tubérculo marginal anterior.*

Es fácil observar la variación entre unos especímenes y otros en cuanto al desarrollo del tubérculo marginal anterior se refiere. Encontramos casos en los que hay ausencia de esta estructura, tal y como vemos en AT-505. Un mínimo desarrollo de este tubérculo se evidencia en AT-172. En AT-1 existe un tubérculo bien marcado y en AT-300 aparece un extraordinario desarrollo de la estructura. En el ejemplar más grande AT-605 hay claros signos de actividad ósea en esta región del hueso pero no llega a formarse un tubérculo de las dimensiones de AT-300. De nuevo en este rasgo, puede verse un desarrollo gradual que aumenta con el tamaño, pero que no se cumple en todos los especímenes.

3.3.4. *Región del espacio retromolar.*

En la muestra de Atapuerca puede establecerse una estrecha relación entre el tamaño de la mandíbula y el desarrollo de un espacio retromolar. A mayor tamaño, mayor tamaño del espacio retromolar. En la figura 2 puede verse como a medida que aumenta la altura del cuerpo de la mandíbula aumenta la longitud del espacio que se crea por detrás del último molar.

La relación que puede inferirse es lineal. Parece seguir un esquema tal que los procesos que originan la formación de este espacio son más acusados a medida que aumenta el tamaño. En este caso se verifica la hipótesis de linealidad.

El resto AT-303 sólo conserva la región posterior al M3, no se conserva el cuerpo de la mandíbula para poder medir su

3.3.3.2. *Vertical position.*

The mental foramen of all the mandibles of the sample appears in the lower half of the mandible body. In the immature individuals, the mental foramen is situated at the midpoint on the vertical plane of the mandible body. Taking this position as a basis, two tendencies seem to appear as the size of the specimen increases. The first such tendency involves a foramen which acquires progressively inferior positions. The maximum expression of this tendency is to be found in AT-300. The second tendency sees the foramen either maintain its position or rise in the body vertical (AT-605). Thus, as far as this trait is concerned, the hypothesis regarding a size/shape relation is seen to unfold into two opposing patterns.

3.3.3.3. *Anterior marginal tubercle.*

The variation from one specimen to another is easy to appreciate with regard to the development of the anterior marginal tubercle. Cases are encountered in which the said structure is absent as for example in specimen AT-505. There are signs of a minimal development of the tubercle in AT-172. In AT-1, we observe a well defined tubercle, and in AT-300 the structure displays an extraordinary development. In the largest specimen, AT-605, there are clear signs of osseous activity in this region of the bone, but the tubercle formed does not attain dimensions comparable to those of AT-300. Once again in this trait, we can detect a gradual development that increases with size, but which does not hold true for all specimens.

3.3.4. *Retromolar space region.*

In the Atapuerca sample, a close relation can be established between the size of the mandible on the one hand and the development of a retromolar space on the other. The larger the mandible, the larger the retromolar space. Figure 2 demonstrates how the length of the space created behind the last molar increases as the height of the mandible body rises.

The relation we can infer here is linear in nature. The schema it follows seems to be such that the processes that give rise to the formation of the space in question become more pronounced as the size of the mandible body increases. In this case, the linearity hypothesis holds true.

2. *Valores de la altura del cuerpo de la mandíbula a nivel del foramen frente a la longitud del espacio retromolar (Regresión, pendiente 0,67, T 4,82, P = 0,004, r = 0,90).*

2. *Values of mandible body height at the level of the foramen as against the length of the retromolar space (Regression, slope 0.67, T 4.82, P = 0.004, r = 0.90).*

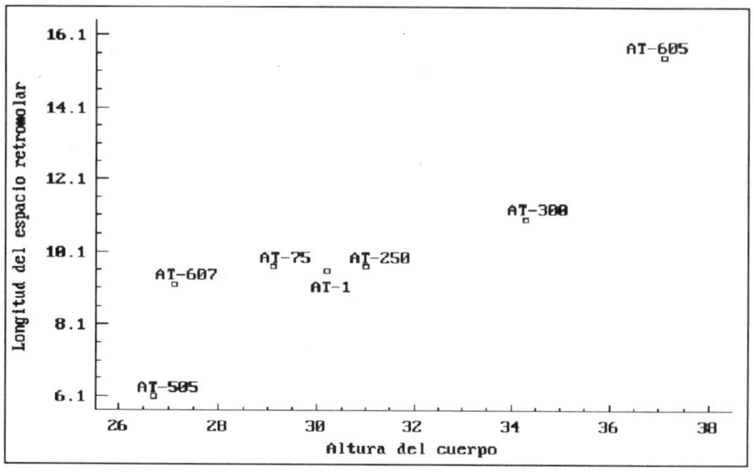

altura. Sin embargo, a juzgar por el tamaño y espesor de las partes conservadas, se mantiene la relación de a mayor tamaño del espécimen mayor tamaño del espacio postmolar.

For specimen AT-303, only the region posterior to M3 is preserve the mandible body is lacking and thus its height cannot be measured. Nevertheless, judging by the size and thickness of the parts that are preserved, the relation linking progressively greater specimen size to an increasingly large postmolar space is maintained.

3.3.5. *Espesor de los tabiques óseos.*

El *Torus triangularis* es la región de la mandíbula donde mejor se puede medir el desarrollo del tejido óseo ya que es donde mayor masa se acumula. El espesor del toro triangular, medido en el vértice posterior del triángulo retromolar, permite ordenar la muestra de modo que coincide con la del tamaño. Es decir, el resto menos espeso es el más pequeño (AT-505), a continuación encontramos AT-1 y AT-250, con valores intermedios y en el extremo superior se localizan los ejemplares grandes AT-300, AT-605 y AT-303, con valores crecientes. Entre AT-505 y AT-1 se localizan AT-510, AT-304 y AT-83. Como caso límite superior cabe sospechar que se encuentra el resto AT-720, a juzgar por el fuerte espesor de las áreas próximas al punto de medida, no conservado.

3.3.5. *Thickness of osseous walls.*

The *torus triangularis* is the mandible region where the development of osseous tissue can best be measured, since it is the area in which the greatest amount of bone mass is accumulated. By measuring the thickness of the triangular torus, an operation performed at the posterior vertex of the retromolar triangle, we can order the sample in a way that coincides with the size sequence. That is, the least thick specimen proves to be also the smallest (AT-505). Further up the scale, we come across AT-1 and AT-250, both of which reflect intermediate values and, situated at the top end of the order, we find the large specimens AT-300, AT-605 and AT-303, all with increasing values. Appearing on the scale between AT-505 and AT-1 are specimens AT-510, AT-304 and AT-83. Specimen AT-720 in all likelihood represents the upper limit of the sequence, judging by its great thickness in the areas near to the measurement point, although this itself has not been preserved.

4
Establecimiento de los campos de remodelación y direcciones de crecimiento.

En este apartado procedemos al establecimiento de las áreas del hueso donde se han producido fenómenos de reabsorción o deposición de sustancia ósea.

4.1.
Región sinfisaria.

Los rasgos considerados son: la formación de depresión mandibular, el resalte del trígono mentoniano y el relieve del toro transverso superior, este último en la cara interna. Estos rasgos de la sínfisis están altamente correlacionados en el modelo de crecimiento del hombre anatómicamente moderno. Según el modelo, la depresión mandibular viene originada por un campo de reabsorción. La reabsorción en la cara anterior de la sínfisis va acompañada de deposición en la cara interna. Como consecuencia de esto, la región basal de la mandíbula queda en una posición más anterior que el componente alveolar, lo que da origen a un mentón óseo, que aparece, en este mecanismo, como una estructura secundaria.

Hemos observado en la muestra de Atapuerca una relación entre el tamaño y la formación de depresión mandibular. Cuando la mandíbula es más grande se acentúa la depresión mandibular. El ejemplo extremo lo encontramos en AT-300 con una clara huella de reabsorción en la parte anterior de la sínfisis, llegando a situarse los incisivos por detrás de la línea virtual que une los caninos. Se origina en este proceso una malposición de las piezas dentarias anteriores. Podemos establecer como válido la existencia de un campo de remodelación en la región anterior de la sínfisis dependiente de factores relacionados con el tamaño.

El origen del mentón en las mandíbulas de Atapuerca merece discusión aparte. Se da en el seno de la muestra una gradación en la formación de trígono mentoniano. De los ejemplos conservados encontramos que en AT-1 no se manifiesta trígono, mientras que en AT-250 se esboza ligeramente y en AT-300, AT-605 y AT-607 se manifiesta con claridad. Podemos considerar que la formación del trígono mentoniano en estas mandíbulas obedece a un desplazamiento anterior de la mandíbula en las primeras fases del desarrollo, mediante empuje del basioccipital. Encontramos en la gradación de formas de Atapuerca una relación entre el tamaño que alcanzará el espécimen adulto y el empuje que los giros del cerebro producen en las primeras fases del desarro-

4
Establishment of fields of remodelling and growth directions.

In this section we shall proceed to establish the areas of the bone where phenomena of bone substance reabsorption or deposition have occurred.

4.1.
Symphyseal region.

The features taken into account here are: the formation of a mandibular depression, the prominence of the mental trigonum and the relief of the superior transverse torus the latter trait being studied on the inner side of the mandible symphysis. These symphyseal features show a high degree of correlation with the growth model of anatomically modern man. According to this model, the mandibular depression is caused by the existence of a field of reabsorption. Reabsorption occurring on the anterior side of the symphysis is accompanied by a process of deposition on the inner side. As a result, the position of the basal region of the mandible becomes more anterior than that of the alveolar component, a fact which gives rise to an osseous chin, which, in such a mechanism, seems to be a secondary structure.

We have observed a relation between the factor of size and mandibular depression formation in the Atapuerca sample. The larger the mandible, the more pronounced the mandibular depression. An extreme case is provided by AT-300, a specimen featuring a clear reabsorption mark on the anterior part of the symphysis and in which the incisors have taken up a position behind the potential line joining the canines. This process results in a malpositioning of the anterior dental pieces. We can thus confirm the validity of the existence of a remodelling field situated in the anterior region of the symphysis and which is dependent on certain size-related factors.

The origin of the chin in the Atapuerca mandibles is a subject that deserves to be dealt with separately. At the heart of the sample, a gradation is to be observed as regards the formation of the mental trigonum. Of the examples in which the chin is preserved, we find that there is no manifest trigonum in specimen AT-1, whereas in AT-250 we observe a slight indication of its existence, and in AT-300, AT-605 and AT-607 it is clearly present. We can assume that the formation of the mental trigonum in these mandibles is the result of an anterior displacement of the mandible in the first stages llo. Es claro que en la variabilidad de Atapuerca aparece un espectro de forma con un claro significado filogenético. Bajo una consideración de rasgo aislado, las formas de menor tamaño presentan una conformación de la región sinfisaria más primitiva, con ausencia de trígono mentoniano.

En cuanto al origen de los precursores histológicos del trígono mentoniano en Atapuerca, no existe en la muestra de SH evidencia de un mentón de precursor cartilaginoso. La no existencia de tubérculos laterales en la sínfisis de ninguno de los fósiles conservados puede ser interpretada como la no aparición de centros de osificación independiente en la sínfisis mentoniana. La formación del trígono mentoniano en esta población obedece, según el esquema de Vicek (1969) a un relleno óseo de la cuña basal sinfisaria. Coexisten en los especímenes de Atapuerca dinámicas morfogenéticas sinfisarias que podemos considerar como derivadas dentro del género *Homo*. La formación de depresión mandibular está originada en procesos morfogenéticos muy tardíos en la evolución de este género, mientras que el mentón parece encontrarse en una fase previa a la aparición de centros de osificación independiente. Por lo tanto, desde el punto de vista filogenético, en la variabilidad de la población de Atapuerca encontramos un espectro de formas que abarcan distintos estados de evolución de ciertos caracteres. Se combinan igualmente en un mismo espécimen (AT-300) rasgos que de forma aislada pueden ser considerados como pertenecientes a dos modelos estructurales distintos. La acentuada depresión mandibular, característica de *Homo sapiens,* y un trígono mentoniano sin diferenciación de *Ossicula mentalia,* propio de formas anteriores.

En la cara interna, el desarrollo de los relieves estructurales de la sínfisis está correlacionado con un factor de crecimiento tal que a mayor tamaño, mayor desarrollo del toro transverso superior. Este tipo de expresión morfolgica, en especial la presencia de toro transverso superior, es considerada primitiva. Se da la circunstancia de que en la región sinfisaria de AT-300, concurren una conjunción de expresiones que definen claramente lo que es una forma en mosaico. En ciertos especímenes aparecen dinámicas que dan origen a caracteres unos primitivos y otros derivados. Bajo la hipótesis de un gradiente de desarrollo somático, la acentuación cuantitativa del desarrollo alcanza de forma diferencial a regiones del hueso cuya expresión morfológica tiene significado filogenético. En estos casos, una mayor intensidad acentúa el estatus evolutivo de los rasgos.

Sin embargo, esta relación no se cumple en todos los casos. En AT-250 y AT-173, el máximo espesor de la sínfisis se

of its development, caused by pressure from the basioccipital. In the gradation of Atapuerca forms, we detect a relation between the size that the adult specimen eventually reaches and the pressure produced by the flexures of the brain during the first stages of development. It is obvious that the variability observed in the Atapuerca sample reflects a range of form that has a clearly phylogenetic meaning. If we consider this feature in isolation, the smaller sized forms offer a more primitive conformation of the symphyseal region, no mental trigonum being present.

Turning now to the origin of the histological forerunners of the mental trigonum at Atapuerca, the fact is that the SH sample shows no sign of a chin featuring a cartilaginous precursory form. The fact that no lateral tubercles are present at the symphysis of any of the fossils preserved can be taken to imply the non-appearance of independent ossification centres at the mental symphysis. According to the schema devised by Vlcek (1969), the mental trigonum formation in this population is due to an osseous filling of the basal symphyseal wedge. Certain symphyseal morphogenetic dynamics shared by the Atapuerca specimens can be considered as having derived within the genus *Homo.* The origins of the mandibular depression lie in morphogenetic processes that appear very late in the evolution of this genus, whilst the chin seems to be at a stage prior to the emergence of independent ossification centres. From a phylogenetic point of view, therefore, the variability of the Atapuerca population presents us with a spectrum of forms that cover various evolutionary stages of certain traits. Likewise, we observe the combination in a single specimen (AT-300) of features that in isolation could be deemed to belong to two different structural models namely, the pronounced mandibular depression, characteristic of *Homo Sapiens,* and a mental trigonum showing no differentiation of ossicula mentalia, a distinctive feature of previous forms. On the inner side of the mandible, the development of the structural prominences of the symphysis displays a correlation with a growth factor according to which the larger the size of the mandible, the greater the development of the superior transverse torus. Such a morphological expression –in particular the presence of a superior transverse torus– is considered to be primitive in nature. In the symphyseal region of AT-300, a situation arises in which a group of expressions are seen to concur, clearly defining what can be called a mosaic form. In given specimens dynamics appear that give rise to both primitive and derived traits. According to the hypothesis of a somatic development gradient, the quantitative accentuation of development has a da en la región del toro transverso inferior con independencia del tamaño del espécimen (sin que se desarrolle un toro propiamente). Esto implica que los depósitos de hueso en la cara interna no siguen todos el mismo equema. En los casos en los que se manifiesta toro transverso superior, éste aparece como una superestructura, es decir, mediante depósitos adicionales. En los casos en los que el máximo espesor se localiza en una región más basal de la sínfisis, el relieve es de tipo estructural; es decir, el hueso se constituye sobre una sínfisis espesa en su parte basal, sin que esta característica varíe con el desarrollo. Las diferencias encontradas, nos introducen en la dinámica de la región basal sinfisaria.

4.2.
Zona basal de la sínfisis.

Las variables de interés en esta región de la mandíbula son: Orientación y relieve de las impresiones digástricas y escotadura submentoniana.

4.2.1. Formación de escotaduras submentonianas.

Es común en la muestra la tendencia a formar escotaduras en la región basal de la sínfisis. El origen de éstas es incierto. Planteamos cuatro posibles factores de para dar explicación a la formación de este rasgo. 1) Ausencia de formación de hueso en la región, 2) dinámicas de reabsorción, 3) depósitos de hueso en los laterales del cuerpo de la mandíbula, de manera que se origine una diferencia de relieve cuya resultante sea una escotadura entre ambos laterales, 4) combinación entre reabsorción en el área sinfisaria y depósitos laterales a ésta.

Se dan en la muestra de Atapuerca una combinación de actividades. Hay evidencias de reabsorción en esta región del hueso en los ejemplares AT-250, AT-607 y muy probablemente, en AT-605. Esta reabsorción se encuentra limitada a las fosas digástricas y evidenciada por la aparición de profundas concavidades, delimitadas anteriormente por agudas

differential effect on those bone regions whose morphological expression has phylogenetic meaning. In such cases, a greater intensity is seen to accentuate the evolutionary status of the features.

However, this relation does not hold true in all cases. In specimens AT-250 and AT-173, the maximum thickness of the symphysis is reached at the inferior transverse torus region, quite regardless of the size of the specimen (and without a proper torus being developed). This implies that the bone deposits occurring on the inner side do not all follow the same schema. In those cases in which a superior transverse torus is manifest, the latter appears as if it were a superstructure, that is, formed by means of additional bony deposits. In those cases in which maximum thickness is found to occur at a more basal region of the symphysis, the resulting relief is structural in nature; that is, the bone is constructed on a symphysis that is thick in its basal part the latter characteristic not undergoing any variation during development. The differences found here introduce us to the dynamics of the symphyseal basal region.

4.2.
Basal zone of the symphysis.

The variables of interest in this region of the mandible are the following: the orientation and relief of the digastric impressions, and the submental notch.

4.2.1. Formation of submental notches.

There is a common tendency in the sample towards the formation of notches in the basal region of the symphysis. The origin of such notches is unclear. We have taken four possible factors into consideration in order to explain the formation of this feature: 1) the absence of bone formation in the region; 2) reabsorption dynamics; 3) depositions of bone occurring on both sides of the mandible body in such a way that a difference in relief is produced, the final result being a notch between the two sides; 4) a combination of reabsorption in the symphyseal area and lateral bone deposits in the latter.

The fact is that a combination of activities is to be observed in the Atapuerca sample. In this region of the bone, there are signs of reabsorption in specimens AT-250, AT-607, and in all probability, in AT-605. Such reabsorption is restricted aristas. Esta imagen, comparada con las fosas someras y planas de AT-1, AT-172 y AT-300 permiten enunciar una actividad de reabsorción que socava las fosas con mayor o menor intensidad. Paralelamente, hemos de considerar los depósitos de hueso que originan los tubérculos marginales anteriores dando origen a un aumento de la altura del cuerpo de la mandíbula en los laterales de la sínfisis acentuando de este modo la formación de escotadura. Estudiaremos con más detalle la formación de los tubérculos marginales anteriores.

to the digastric fossae and is witnessed by the appearance of deep concavities, which appear anteriorly delimited by pointed edges. This image, when compared to the shallow, flat fossae of specimens AT-1, AT-172 and AT-300, leads us to infer a reabsorption activity that undermines the fossae to varying degrees of intensity. Parallel to this, we have to bear in mind the bone deposits that give rise to the anterior marginal tubercles which in turn lead to a rise in the height of the mandible body on both sides of the symphysis, thus accentuating the formation of the notch. Later on, we shall study the formation of the anterior marginal tubercles in greater depth.

4.2.2. *Orientación de las impresiones digástricas.*

Se dan en la muestra de Atapuerca dos extremos de orientación de las impresiones digástricas. En un extremo encontramos AT-1 y AT-172 con impresiones digástricas claramente orientadas hacia el plano basal. En estos casos, el espesor máximo de la sínfisis se localiza a nivel del toro transverso inferior. Los ejemplares de mayor tamaño presentan las impresiones digástricas en una orientación más oblicua, a la vez que coincide con un espesor máximo de la sínfisis localizado a nivel del toro transverso superior. Parece verosímil plantear la hipótesis que relaciona la orientación de las impresiones digástricas con las dinámicas que dan origen a los relieves sinfisarios de las caras externa e interna ya comentados. La formación de relieves sinfisarios está en relación con el empuje diferencial de los distintos constituyentes del complejo cráneo-facial. En interacción con este complejo se encuentra el arco hioideo sobre el que se insertan los músculos digástricos. El hioides actúa como puente entre la base de la mandíbula (fosas digástricas) y el hueso temporal. Planteamos la hipótesis de que en la variabilidad de Atapuerca existe un factor de variación que modifica la disposición relativa de los tres elementos que intervienen en la inserción de los músculos digástricos. En la variabilidad de Atapuerca se incluye un elemento de modificación de las relaciones espaciales del hueso hioides, en consonancia con la posición de la mandíbula. Esta disposición espacial diferente entre los elementos del complejo cráneo-facial da lugar en la mandíbula a una modificación en la orientación de las fosas. Asociado a esto encontramos actividades de remodelación en el área. Es necesario considerar nuevos elementos para poder precisar mejor las interacciones planteadas.

4.2.2. *Orientation of the digastric impressions.*

In the Atapuerca sample, the range of possible orientations of the digastric impressions is seen to have two extremes. At one end of the range, we find AT-1 and AT-172, both featuring digastric impressions that are clearly oriented towards the basal plane. In these cases, the symphysis reaches its maximum thickness at the inferior transverse torus level. The larger-sized specimens display a more oblique orientation of the digastric impressions, coinciding with a maximum symphysis thickness recorded at the level of the superior transverse torus. In all probability here we could raise the hypothesis which brings the orientation of the digastric impressions into relation with the dynamics that give rise to the above mentioned symphyseal reliefs appearing on both the inner and outer sides. The formation of symphyseal reliefs is related to the differential pressure exerted by the different constituents of the craniofacial complex. The hyoid arch, over which the digastric muscles are inserted, interacts with this complex. The hyoid bone acts as a bridge between the base of the mandible (the digastric fossae) and the temporal bone. Here we suggest the hypothesis that the variability observed at Atapuerca contains a variation factor which modifies the relative arrangement of the three elements involved in the insertion of the digastric muscles. The Atapuerca variability includes an element that modifies the spatial relations of the hyoid bone in harmony with the position of the mandible. This different spatial arrangement seen amongst the elements of the craniofacial complex gives rise to a modification of the orientation of the fossae in the mandible. In association with this, we detect remodelling activities in the same area. However, new elements have to be considered before we can better define the interactions we have just introduced.

4.3.
Región del foramen mentoniano.

4.3.1. Posición antero-posterior del foramen.

Durante la ontogenia del organismo se produce un desplazamiento del foramen mentoniano hacia posiciones más retrasadas en el cuerpo de la mandíbula. La razón de ello obedece a una posición más estable del nervio dentario que el cuerpo óseo de la mandíbula. El desplazamiento que sufre la mandíbula en su crecimiento da lugar a un adelantamiento del hueso con permanencia relativa del nervio y, como consecuencia un desplazamiento del foramen mentoniano. En las mandíbulas de Atapuerca se constata una posición cada vez más retrasada del foramen a medida que aumenta el tamaño del espécimen. Es inmediata la interpretación de que a mayor tamaño mayor desplazamiento de la mandíbula y por lo tanto mayor desplazamiento del foramen. Este hecho es congruente con las dinámicas de la región sinfisaria. En el patrón morfogenético de las mandíbulas de Atapuerca se asocian diferentes pautas de desplazamiento posterior de relieves morfológicos. Veremos más ejemplos de esta pauta.

4.3.2. Posición vertical del foramen.

En la muestra de Atapuerca se dan dos pautas de variación en la posición del foramen: 1) tendencia a ocupar posiciones bajas en la vertical del cuerpo, frente a 2) tendencia a ocupar posiciones relativamente altas del foramen en la vertical del cuerpo. La posición del foramen mentoniano nos indica la posición del canal dentario en el cuerpo de la mandíbula. A su vez, el canal dentario representa una frontera entre los componentes alveolar, por encima del canal y basal, por debajo del mismo. Cuando el foramen se localiza en una posición baja, significa que el componente alveolar ha experimentado mayor desarrollo que el basal. Por el contrario, cuando el foramen ocupa una posición alta o centrada, estamos ante un desarrollo más homogéneo de los componentes de la mandíbula. En la muestra de Atapuerca, AT-300 representa un extremo en la posición del foramen. En esta mandíbula el crecimiento del componente alveolar ha superado el crecimiento del componente basal. Un caso similar, aunque menos extremo, lo encontramos en AT-2. En el caso de AT-605, el crecimiento de ambos componentes está más equilibrado. La explicación de este crecimiento diferencial necesita la consideración de otros procesos que quedan postergados

4.3.
Mental foramen region.

4.3.1. Anteroposterior position of the foramen.

During the ontogeny of the human organism, the mental foramen is displaced backwards on the body of the mandible. This can be explained by the fact that the dental nerve enjoys a more stable position than the osseous body of the mandible. The displacement undergone by the mandible during its growth process causes the bone to move forwards, whilst the nerve position remains relatively unchanged consequently, the mental foramen is displaced. It has been noted of the Atapuerca mandibles that, as the specimen size increases, the foramen is positioned further and further back along the mandible. This immediately invites the interpretation that the larger the mandible is, the farther it is displaced, and, therefore, the greater the foramen displacement. This phenomenon is in line with the dynamics of the symphyseal region. Different patterns of posterior displacement of morphological reliefs are seen to come together in the morphogenetic model of the Atapuerca mandibles. We shall now look at more examples of such patterns.

4.3.2. Vertical position of the foramen.

In the Atapuerca sample, two patterns are observed as regards the variation of the position of the foramen: 1) the tendency to take up low positions on the vertical plane of the body, in contrast with 2), the tendency for the foramen to take up relatively high positions on the vertical plane of the body. The position of the mental foramen also shows us the position of the dental canal in the mandible body. In turn, the dental canal constitutes a boundary separating the alveolar component situated above the canal –from the basal component– situated below it. When the foramen appears in a low position, this means that the alveolar component has been further developed than the basal one. On the other hand, when the foramens position is high or central, we are faced with a more homogeneous development of the mandible components. Referring to the Atapuerca sample, AT-300 represents one end of the scale of foramen positions. In the said mandible, the growth of the alveolar component has exceeded that of the basal component. A similar, though less extreme case is to be seen in specimen AT-2. Specimen AT-605 displays a more balanced growth of both components. In order to give an explanation for this differential growth, hasta el tratamiento de las restantes áreas de la mandíbula. La interpretación de estas dos pautas de crecimiento nos introduce en la consideración de los procesos morfogenéticos más complejos de la mandíbula, en la que hay que trabajar con la estructura como un todo.

other processes have to be taken into consideration such processes however shall be left aside until the remaining areas of the mandible have been dealt with. The interpretation of the two growth patterns we have mentioned leads us on to consider the most complex morphogenetic processes of the mandible, a task in which the structure in hand has to be worked on as a whole.

4.3.3. *Orientación del foramen mentoniano.*

En la muestra de Atapuerca, el foramen mentoniano presenta siempre una orientación posterior. No obstante, caben distinguir dos variedades de interés en asociación con la posición vertical. En los ejemplares AT-2 y AT-300, el foramen presenta una orientación postero-inferior, mientras que en el ejemplar AT-605, la orientación es postero-superior. Asociado a estas características se incluye la posición relativa de un segundo foramen mentoniano de tamaño claramente menor. En AT-300 y AT-2, el foramen menor se localiza por encima del mayor, mientras que en AT-605, el foramen menor se localiza en posición postero-inferior al principal. Son de claro interés morfogenético estas asociaciones entre la posición vertical del foramen, su orientación y la posición relativa del foramen secundario respecto al principal.

4.3.3. *Relative position and direction of the mental foramen.*

In the Atapuerca sample, the mental foramen always displays a posterior orientation. Nevertheless, we should highlight two interesting variations associated with its vertical position. In specimens AT-2 and AT-300, the foramen has a posteroinferior orientation, whereas in AT-605, the orientation is classified as posterosuperior. In association with these features, we must also consider the relative position of a second, clearly smaller mental foramen. In specimens AT-300 and AT-2, the smaller foramen is situated above the larger one, whilst in AT-605, the smaller foramen is located in a posteroinferior position with regard to the principal foramen. From a morphogenetic point of view, such associations between the vertical position of the foramen, its orientation and the relative position of the secondary foramen in relation to the principal one, are of great interest.

4.4.
Tubérculo marginal anterior.

La formación del relieve denominado *Tuberculum marginalis anterius* es el resultado de la deposición de hueso sobre el borde basal de la mandíbula. Los criterios que nos llevan a este enunciado son: 1) es un relieve positivo, 2) tiene estructura de capas concéntricas, similar a la encontrada en zonas de deposición en especies actuales, 3) existen homólogos actuales, 4) su carácter de tubérculo bien delimitado en el punto de máximo relieve no hace verosímil la reabsorción periférica, 5) en la variabilidad de la muestra presenta un gradiente cuantitativo de expresión directamente relacionable con un gradiente cuantitativo de acumulación de hueso.

Es característico en la muestra un desarrollo gradual del rasgo en asociación parcial con el tamaño. Quiere esto decir que a medida que aumenta el tamaño del espécimen aumenta el tubérculo marginal anterior. Sin embargo, encontramos el máximo de expresión del rasgo en AT-300 que no es el máxi-

4.4.
Anterior marginal tubercle.

The prominence referred to as ***tuberculum marginalis anterius*** is formed as a result of bone deposition on the basal border of the mandible. The criteria that lead us to make such an assertion are as follows: 1) the prominence is positive in nature, 2) its structure is composed of concentrical layers and is similar to that found in deposition zones of present-day species, 3) it has present-day counterparts, 4) it exhibits a well-defined tubercle character at the highest point of relief, a fact which makes peripheral reabsorption unlikely, 5) as regards the variability observed in the sample, the tubercle reflects a quantitative gradient of expression that can be directly related to a quantitative gradient of bone accumulation.

A distinctive feature of the sample is a gradual development of this trait, partly in association with the size factor. What this means is that as the size of the specimen rises, we see a corresponding size increase in the anterior marginal mo en tamaño. La excepción que representa AT-300 nos sirve para relacionar la génesis de este depósito de hueso con otros caracteres. En AT-300 aparecen máximos morfológicos de varios caracteres. Planteamos como hipótesis la relación morfogenética de la depresión mandibular, la posición inferior del foramen mentoniano y la formación de un hiperdesarrollado tubérculo marginal anterior.

A estos rasgos debemos sumar la orientación del foramen mentoniano. Este conjunto de rasgos responden como efectos de una misma causa. Afirmamos por el momento que los depósitos de hueso que dan origen a la formación de tubérculos marginales anteriores obedecen a procesos morfogenéticos que afectan a la mandíbula como un todo.

4.5.
Zona de intersección del cuerpo y la rama.

4.5.1. *Espacio restromolar.*

Evidencia una zona de elevada actividad ósea de remodelación. Puede considerarse como un campo de reabsorción de hueso fundamentado en los procesos de resituación posterior de la rama ascendente. Varios son los criterios que permiten afirmarlo: 1) es la zona de la mandíbula donde se produce mayor actividad de reabsorción como consecuencia de la resituación de la rama ascendente, 2) la superficie del hueso presenta un aspecto poroso con claros signos de reabsorción, 3) en los especímenes inmaduros, en fase de erupción dentaria aún no se ha terminado de formar dicho espacio, evidenciando la continuación del proceso natural "hacer sitio a la dentición".

En la población de Atapuerca la formación del espacio retromolar no obedece a la secuencia de erupción dentaria. Más bien corresponde a la continuación del proceso de resituación de la rama más allá de la finalización de la erupción dentaria. La formación del espacio retromolar está en íntima asociación con los procesos se deriva posterior de otras estructuras de la mandíbula. Resulta inmediata la asociación entre la posición retrasada del foramen mentoniano y la formación del espacio retromolar. El espacio retromolar es un resultado más de los procesos de desplazamiento relativo posterior mediante reabsorción.

Según el modelo planteado, la cantidad de remodelación en el frente anterior de la rama está en relación con la trayec-

tubercle. However, the maximum expression of the trait is found in AT-300, which is not the largest specimen. The exception offered by AT-300 helps us to relate the genesis of this bone deposit with other features. Specimen AT-300 in fact displays maximum morphological values for a number of features. We suggest the hypothesis that a morphogenetic relation exists between the mandibular depression, the inferior position of the mental foramen and the formation of a hyperdeveloped anterior marginal tubercle. To this series of features we should add the orientation of the mental foramen. This group of features are seen to respond as if they were all effects of a single cause. For the time being we shall conclude that the bone deposits giving rise to the formation of anterior marginal tubercles are the result of morphogenetic processes that affect the mandible as a whole.

4.5.
Mandible body-ramus intersection zone.

4.5.1. *Retromolar space.*

The retromolar space exhibits an area of high osseous remodelling activity. It can be regarded as a field of bone reabsorption founded on the processes of posterior repositioning of the ascending ramus. Several criteria support such a statement: 1) this is the area of the mandible where most reabsorption activity takes place as a result of the repositioning of the ascending ramus, 2) the bone surface has a porous appearance with clear signs of reabsorption, 3) in the immature specimens, which are at the stage of dental eruption, the space in question has not been completely formed, a fact which bears witness to the continuation of the natural process of "making room for the teeth".

In the Atapuerca population, retromolar space formation is not to be seen as part of the dental eruption sequence itself. Rather, it corresponds to the continuation of the ramus repositioning process after dental eruption has come to an end. Retromolar space formation occurs in close association with the posterior drift processes of other mandible structures. A very close association is observed between the position of the mental foramen further back along the jaw and retromolar space formation. The retromolar space is yet another result of the processes of relative posterior displacement by means of reabsorption..

According to the model we are considering, the amount of remodelling that takes place at the anterior face of the ratoria específica de la mandíbula; es decir, con la magnitud del desplazamiento y rotación total de la mandíbula. La rotación total afecta a todo el patrón de remodelación del hueso, por lo que la consideración de este rasgo nos debe situar en condiciones de relacionar actividades de remodelación en otras áreas de la mandíbula. Dos factores tendremos que considerar: 1) en la muestra de Atapuerca existe una estrecha relación entre el tamaño del espacio retromolar y el tamaño de la mandíbula, 2) el espacio retromolar aparece en los adultos una vez ha hecho erupción el último molar. Seguimos en la consideración parcial de otros rasgos.

4.6.
Ausencia de escotadura pregoníaca.

En el modelo del hombre moderno, la presencia de escotadura pregoníaca informa del giro del cuerpo sobre la rama. Habla de una relación de crecimiento en el cuerpo/maxilar y la rama/fosa craneal media. Es más patente en los individuos masculinos que en los femeninos por mayor crecimiento del macizo naso-maxilar. Este tipo de proceso no se produce el patrón morfológico de Atapuerca. Por el contrario, es característico un borde basal de la mandíbula rectilíneo sin ninguna evidencia de escotadura. El análisis de los especímenes inmaduros, en especial AT-607 nos informa de un borde basal más curvado en estados preadultos. Si tenemos en cuenta la dinámica de deposición de hueso en la región anterior del borde basal, en torno a la formación de los tubérculos marginales anteriores, llegamos a la conclusión de que en las mandíbulas de Atapuerca no hay actividad de reabsorción en la región basal próxima a la rama. Este comportamiento supone un esquema de crecimiento distinto a la especie actual.

4.7.
Fosa masetérica.

Forma parte de los caracteres definitorios del modelo estructural de la muestra. Es invariante respecto al tamaño. Sin embargo, en el ejemplar inmaduro AT-607 aún no se ha diferenciado una fosa masetérica profunda. Dado lo regular de esta estructura en todos los adultos podemos generalizar diciendo que la formación de la fosa masetérica se produce en fases

mus is related to the specific course of development followed by the mandible that is, it depends on the extent of the total displacement and rotation undergone by the mandible. The factor of total rotation affects the whole pattern of remodelling observed in the bone, and therefore by considering this feature, we should be in a position to relate it to remodelling activities in other areas of the mandible. In doing so, we will have to take two factors into account: 1) in the Atapuerca sample, there is a close relation between the size of the retromolar space and the size of the mandible; 2) the retromolar space appears in adults once the last molar has erupted. We shall now proceed to consider in part certain other features.

4.6.
Absence of pregonial notch.

In the model provided by modern man, the presence of the pregonial notch reveals a turning of the mandible body on the ramus. It informs us of a growth relation between both the body/maxilla and the ramus/middle cranial fossa. It is more patent in male individuals than in female ones due to the greater growth in the former of the nasomaxillary mass. This type of process does not occur in the morphological model observed at Atapuerca. On the contrary, a distinctive feature of the sample is a rectilinear basal border of the mandible showing no sign whatsoever of a notch. On analyzing the immature specimens, in particular AT-607, we discover a more curved basal border at preadult stages. If we bear in mind the dynamics governing bone deposition in the anterior region of the basal border –in relation to the formation of the anterior marginal tubercles– we come to the conclusion that in the Atapuerca mandibles no reabsorption activity takes place in the basal region near to the ramus. Such behaviour implies the existence of a growth schema that differs from that seen in the present-day species.

4.7.
Masseteric fossa.

This is one of the traits that define the structural model of the sample. It shows no variation with regard to the size factor. Nevertheless, in the immature specimen AT-607 as yet no deep masseteric fossa is to be noticed. Given the uniformity with which this structure appears in all adults, we may generalize and state that the formation of the masseteric fossa oc-de la ontogenia muy tardías, cuando el M3 está llegando al plano oclusal. La formación de esta fosa puede ponerse en relación con la formación del espacio retromolar ya que éste tampoco se ha formado a esta edad. Es decir, en las fases finales del crecimiento de los homínidos de Atapuerca se produce un evento de crecimiento tal que reajusta la morfología en cierta profundidad, antes de alcanzar el estado adulto. Un evento de reorganización de la morfología en estas fases del crecimiento equivale a decir que en los homínidos de Atapuerca se produce un estirón puberal.

4.8. Cóndilo de la mandíbula.

4.8.1. Cóndilo dividido por la cresta intermedia.

Es constante en la muestra un cóndilo dividido por la cresta intermedia. Esta disposición aparece en los ejemplares inmaduros. Ésta en relación con el fuerte desarrollo del haz trabecular del cuello del cóndilo, que se marca con relieve en la cara externa de la rama. Estos hechos parecen estar en relación con el gran tamaño del cóndilo en estos ejemplares. La cara externa del cuello del cóndilo presenta rastros de reabsorción, más acusados en los ejemplares grandes. No encontramos explicación para estos hechos.

4.8.2. Orientación del cuello del cóndilo.

Se aprecia una clara diferencia en las inclinaciones de los cóndilos entre AT-505, AT-300 y AT-605. El cóndilo en AT-505 está dirigido en dirección posterior oblicua, mientras que en los ejemplares grandes AT-300 y AT-605 el cóndilo está dirigido en una dirección mucho más vertical. La interpretación de este rasgo concierne a la dirección que ha seguido el cóndilo en su crecimiento y nos informa de la trayectoria global de la mandíbula. En el caso de AT-300 y AT-605, la dirección supero-anterior del cóndilo induce a pensar en un desplazamiento de la mandíbula en dirección anterior y superior, es decir enfrentando a la mandíbula contra la dentición superior. Un cambio en la orientación del cóndilo está también avalada por las huellas de reabsorción que se detectan en la cara posterior del mismo. De nuevo en los ejemplares grandes, la superficie posterior del cóndilo es plana y de aspecto pulido, interpretado como signos de reabsorción.

curs at very late ontogenic stages, when M3 is about to reach the occlusal plane. The formation of this fossa can be related to that of the retromolar space, since at the said ontogenic point, neither have yet been formed. That is to say, within the final stages of growth in the Atapuerca hominids, such an important growth event occurs that, before adulthood is reached, a certain degree of morphological adjustment takes place. An event of morphological reorganization occurring at such a late stage is equivalent to saying that the Atapuerca hominids experienced a sudden rapid growth during puberty.

4.8. Mandibular condyle.

4.8.1. Condyle divided by the intermediate crest.

The division of the condyle by the intermediate crest is a constant feature of the sample, and appears in the immature specimens. It is related to a highly developed trabecular bundle at the condyle neck, which shows a prominent outline on the outer side of the ramus. These phenomena seem to bear a relation to the considerable size of the condyle in these specimens. The outer side of the condylar neck exhibits signs of reabsorption signs which are more pronounced in the larger specimens. We can offer no explanation for such phenomena.

4.8.2. Orientation of the condylar neck.

A clear difference is to be observed between the condylar inclinations of samples AT-505, AT-300 and AT-605. The condyle of specimen AT-505 shows an oblique posterior orientation, whereas the condyles of the large specimens AT-300 and AT-605 follow a much more vertical path. An interpretation of this feature takes into account the direction in which the condyle has grown and provides information as to the overall course of development of the mandible. As far as AT-300 and AT-605 are concerned, the superoanterior orientation of the condyle leads us to consider an anterior and superior displacement of the mandible, that is, a movement bringing the mandible up against the upper dentition. A change in the condylar orientation is also vouched for by reabsorption marks that are detected on the posterior side of the condyle itself. Again in reference to the large specimens, we observe that the posterior condyle surface is smooth and

En el ejemplar AT-505, la situación es distinta. La orientación oblicua no se ve acompañada de la superficie plana y pulida en la cara posterior.

has a polished appearance, facts which are interpreted as being indicative of reabsorption. Specimen AT-505 reflects a different condylar situation altogether. The oblique orientation of the condyle is not accompanied by a smooth, polished surface of its posterior side.

4.9.

Inclinación de las raíces de los molares.

Es constante en las mandíbulas de Atapuerca una inclinación bastante acusada de las raíces de los molares. La inclinación aumenta en sentido posterior, alcanzando el máximo el tercer molar. Este hecho es interpretado como el reflejo de una deriva anterior de la dentición posterior. Los fenómenos de deriva en la dentición posterior tienen lugar como mecanismo de compensación de los desajustes en la oclusión. En los ejemplares más pequeños la inclinación de las raíces del M3 parece algo mayor que en los ejemplares más grandes. Puede interpretarse que un menor crecimiento de la mandíbula precisa de un adelantamiento de la dentición con el fin de alcanzar la oclusión con las piezas superiores. Cuando el crecimiento de la mandíbula aumenta, se corrige la diferencia entre la posición de las series dentarias superior e inferior, no dando lugar a derivas mesiales tan marcadas, corrigiéndose la erupción de los molares hacia desplazamientos más verticales.

4.9.

Molar root inclination.

A constant feature of the Atapuerca mandibles is a rather pronounced inclination of the molar roots an inclination which gradually increases as we look further towards the back of the mandible and reaches its maximum value at the third molar. This phenomenon is interpreted as being an indication of an anterior drift of the posterior dentition. Such drift phenomena occurring in the back teeth constitute a compensatory mechanism to counteract occlusal malalignments. The M3 root inclination seems to be somewhat greater in the smaller specimens than in the larger ones. A possible interpretation for this would be that in the cases that show lesser mandible growth, the dentition has to be brought forward in order that occlusion may be achieved with the upper teeth. As mandible growth increases, the difference between the respective positions of the upper and lower sets of teeth is corrected; the molar eruptions are seen to be corrected, taking place at more vertical positions, thus not giving rise to such marked mesial drifts.

5

Direcciones de remodelación ósea.

Una vez analizado el comportamiento de las distintas regiones del hueso, podemos establecer en las mandíbulas de SH varias direcciones de remodelación que representamos en la figura 3. Elegimos para la representación gráfica dos ejemplares significativos: AT-1 como prototipo intermedio en la variabilidad de la muestra y AT-300 como ejemplo donde se manifiestan los máximos de expresión morfológica. Señalamos en el esquema las siguientes direcciones de remodelación y crecimiento. 1) Dirección del cóndilo. Varía entre cóndilos de dirección oblicua a cóndilos verticales. 2) Remodelación del frente anterior de la rama ascendente, dando lugar a la formación de espacio retromolar. 3) Dirección de deriva dentaria. Varía entre direcciones anteriores a verticales.

5

Directions followed by osseous remodelling.

Now that we have analyzed the behaviour of the various bone regions, we can set out a series of remodelling directions for the SH mandibles, as shown in figure 3. For this diagram, we have selected two significant specimens: AT-1, representing a model with intermediate values as regards the sample variability, and AT-300, a specimen in which the morphological expression of the sample reaches its maximum. The following remodelling and growth directions are shown in the diagram: 1) Condyle direction. Varying between obliquely and vertically oriented condyles. 2) Remodelling of the anterior face of the ascending ramus, giving rise to retromolar space formation. 3) Dental drift direction. This drift varies in direction from anterior to vertical. 4) Posterior displacement

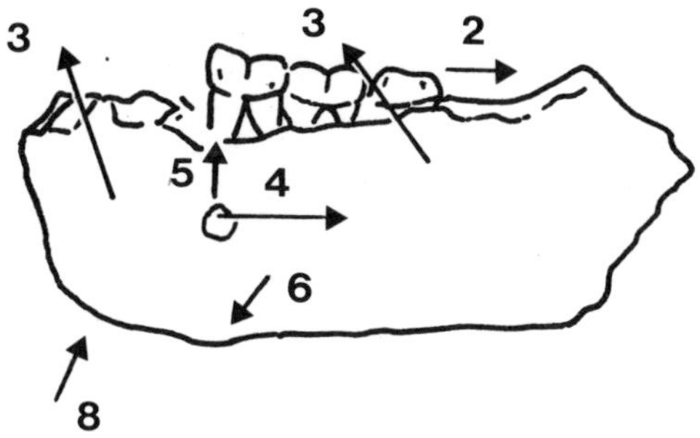

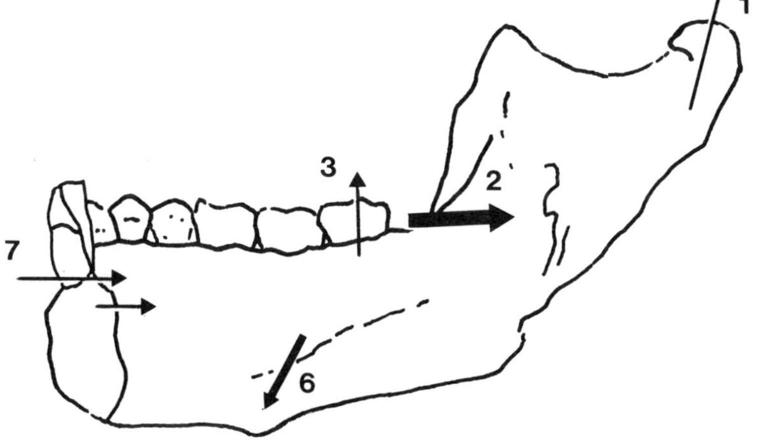

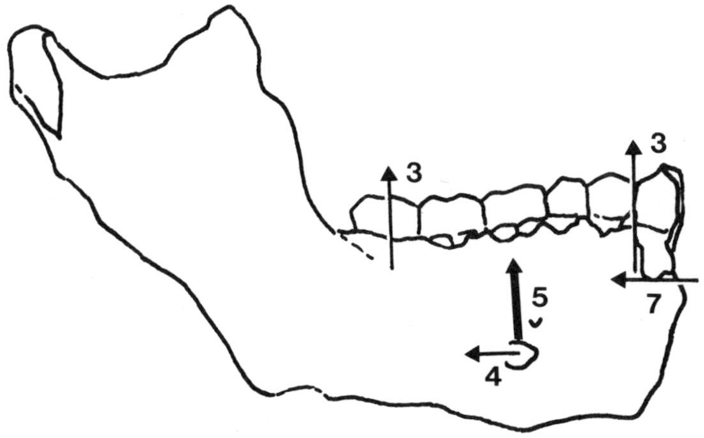

3. *Ejemplos de interpretación de los procesos de remodelación ósea en dos mandíbulas de Atapuerca: AT-1 (superior) y AT-300 (medio: cara interna; inferior: cara externa), 1.–Dirección del cóndilo, 2.–Remodelación de la parte de la rama ascendente, 3.–Dirección de la deriva de los dientes, 4.–Desplazamiento posterior del foramen mentoniano, 5.–Posición vertical del foramen mentoniano, 6.–Formación del tubérculo marginal anterior, 7.–Dinámicas de desplazamiento posterior de las estructuras sinfisarias.*

3. *Examples illustrating the interpretation of osseous remodelling processes in two Atapuerca mandibles: AT-1 (superior) and AT-300 (middle: inner side; inferior: outer side). 1.–Condyle direction. 2.–Remodelling of the anterior part of the ascending ramus. 3.–Dental drift direction. 4.–Posterior displacement of the mental foramen. 5.–Vertical position of the foramen. 6.–Anterior marginal tubercle formation. 7.–Posterior displacement dynamics od the symphyseal formations.*

4) Desplazamiento posterior del foramen mentoniano. 5) Posición vertical del foramen con crecimiento diferencial entre los componentes alveolar y basal de la mandíbula. 6) Formación de tubérculo marginal anterior mediante deposición de hueso. 7) Dinámicas de desplazamiento posterior de las formaciones sinfisarias, con pronunciamiento de la depresión mandibular y toro transverso superior.

of the mental foramen. 5) Vertical position of the foramen showing differential growth patterns of the alveolar and basal mandibular components. 6) Anterior marginal tubercle fórmation by means of bone deposition. 7) Posterior displacement dynamics of the symphyseal formations, showing a marked development of the mandibular depression and the superior transverse torus.

328 4. *Pautas de variación de rasgos y procesos de remodelación en la muestra de Atapuerca a través del incremento del tamaño, 1.—Caracteres constantes en la muestra, 2.—Intensificación de procesos, 3.—Excepciones al modelo de variación lineal tamaño/forma.*

4. *Variation patterns of features and remodelling processes in the Atapuerca sample as seen with increasing specimen size. 1.—Constant features observed in the sample. 2.—Process intensification. 3.—Exceptions to the size/form linear variation model.*

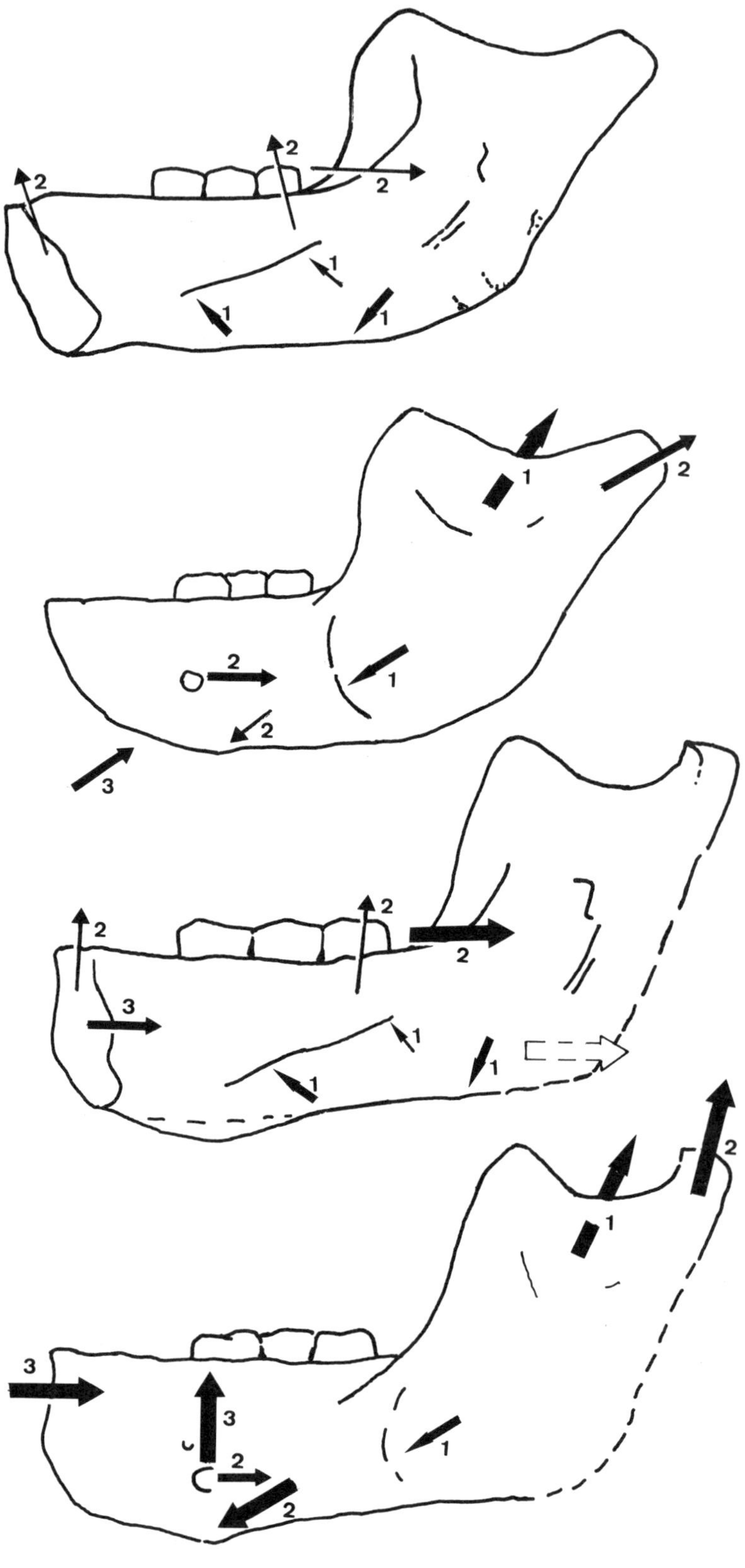

Este conjunto de direcciones de crecimiento y remodelación pueden hacerse extensivas al conjunto de la muestra ordenándose los especímenes de menor a mayor. En la figura 4 representamos los extremos de variación de la muestra mostrando las diferentes pautas de variabilidad de rasgos y procesos detectados en la muestra mediante diferentes grosores de flecha. Con el número 1 se recogen los rasgos y procesos originales constantes en la muestra. Con el número 2 se recogen los rasgos y procesos que muestran un incremento en expresión en relación lineal con el incremento de tamaño. Con el número 3 se recogen los rasgos y procesos que no siguen una pauta lineal con el tamaño, o bien ésta presenta excepciones en algunos ejemplares.

De forma genérica se detectan en las mandíbulas de Atapuerca varias direcciones preferentes de remodelación que afectan a varios caracteres. Existe una dirección de desplazamiento en sentido posterior, manifestada mediante reabsorción de hueso que afecta simultáneamente a la cara externa de la sínfisis (depresión mandibular), al desplazamiento posterior del foramen mentoniano y al triángulo retromolar. En contraposición a esta dirección de procesos de reabsorción existe una dirección de remodelación deposicional en sentido antero-inferior que afecta al borde basal de la mandíbula cuya manifestación más aparente es la formación de los tubérculos marginales y la obliteración de toda la posible escotadura pregoníaca.

Pueden detectarse dos direcciones de remodelación en la rama ascendente. Una que va de fuera a dentro, cuya manifestación morfológica es la formación de una profunda fosa triangular, y que incide en la división del cóndilo en dos mitades, y otra, en sentido posterior, que afecta directamente a la expansión del área goníaca.

6 Conclusiones.

Los rasgos analizados recaen en tres categorías 1) rasgos invariantes, 2) rasgos dependientes del tamaño y 3) rasgos variables independientes del tamaño.

Tanto por la similitud estructural en la morfología de la muestra estudiada como por la homogeneidad de los procesos morfogenéticos subyacentes a la variabilidad, puede considerarse que la muestra de homínidos de Atapuerca representa a una misma y única población biológica. Dicha

The above series of growth and remodelling directions can be applied to the whole sample by ordering the specimens according to their relative values. Figure 4 demonstrates the extremes of variation observed in the sample, the different patterns of feature and process variability detected in the sample being shown by arrows of different thicknesses. Number 1 indicates the features and processes that are constant throughout the sample. Number 2 marks those features and processes that display an increase in their expression which appears to bear a linear relation to increasing mandible size. Number 3 groups together the features and processes that do not follow any linear pattern in relation to mandible size, or whose pattern includes certain exceptions.

Several predominant remodelling directions affecting a series of traits are to be detected in the Atapuerca mandibles. One such direction is that of posterior displacement, made manifest by bone reabsorption which is seen to simultaneously affect the outer side of the symphysis (mandibular depression), the posterior displacement of the mental foramen and the retromolar triangle. In contrast to this direction of reabsorption processes, there is also an anteroinferior depositional remodelling direction that affects the basal border of the mandible and whose most apparent manifestation is the formation of marginal tubercles and the obliteration of any possible pregonial notch.

Two remodelling directions can be observed on the ascending ramus. The first such direction traces an outside to inside path, its morphological manifestation being the formation of a deep triangular fossa, and influences the division of the condyle into two halves. The second direction is posterior in nature and directly affects the expansion of the gonial area.

6 Conclusions.

The features analyzed fall into three categories: 1) invariable features; 2) size-dependent features; 3) features whose variation is not dependent on size.

It can be considered that the Atapuerca hominid sample constitutes a single and unique biological population, due both to the structural similarity observed in the morphology of the sample studied and to the homogeneity of the morphogenetic processes that underlie the variability recorded.

hipótesis ha sido considerada previamente en función de datos morfológicos (Rosas *et al.* 1991) así como datos tafonómicos (Arsuaga *et al.* 1991).

El estudio de las direcciones de crecimiento ha mostrado que las pautas de remodelación son congruentes con un mismo patrón morfológico. La variabilidad de las mandíbulas de la población de homínidos de Atapuerca se ordena a lo largo de un gradiente morfológico. El principal factor de variabilidad de los homínidos de Atapuerca corresponde a un espectro de variaciones alométricas de tamaño/forma.

Un conjunto de caracteres de la muestra se expresa con cierta independencia del tamaño. Se plantea la necesidad de un segundo factor morfogenético que de cuenta de dichas variaciones. Este segundo factor de variabilidad está en relación con los factores de coordinación del crecimiento de la mandíbula con el conjunto del complejo cráneo-facial (Rosas, 1992).

El gradiente alométrico identificado se interpreta como un gradiente interindividual de maduración somática. El mencionado gradiente lleva asociado una expresión diferencial de caracteres con significado taxonómico. Para algunos caracteres, en especial los de la cara externa de la sínfisis, los ejemplares más pequeños muestran expresiones que, consideradas aisladamente, pueden ser interpretadas como primitivas. Al aumentar el tamaño, la sínfisis adopta morfotipos de apariencia más derivada.

Such a hypothesis has been considered previously in light of data of a morphological (Rosas *et al.,* 1991) and taphonomic (Arsuaga *et al.,* 1991) nature.

Study of growth directions has shown that the remodelling patterns are in line with the existence of a single morphogenetic model. The variability shown by the mandibles of the Atapuerca hominid population can be arranged along a morphological gradient. The main variability factor to be seen in the Atapuerca hominids is reflected in a spectrum of allometric size/shape variations.

A number of traits observed in the sample are seen to behave somewhat independently from the size factor. We have suggested the need to introduce a second morphogenetic factor to account for such variations. This second variability factor is related to the factors that coordinate mandible growth with the whole craniofacial complex (Rosas, 1992).

The allometric gradient we have identified is to be interpreted as an interindividual gradient of somatic maturation. Associated with this gradient is a differential expression of features that are taxonomically important. In the case of certain traits, in particular those situated on the outer side of the symphysis, the smallest specimens display expressions that, if considered separately, could be interpreted as being primitive. As the size of the specimen increases, the symphysis takes on morphotypes featuring a more derived appearance.

7 Agradecimientos.

A todo el equipo de Atapuerca que hace posible cada campaña de excavación la recuperación del material aquí estudiado. Al Dr. Pablo Peláez por su valiosa ayuda durante la elaboración de los datos que aquí se manejan. La investigación realizada se enmarca en el proyecto de la DIGICYT PB90-0126-CO3-10. El Autor disfruta de una beca Fleming del MEC y British Council durante la redacción del manuscrito.

Marzo, 1993.

7 Acknowledgements.

I should like to thank the whole Atapuerca team, who, in each excavation campaign, make it possible for the material studied in this paper to be recovered. My thanks also to Dr. Pablo Peláez for his valuable help in the elaboration of the data that I have dealt with here. The research undertaken comes under the DIGICYT project number PB90-0126-CO3-01. During the writing-up of this manuscript, the author has enjoyed a joint MEC-British Council grant.

AGUIRRE, E., BASABE, J. y TORRES, T. (1976): Los fósiles humanos de Atapuerca (Burgos). Nota preliminar. *Zephyrus,* 26-27: 489-511.

AGUIRRE, E. and DE LUMLEY, M. A. (1978): Fossil man from Atapuerca, Spain: their bearing on human evolution in the Middle Pleistocene. *J. Hum. Evol.,* 6: 681-738.

AGUIRRE, E., DE LUMLEY, M. A., BASABE, J. M. and BOTELLA, M. (1980): Affinities between the mandibles from Atapuerca and L'Arago, and some East African fossil hominids. En: (Leakey, R. E. and Ogot, B. O. Eds.). *Proceedings of the 8th Panafrican Congress of Prehistory and Quaternary Studies.* Nairobi, 1977.

AGUIRRE, E. y DE LUMLEY, M. A. (1987): Las mandíbulas AT-1 AT-2 y AT-3 de la Sima de Ibeas. En (Aguirre, E., Carbonell, E. y Bermúdez de Castro, J. M. Eds.). *El hombre fósil de Ibeas y el Pleistoceno de la Sierra de Atapuerca I.* Junta de Castilla y León, Consejería de Cultuta y Bienestar Social, 229-269.

AGUIRRE, E., ARSUAGA, J. L., BERMÚDEZ DE CASTRO, J. M., CARBONELL, E., CEBALLOS, M., DÍEZ, C., ENAMORADO, P., FERNÁNDEZ-JALVO, Y., GIL, E., GRACIA, A., MARTÍN-NÁJERA, A., MARTÍNEZ, I., MORALES, J., ORTEGA, A. I., ROSAS, A., SÁNCHEZ, A., SÁNCHEZ, B., SESÉ, C., SOTO, E. and TORRES, T. (1990): The Atapuerca Sites and the Ibeas Hominids. *Human Evol.,* vol., 5, 1: 55-73.

ARSUAGA, J. L., CARRETERO, J. M., GRACIA, A. and MARTÍNEZ, I. (1990a): Taphonomical analysis of the human sample from the Sima de los Huesos Middle Pleistocene site (Atapuerca/Ibeas, Spain). *Human Evolution,* vol. 5, n.° 6: 505-513.

ARSUAGA, J. L., MARTÍNEZ, I., GRACIA, A. and CARRETERO, J. M. (1993): Three new human skulls from the Sima de los Huesos Middle Pleistocene site in Sierra de Atapuerca, Spain. *Nature* 362: 534-537.

BERMÚDEZ DE CASTRO, J. M. (1986): Dental remains from Atapuerca (Spain) I. Metrics. *J. Hum. Evol.,* 15: 265-287.

BERMÚDEZ DE CASTRO, J. M. (1988): Dental remains from Atapuerca/Ibeas (Spain) II. Morphology. *J. Hum. Evol.,* 17: 279-304.

BJÖRK, A. (1963): Variations in the growth pattern of the human mandible: longitudinal radiographic study by the implant method. *J. Dent. Res.,* 42: 400-411.

BJÖRK, A. (1969): Prediction of mandibular growth rotation. *Am. J. Orthod.,* 55: 585-589.

BJÖRK, A. (1991): Facial growth rotation-reflections on definition and cause. *Proc. Finn. Dent. Soc.,* 87: 51-58.

ENLOW, D. H. (1990): *Facial Growth.* Philadelphia: W.B. Saunders Company.

HUBLIN, J. J. (1982): Les anténéandertaliens: presapiens ou prénéandertaliens. *Géobios,* Mén. Special 6: 345-357.

HUBLIN, J. J. (1988): Les presapiens europeens. *L'Homme de Neandertal,* vol. 3, L'Anatomie. Liège, 1988, pp. 75-80.

LUMLEY, E. and DE LUMLEY, M. A. (1973): Pre-Neanderthal human remains from Arago Cave in Southeastern France. *Yearb. phys. Anthrop.,* 17: 162-168.

ROSAS, A. (1985b): *Estudio morfológico y comparativo de los fragmentos mandibulares AT-83 y AT-75 del yacimiento de Atapuerca y análisis de polaridad de algunos rasgos mandibulares.* Tesis de Licenciatura. Universidad Complutense de Madrid.

ROSAS, A. (1987a): Two new mandibular fragments from Atapuerca/Ibeas (SH site). A re-assessment of the affinities of the Ibeas mandibles sample. *J. Hum. Evol.,* 16: 417-427.

ROSAS, A. (1987b): Fragmentos mandibulares AT-83 y AT-75 de la Sima de los Huesos (Cueva Mayor), Sierra de Atapuerca (Burgos). En (Aguirre, E., Carbonell, E. y Bermúdez de Castro, J. M. Eds.). *El hombre fósil de Ibeas y el Pleistoceno de la Sierra de Atapuerca I.* Junta de Castilla y León, Consejería de Cultura y Bienestar Social, 273-322.

ROSAS, A. (1992): *Ontogenia y Filogenia de la mandíbula en la evolución de los homínidos. Aplicación de un modelo de morfogénesis a las mandíbulas fósiles de Atapuerca.* Tesis Doctoral. Universidad Complutense de Madrid.

SKIELLER, V. and BJÖRK, A. (1983): Normal and abnormal growth of the mandible. A synthesis of longitudinal cephalometric implant studies over a period of 25 years. *Europ. J. Orthod.,* 5: 1-46.

STRINGER, C. B. (1982): Towards a solution to the Neanderthal problem. *J. Hum. Evol.,* 11: 431-438.

STRINGER, C. B., HUBLIN, J. J. and VANDERMEERSCH, B. (1984): The origin of anatomically modern humans in western Europe. En: *The Origins of Modern Humans: A World Survey of the Fossil Evidence.* Alan R. Liss, Inc. N. Y. pp. 51-135.

TRINKAUS, E. (1988): The evolutionary origins of the neandertals or, why there neandertals? *L'Homme de Neandertal.* Vol. 3, L'Anatomie. Liège, 1988, pp. 11-29.

VLCEK, E. (1969): *Neanderthaler der Tschechoslowakei.* Prague: Tschech. Akad. Wiss.

Evolución humana en Europa y los yacimientos de la Sierra de Atapuerca, págs. 333-341

Etiopatogenia de las lesiones temporomandibulares en los homínidos de Atapuerca

Etiopathogeny of the temporomandibular lesions in Atapuerca hononids

Pilar Julia Pérez

Departamento de Paleontología, Facultad de Ciencias Geológicas, Universidad Complutense de Madrid. Instituto de Geología Económica, CSIC, Madrid, 28040, España

Resumen:

La artropatía degenerativa temporomandibular se da con una frecuencia sorprendentemente alta en la población humana del Pleistoceno Medio de Atapuerca. En neandertales, donde se empezó a citar por primera vez este proceso degenerativo entre los homínidos, la frecuencia es considerablemente menor. En este trabajo proponemos que, tanto el proceso patológico, como el exagerado y diferencial desgaste de dientes labiales respecto a los yugales, común en ambos grupos, guardarían estrecha relación con la arquitectura craneofacial. Las diferencias en morfología constructiva en ambos grupos determinarían una diferente capacidad de respuesta frente al estrés funcional. La evidencia patológica aparece asociada a las modificaciones evolutivas de un grupo, y puede ser considerada como un resultado más de su evolución.

Abstract:

Temporomandibular degenerative arthropaty is observed with a frequency surprisely high in the Atapuerca Middle Pleistocene human population. This degenerative process was first cited among the hominids in Neandertals; but their frequency is considerably less than in Atapuerca. In this work we suggest that the pathological process as well as the overstated and differential dental wear in the anterior dentition with respect to the posterior, common in both groups, would have a close relation with the craniofacial architecture. Differences in constructive morphology in both groups would determine a different capacity of response with respect to the functional stress. The pathological evidence appears associated with the evolutive modifications of a group and it can be considered as a result of its evolution.

Palabras clave:

Atapuerca/Ibeas, Pleistoceno Medio, hueso temporal, articulación temporomandibular, artrosis.

Key words:

Atapuerca/Ibeas, Middle Pleistocene, temporal bone, temporomandibular joint, arthrosis.

1 Introducción.

El estudio paleopatológico de los fósiles humanos de Atapuerca nos revela un hecho que, además de un interés paleoecológico, parece tener implicaciones filogenéticas. El 60 por 100 de las piezas anatómicas que conservan la articulación temporomandibular presenta una artropatía de naturaleza degenerativa. En un total de 7 fragmentos de hueso temporal estarían representados 6 individuos (Arsuaga *et al.,* en este volumen) y 4 de ellos padecieron la enfermedad. Los signos degenerativos aparecen asimismo en un cóndilo mandibular entre 3 recuperados.

Estos datos resultan llamativos, ya que una frecuencia tan elevada de artrosis temporomandibular en las piezas analizadas se aparta demasiado de los resultados obtenidos hasta la fecha, incluso en neandertales, donde se empieza a citar la artropatía. Se ha evidenciado, concretamente, en Krapina, La Quina, La Ferrasie I, La Chapelle-aux-Saints (v. Aguirre, 1970 y Pérez & Carretero, 1989) y en Shanidar I, si bien en este último caso el proceso puede relacionarse con un gran traumatismo, ya que se trata de un individuo politraumatizado (Trinkaus, 1983). Tampoco concuerdan los datos con los resultados obtenidos en los estudios del hombre anatómicamente moderno ni, por supuesto, con la experiencia clínica diaria, donde la frecuencia de artrosis temporomandibular se sitúa entre valores bajos, en consonancia con la frecuencia e intensidad con que actúan los distintos factores etiológicos que actualmente la determinan. Por otra parte, la frecuencia con que afecta el proceso degenerativo a la articulación temporomandibular es considerablemente menor que la que asienta en otras articulaciones.

Entre los homínidos mesopleistocenos de Atapuerca la artropatía temporomandibular sería significativamente mayor que en cualquier otra articulación. De hecho, no se presenta ningún caso de artrosis entre el material postcraneal recuperado hasta la fecha. Este dato sí que concuerda con los obtenidos en el estudio de poblaciones antiguas y primitivas, como los llevados a cabo por Sandison (1982) en aborígenes australianos y por Strouhal (1982) en el yacimiento egipcio de Abusir (s. VII-IV a.C.). El hecho de que la articulación temporomandibular fuera, en estos casos, la más afectada, implica un gran estrés biomecánico local en relación con la fisiología de la masticación.

Las evidencias de Atapuerca podrían inducir, en principio, a pensar en el factor herencia, que por alteración metabólica predispuesta a padecer artrosis; pero no procede considerar esta posibilidad, teniendo en cuenta que la influencia de la herencia es más clara en las articulaciones que soportan poco peso y, precisamente, la articulación temporomandibular está expuesta a sufrir una fuerte sobrecarga.

1 Introduction.

The paleopathological study of the human fossils from Atapuerca reveals a fact that not only has a paleoecological interest, but it could have phylogenetic implications. A 60 % of the anatomic pieces that preserve the temporomandibular joint shows a degenerative arthropaty. In a total of seven fragments of temporal bone, six individuals are represented (Arsuaga *et al.,* in this volume), and four of them suffered the disease. The degenerative signs appears also in a mandibular condile among three recovered.

These facts draw attention because a higher frequency of temporomandibular arthrosis in the analysed pieces is too different from the results obtained until now, even in Neandertals, where arthropathy begins to be observed. It has been recognized exactly in Krapina, La Quina, La Ferrasie I, La Chapelle-aux-Saints (Aguirre, 1970; Pérez & Carretero, 1989) and in Shanidar I, but in this last case the process can be related to a great traumatism because he is a politraumatic individual (Trinkaus, 1983). The facts do not square either with the results obtained from the works about anatomic modern man and of course those facts do not square either with the normal clinical experience, where the temporomandibular arthrosis frequency is very low, as the frequency and intensity of the different etiological factors that promote it nowadays. On the other hand, the frequency of the degenerative process that affects the temporomandibular joint is lesser than that which appears in other joints.

Temporomandibular arthrosis in Middle Pleistocene hominids from Atapuerca could be much higher than among any other joints. In fact, there are no cases of arthrosis in the postcranial material recovered until now. Certainly this fact squares with those obtained from the study of ancient and primitive groups made by Sandison (1982) with Australian aboriginals and by Strouhal (1982) in the Egipcian site from Abusir (VII-IV b.C.). The fact that the temporomandibular joint was, in these cases, the most affected, implies a great biomechanical local stress related to the mastication physiology.

At first, the Atapuerca evidences could lead us to think about heredity factors that through a metabolic change predispose to arthrosis; but we should not consider this possibility, because the hereditary influence is more evident in other joints that bear less weight and, precisely, the temporomandibular joint is exposed to suffer a great overload.

2
La muestra.

La muestra está representada por 10 piezas anatómicas: 7 fragmentos de temporal y 3 de mandíbula, que conservan la región articular. De los 7 fragmentos de temporal 2 son normales (SH-B.6549 y AT-84) y 5 patológicos; de ellos, 2 son derechos (AT-365 y AT-426) y 3 izquierdos (AT-124, AT-418 y AT-421). AT-418 y AT-426 pertenecen, muy probablemente, a un mismo individuo, inmaduro (Arsuaga *et al.*, en este volumen)[1]. Respecto a los fragmentos mandibulares, cada uno conserva un cóndilo y pertenecen a individuos adultos jóvenes. El fragmento con signos de artrosis (AT-83) es una rama ascendente (Rosas, 1987; Rosas *et al.*, 1991). Los otros dos fragmentos son hemimandíbulas que conservan piezas dentarias: AT-300, derecha y AT-505, izquierda. Las piezas AT-124 y AT-83 han sido ya objeto de estudio paleopatológico (Pérez, 1988 y 1991; Pérez & Martínez, 1989).

2
The sample.

The sample consists of ten anatomical pieces: seven fragments of temporal bone and three of mandible in which the articular region is preserved. Among the seven temporal fragments, two of them are normal (SH-B.6549 and AT-84) and five are pathological; two are of the right side (AT-365 and AT-426) and three of the left side (AT-124, AT-418 and AT-421). AT-418 and AT-426 belong, very probably, to the same inmature individual (Arsuaga *et al.*, in this volume)[1]. With respect to the mandibular fragments, each one preserve a condyle, and they belong to young adult individuals. The fragment with signs of arthrosis (AT-83) is a right mandibular ramus studied by Rosas (1987) and Rosas *et al.* (1991). The other two fragments are hemimandibles and preserve the dentition: AT-30 (right side) and AT-505 (left side). The speciemens AT-124 and AT-83 has been already studied in their paleopathological aspects (Pérez, 1988 and 1991; Pérez & Martínez, 1989).

3
Estudio de las lesiones.

El estudio se ha basado en la inspección macroscópica y con lupa binocular, y en la radiografía convencional. Las lesiones destructivas y regenerativas sufridas por el hueso subcondral han modificado en gran medida la imagen original de la eminencia articular. La lesión afecta a la eminencia en toda su extensión, excepto en AT-421 y AT-365. En estos dos casos es posible deducir la morfología original de la eminencia, afortunadamente, teniendo en cuenta su variabilidad morfológica en homínidos y su interés filogenético.

En conjunto, las reacciones óseas traducen las alteraciones en la transmisión de fuerzas a través de un cartílago degenerado y la exposición de hueso subcondral. Las alteraciones afectan a la estructura, con variaciones en la orientación de trabéculas óseas, osteoporosis, esclerosis en algunas zonas y a veces eburnificación, geodas, y reacciones osteofíticas, como en AT-124 donde el proceso está muy avanzado, igual que en la mayoría de los casos. Los osteofitos son, sin embargo, escasos o nulos en casi todos los ejemplos. Respecto al cóndilo mandibular AT-83, como hemos indicado en los estudios precedentes, la alteración patológica está en gran medida enmascarada, por su deficiente estado de conservación.

3
Study of the lesions.

The material has been analyzed by macroscopical inspection, with binocular magnifying glass and with conventional radiography. The destructive and degenerative lesions suffered by the subcondral bone have modified very much the original image of the articular protuberance. The lesions affect the eminence on a whole excepting AT-421 and AT-365. In these two cases it is possible to deduce the original morphology of the eminence, fortunately, taking into consideration its great morphological variability in hominids and its great phylogenetical interest.

On the whole, the bone reactions translate the alterations in the conditions of force transmision through a degenerated cartilage and the exposure of subcondral bone. The alterations affect the structure, with variations in the orientation of the trabeculae bone, osteoporosis, sclerosis in some zones and, sometimes, eburneation; geodes and osteophitic reactions, like in AT-124, in which the process is very advanced, as in the majority of the cases.

With regard to the mandibular condyle AT-83, like we have indicated in the previous studies, the pathological lesions is camouflaged in a great extent due to its poor state of preservation.

4
Causas de estrés biomecánico en la articulación temporomandibular (ATM).

La acción de rechinar los dientes (bruxismo) y la contracción intermitente de la musculatura de cierre de la boca ("clenching") como respuesta al estrés psíquico producen espasmo muscular y fatiga. Estos motivos figuran entre las principales causas que producen los síntomas clínicos de la ATM (Proffit & Fields, 1986). El bruxismo ha sido considerado como un importante factor en el desarrollo de un proceso artrósico (Muller, 1984). La artropatía degenerativa temporomandibular puede asimismo tener su origen en un macrotraumatismo que lesione el menisco. Otras causas de estrés biomecánico a las que puede obedecer la artropatía son, el desplazamiento del menisco, las alteraciones oclusales, y la maloclusión en el caso de que pudiera ser causa de descompensación mecánica.

El desplazamiento del menisco puede producirse por un traumatismo. Si los ligamentos que contrarrestan la acción del músculo pterigoideo lateral se distienden o rompen, la contracción muscular mueve el menisco hacia adelante, pero los ligamentos no pueden llevarlo a su posición cuando se cierra la mandíbula. El desplazamiento posterior del cóndilo ejerce presiones traumáticas entre las superficies articulares al rotar el cóndilo con la pared posterior de la fosa glenoidea. Respecto a alteraciones oclusales, las pérdidas dentarias de los sectores posteriores pueden originarlas, al producirse cambios en la relación cóndilo-fosa. Puede presentarse una situación de desplazamiento del cóndilo hacia detrás, con una posición adelantada del menisco sin posibilidad de recaptura. La mesialización de molares produce una intercuspidación inadecuada y una inestabilidad oclusal. Un exagerado desgaste de piezas dentarias en relación con la dieta o la cultura tiene múltiples efectos que determinan incongruencias articulares en los movimientos de diducción y protrusión implicados en la fisiología de la masticación. El aumento de las exigencias masticatorias supone, al tiempo que un mayor desarrollo muscular, unas mayores exigencias de carga del menisco, que puede lesionarse con este motivo. Por otra parte, como factores intrínsecos en relación con el desarrollo de lesiones temporomandibulares degenerativas, hay que tener en cuenta que, individuos con ciertos tipos faciales tienen mayor probabilidad de ser afectados (Richards, 1990).

4
Biomechanical stress causes in the temporomandibular joint (TMJ).

Bruxism and clenching as a response to psychic stress produce spasms and muscular fatigue. These are two of the principal causes that produce the clinical symtoms of the TMJ Symdrome nowadays (Proffit & Fields, 1986).

Bruxism has been considered one important factor in the development of a TMJ arthrosic process (Muller, 1984). The TMJ degenerative arthropathy can also have its origin in a macrotraumatism that damages the disk. Other causes of biomechanical stress in which this arthropathy can appear are the anterior displacement of the disk, alterations in the occlusal plane, and malocclusions when it creates mechanical imbalances.

A displacement of the disk can occur due to a traumatism which breaks the ligaments of the joint. The posterior displacement of the condyle due to traumatism can exert a traumatic pressure over the posterior wall of the glenoid fossa.

With regard to the occlusal disturbances, the loss of teeth, specially in the posterior sectors can contribute to TMJ disease, because it can cause changes in the relation condyle-fossa.

There can be a situation of a disk anterior displacement without the possibility of the condyle to recapture it. The mesialization of molars can produce inadequate intercuspidation and occlusal instability.

The great wear of teeth in relation to diet or culture has multiple effects that determine articular malrelationship in the protrusion and lateral movements of the mandible. The increase of the mastication demands implies, at the same time, a great muscular development, a greater overload of the disk, that can be damaged because of this.

On the other hand, among the intrinsic factors in the development of degenerative temporomandibular change, we must remember the relation among determined facial characteristics and the higher probability of being affected (Richards, 1990).

5 Datos comparativos e interpretación.

El dato más significativo para el diagnóstico diferencial etiológico entre los distintos factores que pueden tener relación con el proceso degenerativo de la ATM del hombre de Atapuerca es el desgaste precoz en dientes labiales, mayor que en postcaninos, aunque en éstos también pueda ser importante (Aguirre & Lumley, 1987; Bermúdez de Castro, 1986, 1987 y 1988-a; Bermúdez de Castro y Aguirre, 1987; Rosas, 1987). Otro dato de interés es que la artropatía la sufrieran incluso individuos inmaduros, como el representado por AT-418 y AT-426, donde el proceso está muy avanzado.

A la vista de toda la información podemos descartar la posibilidad de que la artropatía tuviera relación con un desplazamiento del menisco articular de la ATM por rotura de ligamentos, ante la ausencia de lesiones en la cavidad glenoidea. Asimismo, la evidencia de artropatía en edad juvenil, y la ausencia de caries en la muestra nos aparta de la posibilidad de que el proceso patológico se debiera a alteraciones oclusales por pérdida de sectores posteriores como consecuencia de caries, o parodontosis de la que naturalmente hay constancia en la muestra (Pérez *et al.*, 1982; Bermúdez de Castro *et al.*, 1987; Bermúdez de Castro, 1988-b).

En el estudio de los neandertales de Shanidar, Trinkaus (1983) sugiere que la notable atrición de dientes labiales habría sido, si no producida, al menos acentuada por el uso de estos dientes en la preparación de alimentos y/o en actividades no dietarias. Sobre estas actividades en el hombre de Atapuerca nos informan los estudios microscópicos de estrías bucales en dientes anteriores que proporcionan, por otra parte, evidencia indirecta sobre lateralización del cerebro, y que también sugieren la existencia de partículas abrasivas contaminantes del alimento (Bermúdez de Castro *et al.*, 1988).

Ante la posibilidad de que la artropatía temporomandibular obedezca a una descompensación mecánica por carga diferencial entre las denticiones labial y yugal pensamos que, muy bien podría haber sido ésta la clave del problema de la alta frecuencia con que se observa en la muestra el proceso patológico. En Atapuerca, la evidencia indirecta de que tanto la ATM como la dentición anterior estuvieron sometidas a un fuerte estrés biomecánico nos induce a pensar en un origen de la artropatía en relación con la arquitectura craneofacial.

Si comparamos la arquitectura craneofacial de las formas *erectus* y los neandertales se observa, de acuerdo con Trinkaus (1983, 1987) que, en éstos, se mantiene el prognatismo al tiempo que se retrasa la musculatura implicada en la masti-

5 Comparative data e interpretation.

The most significant data in the differential etiological diagnosis among the different factors that can be related to TMJ degenerative disease of the man from Atapuerca is the early wear of the labial teeth, which is greater than that of the post-canine dentition, although in these teeth it can be also important (Aguirre & Lumley, 1987; Bermúdez de Castro, 1986, 1987 and 1988-a; Bermúdez de Castro & Aguirre, 1987; Rosas, 1987). Other interesting datum is that the arthropathy has also been found in juvenile individuals, like that represented by AT-418 and AT-426, where the disease is in a very advenced degree.

Taking into consideration all the information available we can discard the possibility of the arthropathy due to an anterior displacement of the disk with the break down of the ligaments, because there are no lesions in the posterior wall of the glenoid fossa. The evidence of the arthropathy in juveniles and the absence of caries in the sample, show that there were no occlusal disturbances due to lost teeth in the posterior segments, as a consequence of caries or parodontosis, that could be responsible for the lesions, although in the sample there is evidence of parodontosis (Pérez *et al.*, 1982, Bermúdez de Castro *et al.*, 1987; Bermúdez de Castro, 1988-b).

In the study of Neandertals from Shanidar, Trinkaus (1983) suggests that the noticeable attrition of the labial teeth would have been produced or, at least accentuated, as a result of the use of these teeth in the preparation of food and/or in activities not related to diet. These activities have been documented in Atapuerca due to the microscopic buccal striae in the anterior teeth, which gives as, on the other hand, indirect evidence of the cerebral laterization and also suggests the existence of abrasive particles which contamined the food (Bermúdez de Castro *et al.*, 1988).

We think that the temporomandibular joint disease observed can be due to mechanical descompensation as a result of differential load between the labial and yugal dentition. This could be the reason for the high incidence of the pathological process in the sample.

The indirect evidence in Atapuerca about that the TMJ as well as the anterior dentition had suffered a great biomechanical stress makes us suspect an origin of the arthropathy related to the craniofacial architecture.

If we compare the craniofacial architecture of the *erectus* forms and Neandertals we can observe, according to Trinkaus (1983, 1987) that, in the latter, the prognatism is main-

338 cación con respecto a la dentición anterior. Este hecho determina unas necesidades funcionales diferentes del patrón *erectus,* por lo que el conjunto del esplacnocráneo se ve obligado a una serie de compensaciones.

El hombre de Atapuerca comparte con los neandertales, según Aguirre & Lumley (1987) uno de sus rasgos más típicos: la posición del aparato masticador y parte de las estructuras óseas relacionadas con la mecánica masticatoria, adelantada respecto a las líneas maestras del hueso. Las manifestaciones clínicas reflejarían la arquitectura craneofacial subyacente. En neandertales se da como norma el desgaste precoz en dientes labiales y la artropatía temporomandibular se cita con frecuencia. En Atapuerca sucede lo mismo, pero la frecuencia de artropatía es considerablemente mayor. Las causas que se están expresando en los neandertales se estarían manifestando en los anteneandertales de Atapuerca, sin haber desarrollado aún los mecanismos compensatorios en relación con los cambios en la posición relativa de la mandíbula. Las diferencias en morfología constructiva determinarían una distinta capacidad de respuesta frente al estrés funcional. Si los fósiles de Atapuerca están muy próximos a los neandertales, y por tanto muy cerca de su arquitectura, como defienden Rosas *et al.,* 1991 y Rosas (en este volumen) basándose en patrones de remodelación ósea y direcciones de crecimiento, el que la artropatía temporomandibular sea también una característica común a ambos grupos avala su hipótesis.

En resumen, si admitimos que por motivos estructurales y morfológicos habría una carga diferencial entre las denticiones labial y yugal, y que la primera estaba sometida a un estrés biomecánico mayor, la función masticatoria estaría siempre comprometida. Sí, por otra parte, los dientes labiales desempeñaban otras funciones, la frecuencia e intensidad de los microtraumatismos aumentaría. La suma de efectos de distintas causas hubiera aumentado el problema (contenido en fibra de la dieta, abrasivos contaminantes, hipermasticación en relación con el consumo de carne, e incluso el bruxismo).

tained at the same time that the musculature of the masticatory system recedes with respect to the anterior dentition. This fact determines different functional needs than the *erectus* pattern, and for this reason the splacnocranium is obliged to adopt a series of compensations. Atapuerca man shares with Neandertals, according to Aguirre & Lumley (1987), one of its most typical characters: the forward position of the masticatory apparatus and part of the osseous structures related to the masticatory mechanical, advanced with respect to the main lines of force in the bone.

The clinical manifestations would reflect the underlaying craniofacial architecture. In Neandertals there is an early wear of labial teeth, and the TMJ arthropathy is frequently cited. In Atapuerca we find the same fenomena, but the frequency of the arthropathy is considerably higher. The causes that are expressed in the Neandertals would be manifested in the anteneandertals from Atapuerca without having developed the compensatory mechanisms in relation to the changes of the relative position of the mandible. The differences of constructive morphology would determine a different capacity of response with regard to the functional stress. If the Atapuerca fossils are very near to the neandertals and therefore very near of their architecture, as support Rosas *et al.* (1991) and Rosas (in this volume), considering the pattern of bone remodeling and directions of grouth, the fact that the temporomandibular arthropathy may be also a characteristic common to both groups supports their hypothesis.

In summary, if we admit that because of morphological and structural motives there is a differential load between the labial and yugal dentitions, and that the first was under higher biomechanical stress, the masticatory function would be always involved. If, on the other hand, the labial teeth were employed for other purposes, the frequency and intensity of microtraumatisms to the TMJ would increase. The addition of different effects from different causes would have increased the problem (fibre content of the diet, contaminant abresives, hypermasticatory function in relation to the consumption of meat and, besides, the bruxism.

6 Consideraciones finales.

Si prescindiéramos del problema arquitectónico podríamos generalizar que la actuación de fuerzas mecánicas excedió la capacidad de adaptación de las estructuras morfológicas. El admitirlo implica que una descompensación mecánica por causas intrínsecas en relación con determinadas situaciones construccionales, hubiera sido el factor decisivo en la génesis del proceso.

La interpretación de la artropatía de acuerdo con los conceptos de la Teoría Mecánico-Funcional requiere, aún más en este caso, el recordar que, el modo de acción de los factores mecánicos sobre los constituyentes del cartílago articular, donde reside la primitiva lesión de la artrosis, es mucho más compleja que por su simple acción de choque, desgaste o atrición directa (Barceló & Barceló, 1977) y, por supuesto, hay que partir de la base de que, en la instauración de la artrosis secundaria a estrés biomecánico en los homínidos de Atapuerca, tuvo que existir, necesariamente, algún factor ligado al terreno individual que determinaría que el factor mecánico-funcional fuera más o menos actuante.

Por otra parte, desde la óptica del clínico actual, si consideramos que la artropatía temporomandibular era muy común entre los homínidos de Atapuerca, éstos se verían enfrentados a un serio problema que incidiría muy desfavorablemente si no en la esperanza, al menos en su calidad de vida. La sintomatología clínica de la ATM, que se manifestaría al menos en alguna fase del proceso, incluye dolor, que puede llegar a ser muy intenso, ruidos articulares y limitación importante de la apertura de la boca. Estos síntomas requieren, necesariamente, tratamiento terapéutico.

En todo caso, teniendo en cuenta las características de la muestra analizada, la generalización de este problema de morbilidad al conjunto de la población tendrá naturalmente, por el momento, un valor provisional, hasta que nuevas evidencias sigan apoyando la idea de que la artropatía degenerativa temporomandibular afectaba a los homínidos mesopleistocenos de Atapuerca con una frecuencia inusitada, como los datos obtenidos hasta la fecha dan a entender.

6 Final considerations.

If we do not take in consideration the architectonic problem, we could generalize that the action of the mechanical forces exceded the capacity of adaptation of the morphological structures. If we admit it, it implies that a mechanical decompensation due to intrinsic causes would have been the decisive factor in the genesis of the process.

The interpretation of the arthropathy according to the concept of mechanical-functional theory requires, more in this case, to remember that, the form of action of the mechanical factors over the articular cartilage, where the primitive lesion of arthrosis develops, is much more complex than by the simple action of shock, wear or direct attrition (Barceló & Barceló, 1977). We must consider that in the development of secundary arthrosis due to biomechanical stress in the hominids from Atapuerca, there would have necessarily been some individual factor that would determine that the mechanical-functional factor would be more or less decisive.

On the other hand, from the scope of the actual clinician, if we consider that the TMJ arthropathy was very common in the hominids from Atapuerca, these would have had a serious problem that would influence very disfavourably, if not in the expectative, at least in their live quality. The clinical symptomatology of the TMJ, which they would have suffered at least in some phase of the process, include pain, which can be very intense, articular joint sounds and severe limitation of the mouth aperture. These symptoms require, necessariry, therapeutic treatment.

In any case, considering the characteristic of the sample studied, we must consider a provisional value to the generalization of this problem about morbility to the whole of the population, until new evidence continue to contribute to the idea that the TMJ degenerative arthropathy affected to the Middle Pleistocene hominids from Atapuerca with a unusual frequency, as the actual data suggest.

7 Agradecimientos.

Expresamos nuestra gratitud a los Doctores ortodoncistas Luis Fraile, quien hizo las radiografías y aportó interesantes datos acerca de factores etiológicos en casos clínicos actuales, y Enrique Bejarano, Director del Hospital de San Rafael (Madrid), que proporcionó importante información sobre experiencia clínica actual, y a los Drs. José María Cordero del Hospital Militar Central Gómez Ulla (Madrid), Sixto Fernández y Antonio Rosas, ambos de este Departamento de Paleontología, por sus comentarios.

Este trabajo ha sido subvencionado por la Dirección General de Investigación Científica y Técnica, Proyecto n.° PB90-0126-C03-02. DGICYT.

Marzo, 1993.

7 Aknowledgments.

I am grateful to the orthodontics Drs. Luis Fraile, who made the radiographies and reported interesting data about the etiology of actual clinical cases, and Enrique Bejarano, Director of the Hospital de San Rafael (Madrid), who provided important information about actual clinical experience, and to the Drs. José María Cordero, Hospital Militar Central Gómez Ulla (Madrid), Sixto Fernández and Antonio Rosas, both of this Department of Paleontology, for their comments.

This work has been supported by Dirección General de Investigación Científica y Técnica, Project N.° PB90-0126-C03-02. DGICYT.

NOTA

[1] Con posterioridad a la redacción de este manuscrito se ha comprobado que, efectivamente, pertenecen a un mismo individuo (Arsuaga *et al.*, en prensa).

NOTE

[1] After to the writing of this article, it has been verified that, in fact, they belong to the same individual (Arsuaga *et al.*, in press).

AGUIRRE, E. (1970): "Enfermedades y accidentes de los primeros humanos", en *Publ. Dpto. de Paleontología,* 12, Universidad Complutense de Madrid.

AGUIRRE, E. y LUMLEY, M. A. DE (1987): "Las mandíbulas AT-1, AT-2 y AT-3 de la Sima de Ibeas", en *El Hombre Fósil de Ibeas y el Pleistoceno de la Sierra de Atapuerca,* I. (E. Aguirre, E. Carbonell y J. M. Bermúdez de Castro, Eds.), Valladolid: Junta de Castilla y León. Consejería de Cultura y Bienestar Social, pp. 229-270.

ARSUAGA, J. L., MARTÍNEZ, I., GRACIA, A., CARRETERO, J. M. y CARBONELL, E.: "Three new human skulls from the Sima de los Huesos Middle Pleistocene site in Sierra de Atapuerca, Spain", *Nature,* 362, 534-537.

BARCELÓ, P. y BARCELÓ, P. (1977): *La artrosis.* Robapharm: Barcelona.

BERMÚDEZ DE CASTRO, J. M. (1986): "Dental remains from Atapuerca (Spain)", I. Metrics. *J. Hum. Evol.* 15. 265-287.

BERMÚDEZ DE CASTRO, J. M. (1987): "Morfología comparada de los dientes humanos fósiles de Ibeas (Sierra de Atapuerca, Burgos)", en *Estudios Geológicos,* 43. 309-333.

BERMÚDEZ DE CASTRO, J. M. (1988-a): "Dental remains from Atapuerca/Ibeas (Spain)", II. Morphology. *J. Hum. Evol.* 17. 279-304.

BERMÚDEZ DE CASTRO, J. M. (1988-b): "Dental diseases and Harris Lines in the fossil human remains from Atapurca-Ibeas (Spain)". *Journal of Paleopathology,* 1. 131-146.

BERMÚDEZ DE CASTRO, y AGUIRRE, E. (1987): "Los dientes del hombre fósil de Atapurca", en *El Hombre Fósil de Ibeas...,* Ibid., pp. 327-358.

BERMÚDEZ DE CASTRO, J. M., ARSUAGA, J. L. y PÉREZ, P. J. (1987): "Anomalías de desgaste cervical en molares humanos de Atapuerca", en *El Hombre Fósil de Ibeas...,* Ibid., pp. 359-366.

BERMÚDEZ DE CASTRO, J. M., BROMAGE, T. G. y FERNÁNDEZ JALVO, Y. (1888): "Buccal striations on fossil human anterior teeth: evidence of handedness in the Middle and Early Upper Pleistocene", *J. Hum. Evol.* 17. 403-412.

MULLER, H. (1984): "Un cas de dysfonction occlusale et ses repercussions sur l'articulation temporomandibular du cimentière de Kerma (Soudan). *Proc. V European Meeting of the Paleopathology Association.* Siena University. 235-241.

PÉREZ, P. J. (1988): "Evidencia de artritis temporomandibular en el Hombre Fósil de Ibeas (Sierra de Atapuerca, Burgos), en *I Reunión Nacional de la Asociación Española de Paleopatología".* Logroño, 43-47.

PÉREZ, P. J. (1991): "Evidence of disease and trauma in the Fossil Man from Atapuerca-Ibeas (Burgos, Spain)". *International Journal of Osteoarchaeology,* 1, 253-257.

PÉREZ, P. J., ARSUAGA, J. L. y BERMÚDEZ DE CASTRO, J. M. (1982): "Atypical toothwear in fossil man". *Paleopathology Newsletter,* 39, 11-13.

PÉREZ, P. J. y CARRETERO, J. M. (1989): "Problemas y aplicaciones de la Paleopatología", en *Paleontología.* Col. Nuevas Tendencias (E. Aguirre, Coordinador), CSIC, 411-433.

PÉREZ, P. J. y MARTÍNEZ, I. (1989): "Evidence of temporomandibular arthrosis in the Middle Pleistocene human fossils from Atapuerca/Ibeas (Spain)". *Journal of Paleopathology,* 3, 15-18.

PROFFIT, W. R. y FIELDS, H. W. (1986): *Contemporary Orthodontics.* London: The C. V. Mosby Company.

RICHARDS, L. C. (1990): "Tooth Wear and Temporomandibular Joint Change in Australian Aboriginal Populations", *Am. J. Phys. Anthropol.* 82, 377-384.

ROSAS, A. (1987): "Fragmentos mandibulares AT-83 y AT-75 de la Sima de los Huesos (Cueva Mayor), Sierra de Atapuerca (Burgos)", en *El Hombre Fósil de Ibeas...,* Ibid., pp. 273-326.

ROSAS, A., BERMÚDEZ DE CASTRO, J. M. y AGUIRRE, E. (1991): "Mandibules et dents d'Ibeas (Espagne) dan le contexte de l'evolution humaine en Europe". *L'Anthropologie.* París, 95. 89-102.

SANDISON, A. T. (1982): "Trauma and arthritis in Pre-European contact Australian aborigines". *Proc. IV European Meeting of the Paleopathology Association.* Middelburg/Antwerpen, 205-217.

STROUHAL, E. (1982): "Paleopathology of late period population of Abusir (Egypt)". *Proc. IV European Meeting...,* Ibid., 151-159.

TRINKAUS, E. (1983): *The Shanidar Neandertals.* New York: Academic Press.

TRINKAUS, E. (1987): "The Neandertal face: evolution and functional perspectives on a recent hominid face". *J. Hum. Evol.* 16, 429-443.

actas

EVOLUCIÓN HUMANA EN EUROPA Y LOS YACIMIENTOS DE LA SIERRA DE ATAPUERCA

HUMAN EVOLUTION IN EUROPE AND THE ATAPUERCA EVIDENCE

Jornadas Científicas / Workshop

Castillo de la Mota. Medina del Campo. Valladolid, 1992

JUNTA DE CASTILLA Y LEÓN
Consejería de Cultura y Turismo
1995

JORNADAS CIENTÍFICAS
WORKSHOP

Presidente

D. Emilio Zapatero Villalonga
Consejero de Cultura y Turismo de la Junta de Castilla y León

Comité Científico
Scientific Commitee

Prof. Emiliano Aguirre
Museo Nacional de Ciencias Naturales, C.S.I.C., Madrid

Dr. Juan Luis Arsuaga
Universidad Complutense de Madrid

Dr. José María Bermúdez de Castro
Museo Nacional de Ciencias Naturales, C.S.I.C., Madrid

Dr. Eudald Carbonell
Universitat Rovira i Virgili, Tarragona

Dr. Chris B. Stringer
The Natural History Museum, London

Comité Organizador
Organizing Commitee

D. José Javier Fernández
Consejería de Cultura y Turismo. Junta de Castilla y León, Valladolid

Dr. Roger Miles
The Natural History Museum, London

Dña. Ana Isabel Ortega
Grupo Espeleológico Edelweiss, Burgos

Dra. Carme Prats
Museo Nacional de Ciencias Naturales, C.S.I.C., Madrid

Dr. José David Sacristán
Servicio Territorial de Cultura y Turismo de Burgos

Prof. Emiliano Aguirre

Dr. Juan Luis Arsuaga

Dr. José María Bermúdez de Castro

Dr. Eudald Carbonell

Las traducciones castellano/inglés e inglés/castellano realizadas por Transec han sido revisadas por las siguientes personas:

Juan Luis Arsuaga, José Miguel Carretero, Ana Gracia e Ignacio Martínez
Departamento de Paleontología de la Facultad de Ciencias Geológicas de la Univ. Complutense de Madrid

José María Bermúdez de Castro, J. Carlos Díez y Marina Mosquera
Museo Nacional de Ciencias Naturales, C.S.I.C., Madrid

Eudald Carbonell y Carolina MalloL
Laboratori d'Arqueología de la Universitat Rovira i Virgili, Tarragona

Agradecimientos

La realización de este proyecto, que comenzó en octubre de 1991, fue posible gracias a las aportaciones económicas de la Consejería de Cultura y Turismo de la Junta de Castilla y León, Iberdrola, The British Council, La Sociedad de Amigos del Museo Nacional de Ciencias Naturales de Madrid, C.S.I.C., y el Excmo. Ayuntamiento de Atapuerca. Los miembros del Comité Organizador de esta Reunión, así como todo el equipo de excavación del complejo de yacimientos de la Sierra de Atapuerca agradecen muy sinceramente la generosidad de estas entidades e instituciones.

I.S.B.N. Obra completa: 84-7846-463-8
Volumen 2: 84-7846-464-6

Depósito Legal: VA. 133-1995

Imprime: Sever-Cuesta
Prado, 10 - 47003 Valladolid

actas

EVOLUCIÓN HUMANA EN EUROPA Y LOS YACIMIENTOS DE LA SIERRA DE ATAPUERCA

HUMAN EVOLUTION IN EUROPE AND THE ATAPUERCA EVIDENCE

Volumen 2

José María Bermúdez, Juan Luis Arsuaga y
Eudald Carbonell (Eds.)

JUNTA DE CASTILLA Y LEÓN
Consejería de Cultura y Turismo

Índice

VOLUMEN 2

Arqueología

ARQUEOLOGÍA

Evolución humana en Europa y los yacimientos de la Sierra de Atapuerca, págs. 345-356

Nuevos aspectos sobre el yacimiento del Paleolítico Inferior en Ain Hanech, Argelia

A new look at the Lower Palaeolithic site at Ain Hanech, Algeria

Mohamed Sahnouni

Institute of Archaeology, University of Algiers. Currently at C.R.A.F.T. Research Center Indiana University, 419 N. Indiana Avenue Bloomington, Indiana 47405, U.S.A.

Resumen:

El yacimiento de Ain Hanech en el noreste de Argelia fue descubierto por el paleontólogo francés C. Arambourg en 1947. Dicho yacimiento ha ofrecido una fauna del Pleistoceno Inferior junto con industria lítica Olduvayense (Modo Tecnológico I) y es uno de los yacimientos arqueológicos más antiguos en el norte de África. Se han llevado a cabo nuevas investigaciones sobre industrias líticas halladas en excavaciones anteriores, y se han realizado nuevos trabajos de campo. El análisis de la industria lítica revela los aspectos tecnológicos de este utillaje primitivo y sus características Olduvayenses. El trabajo de campo ha mostrado que hay un gran potencial para investigaciones ulteriores en el yacimiento de Ain Hanech y que va a ser posible responder a los importantes interrogantes que quedan todavía sin aclarar con respecto a la edad, tecnología y deducciones sobre el comportamiento de los homínidos de este antiguo lugar de ocupación del norte de África.

Abstract

The Ain Hanech site in northeast Algeria was discovered by the French paleontologist C. Arambourg in 1947. It has yielded a Lower Pleistocene fauna associated with Oldowan artifacts (Mode I Technology), and is one of the earliest archaeological sites in North Africa. New research has been carried out regarding stone artifacts recovered from previous excavations, and new field survey has been undertaken. Stone artifacts analysis reveals the technological features of this early stone industry and its Oldowan characteristics. Field reconnaissance has indicated that there is great potential for further research at the Ain Hanech site and that it will be possible to answer important questions which remain unresolved regarding the age, technology, and behavioral implications of this early occupation site in North Africa.

Palabras clave:

Pleistoceno Inferior, Paleolítico Inferior, Norte de África, Ain Hanech, Estratigrafía, Tecnología.

Key words:

Lower Pleistocene, Lower Paleolithic, North África, Ain Hanech, Stratigraphy, Technology.

1
Introducción.

Este artículo, como su título indica, consiste en una investigación adicional llevada a cabo en el yacimiento del Paleolítico Inferior de Ain Hanech en Argelia, con respecto a la industria lítica anteriormente recogida y los nuevos trabajos de campo para delimitar una nueva zona arqueológica para una investigación ulterior.

El yacimiento de Ain Hanech fue descubierto en 1947 por el paleontólogo francés Camille Arambourg en el curso de un estudio paleontológico llevado a cabo en la región de Sétif en Argelia. Antes de este descubrimiento, Arambourg había excavado el yacimiento paleontológico de Ain Boucherit situado aproximadamente a 200 metros al noroeste de Ain Hanech, en la otra orilla de un pequeño río intermitente. Aquí, reunió restos faunísticos y los clasificó como pertenecientes al Villafranquiense inferior (Plioceno Superior) (Arambourg, 1947). La fauna incluye, entre otras especies, *Anancus osiris, Elephas africanavus, Stilohipparion libycum* y *Equus numidicus* (Arambourg, 1970).

En 1947, después de observar una serie de afloramientos en la parte sudeste del río, investigó la zona y descubrió una fauna del Villafranquiense superior (Pleistoceno Inferior) asociada a industrias del Paleolítico Inferior (Arambourg, 1949). Los restos faunísticos, entre los que se podían identificar algunas especies evolucionadas, eran iguales a aquellos descubiertos en el yacimiento de Ain Boucherit, tales como *Elephas moghrebiensis, Equus numidicus* e *Hippopotamus amphibus* etc. Los restos industriales, descubiertos *in situ* en una sección puesta al descubierto por la erosión, correspondían al Modo Tecnológico I e incluían principalmente poliedros, subesferoides y esferoides similares a aquellos descubiertos en la garganta de Olduvai (Nivel I superior/Nivel II inferior). Ésta fue la primera vez que se había descubierto fauna del Pleistoceno Antiguo asociada a industria del Paleolítico Inferior en el norte de África.

Arambourg llevó a cabo otras excavaciones animado por su original descubrimiento arqueológico en 1952 y 1953 (Arambourg, 1953 y Arambourg y Balout, 1952). Se recgieron nuevos huesos fósiles e industria lítica (unas 600 piezas). Además, realizó una sección estratigráfica esquemática en la que identificó cinco niveles generales de depósitos, dos de los cuales (el nivel inferior = 1 y nivel = 3) contenían huesos fósiles e industria. Indicó que el nivel = 3 contenía abundantes materiales arqueológicos incluidos dentro de una arcilla gris.

1
Introduction.

This paper, as the title indicates, consists of additional research conducted at the Lower Palaeolithic Ain Hanech site in Algeria regarding stone artifact materials previously collected and field reconnaissance to locate new archaeological area for further research.

The Ain Hanech site was discovered in 1947 by the French paleontologist Camille Arambourg in the course of a paleontological survey of the region around Sétif in Algeria. Prior to this discovery, he had excavated the paleontological site of Ain Buocherit located approximately 200 meters to the northwest of Ain Hanech on the other side of a small intermittent stream. Here he collected numerous fossil animal bones and assigned them to the Lower Villafranchian (= Upper Pliocene) (Arambourg, 1947). The fauna includes, among others, *Anancus osiris, Elephas africanavus, Stylohipparion libycum,* and *Equus numidicus* (Arambourg, 1970).

In 1947, after observing exposures occurring on the southeast side of the stream, he investigated the area and discovered an Upper Villafranchian (= Early Pleistocene) fauna associated with Lower Palaeolithic artifacts (Arambourg, 1949). Fossil animal bones included some evolved species compared with those uncovered at the Ain Boucherit site, such as *Elephas moghrebiensis, Equus numidicus,* and *Hippopotamus amphibus* etc. The artifacts, discovered *in situ* in a section exposed by erosion, consisted of Mode I technology and included primarily polyhedrons, subspheroids, and spheroids similar to those known at Olduvai Gorge (Upper Bed I / Lower Bed II). This was the first time that an early Pleistocene fauna was found associated with Lower Palaeolithic artifacts in North Africa.

Encouraged by his original archaeological discovery, in 1952 and 1953 Arambourg undertook excavations (Arambourg, 1953 and Arambourg et Balout, 1952). Further fossil bones and artifacts (around 600 pieces) were picked up. In addition, he made a schematic stratigraphic section in which he distinguished five generalized levels of deposits, two of which (the lower level = 1 and level = 3) contained fossil bones and artifacts. He reported that level = 3 contained particularly abundant archaeological materials contained within a gray clay.

In 1966 Arambourg returned to the site for a final season accompanied by his student Y. Coppens (Camps, 1966 and Coppens personal communication). From this research, he developed a broad stratigraphic section representing a schematic sequence of sediments and tentative correlations

1. *Mapas que muestran: 1.—La localización del yacimiento de Ain Hanech en Argelia, 2.—El lugar exacto del yacimiento en la zona de Sétif.*

1. *Maps showing: 1.—The location of Ain Hanech site in Algeria; 2.—The precise location of the site in Sétif area.*

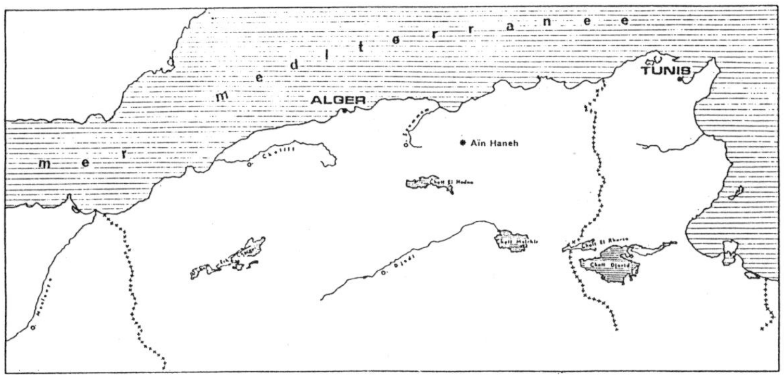

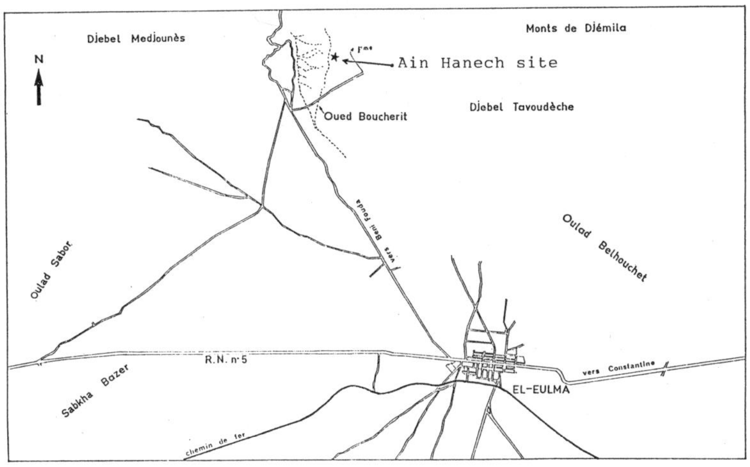

En 1966, Arambourg volvió al yacimiento para realizar una campaña final acompañado por su estudiante Y. Coppens (Camps, 1966 y Coppens, comunicación personal). A partir de esta investigación, desarrolló una extensa sección estratigráfica que representaba una secuencia esquemática de sedimentos y correlaciones provisionales entre los depósitos de Ain Hanech y Ain Boucherit (Arambourg, 1970).

Sin embargo, Arambourg excavó este yacimiento con objetivos paleontológicos más que arqueológicos, sin técnicas de excavación sistemáticas y sin la documentación actualmente utilizada en arqueología. Por lo tanto, todavía quedan muchos interrogantes sin resolver en lo que concierne a este yacimiento, especialmente en lo referente a los detalles estratigráficos, la naturaleza de la asociación de huesos e industria lítica, el contexto geoarqueológico, las características tecnológicas y tipológicas de la industria y las implicaciones sobre el comportamiento de estos hallazgos.

La investigación preliminar se ha llevado a cabo en el campo y también en lo referente a la industria lítica previamente recogida. Esta investigación preliminar muestra la existencia de un gran potencial para realizar posteriores investigaciones en este área, que ayudarán a responder los interrogantes que siguen sin respuesta.

between the Ain Hanech and Ain Boucherit deposits (Arambourg, 1970).

However, Arambourg excavated this site with paleontological, rather archaeological questions in mind, and without the systematic excavation techniques and documentation presently used in archaeology. Therefore, many questions still remain unresolved surrounding this site, particularly with regard to stratigraphic details, the nature of the association of bones and stone artifacts, the geoarchaeological context, technological and typological features of the industry, and the behavioral implications of the occurrence.

Preliminary research has been conducted in the field and also with regard to stone artifacts previously collected. This preliminary research indicates that there is great potential for further research in this area which help answer the questions remaining unresolved.

2
Análisis de la industria lítica.

El análisis de la industria lítica se divide en dos aspectos: observaciones tecnológicas y análisis de los atributos morfotecnológicos.

2
Stone artifact analysis.

The stone artifact analysis is divided into two aspects: Technological observations and morphotechnological attributes analysis.

2.1. Observaciones tecnológicas.

Un minucioso examen de la industria lítica me permitió hacer una serie de observaciones tecnológicas importantes, posibilitando la reconstrucción de una secuencia de reducción que mostró cómo los antiguos homínidos en Ain Hanech fabricaban sus materiales líticos.

Antes de abordar la secuencia de reducción, valdría la pena dar cierta información sobre las materias primas. La materia prima utilizada para hacer la industria de Ain Hanech es caliza del Cretácico Superior cuyo lugar de procedencia se sitúa a 10 km al norte del yacimiento.

La fragmentación natural en bloques de la roca madre y su corto transporte subsiguiente por arrastres han originado la formación de cantos cuboides, cuyas superficies forman plataformas naturales. Desde un punto de vista morfométrico, las tres dimensiones de este tipo de cantos son más o menos iguales (Longitud ≧ Anchura ≧ Grosor).

Podemos encontrar tres rasgos tecnológicos principales que caracterizan el material lítico de Ain Hanech. Dichos rasgos son los siguientes:

1. La morfología natural de los cantos determina en un alto grado el lascado o retoque que ha sido realizado.
2. El uso de plataformas de talla corticales y no corticales produce una variedad limitada de formas.
3. La extensión del retoque se basa en la predisposición de la morfología natural de los cantos.

Las secuencias de reducción empleadas para producir estos tipos de industria, como se ha observado en los materiales de Ain Hanech, producen tres formas generales de lascado en los cantos.

1. Cantos de al menos dos plataformas corticales: (ver figura 2, canto 1, opción a y b).

Este tipo de canto puede tener varias plataformas naturales; pero son necesarias dos para lograr su objetivo. Estas dos superficies naturales, ya estén opuestas o adyacentes, se utilizan como plataformas de talla.

La talla sobre la primera plataforma cortical origina negativos de obtención de lascas y la formación de un filo. Dicho filo se desarrolla normalmente en 3/4 del perímetro de la plataforma. En este estadio, basado en su morfología, el canto ofrece dos tipos de posibilidades. La primera posibilidad es cortar la plataforma cortical adyacente. Mientras prosigue la talla, se hace un segundo filo, y la forma que se obtiene es subesférica (canto 1, opción a).

2.1. Technological observations.

A close examination of stone artifacts permitted me to make important technological observations allowing the reconstruction of a sequence reduction showing how early hominids at Ain Hanech manufactured their stone materials.

Prior to deal with the sequence reduction, it is worthwhile to give some information about the raw material. The raw material used to make the Ain Hanech artifacts is Upper Cretaceous limestone whose source is located 10 km north of the site.

The natural blocky fragmentation at the rock source and its short subsequent transport by washs have caused the formation of cuboid cobbles whose surfaces comprise natural platforms. From a morphometrical point of view, the three dimensions of these kind of cobbles are more or less equal (Length ≧ Width ≧ Thickness).

Three major technological features characterize the Ain Hanech artifactual material. They are:

1. The natural morphology of the cobbles dictates to a large degree the flaking or trimming which has been carried out.
2. Using cortical and non-cortical striking platforms to make these cobbles into a limited variety of forms.
3. The extention of the trimming is based upon the predisposition of the natural cobble morphology.

The reduction sequences applied to produce kinds of artifacts, as they are observed in the Ain Hanech materials, consists of flaking three general cobble shapes.

1. Cobble at least two cortical platforms: (see figure 2, cobble 1, option a and b).

This type of cobble may have several natural platforms; but two are necessary to make the product. These two natural surfaces, whether they are opposed or adjacent, are used as striking platforms.

Striking on the first cortical platform engenders flaking scars and the formation of an edge. The edge is usually developed to 3/4 of the platform perimeter. At this step, based on its morphology, the cobble offers two kinds of possibilities. The first possibility is to strik off the adjacent cortical platform. As the trimming goes on, a second edge is made, and the shape obtained is subspherical (cobble 1, option a).

The other possibility consists of producing an almost identical shape (i.e. polyhedron or subspheroid) by striking off and flaking from the opposite cortical platform (cobble 1, option b).

2. *Secuencia de reducción mostrando la realización de poliedros y esferoides, tal y como se observa en los útiles líticos de Ain Hanech.*

2. *Sequence reduction showing the manufacture of polyhedrons and spheroids, as it is observed at Ain Hanech artifacts.*

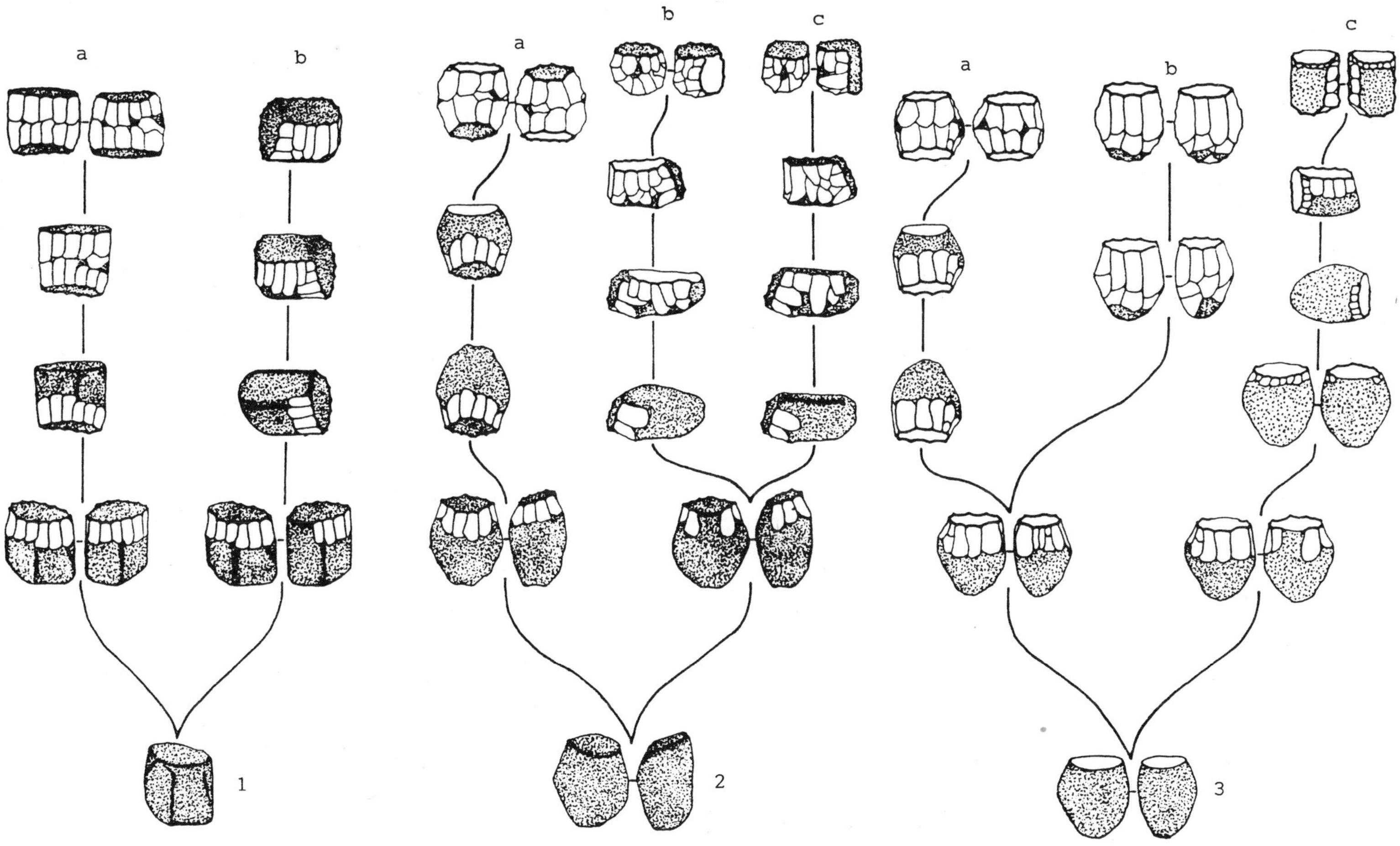

La otra posibilidad consiste en producir una forma casi idéntica (por ejemplo: poliedro o subesferoide) cortando y haciendo lascas desde la plataforma cortical opuesta (canto 1, opción b).

2. Canto con al menos una plataforma cortical (ver figura 2, canto 2, opción a, b y c).

Este tipo de canto tiene que incorporar necesariamente una superficie cortical; pero puede tener más de una. La superficie natural se utiliza como una plataforma de talla, se forma y desarrolla un filo de hasta 3/4 de la periferia de la plataforma.

Basándose en la morfología natural del canto, se ofrecen dos orientaciones principales. La primera orientación crea un poliedro o subesferoide con dos plataformas de percusión cortical y opuestas (canto 2, opción a). La segunda orientación es fabricar el mismo producto utilizando dos plataformas de percusión cortical y adyacente (canto 2, opción b).

2. Cobble with at least one cortical platform: (see figure 2, cobble 2, option a, b, and c).

This type of cobble has to incorporate necessarily one cortical surface; but it could have more than one. The natural surface is used as a striking platform, from which an edge is created and developed up to 3/4 of the platform periphery.

Based upon the natural morphology of the cobble, two major orientations are offered. The first orientation constitutes to make a polyhedron or subspheroid with two cortical and opposite striking platforms (cobble 2, option a). The second orientation is to manufacture the same product through using two cortical and adjacent striking platforms (cobble 2, option b).

If the cobble does not present an adjacent cortical platform, the preparation of a non-cortical one is essential.

3. Cobble without a natural platform: (see figure 2, cobble 3, option a, b, and c).

Si el canto no presenta una plataforma cortical adyacente, será esencial la preparación de una no cortical.

3. Canto sin una plataforma natural: (ver figura 2, canto 3, opción a, b y c).

Este tercer tipo de canto no incluye ninguna plataforma cortical; pero es esencialmente espeso. La falta de una plataforma de talla cortical precisa la preparación de una de ellas. Una vez creada la plataforma necesaria y al tallar sobre ella se desprenden algunas lascas y se crea un nuevo filo.

En este estadio existen también dos posibilidades para fabricar subesferoides o poliedros; bien con una plataforma (canto 3, opción b), o bien con dos plataformas opuestas no corticales (canto 3, opción a).

Vale la pena observar que hay otra categoría de poliedros que incluyen tres plataformas para tallar. Podrían ser bien corticales, o bien no corticales (canto 3, opción c).

Como ya hemos visto, la secuencia de talla muestra que se han empleado varias potencialidades para fabricar poliedros y subesferoides dependiendo de la materia prima y en particular de su morfología. Esto refleja una coordinación entre la morfología y la tecnología.

This third type of cobble does not include any cortical platform; but it is essentially thick. The lack of a cortical striking platform requires preparation of one. After creating the necessary platform and striking on it, several flakes are detached and a new edge is made.

At this stage too, there are two possibilities to manufacture subspheroids or polyhedrons; either with one platform (cobble 3, option b), or two opposite non-cortical platforms (cobble 3, option a).

It is worthwhile to notice that there is another category of polyhedrons which includes three striking platforms. They could be either cortical or non-cortical (cobble 3, option c).

As we have seen, the sequence reduction shows that several potentialities had been employed for manufacturing polyhedrons and subspheroids depending on the raw material and specifically its morphology. This reflects a coordination between morphology and technology.

3 Análisis de los atributos morfológicos.

La pregunta suscitada en este estudio es ¿por qué el utillaje lítico de Ain Hanech no está estandarizado tecnológicamente? En otras palabras, ¿por qué la industria de Ain Hanech se elabora con opciones tecnológicas diferentes aunque su morfología sea homogénea?

La metodología aplicada en un intento de contestar esta pregunta consiste en un planteamiento analítico en el que se seleccionaron los datos pertinentes. Cada atributo se trata de forma individual, y luego en correlación con otros.

No revisaré en detalle el análisis de los datos morfotecnológicos. El lector puede encontrar un estudio completo en una publicación anterior (Sahnouni, 1987). En este artículo, solamente esbozaré el método empleado y los resultados obtenidos más relevantes.

3 Morphotechnological attributes analysis.

The question raised in this study is why the Ain Hanech stone industry is not technologically standardized? In other words, why the Ain Hanech artifacts are elaborated with different technological options although its morphology is homogeneous?

The methodology applied in an attempt to answer this question consists of an analytical approach in which pertinent data were selected. Each attribute is treated individually, and then correlated with others.

I will not review in detail the morphotechnological data analysis. The reader may find the complete study in a previous publication (Sahnouni, 1987). In this paper I will only outline the method employed and the relevant results acquired.

3. *Poliedros y subesferoides del yacimiento de Ain Hanech, Argelia.*

3. *Polyhedrons and subspheroids from Ain Hanech site, Algeria.*

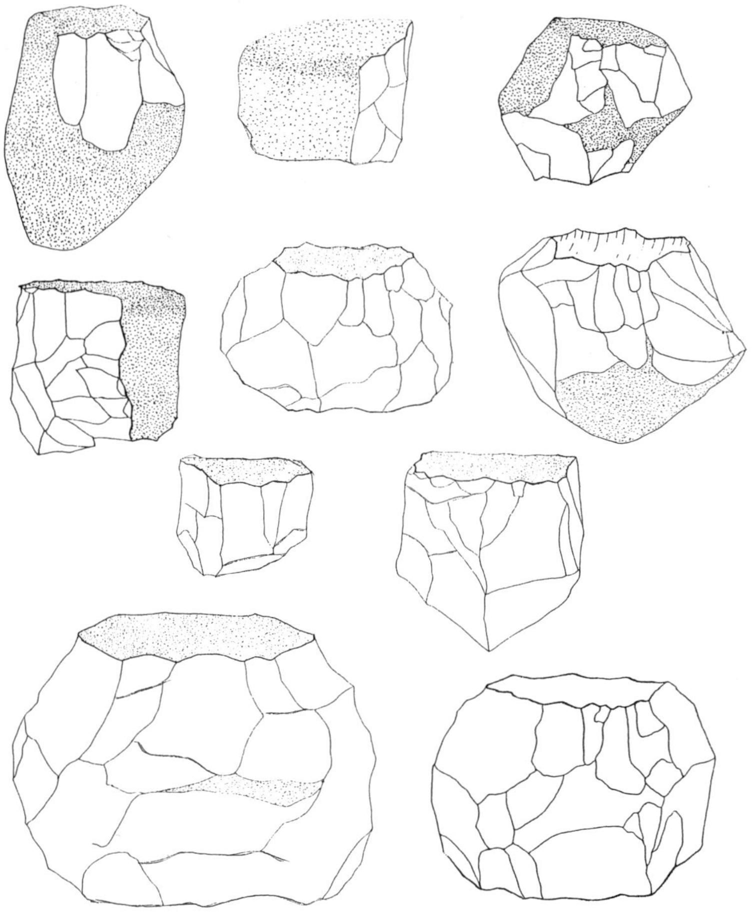

3.1.
Se han considerado tres tipos de criterios.

— Atributos métricos: incluyendo longitud, anchura, espesor y peso.
— Atributos morfológicos: incluyen la morfología general del guijarro y su sección, y una estimación de su grado de retoque.
— Atributos tecnológicos: que comprenden la plataforma de talla (su cantidad, tipo y posición), filo (su extensión, características morfológicas y ángulo) y levantamientos.

El análisis estadístico descriptivo reforzado por un análisis factorial (análisis de componentes principales y análisis factorial) permitió una caracterización de la industria de Ain Hanech. Las características principales son las siguientes:

— Las dimensiones principales expresan la búsqueda sistemática de la masa.

3.1.
Three kinds of criteria are considered.

— Metrical attributes: including Length, Width, Thickness, and Weight.
— Morphological attributes: that include the general morphology of the cobble and its section, and an estimation of their trimming degree.
— Technological attributes: which comprise the striking platform (its quantity, type, and position), edge (its extension, morphological characteristics, and angle), and scars.

A descriptive statistic analysis strengthened by a factor analysis (principal component analysis and factor analysis) allowed characterization of the Ain Hanech artifacts. The principal characteristics are the following:

— The main dimensions express the systematic search for a mass.

– La forma que más se ha obtenido es la esferoide.
– La falta absoluta de estandarización.
– Una buena correlación entre la morfología y tecnología.
– El ángulo del filo tallado tiende a ser relativamente obtuso (la media es 105,9).

Tales características permiten asignar la industria de Ain Hanech al modo tecnológico I (Olduvayense). De hecho, un reciente trabajo que compara los poliedros y subesferoides de Ain Hanech con los de los yacimientos de la Garganta de Olduvai muestra una clara similitud entre ellos desde el punto de vista de la elaboración tecnológica (Sahnouni, 1992).

4
Trabajo de campo.

El trabajo de campo comprende dos tipos de observaciones: la revisión estratigráfica preliminar y el descubrimiento de nuevas localizaciones con restos faunísticos e industria.

4.1.
Revisión estratigráfica preliminar.

Para investigar el origen estratigráfico del material arqueológico, limpié una sección estratigráfica (25 metros de alto por 1,5 de ancho) en las proximidades del yacimiento original donde era factible poner al descubierto una larga secuencia estratigráfica. Esto reveló que los depósitos sedimentarios son mucho más complicados que lo que describió Arambourg, quien sólo facilitó una descripción muy generalizada sin buenos detalles estratigráficos.

En esta sección estratigráfica, podemos observar lo siguiente (Fig. 4):

– En la parte inferior (A): arcilla marrón oscura con puntos blancos y pequeños cantos (1 cm.). El grosor de este estrato es de 6 metros.
– Falta de visibilidad debido al grueso recubrimiento coluvial.
– (B): arcilla marrón oscura que es más compacta que (A), e incluye lentejones de arena fina en la parte inferior.
– (C): conglomerado inferior que consiste en una matriz dura que contiene nódulos de piedra caliza (15-10 cm.).

– The most obtained shape is the subspheroid.
– The absolute lack of standardization.
– A good correlation between the morphology and technology.
– The angle of flaked edge tend to be relatively obtuse (the average is 105,9).

Such characteristics allow to assign the Ain Hanech industry the mode I technology (Oldowan). In fact, in a recent work comparing between the Ain Hanech polyhedrons and subspheroids and those from Olduvai Gorge sites shows a clear similarity between them in terms of technological elaboration (Sahnouni, 1992).

4
Field reconnaissance.

The field reconnaissance comprises two kinds of observations: Preliminary stratigraphic revision and the discovery of new localities containing fossil animal bones and artifacts.

4.1.
Preliminary stratigraphic revision.

To investigate the stratigraphic provenance of the archaeological material, I cleaned a stratigraphic section (25 meters high and 1,5 wide) in the vicinity of the original site where a long stratigraphic sequence could be exposed. This revealed that sedimentary deposits are much more complicated than described by Arambourg, who provided only a very generalized portrayal without finer stratigraphic detail.

In this stratigraphic section, we may observe the following (Fig. 4):

– At the bottom (A): Dark brown clay including white spots and small pebbles (1 cm.). The thickness of this strata is 6 meters.
– Lack of visibility due to thick colluvial cover.
– (B): Dark brown clay which is more compact than (A), and includes a fine sand lens in the bottom.
– (C): Lower conglomerate consisting of a hard matrix containing Limestone cobbles (15-10 cm.).
– (D): Compact banded clay with sand lenses, 5 meters thick, its color changes from the bottom to the top.
– (E): Red clay with pebbles.

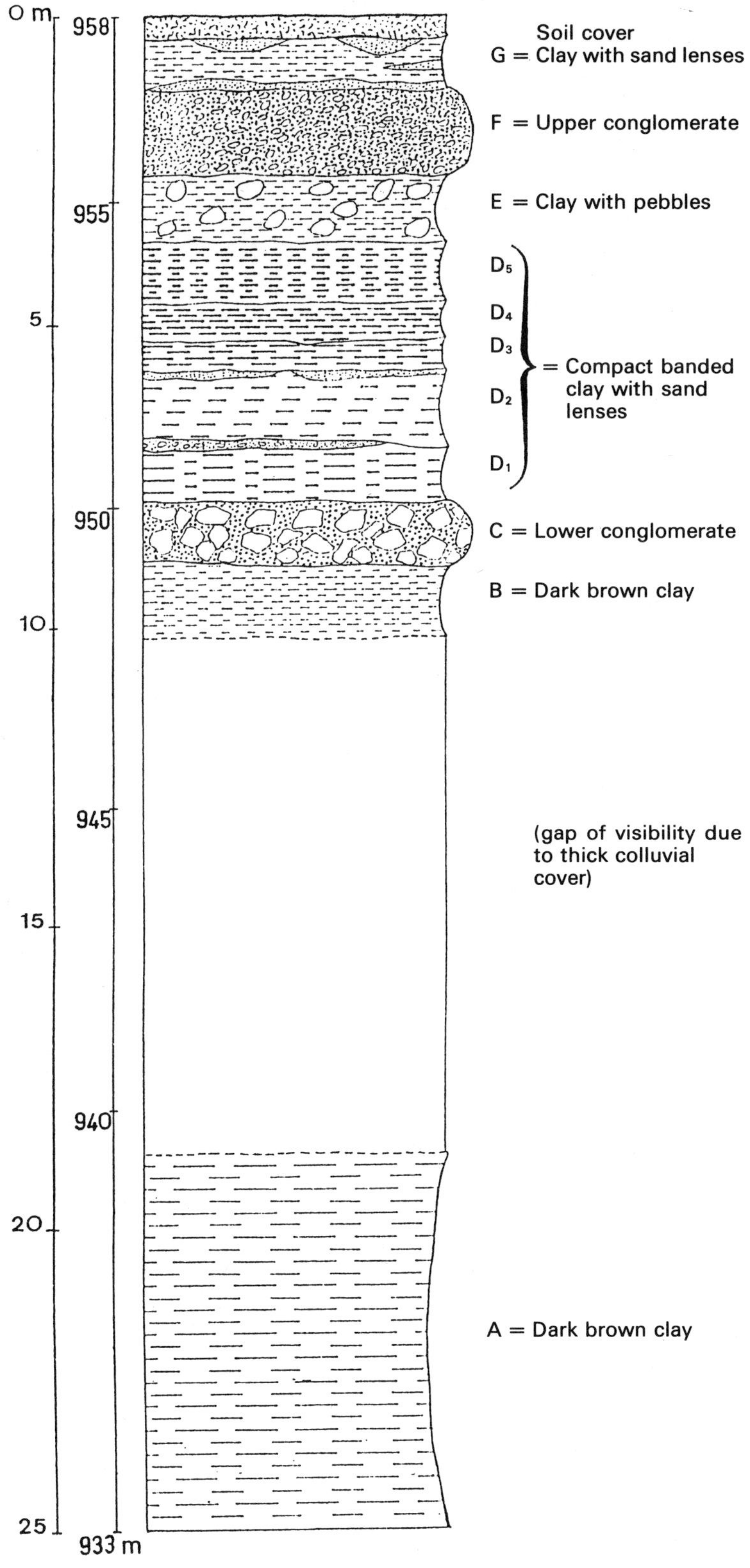

4. *Columna estratigráfica del barranco de Ain Hanech.*

4. *Stratigraphic column of Ain Hanech ravine.*

– (D): Arcilla bandeada compacta con lentejones de arena, 5 metros de grosor, su color cambia de la parte inferior a la superior.

– (E): Arcilla roja con guijarros.

– (F): Conglomerado superior que incluye pequeños guijarros en una matriz arenosa dura. Este conglomerado tiene 1,5 metros de grosor.

– (G): Arcilla con lentejones de arena, su color cambia del amarillo en la parte inferior al gris en la parte superior. A techo de este estrato se encuentra la cubierta de suelo.

4.2.
Descubrimiento de nuevos emplazamientos.

Se descubrieron nuevos emplazamientos con huesos fósiles e industria cerca del yacimiento, lo que indica que todavía existen extensiones de estratos que contienen industria y fósiles que merecen nuevas investigaciones. Aunque el paisaje local está cubierto con un suelo superficial y vegetación, profundas excavaciones en los alrededores tanto naturales como realizadas por el hombre revelan que gran cantidad de industria lítica y huesos están contenidos en los sedimentos estratificados existentes.

Al excavar un pozo, se encontraron huesos fósiles e industria a 6 metros de profundidad en un nivel correspondiente al estrato arqueológico del yacimiento clásico de Arambourg. Éste se encuentra situado a unos 400° ESE del yacimiento original. En esta excavación del pozo, se descubrieron ocho cantos desbastados y tres dientes fósiles de *Equus* en un área de 2 m^2 dentro de un deposito de arcilla. Los dientes se asemejan a las especies de *Equus (asinus) tabeti* identificados anteriormente en Ain Hanech por Arambourg. Los restos líticos son poliedros y subesferoides similares a aquéllos previamente recuperados en el yacimiento.

Existen también afloramientos naturales en las proximidades del yacimiento, especialmente a lo largo de la zona occidental de estos sedimentos (en la cuenca de Ain Boucherit) y hacia el sur, donde un barranco de erosión más pequeño está cortado en la actualidad por depósitos laterales al yacimiento de Arambourg. Los hallazgos situados en el corte sur, a unos 200 metros al sur de la trinchera de Arambourg, por ejemplo, la erosión ha puesto al descubierto una parte del cráneo de un bóvido dentro de un depósito de arcilla de grano fino, aproximadamente al mismo nivel de los depósitos culturales de la trinchera de Arambourg.

– (F): Upper conglomerate including small pebbles within a hard sandy matrix. This conglomerate is 1,5 meter thick.

– (G): Clay with sand lenses, its color changes from yellow in the bottom to gray in the top. This strata supports the soil cover.

4.2.
Discovery of new localities.

New localities containing fossil animal bones and artifacts were discovered in the vicinity of the site which indicate extensions of the artifact and fossil-bearing stratum still exist which merit further research. Although the local landscape is draped with superficial soil and vegetation, some incisive natural and man-made cuttings in the vicinity reveal that quantities of artifacts and bones are enclosed in existing stratified sediments.

In the process of digging a well, fossil bones and artifacts were found 6 meters below the ground surface at a level corresponding to the archaeological strata of Arambourg's classic site. This is located about 400 ESE from the original site. In this well excavation, eight trimmend pebbles and three fossil *Equus* teeth were uncovered in a 2 m^2 area within a clay deposit. The teeth resemble the *Equus (asinus) tabeti* species previously identified at Ain Hanech by Arambourg. The lithic remains are polyhedrons and subspheroids similar to those previously recovered at the site.

Natural exposures also exist in the vicinity of the site, particularly along the western side of these sediments (in the Ain Boucherit drainage) and to the south where smaller erosion gully is presently cutting down through deposits lateral to Arambourg's site. In the southern exposure, about 200 meters south of Arambourg's trench, for example, a partial bovid portion cranium within a fine-grained clay deposit has been exposed by erosion at approximately the same level of the cultural deposits in Arambourg's trench.

It should be noted that all these localities (including the Ain Hanech excavated site) are concentrated within a block of sediment whose western and southern borders are eroded and stratigraphicaly exposed.

Debería señalarse que todos estos enclaves (incluyendo el yacimiento excavado de Ain Hanech) se concentran dentro de un bloque de sedimentos cuyos límites al sur y oeste están erosionados y expuestos en estratigrafía.

5
Resumen y conclusión.

El yacimiento de Ain Hanech es probablemente uno de los más importantes afloramientos del Paleolítico Inferior en el norte de África, hasta ahora muy poco conocido. Aunque los restos faunísticos e industria lítica ya se han estudiado en profundidad (desde el punto de vista tanto paleontológico como tecnológico), valdría la pena resolver varias cuestiones relevantes. La resolución de los problemas concernientes a un contexto estratigráfico y sedimentario preciso de los hallazgos, la datación del sedimento y materiales asociados y la distribución espacial del material arqueológico horizontal y verticalmente, deberían mejorar nuestra comprensión sobre la naturaleza de la ocupación más antigua de homínidos en el norte de África y esclarecer su posterior expansión a regiones más templadas del Viejo Mundo.

5
Summary and conclusion.

The Ain Hanech is probably one of the most important, yet very poorly understood Lower Palaeolithic ocurrences in North Africa. Although the fossil animal bones and stone artifacts have already been studied in depth (respectively from a paleontological and technological point of view), several outstanding questions would merit to be resolved. Resolving questions concerning precise stratigraphic and sedimentary context of the finds, dating of the sediment and associated materials, and the spatial distribution of the archaeological material horizontally and vertically, should improve our understanding of the nature of earliest hominid occupation in North Africa and shed the light on their spread later into more temperate regions of the Old World.

6
Agradecimientos.

Deseo expresar mi gratitud al Profesor E. Aguirre, al Dr. J. M. Bermúdez de Castro y al Dr. E. Carbonell por haberme invitado a participar en la conferencia sobre "La evolución humana en Europa y los yacimientos de la Sierra de Atapuerca", así como a los Dres. K. Schick y N. Toth por sus sugerencias y comentarios al artículo.

Marzo, 1993.

6
Acknowledgments.

I wish to express my gratitude to Pr. E. Aguirre, Dr. J. M. Bermúdez de Castro, and Dr. E. Carbonell for inviting me to participate in the conference on "Human Evolution and the Atapuerca Evidence". I would like to think Dr. K. Schick and Dr. N. Toth for their suggestions and comments on the paper.

Arambourg, C. (1947): Les Vertébrés fossiles des formations continentales des plateaux constantinois (note préliminaire). *Bulletin de la Sociéte Histoire Naturelle de l'Afrique du Nord,* 38: 45-48.

Arambourg, C. (1949): Présentation d'objets énigmatiques provenant du Villafranchien d'Algérie. *Société Géologique de France, 7,* c. r. somm. des séances, 120-122.

Arambourg, C. (1949): Sur la présence dans le Villafranchien d'Algérie de vestiges éventuels d'industrie humaine. *Comptes Rendus de l'Académie des Sciences,* Paris, 229: 66-67.

Arambourg, C. (1953): Nouvelles observations sur le gisement de l'Ain Hanech prés de St. Arnaud (Constantine). *Comptes Rendus de l'Académie des Sciences,* Paris, 236: 2419-2420.

Arambourg, C. (1970): Les Vertébrés du Pleistocène d'Afrique du Nord. *Archiv. Mus. Nat. Hist. nat.,* Paris, 7ème série, 1: 1-127.

Arambourg, C. (1979): *Les Vertébrés villafranchiens d'Afrique du Nord.* Paris: Fondation Singer Polignac.

Balout, L. (1955): *Préhistoire de l'Afrique du Nord.* Paris: A. M. G.

Camps, G. (1966): La Préhistoire en Algérie et les activités scientifiques du CRAPE durant l'année 1966. *Libyca,* 14: 459-460.

Sahnouni, M. (1985): Reconaissance d'une chaîne opératoire, expliquant l'obtention des formes polyédriques et subsphériques, dans l'industrie sur galets du gisement villafranchien de Ain Hanech (Sétif, Algérie Orientali). *Comptes Rendus de l'Académie des Sciences,* Paris, 301, série II, 5: 355-358.

Sahnouni, M. (1987): *L'industrie sur galets du gisement villafranchien de Ain Hanech.* Algiers: O. P. U.

Sahnouni, M. (In Press, 1992): Etude comparative des galets taillés polyédriques, subsphériques et sphériques des gisements d'Ain Hanech (Algérie) at d'Olduvai (Tanzanie). *L'Antrhopologie,* Paris.

Sahnouni, M. et Hadjouis D. (1987): Découverte de nouveaux documents osseux et lithiques à Ain Hanech (Sétif, Algérie Orientale). *Bulletin de la Société Préhistorique Francaise,* Paris, 84, 133-134.

Evolución humana en Europa y los yacimientos de la Sierra de Atapuerca, págs. 357-366

Consideraciones sobre el Paleolítico Inferior en Italia

Considerations on the Lower Palaeolithic in Italy

Carlo Peretto

Dipartimento di Scienze Geologiche e Paleontologiche dell'Università, Corso E. I D'Este 32, 44100 Ferrara. Italy

Resumen:

Se está debatiendo el grado de conocimiento actual sobre los orígenes de la población humana de Italia, con una referencia particular al Paleolítico Inferior. En los diez últimos años ha habido una serie de descubrimientos de gran importancia que han contribuido a clarificar este largo período de nuestra historia. El testimonio más antiguo sobre la presencia del hombre en Italia por el momento sólo está representado por útiles líticos que en algunos casos, tales como en el Monte Poggiolo, se encontraron en gran cantidad en depósitos primarios. Aún cuando la prueba más antigua sobre la presencia del hombre parezca indicar un fecha aproximada de un millón de años, será necesario llegar a unos 700.000 años, cronología del yacimiento de Isernia la Pineta, para obtener una descripción suficientemente completa sobre la estructura real de la primera población de la península italiana. En los períodos sucesivos, veremos la aparición y difusión de las industrias de bifaces; desde este punto en adelante los yacimientos son tan numerosos como significativos, aun cuando todavía haya muchas cuestiones que siguen sin respuesta, sobre todo aquéllas que tratan sobre su origen, la posible presencia de industrias sin bifaces y la transición a los complejos del Paleolítico Medio.

Abstract:

The present state of knowledge regarding the origins of the human population of Italy is discussed, with particular reference to the Lower Palaeolithic. In the last ten years a series of discoveries of notable significance have contributed to shedding light on this long period of our history. The oldest evidence for the presence of man in Italy is for the moment represented only by lithic tools which in some cases, such as at Monte Poggiolo, were found in large numbers in primary deposits. Even if the oldest evidence for the presence of man seems to indicate a date of around one million years, it is nevertheless necessary to reach circa 700,000 years ago, which is the date of the site of Isernia la Pineta, before we have a sufficiently complete picture as regards the real structure of the first population of the Italian peninsula. In the successive period we see the appearance and diffusion of the biface industries: from this point onwards the sites are both numerous and significant even if many questions have yet to be answered, in particlular those regarding their origin, the possible presence of non-biface industries, and the transition to the Middle Palaeolithic complexes.

Palabras clave:

Paleolítico Inferior, Italia, Análisis lítico.

Key words:

Lower Palaeolithic, Italy, Lithic analysis.

1

Introducción.

Desde los años 70, la excavación sistemática de importantes yacimientos del Pleistoceno Medio e Inferior ha contribuido de forma importante a ampliar nuestro conocimiento sobre esta larga fase de la historia del Hombre en la península italiana. Recordemos, entre otros, los yacimientos de Ca' Belvedere en Monte Poggiolo, Isernia la Pineta, Visogliano, Venosa Notarchirico, Castel di Guido y Fontana Ranuccio. Sin embargo, existen todavía muchos yacimientos en los que aún no está clara su cronología y su relación con los distintos complejos que han sido identificados.

Recientemente se han publicado algunas síntesis generales sobre este largo período cronológico. Creemos que sería oportuno, en este momento, reconsiderar algunos aspectos que ya se han tratado anteriormente, y en particular intentar sintetizar y enfocar las características fundamentales del Pleistoceno Medio, teniendo en cuenta los resultados de los descubrimientos más recientes.

2

La fase de la primera población humana de la península italiana.

No es posible hablar sobre el Pleistoceno Medio sin referirnos al problema de los primeros habitantes de la península italiana. Los testimonios más antiguos de su presencia, aunque todavía son escasos y generalmente poco claros, parecen datar de alrededor de 1 millón de años. Están distribuidos, sin una variabilidad tecno-tipológica substancial, en un amplio período de tiempo del orden de unos 300.000 años; es decir, hasta hace unos 700.000 años.

Un número considerable de yacimientos se han atribuido a esta fase, aunque es importante recordar que sólo unos pocos ofrecen una documentación consistente que asegure su antigüedad con un cierto margen de seguridad; además, en mi opinión, deberían definirse de nuevo algunos aspectos de la industria que se consideran característicos del conjunto hecho en cantos, tales como la presencia de "choppers" y "chopping-tools".

Ca' Belvedere en Monte Poggiolo (Emilia Romagna), Bibbona (Toscana), Monte Peglia (Umbria) y Colle Marino (Lazio), por ejemplo, son algunos de los yacimientos representativos de esta fase, aunque en algunos de ellos (Monte Peglia), el número de hallazgos es muy pequeño.

1

Introduction.

Since the 1970s, the systematic excavation of important Lower and Middle Pleistocene sites has led to a consistent development of our knowledge about this long phase in the history of man in the Italian peninsula. We recall, among others, the sites of Ca' Belvedere at Monte Poggiolo, Isernia La Pineta, Visogliano, Venosa Notarchirico, Castel di Guido and Fontana Ranuccio. However, many sites still remain unclear with respect to their chronology and their relationships with the different complexes that have been identified.

Some general syntheses concerning this long chronological period have been published recently. We believe it to be opportune at this time to reconsider some of the aspects that have been already dealt with and in particular to try to synthesize and focalize the fundamental characteristics of the Middle Pleistocene by taking into consideration the results of the most recent discoveries.

2

The phase of the first human population of the Italian peninsula.

It is not possible to speak about the Middle Pleistocene without referring to the problem of the first inhabitants of the Italian peninsula. The most ancient testimonies of their presence, even if they are still scarse and usually unclear, seem to date to around 1 million years ago and are distributed, without substantial techno-typological variability, in a wide span of time of the order of 300,000 years, that is until about 700,000 years ago.

A considerable number of sites have been attributed to this phase, although it is important to remember that only a few of these offer a consistent documentation which ensures their antiquity with a certain margin of security; furthermore, in my opinion, some aspects of the industry which are considered peculiar to an assemblage made on pebbles, such as the presence of choppers and chopping-tools, must be redefined.

Ca' Belvedere at Monte Poggiolo (Emilia Romagna), Bibbona (Toscana), Monte Peglia (Umbria) and Colle Marino (Lazio), for example, are among the most representative sites of this phase, even if for some of these (Monte Peglia) the number of finds recovered is very small.

Lo que se manifiesta del estudio de estos yacimientos es la extrema simplicidad de la cadena operativa que se utilizó para la producción de los útiles líticos. Lascas y utensilios sobre lasca se obtuvieron mediante un trabajo simple e inmediato de los núcleos, sin emplear técnicas especiales para preparar la plataforma de percusión o la configuración general del núcleo. Por lo tanto, observamos una homogeneidad sustancial en el ámbito de la producción de utensilios en toda Italia, acompañada de una simplificación de la expresión técnica que contrasta claramente con lo que se ha establecido para la fase sucesiva, decididamente Achelense, que fue más articulada y evidentemente más compleja en cuanto al trabajo y la producción de utensilios sobre lasca y otros.

Sin embargo, a menudo se ha mantenido que la presencia de utensilios tales como choppers y chopping-tools es especialmente significativa, para esta fase antigua del primer poblamiento de Italia. En mi opinión, y sobre la base del estudio de Monte Poggiolo, la clasificación de estos hallazgos parece estar influenciada por lo establecido en el continente africano más que por una presencia concreta de utensilios atribuibles tipológicamente a tales grupos. En el caso específico del yacimiento de Monte Poggiolo, en vista del gran número de reavivamientos que fueron identificados y que son característicos de muchas piezas, los llamados choppers parece que no son otra cosa que la fase inicial de la explotación de módulos de sílex. En otras palabras, éstos son simplemente núcleos no elaborados o no explotados.

No se puede excluir la posibilidad de que esta observación pueda ser válida en general para los yacimientos europeos a los que se les ha atribuido una edad tan antigua; una revisión de estas industrias, a la luz de esta observación, podría contribuir a solventar el problema señalado.

What emerges from the study of these sites is the extreme simplicity of the operative chain that was used for the production of stone tools. Flakes and flake tools were obtained by means of a simple and immediate working of the cores, without the employment of particular techniques to prepare the platform of percussion or the general configuration of the core. One observes, therefore, a substantial homogeneity in the ambit of the production of tools throughout Italy, accompanied by a simplification of the technical gesture, which contrasts starkly with what has been established for the successive phase, that decidedly Acheulean, which was more articulated and certainly more complex in terms of the working and production of tools on flakes and otherwise.

However, we believe it to be opportune to underline that for this ancient phase of the first population of Italy, it has often been said that the presence of tools such as choppers and chopping-tools is particularly significant. In my opinion, and above all on the basis of what has emerged from the study of Monte Poggiolo, the classification of these finds seems to be influenced by what has been established in the African continent rather than by a concrete presence of tools which are typologically attributable as such. In the specific case of the site of Monte Poggiolo, in the light of the large number of refittings which were identified and which are characterised by many pieces, the so-called choppers seem to be none other than the initial phase of the exploitation of the flint pebbles. In other words, these are simply unelaborated or unexploited pebble cores.

One cannot exclude the possibility that this observation may be valid in general for the European sites that have been attributed to this very ancient age; a reexamination of these industries, in the light of this observation, could make a contribution to the problem highlighted.

3 La fase de Isernia la Pineta.

El hecho de que el primer poblamiento de Italia y de Europa en general fuera un proceso amplio y articulado surge claramente del estudio del yacimiento de Isernia la Pineta, que data de unos 700.000 años aproximadamente. Este yacimiento representa una especie de bisagra entre el mundo de la primera población de la península italiana y la siguiente que se caracterizó por el uso y elaboración de bifaces.

El yacimiento de Isernia la Pineta ha mostrado cuatro suelos de ocupación antropogénicos que son muy ricos en

3 The phase of Isernia la Pineta.

The fact that the first population of Italy and of Europe in general was a broad and articulated process emerges clearly from the study of the site of Isernia la Pineta, which is dated to circa 700.000 years ago. This site represents a sort of hinge between the world of the first population of the Italian peninsula and the successive one which was characterized by bifaces.

The site of Isernia la Pineta has revealed four anthropogenic living-floors which are very rich in bone and lithic huesos y hallazgos líticos, englobados en una importante serie estratigráfica. Las fechas absolutas, especialmente las de Potasio/Argón sobre cristales de sanidina y los análisis paleomagnéticos, atribuyen una gran antigüedad al yacimiento, situándole aproximadamente en el límite de la inversión Matuyana/Brunhes.

Los estudios estratigráficos y paleontológicos así como las investigaciones sobre palinología, nos capacitan para trazar un cuadro relativamente completo de esta época. Sin querer entrar en un análisis detallado de todos los aspectos que surgen del estudio interdisciplinario, recordamos que la asociación de la fauna está caracterizada por una gran abundancia de rinocerontes, bisontes y elefantes. El hipopótamo, el jabalí, ciervo y cabra se encuentran escasamente representados, mientras que el oso es más abundante. El león también está presente.

En lo que respecta a la vegetación, la presencia de plantas herbáceas es alta (80 por 100), con una prevalencia de Gramineae; la investigación palinológica ha reconstruido un extenso paisaje llano caracterizado por la presencia de un río que permitió el crecimiento de álamos, sauces, plataneros y alisos. El entorno húmedo explica también la presencia de juncias y Typha. En las tierras altas había bosques de coníferas y la franja de árboles termófilos de hoja ancha, anteriormente mencionados.

Los utensilios están fabricados tanto en sílex como en caliza, aunque los últimos sólo están presentes en los tres suelos de ocupación más antiguos de los cuatro examinados. Entre los utensilios de sílex, hay una clara evidencia de la presencia de una técnica bipolar y una mayoría de plataformas planas y lisas; las dimensiones son reducidas y los utensilios a menudo son carenados. Los principales tipos de utensilios consisten en perforadores, muescas y denticulados, tanto bilaterales como unilaterales y transversales además de convergentes (puntas); otros tipos de utensilios son poco comunes. Entre los utensilios fabricados en piedra caliza podemos encontrar choppers y cepillos".

De los cuatro suelos de ocupación, el segundo, contando de muro a techo, es el más rico y puede subdividirse en varios sectores sobre la base de la tipología lítica y la consistencia del material paleontológico y paletnológico. En cuanto a los restos de fauna, los huesos pertenecientes a bisontes, rinocerontes y elefantes son los más numerosos. Las diferentes partes del esqueleto no se encuentran presentes de forma coherente; por ejemplo, el número de cráneos de bisonte y rinoceronte es muy alto en relación con el número de vértebras. Fracturas intencionales, producidas por una percusión

finds, enclosed in an important stratigraphic series. Absolute dates, among which we recall those of K/Ar on sanidine crystals, and paleomagnetic analyses attribute a great antiquity to the site, placing it approximately at the limit of the Matuyama/Brunhes inversion.

Detailed stratigraphic studies and paleontological and palynological investigations enable us to trace a relatively complete picture of that time. Without wanting to enter into a detailed analysis of all the aspects emerging from the interdisciplinary study, we recall that the faunal association is characterized by a great abundance of rhinoceros, bison and elephants. The hippopotamus, wild boar, deer and caprids are scarsely represented, while the bear is in fact more frequent than these. Lions are also present.

As regards the vegetation, the presence of herbaceous plants is high (80 per 100) with a prevalence of *Gramineae;* the palynological research has reconstructed an extensive prairie landscape characterized by the presence of a river, which consented the growth of poplars, willows, plane-trees and alders. The acqueous environment also explains the presence of sedges and Typha. On the elevated ground there were woods of conifers and the belt of thermophilous broadleaves mentioned above.

The tools are made from both flint and limestone, though the latter are present only on the three oldest of the four living-floors explored. Among the tools made from flint, there is clear evidence for the presence of bipolar technique and a majority of flat-smooth platforms; the dimensions are reduced and the tools are often carinated. The tool types primarily consist of borers, notches and denticulates, both unilateral, bilateral and bitransversal as well as convergent (points); other types of tool are rare. Among the tools made from limestone, choppers and rabots have been identified.

Of the four living-floors, the second one counting from the bottom upwards is the richest and can be subdivided into various sectors on the basis of the lithic typology and the consistency of the paleontological and palethnological material. As regards the faunal remains, bones appartaining to bison, rhinoceros and elephant are the most numerous. The various skeletal parts are not present in a coherent way; for example, the number of bison and rhinoceros skulls is very high with respect to the number of vertebrae. Intentional fractures, caused by direct percussion, are often found with the same form on analogous parts of the same species.

Limestone and travertine pebbles are frequent. The latter are of considerable dimensions and are found mixed with the directa, se encuentran a menudo con la misma forma en partes análogas de la misma especie.

Los cantos de caliza y travertino son frecuentes. Los últimos son de grandes dimensiones y se encuentran mezclados con los otros hallazgos; especialmente en la parte superior del nivel arqueológico se encontraron sobre extensas áreas cubriendo los huesos que descansaban en contacto directo con el limo.

other finds; in particular, at the top of the archaeological level they are found over vast areas covering the bones lying in direct contact with the underlying silt.

4 La fase sucesiva.

Numerosos yacimientos paleolíticos se han atribuido a esta fase, y se han subdividido en grupos culturales, identificados con los nombres de Clactoniense, Protolevallois y Achelense. A menudo la definición de un grupo va precedida de la palabra "técnica", en un intento de disminuir una definición cultural demasiado rígida, o bien va acompañada de adjetivos tales como "arcaico", "evolucionado, "final", etc., en la búsqueda de una definición cronológica, a menudo con un sentido evolutivo, de estos grupos; estas definiciones tienden a basarse en aspectos relacionados con un refinamiento mayor o menor de la producción de utensilios en el complejo analizado.

Todo esto ha ocasionado la dificultad de comprender las industrias en estudio; además, muchos de los conjuntos no pueden datarse con seguridad, o bien no puede considerarse que sean efectivamente homogéneos debido a que, desafortunadamente, provienen de colecciones recogidas en superficie. Además, frecuentemente carecen de controles de tipo paleontológico y palinológico.

Uno de los problemas que aparece al leer artículos científicos, y no sólo aquéllos publicados en italiano, es la no-homogeneidad sustancial de los métodos de estudio empleados. Raramente existe una posibilidad real para la comparación, no sólo desde el punto de vista de la tecnología y tipología de la industria, sino también en relación, por ejemplo, con la información referente a las secuencias estratigráficas o paleontológicas. Por lo tanto, todo esto contribuye a que no haya una homogeneidad en la investigación de los aspectos que caracterizan a los distintos yacimientos, lo que a su vez, impide la formulación de hipótesis comparativas y, consecuentemente, cualquier posibilidad de construir una síntesis general.

4 The successive phase.

Numerous Palaeolithic sites have been attributed to this phase, and have been subdivided into cultural groups which are identified by the names Clactonian, Protolevallois and Acheulean. Often the definition of a group is preceded by the word "technique", in an attempt to detract from a too rigid cultural definition, or else is accompanied by the adjectives "archaic", "evolved", "final", etc., in the search for a chronological definition, often with an evolutive sense, of these groups; these definitions tend to be based on aspects related to a lesser or greater refinement of tool production in the complex analysed.

All this has led to a difficulty of comprehension of the industries being studied; in addition, many of the assemblages cannot be dated with confidence, or else cannot be considered to be effectively homogeneous in as far as they often, unfortunately, come from surface collections. Furthermore, they frequently lack controls of a paleontological and palynological kind.

One of the problems which stands out while reading scientific articles, and not only those published in Italian, is the substantial dishomogeneity of the methods of study that are employed. There rarely exists a real possibility for comparison, not only in terms of the technology and typology of the industry but also in relation, for example, to the information concerning the stratigraphic or paleontological sequences. This contributes, therefore, to a dishomogeneity in the investigation of the aspects which characterize the various sites, and thus impedes the formulation of hypotheses of comparison and consequently of every serious possibility of constructing a general synthesis.

From this type of point of view the technological aspect therefore becomes dominant, and the subdivision of the

Según este punto de vista, el aspecto tecnológico llega a ser dominante, y la subdivisión de industrias líticas en fases y facies provinciales parece ser una mera especulación más que una hipótesis seria y concreta.

La situación se agrava mucho más por la dificultad, y a menudo la imposibilidad, que conlleva la revisión de las excavaciones y publicaciones "antiguas", que en la práctica son más relevantes para la historia del estudio de la prehistoria que para contribuir al conocimiento actual sobre esta disciplina. En consecuencia, no sólo Italia sino también los demás países europeos soportan esquemas antiguos y difíciles de cambiar y que, sin embargo, condicionan y retrasan nuevos descubrimientos y dificultan las intuiciones originales.

Esta consecuencia negativa contribuye al fenómeno de "fortificación". Muy a menudo algunos autores construyen su propio esquema, su propio mundo dentro del cual organizan e interpretan los aspectos tipológicos, cronológicos y estratigráficos, a menudo aislados totalmente de otros contextos. En consecuencia, los contextos seguros sólo son aquéllos que son locales y lo particular se convierte en general y objetivizado. Predomina la tendencia a analizar sólo aquellos yacimientos que se encuentran en el área geográfica en la que el autor ha llevado a cabo la mayor parte de sus investigaciones; además, o bien hay una falta absoluta de consideración por lo que ha sido publicado y estudiado por otros, o bien se trata de una forma muy resumida en las conclusiones finales, en forma de comparaciones generalizadas.

El panorama del Pleistoceno Medio italiano es extremadamente rico, aunque en la actualidad es difícil trazar un sistema unitario, precisamente por lo que se acaba de señalar. Yacimientos de primera clase no faltan, como tampoco estudios especializados y detallados; sin embargo, esto no es suficiente para unir los distintos aspectos en un todo orgánico.

El Achelense, por supuesto, aparece en una fase sucesiva al yacimiento de Isernia la Pineta, en una forma que ya está ampliamente articulada y difundida en toda la península. La fauna, flora, industrias y restos humanos han sido analizados en muchos yacimientos. Desde hace unos 500.000 años la península italiana se presenta como un área que ha sido intensamente poblada: descubrimientos importantes, no necesariamente caracterizados por la presencia de bifaces, documentan la presencia del hombre durante el Paleolítico Inferior incluso en las dos islas más grandes (Sicilia y Cerdeña).

Las industrias Achelenses se diferencian más en los utensilios de lascas que en las variedades tipológicas de los bifaces. Los últimos parecen haber perdido mucha validez como indicadores cronológicos de los conjuntos; de hecho, la im-

lithic industries into phases and into provincial facies seems to be mere speculation rather than a serious and concrete hypothesis.

The situation is made still worse by the difficulty, and often the impossibility, involved in revising the "ancient" excavations and publications, which in practice are more relevant to the history of the study of prehistory rather than contributing to the current knowledge about this discipline. Not only Italy but also the other European countries suffer, therefore, from schemes which are antique and difficult to change and which, however, condition and retard new discoveries and impede original intuitions.

This negative consequence contributes to the phenomenon of "fortification". Too often the various authors construct their own scheme, their own world within which they organize and interpret the typological, chronological and stratigraphic aspects, often completely isolated from other contexts. The secure contexts are therefore only those which are local, and the particular becomes general and objectivised. The tendency to analyse only those sites which lie in the geographic area in which the author has carried out the majority of his research predominates; in addition, either there is a total lack of consideration of what has been studied and published by others, or else this is treated in a very summary way in the final conclusions in the form of generalised comparisons.

The panorama of the Italian Middle Pleistocene is extremely rich, although it is at present difficult to trace a unitary framework above all on the basis of what has just been pointed out. First class sites are not lacking, and neither are specialised and detailed studies, but this is however not sufficient to unite the various aspects of an organic whole.

The Acheulean certainly appears in a phase successive to the site of Isernia la Pineta, in a form that is already widely articulated and diffuse in all the peninsula. The fauna, flora, industries and human remains have been analysed for many sites. Since about 500.000 years ago the Italian peninsula therefore presents itself as having been intensively populated and significant discoveries, even if these are not necessarily characterised by bifaces, document the presence of man during the Lower Palaeolithic even on the two larger islands (Sicily and Sardinia).

The Acheulean industries are differentiated more on the basis of the flake tools rather than on the typological differences of the bifaces. The latter seem to have lost much of their importance as a chronological marker of the assemblages; in fact, greater chronological significance seems to be portancia de la cronológica parece residir sobre todo en la llamada "industria de acompañamiento" que normalmente consiste en formas espesas asociadas a elementos denticulados junto a formas delgadas ricas en raederas laterales, y que incluye, en la penúltima glaciación, la técnica Levallois, que está abundantemente representada en las últimas fases.

Parece ser incluso más difícil apoyar la hipótesis de un fílum de industrias autónomas de lasca, que se conocen en la literatura con los nombres de Clactoniense, Protolevallois o Tayaciense. En Italia se han dado frecuentemente estas denominaciones a las industrias provenientes de recopilación en superficie o, en cualquier caso, no *in situ,* por lo que yo no creo que representen un apoyo válido para llegar a conclusiones definitivas. Son muy pocos los ejemplos de industrias atribuidas a este grupo que provienen de excavaciones sistemáticas, aun cuando estén representados por un número reducido de hallazgos.

La misma observación es válida para la supuesta identificación de áreas geográficas o de facies particulares que se afirma que son contemporáneas. (Ej.: facies Tirreniense, facies Adriática). De hecho, los yacimientos Achelenses se distribuyen en un lapso de tiempo tal que la contemporaneidad real de los distintos aspectos permanece en duda, especialmente en ausencia de una datación relativamente segura o absoluta.

Ciertamente la gran variedad de áreas medioambientales naturales italianas, las distintas condiciones de conservación (cuevas, pozos de infiltración, abrigos, entornos lacustres y fluviales, depósitos volcánicos y de loess), y el hecho de que la investigación tienda a limitarse sólo a unas pocas áreas, hace que no se pueda desarrollar un papel unitario para comparar los yacimientos. A menudo corremos el riesgo de estar obligados a utilizar métodos distintos de exploración y técnicas muy especializadas de investigación que, aunque ofrecen resultados significativos, representan un factor de separación y no de unión.

En este sentido, lo que se ha establecido hasta ahora para Italia, quizás podría proyectarse en una escala más amplia para incluir a toda Europa; por ejemplo, la cuestión de las diferencias hipotéticas entre el área mediterránea y el norte, que, en realidad, pueden ser más aparentes que reales. A este respecto, la difusión de la técnica Levallois merece particular atención; en la zona mediterránea recientemente se le ha dado una importancia creciente y una significación tecnológica y cronológica igual a la que se le da en el Valle del Somme.

Los descubrimientos en el Valle del Po, a lo largo de las costas tirrenas y adriáticas, en el Gargano y Calabria, indican

assumed by the so-called "accompanying industry" which normally consists of thick forms also with denticulate elements alongside flatter elements rich with side scrapers and which includes, in the penultimate glaciation, the Levallois technique, which is abundantly represented in the last phases.

It seems to be ever more difficult to support the hypothesis of a phylum of autonomous flake industries, which are known in the literature under the names Clactonian, Protolevallois or Tayacian. In Italy these denominations have often been given to industries coming from surface collections or otherwise not *in situ,* for which reason I do not believe that they represent a valid support for definitive conclusions. Too few are the examples of industries attributed to this group which come from systematic excavations, even if they are represented by a reduced number of finds.

The same observation is valid for the presumed identification of geographic areas or of particular facies which are claimed to be contemporaneous (eg. Tyrrhenian facies, Adriatic facies). In fact, the Acheulean sites are distributed in such a wide span of time that the real contemporaneity of diverse aspects remains dubious, especially in the absence of secure relative or absolute dating.

Certainly the great variety of Italian natural environments, the different conditions of conservation (caves, swallow-holes, rock shelters, lacustrine and fluviati environments, volcanic and loess deposits), and the fact that research tends to be limited to only a few areas do not concur to develop a unitary role in relation to the possibility of comparing the sites. One often risks to be obliged to use different procedures of exploration and very specialized techniques of investigation which, although offering significant results, represent a factor of separation and not of union.

In this sense, what has so far been established for Italy should perhaps be projected on a wider scale to include all Europe; for example, the question of the hypothesized differences between the Mediterranean area and the North, which may in fact be more apparent than real. In this respect, the diffusion of the Levallois technique merits particular attention; in the Mediterranean area it has recently assumed an ever increasing importance and a technological and chronological significance equal to that which it holds in the Somme Valley.

Discoveries in the Po Valley, along the Tyrrhenian and the Adriatic coasts, in the Gargano and in Calabria, all document in an unequivocable way the explosion of this technique of flaking during the penultimate glaciation. Absolute dating confirms, among other things, the antiquity of its de forma inequívoca la expansión de esta técnica de lascado durante la penúltima glaciación. La datación absoluta confirma, entre otras cosas, la antigüedad de su aparición. Este fenómeno, que puede ser común a toda Europa, a menudo viene acompañado por una drástica reducción o incluso desaparición de los bifaces y el desarrollo de características que son propias del Musteriense. No es casual que algunos investigadores utilicen este término (a menudo unido a un prefijo o acompañado de adjetivos) para indicar estas industrias, y para documentar una modificación que ya ha tenido lugar.

5
Consideraciones finales.

Sobre la base de nuestro estado actual de conocimiento podemos definir al menos tres fases distintivas del Paleolítico Inferior en Italia; la primera, que atañe al primer poblamiento, se caracteriza por industrias no elaboradas que suelen fabricarse sobre cantos de varios tipos; la segunda puede identificarse, dada su extrema complejidad, con el yacimiento de Isernia la Pineta; y finalmente, la tercera, une al grupo de industrias con bifaces.

La primera fase, que se distribuye en un período de tiempo de al menos 300.000 años desde hace un millón de años, todavía se encuentra pobremente documentada; la segunda y tercera fases, sin embargo, están bien caracterizadas y ofrecen una gama muy amplia de información tanto cultural como medioambiental. Sin embargo, la falta de una homogeneidad sustancial en las investigaciones del Achelense dificulta la formulación de comparaciones y consideraciones de naturaleza general.

No somos capaces, en el actual estado de investigación, de reconocer una continuidad entre las fases identificadas. En particular, desde mi punto de vista, no hay una prueba concreta que demuestre que las industrias achelenses derivaran de las industrias más antiguas pertenecientes al primer poblamiento humano de la península italiana. Por el contrario, la impresión que se extrae del estudio de los conjuntos líticos es que, al menos de 500.000 a 600.000 años atrás, hubo una renovación sustancial tecno-tipológica que tenía muy poco en común con lo que ya existía en el la zona. No podemos excluir la hipótesis de que esto se debiera a una difusión en Italia y en el resto de Europa de nuevos grupos humanos.

appearance. This phenomenon, which may be common to all Europe, often accompanies a drastic reduction or even the disappearance of the bifaces and the development of characteristics which are particular to the Mousterian. It is not accidental that certain researchers use this term (often united to a prefix or accompanied by adjectives) to indicate these industries, and to document a modification which had already taken place.

5
Concluding remarks.

On the basis of our present state of knowledge we can define at least three distinct phases of the Lower Palaeolithic in Italy: the first one, which regards the first population, is characterised by unelaborate industries which tend to be made on pebbles of various types; the second one can be identified, given its extreme complexity, with the site of Isernia la Pineta; finally, the third one unites the group of biface industries.

The first phase, which is distributed within a time span of at least 300.000 years from about one million years ago, is still poorly documented; the second and the third phases, however, are well characterised and offer a wide range of both environmental and cultural information. However, the lack of substantial homogeneity in investigations of the Acheulean means that comparisons and considerations of a general nature are made difficult.

We are not capable, at the present state of research, of hypothesizing a continuity between the phases identified. In particular, in my point of view there is no concrete proof that the Acheulean industries derived from the older industries appartaining to the first human population of the Italian peninsula. On the contrary, the impression one gets from the study of the lithic assemblages is that at least 500.000 to 600.000 years ago there was a substantial techno-typological renewal which had little in common with what was already present in the area. One cannot exclude the hypothesis that this was due to a diffusion in Italy and the rest of Europe of new human groups.

There does not, on the other hand, appear to be any discontinuity between the industries of the last phase of the Lo-

Por otra parte, no parece que haya ninguna discontinuidad entre las industrias de la última fase del Paleolítico Inferior y las primeras del Paleolítico Medio. Todos los elementos tecno-tipológicos que caracterizan la última fase ya estaban presentes en la precedente. Si no fuera por la diferencia en el orden estratigráfico, no sería posible separar las dos con seguridad. La distinción entre el Paleolítico Inferior y Medio parece ser, en consecuencia, cada vez más artificial, considerando además el hecho de que algunos aspectos específicos han sido atribuidos a fechas mucho más antiguas que aquéllas que se suponían hasta hace muy poco tiempo.

Los problemas planteados forman parte del ámbito de la investigación; la continuación de los estudios y la profundidad de la discusión originará una contribución concreta para su resolución.

Diciembre, 1992.

wer Palaeolithic and the first ones of the Middle Palaeolithic. All the techno-typological elements which characterise the latter phase were already present in the preceeding one. If it wasn't for the difference in stratigraphic order, it would not be possible to separate the two with confidence. The distinction between the Lower and Middle Palaeolithic seems to be, therefore, ever more an artificial one, also considering the fact that specific aspects have been attributed to dates which are much older than those presumed until a short time ago.

The problems raised form part of the scopes of the research; the continuation of the investigations and the deepening of the discussion will bring about a concrete contribution for their resolution.

Anconetani, P., Giusberti, G., Peretto, C. (1991): "Nuovi contributi alla fratturazione intenzionale dei reperti paleontologici del giacimento di Isernia La Pineta (Molise)". In (C. Peretto, Ed.): *Isernia La Pineta, nuovi contributi scientifici,* volume published on the occasion of the XXX Riunione Scientifica I.I.P.P., Venosa-Isernia 1991.

Accorsi, C. A. (1985): "L'apporto della palinologia nella ricostruzione dell'ambiente". In (C. Peretto, Ed.) *Homo, viaggio alle origini della storia,* pp. 192-201. Venezia: Cataloghi Marsilio.

Antoniazzi, A., Cattani, L., Cremaschi, M., Fontana, L., Peretto, C., Posenato, R., Proli, F., Ungaro, S. (1988): "Le gisement du Paléolithique inferieur de Ca' Belvedere di Monte Poggiolo (Forli, Italie)". Résultats préliminaires. *L'Anthropologie,* 92, 629-642.

Anzidei, A. P., Angellelli, A., Arnoldus-Huyzendveld, A., Caloi, L., Palombo, M. R., Segre, A. G. (1989): "Le gisement pleistocène de la Polledrara di Cecanibbio (Rome, Italie)". *L'Anthropologie,* 93, 749-782.

Belli, G., Belluomini, G., Cassoli, P. F., Cecchi, S., Cucarzi, M., Delitala, L., Fornaciari, G., Mallegni, F., Piperno, M., Segre, A. G., Segre Naldini, E. (1989): "Découverte d'un femur acheuléen à Notarchirico (Venosa, Basilicata)". *L'Anthropologie,* 95, 1991, 809-838.

Belluomini, G. (1981): "Direct aspartic racemization dating of human bones from archeological sites of Central Southern Italy". *Archaeometry,* 23, 125-137.

Belluomini, G. (1985): "Risultati e prospettive di un nuovo metodo di datazione basato sulla racemizzazione degli aminoacidi". *Contributi del Centro Linceo Interdisciplinare di Sc. Mat. e loro applicazioni,* 69, 135-171.

Bianchini, G. (1969): "Manufatti della "Pebble Culture" in Sicilia". *Rivista di Scienze Preistoriche,* XXIV, 171-180.

Bidittu, I. (1984): "Le più antiche industrie del Paleolitico inferiore del Lazio". *Atti XXIV Riunione Scientifica I.I.P.P. (1982),* 31-37.

Borzatti von Lowenstern, E., Sozzi, M., Vannucci, S., Vianello, F. (1991): "L'Acheuleano del Cimitero di Atella (PZ)". Prime indagini sulla stratigrafia del sedimento e sulle industrie litiche. *Studi per l'Ecologia del Quaternario,* 12, 9-29.

Braconi, G., Calattini, M., Calboli, G., Cresti, G., Palma di Cesnola, A. (1985-86): "Le industrie acheuleane di Forchiore nel Gargano". *Rivista di Scienze Preistoriche,* XL, 17-113.

Broglio, A., Kozlowski, J. (1986): *Il Paleolitico: Uomo, ambiente, cultura.* Milano: Jaca Book Editore.

Broglio, A., Di Geronimo, I., Di Mauro, E., Kozloswki, J. (1992): "Nouvelles contributions à la connaissance du Paléolithique inférieur de la region de Catania dans le cadre du Paléolithique de la Sicile". In (C. Peretto, Ed.) *Monte Poggiolo, il più antico popolamento della Valle Padana nel quadro delle conoscenze europee,* pp 189-226. Milano: Jaca Book Editore.

Coltorti, M., Cremaschi, M., Delitala, M. C., Esu, D., Fornaseri, M., McPherron, A., Nicoletti, M., van Otterloo, R., Peretto, C., Sala, B., Schmidt, V., Sevink, J. (1982): "Reversed magnetic polarity at Isernia La Pineta, a new lower paleolithic site in Central Italy". *Nature,* 300, 173-176.

Cremaschi, M., Peretto, C. (1977): "Il Paleolitico dell'Emilia e Romagna". *Atti XIX Riunione Scientifica I.I.P.P.,* 15-78.

Cremaschi, M., Peretto, C. (1987): "Siti del Paleolitico inferiore dell'area padana e dell'Italia Centrale, modello di organizzazione delle ricerche e di analisi ed interpretazione dei dati". *Prospettive storico-antropologiche in Archeologia preistorica,* pp. 155-165. Roma: Edizioni Quasar.

Cremaschi, M., Peretto, C. (1988): "Les sols d'habitat du site paleolithique d'Isernia la Pineta (Molise, Italie)". *L'Anthropologie,* 92, 643-682.

Giusberti, G., Ferrari, M., Peretto, C. (1991): "Tipologia, frequenza e distribuzione dei reperti paleontologici e paletnologici della paleosuperficie t. 3a del I settore di scavo di Isernia la Pineta (Isernia, Molise)". In (C. Peretto, Ed.) *Isernia La Pineta, nuovi contributi scientifici,* volume published on the occasion of the XXX Riunione Scientifica I.I.P.P., Venosa-Isernia, 1991.

Giusberti, G., Peretto, C. (1991): "Tecniche di fratturazione delle ossa animali del giacimento paleolitico di Isernia La Pineta (Molise)". *Origini,* XIV, 25-37.

Guidi, A., Piperno, M., (1992, Eds.): *Italia preistorica.* Roma: Editori Laterza.

Istituto Italiano di Preistoria e Protostoria (1982): *Il Paleolitico inferiore in Italia.* Atti XXIII Riunione Scientifica I.I.P.P., Firenze, 1980.

Istituto Italiano di Preistoria e Protostoria (1984): *Il Paleolitico e il Mesolitico nel Lazio.* Atti XXIV Riunione Scientifica I.I.P.P., Firenze, 1982.

Lenzi, F., Nenzioni, G., Peretto, C. (1985, Eds.): *Materiali e documenti per un museo della preistoria: San Lazzaro di Savena e il suo territorio.* Bologna: Nuova Alfa Editoriale.

Martini, F. (1992): "Il più antico popolamento umano delle isole: la Sardegna". In (C. Peretto, Ed.) *Monte Poggiolo, il più antico popolamento della Valle Padana nel quadro delle conoscenze europee,* Atti del Convegno Forli 1989, pp. 175-187. Milano: Jaca Book Editore.

Mussi, M. (1992): *Il Paleolitico e il Mesolitico in Italia.* Popoli e Civiltà dell'Italia antica, Biblioteca di Storia Patria, X. Bologna: Stilus BSP Editrice.

Palma di Cesnola, A. (1978): "Il Paleolitico inferiore in Puglia". *Atti XXIII Riunione Scientifica I.I.P.P.,* 225-248.

Palma di Cesnola, A. (1978): "Il Paleolitico inferiore in Campania". *Atti XXIII Riunione Scientifica I.I.P.P.,* 207-224.

Palma di Cesnola, A. (1992): "Le nostre attuali conoscenze sull'Acheuleano italiano". In (C. Peretto, Ed.) *Monte Poggiolo, il più antico popolamento della Valle Padana nel quadro delle conoscenze europee,* Atti del Convegno Forli 1989, p. 137-149. Roma: Jaca Book Editore.

Peretto, C. (1980): "Il Paleolitico inferiore e medio nel territorio veronese (revisioe e cronologia delle industrie)". In (A. Aspes, Ed.) *Il Territorio veronese dalle origini all'età romana,* pp. 19-27. Verona: Fiorini editore.

Peretto, C. (1989): "Aspects e probleme du premier peuplement d'Italie". *Proceedings of the 2nd International Congress of Human Paleontology,* Turin 1987, pp. 373-377. Milano: Jaca Book Editore.

Peretto, C. (1991, Eds.): *Isenia La Pineta: nuovi contributi scientifici.* Campobasso: Istituto Regionale per Gli Studi Storici del Molise.

Peretto, C. (1992, Eds.): *Monte Poggiolo, il più antico popolamento della Valle Padana nel quadro delle conoscenze europee,* Atti del Convegno Forli 1989. Milano: Jaca Book Editore.

Peretto, C., Prati, L. (1983, Eds.): *Le più antiche tracce dell'Uomo nel territorio forlivese e faentino.* Forli: Grafiche M.D.M.

Peretto, C., Prati, L., Proli, F. (1987, Eds.): *Alle origini della Romagna. I primi abitanti.* Forli: Grafiche M.D.M.

Peretto, C., Terzani C., Cremaschi M. (1983, Eds.): *Isernia La Pineta: un accampamento più antico di 700.000 anni.* Bologna: Calderini Editore.

Piperno, M. (1972): "The Monte Peglia Lithic Industry", *Quaternaria,* XVI, 53-65.

Piperno, M. (1982): "Considerazioni e problemi a proposito del Paleolitico inferiore italiano". *Atti XXIII Riunione Scientifica I.I.P.P.,* 39-50.

Piperno, M. (1984): "L'Acheuleano e il Musteriano del Lazio". *Atti XXIV Riunione Scientifica I.I.P.P.,* 39-53.

Piperno, M., Bulgarelli G. M., Zevi, F. (1984, Eds.). *I primi abitanti d'Europa.* Catalogo della Mostra, Museo Nazionale Preistorico Etnografico L. Pigorini. Roma: De Luca Editore.

Radmilli, A. M. (1965): *Abruzzo preistorico: Il Paleolitico inferiore e medio abruzzese.* Firenze: Editore Sansoni.

Radmilli, A. M. (1982): "Il Paleolitico inferiore in Abruzzo. *Atti XXIII Riunione Scientifica I.I.P.P.,* 165-176.

Radmilli, A. M. (1992): "Considerazioni sui limiti cronologici del Paleolitico inferiore". In (C. Peretto, Ed.) *Monte Poggiolo, il più antico popolamento della Valle Padana nel quadro delle conoscenze europee,* Atti del Convegno Forli 1989, pp. 103-107. Milano: Jaca Book Editore.

Sevink, J., Hebeda, E. H., Priem, H. N. A., Verschure, R. H. (1981): "A note on an approximately 730.000 year old mammal fauna and associated human activity sites near Isernia, Central Italy". *Journal of Archeological Science,* 8, 105-106.

Tozzi, C. (1992): "Visogliano e i primi insediamenti nel Carso di Trieste". In (C. Peretto, Ed.) *Monte Poggiolo, il più antico popolamento della Valle Padana nel quadro delle conoscenze europee,* Atti del Convegno Forli 1989, pp. 155-169. Milano: Jaca Book Editore.

Evolución humana en Europa y los yacimientos de la Sierra de Atapuerca, 367-386

El Paleolítico del Pleistoceno Medio en Asia Central

The Paleolithic of the Middle Pleistocene in Central Asia

V. A. Ranov

Institute of History, Archaeology and Ethnography AS of Republic of Tadjikistan. Republic of Tadjikistan. Dushanbe. Pr. Rudaki, 33, UIS, 734025

Resumen:

En este trabajo la definición "Asia Central" corresponde a la antigua "Asia Central Soviética". Comprende cuatro repúblicas Centroasiáticas y el sur del Kazakhstán, dentro de la zona subtropical árida, existente a partir de influencias oceánicas húmedas. Geográficamente, Asia Central se subdivide en varias zonas: 1.–El plano de Turania; 2.–Las regiones montañosas cercanas al E. de Asia; 3.– Montañas y regiones elevadas de Asia Central Soviética, y 4.–Montañas y tierras altas Centroasiáticas. La naturaleza de Asia Central se distingue por la extrema diversidad, en la que la zonalidad de altas latitudes juega un importante papel. Sucedió así también en el Pleistoceno Medio, cuando sobre el trasfondo de la aridez creciente de desiertos y piedemontes loésicos se registran períodos de humedad favorables para la población humana. Junto con las elecciones de herramientas líticas, que no pueden ser datadas con seguridad, hay tres yacimientos donde se encuentran artefactos del Paleolítico inferior en depósitos geológicos del Pleistoceno Medio: el yacimiento de Karatau I, en el S. de Tadjikistán, datado hasta el 6.º paleosuelo de su corte estratigráfico; los horizontes inferiores del yacimiento al aire libre de Kulbulak, en el distrito cercano a Tashkent, y el yacimiento en cueva de Selungur en el valle de Fergana, con cinco niveles culturales de los que puede datarse la base –por la tipología del registro de industria y fauna– hacia el final del Pleistoceno Medio (300-200.000 años). En opinión del autor, estos tres yacimientos se enmarcan en la segunda mitad del Pleistoceno Medio. Así, en Asia Central, hasta el momento, no se han localizado yacimientos del Paleolítico que podamos atribuir con seguridad a los comienzos de aquel período. Karatau I y Selungur están vinculados al Paleolítico del Este de Asia. Definir la pertenencia cultural de Kulbulak es más difícil.

Abstract:

In this paper the definition of "Central Asia" corresponds to the old term "Soviet Central Asia". It is made up of the four Central Asiam republics and South Kazakhstan within the arid, subtropical zone, which exists due to the influence of the humidity of the ocean. Geographically, Central Asia can be subdivided into several areas: 1) The Turanian plane, 2) The highlands near to East Asia, 3) The mountains and highlands in Soviet Central Asia, 4) The mountains and highlands in Central Asia. The nature of Central Asia stands out because of its extreme diversity and the high altitude areas play an important role. The same can be said of the Middle Pleistocene when, on a background of the increasing aridity of the deserts and loessic piedmonts, there were wet periods suitable for human population. As well as collections of surface stone tools, which cannot be reliably dated, there are three sites where Lower Paleolithic artigacts can be found in Middle Pleistocene geological deposits. They are; Karatau I, Southern Tadjikistan which has been dated to the 6th palaeosoil, the lower horizons of the open air site od Kulbulak near Tashkent, and the cave site of Selungur in the Fergana valley. There are five cultural layers the base of which can be dated from the tool typology and faunal remains to the end of the Middle Pleistocene (300.000-200.000 years). In our opinion, all three sites can be ascribed to the sencond half of the Middle Pleistocene and consequently, up to the present, there are no known palaeolithic sites in Central Asia that can be attributed with any centainty to the beginning of the Middle Pleistocene. Karatau I and Selungur are linked to the palaeolithic of East Asia but it is more difficult to define the cultural link of Kulbulak.

Palabras clave:

Asia Central, regiones montañosas, Pleistoceno Medio, Paleolítico Inferior.

Key words:

Central Asia, Mountainous regions, Middle Pleistocene, Lower Palaeolithic.

1 Condiciones geográficas modernas en Asia Central. Geología. Geología del Pleistoceno Medio.

En este trabajo Asia Central está considerada dentro de los límites de la anterior Asia Central Soviética; es decir, corresponde a cuatro repúblicas Centroasiáticas y Kazakhstán del Sur, geográficamente incluido en esta región.

El modelo físico-geográfico de Asia Central es tema de agrias polémicas (Central Asia, 1968, p. 319). Creo que lo más conveniente es la subdivisión de 4 "zonas" que difieren de acuerdo con el carácter general de los paisajes y el clima: 1) El Plano de Turania, 2) Las tierras altas del Este próximo, 3) Las montañas y tierras altas del Asia Central Soviética (Tian-Shan, sistemas montañosos de Hissaro-Darvaz y Sur de Tadjikistán); 4) Montañas y tierras altas Centroasiáticas (Tian-Shan central e interior, tierras altas de Pamiria).

La climatología y medio ambiente de Asia Central se caracteriza por su diversidad extrema. Desde el caluroso desierto con barhans arenosos hasta las severas montañas syrtas de Tian-Shan y Pamir, donde los paisajes son parecidos a los del Tíbet y otras tierras altas de La Alta Asia. En la mayor parte del territorio el clima se caracteriza por las sequías, la continentalidad y la abundancia de calor y luz. En conjunto, el clima y las condiciones naturales favorecen la ocupación humana, aunque en ocasiones pueden convertirse en extremadamente severas (Arenas de las tierras bajas de Turania, desiertos de alta montaña de Tian-Shan y Pamir).

La flora contemporánea de Asia Central consiste en plantas ligadas por su origen al Mediterráneo. Otros grupos de flora se extienden por las tierras altas de Tian-Shan y Pamir, donde las comunidades vegetales se relacionan con las de Asia Central (Korovin, 1961, pp. 13-19).

El mismo proceso de contacto entre dos grandes regiones geográficas puede observarse también en el mundo animal, donde están bien diferenciados los conjuntos con fauna de la provincia afgano-turkestana de la subregión paleoártica centroasiática y el conjunto pamiriano de la provincia mangolo-tiberana (Mensbir, 1914).

En Asia Central predominan los elementos mediterráneos en los mundos vegetal y animal, así como en la cubierta del suelo. La diseminación de los elementos centroasiáticos está únicamente limitada al Este del país.

Estas diferencias son heredadas y en cierto grado permiten la reconstrucción de las condiciones paleogeográficas de la época del Pleistoceno.

Hasta finales de los años sesenta predominaba también en Asia Central el paradigma de la estratigrafía local, que se

1 Modern geographic conditions in Central Asia. Geology of the Middle Pleistocene.

In this study Central Asia is taken as being within former Soviet Central Asia, that is, four republics in Central Asia plus Southern Kazakhstan, which geographically can be included in this region.

The physical gegraphy of Central Asia has been the subject of better debate. We believe that the most appropiate subdivision divides it into 4 areas which have their own landscape and climatic features: 1) the Turanian plane, 2) the near-eastern highlands, Kopet-dag, Badhyz and Karabil, 3) the mountains and highlands of Soviet Central Asia (Tian-Shan, mountain systems of Hissaro-Darvaz and Southen Tadjikistan) and 4) the mountains and highlands of Central Asia (Inner and Central Tian-Shan, Pamirian highlands).

The nature of Central Asia is characterized by its extreme diversitty, ranging from hot desets with sandy "barhans" to the severe mountains Syrtas of Tian-Shan and Pamir where the landscape is similar to that of Tibet and other highlands in High Asia. Throughout mos of the territory of Central Asia, the climate is characterized by drought, continentality and plenty of heat and light. on the whole, the climate and natural conditions are favorable for men, but sometimes (the sands of the Turanian lowland, the high mountain deserts of Tian-Shan and Pamir) the become extremely severe for life.

The contemporany flora of Central Asia consists of plants originally linked to the Mediterranean. Other groups of flora appear in the highlands of Tian-Shan and Pamir, where the vegetable communities correlate with the ones of Central Asia (Korovin, 1961, pp. 13-19).

The same process of contact between two big geographical regions can also be observed in the animal wortd, where there are two well defined faunal areas: the Afghan-Turkestan zoologic province in the Centralasian palaeo-arctic subregion and the Pamirian lands of the Mongol-Tibert province (Mensbir, 1914).

In Central Asia, Mediterranean elements predominate in the vegetable and animal world as well as in soil cover. The dissemination of Centralasian elements in limited only to the eastern oart of the country.

These differences are inherited and to a certain extent allow palaeographic conditions of the Pleistocene to be reconstructed.

Until the end of the sixties, research in Central asia was dominated by the local stratigraphic scheme. This scheme is mainly based on geomorphological data and alluvial-erosiobasa principalmente en datos geomorfológicos, ciclos aluvial-erosivos, condicionados por movimientos tectónicos a los que correspondían los complejos litoestratigráficos. A causa de esto, se consideraba que el clima del cuaternario, seco y caluroso, cambió poco a lo largo de este período. La principal consecuencia de este marco era la errónea interpretación del paquete de sedimentos aluviales, ya que todo el cuerpo de terrazas era considerado como una unidad indivisible (Skvorzov, 1953, Kostenko, 1958). Más recientemente han adquirido relevancia las investigaciones sobre los efectos de las fluctuaciones climáticas, tal y como se reflejan en el material palinológico, análisis litológico y restos faunísticos. La exposición más brillante de esta aproximación apareció ligada al estudio del loess. La alteración rítmica de suelos enterrados (clima cálido y húmedo) y del loess que los divide (clima relativamente frío y seco) refleja cambios de clima globales, lo que permite comparar el tiempo de formación de paleosuelos en el marco alpino interglacial e interestadial (Dodonov, Pen'kov, 1977).

Sin embargo, tres subdivisiones en el marco estratigráfico preservaron en cierto grado su significación como totalidad del Pleistoceno Centroasiático[1]: Los complejos nanaisky o sokhsky (Vakshsky) –Q1; Tashkentsky (Iljaksky) –Q2; Golodnostepsky (Dushanbinsky) –Q3.

En la mayor parte del territorio Centroasiático, el Pleistoceno Medio se ha preservado en conglomerados masivos de origen aluvial, sedimentaciones de cantos y gravas, recubiertas con sedimentos más jóvenes, formando piedemontes, zonas "adyrnye", que trazan todos los grandes valles en la parte montañosa del país. En este nivel se encuentran raramente restos de las terrazas más antiguas del río, siendo principalmente de carácter erosivo, y situadas a una altura de 100 a 200 m. en las depresiones y hasta 400-700 m. o más en los distritos montañosos.

La potencia de 60-70 m. de los loess del Pleistoceno Medio, los mejores estudiados en Sur Tadjikistán, incluye 6-10 paleosuelos en clara posición estratigráfica, ubicándose en la parte media formaciones loess-paleosuelos, con masas que en esta región alcanzan los 200 m.

La reconstrucción actual de las condiciones paleoecológicas del Pleistoceno Medio Centroasiático no nos permiten vislumbrar el cuadro completo. Sin embargo, sí existe ya una visión general del marco donde se desarrolló la ocupación humana.

Así, el complejo faunístico del Pleistoceno Medio está muy mal caracterizado. Sólo conocemos hallazgos aislados: bisontes (bosque y Wusti), elefantes, *Elasmotherium sibiri-*

nal cycles conditioned by tectonic movements which regional lithic stratigraphic complexes matched. This is why it was considered taht the Quaternary climate, dry and hot, had changed little during this period. The main shortcoming of this scheme was the misunderstanding of the role of a nappe silt strata, because the whole body of terraces was considered as an indivisible formation (Skvorzov, 1953; Kostekno, 1958). Later on came the research on the role of climatic fluctuations, as reflected in palinologic materials, lithologic analysis and faunal remains. The most brilliant part of this research was related to the study of loess. The rhythmic alteration of buried soils (warm, damp climate) and of the loess dividing them (relatively cold, dry climate) reflects global changes in climate, which allows the time when the palaeosoils were formed to be compared with interglacial and interstadial moments in the palaeosoil were formed to be compared with interglacial and interstadial moments in the Alpine scheme (Dodonov & Penkov, 1977).

Nevertheless, four subdivisions of the stratigraphic scheme of the Pleistocene in Central Asia to a certain extent kept their significance intact for the whole of this period: these are the Nanaisky or Sokhsy (Vakshsky) complexes Q1, Taskhkentsky (Iljaksky) Q2, Golodnostepsky (Dushanbinsky) Q3[1].

In most of the territory oc the Central Asia, Middle Pleistocene deposits are preserved in huge conglomerates of alluvial origin. Pebble-gravel sediments covered with younger sediments to form piedmonts and "adyrnye" zones, trace every big valley in the mountainous part of the country. At this level the remains of the most ancient river terraces are very near and they are mostly of an erosional nature, at heights of 100-200 m. in depressions an up to 400-700 m. or more in mountains districts.

The 60-70 m. thick Middle Pleistocene loess which are the most studied in Southern Tadjikistan, iclude 6-10 palaeosoils in clear stratigraphic position. The middle part consists of loess-palaeosoil formations, with masses that in this regins reach 200 m.

The reconstruction of the palaeo-ecological conditions of the Middle Pleistocene in Central Asia does not give us the complete picture, but most probably only elucidates some of the best studied moments.

The Middle Pleistocene faunal complex is very badly characterized. Only isolated finds are known: Bisons, Forest and Wusti elephants, *Elasmotherium sibiricum* etc. whose stratigraphic position is not always very clear. In the sixth palaeosoil of the Karamaidan outcrop bones have been found with *cum,* etc., cuya posición estratigráfica no siempre es lo bastante clara. En el sexto paleosuelo de la sección de Karamaidan hay huesos en conexión anatómica de *Rhinoceros dicerorhinus, Cervus elaphus bactrianus.*

Es mejor conocido el complejo faunístico de fines del Pleistoceno Medio, transición al Pleistoceno Superior. Los hallazgos de la montaña Tepke en el lago Kssuk-Kul' en Kirgizia incluyen *Equus caballus,* asno fósil, *Elephas trogontherium, Coeledonta priscus,* etc. *Bison priscus longicornes, Cervus elaphus* y otros.

La fauna de los niveles culturales en la cueva Selungur estaba compuesta por *Rhinoceros dicerorhinus, Ursus sp., Leo sp.,* lobo, caballo (incluyendo *Equus stenonnis,* lo que es poco probable, ya que no se corresponde con el resto del complejo faunístico); cerca aparecen jabalí, gato salvaje, *Capra sibirica.* El arcaísmo de algunos roedores permite confirmar la edad mesopleistocena de la fauna de Selungur (Velitchko *et al.,* 1991, p. 73).

En líneas generales, el complejo faunístico del Pleistoceno Medio de Asia Central corresponde a Khazarian en el este de Europa. La fragmentación de la información sobre poblaciones y peculiaridades de las comunidades faunísticas regionales no nos permite construir sobre este material conclusiones paleoclimáticas significativas.

El estudio del máximo glacial en las montañas de Asia Central tiene una larga historia. La anticuada idea sobre el paquete máximo glacial del Pleistoceno Medio de Pamir y Tian-Shan ha sido revisada (Minina, Lazarenko, 1984, pp. 326-327). Pero en cualquier caso, sólo las regiones montañosas a alturas superiores a 2.000 m. estuvieron sujetas a glaciación y la influencia de la congelación en las llanuras se determina con la ayuda de interpolaciones, a veces discutibles. Por primera vez ha sido fijado un ritmo definido de fluctuaciones climáticas, basado en el diagrama palinológico. En períodos de transgresiones del lago Issyk-Kul' el clima era relativamente frío y moderado; en períodos de regresiones es relativamente seco y cálido (Alechinskaya *et al.* 1971).

Los ciclos de cambio climático a los que corresponden fases de formación de loess y suelos se muestran en las formaciones loess-suelo, que registran también la dirección climática general del medio ambiente. En los paleosuelos del Pleistoceno Medio aparecen alrededor de un 40 por 100 de pólenes de árboles. Entre ellos, pinos y tilos constituyen los más representados. En el espectro del loess que divide esos suelos predominan las herbáceas. Las investigaciones macro y micro morfológicas muestran que el modelo ecológico de formación de paleosuelos, tomado aisladamente, correspon-

an anatomical connection to *Rhinoceros dicerorhinus* and *Cervus elaphus bactrianus.*

The faunal complex of the end of the Middle Pleistocene and of the transition to the Upper Plistocene is better known. The finds of the Tepke mountain in lake Issuk-Kul' in Kirgizia, include *Equus caballus,* fossil ass, *Elephant trogontherium, Coelodonta priscus, Bison priscus logicornes, Cervus elaphus* and others.

The fauna from the cutural levels in the Selungur cave included *Rhinoceros dicerorhinus, Ursus* sp., *Lion* sp., wolf, horse (including *Equus stenonis,* which is unlikely, because it does tally with the rest of the faunal complex), wild boar, wild cat, *Capra sibirica* are nearby. The archaism of some rodents confirms the age of the Slungur fauna as being Middle Pleistocene (Velitchko *et al.,* 1991, p. 73).

In general it can be said that the Middle Pleistocene faunal complex on Central Asia corresponds to Khazarian in Eastern Europe. The fragmentary nature of the information on animal demography and regional peculiarities of the faunal communities do not allow us to draw any significant palaeo-climatic conclusions from this material.

The study of the maximum glaciation of the mountains in Central Asia is a long story. Pamir and Tian-Shan's old idea about the maximum glacial nappe of the Middle Pleistocene has been revised (Minina, Lazarenko, 1984, pp. 326-327). But any way, only the mountainous regions at heights over 2.000 m. were subjected to glacial conditions, and the influence of freezing on the plains as determined by interpolating is sometimes debatable. For the first time in Central Asia a definite rhythm of climatic fluctuations, based on the palynological diagram has been fixed. In the transgression periods of lake Issyk-Kul', the climate was relatively cold and mild, and in periods of regression it was relatively dry and hot (Alechinskaya *et al.,* 1971).

The cycles of climatic change, which coincide with phaes of loess and soil formation, also show the general climatic direction of the natural environment. In the Middle Pleistocene palaeosoils are found with approximately 40 % of tree pollens. Of these pine trees and lime tree are the most common. In the loess dividing these soils, grass types predominate. Macro and micro-morphological research shows that, when considered separately, ecological palaeosoil formation corresponds to the stages of climatic change: increasing warmth –climatic optimum– increasing cold (Lomov, 1977).

The sediments of Selungur have also been palynologically analyzed, and researchers point out the probability of considerable drifts of types of tree pollen by air and directly by de a los cambios de los estadios climáticos: calor creciente –óptimo climático– frío creciente (Lomov, 1977).

También se ha realizado el análisis palinológico de los sedimentos de Selungur. Las investigaciones señalan la probabilidad de considerables derivas de polen de especies arbóreas por aire y directamente por el hombre hacia dentro de las cuevas. En la parte inferior de la sección predomina el polen de especies arbóreas (polen de abedul: 80 por 100, avellano: 10 por 100). También aparecen pólenes de tilo, olmo, roble, aliso. En la parte superior de la sección abundan las herbáceas.

En los espectros de esporas de Selungur no están presente las especies del Pleistoceno Inferior (tal y como sucede también en Kuldara, Tadjikistán), pero sí las del Pleistoceno Medio. La reconstrucción del medioambiente es posible en el marco de laderas montañosas con mucho bosque y vegetación de matorral a lo largo de los ríos (Velitchko *et al.,* 1991, p. 11).

La complejidad de los climas centroasiáticos dificulta su reconstrucción en el pasado, a partir del principio del actualismo. En diferentes altitudes se dan diversas condiciones climáticas, tanto en la actualidad como en el Pleistoceno (en zonas nivales de montaña, frío y, por el contrario, calurosos desiertos, en zonas de vegetación arbórea de montaña, etc.), pero estas alturas eran bastante diferentes durante el Pleistoceno.

Resumiendo los resultados de esta parte, podemos decir que, en conjunto en Asia Central, los mejores resultados se obtienen a través del estudio de la neotectónica y geomorfología de los complejos de terraza y cuenca –en los valles y depresiones de los ríos– y geología y paleoecología en las formaciones loess-suelo. La idea de la necesidad de utilización del modelo de estratigrafía local de sedimentos cuaternarios, basado en procesos tectónicos (años 50-60), ha sido sustituida por las ideas relativas al cambio climático global, en las que los ciclos paleoclimáticos juegan el papel principal, determinando el carácter de los sedimentos y su ritmo de formación.

men into the caves. In the lower part of the section types of tree pollen predominate (birch pollen: 80 %, hazelnut: 10 %). There are also lime-tree, elm, oak, and alder pollens. In the upper part of section are a lot of grassy vegetables.

In the spore-pollen spectra of Selungur the Lower Pleistocene species are not present (as also happens in Kuldara, Tadjikistan), but the Middle Pleistocene ones are. The environment can be reconstructed as mountainous steppes with lots of forest and shrubbery vegetation along rivers (Velitchko *et al.,* 1991, p. 11).

Reconstructing past climates in Central Asia is complex because the principle of actualism cannot used. Even though there are different climatic conditions at different altitudes both now and during the Pleistocene (in nival mountain zones, cold and hot deserts, tree covered mountain areas) these heights were quite different during the Pleistocene.

Summing up the results of this section one can say that, on the whole, in Central Asia, best results are obtained by studying the neotectonics and geomorphology of terrace and basin complexes in river valleys and depressions, and the geology and palaeoecology of loessic-soil formation.

The theory of the need to use the local stratigraphic scheme of Quaternary sediments, based on tectonic processes (the 1950's and 1960's) has been replaced by the theory of global climatic change in which palaeoclimatic cycles play the main role in determining the nature of the sediments and their rate of formation.

2
Métodos y posibilidad de datación.

A pesar de algún trabajo sobre la cronología de los complejos mesopleistocenos de Asia Central, esta línea de investigación debe completarse. Se pueden señarlar las siguientes dificultades, relacionadas con los métodos de datación de los diferentes ciclos sedimentarios.

2
Methods and dating.

Despite the fact that there has been some work done on the dates of the Middle Pleistocene complexes in Central Asia, this line of research is still far from complete. The problems with dating the various sedimentary cycles are the following:

1. En el caso de ciclos locales acumulativo-erosivos, las dificultades principales son: a) definir el límite entre aluviones loésicos y sedimentaciones loésicas en llanuras de inundación, b) dar una definición segura de la edad de los declives erosivos, especialmente en la zona de acumulación de loess. Las morrenas glaciares tienen muy pocas dataciones absolutas, lo que hace difícil la determinación del número de fenómenos glaciares en alta montaña y la tipologización de diferentes ciclos de morrenas. Los valles fluviales de la parte montañosa centroasiática son muy profundos, interfiriendo en la adscripción cronológica de las terrazas de mayor altitud. Los gigantescos depósitos de molasas, conos, piedemonte, etc. son asimismo complicados de dividir.

2. La estratigrafía de las formaciones loess-suelo se relaciona en muchos casos con la competencia en la utilización de dataciones por termoluminiscencia y también con el reconocimiento de eventos menores de la época Brunhes. De momento sólo es absolutamente seguro que el episodio Blake (110.000 años) evolucionó en muchas secciones. La evolución del episodio Lashamp (22.000 años), y más o menos también Chagan (250.000 años) y Ureki (320.000 años), son menos fiables. Estos episodios evolucionaron primeramente y no recibieron suficiente afirmación, aunque se revelan en casi todos los paleosuelos del Pleistoceno Medio, excepto el séptimo, secciones separadas magnetizadas vía versa evento (Lazarenko *et al.,* 1977; Dodonov, 1986).

3. La cantidad general de dataciones por termoluminiscencia realizadas sobre las secciones de loess-suelos del sur de Tadjikistán se aproxima a las 70, pero sólo la mitad más o menos corresponde completamente a la posición geológica de paleosuelos concretos y son por tanto aceptables.

Para el Pleistoceno Medio, este escalonamiento tendrá el siguiente aspecto: 10 paleosuelos Gunz-Mindel, 580.000 ± 120.000 años; 9 Mindel 510.000 ± 110.000 años; 8 Mindel-2 470.000 ± 82.000; 420.000 ± 82.000 años; 7 Mindel-Riss, 280.000 ± 22.000 años; 6 Riss 1/2, 210.000 ± 35.000 años; 195.000 ± 30.000 años. (Gide-book... 1977)[2].

Tomando en consideración las críticas sobre la fiabilidad de las dataciones por termoluminiscencia anteriores a 100.000 años (Aitken, 1988, Freshen, 1991), las correlaciones reales pueden considerarse convencionales, aunque es imposible no prestar atención al hecho de que rasgos comunes en las fechas que definen la edad de los paleosuelos pleistocenos, escalonados en la profundidad de 90-100 m. de loess, corresponden a parámetros geológicos, aunque muchos de ellos necesitan confirmación.

1. in the case of the local accumulative-erosional cycles, the main difficulty is: a) separating loessic silt from loessic sedimentation in flood planes, b) giving a reliable definition of the age erosional scarps, sepecially in the zone of loess accumulation. The glacial moraines have very few absolute dates, which makes it difficult to define the number of glacial phenomena on the high mountains and the typology of different moraine cycles. The river valleys of the mountains in Central Asia are deep, which interferes with the chronological assinment of the high altitude terraces lokewise the huge deposit of molasses, cones, piedmont are difficult to divide.

2. The stratigraphy of loess-soil formations is connected in many cases with competence in using thermoluminiscence dating and also with recognizing minor events of the Brunhes period. For the moment it is only sure taht the Blake episode (110.000 years) evolved in many sections. The evolution of the Lashamp episode (22.000 years) as well as Chagan (250.000 years) and Ureki (320.000 years) is less reliable. These episodes evolved first and were not sufficiently affirmed, even though separate magnetized sections via versa event appear in nearly all palaeosoils of the Middle Pleistocene except the seventh (Lazarenko *et al.,* 1977; Dodonov, 1986).

3. About 70 thermoluminiscent datings were performed on the loessic-soil sections in southern Tadjikistan but only about a half of these completely match yhe geological position of particular palaeosoils and can be accepted. For the Middle Pleistocene this staging will look like this: 10 palaeosoil –Gunz-Mindel–, 580 ± 120 Kyrs; 9 –Mindel–, 510 ± 110 Kyrs; 8 –Mindel 2–, 420 ± 82 Kyrs; 7 –Mindel-Riss–, 280 ± 22 Kyrs; 6 –Riss 1/2–, 210 ± 35 Kyrs; 195 ± 30 Kyrs (Gide-book, 1977)[2].

Taking into account the critics about the reliability of the thermoluminiscence datings prior to 100.000 years (Aitken, 1988; Freshen, 1991), the real correlations may be considered conventional. Nevertheless, it is impossible to ignore the fact that common trends in the dates that define the Pleistocene paleosoils, leveled within 90-100 m. of loess, correspond to geological parameters, though many of them need to be verified.

4. The application of Alpine subdivisions to the morphology of Central Asian paleosoils is subjected to criticism. There are also certain difficulties when correlating different loessic-soil sections, which cannot be the same for the various paleosoils in one pedocomplex. The general picture can be darkened by splitting single paleosoils into two or three, which sometimes happens.

4. La aplicación de las subdivisiones del modelo alpino a la morfología de los paleosuelos centroasiáticos está sujeta a críticas. Hay ciertas dificultades también al correlacionar distintas secciones loess-suelo, que pueden no ser iguales para los diversos paleosuelos en un pedocomplejo. Podemos oscurecer el cuadro general y partir paleosuelos únicos en dos o tres, lo cual ocurre a veces.

5. La comparación de la estratigrafía de suelos loésicos con ciclos climáticos, revelada a partir de los datos del registro marino de isótopos del oxígeno –mantenida por E. A. Dodonov– muestra la posibilidad de comparar el quinto paleosuelo con el estadio isotópico 5 y el suelo 13 con el estadio 9. De paso, la fecha de este estadio, -480 ± 20 años, se aproxima a la obtenida por termoluminiscencia para el noveno paleosuelo (Dodonov, Ranov, 1984).

6. Desgraciadamente, sólo existe una datación por uranio-thorio efectuada sobre una pieza de travertino de la parte superior del sedimento de la cueva Selungur: 126 ± 5 años. Nuestras investigaciones en conexión con este tema están muy atrasadas respecto de las chinas, donde se han obtenido dataciones por las series del uranio y otros métodos de diversos horizontes de la cueva de Zhoukoudian y de secciones de formaciones loess-suelo (Aigner, 1987).

7. La bioestratigrafía está también en el primer estadio de estudio, que esencialmente se basa en el complejo de fauna en cueva de Selungur, cuyo análisis comparativo es bastante complejo. Es difícil usar los primeros taxones de microfauna presentes en la cueva para la datación. El trabajo realizado sobre la malacofauna no dio resultados notables.

8. Parece complicado utilizar los complejos paleolíticos con fines cronoestratigráficos, ya que en primer lugar el método tecnotipológico no es adecuado, debido, en primer lugar a la divergencia entre complejos cronológicos tipológicos de Europa y los del Próximo Oriente. Así, no se pueden establecer independientemente puntos cronológicos firmes. En segundo lugar, en el Pleistoceno Medio de Asia Central son características las culturas de cantos tallados (pebble cultures), cuya comparación tipológica tradicional es difícil debido a la extrema inexpresividad, escasa diversificación y morfologías incompletas de los grupos principales de herramientas. Aunque se puede considerar en la región la periodización de las industrias elaboradas del Paleolítico, la introducción de nuevos materiales sin contexto geológico firme implica siempre grandes dificultades (Ranov, 1988).

5. The comparison fo loessic-soil stratigraphy with climatic cycles based in the marine record of oxygen isotopes kept by E. A. Dodonov, shows the possibility of comparing the fifth paleosoil with oxygen isotope stage 5 and the 13th oaleosoil with stage 9. As a matter of interest, the date of this stage -480 ± 20 years is close to the thermoluminiscent dating of the ninth paleosoil (Dodonov & Ranov, 1984).

6. Unfortunately, there is only one Uranium-Thorium date received on a travertine piece fromt the upper part of the sediment in the Selungur cave: 126 ± 5 Ky. In this respect our research is far behind the Chinese who have obtained datings using Uranium series and other methods for different horizons of the Zhoukoudian cave and loessic-soil sections (Aigner, 1987).

7. Bio-stratigraphy is also in the primary stage of study, and is essentially based on the faunal of the Selungur cave whose comparative analysis is somewhat complicated. It is difficult to use the firs microfaunal taxons found in the cave for dating. The work on malacofauna did not give notable results.

8. The use of lithic complexes for chrono-stratigraphic purposes seems complicated because, in the first place, the techno-typological method is not suitable due to differences-between the chronological-typological complexes in Europe ant the Near East. So, reliable chronogical points cannot be established. Secondly, the Middle Pleistocene of Central Asia is characterized first of all by pebble cultures, the traditional typological comparison of which is difficult because of the extreme amorphism, lack of diversification and morphological incompleteness of the main groups of tools. Although the periodization of the complex Paleolithic industries can be considered in the region, the introduction of news materials with no soid geological context always gives rise to difficulties (Ranov, 1988).

3
Yacimientos Paleolíticos del Pleistoceno Medio en Asia Central.

Hace años sugeríamos la división de los yacimientos paleolíticos en yacimientos geoartefactos (con buen contexto arqueológico y geológico) y yacimientos del nivel de interpretación (ausencia de, al menos, uno de ambos componentes) (Ranov, 1991, pp. 210-211).

En Asia Central hay un solo yacimiento-geoartefacto del Pleistoceno Inferior. Es el yacimiento de Kuldara en Tadjikistán sur. Pero en este caso también el yacimiento tiene el carácter de punto geocronológico (800.000 años), más que arqueológico, ya que sólo se han recuperado 40 útiles líticos (Ranov *et al.* 1987).

Este yacimiento ha sido datado hasta el paleosuelo 12-11 y, a pesar de la escasez de material arqueológico, pueden caracterizarse algunos elementos que se basan en todo el desarrollo anterior de la industria sobre cantos de los antiguos paleopobladores de Tadjikistán sur, y puede que de toda Asia Central. Los escasos hallazgos aislados, encontrados en los paleosuelos del Pleistoceno Medio 9-7 testifican acerca de la continuidad de la población en esta región.

Existen argumentos consistentes para afirmar la situación de desarrollo autóctono durante 600.000 años de cultura paleolítica, mostrándose lo más representativo en los paleosuelos 6 y 5 (cultura karatauskaja).

Ahora examinaremos los tres yacimientos-geoartefactos principales del Pleistoceno Medio.

3.1.
Karatau I.

Este yacimiento está situado en la línea divisoria dentro de los límites de la montaña Javansky Karatau, 54 km al SE de Dushambe. Fue investigado en 1973-1986 por V. A. Ranov. La altitud absoluta sobre el nivel del mar en el sexto paleosuelo, en el que están insertos los artefactos, es de 1.700 m.; la altura relativa sobre el río Vakhsh es de 1.100 m. Este suelo está 64 m. por debajo del límite de loess. En la estratigrafía de la formación loess-suelos de Tadjikistán sur, el sexto suelo se relaciona con el estadio inter-Riss (Riss 1/2). Existen dos dataciones por termoluminiscencia de loess. A mayor altura que el suelo arrojan 195 $\pm$ 30.000 años y bajo el suelo, 210 $\pm$ 35.000 años. Alrededor de 500 m^2 de paleosuelo ha sido abierto por excavaciones y está totalmente excavado hasta la

3
Paleolithic sites of the Middle Pleistocene in Central Asia.

Some years ago I suggested dividing paleolothic sites into "geo-archeo-fact" sites (with good archaeological and geological contex) and sites at the interpretation level (absence of at least one the named components) (Ranov, 1991, pp. 210-211).

In Central Asia in the Lower Pleistocene there is only one geoarcheofact site. This is Kuldara in South Tadjikistan. But the geochronological character of this site (800.000 years) is more important than archaeological, because only 40 artifacts have been found there, which are typologically not easy to define because of their amorphy (Ranov *et al.,* 1987).

The site has been dated to the 12-11 palaeosoil, and despite the scarcity of archaeological material, some elements have been found there taht are based on all the previous development of the pebble industry by early men in Southern Tadjikistan and perhaps in the whole of Central Asia. A small quantity of isolated finds, unearthed in the Middle Pleistocene paleosoils 9-7, testify to the continuity of population in this region.

Therefore, there is evidence to speak of a 600.000 year autochthonous development of paleolithic culture which is best represented by paleosoils 6 and 5 (Karatauskaja culture).

Now we will examine the three main geoarcheofact sites.

3.1.
Karatau I.

This site is located on the watershed of the Javansky Karatau mountain range 54 km. to the Southe-East of Dushanbe. It was researched between 1973 and 1986 by A. V. Ranov. The absolute height above sea level of the sixth paleosoil, in which the artifacts are embedded, is 1.700 m. The relative height above the river Vakhsh is 1.100 m. This soil is some 64 m. below the loess roof. In the stratigraphy of loessic-soil formations in Southern Tadjikistan the sixth soil is related to the inter-Riss (Riss 1/2) stadial. There are two thermoluminescent dates for the loess. Higher than the soil -195 ± 30 ky and under the soil 210 $\pm$ 35 ky. About 500 m^2 of paleosoil has been excavated as far as the carbonate crust. The distribution of artifacts inside the soil with climatic optimatic costra carbonatada. El análisis de la distribución de artefactos dentro del suelo con óptimos climáticos (potencia 1,5 m.), señala la ausencia de una única superficie de habitación y proporciona datos sobre estas superficies, que existieron en el yacimiento de forma recurrente. Ni aquí ni en los otros yacimientos loésicos se ha preservado construcción, hogar, acumulación de restos de cocina, etc., elementos que formarían un nivel cultural normal (Ranov, 1977).

La cantidad general de los hallazgos es 931 ex. Entre ellos hay 616 artefactos; es decir, el 66 por 100. Datos estadísticos preliminares permiten ofrecer las siguientes categorías:

1)	Fragmentos	319 (34,2 %)
2)	Lascas	211 (22,6 %)
3)	Fragmentos con retoques aislados	165 (17,7 %)
4)	*"Quartier d'orange"* (zitrus)	39 (4,1 %)
5)	Cuñas	34 (3,6 %)
6)	*"Choppers"*	30 (3,2 %)
7)	Fragmentos con retoques	20 (3,1 %)
8)	Cantos con marcas no sistemáticas	25 (2,7 %)
9)	Núcleos y fragmentos nucleiformes	21 (2,2 %)
10)	Raederas	16 (1,7 %)
11)	Muescas	15 (1,6 %)
12)	Raederas laterales	9 (0,9 %)
13)	Unifaciales	6 (0,6 %)
14)	Denticulados	5 (0,5 %)
15)	Puntas	4 (0,4 %)
16)	Hojas	2 (0,2 %)

Los soportes para la producción de útiles son rocas de origen volcánico, quebradizas y poco plásticas; en menor grado, esquisto y areniscas; productos del estrato – como sílex bastante frágil y cavernoso, en forma de losas de pequeño tamaño– cuentan solamente por un quinto del total.

En conjunto, la industria puede caracterizarse como de útiles sobre canto. La amorfía no estandarizada de los artefactos es característica, estando ausente el estándar repetitivo de tipos de herramientas. El núcleo preparado y la forma bifacial están completamente ausentes. Destaca la existencia de *"quartier d'orange"*, abundancia de lascas primarias y pocas lascas regulares. La mayoría de las lascas son resultado del tratamiento del borde de *choppers* y otros signos hablan de técnica de cantos. Al mismo tiempo, una pequeña proporción de grandes lascas de tipo clactoniense recuerdan mucho la apariencia achelense, como raederas laterales bien trabajadas. Se observan elementos que pueden compararse con tayacien-

optimum (thickness 1,5 m.) indicated the absence of a unique dwelling surface and provides data on these surfaces which existed on the site at different times. Neither here nor on the other loessic sites have constructions, hearths, accumulations of kitchen remains etc. been preserved. These elements would form a normal cultural level (Ranov, 1977).

The general quantity of the finds on the site is 93ç ex. Of these there are 616 artifacts of 66 %. Preliminary statistical data allows us to give the following figures:

1)	Fragments and debris	319 (34,2 %)
2)	Flakes	211 (22,6 %)
3)	Fragments with isolated scars	34 (3,6 %)
4)	*Quartier d'orange* (zitrus)	39 (4,1 %)
5)	Wedge-shaped scars	34 (3,6 %)
6)	Choppers	30 (3,2 %)
7)	Fragments with traces of retouch	29 (3,1 %)
8)	Pebbles with non systematic scars	25 (2,7 %)
9)	Cores and core shaped fragments	21 (2,2 %)
10)	Scrapers	16 (1,7 %)
11)	Notched tools	15 (1,6 %)
12)	Side-scrapers	9 (0,9 %)
13)	Unifacial	6 (0,6 %)
14)	Denticulates	5 (0,5 %)
15)	Points	4 (0,4 %)
16)	Blades	2 (0,2 %)

The main material used for tool production was brittle not plastic volcanic rocks: schist and sandstone (the later was less used). Stratum articles such as rather fragile flint shaped as small tiles account for only one-fifth of the total.

On the whole, the industry may be characterized as a pebble-tool industry because there are pebble-tools and the pebble technique is developed. The non-standardized morphology of antifacts is characteristic, standard tools are absent and each is very individual. Prepared core and bifacial forms are completely absent. There is *"quartier d'orange"*, an abundance of primary flakes and few regular flakes. Most flakes are the result of treating chopper edges and some other signs suggest pebble-technique. Ad the same time a small amount of large clactonian flakes are morphologically close to the acheulean, as well as worked-up side-scrapers. Some elements have been seen that can be compared with the European Tayacian. Thus, the definition "Acheulean without handaxes" is quite adequate to the industry of Karatau I (Bordes, 1968, p. 83).

se europeo. Así, la definición "achelense sin bifaces" es adecuada para la industria de Karatau I (Bordes, 1968, p. 83).

Los útiles con retoque secundario, incluyendo a los *choppers,* forman el 16,8 por 100 de todos los artefactos encontrados. Es visible la predominancia de instrumentos en forma de raedera sobre útiles cortantes. Hay algunas raederas y raederas laterales; de estas últimas, las mejores muestras son de tipo musteriense, con retoque abrupto. Los unifaciales son un tipo especial de herramienta. Son útiles de alargados contornos subtriangulares en un lado, completamente trabajados con grandes extracciones. Los *choppers* abundan y podemos subdividirlos en varios tipos. Son interesantes unas raederas que recuerdan nucleoformas o formas carenadas. Entre las herramientas de formato reducido hay perforadores y muescas. Son raros los objetos calificables como cuchillos. Muchas lascas están partidas longitudinalmente y en este caso se obtiene un borde de buril de tipo Siret, pero no se confía totalmente en la predeterminación de este método.

De los 32 yacimientos con artefactos documentados hasta hoy en el sur de Tadjikistán, el 35 por 100 de todos los útiles líticos recuperados provienen del paleosuelo 6. Obviamente fue el momento en que las condiciones climáticas y mediambientales de la región fueron más favorables para la ocupación humana.

Parece que se dan múltiples analogías entre las industrias del Pleistoceno Inferior de China y la industria del yacimiento Karatau I y, en conjunto, la cultura Karatau; por ejemplo, yacimientos como Lantian, Kehe, Zhoukoudian. En menor grado, podemos buscar semejanzas en yacimientos soanienses en el plateau Potwar en Pakistán. Sólo aparecen elementos similares en forma de particularidad al comparar la industria del yacimiento descrito y del achelense del próximo oriente y Europa.

The tool-artifacts with secondary retouch, including choppers, make up 16,8 % of all finds considered as artifacts. The predominance of scraper shaped instruments over cutting tools is clear. There are some side-scrapers and scrapers. The best sample of side-scrapers are Mousterian and hve step and breathing retouch. The unifacials are aspecial type of tool with long, subtriangular shapes on one side and very scarred. There are many choppers which can be subdivided into various types. Some scrapers which resemble nuclei and careened forms are also interesting. Among the small tools there are burins, notched tools, both with big and small notches, and sometimes retouch. Articles which can be qualified as knives are very rare. Many flakes are split lengthways so obtaining a Syret burin edge, but pre-determination by this method is not completely reliable.

Of the 32 sites with documented artifacts up to the present in South Tadjikistan, 35 % of all lithic tools were found in the sixth paleosoil. It was obviously the moment when the climatic and environmental conditions in the region most favoured human occupation.

It seems there are numerous analogies between the industries of the Lower Pleistocene in China and the industry at the Karatau I site and, in general, the Karatau culture (for instance sites such as Lantian, Kehe, Zhoukoudian). To a lesser extent, similarities can be found in Soanian sites on the Potwar plateau in Pakistan. Characteristic similarities only apper when comparing the industry of the described site and that of the Acheulean in the Near East and Europe.

3.2. **Selungur.**

Este yacimiento en cueva del Pleistoceno Inferior está situado en la "depresión del paralelo 40" en Ferghana (Kirgizia), cerca de la ciudad de Haidarkan. Fue excavado en 1982-1989, bajo la dirección de U. I. Islamov. Se trata de una gran cueva cuya entrada mide 120 x 34 m. La altitud absoluta sobre el nivel del mar es de 1.900 m. y la altura sobre el fondo del valle moderno no excede los 50 m.

3.2. **Selungur.**

This is a Lower Paleolithic cave site situated in the "depression of parallel 40" in Ferghana (Kirgizia) near the city of Haidarkan. It was excavated in 1982-1989 by U. I. Islamov. Is is a big cave with an entrance hall 120 m. long and 34 m. wide. The absolute height above sea level is 1.900 m., the height above the bottom of the modern valley does not exceed 50 m.

La excavación abrió un área de más de 100 m², poniéndose al descubierto 12 niveles litológicos con una potencia estratigráfica de 5,5 m. Son sedimentos de tobas, alebrolitas, sedimentos con inclusión de fragmentos de rocas conservados a veces en capas, probablemente sedimento de cueva redepositado durante el proceso de sedimentación. La sección es relativamente del mismo género de acuerdo con la estructura mineralógica y el grado de exposición al clima, y aparentemente se formó durante un ciclo climático (Velitchko *et al.,* 1991, p. 11). El espectro de las esporas de polen no registra ningún cambio. El polen de Chenopodiacea y ajenjo habla acerca de condiciones esteparias. Es difícil evaluar la significación de pólenes arbóreos, entre los que predomina el polen de abedul, seguido de Corylus, pino, abeto y otros, ya que es probable un desplazamiento de este polen.

En 12 complejos litoestratigráficos de la cueva se han registrado cinco horizontes con abundante registro de útiles de piedra y restos de fauna, con capas estériles entre ellos desde 30 cm. a 1 m. Estos horizontes, de una profundidad de 20-40 cm., no son en esencia niveles culturales, ya que no contienen hogares o puntos de fuego. Su formación permanece inexplicada.

El límite cronológico superior de los horizontes arqueológicos se define con fechas obtenidas por el método del uranio-thorio sobre una muestra de travertino (¿es posible la redeposición de esta muestra, ya que se trata de una pieza aislada?) que fue encontrada a mayor altura que el primer horizonte: 126.000 ± 5.000 años. Juzgando por el hallazgo de un bifaz en el quinto horizonte, más bajo, y algunos hendedores en los otros niveles, y tomando en consideración la presencia de *choppers,* U. I. Islamov –considerando las peculiaridades del inventario lítico– habló frecuentemente sobre su extremo arcaísmo y atribuyó este complejo en conjunto (no hay considerable diferencia entre capas) al achelense, aunque en uno de los primeros trabajos, comparando la industria de Selungur con yacimientos achelenses tempranos, reconoció su parecido y surgió una cronología para Selungur posiblemente en el marco de los 0,7-0,6 Ma. (Islamov, 1984, p. 58). Tras la publicación del resultado del trabajo de A. Velitchko *et al.,* mencionado antes, tiene poco sentido la datación de horizontes arqueológicos correspondientes de hecho al comienzo del Pleistoceno Medio en el modelo estratigráfico mundial, al Pleistoceno Inferior de la escala estratigráfica local.

El conjunto de datos estadísticos de la industria de Selungur no ha sido aún publicado. Preliminarmente, la correlación es conocida: bifaces (1), hendedores (6), denticulados

The excavation, which opened an aea bigger than 100 m², led to the discovery of 12 lithologic levels with a depth of 5,5 m. There are turfs sediments, alevrolites, silts with inclusions of rock fragments which are sometimes conserved in layers, probably cave sediment redeposited during the process of sedimentation. As far as the mineral structure and degree of weathering are concerned the section is of the same kind and it was apparently formed during one climatic cycle (Velitchko *et al.,* 1991, p. 11). The spore-pollen spectra do not register any changes. The *Chenopodiaceae* and wormwood pollen give information on steppe conditions. It is difficult to evaluate the significance of tree pollens, among which birch pollen predominates, followed by *Corylus,* pine, fir and others, because a considerable drift of pollen is probable.

In the 12 lithic-stratigraphic complexes of the cave, 5 horizons have been recorded containing stone tools and faunal remains. They are divided by sterile layers between 30 cm. and 1 m. thick. These horizons, with thickness of 20-40 cm. are not essentially cultural layers, as they do not contain of hearth spots. Their formation remains as yet unexplained.

The upper age limit of these archaeological horizons has been determined using Uranium-Thorium dating on a sample of travertine (this is an isolated piece so we must consider, however, the possible redeposition of this sample) which was found higher than the first horizon: 126.000 ± 5.000 years. Judging from the find of handaxes in the fifth horizon, the lowest, and some cleavers on the other levels and taking the presence of choppers into account, U. I. Islamov considering the peculiarities of the stone inventory, often spoke of its extreme archaism. He attributed this complex as a whole (there is no considerable difference between layers) to the Acheulean, though in one of the initial works, when comparing the industry of Selungur with early Acheulean sites he recognized their similarity and a date of about 0.7-0.6 My was suggested for Selungur (Islamov, 1984, p. 58). After the publication of the results of the work of A.A. Velitchko *et al.,* mentioned above, there is little sense in dating archaeological horizons belonging to the beginning of the Middle Pleistocene in the world stratigraphic scheme, to the Lower Pleistocene on the local stratigraphic scale.

All the statistics of the industry of Selungur have not yet been published. Nevertheless, some preliminary data is known: one handaxe, 6 cleavers, 56 denticulate tools, 33 side-scrapes, etc. (Islamov, 1984). Various publications mention some more "high form" tools (protocarenne V. R.), such as chisels, scrapers, beaked or tranchet tools.

(56), raederas laterales (33), etc. (Islamov, 1984). Diversas publicaciones mencionan útiles de espesor (protocarenados V.R.), como útiles de *chisel,* raederas, formas de pico, útiles de tipo *tranchet.*

Nos parece que U. I. Islamov sobreestima el arcaísmo de la industria de Selungur. En primer lugar, se encuentra un solo espécimen de bifaz (Islamov, 1990). Se puede decir lo mismo sobre los hendedores. Para proceder desde el principio de "disponibilidad" enunciado con éxito en su tiempo por A. G. Medoev, los artefactos descritos por U. I. Islamov en la ilustración 5-1, 3, 5, del artículo indicado, no son tipológicamente hendedores reales, ya que no tienen extracciones de acomodación a lo largo de uno o dos de los alargados bordes. La preparación de bordes transversales de las muestras de hendedores de Selungur no es característica.

Contra la fecha sugerida por U. I. Islamov habla también la fauna, en cuya estructura se encuentra el oso de cueva, la hiena de cueva, el caballo de Przhevalsky, *Equus hidruntinus, Rhinoceros dicerorhinus* (la última especie se encuentra hasta el suelo Riss en Tadjikistán sur), *Cervus bactrianus,* cabra montés de Siberia, león de las cuevas, gato fósil, *Bos primigenius* y otros. La adscripción es disonante y posiblemente errónea entre la fauna de Selungur del tipo caballo de Stenon, desde el segundo horizonte. En conjunto, los restos faunísticos son más bien del Pleistoceno Superior (junto a *Rhinoceros)* que del Pleistoceno Medio, pero no de su primera mitad, lo que confirma U. I. Islamov con su punto de vista sobre el material arqueológico encontrado.

En opinión de A. K. Markova, los *Microtus* de Pamiria –*Microtus (neodon) es.gr. Juldaschi*– y otros roedores, tienen caracteres arcaicos que permiten suponer una cronología del Pleistoceno Medio para los sedimentos de Selungur (Velitchko *et al.,* 1991, p. 13).

La estimación histórico-cultural del complejo de Selungur dada por U. I. Islamov no parece justificada. Sugiere atribuirlo al achelense del sur, comparándolo con el achelense de África, Próximo Oriente e India (Islamov, 1990, p. 686).

El análisis de la industria de los cinco horizontes de Selungur muestra un parecido considerablemente mayor entre la industria examinada y la industria de la cultura de Karatauskaja, situada territorialmente muy cerca de Ferghana. Las diferencias en la técnica y en la tipología pueden vincularse con el "paleolítico del loess"; la utilización de cantos de río bien rodados es característica en Selungur en los casos principales, además de fragmentos angulares de jaspe esquisto silíceo y cantos de rocas de origen volcánico, estos últimos extremadamente raros.

It seems to us that U. I. Islamov over-estimates the archaism of the industry of Selungur. First of all, only one handaxe was found, typologically very expressive (Islamov, 1990). The same can be said of the cleavers. If we are to proceed from the principle of "readiness", successfully proclaimed in its own time by A. G. Medoev, the artifacts depicted by U. I. Islamov in illustration 5-1,3,5 of the above article, typologically are not real cleavers, because they do not have accomodational scars along one or two of the long edges. The preparation of the transversal edges of these samples of Selungur cleavers is not characteristic.

The fauna which includes cave bear, cave hyena, *Przhevalsky* horse, *Equus hidruntinus, Rhinoceros dicerorhinus* (the last species is found up as far as to the Riss soils in Southern Tadjikistan), *Cervus bactrianus,* Siberian mountain goat, cave lion, fossil jak, *Bos primigenius* and others also goes against the date suggested by U. I. Islamov. The identification of the *Equus stenonis* among the fauna from the second horizon of Selungur is dissonant and probably erroneous. On the whole, the faunal remains seem to belong to the Upper Pleistocene (together with *Rhinoceros sp.)* rather than to the Middle Pleistocene. In an extreme case, this fauna is characteristic of the end of the Middle Pleistocene, but is does not appear in its first half. This poin of view is confirmed by U. I. Islamov in his analysis of the archaeological material found there.

According to A. K. Markova, the Pamirian Microtus –*Microtus (neodon) ex.gr.Juldaschi*– and other rodents have archaic traits that allow a Middle Pleistocene chronology to be assumed for the sediments of Selungur (Velitchko *et al.,* 1991, p. 13).

The historico-cultural estimation of the Selungur complex offered by U. I. Islamov does not seem justified. He suggests attributing it to the Southern Acheulean, comparing it with the Acheulean found in Africa, the Near and India (Islamov, 1990, p. 686).

The analysis of the industry found in all of the five horizons at Selungur shows that there is a considerably bigger resemblance between this industry and the Karatauskaja culture, which is geographically very close to Ferghana. There are certain differences in the tecnique as well as in the typology. These differences can be linked with the "loess-Paleolithic" characterized by the utilisation of well rolled pebbles (effusive rocks). In Selungur these pebbeles are frequently angular fragments of jasper, shaped rocks, siliceous schist and extremely rare pebbles of rocks of volcanic origin.

As far as the resemblance of these industries is concerned, information comes firstly from the inexpressiveness of the

Acerca de la similitud de la industria, nos habla en primer lugar la inexpresividad de los núcleos; es decir, la ausencia de núcleos preparados y, como consecuencia de esto, ausencia de láminas y técnica levallois. Lascas con plataformas oblicuas desbastadas de tipo clactoniense, raederas transversales con retoque denticulado-muesca, puntas de tipo tayciense. Debemos subrayar especialmente la presencia de útiles en canto parecido a Karatau en Selungur, principalmente scrapers carenados, pseudo-buriles y una pequeña cantidad de útiles con retoque detallado.

Es muy posible que la industria de Selungur tenga un carácter más desarrollado. En este último caso de 1.417 artefactos hay 306 útiles (21,59 por 100) y en Karatau I los útiles representan solamente el 16,8 por 100, aunque es cierto que el número de artefactos hallados es aproximadamente la mitad. Se puede decir lo mismo sobre los núcleos: 64 (4,51 por 100) en el primer caso, contra 21 (2,2 por 100) en Karatau I. Por supuesto, al realizar tales comparaciones debemos tomar en consideración que tales diferencias en figuras pueden ser explicadas por el diferente carácter de los yacimientos, un campamento base en el primer caso y un campamento temporal de caza en el otro. Puede admitirse la existencia de diferentes facies de una cultura similar al tipo de Asia del este al final del Pleistoceno Medio. Tal hipótesis es bastante real y aún parece más lógica que las lejanas analogías sugeridas por U. I. Islamov.

En Selungur se hallaron, por primera vez en Asia Central, los restos de un hombre del Pleistoceno Medio –Homo erectus–(10 dientes, omóplato, fragmento de cráneo). De acuerdo con la definición taxonómica de los antropólogos, los rasgos presentes en el material recuperado no permiten decir que este Homo erectus tardío tendiera a convertirse en Neanderthal. Sin embargo, fue adscrito a la categoría de "formas progresivas" (Islamov, Zubob, Kharitonov, 1989, p. 48).

3.3.
Kulbulak.

Yacimiento con múltiples capas situado en el valle del río Ahangeran en la región de Tashken. Fue excavado por M. R. Kasimov durante 20 años, comenzando en 1963. Se ha abierto una cata de 600 m^2. La parte central de la excavación alcanza 19 m. de profundidad. En esta potencia, han sido registrados 49 horizontes arqueológicos, incluyendo algunos niveles culturales en la parte superior de la sección. Veintidós

cores as well as the absence of prepared cores and as a result the absence of blades and "Levallois" technology. Flakes with smoothed oblique clactonian platforms, transversal scrapers with denticulate-notched retouch, tayacian points. We must stress the presence in Selungur of pebble tools like those of Karatau, mainly careened scrapers, pseudo-burins and a small quantity of tools with detailed retouch.

The industry in Selungur may well be more developed. In the last case, of 1.417 artifacts there are 306 tools (21,59 %) and in Karatau I tools amount only to 16,8 % but it is also true that the number of artifacts found was about half. The same can be said about cores: 64 (4,51 %) in the first case, against 21 (2,2 %) in Karatau I. Of course, when making such comparisons it must be taken into consideration that these differences can be explained by the different character of the sites, the first one being a base camp and the second a temporary hunting campsite. The existence of diferent facies of an East Asian type culture at the end of the Middle Pleistocene can be recognized. Such a hypothesis is quite real and seems more logical than the analogies suggested by U. I. Islamov.

For the first time in Central Asia, the remains of a Middle Pleistocene man were found at Selungur. A *Homo erectus,* of which 10 teeth, a shoulder blade and a skull fragment have been recovered. According to the description made by anthropologists, the peculiarities present in the material do not allow them to determine if this late *Homo erectus* would tend to develop into Neanderthal. Nevertheless, he belonged to the category of so-called "progressive forms" (Islamov, Zubov & Kharitonov, 1989, p. 48).

3.3.
Kulbulak.

This is a multi-layered site located in the valley of the river Ahangeran in the region of Tashkent. The site was excavated by M. R. Kasimov for 20 years, beginning in 1963. A square of some 600 m^2 has been opened. The central part of the excavation reaches a depth of 19 m. 49 archaeological horizons have been recorded in the stratigraphy, including some cultural layers in the upper part of the section. Twenty two hori-

 horizontes se vinculan al achelense (Kasimov, 1990, p. 3). Pero esos horizontes están abiertos en el pequeño cuadro, por su parte inferior, solamente en algunos metros cuadrados.

Desgraciadamente, la compleja estratigrafía de este yacimiento, en el que la industria lítica se halla entre proporciones variables de sedimento lacustre multicolor, sedimentos de torrente, de pendiente, loésicos y de suelo, no aporta datos fiables. El modelo sugerido M. R. Kasimov, basándose en los estudios del geólogo M. Kh. Godin, aparece como un híbrido poco comprensible, a medio camino entre el modelo estratigráfico local y las subdivisiones, y al contrario que el primero, el complejo de Tashkent abarca aquí todo el Pleistoceno Medio. Pero no hay datos geocronológicos o fechas absolutas para Kulbulak. La edad de los suelos en la sección no ha sido definida y ni siquiera se han efectuado comparaciones con el modelo regional generalizado de paleosuelos de Asia Central. Todo esto es evidencia de que la supuesta edad achelense de Kulbulak puede considerarse puramente convencional y la atribución del comienzo del achelense en este yacimiento en el Pleistoceno Inferior es poco probable.

En esta situación debemos tomar en consideración que la potencia de los sedimentos en conexión con los hallazgos paleolíticos puede ser datada posiblemente como no más antigua que el Pleistoceno Superior, lo que combinaría bien con la morfología de los útiles encontrados. Es imposible de momento descartar tal variante de la evaluación de la edad de Kulbulak, más aún hoy en que ha ganado terreno la idea de que los niveles de terraza con alturas de 40-70 m, y que se relacionaban anteriormente al complejo Tashkent tardío (Q_2), deben ser datados como Pleistoceno Superior como cinco paleosuelos primarios.

De acuerdo con los datos palinológicos, el árido suelo general en el que pasaron la vida los habitantes del yacimiento de Kulbulak se ha combinado en ocasiones con períodos más cortos de humedad.

Desgraciadamente, los escasos restos faunísticos (caballo, toro, gacela) no permiten confirmar esta observación, aunque la ausencia de formas exóticas de animales parece apoyarla.

No hay razón para dividir los niveles achelenses de Kulbulak en achelense medio y tardío, como el autor de la investigación hace, ya que no es posible confirmar tal conclusión ni por el análisis tecno-tipológico ni geológicamente: el límite inferior Matuyama-Brunhes en el que según el modelo de M. R. Kasimov y M. Kh. Godin se sitúan algunos niveles achelenses (29-31) ha sido registrado convencionalmente, ya que, en primer lugar, por lo que nosotros sabemos, no es rea-

zons are linked to the Acheulean (Kasimov, 1990, p. 3). But these horizons are open a few square meters.

Unfortunately, the stratigraphy of this site, in which stone tools are found among varying amounts of multicoloured, lacustrine sediment, terrent, slope, loessal and soil sediments, does not provide reliable data. The model put forward by M. R. Kasimov, based on the studies of the geologist M. Kh. Godin, appears as a little understandable hybrid, half way between the local stratigraphic model and the subdivisions, and unlike the first one the Tashkent complex here embraces the whole Middle Pleistocene. But there are no geochronlogical nor absolute dates in Kulbulak. The age of the soils in the section sis not known, and so have even been compared with the general regional scheme of paleosoils in Central Asia. All this is evidence that the supposed Acheulean age of Kulbulak can be considered as purely conventional, and it is unlikely that the beginning of the Acheulean can be dated to the Lower Pleistocene in this site.

In this situation, it must be taken into consideration that the thickness of the sediments in connection with palaeolithic finds can be dated as no more ancient than Late Pleistocene, which would match the morphology of the tools found there. It is impossible, at present, to discard such a variant in the aasessment of the age of Kulbulak even more so today that the theory is gaining ground that terraces at 40-70 m. which previously were linked with the late Tashkent complex (Q_2), must be dated as Upper Pleistocene like 5 primary palaeosoils.

According to palynological data, during the time that there were human settlers, the ground was generally arid but there were shorter, wet periods.

Unfortunately, the rare faunal finds (horse, bull, gazelle) do not confirm this observation, but the absence of exotic animal types seems to support it.

There is no reason to divide the Acheulean layers of Kulbulak into Middle and Late Acheulean, as the author of the aforementined research does, since it is not possible to confirm such a conclusion either on techno-typological nor geological grounds. The Matuyama-Brunhes boundary, under which there are some Acheulean layers (29-31), according to M. R. Kasimov and M. Kh. Godin, has been recorded conventionally, since in the first place, as far as we know, it is not carried out by Kn. A. Toychiev in the Kulbulak section itself but is an interpolation, and secondly Kh. A. Toychiev's palaeomagnetic curve is not compared with the widely recognized scale of A. Cox (Kasimov, Godin, 1984; Tokciev, 1982).

lizado por Kh. A. Toychive en la misma sección de Kulbulak, sino que es una interpolación, y en segundo lugar, la curva paleomagnética de Kh. A. Toychiev no es comparada con la escala generalmente aceptada de A. Cox (Kasimov, Godin, 1984; Tojchiev, 1982).

Las peculiaridades tecno-tipológicas de la industria de los horizontes achelenses de Kulbulak (en todas las 3.250 muestras) se caracterizan por la presencia de lascas masivas de apariencia clactoniense, con contornos irregulares. De acuerdo con M. R. Kasimov, su tamaño en los horizontes del achelense superior disminuye en los niveles más altos. Hay una gran cantidad de núcleos primitivos, los mejores ejemplares aproximándose a las formas discoides y plataformas, e insignificante extensión de la técnica levallois. El rasgo característico del complejo es el amorfismo no estandarizado en las formas de las lascas, una pequeña cantidad de hojas. En el conjunto de útiles predominan los útiles muescas-denticulados. Instrumentos en forma de pico, formas como de raedera. Raederas bien definidas y puntas aparecen aunque en poca cantidad. También hay puntas tayacienses y herramientas cortantes. La pertenencia al achelense de las capas inferiores de Kulbulak queda determinada por la presencia de bifaces cuya función nunca ha sido demostrada durante la comunicación de M. R. Kasimov que yo he oído y por la examinación de esta colección de Tashkent, ya que allí se encuentran solamente especímenes incompletos. En los horizontes achelenses superiores hay puntas trabajadas perfectamente desde ambos lados. Sus tamaños, trabajando una superficie y retoque del borde, son más cercanos a piezas musterienses del tipo "oriental micoque", que a los bifaces achelenses.

Sólo con dificultad se puede seguir la evolución de la técnica y tipología de útiles en los 22 horizontes achelenses, pero tal tendencia sin embargo existe. Es seguida principalmente en disminución de los tamaños en blanco. Se debe decir que, tanto en los niveles achelenses, como en las capas superiores del yacimiento hay gran cantidad de formas accidentales, incluyendo muescas-denticulados, que no son artefactos reales y oscurecen considerablemente una imagen realista de la correlación entre las categorías de hallazgos. Sólo nos queda esperar que la monografía del fenecido M. R. Kasimov sea publicada.

Es importante considerar la idea de M. R. Kasimov sobre la edad mesopleistocena del musteriense tanto arcaico como desarrollado de Kulbulak, tal como se muestra en el modelo mencionado (Kasimov, Godin, 1984, p. 5). Si este autor está en lo cierto, será el primer caso en que un yacimiento musteriense en Asia Central es datado en una cronología tan anti-

The techno-typological peculiarities of the industry of the acheulean horizons in kulbulak (in all 3.259 samples) are characterized by the presence of massive flakes of clactonian appearence, with irregular contours. According to M. R. Kasimov, they are smaller in the higher levels of the Upper Acheulean horizons. There is a large number of primitive cores, the best samples of which are close to being platforms and discoid in shape but the extent of the Levallois technique is insignificant. The characteristic feature of the complex is the non-standardized amorphy of the flakes, a small quantity of blades. In the collection of tools the notched-denticulate group of artifacts predominate. Beak shaped instruments scraper-like forms. Well formed scrapers and points are also present but in low numbers. There are also tayacian ponints and cutting tools. The lower layers at Kulbulak are finally assigned to the Acheulean because of the presence of handaxes shich have never been demonstrated either by any communicatin by M. R. Kasimov that I have ever heard or by an examination of this collection in Tashkent since there only incomplete specimens are to be found. In the upper Acheulean horizons there are points of spears worked up perfectly from both sides. Their size, the knapping on the surfaces and the retouching of the edges are closer to Mosterian pieces of the type known as "oriental micoque" than to Acheulean handaxes.

The evolution of tool technique and typology througout the Acheulean horizons can only be traced with difficulty but, even so, this tendency does indeed exist. It is mainly traced by the diminution in the blanks. It should be pointed out that in both the Acheulean and the upper layers there are numerous accidental shapes, including nothced denticulate tools shich are not real artifacts and which considerably obscure the realistic picture of the correlation between categories of find. Now it remains only to wait until the publication of the monograph of the late M. R. Kasimov.

M. R. Kasimov's idea about the Middle Pleistocene age of ancient and developed Mosterian in Kulbulak should be considered, as it is descibed above (Kasimov and Godin, 1984, p. 5). If this author is righ, it will be the first case when a Mosterian site in Central Asia is dated to such early time. Up to the present, various authors have linked all finds to the Upper Pleistocene. Kasimov's thesis may have sympathisers in Europe, but it requires more convincing evidence than what the authors have in Kulbulak (Gladilin, 1985; Bosinski, 1992).

 gua. Hasta hoy, diferentes autores relacionan todos los descubrimientos con el Pleistoceno Superior. La tesis de M. R. Kasimov puede encontrar simpatizantes en Europa, pero precisa evidencias más convincentes que las que los autores de la investigación tienen en Kulbulak (Gladilin, 1985; Boskinski, 1992).

3.4.
Yacimientos al aire libre.

Los yacimientos descritos se complementan con algunas de las localizaciones al aire libre más notables. Son yacimientos del nivel de interpretación y su posición geológica o determinación tipológica permiten referir el material recogido al Pleistoceno Medio con algún grado de fiabilidad.

El Kuhi-Pioz (Tadjikistán) está situado en el desmembrado *plateau* elevado sobre el río Vaksh 200-250 m. En la zona central hay la parte residual de una capa con arenisca. Sobre ella, 5 metros de cantos desmenuzables, incluyendo fragmentos de bloques concretos de caliza. En la ladera restante, desde el sur y el este, hay una fuerte pendiente de cantos, en cuya base han sido hallados tres artefactos de apariencia bastante arcaica: un núcleo y dos útiles de tipo chopping. Los cantos no pudieron llegar a este punto más tarde de la primera mitad del Pleistoceno Medio, juzgando por su posición geomorfológica (complejo Ilyakski en el modelo estratigráfico local). Pero a pesar de la apariencia extremadamente arcaica de los hallazgos, sólo podemos suponer su adscripción a esta cronología (Ranov, 1969).

Bos-Barmak en Kirgizia es el nombre de algunas localidades situadas 4-5 km. al sur de la ciudad de Rybachy, cerca del lago Issyk-Kuy. Todas las localidades están dispersas en las superficies de las terrazas del lago con sus niveles medios a la altura de 48 m. sobre el valle. Están concentradas en los lados oriental y norte de las colinas de Bos-Barmak. La superficie de las terrazas está cubierta con fragmentos de rocas descompuestas y cantos rodados de porfirita empleados como materia prima para los artefactos. Entre aproximadamente mil hallazgos se encuentran un gran núcleo cuboide y un núcleo de plataforma, útiles en canto, choppers y chopping tools, y entre los útiles en lasca (principalmente de aspecto clactoniense), formas denticulado-muesca, puntas y raederas laterales (Junusaliev, 1981).

Ni la apariencia de la industria ni la situación geomorfológica de los artefactos excluyen su adscripción al último estadio del Pleistoceno Medio. Entre algunos miles de objetos

3.4.
Open air sites.

The sites described abone are complemented by some of the most noteworthy open air locations. They are of the interpretational type and their geological position and typology allow the material collected to be lonked to the Middle Pleistocene with some degree of reliability.

In Tadjijistan this location is Kuhi-Pioz, situated on the highly dismembered plateau some 200-250 m. over the river Vaksh. In the centre there is the residual oart of a sandstone layer covered with 5 m. of crumbled pebbles and including gragments of certain limestone blocks. There is a steep slope from the South and the East at the base of shich 3 artifacts of rather archaic appearance have been found: one core and two chopping tools. Judging by its geomorphological position (Ilyaski complex in the local stratographic scheme) pebbles could not have been deposited here later than the first half of the Middle Pleistocene. But despite the extremely archaic appearance ot the finds they can only be assumed to belong to this time (Ranov, 1969).

Bos-Barmak in Kirgizia is the name of some localities situated 4-5 km. south of the town of Rybachy, near the lake Issyk-Kul. All the localities are scattered over the lake terraces with an average of 48 m. ober the adjoining valley. They are concentrated on the eastern northen sides of the Bos-Barmak hills. The surface of the terraces is covered with fragments of altered rocks and rolled porphyroid pebbles with which the artifacts were made. Among approximately a thousand finds, there is a big cuboid core and one plarform one, pebble tools, choppers and chopping tools. Among the tools there are flakes (mainly of Cactonian appearance), denticulate-notched forms, points and side-scrapers (Junusaliev, 1981).

Neither the appearance of the industry nor the geomorphological location of the artifacts excludes them from belonging to the final stage of the Middle Pleistocene.

Among several thousand objects collected at many points on the edge on Kazakhstanian Karatau (Little Kararecolectados en muchos puntos del borde Lazakhstanian Karatau (Pequeño Karatau), en colinas y en pendientes, aparece el grupo cronológicamente más antiguo de artefactos, atribuido por Kh. A. Alpisbaev al chelense-achelense. En una de sus publicaciones los adscribe al Pleistoceno Inferior, situándolo como bakinian suite (0,7 Ma.) (Kostenko, Alpisbaev, 1969).

Pero, ni la apariencia arqueológica de estos hallazgos, ni su posición geológica excluye la edad mesopleistocena de las colecciones. Los últimos son presentados con un diverso conjunto de choppings, discos, unifaces, lascas de apariencia clactoniense, a veces retocadas. Herramientas bien preparadas son extremadamente raras (Alpisbaev, 1979). En la vieja colección de Kh. A. Alpisbaev, los bifaces no están presentes. Es imposible determinar la edad de un grupo bastante pequeño de bifaces recogidos en el distrito de la estación de ferrocarril de Jangadja en el SW de Turkmenia, en la parte sur del plateau de Krasnovodsk, pero su cronología más probable es el Pleistoceno Superior (Wishnyatsky, 1989).

4
Conclusión.

De aproximadamente veinte yacimientos situados en el territorio de la antigua Unión Soviética que pueden atribuirse al Pleistoceno Medio, solamente 7 (35 por 100) tienen niveles en contexto estratigráfico. Cinco de ellos son yacimientos en cueva y sólo dos son yacimiemtos al aire libre. Geográficamente están situados: tres en el Cáucaso, tres en Asia Central y tres en Ucrania[3]. Es necesario recordar que la búsqueda de yacimientos arqueológicos del Pleistoceno Medio es extremadamente complicada en Asia Central (y también en otras regiones): se presentan muy raramente sedimentos en cueva con capas arqueológicas tan antiguas. Por lo que se refiere a sedimentos de terraza, tenemos casi en todas partes o bien un declive erosivo de terraza o restos del canal aluvial para esta cronología, mientras que la parte desmenuzable del complejo del Pleistoceno Medio ha sido completamente lixivada y sustituida por paquetes de sedimento loésico más recientes. Es muy complicada la búsqueda de yacimientos arqueológicos en secciones de loess-suelos donde la suerte juega un papel enorme en la obstención de resultados positivos.

En los estudios paleoecológicos se suelen realizar conclusiones generalizadas, y en mucho menor grado investigaciones detalladas sobre los yacimientos (excepto Selungur). Este

tau), on hills and slopes, the most ancient group of artifacts to appear was attributed by Kh. A. Alpisbaev to the Chellien-Acheulean. In one of his publications he attributed them to the Lower Pleistocene, describing them as bakinian suite (0,7 My) (Kostenco and Alpisbaev, 1969).

But neither the archaeological appearance of the finds nor their geological appearance preclude them from belonging to the Middle Pleistocene, and the last ones include a variedad set of choppers, discs, unifacials, and flakes of clactonian appearance, which are sometimes retouched. Well prepared tools are extremely rare (Alpisbaev, 1979). In Kh. A. Alpisbaev's old collection there are no bifacial forms.

The age of a quite small group of handaxes gathered in the district of Jangadja railway station, in South-Western Turkmenia on the Southern part of Krasnovodsk plateau, is quite imposible to determine. It most probably belongs to the Upper Pleistocene (Vishnyatsky, 1989).

4
Conclusion.

Of the approximately twenty sites situated in the territory of the former USSR, which can be attributed to the Middle Pleistocene, only 7 (35 %) have strata in stratigraphic context. Five of them are cave sites and only two are open air sites. Geographically they are located as follows: 3 in the Caucasus, 3 in the Central Asia, 3 in the Ukraine[3]. It should be pointed out, that in Central Asia (and also in other regions) the search for the Middle Pleistocene archaeological sites is extremely complex: Cave sediments containing such ancient archaeological layers are very rarely found. As far as terrace sediments are concerned, weññ eroded terrace scarps or remains of the alluvial channel can be found almost everywhere, while the friable part of the Middle Pleistocene sediments has been completely washed away and substituted by younger loessic silt nappes. Finding archaelogical sites in loess-soil sections is extremely difficult and luck plays an enormous role in getting positive results.

Paleo-ecological studies usually draw general conclusions, and to a lesser degree make detailed investigations on the sites (with the exception of Selungur). This is largely due to the arid climate of Central Asia which preserves pollen, spores, other organic material and even bones considerably hecho está conectado, en gran medida, con el clima árido de Asia Central, cuyas condiciones preservan —tanto polen como esporas, otro material orgánico e incluso huesos— por lo general considerablemente peor que en la zona periglacial de Europa, y los fuertes cortes hechos por los ríos, los conos de caídas poderosamente expelidos y la dislocación de paquetes de sedimentos loésicos a lo largo de las pendientes, destruyen completamente en todos los casos los sedimentos primarios, tal como sucede siempre en los distritos de régimen tectónico intensivo.

La investigación de la formación de loess-suelos muestra claramente que en el Pleistoceno Medio el registro arqueológico se concentra en paleosuelos y prácticamente nunca en loess. Es evidente que esto se relaciona con las condiciones desfavorables en el momento de formación del loess: gran sequedad, frío relativamente creciente, a menudo tormentas de polvo. Todo ello hizo difícil la comprensión de las cuencas en las épocas glaciales del continente auroasiático. Por otro lado, si las regiones del valle montañoso estuvieron glaciadas en Asia Central, sólo pudieron ser ocupadas por el hombre del Pleistoceno Medio en períodos interglaciales (para cronología glacial no se ha recuperado hasta hoy registro arqueológico) por debajo del nivel de morrenas moderno (2.000 m. desde el nivel del mar). La influencia de los glaciales en el clima de Asia Central no podría describirse como catastrófica. Con respecto a ello se deben recordar las altas posiciones de la cueva Selungur y del yacimiento al aire libre de Karatau I.

A causa del insuficiente número de dataciones absolutas, en Selungur hay razones definitivas para establecer una correlación cronológica preliminar con el yacimiento Karatau I. La divergencia en el tiempo de existencia no permite la comparación con yacimientos tales como Atapuerca (niveles superiores), Torralba-Ambrona, Bilzingsleben, Baume Bonne, Korolevo 5v y otros. Las capas superiores de Zhoukoudian son muy próximas tipológicamente.

Por lo que respecta a Kulbulak, no parece posible correlacionar este yacimiento basándose en los datos proporcionados por R. M. Kasimov y M. Kh. Godin.

Así, en el Pleistoceno Medio, los yacimientos centroasiáticos corresponden al achelense tardío, pero dos de ellos no tienen bifaces (la única herramienta tipológicamente de esta clase, malamente formada, como los hendedores no muy claros de Selungur que no pueden ser aceptados sin ambigüedad) y, consecuentemente, la industria de Karatau I y Selungur pertenecen a la facies del "achelense con choppers, pero sin bifaces hendedores", que era la versión de la cultura soa-

worse than in the periglacial zone of Europe. Primary sediments have all been destroyed by the strong cutting action of rivers, powerful cone falls and the dislocation of loessic silt nappes on slopes which is what always happens in areas of intensive tectonic activity.

Research carried out on loess-soil formation clearly shows that Middle Pleistocene finds tend to be concentrated in palaeosoils and are practically non-existent in loesses. This is evidetly connected to unfavorable conditions when the loess layers were formed: high dryness, relatively increasing cold, frequent dust storms. All these factors made it difficult to understand the watershed spaces of the glacial periods in the Euro-Asian continent. On the other hand, if mountainous valley regions were glaciated in Central Asia, they could have been settled by Middle Pleistocene human populations only during interglaciar periods (given that there are no finds corresponding to glacial times up to the present), at heights that are lower than the modern moraine level: 2.000 m. above sea level. The influence of glaciers on the climate of Central Asia could not be descibed as catastrophic. It should be remembered tha the Selungur cave and the open air site of Karatau I sre both at high altitudes.

Because of the lack of absolute dates, in Selungur there are definite reasons to make a preliminary chronolical correlation between Karatau I and Selungur. Differences in length of existence make it unlikely that they can be compared with such sites as Atapuerca (upper levels), Torralba-ambrona, Bilzingsleben, Baume-Bonne, Korolevo 5 and others. The upper layers of Zhoukoudian are very close typologically.

As far as Kulbulak is concerned, it does not seem possible to correlate this site on the bases of the data supplied by R. M. Kasimov and M. Kh. Godin.

So, chronologically, the Central Asiam sites of the Middle Pleistocene correspond to the late Acheulean, but two of them do not have handaxes (the only tool of this badly shaped as are the Selungur cleavers taht cannot be unambiguosly accepted). Consequently, the industries of Karatau I and Selingur belong to the facies of "Acheulean with choppers, but without handaxes and cleavers" which is the old, rather than modern definition of Soanian culture. As far as the lower Acheulean horizons at Kulbulak are concerned, difference in raw materials must be taken into account, because in Kulbulak 84,5 % of the rocks are flint. This fact alone enough to sharply separate the industry of this site from the one found at the other two. Is is characterized by the presence of small and very detailed handaxes, whose length does not exceed 8-10 cm., and that resemble points of spears rather than handaniense en antiguo, pero no en moderno entendimiento. Con respecto a los horizontes achelenses inferiores de Kulbulak, aquí en primer lugar debe tomarse en consideración la diferencia de rocas primarias, ya que en Kulbulak el 84,5 por 100 es sílex. Este hecho separa agudamente la industria de este yacimiento de las otras dos. Se distingue por la presencia de bifaces pequeños y trabajados con mucho detalle, cuya longitud no excede 8-10 cm., que recuerdan más puntas de lanza que hachas de mano. Las lascas de tipo levallois muestran en ocasiones plataformas de percusión facetadas sin analogías en los conjuntos de Karatau I y Selungur. Las raederas laterales son diferentes, pero pueden encontrarse muchas analogías entre Selungur y Karatau I.

Por otro lado, pese al diferente suelo (cantos de río en Karatau I, fragmentos angulares de rocas adecuadas en Selungur) en principio la técnica y tipología de herramientas coincide bastante entre ambas colecciones, aunque en el segundo caso son más ricas y variadas tipológicamente.

Así, nos parece que se puede considerar el yacimiento de Karatau I y Selungur como dos diferentes facies de la cronología tardía local centroasiática cronológicamente achelense, cultura Karatau. La definición histórico cultural de Kulbulak sólo podrá hacerse tras la publicación de todos los materiales de este yacimiento.

Junio, 1993.

xes. The Levallois flakes, sometimes with faceted striking patforms, do not have analogies either in Karatau or in Selungur. The same cannot be said of side scrapers, but many analogies can be found among Selungur and Karatau I.

On the other hand, despite the different raw material –in Karatau I river pebbles, in Selungur angular fragments of suitable rocks), tool tecnique and typology are coincident enough, although the collection from the second site was richer and more varied.

Therefore, it seems to us that the sites of Karatau I and Selungur can be considered as two different facies of the local Centralasian late Acheulean, chronologically Karatau culture. The historico-cultural definition of Kulbulak will only be possible after the material recovered on this site has been published[4].

NOTAS

[1] En este trabajo se toma el Pleistoceno Medio del volumen del modelo estratigráfico internacional, –0,7 –0,15 My.

La parte llana de Asia Central, formada por potentes depósitos aluviales de los ríos principales Amu-Daria y Syr-Daria, no se examina en este artículo, dado que en esa zona no existen yacimientos arqueológicos del Pleistoceno Medio.

[2] Hoy existe una teoría que no ha sido aún publicada en trabajos generales. El significado de esto es que los paleosuelos del Pleistoceno Superior obtendrían fechas más tempranas (por ejemplo, el segundo paleosuelo en el modelo mencionado arriba debe tener una cronología de 100.000 años). En este caso la estratigrafía de paleosuelos del sur de Tadjikistán puede correlacionarse directamente con la estratigrafía de loess-paleosuelos del plateau loésico chino. Aún más, en este caso en el sur de Tadjikistán los paleosuelos Wurmienses prácticamente estarán perdidos como en China, donde los paleosuelos loésicos de Malan no son contemplados como suelos pleistocenos principales. En este artículo el autor usa el antiguo modelo de estratigrafía de loess-paleosuelos de A. E. Dodonov. De paso diremos que cuando se use la nueva estratigrafía, el sexto paleosuelo tendrá una fecha de 300.000 años o más.

[3] Además de los hallazgos de la cueva Bolchoi Glukhoi (Gran Sordo), relacionados con sedimentos del Pleistoceno Medio, hay una cueva nueva en el norte del Cáucaso –la gruta del Triángulo– donde la parte superior de los sedimentos se relaciona sin duda con el Pleistoceno Medio, mientras que las capas 2-4 se corresponden posiblemente con el comienzo de este período (V. P. Lubin, O. A. Kulikov. The initial Eurasia. Vestnik Drevnei Istorii, Moscow, N. I. 1933, pp. 173-174).

[4] Este artículo es una comunicación leída en la reunión internacional "Devolución humana en Europa y los yacimientos de la Sierra de Atapuerca" (Castillo de la Mota, Valladolid, 29 de junio-3 de julio, 1992). Traducido del ruso por E. K. Kamaseva.

NOTES

[1] In the present work the Middle Pleistocene is taken in the volume of international stratigraphic scheme –0,7-0,15 My. The plain part of Central Asia, formed by the powerful alluvial deposits of the main rivers of Amu-Daria and Syr-Daria is not examined in this article because no archaeological sites of the Middle Pleistocene have been found there.

[2] For the moment there is an idea not yet published in general works. The meaning of this is that the Upper Pleistocene palaeosoils would obtain an earlier date (for example, second palaeosoil in the above scheme must have a date of 100 th. years). In this case, the stratigraphy of palaeosoils of South Tadjikistan can be directly correlated with the stratigraphy of loess-palaeosoils of China's loessic plateau; Furthermore in this case in south Tadjikistan the Wurmian palaeosoils would not be regarded as main pleistocene soils. In the present article the author uses the old stratigraphic scheme of loess-palaeosoils of A. E. Dodonov. By the way, when we use the new stratigraphy, the 6 palaeosoil will have a date of 300 th. years or more.

[3] Besides finds from the Bolchoi Glukhoi cave which are linked to Middle Pleistocene sediments, there is a new cave in the North Caucasus –the Triangle– Glotto, where the top of the sediments can be undoubtedly ascribed to the Middle Pleistocene, and layers 2-4 possibly to the beginning of this period (V. P. Lubin, O. A. Kulikov. The initial Eurasia. Vestnik Drevnei Istorii, Moscow, N. I., 1993, pp. 173-174).

[4] This article is a report read at the Workshop "Human evolution in Europe and the Atapuerca evidence" (Castillo de la Mota, Valladolid, Spain, 29th June-3rd July, 1992). Translated from Russian by E. K. Kamaseva.

AITKEN, M. J. (1988): Luminescence dating: its contribution to the chronology of neandertal evolution and extinction. In: L'Homme de Neandertal, V. I. Liege, pp. 17-19.

AIGNER, J. C. (1987): Correlations 180 et localite I de Chou-Kou-Tien. L'Anthropologie, T. 91, N. 3, pp. 733-748.

ALESHINSKAYA and oth. (1971): Section of latest sedimentations of Issik-Kul depression. Moscow: The Moscow University. (In Russian).

ALPISBAEV, Kh. A. (1979): The Lower Palaeolithic sites of South Kazakhstan. Alma-Ata: Nauka. (In Russian).

BORDES, F. (1968): The Stone Age. New York-Toronto: McGraw-Hill Comp.

BOSINSKI (1992): Eiszeitjager im Neuwieder Becken. Archaeologie des Eiszeitalters am Mittelrhein. Archaeologie an Mittelrhein und Mosel, I. Koblenz: Dritte, Erweiterte und Veranderte Auflage.

GLADILIN, V. N. (1985): Early Palaeolith. In: Archaeology of Ukraina SSR, I. Kiev: Naukova Dumka. (In Russian), pp. 12-54.

GUIDEBOOK (1977): International Symposium on the Neogene-Quaternary boundary. Moscow: Nauka.

DONOV, A. E. (1986): Anthropogene of South Tadjikistan. Academy of Science of the USSR. Transactions, 409, Moscow, Nauka. (In Russian).

DONOV, A. E., PEN'KOV, A. V. (1977): Some data for the Stratigraphy the Water-Sheed loesses of Tadjik Depression. Bullestin of Commission for study of the Quaternary, 60; Moscow, pp. 67-76. (In Russian).

DONOV, A. E., RANOV, V. A. (1984): Anthropogene of the USSR Central Asia: stratigraphy, correlation, paleolith. Proceedings of 27 th International Geological Congress, Sec. 03, V. 3. Utrecht, 1984, pp. 155-180.

FRECHEN, M. (1991): Systematic TL-dating loess profiles from Germany. Abstract. International Union for Quaternary Research. XII International Congress: Beijing, China, p. 101.

ISLAMOV, U. I. (1984): The first lower palaeolithic cave site in Ferghana valley. The Humanity Sciences in Uzbekistan, 8, pp. 53-59. (In Russian).

ISLAMOV, U. I. (1990): Sel'oungour, un nouveau site du Paléolithic inférieur en Asie Centrale. L'Anthropologie (Paris), 94, N. 4, pp. 675-688.

ISLAMOV, U. I., ZUBOV, A. A., KHARITONOV, V. M. (1988): Palaeolithic site Sel'ungur in Ferghana valley. The Question of Anthropology, 80, pp. 38-49. (In Russian).

JUNUSALIEV, M. B. (1981): Pé-Mousteriam complex Salamat-Bulak. Proceedings of Academy of Sciences of Kirgiz SSR, 3, pp. 92-95. (In Russian).

KASIMOV, M. R. (1990): The Problems of the Palaeolith of the Central Asia and South Kazakhstan. Avtref. of Diss., Novesibirsk. (In Russian).

KASIMOV, M. R. and GODIN, M. KH. (1984): The important results of study of multilayers Kulbulak site. The History of Material Culture of Uzbekistan, 19, Tachkent: Fan, pp. 3-18. (In Russian).

KOROVIN, E. P. (1961): The vegetation of the Central Asia and South Khazakhstan I, Tashkent: Academy of Sciences of Uzbek SSR. (In Russian).

KOSTENKO, N. P. (1958): Geomorphological analyse of river valleys of mountain countries. Bull. of Commission for study of the Quaternary, 22: Moscow, pp. 73-90. (In Russian).

KOSTENKO, N. N., ALPISBAEV, KH. A. The Palaeolith importance for division of Anthropogenic sediments. The Culture of Ancient Cattle-Breadings and Agricultures of Kazakhstan, Alma-Ata: Nauka, pp. 107-120. (In Russian).

LAZARENKO, A. A. and al. (1977): About possibility for climatostratigra-phical division of loessic formation of Central Asia. Late Cenozoic of North Eurasia. For X Congress of INQUA: Moscow, pp. 70-133. (In Russian).

LOMOV, S. P. (1977): Fossil soils in loesses and and some peculiarities of their diagnostic in Tadjikistan. In: (Eds. K. V. Nikiforova, A. E. Dodonov). The Neogene-Quaternary boundary. Moscow: Nauka, pp. 108-113.

MENZBIR, M. A. (1914): Zoological areas of Turkestan and probability the origin the fauna in this part. Moscow. (In Russian).

MININA, E. A., LAZARENKO, A. A. (1984): Central Asia. In: (I. I. Krasnov, Ed.). Quaternary Sistem, 2, Moscow: Nedra, pp. 291-331. (In Russian).

MURZAEV, E. M. (1958): (Ed.). Central Asia. Characteristic of phisical geography. Moscow: Academy of Sciences of USSR. (In Russian).

RANOV, V. A. (1969): Kukhi-Piez the new place of finds of pebble-tools in Soviet Central Asia. The materials of the Conference "Ethnogenesis of the people of North Asia", I, Novosibirsk, pp. 38-48. (In Russian).

RANOV, V. A. (1977): Early Palaeolithic period in Loess of Southern Tadjikistan. In: (Eds. K. V. Nikiforova, A. E. Dodonov). The Neogene-Quaternary boundary, Moscow: Nauka, pp. 202-207.

RANOV, V. A. (1988): The Stone Age of South Tadjikistan and Pamirs. The Dissertation of Doctor of History, Novosibirsk. (In Russian).

RANOV, V. A. (1991a): Les sites très anciens de l'âge de la pierre en U.R.S.S. In: (E. Bonifay, B. Vandermeersch, Eds.). Les premiers Européens, Paris: C.T.H.S., pp. 209-216.

RANOV, V. A. (1991b): The research of the Stone Age detachement in 1983. In: (B. Litvinsky, N. Negmatov, V. Ranov, Eds.). The Archaeological Researchs in Tadjikistan, 23, Dusha be: Donish, pp. 116-142. (In Russian).

RANOV, V. A. and al (1987): Kuldara a new lower palaeolithic site of South Tadjikistan. Bull. of Commission for study of the Quaternary, 56, Moscow, pp. 65-75. (In Russian).

SKVORZOV, J. A. (1953): Late tectonic mouvement of Tjan-Shan and genesis of loess of pre-Tasckent region. Transactions of Workshop for Summary of Quaternairy Peiod studies in Tashkent in 1948, Academy of Science of Uzbek SSR, pp. 14-35. (In Russian).

TOJCHIEV, Kn. (1982): General paleomagnetic sequence of quaternary sediments of Uzbekistan. Uzbek Geological Journal, 3, pp. 6-8. (In Russian).

VELICHKO, A. A. and al. (1991): Paleoecology of the Acheulian cave site Sel-Ungur (Soviet Central Asia), Antropologie, 29, I-2, pp. 9-15.

VISHNYATSKY, L. B. (1989): The discovery of palaeolithic handaxes in Western Turkmenia: A preliminary report. Paléorient, 15/2, pp. 95-98.

Evolución humana en Europa y los yacimientos de la Sierra de Atapuerca, págs. 387-402

Materias primas, tecnología y variabilidad en el Pleistoceno Medio europeo

Raw materials, technology and variability in Middle Pleistocene Europe

Clive Gamble

Department of Archaeology, University of Southampton, Southampton SO17 1BJ UK

Resumen:

En este trabajo se examinará el problema del grado de variación del comportamiento de los homínidos en el Pleistoceno Medio de Europa, a través de un conjunto de modelos espaciales. A escala microscópica, se debaten tanto la uniformidad de las ocupaciones como la utilización de materias primas locales para la fabricación de útiles líticos. En una escala local se examinan las implicaciones de un modelo reticular local de los homínidos a través de la variación en la composición de los conjuntos instrumentales. A escala macroscópica se revisa la asociación de las distintas tecnologías con las oscilaciones del nivel del mar en los interglaciales. Se concluye que existe una considerable diversidad en el comportamiento dentro de la aparente uniformidad del Pleistoceno Medio bien documentada por los homínidos y la evidencia arqueológica de Atapuerca.

Abstract:

The issue of the degree of variation in hominid behaviour in Middle Pleistocene Europe is examined with a set of spatial models. At a micro scale the uniformity of campsites and the use of local raw materials for stone tool manufacture are discussed. At a local scale the implications of a local hominid network model are explored through variation in the composition of stone tool assemblages. At a macro scale the association of different technologies with low and high sea-level interglacials is reviewed. It is concluded that considerable behavioural diversity exists within the apparent uniformity of the Middle Pleistocene, a feature well shown by the hominid and archaeological evidence from Atapuerca.

Palabras clave:

Atapuerca, comportamiento de los homínidos, estructura del yacimiento, materias primas, redes de poblamiento de los homínidos, Musteriense, interglaciares, tecnología lítica, Pleistoceno Medio, análisis espacial, regiones.

Key words:

Atapuerca, hominid behaviour, site structure, ra materials, hominid networks, Mousterian, interglacials, stone technology, Middle Pleistocene, spatial analysis, regions.

1
Introducción.

Hace menos de diez años, el escenario más probable para la colonización de Europa apuntaba a una fecha temprana del Pleistoceno Medio en la región mediterránea, y a una ocupación muy posterior en la Europa del norte hace unos 300.000 años (Champion *et al.,* 1984). Después de varias hipótesis sobre fechas muy tempranas en el sur de Europa, los descubrimientos en Isernia La Pineta ofrecieron, con el este de África como hecho patente, la combinación de fechas absolutas confirmadas por la estratigrafía paleomagnética (Coltorti *et al.,* 1982). Tal evidencia no negó nunca la posibilidad de que existieran materiales más antiguos, pero por lo menos ahora existía una prueba clara de una ocupación significativa del Pleistoceno Medio en la Europa meridional (ver Turner, 1992 para posteriores discusiones). Las fechas de Atapuerca y de Monte Poggiolo han corroborado estos hallazgos.

Los recientes trabajos llevados a cabo en la Europa del noroeste, tanto en Boxgrove (Roberts, 1986) como en High Lodge (Ashton & Cook, en prensa), han confirmado ocupaciones correspondientes al menos al estadio isotópico 13 (Wymer, 1988). Aunque no existen fechas absolutas para estos yacimientos, los argumentos cronoestratigráficos, apoyados por los estudios de epimerización de isoleucina de Bowen y otros (1989), han ampliado la cronología de los asentamientos humanos en esta parte del continente hasta el Pleistoceno Medio temprano.

En este artículo estudiaremos algunas de las implicaciones que se desprenden de este "acercamiento" cronológico para el poblamiento del Pleistoceno Medio en el continente. Europa es una región variada, no sólo política e históricamente, sino –lo que es más importante para los arqueólogos– desde el punto de vista del relieve, del clima y de los recursos animales y vegetales. Tal diversidad se formó en varios episodios a lo largo de los siete ciclos interglacial/glacial del Pleistoceno Medio. Pero para toda esta variación medioambiental, sincrónica y diacrónica, ¿tenemos suficientes evidencias arqueológicas para apoyar la idea de que el comportamiento en el Pleistoceno Medio fue también variado?. Si no fuera así, ¿nos valdrá un modelo único de comportamiento para describir a los homínidos del Pleistoceno Medio de toda Europa y por implicación del resto del viejo mundo habitado?

Cualquier respuesta a esta cuestión necesitará considerar cómo debemos realizar el muestreo de los datos arqueológicos sobre la variabilidad, con objeto de establecer las dimensiones reales y las diferencias relevantes del comportamiento en el Pleistoceno Medio.

1
Introduction.

Less than ten years ago the most likely scenario for the colonization of Europe pointed to an early Middle Pleistocene date in the mediterranean region with much later occupation in northern Europe by about 300.000 years ago (Champion, *et al.,* 1984). After many claims for very early dates in southern Europe the discoveries at Isernia la Pineta seemed to produce, with East African like certainty, the combination of absolute dates confirmed by palaeomagnetic stratigraphy (Coltorti *et al.,* 1982). The possibility of older material was never disproved by such evidence but at least a clear marker now existed for significant Middle Pleistocene occupation of southern Europe (see Turner, 1992 for discussion). The data from Atapuerca and Monte Poggiolo have enhanced these findings.

Recent work in northwest Europe at both Boxgrove (Roberts, 1986) and High Lodge (Ashton & Cook in press), has confirmed occupation by at least isotope stage 13 (Wymer 1988). While there are still no absolute dates for these sites, the chronostratigraphic arguments, supported by Bowen's *et al's* (1989) isoleucine epimerization studies, has extended the chronology of human settlement in this part of the continent back into the earlier Middle Pleistocene.

In this paper I will explore some of the implications arising from this chronological 'coming together' for the Middle Pleistocene occupation of the continent. Europe is a diverse region –not only politically and historically– but most importantly for archaeologists in terms of relief, climate, plant and animal resources. Such diversity was elaborated in many different and subtle ways during the seven interglacial/glacial cycles of the Middle Pleistocene. Yet for all this environmental variation, both synchronic and diachronic, do we have much archaeological evidence to support the view that behaviour in the Middle Pleistocene was also varied? If not, will a single model of behaviour suffice to describe Middle Plesitocene hominids throughout Europe and by implication the rest of the inhabited old world? Any answer to the question will need to consider how we can sample archaeological data for the width in variation to establish the relevant dimensions and differences in Middle Pleistocene behaviour.

Archaeologists have, of course, always recognized variety in the Middle Pleistocene. For example, there has been a long tradition of contrasting, synchronically, a western handaxe province with the core/chopping tools from the centre and east of Europe (Andree, 1939; Movius, 1948;

Los arqueólogos siempre han reconocido variedad en el Pleistoceno Medio. Por ejemplo, ha habido una larga tradición que distinguía sincrónicamente una provincia occidental de bifaces y otra de núcleos/chopping tools en el centro y este de Europa (Andree, 1939, Movius, 1948, McBurney, 1950). Más aún, a lo largo de un eje norte sur en la provincia de los bifaces, se ha subrayado frecuentemente la importancia de los hendedores en los conjuntos achelenses del sur de Francia y España (Bordes, 1971, Jelinek, 1977; Santonja y Villa, 1990:87). La variación en la composición de los conjuntos achelenses puede estudiarse también diacrónicamente (Mellars, 1992), aunque pueda trazarse una continuidad en algunos tipos de herramientas –por ejemplo en los cantos trabajados y en los denticulados– útiles que persisten pese a la aparición de otros cambios tecnológicos y tipológicos en el Pleistoceno Medio (Gamble, 1986: Figura 6.16). Lo que tendremos que preguntarnos es si estos modelos familiares de la tipología y tecnología son medios adecuadospara investigar las cuestiones sobre el comportamiento.

2 ¿Qué es el comportamiento desde una perspectiva arqueológica?

El comportamiento se ha definido de forma concisa como la dinámica de adaptación (Binford, 1972: 133). El comportamiento es variable, puesto que se encuentra bajo selección. Los arqueólogos nunca pueden observar directamente el comportamiento, sino que deben inferirlo de los restos y contextos en los que se organizan.

Cualquier tentativa de inferencia debe considerar los conceptos entrelazados de tiempo que interfieren en la selección y por lo tanto en la variación. A largo plazo existe un tiempo *evolutivo,* o geológico, que se da a conocer a través de procesos y acontecimientos macro-evolutivos. Sin embargo, los organismos con el período de vida de los homínidos no están adaptados a milenios, sino más bien a la existencia del día a día y, a lo sumo, al paso de generaciones. Por consiguiente, la selección inmediata actúa a una escala de tiempo *ecológico.*

Esta distinción temporal será importante cuando haya que considerar nuestras unidades analíticas para investigar la variación. Los instrumentos líticos siguen utilizándose como indicadores del cambio progresivo en una escala de tiempo evolutivo, aun cuando es ampliamente aceptado en la actuali-

McBurney, 1950). Moreover, along a north-south axis in the biface province, the importance of cleavers in the Acheulean assemblages of southern France and Spain has been frequently emphasized (Bordes, 1971; Jelinek, 1977, Santonja & Villa, 1990: 87). Variation in the composition of assemblages can also be charted diachronically (Mellars, 1992), even though continuity can be traced among some types of tools –for example pebble tools and notched flakes– that carry-on regardless of other technological and typological changes in the Middle Pleistocene (Gamble, 1986: Figure 6.16). What we have to ask is whether these familiar patterns from typology and technology are an adequate means of investigating behavioural questions?

2 What is behaviour from an archaeological perspective?

Behaviour has been concisely defined as the dynamics of adaptation (Binford, 1972: 133). Behaviour varies because it is under selection. Archaeologists can never directly observe behaviour, they must infer it from remains and the contexts in which they are organized.

Any attempt at inference must appreciate the intertwined concepts of time that impinge upon selection and hence variation. In the long term there is *evolutionary,* or geological, time which is revealed through macro-evolutionary processes and events. However, organisms with the life spans of hominids are not adapted to millenia but rather to day-to-day existence and at most to the turnover of generations. Immediate selection therefore operates on an *ecological* timescale.

This temporal distinction is important when it comes to consider our analytical units for investigating variation. Stone tools continue to be used as signposts of progressive change on an evolutionary timescale, even though it is now widely appreciated that much of their variability depends on selection at an ecological timescale.

 dad que buena parte de su variabilidad depende de la selección en una escala de tiempo ecológica.

No va a ser fácil descifrar los dos conceptos de tiempo con respecto al instrumental lítico. Yo prefiero un modelo espacial que se construya desde el yacimiento a través de la región (Gamble, 1986). En cada aumento de la escala espacial es posible comparar las aptitudes de organización de los homínidos examinando, por ejemplo, la configuración de los espacios de hábitat y la utilización de las regiones, como revela la distribución de las materias primas. Este enfoque nos permite estudiar la amplitud del comportamiento y las dimensiones de la variación, antes de proceder a los datos específicos que indudablemente están representados por los útiles de piedra. Por consiguiente, los procesos del comportamiento que prefiero estudiar son el asentamiento y colonización (Gamble, 1993a), más que el cambio tecnológico. La colonización y la extensión del área de distribución de los homínidos combina las escalas de tiempo evolutivo y ecológico, y nos permite ver el significado de las diferentes líneas de evidencia en escalas espaciales variadas.

Unravelling the two time concepts with regard to stone tools will not be easy. I prefer a spatial model that builds from the site through to the region (Gamble, 1986). At each increase in spatial scale it is possible to compare the organizational abilities of hominids by examining, for example, the patterning of living spaces and the use of regions as revealed by the distribution of raw materials. This approach allows us to consider the width of behaviour, the dimensions of variation, before proceeding to the specifics that are undoubtedly represented by the stone tools. Consequently the behavioural processes I prefer to study are settlement and colonization (Gamble, 1993 a) rather than technological change. Colonization and range extension by hominids combines ecological and evolutionary timescales and allows us to see the significance of different lines of evidence at varied spatial scales.

3 La arqueología espacial del comportamiento en el Pleistoceno Medio.

El actual modelo espacial de comportamiento en el Pleistoceno Medio pone de relieve tres aspectos de los datos:

3.1. Los restos en las zonas de hábitat raramente se encuentran estructurados.

A nivel local hay una ausencia de "hogares" bien construidos que sirvieran como centro de actividades (Rigaud, 1989, de Sonneville-Bordes, 1989), así como de hoyos de postes que pudieran indicar la existencia de tiendas. Tampoco existe ninguna indicación de cabañas o casas. Las reivindicaciones de dichas estructuras en yacimientos tales como Bilzingsleben y Terra Amata, han tenido sus críticas. También faltan pozos, por lo que se descarta que haya existido el almacenamiento bajo tierra (Soffer, 1985). En resumen, tenemos un registro muy poco estructurado. Farizy & David (1992) han señalado que en estos yacimientos del Pleistoceno Medio hay evidencia de una homogeneidad de las actividades indicada por

3 The spatial archaeology of Middle Pleistocene behaviour.

The current spatial model of Middle Pleistocene behaviour stresses three aspects of the data.

3.1. The remains on living sites are rarely patterned.

At a local level there is a lack of well built hearths which served as a focus for activites (Rigaud, 1989; de Sonneville-Bordes, 1989) as well as any postholes which might indicate tents. Neither is there any suggestion of huts or houses. Claims for such structures at sites such as Bilzingsleben and Terra Amata, have not been without their critics. Pits are also lacking, so that below ground storage is ruled out (Soffer, 1985). In sum, we have a very unstructured record. Farizy & David (1992) have pointed out that on these Middle Pleistocene sites there is evidence for homogeneity of activity marked by the monotonous accumulation of remains. They argue that behaviour at this time did not link different funcla acumulación monótona de restos. Estos autores sostienen que el comportamiento en esa época no ligaba diferentes funciones con diferentes áreas. A lo sumo encontramos en los yacimientos mejor preservados evidencias de matanza y descarnado de piezas, así como de la elaboración y deshecho de instrumentos líticos. A veces podemos conocer, mediante la reconstrucción, el lugar en el que se sentaba o arrodillaba el tallador. Pero más allá de tales reconstrucciones, el abanico de actividades que pueden documentarse es limitado.

Esta falta de estructura y configuración en los yacimientos al aire libre bien conservados es un descubrimiento muy interesante. Continúa a través del Pleistoceno Medio a pesar de los cambios tecnológicos posteriores, con la aparición de las secuencias de reducción Levallois. Ni en cuevas ni en abrigos varía mucho esta perspectiva, como lo demuestra el análisis espacial de la Grotte Vaufrey hecho por Simek (1987). Más aún, la ausencia generalizada de estructuración de las ocupaciones en cueva en el Pleistoceno Medio[1] se ve confirmada por la inexistencia de cadáveres dispuestos en fosas, que sólo se llevará a cabo a partir del Pleistoceno Superior.

3.2.

El uso de materias primas es predominantemente local.

Los estudios sobre la distribución y el uso selectivo de materias primas han sido el aspecto principal de la investigación del Paleolítico en la última década. El interés en las secuencias de talla ha suscitado la cuestión de cómo distinguir las fuentes locales y foráneas (Tavoso, 1984; Geneste, 1988 a, b; Dibble, 1989; Barton, 1988; Gamble, 1993 b). La frontera entre estas categorías es importante aunque no creo que podamos obtener nunca una distinción nítida y absoluta. Durante el Pleistoceno Medio en el suroeste de Francia, los homínidos usaron materias primas locales. La mayor parte de ellas se obtenían en un entorno de 30-80 kms alrededor de las cuevas (Tavoso, 1984, Geneste, 1988 a y b) y generalmente en un radio de 5 kms para la mayor parte de la materia prima. Distancias similares se documentan en Atapuerca (Carbonell, comunicación personal). Existen excepciones (ver más adelante) y no deberá olvidarse la dificultad de encontrar sílex y otros materiales.

La utilización de las materias primas y las distancias recorridas para obtenerlas están bien documentadas en las cuevas y yacimientos al aire libre en el Pleistoceno Medio británico (McRae & Maloney, 1988). Aldhouse-Green ha ofrecido un estudio detallado del yacimiento de la cueva de Pontnewydd

tions to different places. The most we find in exceptionally well preserved sites is evidence for carcass stripping and butchery as well as making and throwing away stone tools. On occasion we can trace, through refitting, where the knapper knelt or sat. But beyond such reconstructions the range of activities which can be documented is limited.

This lack of structure and patterning on well preserved open sites, is a very interesting discovery. It continues throughout the Middle Pleistocene in spite of technological changes at a later date with the appearance of levallois reduction sequences. Neither do the protected cave and abri locations fare much better as shown by Simek's (1987) spatial analysis of the Grotte Vaufrey[1]. Moreover, the general lack of site structure in Middle Pleistocene caves is confirmed by the absence of corpse disposal in pits, which is confined to the Late Pleistocene.

3.2.

The use of raw materials was predominantly local.

Studies of the distribution and selective use of raw materials have been a major aspect of Palaeolithic research in the last decade. An interest in reduction sequences has raised the question of how to define local and exotic sources (Tavoso, 1984; Geneste, 1988a, b; Dibble, 1989; Barton, 1988; Gamble, 1993 b). The boundary between these categories is important although I do not expect we shall ever have an absolute figure. During the Middle Pleistocene in southwest France hominids used local raw materials. For the most part they obtained them from within 30-80 kms of the cave sites (Tavoso, 1984; Geneste, 1988a and b) and generally within 5 kms for most of the stone. Similar distances are also reported from Atapuerca (Carbonell, pers. comm.). There are exceptions (see below) and the difficulty of sourcing flints and other articles must not be forgotten.

The distances travelled and the use of raw materials are well documented for cave and open sites in the British Middle Pleistocene (MacRae & Maloney, 1988). Aldhouse-Green has provided a detailed study of the cave site of Pontnewydd (this volume) where the majority of raw materials come from the local hard rocks. He makes the interesting observation (Green, 1988: 227) that the volcanic and sedimentary rocks (este volumen), donde la mayoría de las materias primas provienen de rocas duras locales. Este autor hace la interesante observación (Green, 1988: 227) de que, respecto a los instrumentos retocados, la proporción de lascas de deshecho es similar tanto para las rocas volcánicas como para las rocas sedimentarias (tobas y sílex). La talla tuvo lugar en el yacimiento. Realmente no parece que los utensilios acabados hayan sido introducidos en el yacimiento. El sílex se recogía en forma de guijarros en los afloramientos locales.

Este modelo local se documenta en una escala más amplia. La recogida de artefactos del Paleolítico inferior de las terrazas del Támesis ha originado una gran base de datos, actualmente en fase de revisión, como parte del proyecto "Southern Rivers Paleolitic Proyect" (Wymer, 1992). Sin embargo, la distribución de artefactos de cuarcita está muy limitada a zonas por encima del Goring Gap donde, como McRae ha demostrado (1988, figura 1), tales materias primas son comunes en forma de guijarros de tipo Bunter. Más al sur, el yacimiento de la Cote de St. Brelade en la isla de Jersey también contiene evidencias del uso en el Pleistoceno Medio de materias primas locales, como sílex, cuarzo y otras rocas duras (Callow, 1986). El sílex más próximo está a 20 kms de distancia (Callow, 1986: 205) mientras que los principales lechos cretácicos están a más de 40 kms. Sin embargo, Callow ofrece el convincente argumento de que la gente de La Cote no explotaba los lechos cretácicos para obtener el sílex. Por el contrario la disponibilidad de nódulos de sílex estaba controlada por niveles del mar excesivamente altos o bajos. Existen pocos argumentos para sugerir que las materias primas provinieran de mayores distancias a 20-40 kms.

3.3.
El clima determinó la distribución continental y global de la población.

A los cambios climáticos del Pleistoceno Medio sigue una disminución y flujo de la población desde y hacia algunas áreas de asentamientos. La circulación del sur al norte y del oeste al este a través de Europa (Gamble, 1986) revela, como cabría esperar, menos yacimientos en climas más duros de las regiones del norte y continentales. Además, comparativamente existen menos horizontes con industria en estos mismos yacimientos y las cantidades absolutas de utensilios dentro de ellos son a menudo más pequeñas que las del sur del continente (Gamble, 1986: capítulo 8). Yo interpreto estos datos del Pleistoceno Medio como un reflejo de la presión

(the tuffs and flints) have very similar proportions of waste flakes to retouched artifacts. Knapping took place on site. Ready made tools do not seem to have been brought into the site. The flint was picked up as pebbles from the local drift geology.

Such a local pattern is supported at a wider scale. The collection of Lower Palaeolithic artifacts in the Thames terraces has produced a large data base currently under re-analysis as part of the Southern Rivers Palaeolithic Project (Wymer, 1992). The distribution of quartzite artifacts is however very closely limited to areas above the Goring Gap where, as MacRae has shown (1988: Figure 1), such raw materials are common as Bunter pebbles. Further south, the headland site of La Cotte de St.Brelade on the island of Jersey also contains evidence for the use, in the Middle Pleistocene, of local raw materials flint, quartz and other hard rocks (Callow, 1986). The closest flint lies 20 kms. away (Callow, 1986: 205) while the major cretaceous beds are more than 40 kms. distant. However, Callow makes the convincing argument that the people at La Cotte were not exploiting the Cretaceous directly for its flint. Instead the availability of flint pebbles was controlled by excessively high or low sea levels. There is little to suggest that raw materials came from more than 20-40 kms away.

3.3.
Climate determined the continental and global distribution of population.

As climates changed during the Middle Pleistocene so populations *ebbed* and flowed into and out of some of the settled areas. Transects running south to north and west to east across Europe (Gamble, 1986) reveal, as might be expected, fewer sites in the harsher climates of the northern and continental regions. Furthermore, there are comparatively fewer *artifact bearing horizons* in these same sites and the absolute quantities of stone tools within them are often smaller than in the south of the continent (Gamble, 1986: Chapter 8). I interpret these Middle Pleistocene data as reflecting the push of climate on hominids and hence an ebb and flow of populadel clima sobre los homínidos que provocó durante un ciclo interglacial/glacial una disminución y un flujo de la población en regiones con una presión ambiental dura.

Finalmente, la mayor parte del mundo quedó sin colonizar hasta el Pleistoceno Superior con la llegada de los humanos anatómicamente modernos que muestran un comportamiento totalmente nuevo (Stringer & Gamble, 1993).

tion in regions under severe environmental pressure during an interglacial/glacial cycle.

Finally, most of the world remained un-colonized until the Late Pleistocene and the arrival of anatomically modern humans with fully modern behaviour (Stringer & Gamble, 1993).

4 Variación en el comportamiento en el Pleistoceno Medio.

Se deduce de estos datos que el comportamiento en el Pleistoceno Medio fue episódico más que ligado en cadenas secuenciales de acción planificada. La supervivencia era esencialmente local y autosuficiente. Mientras las sociedades fueron pequeñas en la escala social y espacial la profundidad en la planificación de la organización del comportamiento fue limitada (Gamble, 1993 b, Farizy & David, 1992, Binford, 1985). Se ha afirmado que los homínidos del Pleistoceno Medio fueron sólo homínidos ayudados por utensilios (Binford 1989). Les faltaba la organización simbólica de la tecnología y la cultura. Estos homínidos del Pleistoceno Medio tenían sociedades sin duda complejas en comparación con las de otras especies. Pero no tenían historia, en el sentido de cambio contingente y estabilidad en el comportamiento cultural, dirigida en parte por una memoria de largo alcance culturalmente coordinada.

Por lo tanto, podemos suponer que durante el Pleistoceno Medio no se producirá en Europa ninguna variación en los ámbitos de la arquitectura, el arte o los ritos funerarios –el avance principal de la prehistoria más tardía– sino en el uso del paisaje y sus recursos, en el tamaño del grupo, en el grado y modelo de movilidad, en la posible división del trabajo y en la organización social de la recolección. Consecuentemente, la ecología del comportamiento forrajero es el marco analítico más importante, ya que el entorno físico –más que el social– dominó la selección sobre el comportamiento.

En el resto de este artículo explicaré este punto extendiéndome en dos aspectos del registro arqueológico de los homínidos del Pleistoceno Medio, la utilización de materias primas y el uso de entornos interglaciales.

4 Variation in Middle Pleistocene behaviour.

It is concluded from these data that Middle Pleistocene behaviour was episodic rather than linked together in sequential chains of planned action. Survival was essentially local and self sufficient. The planning depth to the organization of behaviour was limited, while societies were smaller in spatial and social scale (Gamble, 1993 b, Farizy & David, 1992, Binford, 1985). Middle Pleistocene hominids, it is argued, were only tool assisted hominids (Binford, 1989). They lacked the symbolic organization of technology and culture. These Middle Pleistocene hominids had societies, no doubt complex ones by comparison with other species. But they did not have history, in the sense of contingent change and stability in cultural behaviour, directed in part by a culturally co-ordinated long term memory.

Therefore, we can expect that throughout Europe any variation in the Middle Pleistocene will not be in terms of architecture, art or funerary rites –the staple fare of later prehistory– but in the use of the landscape and its resources, group size, the degree and pattern of mobility and possibly the division of labour and the social organization of foraging. Consequently, the ecology of foraging behaviour is the most important analytical framework since the physical rather than social environment dominated selection on behaviour.

In the rest of this paper I will illustrate this point by expanding on two aspects of the archaeological record of Middle Pleistocene hominids, the use of raw materials and the use of interglacial environments.

5 Materias primas y redes locales de homínidos.

La utilización local de materias primas parece facilitar un pequeño campo en la investigación de la variabilidad, ya que las dos distancias significativas suelen estar en un radio de 5 y 40 kms (rango de 30-80 kms). La última distancia sería de unos dos días andando lo que, para un grupo de recolectores móviles, significa que casi todo el material lítico debe ser considerado como local. Se ha sugerido que existieron algunas distinciones. Binford (en Fischman, 1992) ha afirmado que en los niveles del Pleistoceno Superior en Combe Grenal el uso local de materias primas se llevaba a cabo por la mujeres, dentro de un área de 200 m desde el abrigo, mientras que la piedra exógena, aparentemente empleada por los hombres, está a unos 5 kms de distancia. Mientras esperamos con interés la prueba de estas afirmaciones, debo reconocer cierto escepticismo en que podamos realizar actualmente distinciones tan precisas, y en que las diferencias entre 200 m y 5 kms sean significativas desde el punto de vista de la movilidad humana.

He sostenido en otra parte (Gamble, 1993 b) que el radio de obtención de 40 kms, identificado arqueológicamente por Geneste (1988, a y b) y Tavoso (1984), representa una *red local de homínidos* prescindiendo de si éstos son *Australopitecus, Homo erectus, Homo sapiens* arcaico o humanos modernos. El modelo de una red local de homínidos se basa en las mismas observaciones entre espacio, recursos y movilidad que fundamentaron el análisis de captación del yacimiento ("site catchment analysis") y el análisis territorial del comportamiento de ubicación prehistórico (Vita-Finzi & Higgs, 1970). Una red local de homínidos es una unidad espacial básica que incluye la subsistencia y el comportamiento social. Abarca a otros homínidos, a competidores no homínidos y a los recursos. Desde una perspectiva arqueológica, esto implica un análisis regional enfocado desde el yacimiento y desde su entorno. Desde el punto de vista del tamaño, la evidencia combinada de las secuencias de talla y distribución de los recursos líticos señala un radio de 40 kms como una distancia significativa. La evidencia actual sugiere un límite superior dentro de tales sistemas para las distancias "locales" entre 80-100 kms (ej.: Geneste, 1988 a; Kozlowski, 1982), pero será necesario un ulterior trabajo que relacione las fuentes de material con las secuencias de talla.

Se pueden citar sin gran dificultad nuevos ejemplos arqueológicos de redes locales de homínidos de tamaño similar (Gamble, 1993 b). Dichos ejemplos incluyen tanto a los humanos modernos durante el Holoceno (McNiven, 1991) y el Último Máximo Glacial (Hiscock, 1986), como a los hu-

5 Raw materials and local hominid networks.

The local use of raw material might seem to provide little scope for the investigation of variability since the two significant distances appear to be radii of 5 kms and 40 kms (range 30-80 kms). The latter is about two days walking which, for a group of mobile foragers, means that almost all stone material must be regarded as local. Refinements have been suggested. Binford (in Fischman, 1992) has claimed that in Late Pleistocene levels at Combe Grenal the local use of raw materials, apparently by Neanderthal females, can be fined down to within 200 metres of the rock shelter while the exotic stone, used by males, comes from 5 kms away. While awaiting the evidence for these claims with interest, I must admit to some scepticism, either that we can currently make such precise distinctions or that the differences (200 m-5 km) are significant in terms of human mobility.

I have argued elsewhere (Gamble, 1993 b) that the 40 km procurement radius, identified archaeologically by Geneste (1988a and b) and Tavoso (1984), represents a *local hominid network* irrespective of whether the hominids are *Australopithecus, Homo erectus,* archaic *Homo sapiens* or modern humans. The model of a local hominid network is based on the same observations between space, resources and mobility which underpinned site catchment analysis and the territorial analysis of prehistoric locational behaviour (Vita-Finzi & Higgs, 1970). A local hominid network is a basic spatial unit encompassing subsistence and social behaviour. It contains other hominids, non-hominid competitors and resources. From an archaeological perspective it implies both a site and off-site focus to regional analysis. In terms of size, the combined evidence of reduction sequences and the distribution of stone resources points to a radius of 40 kms as a significant distance. Current evidence suggests an upper limit for 'local' distances within such networks between 80-100 kms (e.g. Geneste, 1988 a; Kozlowski, 1982) but further work involving the comparison of material sources with reduction sequences is necessary.

Further archaeological examples of the recurrent size of local hominid networks can be readily cited (Gamble, 1993 b). These involve either modern humans during the Holocene (McNiven, 1991) and at the Last Glacial Maximum (Hiscock, 1986), or among archaic humans during the Late Pleistocene (Henry, 1992) and Middle Pleistocene (Roebroeks *et al.,* 1988).

Moreover, it is possible to understand variation in the size of local hominid networks due to ecological circumstan-

Tabla 1.–*Distancias en el Paleolítico Medio (Pleistoceno Superior) para materias primas. (Según Roebroeks* ***et al.****, 1988). Las regiones se remiten a Gamble (figura 3.1).*

Table 1.–*Middle Palaeolithic (Late Preistocene) distances for raw materials (After Roebroeks* ***et al.****, 1988). The regions refer to Gamble (Figure 3.1)*

Region	Range Kms	Average Kms	Number of cases
North Central	40-300	103	15
North West	30-65	53	9
South West	40-75	51	7

manos arcaicos durante el Pleistoceno Superior (Henry, 1992) y el Pleistoceno Medio (Roebroeks *et al.,* 1988).

Además, es posible comprender la variación en la extensión de las redes locales de homínidos debido a circunstancias ecológicas. Un buen ejemplo de esto lo encontramos en las diferencias de distribución de las materias primas durante el Pleistoceno Superior en la Europa Central y Occidental (Roebroeks *et al.,* 1988: figura 4). Aquí podemos describir el impacto de la selección medioambiental a través de distancias más grandes en el desplazamiento de las materias primas a Europa central, cuando se compara con las regiones en el suroeste y noroeste marítimo (Tabla 1).

La conclusión que deberemos extraer es que el aprovisionamiento a distancias mayores fue una característica de la subsistencia en las zonas más duras del continente, en las que las fuentes alimenticias eran más dispersas e impredecibles.

Aplicando el mismo principio a la Península Ibérica en general, y a Atapuerca en particular, yo no esperaría que la distancia para el transporte de materias primas durante el Pleistoceno Medio excediera de 40 kms. Si ulteriores trabajos descubrieran mayores distancias, entonces tendríamos un dato sobre el impacto relativo de los recursos y ecología sobre la movilidad y la amplitud del comportamiento de los homínidos del Pleistoceno Medio en la Europa meridional. La extensión superior de 40-100 kms en el tamaño de las redes locales de los homínidos nos ofrece un ejemplo de la amplitud de variación, mencionado anteriormente, entre los comportamientos forrajeros, y está relacionada con el impacto de la ecología sobre la organización de la subsistencia.

La diferencia que existe entre los sistemas de adquisición de los humanos modernos y arcaicos se deriva fundamentalmente de los bienes de prestigio –tales como conchas, ámbar, caparazones y marfil– que viajan más de 800 kms (Feblot-Augustins & Pèrles 1991). Éstos son los artículos con los que se distingue entre los sistemas de abastecimiento de los humanos arcaicos y modernos del Pleistoceno Superior en la Europa meridional y nórdica (Roeboeks *et al.,* 1988: figura 5). Representan la suma del comportamiento cultural a la red espacial, y un incremento en la escala de la sociedad.

ces. A good example is provided by differences in the distribution of raw materials during the Late Pleistocene in Central and Western Europe (Roebroeks *et al.,* 1988: figure 4). Here we can trace the impact of environmental selection through the greater distances raw material travelled in continental, Central Europe, when compared to regions in the southwest and maritime northwest (Table 1).

The conclusion must be that larger ranges were a feature of foraging for subsistence in the harsher areas of the continent where food resources were more dispersed and unpredictable.

Applying the same principle to Iberia in general, and Atapuerca in particular, I would not expect the evidence for raw material transport during the Middle Pleistocene to exceed 40 kms. If further work does discover greater distances, then we have a pointer to the relative impact of resources and ecology on the mobility and range behaviour of Middle Pleistocene hominids in southern Europe. The upper range of 40-100 kms in the size of local hominid networks provides an example of the width of variation, referred to earlier, among foraging behaviour and is related to the impact of ecology on the organization of subsistence.

What is different between the procurement systems of modern and archaic humans stems primarily from the prestige goods –such as shell, amber, shells and ivory– which travel up to 800 kms (Feblot-Augustins & Pèrles, 1991). These are the items which distinguish between the Late Pleistocene provisioning systems of archaic and modern humans in southern and northern Europe (Roebroeks, *et al.,* 1988: figure 5). They represent the addition of cultural behaviour to the spatial networks and an increase in the scale of society.

6 Variación del conjunto y mantenimiento.

Las redes locales de homínidos pueden emplearse para examinar si los modelos de racionamiento (Hiscock, 1986) explican la variación entre conjuntos industriales. En Europa, Rolland & Dibble (1990), Dibble & Rolland (1992) han presentado la tesis de que tal racionamiento (que ellos califican de reducción continua) cuando va unido al suministro de materias primas, explica la variación en la tipología de los utensilios líticos (Tabla 2).

Su intención es explicar la variabilidad entre los conjuntos musterienses en el suroeste de Francia. La calidad y disponibilidad de las materias primas es un elemento principal que condiciona los datos arqueológicos. Una distinción posterior entre materias primas locales y lejanas establece las condiciones principales que determinan el grado de talla de los utensilios líticos (Tabla 2). Estos factores produjeron el agrupamiento en cinco variedades de conjuntos musterienses dominados unos por las raederas (con o sin técnica Levallois), los denticulados y las muescas, y otros por los bifaces.

Sin embargo, un problema con el modelo de Dibble y Rolland, subrayado por la red local de homínidos, concierne a la distinción entre lo foráneo y lo local, y a cómo han aplicado esto a su objetivo, esto es, la comprensión de la variabilidad musteriense (Bordes 1961). Ellos han determinado sus dos categorías de distancias con el fin de justificar los modelos que quieren explicar. Como resultado, su modelo de reducción continua es una descripción de lo que ellos piensan que es variable, más que un modelo que ayudará a dar una explicación general de la variación en el comportamiento, y para el cual los datos musterienses son un test obvio. Sin embargo, sin ningún indicador de escala o distancia en su modelo nos quedamos con una serie de descripciones relativas de distancias "locales y foráneas" que pueden ser manipuladas para que encajen en el modelo que hemos expuesto en la tabla 2, en vez de confirmarlo.

Por tanto, el modelo de red local de homínidos enfatiza la importancia de comprender la variación en el comportamiento a través de una apreciación de la distancia. Es el caso, como Tavoso (1984:80) y Geneste (1988b:488) han señalado, que la materia prima que procede de más de 40 kms está raramente representada o está ausente, por núcleos, y que, por tanto las materias primas lejanas están representadas por los últimos estadios de la secuencia de talla. Pero éstas siguen siendo locales para la red local de homínidos (Gamble, 1993 b). Además, los principios que sostienen la red local de homínidos y el racionamiento de materias primas que se da dentro

6 Assemblage variation and curation.

Local hominid networks can be used to examine whether rationing models (Hiscock, 1986) explain inter-assemblage variation. In Europe, Rolland & Dibble (1990), and Dibble & Rolland (1992) have presented the case that such rationing (which they term continuous reduction), when linked to the supply of raw material, accounts for variation in stone tool typology (Table 2).

Their aim is to explain variability among Mousterian assemblages in southwest France. The quality and availability of raw material is put forward as a major constraint which patterned the archaeological data. A further distinction between local and distant raw materials establishes the main conditions which determine the degree of reduction for stone artifacts (Table 2). These factors produced the clustering into five varieties of Mousterian assemblages dominated by scrapers (with or without levallois technique), denticulates, notches and those with bifaces.

However, a problem with Dibble and Rolland's model, highlighted by the local hominid network, concerns the local exotic division and how they have applied this to their goal of understanding mousterian variability (Bordes, 1961). They have determined their two distance categories in order to account for the patterning they wish to explain. As a result, their continuous reduction model is a description of what they know to be variable, rather than a model which might generally help to explain variation in behaviour, and for which the Mousterian data is an obvious test case. However, without any sense of scale or distance in their model we are left with relative descriptions of local and exotic distances, which can be manipulated to fit the patterning, expressed in Table 2, rather than test it.

Therefore, the local hominid network model emphasizes the importance of understanding variation in behaviour through an appreciation of distance. It is indeed the case, as both Tavoso (1984: 80) and Geneste (1988b: 488) have noted, that raw material coming from more than 40 kms away is rarely, if ever, represented by cores and that as a general principle, distant raw materials are represented by the later stages of the reduction sequence. But these are still local to the local hominid network (Gamble, 1993 b). Moreover, the principles which underpin the local hominid network, and the rationing of raw material within it, means that organizational concepts such as expedient and curated behaviour, as applied to lithic technology, must now be considered unhelpful. Consequently they should not be part of the vo-

Tabla 2.—*Efecto anticipado de la distancia en la composición de los conjuntos líticos. (Según Rolland & Dibble, 1990; Dibble y Rolland, 1992).*

Table 2.—*The anticipated effect of distance on the composition of stone tool assemblages. (After Rolland and Dibble, 1990; Dibble and Rolland, 1992).*

RAW MATERIAL	
Abundant, large sized, good quality	
Local	**Distant**
ASSEMBLAGES CONSIST OF	
Large numbers of blanks, cores & bifaces	Large numbers of intensively retouched tools
Few flake tools which include notches & single edge side scrapers.	
Absolute implement size is large.	
Specialized blank technologies (e.g. levallois) predominate	
denticulates and notches on poorer local materials	side scrapers on imported materials
LOCAL	**EXOTIC**
(Typical, Denticulate, MTA)	**(Quina, Ferrasie)**

de él, significa que —tal como se han aplicado a la tecnología lítica— deberán considerarse inútiles los conceptos de organización como el comportamiento de utilidad y de mantenimiento. Por consiguiente, no deben formar parte del vocabulario utilizado para describir la complejidad organizativa y la intensidad de la planificación entre o dentro de las especies de homínidos. Por lo mismo, la utilización de términos tales como "local y foráneo", necesita como primer requisito una cuantificación de las distancias y las secuencias de talla registradas arqueológicamente.

cabulary used to address issues of planning depth and organizational complexity between or within hominid species. As with the use of terms such as 'local' and 'exotic' the first requirement is to quantify the distances and reduction sequences recorded archaeologically.

7
Mediambientes interglaciales.

El segundo ejemplo de variación en el Pleistoceno Medio y Superior concierne a la comparación diacrónica del comportamiento homínido en los interglaciales. Se han señalado diferencias entre los climas oceánicos de los interglaciales con nivel del mar elevado, estadios isotópicos 5e, 9 y 11, y los interglaciales con niveles del mar bajos: estadios 7 y 13 (Shackleton, 1987). Todos ellos posteriores a 500.000 bp. La cuestión es si el medio ambiente como fuerza dominante para la selección del comportamiento realmente ha producido variaciones en el registro arqueológico de los asentamientos y adaptaciones locales durante estos contrastes interglaciales.

7
Interglacial environments.

The second example of variation in the Middle and Late Pleistocene concerns the diachronic comparison of hominid behaviour in interglacial environments. Differences have been noted between the oceanic climates of the high sea level interglacials, isotope stages 5e, 9 and 11, and the low sea level interglacials, stages 7 and 13 (Shackleton, 1987). All of these occur after 500.000 years ago. The question is whether the environment, as the dominant force for selection on behaviour, does indeed produce variation in the archaeological signatures for settlement and local adaptation during these contrasted interglacials.

El marco de comportamiento para tales comparaciones puede resumirse brevemente (ver Stringer & Gamble, 1993). Los datos del yacimiento local, o más bien la falta de ellos, sugieren un modelo de "off site" (sin ocupación base) para el comportamiento en el Pleistoceno Medio, con recolección sistemática (que incluye caza y carroñeo) por grandes grupos, sujetos a la división, en pequeños territorios. Los campamentos base no fueron una característica del patrón de asentamiento. Sin embargo, existieron algunos puntos fijos como las cuevas de Atapuerca o el promontorio de la Cotte que servían como focos. Si éstos fueron "ocupaciones dormitorio" en el sentido sugerido por Brain para el valle de Sterkfontain (1981), estaciones de descongelamiento (Gamble, 1987), reservas de carne obtenidas al arrojar con éxito a mamuts y rinocerontes por el barranco en la Cotte (Callow, Cornford 1986) o sólo utilizando trampas, será tema a debatir en un futuro venidero.

En términos de asentamiento existe muy poca evidencia de las ocupaciones de los picos extremos de corta duración (10.000 años aproximadamente) de los estadios 5e, 9 y 11 en el norte de Europa (Gamble, 1986; Roebroeks y otros 1992 y comentarios). Sin embargo, se ha encontrado ocupación en estos estadios en episodios isotópicos menos extremos (Tabla 3). Pero una comparación a escala reducida entre las curvas isotópicas revela que durante los picos de 10.000 años, los bosques oceánicos fueron significativamente menos densos por las condiciones estacionales en ambientes más continentales, como en Alemania oriental. Estos hábitats al aire libre ofrecieron, en ausencia de almacenamiento y de un flujo generalizado de información, una existencia segura basada en la caza y carroñeo de animales gregarios. En los bosques del oeste tal seguridad se veía amenazada por menores cantidades de presas y rebaños de menor tamaño (Gamble, 1986). Éste no fue el caso en las mismas regiones del oeste durante los interglaciales de bajo nivel del mar en el norte de Europa, donde la evidencia arqueológica se ha documentado en tierras más abiertas.

Una correlación interesante surge también cuando hacemos una comparación a mayor escala entre los períodos interglaciales de alto y bajo nivel del mar (Tabla 3). Se puede observar una asociación entre útiles de baja energía (lascas y peebles tools), artefactos de madera y condiciones de alto nivel del mar. Los artefactos con evidencia de mayor elaboración, tales como raederas y bifaces (en una muestra pequeña) están asociados con las condiciones más templadas de los interglaciales de bajo nivel del mar. Un modelo que continúa en los estadios isotópicos glaciales en campo abierto.

The behavioural background to such comparisons can be briefly summarized (see Stringer & Gamble, 1993). The local site data, or rather the lack of them, suggests an off-site model for Middle Pleistocene behaviour with systematic foraging (including both hunting and scavenging) by large groups, subject to fissioning, in small territories. Home bases were not a feature of the settlement pattern. However, some fixed points in the landscape such as the Atapuerca caves or the La Cotte headland served as focii. Whether these were sleeping sites in the sense suggested by Brain for the Sterkfontein valley (1981), defrosting stations (Gamble, 1987), meat caches following a successful drive of mammoths and rhinos over the cliff at La Cotte (Callow & Cornford, 1986), or just sink hole traps, will be debated for some time to come.

In terms of settlement there is still scant evidence for the occupation of the extreme, short lived (c. 10.000 years) peaks in stages 5e, 9 and 11 in northern Europe (Gamble, 1986; Roebroeks *et al.,* 1992 and comments). However, occupation at less extreme isotopic times has been found in these stages (Table 3). But a *fine grained* comparison between the isotope curves reveals that during the 10.000 year peaks the oceanic forests were only significantly thinned out, by increased seasonal conditions, in more continental situations, such as eastern Germany. These open habitats provided, in the absence of storage and widespread information sharing, a secure existence based on killing and scavenging herd animals. In the western forests such security was jeopardised by lower prey densities and reduced herd size (Gamble, 1986). This was not the case in the same western regions during the low sea level interglacials in northern Europe, where archaeological evidence has been recovered from more open woodland.

An interesting correlation is also emerging when a *coarse grained* comparison is made between high and low sea level interglacials (Table 3). An association can be seen between low energy tools (flakes, pebble tools), wooden artifacts and the high sea level conditions. Artifacts with evidence for greater reduction, such as scrapers and bifaces (in an admittedly small sample), are associated with the more open, temperate conditions of the low sea level interglacials. A pattern that continues into the open country, glacial isotope stages.

Reviewing these data in the light of local hominid networks suggests that foraging ranges were greater in the low sea level interglacials. Local provisioning (<5 kms) took place and bifaces and scrapers were produced. Material from further away was regularly introduced as retouched artifacts,

Tabla 3.—*Yacimientos del Paleolítico Inferior —un intento de correlación—.*

Table 3.—*Earlier Palaeolithic Sites —a tentative correlation.*

Stage	Site	Technology	Wooden implements
High sea level interglacials			
5	Lehringen	Flake/scraper	Yes
	Groben	Flake/pebble tool	
	Grobschutz	Flake/pebble tool	
	Taubach, Weimar, Burgtonna	Flake/pebble tool	
9	?Bilzinsgleben	Flake/pebble tool	Yes
	?Kärlich	Flake/pebble tool/biface	Yes
11	Clacton	Flake/pebble tool	Yes
	Swanscombe Lower loam	Flake/pebble tool	
	Miesenheim	Flake	
	?Barnham	Flake/pebble tool	
Low sea level interglacials			
7	Maastricht-Belvédère	Flake/scraper	
	Ehringsdorf	Scraper	
	Pontnewydd	Biface/flake	
13	Boxgrove	Biface/flake	
	High Lodge	Scraper/flake	

El análisis de estos datos a la luz de las redes locales de homínidos sugiere que las extensiones donde recolectaron eran mayores en los interglaciales de bajo nivel del mar. Hubo aprovisionamiento local (5 kms) y se elaboraron bifaces y raederas. El material transportado de zonas más lejanas se fue introduciendo de forma regular como instrumentos ya tallados y retocados, aunque probablemente la distancia más lejana no excedía de unos 40 kms. Durante los interglaciales de alto nivel del mar, el tamaño de estas extensiones fue menor y todos los materiales procedían de una distancia de unos 5 kms. Los requisitos de la tecnología fueron diferentes. Ahora nos queda por ver si estos modelos pueden explicarse de forma más amplia mediante la división sexual del trabajo (Bindford, 1992) o por el tamaño del grupo y el aprendizaje social (Mithen, 1994).

but probably from no more than 40 kms distant. During the high sea level interglacials, range size was smaller and all materials came from within 5 kms. The requirements of technology were different. It now remains to be seen whether these patterns can be further explained by the sexual division of labour (Binford, 1992) or group size and social learning (Mithen 1994).

8

Conclusión.

Para lo que pretende este artículo, es suficiente establecer que no es apropiado un modelo único del comportamiento en el Pleistoceno Medio, que la variabilidad (tanto sincrónica como diacrónica) se puede demostrar y que un enfoque sobre la colonización y asentamiento proporciona un medio para integrar la investigación de la dinámica de adaptación prehistórica. En los últimos años hemos reemplazado las descripciones de homínidos en el Pleistoceno Medio como participantes en el "millón de años de aburrimiento", y en cambio hemos vuelto a buscar la "diversidad dentro de la uniformidad" (Kuhn, 1991). Actualmente, esto se está manifestando en una variedad de escalas analíticas –artefacto, yacimiento, región– con el resultado de que el Pleistoceno Medio nunca ha sido tan interesante. Como ilustración de este cambio conceptual tenemos la diversidad de los homínidos de Atapuerca, lo que sugiere otra línea de investigación sobre el comportamiento prehistórico al considerar las implicaciones del dimorfismo sexual y la variabilidad de la población en la recolección. Quizá 1992 sea un año muy apropiado para intentar traspasar las fronteras de Europa y para reconocer la diferencia y variación como las bases de nuestra ciencia. En esta época de proyectos para la unificación de monedas y seguros, "Eurocheeses" homogeneizados, sería bueno que los "Primeros Europeos" recordaran que la diversidad siempre ha sido la fuente del cambio.

Febrero, 1993.

8

Conclusion.

For the purposes of this paper it is enough to establish that a single model of Middle Pleistocene behaviour is inappropriate, that variability (both synchronic and diachronic) can be demonstrated and that a focus on colonization and settlement provides a means to integrate the investigation of the dynamics of past adaptation. In recent years we have replaced descriptions of hominids in the Middle Pleistocene as participants in the "million years of boredom", and instead turned to look for the "diversity within the uniformity" (Kuhn, 1991). This is now emerging at a variety of analytical scales –artifact, site, region– with the result that the Middle Pleistocene has never been so interesting. As an illustration of this conceptual change we have the diversity of the Atapuerca hominids themselves which suggests another line of investigation for past behaviour by considering the foraging implications of sexual dimorphism and population variability. 1992 is an appropriate year to attempt to look across the boundaries of Europe and to recognize difference and variation as the basis for our science. In these days of plans for single currencies and safe, homogenized Eurocheeses, it is good to be reminded by the "First Europeans" that diversity has always been the source for change.

NOTA

[1] Sólo la cueva de Lazaret contradice este patrón, ya que presenta evidencias de hogares y una disposición ordenada de los materiales, que tiene origen en su reiterada utilización (de Lumley, 1969). Las evidencias de Pech de l'Azé son también fascinantes, aunque no concluyentes (Sonneville-Bordes, 1989).

NOTE

[1] Only the Grotte de Lazaret contradicts the pattern with its evidence for hearths and patterned disposal of material arising from people using them on a number of occasions (de Lumley 1969). The evidence from Pech de l'Azé is also intriguing but inconclusive (Sonneville-Bordes 1989).

BIBLIOGRAFÍA

ANDREE, J. (1939): *Der Eiszeitliche Mensch in Deutschland und seine Kulturen.* Stuttgart.

ASHTON, N. and J. COOK in press: *Excavations at High Lodge, Mildenhall.* British Museum Publications.

BARTON, C. M. (1988): *Lithic variability and middle Palaeolithic behaviour.* BAR International Series 408, Oxford.

BINFORD, L. R. (1985): Human ancestors: changing views of their behaviour. *Journal of Anthropological Archaeology* 4, 292-327.

BINFORD, L. R. (1992): Interview in J. Fischman: Hard evidence: new ideas about the Neanderthal's strange behaviour have set a lot of tongues wagging. *Discover* 13, 44-51.

BINFORD, L. R. (1972): Contemporary model building: paradigms and the current state of palaeolithic research. In, D. L. Clarke (ed.) *Models in archaeology,* pp. 109-66. London, Methuen.

BINFORD, L. R. (1989): Isolating the transition to cultural adaptations: an organizational approach. In, E. Trinkaus (ed.). *The emergence of modern humans: biocultural adaptations in the later Pleistocene,* pp. 18-41. Cambridge University Press, Cambridge.

BORDES, F. (1961): Mousterian cultures in France. *Science* 134, 803-10.

BORDES, F. (1971): Observations sur l'acheuléen des grottes de Dordogne. *Munibe* 23, 5-23.

BOWEN, D. Q., S. HUGHES, G. A. SYKES and G. H. MILLER (1989): Land-sea correlations in the Pleistocene based on isoleucine epimerization in non-marine molluscs. *Nature* 340, 49-51.

BRAIN, C. K. (1981): *The hunters or the hunted.* Chicago, Chicago University Press.

CALLOW, P. (1981): Raw materials and sources. In, P. Callow and J. Cornford (eds.). *La Cotte de St. Brelade 1961-1978,* pp. 203-211. Norwich, Geo Books.

CALLOW, P. and J. CORNFORD (eds.) (1986): *La Cotte de St. Brelade 1961-1978,* 203-211. Norwich, Geo Books.

CHAMPION, T., C. GAMBLE, S. SHENNAN and A. WHITTLE. (1984): *Prehistoric Europe.* London, Academic Press.

COLTORTI, M., CREMASCHI, M., DELITALA, M. C., ESU, D., FORNASERI, M., MCPHERRON, A., NICOLETTI, M., VAN OTTERLOO, R., PERETTO, C., SALA, B., SCHMIDT, V. and SEVINK, J. (1982): Reversed magnetic polarity at an early lower palaeolithic site in Central Italy. *Nature* 300, 173-176.

DIBBLE, H. L. (1989): The implications of stone tool types for the presence of language during the lower and middle palaeolithic. In, P. Mellars and C. Stringer (eds.). *The human revolution,* pp. 415-432. Cambridge, Cambridge University Press.

FARIZY, C. and F. DAVID (1992): Subsistence and behavioural patterns of some Middle Palaeolithic local groups. In, H. L. Dibble and P. Mellars (eds.). *The Middle Palaeolithic: adaptation, behavior, and variability,* pp. 87-96. Philadelphia, The University Museum.

FÉBLOT-AUGUSTINS, J. and PERLÈS, C. (1991): Perspectives ethno-archéologiques sur les échanges à longue distance. Unpublished mss. Colloques "Éthnoarcheologie" Antibes.

GAMBLE, C. S. (1986): *The palaeolithic settlement of Europe.* Cambridge: Cambridge University Press.

GAMBLE, C. S. (1987): Man the shoveller: alternative models for middle pleistocene colonization and occupation in northern latitudes. In, O. Soffer (ed.). *The pleistocene Old World: regional perspectives,* pp. 81-98. New York: Plenum.

GAMBLE, C. S. (1993a): *Timewalkers: the prehistory of global colonization.* Stroud, Alan Sutton.

GAMBLE, C. S. (1993b). Foraging. In, C. Scavre & F. Healy (eds.). *Trade and exchange in prehistoric Europe,* pp. 35-44. Oxford, Oxbow Monograph 33. Exchange and local hominid networks.

GENESTE, J-M. (1988a): Systemes d'approvisionnement en matières premières au paléolithique moyen et au paléolithique supérieur en Aquitaine. *L'Homme de Néandertal* 8, 61-70.

GENESTE, J-M. (1988b): Les industries de la Grotte Vaufrey: technologie du débitage, économie et circulation de la matière première lithique. In J-P. Rigaud (ed.). La Grotte Vaufrey à Cenac et Saint-Julien (Dordogne), Paleoenvironments, chronologie et activités humaines. *Mémoires de la Société Préhistorique Française* 19, 441-518.

GREEN, S. (1988): Pontnewydd Cave: the selection of raw materials for artefact manufacture and the question of natural damage. In, R. J. MacRae and N. Moloney (eds.). *Non-flint stone tools and the palaeolithic occupation of Britain,* pp. 223-232. BAR British Series 189: Oxford.

HENRY, D. O. (1992): Transhumance during the late Levantine Mousterian. In, H. L. Dibble and P. Mellars (eds.). *The Middle Palaeolithic: adaptation, behavior, and variability,* 143-62. Philadelphia, The University Museum.

HISCOCK, P. (1986): Raw material rationing as an explanation of assemblage differences: a case study of lawn Hill, Northwest Queensland. In, G. Ward (ed.). *Archaeology at Anzaas 1984,* pp. 178-190. Canberra.

JELINEK, A. J. (1977): The lower Palaeolithic: current evidence and interpretations. *Annual Review of Anthropology* 6, 11-32.

KOZLOWSKI, J. K. (1982): (ed.). *Excavations in the Bacho-Kiro cave, Bulgaria (Final Report).* Warsaw, Paristwowe Wydarunictwo, Naukowe.

KUHN, S. L. (1991): "Unpacking" reduction: lithic raw material economy in the mousterian of West-Central Italy. *Journal of Anthropological Archaeology* 10, 76-106.

LUMLEY H. de (1969): Une cabane acheulénne dans la Grotte du Lazaret. Paris, *Mémoires de la Société Préhistorique Française,* 7.

MACRAE, R. J. (1988): The Palaeolithic of the upper Thames and its quartzite implements. In, R. J. MacRae and N. Moloney (eds.). *Non-flint stone tools and the palaeolithic occupation of Britain,* pp. 123-154. BAR British Series 189: Oxford.

MACRAE, R. J. and N. MALONEY (1988): *Non-flint stone tools and the palaeolithic occupation of Britain.* BAR British Series 189: Oxford.

MCBURNEY, C. B. M. (1950): The geographical study of the older palaeolithic stages in Europe. *Proceedings of the Prehistoric Society* 16, 163-83.

MCNIVEN, I. J. (1990): Prehistoric aboriginal settlement and subsistence in the Cooloola region, coastal southeast Queensland. Phd Thesis, The University of Queensland.

MELLARS, P. A. (1992): Technological change in the Mousterian of southwest France. In, H. L. Dibble and P. Mellars (eds.). *The Middle Palaeolithic: adaptation, behavior, and variability,* pp. 29-44. Philadelphia, The University Museum.

MITHEN, S. (1994): Technology and society during the Middle Pleistocene: hominid group size, social learning and industrial variability. Cambridge Archaeological Journal 4: 3-32.

MOVIUS, H. (1948): The lower palaeolithic cultures of southern and eastern Asia. *Transactions of the American Philosophical Society* 38, 239-426.

RIGAUD, J-P. (1989): From the Middle to the Upper Palaeolithic: transition or convergence? In, E. Trinkaus (ed.). *The emergence of modern humans: biocultural adaptations in the later Pleistocene,* pp. 142-153. Cambridge University Press, Cambridge.

ROBERTS, M. B. (1986): Excavation of the lower palaeolithic site at Amey's Eartham Pit, Boxgrove, West Sussex: a preliminary report. *Proceedings of the Prehistoric Society* 52, 215-246.

ROEBROEKS, W., J. KOLEN and E. RENSINK (1988): Planning depth, anticipation and the organization of middle palaeolithic technology: the "archaic natives" meet Eve's descendants. *Helinium* 28, 17-34.

ROEBROEKS, W., N. J. CONARD and T. VAN KOLFSCHOTEN (1992): On dense forests, cold steppes and the palaeolithic settlement of northern Europe. *Current Anthropology.*

ROLLAND, N. and H. DIBBLE (1990): A new synthesis of middle palaeolithic variability. *American Antiquity* 55, 480-499.

SANTONJA, M. and VILLA, P. (1990): The lower palaeolithic of Spain and Portugal. *Journal of World Prehistory* 4, 45-94.

SHACKLETON, N. J. (1987): Oxygen isotopes, ice volume and sea level. *Quaternary Science Review* 6, 183-190.

SIMEK, J. (1987): Spatial order and behavioural change in the French Palaeolithic. *Antiquity* 61, 25-40.

SOFFER, O. (1985): *The Upper Palaeolithic of the Central Russian Plain.* New York, Academic Press.

SONNEVILLE-BORDES, D. DE (1989): Foyers paléolithiques en Périgord. *Mémoires du Musée de Préhistorie d'Ile de France,* 2, 225-237.

STRINGER, C. and C. S. GAMBLE (1993): *The Neanderthal world.* London, Thames and Hudson.

TAVOSO, A. (1984): Reflexion sur l'économie matières premières au Mousterien. *Bulletin de la Société Préhistorique Française* 81, 79-82.

TURNER, A. (1992): Large carnivores and earliest European hominids: changing determinants of resource availability during the Lower and Middle Pleistocene. *Journal of Human Evolution* 22, 109-126.

VITA-FINZI, C. and E. S. HIGGS (1970): Prehistoric economy in the Mount Carmel area of Palestine, site catchment analysis. *Proceedings of the Prehistoric Society* 36, 1-37.

WYMER, J. (1988): Palaeolithic archaeology and the British quaternary sequence. *Quaternary Science Reviews* 7, 79-98.

WYMER, J. (1992): First report on the Southern Rivers Palaeolithic project. Wessex Archaeology/English Heritage.

Evolución humana en Europa y los yacimientos de la Sierra de Atapuerca, págs. 403-420

El impacto de la predeterminación en el desarrollo de algunas cadenas operativas Achelenses

The impact of predetermination on the development of some acheulean *chaînes opératoires*

Pierre-Jean Texier *CNRS, ERA 28 du Centre de Reberches Archéologiques, Sophia-Antipolis, 06560 Valbonne, France*

Hélène Roche *CNRS, Archaeology Division, National Museums of Kenya P.O. Box 40658, Nairobi, Kenya, ERA 28 du Centre de Recherches Archéologiques, 91190, Meudon, France*

Resumen:

El estudio de una gran serie de bifaces y hendedores recuperados desde 1983 a 1988 por la ***Mission prehistorique au Kenya*** *en el yacimiento achelense de Isenya muestra que los soportes de esos útiles (lascas en su mayor parte) fueron adquiridos de diferentes maneras, desde una adaptación oportunista (algunos bifaces) a una predeterminación total (algunos hendedores). La introducción del concepto de predeterminación en una cadena operativa modifica considerablemente su construcción y nos lleva a valorar nuevamente la importancia del papel jugado por los conceptos tales como abstracción, valoración y programación (esquema conceptual) y las diferentes fases de su construcción (esquema operativo) en su desarrollo. Como muestra repetidamente la lectura tecnológica, la precisión de la fase de transformación de las lascas soportes en bifaces o hendedores está unida a una complejidad creciente del esquema conceptual y de la fase de adquisición de dichos soportes. Un cierto número de criterios técnicos, que caracterizan parte o la totalidad del proyecto, se instituyen sobre el núcleo mediante la extracción de lascas predeterminantes y se transfieren al futuro útil durante la extracción de las lascas soportes. El tiempo y el número de acciones técnicas necesarias para la transformación de estas últimas se reducen así considerablemente. La complejidad, y como consecuencia la simplicidad, de una cadena operativa se mide por su peso conceptual y por la imagen mental que muestra, mucho más que por el tiempo y por las múltiples acciones técnicas necesarias para su desarrollo.*

Abstract:

The study of the large series of handaxes and cleavers excavated from 1983 to 1988 by the ***Mission Préhistorique au Kenya*** *at the Isenya acheulean site shows that the blanks of these tools (flakes for the most part) have been acquired in different ways, from an opportunistic adaptation (some bifaces) to total predetermination (some cleavers). The introduction of the concept of predetermination into a* ***chaîne opératoire*** *modifies considerably its construction and leads us to re-evaluate the importance of the role played by notions such as abstraction, evaluation, programming (conceptual scheme) and different phases of its making (operational scheme) in its development. Shown repeatedly through technological reading, the concision of the phase of transformation of the blanks into handaxes or cleavers is linked to an increasing complexity of the conceptual scheme and of the phase of acquisition of the blank. A number of technical criteria, characterizing part or the totality of the project are instituted on the core by the removal of predeterminant flakes. They are transferred to the future tool during the removal of the blank. The time and number of technical actions necessary to the transformation of the latter are thus found to be considerably reduced. The complexity and by corollary simplicity of a* ***chaîne opératoire*** *are evaluated through its conceptual weight and the precision of the mental image it shows, more than the length and the multiple technical actions necessary to its development.*

Palabras clave:

África del Este, Achelense, Tecnología, Predeterminación, Cadena Operativa, Complejidad, Esquema Operativo, Esquema Conceptual.

Key words:

East Africa, Acheulean, technology, predetermination, ***chaîne opératoire,*** *complexity, operational scheme, conceptual scheme.*

1
Introducción.

Las cadenas operativas de producción de bifaces y hendedores (Roche & Texier, en prensa), cuyas variantes hemos estudiado en un gran corpus de más de 800 bifaces y 1.300 hendedores recogidos en estratigrafía de Isenya (Kenia), ha servido como base a este estudio.

Isenya se sitúa en la planicie alta de Kenia, a 1.650 m de altitud, en el lado este del Rift Gregory. El yacimiento fue descubierto por la divagación de los meandros del curso del río Isenya que excavó sus propios aluviones. La secuencia estratigráfica, atribuida al Pleistoceno Medio, se desarrolla sobre un sustrato de fonolitas del Mioceno, datado en 13 m.a., y está sellado por un tufo volcánico cuya edad se estima entre 650.000 y 700.000 años (Roche *et al.,* 1988).

La parte superior del depósito fonolítico, que aflora en numerosos puntos de los alrededores, fue muy explotada por las poblaciones achelenses. La fonolita ha proporcionado la mayor parte (88 por 100) de la materia prima necesaria para la fabricación de lo que podemos llamar el "conjunto de los útiles de trabajo pesado" ("heavy duty tool"), por oposición al conjunto de útiles ligeros ("light duty tool set") realizada principalmente sobre chert.

Los bifaces y hendedores, que a menudo coexisten en los conjuntos achelenses africanos, así como en los europeos e indios e incluso en el próximo oriente, han sido situados durante mucho tiempo erróneamente en la misma categoría (Bordes, 1961; Isaac, 1977; Wynn, 1979). Mientras que, la reconstrucción de sus cadenas operativas (Roche & Texier, 1991) muestra que fueron manufacturadas con elementos tecnológicamente muy diferentes, lo que sólo excepcionalmente nos permitirá situar los hendedores entre los bifaces.

1
Introduction.

The production *chaînes opératoires* of handaxes and cleavers (Roche & Texier, in press), whose variants we have observed in the large corpus (more than 800 bifaces and 1.300 cleavers) collected in stratigraphy at Isenya (Kenya), have served as a basis for our study.

Isenya is located on the Kenyan high plateaux, at 1.650 m of altitude, on the eastern branch of Rift Gregory. The site was unearthed by a divagation of the meandering course of the Isenya river hollowing out its own alluvium again. The stratigraphic sequence attributed to the Middle Pleistocene develops on a Miocene phonolite substratum, dating from 13 ma, and is sealed by a tuff whose age is estimated between 650.000 and 700.000 years (Roche *et al.,* 1988).

The upper part of the phonolite flow, which outcrops at numerous points in the surroundings, was fully exploited by the acheuleans. The phonolite has provided the major part (88 %) of the raw material necessary to the manufacture of what we can call the 'heavy duty tool set', as opposed to a 'light duty tool set', mainly made on chert.

Handaxes and cleavers, which often co-exist in African acheulean assemblages, as well as in European and Insulindian ones, or yet in the Near East, have for a long time been mistakenly placed in the same category (Bordes, 1961; Isaac, 1977; Wynn, 1979). However, the reconstruction of their *chaînes opératoires* (Texier, 1989; Roche & Texier, 1991 and in press) shows that they were manufactured with elements which were very dissimilar technologically, and which can only exceptionally lead us to place cleavers amongst bifacial tools.

2
Predeterminación y estandardización.

El concepto de predeterminación puede verse en un conjunto lítico a través de una lectura tecnológica cuidadosa y de forma evidente por el establecimiento de esquemas diacríticos. (Dauvois, 1976; Inizian *et al.,* 1992).

Por predeterminación entendemos la concepción de un programa particular de "debitage" y transformación de los soportes obtenidos que se materializa a través de una serie de acciones técnicas realizadas anteriormente y en el momento

2
Predetermination and standardisation.

The concept of predetermination can be seen in a lithic assemblage by careful technological reading and notably by establishment of diacritic schemes (Dauvois, 1976; Inizan *et al.,* 1992).

By predetermination we mean the conception of a particular programming of *débitage* and transformation of the blanks obtained, which materialize through a series of technical actions carried out previously and at the very moment de la adquisición del soporte. La preparación del núcleo (que afecta a la superficie de "debitage" así como al plano de percusión) tiende esencialmente a controlar uno o varios parámetros que permiten la adquisición de uno, varios o todos los elementos morfotécnicos característicos del objeto planeado. Estos elementos se consiguen así desde el "debitage" y no por el "façonnage" o el retoque.

De este modo podemos decir que en la cronología del desarrollo de una cadena operativa, en la que puede ser observado el concepto de predeterminación, se evitan parte de las acciones técnicas necesarias para obtener ciertos elementos característicos y, en cualquier caso, se transfieren al principio de la cadena, desde la secuencia de "façonnage" hacia la secuencia de adquisición del soporte. De aquí en adelante, estas acciones técnicas forman parte de la fase de preparación del núcleo y, en este contexto, no están aisladas sino que forman parte de todas las acciones programadas, cuyas consecuencias se valoran simple y globalmente en cualquier momento dado.

Cuando el tallador es capaz de obtener productos de un módulo esperado, obteniendo las características morfotécnicas principales del proyecto inicial mediante la preparción organizada del núcleo, el "façonnage" y las secuencias de retoque estarán entonces igualmente condicionadas.

Podemos entonces hablar no sólo de predeterminación sino también de normalización.

3
Lectura tecnológica de los bifaces.

Resultando de un "façonnage" parcial o total, los bifaces pueden realizarse según muchas variantes, sobre cualquier soporte. Éstas dependen de la buena preparación de las extracciones y de la elección juiciosa de su localización. Se pueden usar como soportes las lascas, cantos, bloques y placas, si están provistos de las mínimas condiciones métricas. Los elementos característicos del útil (planos de equilibrio bifacial y bilateral, convexidades, filos, puntas) pueden establecerse totalmente por el "façonnage". Eventualmente puede aparecer un retoque fino con el fin de regularizar los filos o para afinar el contorno.

A pesar de un "façonnage" relativamente intenso, el origen de los soportes en Isnya puede ser todavía discernible en numerosos bifaces (fig. 1, a, b; fig. 2, a). Los elementos carac-

of acquisition of the blank. The preparation of the core (affecting the *débitage* surface as well as the striking platform) aims essentially at controlling one or several parameters permitting the acquisition of one, several or all morpho-technical characteristic elements of the planned object. These elements are thus acquired from the *débitage* and not by shaping or by retouching.

We can say that, in the chronology of development of a *chaîne opératoire* where the concept of predetermination can be seen, part of the technical gestures necessary to obtain certain characteristic elements of the project are saved and, in any case, transferred towards the beginning of the chain, from the shaping sequence towards the acquisition sequence of the blank. From then on, these technical gestures form the complete part of the preparation phase of the core, and in this context, they are not isolated but are part of all the programmed actions, whose consequences are evaluated singly and globally at any given moment.

When the stone knapper can repeatedly obtain products of an expected module, getting the main morpho-technical characteristics of the initial project through organized preparation of the core, then the shaping and retouching sequences are found to be equally conditioned.

We can then not only speak of predetermination but also of standardization.

3
Technological reading of handaxes.

Resulting from partial or total shaping, the handaxes can be made according to numerous variants, on any blank. This depends on good preparation of the removals and judicious choise of their location. Flakes, pebbles, blocks, slabs can then be used as blanks, provided that the minimum metrical conditions are met. The characteristic elements of the tool (bifacial and bilateral equilibrium plans, convexities, edges, point) can be established entirely by shaping. Eventually retouching occurs *in fine* in order to regularise the edges or to refine the outline.

Despite relatively intense shaping, the origin of the blank at Isenya is still discernible on numerous handaxes (Fig. 1 a, b; Fig. 2, a). Characteristic elements are often preserved: cortical zones present at the base or on the two faces of

1. *Representación esquemática de bifaces de forma oval y almendrada de Isenya (la trama indica los restos de la cara ventral de la lasca).*

1. *Schematic drawing of almond and ovate handaxes from Isenya (fill pattern materializes the remains of the lower face of the flake).*

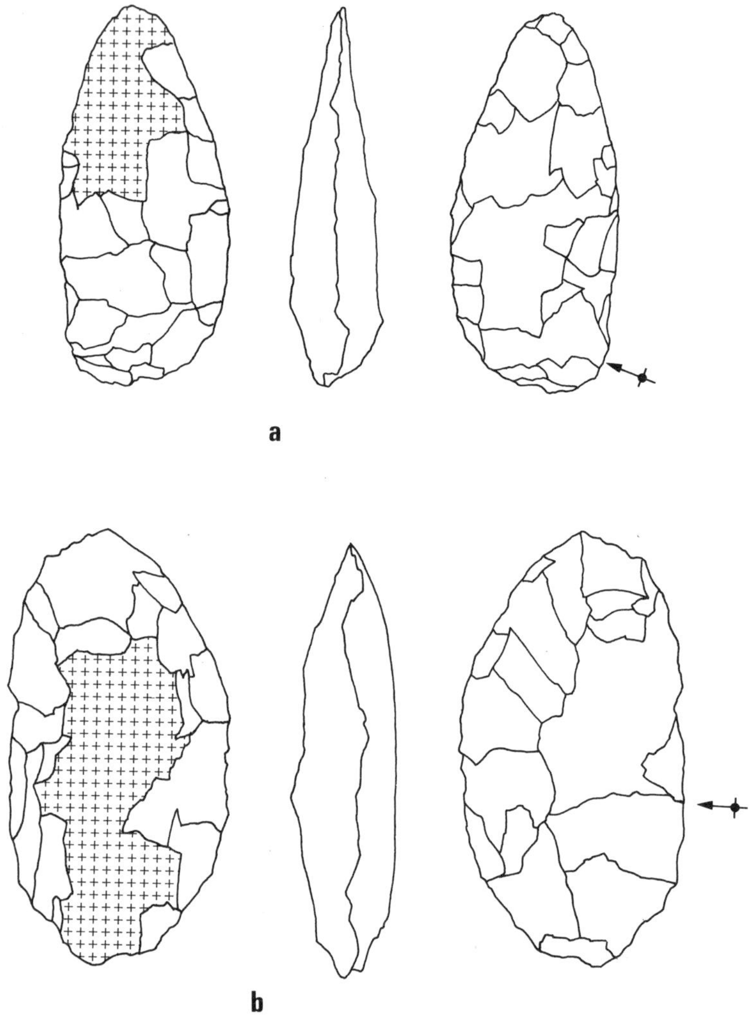

2. *Representación esquemática de bifaz y hendedor en una lasca predeterminada (la trama indica los restos de la cara ventral de la lasca).*

2. *Schematic drawing of handaxe and cleaver on predetermined blank (fill pattern materializes the remains of the lower face of the flake).*

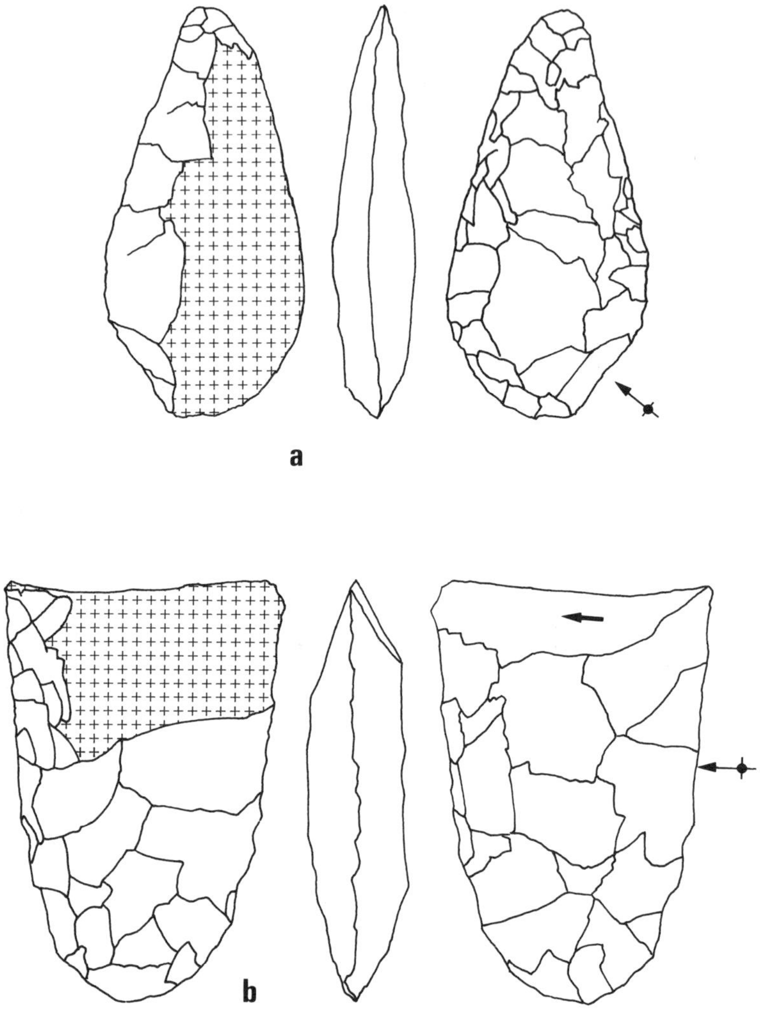

terísticos se conservan a menudo: zonas corticales presentes en la base o en las dos caras en aquellos útiles excepcionalmente realizados sobre bloque; vestigios de la cara ventral o del talón o parte de éste (permiten la lectura del eje tecnológico) para los bifaces sobre lasca.

Según la terminología clásica, los bifaces son a menudo lanceolados, en forma de almendra y con menos frecuencia ovales.

Un número ínfimo de bifaces son el resultado de la talla de cantos de fonolita. En este caso, conservan restos de cortex en la base o en ambas caras. Muy pocos bloques sirven como soportes para algunos bifaces. La mayoría de ellos, muy regulares y bien acabados, están realizados sobre lasca y conservan todavía restos de la cara ventral (78 por 100). Estas huellas de la cara ventral pueden estar presentes sobre una so-

the tool for the very rare ones made on unflaked blank; vestiges of the lower face, butt or part of the butt (permitting the reading of the technological axis) for the ones made on flake, etc.

According to the "classical" terminology, the handaxes are rather lanceolate, almond-shaped and less frequently oval.

An infinitesimal number of them are evidently a result of shaping of phonolite pebbles. In that case they have cortex remains at the base or on both faces. Very few blocks served as blanks for some handaxes. But the majority are very regular and well-finished tools made on flakes, and still having traces of the lower face (78 %). These traces of lower face can be present on one face of the tool (presumption that the blank is an ordinary flake), or on both faces (evidence that la cara del útil (presunción de que el soporte es una lasca ordinaria) o en ambas caras (prueba de que el soporte es una lasca Kombewa, 1,8 por 100). También pueden estar presentes sobre el pequeño plano lateral que corresponde al talón de la lasca soporte. También es posible identificar a menudo la orientación del eje tecnológico del soporte y comparar su dirección de percusión con el eje morfológico del útil (fig. 2, a).

Cuando estos elementos técnicos de diagnóstico –resultantes de la adquisición de los soportes– han sido extraídos por el proceso de "façonnage", la lasca original todavía permanece discernible, aunque difícil de demostrar a causa de las series organizadas de extracciones en cada cara. Parece, por tanto, que la mayor parte de los bifaces de Isenya fueron obtenidos a partir de lascas.

La presencia de caracteres tecnológicos de "debitage" de las lascas utilizadas como soportes (talón, bulbo, restos de una cara ventral o dorsal, eje de talla, etc.) permite afirmar que fueron obtenidas mediante varios métodos en los que el concepto de predeterminación puede estar presente. Esto no es sorprendente puesto que este concepto forma parte integral de la definición de hendedor (ver a continuación), que fueron producidos a miles por los mismos talladores de Isenya.

Las grandes porciones que sistemáticamente se conservan de la cara ventral revelan no sólo que el soporte es una lasca, sino que también hacen suponer el propósito de obtener una lasca ventral muy convexa. Esta convexidad obtenida al extraer la lasca es muy similar a la que habitualmente se obtiene por "façonnage". Esto supone una economía de acción y consecuentemente una cierta rapidez de actuación. Estos bifaces parcialmente retocados están, sin embargo, muy equilibrados y acabados. Podemos hablar en este caso de economía de talla, en lugar de "façonnage" parcial.

En muchos casos, cuando la lectura es posible, podemos determinar que el eje de talla del soporte forma un ángulo oblicuo con el eje morfológico del bifaz (fig. 1, a, b; fig. 2, a).

Algunos de ellos, además de la mayor parte de la cara ventral, todavía conservan, en una posición próximo-lateral –bien en el filo derecho o en el izquierdo– un plano correspondiente al talón de la lasca soporte. En este caso es particularmente fácil confrontar los ejes tecnológico y morfológico del útil. El retoque de la cara dorsal anula toda evidencia de la organización particular de las extracciones del núcleo anteriores a la extracción de la lasca soporte. Por otro lado, la convexidad de la cara ventral exenta de retoque, la posición del talón (plano de la posición próximo-lateral), la posición de la punta y de la base del bifaz en relación al talón

the blank is a Kombewa flake, 1.8 % –Owen, 1938–). They can also be present on the small lateral plane that corresponds to the butt of the flake. It is thus often possible to identify the orientation of the technological axis of the blank and to compare its direction of percussion with the morphological axis of the tool (Fig. 2, a).

When these evident technical diagnostic elements –resulting from blank acquisition– have been removed by shaping process, the original flake still remains discernible (although not easy to demonstrate) because of the organized series of removals on either face. It therefore seems that an overwhelming majority of the handaxes were obtained from flakes.

The presence of technological *débitage* features belonging to the blank (butt, bulb, remaining parts of a lower face or upper face, *débitage* axis, etc.) confirms that they were obtained through several methods in which the concept of predetermination can be present. This is not surprising since this concept forms an integral part of the definition of cleavers (see below), which were produced by thousands of the same stone knappers of Isenya.

The large systematic remaining parts of a lower face not only reveal that the blank is a flake, but also suggest the purposeful obtainment of a very convex lower face. This convexity obtained by *débitage* is very similar to a convexity habitually sought for by shaping. This means economy of gestures and consequently a certain speed of performance. These partially shaped handaxes are however very well balanced and finished. It is thus possible to speak of economy of shaping rather than of partial shaping.

In numerous cases, when reading is possible, we can determine that the *débitage* axis of the blank forms an oblique angle with the morphological axis of the handaxe (Fig. 1, a, b; Fig. 2, a).

Some of them, apart from the large remaining part of the lower face, still carry, in a proximo-lateral position, either on the right edge or on the left one, a plane corresponding to the butt of the blank. It is particularly easy in this case to confront the technological and morphological axes of the tool. Shaping of the upper face always removes any evidence of a particular organisation of the removals on the core prior to the detachment of the blank. On the other hand, the convexity of the lower face exempted from shaping, the position of the butt (plane in the proximo-lateral position), the position of the point and the base of the handaxe in relation to the butt of the blank, are the elements that lead us to assert that a relatively large percentage of the Isenya handaxes were de la lasca soporte son los elementos que nos llevan a afirmar que un porcentaje relativamente alto de los bifaces de Isenya se obtuvieron de soportes muy predeterminados. Podemos definirlas como lascas cortas, anchas, desviadas con una cara ventral muy convexa. (fig. 2, a). La lectura tecnológica del material arqueológico confirma que en tales soportes la convexidad de la cara ventral, así como la posición de la zona proximal y de la punta del bifaz ya están programadas, incluso antes de la extracción de la lasca. Si la lasca está desviada a la derecha, a menudo encontramos el plano pequeño, vestigio del talón, en una posición próximo-lateral derecha e inversamente para las lascas desviadas a la izquierda. La gran dimensión de la lasca forma un ángulo de 30° a 60° con el eje de percusión.

Finalmente un pequeño número de bifaces tienen, sobre cada cara, restos de la cara ventral de una lasca: esto sólo puede ser el resultado de la transformación de una lasca Kombewa. Este método de adquisición del soporte es a menudo difícil de reconocer porque está enmascarado por una retalla y retoque intensos, aunque está mejor documentado y es más fácil de identificar en numerosos hendedores del yacimiento. Este nivel de predeterminación no tiene equivalente en el Paleolítico inferior, excepto en el método Levallois y sus múltiples variables. Realmente, la obtención de una lasca Kombewa permite obtener las dos caras convexas del bifaz por el mismo golpe del percutor. Así pues, el "façonnage" afecta esencialmente al área del talón (supresión del plano) y a la parte sobre la que se realiza la punta del útil.

4
Lectura tecnológica de los hendedores.

El hendedor es por definición un útil realizado sobre lasca (Tixier, 1956). Este útil sólo puede existir desde el momento en que aparece la idea de predeterminación en las cadenas operativas.

Su acondicionamiento total depende realmente de la obtención de dos superficies sin retocar que forman los filos del hendedor (en este texto usaremos la palabra bisel de la francesa "biseau"). El bisel se crea por la intersección de la cara ventral del soporte (siempre una lasca) bien con el negativo de una o varias extracciones predeterminantes (talla predeterminada simple, fig. 2, b; fig. 3, b) o con una cara ventral de una gran lasca del núcleo (talla Kombewa, fig. 3, a). En este

obtained from largely predetermined blanks. We can define them as short flakes, wide, *déjeté* (canted) with a very convex lower face (Fig. 2, a). Technological reading of the archaeological material confirms that on such blanks the convexity of the lower face as well as the position of the base and of the point of the handaxe are already determined, even before the removal of the flake. If the flake is *déjeté* on the right, we often finds the small plane, vestige of the butt, in a right proximal-lateral position, and inversely for flakes *déjeté* on the left. The large dimension of the flake forms an angle of 30° to 60° with the *débitage* axis.

Lastly, a small number of handaxes have, on each face, traces of the lower face of a flake: this can only result from transformation by shaping of a Kombewa flake. This method of acquisition of blanks, often difficult to recognise on handaxes because it is hidden by intense shaping, is better documented and more easily identifiable on numerous cleavers from the sites. This level of predetermination has no equivalent in the Lower Paleolithic, except for the Levallois method and its multiple variables. Indeed, the detachment of a Kombewa flake allows the obtainment of the two convex faces of the handaxe by the same blow of hammerstone. Thus, shaping affects essentially the butt area (suppression of the plane) and the part on which the point of the tool is made.

4
Technological reading of cleavers.

The cleaver is, by definition, a tool made from a flake (Tixier, 1956). It can only exist from the moment the idea of predetermination appears in the *chaînes opératoires*.

Its entire making actually depends on obtainment of two unretouched surfaces, which from the cleaver edge (we shall use the french word *biseau* in this text). The *biseau* is created by the intersection of the lower face of the blank (here always a flake), with either the negative of one or several predeterminant removals (simple predetermined *débitage*—Fig. 2, b; Fig. 3, a—) or one lower face of a large core flake (Kombewa *débitage*—Fig. 3, a—). In this case, the modification of the striking platform through a series of direct removals, generally

3. *Representación esquemática de un bifaz realizado en una lasca Kombewa y de un hendedor "one blow" (la trama indica los restos de la cara ventral de la lasca, las flechas de trazado grueso muestran la dirección de la extracción predeterminante).*

3. *Schematic drawing of a cleaver on Kombewa flake and of a "one blow" cleaver (fill pattern materializes the remains of the lower face of the flake, bold arrow shows the direction of the predeterminant removal).*

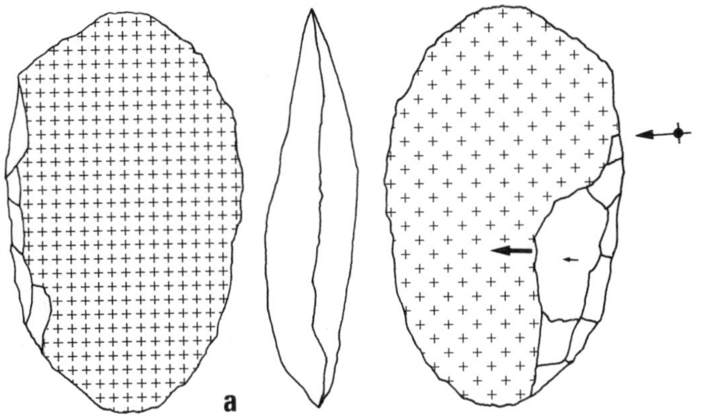

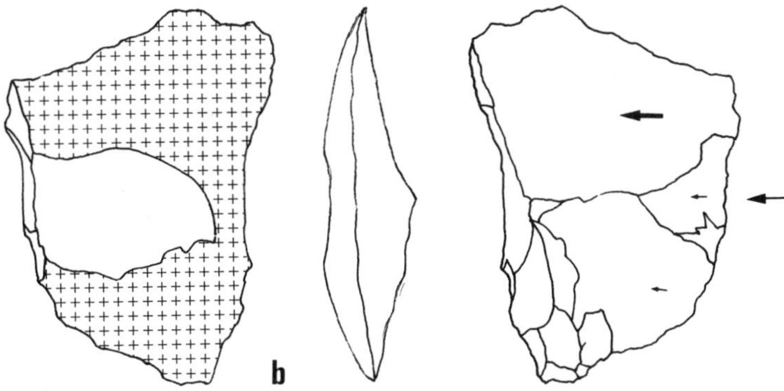

caso, la modificación del plano de percusión a través de una serie de extracciones directas, generalmente en posición lateral, establece de facto que la cara ventral del núcleo sea una superficie de talla. La intersección de la cara ventral convexa del hendedor con la superficie de talla regular convexa (antes cara ventral) del núcleo, casi siempre genera un filo de hendedor idealmente convexo.

Cualquiera que sea el origen del hendedor sobre lasca, un "façonnage" proximal, elimina generalmente el talón. El retoque de los filos afina la silueta general del útil, restando el bisel no retocado, que ocupa una posición distal y transversal, generalmente opuesto a una base espesa.

El hendedor está directamente unido al progreso conceptual, en términos de talla que representa la introducción del concepto de predeterminación en la cadena operativa. Este concepto materializa la voluntad y la aptitud del tallador para evaluar con precisión las consecuencias de su proyecto de una serie de gestos técnicos llevados a cabo antes de la ex-

in lateral position, establishes *de facto* the lower face of the core flake as a surface of *débitage*. Intersection of the lower convex face of the cleaver flake with the regular convex *débitage* surface (former lower face) of the core flake nearly always generates an ideally convex cleaver edge.

Whatever the origin of the cleaver flake, a basic shaping eliminates generally the butt. Retouching of the edges refines the general silhouette of the tool, according to the unretouched *biseau,* which occupies a distal and transversal position and is generally opposed to a thick base.

The cleaver is directly linked to the conceptual progress in terms of *débitage,* that is the introduction of the concept of predetermination in the *chaîne opératoire*. This concept materializes the will and aptitude of the stone knapper to evaluate with precision the consequences for this project of a series of technical gestures carried out before the removal of the blank, according to a precise organizational scheme, which can be reproduced.

 tracción del soporte, de acuerdo con un esquema de organización preciso, que puede ser reproducido.

La característica y elemento central del hendedor es la existencia de un bisel no retocado. La existencia del útil depende de la obtención de este elemento, que en la mayor parte de los casos es totalmente asimétrico (tanto en simetría bifacial como en simetría bilateral). El control del proceso de extracción del hendedor permite en algunos casos la omisión total de las fases de la producción de tal manera que algunos hendedores bien realizados pueden carecer de evidencias de retoque, incluso de retoque. Un hendedor puede estar acabado desde la fase de la obtención de su soporte.

El hendedor tipo cero (Tixier, 1956) está ausente de Isenya, pero por ejemplo es relativamente frecuente en Kilombe (Gowlett, 1978). Su bisel resulta, por tanto, de la intersección de una superficie cortical (cortex de un guijarro) con la cara ventral de una lasca. En este caso, la morfología de los bloques de materia prima se usa para simplificar al máximo la producción del útil, cuya silueta y filo del hendedor están definidos por el retoque somero. La simplicidad de este útil no siempre significa que sea anterior a otros tipos del mismo útil aparentemente más elaborados. Las características locales de la materia prima, cuando son tomadas sistemáticamente en cuenta en una cadena operativa, pueden considerarse también como una forma de predeterminación.

En Isenya el bisel siempre resulta de la intersección de la cara ventral de la lasca soporte con el negativo (97 por 100) o el positivo (3 por 100 del método Kombewa) de una lasca predeterminada.

Dentro de la masiva producción de hendedores que caracteriza el yacimiento algunos pueden haber sido obtenidos de una manera fortuita o accidental. En ese caso las direcciones de talla de la lasca que predeterminan el bisel y el hendedor a menudo son idénticos.

La mayor parte de los hendedores de Isenya resulta de una explotación unipolar de los núcleos. Los ejes de la lasca predeterminada y el hendedor sobre lasca presentan en su mayor parte direcciones idénticas o ligeramente convergentes.

El módulo medio de los hendedores (medida > 190 mm. y peso = 900 g) indica el uso de núcleos muy grandes, que tienen la inercia suficiente para permitir la obtención de una lasca soporte en buenas condiciones. Aunque no tenemos realmente la demostración arqueológica, suponemos que hay un uso sistemático de núcleos "durmientes" o pasivos (ver a continuación) que sólo necesitan una preparación somera, pero que imponen, por su propia inmovilidad, una

The characteristic and central element of the cleaver is the unretouched *biseau.* The existence of the tool depends on the acquisition of this element, which in most cases is totally asymmetric (in bifacial as well as bilateral symmetry). Control of the removal process of the cleaver-flake permits in some cases a total omission of one phase of the production, such that some well-made cleaver may not show any evidence of shaping, even of retouching. A cleaver can thus be completed right from the phase of acquisition of the blank.

Cleaver type zero (Tixier, 1956) is absent at Isenya, but is for instance relatively frequent at Kilombe (Gowlett, 1978). Its *biseau* therefore result from the intersection of a cortical surface (cortex of a pebble) with the lower face of a flake-blank. In this morphology of the blocks of raw material is used to simplify in the extreme the production of the tool, whose silhouette and cleaver edge are defined by basic shaping and retouching. The simplicity of this tool does not however mean that it is prior to other apparently more elaborate types of the same tool. Local characteristics of the raw material, when systematically taken into account in a *chaîne opératoire,* can also be considered as a form of predetermination.

At Isenya, the *biseau* thus always result from the intersection of the lower face of the support flank with the negative (97 %) or the positive (3 %, Kombewa method) of a predetermined flake.

Within the massive production of cleavers that characterizes the site, some might have been obtained fortuitously or accidentally. In this case the directions of *débitage* of the flake predetermining the *biseau* and of the cleaver-flake are very often identical.

A very large majority of the Isenya cleavers result from an unipolar exploitation of the cores. The *débitage* axes of the predeterminant flake and the cleaver-flake have mostly identical or slightly convergent directions.

The average module of the cleavers (average length > 190 mm and weight = 900 g), indicates the use of very large cores, which had sufficient inertia to enable the removal of a blank in good condition. Although we have no real archaeological evidence, we assume that there is a systematic use of "dormant" cores (see below) needius only a basic preparation but imposing, because of their immobility, a parallel unipolar or slightly convergent *débitage* (adaptation to the local conditions).

The *débitage* of "mobile" cores is however sometimes attested on the negatives of the preparation of flakes and of the predeterminant flake of the *biseau.* They have directions of talla paralela unipolar o ligeramente convergente (adaptación a las condiciones locales).

Sin embargo, la talla de núcleos móviles se atestigua a veces sobre los negativos de la preparación de las lascas y de la lasca predeterminante del bisel. Tienen direcciones de percusión perpendiculares u opuestas a las de la lasca soporte. Por supuesto, también está probado, por definición, gracias a la presencia de aproximadamente el 3 por 100 de los hendedores sobre lasca, que provienen de una talla Kombewa.

5
Obtención de soportes.

Los grandes núcleos que suministran lascas capaces de servir como soporte a un bifaz o a un hendedor están prácticamente ausentes del yacimiento. Es por tanto relativamente difícil, cuando no se trata de una talla Kombewa, saber si los núcleos eran durmientes o móviles.

Por núcleos pasivos o durmientes (análogos a yunque o a percutor de piedra del mismo tipo) conocemos a las masas rocosas suficientemente robustas, grandes, pesadas y angulares (idénticas a aquéllas que normalmente constituyen la parte alta del afloramiento fonolítico a las cuales tenemos fácil acceso y que están cerca del yacimiento, en muchos puntos corriente arriba y abajo del río Isenya) trabajadas sobre el afloramiento con un coste de preparación somero. Esta sugerencia resulta de la experimentación práctica y análisis tecnológico de un pequeño numero de bifaces y de la mayor parte de los hendedores.

Por núcleos móviles entendemos a una definición más clásica del núcleo: un gran bloque o una gran lasca que ha recibido una preparación básica, cuidadosa o metódica anterior a la talla. El núcleo Kombewa evidentemente pertenece a esta categoría.

6
Un útil para el análisis.

En dos artículos previos (Roche & Texier, 1991, en prensa) propusimos, entre otras posibilidades, un modelo para la cadena operativa usado como útil de análisis (Pelegrin *et al.*, 1988) para contribuir a la identificación e interpretación de la producción de los grandes útiles en Isenya. La eficacia de este análisis nos permite, por tanto, ir más allá de la comprensión de la fabricación de los artefactos y abordar un nivel más

percussion perpendicular or opposed to the blank. It is of course attested, by definition, by the presence of approximately 3 % of cleaver flakes coming from a Kombewa *débitage*.

5
Acquisition of blanks.

The large cores providing flakes able to serve as blanks to a handaxe or a cleaver are almost absent in the site. It is therefore relatively difficult, when it is not Kombewa *débitage*, to know if the cores were "dormant" or "mobile".

By dormant cores (analogous to anvil or to dormant hammerstone) we mean rock masses enough sound, large, heavy and angular (identical to those which currently constitute the top of the phonolite outcrop to which we have easy access, and are close to the site at several points of the upstream and downstream along the Isenya river) to be worked on the outcrop at the cost of a basic preparation. This suggestions results from practical experimentation and technological analysis of a small number of handaxes and of most of the cleavers.

By mobile cores we come back to a classical definition of the core: a big block or large flake which has been given basic, careful, or methodic preparation prior to *débitage*. The Kombewa core belongs evidently to this category.

6
A tool for analysis.

In two other articles (Roche & Texier, 1991, and in press), we proposed, among other possibilities, a model for a *chaîne opératoire* used as an analytic tool (Pelegrin *et al.*, 1988) to contribute to the identification and interpretation of various large tools production at Isenya. The efficiency of this analysis thus allowed us to go beyond the understanding of the making of the artefacts and to tackle a more abstract issue,

4. *Organización esquemática de una cadena operativa lítica.*

4. *Schematic organization of a lithic chaîne opératoire.*

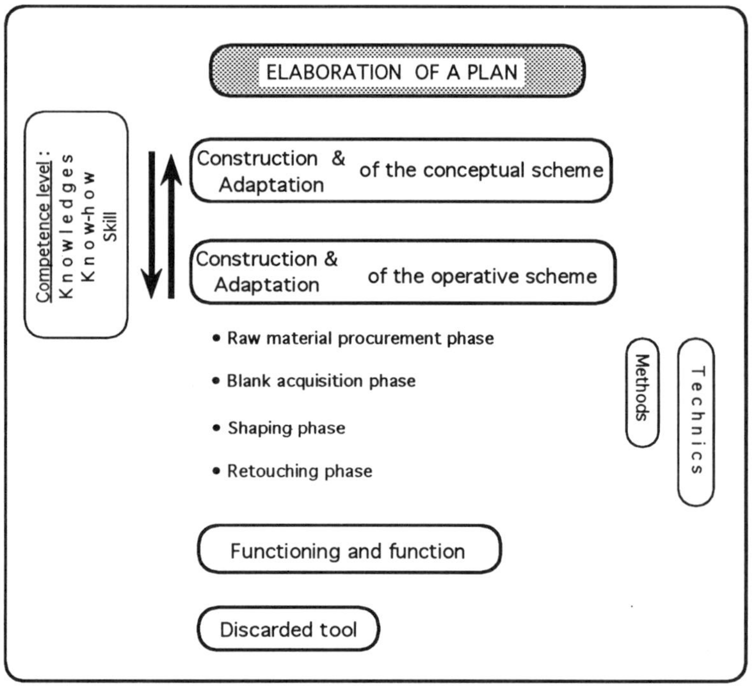

abstracto; esto es la complejidad de las cadenas operativas. El modelo propuesto en este estudio previo se resume como sigue (fig. 4):

– El esquema conceptual se elabora al principio del proyecto, como resultado de la percepción de la tarea que se ha de realizar, cualquiera que sea su naturaleza. Se articula alrededor de varios elementos:

1. Representación mental de el/los objeto/s que se van a fabricar con el fin de llevar el proyecto a término.

La naturaleza real de esta representación y su grado de precisión son los dos elementos principales tomados en consideración;

2. Principios a llevar a cabo, referencias geométricas y concepción de modalidades operativas;

El esquema operativo sigue al esquema conceptual, mientras que todos los procesos psico y neuromotrices que llevan a su realización se ponen en marcha. Pueden dividirse en cuatro secuencias sucesivas de acciones y gestos:

1.–Adquisición de materia prima.

2.–El modo de adquisición del soporte depende de la información que viene de la secuencia precedente y del proyecto.

3.–El soporte puede ser transformado o no por retalla parcial o total. Puede utilizarse sin modificar.

that is the complexity of the *chaîne opératoire*. The model proposed in this previous study is summarized in figure 4.

The conceptual scheme is elaborated at the beginning of the project, from the perception of the task to be accomplished, whatever its nature. It articulates round several elements:

1. Mental representation of the object(s) to be manufactured in order to bring the project to term. The very nature of this representation and its degree of precision are the two principal elements taken into consideration;

2. Principles to be implemented, geometric references and conception of operational modalities.

The operational scheme leans on the conceptual scheme while all the psycho and neuro-motor processes which lead to its realisation are put into place. It can be divided into four successive sequences of actions and gestures:

1.–Raw material procurement;

2.–Mode of acquisition of the blank, which depends on the information coming from the preceding sequence of the project;

3.–The blank can be transformed or not by partial or total shaping. It can also be used as it is, unmodified;

4.–Retouching can be directly imposed at the end of sequence 2 or after the execution of sequence 3. The worked blank acquires definitive delineation.

4.—El retoque puede aplicarse directamente al final de la secuencia 2 o después de la ejecución de la secuencia 3. El soporte trabajado adquiere su delineación definitiva.

El conocimiento corresponde al entrenamiento básico del tallador, cuyo nivel de competencia se expresa por su "Savoir-faire" y habilidad (Pelegrin, 1990; Roux, 1991).

El conocimiento y el "Savoir-faire" permiten un reajuste de las consecuencias de una fase operativa durante la fase total de producción. El producto final está más próximo al proyecto inicial cuando el nivel de competencia del tallador es alto. Y como consecuencia directa de la predeterminación de que es capaz, a través de un número reducido de operaciones, de reproducir con certeza los elementos principales de su proyecto permaneciendo fiel a él (es decir, omitiendo varias series de ajustes intermedios).

Knowledge corresponds to the basic training of the stone knapper, whose level of competence is expressed by know-how and skill (Pelegrin, 1990; Roux, 1991).

Knowledge and know-how allow a readjustment of the consequences of an operational phase during the whole production phase. The higher the stone knapper's competence, the closer the final product is to the initial project. And as a direct consequence of predetermination, he is able, through a reduced number of operations, to outline with certitude the major elements of this project by keeping close to it (that is to say by omitting a whole series of intermediary adjustments).

7
Cadena operativa.

Vamos ahora a considerar los detalles de la cadena operativa de los bifaces y de los hendedores para ver cómo puede modificarse su desarrollo, mediante la introducción del concepto de predeterminación en el esquema conceptual.

Finalmente, veremos como este nuevo concepto puede influir en la realización de estas dos categorías de útiles que la tecnología separa de una manera muy clara: es posible transformar un hendedor en un bifaz mediante su reorganización; pero lo contrario no es posible.

7.1.
Esquema conceptual.

El esquema conceptual de estos dos tipos principales de útiles puede presentarse de la siguiente manera:

— Es fácil ver que para obtener un útil, tal como un bifaz, el concepto de predeterminación es opcional. Realmente, no atañe directamente a ninguno de los elementos constitutivos que se establecen normalmente a través del "façonnage". La introducción del concepto en la cadena operativa, cualquiera que sea su intensidad, es posiblemente voluntario, puesto que es opcional (fig. 5).

7
Chaîne opératoire.

We are now going to consider the details of a handaxe and cleaver *chaîne opératoire* to see how their development can be modified by introduction of the concept of predetermination into the conceptual scheme.

Finally we will see how this new concept can influence the realisation of these two categories of tools that technology separates in a very clear manner: it is quite possible to transform a cleaver into a handaxe by reshaping it, but the reverse is not possible.

7.1.
Conceptual scheme.

The conceptual schemes of these two major types of tools can be presented in the following manner:

— It is very easily seen that, to obtain a tool as a handaxe, the concept of predetermination is optional. Indeed, it does not concern directly any of the constituent elements, which are usually set up by shaping. The introduction of the concept into the *chaîne opératoire,* whatever its intensity, is possibly voluntary, since it is optional (Fig. 5).

— In the case of the cleaver, the concept of predetermi-

5. *Cadena operativa de un bifaz. Esquema conceptual.*

5. ***Chaîne opératoire** of a handaxe - conceptual scheme.*

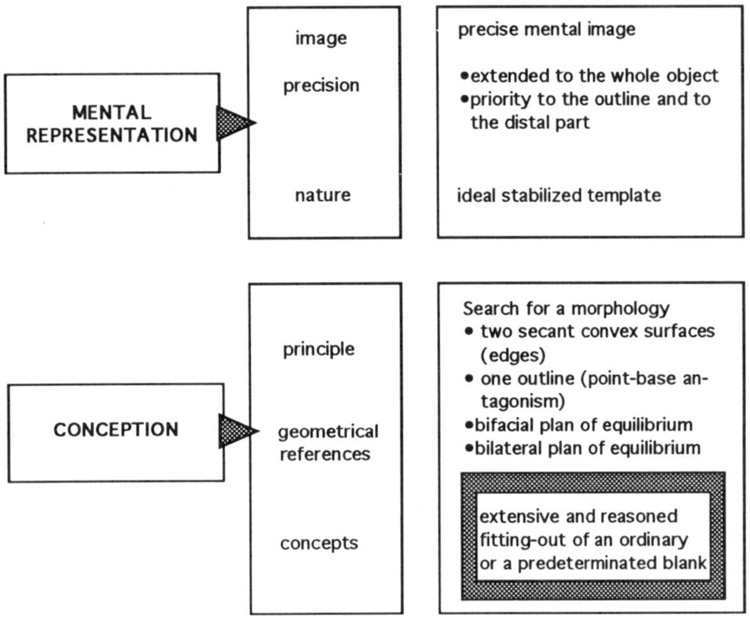

6. *Cadena operativa de un hendedor. Esquema conceptual.*

6. ***Chaîne opératoire** of a cleaver - conceptual scheme.*

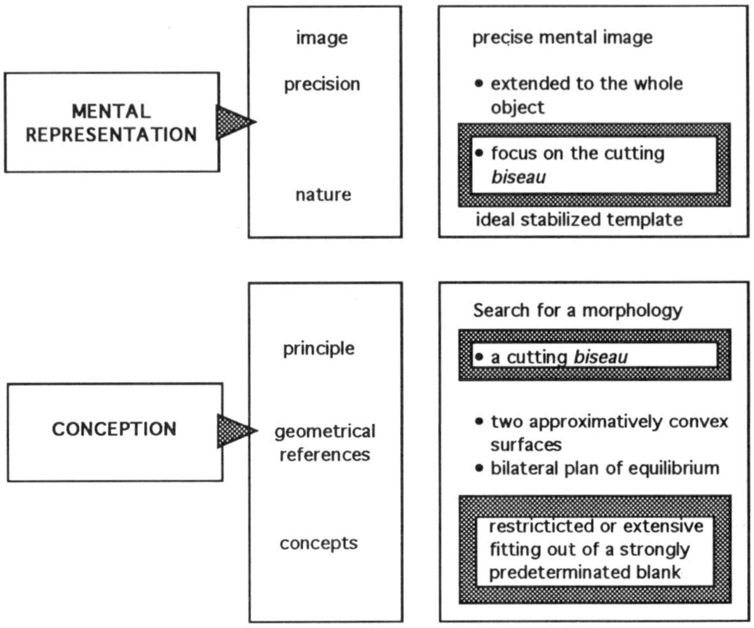

– En el caso del hendedor, el concepto de predeterminación está omnipresente en la construcción del esquema conceptual. Aquí ya no es una cuestión opcional, sino obligatoria que depende de la obtención del elemento clave, que además es totalmente asimétrico (fig. 6).

7.2.
Esquema operativo.

En primer lugar detallaremos los esquemas operativos de un bifaz; después, los de un hendedor obtenido primero desde el soporte más simple que permita su realización; finalmente, sobre un soporte caracterizado por una mayor predeterminación.

La secuencia de "adquisición de materia prima" es común a los cuatro ejemplos presentados aquí. Normalmente, es una fonolita local, que se encuentra en abundancia, en bloques de gran tamaño y moderadamente adecuados para la talla.

Así pues, todo se desarrolla entre la secuencia de "adquisición" y la de retalla del soporte.

7.2.1. Bifaz.

En sí misma, la concepción de un bifaz da cierta libertad de maniobra al tallador, el cual, por medio de una retalla más o menos importante, puede compensar las imperfecciones

nation is omnipresent in the construction of the conceptual scheme. Here, it is no longer a question of option but obligation, which depends on the obtainment of the key element, which is moreover totally asymmetric (Fig. 6).

7.2.
Operational scheme.

We shall firstly detail the operational schemes of a handaxe, then of a cleaver obtained from the simplest blank enabling its realisation, then from a blank characterised by major predetermination.

The "Raw Material Procurement" sequence is common to the four examples presented here. Namely, it is a local phonolite, available in abundance, in blocks of large modules and of average knapping suitability.

Thus, everything happens between the "Acquisition" and the "Shaping" sequences of the blank.

7.2.1. Handaxe.

In itself, conception of a handaxe gives a certain freedom of manoeuvre to the stone knapper, who, by more or less extended shaping, can compensate the imperfections of the

7. *Bifaz en una lasca ordinaria. Esquema operativo.*

7. *Handaxe on an ordinary blank - operational scheme.*

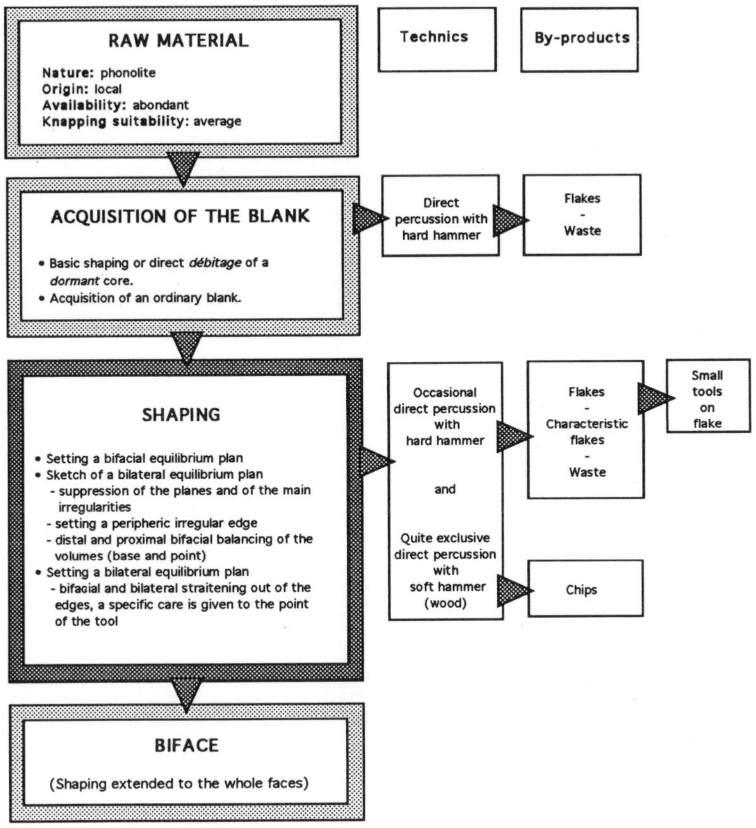

8. *Bifaz en una lasca predeterminada. Esquema operativo.*

8. *Handaxe on a predetermined blank - operational scheme.*

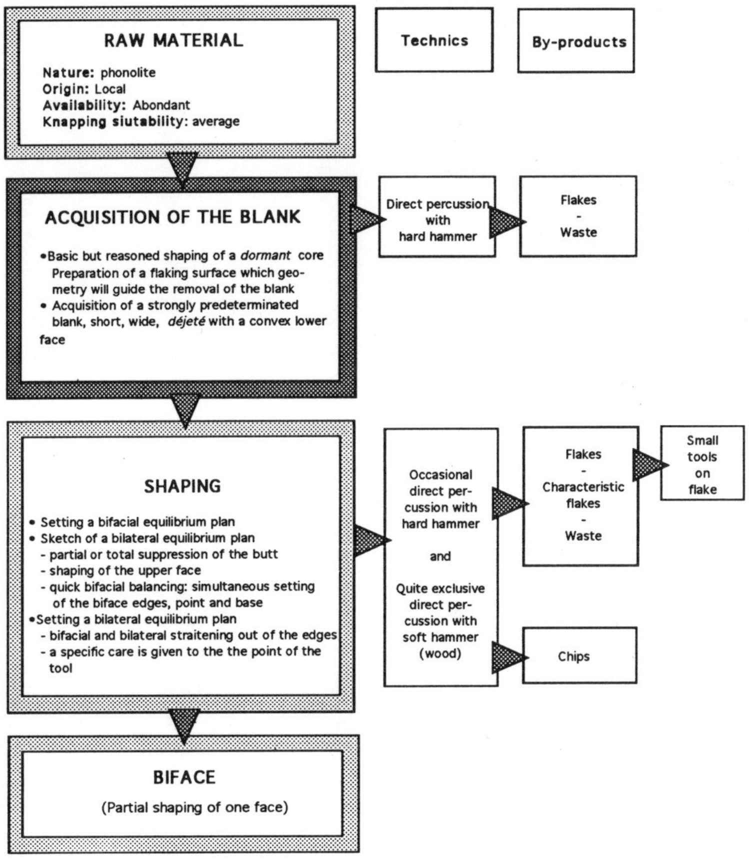

del soporte. En Isenya, la gran mayoría de los bifaces resulta de la transformación de un lasca a través de un "façonnage" intensa y organizada. Esta operación puede ser corta o larga dependiendo del tipo de soporte: predeterminado u ordinario. En algunos casos, la obtención del soporte es una acción muy elemental que consiste en una simple fractura del bloque de materia prima. El "façonnage" es entonces la etapa principal de la fabricación del bifaz, durante la cual se elaboran sus elementos característicos (convexidades, punta, base) (fig. 7).

Con la introducción del concepto de predeterminación en la cadena operativa, la adquisición del soporte se convierte en la etapa principal del proceso, durante el cual se disponen todos los elementos característicos del útil (fig. 8). Es imposible pasar por alto totalmente el "façonnage", puesto que lleva menos tiempo y a veces puede consistir únicamente en el acabado.

blank. At Isenya the overwhelming majority of handaxes result from transformation of a flake through extensive and reasoned shaping. This operation can be shorter or take longer time depending on whether the blank has a predetermined or ordinary morphology. In some cases, the acquisition of the blank is a very basic action which consists of a simple fracture of the block of raw material. The shaping is then the major step of the fabrication of the handaxe, during which all its characteristic elements (convexities, point, base) are set up (Fig. 7).

With the introduction of the concept of predetermination into the *chaîne opératoire,* the acquisition of the blank becomes the major step of the making, during which all the characteristic elements of the tool are installed (Fig. 8). It is impossible to totally bypass the shaping, it therefore takes shorter time and can sometimes consists only in finishing off.

9. *Hendedor en una lasca predeterminada. Esquema operativo.*

9. *Cleaver on a predetermined blank - operational scheme.*

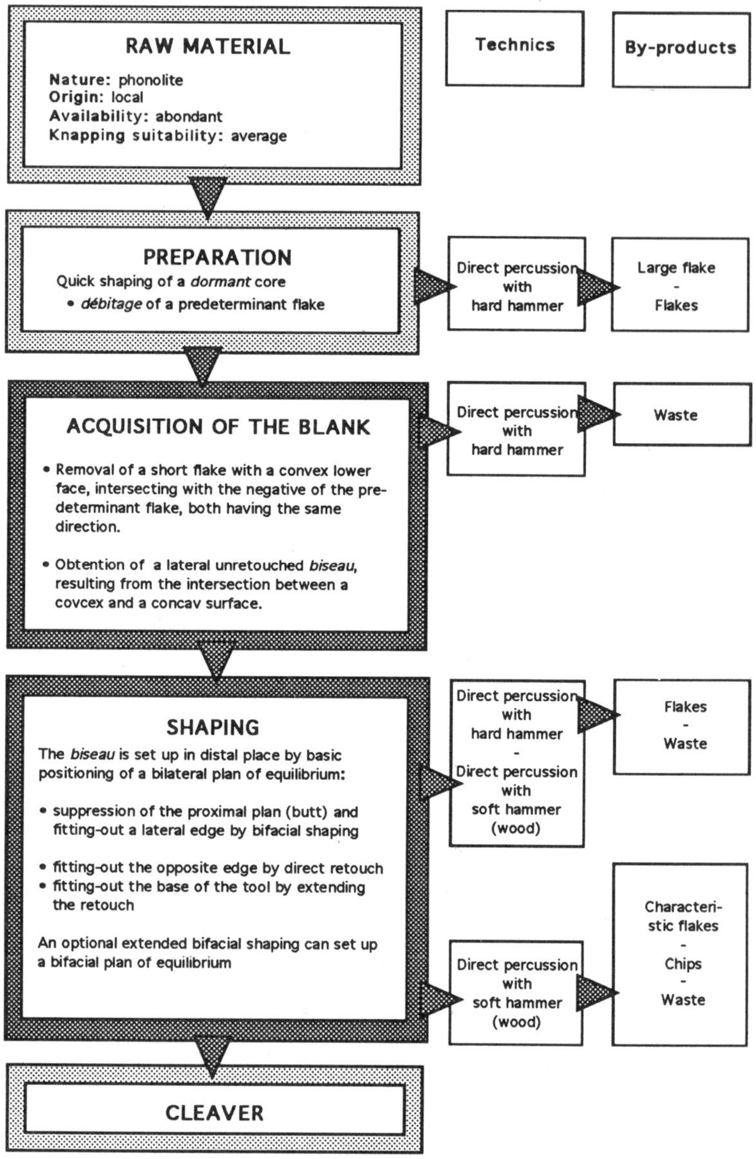

7.2.2. Hendedor.

El hendedor existe sólo porque el concepto de predeterminación se introdujo en la cadena operativa. En Isenya, la importancia de la predeterminación es mayor o menor en función de las opciones elegidas. Consideraremos tres de ellas:

a) lasca predeterminada/soporte predeterminado (fig. 9): obtención de una lasca corta y ancha, recortando lateralmente el negativo de una lasca predeterminada (el futuro "bisel"). La fase de adquisición y de talla del soporte juegan un papel de importancia similar en la creación del útil. Lo prime-

7.2.2. Cleaver.

It only exists because the concept of predetermination is introduced into the *chaîne opératoire.* At Isenya, predetermination is more or less important, depending on the options chosen. We will consider three of them:

a) Predeterminant flake/blank predetermined (Fig. 9): obtainment of a short and wide flake, laterally recutting the negative of a predeterminant flake (the future *biseau).* The acquisition phase and the shaping of the blank play a role of similar importance in the making of the tool. The first one is

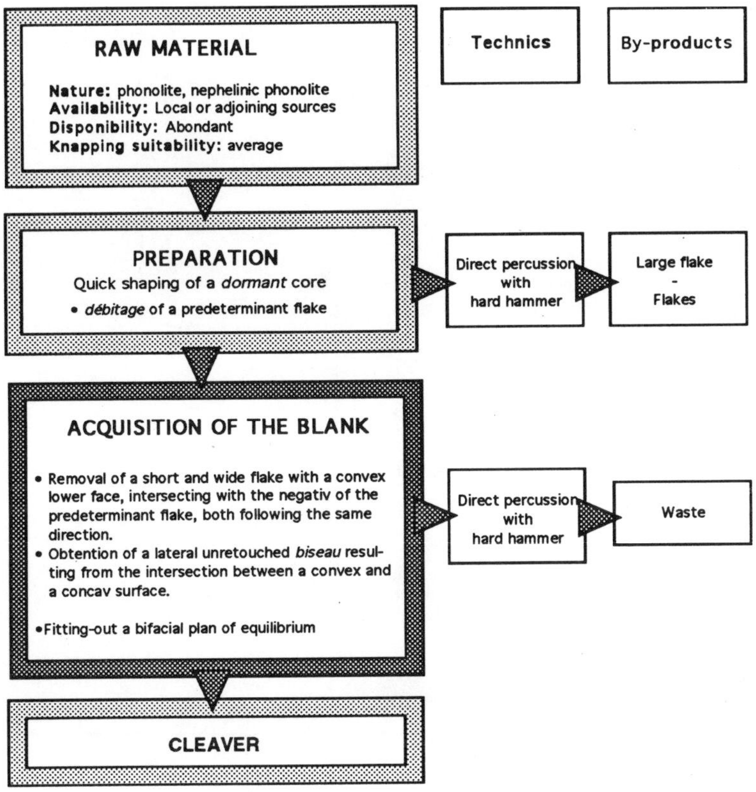

10. *Hendedor sobre una base predeterminada. Esquema operativo (sin modelado).*

10. *Cleaver on a predetermined blank - operational scheme.*

ro es obtener su elemento característico principal (el bisel sin retocar) y lo segundo es afinar la silueta del útil.

b) lasca predeterminante/soporte intensamente predeterminado (fig. 10): el esquema operativo puede ser considerablemente reducido si el soporte está controlado hasta el punto de que es innecesaria cualquier modificación del mismo (el hendedor sobre lasca): todo se consigue tan pronto como se obtiene el soporte.

c) núcleo/lasca/hendedor sobre lasca Kombewa (fig. 11): un nuevo escalón, muy simple, se añade al esquema operativo: es cuestión de obtener una lasca lo suficientemente ancha y grande como para ser usada como núcleo. Así, la extracción de una lasca predeterminante es innecesaria. La fase de adquisición del soporte muestra su importancia: las características geométricas del núcleo y la elección predeterminante de la localización del punto de impacto permite obtener los elementos esenciales del hendedor que es un bisel no retocado con un filo regularmente convexo así como dos caras convexas. En este caso, el retoque se utiliza sólo para el acabado.

to obtain its main characteristic elements (the unretouched *biseau),* and the second one is to refine the silhouette of the tool.

b) Predeterminant flake/strongly predeterminated blank (Fig. 10): the operational scheme can be considerably reduced if the phase of acquisition of the blank is controlled to the point that no modification of the blank (the cleaver flake) is necessary: everything is made as soon as the blank is detached.

c) Core-flake/Kombewa cleaver flake (Fig. 11): a new step, very simple, is added to the operational scheme: it is a matter of obtaining a flake thick and large enough to be used as a core. Thus the removal of a predeterminant flake to create the *biseau* is unnecessary. The phase of acquisition of the blank shows its importance: the geometric characteristics of the core flake and the predeterminant choice of location of the point of impact allow to obtain the essential elements of the cleaver that is an unretouched *biseau* with a regularly convex cleaver edge as well as two convex faces. In this case, shaping serves only for finishing off.

 11. *Hendedor en una lasca Kombewa. Esquema operativo.*

11. *Cleaver on a Kombewa flake - operational scheme.*

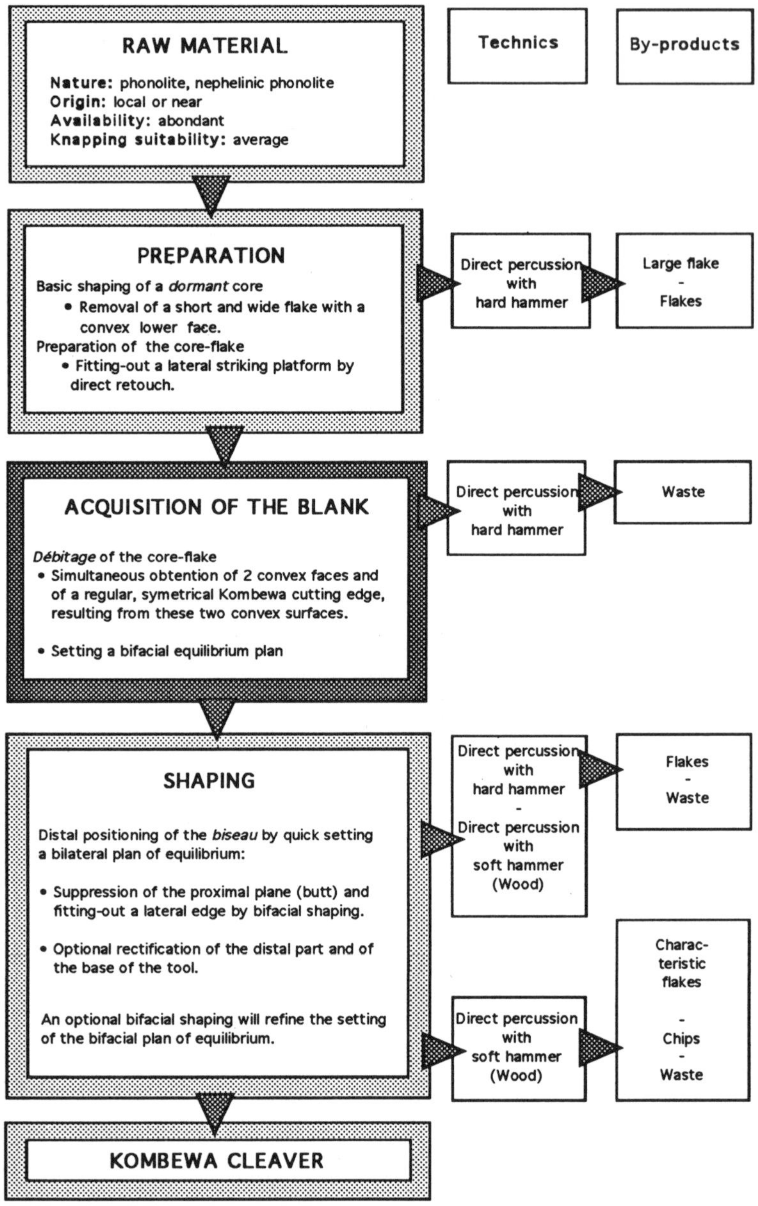

8
Conclusión.

Un bifaz puede obtenerse mediante la talla de cualquier soporte. Por tanto pueden estar exentos de cualquier huella de predeterminación. El concepto de predeterminación puede aplicarse a la cadena operativa sólo cuando el bifaz está elaborado sobre lasca.

La preparación programada del núcleo es entonces sustituida de forma ventajosa (facilidad de ejecución, economía de

8
Conclusion.

A handaxe can be obtained by shaping of any blank. As such, it can be exempted from any trace of predetermination. The concept of predetermination can eventually be included into the *chaîne opératoire,* only when it is made from a flake.

The reasoned preparation of the core is then substituted in an advantageous manner (facility of execution, economy talla) por una parte más o menos importante de las operaciones normalmente llevadas a cabo durante el proceso de talla.

La lectura tecnológica muestra que la asimilación de la predeterminación al esquema conceptual puede concretarse en varios niveles. Esta asimilación depende de si la preparación de los núcleos sucesivos y el "debitage" de la lasca permiten la predeterminación de la convexidad de una cara y a su vez permiten el preposicionamiento de la punta y de la base del útil; también, y más raramente, si se predetermina simultáneamente la convexidad de las dos caras del útil y la de su filo cortante.

En su versión más elemental, el hendedor se diferencia instantáneamente del bifaz porque sólo puede obtenerse de una lasca y porque depende de la obtención inicial de una lasca predeterminada.

Al contrario de lo que ocurre en la cadena operativa del bifaz, donde la predeterminación es un elemento opcional, el concepto de predeterminación es una parte integral del esquema conceptual del hendedor. Este concepto, por tanto, y el del bisel sin retocar –filo cortante del hendedor– que lo materializa forman un elemento clave en la definición del útil.

Sin embargo, la asimilación del concepto puede hacerse en varios niveles, dependiendo de si uno o dos núcleos están trabajados y si su explotación permite la predeterminación del bisel concavo-convexo en una cara (talla simple predeterminante) o un bisel convexo-convexo en las dos caras (talla Kombewa).

A veces ocurre, como consecuencia de una especial habilidad en el "debitage", que el útil se consigue al obtener la lasca soporte. Este útil queda entonces totalmente libre de talla y retoque.

En un conjunto lítico como el de Isenya, donde el hendedor es el útil dominante, el concepto de predeterminación parece ser el nexo de unión entre estas dos cadenas operativas, que desde el principio se han considerado muy distintas desde un punto de vista tecnológico.

El concepto de predeterminación, que es inseparable de los hendedores, interfiere naturalmente en la cadena operativa del bifaz, pero acorta el tiempo utilizado para el proceso de talla sin alterar necesariamente la naturaleza y calidad de los elementos característicos del útil.

Por el contrario, los elementos característicos del bifaz, plano de equilibrio o plano de simetría, en ciertos casos favorables son añadidos mediante el "façonnage", sin alterar el elemento característico del hendedor. Así pues, podemos observar algunos hendedores hechos sobre una lasca Kombewa con una cuasi-perfecta simetría bifacial y bilateral.

of shaping) for a more or less important part of the operations ordinarily carried out by shaping.

Technological reading shows that assimilation of predetermination into the conceptual scheme can be concretised at several levels: it depends on whether the preparation of one or two of the successive cores and the *débitage* of the blank allow predetermination of the convexity of a face; or if it also allows pre-positioning of the point and the base of the tool; but more rarely, to simultaneously predetermine the convexity of the two faces of the tool as well as the convexity of its cutting edge.

In its most elementary version, the cleaver is immediately differentiated from the handaxe because it can only be obtained from a flake and because it depends on an initial removal from a predetermined flake.

Contrary to what happens in the *chaîne opératoire* of the handaxe, where predetermination is an optional element, the concept of predetermination is an integral part of the conceptual scheme of the cleaver. This concept therefore, and the unretouched *biseau* plus the cleaver cutting edge that materialize it, forms a key element in the definition of the tool.

However, assimilation of the concept can be made on several levels depending on whether one or two cores are worked and whether their exploitation allow predetermination of the concave-convex *biseau* on one face (simple predetermined *débitage*), or a convexo-convex *biseau* on two faces (Kombewa *débitage*).

It sometimes happens, as a consequence of a firm mastery of *débitage,* that the tool is made from the removal of the blank. It is then totally free from shaping or retouching.

In a lithic assemblage like Isenya, where the cleaver is the dominant tool, the concept of predetermination seems to be the link between these two *chaînes opératoires* that are seen from the beginning to be very dissimilar from the technological point of view.

The concept of predetermination, which is inseparable from cleavers, naturally interferes with the *chaîne opératoire* of the handaxe, but shortens the length of time involved in shaping without necessarily altering the nature and the quality of characteristic of the elements of the tool.

Conversely, the characteristic elements of the handaxe, equilibrium planes or symmetry planes are, in certain favourable cases, added by shaping, without altering the characteristic element of the cleaver. Thus we can observe some cleavers made on a Kombewa flake with a quasi-perfect bifacial and bilateral symmetry.

9 Agradecimientos.

La Mission Préhistorique en Kenya está subvencionada por el Ministerio de Asuntos Exteriores (Subdirección de Ciencias Sociales y Humanidades). Agradecemos al Gobierno de Kenya y a la Comisión de Directivos de los Museos Nacionales de Kenia que nos permitieran trabajar en Isenya. Queremos agradecer, igualmente, a Lucy Schimechero, Freda Nkirote y Jacqueline Gaudey su ayuda en la traducción de este trabajo.

Marzo, 1993.

9 Acknoweldgements.

The *Mission Préhistorique au Kenya* is funded by the Foreign Affairs Ministry *(Sous-Direction des Science Sociales et Humaines)*. We thank the Government of Kenya and the Board of Governors of the National Museums of Kenya for having allowed us to work at Isenya. We thank Lucy Schimechero, Freda Nkirote and Jacqueline Gaudey for their help in translating this paper.

BIBLIOGRAFÍA

BORDES, F. (1961): *Typologie du paléolithique ancien et moyen.* Publication de l'Institut de Préhistoire de l'Université de Bordeaux, 1: p. 85.

DAUVOIS, M. (1976): *Précis de dessin dynamique et structural des industries lithiques préhistoriques,* P. Fanlac éd., p. 263.

GOWLETT, J. A. J. (1978): Kilombe, an acheulian complex in Kenya. In: (W. W. Bishop ed.). *Geological Background to Fossil Man:* 337-360.

INIZAN, M.-L., TIXIER, J., ROCHE, H. (1992): *Technology of Knapped Stone (Préhistoire de la pierre taillée),* 3, Meudon, CREP: p. 128.

ISAAC, G. L. (1977): *Olorgesailie. Archaeological studies of a Middle Pleistocene lake basin in Kenya,* Univ. of Chicago Press, p. 272.

OWEN, W. E. (1938): The Kombewa culture, Kenya colony. *Man,* 217-218: pp. 203-205.

PELEGRIN, J., KARLIN, C., BODU, P. (1988): "Chaînes opératoires": un outil pour le préhistorien. *Technologie Préhistorique.* Notes et monographies techniques, 25, éd. CNRS: pp. 57-62.

ROCHE, H., TEXIER, P.-J. (1991): La notion de complexité dans un ensemble lithique. Application aux séries acheuléennes d'Isenya (Kenya). In: (APDCA Juan-les-Pins éd.), *25 ans d'Etudes Technologiques en Préhistoire:* pp. 99-108.

ROCHE, H., TEXIER, P.-J. (in press): Evaluation of technical competence of *Homo erectus* in east Africa during the Middle Pleistocene. *Proceedings of the International Scientific Congress "Human Evolution in its Ecological Context",* Leiden 26 june-1 july 1993.

TEXIER, P.-J. (1989): Approche expérimentale qualitative des principales chaînes opératoires d'un nouveau site acheuléen d'Afrique orientale. In: *La vie aux temps préhistoriques.* Préactes du 23e Congrès Préhistorique de France: pp. 32-33.

TIXIER, J. (1956): Le hachereau dans l'Acheuléen nord-africain. *Notes typologiques. Congrès préhistorique de France,* XV, Poitiers: 914-923.

WYNN, T. (1979): The intelligence of later acheulean hominids. *Man,* 14, 3: pp. 371-391.

Evolución humana en Europa y los yacimientos de la Sierra de Atapuerca, págs. 421-444

El Paleolítico Inferior en la Submeseta norte y en el entorno de Atapuerca. Balance de los conocimientos en 1992

The Lower Paleolithic in the northern Submeseta and in the environs of Atapuerca. State of knowledge in 1992

M. Santonja

Museo de Salamanca. Patio de las Escuelas, 2; 37008 Salamanca. España

Resumen:

Las investigaciones realizadas en los últimos veinte años son la base de la visión general del Paleolítico Inferior en la cuenca del Duero y en algún sector del Ebro inmediato a Atapuerca, que se presenta en este artículo. Con muy pocas excepciones, y Atapuerca es la más notable, los yacimientos de esta época aparecen en el medio fluvial, a veces en posición estratigráfica, y con más frecuencia aún en la superficie de las terrazas. Habitualmente se trata de industria lítica exclusivamente, pues apenas existen hallazgos de fauna pleistocena en toda la región. No se dispone hasta ahora de dataciones absolutas –salvo para Atapuerca–, y únicamente las secuencias locales de terrazas aportan una escala relativa en que situar estas industrias achelenses, que sólo se relacionan estratigráficamente con las terrazas medias, y en ningún caso parecen anteriores al Pleistoceno Medio. La densidad de localizaciones es superior en la mitad occidental, donde con frecuencia se observan concentraciones de industria en las áreas de confluencia de los grandes afluentes del Duero con sus principales tributarios. En el sector oriental los hallazgos se reducen a piezas aisladas, o nos encontramos ante sitios más concentrados, y en relación con medios particulares –Ambrona y Torralba, o Atapuerca–. La materia prima más común es la cuarcita, disponible en forma de cantos rodados. Las series conocidas, reunidas mediante prospecciones –sólo se han realizado excavaciones en Torralba, Ambrona, La Maya I, Atapuerca y San Quirce– suelen ser relativamente cortas, de varias decenas o pocos centenares de piezas, y monótonas tanto desde el punto de vista técnico –bajos índices levallois y de talones facetados–, como tipológico –frecuencia de cantos tallados, predominio del utillaje nodular o sobre grandes lascas, bifaces espesos y más frecuentes que hendedores y triedros, pocos utensilios sobre lasca–. Se han documentado en varias terrazas sucesivas, tres en el caso del Tormes o del Pisuerga, sin que existan criterios objetivos que permitan establecer divisiones en ellas. Sólo los conjuntos más recientes, con un utillaje bifacial en el que el empleo del percutor blando es frecuente, y que incluye bifaces lanceolados y planos o de reducidas dimensiones, desconocidos en las muestras anteriores, se separa con claridad.

Abstract:

This paper offers a general vision of the Lower Paleolithic in the Duero basin and in sections of the Ebro around Atapuerca, and is based on research carried out over the last twenty years. With very few exceptions, Atapuerca being the most evident, the sites of this period appear in the fluvial medium, at times in stratigraphic positions, and more frequently still on the surface of terraces. Usually they correspond to the lithic industry alone, as hardly any Pleistocene fauna have been found in the region. As yet, absolute datings are not available –excepting for Atapuerca– and only the local sequences of terraces offer a relative scale in which to situate these Acheulian industries. These are only related stratigraphically to the middle terraces, and in no case do they appear to be earlier than the middle Pleistocene. The density of locations is greater in the western half, where concentrations of industry can frequently be observed in the areas where the major tributaries of the Duero meet their own tributaries. In the eastern sector, findings are limited to a few isolated pieces or, alternatively, we are faced with more concentrated sites which are related to particular environments –Ambrona and Torralba, or Atapuerca–. The most common raw material is quartzite, in the form of rounded pebbles. The known series, gathered from explorations –excavations have only been carried out in Torralba, Ambrona, La Maya I, Atapuerca and San Quirce– tend to be relatively short, ranging from several dozen to a few hundred pieces. At the same time, they are monotonous, both from a technical with low levalloisian indices and faceted butts and typological point of view –abundance of knapped pebbles, predominance of nodular implements or large flake ones, thick bifaces and more frequent than cleavers and trihedrons, while a few flake tools–. They are documented appearing on a number of successive terraces, three from the Tormes and three from the Pisuerga, though objetive criteria do not exist to enable a division between them. Only the most recent complexes, those with bifacial implements in which the use of the soft hammer is frequent, and which include pointed, flat or small bifaces, unknown in the earlier samples, are clearly separable.

Palabras clave:

Medio fluvial, terrazas, Pleistoceno Medio, Achelense, industria lítica, cuarcita, dispersión geográfica.

Key words:

Fluvial medium, terraces, Middle Pleistocene, Acheulian, lithic industry, quartzite, geographic dispersion.

1
Introducción.

Los yacimientos de la sierra de Atapuerca ocupan una posición geográfica intermedia entre la Depresión del Ebro y la Submeseta norte, regiones para las que, hasta ahora, la investigación del Paleolítico Inferior ofrece resultados radicalmente diferenciados.

Mientras la cuenca del Ebro se caracteriza por una marcada ausencia de sitios que puedan referirse a estos momentos, si descontamos piezas aisladas de insegura atribución, la subcuenca del Najerilla podría ser la única excepción conocida, la Submeseta norte, como buena parte del interior peninsular, presenta una densidad apreciable de localidades, en general exclusivamente con restos líticos, si bien con una dispersión poco uniforme.

Pretendemos en las páginas que siguen, después de describir brevemente los principales focos en que se encuentran los yacimientos (figura 1), reflexionar en torno a las características más sobresalientes de las industrias líticas, el paisaje en que aparecen, la dimensión temporal del fenómeno y su posible evolución en el tiempo. Aunque supeditados irremediablemente al sesgo que impone la información disponible, trataremos de bosquejar en líneas generales el contexto arqueológico regional en que cabe situar los sitios de Atapuerca.

2
La base arqueológica: áreas con yacimientos.

2.1.
Zona de Najerilla (cuenca del Ebro).

Los conjuntos industriales recuperados en el Najerilla proceden de *glacis* de acumulación. Se han descrito cuatro niveles escalonados desde la sierra de Fonfría –piedemonte norte de La Demanda–, entre los ríos Najerilla y Oca, en la Rioja Alta. Se trata de yacimientos fundamentalmente superficiales –con algunas piezas en posición estratigráfica– y extensos, pero con una densidad baja de restos, repartidos por los términos municipales de Villar de Torre, Cañas-Ciruenña y Badarán (Utrilla *et al.,* 1986; Utrilla *et al.,* 1986; Utrilla *et al.,* 1988).

Como materias primas fueron utilizadas rocas locales, fundamentalmente sílex –del 76 al 98 por 100–, y cuarcita –en torno al 24 por 100–. Entre los utensilios sobre lasca

1
Introduction.

The sites of the Sierra de Atapuerca occupy a geographical position half-way between the Depression of the Ebro and the northern Submeseta. They are regions for which, until now, research on the lower Paleolithic has offered radically differentiated results.

Whilst the Ebro basin is characterised by a marked absence of reference sites, if we discount isolated pieces of unclear attribution, and with the valley of the Najerilla being, possibly, the only known exception, the northern Submeseta, like a great part of the peninsular interior, offers an appreciable density of locations with, usually, exclusively lithic remains, though of uneven dispersion.

Over the following pages, we intend first to briefly describe the main centres in which the sites are concentrated (figure 1), and then to reflect on the most out standing characteristics of the lithic industries, the landscape in which they appear, the temporal dimension of the phenomenon and its possible evolution in time. Although inevitably forced to follow lines imposed by the information available, we shall try to sketch the regional archaeological context in which the Atapuerca sites are to be located.

2
The Archaeological Basis: Areas Containing Sites.

2.1.
Najerilla Area (Ebro Basin).

The industrial complexes retrieved from the Najerilla come from *glacis* of accumulation. Four successive layers have been described stepped from the Sierra de Fonfría –the northern foothills of la Demanda– between the rivers Najerilla and Oca, in Rioja Alta. They are fundamentally surface sites –with a number of pieces in stratigraphic positions– and extensive, but with a low density of remains, spread out over the municipal boundaries of Villar de Torre, Cañas-Ciruenña and Badarán (Utrilla *et al.,* 1986; Utrilla *et al.,* 1986; Utrilla *et al.,* 1988).

Local rocks were used as raw material, fundamentally flint –76% to 98%– and quartzite –around 24%–. Amongst the flake tools, scrapers predominate, whilst the denticulated

1. *Localidades y ríos citados en el texto. Se indica la posición de los yacimientos excavados* (▲).

1. *Localities and rivers quoted in the text. The place of the excavated sites is indicated* (▲).

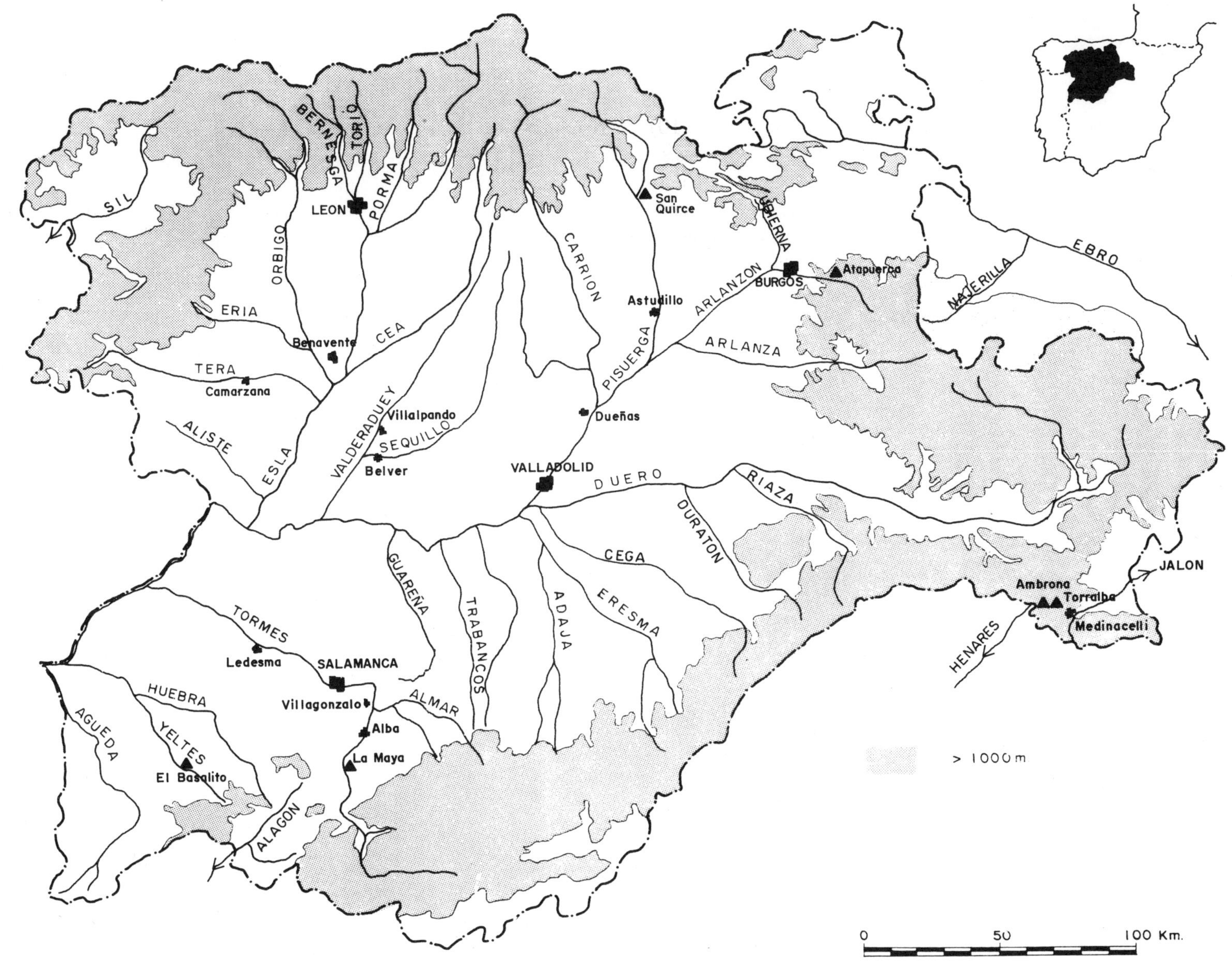

predominan las raederas, mientras los denticulados suelen superar a los útiles del grupo Paleolítico Superior. Los hendedores alcanzan en promedio el 20 por 100 del macro-utillaje y algo más de la mitad corresponden al tipo II de Tixier (1956), sobre lasca ordinaria, pero también son frecuentes no sólo los del tipo 0 —en lasca cortical—, sino los del III —en lasca levallois—, junto a algunos ejemplares de los tipos I, V y VI. Los bifaces espesos son los más numerosos, si bien coexisten con casi un 20 por 100 de bifaces planos y con algunos lanceolados, en parte de los cuales se aprecia talla de finalización con percutor blando.

ones tend to be more numerous than implements of the upper Paleolithic group. The cleavers reach an average of 20% of the macro-equipment and a little more than half of that number correspond to Tixier type II (1956), of ordinary flake. Also frequent are not just those of type O of cortical flake —but also those of type III— levalloisian flake along with some examples of types I, V and VI. The thick bifaces are the most numerous, even though they exist alongside almost 20% of flat bifaces and with some lance-like ones, on a number of which knapping with a soft hammer is present.

El método levallois se empleó con asiduidad. Los núcleos de lasca preferencial y los discoidales suman más de la mitad del total de núcleos en todas las series, mientras que el IL de las lascas varía entre 8 y 27, y valores también significativos alcanzan los índices de talones facetados (IFs entre 17 y 40).

Al margen de la problemática que afecta siempre a las series superficiales, en las industrias del Najerilla destacan sus componentes progresivos, y sin descartar que su momento inicial pueda corresponder a un Achelense pleno, algunas de sus características técnicas y tipológicas invitan a considerar estos yacimientos en un momento final del Paleolítico Inferior, o incluso ya, al menos parcialmente, en el Paleolítico Medio.

El Najerilla constituye un buen camino natural entre las cuencas del Ebro y del Duero, al conectar con las cabeceras del Arlanza y del Arlanzón, situación geográfica significativa en relación a Atapuerca.

2.2.
El área en torno a Burgos.

El territorio más inmediato al complejo de Atapuerca es pobre en restos que puedan referirse al Paleolítico Inferior, pese a las prospecciones llevadas a cabo en los últimos años, algunas específicamente dirigidas a intentar localizar yacimientos de esta etapa.

Si prescindimos aquí de Atapuerca –y de algunas viejas noticias, vagas y referidas a hallazgos sin contexto (Santonja, 1976)–, sólo pueden retenerse en la zona burgalesa un par de localidades, ambas, a diferencia de Atapuerca, al aire libre, Villafría (Martínez, 1978) y Villarmero (Arnáiz y Mediavilla, 1986).

Villafría, en una terraza baja del Arlanzón (+5 m.), aportó una reducida serie, con bifaces lanceolados y núcleos levallois de lascas, en sílex y en cuarcita. Tales materiales, atribuidos por su aspecto tipológico al Achelense superior, aparecieron en superficie, aunque podrían derivar del depósito fluvial indicado. La segunda localidad, Villarmero, se encuentra en el Ubierna, al N.O. de Burgos. La industria aparece en un conglomerado constituido por cantos de cuarcita, cuarzo y caliza, bajo el cual se encajó el curso actual del río, que en el yacimiento discurre unos 16 m. más bajo. Un paleosuelo de color rojo se desarrolló sobre el conglomerado, que carece de fauna. La serie industrial estudiada por Arnáiz y Mediavilla, un poco corta, pues reúne 175 piezas –cuarcita y sílex–, parece caracterizarse por la ausencia de bifaces, si bien

The levalloisian method is very common. The nuclei of preferential flake and the discoids make up more than half of the total of nuclei in all the series, whilst the levallois index varies between 8 and 27, and the indices of faceted butts also reach important values (F.I. s between 17 and 40).

Aside from the problems that always affect surface series, in the industries of the Najerilla the progressive components stand out. Without discounting the fact that the initial moment could correspond to a full Acheulian, some of its technical and typological characteristics lead us to include these sites in a final stage of the lower Paleolithic, or even, at least partially, in the middle Paleolithic.

The Najerilla is a good natural link beteen the Ebro and the Duero basins, connecting as it does the headwaters of the Arlanza and the Arlanzón, a geographical situation that is significant in relation to Atapuerca.

2.2.
The area around Burgos.

The land nearest to the Atapuerca complex is poor in remains pertaining to the lower Paleolithic, despite the explorations undertaken in the last few years, some of which were specifically aimed at localizing sites from this period.

If we disregard Atapuerca –and some old and vague accounts of finds lacking a historical context (Santonja, 1976)–, only a couple of sites in the area round Burgos can be considered. Both, unlike the case of Atapuerca, are in the open air: Villafría (Martínez, 1978) and Villarmero (Arnáiz and Mediavilla, 1986).

Villafría, situated on a low terrace of the Arlanzón (+5 m.), offered a limited series with pointed bifaces and levalloisian nuclei of flake in flint and quartzite. These materials, attributed, because of their typological aspect, to the upper Acheulian, appeared on the surface, although they could derive from the aforementioned river deposit. The second site, Villarmero, is in Ubierna, to the north-west of Burgos. The industry is located in a conglomerate composed of quartzite, quartz and limestone pebbles, beneath which the present flow of the river was established. In the site, it flows some 16m lower. A red paleosoil developed over the conglomerate, which lacks fauna. The industrial series studied by Arnáiz and Mediavilla is somewhat short as it collects together 175 pieces of quartzite and flint, and seems to be characterised by the absence of bifaces, even though there are two fair-hay dos hendedores bastante simétricos y cierta variedad de utillaje sobre lasca, raederas y denticulados esencialmente. Para los autores citados, que se apoyan en la tipología y en la posición morfoestratigráfica del nivel, se trataría de una industria no Achelense del final del Pleistoceno Medio.

2.3. El curso medio-alto del Pisuerga.

En el Pisuerga, una vez que el río abandona las estribaciones de la Cordillera Cantábrica, M. A. Arnáiz ha desarrollado recientemente una prospección sistemática de carácter intensivo a través de 60 km. de valle, entre el cañón de La Horadada y Astudillo, reconociendo una superficie de unos 2.500 Km^2 (Arnáiz, 1991).

El estudio citado ha permitido identificar 25 puntos con industria achelense en superficie, más una localidad en depósitos fluviales de baja energía, además de aportar una secuencia de terrazas para el Pisuerga en este tramo integrada por ocho niveles, desde el inferior (T8), a +2 m., hasta el más elevado (T1), a +125/130 m.

La industria de los sitios sin estratigrafía, continuamente en cuarcita, indistintamente sobre terrazas medias o altas, es bastante monótona y elemental. Desde una perspectiva tecnológica carece prácticamente de componente levallois, e incluso los índices de talones facetados son muy bajos. El utillaje menor sobre lasca, como ocurre con frecuencia en las series superficiales, está menos representado que el bifacial, que constituye el grupo tipológico más abundante, mientras los hendedores parecen más escasos que en otras industrias en cuarcita de la Meseta y apenas se ven triedros.

San Quirce del Río Pisuerga ocupa una posición relativamente elevada –T5, a +50 m.– en la secuencia local de terrazas, lo que autoriza a considerar una edad dentro del Pleistoceno Medio, incluso en la primera mitad de esta etapa. Los niveles arqueológicos aparecen en depósitos de baja energía, integrados en una serie sedimentaria característica de un meandro del antiguo río. El yacimiento no ha conservado fauna, si bien es muy rico en industria. Hasta la fecha se han excavado dos sectores independientes. El primero de ellos (SI1), a techo de un depósito de limos de decantación, proporcionó 759 piezas líticas en 24 $m.^2$, además de cenizas que rellenaban y desbordaban un pequeño hoyo oval –20 cm. de diámetro mayor y hasta 7 cm. de profundidad–, que sugieren la existencia de una posible estructura de combustión. La in-

ly symmetrical cleavers and a certain variety in the flake implements, scrapers and denticulated ones in particular. The above-mentioned authors, based on the typology and the morpho-stratigraphic position of the level, believe them to belong to a non-Acheulian industry from the end of the Middle Pleistocene.

2.3. The upper-middle course of the Pisuerga.

In the Pisuerga, once the river abandons the Cordillera Cantábrica, M. A. Arnáiz has recently developed a systematic exploration, intensive in nature, along the 60 km. of the valley, between the Cañón de la Horadada and Astudillo, covering an area of some 2.500 $km.^2$ (Arnáiz, 1991).

The study mentioned has allowed for the identification of 25 points at which there is a surface Acheulian industry and also a location of low-energy river deposits. At the same time, it offers a series of terraces for the Pisuerga in this stetch composed of eight levels, from the lowest (T8), at +2m, to the highest (T1), at +125/130 m.

The industry of the non-stratigraphy sites, always in quartzite, on both middle and high terraces, is fairly monotonous and elemental. From a technological perspective, it practically lacks a levalloisian component and even the indices of faceted butts are very low. The lesser flake tools, as frequently happens in superficial series, is less common than the bifacial type which constitutes the most abundant typological group, while the cleavers seem to be scarcer than in other industries in quartzite in the Meseta, and there are hardly any trihedrons.

San Quirce del Río Pisuerga occupies a relatively high position –T5, at +50 m.– in the local sequence of terraces, which allows to consider an age within the Middle Pleistocene, and even in the first half of this epoch. The archaeological levels appear in low-energy deposits, integrated into a sedementary series that is characteristic of a meander in the old river. The site has not conserved fauna, but is rich in industry. At present, two independent sectors have been excavated. The first of these (SI1) at the top of a deposit of sedimented mud, produced 750 lithic pieces in 24 $m.^2$, in addition to ash which filled and overflowed an oval hollow –20 cm. maximum diametre and up to 7 cm. depth–, which suggest the existence of a possible combustion structure. The industry answers to an uncomplicated technology, without clear levalloisian products, even though it does include discoid nuclei.

dustria responde a una tecnología compleja, sin productos levallois netos, si bien incluye núcleos discoides. La presencia de útiles retocados es baja, cuarenta y siete lascas –raederas, denticulados, algún raspador, piezas con retoque abrupto, un buril...–, y algunos cantos tallados. La industria lítica del segundo sector, en el que solamente se llegaron a excavar 5,5 m^2, es de caracteres semejantes, si bien la concentración es considerablemente mayor, 2.464 piezas, de las que casi un 10 por 100 son utensilios.

En ambos *locis* se empleó cuarcita, cuarzo y algo de sílex, materias todas de procedencia local. El yacimiento, como resalta Arnáiz, ocupa un emplazamiento singular entre las estribaciones de la Codillera, las superficies neógenas elevadas y el valle del Pisuerga, recién salido del estrechamiento de La Horadada. En este sitio se talló con intensidad, y tanto el posible hogar como los utensilios retocados sugieren ocupaciones no excesivamente cortas, si bien algún elemento, como la potencia del nivel, permite considerar que las acumulaciones de industria tienen su origen en visitas repetidas a través de un período temporal no excesivamente dilatado (Arnáiz, 1990 y 1991).

There is a low occurrence of finished implements, forty-seven flakes –scrapers, denticulated tools, some endscrapers, pieces with a rough finish, a buril...–, and some knapped pebbles. The lithic industry of the second sector, in which only 5.5 m^2 were excaveted is of similar characteristics, although the concentration is considerably higher: 2.464 pieces, of which almost 10% are tools.

In both *locis,* quartz, quartzite and some flint were used, all of which were local in origin. The site, as Arnáiz highlights, occupies a singular location between the foothills of the Cordillera, the high neogene surfaces and the Pisuerga valley, as it emerges from the narrowing of La Horadada. In this site, abundant knapping was carried out, and both the possible hearth and the finished tools suggest occupations that were not excessively short, even though the odd element, like the power of the level, allow us to consider that accumulations of industries have their origins in repeated visits over a short period of time (Arnáiz, 1990 and 1991).

2.4. El área nor-occidental.

Hasta hace poco tiempo carecíamos de información referida a estas etapas en la zona. Las investigaciones recientes de P. Castellanos han revelado sin embargo industrias líticas en formaciones de los ríos Bernesga, Porma y Órbigo en las inmediaciones de la ciudad de León, además de hallazgos menores en el Torio y el Esla, una densidad comparable a la reconocida en casi todo el costado oeste de la Meseta.

Al igual que en el tramo del Pisuerga recién considerado, las concentraciones de industria han sido observadas sobre las terrazas medias y altas de las secuencias fluviales, nunca en las más bajas, y casi nunca en posición estratigráfica (Castellanos, 1986).

En el Bernesga la industria se ha registrado en terrazas a +85/90 m., +55/60 m. y +40 m., y precisamente sólo en esta última incluida en el depósito fluvial. Son industrias en cuarcita, débilmente levallois, con núcleos poco explotados y elementales, salvo algunos discoidales y muy pocos levallois; los talones facetados en las lascas tampoco son frecuentes.

Entre los utensilios de menor tamaño predominan las raederas; se observan algunos del grupo Paleotítico superior, raspadores y otros, en general poco definidos. Los bifaces

2.4. The north-western area.

Until recently, we lacked information on these stages in the area. Recent research by P. Castellanos has shown, nonetheless, lithic industries in formations of the rivers Bernesga, Porma and Órbigo around the city of León, while lesser finds have been made in the Torio and the Esla, density comparable to that recognised along almost all the western edge of the Meseta.

As with the stretch of the Pisuerga recently covered, the concentrations of industry have been observed on the middle and high terraces in the river sequences, but never in the lowest, and hardly ever in a stratigraphic position (Castellanos, 1986).

In the Bernesga, industry has been registered on terraces at +85/90 m., +55/60 m. and +40 m., and, in fact, only in this last area has it been found within the fluvial deposit. They are industries in quartzite, slightly levalloisian, with nuclei that are elementary and little exploited, except some discoids and very few levalloisian: the faceted butts on the flakes are not frequent either.

Amongst the smaller tools, scrapers predominate: some belong to the upper Paleolithic group, endscrapers and ot-son casi siempre espesos, con predominio de los terminados en punta –amigdaloides y algún lanceolado–, frente a los que poseen contorno redondeado o elíptico; en conjunto superan en número a los hendedores, que corresponden exclusivamente a los tipos de Tixier más simples, sobre lascas corticales u ordinarias.

En el Porma y en el Órbigo se conocen otros yacimientos, algunos extensos y con baja densidad de piezas, en los que se han obtenido series de hasta 500 efectivos, cuyas características coinciden con las del Bernesga. En el Órbigo se han señalado conjuntos en estratigrafía dentro de la terraza de +35/40 m, si bien en niveles conglomeráticos, nunca por ahora en depósitos de baja energía.

2.5. El centro de la región.

Cabe diferenciar tres áreas con localizaciones en el sector central del Duero. En primer lugar los sitios en la provincia de Zamora repartidos por las terrazas del Esla y sus principales afluentes, el Valderaduey y el Sequillo. En segundo lugar los del Pisuerga aguas arriba de Valladolid, también en la vertiente septentrional de la cuenca, y finalmente los escasos indicios que se han detectado en terrazas del mismo Duero.

Los yacimientos zamoranos se reparten fundamentalmente por la superficie de las terrazas medias del Esla –San Cebrián de Castro–, Órbigo –Villabrázaro y Benavente–, Tera –entre Camarzana de Tera y Bretocino–, Valderaduey –Villalpando, Monfarracinos– y Sequillo –Belver de los Montes– (Santonja y Pérez González, 1984; Benito del Rey, 1990; Martín Benito, 1990). Solamente en el Tera se conocen materiales achelenses en posición estratigráfica de dos terrazas medias sucesivas, +30/35 m. y +16/20 m., e incluso se ha descrito una pequeña serie con piezas de estilo Achelense superior, posterior a aquellas terrazas.

Entre Dueñas y Valladolid la densidad de industrias en las terrazas del Pisuerga es también notable. Junto a Valladolid se ha descrito una secuencia con ocho terrazas escalonadas, desde T8, a +120 m., hasta T1, a +5 m. (Rojo y Moreno, 1979), y salvo en la inferior y en la superior, en las otras seis se registra la presencia de piezas talladas en cuarcita. En T6 y T7 los elementos obtenidos son escasos y no permiten definir la industria. De Canterac, en T4 –+30 m.–, donde ya se conocían piezas en sílex, procede una serie con bifaces, triedros y hendedores, y materiales achelenses similares ha proporcionado así mismo el nivel anterior –T5, +40 m.– y el

hers, not clearly defined on the whole. The bifaces are almost always thick, with the pointed ones predominating, rather than rounded or elliptic. As a group, they are more numerous than the cleavers, which correspond exclusively to the simplest Tixier types, on cortical or ordinary flakes.

In the Porma and the Órbigo, other sites are known, some of them extensive and with a low density of pieces, in which series of up to 500 items have been obtained. Their characteristics coincide with those of the Bernesga. In the Órbigo, stratigraphic complexes within the terraces +35/40 m. have been found, although at conglomerate levels, never for the moment in low-energy deposits.

2.5. The centre of the region.

Three areas with locations must be differentiated in the central sector of the Duero. First of all, the sites in the province of Zamora spread out over the terraces of the Esla and its main tributaries, the Valderaduey and the Sequillo. Secondly, those of the Pisuerga upstream from Valladolid, and on the northern slopes of the valley, and finally the low indices that have been detected on the terraces of the Duero itself.

The sites of Zamora are mainly spread out over the surface of the middle terraces of the Esla –San Cebrián de Castro–, Órbigo –Villabrázaro and Benavente–, Tera –between Camarzana de Tera and Bretocino–, Valderaduey –Villalpando, Monfarracinos–and Sequillo –Belver de los Montes– (Santonja and Pérez González, 1984; Benito del Rey, 1990; Martín Benito, 1990). Only in the Tera have been found Acheulian materials in a strategraphic position of two successive middle terraces, +30/35 m. and +16/20 m. A short series with pieces of the upper Acheulian style, of later date than the former terraces, has even been described.

Between Dueñas and Valladolid, the density of industries on the terraces of the Pisuerga is also of note. Near Valladolid, a sequence of eight staged terraces has been described, from T8, at +120 m., to T1, at +5 m. (Rojo and Moreno, 1979). Without counting the lowest and the highest ones, on the other six knapped pieces in quartzite are to be found. In T6 and T7 the elements obtained are few in number and they do not enable the industry to be defined. From Canterac, in T4 –at +30 m.– where flint pieces are already known, there comes a series of bifaces, trihedrons and cleavers, and other similar Acheulian materials have been proviposterior –T3, a +29 m.–. En la muestra obtenida en T2 –+10 m.– se acusan rasgos progresivos –bifaces planos, método levallois–, que podrían denunciar diferencias cualitativas con la industria de las terrazas anteriores.

Las formaciones del Duero ofrecen sin embargo un balance de hallazgos francamente menor. Sólo pueden mencionarse conjuntos en las confluencias de algunos ríos, en particular en la del Trabancos, en la terraza de +18/22 m., con algunas piezas en posición estratigráfica (Santonja y Pérez González, 1984) mientras que en la mayor parte de casos los restos se limitan a piezas aisladas.

ded in the same way from the level before –T5, at +40 m.– and the level after –T3, at +20 m.–. In the sample taken from T2 –+10 m.– progressive features are revealed –flat bifaces, the levalloisian method–, which could betray qualitative differences between it and the industry of the previous terraces.

The formations of the Duero, however, offer a much lower number of finds. The only ones worth mentioning are complexes at the confluence of some rivers, and in particular in that of the Trabancos, on the terrace at +18/22 m. with some pieces in a stratigraphic position (Santonja and Pérez González, 1984), whilst in the majority of cases the only remains are isolated pieces.

2.6.
El sector central meridional y el extremo oriental.

Al E. del Trabancos, desde el Duero al Sistema Central, prácticamente no se conocen yacimientos con entidad, salvo Torralba y Ambrona, notables excepciones. Las tierras entre Segovia y Soria, y las vecinas de Guadalajara, han sido extremadamente parcas en hallazgos, aunque los indicios reconocidos en torno al límite de estas tres provincias, en todas ellas (Santonja, 1976), y los sitios de Ambrona y Torralba, hacen verosímil que puedan existir otras localidades bien conservadas en posición estratigráfica, cuyo reconocimiento no es fácil ante la débil capacidad erosiva de muchos cursos fluviales del sector.

Torralba y Ambrona, en el borde de la Meseta Hespéride, fuera incluso de la cuenca del Duero el primero de ellos, se asientan en un territorio que debió cumplir en el Pleistoceno, especialmente para la fauna, un notable papel intercomunicador entre espacios naturales diversos, el Jalón con la Meseta y ésta, a su vez, con el Henares. La industria de ambos yacimientos se conoce sólo parcialmente *(vid.* Freeman, 1975; Villa, 1983; Carbonell *et al.,* 1987). Ambas localidades, que no se han situado hasta ahora en el desconocido contexto morfo-estratigráfico comarcal, permanecen básicamente indatadas, fuera de que su fecha en el Pleistoceno Medio parezca segura.

En definitiva, aunque puede esperarse que aparezcan otros yacimientos en la zona, no se trataría probablemente de localidades con las características –frecuencia, extensión superficial–, del sector occidental de la Meseta; los escuetos y aislados datos conocidos, que Torralba y Ambrona refuerzan, hacen prever más bien la existencia de sitios con menor extensión, en estratigrafía y quizás en relación con accidentes geográficos concretos.

2.6.
The southern central and east sectors.

To the east of the Trabancos, from the Duero to the Sistema Central, there are hardly any sites of importance, save Torralba and Ambrona, both being notable exceptions. The lands between Segovia and Soria, and those around Guadalajara, have been very poor in finds. However, the indices recognised in the limits of these three provinces, the provinces themselves (Santonja, 1976), and the sites of Ambrona and Torralba make it likely that other well-conserved locations in stratigraphic position could exist, the recognition of which is not easy given the weak erosive capacity of many of the rivers in this sector.

Torralba and Ambrona, on the edge of the Meseta Hespéride, the former lying beyond the Duero basin, are to be found in a territory which must have held in the Pleistocene, especially for the fauna, a notable intercommunicatory role between different natural spaces, the Jalón with the Meseta and the latter, in turn, with the Henares. The industry of both sites is only partially known (*vid.* Freeman, 1975; Villa, 1983; Carbonell *et al.,* 1987). Both localities, which, until now have not yet been situated in the unknown morpho-stratigraphic regional context, remain basically undated, other than is seeming certain that they date from the Middle Pleistocene.

In short, altough it can be hoped other sites appear in the area, they would probably not be locations with the characteristics –frequency, surface area–, of the western area of the Meseta. The vague and isolated data available, reinforced by Torralba and Ambrona, lead us to foresee, rather, the existence of smaller sites, in stratigraphy and perhaps it relation to specific geographical accidentes.

2.7. Los valles sur-occidentales.

Entre el Trabancos y el Águeda las industrias paleolíticas con bifaces y hendedores vuelven a ser abundantes en las formaciones de distintos cursos fluviales. Al oriente del Tormes, donde las prospecciones han sido menos intensas, los hallazgos se reducen a indicios, con frecuencia en plena Meseta, a veces en pequeños valles con cauce no permanente. Los mejores ejemplos, en el mismo Trabancos, el Guareña, o el Almar, ilustran suficientemente la permeabilidad a la penetración humana de estas áreas en el Pleistoceno Medio.

Yacimientos con mayor entidad y más numerosos se conocen en el Tormes, Huebra, Yeltes y Águeda, explorados con cierta intensidad en sectores parciales de sus cursos medios.

Nada más que en algunos sectores del Tormes se ha descrito la secuencia de terrazas completa. Aguas arriba de Salamanca, en el perfil de Villagonzalo (Santonja y Pérez González, 1984), se identifican diez niveles, con cotas relativas de +8 m., +12 m., +18/20 m., +30/34 m., +42/44 m., +50/54 m., +62/64 m., +78/80 m., +108 m. y +120 m., además de dos subniveles de vega a +1/3 m y +3/5 m. Entre Alba de Tormes y el embalse de La Maya no se aprecian siempre con facilidad estas superficies; por ejemplo en el perfil de La Maya faltan las terrazas de +18/22 m., la cual se observa a la altura de Galisancho, y quizás también la de +42/44 m., aunque podría estar incluida en el extenso plano aluvial de Santa Teresa de Tormes. En fin, poco antes de Salamanca se observa como junto a la terraza de +18/20 m. se intercala otro nivel a +22/24 m.

La industria aparece en el Tormes en casi todos los niveles de terraza, si bien con distinta intensidad y en diferente relación con los depósitos fluviales. En resumen se han observado restos en las siguientes posiciones:

– En la superficie de las terrazas, incluso de las más elevadas, sin huellas de accionamiento fluvial, a veces con pátinas eólicas intensas exclusivamente. En estos casos la posición, meramente topográfica, carece de significado cronológico preciso, si no es para indicar que los restos arqueológicos son posteriores al nivel en que aparecen.

– Sobre niveles medios, pero con rodamiento fluvial y a veces con alguna pieza en posición estratigráfica (casos de La Maya II y La Maya III entre otros), circunstancias que permiten suponer que pueda existir contemporaneidad entre industria y depósito fluvial.

– Series con numerosas piezas en posición estratigráfica, como varias de los niveles a +22/24 m. (La Ermita), +12/14 m. y +8 m. (La Maya I, Villagonzalo). En estos aluviales bajos, más potentes y accesibles, se emplazan con frecuencia

2.7. The south-western valleys.

Between the Trabancos and the Águeda, the Paleolithic industries with bifaces and cleavers abound once again in the formations of the different rivers. To the east of the Tormes, where the explorations have been less intensive, the finds are reduced to indices, frequently in the middle of the Meseta, and sometimes in small valleys with seasonal rivers. The best examples, in the Trabancos itself, the Guareña or in the Almar, illustrate sufficiently well the openness to human penetration of these areas in the middle Pleistocene.

More important sites are known in the Tormes, Huebra, Yeltes and Agueda, which have been explored fairly intensively in some sections of their middle courses.

Only in some sections of the Tormes has the complete sequence of terraces been described. Upstream from Salamanca, in the Villagonzalo section (Santonja and Pérez González, 1984), ten levels have been identified, with relative levels above sea level of +8 m., +12 m., +18/20 m., +30/34 m., +42/44 m., +50/54 m., +62/64 m., +78/80 m., +108 m. and +120 n., in addition to two sublevels of the lowlands at +1/3 m. and +3/5 m. Between Alba de Tormes and the La Maya reservoir these surfaces are not ever easily discernible. For example, in La Maya profil there are no terraces at +18/22 m., that can be observed in Galisancho. Perhaps the same could be said of the terrace at +42/44 m., although it could be included in the vast alluvial plain of Santa Teresa de Tormes. Finally, a little before Salamanca, it can be seen how, alongside the terrace at +18/20 m., there lies another level at +22/24 m.

Industry appears in the Tormes on almost all the terrace levels, although with a different intensity and in a different relationship to the fluvial deposits. In short, remains have been observed in the following positions:

– On the surface of the terraces, even the highest ones, with no trace of fluvial action, and sometimes with exclusively intense eolian patinas. In these cases, the position, merely topographical, lacks precise chronological sense, other than indicating that the archaeological remains are of later date than the levels in which they appear.

– On middle levels, but with fluvial action and sometimes with the odd piece in strategraphic position (the case of La Maya II and La Maya III amongst others), circumstances which allow us to suppose that the industry and the fluvial deposit are contemporaneous.

– Series with numerous pieces in stratigraphic position, like various of the levels at +22/24 m. (La Ermita), +12/14 m. and +8 m. (La Maya I, Villagonzalo). In these low alluvial las canteras de áridos, por lo que ofrecen cortes más extensos y favorables para el registro arqueológico.

El rango temporal de las industrias del Tormes, con arreglo a los criterios que las series morfo-estratigráficas mencionadas aportan, estaría comprendido entre los niveles a +56 m. (La Maya III) ó +62 m. (Gargabete) y +8 m. (La Maya I): no se conocen industrias más antiguas, y las posteriores al último nivel citado –en los coluviones que fosilizan los depósitos fluviales en La Maya I por ejemplo– son ya post-achelenses. Hipótesis acerca de la edad de estos conjuntos, a falta de dataciones absolutas y fauna, sólo pueden basarse por ahora en el proceso de formación de los valles, casi todos excavados, como en el caso del Tormes, a partir del Pleistoceno inicial.

En el Huebra y el Águeda se ha estudiado la industria lítica, pero no se conoce el marco morfo-estratigráfico de los yacimientos, y poco en el Yeltes, donde se han efectuado exclusivamente observaciones en puntos concretos (Santonja y Pérez González, 1984; Santonja, 1986). En este río, y también en el Huebra (Jiménez González, 1987; ídem y Martín Benito, 1991), la secuencia de terrazas a comienzos del curso medio comprende escasos niveles, dispuestos a baja altura relativa sobre los cauces actuales y encajados a partir de superficies pre-fluviales tipo *"raña"* (Molina *et al.*, 1982), de edad no precisada, pero ya cuaternarias, e incluso tal vez con industria asociada. Tanto en el Yeltes como en el Gavilanes, uno de sus tributarios, se conocen industrias achelenses –bifaces, hendedores y triedros– asociados estratigráficamente a la terraza media. Achelense superior, con porcentajes significativos de bifaces de tipología evolucionada –lanceolados especialmente– y empleo generalizado del percutor blando en su acabado final, aunque subsistan ejemplares obtenidos con percutor duro exclusivamente, aparecen superficialmente en El Basalito, por debajo de la última "raña", quizá una terraza alta del Yestes (Benito, 1978). En las Superficies prefluviales, tanto en el Yeltes como en el Huebra, y en terrazas indiferenciadas de este río, se han observado otras concentraciones de industria sin conexiones estratigráficas establecidas, consideradas con arreglo a criterios tipológicos Achelense antiguo en unos casos y Achelense medio en otros (Martín Benito y Benito Álvarez, 1986 y 1987).

El Águeda, en el costado occidental de la Fosa de Ciudad Rodrigo, ofrece un número de terrazas escalonadas y unas alturas relativas más semejantes a lo habitual en los ríos de la Submeseta norte, pero la secuencia no se conoce en detalle. Se ha localizado industria achelense a veces en posición estratigráfica, y en otras ocasiones en la superficie de los niveles medios (Martín Benito, 1984; ídem 1986).

fans, of greater thickness and accessibility, stone quarries are very often to be found. As a result, there are more extensive cuts which make archaeological records easier.

The status in time of the industries of the Tormes, according to the criteria offered by the afore-mentioned morpho-stratigraphic series, would lie between the levels at +56 m. (La Maya III) or +62 m. (Gargabete) and +8 m. (La Maya I): earlier industries are not known. Later ones at the last level mentioned –in the colluvia that fossilize the fluvial deposits in La Maya I for example– are already post-Acheulian. Hypotheses about the age of these complexes, given the lack of absolute dating and fauna, can only be based for the moment on the process of formation of the valleys, almost all of which are excavated, as is the case of the Tormes, from the initial Pleistocene on.

The lithic industry has been studied in the Huebra and the Agueda, but the morpho-stratigraphic framework of the sites is not known. Neither is it known in the Yeltes, where observations have been carried out just in specific areas (Santonja and Pérez González, 1984; Santonja 1986). In this river, and also in the Huebra (Jiménez González, 1987; idem and Martín Benito, 1991), the sequence of terraces at the start of the central stretch of the river includes only a very few levels, at a low relative height over the present course of the river and fitting in from pre-fluvial surfaces (Molina *et al.*, 1982), of an unspecified age, though already quarternary, and perhaps also with associated industry. Both in the Yeltes and in the Gavilanes, one of its tributaries, Acheulian industries are known –bifaces, cleavers and trihedrals picks– associated stratigraphically with the middle terraces. The upper Acheulian, with significant percentages of bifaces of an evolutionised typology and a generalized use of the soft hammer in the final finish, despite there existing samples of the hard hammer type only, appear on the surface in El Basalito, beneath the lowest "raña", possibly a high terrace of the Yeltes (Benito, 1978). In the pre-fluvial surfaces, both in the Yeltes, and in terraces that can not be differentiated in the Huebra, other concentrations of industry have been observed which lack established stratigraphic connections, and are considered, according to typological and technological criteria, as old Acheulian in some cases and middle Acheulian in others (Martín Benito and Benito Álvarez, 1986 and 1987).

The Agueda, on the western side of the Ciudad Rodrigo Graben, offers staged terraces at relative heights more similar to those which are usual in the rivers of the northern Submeseta, but the sequence is not known in detail. Acheulian industry has sometimes been located in stratigraphic position, and at other times on the surface of the middle levels (Martín Benito, 1984; ídem, 1986).

3

Aspectos generales del Achelense en la cuenca del Duero.

Tras el somero repaso de los datos básicos, que en todo caso remite a las publicaciones originales, pretendemos considerar ahora cuestiones de mayor alcance, como la manera de implantarse en el paisaje los yacimientos, tanto a escala regional como local, la representatividad de la información disponible, sus limitaciones y el margen de seguridad de las interpretaciones que a partir de ellas puedan efectuarse para caracterizar la industria lítica, o algunas lagunas que deberá abordar la investigación.

3.1.

Dispersión de los yacimientos.

En cuanto a la distribución de yacimientos hemos anotado ya el contraste que se observa entre el occidente del área de estudio, al Oeste del Pisuerga y del Trabancos, y la zona oriental, prácticamente desprovista de concentraciones de sitios con industria en los aluviones de los ríos, muchos de los cuales, casos de Adaja, Cega, Eresma o Duratón, sólo transportan pequeños cantos en buena parte de sus trayectos.

Para considerar la representatividad de esta geografía paleolítica habría que valorar el nivel de conocimiento que proporcionan las prospecciones desarrolladas hasta la fecha. En especial señalamos las del área oriental, recorrida estos últimos años para completar diversos inventarios arqueológicos, e incluso algunos sectores con objetivos más específicos y afines, caso de las comarcas próximas a Burgos o alrededor de Torralba y Ambrona, y casi siempre con resultados nulos o muy puntuales. Las situaciones observadas tienen continuidad en el exterior de la región, bien en el vacío que se aprecia en el Alto Henares o en la cuenca del Ebro –si exceptuamos el área del Najerilla, en La Rioja, de edad posiblemente avanzada dentro del Pleistoceno Medio–, Jalón incluido, o el caso contrario del Alagón, ya en la cuenca del Tajo, donde se observan concentraciones de industria del mismo orden que en el Tormes y los demás cursos occidentales del Duero. Somos conscientes no obstante del riesgo que entraña aceptar que este desequilibrio –acentuado por los resultados negativos del área oriental– posea valor real, sin que en rigor las exploraciones practicadas puedan tenerse por generalizadas e intensas. En todo caso puede ser útil recordar que hasta hace poco más de una decena de años se desconocían casi por

3

General Aspects of the Acheulian in the Duero Basin. i

Having given this brief outline of the basic data, and referring the reader always to the original publications, we aim now to consider points of more wide-reaching importance, susch as the way to place these sites in the landscape, both at a regional and a local level, the representative nature of the information available, its limits, and the margin of security regarding interpretations which could follow in characterising the lithic industry.

3.1.

Dispersion of the sites.

As regards the dispersion of the sites, we have already noted the contrast to be observed between the west of the area in hand, to the west of the Pisuerga and the Trabancos, and the eastern area, with an almost complete lack of sites with industry in the alluvions of the rivers, many of which, in cases like those of the Adaja, the Cega, the Eresma and the Duratón, only carry small pebbles along much of their trajectory.

To consider the representative nature of this Paleolithic geography, we would have to assess the degree of knowledge provided by the explorations carried out to date. We highlight particularly those of the eastern area, the object of study in the last few years to complete diverse archaeological inventaries, and even some sectors with more specific and related objectives, as has happened in the areas round Burgos or round Torralba and Ambrona, and almost always with no results. The situations observed correspond to those of the exterior of the region, both in the vacuum in the Alto Henares and in the Ebro basin –if we discount the area of the Najerilla, in la Rioja, possibly of advanced age in the Middle Pleistocene–, the Jalón included, or the opposite case of the Alagón, in the Tajo basin, where concentrations like those of the Tormes and the other western courses of the Duero are to be observed. We are, nevertheless, aware of the risk that goes with accepting that this imbalance –accentuated by the negative results of the eastern area– possess real value, without the explorations carried out being held as generalized and intensive. In any case, it can be useful to remember that until little more than a decade ago, Acheulian industries were almost entirely unknown in Zamora and León. There, hocompleto industrias achelenses en Zamora y León, donde sin embargo las primeras prospecciones intensas no tardaron en revelar su abundancia, al contrario de lo sucedido hasta la fecha en el costado oriental de la Meseta.

Por otro lado la región carece de accidentes geográficos que puedan haber dificultado el movimiento o el establecimiento humano. Ello conduce a considerar que las diferencias en el asentamiento entre unos sectores y otros deben relacionarse con factores básicos que habrían determinado a largo plazo –los 600.000 años del Pleistoceno Medio– una discontinua dispersión humana en la región. Ante la falta de conocimientos relativos a la evolución del clima y del medio en la época –los datos de Atapuerca son prácticamente los únicos disponibles–, solamente puede recurrirse, para intentar comprender el panorama dibujado, a factores geográficos o al determinismo que impone la materia prima a través de las litologías presentes en las cargas aluviales.

Los cursos fluviales del Oeste presentan un desarrollo considerablemente mayor que los orientales, con redes laterales más desarrolladas y vegas amplias, surcadas por múltiples canales en las confluencias mayores, que dan lugar a ambientes sin equivalencia en el sector oriental. A la vez en aquellos ríos son frecuentes los aluviones cuarcíticos. Los cauces orientales, son menores, con redes formadas por corrientes más efímeras, y en varios de ellos los cantos de cuarcita están ausentes, o no son de tamaños adecuados para la talla, a lo largo de importantes tramos de sus recorridos.

Sin embargo no creemos que sea posible concluir que el sector oriental de la cuenca hubiera tendido a ser evitado por los grupos humanos. Precisamente los yacimientos más singulares del área están en el sector oriental, aunque la actividad antrópica no sea quizás intensa ni en Atapuerca (Carbonell *et al.,* 1987), ni tampoco en Ambrona y Torralba (Santonja, 1990). Estos sitios y los diversos hallazgos menores perfilan una ocupación del territorio compleja, que la información disponible apenas insinúa, y además ilustran acerca de la dificultad que entraña la localización de nuevos yacimientos en el área, ocultos en posición estratigráfica y no denunciados por la aparición en superficie de amplias extensiones con industria.

No es fácil tampoco considerar el factor tiempo al intentar analizar la dispersión de los yacimientos. Efectivamente, carecemos de fechas absolutas –sólo se dispone de algunas para Atapuerca– o de otros criterios paleoambientales, los cuales serían imprescindibles para intentar correlacionar las secuencias de los distintos valles. Las sucesiones de terrazas proporcionan una buena base para la ordenación a escala lo-

wever, the first intense explorations did not take long to reveal their abundance, quite unlike what had happened until then on the eastern edge of the Meseta.

On the other hand, the region lacks geographical accidents which could have made the migration of human settlement more difficult. This leads us to consider that the differences in settlement between some sectors and others could be related to basic factors which would have determined in the long run –the 600.000 years of the Middle Pleistocene– discontinuous human dispersion in the region. Faced with a lack of knowledge regarding the evolution of the climate and the environment –the data from Atapuerca being paractically the only ones available– the only possibility of trying to understand the panorama is to refer to geographical features or the determinism imposed by the raw material through the lithologies present in the alluvial loads.

The western river courses offer a considerably greater development than the eastern ones, with more developed lateral systems and wide plains criss-crossed by multiple channels in the major confluences, which give rise to environments without their equal in the eastern section. At the same time, in those rivers quartzite alluvia are common. The eastern courses are smaller, with systems formed by more ephimeral streams, and in various of them the quartzite pebbles are absent, or are not big enough for knapping, along important stretches of their courses.

However, we do not believe it possible to conclude that the eastern section of the basin would generally have been avoided by human groups. In fact, the most curious sites in the area are in the eastern sector, although anthropic activity was probably not intense either in Atapuerca (Carbonell *et al.,* 1987), or in Ambrona and Torralba (Santonja, 1990). These sites and the various smaller finds shape a complex occupation of the territory, hardly insinuated by the information available, and which, besides, illustrate the difficulty surrounding the localization of new sites in the area, hidden as they are in stratigraphic position and not made apparent by wide surface areas containing industry.

It is not easy, either, to consider the time factor when trying to analyze the dispersion of the sites. Certainly, we lack absolute dates –only a few are known for Atapuerca– and other paleoenvironmental criteria, which would be indispensable in trying to correlate the sequences of the different valleys. The successions of terraces offer a good base for ordering the industries on a local scale, but they are less adequate if one wishes to validate precise correspondences between independent valleys. If there were enough absolute cal de las industrias, pero son menos adecuadas si se quieren validar correspondencias precisas entre valles independientes. Si se dispusiera de suficientes referencias cronológicas absolutas, la imagen apuntada de la dispersión regional podría incluso variar.

Fuera ya de la distribución a escala macro-regional, otras constantes dignas de mención destacan a nivel local. Así, en el caso del Tormes se comprueba la presencia de un número alto de yacimientos en los puntos de unión con la red secundaria, y el fenómeno no parece exclusivo, de hecho algo similar parece darse en otros ríos, en el Tera, o incluso en el Trabancos y Guareña al llegar al Duero. En las terrazas medias del Tormes, identificables incluso en las zonas de confluencia por la presencia de cantos graníticos que no transportan los tributarios, escasea o desaparece la industria, cuyas concentraciones más notables se dan en los aluviones de sus afluentes.

Tan singular localización apunta al papel esencial que pudo desempeñar la red hidrográfica menor en la canalización del movimiento humano entre las tierras altas de la Meseta y las llanuras aluviales, máxime cuando a pesar de las dificultades para registrar yacimientos fuera de los valles, en ausencia de formaciones características, aparece industria, caso de la región inmediata al Tormes, en plena penillanura y cerca de las cabeceras de los arroyos.

Los tramos amplios del curso medio de los principales ríos, después de sectores en que éstos circulan encajados –p.e., el Pisuerga aguas abajo del Cañón de La Horadada, el Tormes al salir del zócalo granítico y entrar en terrenos terciarios– parecen espacios favorables tanto para el desarrollo de la actividad humana, como para conservar su huella en condiciones de ser detectada.

En el sector oriental los escasos indicios conocidos no parecen suficientes para definir constantes en la situación de los yacimientos. Por si acaso vale la pena retener la posición de Ambrona, en el Bordecorex –afluente del Duero–, y la de Torralba, en el arroyo de La Mentirosa, ya en la red del Ebro, que por erosión remontante ha capturado la cabecera del primero (Pérez González *et al.,* 1991), un valle mal drenado con zonas encharcadas permanentes, que constituye, insistimos, una de las mejores zonas de paso entre las tierras altas del Duero y la Fosa del Jalón, abierta al Ebro y también al Este, hacia la Fosa de Teruel, a través del Jiloca.

chronological references available, the image given of regional dispersion could even change.

Leaving aside dispersion on a macro-regional scale, other constants worthy of mention stand out at a local level. In this way, in the case of the Tormes, the presence of a large number of sites is to be noted in the areas of confluence with the secondary network, and the phenomenon does not appear to be exclusive. In fact, something similar appears to be the case with other rivers: in the Tera, or even in the Trabancos and Guareña on reaching the Duero. On the middle terraces of the Tormes, indentifiable even in the areas of confluence through the presence of granite pebbles not carried by the tributaries, industry becomes scarce or non-existent. The most notable concentrations are in the alluvia of its tributaries.

Such a singular location points to the essential role that the lesser hydrographic network could have played in the channelling of human movement between the high lands of the Meseta and the alluvial plains, most especially when, despite the difficulties inherent in registering sites beyond the valleys, in the absence of characteristic formations, industry appears. This happens in the region immediately next to the Tormes, in full plain and near the headwaters of the streams.

The wide stretches of the middle courses of the principal rivers, after sectors in which they are enclosed –e.g. the Pisuerga downstream from the Cañón de la Horadada, the Tormes on leaving the granite base and entering the tertiary terrains– seem to be areas favourable as much to the development of human activity, as to the preservation of their traces in conditions which would make them detectable.

In the eastern sector, the few indices known seem insufficient to define constants in the location of the sites. Just in case, it is worth retaining the position of Ambrona, in the Bordecorex –a tributary of the Duero–, and that of Torralba, in the La Mentirosa stream, within the network of the Ebro, which, through the effect of back-flowing erosion, has reached the headwaters of the first of these (Pérez González *et al.,* 1991), a poorly-drained land with permanently waterlogged parts, which constitutes, we insist, one of the best crossing points between the high lands of the Duero and the Jalón valley, open to the Ebro and also to the East, towards the Fosa de Teruel, along the Jiloca.

3.2. Naturaleza de las ocupaciones.

Dos formas de presentarse los yacimientos se distinguen en una primera aproximación. Por un lado (primer grupo) encontramos localidades que ocuparon las antiguas vegas, por otro las que se emplazaban en posiciones topográficas más elevadas, bien sobre terrazas antiguas o Superficies pre-cuaternarias (segundo grupo). Al primer grupo corresponden obviamente todos los sitios incluidos en depósitos aluviales, y al segundo, entre otros, los conjuntos acumulados en la superficie de las terrazas cuando éstas ocupaban ya una posición topográfica alta en el valle.

El ambiente diferenciado de ambos conjuntos de emplazamientos permite avanzar la hipótesis de que las actividades desarrolladas en unos y otros, aunque sean casi nulos los elementos que puedan ayudar a concretarlas, pudieran no coincidir. Carecemos totalmente de restos orgánicos en estos yacimientos, una parte de los cuales –los del segundo grupo especialmente–, al haber permanecido en superficie durante largo tiempo, han estado expuestos a contaminaciones que hacen difícil establecer su grado de homogeneidad. El ritmo de formación de los sitios superficiales, no relacionables con procesos naturales, resulta también difícil de analizar.

Las industrias en yacimientos del primer grupo, cuando se trata de concentraciones altas como las registradas en La Maya I, o en Pinedo (Querol y Santonja, 1979), por poner un ejemplo conocido aunque corresponda a la Submeseta sur, permanecen en contexto estratigráfico primario, si bien sólo en casos excepcionales, en medios sedimentarios de muy baja energía, como, en la región que nos ocupa, Ambrona y San Quirce (Pérez González *et al.*, 1991; Villa, 1990; Arnáiz, 1990), puede ser posible llegar a identificar paleosuperficies y establecer relaciones directas entre los restos.

Las acumulaciones de La Maya I, y éste parece ser el caso de otros sitios en terraza en el interior peninsular en general, aparecen en barras de canal de cauces menores, los cuales experimentarían estiajes totales o muy acentuados durante la estación seca. En estas concentraciones se observan porcentajes de lascas y elementos de talla superiores a las de los yacimientos superficiales, y desde luego equilibrios entre núcleos y lascas más próximos que en aquéllos a la situación inicial teórica, por lo que es difícil pensar que dependieran de aportes laterales o longitudinales de origen múltiple, y más verosímil pensar que se originarían *in situ,* mientras los cauces estuvieran secos y ocupados por playas de cantos, con charcos residuales dispersos.

3.2. Nature of the occupations.

Two ways of classifying the sites are to be distinguished in a first approach. On the one hand (the first group), we can find locations which occupied the former lowlands. On the other, there are those which were situated in higher topographical positions, either on old terraces or pre-quartenary surfaces (the second group). Obviously, all the sites included in alluvial deposits correspond to the first group, whilst the second is composed of, amongst others, the complexes accumulated on the surface of the terraces when they already occupied a high topological position in the valley.

The different environment of these two complexes of settlements allows us to advance the hypothesis that the activities, that can not be concreted, carried out in both were not the same. There are no organic traces whatsoever in these sites, a part of which –those of the second group in particular–, having remained on the surface for a long time, have been exposed to contamination which makes it difficult to establish their homogeneity. The rate of formation of the surface sites, unconnected with natural processes, is also difficult to analyse.

The industries in sites of the first group, when refering to high concentrations like those registered in La Maya I, or in Pinedo (Querol and Santonja, 1979), to give a known example though it corresponds to the southern Submeseta, remain in a primary stratigraphic context. Even so, only in exceptional cases, in low-energy sedimentary media, as with, in the region in hand, Ambrona and San Quirce (Pérez González *et al.,* 1991; Villa, 1990; Arnáiz, 1990), may it be possible to come to indentify paleosurfaces and establish direct relationships between the remains.

The accumulations of La Maya I, as seems to be the case in other terrace sites in the peninsular interior, appear in the channel bars of minor riverbeds. These dry up completely or have very little water during the dry season. In these concentrations there are to be observed percentages of flakes and carved elements which are greater than those of the surface sites. Also, balances between nuclei and flakes are closer than in those of the initial theoretical situation. This means it is difficult to think that they could depend on lateral or longitudinal contributions of multiple origin, but more likely to be that they originated *in situ,* whilst the riverbeds were dry and occupied by pebble beaches with scattered residual pools.

Such settlements would be subject to the annual rise and fall of the river. The rise in water level would disperse the re-

Tales asentamientos estarían sometidos al régimen anual de crecidas y estiaje del río. Las crecidas dispersarían los restos a partir de las concentraciones iniciales, en función de parámetros en parte aleatorios, cuya influencia convendría controlar experimentalmente en nuestro medio geográfico, como se ha hecho en otras zonas (Schick, 1991). Al cabo de sucesivas repeticiones del ciclo pudieron llegar a originarse concentraciones destacadas de industria en los puntos más frecuentados, en cuya elección, al menos en el Tormes, parece que pudieron desempeñar un papel significativo las confluencias de los afluentes de mayor entidad. La migración del canal y su colmatación por otros depósitos produciría finalmente la fosilización del yacimiento y el desplazamiento de la ocupación a otro lugar semejante cercano.

La continua presencia de utensilios variados, elaborados siempre en rocas locales, que fueron abandonados tras ser usados, delata la realización de actividades, y que no se trataría de meros talleres. Sin embargo hasta ahora la única modalidad de ocupación documentada en el ámbito fluvial peninsular durante el Pleistoceno Medio son los lugares de aprovisionamiento *("kill-sites")* del área Manzanares-Jarama (Santonja *et al.*, eds., 1980; Santonja, 1992), pero no se han podido verificar hasta ahora ni siquiera ejemplos comparables en la región que nos ocupa.

Los lugares en estratigrafía con baja densidad de industria pueden interpretarse, con arreglo al modelo esbozado, bien como conjuntos derivados de localizaciones primarias situadas aguas arriba, bien como zonas visitadas esporádicamente, donde las acumulaciones ocasionales que pudieron llegar a producirse fueron posteriormente dispersadas, sin que el ritmo, la duración o la intensidad de las ocupaciones llegara a superar el umbral necesario para contrarrestar el efecto disgregador provocado por la acción fluvial.

Se ha pensado que los yacimientos en la superficie de las terrazas podrían identificarse en muchas ocasiones como talleres. Las series que de ellos poseemos en la Submeseta norte, aunque reducidas en general, permiten proponer sin embargo, ante la presencia generalizada de utensilios, que dicha actividad no excluiría otras tareas.

El contraste que se observa entre valles como el del Tormes por ejemplo, en el que la industria en posición estratigráfica no es escasa, con otros en los que siempre se ha registrado en superficie, también merece alguna reflexión. Si las terrazas fueran exclusivamente de origen climático, podría llegar a pensarse que hubiera un desfase temporal entre un grupo y otro, y lo llamativo sería que existieran valles con una sóla de estas categorías representadas. Sin embargo, aunque el con-

mains beyond the initial concentrations, in line with part-chance parameters, the influence of which it would be well worth controlling experimentally in our geographic medium, as has been done in other areas (Schick, 1991). After successive repetitions of the cycle, important industrial concentrations could have originated in the most frequented points. In the choice of these, at least with the Tormes, it seems that the confluences of the most important tributaries could have played a significant role. The migration of the channel and its overflowing by other deposits would finally produce the fossilisation of the site and the displacement of the occupation to a nearby place.

The continuous presence of varied tools, always made from local rock and abandoned after use, reveals that activities were carried out, and that they did not belong to workshops alone. Nonetheless, for the moment, the only form of occupation documented in the peninsular fluvial environment during the Middle Pleistocene are the kill-sites of the Manzanares-Jarama area (Santonja *et al.*, eds. 1980; Santonja, 1992), but for the moment it has not been possible to verify even comparable examples in the region in hand.

The stratigraphy places with a low density of industry can be interpreted, according to the model outlined, either as complexes derived from primary locations situated upstream or as areas visited sporadically. In this latter case, the occasional accumulations which could have been produced would have been dispersed later on, without the rate, duration or the intensity of the occupations exceeding the necessary threshold for counteracting the breaking-up effect created by fluvial action.

It has been thought that the surface sites on the terraces could often be identified as workshops. The series that we do possess of them in the northern Submeseta, although small on the whole, allow us to propose, nevertheless, given the generalized presence of tools, that said activity would not exclude other tasks.

The contrast to be observed between valleys like that of the Tormes, for example, in which there is no scarcity of industry in stratigraphic position, and others in which it is always present on the surface, in also worth reflecting on. If the terrace were exclusively of climatic origin, it could be thought that there was a time gap between one group and the other, and what would stand out would be the existence of valleys with only one of these categories represented. However, even if the contrast were real, the interpretation could not be so schematic in a region where the climatic contrasts do not seem to have been drastic in the Middle Pleistocene traste fuera real la interpretación no podría ser tan esquemática en una región donde los contrastes climáticos no parecen haber sido drásticos en el Pleistoceno Medio, y las formaciones fluviales han estado regidas parcialmente por factores locales, litológicos, estructurales y tectónicos.

Los yacimientos que se han conservado en posición primaria, Ambrona, Atapuerca y quizás algunos sectores de Torralba se conocen ampliamente, y ya nos hemos referido en páginas anteriores a San Quirce. Los cuatro se encuentran en diferentes fases de estudio, cuyas conclusiones hay que esperar, y precisamente a Atapuerca (Aguirre *et al.,* 1987) se dedica una gran parte de este volumen. En cuanto a Torralba y Ambrona poco podemos añadir a las publicaciones más recientes *(vid.* Santonja y Villa, 1990; Villa, 1990). Los trabajos desarrollados en 1990 y 1991 han permitido localizar al menos dos nuevos puntos equivalentes al yacimiento de Ambrona, muy cercanos, y confirmar la existencia de restos en posición primaria en la unidad estratigráfica inferior, lo cual permitirá contrastar hipótesis emitidas con anterioridad. Torralba parece sin embargo un yacimiento más complejo, y quizás más reciente, cuya estratigrafía y origen deberán ser revisados a fondo; parece difícil continuar manteniendo su similaridad con Ambrona, especialmente en cuanto al proceso de formación (Pérez González *et al.,* 1991).

3.3.
La industria lítica.

Las industrias con bifaces del Pleistoceno Medio ofrecen múltiples rasgos comunes a través de toda la región, tanto a nivel de la gestión de la materia prima —cantos de cuarcita fundamentalmente— en orden a la producción de utensilios, como en cuanto a la composición a nivel tipológico de las series. Destacaremos algunos:

— Entre los núcleos los porcentajes mayores corresponden continuamente a los más elementales, con los cuales incluso habría que contabilizar una parte de los cantos trabajados.

— En consecuencia con lo anterior, en las lascas son muy frecuentes los talones corticales y los lisos, mientras escasean los facetados e incluso los diedros.

— Los núcleos levallois son escasos, si bien los discoides abundan relativamente. Una parte de las lascas finales extraídas de estos núcleos presentarían talones lisos, corticales incluso, al haber conservado en el proceso de preparación periférica bandas corticales o planos de micro-esquistosidad adecuados como plano de percusión.

and where the river formations have been partially governed by local —lithologic, structural and tectonic— factors.

The sites that have been preserved in primary position, Ambrona, Atapuerca, and possibly some sectors of Torralba, are widely known, and we have already referred in earlier pages to San Quirce. All four are at different stages of study, and we must await the conclusions. A large part of this present volume is, in fact, dedicated to Atapuerca (Aguirre *et al.,* 1987). As for Torralba and Ambrona, there is little we can add to the latest publications (*vid.* Santonja and Villa, 1990; Villa, 1990). The work carried out in 1990 and 1991 has led to the localization of at least two new points like the Ambrona site. They are very close by and they confirm the existence of remains in primary position in the lower stratigraphic unit, which will allow us to contrast earlier hypotheses. Torralba, however, seems to be a more complex site and one which is perhaps more recent. Its stratigraphy and origin should be revised in depth: it seems difficult to continue to maintain its similarity with Ambrona, especially as far as the process of formation is concerned (Pérez González *et al.,* 1991).

3.3.
The lithic industry.

The Middle Pleistocene biface industries offer multiple features in common across the whole region, both as regards the management of the raw matieral —quartzite pebbles fundamentally— with regard to the production of tools, and in the composition of the series on a typological level. We highlight a number:

— Among the nuclei, the greater percentages continuously correspond to the most elementary. As a results, even some of the worked pebbles would have to be counted.

— In line with the above, in the flakes the cortical and flat butts are very frequent, while there is a lack of faceted ones and even dihedrals.

— The levalloisian nuclei are few in number, even though the discoids are relatively abundant. One part of the final flakes extracted fron these nuclei offer flat butts, even cortical ones, as a result of their having preserved in the process of peripheric preparation cortical bands or layers of micro-esquistosity adequate as stricking platform.

– El retoque de los utensilios, raederas y denticulados principalmente, suele ser simple, poco profundo e irregular. En muchas series el límite entre denticulados y raederas no es neto.

– La proporción de utensilios sobre lasca suele ser baja, sobre todo en las series formadas exclusivamente por medio de prospecciones superficiales. Entre ellos, junto a algunos útiles normalizados, que se ajustan sin mucha dificultad a los tipos teóricos, se da cierta profusión de utensilios *diversos*.

– Los bifaces son en general espesos (Bordes, 1961). Cuando hay bifaces planos (m/e> 2,35), se debe casi siempre a que el soporte elegido para fabricarles fue una lasca o una plaqueta natural.

– Hendedores y triedros, en ese orden además, son menos frecuentes que los bifaces. Se intuye cierta relación positiva entre la proporción de hendedores y el tamaño de la materia prima disponible, lo cual a su vez se refleja en el incremento de bifaces elaborados a partir de lascas, y también en la aparición de formas con tipología intermedia entre bifaces y hendedores, así como en la aparición de útiles diversos sobre lascas de grandes dimensiones. En suma, con el aumento de volumen de la materia prima se acusa cierta tendencia al empleo de lascas como soporte de todo el utillaje.

– Los hendedores se elaboraron desde el principio al final del período considerado en las primeras lascas, las de mayor tamaño, extraídas de los núcleos, para los cuales, recordémoslo, se emplearon cantos de cuarcita. Ello explica, más allá de cualquier connotación cronológica o cultural, que predominen los hendedores de tipo O, y que aparezcan todas las formas intermedias imaginables entre los tipos O y II de Tixier.

La fuerte impresión de homogeneidad que sugieren las series achelenses de la Meseta, creemos debe vincularse de manera decisiva al recurso a materias primas similares. El ambiente uniforme, bien del fondo o de las plataformas elevadas en las laderas del valle, pudiera ser otro factor que favoreciera la monotonía de estos conjuntos, a la que sin duda tampoco es ajena el sistema de formación de las muestras, a través de recogidas más o menos sistemáticas de materiales superficiales. Precisamente las colecciones de los sitios excavados –Torralba, Ambrona, Atapuerca, La Maya I, S. Quirce...– son las que más se apartan del denominador habitual.

Las características enumeradas se repiten, como cabría esperar ante parecidas circunstancias, en las industrias achelenses de regiones inmediatas, como en el Tajo y en el resto de la Submeseta sur (Santonja, 1981; ídem y Villa, 1990), y encuentran claros paralelos en otras más lejanas, también reali-

– The retouch to the tools, in particular the side-scrapers and the denticulated ones, tend to be simple, shallow and irregular. In many series, the limit between denticulated ones and side-scrapers is not clear.

– The proportion of flake tools tends to be low, especially in the series formed exclusively through surface explorations. Amongst them, alogside some normalized tools, which can easily be adjusted to theoretical types, there is a fair profusion of diverse tools.

– The bifaces are generally thick (Bordes, 1961). When there are flat bifaces (m/e > 2.35), it is almost always due to the blank chosen to make them being a flake or a natural plaque.

– Cleavers and trihedrals picks, in this particular order, are less frequent than bifaces. It is possible that there exists some sort of positive relationship between the proportion of cleavers and the size or raw material available, which in turn is reflected in the increase in bifaces made from flake. It also affects the appearance of forms with a typology between bifaces and cleavers, and that of diverse implements of large-dimension flake. In short, with the increase in volume or raw material, a certain tendency to use flake as the support of all sorts of equipment is to be noted.

– The cleavers are made, at both the start and the finish of the period considered, from the first flakes, the larger ones, extracted from the nuclei, for which, we should remember, quartzite pebbles were used. That explains, beyond any chronological or cultural connotation, the predominance of type 0 cleavers, as well as the appearance of all the intermediary forms between Tixier types 0 and II.

The strong impression of homogeneity suggested by the Acheulian series of the Meseta should, we believe, be linked decisively with the resorting to similar raw materials and being to a closed chronology. The uniform environment, both of the bottom of the valley and of the high platforms of the slopes, could be another factor behind the monotony of these complexes, for which the system of formation of the samples, through the more or less systematic collection of surface materials, is also no doubt responsible. In fact, the collections from the sites excavated –Torralba, Ambrona, Atapuerca, La Maya I, S. Quirce...– are those which most differ from the usual denominator.

The characteristics listed, as could be expected given similar circumstances, are repeated in the Acheulian industries of immediate regions, as in the Tajo and in the rest of the southern Submeseta (Santonja, 1981; idem and Villa, 1990), and have obvious parallels in other more distant ones, also zadas en cuarcita fundamentalmente e implantadas en medios fluviales, tal que las del Alto Languedoc (Tavoso, 1986) o las que comienzan a conocerse en el Guadalquivir (Vallespí *et al.,* 1988).

3.4.
¿Evolución o estabilidad de las industrias?

El desfase cronológico que la investigación actual señala entre el Achelense del continente africano y el de Europa, y la crisis del modelo interpretativo de las industrias del Paleolítico inferior basado en la secuencia del Somme, conforman el marco de referencia de esta cuestión, que abordamos aquí en relación con la cuenca del Duero.

Desde hace 1,5 m.a. existieron industrias achelenses en África, identificadas en sitios como Peninj u Olduvai (Isaac y Curtis, 1974), y con utillaje bifacial tipológicamente evolucionado, por ejemplo en Olorgesailie, Kariandusi o Kilombe, fechado desde finales del Pleistoceno Inferior, antes de 0,7 m.a. (Gowlett, 1991). En Europa sin embargo no se ha registrado ninguna clase de industria lítica con seguridad anterior a 0,9/1,0 m.a. (Gamble, 1986; Villa, 1991), y además estos conjuntos primitivos son fastidiosamente cortos para soportar una caracterización tipológica, con excepción de La Pineta, en Isernia (Italia), sin bifaces ni macro-utensilios de carácter achelense (Peretto, 1991), que se fecha ligeramente por encima de 0,7 m.a.

Hasta hace pocos años era usual la referencia a una clasificación tripartita del Achelense –antiguo, medio, superior–, a la cual se anteponía un primer estadio, el "abbevilliense", con arreglo al sistema propuesto por F. Bordes, basado en su interpretación de los yacimientos al aire libre en las formaciones fluviales y los depósitos de loess del norte de Francia (Bordes, 1953; 1968). Sin embargo estudios posteriores en el Somme, que incluyen nuevas excavaciones y la revisión de las series antiguas (Tuffreau *et al.,* 1989), descartan la representatividad de las colecciones atribuidas a las terrazas superiores, y confirman únicamente la existencia de yacimientos a partir de la terraza media. No se ha identificado tampoco ningún conjunto industrial diferenciable como Abbevilliense o Achelense antiguo, por contra a partir del estadio isotópico 8 –0,25/0,30 m.a.– se acusa cierta variedad de industrias, algunas con utillaje bifacial achelense (Atélier Commont) y otras sin bifaces y con gamas de utensilios sobre lasca que configuran una fase primitiva del Paleolítico medio.

made fundamentally of quartzite and located in fluvial media, like those of the Haut Languedoc (Tavoso, 1986) or those which are being discovered in the Guadalquivir (Vallespí *et al.,* 1988).

3.4.
Evolution or stability in the industries?

The chronological time gap revealed by current research between the Acheulian of the African continent and that of Europe, and the crisis in the interpretative model of the industries of the lower Paleolithic based on the Somme sequence, form the frame of reference for the question that we now pose with reference to the Duero basin. Acheulian industries have existed in África for one and a half million years and have been identified at sites like Peninj and Olduvai (Isaac and Curtis, 1974), and with bifacial implements typologically evolved, for example in Olorgesailie, Kariandusi and Kilombe, dating back to the end of the Lower Pleistocene, before 0.7 m. y. (Gowlett, 1991). In Europe, however, no type of lithic industry has been registered with any certainty before 0.9/1.0 m. y. (Gamble, 1986; Villa, 1991) and, besides, these primitive complexes are so irritatingly short that do not bear up a typological characterization, with the exception of la Pineta, in Isernia (Italy), with neither bifaces nor macro-implements of Acheulian type (Peretto, 1991) which dates back to around 0.7 m. y.

Until recently it was usual to refer to a tripartite division of the Acheulian –lower, middle, upper–, with a first phase, the Abbevillian, being placed before them, following the system proposed by F. Bordes, and based on his interpretation of the open-air sites in fluvial formations and the deposits of loess in the north of France (Bordes, 1953; 1968). However, later studies in the Somme, including new excavations and revision of the old series (Tuffreau *et al.,* 1989), dismiss the representative nature of the collections attributed to the upper terraces, and only serve to confirm the existence of sites starting at the middle terraces. Neither has it been posible to identify a differentiable industrial complex like Abbevillian or ancient Acheulian. On the other hand, from the isotopic phase 8 –0.25/0.30 m. y.– a certain variety of industries is to be noted, some of them with Acheulian bifacial implements (Atélier Commont) and others without bifaces and with ranges of flake tools which make up a primitive phase of the middle Paleolithic.

Las industrias netamente achelenses se reparten por toda Europa occidental, y se fechan habitualmente en el Pleistoceno medio –*c.* 0,7/0,13 m.a.–, de acuerdo con criterios paleontológicos, estratigráficos y algunas dataciones absolutas, y más bien entre los estadios isotópicos 15 y 8 –de 0,6 a 0,25 m.a.– (Villa, 1991). Las reconocidas en la Península Ibérica se ajustan a este abanico temporal (Santonja y Villa, 1990) y pueden ser empleadas para contrastar la variabilidad temporal y espacial de la industria en este período. En efecto las secuencias de terrazas de los ríos peninsulares, tanto en España (Santonja y Villa, 1990), como en Portugal (Raposo, e.p.), suministran conjuntos de industrias en parte ordenados en el tiempo –aunque por ahora sin dataciones absolutas–, aptos quizá para examinar la cuestión.

Para algunos autores, las industrias achelenses del Duero podrían diferenciarse en función del nivel técnico registrado en los conjuntos más amplios (Benito, 1990; Martín Benito, 1990), apuntándose como especialmente significativos los siguientes criterios, alguno de carácter tipológico:

– Técnica de talla, según el empleo más o menos generalizado del percutor duro o blando en el retoque y la talla de los útiles bifaciales, hendedores y triedros.

– Nivel de empleo y de perfeccionamiento técnico del método levallois.

– Tendencia a la disminución del tamaño de los bifaces y a la regularización de sus artistas.

– Mayor o menor presencia de triedros, útil que se considera significativamente más frecuente en los momentos antiguos del Achelense.

Con la aplicación de estos principios y otros relativos a la elaboración de bifaces, hendedores y utensilios sobre lasca, en los que se pone menos énfasis, se asignan conjuntos al Achelense antiguo, al Achelense medio y al Achelense superior, introduciendo incluso matices como "Achelense antiguo final" o momentos "transitorios" entre Achelense antiguo y medio.

Las dificultades para aceptar estas interpretaciones derivan en buena medida de la problemática representatividad de las series estudiadas –de algunas decenas de piezas a pocos centenares en los casos más favorables–, que empiezan con frecuencia por carecer de garantías en cuanto a su homogeneidad. La mayor parte de las colecciones analizadas bajo aquellos criterios fueron obtenidas tras prospecciones minuciosas *(vid.* Benito, 1990; Martín Benito, 1990; Benito Álvarez y Benito Álvarez, 1990), pese a lo cual, aparte de su cortedad, se aprecia en ellas un notable desequilibrio respecto a la relación que cabría esperar entre nódulos (núcleos más uten-

The clearly Acheulian industries are spread out all over western Europe, and can usually be dated to the Middle Pleistocene –c. 0.7/0.13 m. y.–, in accordance with stratigraphic and paleontologic criteria and some absolute dating, and more so between the isotopic phases 15 and 8 –from 0.6 to 0.25 m. y.–(Villa, 1991). Those recognised in the Iberian Peninsula fit into this time band (Santonja and Villa, 1990) and can be used to contrast the temporal and spacial variability of the industry of this period. In fact, the sequences of the terraces of the peninsular rivers, both in Spain, and in Portugal (Raposo, e. p.), provide complexes of industries partly ordered in time –although for the moment without absolute datings–, apt perhaps to examine the question.

For some authors, the Acheulian industries of the Duero could be differentiated according to the technical level registered in the larger complexes (Benito, 1990; Martín Benito, 1990), with the following criteria, some typological, being noted as particularly significant:

– Knapping technique, according to the more or less generalized use of the hard or soft hammer in the finish and the knapping of the bifacial tools, cleavers and trihedrals picks.

– Degree of usage and technical perfection of the levalloisian method.

– Tendency towards the reduction in size of the bifaces and the regularization of their edges.

– Greater or lesser presence of trihedrals picks, a tool that is considered significantly more frequent in the more primitive moments of the Acheulian.

Applying these principles and others relative to the elaboration of bifaces, scrapers and flake tools, on which less emphasis is placed, these authors assign the complexes to the lower, middle and upper Acheulian, with nuances like "final lower Acheulian" or "transitional" moments between the lower and middle Acheulian.

The difficulties in accepting these interpretations derive to a great extent from the problematic representativeness of the series studied –from a few dozen pieces to several hundred in the most favourable cases–, which generally begin with a lack of guarantee about their homogeneity. The majority of the collections analyzed with the criteria were obtained after meticulous explorations (*vid.* Benito 1990; Martín Benito, 1990; Benito Álvarez and Benito Álvarez, 1990), despite which, apart from their shortness, a notable imbalance is appreciable as regards the relationship that could be expected between nodules (nuclei and nodule tools) and flakes of every kind in a primary accumulation of industry. While they should contain a quantity of flakes many times greater silios sobre nódulo) y lascas de toda clase en una acumulación primaria de industria. Mientras deberían contener una cantidad de lascas decenas de veces superior a la de piezas nodulares, vemos que por cada lasca hay con frecuencia varios nódulos, o cantidades semejantes en los casos menos desequilibrados. Parece evidente que una considerable parte del conjunto original de lascas no ha sido recuperado, y en tales condiciones la significación de los porcentajes, o simplemente la presencia/ausencia de utensilios singulares en las muestras estudiadas resulta problemática.

En definitiva, el reducido tamaño y la cuestionable homogeneidad y representatividad de las series industriales obtenidas en los yacimientos superficiales, impiden conceder valor absoluto a los rasgos técnicos y tipológicos antes mencionados, a los que en ocasiones se ha recurrido como posibles marcadores evolutivos. Solamente el control estratigráfico permitiría asegurar —y siempre que se razonara a partir de conjuntos amplios y homogéneos— que el sentido del desarrollo propuesto era real, y aún faltaría valorar factores externos —influencia de la materia prima, características diferenciales derivadas del tipo de ocupación, fragmento de la cadena operativa consevada en los yacimientos comparados...— antes de aceptar cualquier hipótesis explicativa de índole "cultural" (Villa, 1983: 204 ss.).

Los conjuntos en posición estratigráfica escasean en toda la región. Algunos de ellos son tan singulares y específicos —Torralba y Ambrona, Atapuerca, posiblemente San Quirce—, que difícilmente pueden ser empleados con fines comparativos, si no es con ocupaciones de características semejantes. Los más favorables a estos efectos resultan, por tamaño y posición estratigráfica, los de los niveles fluviales de La Maya I, y si acaso cabría recurrir a otros en las terrazas de este río —La Maya III, La Maya II, La Ermita, Azucarera de Salamanca y los situados en niveles equivalentes a la Maya I—, y en otros valles, especialmente en el del Tera, en Zamora, con elementos definidos en posición estratigráfica, pero lamentablemente se trata de cortas series, insuficientes para extraer de ellas criterios comparativos fiables.

Si ampliamos nuestro campo de observación a toda la Meseta, veremos que siguen siendo pocos, y con problemas, los conjuntos a los que se puede recurrir con fundamento para un análisis como el propuesto. Por una parte estarían los sitios del Manzanares-Jarama, fundamentalmente en sílex, con el lastre que supone el que las muestras del área de Madrid procedan de yacimientos ya desaparecidos, y adolezcan de los defectos en su formación y conservación inherentes a las fechas en que fueron reunidas, que en todo caso parecen per-

than that of nodular pieces, we can see that for every flake there are frequently various nodules, or similar numbers in the least unbalanced cases. It seems evident that a considerable part of the original complex of flakes has not been retrieved, and in such cases the significance of the percentages, or simply the presence/absence of singular tools in the samples studied is problematic.

In short, the reduced size and the questionable homogeneity and representativeness of the industrial series obtained from the surface site, prevent us from giving absolute values to the technical and typological features mentioned above, despite their previously having been used as possible evolutionary markers. Only a stratigraphic control will allow us to assure —with the reasoning always being based on wide and homogeneous complexes— that the direction of the development proposed was real, and it would still be necessary to value external factors —influence of the raw material, differential characteristics derived from the type of occupation, fragment of the operative chain preserved in the sites compared...— before accepting any "cultural" explicative hypothesis (Villa, 1983; 204 ss.).

The complexes in strategraphic position are few in number in the region. Some of them are so singular and specific —Torralba and Ambrona, Atapuerca and possibly San Quirce—, that it is hard for them to be used for comparative purposes, if it is not with occupations of similar characteristics. The most favourable ones for these purposes turn out to be, because of their size and stratigraphic position, those of the fluvial levels of La Maya I, and perhaps others on the terraces of this river —La Maya III, La Maya II, La Ermita, Azucarera de Salamanca and those situated al levels like that of La Maya I—, and in other valleys, especially in that of the Tera, in Zamora, with elements defined in stratigraphic position, but, unfortunately, they are short series, insufficient to extract reliable comparative criteria.

If we widen our field of vision to include the whole Meseta, we shall see that the complexes that can realistically be referred to carry out an analysis like the one proposed are few in number and problematic. On the one hand, there would be the sites of the Manzanares-Jarama, fundamentally in flint, with the handicap that suppose that the samples from the area of Madrid proceed from sites that have disappeared. In any case, seem to allow us to separate a classical Acheulian represented in, for example, San Isidro, from the evolved series of the middle-low terrace in Perales del Río (Santonja and Querol, 1980; Rus and Querol, 1981). Another series of primary importance, abundant and in stratimitir separar un Achelense clásico representado por ejemplo en San Isidro, de las series evolucionadas de la terraza media-baja en Perales del Río (Santonja y Querol, 1980; Rus y Querol, 1981). Otra serie de primera importancia abundante y en posición estratigráfica, es Pinedo, en el Tajo, junto a Toledo (Querol y Santonja, 1979), y lo mismo podría decirse de El Sartalejo, en el Alagón, dada a conocer parcialmente (Santonja, 1985). Entre una y otra se observan diferencias tipológicas que podrían ser significativas; la primera se ha descrito como un primitivo Achelense, y como Achelense pleno la segunda (Santonja y Villa, 1990)... pero lamentablemente hasta ahora no se ha podido establecer la cronología absoluta de ambos yacimientos, ni siquiera –dada la separación entre ellos– contrastar la posición temporal relativa mutua a partir de las secuencias morfoestratigráficas respectivas. Pinedo y El Sartalejo constituirían, si pudiera confirmarse la edad posterior de éste, un punto de apoyo sólido para defender la existencia de un Achelense antiguo *diferenciable* en el sur de Europa, aunque de edad, incluso en el contexto mediterráneo, demasiado reciente. La industria de Ubeidiya, en la Depresión del Jordán, que representaría un horizonte primitivo del Achelense (Goren, 1981), resiste una comparación con Pinedo, *pero se fecha en torno a 1,2 m.a.* (Tchernov, 1986), mientras para éste no parece razonable, de acuerdo con la fauna y la secuencia local de terrazas, pensar en una edad anterior a la mitad del Pleistoceno Medio –estadios isotópicos 12 a 8– (Santonja y Villa, 1990; Aguirre, 1991).

En el Tormes observamos la presencia de industria con bifaces desde la terraza de +56 m. –La Maya III– a la de +14 m., e incluso en la de +8 m, ya con caracteres evolucionados (Santonja y Pérez González, 1984). Se ha propuesto paralelizar La Maya III con Pinedo (Santonja, 1981) exclusivamente por un argumento morfoestratigráfico de relativo valor, la posición en las respectivas secuencias, el cual, aparte de ser el único criterio disponible, no puede considerarse definitivo. Aún si se admite por un momento esta hipótesis, y dada la elevada posición relativa que ocupa en la secuencia del Tormes el conjunto reunido en La Maya III, hay que admitir que pueden subsistir dudas razonables acerca de la existencia real de un estadio primitivo del Achelense en el interior de la Península. Pinedo y Sartalejo son series representativas, pero no tenemos suficientes argumentos para descartar que existan conjuntos con utillaje de estilo arcaizante y sin técnica levallois ni percutor blando, comparables a Pinedo, en terrazas más modernas, o conjuntos con levallois, bifaces y hendedores de tipología normalizada en terrazas de la edad de Pinedo. Harían falta en primer lugar dataciones más precisas, y

graphic position, is Pinedo, in the Tajo, near Toledo (Querol and Santonja, 1979), and the same could be said of El Sartalejo, in the Alagón, partially made known already (Santonja, 1985). Between one and the other, typological differences can be observed that could prove signigicant. The first has been described as a primitive Acheulian, and the second as middle Acheulian (Santonja and Villa, 1990)... but, unfortunately, until now it has not been possible to establish the absolute chronology of either site, nor even –given the distance between them– contrast the relative temporal position starting from the respective morpho-stratigraphic sequences. Pinedo and El Sartalejo would constitute, were it possible to confirm the later age of the latter, a solid reference point to defend the existence of a *differentiable* old Acheulian in the south of Europe, though the age, in the Mediterranean context, be too recent. The industry of Ubeidiya in the Jordan basin, which represents a primitive Acheulian horizon (Goren, 1981), resists comparison with Pinedo, *but is dated around 1.2. m. y.* (Tchernov, 1986), while for the latter it does not seem reasonable, in line with the fauna and the local sequence of terraces, to consider a date earlier than the second half of the Middle Pleistocene –isotopic phases 12 to 8– (Santonja and Villa, 1990; Aguirre, 1991).

In the Tormes, we can observe the presence of industries with bifaces from the terrace at +56 m. –La Maya III– to that of +14 m., and even in that of +8 m., with characters already evolved (Santonja and Pérez González, 1984). It has been proposed that parallels be drawn between La Maya III and Pinedo (Santonja, 1981) exclusively for a morpho-stratigraphic argument of relative value, the position in the respective sequences, which, apart from being the only criterion available, can not be considered definitive. Even if this hypothesis is admitted for a moment and, given the relatively raised position in the respective sequences occupied by the complex at La Maya III in the sequences of the Tormes, it must be admitted that reasonable doubts can remain as to the real existence of a primitive Acheulian phase in the interior of the Peninsula. Pinedo and Sartalejo are representative series, but we lack sufficient arguments to disregard the possibility of existing assemblages with implements of archaic style and without the levalloisian technique and the soft hammer, comparable to Pinedo, on more modern terraces, or complexes with levalloisian, bifaces and cleavers of normalized typology in terraces of the same age as Pinedo. To begin with, more precise dating would be needed, and then more series of sufficient importance to allow comparative studies which would analyze, for example, whether the size of the raw luego más ejemplos con entidad suficiente para permitir estudios comparativos que analizasen por ejemplo si el tamaño de la materia prima disponible —cantos considerablemente menores en Pinedo que en Sartalejo— no tuvo influencia en la tecnología practicada y en la composición tipológica de cada serie.

Las terrazas más bajas del Tormes con industria lítica, La Maya I y equivalentes, ofrecen series con algunos bifaces de estilo achelense en el nivel de +14 m., no diferenciables de los de niveles más altos, y otras con algunos bifaces lanceolados y hendedores de siluetas muy equilibradas en la terraza de +8 m. Ciertas series en posición superficial, como El Basalito —la única de cierta importancia si valoramos el tamaño—, Burganes III en el Tera, y otras menores, con bifaces lanceolados y planos retocados e incluso parcialmente tallados mediante percutor blando, corresponden al momento *final* del Achelense meseteño, posiblemente aún de finales del Pleistoceno Medio, a juzgar por las formaciones fluviales posteriors en el fondo de los valles. En la Meseta sur esta industria estaría representada en la terraza inferior del Manzanares, con sitios de ocupación en posición primaria (Rus y Vega, 1981; Santonja, 1992) y amplias posibilidades de estudio, que también parecen darse en el estuario del Tajo, en Lisboa (Raposo, e.p.). En el Guadiana el extenso yacimiento superficial de Porzuna, sobre una terraza baja, podría ser equivalente (Vallespi *et al.,* 1979 y 1985). Aún se insinúa un momento industrial más tardío con utillaje bifacial de reducido tamaño, relacionado con la terraza de +8 m. en el Tormes, en Calvarrasa I (Santonja y Pérez González, 1984), con la cual podrían relacionarse, a partir de los paralelismos que se observan en los bifaces, otras series superficiales repartidas por ambas Submesetas.

Febrero, 1993.

material available —pebbles that are considerably smaller in Pinedo than in Sartalejo— had or not any influence on the technology used and on the typological composition.

The lowest terraces of the Tormes with lithic industry, La Maya I and others like it provide series with some bifaces of an Acheulian style at a level of +14 m., that are not differentiated from the higher levels, and others with some pointed bifaces and cleavers with very balanced forms on the terrace of +8 m. Certain series at surface position, like El Basalito —the only one of some importance if we consider its size—. Burganes III in the Tera, and other smaller ones, with evolved bifaces, finished and even partially knapped with a soft hammer, correspond to the *final* moment of the Acheulian on the Meseta, and possibly even to the end of the Middle Pleistocene, judging from the later fluvial formations in the bottom of the valley. In the southern Meseta this industry would be represented in the lower terrace of the Manzanares, with occupation sites in primary position (Rus and Vega, 1981; Santonja, 1992) and ample possibilities for study, which tends also to be the case in the Tajo estuary in Lisbon (Raposo, e. p.). In the Guadiana the extensive surface site of Porzuna, on a low terrace, could be equivalent (Vallespí *et al.,* 1979 and 1985). We can even guess at a later industrial moment with bifacial implements of reduced dimensions, related to deposits that are later than the terrace at +8m. in the Tormes, in Calvarrasa I (Santonja and Pérez González, 1984), with which, based on parallels between the bifaces, other surface series spread out over both Submesetas could be related.

BIBLIOGRAFÍA

AGUIRRE, E. de (1991): "Les premiers peuplements humains de la Péninsule ibérique". *Actes du 114 Congrès National des Societés Savantes*, pp. 143-150. París: C.T.H.S.

AGUIRRE, E. de, CARBONELL, E., BERMÚDEZ DE CASTRO, J. M.ª (eds.) (1987): *"El Hombre fósil de Ibeas y el Pleistoceno de la Sierra de Atapuerca"*. Investigaciones Arqueológicas en Castilla y León. Monografías, I. Junta de Castilla y León.

ARNÁIZ, M. A. (1990): "Las ocupaciones de San Quirce de Río Pisuerga: reflexiones sobre la utilización del espacio y sus implicaciones". *Boletín del Seminario de Arte y Arqueología, LVI*, 25-37. Universidad de Valladolid.

ARNÁIZ, M. A. (1991): "La ocupación humana en la cuenca alta del río Pisuerga durante el Pleistoceno inferior y medio". Tesis doctoral. Facultad de Geografía e Historia. Universidad de Valladolid.

ARNÁIZ, M. A. y MEDIAVILLA, O. (1986): "Villarmero: un yacimiento premusteriense al aire libre en la zona oriental de la Submeseta norte". *Numantia II*, 7-31.

BENITO ÁLVAREZ, J. M.ª y BENITO ÁLVAREZ, F. (1990): "La industria achelense de El Castillo (Alaejos, Valladolid)". *Studia Zamorensia, XI*, 87-116.

BENITO DEL REY, L. (1978): "El yacimiento achelense de El Basalito (Castraz de Yeltes, Salamanca). Estudio de la industria de piedra". *Zephyrus XXVIII-XXIX*, 67-92.

BENITO DEL REY, L. (1990): "El Paleolítico inferior en la provincia de Zamora". *Actas del I Congreso de Historia de Zamora, II*, 11-52. Zamora: Instituto de Estudios Zamoranos.

BORDES, F. (1953): *Les limons quaternaires du bassin de la Seine*. Archives de l'I.P.H., *26*. París.

BORDES, F. (1961): *Typologie du Paléolithique ancien et moyen*. Bordeaux: Imprimeries Delmas.

BORDES, F. (1968): *Le Paléolithique dans le monde*. París: Ed. Hachette, coll. l'Univers des Connaissances, vol. 30.

CARBONELL, E., DÍEZ, C., ENAMORADO, J. y ORTEGA, A. (1987): "Análisis morfotécnico de la industria lítica de Torralba (Soria)". *Cuadernos de la Sección Antropológica-Etnografía, 4* (Homenaje al Dr. J. M.ª Basabe), 2 01-216. San Sebastián: Ed. Eusko Ikaskuntza.

CASTELLANOS, P. (1986): *El Paleolítico inferior en la Submeseta norte. León*. León: Instituto Fray Bernardino de Sahagún. Diputación Provincial.

FREEMAN, L. G. (1975): "Acheulian Sites and Stratigraphy in Iberia and the Maghreb". In (K. W. Butzer and G. Ll. Isaac, eds.). *After the Australopithecines*, 661-744. The Hague-París: Mouton Pub.

GAMBLE, CL. (1986): *The Palaeolithic settlement of Europe*. Cambridge University Press.

GOREN, N. (1981): "The Lithic Assemblages of the site of Ubeidiya, Jordan Valley". Ph. D. Thesis. Hebrew University. Jerusalem.

GOWLETT, J. A. J. (1991): "Kilombe: Review of an Acheulian site complex". In (J. Desmond Clark ed.). *Cultural Beginnings*, 129-136. Römisch-Germanisches Zentralmuseum. Bonn: Habelt.

ISAAC, G. LL. and CURTIS, G. H. (1974): "Age of early Acheulian industries from the Peninj Group, Tanzania". *Nature 249*, 624-627.

JIMÉNEZ GONZÁLEZ, M. C. (1987): "Investigaciones sobre el Achelense en el valle del río Huebra (Salamanca)". *Studia Zamorensia Historica, VIII*, 135-150.

JIMÉNEZ GONZÁLEZ, M. C. y MARTÍN BENITO, J. I. (1991): "Hallazgos achelenses en el valle del río Huebra", *Salamanca. Revista Provincial de Estudios, 27-28*, 11-38.

MARTÍN BENITO, J. I. (1984): "Pedrotello. Un yacimiento del Achelense antiguo en el valle del río Águeda". *Studia Zamorensia, 5*, 207-240.

MARTÍN BENITO, J. I. (1986): "La industria achelense del Teso de San Francisco (Ciudad Rodrigo, Salamanca)". *Zephyrus, XXXVII-XXXVIII*, 35-50.

MARTÍN BENITO, J. I. (1990): "El achelense en los valles norteños del Duero zamorano". *Actas del I Congreso de Historia de Zamora, II*, 55-171. Zamora: Instituto de Estudios Zamoranos.

MARTÍN BENITO, J. I. y BENITO ÁLVAREZ, J. M. (1986): "Mesa Grande: un yacimiento achelense en el valle del Yeltes". *Salamanca. Revista Provincial de Estudios, 20*, 21-48.

MARTÍN BENITO, J. I. y BENITO ÁLVAREZ, J. M. (1987): "La industria inferopaleolítica de El Lombo: un yacimiento del Achelense antiguo en el curso del valle del río Yeltes (Castraz de Yeltes, Salamanca)". *Salamanca. Revista Provincial de Estudios, 22-23*, 69-100.

MARTÍNEZ GONZÁLEZ, J. M.ª (1978): "El yacimiento achelense de Villafría (Burgos)". *Boletín del Instituto Fernán González, 191*, 1-19.

MOLINA, E., BLANCO, J. A. y MARTÍNEZ GIL, F. J. (1982): "Esquema morfológico evolutivo de la Fosa de Ciudad Rodrigo (Salamanca)". *Actas de la I Reunión Regional sobre la Geología de la Cuenca del Duero*, 433-448. Madrid: Instituto Geológico y Minero de España.

PERETTO, C. (Ed.) (1991): *Isernia La Pineta. Nouvi contributi scientifici*. Isernia: Instituto Regionale Studi Storia del Molise.

PÉREZ GONZÁLEZ, A., SANTONJA, M., GALLARDO, J. y ALEIXANDRE, T. (1991): "Los yacimientos pleistocenos de Torralba y Ambrona y sus relaciones con la evolución del polje de Conquezuela". *VIII Reunión Nacional de Cuaternario* (Resúmenes). Valencia: Asociación Española de Cuaternario.

QUEROL, A. y SANTONJA, M. (1979): "El yacimiento de Pinedo (Toledo)". *Excavaciones Arqueológicas en España*. Madrid: Ministerio de Cultura.

RAPOSO, L. (en prensa): "O Paleolítico inferior e medio". In *Arqueologia em Portugal o fin do século*. Lisboa: Centro de Arqueologia e Historia da Universidade.

ROJO, A. y MORENO, M. A. (1979): "Industrias del Paleolítico inferior en las terrazas del Pisuerga (Valladolid)". *Boletín del Seminario de Arte y Arqueología, XLV*, 148-157. Universidad de Valladolid.

RUS, I. y QUEROL, A. (1981): "El arenero de Oxígeno: bifaces, hendedores y triedros conservados en el Museo Arqueológico Nacional". *Trabajos de Prehistoria, 38*, 39-67. Instituto Español de Prehistoria, C.S.I.C.

RUS, I. y VEGA, G. (1981): "El yacimiento de Arriaga II: problemas de una definición actual de los suelos de ocupación". *Primeras Jornadas de Metodología de Investigación Prehistórica*, 387-404. Madrid: Ministerio de Cultura.

SANTONJA, M. (1976): "Las industrias del Paleolítico inferior en la Meseta española". *Trabajos de Prehistoria, 33*, 121-164. C.S.I.C.

SANTONJA, M. (1981): "Características generales del Paleolítico inferior de la Meseta española". *Numantia, I*, 9-64. Soria: Asociación Amigos del Museo Numantino.

SANTONJA, M. (1985): *El yacimiento achelense de El Sartalejo (valle del Alagón, Cáceres)*. Estudio preliminar. Arqueología extremeña. Cáceres: Universidad de Extremadura.

SANTONJA, M. (1986): "Valgrande (Puebla de Yeltes, Salamanca): área de talla y sitio de ocupación del Paleolítico medio". *Numantia, II*, 33-85. Valladolid: Junta de Castilla y León.

SANTONJA, M. (1992): "La adaptación al medio en el Pleistoceno inferior de la Península Ibérica. Elementos para una reflexión". In (A. Moure Ed.). *Elefantes, ciervos y ovicaprinos*, 37-76. Santander: Universidad de Cantabria.

SANTONJA, M., LÓPEZ, N. y PÉREZ GONZÁLEZ, A. (Eds.) (1980): *Ocupaciones achelenses en el valle del Jarama*. Madrid: Diputación Provincial.

SANTONJA, M. y PÉREZ GONZÁLEZ, A. (1984): "Las industrias paleolíticas de La Maya I en su ámbito regional". Excavaciones Arqueológicas en España. Madrid: Ministerio de Cultura.

SANTONJA, M. y QUEROL, A. (1980): "Las industrias achelenses en la región de Madrid". In (M. Santonja et al. Eds.). *Ocupaciones achelenses en el valle del Jarama*, 29-48. Madrid: Diputación Provincial.

SANTONJA, M. y VILLA, P. (1990): "The Lower Paleolithic of Spain and Portugal". *Journal of World Prehistory*, 4 (1), 45-94.

SHICK, K. D. (1991): "On making behavioral inferences for early archaeological sites". In (J. Desmond Clark Eds.). *Cultural Beginnings*, 79-107. Römisch-Germanisches Zentralmuseum. Bonn: Habelt.

TAVOSO, A. (1986): *La Paléolithique inférieur et moyen du Haut Lanquedoc*. Etudes Quaternaires, *5*, París: Institut de Paléontologie Humaine.

TCHERNOV, E. (1986): *Les mammifères du Pléistocène inférieur de la vallée du Jourdain a Oubeidiyeh*. París: Association Paléorient.

TIXIER, J. (1956): "Le hachereau dans l'Acheuléen nord-africain. Notes typologiques". *Congrès Prehistorique de la France, XV*, 914-923. Poitiers-Angouleme.

TUFFREAU, A., AMELOOT, N. y MARCY, J. L. (en prensa): "La fin du courant acheuléen et les differentes industries de la phase ancienne du Paléolithique moyen du nord de la France". In (A. Tuffreau Ed.). *L'Acheuléen dans l'Ouest de l'Europe*. Colloque International de Saint-Riquier (1989).

UTRILLA, P., RIOJA, P. y MAZO, C. (1986): *El Paleolítico en la Rioja: I. El término de Villar de la Torre*. Logroño: Instituto de Estudios Riojanos.

UTRILLA, P., RIOJA, P. y MONTES, L. (1988): *El Paleolítico en la Rioja: III: el término de Badarán.* Logroño: Universidad de Zaragoza e Instituto de Estudios Riojanos.

UTRILLA, P., RIOJA, P. y RODANES, J. M.ª (1986): *El Paleolítico en La Rioja: II. El término de Cañas-Cirueña.* Logroño: Universidad de Zaragoza.

VALLESPÍ, E., CIUDAD, A. y GARCÍA SERRANO, R. (1979): *Achelense y Musteriense de Porzuna (Ciudad Real). Materiales de superficie: I. Colección E. Oliver.* Estudios y Monografías. Ciudad Real: Museo Provincial.

VALLESPÍ, E., CIUDAD, A. y GARCÍA SERRANO, R. (1985): *Achelense y Musteriense de Porzuna (Ciudad Real). Materiales de superficie: II. Muestras de las colecciones de A. Retamosa y M. Expósito.* Ciudad Real: Universidad de Castilla-La Mancha.

VALLESPÍ, E., DÍAZ DEL OLMO, F., ÁLVAREZ, G. y VALLESPÍ GARCÍA, E. (1988): "Secuencia paleolítica del Bajo Guadalquivir". *Revista de Arqueología, 82,* 9-17. Madrid: Ed. Zugarto.

VILLA, P. (1983): *Terra Amata and the Middle Pleistocene Archaeological Record of Southern France.* Berkeley: University of California Press.

VILLA, P. (1990): "Torralba and Aridos: elephant exploitation in Middle Pleistocene Spain". *Journal of Human Evolution, 19,* 299-309.

VILLA, P. (1991): "Middle Pleistocene Prehistory in Southwestern Europe: The state of our knowledge and ignorance". *Journal of Anthropological Research, 47, 2;* 193-217.

Evolución humana en Europa y los yacimientos de la Sierra de Atapuerca, págs. 445-533

El conjunto Lito-Técnico de la Sierra de Atapuerca en el marco del Pleistoceno Medio europeo[1]

The Litho-Technical Assemblage of the Sierra de Atapuerca in the frame of the European Middle Pleistocene[1].

Eudald Carbonell. Santiago Giralt. Belén Márquez. Aurora Martín. Marina Mosquera[2]. Andreu Ollé[3]. Xosé Pedro Rodríguez[4]. Robert Sala[3]. Manuel Vaquero[3]. Josep Maria Vergès. Josep Zaragoza

Laboratori d'Arqueologia de la Universitat Rovira i Virgili (L.A.U.T.). Plaça Imperial Tarraco, 1. 43005 Tarragona (España)

Resumen:

En este trabajo se estudia el conjunto litotécnico recuperado en los Centros de Intervención de la Sierra de Atapuerca (Burgos, España) desde la perspectiva del Sistema Lógico-Analítico Conceptual (S.L.A.C.). Nuestro interés en este sentido es doble. Por una parte el análisis específico del registro recuperado y, en segundo lugar, la contextualización en el marco ibérico y europeo. Así, se discuten en la introducción las cuestiones generales en torno a las clasificaciones y atribuciones clásicas, con especial énfasis en el llamado "Achelense". A continuación desarrollamos los conceptos y herramientas teóricas que nos permiten modernizar la realidad de los conjuntos lito-técnicos: Matrices Morfogenéticas, Temas Operativos Técnicos, Sistemas Operativos Técnicos, capacidad morfo-dinámica, cuadros icónicos... En la Sierra de Atapuerca se constata la presencia continuada de ocupación durante todo el Pleistoceno Medio (700.000 a 100.000 años). Para el análisis se divide este registro en tres fases utilizando como marco referencial la cronología isotópica del oxígeno. A cada una de ellas se atribuyen diferentes estadios de desarrollo técnico. La muestra más significativa de registro lítico proviene de la Fase III (estadios isotópicos 9-5). Las materias primas líticas representadas básicamente en el registro son la cuarcita y el sílex. Este último se presenta en dos modalidades, con alteración diferencial y orígenes geológicos diversos. Se constatan diferentes estrategias de producción para cada uno de ellos. Los Temas Operativos Indirectos son los más representativos de los Centros de Intervención de la Sierra de Atapuerca. La explotación de soportes más significativa es la bifacial centrípeta recurrente. Se constata la presencia de estándares operativos de formato diverso, así como sistematización en los procesos de configuración de diedros y triedros. Se infiere del registro una variedad de estrategias de ocupación del karst, que incluyen desde los campamentos del nivel TD10 hasta las ocupaciones de merodeo del nivel TG11. El potencial estratigráfico de los yacimientos de la Trinchera del Ferrocarril permite establecer modelos de cambio cultural y ecológico, constituyendo junto a las secuencias de Karlich (Alemania) y Korolevo (Ucrania), ejes de referencia de la moderna investigación del Pleistoceno Medio europeo.

Abstract:

This paper is a study of the litho-technical assemblage recovered from the Intervention Centres of the Sierra de Atapuerca (Burgos, Spain), from the Conceptual Logical Analaytical System (C.L.A.S.) perspective. Our interest in this subject is twofold. Firstly we aim to make a specific analysis of the recovered record and, secondly to put it into a context within the Iberian and European framework. Accordingly, general issues relating to classification and traditional attributions are discussed in the Introduction, with special regard to the "Acheulean" concept. Then we develop the concepts and theoretical tools that allow us to update the reality of the litho-technical assemblages Morphogenetic Matrices, Technical Operative Themes, Technical Operative Systems, Morpho-dynamic capabilities and iconic representations. It has been shown that the Sierra de Atapuerca was populated by humans throughout the Middle Pleistocene (700.000 to 100.000 BP). In order to make the analysis of this record feasible, it has been divided into three stages according to the chronology established by Oxigen Isotope analysis. Different phases of technical development are attributted to each of these three stages. The most significant lithic record corresponds to Phase III (isotopic stages 9-5). Quartzite and flint are the most common raw materials. There are two types of flint each quite different which have been proved to answer to different geological origins. They also show to have been produced through different strategies. Our research shows how the Indirect Technical Operative Themes are the most representative of the Intervention Centres in the Sierra de Atapuerca. The Recurrent Centripetal Bifacial is the most significant model for exploiting the cores. Various Operative Standards are also confirmed, as is the systemization of the process of shaping dihedrons and trihedrons. A variety of strategies for occupying the cave system can be inferred from the archaeological record recovered, covering from the encampments found at level TD10 to the occupations at level TG11. The stratigraphic potential of the Trinchera del Ferrocarril sites (Railway Trench) allow patterns of ecological and cultural changes to be established and, together with Kärlich (Germany) and Korolevo (Ukraine), they form the axis of reference for modern research on the European Middle Pleistocene.

Palabras clave:

Sistema Lógico Analítico Conceptual, Sistema Operativo Técnico, Tema Operativo Técnico, Matriz morfogenética, cuadro icónico, Pleistoceno Medio, Litotecnia, Gran Dolina, Trinchera Galería, Sierra de Atapuerca.

Key words:

Conceptual Logical Analytical System (C.L.A.S.). Technical Operative System (T.O.S.). Technical Operative Theme (T.O.T.). Morpho-genetic Matrices. Iconic representations. Middle Pleistocene. Litho-technique. Sierra de Atapuerca.

1 Introducción.

Para presentar los Sistemas Operativos Técnicos del conjunto de la Sierra de Atapuerca en el contexto del Pleistoceno Medio europeo se precisa poseer un marco conceptual en el cual encuadrar la realidad. Por otra parte, los niveles constructivo y descriptivo del discurso deben ser comunes en la sistematización analítica de los diferentes registros. Sin embargo, hoy en día existen serias dudas y diversidad de opiniones en los conceptos y, en consecuencia, sobre las demás categorías tradicionales.

La herramienta usada hasta épocas recientes para encuadrar cualquier conjunto morfotécnico descrito fue el *tipo,* como marcador de una *cultura, civilización o grupo social.* Con él, una realidad morfológica estandarizada y extendida servía para identificar al grupo que la había producido. Además, cumplía también el papel de característica principal de este grupo, de forma que tipo y grupo se identificaban a menudo. Así nacieron los nombres epónimos de "Achelense", "Abbevilliense", "Tayaciense", "Clactoniense", etc. Todos referidos al Pleistoceno Inferior y Medio, período, este último, al que pertenece el registro de Atapuerca. El hecho de que hoy en día se haya puesto en duda esta dinámica arqueológica no es óbice para que la mayor parte de los especialistas sigan usando los epónimos como marco de referencia y de transmisión de datos.

Sin embargo, el cúmulo de datos empíricos, analíticos y de conceptos modernos que contradicen parcial o totalmente esta mecánica empieza a ser excesivo y las preguntas cruciales demasiado importantes:

1. ¿Cómo se explica el fenómeno de continuidad 'cultural Achelense' que ha durado en África de 1,7 a 0,2 Ma. (Asfaw *et al.,* 1992) y en Eurasia de 0,6 a 0,15 Ma.?
2. ¿Cómo de explica, pues, que haya una continuidad tecno-tipológica de las industrias de *Homo erectus* arcaico, *Homo erectus* estricto, preneandertal, *Homo sapiens neanderthalensis* y *Homo sapiens* con el mantenimiento de una 'cultura' idéntica (Boëda, 1991).
3. ¿Cómo es posible una extensión tan amplia de la 'cultura achelense' en África y Eurasia, sólo rota en el Nuevo Mundo porque no está antropizado hasta el Pleistoceno Superior final (Hoffecker *et al.,* 1993).

La mayor parte de las cuestiones se plantean en torno a la llamada 'cultura Achelense', a causa de su gran extensión espacio-temporal, pero el problema es extensible a las demás.

1 Introduction.

A conceptual framework is necessary in order to analyse the Technical Operative Systems present at the lithic assemblages of the sites of Atapuerca within the context of the European Middle Pleistocene. Furthermore, the same constructive and descriptive levels of discourse have to be used for the analytic systematisation of the different records. Nevertheless at present there are serious doubts and diversity of opinions regarding the concepts to be used and, consequently, regarding the other traditional categories.

The tool used up to recent times to classify any described morphotechnical assemblage was *type* as a marker of culture, civilisation or social group. With it, a standarized and widespread morphological reality could be used to identify the group by which it was produced. It was also the main feature of the group, to such an extent that *type* and group were frequently identified with each other. Thus were born eponyms such as "Acheulean", "Abbevillian", "Tayacian", "Clactonian", etc., all referring to the Lower and Middle Pleistocene. The fact that this archaeological dynamic has been questioned today doesn't seem to be a deterrent for most specialists, which keep using these eponyms as a frame of reference as well as for transmitting information.

However, the accumulation of empiric and analytical data as well as of modern concepts that totally or partially challenge this tradition is already excessive, and the vital questions are too important to remain ignored:

1. How can the continuity of the "Cultural Acheulean" phenomenon, which lasted from 1,7 My to 0,2 My in Africa and from 0,6 My to 0,15 My in Eurasia be explained?
2. How, then, can the techno-typological continuity of the lithic industry from archaic *Homo erectus* to *Homo erectus* sensu stricto, pre-neanderthal, Neanderthal and *Homo sapiens sapiens* be explained if their culture was identical? (Boëda, 1991).
3. How can we explain such a wide spread of the "Acheulean culture" throughout Africa and Eurasia (Hoffecker *et al.,* 1993).

Most of these questions are posed about the so-called "Acheulean culture" because of its great spread through space and time, but this problem can be extended to the remaining "Culture" concepts.

En parte por estas razones ha sido desarrollado el llamado *Sistema Lógico-Analítico Conceptual* (Carbonell *et al.,* 1983; Carbonell *et al.,* 1992) para el análisis y sistematización de los Sistemas Operativos Técnicos. En este contexto, como se verá, se toma a los objetos de uso líticos como códigos morfológicos con información. El registro o conjunto de los objetos conforma una estructura. A su vez esta estructura, elemento pasivo, debe ser reactivada mediante una serie de técnicas y modelos. De esta forma, es posible aprehender el Sistema Operativo Técnico de las comunidades paleo-humanas en toda su extensión (Carbonell *et al.,* 1992).

Deben separarse realidades distintas: los Sistemas Operativos Técnicos y el entorno cultural-social. Se trata de dos niveles diferentes de la actividad humana. Son interactuantes, pero no interdeterminantes.

Los Sistemas Operativos Técnicos desarrollados durante el Pleistoceno Medio pueden presentar, y de hecho presentan, variabilidad y multiplicidad. Es decir, no se trata de sistemas unimodales ni marcados por un segmento determinado, sino que deben ser comprendidos como ente complejo.

A pesar de ello, se han dado intentos de llenar de contenido mediante el *Sistema Lógico-Analítico* las categorías conceptuales de la tradición tipológico-culturalista. Carbonell y Mora (1985) intentaron definir la *Cadena Operativa Achelense.* Así, esta tradición técnica estaría caracterizada, en primer lugar, por la producción de estándares operativos de gran formato configurados en primera o segunda generación. Además, los sistemas de producción poseerían variabilidad y multiplicidad, de manera que conviven sistemas centrípetos recurrentes con sistemas polarizados de explotación en volumen. Estos últimos nunca obtienen productos flexibles, sino que las Bases Positivas que se consiguen son siempre rígidas.

Posteriormente (Carbonell, 1985, 1987; Carbonell & Mora, 1986; Boj *et al.,* 1993; Carbonell & Sala, 1993) se propone una hipótesis para explicar los cambios en parte de los Sistemas Operativos Técnicos o en la totalidad de los mismos: la transferencia, en oposición a una evolución lineal. Este concepto ya fue aplicado a los Sistemas Operativos Técnicos 'Achelenses' en los dos primeros trabajos citados. En ellos se definía una característica de dichos sistemas: la sustitución de estándares o de Temas Operativos Técnicos de Explotación, por otros correspondientes a la misma tradición tecnológica.

Este último concepto previene de la dificultad que se puede originar de una aproximación no analítica y sistemática a conjuntos lito-técnicos que presenten una gran variabilidad.

In part, the Conceptual Logical Analytical System (Carbonell *et al.,* 1983, 1992) for the analysis and systemization of Technical Operative Systems has been developed in an attempt to answer these questions. This System, as will be explained later on, takes lithic manufactured objects as morphologic codes which yield information. The archaeological record or assemblage of objects constitutes a structure. This structure is a passive element that must be re-activated through a series of techniques and models, thus allowing us to apprehend the Technical Operative System of ancient human communities to their full extent (Carbonell *et al.,* 1992).

There are two different realities that must be taken separately: the Technical Operative Systems, on the one hand, and on the other the cultural and social context. They are two separate levels of human activity. They interact with each other without being determinant on each other.

The Technical Operative Systems developed during the Middle Pleistocene present variability and multiplicity. That is to say, we are not dealing with uni-modal systems or with systems marked by a particular segment, but with systems which must be understood as a complex entity.

Despite all of the above, there have been several attempts using the Logical Analytical System, to give meaning to the conceptual categories established by the typologic-culturalist tradition. E. Carbonell and R. Mora (1985) attempted to define the *Acheulean Operative Chain* which would be characterized firstly by the production of Great Format Operative Standards configured in the first or second generation. These production systems would also possess variability and multiplicity, so centripetal recurrent systems coexist with polarized systems of exploitation in volume. The latter would never obtain flexible products, but the Positive Bases achieved would always be rigid.

Subsequently (Carbonell, 1985, 1987; Carbonell & Mora, 1986; Boj *et al.,* 1993; Carbonell & Sala, 1993) a hypothesis was put forward to explain the changes which happened in some of the Technical Operative Systems or in the totality: this is the concept of Transfer as opposed to lineal evolution. Of the studies mentioned, the first two applied this concept to the Acheulean Technical Operative Themes. In this way a feature of these systems was defined: the substitution of some standards of exploitation Technical Operative Themes by others within the same technological tradition.

The concept of Transfer prevents the difficulties that may arise from a non-analytic and non-systematic approach to litho-technic assemblages displaying great variability, as is the case of the Atapuerca assemblages.

Éste es el caso que nos ocupa: el de los conjuntos lito-técnicos de la Sierra de Atapuerca.

En definitiva, a pesar de los intentos del *Sistema Lógico-Analítico,* no se han conseguido hasta el presente criterios válidos para definir la multiplicidad a nivel espacio-temporal. Abandonamos, por lo tanto, toda referencia a conceptos clásicos y seguimos, para el análisis de este registro, un discurso analítico. Éste debe permitirnos definir el Sistema Operativo Técnico desarrollado y categorizar la variabilidad, multiplicidad u homogeneidad que presente. La contextualización a nivel tecnológico con registros europeos e ibéricos será, pues, difícil, si no irrealizable, porque se han analizado mediante conceptos y modelos dispares. Restringimos, por el momento, los procesos analógicos a una aproximación cronológica.

En esta introducción hemos presentado el problema de estudio de estos conjuntos líticos y, de forma somera, las razones por las que durante los últimos años hemos presentado y desarrollado una vía analítica para el estudio de los conjuntos lito-técnicos. También reseñamos que, a pesar de los intentos que nosotros mismos hemos realizado, hoy día no parece posible mantener la estructura conceptual tradicional llenándola de contenido de un análisis sistémico. No podemos hablar ni de los *tipos* ni de las *culturas* que se citan en la bibliografía. En consecuencia, las correlaciones con los estudios que se presentan en el capítulo dedicado al contexto ibérico y europeo del conjunto de la Sierra de Atapuerca seguirán siendo relativos y aproximativos por la diferencia de análisis.

Therefore, despite the attempts of the Logical Analytical System, it has proved impossible to isolate reliable criteria to define the multiplicity at spatial and temporal levels. Hence we abandon the use of traditional concepts and use analytical discourse to analyze the Middle Pleistocene record. This should allow us to define the Technical Operative Systems developed and categorize the variability, multiplicity or homogeneity present in the record. The comparison of the technology present at the Atapuerca sites with other European or Iberian records will be difficult, if not impossible at this stage given that they have been analyzed with different concepts and models. For the moment we will restrict the analogic processes to a chronological approach.

In this introduction we have discussed the problems regarding the study of these lithic assemblages. We have also given a brief explanation of the reasons for spending ten years on developing an analytical way of studying litho-technical assemblages. Likewise, we have pointed out that it does not seem possible to maintain the traditional conceptual framework nowadays. Nor to make it meaningful through systemic analysis. Neither can we speak of types nor cultures as mentioned in the current bibliography. Consequently, the correlations with other studies presented in the chapter dedicated to the Iberian and European context will still be relative and only approximative due to the different methodology of analysis used.

2
Los nuevos enfoques en el tratamiento del registro: propuesta de demarcación de sistemas operativos técnicos.

2.1.
Fundamentos teóricos.

El esquema básico con el que se construye una realidad analítica, capaz de concretar los puntos del planteamiento teórico, es el que se describe a continuación:

a) El registro está constituido por elementos, que se transforman en componentes cuando se analizan;
b) no existen objetos, sino asociaciones de caracteres;
c) no existen actividades acabadas, sino procesos;

2
New approaches in the treatement of the record: proposal for the demarcation of Technical Operative Systems.

2.1.
Theoretical foundations.

Below describe the basic scheme used to build an analytic framework which will enable the main points of the theoretical plan to be defined.

a) The record is made up of elements, which become components when analyzed.
b) There are no objects but associations of traits.
c) There are no finished activities but processes.

d) los cambios cualitativos se expresan por modelos conceptuales de tipo psicotécnico;
e) los conceptos son medios de activación de estructuras y no formas descriptivas de tipo empírico;
f) se analizan estructuras para activarlas y convertirlas en sistemas;
g) no hay evolución lineal, sino transferencia sincrónica o diacrónica de componentes.

Estos principios constituyen el punto de partida de un discurso analítico novedoso.

Entendemos, por tanto, que el registro conservado es la estructura preservada de parte de un antiguo sistema dinámico (Fernández López, 1989). Si lo estudiamos de manera que podamos volver a activarlo, llegaremos a aprehender parte de aquel sistema. No se trata el registro como un conjunto de estructuras morfológicas estáticas. No son explicativas por sí mismas como unidades individuales yuxtapuestas. Por el contrario, entendemos que existe una lógica relacionada a todos los componentes de un registro, y que ninguno de ellos puede ser decodificado e interpretado en sí mismo, sino en el contexto del resto de los componentes. Por lo tanto, estudiamos el registro como un contexto y cada individuo dentro de él. Lo que estudiamos son las asociaciones de los componentes.

Al activar la estructura e inscribirla dentro del sistema general de funcionamiento de una Unidad Ecosocial, adquieren significación las ausencias puestas de manifiesto al trabajar una secuencia lógica fraccionada. Es, por lo tanto, fundamental el estudio de las secuencias y procesos de formación o elaboración de cada componente. La valoración de un registro a nivel tecnológico está determinada por la complejidad o simplicidad de estas secuencias.

2.2.
Esquema conceptual.

Partimos de un esquema que consta de varios niveles jerarquizados (Fig. 1) (Carbonell *et al.*, 1992b). El vértice de la pirámide corresponde al nivel más general de estudio, y constituye el objetivo último al que se pretende llegar tras las inferencias derivadas a partir del estudio del material. Este nivel es el de la interpretación de la Unidad Ecosocial –conjunto de relaciones entre los sistemas productivos de una comunidad y su entorno–, dentro de la cual se ha desarrollado un grupo humano.

d) Qualitative changes are expressed through conceptual models of a psicho-technical kind.
e) Concepts are tools which activate structures and not empirical descriptive forms.
f) Structures are analyzed in order to activate them and to convert them into systems.
g) There is no lineal evolution but synchronic transference, or diachronic transfer of components.

These principals constitute the starting point of the new analytic discourse. Therefore we understand that the record preserved consitutes the remains of a structure which formed part of an ancient dynamic system (Fernández López, 1989). If our research enables us to reactivate it again, we will apprehend part of this system as the record is not regarded if it was an assemblage of static morphologic structures. As individual juxtaposed unities, they are not explicative by themselves. On the contrary, we understand that there is a logic related to all the components of the record and that none of them can be de-codified or understood by itself, but within the context of the other components. Thus we study the record as a context with each individual inside it. What we study are the associations of components.

The absences which are revealed when working on a fractioned logical sequence acquires meaning when the structure is activated and inserted into the general functionning of an Eco-Social Unit. Consequently it is essential to study the sequences and processes of formation or production of each component. The evaluation of the record at the technological level is directly influenced by the complexity or simplicity of these sequences.

2.2.
Conceptual Scheme.

Our starting scheme is made up of several hierarchical levels (Fig. 1) (Carbonell *et al.*, 1992b). The vertex of the pyramid corresponds to the most general level of study and is the ultimate aim which one attempts to reach by studying the material and drawing conclusions. This level is the one which interprets the Eco-social Unit-the series of relations between the production systems of a community and its environment, within which a human group developed.

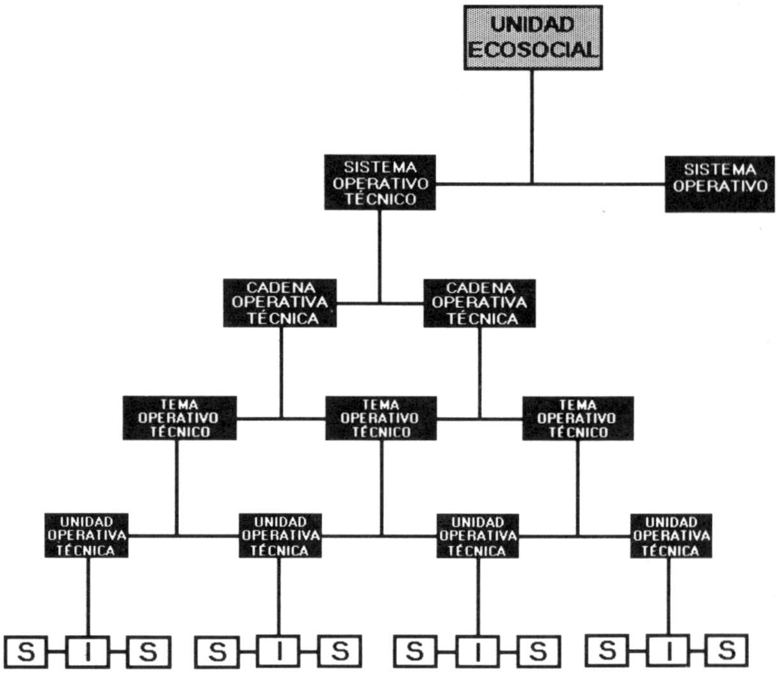

El funcionamiento del grupo se realiza a través de un conjunto de actividades psico-materiales encaminadas a la interacción con el medio –sistemas de producción, intercambio y transformación–, a los que denominaremos Sistemas Operativos. Cada sistema operativo está constituido por una serie de Cadenas Operativas, que son la materialización de cada programa de actuación en el medio. Es decir, son actividades con un principio y un fin definidos previamente a su puesta en marcha. Su objeto es la interacción práctica con el medio. Normalmente, la consecución de una cadena operativa necesita de la activación y secuenciación de otra serie de actividades, de rango menor e igualmente predefinidas: los Temas Operativos.

En el caso del estudio de la tecnología, los Temas Operativos se caracterizan por su fuerte componente técnico, ya que son los métodos de elaboración de instrumental.

Un ejemplo básico puede ilustrarnos la cuestión (Fig. 2): la caza de una presa supone un programa específico de actuación en el medio y por ello constituiría una Cadena Operativa. Está implicada –como otras de clase, objetivo y medios diferentes– en la composición de los Sistemas Operativos de captación de energía que utiliza una comunidad. La puesta en marcha de este proyecto supone la planificación y realización de otras actividades, como puede ser la elaboración del instrumental necesario. Así, pues, el proceso de fabricación y

The operation of a human group is carried out through a set of psycho-material activities aimed at interacting with the environment-that is production, interchange and transformation systems. We will call this set of activities an Operative System. Each Operative System is made up of a series of Operative Chains that are the materialization of each operation program on the environment. Therefore there are activities that, prior to being carried out, have a well defined beginning and end. Their aim is practical interaction with the environment. If an operative chain is to be attained another lower range of activities, equally pre-defined, needs to be activated and sequenced: we are speaking of Operative Themes.

In the case of the study of technology, Operative Themes are characterized by a strong technical component given that they are the methods used for tool production.

A basic example can illustrate this issue (Fig. 2). The hunting of a prey supposes a specific programme of acts in the environment. So, it would constitute an Operative Chain. This chain is implied as are others of a different kind, aims and means in the composition of energy gathering Operative Systems used by a community. Putting this project into effect supposes other activities such as producing the necessary tools. Therefore, the production and final elaboration processes of a tool constitute a Technical Operative Theme,

1. *Esquema conceptual.*

1. *Conceptual Scheme.*

2. *Esquema Operativo Técnico.*

2. *Technical Operating Scheme.*

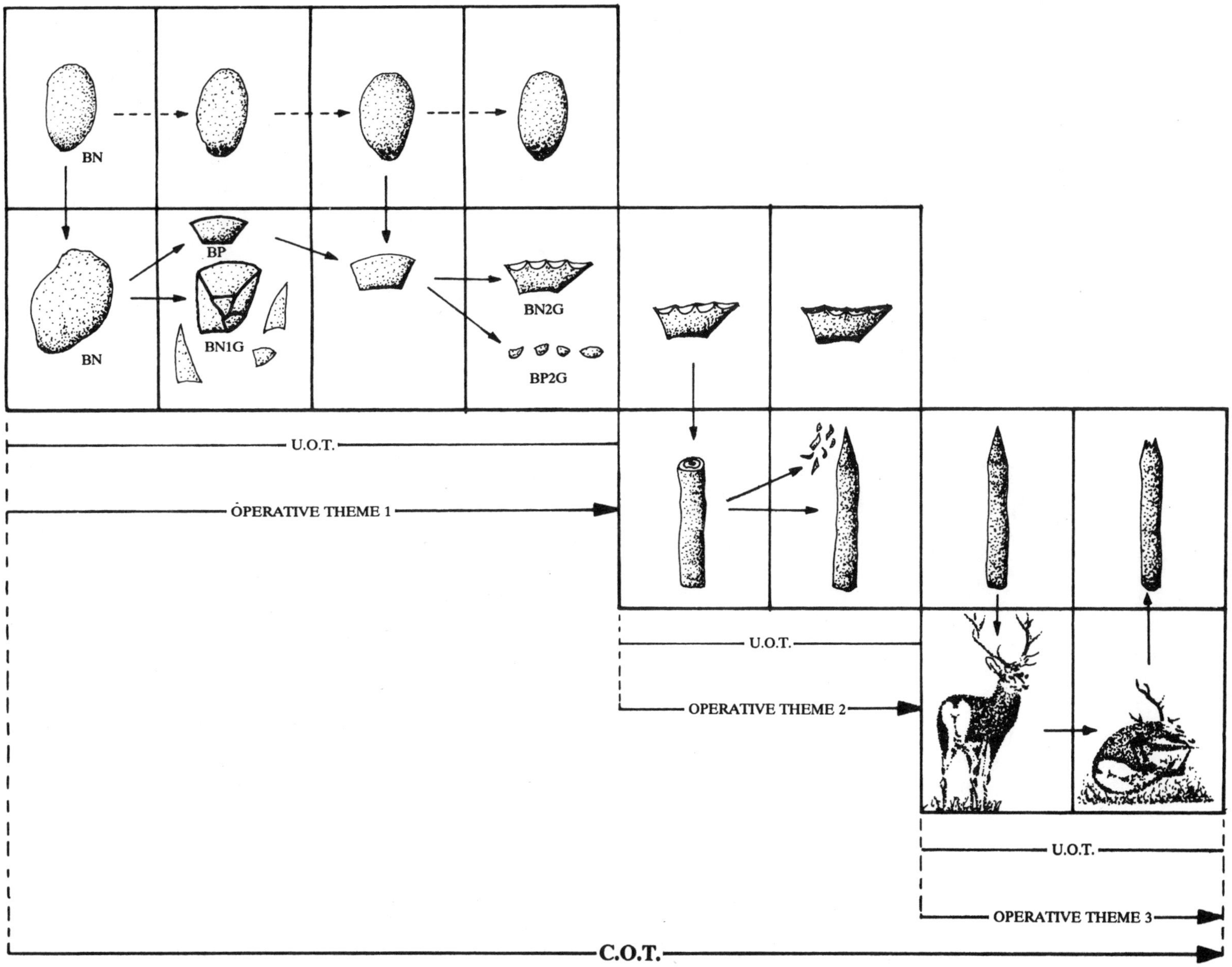

elaboración final del instrumento es un Tema Operativo Técnico, que a su vez se compone de una secuencia de unidades de menor rango: Unidades Operativas Técnicas. Estas últimas son las fases específicas en la fabricación. A grandes rasgos podemos representarla como una secuencia en la que se explota una matriz para obtener Bases Positivas, se retocan aquellas que son aptas para configurar una punta y finalmente se engarzan en un astil. Por último, podemos encontrar en esta estructura la Selección (de materia prima, de objetivos...) y la Interacción (entre materias primas, entre éstas y el objetivo...), que son las unidades básicas de nuestro análisis. Su im-

which, in term, is made up of a sequence of lower ranged units: we call them Technical Operative Units (T.O.U.). They are the specific phases of production. In general, they can be represented as a sequence in which a matrix is exploited in order to obtain Positive Bases. Those of them that can be shaped to a point and retouched and finally bound to a wooden handle. Finally, this structure also includes Selection (of raw materials, of objectives...) and Interaction (among raw materials and among these and the objectives...) which are the basic units of our analysis. Their importance resides in the fact that they are the only factors common to all action or activity.

3. *Esquema de generación de las categorías estructurales.*

3. *Structural Categories generation.*

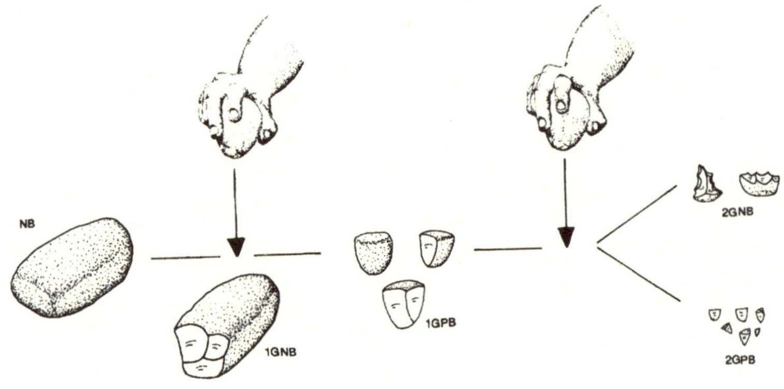

portancia radica en ser los únicos factores comunes a toda acción o actividad.

El interés fundamental de nuestro estudio es la reconstrucción de las secuencias de formación de los Temas Operativos Técnicos, lo que nos reportará un nivel de información tecnológica más amplio.

2.3. Estudios analíticos y procesuales.

El estudio comienza por situar a cada pieza dentro de su secuencia de producción. Dependiendo de la posición que ocupe en ésta, se le asigna una *Categoría Estructural.* Es importante subrayar que éstas no hacen referencia a tipos, sino al segmento de la secuencia morfogenética en el que se encuentra cada objeto (Fig. 3).

Una parte considerable del trabajo se basará en el estudio cualitativo de categorías estructurales, seleccionadas por su valor discriminante. Esto nos permite aprehender el conjunto de los caracteres que presentan los objetivos, lo que resulta básico a la hora de reconstruir las secuencias de cada Tema Operativo. De esta forma, se realizan análisis de los *Elementos Morfotécnico, Morfopotencial y Morfofuncional* del registro. Si bien en el presente artículo sólo son tratados los dos primeros (Carbonell *et al.,* 1992b).

El primero de ellos responde al conjunto de caracteres técnicos que se han generado durante el proceso de elaboración y que quedan reflejados en la morfología final del objeto. El análisis del elemento morfopotencial nos informa de la capacidad teórica de intervención sobre el medio de una estructura morfológica. Por último, el análisis del elemento morfofuncional responde a la manera concreta en la que los anteriores elementos han sido funcionalizados.

The main aim of our research is to reconstruct the sequences involved in the formation of Technical Operative Themes. This approach will give us a much wider spectrum of technological information.

2.3. Analytic and processual studies.

The research begins by placing each object within its production sequence. Depending upon this position the object is ascribed to a *Structural Category.* It should be pointed out that Structural Categories do not refer to types but to the sector of the morpho-genetic sequence in which every object is found (Fig. 3).

A considerable part of the research is based on the qualitative study of Structural Categories which have been selected for their discriminating value. This allows the set of features displayed by the object to be apprehended, which is a basic step when reconsructing the sequences of every Operative Theme. The morpho-technical, morpho-potential and morpho-functional elements of the archaeological record are analysed in this way (Carbonell *et al.,* 1992b), although in this paper we will only deal with the first ones.

The morpho-technical element is the set of technical characters generated during the production process and which are reflected on the final morphology of the object. The analysis of the morpho-potential element gives us information about the theoretical capability of intervention in the milieu of a morphologic structure. Finally, the analysis of the morpho-functional element answers to the specific way in which the above elements have been used.

Existe un último nivel de estudio en el que se interrelaciona toda la información obtenida de los anteriores apartados. Es un nivel de síntesis en el que se condensa la información recogida del estudio sobre los caracteres técnicos específicos, los procesos y las secuencias de configuración. Se realiza a través de las *Matrices Morfogenéticas*.

Una matriz morfogenética es un conjunto de procesos independientes de producción de instrumental lítico. Informa principalmente de las relaciones genéticas entre los objetivos y su proceso de elaboración. Cada uno de estos procesos constituye, como ya se ha dicho, un Tema Operativo Técnico (T.O.T.). Los Temas Operativos Técnicos deben ser capaces de explicar por sí mismos la presencia de cualquier morfología que corresponda a esos procesos, así como sus caracteres técnicos.

En una matriz morfogenética se asocian los T.O.T. para informar de las presencias y/o ausencias de objetos en un registro. En este sentido, el conjunto de los T.O.T. constituye la matriz morfogenética estructural de la producción lítica. Por el análisis de las asociaciones específicas recuperadas en un yacimiento, conocemos la selección de los T.O.T. por parte de los paleopobladores.

Las matrices admiten una lectura vertical –generación de objetos durante un proceso– y otra horizontal, así como la visión conjunta de todos los componentes de una asociación, la comparación entre sus diferentes procesos de elaboración y las propias relaciones entre los objetos (Ver Fig. Matrices).

Los Temas Operativos referidos a la producción de industria lítica pueden ser Directos e Indirectos. Los Directos serán aquellos en los que el proceso está direccionado hacia la modificación de la base negativa soporte, por ser ella misma el objetivo de la configuración. Estos procesos sólo constan de una Unidad Operativa Técnica (U.O.T.) –la transformación de esa base negativa– compuesta por la selección de materia prima (S) y del percutor (S) y la interacción entre ambos (I). Ésta sería la U.O.T. de Configuración 1.

Los Temas Operativos Indirectos serán aquellos en los que el proceso no está direccionado hacia la base negativa soporte, sino hacia los otros productos de talla (BP y BN2G). Para ello, es necesario pasar por diferentes fases de preparación y transformación. Por ello, los T.O.T. Indirectos cuentan por definición con varias fases o Unidades Operativas. En la primera, el objetivo se centra en la preparación de la base negativa para adecuarla a las siguientes fases (U.O.T. de Configuración 1). En la siguiente etapa se cambia de objetivo y se pasa a explotar la base negativa con la finalidad de producir Bases Positivas (U.O.T. de Explotación 1). Por último,

There is a last study level where we interrelate all the information obtained in the above mentioned stages. This is synthesis level which condenses the information collected when studying the specific technical characters, the processes in the configuration sequences. This study is carried out through the *Morpho-genetic Matrices*.

A Morpho-genetic Matrix is a set of independent production processes leading to the manufacturing of lithic instruments. It mainly gives information on the genetic relationships between the objects and their production processes. Each one of these processes consitutes, as explained above, a Technical Operative Theme (T.O.T.). The Technical Operative Themes must explain by themselves the presence of any morphology which corresponds to these processes, as well as their technical traits. The Technical Operative Themes are associated within a Morpho-genetic Matrix in order to obtain information about the presence and/or absence of objects in a record. Therefore, all of the T.O.T. constitute the structural Morpho-genetic Matrix of lithic production by analyzing the specific associations of lithic objects found at a site we can learn the selection of T.O.T. made bythe paleo-settlers.

The Morpho-genetic Matrixes can be read vertically showing the generation of objects during a process. They can also be read horizontally giving the complete vision of the components which form an association, the comparison among their different production processes and the relationships among the objects (see section 4.3.1.).

The Technical Operative Themes (T.O.T.) referring to the production of lithic industry can be Direct or Indirect. The Direct T.O.T. (D.T.O.T.) are those in which the whole process is directed toward modifying the Negative Base matrix. The matrix is the objective; therefore, there is only one Technical Operative Unit (T.O.U.) –the transformation of the matrix–made up of the selection of raw material (S), the selection of the hammerstone (S) and their interaction (I). This would be the T.O.U. of Configuration I.

Indirect T.O.T.s are those in which the process has not been directed to the matrix, but towards other knapping products (Positive Bases and Second Generation Negative Bases). In order to attain this aim, several stages of preparation and transformation have to be gone through. So, Indirect T.O.T.s always have several phases or Operative Units. In the first, attention is concentrated on the preparation of the negative base for the subsequent phases (T.O.U. of Configuration I). In the next stage there is a change in the aim: the negative base is used for the production of Positive Bases

4. *Vista general de la Trinchera del Ferrocarril de la Sierra de Atapuerca. En primer término, el conjunto de Galería —Tres Simas— Zarpazos. Al fondo el yacimiento de Gran Dolina.*

4. *General sight of the Sierra de Atapuerca Railway Trench. In first term, the set of Galería —Tres Simas— Zarpazos. In the background we can see the deposit of Gran Dolina.*

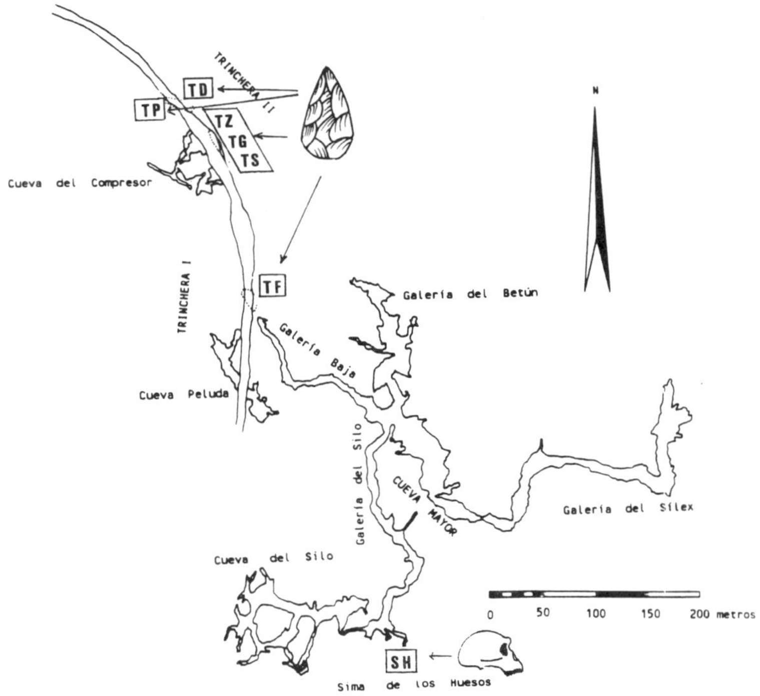

5. *Mapa de las localizaciones de los yacimientos de la Sierra de Atapuerca.*

5. *Map of the site location at the Sierra de Atapuerca.*

puede existir otra etapa de Configuración o transformación de los productos previamente elaborados. En este momento la finalidad de la acción es la selección de determinados ejemplares —en función de sus características técnicas— para su posterior transformación en BN2G (U.O.T. de Configuración 2).

La matriz morfogenética puede ofrecer información para la comparación entre asociaciones o registros. Es decir, fenómenos como los de variabilidad, multiplicidad u homogeneidad pueden inferirse a partir de una lectura horizontal de los componentes y fases de la matriz.

(T.O.U. of Exploitation I). Finally, there may be a further phase of configuration or transformation of the products configured previously. Here the objectibe of the action is to select individual objects —with definite technical characteristics—, for their transformation into 2GNB (T.O.U. of Configuration II).

The Morpho-genetic Matrixes offer useful information to compare single associations as well as whole records. That is to say, some phenomena such as variability, multiplicity or homogeneity can be inferred from a horizontal interpretation of the constituents in phases of the Matrixes.

6. *Correlación estratigráfica entre Gran Dolina y Galería. (Giralt, Jordá & Yebra, com. pers.; Gil* et al., *1987). Leyenda: 1. Sustrato calcáreo, 2. Matriz de arenas, 3. Matriz de limos, 4. Matriz de arcillas, 5. Barro calcáreo, 6. Costra estalagmítica (en Gran Dolina), 7. Areniscas, 8. Microconglomerados clastosoportados, 9. Lutitas, 10. Clastos calizos, 11. Esqueleto clastosoportado, 12. Costra estalagmítica (en Galería) 13. Correlación estratigráfica entre Gran Dolina y Galería.*

6. *Stratigraphic Correlation between Gran Dolna and Galería. (Giralt, Jordá & Yebra, pers. com.; Gil et al., 1987). Legend: 1. Calcareous substratum, 2. Sand matrix, 3. Lime matrix, 4. Clay matrix, 5. Calcareous mud, 6. Stalagmitic crust (in Gran Dolina), 7. Sandstones, 8. Clast-supported micro-conglomerates, 9. Marls, 10. Calcareous clasts, 11. Clast-supported skeleton, 12. Stalagmitic crust (in Galería) 13. Stratigraphic correlation between Gran Dolina and Galería.*

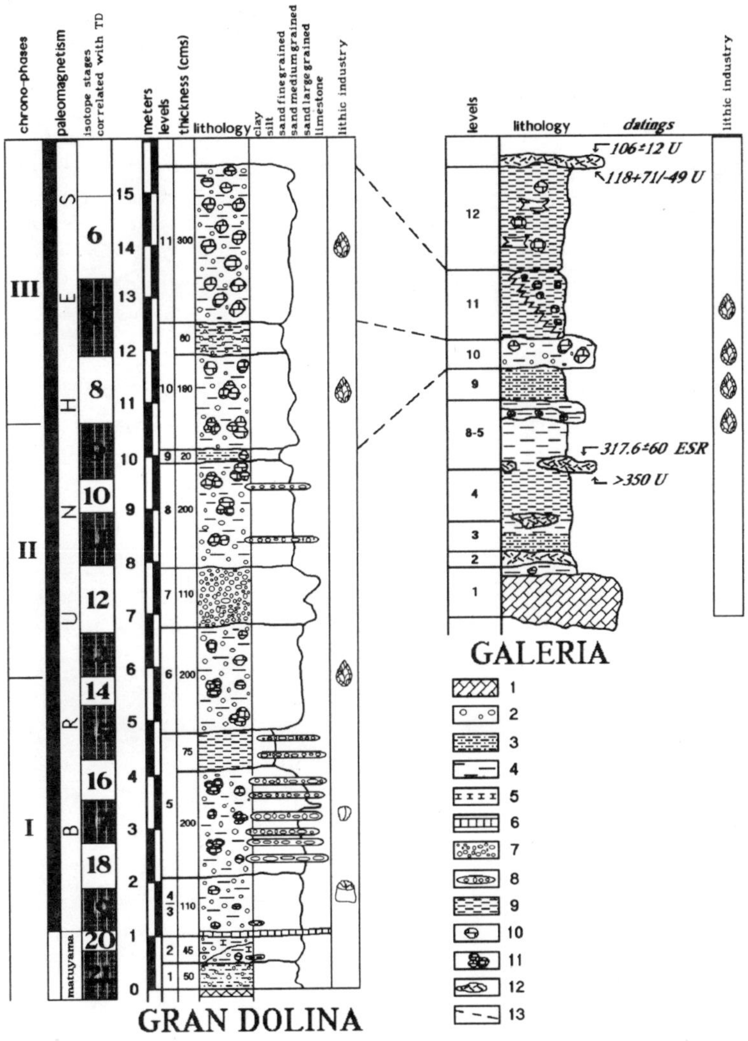

3

Marco geo-cronológico, proposición crono-estratigráfica y división para el estudio.

Desde 1978 hasta la actualidad se vienen realizando intervenciones arqueo-paleontológicas en algunos de los rellenos kársticos de la Sierra de Atapuerca (Figs. 4 y 5). Concretamente, las excavaciones han afectado a los Centros de Intervención de la Trinchera del Ferrocarril y a Cueva Mayor; en la Trinchera se encuentran los yacimientos de Galería (TG), Trinchera Norte (TN), Cueva de los Zarpazos (TZ), Gran Dolina (TD), Trinchera Penal (TP) y Sima del Elefante (TF); y en Cueva Mayor la Sima de los Huesos (SH, con restos fósiles de homínidos) (Aguirre *et al.*, 1987a, 1987b, 1990; Carbonell, 1991; Carbonell *et al.*, 1986).

3

The geo-chronological framework, chrono-stratigraphic proposal and study areas.

From 1978 up to the present, several archaeo-palaeontologic interventions have been carried out in the karstic fillings of Sierra de Atapuerca (Figs. 4 and 5). More specifically, the excavations have affected the Intervention Centers of Trinchera del Ferrocarril and Cueva Mayor. The sites of Galería (TG), Trinchera Norte (TN), Cueva de Los Zarpazos (TZ) (which form the assemblage of Tres Simas), Gran Dolina (TD), Trinchera Penal (TP) and Sima del Elefante (TF) are to be found in the Trinchera and the Sima de Los Huesos site is in Cueva Mayor (with hominid fossil remains) (Aguirre *et al.*, 1987a, 1987b, 1990; Carbonell, 1991; Carbonell *et al.*, 1986).

Tabla 1.—*Dataciones obtenidas hasta el momento para los yacimientos de la trinchera del ferrocarril de la Sierra de Atapuerca. Métodos utilizados: PM = Paleomagnetismo; BE = Criterios bioestratigráficos; U = Series del Uranio; ESR = Resonancia Electrónica de Spin.*

Table 1.—*Actual datings for the sites of trinchera del ferrocarril at the Sierra de Atapuerca. Methods used: PM = Paleomagnetism; BS = Biostratigraphics criteria; U = Uranium series; SER = Spin Electron Resonance.*

Nivel	Datación (ka.)	Método	Estadio isotópico	Referencias bibliográficas
TD3	>780	PM	≧20	Carracedo *et al.*, 1987
TD6	~500	BE	13	Aguirre *et al.*, 1987c; Aguirre & Hoyos, 1992
TG4	>350	U	>10	Grün & Aguirre, 1987
TG4	317,6+60	ERS	9	Falguères, 1986
TG8	>350	U	>10	Bischoff, 1993, com. pers.
TN8	256+23	ERS	8	Falguères, 1986
TFsup	213+20	U	7	Bischoff, 1991, com. pers.
TZsup	135+13	U	6-5	Bischoff, 1991, com. pers.
TG12	118+71/-79	U	5	Grün & Aguirre, 1987
TG12	87+14	U	5	Bischoff 1991, com. pers.
TG12-TZsup (isocronas)	106+12	U	5	Bischoff, 1991, com. pers.

La estratigrafía de Dolina (Fig. 6), con cerca de veinte metros de potencia, presenta once niveles geológicos (Fernández Jalvo, 1988; Gil *et al.*, 1987; Giralt, Jordà & Yebra, com. pers.), de los cuales al menos cinco contienen industria lítica. El nivel TD4 es el más antiguo de los que cuentan con objetos líticos de indudable factura humana. Dado que en el nivel TD3 se ha constatado la inversión paleomagnética Matuyama/Brunhes (Carracedo *et al.*, 1987), la ocupación antrópica de TD4 podría haberse desarrollado durante el episodio 19 de los estadios isotópicos del $^{16}O/^{18}O$ (736-726 Ka., según el sondeo V28-238) o el 18 (726-689 Ka.)[4].

También presentan industria lítica los niveles TD5 y TD6. Para este último se propone una cronología de alrededor de 500 Ka. (estadios 14-13, entre 565 y 478 Ka.), apoyada en la desaparición del arvicólido rizodonte *Mimomys savini* a partir de TD6, en donde aparece por última vez (Aguirre *et al.*, 1987c; Aguirre & Hoyos, 1992; Bosinski, 1992; Van Kolfschoten, 1988; Von Koenigswald & Van Kolfschoten, n.p.). También aparece industria lítica en TD10 (probablemente encuadrable en el episodio 8, 303-245 Ka.) y en TD11 (episodios 7-6, 245-130 Ka.). Aunque todavía no contamos con ninguna datación de estos dos niveles, se ha podido establecer una correlación estratigráfica entre los niveles superiores de Dolina y Galería (TD11=TG11 y TD10=TG10), de manera que podemos tomar como referencia las dataciones de este último yacimiento (véase más adelante). Hasta el presente estos niveles sólo han podido ser excavados parcialmente.

Trinchera Penal (TP) presenta aparentemente continuidad con el yacimiento de Dolina; ambos se encuentran separados actualmente por la Trinchera del Ferrocarril. No obstante, el estudio de la micropaleontología y de la tafonomía revela que el depósito de Penal superior podría no corresponder con TD6-8, tal y como en un primer momento se pensó (Fernández Jalvo, com. pers.). Hasta el presente Trin-

The stratigraphy of Dolina (Fig. 6), about 20 m. deep, has 11 geological levels (Fernández Jalvo, 1988; Gil *et al.*, 1987; Giralt, Jordà & Yebra, pers. comm.). At least five of them contain lithic industry. The earliest level yielding lithic objects of undoubted human production is level TD4. Given that the Matuyama/Brunhes geo-magnetic reversal has been verified in the TD3 level (Carracedo *et al.*, 1987), the anthropic occupation of TD4 possibly developed during episode 19 of the isotopic stages of $^{16}O/^{18}O$ (736-726 Ky in accordance with the deep-sea core V28-238) or during the 18 (726-689 Ky)[4] one.

The TD5 and TD6 levels also have lithic industry. A chronology of about 500 Ky is proposed for the latter (stages 14-13, between 565 and 478 Ky), based upon the disappeareance of the vole *Mimomys savini* from TD6, where it appears for the last time (Aguirre *et al.*, 1987c; Aguirre & Hoyos, 1992; Bosinski, 1992; Van Kolfschoten, 1988; Von Koenigswald & Van Kolfschoten, n.p.).

Lithic industry also appears in TD10 (probably stage 8, 303-245 Ky) and in TD11 (stages 7-6, 245-130 Ky). Although there are still no datings for these upper levels, a stratigraphic correlation has been established among the upper levels of Dolina and Galería (TD11 = TG11 and TD10 = TG10), in such a way that the datings from this latter site can be taken as a reference (see below). Up to the present these levels have only been partially excavated.

Trinchera Penal (TP) seems to show continuity with the TD site. At present, they are separated by the Trinchera del Ferrocarril (Railway Trench). The study of micro-mammals and of its taphonomy reveals that the upper deposit of TP could not correspond to TD6-TD8 as initially thought (Fernández Jalvo, 1992). Up to the present TP has yielded few lithic industry or faunal remains.

The site of Galería (located at some 50 m. from Dolina) is a part of the complex known as Tres Simas. Tres Simas could chera Penal ha proporcionado escasos efectivos de industria lítica y fauna.

El yacimiento de Galería (situado unos cincuenta metros al sur de Dolina) forma parte de un complejo con tres conductos kársticos conectados entre sí: un conducto vertical (Trinchera Norte o Tres Simas Boca Norte), conectado con una galería (Trinchera Galería) que, a su vez, está conectada, en el extremo opuesto, a otra pequeña cavidad (Cueva de los Zarpazos). La potencia estratigráfica de Galería alcanza como máximo de 4 a 6,5 metros (Gil *et al.*, 1987).

De los doce niveles geológicos de Galería, los más ricos en registro lítico son TG10 y TG11 (Martín Nájera, 1986; Mosquera & Carbonell, 1992). En TG11 se han excavado una docena de suelos utilizados por los paleopobladores de la Sierra de Atapuerca. Los hallazgos de industria lítica son escasos hasta el noveno suelo utilizado (GSU9) (Díez *et al.*, 1986). Sin embargo, a partir del suelo 10 (GSU10) se produce un notable aumento de efectivos líticos que alcanza su máxima expresión en los suelos once y doce, que son cronológicamente los más antiguos. Todo el conjunto se encuadra en la última etapa del Pleistoceno Medio (episodios isotópicos 6-7) (Díez, 1992). En efecto, la costra estalagmítica que pone fin al relleno de TG (nivel 12, estéril desde el punto de vista arqueológico), se ha datado en 87 ± 14 Ka. por las series del Uranio (Bischoff, 1991 com. pers.) y 118 + 71/–49 también por $^{230}Th/^{234}U$ (Grün & Aguirre, 1987), mientras que el nivel TN8 (correlacionable con TG11) ha ofrecido una antigüedad de 256 ± 23 Ka. (dataciones por "ESR" realizadas por Falguères, 1986). Recientemente se ha datado el nivel 8 (TG8) con un resultado de >350 Ka. (Bischoff, 1993 com. pers.). Por último, TG4 ha proporcionado dos dataciones: >350 Ka. por las series del Uranio (Grün & Aguirre, 1987), y 317, 6 ± 60 por "ESR" (Falguères, 1986).

La parte superior del yacimiento de Trinchera-Cueva de los Zarpazos (TZ) ha suministrado industria asociada a fauna. Estos materiales son análogos a los localizados en TG11. Zarpazos y Galería-Trinchera Norte forman parte de la misma estructura kárstica. Contamos con una datación de 135 ± 13 Ka. (obtenida por las series del Uranio) para la estalagmita terminal de la Cueva de los Zarpazos (Bischoff, 1991 com. pers.), correlacionable con la estalagmita terminal de Galería. La edad media obtenida para el techo del conjunto Galería-Zarpazos es de 106 ± 12 Ka. (Bischoff, 1991 com. pers.).

En la parte superior de la Sima del Elefante (TF) (relleno de 10 metros de potencia estratigráfica), se ha localizado industria lítica asociada a fauna. Una datación de la base de este nivel superior, realizada por las series de Uranio, ha propor-

be characterized as a complex of three interconnected karstic conduits: a vertical conduit (Trinchera Norte or Tres Simas Boca Norte), connected with a gallery (Trinchera Galería) which in turn is connected at the other end of another small cavity (Cueva de Los Zarpazos). The stratigraphic thickness of Galería reaches a maximum of 4 to 6,5 m. (Gil *et al.*, 1987).

Of the twelve geological levels of Galería, TG10 and TG11 have the richest lithic record (Martín Nájera, 1986; Mosquera & Carbonell, 1992). In TG11, a dozen floors used by the paleo-settlers of the Sierra de Atapuerca have been excavated. Lithic industry finds are scarce up to the ninth used floor (GSU9) (Díez *et al.*, 1986). However, from floor 10 (GSU10) there is a significant increase in lithic objects which reaches its maximum expression in floors 11 and 12, which are the oldest. This assemblage belongs to the last moments of the Middle Pleistocene (isotopic stages 6-7) (Díez, 1992). Efectively, the stalagmitic crust which ends the TG filling (level 12, which is sterile from the archaeological point of view), has been dated to 87 ± 14 Ky Bp by the Uranium series (Bischoff, 1991, pers. comm.) and 118 +71/–49 also by $^{230}Th/^{234}U$ (Grun & Aguirre, 1987), whereas level TN8 (which can be correlated with TG11) offers an antiquity of 256 ±23 Ky (datings by "ESR"; Falguères, 1986). Level 8 (TG8) has been recently dated by Uranium series and its age is estimated to be 350 Ky Bp (Bischoff, 1993, pers. comm.). Lastly, TG4 has given two datings: 350 Ky by the Uranium series (Grun & Aguirre, 1987), and 317,6+-60 by "ESR" (Falguères, 1986).

The upper part of the Trinchera-Cueva de Los Zarpazos (TZ) site has supplied industry associated to faunal remains. These materials are analogous to the ones found in TG11. Cueva de Los Zarpazos (TZ) and Galería-Trinchera Norte (TG-TN) are two parts of the same karstic structure. We have a date of 13+-13 Ky, obtained by Uranium series on the stalagmitic crust at the top of the stratigraphy of TZ (Bischoff, 1991, pers. comm.), which can be correlated with the crust at the top of TG. The median age for the upper levels of the Galería-Zarpazos ensemble is 106+-12 Ky (Bischoff, 1991, pers. comm.).

In the Sima del Elefante (TF), also located in the Trinchera del Ferrocarril, 10 m. deep, lithic industry associated to fauna has been found in its upper part. A dating of the base of this level, made by the Uranium series, gave a date of 213+-20 Ky (Bischoff, 1991, pers. comm.).

We can roughly group the chrono-technical complexes of the Sierra de Atapuerca in three phases (Fig. 5) in order to cionado una datación de 213 ± 20 Ka. (Bischoff, 1991 com. pers.).

Podemos agrupar, a grandes rasgos, los complejos cronotécnicos de la Sierra de Atapuerca en tres fases (Fig. 5) con el objetivo de facilitar una comprensión sintética de sus diversos Temas Operativos Técnicos y modelos psico-técnicos:

Fase I.–Correspondiente a los estadios isotópicos 19 a 14 (entre 736 y 524 Ka.). Incluye los niveles TD4 y TD5 de Dolina.

Fase II.–Correspondiente a los estadios isotópicos 13 a 19 (entre 524 y 303 Ka.). Incluye el nivel 6 de Dolina (TD6) y probablemente el relleno de Penal (TP).

Fase III.–Correspondiente a los estadios isotópicos 8 a 5 (entre 303 y 74 Ka.). Incluye los niveles TD11 y TD10 de Dolina; TD11 y TG10 de Galería; TF superior de la Sima del Elefante y TZ superior de la Cueva de los Zarpazos.

Esta diferenciación es una proposición hipotética. Las importantes diferencias litotécnicas entre la industria de TD4/TD5, TD6 y TD10/TD11, añadidas a su posición estratigráfica, han permitido delimitar las tres fases. Aunque éstas las presentamos en una sucesión sin solución de continuidad, el registro, hasta hoy, sí presenta rupturas.

simplify a synthetic comprehension of their diverse Technical Operative Themes and psycho-technical models:

Phase I.–Corresponds to stages 19 to 14 (between 736 and 524 Ky), including TD4 and TD5 (Trinchera Dolina).

Phase II.–Corresponds to stages 13 to 9 (between 524 and 303 Ky), including TD6 (Trinchera Dolina) and probably Trinchera Penal as well.

Phase III.–Corresponds to isotopic stages 8 to 5 (between 303 and 74 Ky) including TD11, TD10, TG11, TG10, upper TF and upper TZ.

This differentiation is a hypothetical proposal. The important technical differences found among the lithic industry found at TD4-TD5, the one found at TD6 and the industry of TD10-TD11, as well as their stratigraphic position allowed the three phases above to be defined. Although we present them as a continuous succession, in the record recovered up to now, discontinuities are present.

4 Litotecnia.

Este apartado se sistematiza en tres grandes subapartados. El primero está dedicado a una presentación exhaustiva de los datos actuales. En el segundo se discute la selección de materias primas en el medio y se expone el resultado del análisis de la alteración postsedimentaria sufrida por el sílex en el registro de Atapuerca. Finalmente, el tercero es el que presenta la reconstrucción de los Sistemas Operativos Técnicos. Para ello se utilizan conceptos y técnicas interdependientes y sistemáticos desarrollados recientemente. Son instrumentos descriptivos, analíticos y conceptuales que nos permiten, en conjunto, aproximarnos a los Sistemas Operativos Técnicos.

4 Litho-technique.

This chapter is subdivided into three major sections. The first one is an exhaustive presentation of the data known up to the present. The second one discusses the selection of raw materials from the environment. The results of the analysis of the post-sedimentary alterations experienced by the flint recovered at the Atapuerca sites are presented. Finally, the third section presents the reconstruction of the Technical Operative Systems. To do so, recently developed interdependent, systematic concepts and techniques have been used. These are the descriptive, analytic and conceptual tools that allow us to approach Technical Operative Systems.

Tabla 2.–*Hallazgos de industria lítica en la trinchera del ferrocarril (Sierra de Atapuerca).*

Table 2.–*Lithic industry of Trinchera del Ferrocarril (Sierra de Atapuerca).*

Yacimiento	Determinables		No Determinables		Total	
Nivel	Número de objetos	%	Número de objetos	%	Número de objetos	%
FASE I						
TD4	5	100	0	–	5	0,3
TD5	3	100	0	–	3	0,1
FASE II						
TD6	15	53,6	13	46,4	28	1,5
TP	9	75	3	25	12	0,6
FASE III						
TF	4	100	0	–	4	0,2
TZ	88	80	22	20	110	5,9
TN2	92	73,6	33	26,4	125	6,7
TN5	90	71,4	36	28,6	126	6,8
TN6	58	43,3	76	56,7	134	7,2
TN6D.a.	14	58,3	10	41,7	24	1,3
TN7-TN8	94	83,2	19	16,8	113	6,1
TG10	218	79,6	56	20,4	274	14,7
TG11	87	80,6	21	19,4	108	5,8
TG10	417	72	162	28	579	31
TD11	154	69,7	67	30,3	221	11,8
Total	1348	72,2	518	27,8	1866	100

4.1.
Presentación de datos.

El análisis de la estrategia litotécnica se realiza a partir de las tablas de contingencia y de frecuencia que a continuación se detallan. Los efectivos que se indican en las tablas corresponden a todos los objetos líticos recuperados en excavación sistemática y del corte estratigráfico (tal es el caso de los niveles TD5 y TD6 de Dolina y de los objetos recuperados en la Sima del Elefante).

Los recuentos afectan en algunos casos a paquetes sedimentarios; como es el caso de las tablas pertenecientes a Trinchera Elefante, Trinchera Zarpazos (Fase III) Trinchera Penal (Fase II). Para Trinchera Norte, Trinchera Galería y Trinchera Dolina se han realizado tablas de recuento en todos los niveles que hasta el momento han proporcionado industria lítica: TN2, TN5, TN6Da, TN6 y TN7-8 (Fase III) para Trinchera Norte; TG10 y TG11 (Fase III) para Trinchera Galería; TD4, TD5 (Fase I), TD6 (Fase II), TD10 y TD11 (Fase III) para Trinchera Dolina.

La mayoría de los efectivos recuperados, que ascienden a un total de 1866, corresponden a niveles arqueológicos ads-

4.1.
Presentation of data.

The litho-technical strategy is analyzed using the contingency and frequency tables shown below. The effectives displayed in the tables are all the lithic objects found during the systematic excavations and the ones recovered from the section itself (as is the case of Dolina levels TD5 and TD6 and of the objects recovered at the Sima del Elefante).

The amount of objects considered alludes in some cases to sedimentary assemblies. This is the case of the tables which refer to Trinchera Elefante and Trinchera Zarpazos (Phase III). For Trinchera Norte, Trinchera Galería and Trinchera Dolina tables have been made which take into account the total amount of objects found at all levels that have so far yielded lithic industry: TN2, TN5, TN6Da, TN6 and TN7-8 (Phase III) at Trinchera Norte; TG10 and TG11 (Phase III) at Trinchera Galería; TD4, TD5 (Phase I), TD6 (Phase II), TD10 and TD11 (Phase III) at Trinchera Dolina.

Most of the lithic objects recovered, accumulating to a total of 1866, correspond to archaelogical levels ascribed to Phase III (isotopic stages 8 to 5), given that they are the only

Tabla 3.–*TD4.*

Table 3.–*TD4.*

Material	Bn	BN1G	BP	BN2G	Total deter.	Total indet.	TOTAL
Cuarcita	–	3	2	–	5	–	5
Total	–	3	2	–	5	–	5

Tabla 4.–*TD5.*

Table 4.–*TD5.*

Material	Bn	BN1G	BP	BN2G	Total deter.	Total indet.	TOTAL
Sílex neógeno	–	–	1	–	1	–	1
Cuarcita	1	1	–	–	2	–	2
Total	1	1	1	–	3	–	3

Tabla 5.–*TD6.*

Table 5.–*TD6.*

Material	Bn	BN1G	BP	BN2G	Total deter.	Total indet.	TOTAL
Sílex neógeno	–	–	1	–	1	–	1
		37,5 %	50 %	12,5 %	38,1 %	61,9 %	75 %
Cuarcita	1	1	–	–	2	–	2
		33,3 %	66,7 %		100 %		21,4 %
Caliza	–	–	1	–	1	–	1
			100 %		100 %		3,6 %
Total	1	1	1	–	3	–	3
		33,3 %	60 %	6,7 %	53,6 %	46,4 %	

Tabla 6.–*TP.*

Table 6.–*TP.*

Material	Bn	BN1G	BP	BN2G	Total deter.	Total indet.	TOTAL
Cuarcita	1	2	1	2	6	–	6
	16,7 %	33,3 %	16,7 %	33,3 %	100 %		50 %
Cuarzo	–	–	–	1	1	3	4
				100 %	25 %	75 %	33,3 %
Caliza	1	–	–	1	2	–	2
	50 %		50 %	100 %		16,7 %	
Total	2	2	1	4	9	3	12
	22,2 %	22,9 %	11,1 %	44,4 %	75 %	25 %	

Tabla 7.–*TF.*

Table 7.–*TF.*

Material	Bn	BN1G	BP	BN2G	Total deter.	Total indet.	TOTAL
Sílex neógeno	–	–	–	1	1	–	1
Cuarcita	–	–	–	2	2	–	2
Arenisca	–	1	–	–	1	–	1
Total	–	1	–	3	4	–	4

critos a la Fase III (estadios isotópicos 8-5), ya que han sido éstos los únicos que, hasta el momento, han sido excavados sistemáticamente. Es de esperar que en un futuro próximo, cuando la excavación sistemática haya avanzado, se amplíe considerablemente la muestra perteneciente a los niveles encuadrables en las Fases I y II.

En las tablas se especifica el material recuperado según categorías estructurales (en columnas) y materias primas (en filas). Los objetos cuyo mal estado de conservación no permitía determinar su categoría estructural se han incluido en el

ones that so far have been systematically excavated. There are great hopes that in the near future as the systematic excavations advance, the sample of Phase I and II levels will increase considerably.

The tables below specify the material found according to Structural Categories (columns) and raw materials (rows). Those objects whose structural category could not be determined because of their poor state of observation have been included in the undeterminable section. This section also includes the objects whose morphology does not allow them

Tabla 8.–*TZ.*

Table 8.–*TZ.*

Material	Bn	BN1G	BP	BN2G	Total deter.	Total indet.	TOTAL
Sílex neógeno	–	1 4,5 %	18 81,8 %	3 13,6 %	22 56,4 %	17 43,6 %	39 35,4 %
Sílex cretácico	–	–	3 75 %	1 25 7 %	4 100 %	–	4 3,6 %
Cuarcita	21 60 %	3 8,6 %	7 20 %	4 11,4 %	35 100 %	–	35 31,8 %
Arenisca	10 62,5 %	2 12,5 %	2 12,5 %	2 12,5 %	16 94,1 %	1 5,9 %	17 15,5 %
Cuarzo	1 33,3 %	–	2 66,7 %	–	3 42,9 %	4 57,1 %	7 6,4 %
Caliza	3 37,5 %	3 37,5 %	1 12,5 %	1 12,5 %	8 100 %	–	8 7,3 %
Total	35 39,8 %	9 10,2 %	33 37,5 %	11 12,5 %	88 80 %	22 20 %	110

Tabla 9.–*TN2.*

Table 9.–*TN2.*

Material	Bn	BN1G	BP	BN2G	Total deter.	Total indet.	TOTAL
Sílex neógeno	–	3 6,1 %	40 81,6 %	6 12,2 %	49 79 %	13 21 %	62 49,6 %
Sílex cretácico	–	1 11,1 %	7 77,8 %	1 11,1 %	9 100 %	–	9 7,2 %
Cuarcita	10 33,3 %	1 3,3 %	14 46,7 %	5 16,7 %	30 81,1 %	7 18,9 %	37 29,6 %
Arenisca	–	1 25 %	3 75 %	–	4 30,8 %	9 69,2 %	13 10,4 %
Total	10 10,9 %	6 6,5 %	64 70,7 %	12 10,9 %	92 73,6 %	33 26,4 %	125

Tabla 10.–*TN5.*

Table 10.–*TN5.*

Material	Bn	BN1G	BP	BN2G	Total deter.	Total indet.	TOTAL
Sílex neógeno	–	–	41 71,9 %	16 28,1 %	57 67,9 %	27 32,1 %	84 66,7 %
Sílex cretácico	–	–	10 76,9 %	3 23,1 %	13 81,25 %	3 18,75 %	16 12,7 %
Cuarcita	2 25, %	1 12,5 %	3 37,5 %	2 25 %	8 100 %	–	8 6,3 %
Arenisca	1 20 %	–	2 40 %	2 40 %	5 71,4 %	2 28,6 %	7 5,5 %
Cuarzo	–	–	2 100 %	–	2 33,3 %	4 66,7 %	6 4,8 %
Caliza	2 40 %	–	3 60 %	–	5 100 %	–	5 4 %
Total	5 5,6 %	1 1,1 %	61 67,8 %	23 25,5 %	90 71,4 %	36 28,6 %	126

apartado de indeterminables. En este apartado también figuran las piezas cuya morfología no presentaba caracteres que facilitaran su adscripción a alguna categoría estructural. Además del número de efectivos se indica también el porcentaje que suponen los efectivos de cada categoría estructural por materias primas, así como los porcentajes de determinables e indeterminables de cada materia prima. En la última columna aparecen los porcentajes de cada materia en relación con el total absoluto.

to be ascribed to any Structural Category. As well as the total number of objects, the percentage of objects in each structural category with a specific raw material is shown as well as the percentages of determinable and indeterminable of each raw material. The last column shows the percentages of each raw material in relation to the total amount.

Morpho-genetic Matrixes, Technical Operative Themes and Technical Operative Chain are rebuilt from this data, which represents Phases I, II and III.

Tabla 11.–*TN6 DA.*

Table 11.–*TN6 DA.*

Material	Bn	BN1G	BP	BN2G	Total deter.	Total indet.	TOTAL
Sílex neógeno	–	1 3,2 %	23 74,3 %	7 22,6 %	31 31,9 %	66 68,1 %	97 72,4 %
Sílex cretácico	–	–	2 66,7 %	1 33,3 %	3 100 %	–	3 2,2 %
Cuarcita	8 50 %	1 6,25 %	6 37,5 %	1 6,25 %	16 80 %	4 20 %	20 15
Arenisca	1 25 %	–	3 75 %	–	4 40 %	6 60,4 %	10 7,5 %
Cuarzo	–	–	1 100 %	–	1 100 %	–	1 0,7 %
Caliza	3 100 %	–	–	– 100 %	3	– 2,2 %	3
Total	12 20,7 %	2 3,4 %	35 60,3 %	9 15,5 %	58 43,3 %	76 56,7 %	134

Tabla 12.–*TN6.*

Table 12.–*TN6.*

Material	Bn	BN1G	BP	BN2G	Total deter.	Total indeter.	TOTAL
Sílex neógeno	–	–	5 71,4 %	2 28,6 %	7 41,2 %	10 58,8 %	17 70,8 %
Sílex cretácico	–	–	–	1 100 %	1 100 %	–	1 4,2 %
Cuarcita	1 100 %	–	–	– 100 %	1	– 4,2 %	1
Arenisca	–	–	2 100 %	–	2 100 %	–	2 8,4 %
Cuarzo	–	–	1 100 %	–	1 100 %	–	1 4,2 %
Caliza	1 50 %	–	1 50 %	–	2 100 %	–	2 8,4 %
Total	2 5,6 %	– 1,1 %	9 67,8 %	3 25,5 %	14 71,4 %	10 28,6 %	24

Tabla 13.–*TN7-TN8.*

Table 13.–*TN7-TN8.*

Material	Bn	BN1G	BP	BN2G	Total deter.	Total indeter.	TOTAL
Sílex neógeno	–	4 8,9 %	34 75,6 %	7 15,5 %	45 76,3 %	14 23,7 %	59 52,2 %
Sílex cretácico	– 57,7 %	2	1 23,1 %	2 19,2 %	5 96,3 %	– 3,7 %	5 23,9 %
Cuarcita	15 57,7 %	–	6 23,1 %	5 19,2 %	26 96,3 %	1 3,7 %	27 23,9 %
Arenisca	2 13,3 %	2 13,3 %	9 50, %	2 13,3 %	15 83,3 %	3 16,7 %	18 15,9 %
Cuarzo	–	1 50 %	1 50 %	–	2 66,7 %	1 33,3 %	3 2,6 %
Caliza	–	–	1 100 %	– 100 %	1	– 0,9 %	1
Total	17 18,1 %	9 9,6 %	52 55,3 %	16 17 %	94 83,2 %	19 16,8 %	113

Tabla 14.–*TG10.*

Table 14.–*TG10.*

Material	Bn	BN1G	BP	BN2G	Total deter.	Total indet.	TOTAL
Sílex neógeno	–	10 10,4 %	57 59,4 %	29 30,2 %	96 68,6 %	44 31,4 %	140 51,1 %
Sílex cretácico	–	2 40 %	3 60 %	–	5 100 %	–	5 1,8 %
Cuarcita	35 50,7 %	2 2,9 %	22 31,9 %	10 14,5 %	69 94,5 %	4 5,5 %	73 26,6 %
Arenisca	7 24,1 %	8 27,6 %	10 34,5 %	4 13,8 %	29 85,3 %	5 14,7 %	34 12,4 %
Cuarzo	1 16,7 %	–	4 66,6 %	1 16,7 %	6 75 %	2 25 %	8 2,9 %
Caliza	3 23,1 %	–	6 46,1 %	4 30,8 %	13 92,9 %	1 7,1 %	14 5,1 %
Total	46 21,1 %	22 10,1 %	102 46,8 %	48 22 %	218 79,6 %	56 20,4 %	274

Tabla 15.–*TG11 (GSU1-12).*

Table 15.–*TG11 (GSU1-12).*

Material	Bn	BN1G	BP	BN2G	Total deter.	Total indet.	TOTAL
Sílex neógeno	–	1 2,8 %	17 47,2 %	18 50 %	36 63,2 %	21 36,8 %	57 52,8 %
Sílex cretácico	–	–	3 60 %	2 40 %	5 100 %	–	5 4,6 %
Cuarcita	14 50 %	3 10,7 %	4 14,3 %	7 25 %	28 100 %	21	28 25,9 %
Arenisca	8 50 %	2 12,5 %	3 18,75 %	3 18,75 %	16 100 %	–	16 14,8 %
Pizarra	1 100 %	–	–	– 100 %	1	– 0,9 %	1
Caliza	1 100 %	–	–	– 100 %	1	– 0,9 %	1
Total	24 27,6 %	6 6,9 %	27 31 %	30 34,5 %	87 80,6 %	21 19,4 %	108

Tabla 16.–*TN10.*

Table 16.–*TN10.*

Material	Bn	BN1G	BP	BN2G	Total deter.	Total indet.	TOTAL
Sílex neógeno	–	11 4,5 %	183 74,4 %	52 21,1 %	246 70,7 %	102 29,3 %	348 60,1 %
Sílex cretácico	–	2 3,7 %	43 79,6 %	9 16,7 %	54 96,4 %	2 3,6 %	56 9,7 %
Cuarcita	16 21,6 %	6 8,1 %	37 50 %	15 20,3 %	74 78,7 %	20 21,3 %	94 16,2 %
Arenisca	–	4 13,8 %	20 69 %	5 17,2 %	29 52,7 %	26 47,3 %	55 9,5 %
Cuarzo	–	–	5 41,7 %	7 58,3 %	12 50 %	12 50 %	24 4,1 %
Caliza	–	–	2 100 %	–	2 100 %	–	2 0,3 %
Total	16 2,8 %	23 5,5 %	290 69,5 %	88 21,1 %	417 72 %	162 28 %	579

Tabla 17.–*TD11.*

Table 17.–*TD11.*

Material	Bn	BN1G	BP	BN2G	Total deter.	Total indet.	TOTAL
Sílex neógeno	–	10 12,2 %	49 59,8 %	23 28 %	82 58,6 %	58 41,4 %	140 63,3 %
Sílex cretácico	–	2 25 %	4 50 %	2 25 %	8 88,9 %	1 11,1 %	9 4,1 %
Cuarcita	5 8,9 %	2 5,5 %	23 63,9 %	6 16,7 %	36 90 %	4 10 %	40 18,1 %
Arenisca	–	2 9,1 %	13 59,1 %	7 31,8 %	22 88 %	3 12 %	25 11,3 %
Cuarzo	–	2 33,3 %	4 66,7 %	–	6 85,7 %	1 14,3 %	7 3,2 %
Total	5 3,2 %	18 11,7 %	93 60,4 %	38 24,7 %	154 69,7 %	67 30,3 %	221

Tomando como punto de partida estos datos, representativos de las Fases I, II y III, se han reconstruido las Matrices Morfogenéticas, los Temas Operativos Técnicos y la Cadena Operativa Técnica.

4.1.1. *Niveles adscritos a la Fase I.*

Hasta el momento sólo dos niveles de Dolina han proporcionado industria lítica encuadrable entre los estadios 19 y 14. El material de TD4 es fruto de la excavación sistemática realizada en un sector de la base de Dolina en 1990 (a excepción de un objeto, recogido en 1992 en el corte estratigráfico). El material de TD5 procede del corte estratigráfico.

El número de efectivos de esta Fase resulta, por el momento, reducido (en total hay 8 objetos), pero son altamente significativos, dado que se encuentran entre los testimonios más antiguos y fiables para el conocimiento del origen del poblamiento de la Península Ibérica.

4.1.2. *Niveles adscritos a la Fase II.*

A esta Fase pertenecen los objetivos recuperados del nivel TD6 (recogidos del corte estratigráfico) y de Trinchera Penal. Los efectivos de este último yacimiento se obtuvieron fundamentalmente durante la excavación sistemática realizada en la parte alta del Penal en 1992.

4.1.1. *Levels ascribed to Phase I.*

So far only two Dolina levels have lithic industry that can have yielded stages 19 and 14. With the one exception of an object recovered in the stratigraphic section, all the archaeological material recovered in TD4 was the result of systemtic excavation in a sector of the base of Dolina in 1990. The material of TD5 proceeds from the statigraphic outcrop itself.

In this Phase there are for the moment, few objects, 8 in total, but they are highly significant given that they are among the most ancient and reliable testimonies for knowledge of the origins of human settlement in the Iberian Peninsula.

4.1.2. *Levels ascribed to Phase II.*

The objects recovered from the statigraphic profile of level TD6 and Trinchera Penal belong to this Phase. Most finds on this last site were obtained during systematic excavation of its upper part in 1992.

4.1.3. *Niveles adscritos a la Fase III.*

Ésta es la fase que cuenta con el mayor número de restos líticos, recuperados en su práctica totalidad durante las excavaciones sistemáticas efectuadas desde 1978. Los objetos procedentes de la Sima del Elefante son los únicos recogidos del corte estratigráfico, ya que la excavación sistemática de este yacimiento todavía no ha comenzado.

Los niveles que han proporcionado un mayor número de efectivos son TD10 (cuya excavación aún no ha finalizado) con 579 objetos, TG10 (ya completamente excavado) con 274 y TD11 (que todavía puede proporcionar más efectivos) con 221.

4.2. **Materias primas.**

El presente capítulo sobre materias primas se desarrolla en dos apartados principales. El primero de ellos aborda el tema central de su selección y captación. El segundo viene determinado por el registro singular de la Sierra de Atapuerca, dado que una parte de los objetos de uso sobre sílex se presenta muy alterado. Se ha puesto énfasis, por lo tanto, en la investigación de esta problemática.

El proceso lito-técnico se materializa en el momento en que se escogen los soportes sobre los cuales se van a plasmar los modelos psico-técnicos. Los materiales del entorno con sus potencialidades son adaptados de acuerdo con la complejidad constructiva del Sistema Operativo Técnico que se desea poner en práctica. Los pobladores de la Sierra de Atapuerca desarrollan un aprovechamiento diferencial de las rocas procedentes de su medio circundante. La propia estructura de los materiales que son captados del medio, influye en el posterior desarrollo de los segmentos de la Cadena Operativa Técnica.

4.2.1. *Selección y fuentes de aprovisionamiento.*

a) *Selección de materias primas.*—En los Centros de Intervención mesopleistocénicos de la Sierra de Atapuerca se registran cinco rocas explotadas por los paleopobladores: el sílex, la cuarcita, el cuarzo, la arenisca y la caliza. Los objetos en sílex recuperados presentan una diagénesis diferencial: un grupo con una alteración que reduce el núcleo de los objetos a polvo, aunque no la superficie, y otro en buen estado de

4.1.3. *Levels ascribed to Phase III.*

This is the phase which has the most lithic remains. Nearly all of them where recovered during systematic excavation carried out since 1978. The objects from Sima del Elefante are the only ones collected in the stratigraphic profile, given that this site has yet to be systematically excavated.

The levels that furnished most finds are: TD10, which is still being excavated, having supplied 579 objects, TG10 already totally excavated, having supplied 274 objects, and TD11, that may still yield more archaeological material, with 221 objects.

4.2. **Raw materials.**

This chapter has two main sections. The first one tackles the central question of the selection and collection of raw materials. The second one has been determined by the singularity of the lithic record found at Atapuerca, where a considerable part of the flint industry has been substantially modified by diagenetic processes. Therefore, special emphasis has been put on the study of this issue.

The litho-technical process materializes at the moment in which the physical supports are chosen. On these supports the psycho-technical models will be shaped. The enviromental materials with their potentialities are adapted according to the constructive complexity of the Technical Operative System previously chosen. The settlers of the Sierra de Atapuerca developed a differential exploitation of the rocks present in their surroundings. The structure of the rocks collected affects the subsequent development of the segments of the Technical Operative Chain.

4.2.1. *Selection and raising sources.*

a) *Selection of raw materials.*—Five kinds of rocks used by ancient men have been documented in Atapuerca: flint, quartzite, quartz, sandstone and limestone. Flint objects display the very evident effects of different diagenetical processes. While most tools show an alteration that reduces the core of the objects to dust, although not their surfaces, some of them appear in perfect condition. As will be explained later,

Tabla 18.–*Materias primas y categorías estructurales ampliadas. En las filas se presentan las materias primas. En la tercera, que corresponde a un grupo genérico, incluimos rocas diversas (cuarcitas y areniscas). Las categorías estructurales del Sistema Lógico Analítico se presentan en columnas, introduciendo una serie de modificaciones que obedecen a modelos empíricos. Así tenemos las Bn (Bases naturales), BN1G (Bases Nagativas de Primera Generación) encaminadas a la producción de estándares configurados (Temas Operativos Técnicos Directos), las BN1G encaminadas a la producción de Bases Positivas (Temas Operativos Técnicos Indirectos), las BP (Bases Positivas) de pequeño y gran formato (GF y PF) y las BN2G (Bases Negativas de Segunda Generación) de pequeño o gran formato. Los cuadros sombreados indican el tipo de sílex utilizado para realizar objetos encuadrados en cada categoría estructural. En la última columna se contabiliza el número de categorías estructurales de objetos fabricados con cada tipo de materia prima.*

Table 18.–*Raw Materials and Format Categories. The categories of raw materials are presented in rows. The third one, corresponding to a generic group, includes several rock types (quartzites, sandstones...). The Structural Categories of the Logic-Analytical System are presented in columns and introduce a series of alterations which obey to empiric models. There are nB (natural Bases), 1GNB (1st Generation Negative Bases) leading to the production of standards of configuration (Direct Technical Operative Themes), the 1GNB leading to the production of Positive Bases (Indirect Technical Operative Themes), the PB (Positive Bases) of small and great format (GF: Great Format; SM: Small Format) and the 2GNB (2nd Generation Negative Bases) of small or great format. The shadowed cells show the kind of flint used to make the objects framed within each Structural Category. In the last column the number of Structural Categories of objects made on each kind of raw material is counted.*

	Bn	BN1G (TOTD)	BN1G (TOTI)	BP (GF)	BP (PF)	BN2G (GF)	BN2G (PF)	Total
Sílex cretácico			■		■		■	3
Sílex neógeno			■	■	■	■	■	5
Materiales fluviales	■	■	■	■	■	■	■	7

conservación. Como se verá más adelante, esta diferencia se corresponde con un origen distinto de la materia prima: un sílex de formación neógena sobre el que están configurados los objetos alterados y otro de formación cretácica para los objetos en buen estado.

Según se observa en la tabla 18, el sílex cretácico se encuentra representado únicamente en la producción de tres categorías estructurales, lo que le convierte en el menos representativo a nivel cualitativo. El sílex neógeno es utilizado en la explotación y configuración de cinco categorías estructurales. Finalmente, los materiales fluviales aparecen como materia prima de las siete categorías tomadas en consideración. Esto los convierte en grupo más versátil.

Llama la atención la ausencia de diversas categorías morfotécnicas procesadas sobre determinados materiales. Esta ausencia se convierte en dato relevante para comprender las pautas psico-sociales y técnicas de estos paleopobladores y las limitaciones de los recursos líticos del paleoentorno.

La ausencia de Bases naturales de sílex, tanto cretácico como neógeno, es imputable a la realización de los procesos de inicialización en las zonas de captación. Por lo que se refiere a su funcionalidad directa, esta ausencia se puede atribuir a la presencia de materiales fluviales que cumplen su misma función, siendo más resistentes y abundantes; nos referimos a los cantos de cuarcita, cuyo peso oscila entre los 300 y los 450 gramos.

La ausencia notable de las Bases Negativas de Primera Generación, producto de los Temas Operativos Técnicos Directos en sílex, se justifica por su propia estructura. El tamaño de los nódulos en la formación cretácica (Fig. 7) o en la de conglomerados oligocena es reducido y no pueden obtenerse grandes formatos. Por su parte, el sílex de la formación neógena (Fig. 8) no se presenta en cantos o nódulos sino en bloques a pie de formación, de tamaño diverso y sin córtex.

this difference is due to a different geological origin of the raw materials. The altered objects have been knapped on neogene flint, whereas the tools in good condition were shaped on cretaceous flint.

As can be seen in the table 18, cretaceous flint can only be found in the production of three structural categories, which means that qualitatively it is the least common. Neogene flint is used in the exploitation and configuration of five structural categories. Lastly, fluvial materials appear as the raw material of the seven categories taken into account, being therefore, the most versatile material group.

Several morpho-technical categories on particular materials are composed by their absence. This ansence is relevant to our understanding of the psycho-social and technical patterns of the paleo-settlers and the limitations of the lithic resources of the environment.

The absence of natural Bases (nB) on flint, both cretaceous or neogene, can be attributed to the fact that the initialization processes were carried out in the collection areas. With reference to their direct functionality, the non-existence of natural Bases at the site can be attributed to the presence of fluvial materials which have identical functions, being more resistant and abundant; we refer to the quarzite pebbles whose weight oscillates between 300 and 450 grs.

The noticeable absence of 1st Generation Negative Bases, the result of the flint Direct Technical Operative Theme is justified by the very structure of the siliceous materials. The nodules in the cretaceous formation (Fig. 7) or in the Oligocene conglomerates are smaller and large sizes cannot be obtained.In its turn, neogene flint (Fig. 8) does not appear in nodules or pebbles but in different sized blocks with no cortex at the foot of the formation. They can also appear as large weathered blocks (Fig. 9), relatively far away from the formation; this last case requires the collection spot to be reduced.

7. *Nódulos de sílex cretácico en la formación (Galería del Sílex, complejo Cueva Mayor-Cueva del Silo).*

7. *Cretaceous flint nodules in the geological formation (Galería del Sílex, Cueva Mayor - Cueva del Silo complex).*

8. *Bloque de sílex neógeno a pie de formación.*

8. *Neogene flint block on foot of the geological formation.*

También puede presentarse como bloques de gran tamaño meteorizados (Fig. 9), relativamente alejados de la formación; en este caso exige una reducción en el punto de captación.

La ausencia de Bases Positivas y Bases Negativas de Segunda Generación de gran formato en materiales de sílex cretácico también se debe al reducido tamaño de estos nódulos.

Puede inferirse de estos procesos de discriminación de materiales (captación y confección) que existe indudablemente una larga tradición de modelos psicotécnicos en la génesis de los Sistemas Operativos Técnicos de los pobladores de la Sierra de Atapuerca. Se adaptan o se crean modelos constructivos dependiendo de las condiciones de los materiales de que se dispone.

b) *Materias primas y fuentes de aprovisionamiento.*–Las rocas seleccionadas por los paleopobladores de la Sierra se pueden localizar, actualmente, en cinco áreas de aprovisionamiento: a) las calizas cretácicas, b) las terrazas del Arlanzón (Fig. 10), c) los depósitos de conglomerados, de edad posiblemente Oligocena, d) la formación de calizas neógenas y bloques dispersos por la Sierra que proceden de esta última y e) el material del mismo karst (Zazo *et alii* 1983). Las relaciones entre áreas de aprovisionamiento, rocas y explotación quedan reflejadas en la tabla 19.

4.2.2. *La alteración del sílex.*

La conservación diferencial del sílex alertó sobre su posible diversidad de procedencia. La existencia de una alteración

The absence of large Second Generation Positive and Negative Bases on cretaceous flint is also due to the small size of these nodules.

It can be inferred from these processes of material discrimination (collection and production) that there is doubtlessly a long tradition of psycho-technical models in the genesis of the Technical Operative Systems of paleo-settlers of Atapuerca, which adapt or create consructive models depending on the conditions of the available materials.

b) *Raw materials and raising sources.*–The rocks selected by the settlers of the Sierra can be located at present in five lithologic areas: a) cretaceous limestone; b) the Arlanzón River terraces (Fig. 10); c) the conglomerate formation, possibly of Oligocene age; d) the formation of neogene limestone and the blocks dispersed from this formation; and e) the material from the karst itself (Zazo *et al.,* 1983). The relationships between raising areas, rocks and use are shown in table 19.

4.2.2. *Flint alteration.*

The difference in the conservation of flint was the first sign of its possible different origin. The existence of considerable

9. *Bloque de sílex neógeno meteorizado y alejado de la formación.*

9. *Neogene flint block weathered and removed from the geological formation.*

10. *Terraza fluvial fósil del Río Arlanzón, sincrónica a las ocupaciones.*

10. *Fossil Arlanzón river terrace, contemporany with the occupations.*

importante en los bloques de sílex neógeno de la Sierra fue utilizada como criterio para atribuir todo el sílex arqueológico alterado a esta fuente. Por lo que respecta al sílex sin la alteración descrita, se propusieron tres posibles fuentes de aprovisionamiento: las calizas cretácicas, las terrazas del Arlanzón y los conglomerados de edad posiblemente oligocena.

Además del criterio mencionado se planteó otro, de carácter arqueológico, que relacionaba los tipos de sílex registrados en los yacimientos con las áreas de aprovisionamiento. El sílex alterado es mucho más explotado y los objetos que han sido elaborados son de gran formato. Contrariamente, el sílex bien conservado es poco utilizado y el formato de los objetos es menor. Paralelamente, la formación neógena proporciona fragmentos de sílex de grandes dimensiones (decimétricas a métricas) y los nódulos cretácicos son de tamaño reducido, hasta 20 cm.

Para el estudio analítico se han tomado muestras de sílex neógeno y cretácico (estas últimas recogidas en la Galería del Sílex de Cueva Mayor). Las otras dos fuentes citadas (terrazas fluviales y conglomerados oligocenos) han sido descartadas en esta primera aproximación a causa de la poca abundancia de sílex.

alteration in blocks of neogene flint at the Sierra de Atapuerca was used as a criterium to ascribe all the altered archaeological flints to this source. As for unaltered flint, three possible sources of supplies are known: the cretaceous limestone, the Arlanzón terraces and the conglomerates, probably of Oligocene age.

Another criterium, this one archaeological, links the type of flint recovered with its own possible supply areas. The altered flint is much more widely used and the worked objects are of large format. Conversely, the well preserved flint has been little used, and the size of the objects is small. Parallel to this, the neogene formation supplies large flint blocks (from decimeters to meters) and the cretaceous nodules are small, up to 20 cm.

Samples of neogene and cretaceous flints (the latter collected from the Galería del Sílex in Cueva Mayor) have been taken to be analytically studied. The other two sources, fluvial terraces and Oligocene conglomerates were discarded in this first approach, due to the scarcity of flint in these sources.

Tabla 19.—*Tipos de materias primas localizadas en los centros de intervención y fuentes de aprovisionamiento. En las filas aparecen las rocas utilizadas, mientras que en las columnas se indican las fuentes potenciales de aprovisionamiento de materias primas. Los símbolos indican la frecuencia relativa y cualitativa de presencia de estas rocas en las áreas de aprovisionamiento potenciales (OS = Out Site) y en el yacimiento (IS = In Site). Los cuadros en blanco marcan la ausencia de la materia prima específica; los que aparecen rellenos con cuadros negros indican escasa presencia; los que presentan rombos negros indican abundancia; y los que presentan círculos negros indican que esa roca es muy abundante.*

Table 19.—*Types of raw materials located at the intervention centre and raising sources. The rows display the kind of raw materials employed, whereas the columns indicate the potential raw material raising sources. The symbols indicate the relative and qualitative frequence of these rocks at the potential raising areas (OS = Out of Site) and into the site (IS = Inside of Site). White squares indicate the absence of the correspondent raw material; black squares indicate low representation; black rhombus indicate abundant presence; black circles mean that the material is very abundant.*

	Calcárea cretácica		Formación de cantos cement.		Bloques errát.-glacis		Karst cueva		Terraza fluvial	
	IS	OS	IS	OS	IS	OS	IS	OS	IS	OS
Sílex neógeno					●●● ●●●	◆◆◆ ◆◆◆				
Sílex cretácico			■ ■	■ ■			■ ■	◆◆◆ ◆◆◆	■ ■	■ ■
Cuarcita									◆◆◆ ◆◆◆	●●● ●●●
Arenisca									■ ■	◆◆◆ ◆◆◆
Caliza	■ ■	●●● ●●●		●●● ●●●						◆◆◆ ◆◆◆
Cuarzo									■ ■	■ ■

4.2.3. Formación y origen del sílex.

El sílex en su nivel originario sólo se localiza en la Sierra en las calizas del Cretácico superior y las del Neógeno. Los demás depósitos presentan material reciclado de estas dos formaciones.

Ambas se originaron por deposición evaporítica: el Cretácico, en el fondo de una plataforma marina; el Neógeno, en el fondo de un sistema lacustre. La plataforma marina cretácica se desarrolla en un medio de aguas someras, con algunos episodios de emersión en los que se habrían desarrollado paleokarsts, que actualmente pueden apreciarse en algunos puntos de Cueva Mayor-Cueva del Silo (N. Gallego, com. pers.).

El sílex correspondiente al paquete de calizas cretácicas, se presenta en nódulos irregulares, de dimensiones comprendidas entre 10 y 20 cm. en su eje mayor. Ha sido localizado exclusivamente en la llamada Galería del Sílex, del complejo kárstico Cueva Mayor-Cueva del Silo, sin descartarse que pudiera estar presente en otras zonas de la misma formación.

El sílex neógeno se presenta en la misma formación, al aire libre y al alcance de las comunidades del Pleistoceno. Sin embargo también puede presentarse en forma de bloques de grandes dimensiones, meteorizados, dispersos en distintos puntos de la Sierra.

El trabajo de campo realizado durante las últimas campañas de excavación ha permitido localizar en el depósito de conglomerados que recubre la sierra, de probable edad oligo-

4.2.3. Flint origin and formation.

Originally, flint is only found in the Sierra de Atapuerca in the Upper Cretaceous and Neogene limestones. The other deposits contain material which has been recycled from these two formations.

These two formations were formed by evaporitic deposition: the Cretaceous was formed at the bottom of a marine platform. The Neogene was formed at the bottom of a lacustrine system. The Cretaceous marine platform developed in a milieu of shallow waters, with some episodes of emergence during which paleo-karsts would have developed and whose remains can still be seen at some points of Cueva Mayor-Cueva del Silo (N. Gallego, pers. comm.).

Flint from cretaceous limestone appears in irregular nodules, between 10 and 20 cm. long. It has only been found in the so called Galería del Sílex, inthe Cueva Mayor-Cueva del Silo karst complex, but its presence in other areas of the same formation cannot be discarded.

Neogene flint is found in the formaton itself, in the open air and easily available to Pleistocene human communities. However, it can also appear as large, weathered blocks scattered throughout the Sierra.

Fieldwork carried out during the last excavation campaigns have located a small variety of small grained, fine textured flint in the oligocene conglomerates which cover the Sierra. This variety is of better quality and is more suitable to be worked on than the other two mentioned above. Despite its cena, una variedad de sílex de grano muy pequeño, textura fina y reducidas dimensiones. Esta variedad es de mejor calidad y más apta para la talla que las otras dos mencionadas, pese a lo cual no parece haber sido utilizada por los paleopobladores de la Sierra. Por esta razón no ha sido incluida en este estudio.

4.2.4. *Mineralogía, cristalografía y microanálisis del sílex.*

La problemática del sílex recuperado en las ocupaciones de la Sierra de Atapuerca había sido planteada en anteriores ocasiones. Las primeras en realizar estudios fueron M. A. Bustillo y J. Enamorado del Museo Nacional de Ciencias Naturales-CSIC (Madrid) y A. Laborde del Instituto de Conservación y Restauración de Bienes Culturales (Madrid). Sin embargo, sus estudios fueron puntuales, limitándose al análisis por difracción de Rayos X.

Actualmente se aborda el estudio de la mineralogía y la cristalografía del sílex arqueológico para intentar relacionarlo con las dos fuentes de aprovisionamiento principales. Para ello se han realizado una serie de análisis por difracción de Rayos X y microanálisis por sonda de electrones mediante Microscopio Electrónico de Barrido (Sala, 1993).

a) *Análisis de muestras de sílex experimental.*—Hemos analizado para esta parte del trabajo 25 muestras distribuidas de la siguiente manera: 14 provienen de nódulos de sílex de las calizas cretácicas; 7 son muestras de la parte interna de los bloques neógenos y 4 provienen de la parte externa de estos últimos.

a1) *Análisis de muestras a nivel macroscópico.*—A nivel macroscópico se observan diferencias entre el sílex cretácico y el sílex neógeno. El primero presenta un tamaño de grano criptocristalino y un córtex poco desarrollado. En cambio, el sílex neógeno presenta una diversidad en el tamaño de grano dependiendo del área analizada. Cuando se presenta en bloque tiene un córtex muy desarrollado, una capa con el límite interno transicional, en la que el tamaño de grano es muy similar al del sílex cretácico, y por último, una parte interna del bloque en la que se observa un granocrecimiento hacia el centro. En estos grandes bloques aparecen con frecuencia numerosas impurezas, repartidas de forma irregular, que tienen un comportamiento diferencial ante la alteración. Cuando se recoge en la formación, las impurezas y las diferencias mencionadas no aparecen.

advantages it does not seem to have been used by the paleosettlers of the Sierra. Because of this, it has not been included in this study.

4.2.4. *Mineralogy, crystallography and electron-probe of flint.*

The problems regarding flints recovered in the site of Atapuerca have been analysed in the past. The first researchers who studied them were M. A. Bustillo and J. Enamorado (Museo Nacional de Ciencias Naturales-C.S.I.C., Madrid) and A. Laborde (Instituto de Conservación y Restauración de Bienes Culturales, Madrid). However, their studies were very specific, unsystematic and limited to analysis by X-Ray Diffraction.

At present, the mineralogy and crystallography of archaeologic flint is studied in an attempt to learn about the relationships with the two main supply sources. A further series of X-Ray Diffraction as well as Electron Probe Microscope analysis and Scanning Electron Microscope observations and micrographies have been recently carried out (Sala, 1993).

a) *Analysis of experimental flint samples.*—25 samples have been analysed, distributed as follows: 14 from flint nodules of the Cretaceous limestones; 7 are samples from the inside of the neogene blocks and 4 come from the outside.

a1) *Analysis of samples at a macroscopic level.*—At a macroscopic level, differences are observed. Cretaceous flint has cryptocrystalline grain size and a little developed cortex. On the other hand, neogene flint has a diversity of grain size depending on the area studied. The blocks have a highly developed cortex, an external layer with a transitional internal boundary. The grain size is very similar to that of Cretaceous flint; and inside the block the size of the grain can be seen to increase towards the centre. Numerous irregularly distributed impurities are often found in these blocks which behave in the same way with regard to the alteration. When flint is taken directly from the neogene limestone formation, these impurities and differences do not appear.

a2) *Analysis by X-Ray Diffraction.*—The analysis performed allowed us to verify that there are two mineralogic phases which form the two types of flint: a) quartz, which is

11. *Difracción de rayos X. Se sobreponen tres espectros: el inferior corresponde a una muestra de sílex cretácico recogido en la Galería del Sílex; el del centro a la parte interna de un bloque de sílex neógeno; y el superior a la parte externa de un bloque de sílex neógeno. MO señala Moganita, y CZ señala cuarzo.*

11. *X-Ray diffraction. They are overlapped three spectra: the inferior corresponds to a sample of cretaceous flint collected in the Galería del Sílex; the central one to the internal part of a neogene flint block; and the uppermost to the external part of a neogene flint block. MO indicates "Moganite", and QZ indicates quartz.*

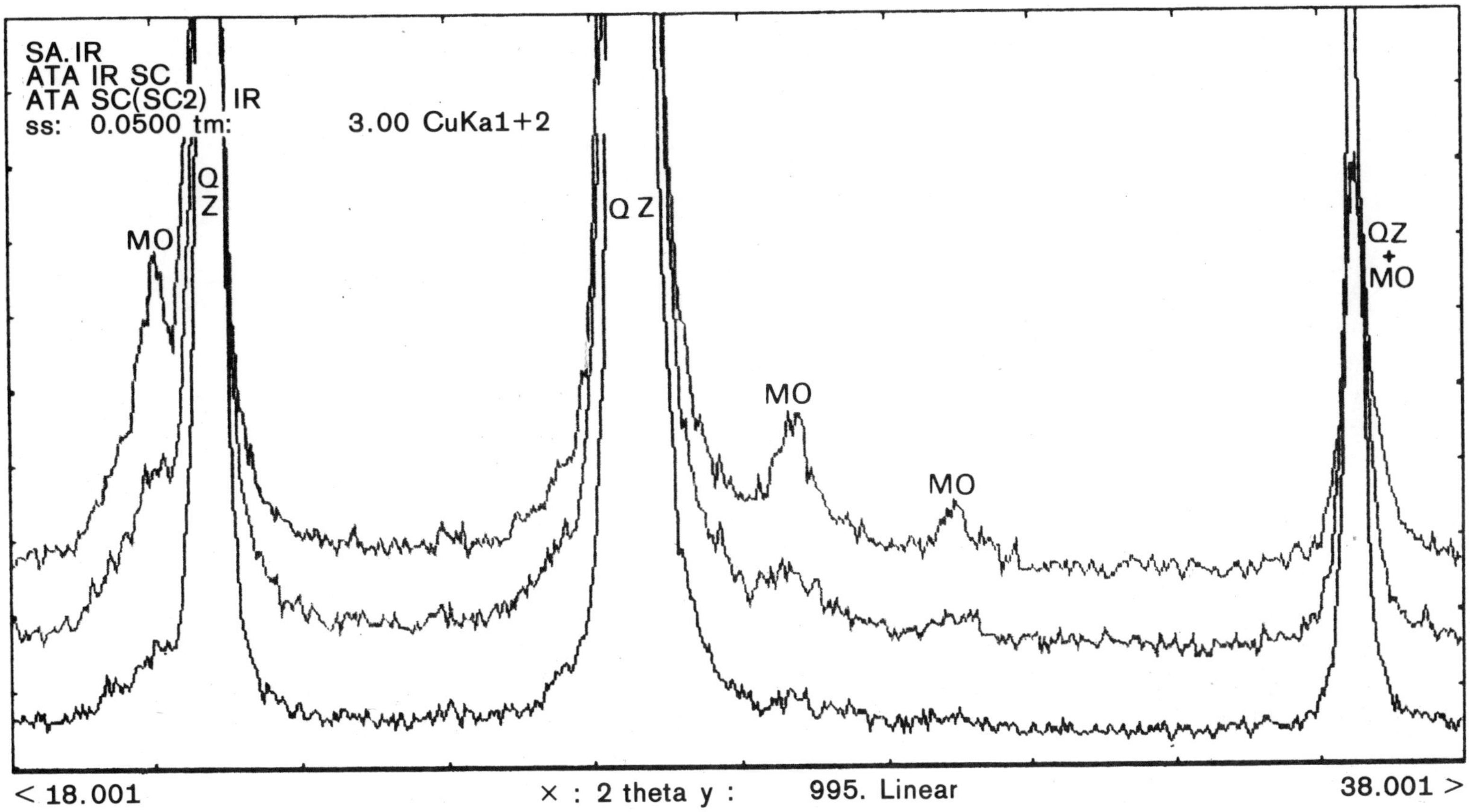

a2) *Análisis por difracción de rayos X.*–La difracción de rayos X que hemos realizado nos ha permitido contrastar que hay dos fases mineralógicas que forman los dos tipos de sílex: a) el cuarzo, que es la fase mayoritaria, y b) la "moganita", que se presenta en forma de pequeños cristales (Fig. 11).

La segunda fase mineral es un polimorfo del cuarzo con una estructura de desorden elevado. El nombre de "moganita" no es actualmente aceptado por la Comission on New Minerals and Mineral Names. Pero, apoyndonos en bibliografía existente sobre esta fase mineral y en las numerosas similitudes con la fase definida por diferentes autores, hemos decidido mantener el nombre por extensión (Flörke *et al.*, 1976; Flörke & Flörke, 1984; Graetsch *et al.*, 1987; Miehe *et al.*, 1988; Heaney *et al.*, 1992). Según Heaney *et al.* (1992) la "moganita" precipita en cuencas evaporíticas. Por tanto, contiene inclusiones de yeso ($CaSO_4.2H_2O$) y halita (NaCl). Este hecho se corresponde con la génesis mencionada de las formaciones con sílex de la Sierra.

Las dos fuentes de aprovisionamiento presentan diferencias en el porcentaje de las dos fases mineralógicas silíceas. En

the main phase, and b) "moganite", which appears as small crystals (Fig. 11).

The second mineral phase is a quartz polymorph with a highly disordered structure. The name of moganite for this quartz polymorph is not yet fully accepted by the Commission on New Minerals and Mineral Names. But basing ourselves on bibliography on this mineral phase and on the numerous similarities with this phase as defined by several authors, we decided to mantain the name by extension (Florke *et al.*, 1976; Florke & Florke, 1984; Graetsch *et al,* 1987; Miehe *et al., 1988; Heaney et al., 1992). According to Heaney et al.* (1992), moganite precipitates in evaporitic basins. Therefore it contains gypsum inclusions ($CaSO_4.2H_2O$) and halite (NaCl). This fact matches the aforementioned genesis of the flint formations of Atapuerca.

The two supply sources have different percentages of the two siliceous mineralogic phases. Thus, as can be observed in the diffraction diagrams, moganite is practically nonexistent in the cretaceous flint whereas in the neogene blocks it is found in relatively important quantities. Within the group of the neogene flint samples, we find differences between those los diagramas de difracción se puede observar que en el sílex cretácico la "moganita" es prácticamente inexistente, mientras que en el neógeno se encuentra en cantidades relativamente importantes. Dentro del grupo de muestras de sílex neógeno constatamos diferencias entre las que provienen de la parte más externa y las que provienen de la interna de un bloque. Las primeras presentan un porcentaje más elevado de "moganita" que las segundas.

M.ª A. Bustillo y J. Enamorado (com. pers.) constatan, por las difracciones que realizan, la misma composición mineralógica por lo que se refiere a los silicatos, además de una tercera fase representada por la calcita. Estas investigaciones atribuyen parte de la calcita al reemplazamiento de microfósiles silíceos y parte, a la precipitación conjunta del sílice y el calcio. Esta fase no ha sido localizada en nuestro trabajo, posiblemente por su distribución muy irregular.

a3) *Técnica de microanálisis por sonda de electrones.*—Mediante el equipo de microanálisis no difractivo asociado a un Microscopio Electrónico de Barrido Cambridge S-120 hemos realizado una serie de análisis puntuales y mapados de distribución de elementos en los dos tipos de sílex.

El sílex neógeno en bloque presenta como elementos el Cl, el S, el K, el Ca, el Si y el Al. La red básica estaría constituida por los dos polimorfos del cuarzo: el cuarzo *sensu stricto* y la "moganita". La estructura de estos silicatos sería la misma que hemos descrito anteriormente. La única diferencia entre el cuarzo y la "moganita" es su grado de ordenación. Dentro de la segunda estructura, como ya hemos indicado, se dan inclusiones de halita (NaCl) y yeso ($CaSO_4.2H_2O$). Planteamos que el potasio encontrado en el microanálisis proviene de una nueva fase evaporítica: la silvina (KCl).

En el sílex cretácico en nódulo aparecen los elementos siguientes: el Si, como elemento dominante, y el Ca y el Al (Fig. 12), como secundarios. Así, la estructura básica está formada por cuarzo (tetraedros de SiO_4), con un reemplazamiento parcial de silicio por el aluminio. El calcio forma parte de partículas de calcita ($CaCO_3$). Constatamos también la presencia, por la técnica del mapado (Fig. 13), del Cl, K, S y Ca. Esto indicaría la existencia de "moganita", corroborando lo que ya indicaba la difracción de Rayos X, siempre en una proporción mucho más baja que en el sílex neógeno.

b) *Análisis de sílex arqueológico.*—Han sido analizados siete muestras de sílex tomadas de objetos arqueológicos alterados.

that come from the outside of the block and those that come from the inside. The former have a higher percentage of moganite than the latter.

M. A. Bustillo and J. Enamorado (pers. comm.) prove through X-Ray Diffractions that they have the same mineralogic composition as far as silicates are concerned, and also find a calcite third phase. These researchers attribute the presence of calcite partly to the replacement of siliceous microfossils, and partly to the joint precipitation of silica and calcium. This phase has not been found in our work, probably due t[illegible] very irregular distribution.

a3) [illegible]*echnique of Electron Probe Micro-Analysis.*—By means of no[illegible]diffractive microanalysis equipment associated to a Camb[illegible] S-120 Scanning Electron Microscope we performed a series of specific analysis and element distribution mappings on the two types of flint.

The blocks of neogene flint have the elements Cl, S, K, Ca, Si and Al. The basic lattice would be constituted by the two quartz polymorphs: quartz *sensu stricto* and "moganite". The structure of these silicates would be the same as explained above. The only difference between quartz and moganite is their degree of order. Within the second structure, as stated above, there are halite (NaCl) and gypsum ($CaSO_4.2H_2O$) inclusions. We suggest that the potassium found in the micro-analysis comes from a new evaporitic phase: the sylvine (KCl).

In the Cretaceous flint nodules there are the following elements: Si as the dominant element, as well as Ca and Al (Fig. 12) as secondary elements. Consequently, the basic structure is formed by quartz (SiO_4 tetrahedrons), where there is a partial replacement of silica by aluminium. Calcium forms part of the calcite particles ($CaCO_3$). We also confirm the existence (Fig. 13) of Cl, K, S and Ca by mapping. This would suggest the presence of moganite, corroborating what X-Ray Diffraction had already suggested, in much smaller proportions than it is present in neogene flint.

b) *Archaeological flint analysis.*—Seven flint samples taken from archaeological objects were analyzed.

b1) *Analysis by X-Ray Diffraction.*—The analysis of flint from altered archaeological objects reveals the presence of quartz and moganite in a much lower percentage than in the experimental samples.

M. A. Bustillo and J. Enamorado carried out X-Ray Diffraction analysis on altered flint samples.Reviewing their dia-

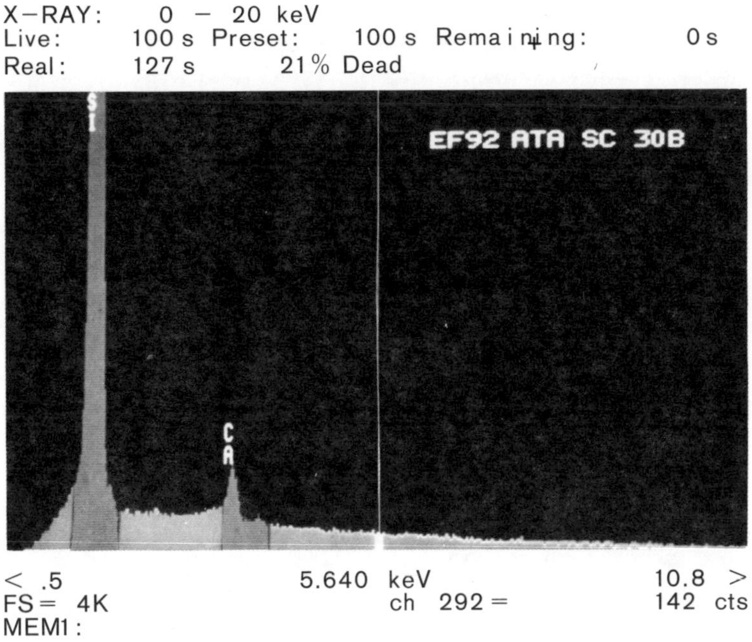

12. *Espectro de microanálisis por sonda de electrones EDS de la zona no modificada de un objeto experimental de sílex cretácico.*

12. *Spectrum of electron probe micro-analysis of the non modified zone of an experimental object of cretaceous flint.*

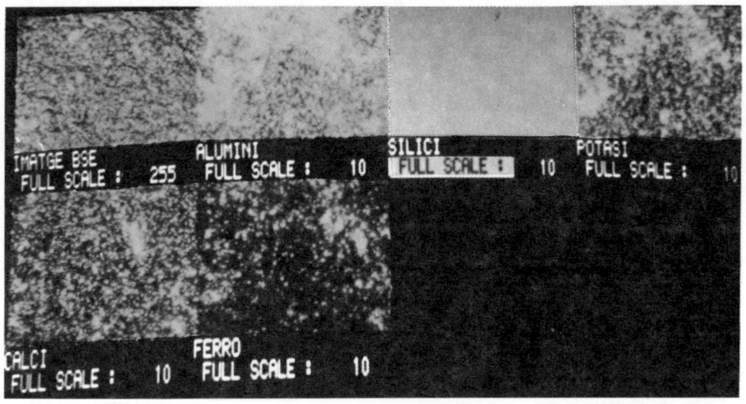

13. *Mapa de microanálisis por sonda de electrones EDS con la distribución de los elementos químicos en la misma área a la que se refiere la FIG. 12.*

13. *Electron probe micro-analysis with the distribution of the chemical elements in the same area to which Fig. 12 is referred.*

b1) *Análisis por difracción de Rayos X.*–El análisis del sílex que hemos realizado sobre objetos arqueológicos alterados nos muestra la presencia de cuarzo y de "moganita" en un porcentaje mucho menor que en las muestras experimentales.

M. A. Bustillo y J. Enamorado realizaron difracciones por Rayos X de muestras de sílex alterado. Revisando sus diagramas hemos reinterpretado las fases mineralógicas presentes: cuarzo, "moganita" y una tercera fase que nosotros no hemos detectado, que sería la calcita.

b2) *Microanálisis por sonda de electrones.*–Los microanálisis que hemos llevado a cabo muestran los siguientes elementos: el sílice como elemento predominante y el calcio, el hierro y el potasio como minoritarios. El sílice formaría la red básica silicatada (cuarzo y "moganita"); el calcio formaría la calcita y, muy puntualmente, el yeso; el hierro habría sido absorbido de las arcillas del yacimiento; y el potasio, según la hipótesis que planteamos más arriba, provendría de los restos de inclusiones de silvina dentro de la "moganita".

grams we have re-interpreted the mineralogical phases represented: quartz, moganite, and a third phase which we did not detect and would be the calcite phase.

b2) *Electron Probe Micro-Analysis.*–The Electron Probe Micro-Analysis showed the following elements: silica as the predominant element, and calcium, iron and potassium as secondary elements. The silicate forms the basic silicates lattice (quartz and moganite); the calcium forms the calcite, and to be more specific, the gypsum; the iron, in some cases, must have been absorbed from the clays of the site; and the potassium, according to the hypothesis proposed above comes from the remains of sylvine inclusions within the moganite.

4.2.5. Hipótesis para la alteración del sílex.

El hecho de que la "moganita" sea una fase muy desordenada, así como la presencia de las inclusiones de los minerales evaporíticos citados, hace que sea muy soluble en presencia de agua y a temperatura ambiente. Esta solubilidad es, muy

4.2.5. Hypothesis for the alteration of flint.

The fact that the moganite is a highly disordered phase, along with the presence of the aforementioned evaporitic minerals, means that it is extremely soluble in water at room temperature. This solubility is probably the cause of the alteprobablemente, la causa de la alteración del sílex neógeno del conjunto arqueológico de Atapuerca. Las investigaciones que desarrollamos actualmente están dirigidas a contrastar esta hipótesis: es decir, que, por procesos diagenéticos, el sílex neógeno sufre una removilización más o menos importante de la fase criptocristalina desde el centro del objeto a la periferia. P.-J. Texier (1981) contrasta un proceso de migración similar en el abrigo Pié-Lombard (Tourettes-sur-Loup, Francia). En éste, sin embargo, no se produce por la presencia de "moganita".

Según el grado de esta alteración podemos dividir el registro arqueológico sobre sílex neógeno en dos grandes grupos: el primero estaría formado por los objetos totalmente alterados que son irrecuperables (véase las tablas del registro) en la excavación; y el segundo, constituido por todos los objetos recuperables. Estos últimos presentan la superficie externa conservada, hasta el punto de poder describir a nivel microscópico las deformaciones por uso. La parte interior, en cambio, está totalmente alterada. Debido al medio en que han sido sedimentados, muy posiblemente esta superficie está constituida por el cuarzo alterado del interior y el carbonato precipitado, procedente de las aguas freáticas que circulan por el karst. La diferente conservación del sílex de bloque puede responder también a la situación en el yacimiento y, por tanto, a una carga diferencial de agua.

Las probabilidades de que el sílex cretácico sufra una alteración similar son bajas. Esto es así porque en los diagramas de difracción de Rayos X de muestras de este sílex, prácticamente no aparece la fase silicatada denominada "moganita".

ration of neogene flint at the archaeological assemblage of Atapuerca. The research being undertaken at the moment aims to verify this hypothesis; that is to say, the neogene flint undergoes quite a considerable re-organization of the cryptocrystalline phase (moganite) through diagenetic processes, from the center of the object toward the periphery. P.-J. Texier (1981) verifies a similar migration process in the Abri Pié-Lombard (Torettes-sur-Loup, France); in this case, however, the cause is not the moganite.

Depending on the degree of this alteration we can divide the archaeological record of neogene flint into two major groups: the first one, formed by the totally altered objects which are irrecoverable from the excavation (see record tables); and the second one, made up of all the recoverable objects. The second ones have a well preserved external surface, to such an extent that deformations caused by usage can be described at a microscopic level. The internal part, however, is altered as described above. Due to the sedimentary environment, this surface is made up of the altered quartz from the inner part and of the precipitated carbonate from the phreatic waters circulating through the karst. The different conservation of this neogene flint can also be due to its position at the site and, therefore, to its being subjected to water flows of different intensities.

Because of the nonappearance of the silica phase called moganite, as proved by X-Ray Diffraction analysis, the probabilities of Cretaceous flint undergoing a similar alteration are very low.

4.2.6. Correspondencia entre el sílex arqueológico y actual.

Por tanto, podemos plantear que todos los objetos de sílex recuperados en perfecto estado de conservación proceden de la explotación de las calizas cretácicas. El análisis de la tecnología, como ya se ha explicitado, apoya esta hipótesis: los productos bien conservados son de pequeño formato, como los nódulos muestreados en las calizas cretácicas, y pueden proceder del interior del karst o de los conglomerados de edad probablemente oligocena, mientras que los que están alterados, a menudo de gran formato, proceden de la formación de calizas neógenas.

4.2.6. Correspondence between archaeological and present day flint.

As a consequence of all the above, we suggest that any flint object recovered in good condition comes from the exploitation of Cretaceous limestones. An analysis of the technology also backs up this hypothesis. It has been shown that the best kept tools are always small, like the nodules samples from the Cretaceous limestones. They can be from the interior of the karst or from the Oligocene conglomerates. On the other hand, the altered objects are often very large and come from the limestone neogene formation.

14. *Matriz Morfogenética de TD11. La línea de trazo discontinuo indica proceso posible, mientras que el trazo continuo señala proceso constatado. En cuanto a las categorías estructurales, se dibujan los objetos registrados, anotando las ausencias evidentes de cada categoría con una línea horizontal sobreimpuesta.*

14. *Morpho-genetic Matrix of TD11. The discontinuous line indicates possible process, while the continuous one indicates verified process. Concerning the structural categories, the registered objects are drawn noting the evident absences of each category with a horizontal line above.*

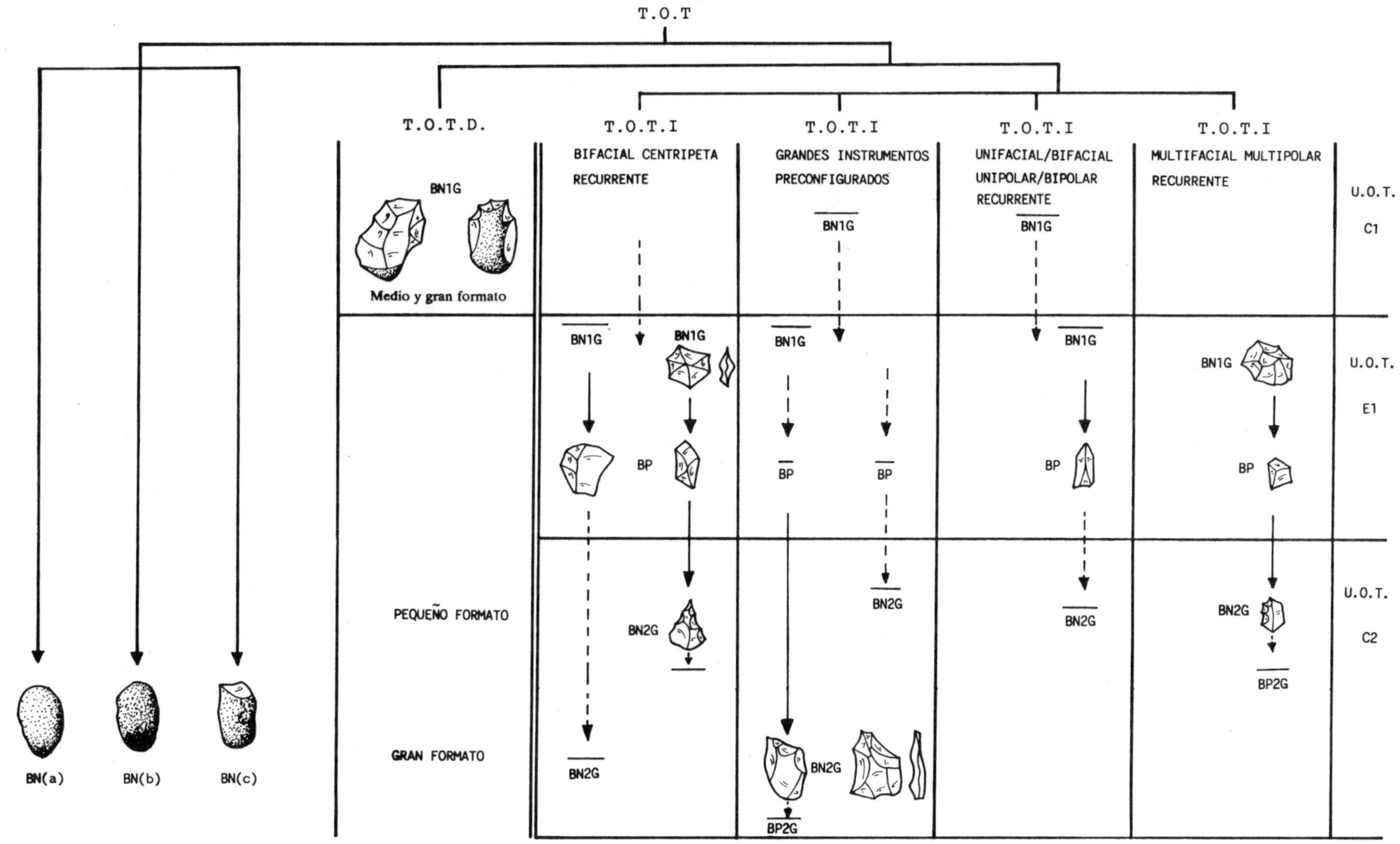

4.3.
Cadenas operativas y modelos para las tres cronofases.

4.3.1. *Matrices Morfogenéticas.*

La Matriz Morfogenética es un instrumento de análisis que muestra de forma significativa las estrategias litotécnicas puestas en práctica en un determinado conjunto lítico, como ya se ha desarrollado en el apartado conceptual de este trabajo. Se han realizado matrices de los diferentes niveles de la cronofase III (estadios 9-5). Ha sido imposible realizarlas para las demás cronofrases por la escasez de material. De los niveles comprendidos en la cronofase III hemos seleccionado, por su representatividad, las matrices del nivel 11 de Dolina (TD11) y del nivel 11 de Galería (TG11).

a) *Proceso operativo de los objetos líticos de TG11.* (Fig. 14).– En este nivel se encuentran representadas todas las catego-

4.3.
Operative Chains and models for the three chrono-phases.

4.3.1. *Morpho-genetic Matrices.*

The Morpho-genetic Matrix is a tool for the analysis leading to the representation of litho-technic strategies used in a concrete lithic assemblage, as developed in the conceptual chapter of this article. Matrices of different levels of Phase III (stages 9 to 5) have been made, whereas it has not been possible to make them for the remaining phases because of the scarcity of materials. From the levels included in Phase III we selected as most representatives the Matrices of Dolina level 11 (TD11) and of Galería level 11 (TG11).

a) *Operative processes of lithic objects found at TD11* (Fig. 14).–In this level all the lithic Structural Categories (nB, las categorías estructurales líticas (Bn, BN1G, BP, BN2G) y rías estructurales líticas (Bn, BN1G, BP, BN2G) y también las dos estrategias técnicas de explotación y configuración básicas, tanto los Temas Operativos Técnicos Directos (TOTD) como los Temas Operativos Técnicos Indirectos (TOTI), aunque de forma diferencial.

La utilización sin transformación o sin modelización de cantos y bloques presenta un amplio espectro. Las categorías Base natural de tipo a, b y c presentan diferentes grados de funcionalización para tareas también muy diversas, que van desde la fragmentación de huesos hasta el uso como percutores. Su representación cualitativa es baja si se compara con otros niveles, como veremos más adelante.

Por lo que respecta a la configuración de cantos de forma directa, las BN1G de medio y gran formato (TOTD) están representadas de forma marginal.

La estrategia indirecta, o sea la utilización de Bases Positivas de medio y gran formato para utilizar y configurar (TOTI), representa un amplio espectro de modos y elementos. Este hecho es el que caracteriza el complejo lítico de este nivel y, en general, de toda la Fase III de los yacimientos de la Sierra de Atapuerca.

Cuatro métodos están presentes en la explotación y configuración de elementos líticos. El más significativo y dominante es el bifacial centrípeto recurrente presente en todas las categorías estructurales, tanto de explotación de BP de amplio espectro, como de configuración de BN2G.

Representado por todas las categorías, el método multifacial multipolar recurrente y el unifacial o bifacial unipolar o bipolar recurrente completan los métodos de explotación y configuración.

Los grandes instrumentos líticos preconfigurados, BP1G y BN2G, están poco representados, si bien tienen una gran importancia cualitativa.

b) *Proceso Operativo en objetos líticos del nivel TG11.* (Fig. 15).—En este nivel se encuentran representadas todas las categorías estructurales, excepto las BN1G procedentes de métodos indirectos. Presenta una diferencia cualitativa respecto al TD11, que se atribuye a diversas estrategias de ocupación. Los bloques y cantos sin transformación técnica representan un amplio espectro y caracterizan el registro lítico de este nivel. Las Bases naturales de tipo a, b y c se presentan en dos formatos, según su utilización, y muestran estigmas de amplia variabilidad. Al parecer ejercieron diversas funciones: rotura de huesos, percusión, materias primas transportadas sin transformar, etc.

1GNB, PB, 2GNB) are present, as well as the two technical strategies of basic exploitation and configuration: Direct Technical Operative Themes (DTOT) and Indirect Technical Operative Themes (ITOT) although they are not equally represented.

The utilization without transformation of pebbles and blocks displays a wide range of possibilities. The categories natural Base type a,b and c present different functionalization degrees. They are used to develop a great variety of tasks, from the use as hammerstones to direct bone fragmentation. Its qualitative representation is low when compared with other levels, as will be seen later on.

Regarding to direct configuration of pebbles, the medium and large format 1GNB (DTOT) are only marginally represented.

The indirect strategy, which is the use of medium and large format Positive Bases to configure 2GNB (ITOT) represents a wide spectrum of modes and elements. This fact characterizes the lithic complex of this level, and in general all of Phase III at the sites of Atapuerca.

There are four methods directed towards the exploitation and configuration of lithic elements. The dominant and most significant is the Recurrent Centripetal Bifacial one, present in all the Structural Categories. It is used to produce a wide range of BP as well as to configure 2GNB.

Represented by all the categories, the Recurrent Multipolar Multifacial method and the Recurrent Unifacial or Bifacial Unipolar or Bipolar methods complete the scope of the exploitation and configuration.

There are few examples of large format lithic pre-configured instruments, 1GPB and 2GNB although they have a great qualitative importance.

b) *Operative Process in lithic objects from Galería level TG11* (Fig. 15).—All the Structural Categories are represented in this level, except for the 1GNB proceeding from indirect methods. This is a qualitative difference regarding TD11, which is attributed to different occupation strategies. Blocks and pebbles without technical transformation represent a wide spectrum and characterize the lithic record of this level.

The natural Bases a, b and c appear in two formats according to its use and show a great variability of stigmas, attributed to specific functions: breaking of bones, percussion, raw materials being transported without suffering any transformation... etc.

15. *Matriz Morfogenética de TG11. La línea de trazo discontinuo indica proceso posible, mientras que el trazo continuo señala proceso constatado. En cuanto a las categorías estructurales, se dibujan los objetos registrados, anotando las ausencias evidentes de cada categoría con una línea horizontal sobreimpuesta.*

15. *Morpho-genetic Matrix of TG11. The discontinuous line indicates possible process, while the continuous one indicates verified process. Concerning the structural categories, the registered objects are drawn noting the evident absences of each category with a horizontal line above.*

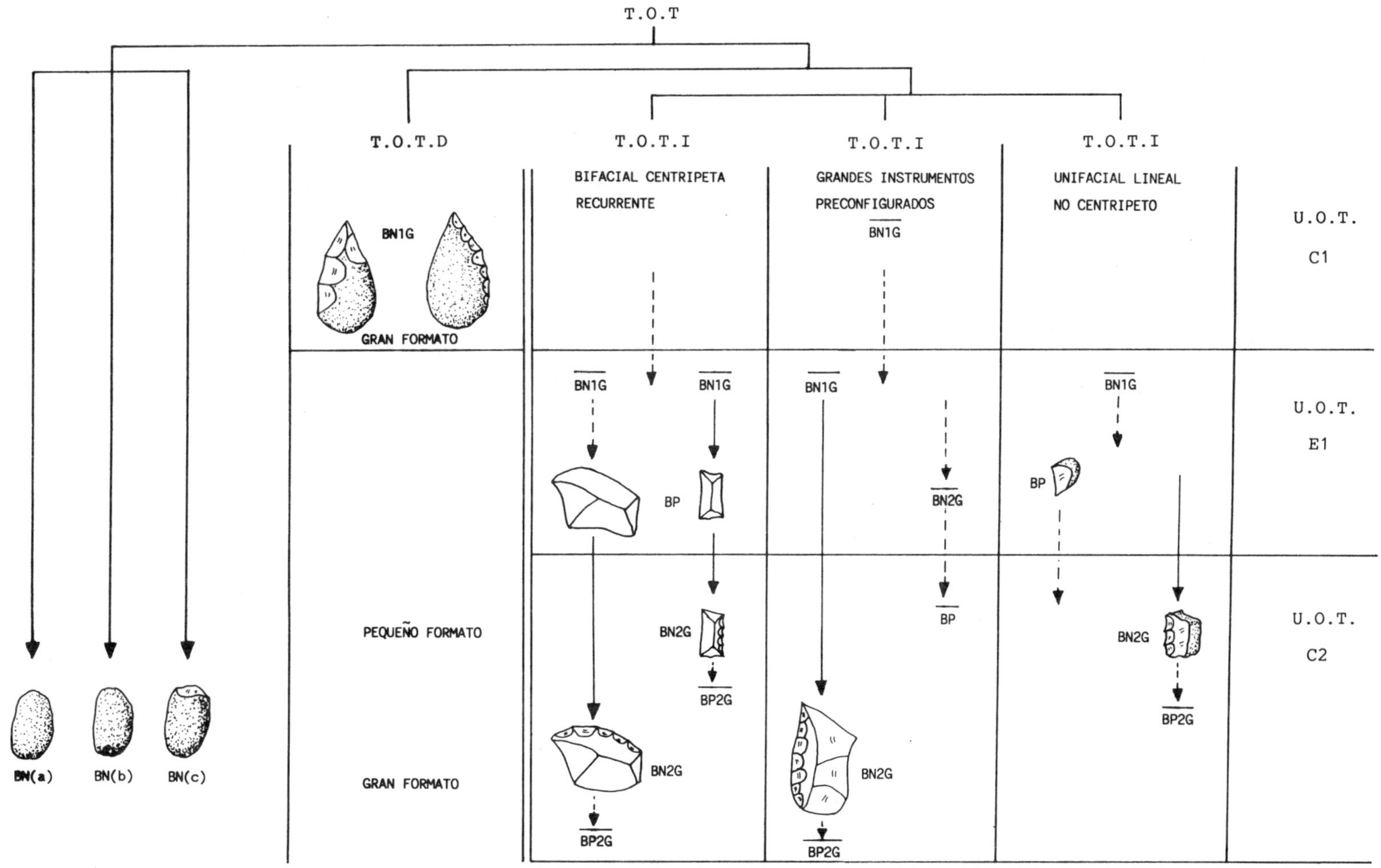

Por lo que respecta a la configuración directa de cantos y bloques (TOTD) de medio y gran formato, su representación es muy baja y esporádica.

A través de las bases naturales y Bases Negativas de Segunda Generación se han podido reconstruir los métodos de obtención indirecta (TOTI). El más abundante y repetitivo es el bifacial centrípeto recurrente y el unifacial unipolar longitudinal.

Por lo que respecta a los preconfigurados de gran formato, están representados especialmente a través de las BP2G y BN2G, siendo menor su representación que en la matriz de TD11. Esto se atribuye a la diferencia funcional de la ocupación y no a cambios de estrategia técnica.

No ha sido posible la reconstrucción de las matrices de las cronofases I y II, dada la baja representación de efectivos.

The representation of directly configured pebbles and medium and large format blocks (DTOT) is very low and sporadic.

Through the natural Bases and Second Generation Negative Bases it has been possible to reconstruct the methods of indirect production (ITOT). The most abundant and repetitive are the Recurrent Centripetal Bifacial and the Longitudinal Unipolar Unifacial.

Large format pre-configured objects are represented specially by 2GPB and 2GNB. Their presence is inferior to that of TD11 matrix. This is attributed to functional difference of the settlement and not to changes in technical strategies.

16. *Modelo de explotación Unifacial Unipolar Recurrente.*

16. *Recurrent Unipolar Unifacial exploitation model.*

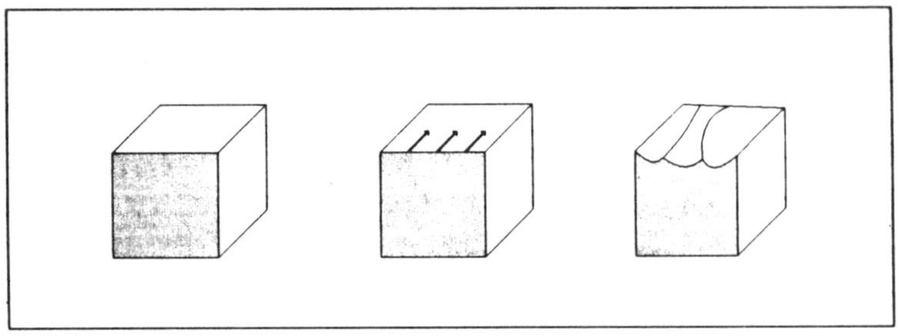

17. *Modelo de explotación Unipolar Circular.*

17. *Circular Unipolar Unifacial exploitation model.*

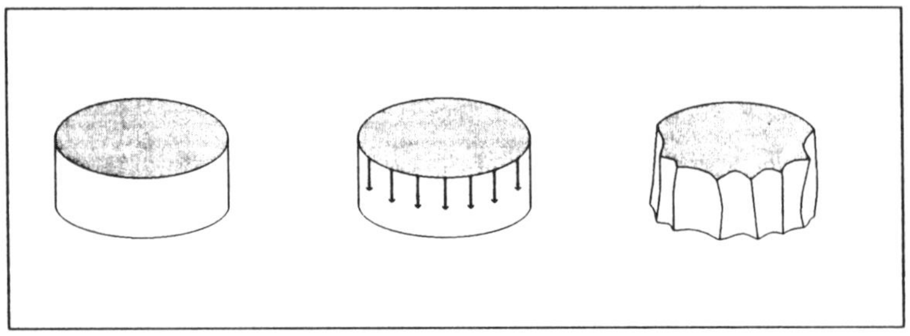

4.3.2. *Modelos de explotación.*

Han sido aceptados siete modelos de explotación para las tres cronofases técnicas de la Sierra de Atapuerca. Deben considerarse como estrategias en red, por lo que, en algunos casos, pueden tener una alta transferencia de elementos, tanto sincrónica como diacrónicamente. Constituyen modelos multivariantes. También pueden responder a diferentes estadios de explotación o simplemente a la variabilidad intraespecífica de un mismo método.

(En los gráficos –figs. 16 a 22– se sombrean los planos de percusión y se indica el origen y la dirección de las extracciones de cada secuencia mediante flechas).

Para la Fase I se han individualizado dos modelos.

1. El *Unifacial Unipolar Recurrente.* (Fig. 16).–Un plano de interacción es seleccionado en una base de formato cúbico. A partir de él se gestiona un plano de configuración. El ángulo entre los dos planos es de 90°. El plano de configuración es construido a partir de varias generaciones de levantamientos yuxtapuestos, siendo los últimos reflejados.

El aumento del ángulo entre los dos planos no permite posteriores unidades operativas y, como consecuencia, se abandona la explotación de la base negativa. Se utiliza la percusión directa durante el proceso, obteniéndose bases positivas de diferente formato que no corresponden a ningún modelo determinado, aunque se aproximan a morfologías cuadrangulares.

2. *Unifacial Unipolar Circular.* (Fig. 17).–Se selecciona una base de tipo cilíndrico plano. Se jerarquiza una de las caras y a partir de ella se gestiona un plano de configuración sobre la cara curva del cilindro. Se obtienen varias generaciones de levantamientos con la consiguiente producción recurrente de bases positivas. La percusión es directa y los productos obtenidos son homogéneos, rectangulares, cortos y anchos, con las caras proximales y distales corticales.

4.3.2. *Exploitation models.*

Seven exploitation models for the three technical chronological phases of the Sierra de Atapuerca have been described. They must be considered as network strategies. Owing to this, in some cases they may have a high transference of elements, synchronically as well as diachronically. They constitute multivariant models. They can also correspond to different exploitation stages or simply to the intraspecific variability of te same method.

(In the illustrations –Figs. 16 to 22–, the percussion planes are shadowed, the origin and direction of the removals of each sequence are indicated by arrows).

Two models have been individualized for Phase I.

1. *Recurrent Unipolar Unifacial* (Fig. 16).–An interaction plane is selected on a cubic format base. From it, a configuration plane is conformed. The angle between both planes is 90°.

The configuration plane is built basing on several generations of juxtaposed extractions being the last ones hinged extractions.

The increment of the angle between the two planes does not allow further operative units, and as a result, the exploitation of the negative Base is abandoned.The process is carried out through direct percussion, obtaining Positive Bases of different formats that do not correspond to any determined model, although they approximate to quadrangular morphologies.

2. *Circular Unipolar Unifacial* (Fig. 17).–A base of flat cylindric type is selected. One of the faces is priorized and from it a configuration plane on the curved face of thecylindre is conformed. Several generations of extractions are obtained with the consequent recurrent production of Positive Bases. Percussion is direct and the obtained products are homogeneous, rectangular, short and wide, with cortical, proximal and distal faces.

18. *Modelo de explotación Trifacial Multipolar Recurrente.*

18. *Recurrent Multipolar Trifacial exploitation model.*

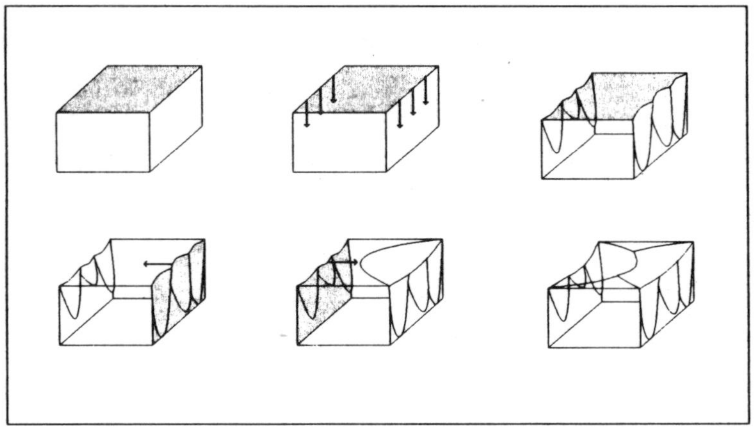

19. *Modelo de explotación Unifacial Unipolar Longitudinal Recurrente.*

19. *Recurrent Longitudinal Unipolar Unifacial exploitation model.*

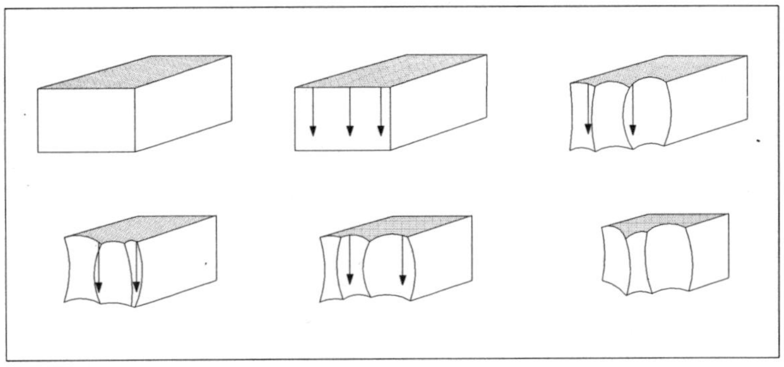

Para la Cronofase II se ha individualizado un único modelo de explotación.

1. *Trifacial multipolar recurrente.* (Fig. 18).—A partir de una base positiva o de una base natural de gran formato de estructura paralelepípeda se jerarquiza una superficie plana. Desde este plano de interacción se gestionarán planos de configuración opuestos con ángulos inferiores a los 90°. Dichos planos de configuración serán utilizados de forma alterna para la producción de bases positivas de gran formato. Todo el proceso se realiza utilizando la percusión directa. Los productos obtenidos son susceptibles de ser utilizados como soportes para la producción de configurados de gran formato.

Para la Fase II se individualizan varias estrategias que conducen a diversos modelos de explotación.

1. *Unifacial Unipolar Longitudinal Recurrente.* (Fig. 19).—A partir de un soporte de tipo paralelepípedo se selecciona un plano de interacción. Utilizando dicho plano se crea una superficie de configuración, con un ángulo de 90° respecto al anterior. Se utiliza el eje máximo del soporte como línea de dirección para las sucesivas percusiones. El proceso se realiza por percusión directa.

Como consecuencia de la gestión se obtienen bases positivas de pequeño formato de tipo rectangular o subrectangular.

2. *Bifacial Centrípeto Recurrente.* (Fig. 20).—A partir de una base negativa o una base natural de formato muy variable se procede a la selección de un plano de interacción. Éste es utilizado de forma centrípeta para generar una cara plana o convexa superior. Ambas superficies serán utilizadas como

For the chronological Phase II, only one exploitation-model has been individualized.

1. *Recurrent Multipolar Trifacial* (Fig. 18).—Basing on a Positive Base or on a large format natural Base with parallelipiped structure, a flat surface is polarized. From this interaction plane, opposed configuration planes will be generated with angles of less than 90°. These configuration planes will be alternatively used to produce large format Positive Bases. All the process is taken to term by using direct percussion. The obtained products can be used as supports to produce configuration objects of large format.

For Phase III several strategies leading to different exploitation models have been individualized.

1. *Recurrent Longitudinal Unipolar Unifacial* (Fig. 19).—Basing on a support of parallelipiped type an interaction plane is selected. By using this plane a configuration surface forming an angle of 90° with the interaction plane. The maximum axis of the support is used as the direction line for subsequent percussion. Consequently, small Positive Bases of rectangular or sub-rectangular type are obtained.

2. *Recurrent Centripetal Bifacial* (Fig. 20).—Parting from Negative Base or natural Base of varying size, an interaction plane is selected. This is worked on centripetally to generate a flat or convex upper face. Both surfaces will be alternatively and recurrently used as interaction planes. The percussion is direct and the resultant Positive Bases can be basically of two types: with an abrupt or simple edge or with a flat edge.

20. *Modelo de explotación Bifacial Centrípeto Recurrente.*

20. *Recurrent Centripetal Bifacial exploitation model.*

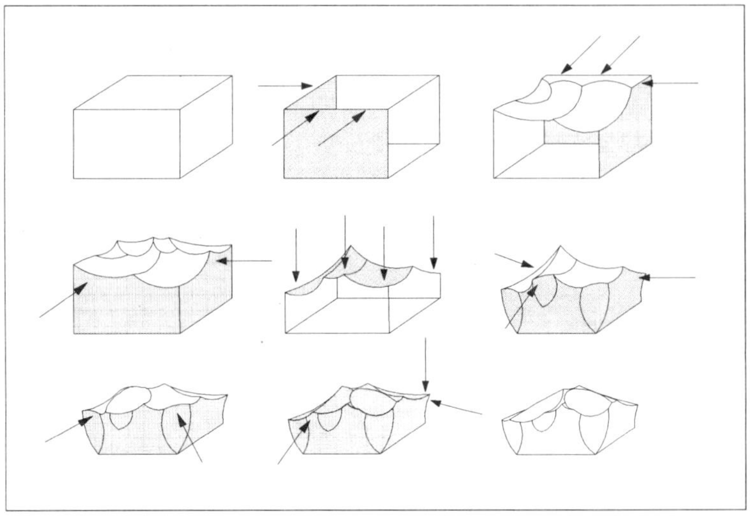

planos de interacción, de forma recurrente y alternante. La percusión es directa y las bases positivas obtenidas pueden ser de dos tipos fundamentales: de borde abrupto-simple o bien planas.

3. *Bifacial Bipolar Ortogonal.* (Fig. 21).–A partir de una base positiva o base natural de estructura cúbica se inicializa el proceso generando un plano de configuración. Dicho plano es de estructura ortogonal y constituye la cara A. La cara B será también gestionada de forma ortogonal. El proceso se realiza por percusión directa. Este método produce bases positivas de formato diverso, aunque el más frecuente es el subrectangular.

4. *Bifacial Bipolar Opuesto.* (Fig. 22).–A partir de una base positiva o base natural se gestiona un plano de configuración de forma ortogonal, que corresponde a la cara A. La cara B se configura por una secuencia bipolar opuesta de levantamiento en un mismo plano. El proceso se lleva a cabo por percusión directa. Los resultados de dicho proceso lo constituyen bases positivas de formato pequeño, alargado y subrectangular.

3. *Ortogonal Bipolar Bifacial* (Fig. 21).–From a Positive Base or natural Base of cubic structure a configuration plane is generated. This plane has an ortogonal structure and constitutes face A. Face B will also be worked on ortogonally. The process is made by direct percussion. This method produces Positive Bases of different formats, although the most frequent one is the sub-rectangular.

4. *Opposed Bipolar Bifacial* (Fig. 22).–From a Positive Base or a natural Base an ortogonal configuration plane which corresponds to face A is produced. Face B is conformed by an opposed bipolar sequence of extractions on the same plane. The process is carried out by direct percussion. The results are Positive Bases of small sub- rectangular and elongated format.

4.3.3. Modelos de Configuración de morfotecnologías.

La creación de modelos de configuración nos ha de servir para mostrar los procesos con que los paleopobladores de la Sierra de Atapuerca produjeron los estándares operativos. Con esta información relacionamos la tecnología con los

4.3.3. Models for the Configuration of Morpho. technologies.

The creation of configuration models will enable us to show the processes used by the ancient settlers of Atapuerca to produce Operative Standards. With this information we can relate the technology with psycho-technical processes. The

21. *Modelo de explotación Bifacial Bipolar Ortogonal.*

21. *Orthogonal Bipolar Bifacial exploitation model.*

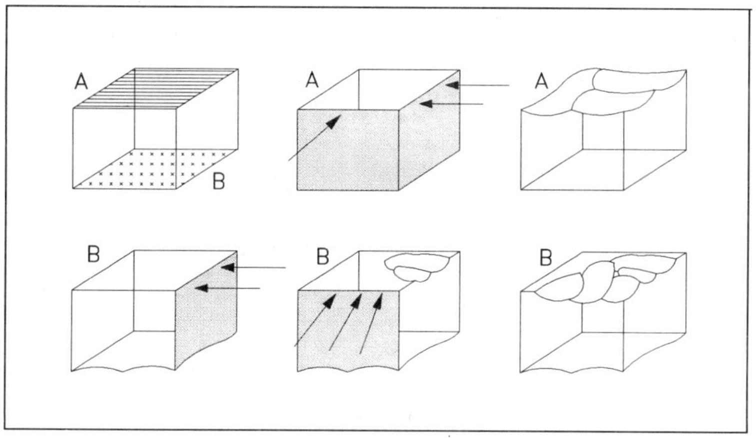

22. *Modelo de explotación Bifacial Bipolar Opuesto.*

22. *Opposite Bipolar Bifacial exploitation model.*

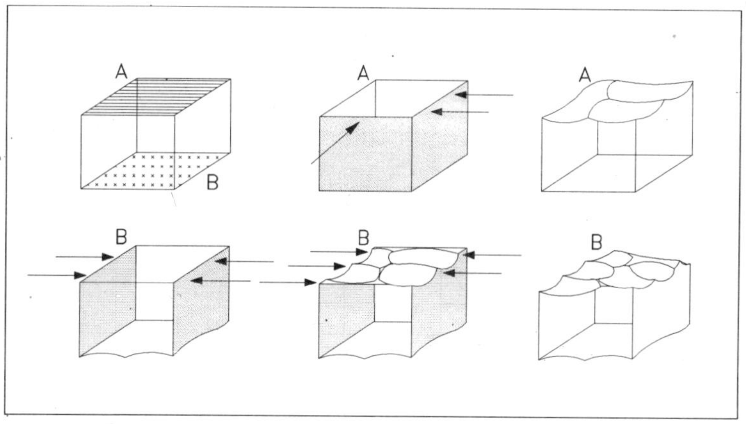

procesos psicotécnicos. Los casos que presentamos corresponden a modelos repetidos e identificados en todos los conjuntos de la cronofase III. No corresponden estrictamente a objetos individuales. La configuración de los estándares tiene como finalidad la producción de un objeto de uso eficaz. Por lo tanto, este apartado va estrechamente ligado al siguiente, en el que se presentan los modelos morfopotenciales. Cabe decir, como en otros capítulos, que sólo poseemos datos suficientes para la cronofase III.

a) *Modelo procesual 1.*—Corresponde a un Tema Operativo Técnico Directo encaminado a la obtención de un objeto compuesto de triedro distal y diedros laterales regulares. Esta secuencia se compone de cinco fases (Fig. 23). Las dos primeras configuran un triedro amplio en la cara A mediante levantamientos profundos. La tercera fase regulariza los diedros laterales con extracciones marginales sobre la cara A, marcando una concavidad en el lateral izquierdo. En la siguiente fase se configura la zona distal de la cara B, reduciendo su volumen y preparando el diedro para la última fase de reconfiguración del diedro derecho.

b) *Modelo procesual 2.*—Corresponde a un Tema Operativo Técnico Indirecto encaminado, como el anterior, a la obtención de un objeto compuesto de triedro distal y diedros laterales (Fig. 24). En este caso dichos diedros presentan una regularidad menor. La secuencia se compone de ocho fases, desde la obtención de la BP soporte predeterminada de gran formato hasta la configuración final. Por las dos primeras fases se obtiene una BP con secciones horizontal y transversal triangulares. En las fases 3 y 4 se reduce el volumen de la cara B mediante grandes extracciones profundas. En la fase 5 se interviene la misma cara B, eliminando las irregularida-

cases presented are repeated models which have been identified in every assemblage of the chronologic Phase III. They do not strictly correspond to individual objects. The configuration of Standards aims to the production of an efficient object of use. Therefore, this chapter is closely linked to the next one, which presents the morpho-potential models. As before, we only have enough data regarding to Phase III.

a) *Processing Model I.*—It corresponds to a Direct Technical Operative Theme leading to the obtention of an object composed of a distal trihedron and regular side-dihedrons. This sequence is made up of five phases (Fig. 23). The two first ones conform a wide trihedron on face A through deep extractions. The third phase regularizes the side-dihedrons with marginal extractions on face A, producing a concavity on the left side. In the following phase the distal area of face B is conformed, reducing its volume and preparing the dihedron for the last phase of re-configuration of the right dihedron.

b) *Processing Model 2.*—It corresponds to an Indirect Technical Operative Theme leading, as Model 1, to the obtention of an object composed of a distal trihedron and side-dihedrons (Fig. 24). In this case, the dihedrons are not as regular. The sequence is made up of eight phases, from the obtention of the pre-determined large format PB support to final configuration. Through the two first phases a PB with horizontal and transverse triangular sections is obtained. In phases 3 and 4 the volume of face B is reduced through great deep extractions. In phase 5 the same phase B is worked on, eliminating irregularities in the dihedrons produced by earlier phases. With phase 6 the reduction of volume and elimination of cortical surfaces of the left side are made.

23. *Modelo procesual n.º 1.*

23. *Processing model n. 1.*

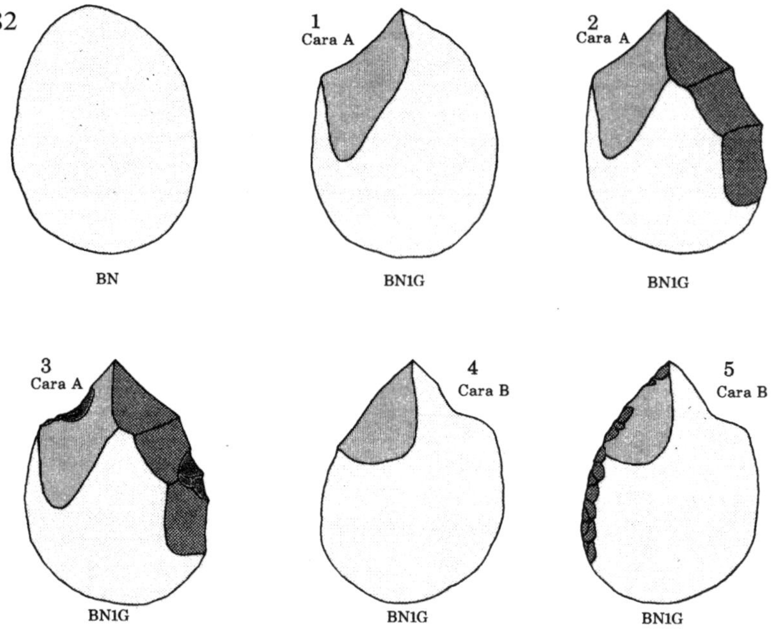

24. *Modelo procesual n.º 2.*

24. *Processing model n. 2.*

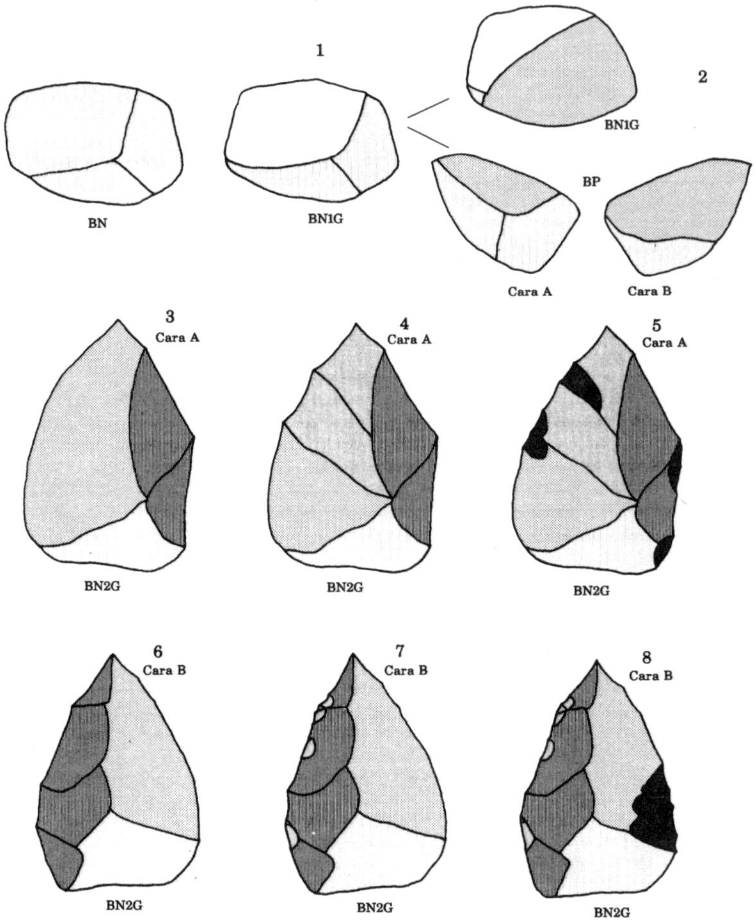

des en los diedros producidos en las anteriores fases. Con la fase 6 se realiza la reducción de volumen y la eliminación de la superficie cortical de todo el lateral izquierdo. Las últimas fases, 7 y 8, producen la regularización final de los diedros laterales y consiguen un objeto de uso con simetrías axial y sagital.

c) *Modelo procesual 3.*–En este proceso se repiten las características esenciales del anterior, pero para un objeto de uso de pequeño formato (Fig. 25). Se compone de seis fases, desde la obtención de la BP soporte de pequeño formato predeterminada hasta la configuración final del objeto. El volumen inicial de esta BP es ya reducido, de forma que en la secuencia de configuración no se precisa un trabajo ulterior en este sentido. El extremo proximal es la excepción de lo que acabamos de comentar. Las fases 2 y 3 reducen ligeramente el grosor y eliminan la superficie cortical por medio de una extracción profunda en cada lateral en dicha zona. Por las

The last phases, 7 and 8, produce the final regularization of the side-dihedrons and achieve an object of use with axial as well as sagittal symmetry.

c) *Processing Model 3.*–This process repeats the essential steps of the earlier one but with the aim of obtaining small format objects (Fig. 25). It is composed of six phases, from the obtention of the pre-determined small format PB support to the final configuration of the object. The initial volume of this PB is already small, thus, no further work is needed in the configuration sequence to reduce it. The proximal end is an exception to that. Phases 2 and 3 slightly reduce the thickness and eliminate the cortical surface by means of a deep extraction in each lateral of the proximal end. Through phases 4 to 6 a differential configuration and regularization of the two dihedrons is achieved. The left one is made through a series of extractions followed by another one whereas the right one only needs one series. The results are two

25. *Modelo procesual n.º 3.*

25. *Processing model n. 3.*

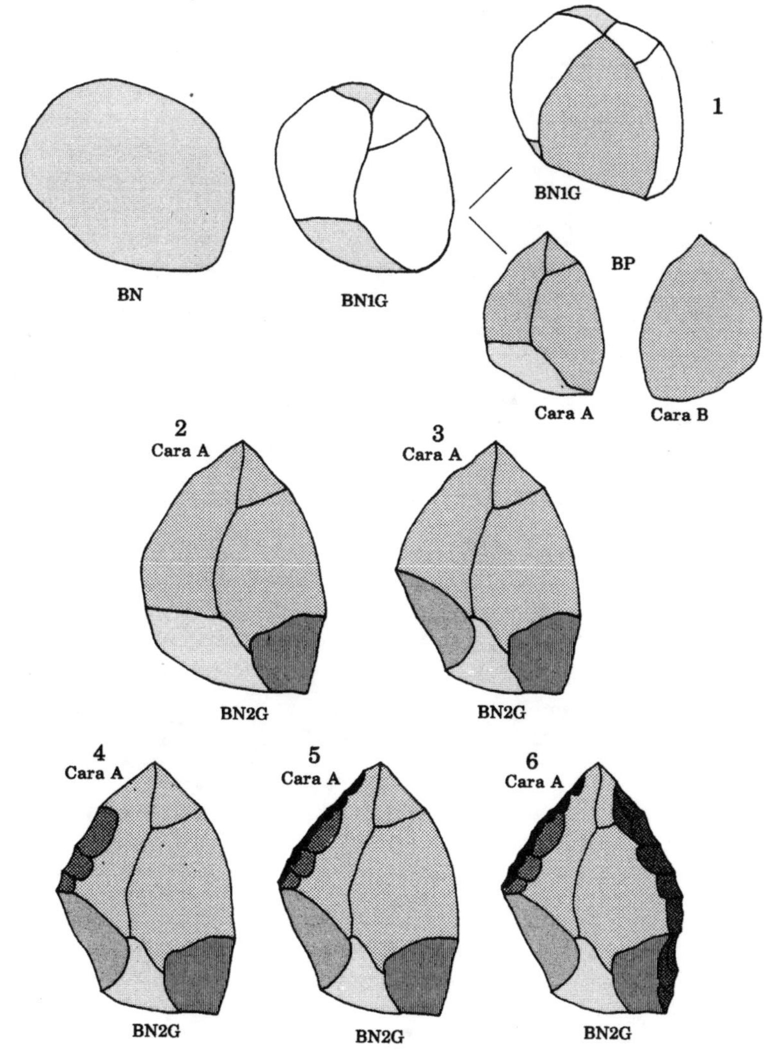

26. *Modelo procesual n.º 4.*

26. *Processing model n. 4.*

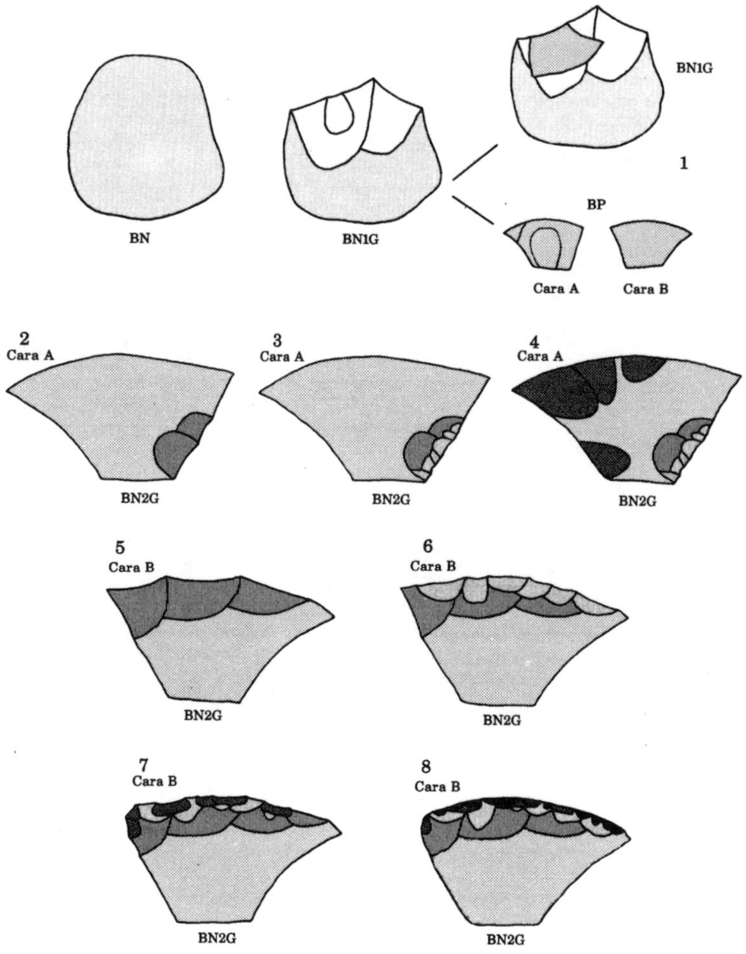

fases 4 a 6 se consigue la configuración y regularización de los dos diedros de forma diferencial. Para el izquierdo se realiza mediante dos series de levantamientos sobreimpuestos mientras que para el derecho sólo se precisó de una serie. El producto son unos diedros laterales regulares y continuos, que convergen en un triedro distal predeterminado en la producción de la BP y no configurado posteriormente.

d) *Modelo procesual 4.*–Corresponde a un Tema Operativo Técnico Indirecto para la obtención de un objeto de uso de gran formato en el que destacan las múltiples series de extracciones que se precisaron para su configuración (Fig. 26). La secuencia parte de una BP corta y ancha (fase 1). En las fases 2 y 3 se configura el lateral derecho proximal sobre la cara A obteniéndose un diedro recto. La fase 4 reduce la convexi-

continuous and regular side-dihedrons, converging in a distal trihedron which was pre-determined in the production of the Positive Base and not configured afterwards.

d) *Processing Model 4.*–It corresponds to an Indirect Technical Operative Theme leading to the obtention of a large format object in which the multiple series of extractions needed to configure it are outstanding. (Fig. 26). The sequence starts with a short and wide PB (phase 1). In phases 2 and 3 the proximal right side is configured on face A, obtaining a straight dihedron. Phase 4 reduces the convexity of face A on the distal left transversal through flat and deep extractions. Phases 5 to 8 produce the configuration of the distal transversal dihedron which then becomes convex and regular. The first series of extractions is quite deep and redu-

27. *Modelo procesual n.º 5.*

27. *Processing model n. 5.*

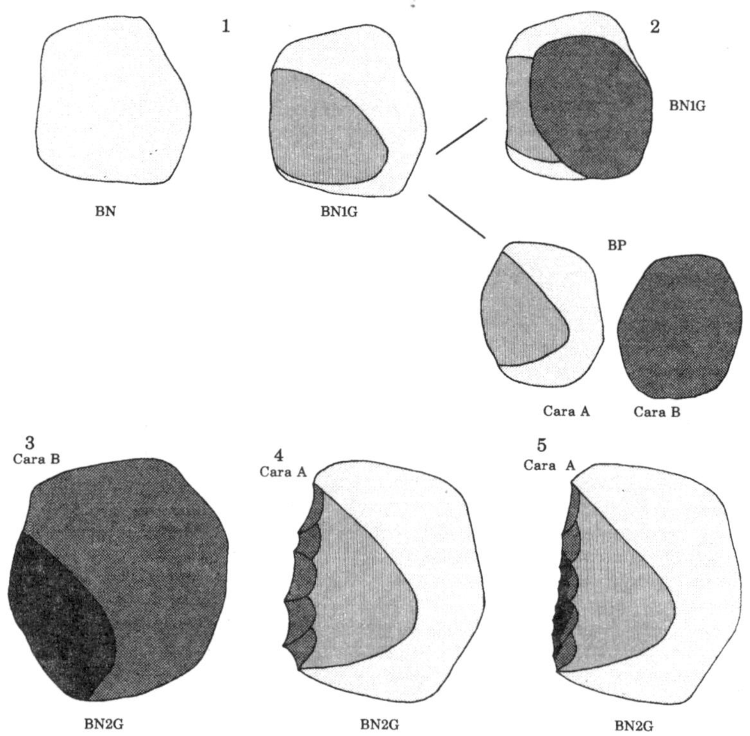

28. *Modelo procesual n.º 6.*

28. *Processing model n. 6.*

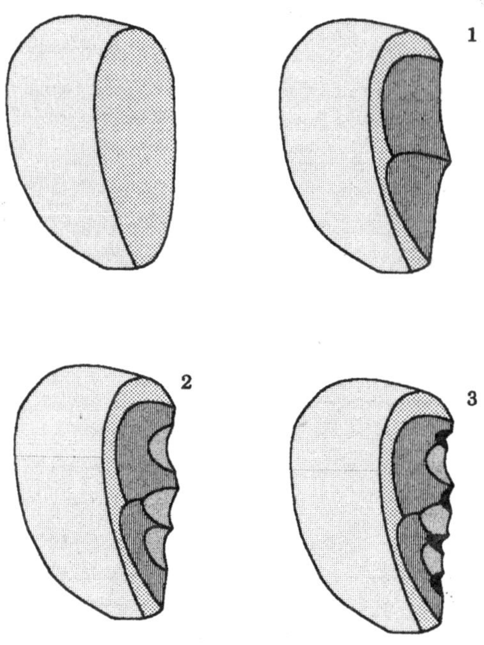

dad de la cara A en el transversal distal izquierdo, mediante levantamientos planos y profundos. De las fases 5 a 8 se produce la configuración del diedro transversal distal convexo y regular. La primera serie de levantamientos es profunda y reductora del volumen. El resto de las series tienen como objeto definir la delineación convexa del diedro y reducir su grosor mediante extracciones progresivamente más planas y marginales. Al final de este proceso, el objeto presenta una asociación de diedro convexo con simetría sagital y triedro lateral, opuestos ambos a una plataforma abrupta proximal.

e) *Modelo procesual 5.*–Corresponde a un Tema Operativo Técnico Indirecto para la obtención de una BP de gran formato predeterminada (Fig. 27). Las dos primeras fases corresponden a la extracción referida. La fase 3 tiene por objeto reducir el grosor de la zona proximal de la cara B. Las dos restantes series de levantamientos se dedican a la configuración del diedro lateral izquierdo sobre la cara A. De ellas, la fase 4 reduce el grosor del diedro y la fase 5 regulariza el filo y lo transforma en una morfología rectilínea, eliminando los microtriedros producidos en la fase 4.

f) *Modelo procesual 6.*–Corresponde a un Tema Operativo Técnico Indirecto con obtención de objetos de pequeño

ces the volume. The rest of the series aim to define a convex profile in the dihedron and to reduce its thickness through extractions, progressively more flat and marginal. When this process is finished, the object has an association of convex dihedron with sagittal symmetry and lateral trihedron, both opposed to a proximal abrupt platform.

e) *Processing Model 5.*–It corresponds to an Indirect Technical Operative Theme directed to the obtention of a predetermined large format PB (Fig. 27). The two first phases correspond to the extraction of this PB. Phase 3 aims to diminish the thickness of the proximal zone of face B. The two remaining series of extractions configure a left side-dihedron on face A. Among these, phase 4 reduces the thickness of the dihedron while phase 5 regularizes the edge giving it a sraight morphology by eliminating the micro-trihedrons produced during phase 4.

f) *Processing Model 6.*–It corresponds to an Indirect Technical Operative Theme which leads to the obtention of medium and small format objects characterized by the introduction of micro-trihedrons within the dihedrons (Fig. 28). The morphology of the PB support has little standarized traits. The configuration of the right side is produced in y mediano formato, caracterizados por la introducción de microtriedros en los diedros (Fig. 28). La morfología de la BP soporte presenta características poco estandarizadas. La configuración del lateral derecho se produce a lo largo de tres fases. Por la primera de ellas de reduce el ángulo inicial y el volumen de la cara A, con extracciones profundas y anchas. La segunda fase, con levantamientos discontinuos, crea microtriedros en el filo lateral, regularizados en una fase final con extracciones muy marginales.

three phases. The first one reduces the initial angle and the volume on face A by means of deep wide extractions. The second one effects discontinuous extractions generating micro-trihedrons on the lateral edge. These are regularized in a final phase by very marginal extractions.

4.3.4. Modelos de Capacidades Morfodinámicas.

Con el término *potencialidad* se hace referencia a la aptitud de una morfología para penetrar en la materia (Airvaux, 1987). Se llama *potencial morfodinámico* a la conjunción de forma y movimiento implicados en la interacción objeto activo-objeto pasivo.

"L'objet lithique est constitué par des intersections que forment les plans de fracturation entre eux et par des rénions d'intersections" (Airvaux, 1987: 26). Cada intersección y cada reunión representa una potencialidad de interacción y constituye un subconjunto, el modelo de organización de los cuales es lo que llamamos *estructura orgánica del objeto de uso.* Esta es quizá la que puede aportarnos más información de cara a realizar inferencias, ya sea desde el punto de vista diacrónico, o bien para un registro concreto. Sin embargo, el estudio base debe realizarse a partir de los elementos de esa estructura orgánica. Se entiende así tanto la presencia de varios modelos, iguales o no, en un mismo objeto, como también la concepción de una estructura discontinua como la suma de diversas unidades.

Para aprehender las propiedades de las morfoestructuras a este nivel se utilizan modelos geométricos y principios de trigonometría, llegando a una modelización y cuantificación del potencial. La morfología del subconjunto se asimila a un modelo tridimensional: el cuerpo geométrico en el cual se inscribe. Así, los modelos principales usados son el diedro, el triedro, el semitriedro y la pirámide (existen otros modelos derivados, como el diedro axial, etc.).

El análisis del potencial tiene una parte cuantitativa basada en los valores de los ángulos y en la relación entre estos. Así, "La valeur du Potentiel Morphodynamique (PMD) est égale à la contangente de l'angle caractéristique *(obtenido a partir de las dos variables iniciales: ángulos sagital y horizontal)* ou à l'inverse de la somme des tangentes des angles caractéristiques dans le cas des morphologies quelconques" (Airvaux,

4.3.4. Models of Morpho-dynamic Capabilities.

With the term *Potentiality* we refer to the ability of a morphology to penetrate matter (Arivaux, 1987). The shape and movement implied in the interaction between active and passive objects is called *Morpho-dynamic Potential.*

"L'objet lithique est constitué par des intersections que forment le plan de fracturation entre eux et par des réunions d'intersections" (Arivaux. 1987: 26). Each intersection and each assembly represents and interacting potentiality consituting a sub-assembly. The organizationof these sub-assemblies is what we call *organic structure of the object of use.* This structure is perhaps what can supply more information regrding the making of inferences, either from a diachronic point of view or applied to a definite record. However, the base study must part from the elements of this organic structure. Therefore, we will be able to understand the presence of several models —equivalent or not— within the same object, as well as a concept of a discontinuous structure as a result of adding up several units.

Geometrical models and principles of trigonometry are used to apprehend the properties of the morpho-structure at this level, arriving to a modelization and quantification of the potential. The morphology of the sub-assembly is assimilated to a tri-dimensional model: that is the geometric body within which it is inscribed. Hence, the principal models used are the dihedron, the trihedron, the half-trihedron and the pyramid (there are other derived models as the axial dihedron... etc.).

The analysis of potential has a quantitative approach based on the values of the angles and on the relation among them. Thus, "la valeur du Potentiel Morphodynamique (PMD) est égale à la cotangente de l'angle caracteristique *(obtained from the two initial variables: sagittal and horizontal angles)* ou à l'inverse de la somme des tangentes des angles caracteristiques dans le cas des morphologies quelconques"

29. *Ejemplos de modelos morfopotenciales y de su asociación.*

29. *Examples of morpho-potential capability models and of their association.*

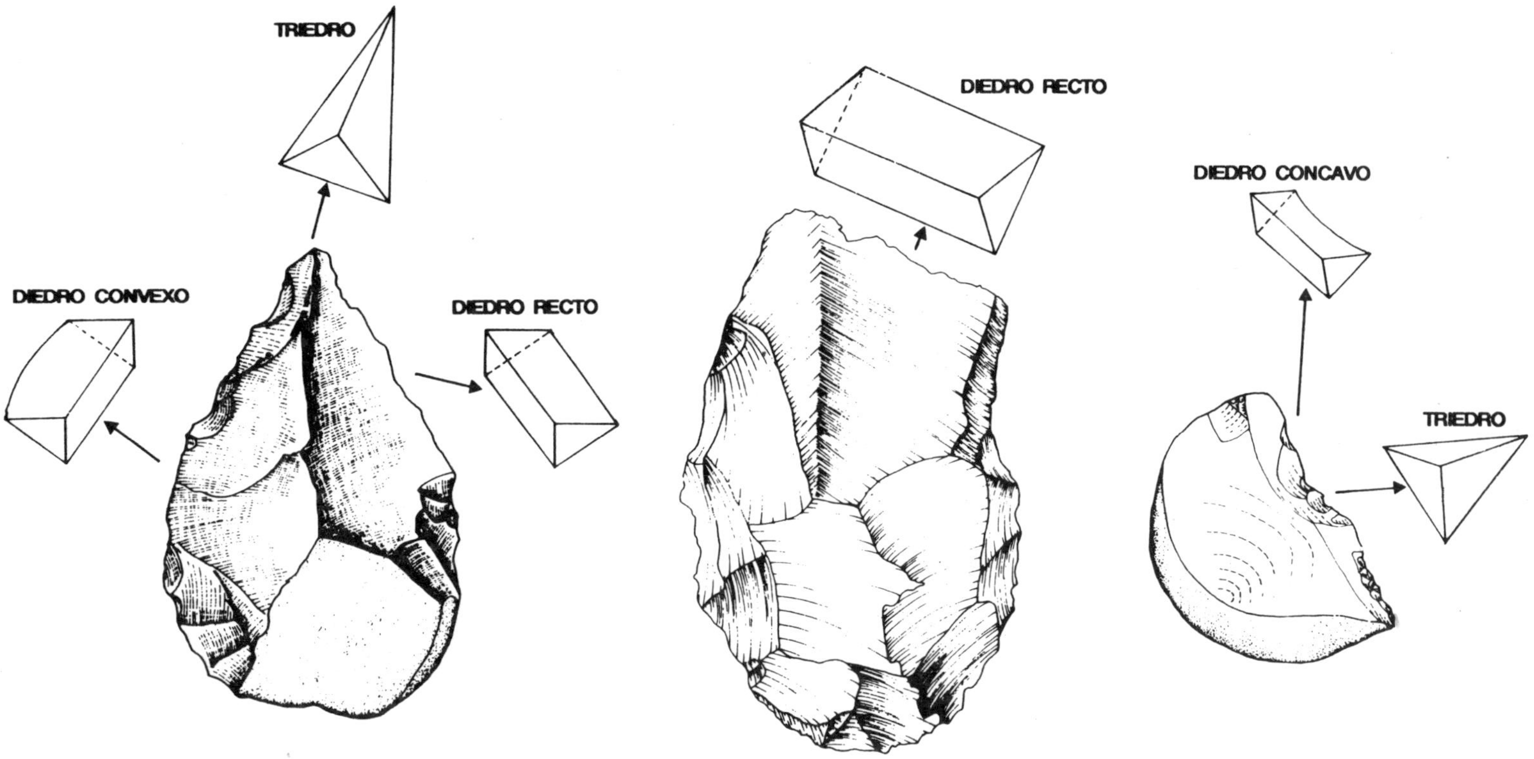

1987: 34). El valor del PMD varía de cero al infinito (una morfología que se redujese a su eje longitudinal poseería un potencial infinito).

En el presente estudio, sin embargo, se realizará únicamente un apunte cualitativo sin un intento de cuantificación, que dejamos para posteriores trabajos. Como objetivo principal nos planteamos la observación de los modelos presentes en los conjuntos litotécnicos estudiados, con la identificación de sus características y de la forma en que se asocian (ver Fig. 29).

Igual que hemos indicado más arriba, el registro recuperado en la Sierra de Atapuerca nos permite sólo analizar ampliamente la cronofase III. Para las dos primeras cronofases podemos presentar únicamente unos apuntes, a la espera de conocer mejor el registro.

En la Fig. 16 presentamos uno de los modelos de Tema Operativo Técnico procedente de la cronofase I. Este proceso origina Bases Positivas con diedros convexos, agudos y de delineación bastante regular. El único Tema Operativo Directo significativo sobre BN1G de esta cronofase configura diedros irregulares y dispares (cóncavos y convexos). La delineación sagital es incurvada. Uno de los diedros está asociado a

(Arivaux, 1987: 34). The value of this Morpho-dynamic Potential varies from zero to infinitum (if a morphology were reduced to its longitudinal axis, it would have an infinite penetration potential).

However, in the present study only a qualitative sketch is presented leaving quantitative attempts to further research. Our main aim is the observation of the models represented in the litho-technical assemblages studied, identifying their main traits and the ways in which they associate (Fig. 29).

As we have indicated, the record recovered at the Sierra de Atapuerca only allows to analyse chronological Phase III throughly. Regarding the two first phases, until a better knowledge of the record, we can only present drafts.

In Fig. 16 a model of Technical Operative Theme proceeding from Phase I is shown. This process generates Positive Bases with convex dihedrons, sharp and with regular profile. The only significant Direct Operative Theme made on 1GNB belonging to this phase configures irregular and dissimilar dihedrons (concave and convex). The sagital profile is incurvated. One of the dihedrons is associated to a slightly marked trihedron. The other two 1GNB recovered belonging to Phase I could have been used in tasks in which its un triedro poco marcado. Las otras dos BN1G que poseemos para esta cronofase pueden haber sido funcionalizadas en tareas en las que su peso habría sido la característica potencial principal, ya que los diedros que presentan son muy abruptos e irregulares.

Para la cronofase II tenemos igualmente un registro reducido. Destacan una BN1G de Tema Operativo Directo y una serie de BP. La BN1G presenta un triedro distal marcado aunque irregular y de ángulo horizontal obtuso en el que convergen dos diedros irregulares en norma horizontal, si bien en la sagital son rectos. Las BP se caracterizan por poseer sólo diedros convexos y delineación irregular.

La cronofase III puede ser mejor caracterizada. El material estudiado se encuadra en un conjunto de Temas Operativos Técnicos donde está presente la talla bifacial, con la cual se obtienen diedros axiales o simétricos. Paralelamente, encontramos la explotación centrípeta, que tiende a curvar las aristas de intersección y, con las extracciones planas, aumenta el potencial de las BP-soporte. Observamos también las morfologías plano-conversas en diversas piezas, muy aptas por sus diedros rectos y triedros planos.

La disposición de estos subconjuntos puede ser diversa: diedros convexos laterales más un triedro distal (ver Figs. 23, 24 y 25); un diedro transversal convexo con un triedro en un extremo (ver Fig. 26). Igualmente se dan cualquiera de estas dos asociaciones unidas a una plataforma abrupta en la zona proximal. El único caso donde no hay asociación a otros modelos es en el diedro rectilíneo (ver Fig. 27), el cual suele presentarse aislado.

Existe otro tipo de asociación característica, la que muestra triedros microestructurales incorporados en un segmento diédrico. Nos referimos a morfologías denticuladas (ver Fig. 28), donde la alternancia de pequeños triedros conforma una secuencia de concavidades y estructuras uniangulares, pudiendo tomar cualquier delineación horizontal.

Los modelos que acabamos de describir se dan en una frecuencia suficiente para que los consideremos estándares a nivel cualitativo. Sin embargo, definimos para ellos tres niveles de variabilidad. En el primero remarcamos que tales estándares son obtenidos lo mismo por Temas Operativos Técnicos Indirectos, como por Directos. En segundo lugar en estos Temas Operativos Técnicos no destaca un modelo facial jerarquizante: lo mismo son construidos configurados bifaciales como unifaciales.

Finalmente, se da una variabilidad triple por lo que se refiere a la configuración y regularización de las morfopotencialidades. En un primer término tenemos productos confi-

weight would have been the main potential trait, given that their dihedrons are very abrupt and irregular.

Regarding to the chronologic Phase II we have also a very sparse record, outstanding a Direct Operative Theme 1GNB and a series of PBs. The 1GNB has a marked though irregular distal trihedron with a horizontal obtuse angle in which two dihedrons, horizontally irregular but sagittally straight converge. The Positive Bases are characterized by having only convex dihedrons and irregular profiles.

The chronologic Phase III is the best characterized one. The material studied is framed in an assembly of Technical Operative Themes where the bifacial knapping method appears. Axial or symmetric dihedrons are thus obtained. In a parallel way, we find the centripetal exploitation method which tends to incurvate the intersection edges and increasing the potential of the PB support through flat extractions. Also we observe flat-convex morphologies in several objects, very efficient due to its straight dihedrons and flat trihedrons.

This sub-assemblies can have diverse dispositions: convex side-dihedrons plus a distal trihedron (Figs. 23, 24 and 25); a convex transversal dihedron with a trihedron at one end (Fig. 26). In the same way, any of these two associations together with an abrupt platform on the proximal zone can be given. The only case where associations with other models does not appear is in the straight dihedron (Fig. 27). It usually appears isolated.

Another kind of characteristic association exists, which has micro-structural trihedrons embedded within a dihedric segment. We refer now to denticulate morphologies (Fig. 28) where the alternance of small trihedrons conforms a sequence of concavities and uniangular structures; all of them can take any horizontal profile.

The models described appear frequently enough to be considered qualitative standards. However, we can distinguish three levels of variability for them. In the first one we assert that such standards are obtained equally by Direct as well as by Indirect Technical Operative Themes. In the second level, no priorizing facial model on these Technical Operative Themes outstand: they can either be unifacial or bifacial.

In the third level there is a triple variability as regards to configuration and regularization of the morpho-potentialities. Firstly, we have configured objects with non-regularized dihedrons and trihedrons, resulting of a less accurate process and therefore their efficiency being lower. There is a second group in which the micro-structural trihedrons genegurados en los que diedros y triedros no están regularizados, son fruto de un proceso menos minucioso y su capacidad de intervención es más baja. Se da un segundo grupo en el que los triedros microestructurales surgidos de una primera etapa de configuración son eliminados, lo cual regulariza mejor el diedro y confiere una mayor capacidad (Fig. 24). Por último, aparecen objetos en los que el nivel de regularización en mucho mayor y su capacidad de intervención, consecuentemente, también (Figs. 25, 26 y 27).

Los trazos esenciales de la capacidad de interacción del conjunto de la cronofase III son los siguientes:

1. Se configuran dos estrategias para estándares operativos: A) dos diedros convexos laterales, invariablemente asociados a un triedro distal; B) diedro distal convexo; es común también la presencia de un plano abrupto, claramente no interactivo y asociado a la prensión;
2. Es característica del conjunto una duplicidad en las morfopotencialidades. La mayor parte de los productos son de baja capacidad interactiva e irregulares. Sin embargo, ha sido descrito un grupo cualitativamente importante, minuciosamente configurado, con una capacidad mayor;
3. Igualmente cabe reseñar la variabilidad de Temas Operativos Técnicos para la configuración de asociaciones potenciales idénticas.

rated during the first configuration stage are eliminated, thus regularizing better the dihedron by giving it higher efficiency (Fig. 24). Lastly, there are objects in which the regularization is much more important and thus also their capability of intervention on the environment (Figs. 25, 26 and 27).

The essential traits to determine the intervention efficiency of the assemblies ascribed to Phase III are the following:

1. Operative Standards have two configuration strategies: A) two convex side-dihedrons always associated to a distal trihedron; B) a convex distal dihedron; also the presence of an abrupt plane is common, clearly not interactive and related to handling purposes;
2. A duplicity in the morpho-potentialities is characteristic of the assembly. Most products have a low interactive capability and are irregular. However, we have described a qualitatively significant group, very accurately configured and with a higher efficiency.
3. Furthermore, the variability of Technical Operative Themes to configure assemblies of identical Morpho-potential capabilities needs to be pointed out.

4.3.5. *Cuadros icónicos de secuencias operativas.*

Las representaciones icónicas en forma de cuadros son ilustraciones explicativas del aparato analítico y lógico que se desarrolla en el transcurso de este apartado. En ellas se integra la información para los Temas Operativos Técnicos (TOT), las categorías estructurales (BN1G, BN2G, BP, Bn), las matrices morfogenéticas, junto a la secuencia temporal-funcional-constructiva del elemento lítico que se analiza.

Estos cuadros icónicos sólo se pueden confeccionar cuando el elemento lítico expuesto a este proceso procede de una amplia zona excavada. Por esta razón, los cinco cuadros icónicos que hemos construido pertenecen en su totalidad a la cronofase III, ya que ha sido excavada sistemáticamente en una extensión que abarca buena parte de la superficie de los yacimientos. El registro correspondiente a la fase II ha sido únicamente prospectado y el de la I procede de una excavación de pocos metros cuadrados. Por lo tanto, para estas dos fases no disponemos de un contexto suficiente como para que puedan ser aplicados los mencionados cuadros icónicos.

4.3.5. *Iconic representations of Operative Sequences.*

Iconic representations are explicative illustrations of the logical and analytical apparatus developed in this section. Integrated in each of them we find: the information on Technical Operative Themes (TOT), the Structural Categories (1GNB, 2GNB, PB, nB), the morpho-genetic matrices and the temporal-functional-constructive sequence of the lithic element being analysed.

These iconic representations can only be made when the lithic assembly submitted to this process proceeds from a widely excavated area. Because of that, the five iconic representations constructed here all belong to Phase III, given that practically the whole surface of the sites has been systematically excavated. The record of Phase II has only been prospected, and that of Phase I proceeds from an excavation of a few square meters. Therefore, for these last phases we do not have a rich enough context yet as to be pictured through these iconic representations.

30. *Cuadro icónico n.º 1.*

30. *Iconic representation n. 1.*

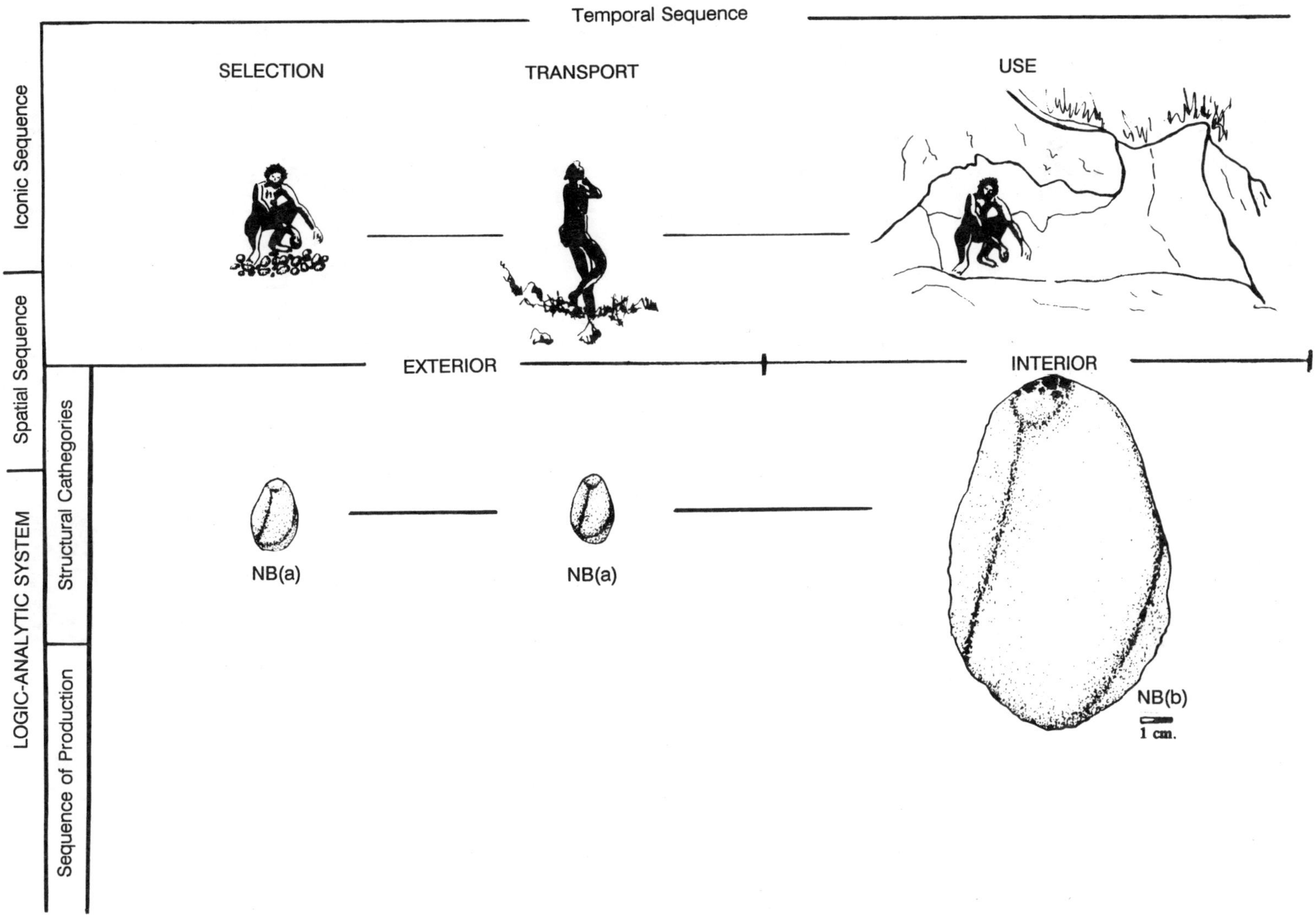

a) *Cuadro icónico 1.*—Los pobladores de la Sierra seleccionan un canto de río de cuarcita u otro material (Fig. 30). Esta Base natural es transportada hasta el lugar de ocupación. Es utilizada como percutor para la producción de instrumentos o para la fracturación de huesos. Los estigmas de estos procesos quedan reflejados sobre su superficie. En TG11 es donde se puede contrastar de forma más significativa esta estrategia.

b) *Cuadro icónico 2.*—Se realiza la selección de una Base natural de cuarcita, se reduce con otra Bn y de este proceso se selecciona una Base Positiva de Primera Generación, que presente buen filo, y se transporta hasta la ocupación (Fig. 31). En el interior del karst se utiliza y se abandona en el lugar de consumo de biomasa, mientras que la BN1G había sido desechada en el lugar de producción.

a) *Iconic representation 1.*—The paleo-settlers of Atapuerca select a river pebble on quartzite or any other material (Fig. 30). This natural Base is transported to the occupation site. It is used as hammerstone for the production of tools of the breaking of bones. The alterations produced by these processes are reflected on its surface. This strategy can be most significantly seen in Galería level TG11.

b) *Iconic representation 2.*—A quartzite natural Base is selected and reduced by using an other nB. A 1GNB resultant of this process and having a sharp edge is selected and transported to the site (Fig. 31). Then it is used inside the karst and left at the same place where the consumption of biomass took place, whereas the 1GNB was discarded at the production area.

31. *Cuadro icónico n.º 2.*

31. *Iconic representation n. 2.*

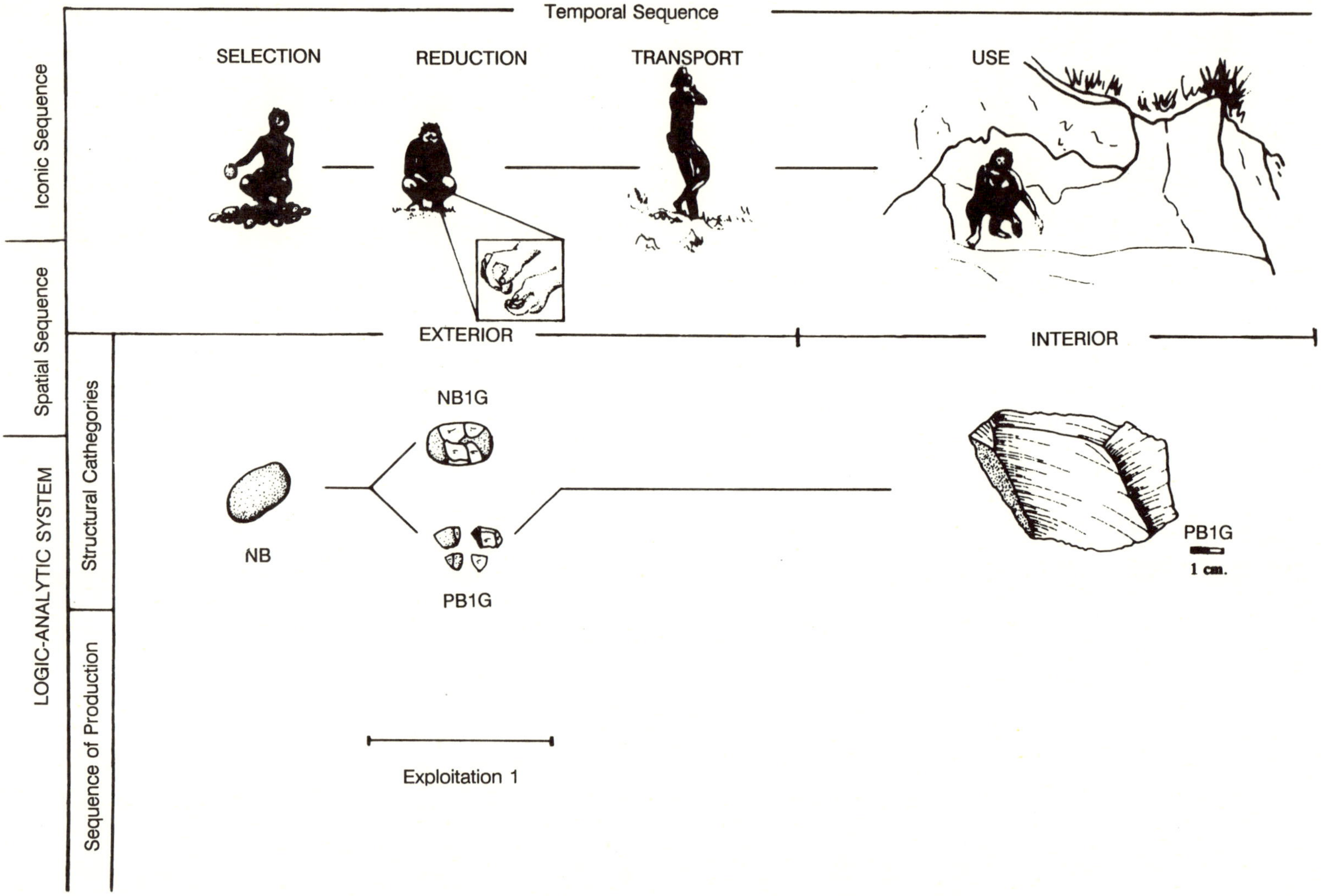

c) *Cuadro icónico 3.*—Se selecciona un canto de cuarcita de formato medio o pequeño que es gestionado, obteniéndose una BN1G y una serie de BP1G (Fig. 32). Se transporta la BN1G al centro de intervención. En el interior del karst será reducido su volumen y en el proceso se producirán BP1G con buenos filos diedros que son utilizadas para las actividades propias de este tipo de ocupación. La BN1G producida por este método de talla predeterminado, seguramente abandona la ocupación con sus productores.

c) *Iconic representation 3.*—A quartzite pebble of small or medium format is selected. Out of it, a 1GNB and a series of 1GPB (Fig. 32) are selected.The 1GNB is then transported to the intervention center. Once inside the karst the volume of this 1GNB will be reduced and this process will generate 1GPB with sharp dihedric edges. This last 1GPB will be used for intended activities. The 1GNB resulting from this predetermined knapping method is probably taken out of the site again.

d) *Cuadro icónico 4.*—Se selecciona una Base natural. Por reducción se obtiene una Base Positiva de formato medio que, tras ser configurada, es transportada, utilizada en el karst y abandonada en el lugar de ocupación (Fig. 33).

d) *Iconic representation 4.*—A natural Base is selected. By its reduction, a medium format PB is obtained and after its configuration, it is transported, used, and abandoned at the occupation site inside the karst (Fig. 33).

32. *Cuadro icónico n.º 3.*

32. *Iconic representation n. 3.*

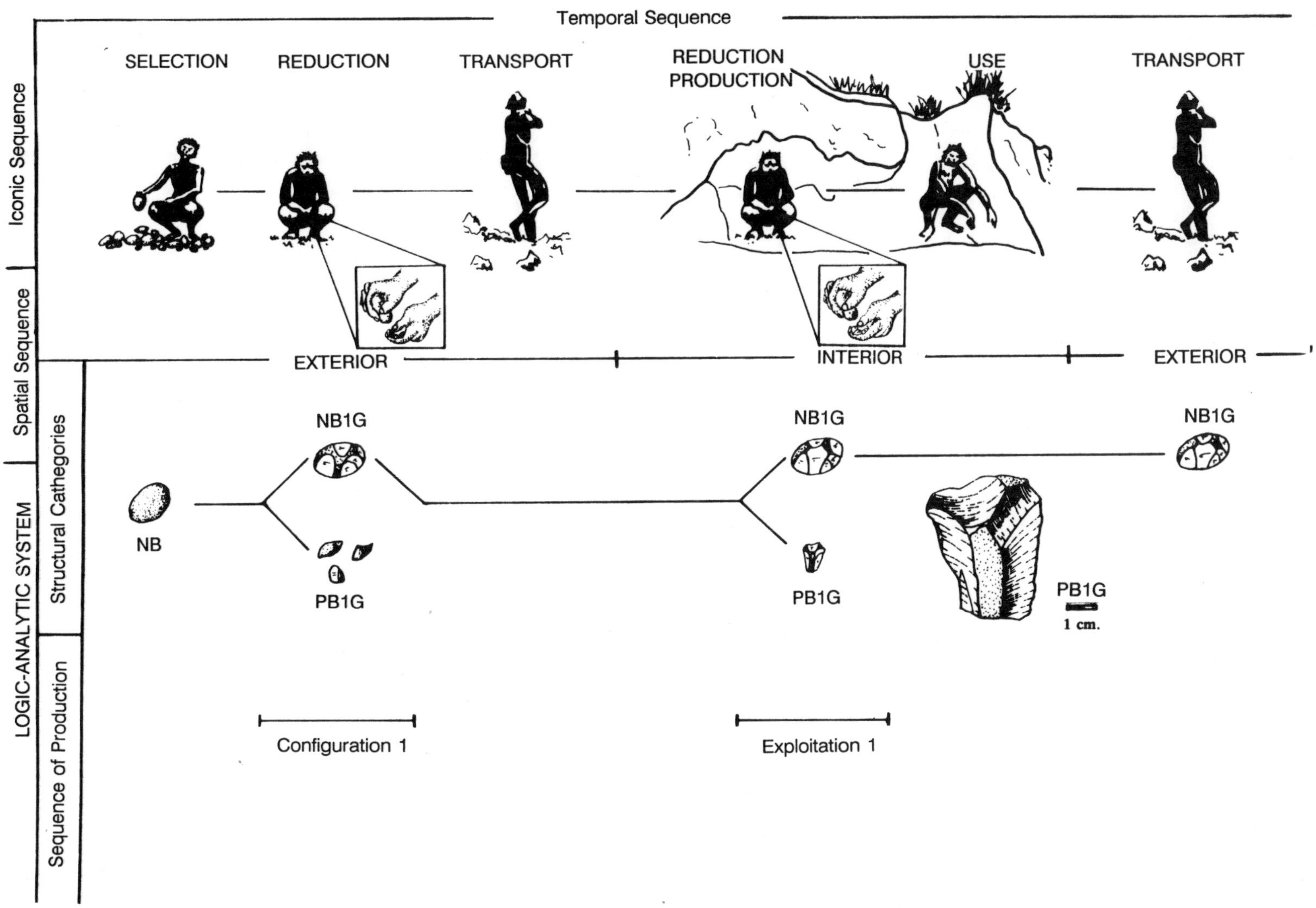

e) *Cuadro icónico 5.*–Los grandes bloques de sílex neógeno localizados en la superficie de la Sierra son objeto de la siguiente intervención (Fig. 34). Son explotados con el objeto de obtener BP1G de gran formato con biseles agudos óptimos. Por percusión directa se configura la morfología general, siendo posteriormente transportadas al lugar de ocupación donde son funcionalizadas y abandonadas.

Mediante los cuadros icónicos descritos, presentamos la reconstrucción de las relaciones básicas, a nivel ténico, de los paleopobladores de la Sierra de Atapuerca con su medio. Este es el objetivo esencial de tales diagramas y no la presentación exhaustiva de todos los procesos constructivos. Por lo tanto, no se presentan todos los casos identificados, sino que se describen los más significativos del conjunto litotécnico.

e) *Iconic representation 5.*–The large neogene flint blocks found in the Sierra suffer the following intervention (Fig. 34): they are exploited with the aim of obtaining large format 1GPB with optimally sharp edges. By direct percussion the general morphology is conformed and then carried out to the occupation site where it will be used and abandoned.

By means of the iconic representations above we present the reconstruction of the basic technical relations between the paleo-settlers and their environment. This is the main objective of such diagrams and not the exhaustive representation of every constructive process. Therefore, not all the identified cases are represented, only being described the most significant ones among the litho-technical assemblage.

33. *Cuadro icónico n.º 4.*

33. *Iconic representation n. 4.*

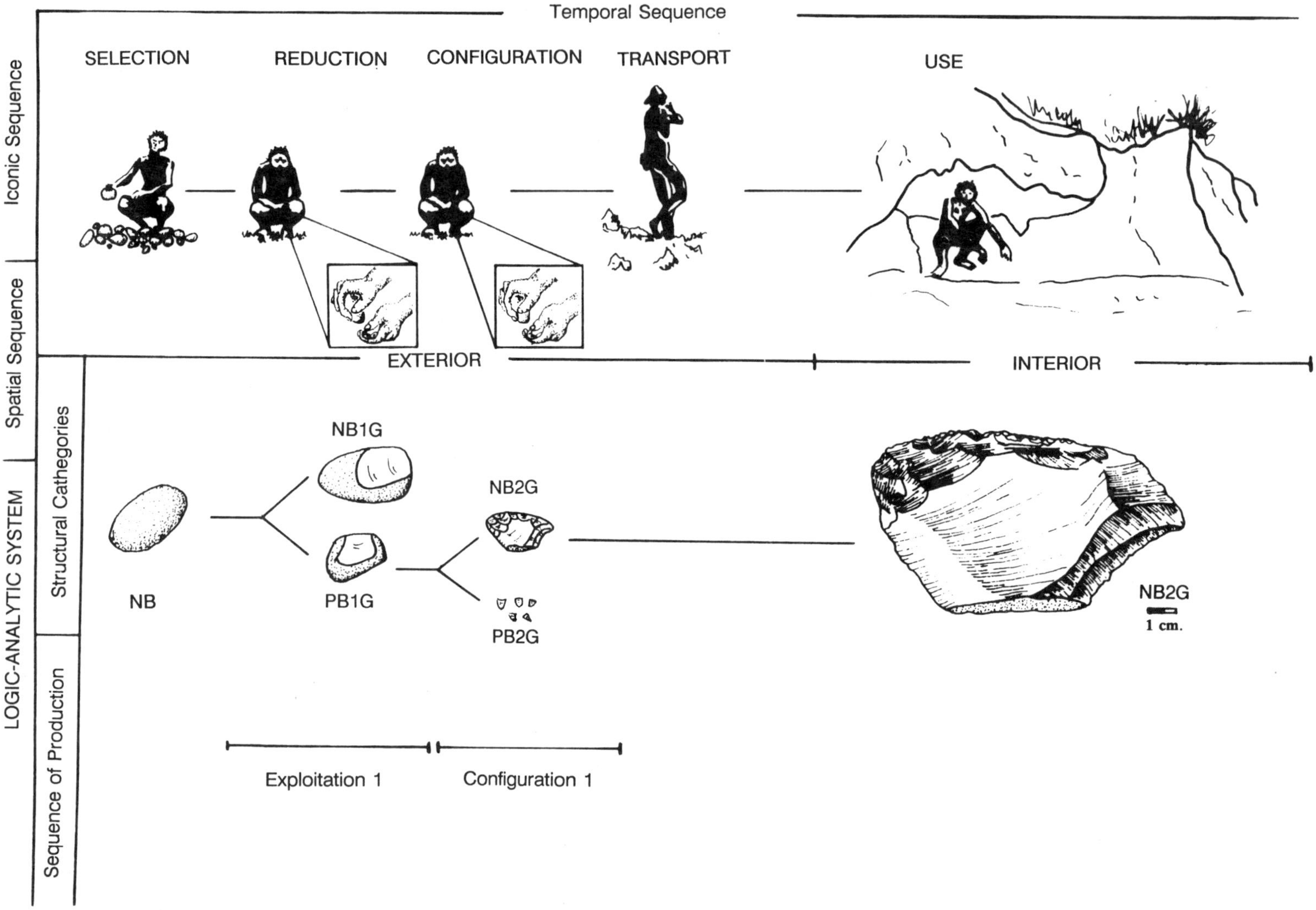

5
Litotecnia y funcionalidad de las ocupaciones.

Solamente podemos plantear, de manera rigurosa, el tipo de ocupación que caracteriza los niveles arqueológicos encuadrados en la tercera fase cronotécnica que hemos establecido; es decir, la que abarca los estadios isotópicos 6 a 8 e incluye TD11, TD10, TG11, TG10, TFsup y TZ. No obstante, sólo se pueden plantear modelos en los registros que han suministrado suficiente información y, por lo tanto, debemos excluir TFsup de los relacionados anteriormente. Por lo que se refiere a TD6 se hipotetiza sobre la ocupación, aunque el registro no provenga de excavaciones en extensión. Finalmente TD4

5
Litho-technique and functionality of the occupations.

Rigorously, we can only plan the kind of occupations which characterizes the archaeological levels framed within the third chrono-technic phase established, which ranges through the isotopic stages 8 to 6, therefore including TD11, TD10, TG11, TG10, TFsup and TZ1. However, models can only be proposed for the records that supplied enough information, and therefore we must exclude TFsup from the list above. Regarding to TD6, we plan a hypothesis on the occupation even though the record does not proceed from extensive excavations. Finally, TD4 and TP did not

34. *Cuadro icónico n.º 5.*

34. *Iconic representation n. 5.*

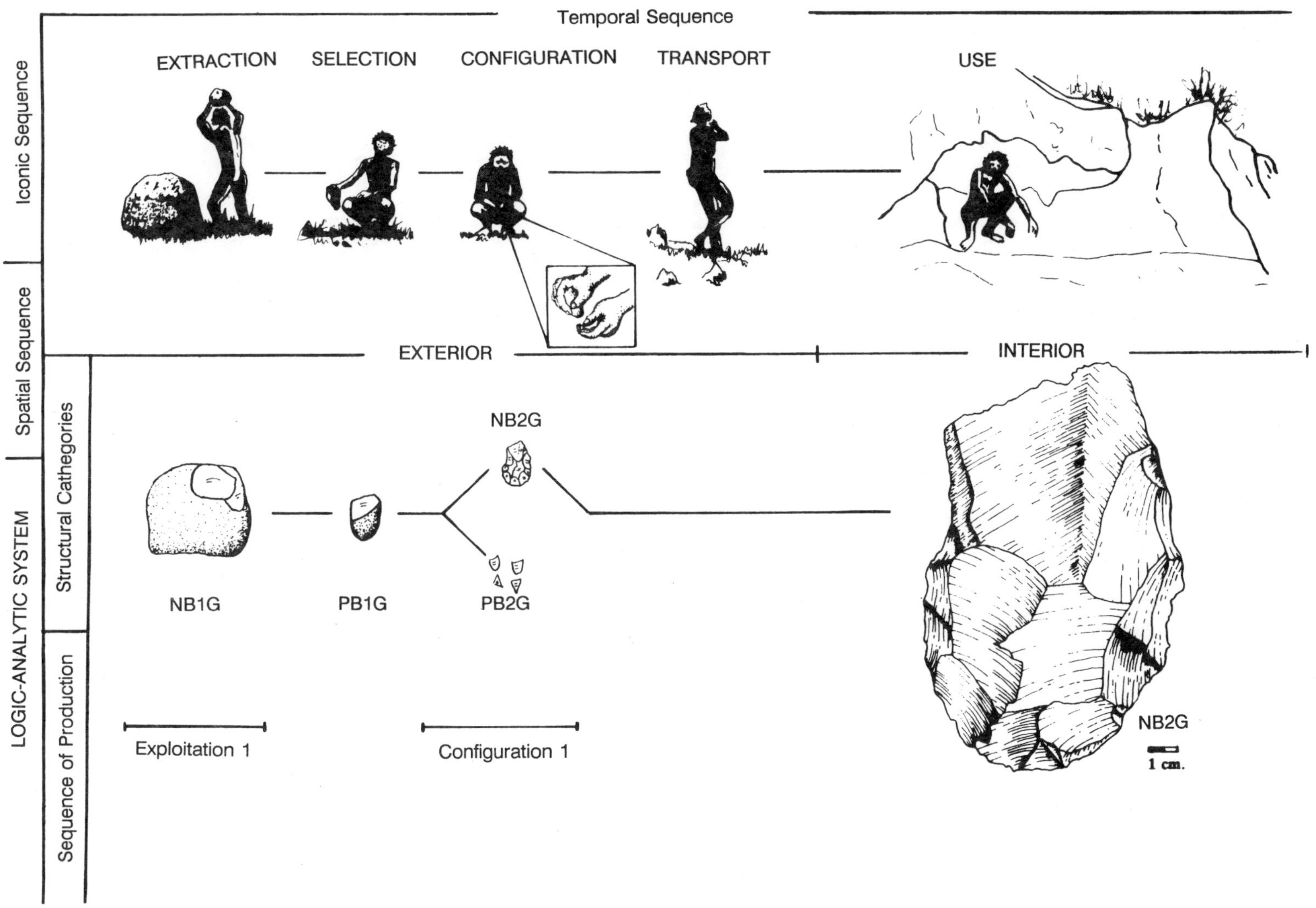

y TP no han suministrado material suficiente para poder establecer modelos ocupacionales. Sin embargo, se enuncian, a partir de los materiales de que se dispone, formas de ocupación.

supply enough material as to enable us to establish occupational patterns; however some possible occupation patterns are enunciated, parting from available materials. We will proceed now to explain one by one the proposed levels.

5.1.

Las ocupaciones de la Fase I (estadios isotópicos 19-14).

La antropización está representada en los niveles TD4 y TD5 de Dolina. La superficie excavada de TD4 es reducida (unos 10 m.^{2}) y se han localizado cinco objetos de cuarcita, asociados a fauna de grandes herbívoros, aunque en la zona donde aparecen los objetos líticos el registro faunístico es escaso (Rodríguez, 1991). La estrategia de subsistencia es difícil de

5.1.

Occupations of the First Phase (Isotopic stages 19-14).

The anthopization is represented in Dolina levels TD4 and TD5. The excavated surface of TD4 is quite reduced, about 10 m^2; five quartzite objects associated to a fauna of great herbivores have been found, although the faunal record is scarce in the zone where the lithic objects appear (Rodríguez, 1991). It is difficult to determine the occupational stradeterminar, pero la poca presencia de registro lítico indicaría la posible utilización esporádica de la cavidad por homínidos merodeadores, dedicados a la caza ocasional y al carroñerismo (Shipman, 1986; Binford, 1985, 1988).

5.2.
Las ocupaciones de la Fase II (estadios isotópicos 13-9).

Aunque es difícil establecer el tipo de ocupación de la segunda fase (estadios isotópicos 13-9) –ya que las localizaciones son muy reducidas (nivel TD6 de Dolina y Penal) y el estado de la prospección (TD6) y de la excavación (TP) se halla aún en su inicio– existe una serie de elementos que ya son indicativos de un cambio en el sentido y estructura de las ocupaciones de la Trinchera del Ferrocarril.

En TD6 sorprende la presencia de Bases Negativas de Primera Generación, de Temas Operativos Ténicos Indirectos (T.O.T.I.), dedicadas a la producción de grandes Bases Positivas, epifenómeno que hasta el momento no ha sido constrastado en ningún otro de los rellenos de la Sierra. En este nivel también es abundante la fauna.

El hecho de encontrarse en el muestreo esta categoría estructural y, por tanto, Temas Operativos Técnicos complejos en el mismo lugar de ocupación, indicaría que se trata de ocupaciones con el fuerte impacto antrópico. Ahora bien, sólo cuando se excave en extensión se podrá contrastar esta hipótesis. Por lo que se refiere a los niveles superiores de Penal, el escaso número de efectivos no permite avanzar ningún tipo de hipótesis ocupacional.

5.3.
Las ocupaciones de la Fase III (estadios isotópicos 8-5).

5.3.1. *Trinchera Dolina (TD) 11 y (TD) 10.*

Se trata de un conjunto de ocupaciones de diversa funcionalidad. En principio debe ponerse de manifiesto la fuerte antropización del registro, caracterizado por la fragmentación de la fauna y por Temas Operativos Técnicos producidos en el propio Centro de Intervención, con presencia abundante de BN2G. Esta asociación indica que la alta antropización de Gran Dolina (TD10-TD11) es consecuencia de ocupaciones temporales, de mayor o menor duración, relacionadas con un campamento (Carbonell *et al.,* 1987c, 1993). De todas formas, las diversas ocupaciones que constituyen dichos ni-

tegy, but the sparse presence of the lithic record would point out to the utilization, probably sporadic, of the cavity by marauding hominids, dedicated to occasional hunting and scavenging (Shipman, 1986; Binford, 1985, 1988).

5.2.
Occupations of the Second Phase (Isotopic stages 13-9).

Although it is difficult to establish the kind of occupatins existing during the second phase (isotopic stages 13-9) given the scarcity of finds (TD6 and TP) and the early stage of prospecting (TD6) and excavation (TP) there is a series of elements that indicate changes in the meaning and structure of the occupations at Trinchera del Ferrocarril.

In TD6 it is interesting to highlight the presence of the 1GNB category, exploited following an ITOT directed towards the production of large Positive Bases. This is an epiphenomenon which has not been documented in any other place of Atapuerca. The abundance of faunal remains recovered at this level is also interesting.

The finding of this structural category during the sampling and therefore the existence of complex TOT in the occupation place itself would point out to occupations with an intense anthropic impact. Now then, this hypothesis can only be verified by extensive excavation of this level. Regarding to upper levels of TP the scarcity of the record does not allow to set forward any type of occupational hypothesis.

5.3.
Occupations of the Third Phase (Isotopic stages 8-5).

5.3.1. *Trinchera Dolina levels TD11 and TD10.*

TD is an assemblage of occupations with diverse functionalities. It must be pointed out the strong anthropization of this record, characterized by the intense fragmentation of the faunal remains, the Technical Operative Themes produced in the Intervention Centre itself, and the abundant presence of 2GNB. The association indicates that the high anthropization of Dolina (TD10-TD11) is a consequence of temporal occupations of varying duration, related to a campsite (Carbonell *et al.,* 1987c, 1993). Anyway the diverse occupations that constitute these levels do not display an important variaveles ponen de manifiesto una variabilidad intraespecífica escasa (Rodríguez, 1991). Entre las ocupaciones existen momentos en que estos conductos no son antropizados, lo que facilitaría la abundante presencia de micromamíferos, constatada por la aparición de sus restos óseos en el lugar de ocupación y por las egagrópilas existentes (Fernández Jalvo, 1988; Fernández Jalvo & Andrews, 1992).

No podemos destacar que una parte del registro provenga de ocupaciones esporádicas, con poco impacto antrópico, pero en general éste no sería el modelo de ocupación de Gran Dolina (TD). Por contra, en ciertas ocupaciones de estos niveles Gran Dolina podría funcionar como un campamento central, desde el que se explotarían los recursos, en forma de biomasas, que existen en la Sierra (Isaac, 1989).

5.3.2. Trinchera Galería (TG) 11 y Zarpazos (TZ).

El nivel 11 de Galería es un paquete en el que se ha puesto de manifiesto la existencia de doce suelos utilizados (G.S.U.) (Fig. 35), que han suministrado abundante fauna, asociada a un escaso registro lítico (Carbonell *et al.,* 1987b, 1987c; Díez *et al.,* 1986; Mosquera & Carbonell, 1992).

La poca presencia de "cutmarks" en los huesos (Potts & Shipman, 1981), la baja fragmentación de tipo antrópico (Bunn, 1989), la alta incidencia del impacto de carnívoros, la débil representación de Bases Negativas de Segunda Generación y la ausencia de Temas Operativos Técnicos (T.O.T.) desarrollados íntegramente en el propio Centro de Intervención, nos lleva a pensar en unas ocupaciones de tipo esporádico y oportunista, donde se alterna el impacto de carnívoros con el antrópico (Brain *et al.,* 1988; Díez, 1992). Galería-Trinchera Norte constituiría una trampa natural (Soto, 1987; Díez, com. pers.) aprovechada por los homínidos. Estas intervenciones serían el fruto de una sistemática de merodeo, consistente en visitas esporádicas con posible aportación y reciclaje de biomasas, realizada por los homínidos del Pleistoceno medio que poblaban la Sierra de Atapuerca (Blumenschine, 1986; Brain, 1981; Potts, 1984).

5.3.3. Trinchera Galería (TG) 10.

Este paquete sedimentario ha sido excavado en su parte superior y media. Se trata de una colada de materiales, establecidos en el conducto kárstico, que contiene abundante registro lítico y óseo.

bility (Rodríguez, 1991). Among the diverse occupations there were moments when the karstic conduits were not anthropized, thus explaining the noticeable presence of microvertebrates recovered mostly bird pellet remains (Fernández Jalvo, 1988; Fernández Jalvo & Andrews, 1992).

We can not discard the possibility of a part of the record proceeding from sporadic occupations with little anthropic impact, but in general this would not be the main occupation model for Gran Dolina (TD). Conversely, certain occupations of these levels could have functioned as a Central Campsite from which the exploitation of the biological resources that existed in the Sierra was organized (Isaac, 1989).

5.3.2. Trinchera Galería TG11 and Zarpazos (TZ).

Galería level 11 is a package in which 12 Used Floors (GSU) have been established (Fig. 35). Abundant faunal remains associated with a small lithic record have been recovered there (Carbonell *et al.,* 1987b, 1987c; Díez *et al.,* 1986; Mosquera & Carbonell, 1992).

The scarce presence of cutmarks on the bones (Potts & Shipman, 1981), the low anthropic fragmentation of bones (Bunn, 1989), the high incidence of carnivore impact, the low presence of 2GNB and the absence of Technical Operative Themes (TOT) developed inside the Intervention Centre itself, speak of sporadic and opportunistic occupations, where carnivore and anthropic impact alternate (Brain *et al.,* 1988; Díez, 1992). Galería-Trinchera Norte (TG-TN) was possibly a natural trap (Soto, 1987; Díez, per. com.) of which humans took advantage. These human interventions were probably the result of a systematic marauding, consistent on sporadic visits possibly apporting and recycling biomasses (Blumenschine, 1985; Brain, 1981; Potts, 1984).

5.3.3. Trinchera Galería TG10.

The sedimentary package has been excavated at its middle and upper part. It is a flow of materials, estabilized within the karstic conduit, which contains abundant bone and lithic remains.

35. *TG11 (GSU 12), superficie de excavación.*

35. *TG11 (GSU 12), surface excavation.*

La presencia de carnívoros, de fauna fragmentada y de instrumentos sobre un alto espectro de categorías estructurales, induce a pensar en una serie de ocupaciones de diversa índole, en las que el grado de antropización es mayor que en la parte superior de Galería (TG11). Se plantean dos hipótesis:

H1. Se trata de ocupaciones de corta duración pero frecuentes, con un carácter de gran temporalidad, sin un impacto doméstico importante pero sí actividad derivada de la caza y transformación de biomasas.

H2. Se trata de un conjunto de ocupaciones esporádicas, que se han producido en un largo espacio de tiempo, cuyos restos se encuentran dentro del mismo paquete. Al ser tratadas en conjunto, han visto magnificada su importancia.

The presence of fragmented faunal remains, instruments with a high range of structural categories and of carnivores, induce to think of a series of occupations of diverse kind. The anthropization degree is higher than the observed at the upper part of Galería (TG11). Two hypothesis are proposed:

H1. There were short duration but frequent occupations, without an important domestic impact. However, an activity derived from hunting and from the transformation of biomasses is noticeable.

H2. This is an assemblage of several sporadic occupations which took place along an important time span. The remains are within the same package, therefore when studied together, the importance of this record results magnified.

La fragmentación del registro óseo indica que existe una notable actividad humana; por tanto, tendríamos que decantarnos por la hipótesis 1.

5.3.4. Trinchera Elefante (TF) superior.

El conjunto de objetos líticos y óseos hallados en TF no permite una inferencia sobre el tipo de ocupación. No obstante, se ha de constatar que entre el reducido número de sílex y cuarcitas que han sido configurados, las Bases Negativas de Segunda Generación son dominantes. De todas formas, plantear una hipótesis ocupacional se hace muy difícil.

6

La Sierra de Atapuerca en el contexto del Pleistoceno ibérico.

6.1.

La problemática en el estudio del Pleistoceno Medio ibérico.

En el estudio del Pleistoceno Medio ibérico surgen toda una serie de problemas difíciles de abordar. Intentaremos enumerarlos de manera que este proceso pueda ser considerado una plataforma de análisis de base para los trabajos del futuro, los cuales –si queremos obtener un conocimiento menos fragmentario y más riguroso del Pleistoceno ibérico– deberán realizarse de forma programada.

Los problemas y la herencia negativa en el estudio del Pleistoceno Medio ibérico son varios y de diversa índole:

1. Poco interés por el análisis de los registros de este período. En la actualidad no pasan de media docena los yacimientos o zonas con registro antrópico del Pleistoceno Medio, que son prospectados y excavados de forma sistemática y siguiendo un programa de acción estructural. Aún son menos (no pasan de dos) los que han tenido continuidad en la década de los años ochenta, siendo la Sierra de Atapuerca el único complejo correspondiente a este período que ha sido sistemáticamente excavado y estudiado en profundidad, de forma continuada, en la Península Ibérica desde mediados de los años setenta.

The fragmentation of the bone record points out to the existence of a noticeable human activity; we should therefore select the First Hypothesis.

5.3.4. Upper levels of Trinchera Elefante (TF).

The assemblage of lithic objects and bones recovered does not allow to make inferences on the type of occupation. Nevertheless, we must remark that the Second Generation Negative Bases are dominant within the reduced number of objects configured on flint and quartzite. Anyway it is very difficult to set forward an occupational hypothesis.

6

The Sierra de Atapuerca in the context of the Iberian Pleistocene.

6.1.

A. Main issues for the research on the Iberian Middle Pleistocene.

When studying the Iberian Middle Pleistocene, a whole series of issues of complex approach arises. We will try to enumerate them in such a way as to be used as a basis of analysis of future works. In order to obtain a less fragmentary and more rigorous knowledge of the Iberian Pleistocene, this work must be realized in a programmed way.

The problems and the negative legacy in the study of the Iberian Middle Pleistocene are numerous and of different kinds.

1. The scarce interest of the analysis of the records of this period. At present, no more than half a dozen sites or zones with anthropic record of the Middle Pleistocene are being systematically excavated and researched following a structural action program. Still there are even fewer –not more than two–, which have had continuity during the 80's. The Sierra de Atapuerca is the only assemblage of this period which has been systematically excavated and studied in depth in the Iberian Peninsula, from 1978 to date.

2. Abundantes registros líticos han sido localizados al aire libre o en terrazas fluviales y glacis, pero no en posición estratigráfica precisa; por lo tanto, su atribución cronológica es dudosa. Muchos de estos registros se presentan, además, sin fauna ni elementos contextualizadores, lo que hace aún más difícil encontrar referentes. Éste es el caso de las prospecciones en el Noreste de Cataluña (Carbonell & Canal, 1979; Canal & Carbonell, 1989), las prospecciones en el Guadalquivir (Vallespí *et al.*, 1988; Giles *et al.*, 1989a) y particularmente en la Meseta (Santonja & Villa, 1990).

3. Las excavaciones realizadas antes de los años setenta no han suministrado datos que, por su rigor, puedan ahora ser utilizados para el tipo de estudios a que en la actualidad se somete el registro del Pleistoceno Medio. Ello no implica ningún menosprecio a los trabajos de Pacheco, Obermaier, Pericot, Barradas, Cazurro, Aguado, etc.

4. La falta de dataciones radiométricas o de otro tipo en los complejos del Pleistoceno Medio ibérico es lamentable. Sólo algunos yacimientos del norte de la Península (como El Castillo, Lezetxiki, Can Garriga, Cau del Duc d'Ullà, Cau del Duc de Torroella de Montgrí) y la Sierra de Atapuerca disponen de series de dataciones (Tabla 20). En la Sierra de Atapuerca han sido datados los yacimientos de Zarpazos, Galería, Dolina, Sima del Elefante y Sima de los Huesos, constituyendo de esta manera la única serie del Pleistoceno Medio bien conocida (Grün & Aguirre, 1987; Falguères, 1986; Bischoff, 1991 com. pers.; Julià, 1993 com. pers.).

5. Si exceptuamos algunos trabajos concretos (Querol & Santonja, 1979, 1983; Aguirre *et al.*, 1987b; Carbonell *et al.*, 1988) no han existido investigaciones de tipo multidisciplinar o interdisciplinar, por falta de equipos coordinados bajo una perspectiva común y con una continuidad estructural. Hasta la década de los ochenta no se han ido formando equipos competitivos con una calidad científica y de investigación de nivel estándar europeo.

6. El análisis particularista y la gran variabilidad de métodos y técnicas no unificados que se han aplicado a los trabajos del Pleistoceno Medio, han fraccionado todavía más, si cabe, el conocimiento de las actividades y la litotecnia de los paleopobladores del Pleistoceno Medio europeo.

Existen, por lo tanto, problemas de fondo en el análisis y las investigaciones del Pleistoceno Medio ibérico, que no permiten confeccionar una síntesis que aporte suficientes datos para una buena comprensión de la ocupación del territorio.

2. Abundant lithic records have been found on the open air or in fluvial terraces and glacis, but not in a precise stratigraphical position and therefore without a precise chronological attribution. Furthermore, in many of these records, neither fauna nor contextualizing elements appear, which makes the finding of reference even more difficult. This is the case of the prospecting carried out in the NE of Catalonia (Carbonell & Canal, 1979; Canal & Carbonell, 1989); as well as the prospections made in the Guadalquivir area (Vallespí *et al.*, 1988; Giles *et al.*, 1989a); and particularly in the Meseta (Santonja & Villa, 1990).

3. The excavations taken to term before the 70's did not supply data reliable enough to be useful for the kind of studies carried out at present on the Middle Pleistocene record. However, the value of the works of Pacheco, Obermaier, Pericot, Barradas, Cazurro, Aguado, etc. cannot be diminished.

4. The lack of radiometric datings –or of any other type–, on the complexes of the Iberian Middle Pleistocene is pitiful. Just a few sites of the Northern Peninsula (like El Castillo, Lezetxiki, Can Garriga, Cau del Duc d'Ullà, Cau del Duc de Torroella de Montgrí) and the Sierra de Atapuerca count on series of datings (Table 20). In the Sierra de Atapuerca the sites of TZ, TG, TD and SH have been dated, being the only well known series for the Iberian Middle Pleistocene (Grün & Aguirre, 1987; Falguères, 1986; Julià, pers. com.).

5. With the exception of some punctual works (Querol & Santonja, 1979, 1983; Aguirre *et al.*, 1987b; Carbonell *et al.*, 1988) there hasn't been any multidisciplinary or interdisciplinary research. This has been due to the lack of coordinated teams with a common perspective and a structural continuity. Competitive teams with good scientific quality only started to appear in the 80's.

6. The particularist analysis and the effects of non unified methods and techniques applied to the researches on the Middle Pleistocene have obscured even more the knowledge of the activities and of the litho-technique of paleo-settlers.

There are therefore problems in the analysis and research on the Iberian Middle Pleistocene which do not allow to synthetize enough data for a good comprehension of the occupation of the territory.

Summing up, old excavations and prospections lacking a precise context, the shortage of interdisciplinary program-

Tabla 20.—*Cronología de los yacimientos de la Península Ibérica citados en el texto.*

Table 20.—*Crhonology of the iberian peninsula sites in the text.*

Yacimiento	Datación (ka.)	Episodio $^{16}O/^{18}O$	Referencias
Gran Dolina, TD6 (Burgos)	~500	13-12	Aguirre *et al.*, 1987; Aguirre, 1992
Torralba (Soria)	~350	10-9	Díez, 1992
Áridos (Madrid)	~350-300	9	Díez, 1992
Galería, level 4 (Burgos)	>350 (U) 317,6 ±60 (ESR)	9	Grün & Aguirre, 1987 Falguères, 1986
Lezetxiki VII (Guipúzcoa)	309 +∞/−92 (U) 303 +∞/−114 (U)	9-8	Altuna, 1990
Trinchera Norte, level 8 (Burgos)	256±23 (ESR)	7	Falguères, 1986
Lezetxiki VI (Guipúzcoa)	231 +92/−44 (U) 200 +129/−58 (U)	7	Altuna, 1990
Sima del Elefante, superior (Burgos)	213±20 (U)	7	Bischoff, 1991 pers. com.
Lezetxiki V (Guipúzcoa)	186+164/−61 (U) 70±9 (U)	7/5	Altuna, 1990
Pinilla del Valle (Madrid)	200-150 (ESR)	6	Alférez *et al.*, 1985
La Solana del Zamborino (Granada)	~150-100	6	Martín Penela, 1987; Díez, 1992
Cueva de los Zarpazos (Burgos)	135±13 (U)	6	Bischoff, 1991 pers. com.
Can Garriga, travertine 4 (Girona)	128,8±6,5 (U)	6-5e	Carbonell *et al.*, 1992d; Julià, 1991 pers. com.; Prats, 1991
Galería, nivel 12 (sterile) (Burgos)	118+71/−49 (U) 87±14 (U)	5	Bischoff, 1991 pers. com. Grün & Aguirre, 1987
Can Garriga, travertine 3 (Girona)	112±7,5 (U)	5	Carbonell *et al.*, 1992d; Julià, 1991 pers. com.; Prats, 1991
Can Garriga, travertine 2 (Girona)	103,5±3,2 (U)	5	Carbonell *et al.*, 1992d; Julià, 1991 pers. com.; Prats, 1991
El Castillo, level 23 (Cantabria)	89+11/−10 (U)	5	Bischoff *et al.*, 1992
Can Garriga, travertine 1 (Girona)	87,7±2 (U)	5	Carbonell *et al.*, 1992d; Julià, 1991 pers. com.; Prats, 1991

 Resumiendo y sintetizando, excavaciones antiguas y prospecciones sin contexto preciso, falta de programas interdisciplinares, pocos yacimientos excavados de forma sistemática y falta de radio-dataciones no han permitido hasta la fecha un buen conocimiento del Pleistoceno Medio ibérico.

En la actualidad, trabajos de síntesis del Pleistoceno Medio español (Aguirre, 1989; Carbonell, 1992; Santonja & Villa, 1990; Vallespí, 1987) contribuyen a poner de manifiesto la necesidad de replantearse los trabajos de investigación, para alcanzar resultados serios y rigurosos.

mes, the lack of sites excavated in a systematic way and of radio-datings, have not allowed, up to date, a good knowledge of the Iberian Middle Pleistocene.

Nowadays, several works of synthesis on the Iberian Middle Pleistocene (Aguirre, 1989; Carbonell, 1992; Santonja & Villa, 1990; Vallespí, 1987) highlight the necessity of re-directing research in order to obtain the most accurate results.

6.2. Estado actual de los conocimientos del Pleistoceno Inferior y Medio de la Península Ibérica.

Las escasas localizaciones arqueológicas atribuidas al Pleistoceno Inferior ofrecen dudas, ya que se trata de hallazgos puntuales en terrazas fluviales o en superficie sin contexto estratigráfico (Aguirre 1989, 1991; Santonja & Villa, 1990; Vallespí, 1987). Tal es el caso de los objetos líticos hallados en la terraza que se eleva 140 metros por encima del curso actual del río Tajo, en las carcanías de Talavera de la Reina. También en el Pleistoceno Inferior, aunque en un momento menos antiguo, se han encuadrado los hallazgos en la terraza + 125/+130 m. del río Alagón (en Galisteo, Cáceres) y otros hallazgos en la terraza +100 m. de este mismo río. Más prudencia requiere la adscripción al Pleistoceno Inferior de los hallazgos de algunos objetos líticos en la región de Orce (Granada): Cortijo de doña Milagros y Cortijo de don Alfonso (Aguirre 1989, 1991). Tampoco ofrece completa seguridad la pertenencia al Pleistoceno Inferior de una pieza de cuarzo encontrada en Cueva Victoria, en la provincia de Murcia (Carbonell *et al.,* 1981a; Carbonell, 1992).

Los yacimientos adscritos al comienzo del Pleistoceno medio son más numerosos, aunque, de manera genérica, siguen presentando la misma problemática. En la Meseta Norte se han efectuado hallazgos en terrazas fluviales de la cuenca del río Duero. Entre éstos cabe destacar los de Monfarracimos y Pinar del Canto (Toro), ambos en la terraza +74/80 m. del Duero (Aguirre 1989, 1991; Santonja & Villa, 1990; Vallespí, 1987); los hallazgos en las terrazas altas del río Pisuerga (cerca de Valladolid) y los de la terraza +70 m. del Esla (en Perilla del Castro) (Aguirre, 1991; Santonja & Villa, 1990).

En la Meseta Sur (Serrano Ciudad, 1988) hay localizaciones de artefactos en la terraza +70 m. del Tajo (en El Espinar,

6.2. State of the knowledge on Iberian Lower and Middle Pleistocene.

The few archaeological locations attributable to the Lower Pleistocene are uncertain. There are punctual finds on fluvial terraces or on surface without stratigraphic context (Aguirre, 1989, 1991; Santonja & Villa, 1990; Vallespí, 1987). Such is the case of the lithic objects found at a terrace, some 140 m. over the present course of the Tajo river, near the town of Talavera de la Reina. Also the Lower Pleistocene but in a less ancient time, have been framed the finds made in the terrace +125/+130 m. of Alagón river (Galisteo, Cáceres) and other finds in the terrace +100 m. of this same river. We have to be even more careful when ascribing some lithic objects found at the Orce region (Granada) to the Lower Pleistocene: Cortijo de Doña Milagros and Cortijo de Don Alfonso (Aguirre, 1989, 1991). Neither is reliable the ascription to this period of a quartz object found at Cueva Victoria (Murcia) (Carbonell *et al.,* 1981; Carbonell, 1992).

The sites ascribed to the beginning of the Middle Pleistocene are more abundant, although in general they still have the same kind of problems. In the Northern Meseta, there are several finds on the fluvial terraces of the river Duero basin. Among them the finds of Monfarracinos and Pinar del Canto (Toro) both on the +74 / +80 m. terrace of the Duero river are significant (Aguirre, 1989, 1991; Santonja & Villa 1990; Vallespí, 1987). Also the finds made on the upper terraces of the Pisuerga river (nearby Valladolid), and the ones of the +70 m. terrace of the Esla river (Perilla del Castro) (Aguirre, 1991; Santonja & Villa, 1990).

In the Southern Meseta (Serrano Ciuda, 1988) there are finds of artefact on the +70 m. terrace of the Tajo river (El Espinar, Almonacid de Toledo). Also on the +20 m. terrace of the Guadiana river (Molino del Emperador, Ciudad Real)

Almonacid de Toledo), en la +20 m. del Guadiana (Molino del Emperador, Ciudad Real) y en las terrazas +30 m. y +19/20 m. del Jabalón (Puente Morena, Ciudad Real) (Aguirre 1991; Santonja & Villa, 1990; Vallespí, 1987). Más numerosos son los hallazgos en superficie de Arenales del Turra (Villanueva de la Fuente, Ciudad Real), Laguna Blanca (Argamasilla de Calatrava, Ciudad Real) y Santa María del Guadiana (en la terraza +6 m. del curso alto del Guadiana en Argamasilla de Alba, Ciudad Real), con industria lítica para la que se han señalado características tipológicas más antiguas que las de Pinedo (Ciudad Serrano, 1986; Serrano Ciudad, 1988).

En andalucía el número de yacimientos para los que se ha propuesto una cronología aproximada que los situaría a comienzos del Pleistoceno Medio es todavía mayor, sin duda como consecuencia de una intensa labor de prospección, desarrollada especialmente en los últimos años. En Huelva y Cádiz se ha dado a conocer una serie de localizaciones arqueológicas con cantos tallados que son paralelizables, a grandes rasgos, al ya conocido, aunque nunca bien datado, yacimiento de El Aculadero. Desafortunadamente los criterios geomorfológicos y estratigráficos no son suficientes para proponer una datación aproximada de las ocupaciones antrópicas en El Aculadero. El estudio tipológico (Querol & Santonja 1983) de la industria lítica de este enclave tampoco resultó concluyente para permitir una adscripción precisa. De esta manera, el que ha sido considerado en varias ocasiones como uno de los yacimientos más antiguos de la Península Ibérica no puede encuadrarse, con un mínimo de seguridad, en una edad precisa.

Como decíamos, hay varios yacimientos con industrias de cantos tallados que tienen elementos concomitantes con El Aculadero, tal es el caso de Cabo Roque-Torre del Puerco, en Conil (Ciles *et al.*, 1989a: 54), Rota I (Carbonell & Canal, 1981; Carbonell, 1992; Giles *et al.*, 1989a: 52), El Rompido (Buero *et al.*, 1985; Giles & Santiago, 1987), Arroyo del Ventogil (Córdoba), Trance Pajares (Córdoba) (Araque Aranda, 1987), Estero de Domingo Rubio (Huelva), Isla Cristina (Huelva), Torre de la Higuera (Huelva), La Glorieta (Huelva) (Castiñeira & García Rincón, 1986; García Rincón, 1987). También hay hallazgos de inicios del Pleistoceno Medio en las terrazas altas del río Guadalquivir (Vallespí *et al.*, 1988; Aguirre, 1991). Algo posteriores, aunque mucho más significativos, son los objetos encontrados en Cúllar de Baza I (Granada), uno de los escasísimos yacimientos con materiales líticos en posición primaria y relacionables con restos de fauna. Posiblemente, Cúllar de Baza I es el único ya-

and on the +30 m. and +19/20 m. terraces of the Jabalón river (Puente Morena, Ciudad Real) (Aguirre, 1991; Santonja & Villa, 1990; Vallespí, 1987). The superficial finds of Arenales del Turra (Villanueva de la Fuente, Ciudad Real), Laguna Blanca (Argamasilla de Calatrava, Ciudad Real) and Santa María del Guadiana (on the +6 m. terrace of the upper course of the of the Guadiana river in Argamasilla de Alba, Ciudad Real) are more numerous. The lithic industry recovered at these sites has earlier typologic characteristics than the one of Pinedo (Ciudad Serrano, 1986; Serrano Ciudad, 1988).

In Andalucía the number of sites which have been proposed an approximate chronology as to place them at the beginning of the Middle Pleistocene is even higher. This is a consequence of the intense prospecting tasks developed during the past years. Several archaeological sites with pebble tools are known in Huelva and Cádiz. These seen broadly similar to those ad the site of El Aculadero, which has never been properly dated. Unfortunately, there are not enough geomorphologic and stratigraphic criteria to set forward and aproximate chronology of the human occupations at El Aculadero; nor the typologic analysis (Querol & Santonja, 1983) of the lithic industry found at this site has allowed a precise chronologic ascription of this site. Consequently, this site that has been considered in the past as one of the most ancient sites in the Iberian Peninsula can not be reliably framed in a precise age.

As indicated, there are several sites with pebble tools displaying elements similar to the ones shown by the industry of El Aculadero. Such is the case of Cabo Roche-Torre del Puerco (Conil de la Frontera, Cádiz) (Giles *et al.*, 1985; Giles & Santiago, 1987), Arroyo del Ventogil (Córdoba), Trance Pajares (Córdoba) (Araque Aranda, 1987), Estero de Domingo Rubio (Huelva), Isla Cristina (Huelva), Torre de la Higuera (Huelva), La Glorieta (Huelva) (Castiñeira & García Rincón, 1986; García Rincón, 1987). There are also finds ascribed to the beginnings of the Middle Pleistocene in the Upper terraces of the Guadalquivir river (Vallespí *et al.*, 1988; Aguirre, 1981). Somewhat of less antiquity altough much more significant are the objects found at Cúllar de Baza I (Granada) one of the very few sites with lithic materials in primary position and that can be related to faunal remains. Because of its stratigraphic context and faunal remains, Cúllar de Baza I is probably the only site of the Southern Peninsula that can be reliably attributed to the initial Middle Pleistocene (Vega Toscano, 1988).

In the Northern Peninsula, that has been systematically prospected during the 70's and 80's (Canal & Carbonell, cimiento de la zona sur de la Península que se puede atribuir con certeza, en función de su contexto estratigráfico y de los restos de fauna, al Pleistoceno Medio inicial (Vega Toscano, 1989).

En el Noreste de la Península, zona prospectada de manera sistemática en los años setenta y ochenta (Canal & Carbonell, 1989), los yacimientos más antiguos se encuentran en el valle del río Ter (Girona). En este sentido, Costa Roja y algunos de los hallazgos de Puig d'en Roca (Puig d'en Roca I-II y Puig d'en Roca Excavació) podrían atribuirse a comienzos del Pleistoceno Medio (Carbonell, 1992; Carbonell *et al.*, 1988a, 1988b).

Algo más tardía es la ocupación del pequeño abrigo del Cau d'en Borràs, situado también en el litoral mediterráneo de la Península (en Oropesa, Castellón), con hallazgos de industria lítica y fauna en estratigrafía (Carbonell *et al.*, 1981b).

En el resto de la Península la escasez de los hallazgos y la carencia de contexto estratigráfico hacen sumamente arriesgada cualquier atribución cronológica a comienzos del Pleistoceno Medio, ni siquiera de manera aproximada.

Las primeras industrias achelenses con bifaces se han localizado en diversas zonas de la Península. En la Meseta Norte han proporcionado industria lítica del Achelense antiguo las terrazas altas del Tormes, en Gargarete (terraza +62/64 m.) y, sobre todo, La Maya III (terraza +50/54 m.) (Santonja & Pérez González, 1984). En la Meseta Sur, el yacimiento de Pinedo (en la terraza +22 m. del Tajo) representa la etapa más antigua del Achelense (Querol & Santonja, 1979), mientras que en Andalucía los niveles inferiores de La Laguna de Medina han sido adscritos al Achelense antiguo (Giles & Santiago, 1987; Giles *et al.*, 1989b; Giles *et al.*, 1992; Santiago & Giles, 1988). Criterios estratigráficos y el estudio tipológico de la industria lítica realizado por los autores permiten plantear que estas ocupaciones se desarrollan durante el estadio isotópico 13 (entre 524 y 478 ka.) ó 12 (entre 478 y 423 ka.). La industria lítica más antigua de Torralba ha sido atribuida según la bibliografía al estadio 12 ó 10 (Aguirre 1989: 48; Biberson 1968; Freeman & Butzer 1966).

En el yacimiento de *Torralba* (Soria) (Howell *et al.*, 1962), situado sobre una llanura pantanosa al borde del Valle Ambrona-Mansegar, se ha hallado una rica fauna, compuesta fundamentalmente por elefantes (además de équidos y cérvidos), y también industria lítica fabricada con cuarcita, sílex, cuarzo y algunas calizas. Los arqueólogos que realizaron las excavaciones distinguieron áreas de actividad diferencial (Freeman & Butzer, 1966) y suelos de ocupación (Free-

1989), the most ancient sites are in the valley of the Ter river (Girona). Costa Roja and some of the findings at Puig d'en Roca (Puig d'en Roca I-II and Puig d'en Roca Excavation) could be attributed to the beginning of the Middle Pleistocene (Carbonell, 1992; Carbonell *et al.*, 1988a, 1988b).

The human occupation at the small rock-shelter Cau d'en Borràs in the Mediterranian coast (Orpesa, Castelló) is slightly less ancient. There are finds of lithic tools and faunal remains within stratigraphic context (Carbonell *et al.*, 1981b).

For the rest of the Peninsula the scarcity of finds and the lack of stratigraphic context make any chronologic attribution even approximate very risky, to the beginning of the Middle Pleistocene.

The first "Acheulean" with "handaxes" have been found in several areas of the Peninsula. The Northern Meseta yielded lower Acheulean tools on the upper terraces of the Tormes river, at Gargarete (+62 / 64 m.), and principaly at La Maya III (+50 / 54 m.) (Santonja & Pérez González, 1984). In the Southern Meseta the site of Pinedo (+22 m. terrace of the Tajo river) represents the most ancient Acheulean period (Querol & Santonja, 1979), whereas that in Andalucía the lower levels of Laguna de Medina have been ascribed to the lower Acheulean (Giles & Santiago, 1987; Giles *et al.*, 1989b, 1992; Santiago & Giles, 1988). Stratigraphic criteria and the typologic analysis of the lithic industry allowed to suggest that the human occupations developed along isotopic stages 13 (between 524 and 478 Ky) or 12 (between 478 and 423 Ky). The most ancient lithic industry found at Torralba has been attributed to stage 12 or 10 according to several authors (Aguirre, 1989: 48; Biberson, 1968; Freeman & Butzer, 1966).

On a swampy plain at the edge of the valley Ambrona-Mansegar is located the site of Torralba (Soria) (Howell *et al.*, 1962). A rich faunal composed basically of elephants, equidae and cervidae, and also lithic industry made on quartzite, flint, quartz and some limestones have been found in this site. The researchers who excavated it distinguished areas of differential activities (Freeman & Butzer, 1966) and occupation floors (Freeman, 1978: 91). The interpretation of the remains found at Torralba has been an still is controversial. According to the mentioned authors Torralba was a slaughtering place with areas where great herbivores were dismembered. This site would be occupied by great human groups of opportunistic hunters (Freeman, 1975: 662-668). Other researchers believe that most of the faunal remains accumulated a not result of human activity but that there was carnivore scavenging on animals who died by natural causes.

man 1978: 91). La interpretación de los restos hallados en *Torralba* ha sido, y sigue siendo, polémica. Para sus excavadores, *Torralba* sería un lugar de matanza, con áreas de desplazamiento de grandes herbívoros, ocupado por grupos humanos de tamaño grande constituidos por cazadores oportunistas (Freeman, 1975: 662-682). Otros investigadores consideran que la mayoría de los restos óseos acumulados no responden a la actividad antrópica, sino que existiría carroñero por carnívoros sobre animales muertos de forma natural. Además, procesos post-deposicionales habrían afectado la situación original de los restos arqueológicos (Binford, 1987). La cronología podría situarse probablemente en un momento frío en torno a los 350 ka. (estadio 10). Las características generales de la industria de *Torralba* (Carbonell *et al.,* 1987a; Ortega, 1988, 1992) indican que el sílex es recogido y desbastado en algún lugar alejado del Centro de Intervención; de ahí la ausencia de objetos con córtex en el yacimiento. Las Bases Negativas de Primera Generación y algunas Bases Positivas de gran tamaño son llevadas al Centro de Intervención, en donde se utilizarían tanto para la creación de morfotipos bifaciales con morfologías acabadas bien elaboradas, como para la creación de más Bases Positivas. Se constata el fenómeno de la reutilización de Bases Negativas de Segunda Generación en sucesivas intervenciones. En efecto, nuevos grupos de homínidos llegaron a las llanuras pantanosas y encontraron más fácil utilizar las piezas de sílex y cuarcita dejadas por sus predecesores que recorrer varios kilómetros para buscar materia prima. En la Sierra de Atapuerca la materia prima explotada se puede encontrar en áreas próximas a los yacimientos, pero de todas maneras cuando se trata de sílex también se realiza la iniciación de los materiales silíceos fuera del Centro de Intervención, tal y como ocurre en *Torralba.* Según Díez (1992: 241) la aparición de restos de elefantes responde a fenómenos naturales de muerte, exposición, desarticulación y dispersión, con posible actividad carroñera de homínidos y de carnívoros. En opinión de Díez, considerar el depósito de *Torralba* como homogéneo conduce a la inexactitud, aunque hay evidentes pruebas de la intervención de los homínidos (Shipman & Rose, 1983).

De este momento, o puede que algo más antiguos, son algunos yacimientos en terrazas del Gudalquivir (Cerro Higoso II-III y El Toril) (Díaz del Olmo *et al.,* 1989). En el sureste se han señalado (Montes & Rodríguez Estrella, 1985) ciertas semejanzas tipológicas entre la industria lítica del yacimiento de Fuente de Hellín (Albacete) y la de Pinedo y La Maya III. En la Sierra de Atapuerca el nivel seis de Dolina (TD6) se situaría también en el episodio 13 del $^{16}O/^{18}O$.

Post-depositional processes would also affect the original position of the archaeologic remains (Binford, 1987). The chronology could be placed in a cold period around 350 Ky (isotopic stage 10). The general characteristics shown by the industry found at Torralba (Carbonell *et al.,* 1987a; Ortega, 1988, 1992) indicated that flint was collected and initializaed far away from the Intervention Centre. This explains the absence of cortical objects in the site. The First Generation Negative Bases and some great size Positive Bases are carried to the intervention centre to be used for the production of well configured bifacial morphologies, as well as more Positive Bases. The phenomenon of the reutilization of 2GNB is verified in successive interventions. New hominid groups arrived at the swampy plains and found it easier to reutilize the flint and quartzite objects left there by earlier groups than to traverse several kilometres to collect raw materials. In Atapuerca, the raw materials exploited can be found in areas near the sites. Nevertheless, when the material is flint its initialization is also made out of the Intervention Centre, as happened in Torralba. According to Díez (1992: 241) the elephant remains found, answer to natural phenmena such as death, weathering, dismembering and dispersion. Also taken into account is the possible scavenging activity of carnivores and hominids. Díez thinks that it is misleading to consider the deposits at Torralba as a homogeneous entity, although there are evidences of hominid intervention (Shipman & Rose, 1983).

Some sites at the Guadalquivir river terraces, (Cerro Higoso II-III and El Toril) (Díaz del Olmo *et al.,* 1989) belong to this moment, or maybe even to a earlier one. Certain typologic similarities between the lithic industry of the site Fuente de Hellín (Albacete) and the one of Pinedo and La Maya III have been pointed out in the SE (Montes & Rodríguez Estrella, 1985). In Atapuerca, Dolina level TD6 would also be included in the isotopical stage 13.

La Maya II (Tormes river +34 m. terrace), El Sartalejo and several other sites in the valleys of the Manzanares river (San Isidro, Arriaga, Aridos), Jarama river (Arganda I and II), Tajo river (Monte Famaco) and Guadiana river (Albalá, El Martinete) are ascribed to a later Acheulean moment (aproximately stages 8-10, between 362 and 245 Ky).

The remains recovered at the sites of Aridos (Madrid) (stage 9) indicate that a reduced human group intervened on two elephants, probably dead by natural causes on the flood plain of the Jarama river, with an open landscape and a weather similar to the one of the present day or maybe warmer and damper.

 A un momento posterior del Achelense (que podemos situar de forma aproximativa entre los estadios 8 y 10, entre 362 y 245 ka.) corresponden La Maya II (terraza +34 m. del río Tormes), El Sartalejo y numerosos yacimientos de los valles de los ríos Manzanares (San Isidro, Arriaga, Áridos), Jarama (Arganda I y II), Tajo (Monte Famaco) y Guadiana (Albalá, El Martinete).

Los vestigios encontrados en los yacimientos de *Áridos* (Madrid) (episodio 9) indican que un grupo humano reducido intervino sobre dos elefantes, muertos muy probablemente por causas naturales, en la llanura de inundación de un río (el Jarama), con un paisaje abierto y un clima semejante al actual o algo más cálido y húmedo.

Los humanos utilizaron para descuartizar estos animales fundamentalmente instrumentos de sílex (también algunos de cuarcita y de cuarzo). Los artefactos recuperados han sido 331 en *Áridos 1* y 30 en *Áridos 2*. Según Díez, Carbonell y Enamorado (recogido por Díez, 1992: 246) la mayoría de estos instrumentos son Bases Positivas, aunque también hay algunas Bases Negativas de Primera Generación (unifaciales sobre todo) y BN2G (denticulados en su mayoría). La industria de *Áridos* ha sido clasificada como Achelense. Estos instrumentos fueron tallados en el propio Centro de Intervención, como queda bien patente por el remontaje arqueológico de los objetos. Después de la intervención antrópica, las crecidas del río depositaron sedimentos finos que cubrieron los restos sin apenas alterar su disposición.

Según Díez (1992: 324), aunque no podemos saber si hubo caza de los elefantes por parte de los homínidos, sí parece claro que hubo un inmediato acceso a los cadáveres con un rápido enterramiento posterior. De lo hasta aquí expuesto se deduce que los restos arqueológicos están *in situ* y las alteraciones postdeposicionales fueron escasas. Desgraciadamente, el lugar fue utilizado como cantera de áridos y los yacimientos parcialmente destruidos, conservándose sólo una parte de la superficie original. No hay ninguna datación para este yacimiento, aunque la cronología podría estar en torno a los 350-300 ka., edad deducida fundamentalmente a partir de la microfauna.

En el litoral mediterráneo algunos yacimientos de la comarca de La Selva (Girona) y del Montgrí pueden adscribirse a este momento (Canal & Carbonell, 1989).

Díez (1992) ha señalado similitudes entre los GSU de *Galería* y del yacimiento de *Pinilla del Valle* (Madrid); para ambos sitios se ha deducido una escasa intervención antrópica. *Pinilla del Valle* (Alférez *et al.,* 1982) es un yacimiento al aire libre, enclavado en calizas cretácicas karstificadas, y que

These humans used to desmember these animals basically with flint tools (also with some of quartzite and quartz). At Aridos 1 331 artifacts have been recovered, whereas at Aridos 2 30 have been recovered. According to Díez, Carbonell and Enamorado (mentioned by Díez 1992: 246) most of these tools are Positive Bases, although there are also some 1st Generation Negative Bases (mostly unifacials) and 2GNB (mostly denticulates). The industry of Aridos has been classified as Acheulean. These tools were knapped inside the Intervention Centre itself, as evidenced by the refitting of some objects. After the human occupation, the river overflowings deposited fine sediments that covered remains almost without modifying their original position.

According to Díez (1992: 324) although we cannot certainly know if the hominids hunted elephants, it seems clear that there was an immediate access to the carcasses and then a quick burial. Consequently, the archaeological remains are *in situ* and suffered few post-depositional alterations. Unfortunately, the place was quarried in historic times and the sites were partially destroyed; only a part of the original surface was preserved. There is not any dating for this site, although the micromammals present at the site suggests a chronology of some 350-300 Ky.

In the Mediterranean coast some sites of the area of La Selva (Girona) and Montgrí can also be ascribed to this moment (Canal & Carbonell, 1989).

Díez (1992) pointed out the existence of similarities between the occupation floors of Galeria (GSU) and the ones of the site known as Pinilla del Valle (Madrid). Both sites show very little hominid activity. Pinilla del Valle (Alférez *et al.,* 1982) is an open air site placed in an ancient karst of Cretaceous limestones. Probably it corresponds to the dragged levels of a dismantled cave. The uranium analysis gave a date for the most fertile archaeological levels between 150 and 250 ky (Alférez *et al.,* 1985) (isotopic stage 6). The floors of Galeria would probably offer a similar date. If we relate the scarcity of stone tools, most of them unretouched flakes (Positive Bases), with the abundant faunal remains, it seems that the human intervention was minimum, despite the find of some burnt bones and two human molars corresponding to an adult individual (Alférez, 1985). According to Díez (1992: 215), the hominids consumed some animals –probably scavenged–, during the time that they spent at this Intervention Centre. However, his kind of action was very punctual and, on the other hand, very difficult to distinguish from the action of other scavengers.

probablemente corresponde a los niveles de arrastre de una antigua cueva desmantelada. Los análisis por las series del uranio sitúan los niveles arqueológicamente más fértiles entre 150 y 200 ka. (Alférez *et al.*, 1985) (estadio isotópico 6). Una datación similar podría corresponder a los suelos de *Galería*. La escasez de industria lítica, compuesta fundamentalmente por lascas no retocadas, en comparación con la abundante fauna, podría indicar una mínima intervención homínida, a pesar del hallazgo de algunos huesos quemados y de dos molares humanos que correspondían a un individuo adulto (Alférez, 1985). Según Díez (1992: 215), los homínidos consumieron durante su estancia en este Centro de Intervención algunos animales, probablemente carroñeados, pero su acción sería tan puntual y semejante a la de los hiénidos que no puede llegar a reconocerse.

Al norte de la Sierra de Atapuerca, en Puente Viesgo (Cantabria), se encuentra el yacimiento de la cueva de *El Castillo,* cuyos niveles inferiores presentan industria que ha sido catalogada como Achelense. La datación del nivel 23 arroja una edad de 89+11/10 ka. (episodio 5) (Bischoff *et al.,* 1992). Por encima se encuentran los niveles 21 y 22, con industria lítica tradicionalmente clasificada como Musteriense, y por debajo los niveles 24 y 26 con industria, no muy numerosa, adscrita al Achelense (Cabrera, 1984). Desafortunadamente, estos niveles inferiores fueron excavados a comienzos de siglo y la información que nos pueden proporcionar es reducida.

También en el norte de la Península Ibérica se encuentra el yacimiento en cueva de *Lezetxiki* (Mondragón, Guipúzcoa), con dataciones de su nivel VII en torno a los 300 ka. (episodio 8) (véase en cuadro cronológico), del nivel VI entre 230 y 200 ka. (episodio 7) y del nivel V, con dos dataciones muy dispares de 70 y 186 ka. (episodio 6) (Altuna, 1990: 230). Estas dataciones realizadas sobre restos óseos, han planteado algunas dudas por su elevada antigüedad, mayor de la esperada para una industria tradicionalmente catalogada como de Paleolítico medio. No obstante, Baldeón (1987) ha analizado detenidamente la industria de este yacimiento y ha comparado los artefactos del nivel VII con los del 'Premusteriense' del yacimiento francés *Orgnac 3* (nivel 1, véase más adelante).

Otro yacimiento del norte de la Península, al aire libre en este caso, que también cuenta con dataciones absolutas es *Can Garriga* (Sant Julià de Ramis, Girona) (episodio 5), con cuatro niveles con industria lítica y ausencia total de restos de fauna (Carbonell *et al.,* 1992d; Mora *et al.,* 1987). Entre 128,8 ± 6,5 ka. y 112 ± 7,5 ka. se formó una plataforma tra-

In Puente Viesgo (Cantabria), is located the cave site of El Castillo, whose lower levels have industry catalogued as Acheulean. The dating of level 23 gave an age 89 +11/−10 Ky (stage 5) (Bischoff *et al.,* 1992). Above this are levels 21 and 22, with lithic industry traditionally classified as Mousterian and bellow are levels 24 and 26, with scarce industry ascribed to the Acheulean (Cabrera, 1984). Unfortunately, this lower levels were excavated at the beginnings of this century and the information they can provide is reduced.

Also in the Northern part of the Iberian Peninsula is located the cave site of Lezetxiki (Mondragón, Guipúzcoa). Datings made on level VII gave a date around 300 ky (stage 8) (see chronological diagram); on level VI between 230 and 200 ky (stage 7) and on level V it gave two very different dates: 70 and 186 ky (stage 6) (Altuna, 1990: 230). These datings, made on bone remains, present some doubts due to their antiquity, higher than the expected for an industry traditionally assigned to the Middle Palaeolithic. However, Baldeón (1987) carefully analyzed the industry of this site and compared the artifacts found at level VII with the ones of the "Premousterian" of the french site of Orgnac 3 (level 1; see below).

Can Garriga (Sant Julià de Ramis, Girona) is another Intervention Centre, an open air site, at the Northern Peninsula with radio-chronological datings, belonging to stage 5. It includes four levels with lithic industry and there is a total absence of faunal remains (Carbonell *et al.,* 1992d; Mora *et al.,* 1987). A travertine platform was formed between 128,8± 6,5 ky and 112±7,5 ky ago over the third terrace of the Ter river (Giralt *et al.,* i.p.). Above this travertine platform, there is a first archaeological level with lithic material removed by the avenues of a branch of the river. Almost simultaneously another archaeological level on a paleosoil appears. On this level volcanic particles were located, which, once analyzed, indicate an inverse polarity (Blake epoch) (Julià pers. com.). Over this level another archaeological level was deposited. On its upper part discontinuous layers of travertine appear, dated in 103,5±3,2 ky. Finally, there is another level with abundant lithic material sealed by another travertine bar, dated to 87,7±2,5 ky. The lack of bony remains does not allow to make palaeoecological conclusions. As a rule in the lithic industry of Can Garriga, quite diversified, there is a prevailence of flakes without retouching (Positive Bases), with outstanding quartz as raw material, followed by quartzite (Prats, 1991; Sala *et al.,* 1993; Rodríguez *et al.,* i.p.).

In the site of La Solana de Zamborino (Fonelas, Granada), located in the Depression of Guadix-Baza and chronolovertínica sobre la tercera terraza del río Ter. Sobre este travertino se sitúa un primer nivel arqueológico con material lítico, seleccionado por las avenidas de un brazo del río. Casi simultáneamente aparece otro nivel arqueológico en un paleosuelo. Sobre este nivel se localizaron partículas volcánicas, que, una vez analizadas, han indicado una polaridad inversa (época Blake) (Julià, com. pers.). Sobre este nivel se depositó otro nivel arqueológico, a cuyo techo aparecen lentejones de travertino, datados en 103,5 ± 3,2 ka. Por último, aparece otro nivel con abundante material lítico sellado por otra barra travertínica, datada en 87,7 ± 2,5 ka. La carencia de restos óseos dificulta las conclusiones paleoecológicas. En general en la industria lítica de *Gran Garriga,* bastante diversificada, dominan las lascas sin retocar (Bases Positivas), con preponderancia del cuarzo como materia prima más utilizada, seguida de la cuarcita (Prats, 1991; Sala *et al.,* 1993).

En el yacimiento de *La Solana del Zamborino* (Fonelas, Granada) situado en la Depresión de Guadix-Baza y enmarcado cronológicamente en el final del Pleistoceno Medio (estadio 6), se hallaron abundantes restos de herbívoros (sobre todo équidos y bóvidos) asociados a unos 1.500 artefactos líticos, fabricados sobre cuarcita, sílex y cuarzo (Botella *et al.,* 1975; Martín Penela, 1987). Entre la industria lítica predominan las Bases Positivas, pero es destacable la abundancia de BN1G (cantos tallados y núcleos, entre los que son mayoritarios los unifaciales y escasos los bifaciales). El contexto de los hallazgos corresponde al borde de un lago, en un momento de clima templado con abundantes llanuras herbáceas. El estudio detallado de la fauna indica que los équidos y los bóvidos pudieron ser cazados y consumidos por los homínidos.

En efecto, la proporción de zonas anatómicas representadas en los restos faunísticos, la abundancia de industria lítica y la presencia de huesos quemados y con señales de descarnación apoyan la hipótesis de una importante intervención antrópica (Díez, 1992: 274). Muy probablemente *La Solana del Zamborino* fue un lugar de caza y desmenbramiento primario, en particular de équidos.

gically ascribed at the end of the Middle Pleistocene (stage 6), abundant herbivorous remains were found (above all equidae and bovidae) associated with some 1500 lithic artifacts, manufactured on quartzite, flint and quartz (Botella *et al.,* 1975; Martín Penela, 1987). Among lithic industry prevail the Positive Bases, but the abundance of 1GNB is outstanding (pebble tools and cores, among which prevail the unifacials, the bifacials being scarce). The context of the finds corresponds to the edge of a lake, in a moment of tempered climate with abundant grassy plains. The detailed study of the fauna indicates that the equidae and the bovidae could be hunted and consumed by the hominids. In effect, the anatomical zones proportion represented in the faunal remains, the abundance of lithic industry and the presence of burnt bones with cutmarks support the hypothesis of an important anthropic intervention (Díez, 1992: 274). Very probably, La Solana del Zamborino was a place of hunt and primary butchery, in particular of equidae.

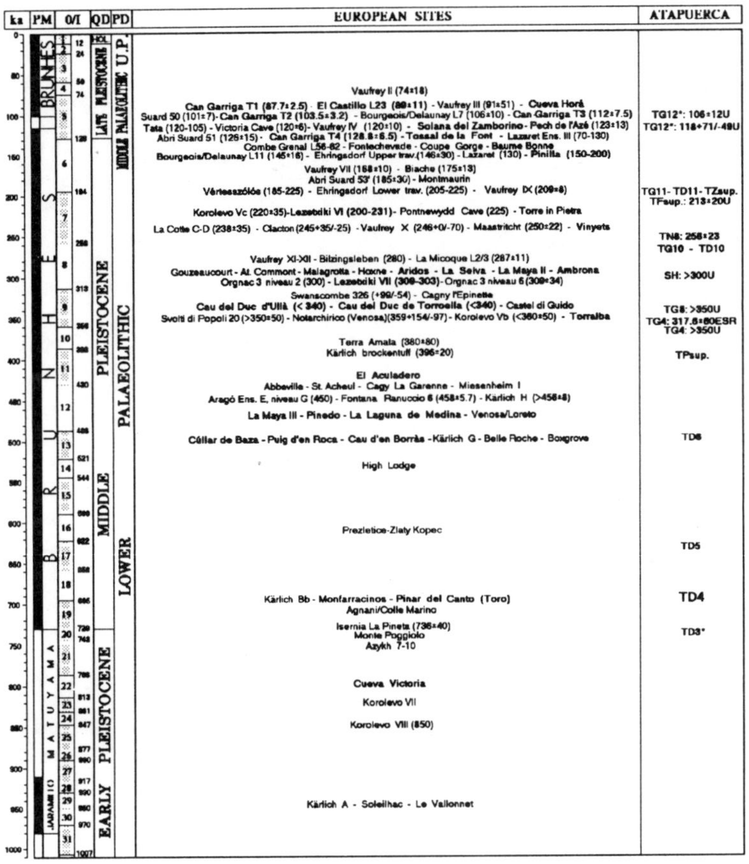

36. *Tabla sinóptica de la posición cronológica de los yacimientos de la Sierra de Atapuerca (derecha), de los más significativos de la Península Ibérica (en negrita) y de los más importantes del Pleistoceno medio europeo. Se indica entre paréntesis la datación, cuando existe, en miles de años. Abreviaciones: ka = miles de años, PM = Paleomagnetismo, O/I = Estadios isotópicos del Oxígeno (según Williams* et al., *1988), QD = Divisiones intracuaternarias, PD = Divisiones intrapaleolíticas. Yacimientos de Atapuerca: TG = Trinchera Galería, TD = Trinchera Dolina, TF = Trinchera Elefante, TZ = Trinchera Zarpazos, TP = Trinchera Penal, TN = Trinchera Norte, SH = Sima de los Huesos. * = Sin restos humanos. (Según Carbonell & Rodríguez, 1994).*

36. *Synoptic table of the chronological position of the Sierra de Atapuerca sites (right); of the most meaningful sites of the Iberian Peninsula (in bold); and of the most important sites of the European Middle Pleistocene. The dating, when it exists, is indicated in brackets in thousands of years. Abbreviations: ky = thousands of years, PM = Paleomagnetism, O/I = Oxygen Isotopic stages (according to Williams et al., 1988), QD = Intraquaternary divisions, PD = Intrapalaeolithic divisions. Atapuerca sites: TG = Trinchera Galería, TD = Trinchera Dolina, TF = Trinchera Elefante, TZ = Trinchera Zarpazos, TP = Trinchera Penal, TN = Trinchera Norte, SH = Sima de los Huesos. * = Without human remains. (According to Carbonell & Rodríguez, 1994).*

7

La Sierra de Atapuerca en el contexto del Pleistoceno Medio europeo.

Los yacimientos de la Sierra de Atapuerca adquieren una importancia creciente en el contexto del Pleistoceno Medio europeo. Hasta el momento son escasos los yacimientos europeos que, enmarcados en contextos estratigráficos bien definidos, pueden incluirse en las últimas etapas del Pleistoceno Inferior o en los comienzos del Pleistoceno Medio. Se trata de yacimientos encuadrados en la Fase I (hasta el estadio 14), a la que pertenecen las ocupaciones antrópicas constatadas en el nivel 4 de Dolina (TDW4) (Figs. 36 y 37).

7

The Sierra de Atapuerca in the context of the European Pleistocene.

The sites of the Sierra de Atapuerca are acquiring increasing relevance in the context of the European Middle Pleistocene. Up to this moment, there are few european sites that, framed in well defined stratigraphic context, could be included in the later stages of the lower Pleistocene or in the beginning of the Middle Pleistocene. These sites correspond to phase I (up to the stage 14), like the anthropic settements verified for the level TDW4 of Dolina (Figs. 36 and 37).

 37. *Mapa con los principales yacimientos citados en el texto.*

37. *Map of the principal sites cited in the text.*

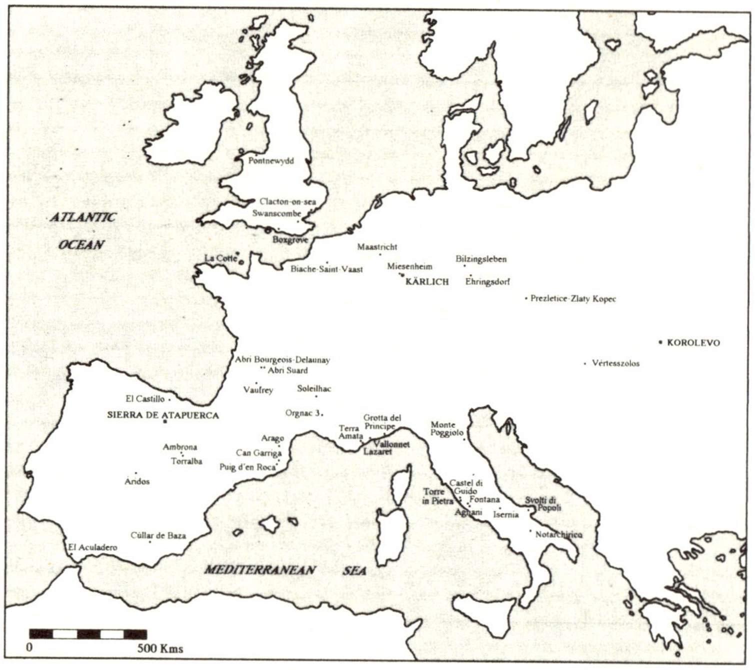

7.1.
Fase I (estadios anteriores al 14).

7.1.1. *Soleilhac* (Blanzac, Francia).

Soleilhac fue ocupado de manera ocasional por un pequeño número de homínidos durante una fase templada o templado-fresca del Pleistoceno Inferior. La fauna, relativamente pobre, está dominada por restos de elefante y de cérvidos. La industria lítica (446 piezas) está fabricada mayoritariamente con cuarzo y basalto (también se utilizó el sílex y el granito). Para Bracco (1991) la industria puede dividirse en dos grupos: objetos de grandes dimensiones (sobre canto o bloque pequeño de basalto y granito) y objetos de pequeño formato (sobre lascas de sílex o cuarzo), con retoque bien configurado (raederas, muescas, denticulados). Según Bonifay (1991) hay testimonios de una estructuración intencional del espacio. El análisis paleomagnético, inicia una antigüedad de 900 a 950 ka. (fase Jaramillo) (Bonifay, 1991; Bonifay *et al.*, 1976; Bracco, 1991). Estadio isotópico 24 ó 23.

7.1.2. *Kärlich A* (Koblenz, Alemania).

Por debajo de la terraza alta del Rhin se ha encontrado un canto de cuarcita tallado, en un contexto sedimentario con polaridad magnética normal, identificado con el período Ja-

7.1.
Phase I (stages previous to 14).

7.1.1. *Soleilhac* (Blanzac, France).

Soleilhac was occasionally inhabitated by a small number of hominoids during a temperate or cool-temperate stage of the Lower Pleistocene. Faunal remains are relatively scarce and mostly composed of elephant and cervid. The lithic industry (446 items) is in its greatest part made on quartz and basalt (although was also used flint and granite). Following Braco (1991) this industry can be divided in two groups; objects of greats dimensions (on pebble or small blocks of basalt and granite), and small format objects (on flint or quartz flakes), with well configured retouching (side-scrapers, notches, denticulates). Bonifay (1992) thinks that there are proves of a intentional structuration of space. The palaeomagnetic analysis indicates an age of 900 to 950 Ky (Jaramillo event) (Bonifay, 1991; Braco, 1991). Isotopic stage 24 or 23.

7.1.2. *Kärlich A* (Koblenz, Germany).

There has been found a knapped pebble of quartzite, in a sedimentary context with normal magnetic polarity below the highest terrace of the Rhin. It has been identified with Jararamillo, hace algo más de 900 ka. Estadio 24 ó 23 (Bosinski, 1992; Kulemeyer, 1986).

7.1.3. *Vallonnet* (Roquebrune-Cap Martin, Francia).

Yacimiento en cueva con industria lítica asociada a una rica y generalmente bien conservada fauna. Entre los artefactos hay cantos con un único levantamiento, 'choppers', 'chopping-tools', raederas y núcleos. Probablemente esta ocupación responde a una actividad especializada poco intensa. La capa estalagmítica suprayacente ha sido datada en 900 ka. Por otro lado, el paleomagnetismo indica una polaridad normal, que Lumley *et al.*, (1988) identifican con el episodio Jaramillo (entre 900 y 970 ka.). Episodio 24 ó 23.

7.1.4. *Korolevo VIII* (Ucrania).

En una terraza fluvial, por debajo de un nivel de arenas datado en 850 ka., se han hallado 400 objetos (incluidos núcleos, cantos tallados unifaciales, 'protobifaces' y gran número de lascas). La andesita es la materia prima dominante. La ocupación correspondería al inicio del estadio 22 (Gladiline & Sitlivy, 1991; Kozlowski, 1992).

7.1.5. *Korolevo VII* (Ucrania).

En este complejo, ligeramente menos antiguo que Korolevo VIII, se han localizado más de 1.500 objetos en andesita y obsidiana que incluyen, según la discutible opinión de Gladiline & Sitlivy (1991: 219), elementos de técnicas 'Levallois', además de 'choppers' e incluso un bifaz. Estadio 20 ó 21 (Gladiline & Sitlivy, 1991).

7.1.6. *Azykh 7-10* (Gadrud, Aserbadjan).

Yacimiento en cueva en el valle del río Kuruchaj. Para los cuatro niveles inferiores (7-10) se propone una datación de 730-800 ka. en función de los análisis paleomagnéticos (polaridad inversa). En estos niveles se encuentra industria de cantos tallados poco numerosa, con 'protochoppers', 'protochopping-tools', raederas toscamente elaboradas y núcleos (Ranov, 1991). Estadios 20 ó 21.

millo event, which is a little older than 900 Ky, stage 24 or 23 (Bosinski, 1992; Kulemeyer, 1986).

7.1.3. *Vallonnet* (Roquebrune-Cap Martin, France).

This is a cave site with lithic industry in association with a rich and generally well conserved fauna. Among the artifacts there are pebbles with an only extraction, choppers, chopping-tools, side screapers and cores. This occupation probably answers to a brief specialized activity. The overlying stalagmitic crust has been dated to 900 Ky. On the other hand, the palaeomagnetism shoes a normal polarity that Lumley *et al.* (1988) identify with the Jaramillo event (between 900 and 970 Ky). Isotopic stage 24 or 23.

7.1.4. *Korolevo VIII* (Ukraina).

400 objects have been found (including cores, unifacial knaped pebbles, proto-handaxes and a great numder of flakes) in a fluvial terrace, below a sandy level dated at 850 Ky. The andesite is the dominant raw material. The settlement would be framed in the beginning of stage 22 (Gladiline & Sitlivy, 1991; Kozlowsky, 1992).

7.1.5. *Korolevo VII* (Ukrania).

In this complex, slightly less ancient than Korolevo VIII, there have been localized more than 1500 objects made on andesite and obsidiane that include, following the arguable opinion of Gladiline & Sitlivy (1991: 219), elements of Levallois technique, as well as choppers and even a handaxe. Stage 20 or 21 (Gladiline & Sitlivy, 1991).

7.1.6. *Asykh 7-10* (Gadrud, Aserbadjan).

Cave site in the valley of the Kuruchaj river. A dating of 730-800 Ky is proposed for the four lower levels (7-10), basing on palaeomagnetic analysis (inverse polarity). In those levels small quantity of knapped tools has been found, with proto-choppers, proto-chopping-tools roughly elaborated side scrapers and cores (Ranov, 1991). Stage 20 or 21.

7.1.7. Isernia La Pineta (Molise, Italia).

En Isernia se han identificado tres paleosuperficies antropizadas, con industria lítica y abundante fauna asociada (con dominio de grandes herbívoros). La industria se realiza con sílex y cantos de caliza (ausentes en el nivel arqueológico más reciente). Entre la industria sobre canto se encuentran 'choppers' y 'chopping-tools', mientras que la industria sobre sílex tiene un formato reducido y una elevada presencia de raederas denticuladas. La base de la secuencia, incluidos los niveles arqueológicos, tiene polaridad inversa (época Matuyama) (Coltorti *et al.,* 1982; McPherron & Schmidt, 1983). Estos análisis están configurados por una datación de 736 ± 40 ka. (Delitala *et al.,* 1983) por K/Ar de sedimento que recubre el primer sector de excavación (que contiene las dos paleosuperficies más antiguas). (Cremaschi & Peretto, 1988b; Peretto, 1991a, 1991b; Peretto *et al.,* 1983). Estadio 20.

7.1.8. Ca'Belvedere de Ponte Poggiolo (Forli, Italia).

Este yacimiento al aire libre ha proporcionado una numerosa industria lítica (más de 6.000 objetos), pero no restos faunísticos. Los instrumentos, contenidos en depósitos de arenas y de gravas (Bisi *et al.,* 1992), se realizaron sobre cantos de sílex y caliza de pequeñas dimensiones, tallados utilizando una técnica bipolar no demasiado elaborada. Los escasos objetos retocados están representados por algunos raspadores y, sobre todo, por denticulados. Según Peretto los 'choppers' y 'chopping-tools' son raros y difíciles de distinguir de los núcleos. Estos últimos son numerosos y caracterizados por levantamientos unidireccionales. Se ha podido efectuar un buen número de remontajes, lo que demuestra que la talla tuvo lugar *in situ.* La antigüedad de esta industria se situaría por encima de los 730 ka., en función de los análisis paleomagnéticos, que proporcionan una polaridad inversa para el depósito que contiene la industria (Gagnepain *et al.,* 1992; Peretto, 1992). Estadio 20.

7.1.9. Agnani-Colle Marino (Lazio, Italia).

Industria arcaica de cantos tallados, con más de 700 ka. ya que su posición estratigráfica es anterior a la primera gran actividad volcánica de la zona del Lazio (Bidditu *et al.,* 1979), cuyas lavas más antiguas han sido datadas en 706 ka. (K/Ar) (Cremaschi & Peretto, 1988; Rolland, 1992). Estadio 18 ó 19.

7.1.7. Isernia La Pineta (Molise, Italy).

Three anthropized palaeo-surfaces with lithic tools and abundant associated fauna (predominating large herbivorous) have been identified. The tools are made on flint and limestone pebbles (which ara absent in the most recent archaeological level). Among this industry on pebble there are choppers and chopping-tools whereas the tools on flint have reduced format and great representation of denticulated side scrapers. The base of the sequence, including archaeological levels, has inverse polarity (Matuyama) (Coltorti *et al.,* 1982; McPherron & Schmidt, 1983). Those analysis are confirmed by a K/Ar dating of 736±40 Ky (Delitala *et al.,* 1983) made on the sediment covering of the first sector of excavation (which contains the two older palaeo-surfaces). (Cremaschi & Peretto, 1988b; Peretto, 1991a, 1991b; Peretto *et al.,* 1983). Stage 20.

7.1.8. Ca Belvedere di Monte Poggiolo (Forli, Italy).

This open air site has supplied many lithic tools (over 6000 objects) but no faunal remains. The tools, contained in deposits of sands and gravels (Bisi *et al.,* 1992), are worked on flint pebbles of small dimensions, and have been knapped by using a not much elaborated bipolar technology. The few retouched objects are represented by some end scrapers and largely by denticulates. According to Peretto, choppers and chopping-tools are rare and difficult to distinguish from cores, which are numerous and characterized by unidirectional extractions. A good number of reffitings has been made, proving that the knapping took place *in situ.* This industry would be dated over 730 Ky, basing on palaeomagnetic analysis that provide a reverse polarity for the deposit that it contains (Gagnepain *et al.,* 1992; Peretto, 1992). Stage 20.

7.1.9. Agnani-Colle Marino (Lazio, Italy).

There is an archaic pebble tool industry, with a dating of more than 700 Ky, given that its stratigraphic position is older than the first great volcanic activity of the area of Lazio (Bidditu *et al.,* 1979), where the most ancient lavas have been dated at 706 Ky (K/Ar) (Cremaschi & Peretto, 1988; Rolland, 1992). Stage 18 or 19.

7.1.10. Kärlich Bb (Koblenz, Alemania).

En una terraza del Moselle se hallaron objetos de cuarcita (BN1G, BP, BN2G), situados por encima del nivel donde se constata la inversión paleomagnética Matuyama/Brunhes. Por consiguiente su datación ronda los 700 ka. (Bosinski, 1992). Estadio 18.

7.1.11. Prezletice-Zlaty Kopec (Praga, República Checa).

En este Centro de Intervención, cercano a la zona de inundación de un gran río, se han encontrado cuatro capas con industria lítica fabricada sobre lidita. El conjunto arqueológico podría haber sufrido algún ligero desplazamiento poco significativo. En el centro de la superficie de hábitat AIII hay trazas de una estructura de habitación de planta oval formada por bloques de lidita, en una zona en donde podría haberse localizado un fuego (Kozlowski, 1992: 74). Las raederas son los instrumentos más abundantes, mientras que los 'choppers' son escasos. También hay bifaces, picos y hendedores. Los datos paleontológicos indican un medio interglaciar. La última datación paleomagnética (Kozlowski, 1992) sitúa este yacimiento entre 640 a 590 ka. (estadio 15 o final del 16), lo que rebaja anteriores estimaciones. (Fridrich, 1991; Kozlowski, 1992).

7.2.
Fase II (estadios 13-9).

En esta fase se encuadran una serie de yacimientos paralelizables a las ocupaciones del nivel 6 de Dolina (TD6).

7.2.1. Kärlich G (Koblenz, Alemania).

Este nivel ha proporcionado algunos objetos líticos posiblemente asociados a una rica fauna. Desde el punto de vista bioestratigráfico destaca la aparición de *Arvicola terrestris cantiana,* que sustituye a *Mimomys savini,* presente en las unidades C, D, E y F. Según Van Kolfschoten (1988; Von Koenigswald & Van Kolfschoten, n.p.) la transición de una a otra especie se produce alrededor de los 500 ka., por consiguiente, probablemente esta ocupación se sitúa en el estadio 13 (Bosinski, 1992).

7.1.10. Kärlich Bb (Koblenz, Germany).

In a terrace of the Moselle river several objects on quartzite (1GNB, PB, 2GNB) were found, placed over the level where the Matuyama/Brunhes magnetic inversion is verified. Therefore, its dating would approach 700 Ky (Bosinski, 1992). Stage 18.

7.1.11. Prezletice-Zlaty Kopec (Praga, Chekia).

This is a site near the flooding zone of a great river. Four beds with Lower Pleistocene lithic industry made on lidite were found. There is the possibility of the archaeological assemblage being submitted to a slight deplacement. In the center of the surface of habitat AIII there are traces of an inhabited ovale-plan structure, formed by lidite blocks, in an area where a hearth was placed. The most represented tools are side scrapers whereas choppers are scarce. There are also handaxes, picks and cleavers. Palaeontological data suggest an interglaciar environment. The last palaeomagnetic dating (Kozlowski, 1992: 74) places this site between 640-590 Ky (stages 15 or 16) which cuts down earlier datings (Fridich, 1991; Kozlowski, 1992).

7.2.
Phase II (stages 13-9).

In this phase a series of sites synchronous to the occupations of level 6 of Dolina (TD6) are framed.

7.2.1. Kärlich G (Koblenz, Germany).

This level has supplied some lithic objects possibly associated to a rich fauna. From the biostratigraphic point of view we can point out the find of *Arvicola terrestris cantiana,* that substitutes the *Mimomys savini,* which is present at units C, D E and F. Van Kolfschoten (1988; Von Koenigswald & Van Kolfschoten, n.p.) the transition from one to other species occurs around 500 Ky and therefore this occupation is probably placed in stage 13 (Bosinski, 1992).

7.2.2. Miesenheim I (Koblenz, Alemania).

Este yacimiento ha proporcionado industria lítica (en cuarzo, cuarcita y pizarra silícea) y fauna bien conservada. El depósito fue alterado por una falla y desplazado. Los remontajes de núcleos y lascas de cuarzo indican una talla *in situ*. Para Bosinski (1992: 59) Misenheim I es correlacionable con el paleosuelo de la parte alta del nivel G de Kärlich, por tanto esta ocupación, realizada en época cálida, podría situarse en el estadio 13. Roebroeks *et al.* (1992: 559) la sitúan entre 400-450 ka. (estadio 12), apoyándose en la información bioestratigráfica.

7.2.3. Boxgrove (West Sussex, Inglaterra).

En las unidades 3 y 4 de este yacimiento se han encontrado numerosos artefactos líticos en sílex, con frecuencia en contexto primario y a veces asociados a restos óseos alterados por procesos de descuartizamiento. El instrumento dominante en Boxgrove es el bifaz de forma ovalada y bien configurado. La edad de los depósitos de Boxgrove está sujeta a debate, ya que la aplicación de un amplio número de métodos de datación no ha proporcionado una imagen coherente. Desde el punto de vista de la fauna, Boxgrove sería contemporáneo de Miesenheim I. La evidencia bioestratigráfica indica una época correlacionable con el estadio 13 (478-524 ka.) (Roebroeks *et al.*, 1992: 559).

7.2.4. Kärlich H (Koblenz, Alemania).

Nivel de loess en el que se han encontrado unos cincuenta artefactos de cuarzo (que muestran la utilización de una técnica de talla bipolar) y cuarcita. Según Bosinski (1992: 59) ésta es la primera constatación de presencia humana en Europa central en una época fría. La datación de 456 ± 8 ka. (por las series del Argón, $^{40}Ar/^{39}Ar$) para el nivel suprayacente permite asignar esta ocupación al estadio 12 (Bosinski, 1992).

7.2.5. Fontana Ranuccio (Agnani, Italia).

La industria lítica de este yacimiento se ha caracterizado como Achelense arcaico, con bifaces acompañados de industria sobre lasca de formato pequeño y muy pequeño. La fauna asociada, muy fragmentada, indica un entorno variado que

7.2.2. Miesenheim I (Koblenz, Germany).

This site has provided lithic industry (on quartz, quartzite, siliceous slate) and well preserved faunal remains. The deposit was altered by a fault and displaced. The refittings made with quartz cores and flakes indicate knapping *in situ*. Bosinski (1992: 59) thinks that Miesenheim I can be correlated with the palaeo-soil of the highest part of level G of Kärlich, and consequently this occupation, developed in a warm period, could be placed in stage 13 (Bosinski, 1992). Roebroeks *et al.* (1992: 559) situate it between 400-450 Ky (stage 12), basing on biostratigraphic data.

7.2.3. Boxgrove (West Sussex, England).

Within units 3 and 4 many lithic artifacts on flint have been found, frequently in a primary context and sometimes associated with bone remains that have been altered by butchering processes. The most represented type of tool in Boxgrove is the oval handaxe, extremely well configured. The age of Boxgrove deposits is controverted given that application of abroad range of dating technics has not provided a coherent image. From the faunal point of view Boxgrove would be contemporaneous with Miesenheim I. Biostratigraphic evidence suggest an epoch correlatable with stage 13, which an estimated age between 478-524 Ky (Roebroeks *et al.*, 1992: 559).

7.2.4. Kärlich H (Koblenz, Germany).

It is a loessal level in which around 50 artifacts on quartz (made by using a bipolar technique of knapping) and quartzite were found. Following Bosinski (1992: 59) this is the first constatation of human presence in Central Europe during a cold time-span. The dating of 456±8 Ky (by the series of $^{40}Ar/^{39}Ar$) for the overlying level allows to assign this occupation to stage 12 (Bosinski, 1992).

7.2.5. Fontana Ranuccio (Agnani, Italy).

This is an archaic Acheulean with handaxes as well as industry on flake of small and very small formats. The associated fauna, very fractured, indicates a varied environment that would include forests, clearings and extensive areas covered comprendería bosques, claros y extensas áreas cubiertas por lagos y zonas pantanosas (Segre & Ascenzi, 1984). La industria, fabricada sobre sílex y más raramente sobre lava, no muestra empleo de la técnica 'Levallois'. También aparece industria sobre hueso. Toda la industria ha sido hallada *in situ* en el nivel 6, un paleosuelo datado por K/Ar en 458 ± 5,7 ka., en el que también apareció un incisivo humano. (Palma di Cesnola, 1992; Segre & Ascenzi, 1984). Estadio 12.

7.2.6. Arago, Ensemble E (niveles (G-D) Tautavel, Francia).

La industria lítica está fabricada esencialmente con cuarzo (también se utiliza sílex, caliza y cuarcita). Se han recuperado pocos núcleos, la mayoría de talla unipolar y con escasa preparación (no se utiliza el método 'Levallois'). Hay una progresiva especialización en la realización de productos de pequeño formato (1-3 cms.). En un conjunto dominado por las lascas y los fragmentos (que suman el 94 por 100), las piezas retocadas (3 por 100 del total) y los cantos sin tallar son poco numerosos. Los bifaces, muy escasos, están concentrados sobre todo en el nivel E, y los hendedores son prácticamente inexistentes. Entre los cantos tallados dominan los 'choppers', mientras que las raederas, las muescas y los denticulados son los objetos retocados más frecuentes. El cráneo Arago XXI (suelo G) ha sido datado de 455 ± 210 ka. (Yokoyama *et al.,* 1983). Otra datación del suelo G ha ofrecido 450 ka. (Bouchez, 1983; Kalli, 1984; Lumley *et al.,* 1984). Estadio 12.

7.2.7. Terra Amata (Nice, Francia).

El Achelense antiguo de Terra Amata se caracteriza por una industria sobre lascas (en caliza sobre todo) de talla no 'Levallois', un porcentaje elevado de raederas, una fuerte proporción de muescas y denticulados, un porcentaje muy elevado de 'choppers', algunos 'chopping-tools' y raros bifaces y hendedores. Entre las piezas retocadas, las raederas son las más frecuentes, aunque también hay un número considerable de muescas y denticulados. El conjunto estratigráfico C1 (con varios suelos de hábitat) ha sido datado en aproximadamente 380 ka. (estadio 11). (Han, 1985).

7.2.8. Korolevo VI (Ucrania).

Se han recuperado 9.367 artefactos (incluidos fragmentos angulosos de dudoso origen antrópico), de los cuales 136 es-

by lakes and swampy areas (Segre & Ascenzi, 1984). The industry, made on flint and more rarely on lava, does not show the "Levallois" technique. There is also industry on bone. All the industry has been found *in situ* on level 6, a palaeosol dated by K/Ar in 458±5,7 Ky, in which also a human incisor appeared (Palma di Cesnola, 1992; Segre & Ascenzi, 1984). Stage 12.

7.2.6. Arago, Ensemble E (Levels G-D) (Tautavel, France).

Here, the lithic industry is essentially made on quartz (although limestone, flint and quartzite are also used). Few cores have been recovered, most of them with unipolar knapping and little preparation (the "Levallois" technique is not used). There is a progressive specialization in the making of small format products (1-3 cms.). In an assemblage dominated by PB (Positive Bases) and "débris" (summing up to 94 %), the 2GNB (3 %) and the natural Bases do not appear frequently. The handaxes are very scarce and are concentrated mostly in level E, and the cleavers are practically non-existant. Among knapped pebble tools dominate the type chopper, whereas side scrapers (over 50 %), notches and denticulates are the most frequent retouched objects. The Arago skull XXI (floor G) has been dated at 455±210 ky (Yokoyama *et al.,* 1983). A further dating of floor G gave 450 ky (Bouchez, 1983; Kalli, 1984; Lumley *et al.,* 1984) (stage 12).

7.2.7. Terra Amata (Nice, France).

The ancient Acheulean of Terra Amata is characterized by a "not Levallois" flake industry (mostly on limestone), a high percentage of side scrappers, an important proportion of notches and denticulates, a very high percentage of choppers, some chopping-tools and rare handaxes and cleavers. Among the 2GNB the most frequent pieces are the ones with continuous retouching (side scrappers), although there is also a significant number of notches and denticulates. The stratigraphic assemblage C1 (having several habitat floors) has been dated about 380 ky (stage 11) (Han, 1985).

7.2.8. Korolevo VI (Ukraina).

9367 artifacts have been recovered (including angular fragments of doubtful anthropic origin), of which 136 have been tán retocados. Según Gladiline & Sitlivy (1991) casi una tercera parte de los núcleos son 'protoprismáticos' y una quinta parte 'Levallois'. Según los mismos autores se han encontrado 'choppers', 'protobifaces', algunos bifaces y objetos similares a hendedores. También hay raederas, denticulados y sobre todo 'cuchillos'. Existe una datación de 360 ± 50 ka. de la capa litológica 16 suprayacente, y otra de 650 ± 90 ka. para la capa litológica 19 (Gladiline & Sitlivy, 1991). Estadio 11.

7.2.9. Kärlich brockentuff (Koblenz, Alemania).

Se trata de una ocupación al borde de un lago durante una época cálida, con fauna, restos de madera probablemente trabajada e industria lítica en cuarzo y cuarcita. Entre los artefactos de mayor tamaño se han encontrado cantos tallados bifacialmente, bifaces y hendedores. También hay artefactos de pequeño formato con filos que presentan algunos retoques irregulares. La datación del "Kärlicher brockentuff", con 396 ± 20 ka., permite adscribir esta ocupación al estadio 11. (Bosinski, 1992).

7.2.10. Notarchirico (Venosa, Italia).

Con excepción del nivel superior ("Alfa"), del cual proviene un fémur humano atribuido a *Homo erectus,* y de otros dos niveles cercanos a la base de la secuencia (niveles E y E1), la industria de Notarchirico está caracterizada por una débil frecuencia de bifaciales –tallados sobre cantos de cuarcita, sílex, caliza silícea y caliza– y de numerosos instrumentos sobre canto preferentemente en caliza y de lascas e instrumentos sobre lasca, generalmente en sílex. Estos últimos están constituidos por raederas, denticulados y muescas de dimensiones medias y pequeñas. En algunos niveles ("Alfa", E y E1) parece evidente, según Piperno (1992: 152), la relación entre una industria lítica, caracterizada por una alta frecuencia de instrumentos sobre lasca, y restos de fauna con un alto grado de fragmentación. Los intentos de datación han dado resultados sujetos a dudas. La edad media obtenida para el nivel "Alfa" 175 es de 359 +154/–97 ka. (Piperno, 1992). En principio pueden situarse las capas superiores en el estadio 11 ó 10.

retouched. Nearly a third part of the cores are proto-prismatic and a fifth part "Levallois". There are choppers, proto-handaxes, some handaxes and objects similar to cleaver (Gladiline & Stilivy, 1991). There are also side-scrappers, denticulates and principally knives. It is a dating of 360±50 ky from the overlaying lithologic layer 16, and another one of 650±90 ky for the lithologic layer 19 (stage 11) (Gladiline & Sitlivy, 1991).

7.2.9. Kärlich brockentuff (Koblenz, Germany).

This is a settlement bordering a lake during a warm epoch, with faunal remains, probably worked on wooden remains, and lithic industry on quartz and quartzite. Among the bigest artifacts pebbles bifacially knapped, handaxes and cleavers have been found. There are also small format artifacts showing some irregular retouching on their cutting edges. The dating of Kärlich brockentuff, of 396±20 ky allows to ascribe this settlement to stage 11 (Bosinski, 1992).

7.2.10. Notarchirico (Venosa, Italy).

This is an open air site. Except for the upper level ("Alfa"), that supplied a human femur attributed to *Homo erectus,* and of an other two levels close to the base of the sequence (levels E and E1), the industry of Notarchirico is characterized by a weakpresence of handaxes, knapped on quartzite, flint, siliceous limestone and limestone pebbles, and of numerous instruments on pebble, preferably of limestone and of flakes and instruments on flake generally of flint. The last one includes side-scrappers, denticulates and notches of small and medium format. In some levels ("Alfa", E, and E1), the relationship between a lithic industry, characterized by the high occurrence of instruments on flake, and highly fragmentated faunal remains seem evident, according to Piperno (1992: 152). Nevertheless, the datings are doubtful. The medium age obtained for the level "Alfa" is of 359+154/-97 ky (Piperno, 1992). Appearingly, the upper layers can be placed in the stages 11 or 10.

7.2.11. *Orgnac 3* (Ardèche, Francia).

Se han recuperado en torno a 50.000 artefactos, sobre materias primas de origen local con predominio del sílex (94 por 100-99 por 100). Según Moncel (1989), en la mayoría de los niveles se han identificado cuatro cadenas operativas: talla 'no-Levallois', talla 'Levallois', de configuración de bifaces y cadena operativa para la realización de instrumentos sobre canto. La talla 'Levallois' va adquiriendo una preponderancia cada vez mayor, sustituyendo a la 'no Levallois'. Las cadenas de producción de bifaces y de cantos tallados están escasamente representadas (casi desaparecen en las capas 2 y 1). Según Moncel, de base a techo, hay un continuo aumento de las raederas y una tendencia a una estandarización progresiva, más marcada a medida que se generaliza la utilización del método 'Levallois'. Se han obtenido dataciones de una estalagmita situada entre el techo del nivel 6 y la base del 5b: 288 +82/–45 ka. y 374 +165/–94 ka. (Shen, 1985). Para esta misma capa estalagmítica se ha obtenido una datación de 309 ± 34 ka. por ESR (Falguères, 1986). Hay además una datación de 300 ka. para el nivel 2. Según Moncel (1989) la ocupación de Orgnac 3 se desarrolló entre los 350 y los 300 ka. (estadios 10 y 9).

7.2.12. *Korolevo Vb/c* (Ucrania).

En estos complejos crono-culturales se han recuperado muy pocos artefactos. Según Glandiline & Sitlivy (1991) sus características tecno-tipológicas los situarían entre los complejos VI y Va. El complejo cronocultural Vc se sitúa justo por encima de la capa litológica de loess datada por termoluminiscencia en 360 ± 50 ka., mientras que el Vb tiene una datación de 220 ± 35, también por termoluminiscencia. (Gladiline & Sitlivy, 1991). En consecuencia, Korolevo Vc podría corresponder al estadio 10 ó 9 y Korolevo Vb al 7.

7.2.13. *Svolti di Popoli 20* (Italia).

El nivel 20 de Svolti di Popoli ha proporcionado una industria achelense con bifaces y presencia de la técnica Levallois. Este nivel está datado en más de 350 ± 50 ka. (K/Ar). (Palma di Cesnola, 1992) (estadio 10).

7.2.11. *Orgnac 3* (Ardèche, France).

In this site, around 50000 artifacts have been recovered on raw materials of local origins, mostly flint (94 %-99 %). Following Moncel (1989) in most of the levels four Operative Chains have been identified: "not-Levallois" knapping; "Levallois" knapping; of handaxe configurating and the Operative Chain for the making of instruments on pebbles. The "Levallois" knapping acquires incrising importance, substituting the "not-Levallois" technique. Handaxes and pebble tools productive chains are scarcely represented (almost disappearing in levels 2 and 1). From the base to the top there is a continuous increase of side-scrapers and a trend to the progressive standarization, clearer as the use of "Levallois" method becomes more general. Datings have been obtained from a stalagmite placed between the top of level 6 and the base of 5b: 288+82/-45 ky and 374+165/-94 ky ago (Shen, 1985). For this same stalagmitic layer a dating of 309±34 has been obtained by ESR (Falguères, 1986). There is also a dating of 300 ky for level 2. According to Moncel (1989) the occupation of Orgnac 3 developed between 350 and 300 ky ago (stages 10 and 9).

7.2.12. *Korolevo Vb/c* (Ukraina).

A very small number of artifacts have been recovered in this chrono-cultural complexes. According to Gladiline & Sitlivy (1991) their techno-typological traits place them among the complexes VI and Va. The chrono-cultural complex Vc is placed just over the lithologic layer of loess dated by Thermoluminiscence at 3160±50 ky ago, while Vb has a dating of 220±35, also by thermoluminiscence (Gladiline & Sitlivy, 1991). Consequently Korolevo Vc can correspond to stages 10 or 9 and Korolevo Vb to stage 7.

7.2.13. *Svolti di Popoli 20* (Italy).

The level 20 of Svolti di Popoli has supplied acheulean industry with handaxes and presence of "Levallois" technique. This level is dated over 350±50 Ka (K/Ar) (Palma di Cesnola, 1992). Stage 10.

7.2.14. *Castel di Guido* (Roma, Italia).

Industria lítica con bifaces y pequeños instrumentos sobre lasca, encuadrables en un Achelense evolucionado. Esta circunstancia relaciona este yacimiento con Fontana Ranuccio (Palma di Cesnola, 1992). No contamos con dataciones absolutas, pero la edad probable se sitúa en torno a los 350 ka. (Palma di Cesnola, 1992) (estadio 10).

7.3.
Fase III (estadios isotópicos 8-5).

Para las etapas finales del Pleistoceno Medio el número de yacimientos datados y bien contextualizados aumenta de forma notable. Con los niveles superiores de Trinchera Galería, Trinchera Dolina, Cueva de los Zarpazos y Sima del Elefante se pueden palalelizar los siguientes yacimientos encuadrados en la Fase III (estadios 8-5).

7.3.1. *Grote Vaufrey XII-IX* (Dordogne, Francia).

Las materias primas (dominadas por el sílex y con presencia de cuarzo, granito y balastro), son de origen local y de calidad mediocre. Según Geneste (1989: 485), desde el punto de vista tecnológico se distinguen dos cadenas operativas: una con fabricación de útiles sobre bloques y cantos (con bifaces, 'choppers', 'chopping-tools' y hendedores) y otra cuyo objetivo es la producción de lascas. No está documentada la talla 'Levallois'. Dentro de este conjunto, la capa XII –atribuida al Achelense– se diferencia por su contenido tecnológico rudimentario y su composición tipológica diferenciada. En el conjunto de la Grotte Vaufrey, éste es un estadio inicial 'pre-Levallois' con economía simplificada, utilizando preferentemente útiles de formato medio-grande configurados sobre bloques y cantos. Contamos con una datación de 246+0/−70 ka. para la capa X (estadio 8-7) y otra de 209 ± 8 para la capa IX (estadio 7) (Blackwell & Schwarcz, 1989). Las capas XI y XII corresponderían al estadio 8 o incluso al 9 (Geneste, 1989; Rigaud, 1989).

7.3.2. *Swanscombe* (Inglaterra, Reino Unido).

Industria 'clactoniense' que aparece en depósitos de margas. Se han encontrado instrumentos líticos que pueden ser obje-

7.2.14. *Castel di Guido* (Roma, Italy).

This site has lithic industry including handaxes and small implements on flake framable in an evolved Acheulean. This fact links this site with Fonatana Ranuccio (Palma di Cesnola, 1992). We do not have any absolute dating, but the most likely is around 350 ky (Palma di Cesnola, 1992) (stage 10).

7.3.
Phase III (stages 8-5).

The number of dated and well placed into context sites increases notably for the last moments of the Middle Pleistocene. The following sites, framed in Phase III (stages 8-5), can be considered parallel with the upper levels of Trinchera Galería, Trinchera Dolina, Cueva de los Zarpazos and Sima del Elefante.

7.3.1. *Grotte Vaufrey XII-IX* (Dordogne, France).

The raw materials (prevailing flint and also with presence of quartz, granite and basalt) are of local origin and rather poor quality. According to Geneste (1989: 485) from the technologic point of view two operative chains can be distinguished: one of them with making of tools on blocks and pebbles (with handaxes, choppers, chopping-tools and cleavers), and the other one in where objective is the production of Positive Bases. The "Levallois" method does not appear. Within this assemblage, layer XII, attributed to the Acheulean, differs by its rudimentary technological context and by its dissimilar typological composition. In the assemblage of Grotte Vaufrey this is an inicial "pre-Levallois" with simplified economy preferably using implements of medium to big formats, configured on blocks and pebbles. There is a dating of 246+0/-70 ky for layer X (stages 8-7) and another one 209±8 ky for layer IX (stage 7) (Blackwell & Schwarcz, 1989). The layers XI and XII would correspond to the stage 8 or even 9 (Geneste, 1989; Rigaud, 1989).

7.3.2. *Swanscombe* (England).

In this site, clactonian industry within marl deposits appears. Lithic instruments have been found, maybe refitted, which to de remontaje, lo que indica la existencia de áreas de talla (Roebroeks *et al.,* 1992). El horizonte con restos humanos tiene una datación de 326 +99/−54 ka. (Gamble, 1986). Estadio 9.

7.3.3. *Clacton-on-Sea* (Essex, Inglaterra, Reino Unido).

Ocupación durante una fase templada bajo condiciones interglaciares. En Clacton aparece un variado instrumental sobre lascas de sílex. Según Bordes (1983: 70) las conocidas lascas 'clactonienses' son probablemente los primeros productos de la talla de grandes bloques de sílex. Estas lascas de gran formato no serían utilizadas directamente, sino que constituirían materia prima para la elaboración de instrumentos retocados de formato más pequeño. Hay una datación del nivel con artefactos de 245 +35/−25 ka. (Gamble, 1986). Estadio 7.

7.3.4. *Maastricht-Belvédère* (Maastricht, Holanda).

Las excavaciones llevadas a cabo en la cantera de Maastricht-Belvédère han permitido poner al descubierto una serie de niveles con industria en contexto primario, con talla 'Levallois', atribuida a un Paleotítico medio antiguo. El nivel principal, en depósitos fluviales del río Maas, ha proporcionado el conjunto arqueológico más antiguo, datado en 250 ± 22 ka. (Roebroeks *et al.,* 1992) (Ulrix-Closset & Cordy, 1991). Estadio 7 o final del estadio 8.

7.3.5. *Bilzingsleben* (Alemania).

Las asociaciones de artefactos y de estructuras particularizadas demuestran una división del suelo de hábitat en diferentes zonas (Mania, 1991). En total se han recogido unos 250.000 instrumentos, de los cuales un 10-15 por 100 son cantos tallados, un 75-80 por 100, instrumentos de sílex de pequeño formato, un 4-5 por 100, instrumentos de hueso y un 1-2 por 100, percutores. Según Svoboda (1987: 24), la industria de Bilzingsleben puede dividirse entre grandes instrumentos fabricados sobre canto (con raros 'choppers' y 'chopping-tools') y pequeños instrumentos realizados sobre sílex. Los núcleos han sido aprovechados al máximo. Las raederas alcanzan el 33 por 100 de las piezas retocadas, mientras que muescas y denticulados suponen el 43 por 100. Bilzings-

show the existence of knapping areas (Roebroeks *et al.,* 1992). The horizon with human remains has been dated at 326+99/-54 ky (Gamble, 1986) (stage 9).

7.3.3. *Clacton-on-Sea* (Essex, England).

It was inhabited during a temperate phase under inter-glacial conditions. Here, a diverse instrumental on flint flakes appears. Following Bordes (1963: 70) the well know clactonian flakes are probably the first products from the knapping of great flint blocks. These great format flakes would not be the directly used but constitute the raw material for the elaboration of retouched instruments of smaller size. There is a dating of the level with artifacts of 245+35/25 ky (Gamble, 1986) (stages 8 or 7).

7.3.4. *Maastricht-Belvédère* (Maastricht, Holland).

The excavation taken to term in the quarry of Maastricht-Belvédère revealed a series of levels with industry, in primary context, with "Levallois" knapping attributed to an ancient Middle Palaeolithic. The principal level in the fluvial deposits of the Maas river, that has supplied the oldest archaeological assemblage, has been dated to 250±22 ky (Roebroeks *et al.,* 1992; Ulrix-Closset & Cordy, 1991) (stage 7 or last part of stage 8).

7.3.5. *Bilzingsleben* (Germany).

The associations of artifacts and particularized structures prove the division of the habitat floor into different zones (Mania, 1991). Around 25000 artifacts have been recovered, from which 10-15 % are knapped pebbles, 75-80 % flint artifacts of small format, 4-5 % bone artifacts and 1-2 % hammerstones. According to Sbovoda (1987: 24) the industry from Bilzingsleben can be divided into great instruments made on pebbles (with rare choppers and chopping-tools) and small instruments made on flint. The cores have been exploted to the maximum. The side-scrapers reach 33 % of the total 2GNB while notches and denticulates make 43 %. Bilzingsleben supplied an important number of products on bone (Mania, 1990) and faunal remains. Several datings have leben ha proporcionado un número importante de productos en hueso (Mania, 1990) y una notable fauna. Se han ralizado diversas dataciones, los últimos datos arrojan una fecha de 280 ka. (Schwarcz *et al.,* 1988), lo que implicaría su encuadramiento en el estadio 8 (Kozlowski, 1992; Mania, 1990, 1991).

been made, the later ones giving a date of 280 ky (Schwarcz *et al.,* 1988), what would imply its framing in stage 8 (Kozlowski, 1992; Mania, 1990, 1991).

7.3.6. *La Cotte de Saint Brelade* (Jersey, Channel Island, Inglaterra).

La secuencia estratigráfica cuenta con dos tipos principales de sedimentos: uno loéssico y otro dominado por arenas de descomposición del granito. Según Callow (1987: 7), todos los conjuntos líticos de la Cotte tienen un carácter de tipo Paleolítico medio. El porcentaje de sílex decae paulatinamente y es reemplazado por rocas locales de escasa calidad (sobre todo cuarzo, pero también dolerita, cuarcita y arenisca). En los 'layers' inferiores los porcentajes de denticulados y de muescas superan al de raederas, pero progresivamente las raederas aumentan y se convierten en el tipo dominante (especialmente a partir del nivel E). En algunos niveles hay acumulaciones de huesos que son interpretados como el resultado de la explotación antrópica de las oportunidades que proporcionaba un promontorio como trampa natural (Callow, 1987: 8). Se han realizado dataciones de los 'layers' C-D, que arrojaron una edad de 238 ± 35 ka. (Callow, 1988). Estadio 7.

7.3.6. *La Cotte de St. Brelade* (Jersey, Channel Islands, UK).

The stratigraphic sequence has two principal types of sediments: one of them loessic and the other one dominated by sands from the disintegration of granites. According to Callow (1987: 7) all the lithic assemblages of La Cotte have a character of Middle Palaeolithic type. The percentage of flint slowly declines and is substituted by local rocks of poor quality (principally quartz, but also dolerite, quartzite and sandstone). In the lower layers the percentage of denticulates and notches surpass side-scrapers, but progressively the presence of side-scrappers increases and becomes the dominant type (specially from level E). In some levels there are bone accumulations that are interpreted as the result of anthropic exploitation of the opportunities fournished by a promontory acting as natural trap (Callow, 1987: 8). Datings taken to term from layers C-D gave an age of 238±35 ky (Callow, 1988) (stage 7).

7.3.7. *Korolevo Va* (Ucrania).

El complejo cronocultural Va, en un paleosuelo (capa litológica 11), ha proporcionado 5.573 objetos líticos (Gladiline & Sitlivy, 1991). Entre los núcleos hay un 42,5 por 100 catalogados como 'Levallois' y un 40 por 100 como 'protoprismáticos'. Con respecto a capas anteriores se observa una disminución de los 'choppers' y un aumento de bifaces y hendedores. También hay, por este orden, 'cuchillos', raederas, denticulados y muescas. Destaca la presencia de puntas foliáceas. Este complejo cronocultural está por encima de la capa 12 datada en 220 ± 35. En cualquier caso tienen más de 180 ka. según los análisis paleomagnéticos (Gladiline & Sitlivy, 1991). Estadio 7.

7.3.7. *Korolevo Va* (Ukraina).

The chrono-cultural complex Va, in a paleosoil (lithologic layer 11), provided 5573 lithic objects (Gladiline & Sitlivy, 1991). Among the cores 42,5 % are catalogued as "Levallois" and 40 % as proto-prismatic. Regarding to more ancient layers a decrease of choppers can be seen while cleavers and handaxes increased. There is also, by this order, knives, side-scrappers, denticulates and notches. The presence of foliaceous points outstands. This chrono-cultural complex overlies layer 12, dated at 220±35 ky. In any case, according to paleomagnetic analysis, it has more than 180 ky (stage 7).

7.3.8. *Torre in Pietra* (Roma, Italia).

Yacimiento en superficie, en un paleosuelo (estrato *M)* (Palma di Cesnola, 1992) intercalado en una compleja serie fluvio-deltaica, fluvio-litoral y fluvio-lacustre con fauna de grandes paquidermos (elefante, rinoceronte), équidos, bóvidos y megacerinos, que sugiere un ambiente de pradería con clima templado. La industria presenta bifaces acompañados de instrumentos sobre canto, sin presencia de técnica 'Levallois'. La datación de 430 ka. (K/Ar) parece demasiado antigua; la edad más probable podría situarse entre 200-250 ka. (Segre & Ascenzi, 1984). Estadio 7.

7.3.9. *Vértesszõlõs* (Hungría).

En este yacimiento en travertino se seleccionaron cantos muy pequeños –sobre todo de cuarzo, pero también de caliza, jaspe y sílex– para ser tallados. Los núcleos son muy poco frecuentes y raramente están muy elaborados y configurados. Entre las piezas retocadas dominan las raederas (~ 50 por 100), seguidas de muescas y puntas. Los 'micro-choppers' y 'micro-chopping-tools' son característicos de Vértesszõlõs. Excepcionalmente hay algún 'chopper' de mayor tamaño (Kozlowski, 1992; Kretozi & Dobosi, 1990; Svoboda, 1987). También se han encontrado instrumentos de hueso (Dobosi, 1990: 348-353) e indicios de la utilización del fuego. Existen varias series de dataciones no siempre coincidentes: por encima de los 300 ka. y en torno a los 200 ka. Recienemente Schwarcz & Latham (1990) han ofrecido una datación de 185-210 ka., coincidente con la de 211 ± 13 de los mismos autores (Schwarcz & Latham, 1984) y la de 225 ± 35 de Cherdintsev Kazachevski, 1990: 547). Estadio 7.

7.3.10. *Pontnewydd Cave* (North Wales, Reino Unido).

Industria lítica –en posición derivada, entre los sedimentos de colada estratificados en el interior de la cueva– con bifaces, talla 'Levallois' y raederas, como componentes más destacados. Se han encontrado testimonios (cinco objetos líticos quemados) de la utilización del fuego. En cuanto a las materias primas, existe una notable variedad de rocas, la mayoría de origen volcánico (riolita, tobas, ignimbrita...). El porcentaje de núcleos (un 18 por 100 de los cuales son 'Levallois') es notable. En el cómputo total de la industria dominan las lascas 'no-Levallois', seguidas de los cantos tallados.

7.3.8. *Torre in Pietra* (Rome, Italy).

It is an open air site, on a paleosoil (stratum M) (Palma di Cesnola, 1992) inserted in a complex fluvial-deltaic, fluvial-coastal and fluvial-lacustrine series, with fauna comprising great pachyderms (Elephant, Rhinoceros), equidae, bovidae, megacerae... suggesting an environtment of grass land with mild climate. The industry presents handaxes as well as artifacts on pebble, without presence of the "Levallois" technique. The dating of 430 ky (K/Ar) seems to be too ancient; the most likely age could be placed between 200-250 ky (Segre & Ascenzi, 1984) (stage 7).

7.3.9. *Vértesszölös* (Hungary).

In this travertinic site very little pebbles were selected to be knapped, mostly of quartz, but also of limestone, jasper and flint. There is a very small presence of cores that are rarely very elaborated and configured. Among the 2GNB the side-scrapers (-50 %) prevail, followed by notches and points. The micro-choppers and micro-chopping-tools are characteristic of Vértesszölös. Exceptionally there are some larger choppers (Kozlowski, 1992; Kretzoi & Dobosi, 1990; Sbovoda, 1987). Bone artifacts have also been found (Dobosi, 1990: 348-353) as well as signs of the using of fire. There are several dating series that are not always coincident: onés over 300 ky and others around 200 ky. Recently Schwarcz & Latham (1990) offered a dating of 180-210 ky, that coincides with the dating of 211±13 ky by the same authors (Schwarcz & Latham, 1984) and the dating of 225±35 ky by Cherdintsev & Zachevski (1990: 547) (stage 7).

7.3.10. *Pontnewydd Cave* (North Wales, UK).

Here lithic industry in derived position appears among the stratiphied sediments infilling the cave, with handaxes, "Levallois" knapping and side-scrappers as outstanding components. Testimonies of the using of fire (five burnt lithic objects) have been found. Regarding the raw material, there is an important variety of rocks, most of them of volcanic origin (riolite, tuffs, ignimbrite). The percentage of cores, among them an 18 % "Levallois", is notable. In the total account of the industry the "not-Levallois" Positive Bases prevail, followed by knapped pebbles. In this sense the scarcity

520 En este sentido hay que reseñar la escasez de 'choppers', 'chopping-tools' y hendedores frente a la elevada frecuencia de bifaces y picos. Entre las piezas retocadas destacan las raederas y sorprende la escasez de muescas y denticulados. Un núcleo de sílex quemado arrojó una datación de 200 ka. (James, 1989: 8). Según Green (1999: 223) la ocupación de esta cueva debe situarse en torno a los 225 ka. Estadio 7.

7.3.11. *Ehringsdorf* (Weimar, Alemania).

Las excavaciones en los travertinos inferiores han revelado la existencia de seis horizontes arqueológicos *in situ*, asociados a restos humanos. La fauna y la flora indican un medio interglaciar. Las dataciones del travertino inferior, muy debatidas, han ofrecido 205 ± 90 ka. (Schwarcz, 1980: 16) y 225 ± 25/ –26 ka. (Cook *et al.*, 1982). Posiblemente, la edad está entre 200 y 250 ka. (Blackwell & Schwarcz, 1986) (Roebroeks *et al.*, 1992). Los travertinos superiores han ofrecido 146 ± 30 ka. (Schwarcz, 1980) y 111 ± 47 (Blackwell & Schwarcz, 1986). Por consiguiente las ocupaciones más antiguas se enmarcarían en el estadio 7.

7.3.12. *Abri Bourgeois-Delaunay 8-10* (La Chaise-de-Vouthon, Francia).

Presencia significativa de industria sobre cantos de cuarzo y cuarcita. Los cantos no tallados llegan a superar el 20 por 100 del total en algunas capas. Los cantos tallados son escasos. En cuanto a la industria en sílex, los núcleos suelen ser explotados hasta el límite. El empleo de materia prima local de calidad mediocre condiciona la talla y propicia los accidentes. El método más utilizado en el 'Levallois' con núcleos de tres tipos: unipolares, unipolares con series sucesivas de levantamientos multidireccionales y centrípetos. Según Delagnes, desde el punto de vista tipológico se trata de un 'Musteriense típico', rico en raederas. Los denticulados y muescas constituyen el segundo grupo tipológico en importancia. La industria tiene una escasa complejidad técnica (Delagnes 1992: 225). Aparece fauna asociada a la industria lítica. Contamos con dos series de dataciones de las capas 7 y 11; 97 ± 6 ka., 101 ± 12 y 106 ± 10 para la capa 7 y 117 ± 5 ka., 146 ± 16 ka. para la 11 (Delagnes, 1992). En consecuencia las capas 8 a 10 podrían situarse entre los estadios 5d y comienzos del 6.

of choppers, chopping-tools and cleavers must be mentioned as contrasted with the high presence of handaxes and picks. Among the remaining retouched pieces outstand side-scrapers and is surprising the scarcity of notches and denticulates. A burnt flint core gave a dating of 200 ky (James, 1989: 8). According to Green (1988: 223), the occupation of this cave must be placed around 225 ky (stage 7).

7.3.11. *Ehringsdorf* (Weimar, Germany).

The excavation made on the lower travertines revealed the existence of 6 archaeological horizons *in situ* associated to human remains. Fauna as well as flora indicate an interglacial evironment. The datings of this lower travertine, very controversial, offered 205±90 (Schwarcz, 1980: 16) and 225+ 25/-26 (Cook *et al.*, 1982). Possibly the age is between 200 and 250 ky (Blackwell & Schwarcz, 1986; Roebroeks *et al.*, 1992). The upper travertine offered 146±30 ky (Schwarcz, 1980) and 111±47 (Blackwell & Schwarcz, 1986). Accordingly the most ancient occupations would be framed in stage 7.

7.3.12. *Abri Bougeois-Delaunay 8-10* (La Chaise-de-Vouthon, France).

There is a significant representation of tools on quartz and quartzite pebbles. The natural Bases surpass 20 % of the whole in some layers. Pebble tools are rare. As for flint industry, Cores are usually exploited to the limit. The poor quality of the local raw materials employed conditions the knapping and propitiates accidents. The most used method is the "Levallois" with cores of three types: unipolar type, unipolar type with sequential series of multidirectional extractions and centripetal type. From the typological point of view this is a "typical Mousterian" rich in side-scrapers. Denticulates and notches constitutes the second important typological group. The technical complexity of this industry is scarce (Delagne, 1992: 225). There is fauna associated to the lithic industry. We count on two series of datings from levels 7 and 11: 97± 6 ky, 101±12 and 106±10 ky for layer 7 and 117±5, 146± 15 and 146±16 ky for layer 11 (Delagnes, 1992). Therefore layers 8 to 10 can be placed among stage 5d and the beginnings of stage 6.

7.3.13. *Abri Suard 50-53* (La Chaise-de-Vouthon, Francia).

En estos niveles hay destacados porcentajes de industria sobre canto (cuarzo y cuarcita), que rondan el 40 por 100. Estos materiales están poco elaborados, a pesar de que entre ellos hay algún bifaz y algún hendedor. El porcentaje de cantos no tallados sobre el total de artefactos oscila entre el 14 y el 24,8 por 100. En cuanto a la industria en sílex, el objetivo parece ser obtener un elevado número de productos diversificados con la máxima economía de gestos. Ello implica una escasa complejidad técnica pero una alta complejidad conceptual subyacente (Delagnes, 1992). El método más utilizado para conseguir este objetivo es el 'Levallois' recurrente unipolar, con eventuales derivaciones hacia el 'Levallois' ortogonal y el 'Levallois' unipolar. Según Delagnes, tipológicamente Abri Suard es un 'Musteriense típico' rico en raederas. Siguen en importancia los denticulados y las muescas. Para Delagnes (1992: 174) la producción y utilización de los instrumentos líticos, con fauna asociada, se efectúan en el propio abrigo. Existe una datación de 101 ± 7 ka. de la capa estalagmítica que se sitúa por encima del nivel 50; otra, de la capa 51 con 126 ± 15 ka. y la de la capa 53' con 185 ± 30 ka. (Delagnes, 1992). En consecuencia, las capas 50 y 51 probablemente se encuadran en el estadio 5e, mientras que la 52 y 53 corresponderían al estadio 6.

7.3.13. *Abri Suard 50-53* (La Chaise-de-Vouthon, France).

There is a high percentage of indstry on pebbles (quartz and quartzite) on those levels, nearly 40 %. Those materials are scarcely elaborated, in spite of the presence among them of some handaxe and cleaver. The percentage of natural Bases over the whole of artifacts oscillates between 14 and 24,8 %. As for the flint industry, the aim seems to be to obtain a high number of diversified products with the maximum saving of gestures. This implies a small technical complexity but a high underlying complexity (Delagnes, 1992). In order to attain this objective, the most employed method is the recurrent unipolar "Levallois", with occasional derivations to orthogonal and bipolar "Levallois". Typologically, Abri Suard is a "Typical Mousterian" rich in side-scrapers and followed by denticulates and notches. According to Delagnes (1992: 174) the production and utilization of lithic instruments, with associated fauna, is effected within the rock-shelter itself. There is a dating of 101±7 ky of the stalagmitic layer placed over the level 50; another one for the layer 51 with 126±15 ky and the dating of layer 53 with 185±30 ky (Delagnes, 1992). Consequently, the layers 50 and 51 are probably framed in the stage 5e, while the stage 52 and 53 would correspond to stage 6.

7.3.14. *Korolevo V* (Ucrania).

Situado en el horizonte superior del V° suelo fósil de la serie de Korolevo (capa 10), este nivel ha proporcionado 20.686 objetos. Entre los núcleos dominan los protoprismáticos y los núcleos 'Levallois'. Los instrumentos de gran formato más frecuentes son 'choppers', bifaces y hendedores. Raederas y cuchillos suponen un 34,3 por 100, mientras que los denticulados suman un 12,2 por 100 y las muescas un 5,3 por 100. Los complejos Va y V son transitorios entre el Achelense y el Musteriense. El complejo V se encuentra justo por debajo de una capa de loess (la 9) datada en 150 ± 20. Por debajo la capa 13 está datada en 220 ± 35 ka. (Gladiline & Sitlivy, 1991). Estadio 6.

7.3.14. *Korolevo V* (Ukraina).

Placed in the upper horizon of the V fossil floor of the Korolevo series (Layer 10), this level supplied 20686 objects. Among the cores the protoprismatic and the "Levallois" cores prevail. The most frequent great format tools are choppers, handaxes and cleavers. Side-scrapers and knives comprise a 34,3 %, while the denticulates account for a 12,2 % and the notches for a 5,3 %. The complexes Va and V are transitional between the Acheulean and the Mousterian. The complex V is justly under a loessic layer (Layer 9) dated at 150±20 ky. In its lowest part, layer 13 has been dated at 220±35 ky ago (Gladiline & Sitlivy, 1991) (stage 6).

7.3.15. *Grotta del Principe Br1* (Italia).

Industria de pequeños bifaces, acompañados por instrumentos sobre lasca, en los que raramente se aprecia técnica 'Leva-

7.3.15. *Grotta del Principe Br 1* (Italy).

In this site an industry of small handaxes appears as well as instruments on flakes; the "Levallois" technique is rarely dellois'. Entre los objetos retocados son características las raederas carenadas (Palma di Cesnola, 1992). La antigüedad de este nivel sería algo menor de 210 ka., datación obtenida para el estrato infrayacente (Br2). Estadio 6.

tectable. Among the Second Generation Negative Bases (2GNB) the thick side-scrapers are characteristic (Palma di Cesnola, 1992). The antiquity fo this level would be somewhat lesser than 210 ky, dating obtained for the underlying stratum (Br2) (stage 6).

7.3.16. *Grotte Vaufrey VIII-VII* (Dordogne, Francia).

En estas capas hay una notable variedad de rocas, aunque el sílex es claramente predominante. Todas las fases de la cadena operativa están atestiguadas en el Centro de Intervención. Hay, además, remontajes que permiten a Geneste (1989) hablar de diferentes zonas de talla en la capa VIII. Se utiliza fundamentalmente el método 'Levallois' unipolar recurrente, con dominio de raederas, denticulados y muescas (Rigaud, 1989). Según Geneste (1989) los vestigios de las capas VIII y VII son el testimonio de ocupaciones fugaces en el tiempo y en el espacio, dejadas por pequeños grupos humanos. Se trata del comienzo de una fase 'Levallois', con economía compleja y diversificada. Estos niveles son los primeros de la Grotte Vaufrey en revelar industrias tipológicamente catalogadas como 'Musteriense típico'. Las dataciones de estas capas ofrecen los siguientes resultados: 142 ± 130/−68 ka. para la capa VIII (estadio 6) y 145 ± 40 ka. para la capa VII conseguidas por las series del U (estadio 6). Existe otra datación, no coherente con las anteriores, de 270 ± 30 ka. para la capa VIII por termoluminiscencia (Huxtable & Aitken, 1989).

7.3.16. *Grotte Vaufrey VIII-VII* (Dordogne, France).

There is an important variety of rocks in those layers, although flint is clearly dominant. All the phases of the operative chain are verified in the Intervention Centre; there are also refittings that enable Geneste (1989) to speak of different knapping zones in layer VIII. Basically, the "Levallois" recurrent unipolar method is used, prevailing side-scrapers and in second place denticulates and notches (Rigaud, 1989). According to Geneste (1989) the remains of layers VIII and VII are the testimony of brief occupations of small human groups. This is the beginning of a "Levallois" phase with a complex and diversified economy. Those levels were the first ones of the Grotte Vaufrey in revealing industry typologically structured as "Typical Mousterian". The datings effected on those layers yielded the following results: 142+ 130/−68 ky for layer VIII (stage 6), and 145±40 ky for layer VII (stage 6). A further dating exists, made by thermoluminiscence and not coherent with the above ones, offering a chronology of 270±30 ky for layer VIII (Huxtable & Aitken, 1989).

7.3.17. *Baune Bonne ('Ensembles' I-VII)* (Quinson, Basses Alpes, France).

En los conjuntos ('Ensembles') I-VII de este yacimiento (con cerca de 40.000 objetos) se constata, sobre todo, una talla unifacial con levantamientos ortogonales o unipolares. Por otro lado, hay un intento constante de economizar la materia prima (sílex y caliza). Según Hong esta industria posee, por una parte, ciertos caracteres "arcaicos" ligados a una talla que produce soportes espesos, no 'Levallois' y no laminares, con raros bifaces y con ciertos útiles, tales como las puntas de Tayac, de Quinson y los 'proto-limaces'. Por otra parte, aparecen ciertas características más evolucionadas, correspondientes, siempre según Hong (1993), a una fuerte proporción de raederas y a una relativa importancia de los útiles convergentes, retocados de manera homogénea. Estos dos grupos de caracteres coexisten a lo largo de toda la secuencia,

7.3.17. *Baume Bonne ("Ensembles" I-VII)* (Quinson, Basses Alpes, France).

In the sets (Ensembles) I-VII fo this site (with about 40000 objects) it is especially verified an unifacial knapping with orthogonal or unipolar removals. On the other hand, there is a constant attempt of economizing the raw material (flint and limestone). According to Hong this industry has in a certain measure "archaic" characters linked to a knapping that produces thick supports, which furnish "not-Levallois" flakes neither blades, with rare handaxes and with certain instruments such as the points of Tayac, points of Quinson and the proto-limaces. On the other hand, certain more evolved characters appear, corresponding, always according to Hong (1993), to a strong proportion of scrapers and to a relative importance of the homogeneously retouched convergent artifacts. These two groups of characters coexist throughout all aunque la importancia del segundo grupo aumenta de manera progresiva. Hong (1993: 293) llega a la conclusión de que, por un lado, se trata de una industria con elementos achelenses (por sus caracteres "arcaicos") y, por otro lado, con caracteres próximos al 'Musteriense Charentiense de tipo Quina'. Las edades obtenidas por las series del uranio para los conjuntos IV y III oscilan los 150 y los 250 ka., mientras que el conjunto V se encuadraría en el estadio 5e (Hong, 1993).

7.3.18. Biache-Saint-Vaast (Pas-de-Calais, Francia).

En depósitos fluviales de la terraza inferior del río Scarpe apareció una rica industria de Paleolítico medio y una amplia fauna (bóvidos, rinoceróntidos y úrsidos suponen el 90 por 100 de la fauna identificada), además de restos humanos. Desde un punto de vista tipológico, la industria lítica ha sido catalogada como 'Musteriense Charentiense de tipo Ferrassie'. Tecnológicamente, predomina la técnica 'Levallois' recurrente unipolar. Los análisis de restos faunísticos y de polen indican que la ocupación humana se produjo justo después de un período interglaciar, durante una fase fresco-templada o boreal-continental. Hay una datación para el nivel IIA de 175 ± 13 ka. (Huxtable & Aitken, 1988) (Tuffreau & Sommé, 1988). Estadio 6.

7.3.19. Grotte Vaufrey VI-IV (Dorgogne, Francia).

Tecnológicamente, las capas VI a IV no se diferencian mucho de la VIII y la VII, con predominio de la talla 'Levallois' unipolar recurrente. Para la capa VI se supone la introducción suplementaria de productos 'Levallois' tallados fuera del Centro de Intervención, en materias primas no locales. Según Rigaud (1989) seguimos tipológicamente ante un 'Musteriense típico' rico en raederas. Para Geneste (1989: 478), se trata de ocupaciones de muy corta duración, de pequeños grupos que no tuvieron tiempo de organizar y desarrollar sus actividades en el yacimiento. En la capa IV hay testimonios de intensas actividades de combustión. Para esta capa se propone una ocupación bastante intensa, constituida por pasos sucesivos de una corta duración, que permitirían la acumulación de un número notable de vestigios sobre una potencia estratigráfica escasa. Existen dos dataciones de 123 ± 20 y 120 ± 10 ka. para la capa IV (estadio 5e) (Huxtable & Aitken, 1989).

the sequence, though the importance of the second group progressively increases. Hong (1993: 293) reaches the conclusion that on the one hand it is considered and industry with Acheulean elements (for its "archaic" characters) and on the other hand with characters close to the "Mousterian Charentian of Quina type". The datings obtained by the uranium series for sets IV and III oscillate among 150 and 250 ky, while joint V would be straddled in the stage 5e (Hong, 1993).

7.3.18. Biache-Saint-Vaast (Pas-de-Calais, France).

Within fluvial deposits of the lower terrace of the Scarpe river a rich Middle Paleolithic industry and wide faunal representation as well as human remains appeared. From a typological point of view, this industry has been catalogued as "Charentian Mousterian of Ferrassie type". Technologically the "Levalois" unipolar recurrent technique prevails. Bovidae, Rhinocerotidae and Ursidae account for 90 % of the identified fauna. The analysis of faunal and pollen remains indicates that the human occupation took place justly after an interglacial period, during a cool-temperate or boreal-continental phase. There is a dating for level IIA to 175±13 ky (Huxtable & Aitken, 1988; Tuffreau & Somme, 1988) (stage 6).

7.3.19. Grotte Vaufrey VI-IV (Dordogne, France).

Technologically, the layers VI to IV are not very different from layers VIII and VII, prevailing the "Levallois" recurrent unipolar knapping. In layer VI the supplementary introduction of "Levallois" products knapped outside the Intervention Centre is supposed, on non local raw materials. Typologically, we are still before a "typical Mousterian" rich in side-scrapers. According to Geneste (1989: 478) these are occupations of very short duration, small groups that have no time to organize and develope their activities at the site. In layer IV there are testimonies of intense combustion activities. For this layer, a quite intense occupation phase constituted by a succession of short duration occupations, that would allow the accumulation of an important number of remains in a layer of scarce thickness. There are two datings at 123±20 ky and 120±10 ky for layer IV (stage 5e) (Huxtable & Aitken, 1989).

7.3.20. Grotte Vaufrey III-I (Dordogne, Francia).

En las capas III a I hay una tendencia al abandono de la economía diversificada de las fuentes de aprovisionamiento y de la talla 'Levallois', en provecho de una talla de lascas menos estandarizadas sobre materias primas locales. Contamos con dataciones de 91 ± 51 ka. para la capa III (estadio 5b o 5c) y de 74 ± 18 ka. para la capa II (estadio 5a) (Blackwell & Schwarcz, 1989).

7.3.21. Lazaret Ensemble III (Nice, Francia).

Entre las materias primas domina la caliza (Darlas, 1986). Los cantos no tallados suponen un porcentaje escaso sobre el total de la industria, caracterizada por una talla 'Levallois'. Dominan las raederas por encima de las muescas, las puntas y los denticulados. Los caracteres tipológicos de los pequeños utensilios de Lazaret (Darlas, 1986: 165; Han, 1985: 188) son similares a los de la industria del 'Musteriense típico' rico en raederas. Los 'choppers' y los 'chopping-tools' son más frecuentes que los bifaces. Entre los núcleos, poco frecuentes, dominan los centrípetos unifaciales, seguidos por los de levantamientos unidireccionales, los de levantamientos bidireccionales y los núcleos centrípetos bifaciales. Las lascas constituyen casi la totalidad de la industria lítica de Lazaret, con un 96,6 por 100 (Darlas, 1986). Según Darlas (1986: 190) la industria del Conjunto III de Lazaret, aunque conserva caracteres achelenses, está más próxima al Musteriense, en función de la estandarización de los productos de talla. La datación para el 'Ensemble E' es, según Falguères *et al.* (1992), de 130 a 70 ka. Existe otra datación que confirma estos datos: 114 a 64 ka. (Shen, 1985). Estadio 5.

8
Conclusiones.

Recogemos en este apartado los resultados principales de la investigación llevada a cabo sobre la litotecnología de los Centros de Intervención de la Sierra de Atapuerca. En última instancia expondremos los puntos de referencia del Pleistoceno ibérico y europeo. En ellos incluimos el conjunto litotécnico aquí analizado utilizándolo para describir un contexto amplio de los conjuntos litotécnicos.

7.3.20. Grotte Vaufrey III-I (Dordogne, France).

Within layers III to I there is a tendence to leave the diversified economy of the raising sources and "Levallois" knapping in favour of a knapping of less standardised flakes on local raw materials. We count on datings to 91±51 ky for layer III (stage 5b or 5c), and to 74±18 ky for layer II (stage 5a) (Blackwell & Schwarcz, 1989).

7.3.21. Lazaret Ensemble III (Nice, France).

Among the raw materials the limestone prevails (Darlas, 1986). Unknapped pebbles suppose a small percentage over the total of the industry, characterized by the "Levallois" technique. The side-scrapers stand out among, over notches, points and denticulates. The typological traits of the tools from Lazaret are similar to those of the "typical Mousterian" industry, rich in side-scrapers (Darlas, 1986: 165; Han, 1985: 188). Choppers and chopping-tools appear more frequently than handaxes. Among the cores, poorly represented, the centripetal unifacial prevail, followed by those with unidirectional extractions, those with bidirectional extractions and the bifacial centripetal cores. The flakes account for nearly the totality of Lazaret's lithic industry, that is a 96,6 % (Darlas, 1986). According to Darlas (1986: 190) the industry of the assemblage III of Lazaret, although keeping some Acheulean traits, it is closer to the Mousterian, in terms of the standardisation of the knapping products. The dating for the "Ensemble E" is, according to Falguères *et al.* (1992) 130-70 ky. There is further dating that confirmes these data: 114-64 (Shen, 1985) (stage 5).

8
Conclusions.

We compile in this paragraph the main results of the investigation carried out on the litho-technology of the Sierra de Atapuerca Intervention Centres. Thereafter we expose the reference points of the European and Iberian Pleistocene, including the Sierra de Atapuerca litho-technical set.

In this archaeo-paleontological set it has verified hominid presence with intermittent but continuous litho-techni-

En este conjunto arqueopaleontológico se ha constatado presencia homínida con registro litotécnico, intermitente pero continuo, desde el estadio isotópico 19 al 5 (^{16}O-^{18}O). Esta ocupación homínida del karst es diferencial tanto a nivel sincrónico como diacrónico. En los diferentes niveles se pueden contrastar distintas estrategias ocupacionales, por la presencia y ausencia de categorías estructurales.

Trinchera Dolina (TD10) presenta una amplia productividad y multiplicidad de elementos y categorías líticas, asociadas a una intensa fracturación de fauna y presencia de señales de descarnamiento en los huesos. Por todo ello se plantea que hubiera funcionado como un campamento de alta intensidad.

En Trinchera Dolina (TD11) y Trinchera Galería (TG10) el registro está caracterizado por cadenas operativas fragmentadas y poca antropización sobre el registro óseo. Consecuentemente, se propone un funcionamiento como centro de intervención de intensidad media. Estas características se observan también, aunque de una forma más acentuada, en Trinchera Galería (TG11). Por ello, planteamos que este último registro responde a un patrón de intervención secundaria y de baja intensidad.

Los Sistemas Operativos Técnicos se reactivan en primer término por la relación con el entorno a través de la captación de materias primas. Todas las rocas usadas proceden de un área máxima de 3 km. de radio. Por otra parte, a nivel diacrónico se mantienen unas pautas de comportamiento en relación a la selección de materias primas. En las Cronofases II y III se selecciona el mismo conjunto de rocas y la forma en que son aportadas a los centros de intervención es similar.

Dicho comportamiento se plasma en una explotación diferencial de las materias primas en el proceso de producción. En primer lugar, se contrasta una amplia utilización del sílex neógeno, siendo el material dominante para todo tipo de asociaciones morfotécnicas. Los materiales fluviales también son utilizados ampliamente, en especial la cuarcita. En cambio, el sílex de origen cretácito se destina casi exclusivamente a la configuración de BN2G de formato reducido.

Por lo que respecta a la forma en la que son aportadas las materias primas a los centros de intervención, se marca una serie de características esenciales. Buena parte del material fluvial llega en forma de cantos sin transformar (Bn), para aprovechamiento directo en tareas específicas. El sílex neógeno es aportado siempre en una fase de transformación avanzada o muy avanzada. Finalmente, es muy baja la frecuencia de BN1G de sílex cretácico comparada con la presencia importante de BP y BN2G del mismo material. Esto

cal record from isotopic stages 19 to 5 (^{16}O-^{18}O). This hominid occupation of the karst is differential at synchronical and at diachronical level. In every level different occupational strategies can be contrasted according to the presence or the absence of structural categories.

Trinchera Dolina (level TD10) presents a broad productivity and multiplicity of elements and lithic categories, associated with an intensive bone breakage and presence of cutmarks in the faunal remains. Because of that we suggest that, at this level, the site might have operated as a high-intensity campsite.

In Trinchera Dolina (level TD11) and Trinchera Galería (level TG10) the record is characterized by fragmentary Operative Chains and a low anthropization in the bone record. Consequently, their use are proposed as medium intensity Intervention Centres. These characteristics are observed also, though in a more stressed way in Trinchera Galería (level TG11). Because of this, we outline that this last record alludes to a secondary intervention pattern, of a low intensity.

The Technical Operative Systems are reactivated firstly by the relationship with the environment through the raising of raw materials. All the used rock proceeds from a maximum radius of 3 km. On the other hand, at diachronical level some behaviour patterns are maintained in relation to the selection of raw materials. In the Chrono-phases II and III the same set of rocks is selected, and the form in which they are provided to the Intervention Centres is similar.

This behaviour is verified by a differential exploitation of the raw materials in the production process. In the first place a strong utilization of the neogene flint is contrasted, being the dominant material for all sort of morpho-technical associations. The fluvial materials are also widely used, especially quartzite. On the other hand, the cretaceous flint is destined almost exclusively to the configuration of 2GNB of reduced format.

Concerning the way the raw materials are provided to the Intervention Centres a series of essential characteristics is marked. A significant part of the fluvial material arrives in the form of pebbles without being transformed (nB) for direct utilization into specific tasks. The neogene flint is always provided in an advanced transformation phase. Finally, the cretaceous flint 1GNB frequency is very low when compared with the important presence of PB and 2GNB of the same material. This indicates that the 1GNB are provided and, after the extraction of the necessary products they are again moved to the exterior.

 indica que son aportadas las BN1G y, posteriormente a la extracción de los productos necesarios, son nuevamente trasladadas al exterior.

Otra característica importante de los Sistemas Operativos Técnicos de Atapuerca es la fragmentación de la cadena operativa. Excepto en algún nivel, como TD10, todo el proceso de inicialización y configuración de objetos se realiza fuera del Centro de Intervención.

Si bien la existencia de objetos configurados de gran formato está contrastada, su presencia relativa es muy baja respecto a los de pequeño y mediano formato. Por el momento, ni en la Fase I ni en la Fase II han sido descritos objetos preconfigurados de gran tamaño. Sólo en la Fase III este tipo de instrumentos son significativos.

Los modelos de explotación varían significativamente de la Fase I a la III. En la primera domina la explotación unifacial, mientras que en la III la bifacial centrípeta es la que jerarquiza el registro. Los productos de estas explotaciones, sin embargo, no varían especialmente: en toda la diacronía presentan morfologías rectangulares y subrectangulares en las que dominan los diedros, de baja capacidad morfodinámica.

Estas capacidades son modificadas por la configuración posterior a la producción. En los objetos de uso transformados en esta dirección jerarquiza la asociación de triedro y diedros con regularización diversa. Así, este conjunto litotécnico presenta desde objetos de uso regularizados, de capacidad alta, hasta objetos en absoluto modificados y cuya capacidad es comparativamente mucho menor. Toda esta información está referida especialmente a la Cronofase III.

La variabilidad tan amplia en la explotación y la configuración que acabamos de describir acercan los conjuntos de la Cronofase III de la Sierra de Atapuerca a los registros europeos de la parte superior del Pleistoceno Medio.

Este trabajo ha querido profundizar la referencia a los yacimientos disponibles en Europa, para encuadrar los de la Sierra de Atapuerca. De esta forma se intenta reconstruir el conocimiento de la tecnología y ecología homínidas de este momento.

Sin embargo, la escasez de yacimientos con amplias series estratigráficas que incluyan niveles arqueológicos con fauna e industria y abarquen una parte importante del Pleistoceno Medio, dificulta el conocimiento de este período en el continente europeo.

De todas formas, un somero repaso a los diferentes yacimientos europeos referenciados en este trabajo permite resaltar de manera especial Kärlich, Korolevo y Gran Dolina. La importancia de estos enclaves se debe a que cuentan con

Another key feature of the Technical Operative Systems of Atapuerca is the fragmentation of the Operative Chain. Except for some level, as TD10, all the process of initialization and configuration of objects is accomplished out of the Intervention Center.

Even though the existence of great format configured objects is contrasted, their relative presence is very low in respect of those of small and medium format. For the moment, neither in the Phase I nor in the Phase II great size preconfigured objects have not been described. This sort of instruments are only meaningful in Phase III.

The exploitation models vary significantly from Phase I to Phase III. In the first the unifacial exploitation masters, while in the III the centripetal bifacial is hierarchic within the record. The products of these exploitations, however, do not vary especially: in all the diachrony they have rectangular and subrectangular morphologies, in which master the dihedral, with low morpho-dynamic capability.

These capacities are modified by the configuration subsequent to the production. In the objects of use transformed in this way the trihedron and dihedral association with diverse regularization is the hierarchical one. Thus, this litho-technical set presents very regular objects of use, with a high capacity, as well as non modified objects in which the capacity is comparatively much smaller. All this information is referred especially to the Chrono-phase III.

The great variability of the exploitation and on the configuration described above approach the sets from the Chrono-phase III of the Sierra de Atapuerca to the European records of the upper part of the Middle Pleistocene.

This work has attempted to deepen the reference to the available European sites to put those of the Sierra de Atapuerca in context. In this way we have intended to reconstruct the knowledge of the hominid technology and ecology of this moment.

However, the scarcity of sites with wide stratigraphic series including archaeological levels with fauna and lithic industry and encompassing an important part of the Middle Pleistocene, hinders the knowledge of this period in the European continent.

At any rate, a shallow revision of the different European sites referenced in this work permits to enphasize especially Kärlich, Korolevo and Gran Dolina. The importance of these enclaves is due to the fact that they comprise various archaeological levels, well dated and with a good context, corresponding to different moments of the Middle Pleistocene (and even to the final Lower Pleistocene in the case of Kärdiversos niveles arqueológicos, bien datados y contextualizados, que corresponden a diferentes momentos del Pleistoceno Medio (e incluso, en el caso de Kärlich y Korolevo, al Pleistoceno Inferior final). En el caso de Gran Dolina su potencial informativo es particularmente importante, dada la buena contextualización estratigráfica de sus niveles arqueológicos, cuya excavación sistemática se encuentra todavía en un momento inicial.

Para los momentos finales del Pleistoceno Medio (fase III) existe en Europa un buen número de yacimientos con registro contextualizado y bien datado. No obstante, con frecuencia la información disponible es escasa y no va más allá de adscripciones 'culturales' apoyadas en criterios tipológicos. En cualquier caso, se han realizado estudios monográficos sistemáticos de yacimientos con estratigrafías ricas en materiales arqueológicos encuadrables en esta fase. Tal es el caso del yacimiento de la Grotte Vaufrey.

Otros yacimientos cuentan con una amplitud cronológica mucho menor, pero su elevado caudal de información, debidamente estudiado en trabajos monográficos interdisciplinares, ha permitido alcanzar una imagen bastante ajustada de momentos específicos del Pleistoceno Medio final. Éste podría ser el caso, por ejemplo, de sitios como La Cotte de Saint Brelade, Bilzingsleben, Vértesszõllõs, Pontnewydd Cave y Biache Saint Vaast. En la Sierra de Atapuerca el nivel TG11 de Galería nos ha proporcionado una sustancial información sobre la manera en que los homínidos aprovechan, mediante una sistemática de merodeo, su entorno natural.

Como consecuencia, nuestro conocimiento del Pleistoceno Medio europeo todavía no ha dejado de ser fragmentario. De ahí el interés de series como las de Gran Dolina, que pueden contribuir de forma decisiva a ampliar el volumen de información sobre los momentos iniciales del poblamiento de Europa.

9

Agradecimientos.

La Junta de Castilla y León (Consejería de Cultura y Turismo) subvenciona las excavaciones arqueo-paleontológicas en la Sierra de Atapuerca, y el Ministerio de Educación y Ciencia (DGICTY), el proyecto de investigación sobre el poblamiento de la Sierra de Atapuerca (proyecto n.° PB90-0126-C03-03).

lich and Korolevo). In the case of Gran Dolina its informative potential is particularly important given the good stratigraphic frame of its archaeological levels, whose systematical excavation is still in an initial moment.

For the final moments of the Middle Pleistocene (Phase III) there is a wide number of sites well dated and with an extensive record in Europe. Nevertheless, frequently the available information is scarce and it only makes "cultural" ascriptions supported on typological criteria. In any case monographic and systematic studies of sites with stratigraphies rich in archaeologic materials belonging to this phase have been accomplished. Such is the case of the site of Grotte Vaufrey.

Other sites count on a much smaller chronological extent, but their abundance of information, properly studied in interdisciplinary projects, has permitted to reach a quite tight image of specific moments of the final Middle Pleistocene. This could be the case, for example, of sites as La Cotte de St. Brelade, Bilzingsleben, Vértesszölös, Pontnewydd cave and Biache-Saint-Vaast. In the Sierra de Atapuerca level TG11 of Galería has provided substantial information on the way in which the hominids exploited by a systematical marauding, their natural environment.

As a consequence, our knowledge of the European Middle Pleistocene is still fragmentary. The interest of series as those of Gran Dolina is based on the fact that they can contribute in a decisive way to widen the volume of information on the initial moments of the settlement of Europe.

9

Acknowledgements.

To the Junta de Castilla y León (Consejería de Cultura y Turismo) that subsidizes the archaeo-paleontological excavations in the Sierra de Atapuerca. To the Ministerio de Educación y Ciencia (DGICYT) that subsidizes the research project on the Middle Pleistocene of the Sierra de Atapuerca (project n. PB90-0126-C03-03). To the village of Ibeas de

Agradecemos la colaboración prestada por el Ayuntamiento de Ibeas de Juarros y por las siguientes personas: X. Alcover, R. Fontarnau (Serveis Científico-Tècnics de la Universitat de Barcelona); A. Laborde (Instituto de Conservación y Restauración de Bienes Culturales de Madrid); J. Enamorado y M. A. Bustillo (Museo Nacional de Ciencias Naturales-C.S.I.C., Madrid); y a J. Solans (Departament de Cristalografia, Mineralogia i Dipòsits Minerals de la Facultat de Geologia de la Universitat de Barcelona). Por último agradecemos el apoyo prestado por todos los compañeros del Laboratori d'Arqueologia de la Universitat Rovira i Virgili de Tarragona (L.A.U.T.), particularmente por Ana Pinto.

Juarros for its collaboration. To X. Alcover and R. Fontarnau (Serveis Científico-Tècnics of the Universitat de Barcelona). To A. Laborde from the Insituto de Conservación y Restauración de Bienes Culturales (Madrid). To J. Enamorado and M. A. Bustillo from the Museo Nacional de Ciencias Naturales (CSIC, Madrid). To J. Solans from the Departament de Cristalografia, Mineralogia i Dipòsits Minerals de la Facultat de Geologia (Universitat de Barcelona). To all the colleagues of the Laboratori d'Arqueologia of the Universitat Rovira i Virgili (Tarragona), particularly to Carolina Mallol.

NOTAS

[1] Este artículo fue mayoritariamente redactado durante el año 1992, añadiéndose posteriormente los resultados obtenidos en algunos estudios presentados o publicados en los primeros meses de 1993. Resultados cronoestratigráficos obtenidos durante 1995 han alterado sensiblemente la cronología de las fases I y II citadas en el texto.

[2] Becaria del Programa de Formación de Investigadores de la Comunidad de Madrid. Museo Nacional de Ciencias Naturales.

[3] Becario del Programa de Formación de Personal Investigador del Ministerio de Educación y Ciencia.

[4] Becario del Programa de Formació d'Investigadors de la Generalitat de Catalunya.

[5] Estas dataciones, meramente orientativas, podrían ser más antiguas si aceptamos las nuevas fechas propuestas por Valet & Meynadier (1993) y Baksi *et al.* (1992) para el cambio de polaridad magnética Matuyama-Brunhes, que alcanzan los 780 ka.

NOTES

[1] This paper was mainly written in 1992. The findings resulting in the beginning of 1993 from several studies were later added to the article. The results of the chronostratigraphic studies carried out in the TD site during 1995 has significantly modified the chronology of phases I and II mentioned in the text.

[2] Fellow of the Programa de Formación de Personal Investigador de la Comunidad de Madrid. Museo Nacional de Ciencias Naturales.

[3] Fellow of the Programa de Formación de Personal Investigador del Ministerio de Educación y Ciencia.

[4] Fellow of the Programa de Formació d'Investigadors de la Generalitat de Catalunya.

[5] These dating, which are simply indicative, would be more ancient if we accept the dates proposed for the Matuyama-Brunhes magnetic reversal by Valet & Meynadier (1993) and Baksi, *et al.* 1992; the new date suggested is 780 Ky.

AGUIRRE, E. (1989): Els primers pobladors de l'Espanya peninsular. *Cota Zero 5,* 47-57.

AGUIRRE, E. (1991): Les premiers peuplements humains de la Péninsule ibérique. In (E. Bonifay & B. Vandermeersch, Dir.) *Les premiers européens. Actes du 114ᵉ Congrès National des Societés Savantes.* Paris, 3-9 avril 1989, pp. 143-150. Paris: Editions du Comité des Travaux Historiques et Scientifiques.

AGUIRRE, E., ARSUAGA, J. L., BERMÚDEZ DE CASTRO, J. M., CARBONELL, E., CEBALLOS, M., DÍEZ, C., ENAMORADO, J., FERNÁNDEZ-JALVO, Y., GIL, E., MARTÍN NÁJERA, A., MARTÍNEZ, I., ROSAS, A., SÁNCHEZ, A. & SÁNCHEZ, B. (1987a): Occupations humaines au Pléistocène Moyen dans la Sierra d'Atapuerca (Ibeas, Burgos, Espagne). *L'Anthropologie 91 (1),* 29-44.

AGUIRRE, E., CARBONELL, E. & BERMÚDEZ DE CASTRO, J. M. (EDS.) (1987b): *El hombre fósil de Ibeas y el Pleistoceno de la Sierra de Atapuerca.* Valladolid: Junta de Castilla y León. Consejería de Cultura y Bienestar Social.

AGUIRRE, E., GIL, E., MORALES, J., SESE, C. & SOTO, E. (1987c): Situación bioestratigráfica de los yacimientos de Atapuerca e Ibeas. In (E. Aguirre, E. Carbonell & J. M. Bermúdez de Castro, Eds.) *El hombre fósil de Ibeas y el Pleistoceno de la Sierra de Atapuerca,* pp. 189-191. Valladolid: Junta de Castilla y León, Consejería de Cultura y Bienestar Social.

AGUIRRE, E., ARSUAGA, J. L., BERMÚDEZ DE CASTRO, J. M., CARBONELL, E., CEBALLOS, M., DÍEZ, C., ENAMORADO, J., FERNÁNDEZ-JALVO, Y., GIL, E., GRACIA, A., MARTÍN-NÁJERA, A., MARTÍNEZ, I., MORALES, J., ORTEGA, A. I., ROSAS, A., SÁNCHEZ, A., SÁNCHEZ, B., SESE, C., SOTO, E. & TORRES, T. J. (1990): The Atapuerca Sites and the Ibeas Hominids. *Human Evolution 5 (1),* 55-73.

AGUIRRE, E. & HOYOS, M. (1992): Climate record in cave deposits: the Atapuerca TD site. In (G. J. Kukla & E. Went, Eds.) *Start of a Glacial, vol. I. 3. Global Environment Change,* pp. 127-136. Berlín/Heidelberg: Springer-Verlag.

AIRVAUX, J. (1983): Méthodologie Systématique en Typologie Analytique. *Dialektiké. Cahiers de Typologie Analytique 1983,* 1-21.

AIRVAUX, J. (1987): Les potentialités morphologiques. In (E. Carbonell, M. Guilbaud & R. Mora, Eds.): *Sistemes d'anàlisi en Prehistòria,* pp. 17-67. Girona: Centre de Recerques Paleo-eco-socials.

ALFÉREZ, F. (1985): Dos molares humanos procedentes del yacimiento del Pleistoceno Medio de Pinilla del Valle (Madrid): *Trabajos de Antropología XIX (4),* 303.

ALFÉREZ, F., MOLERO, G., MALDONADO, E., BUSTOS, V., BREA, P. & BUITRAGO, A. M. (1982): Descubrimiento del primer yacimiento cuaternario (Riss-Würm) de vertebrados con restos humanos en la provincia de Madrid (Pinilla del Valle): Paper presented at the *Iᵉ. Congrés Internatinal de Paleontologie Humaine.* Nice.

ALFÉREZ, F., MOLERO, G. & MALDONADO, E. (1985): Estudio preliminar del úrsido del yacimiento cuaternario medio de Pinilla del Valle (Madrid). *COL-PA 40,* 59-67.

ALTUNA, J. (1990): La caza de herbívoros durante el Paleolítico y el Mesolítico del País Vasco. *Munibe 42,* 229-240.

AMELOOT-VAN DER HEIJDEN, N. (1991): Méthodes d'adcquisition et signification des industries lithiques au Paléolithique moyen: l'exemple des gisements a plein air du Nord de la France. Ph. D. Dissertation, Lille, Université des Sciences et Techniques de Lille Flandres Artois.

ARAQUE ARANDA, F. A. (1987): Prospecciones arqueológicas superficiales en los valles del Guadaloz y Guadalquivir, provincia de Córdoba. In *Anuario Arqueológico de Andalucía, año 1986. Tomo II: Excavaciones sistemáticas,* pp. 12-18. Sevilla: Junta de Andalucía.

ASFAW, B., BEYENE, Y., SUWA, G., WALTER, R. C., WHITE, T. D., WOLDEGABRIEL, G. & YEMANE, T. (1992): The earliest Acheulean from Konso-Gardula. *Nature 360 (6406),* 732-735.

BAKSI, A. K., HSU, V., MCWILLIAMS, M. O. & FARRAR, E. (1992): $^{40}Ar/^{39}Ar$ Dating of the Brunhes-Matuyama Geomagnetic Field Reversal. *Science 256,* 356-357.

BALDEÓN, A. (1987): *El Paleolítico Medio en el País Vasco.* Ph. D. Dissertation, Bilbao, Universidad de Deusto.

BIBERSON, P. (1961): *Le Paléolithique Inferieur du Maroc Atlantique.* Rabat: Publications du Service d'Antiquités du Maroc, n.° 17. 544 pp.

BIDDITTU, I., CASSOLI, P. F., RADICATI DI BROZOLO, F., SEGRE, A. G., SEGRE NADINI, E. & VILLA, I. (1979): Agnani, a K-Ar dated lower and middle pleistocene site, central Italy: preliminary report. *Quaternaria 21,* 53-71.

BIDI, F., FONTANA, L., PROLI, F. & PERETTO, C. (1992): L'industria di Ca'Belvedere di Monte Poggiolo. In (Carlo Peretto, Ed.) *Il più antico popolamento della Valle Padana nel quadro delle conoscenze europee. Monte Poggiolo,* pp. 347-356. Milan: Jaca Book.

BINFORD, L. W. (1985): Human Ancestors: Changing Views of Their Behavior. *Jounal of Anthropological Science 4,* 292-327.

BINFORD, L. W. (1987): Were There Elephant Hunters at Torralba?. In (M. H. Nitecki & D. V. Nitecki, Eds.) *The Evolution of Human Hunting,* pp. 47-105. New York: Plenum Press.

BINFORD, L. W. (1988): Fact and Fiction about the "Zinjanthropus" Floor Data, Arguments, and Interpretation. *Current Anthropology 29 (1),* 123-135.

BISCHOFF, J. L., GARCÍA, J. F. & STRAUSS, L. G. (1992): Uranium-series Isochron Dating at El Castillo Cave (Cantabria, Spain): The "Acheulean"/"Mousterian" Question. *Journal of Archaeological Science 19,* 49-62.

BLACKWELL, B. & SCHWARCZ, H.-P. (1986): U-series analysis of the Lower Travertine at Ehringsdorf, D.D.R. *Quaternary Research 25,* 215-222.

BLACKWELL, B. & SCHWARCZ, H.-P. (1989): Datation des speleothems de la Grotte Vaufrey par la famile de l'Uranium. In (J. Ph. Rigaud, Dir.) *La Grotte Vaufrey a Cenac et Saint Julien (Dordogne): Paléoenvironnement, chronologie et activités humaines,* pp. 365-379. Paris: Mémoires de la Societé Préhistorique Française, t. XIX, 1988.

BLUMENSCHINE, R. (1986): *Early Hominid Scavenging Opportunities.* B.A.R., International Series 283. Oxford.

BOËDA, E. (1986): Approche technologique du concept Levallois et évaluation de son champ d'application. Étude de trois gisements saaliens et weichsélien de la France. Ph. D. Dissertation, Paris, Université de Paris X.

BOËDA, E. (1991): Approche de la variabilité des systèmes de production lithique des industries du Paléolithique inférieur et moyen: chronique d'une variabilité attendue. *Techniques et culture 17-18,* 37-79.

BOËDA, E., GENESTE, J. M. & MEIGNEN, L. (1990): Identification des chaînes opératoires lithiques au Paléolithique inférieur et moyen. *Paléo 2,* 43-80.

BOJ, I., CARBONELL, E., OLLÉ, A., SALA, R. & VERGÈS, J. M. (1993): Mise en contraste de l'efficacité d'une chaîne opératoire. In *Traces et fonction: les gestes retrouvés,* pp. 535-528. Liège: Éditions ERAUL, vol. 50.

BONIFAY, E. (1991): Les premières industries du Sud-est de la France et du Massif-Central. In (E. Bonifay & B. Vandermeersch, Dirs.) *Les premiers européens. Actes du 114ᵉ. Congrès National des Sociétés Savantes (Paris, 3-9 avril 1989),* pp. 63-80, Paris: Editions du C.T.H.S.

BONIFAY, E., BONIFAY, M. F., PANATTONI, R. & TIERCELIN, J. J. (1976): Solheiac (Blanzac, Haute-Loire): nouveau site préhistorique du début du Pleistocene Moyen. *B.S.P.F. 73,* 293-304.

BORDES, F. (1961): *Typologie du Paléolithique ancien et moyen.* Bordeaux: Ed. Delmas. 85 págs.

BORDES, F. (1983): *Leçons sur le Paléolithique. Tome II: Le Paléolithique en Europe.* Paris: CNRS (Cahiers du Quaternaire, n.° 7).

BOSINSKI, G. (1992): I primi abitanti in Germania con particolare riferimento alla Valle del Reno. In (Carlo Peretto, Ed.) *Il più antico popolamento della Valle Padana nel quadro delle conoscenze europee. Monte Poggiolo,* pp. 51-67. Milan: Jaca Book.

BOTELLA, M. C., VERA, J. A. & PORTA, J. DE (1975): El yacimiento achelense de Solana del Zamborino, Fonelas (Granada): *Cuadernos de Prehistoria de la Universidad de Granada 1,* 1-46.

BOUCHEZ, R. (1983): Datations par RPE d'émail dentaire fossile provenant des sites d'Ayusbamba, Pérou, de Saint-Vallier et de la Caune de l'Arago, France. In *Premier Symposium International sur l'Archéologie Africaine et les Sciences de la Nature appliquées a l'archéologie, Bordeaux, 25-30 septembre 1983.* 20 pp.

BRACCO, J.-P. (1991): Typologie, technologie et matières premières des industries du très ancien Paléolithique en Velay (Massif-Central, France): In (E. Bonifay & B. Vandermeersch, Dirs.) *Les premiers européens. Actes du 114ᵉ. Congrès National des Sociétés Savantes (Paris, 3-9 avril 1989),* pp. 93-100, Paris: Editions du C.T.H.S.

BRAIN, C. K. (1981): *The Hunters or the Hunted ?* Chicago: University of Chicago Press.

BRAIN, C. K., CHURCHER, C. S., CLARK, J. D., GRINE, F. E., SHIPMAN, P., SUSMAN, R. L., TURNER, A. & WATSON, V. (1988): New Evidence of Early Hominids, Their Culture and Environment from the Swartkrans Cave, South Africa. *South African Journal of Science 84,* 828-835.

BUERO, S., CASTIÑEIRA, J. & GARCÍA RINCÓN, J. M. (1985): El yacimiento inferopaleolítico de El Rompido (Huelva): *Revista de Arqueología 52,* 36-41.

BUNN, H. T. (1989): Diagnosing Plio-Pleistocene Hominid Activity with Bone Fracture. In (R. Bonnichsen & M. H. Sorg, Eds.): *Bone Modification,* pp. 299-315. Orono: Center of the Study of Early Man, University of Maine.

CABRERA, V. (1984): *El yacimiento de la Cueva del Castillo (Puente Viesgo, Santander):* Madrid: Biblioteca Prehistórica Hispánica, 22.

CALLOW, P. (1987): La Cotte de St. Brelade, Jersey, Channel Islands, U.K. *Early Man News 12/13,* 5-13.

CALLOW, P. (1988): Chronostratigraphy and ecology of two Middle and Upper Pleistocene sites (Jersey, Channel Islands): *Revue archéologique de Picardie 1-2,* 17-24 (Actes du Colloque "Cultures et industries paléolithiques en milieu loessique".

CANAL, J. & CARBONELL, E. (1989): *Catalunya Paleolítica.* Girona: Patronat Eiximenis.

CARBONELL, E. (1985): Méthode d'analyse appliquée aux industries lithiques des gisements du Pleistocene moyen du massif de Montgrí (Catalogne, Espagne): Ph. D. Dissertation, Paris, Université de Paris VI. 2 vols.

CARBONELL, E. (1987): Human Development in the Framework of the Lithic Operative Chains. In (E. Carbonell, M. Guilbaud, R. Mora, es.) *Sistemes d'anàlisi en Prehistòria,* pp. 68-82. Girona: C.R.P.E.S.

CARBONELL, E. (1991): Atapuerca: un registro fósil paradigmático para un proyecto de futuro. *Política Científica 27,* 52-55.

CARBONELL, E. (1992): Premiers occupations humaines dans la Péninsule Ibérique (Espagne): In (Carlo Peretto, Ed.) *Il più antico popolamento della Valle Padana nel quadro delle conoscenze europee. Monte Poggiolo,* pp. 27-40. Milan: Jaca Book.

CARBONELL, E. & CANAL, J. (1979): Depósitos cuaternarios con industrias humanas en el N.E. de Catalunya. In *IV Reunión del Grupo de Trabajo del Cuaternario, Banyoles,* pp. 33-50.

CARBONELL, E. & CANAL, J. (1981): El tecnocomplejo a cantos tallados de Rota I (Cádiz): In *Actas de la V Reunión del Grupo Español de Trabajo del Cuaternario,* pp. 162-175.

CARBONELL, E. & MORA, R. (1985): Cadena operativa achelense en Catalunya. In *Actas de la Primera Reuniao do Quaternario Iberico, vol. II,* pp. 27-39.

CARBONELL, E. & MORA, R. (1986): *El Sistema Lògico-Analític i la teoria del 'Transfer' en l'estudi dels complexes lítics.* Barcelona: Dossiers de la Societat Catalana d'Arqueologia.

CARBONELL, E. & SALA, R. (1993): Cadena operativa i "Transfer" en els objectes d'ús humà i llur context. *Empúries 48-50* (1986-1989), 176-183.

CARBONELL, E. & RODRÍGUEZ, X.P. (1994): Early Middle Pleistocene and artefacts in the Gran Dolina site (TD4) of the 'Sierra de Atapuerca' (Burgos, Spain). *Journal of Human Evolution 26.*

CARBONELL, E., ESTÉVEZ, J., MOYA-SOLA, S., PONS, J., AGUSTÍ, J. & VILLALTA, J. F. (1981a): Cueva Victoria (Murcia): Lugar de ocupación humana más antiguo de la Península Ibérica. *Endins 8,* 45-57.

CARBONELL, E., ESTÉVEZ J. & GUSI, F. (1981b): Resultados preliminares de los trabajos efectuados en el yacimiento del Pleistoceno Medio de "Cau d'en Borras" (Orpesa, Castellón): *Cuadernos de Prehistoria y Arqueología Castellonenses 6* (1979), 7-17.

CARBONELL, E., GUILBAUD, M. & MORA, R. (1983): Utilización de la lógica analítica para el estudio de los tecnocomplejos a cantos tallados. *Cahier Noir 1,* 3-79 (Girona: C.R.P.E.S.).

CARBONELL, E., DÍEZ, C. & ENAMORADO, J. (1986): El Pleistoceno Medio en Atapuerca (Burgos): *Revista de Arqueología 63,* 12-24.

CARBONELL, E., DÍEZ, C., ENAMORADO, J. & ORTEGA, A. I. (1987a): Análisis morfotécnico de la industria lítica de Torralba (Soria): *Cuadernos de sección Antropología-Etnografía (Homenaje al Dr. Basabe) 4,* 201-216.

CARBONELL, E., DÍEZ, J. C. & MARTÍN, A. (1987b): Análisis de la industria lítica del complejo de Atapuerca (Burgos): In (E. Aguirre, E. Carbonell & J. M. Bermúdez de Castro, Eds.) *El hombre fósil de Ibeas y el Pleistoceno de la Sierra de Atapuerca,* pp. 389-423. Valladolid: Junta de Castilla y León, Consejería de Cultura y Bienestar Social.

CARBONELL, E., DÍEZ, J. C. & SOTO, E. (1987c): Estudio preliminar de los suelos de ocupación de Atapuerca (Burgos): In (E. Aguirre, E. Carbonell & J. M. Bermúdez de Castro, Eds.) *El hombre fósil de Ibeas y el Pleistoceno de la Sierra de Atapuerca,* pp. 425-439. Valladolid: Junta de Castilla y León, Consejería de Cultura y Bienestar Social.

CARBONELL, E., DÍEZ, J. C., MARTÍN, A. & ARNÁIZ, M.A. (1987d): Excavaciones de Atapuerca 1980-82: La industria lítica. In XVIII Congreso Nacional de Arqueología (1985), pp. 153-176.

CARBONELL, E., GUILBAUD, M., MORA, R., MURO, I., SALA, R. & MIRALLES, J. (1988a): *El complex del Plistocè mitjà del Puig d'en Roca.* Girona: C.S.I.C.

CARBONELL, E., COLLINA-GIRARD, J., GUILBAUD, M., MORA, R. & SALA, R. (1988b): Le gisement Pléistocene moyen de Puig d'en Roca (Espagne): *Bulletin de la Societé Préhistorique Française 85,* 204-209.

CARBONELL, E., ENAMORADO, J. & MOSQUERA, M. (1990): Introducing a model for an operational process in paleolithic cultures. *Cahiers du Quaternaire n.º 17. Le silex de sa genèse à l'outil. Actes du Ve. Colloque sur le silex,* pp. 531-536. Bordeaux.

CARBONELL, E., MOSQUERA, M., OLLÉ, A., RODRÍGUEZ, X. P., SALA, R., VAQUERO, M. & VERGÈS, J. M. (1992a): *Cahier Noir 6. New elements of the logical analytic system. First International Meeting on Technical Systems to configure Lithic Objects of scarce elaboration.* Tarragona: Reial Societat Arqueològica Tarraconense / Laboratori d'Arqueologia de la Universitat Rovira i Virgili (L.A.U.T.). 61 pàgines.

CARBONELL, E. MOSQUERA, M., SALA, R. & CABAÑAS, A. (1992b): Cadenes operatives d'Atapuerca en el marc del Plistocè Mitjà de l'Europa mediterrània. *Gala 1,* 45-52.

CARBONELL, E., RODRÍGUEZ, X. P. & SALA, R. (1992c): Estat de la Recerca del Plistocè Mitjà a Catalunya. Qüestions científiques i administratives. *Quadern de Treball de l'Associació Arqueològica de Girona 7,* 6-13.

CARBONELL, E., ESTEBAN, M., MARTÍN, A., MOSQUERA, M., RODRÍGUEZ, X. P., ROSELL, J., SALA, R. & VAQUERO, M. (1993). *Gran Dolina (Sierra de Atapuerca, Ibeas, Burgos): L'evolució humana i biològica en el Plistocè mitjà ibèric.* Tarragona: Laboratori d'Arqueologia de la Universitat Rovira i Virgili. (Arqueologia d'Intervenció, n.º 2).

CARBONELL, E., ESTEBAN, M., GIRALT, S., LORENZO, C., MOSQUERA, M., OLLÉ, A., RODRÍGUEZ, X. P., ROSELL, J., SALA, R., VAQUERO, M. & VERGÈS, J. M. (e.p.): Matrices morfogenéticas de la industria lítica de los niveles superiores de la Trinchera del Ferrocarril de la Sierra de Atapuerca (Burgos): In (J. F. Jordá, Ed.) *II.ª Reunión Nacional de Geoarqueología. I.T.G.M. Madrid* (1992).

CARRACEDO, J. M., HELLER, F., SOLER, V. & AGUIRRE, E. (1987): Estratigrafía magnética del yacimiento de Atapuerca: determinación del límite Matuyama/ Brunhes. In (E. Aguirre, E. Carbonell & J. M. Bermúdez de Castro, Eds.) *El hombre fósil de Ibeas y el Pleistoceno de la Sierra de Atapuerca,* pp. 193-199. Valladolid: Junta de Castilla y León, Consejería de Cultura y Bienestar Social.

CASTIÑEIRA SÁNCHEZ, J. & GARCÍA RINCÓN, J. M. (1986): Paleolítico inferior y medio en la provincia de Huelva. In *Actas de la I.ª Reunión del Cuaternario Ibérico, Lisboa 1985, vol. II,* pp. 61-78.

CIUDAD SERRANO, A. (1986): *Las industrias de cantos tallados en Ciudad Real. Aportación al Achelense inferior de la Submeseta meridional.* Ciudad Real: Consejería de Educación y Cultura de la Junta de Comunidades de Castilla-La Mancha.

COLTORTI, M., CREMASCHI, M., DELITALA, M. C., ESU, D., FORNASERI, M., MCPHERSON, A., NICOLETTI, M., VAN OTTERLOO, R., PERETTO, C., SALA, B., SCHMIDT, V. & SEVINK, J. (1982): Reversed magnetic polarity at Isernia la Pineta, a new lower paleolithic site in Central Italy. *Nature 300 (5888),* 173-176.

COLLINA-GIRARD, J. (1976): *Les industries archaïques sur galets des terrasses quaternaires de la plaine du Roussillon (P.-O., France).* Marseille: Trav. du Laboratoire de Paléontologie humaine et de Préhistoire, n.º 1. Marseille: Université de Provence. 407 pp.

COOK, J., STRINGER, C., CURRANT, A. P., SCHWARTZ, H. P. & WINTLE, A.G. (1982): A review of the chronology of the European middle pleistocene hominids. *Yearbook of Physical Anthropology 25,* 19-65.

CREMASCHI, M. & PERETTO, C. (1988a): Le Paléolithique inférieur de la Plaine orientale du Pô. *L'Anthropologie 92 (2),* 643-682.

CREMASCHI, M. & PERETTO, C. (1988b): Les sols d'habitat du site paléolithique d'Isernia La Pineta (Molise, Italie Centrale): *L'Anthropologie 92,* 1017-1040.

CHERDINTSEV, V. V. & KAZACHEVSKI, K. V. (1990): Absolute date of the travertine samples. In (M. Kretzoi & V. T. Dobosi, Ed.) *Vértesszőlős. Man, site and culture,* pp. 547-548. Budapest: Akadémiai Kiadó.

DARLAS, A. (1985): L'industrie lithique de l'Acheuléen final (Prémousterien) des couches supérieures de la grotte du Lazaret (Nice-Alpes-Maritimes): Ph. D. Dissertation, Paris, Museum National d'Histoire Naturelle/Université Pierre et Marie Curie.

DELAGNES, A. (1992): L'organisation de la production lithique au Paléolithique moyen. Approche technologique à partir de l'étude des industries de la Chaise-de-Vouthon (Charente): Ph. D. Dissertation, Paris, Université de Paris X.

DELITALA, M. C., FORNASERI, M. & NICOLETTI, M. (1983): Datazzione argon-potassio sulla serie pleistocenica di Isernia La Pineta. In (C. Peretto, C. Terzani & M. Cremaschi, Eds.) *Isernia La Pineta, un accampamento più antico di 700.000 anni,* pp. 65-66. Bologna: Calderini Editore.

DÍAZ DEL OLMO, F., VALLESPÍ, E., BAENA ESCUDERO, R. & RECIO ESPEJO, J. M. (1989): Terrazas pleistocenas del Guadalquivir Occidental: Geomorfología, suelos, paleosuelos y secuencia cultural. In *El Cuaternario en Andalucía Occidental,* pp. 33-42.

DÍEZ, J. C. (1992): Zooarqueología de Atapuerca (Burgos) e implicaciones paleoeconómicas del estudio tafonómico de yacimientos del Pleistoceno Medio. Ph. D. Dissertation, Madrid, Universidad Complutense de Madrid.

DÍEZ, C., SÁNCHEZ, B., ARSUAGA, J. L., CARBONELL, E. & ENAMORADO, J. (1986): Análisis de los suelos 1, 5 y 8 del yacimiento TG (Atapuerca, Burgos): *Arqueología Espacial. Coloquio sobre el microespacio, 2,* vol. 8, pp. 17-32. Teruel: Seminario de Arqueología y Etnografía Turolense. Colegio Universitario de Teruel.

DOBOSI, V. T. (1990): Description of the archaeological material. In (M. Kretzoi & V. T. Dobosi, Eds.) *Vértesszőlős. Man, site and culture,* pp. 311-395.

FALGUÈRES, CH. (1986): Datations de sites acheuléens et mousteriens par la méthode de Résonance de Spin Electronique, Ph. D. Dissertation, Paris, Museum Nat. d'Hist. Nat. (173 pp.).

FALGUÈRES, CH., LUMLEY, H. DE & BISCHOFF, J. L. (1992): U-Series Dates for Stalagmitic Flowstone E (Riss/Würm Iterglaciation) at Grotte du Lazaret, Nice, France. *Quaternary Research 38,* 227-233.

FERNÁNDEZ JALVO, Y. (1992): Tafonomía de microvertebrados del complejo cárstico de Atapuerca (Burgos): Ph. D. Dissertation, Departamento de Paleontología, Facultad de Ciencias Geológicas de la Universidad Complutense de Madrid.

FERNÁNDEZ JALVO, Y. & ANDREWS, P. (1992): Small Mammal Taphonomy of Gran Dolina, Atapuerca (Burgos), Spain. *Journal of Archaeological Science 19,* 407-428.

FERNÁNDEZ LÓPEZ, S. (1989): La materia fósil. Una concepción dinamicista de los fósiles. In (E. Aguirre, Ed.) *Nuevas Tendencias en Paleontología,* pp. 25-45. Madrid: C.S.I.C.

FLÖRKE, O. W. & FLÖRKE, U. (1984): "Moganite": a new Microcrystalline Silica-Mineral. *Neues Jahb. Mineral Abh. 149,* 325-336.

FLÖRKE, O. W., JONES, J. B. & SCHMINKE, H. U. (1976): A new microcrystalline silica from Gran Canaria. *Z. Kristallogr. 143,* 156-165.

FREEMAN, L. G. (1975): Acheulian sites and stratigraphy in Iberia and Magreb. In (K. W. Butzer, Ed.) *After the Australopithecines,* pp. 661-744. Chicago: University of Chicago Press.

FREEMAN, L. G. (1978): The analysys of some ocupation floors distributions from Earlier and Middle Paleolithic sites in Spain. In (L. G. Freeman, Ed.) *Views of the past,* pp. 57-115. Chicago: University of Chicago Press.

FREEMAN, L. G. & BUTZER, K. W. (1966): The Acheulean station of Torralba (Spain). A progress report. *Quaternaria 8,* 9-21.

FRIDRICH, J. (1991): Les premiers peuplements humains en Bohême (Tchécoslovaquie): In (E. Bonifay & B. Vandermeersch, Dirs.) *Les premiers européens. Actes du 114ᵉ. Congrès National des Sociétés Savantes (Paris, 3-9 avril 1989),* pp. 195-201, Paris: Editions du C.T.H.S.

GAGNEPAIN, J., HEDLEY, I., BAHAIN, J.-J. & WAGNER, J.-J. (1992): Étude magnetostratigraphique du site de Ca'Belvedere di Monte Poggiolo (Forli, Italie), et de son contexte stratigraphique. Permiers résultats. In (Carlo Peretto, Ed.) *Il più antico popolamento della Valle Padana nel quadro delle conoscenze europee. Monte Poggiolo,* pp. 319-335. Milan: Jaca Book.

GAMBLE, C. (1986): *The Palaeolithic Settlement of Europe.* Cambridge: Cambridge University Press.

GARCÍA RINCÓN, J. M. (1987): Prospección arqueológica de superficie del Paleolítico y epipaleolítico de la provincia de Huelva. In *Anuario Arqueológico de Andalucía 1986. Tomo II, actividades sistemáticas,* pp. 23-53. Sevilla: Dirección General de Bienes Culturales, Consejería de Cultura de la Junta de Andalucía.

GENESTE, J. M (1985): Analyse lithique d'industries moustériennes du Périgord: une approche technologique du comportement des groupes humains au Paléolithique moyen. Ph. D. Dissertation, Boudeaux, Université de Bordeaux I.

GENESTE, J. M. (1989): Les industries de la Grotte Vaufrey: technologie du débitage, économie et circulation de la matière première lithique. In (J. Ph. Rigaud, Dir.) *La Grotte Vaufrey a Cenac et Saint Julien (Dordogne): Paléoenvironnement, chronologie et activités humaines,* pp. 441-517. Paris: Mémoires de la Societé Préhistorique Française, t. XIX, 1988.

GIL, E., AGUIRRE, E. & HOYOS, M. (1987): Contexto estratigráfico. In (E. Aguirre, E. Carbonell & J. M. Bermúdez de Castro, Eds.) *El hombre fósil de Ibeas y el Pleistoceno de la Sierra de Atapuerca,* pp. 47-54. Valladolid: Junta de Castilla y León.

GILES, F. & SANTIAGO, A. (1987): El poblamiento del sur de la Península Ibérica en el Pleistoceno Inferior a través de Gibraltar. In *Actas del Congreso Internacional "El estrecho de Gibraltar", Ceuta 1987. Tomo I, Prehistoria e Historia de la Antigüedad,* pp. 97-109.

GILES, F., SANTIAGO, A., GUTIÉRREZ, J. M., MATA, E. & AGUILERA, L. (1989a): El poblamiento paleolítico en el valle del río Guadalete. *Cuaternario en Andalucía Occidental,* pp. 43-57.

GILES, F., SANTIAGO, A., GUTIÉRREZ, J. M., MATA, E. & AGUILERA, L. (1989b): El Paleolítico inferior de la Laguna de Medina (Jerez de la Frontera, Cádiz): *Segundo Congreso del Cuaternario Ibérico. Madrid 1989.*

GILES, F., GUTIÉRREZ, J. M., SANTIAGO, A., MATA, E. & AGUILERA, L. (1992): Secuencia paleolítica del valle del Guadalete. Primeros resultados. *Revista de Arqueología 135,* 16-26.

GLADILINE, V. & SITLIVY, V. (1991): Les premières industries en Subcarpatie. In (E. Bonifay & B. Vandermeersch, Dirs.) *Les premiers européens. Actes du 114ᵉ. Congrès National des Sociétés Savantes (Paris, 3-9 avril 1989),* pp. 217-231, Paris: Editions du C.T.H.S.

GRAETSCH, H., FLÖRKE, O. W. & MIEHE, G. (1987): Structural Defects in Microcrystalline Silica. *Neues Jahrb. Mineral. Abh. 149,* 325-336.

GREEN, S. (1988): Pontnewydd Cave: the selection of raw materials for artefact-manufacture and the question of natural damage. In (R. J. MacRae & N. Moloney, Eds.) *Non-Flint Stone Tools and the Palaeolithic Occupation of Britain,* pp. 223-232. Oxford: British Archaeological Series (BAR), British Series 189.

GRÜN, R. & AGUIRRE, E. (1987): Datación por "ESR" y por la serie del "U", en los depósitos cársticos de Atapuerca. In (E. Aguirre, E. Carbonell & J. M. Bermúdez de Castro, Eds.) *El hombre fósil de Ibeas y el Pleistoceno de la Sierra de Atapuerca,* pp. 201-204. Valladolid: Junta de Castilla y León, Consejería de Cultura y Bienestar Social.

HAN CHANG GYUN (1985): Étude des industries lithiques de l'Acheuléen supérieur de l'Ensemble stratigraphique III de la grotte du Lazaret à Nice (Alpes-Maritimes, France): Ph. D. Dissertation, Paris, Museum National d'Histoire Naturelle/Université Pierre et Marie Curie.

HEANEY, J. P. & POST, J. E. (1992): The Widespread Distribution of a Novel Silica Polymorph in Microcrystalline Quartz Varieties. *Science 255,* 441-443.

HOFFECKER, J., POWERS, W. R. & GOEBEL, T. (1993): The Colonization of Beringia and the Peopling of the New World. *Science 259,* 46-53.

HONG, MI-YOUNG (1993): Le Paéolithique inferieur de l'abri de la Baume Bonne (Quinson, Alpes-de-Haute-Provence): Étude technologique et typologique de l'industrie lithique. Ph. D. Dissertation, Paris, Museum National d'Histoire Naturelle, 316 pp.

HOWELL, C., BUTZER, K. W. & AGUIRRE, E. (1962): *Noticia preliminar sobre el emplazamiento achelense de Torralba (Soria):* Excavaciones Arqueológicas en España X. Madrid.

HUXTABLE, J. & AITKEN, M. J. (1988): Datation par thermoluminiscence. In (A. Tuffreau & J. Sommé, Dirs.) *Le gisement paléolithique moyen de Biache-Saint-Vaast (Pas-de-Calais): Volume I, Stratigraphie, environment, etudes archéologiques (1ère partie),* pp. 107-108. Paris: Société Préhistorique Fraçaise, Mémoires de la Société Préhistorique Française, n.° 21.

HUXTABLÉ, J. & AITKEN, M.-J. (1989): Datation par la Thermoluminescence de la Grotte Vaufrey. In (J. Ph. Rigaud, Dir.) *La Grotte Vaufrey a Cenac et Saint Julien (Dordogne): Paléoenvironnement, chronologie et activités humaines,* pp. 359-363. Paris: Mémoires de la Societé Préhistorique Française, t. XIX, 1988.

ISAAC, B. (ED.) (1989): *The archaeology of Human Origins. Papers by Glynn Isaac.* Cambridge: Cambridge University Press.

JAMES, S. R. (1989): Hominid Use of Firein the Lower and Middle Pleistocene. A Review of the Evidence. *Current Anthropology 30 (1),* 1-26.

KALLI, C. (1984): Techniques de débitage et typologie des outillages du Pleistocene Moyen de la Caune de l'Arago, Tautavel (Pyrenees-Orientales): Ph. D. Dissertation, Paris, Museum National d'Histoire Naturelle/Université Pierre et Marie Curie.

KLEIN, R. G. (1989): *The Human career. Human Biological and Cultural Origins.* Chicago: Chicago University Press.

KOZLOWSKI, J. K. (1992): Les premières habitants de l'Europe centrale et Orientale. In (Carlo Peretto, Ed.) *Il più antico popolamento della Valle Padana nel quadro delle conoscenze europee. Monte Poggiolo,* pp. 69-91. Milan: Jaca Book.

KRETZOI, M. & DOBOSI, V. T., Eds. (1990): *Vértesszolos. Site, Man and Culture.* Budapest: Akadémiai Kiadó.

KULEMEYER, J. (1986): Kälrich, un site du Paléolithique inférieur dans le bassin de Neuwied. In (A. Tuffreau & J. Somme, Eds.) *Chronostratigraphie et faciés culturels du Paléolithique inférieur et moyen dans le l'Europe du Nord-Ouest,* pp. 43 48. Paris: Supplément au Bullétin de l'Association Française pour l'Etude du Quaternaire.

LUMLEY, H. DE, FOURNIER, A., PARK, Y. C., YOKOYAMA, Y. & DEMOUY, A. (1984): Stratigraphie du remplissage Plésitocène moyen de la Caune de l'Arago à Tautavel. *L'Anthropologie 88,* 5-18.

LUMLEY, H. DE, FOURNIER, A., KRZEPKOWSKA, J., ECHASOUX, A. (1988): L'industrie du Pleistocene inférieur de la grotte du Vallonet, Roquebrune-Cap-Martin, Alpes Maritimes. *L'Anthropologie 92:* 501-614.

MANIA, D. (1990): *Auf den Spuren des Urmenschen. Die Funde aus der Steinrinne von Bilzingsleben.* Berlin: Deutscher Veralg der Wissenschaften.

MANIA, D. (1991): Les premiers peuplements humains dans la région de Saale-Elbe. In (E. Bonifay & B. Vandermeersch, Dirs.) *Les premiers européens. Actes du 114ᵉ. Congrès National des Sociétés Savantes (Paris, 3-9 avril 1989),* pp. 173-175, Paris: Editions du C.T.H.S.

MARIEZKURRENA, C. (1990): Dataciones absolutas para la Arqueología vasca. *Munibe 42,* 287-301.

MARTÍN NÁJERA, A., MOSQUERA, M. & RODRÍGUEZ ÁLVAREZ, X. P. (1991): Raw materials in the Middle Pleistocene sites of Atapuerca (Burgos, Spain). *VI Flint International Symposium. Abstracts,* pp. 239-242. Madrid: Instituto Tecnológico Geominero de España.

MARTÍN NÁJERA, A. (1986): Aplicación del Sistema Lógico Analítico al estudio del complejo industrial del Pleistoceno Medio de la Trinchera de la Sierra de Atapuerca (Burgos), Memoria de Licenciatura, Cáceres, Universidad de Extremadura.

MARTÍN PENELA, A. (1987): *Paleontología de los grandes mamíferos del yacimiento achelense de La Solana del Zamborino (Fonelas, Granada).* Tesis Doctoral, Facultad de Ciencias, Universidad de Granada.

MCPHERRON, A. & SCHMIDT, V. (1983): Paleomagnetic dating at Isernia La Pineta. In (C. Peretto, C. Terzani & M. Cremaschi, Eds.) *Isernia La Pineta, un accampamento più antico di 700.000 anni,* pp. 67-69. Bologna: Calderini Editore.

MIEHE, G., GRAETSCH, H., FLÖRKE, O. W. & FUE©, H. (1988): Die monokline Kristallstruktur des SiO_2-Minerals Moganit. *Z. Kristallogr. 182,* 183-184.

MONCEL, M.-H. (1989): L'industrie lithique du site d'Orgnac 3 (Ardèche, France): Contribution à la connaissance des industries du Pléistocène moyen et de leur évolution dans le temps. Ph. D. Dissertation, Paris, Museum National d'Histoire Naturelle.

MONTES BERNÁRDEZ, R. & RODRÍGUEZ ESTRELLA, T. (1985): Estudio arqueológico de un yacimiento achelense ubicado en la Fuente de Hellín y su contexto geológico regional. *Al-basit. Revista de estudios albacetenses 16,* 45-77.

MORA, R., CARBONELL, E. & MARTÍNEZ, J. (1987): Can Garriga: un tecnocomplejo en contexto estratigráfico (Sant Julià de Ramis, Girona): *Actas de la VII Reunión sobre el Cuaternario (AEQUA),* pp. 195-218.

MOSQUERA, M. (1989): Análisis y secuencias de talla lítica sobre sílex. Aportación experimental a los métodos de talla en volumen y marginal centrípeto. Memoria de Licenciatura, Madrid, Facultad de Geografía e Historia, Univ. Complutense. 184 pp.

MOSQUERA, M. & CARBONELL, E. (1992): La insutria lítica en Atapuerca (Burgos). *Trabajos de Prehistoria 49,* 131-154.

ORTEGA, A. I. (1988): *La industria lítica de Torralba del Moral (Soria):* Tesis de Licenciatura, Valladolid, Universidad de Valladolid.

ORTEGA, A. I. (1992): Revisión de la industria lítica del yacimiento Achelense de Torralba del Moral (Soria): In *Actas del 2.º Symposium de Arqueología Soriana,* pp. 123-136. Soria: Publicaciones de la Excma. Diputación Provincial de Soria, Colección Temas Sorianos, n.º 20.

PALMA DI CESNOLA, A. (1992): Le nostre attuali conoscenze sull'Acheuleano italiano. In (Carlo Peretto, Ed.) *Il più antico popolamento della Valle Padana nel quadro delle conoscenze europee. Monte Poggiolo,* pp. 137-150. Milan: Jaca Book.

PERETTO, C. (1991a): Les gisements d'Isernia La Pineta (Molise, Italia): In (E. Bonifay & B. Vandermeersch, Dirs.) *Les premiers européens. Actes du 114ᵉ. Congrès National des Sociétés Savantes (Paris, 3-9 avril 1989),* pp. 161-168, Paris: Editions du C.T.H.S.

PERETTO, C., Ed. (1991b): *Isernia La Pineta. Nuovi contributi scientifici.* Firenze: Istituto Regionale per gli Studi Storici del Molise "V. Cuoco".

PERETTO, C., Ed. (1992): *Il piu antico popolamento della Valle Padana nel quadro delle conoscenze europee. Monte Poggiolo.* Milan: Jaca Book.

PERETTO, C., TERZANI, C. & CREMASCHI, M., Eds. (1983): *Isernia La Pineta, un accampamento più antico di 700.000 anni.* Bologna: Calderini Editore.

PIPERNO, M. (1992): Notarchirico (Venosa, Basilicata): Recenti risultati di cronologia assoluta. In (Carlo Peretto, Ed.) *Il più antico popolamento della Valle Padana nel quadro delle conoscenze europee. Monte Poggiolo,* pp. 151-154. Milan: Jaca Book.

POTTS, R. & SHIPMAN, P. (1981): Cutmarks Made by Stone Tools on Bones from Olduvai Gorge, Tanzania. *Nature 291,* 577-580.

POTTS, R. (1984): Hominid Hunters ? Problems in Identifying the Earliest Hunter-Gatherers. In (R. Foley, Ed.) *Hominid Evolution and Community Ecology,* pp. 129-166. London: Academic Press.

PRATS, J. M. (1991): Can Garriga N-1. Un registre de 87.000 a 103.000 anys B.P. del Nord-est de la Península Ibèrica. Tesi de Llicenciatura, Tarragona, Universitat de Barcelona.

QUEROL, M. A. & SANTONJA, M. (Eds.) (1979): *El yacimiento achelense de Pinedo (Toledo):* Madrid: Ministerio de Cultura (Excavaciones Arqueológicas en España, 106).

QUEROL, M. A. & SANTONJA, M. (1983): *El yacimiento de cantos trabajados de El Aculadero (Puerto de Santa María, Cádiz).* Madrid: Ministerio de Cultura (Excavaciones Arqueológicas en España, 130).

RANOV, V. A. (1991): Les sites très anciens de l'âge de la pierre en U.S.R.S.S. In (E. Bonifay & B. Vandermeersch, Dirs.) *Les premiers européens. Actes du 114ᵉ. Congrès National des Sociétés Savantes (Paris, 3-9 avril 1989),* pp. 209-216, Paris: Editions du C.T.H.S.

RIGAUD, J.-P. (1989): Analyse typologique des industries de la grotte Vaufrey. In (J. Ph. Rigaud, Dir.) *La Grotte Vaufrey a Cenac et Saint Julien (Dordogne): Paléoenvironnement, chronologie et activités humaines,* pp. 339-440. Paris: Mémoires de la Societé Préhistorique Française, t. XIX, 1988.

RODRÍGUEZ ÁLVAREZ, X. P. (1991): El complejo mesopleistocénico de la Sierra de Atapuerca (Burgos): variabilidad técnica de la industria lítica de Trinchera Dolina. Tesis de Licenciatura, Tarragona, Universidad de Barcelona (División VII): Inédita.

ROEBROEKS, W., CONRAD, N. J. & VAN KOLFSCHOTEN, T. (1992): Dense Forest, Cold Steppes, and the Palaeolithic Settlement of Northern Europe. *Current Anthropology 33 (5),* 551-586.

ROLLAND, N. (1992): The Palaeolithic colonization of Europe: An archaeological and biogeographic perspective. *Trabajos de Prehistoria 49,* 69-111.

SALA, R., PRATS, J. M., RODRÍGUEZ, X. P. & GIRALT, S. (1992). Registres arqueològics i tecnocomplexos del Plistocè mitjà a la subdepressió de Terrassa. El context català. *Limes 2,* 7-28.

SALA, R. (1993): Introducció d'un model reològic de les deformacions microscòpiques per ús en objectes lítics. Desenvolupament d'un nou procediment metodològic, tècnic i analític. Primers resultats al complex del Plistocè Mig de la Sierra de Atapuerca. Tesis de Licenciatura, Universitat de Barcelona, Facultat de Geografia i Història.

SANTIAGO, A. & GILES, F. (1988): El Paleolítico inferior en la Laguna de Medina. Investigaciones en el curso bajo del río Guadalete. *Revista de Arqueología 87,* 7-13.

SANTONJA, M. & PÉREZ GONZÁLEZ, A. (1984): *Las industrias paleolíticas de La Maya I en su ámbito regional.* Madrid: Ministerio de Cultura (Excavaciones Arqueológicas en España, 135).

SANTONJA, M. & VILLA, P. (1990): The Lower Paleolithic of Spain and Portugal. *Journal of World Prehistory 4 (1),* 45-94.

SCHWARCZ, H. P. (1980): Absolute age determination of archaeological sites by uranium-series dating of travertines. *Archaeometry 22,* 3-24.

SCHWARCZ, H. P. & LATHAM, A. G. (1984): Uranium-series age determination of travertines from the site of Vértesszöllős, Hungary. *Journal of Archaeological Science 11,* 327-336.

SCHWARCZ, H. P. & LATHAM, A. G. (1990): Absolute age determination of travertines from Vértesszólós. In (M. Kretzoi & V. T. Dobosi, Ed.) *Vértesszölös. Man, site and culture,* pp. 549-552. Budapest: Akadémiai Kiadó.

SCHWARCZ, H. P., GRÜN, R., LATHAM, A. G., MANIA, D. & BRUNNACKER, K. (1988): The Bilzingsleben archaeological site: new dating evidence. *Archaeometry 30,* 5-17.

SEGRE, A. & ASCENZI, A. (1984): Fontana Ranuccio: Italy's Earliest Middle Pleistocene Hominid Site. *Current Anthropology 25 (2),* 230-233.

SERRANO CIUDAD, J. (1988): El Paleolítico inferior en Castilla-La Mancha. Visión de síntesis. In *I Congreso de Historia de Castilla-La Mancha. Tomo II: Pueblos y Culturas prehistóricas y protohistóricas (1),* pp. 17-35. Toledo: Servicio de Publicaciones de la Junta de Comunidades de Castilla-La Mancha.

SHEN, G. (1985): Datation des planchers stalagmitiques de sites acheuléens en Europe par les méthodes des déséquilibres des familles de l'uranium et contribution méthodologique. Ph. D. Dissertation, Paris, Université Pierre et Marie Curie (Paris VI).

SHIPMAN, P. (1986): Scavenging or hunting in early hominids: theoretical framework and tests. *American Anthropologist 88,* 27-43.

SHIPMAN, P. & ROSE, J. (1983): Evidence of butchery and hominid activities at Torralba and Ambrona: an evaluation using microscopic techniques. *Journal of Archaeological Science 10:* 465-474.

SOTO, E. (1987): Grandes herbívoros del Pleistoceno Medio de la Trinchera de ferrocarril de Atapuerca (Burgos, España): In (E. Aguirre, E. Carbonell & J. M. Bermúdez de Castro, Eds.) *El hombre fósil de Ibeas y el Pleistoceno de la Sierra de Atapuerca,* pp. 93-111. Valladolid: Junta de Castilla y León.

SVOBODA, I. (1987): Lithic Industries of the Arago, Verteszollos, and Bilzingsleben Hominid: Comparison and Evolutionary Interpretation. *Current Anthropology 28 (2),* 219-227.

TEXIER, P.-J. (1981): Désilisification des silex taillés. *Quaternaria XXIII,* 159-169.

TUFFREAU, A. & J. SOMMÉ, Dirs. (1988): *Le gisement paléolithique moyen de Biache-Saint-Vaast (Pas-de-Calais): Volume I, Stratigraphie, environment, etudes archéologiques (1ère partie):* Paris: Société Préhistorique Fraçaise, Mémoires de la Société Préhistorique Française, n.° 21. 338 pp.

ULRIX-CLOSSET, M. & CORDY, J.-M. (1991): Les premiers peuplements humains dans le Bénélux. In (E. Bonifay & B. Vandermeersch, Dir.) *Les premiers européens. Actes du 114è Congrès National des Societés Savantes. Paris, 3-9 avril 1989,* pp. 177-187. Paris: Editions du Comité des Travaux Historiques et Scientifiques.

VALET, J. P. & MEYNADIER, L. (1993): Geomagnetic field intensity and reversals during the past four million years. *Nature 366,* 234-238.

VALLESPÍ, E. J. (1987): Sobre el Paleolítico Inferior inicial de la Península Ibérica. *Veleia 4,* 51-66.

VALLESPÍ, E. J., DÍAZ DEL OLMO, F., ÁLVAREZ, G. & VALLESPÍ GARCÍA, E. (1988): Secuencia paleolítica del Bajo Guadalquivir. *Revista de Arqueología 82,* 9-17.

VAN KOLFSCHOTEN, TH. (1988): The evolution of the mammal fauna in the Netherlands and the Middle Rhine area (Western Germany) during the late Middle Pleistocene. Ph. D. Dissertation, Utrecht, University of Utrecht.

VEGA TOSCANO, L. G. (1989): Ocupaciones humanas en el Pleistoceno de la Depresión de Guadix-Baza: elementos para una discusión. In (M. T. Alberdi & F. P. Bonadonna, Eds.) *Geología y Paleontología de la Cuenca de Guadix-Baza,* pp. 327-345. Madrid: Museo Nacional de Ciencias Naturales, C.S.I.C.

VILLA, P. (1991): Middle Pleistocene Prehistory in southwestern Europe: the stage of our knowledge and ignorance. *Journal of Anthropological Research 47(2),* 193-217.

VOINCHET-ZUILI, S. (1991): *Les industries lithiques du Paléolithique inférieur de la Caune de l'Aragó. Débitage et analyse morpho-technologique des outils.* Ph. D. Dissertation, Paris, Museum Naotinal d'Histoire Naturelle.

VON KOENIGSWALD, W. & VAN KOLFSCHOTEN, TH. (N.P.): THE *Mimomys-Arvicola* boundary and the enamel thickness quotient (SQD) of Arvicola as stratigraphic markers in the Middle Pleistocene. In *Proceedings of the SEQS Cromer Symposium 1990.* (in press).

YOKOYAMA, Y. & LUMLEY, H. DE (1983): Bilan des datations du remplissage de la Caune de l'Arago à Tautavel. In *Rapport d'activité du Laboratoire de Préhistoire du Muséum National d'Histoire Naturelle, L. A. 184,* pp. 240-243.

YOKOYAMA, Y., BAHAIN, J.-J., FALGUÈRES, C. & GAGNEPAIN, J. (1992): Tentative de datation par la méthode de la Resonance de Spin Electronique (ESR) de sediments quaternaires de la région de Forli (Italie): In (Carlo Peretto, Ed.) *Il più antico popolamento della Valle Padana nel quadro delle conoscenze europee. Monte Poggiolo,* pp. 337-345. Milan: Jaca Book.

ZAZO, C., GOY, J. L. & HOYOS, M. (1983): Estudio geomorfológico de los alrededores de la Sierra de Atapuerca (Burgos): *Estudios Geológicos 39,* 179-185.

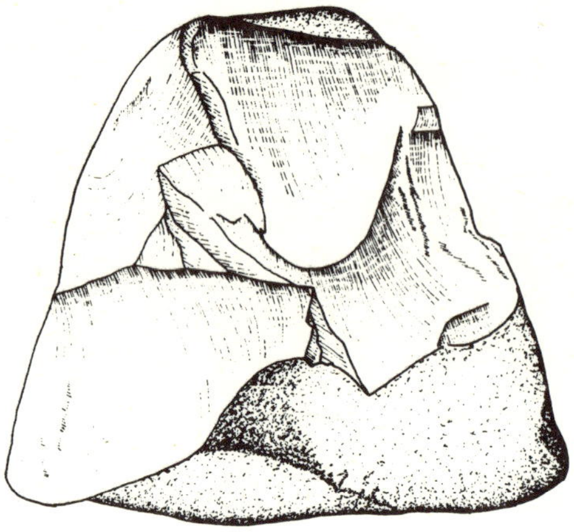

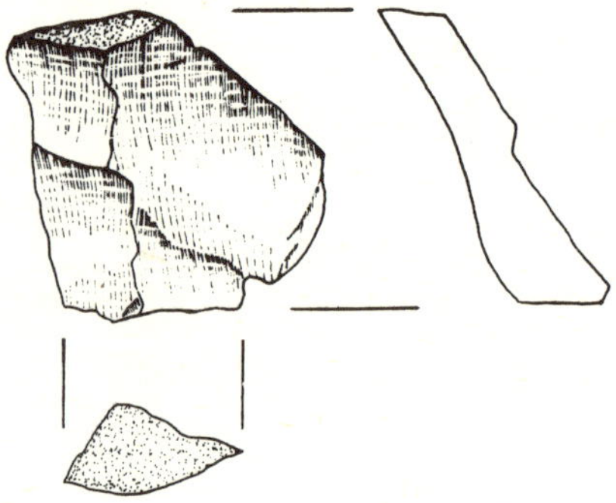

TD4. BP. Cuarcita.

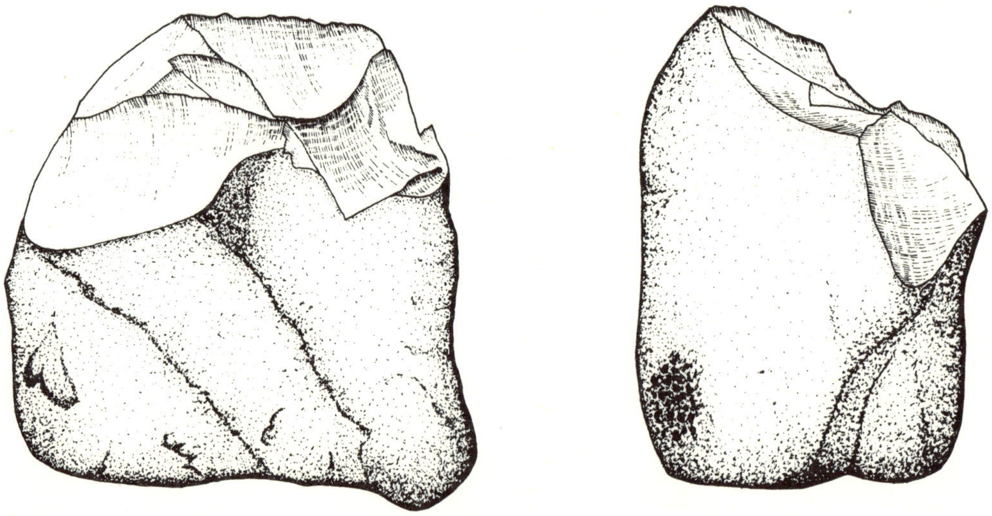

TD4. BN1G. Cuarcita.

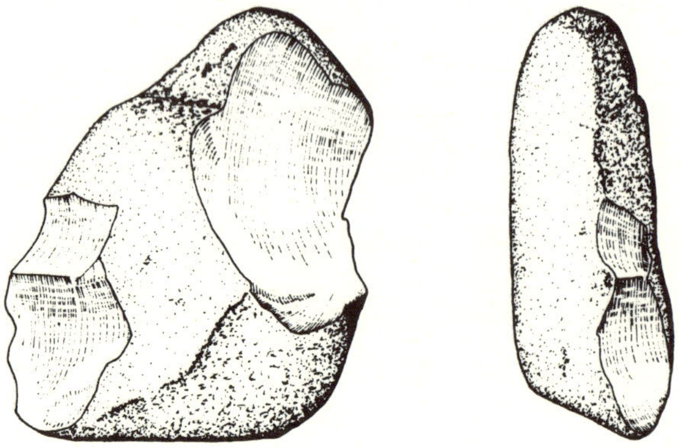

TD4. BN1G. Cuarcita.

TD4. BP. Cuarcita.

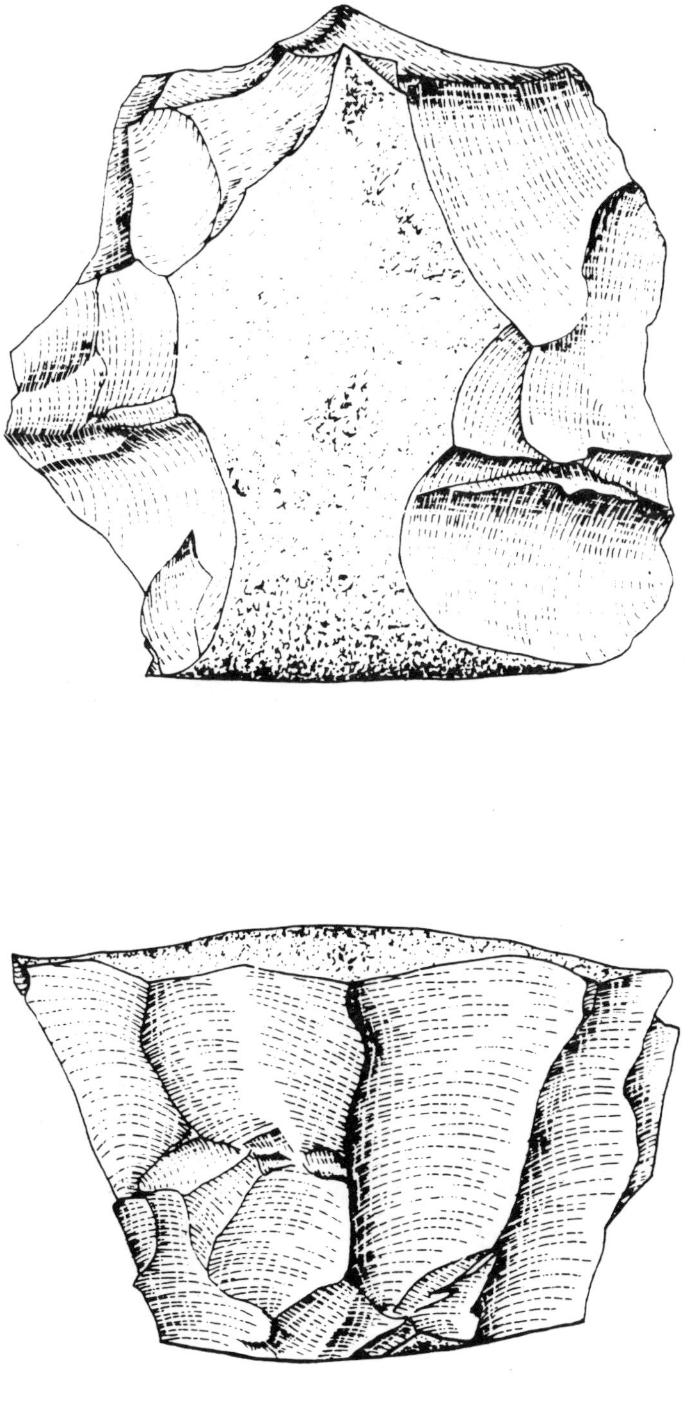

TD 5. BN1G. Cuarcita.

0 1 2 3 cms

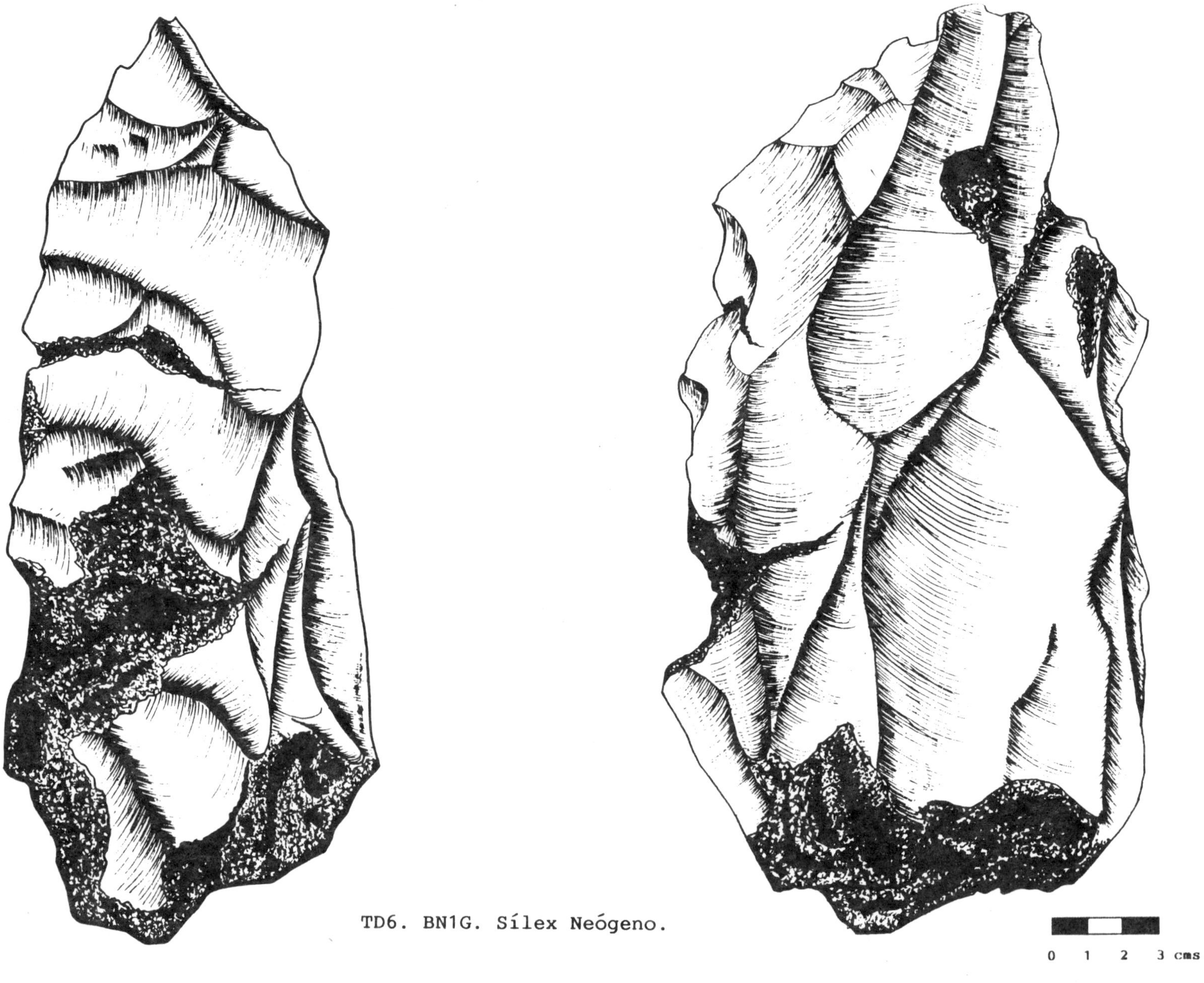

TD6. BN1G. Sílex Neógeno.

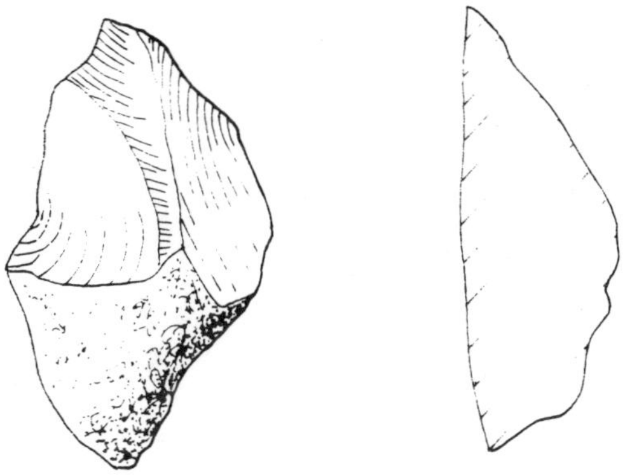

TD6. BP. Sílex Cretácico.

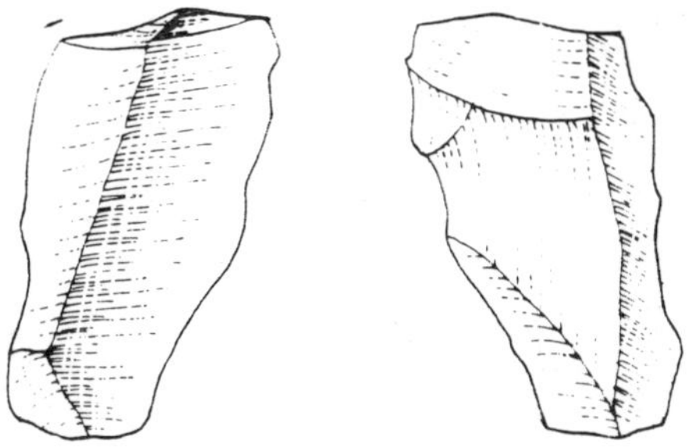

TD6. BP. Cuarcita.

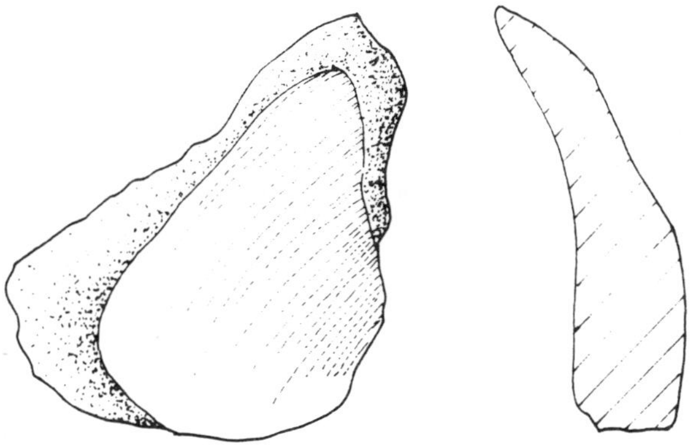

TD6. BP. Cuarcita.

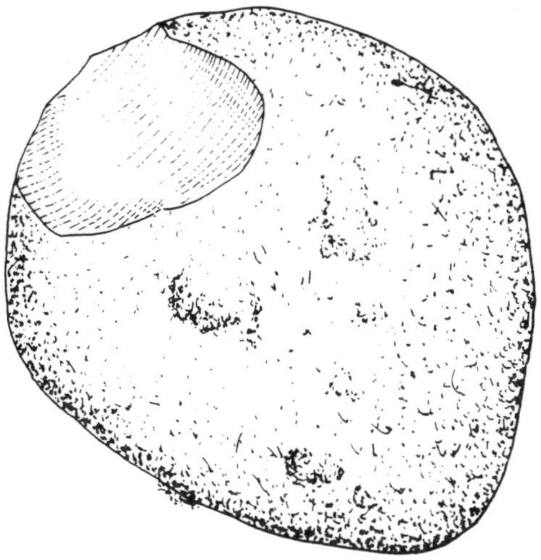

TD6. BN(c). Arenisca.

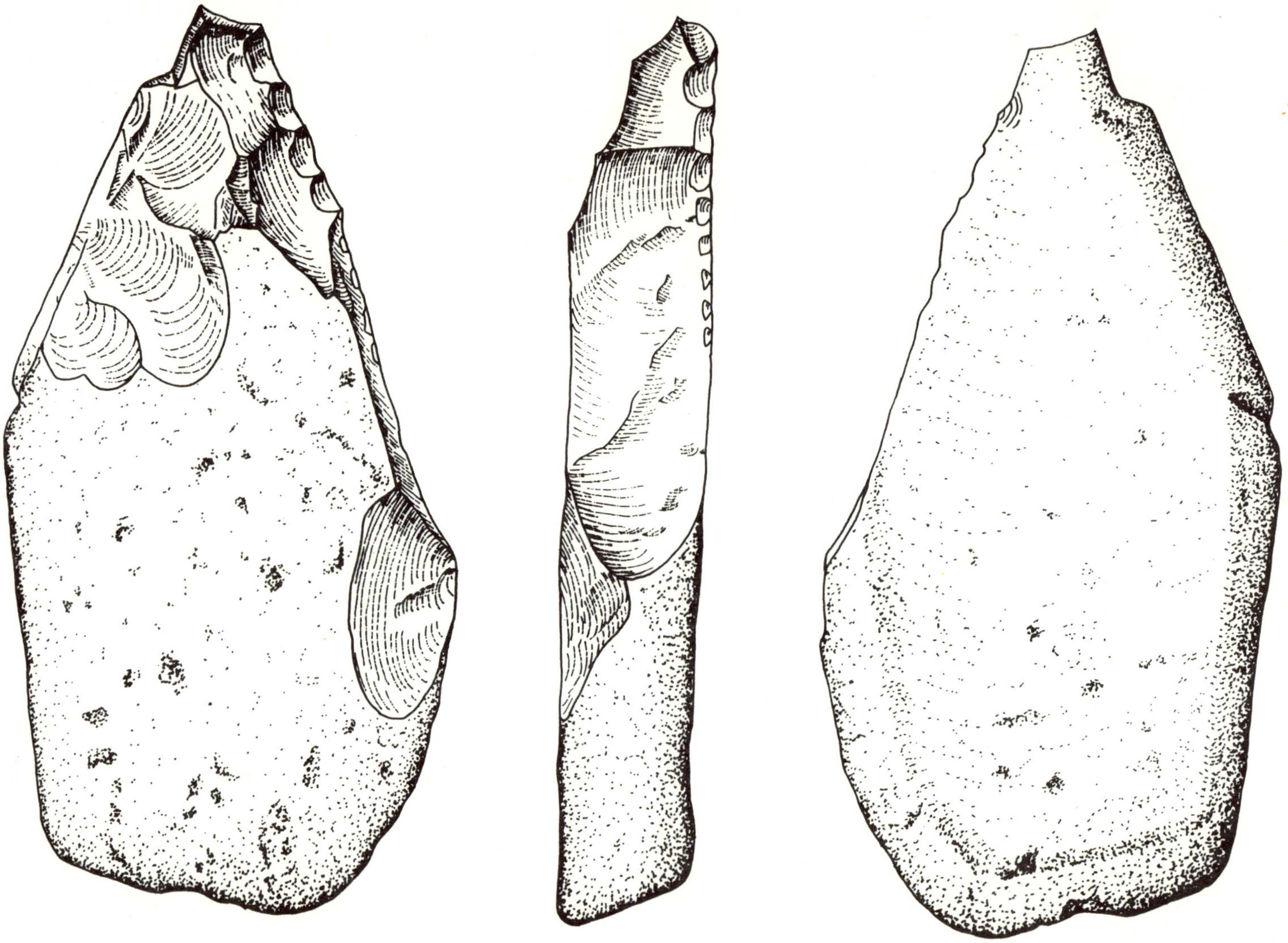

TD10. BN1G. Cuarcita.

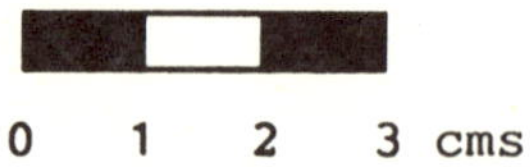

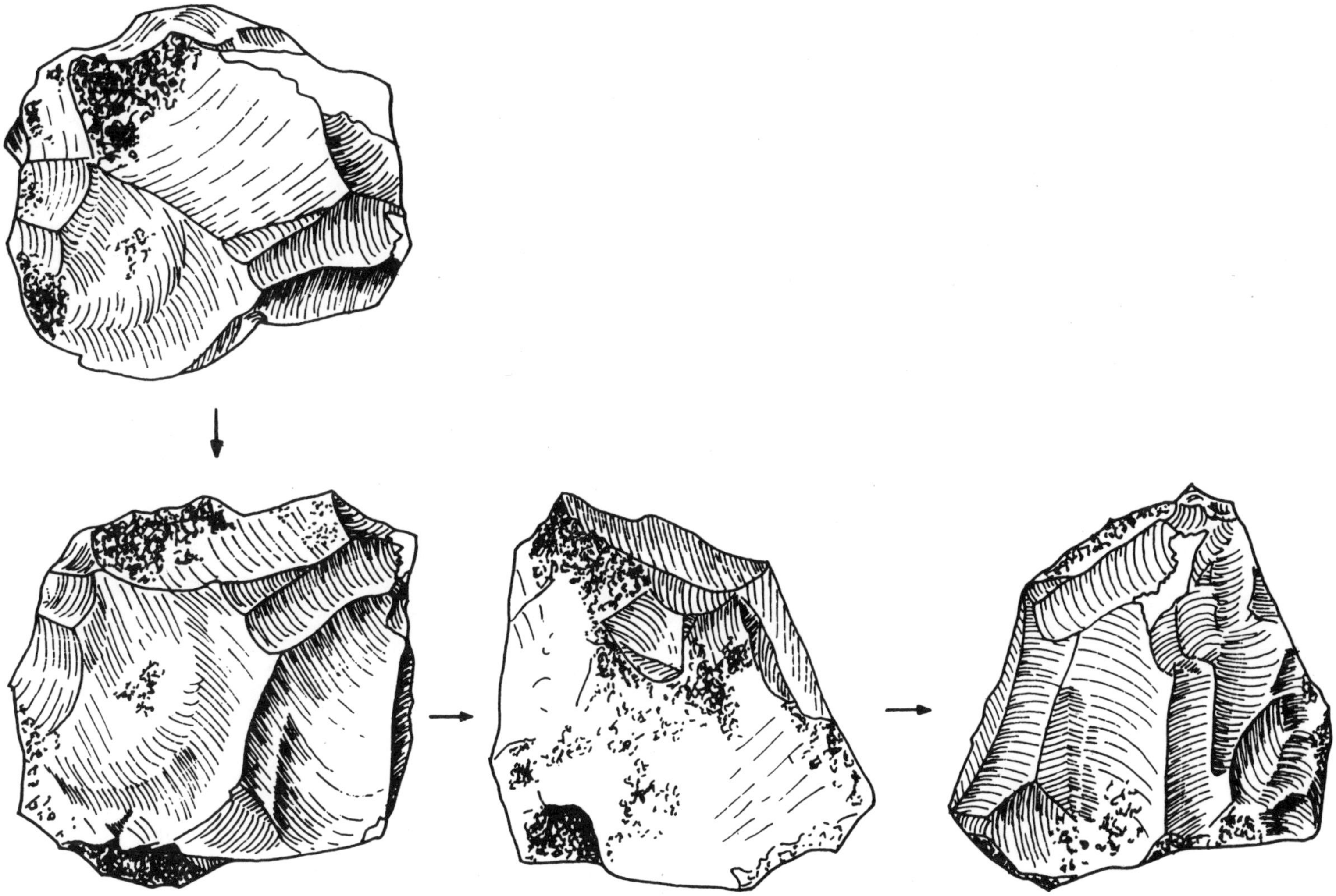

TD10. BN1G. Sílex Neógeno.

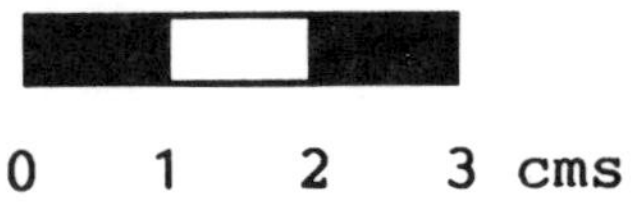

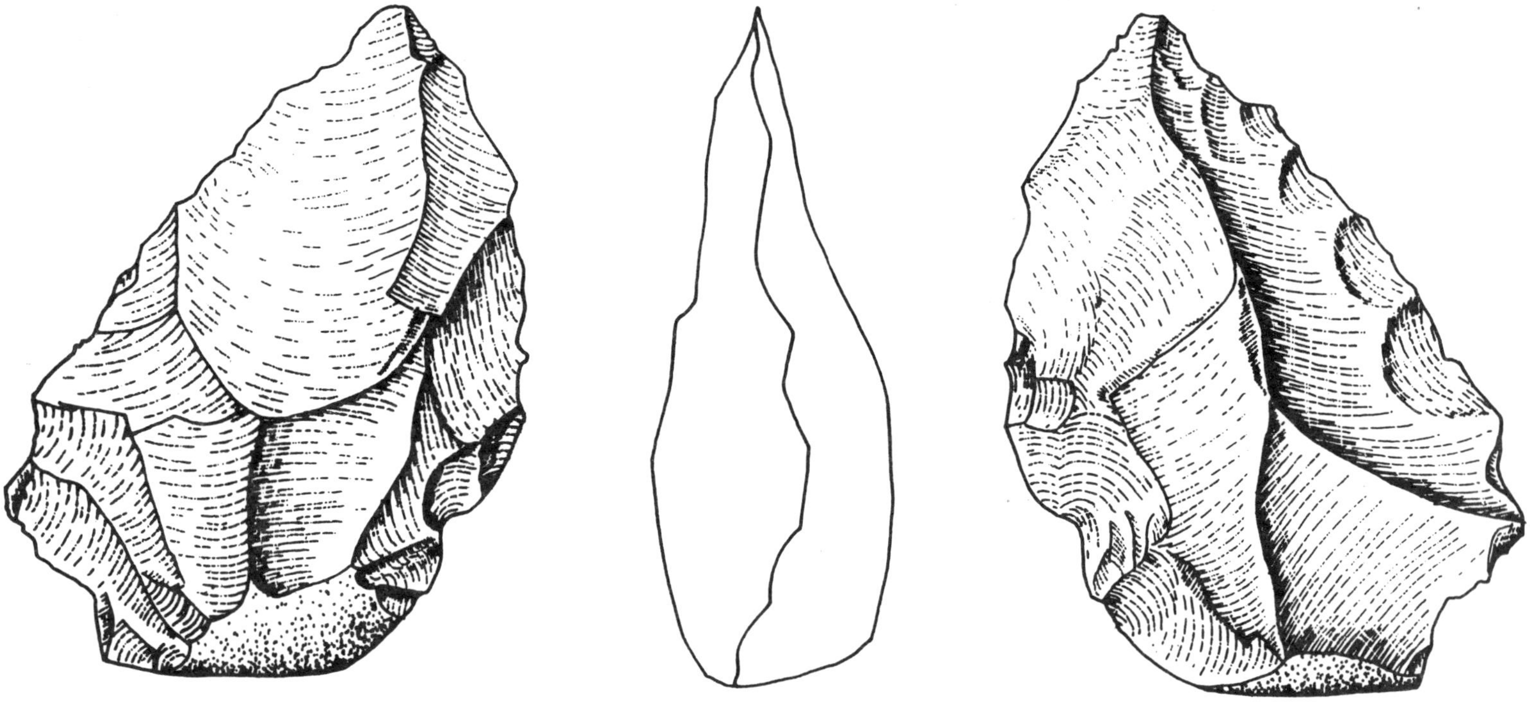

TD10. BN2G. Cuarcita.

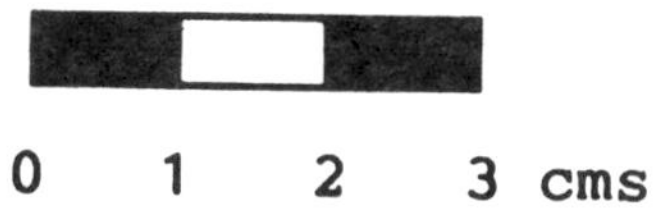

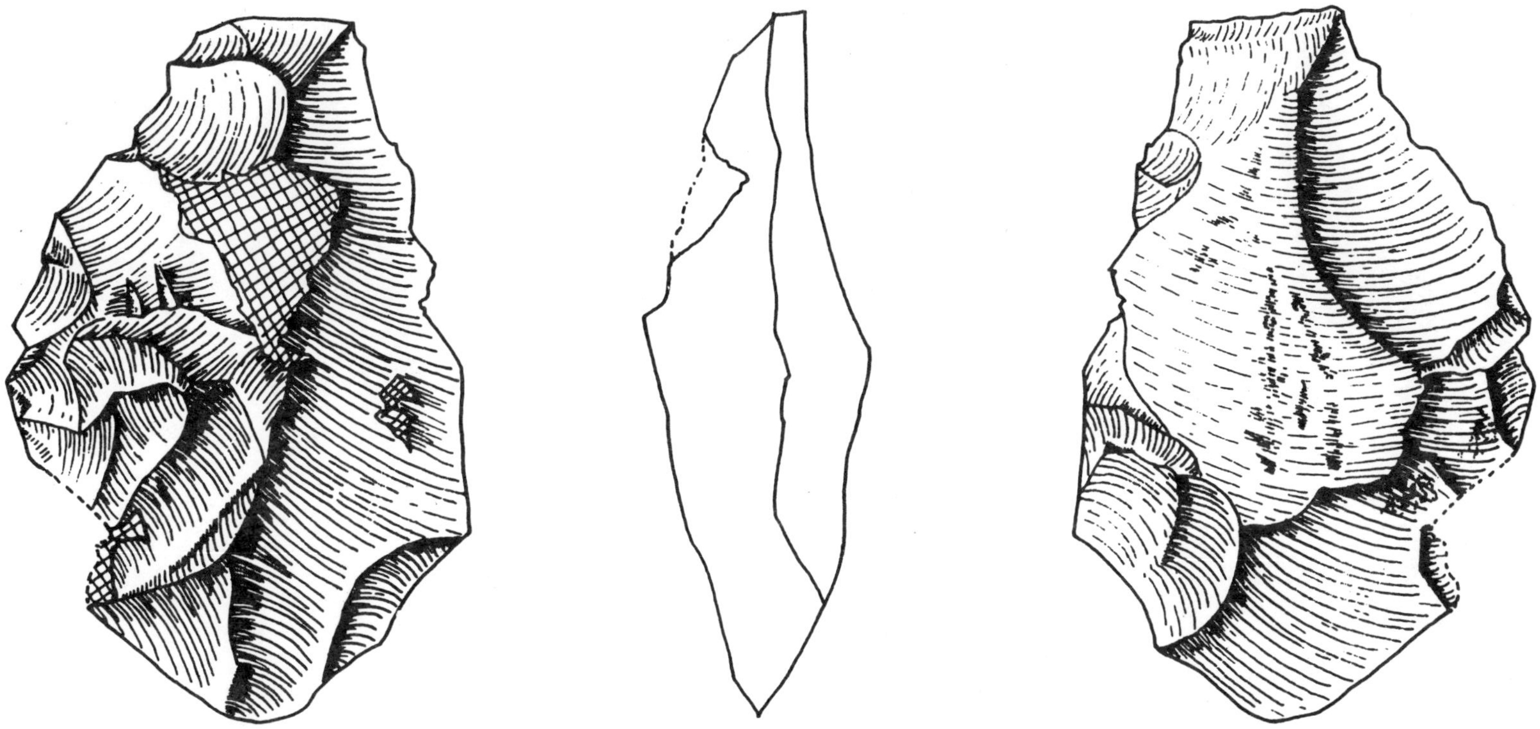

TD10. BN2G. Sílex Neógeno.

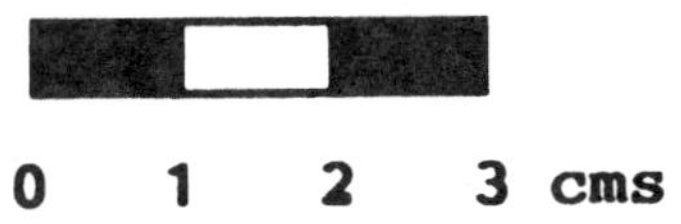

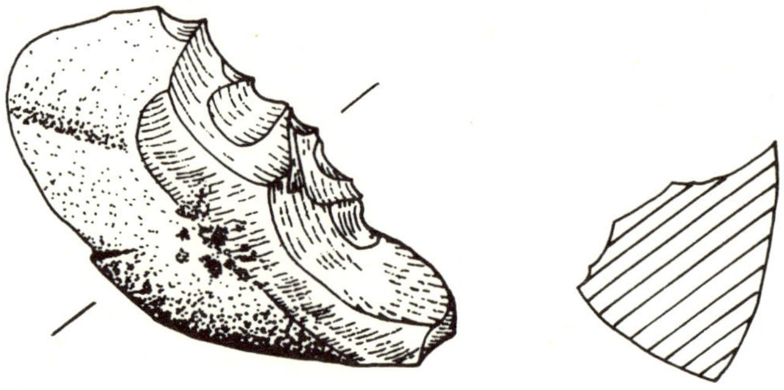

TD10. BN2G. Arenisca.

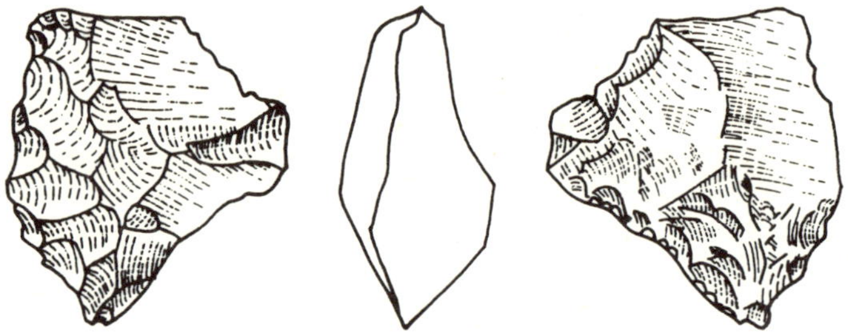

TD10. BN2G. Cuarcita.

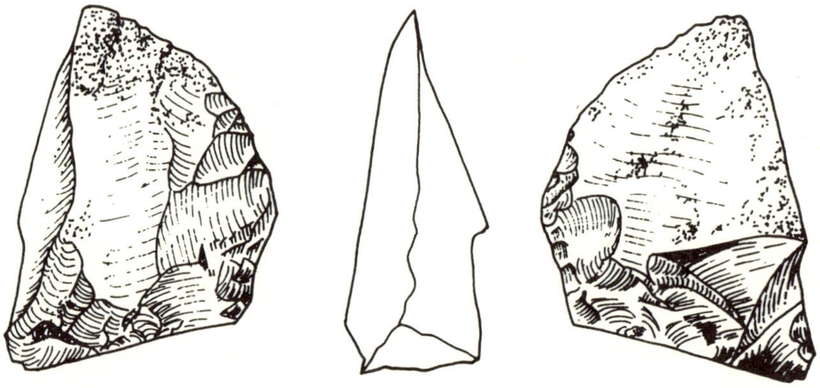

TD10. BN2G. Sílex Neógeno.

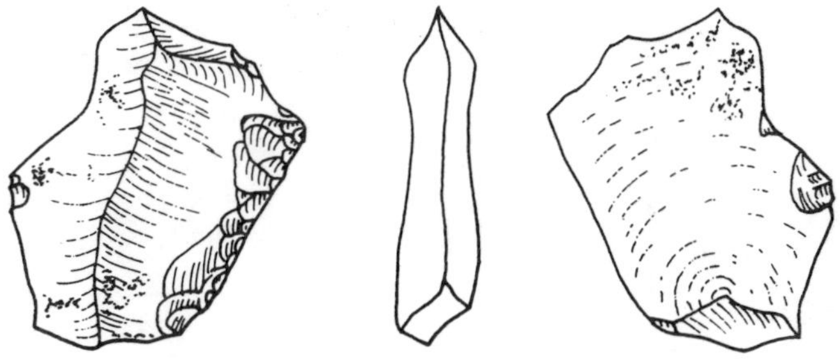

TD10. BN2G. Sílex Cretácico.

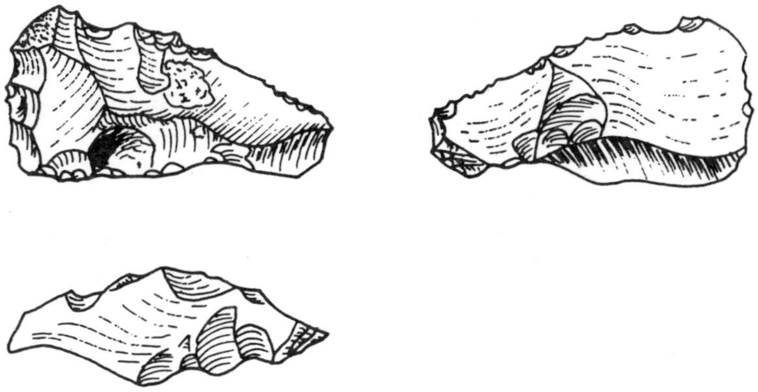

TD10. BN2G. Sílex Neógeno.

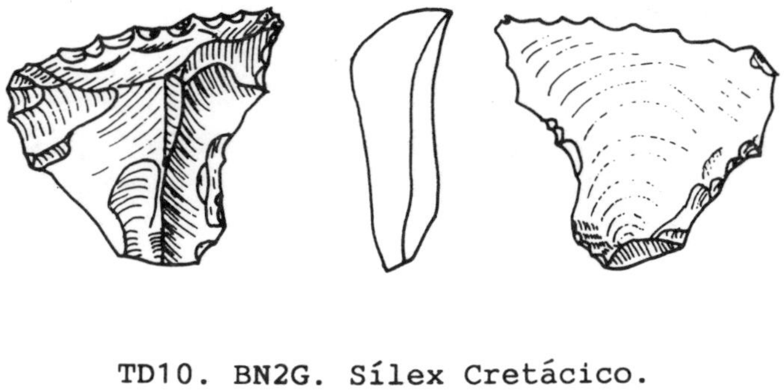

TD10. BN2G. Sílex Cretácico.

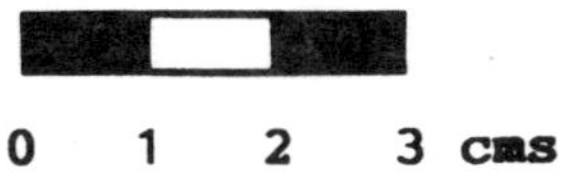

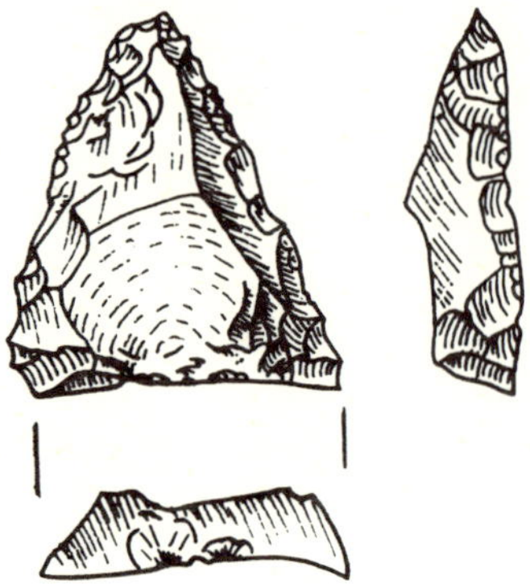

TD10. BN2G. Sílex Neógeno.

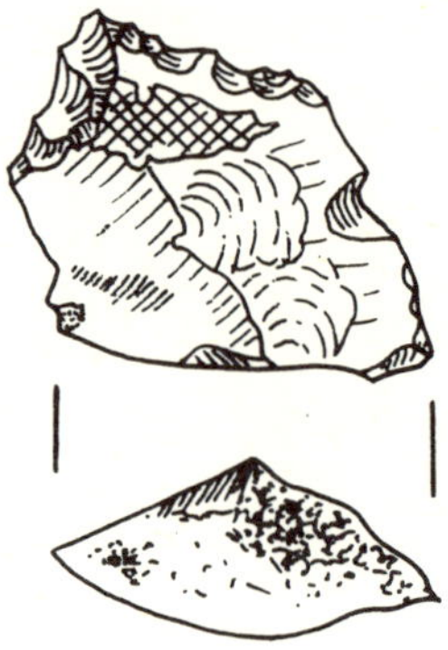

TD10. BN2G. Sílex Neógeno.

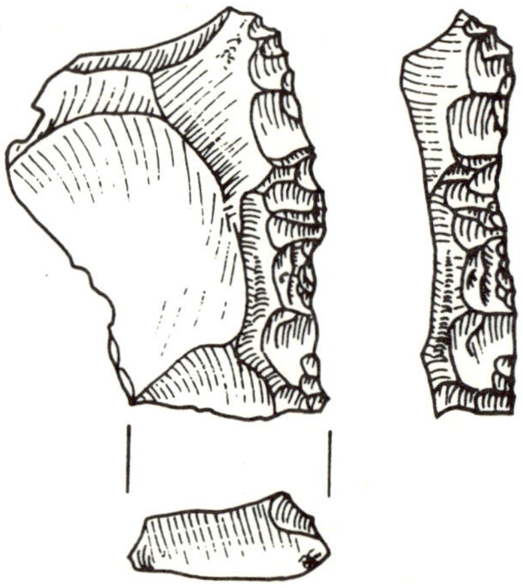

TD10. BN2G. Sílex Cretácico.

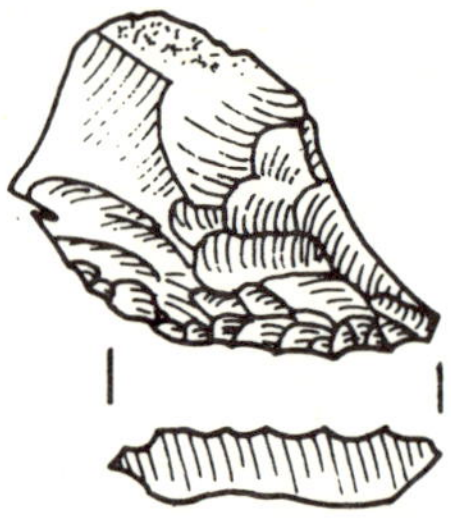

TD10. BN2G. Sílex Cretácico.

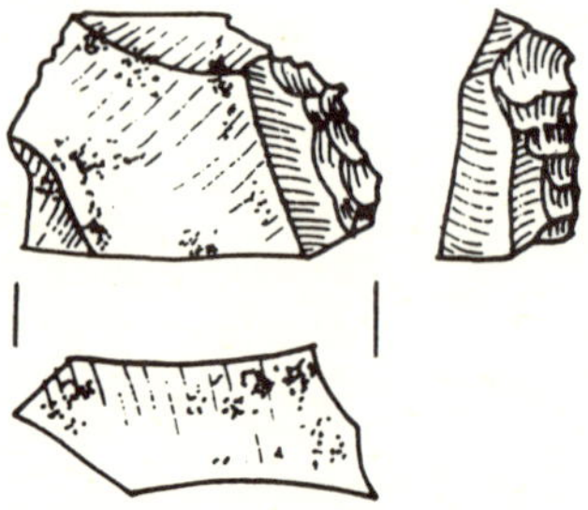

TD10. BN2G. Sílex Neógeno.

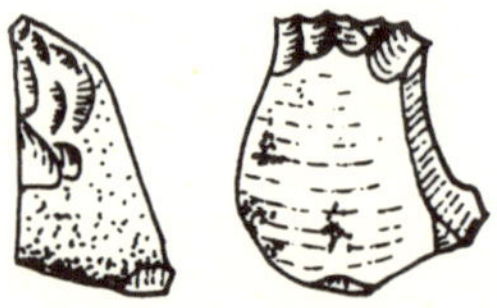

TD10. BN2G. Cuarcita.

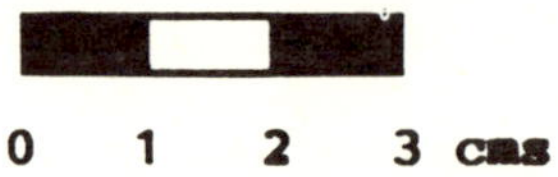

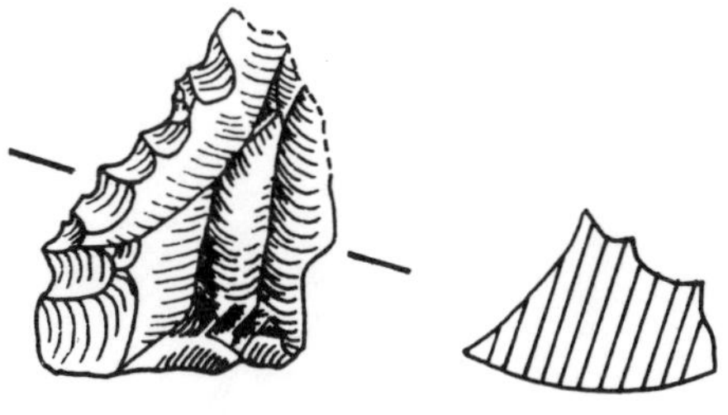

TD10. BN2G. Sílex Neógeno.

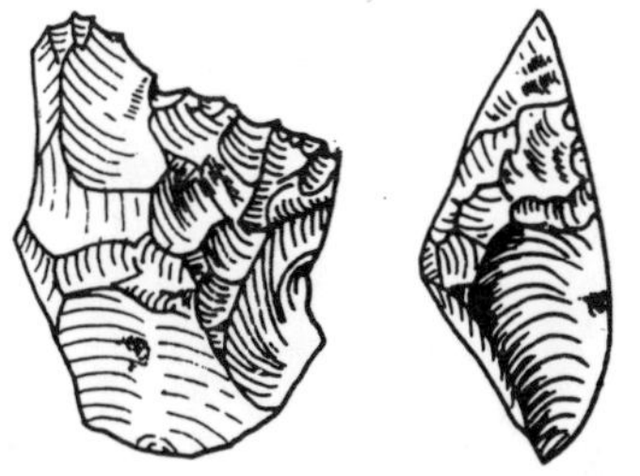

TD10. BN2G. Sílex Neógeno.

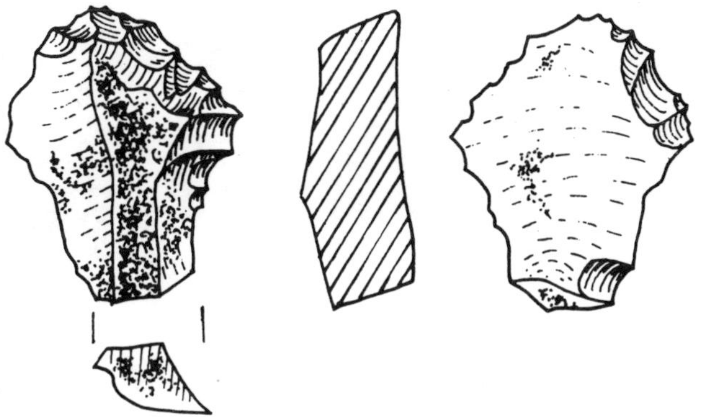

TD10. BN2G. Sílex Neógeno.

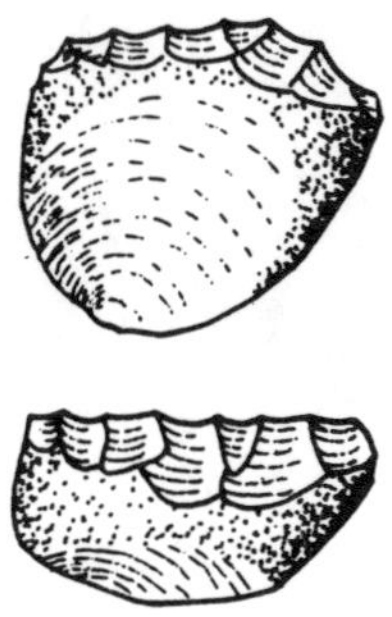

TD10. BN2G. Cuarzo.

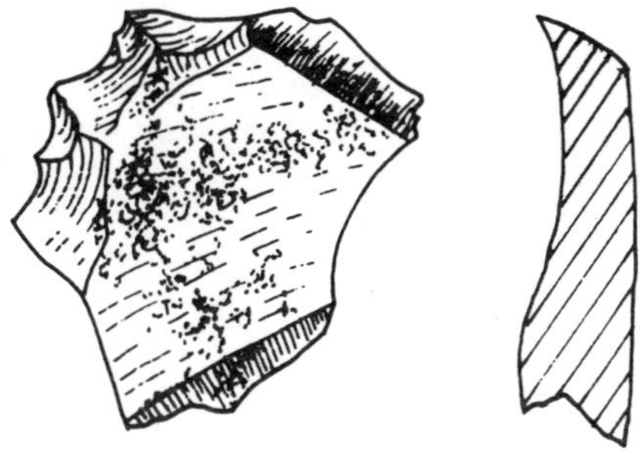

TD10. BN2G. Cuarcita.

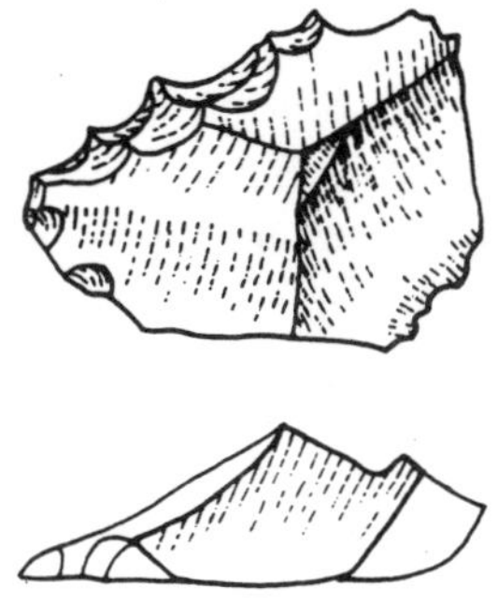

TD10. BN2G. Cuarcita.

0 1 2 3 cms

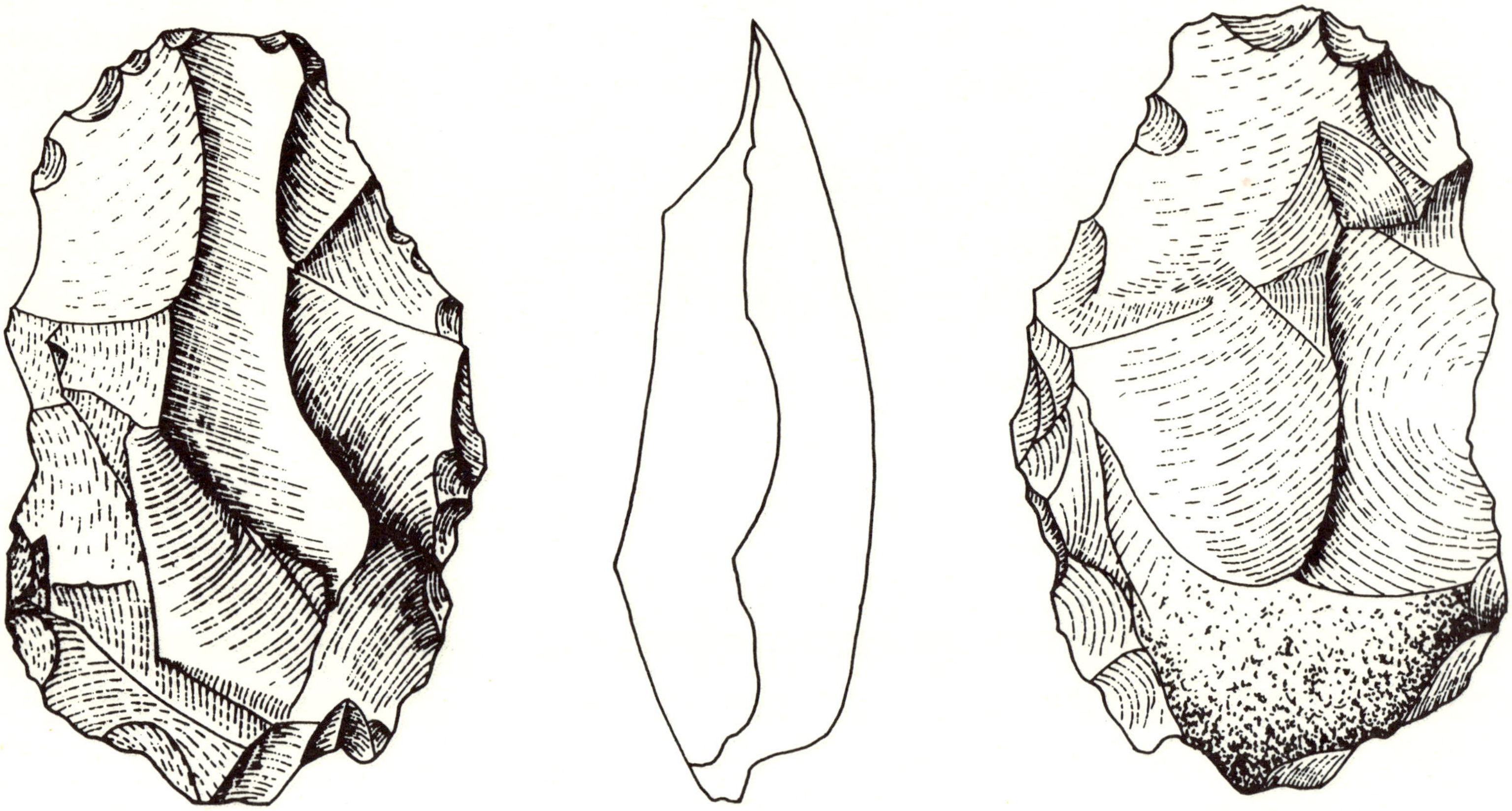

TN5. BN2G. Cuarcita.

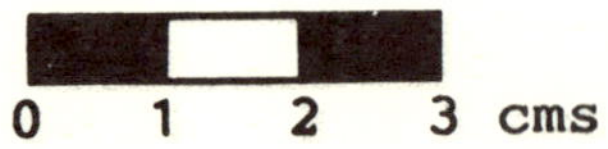

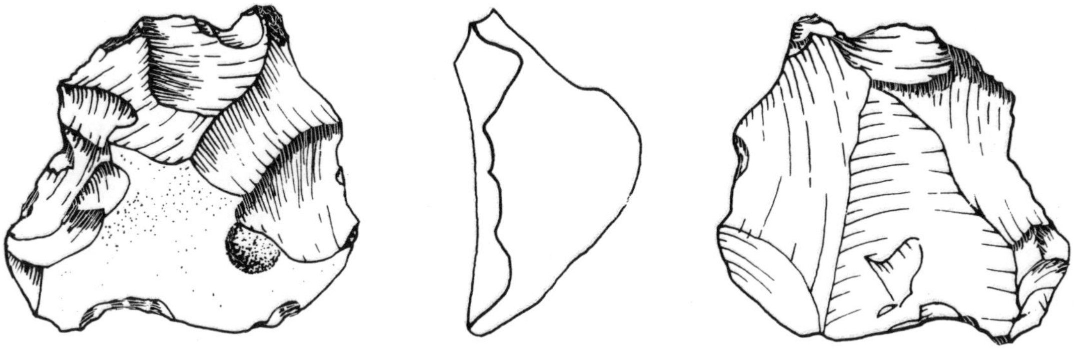

TN7. BN1G. Sílex Cretácico.

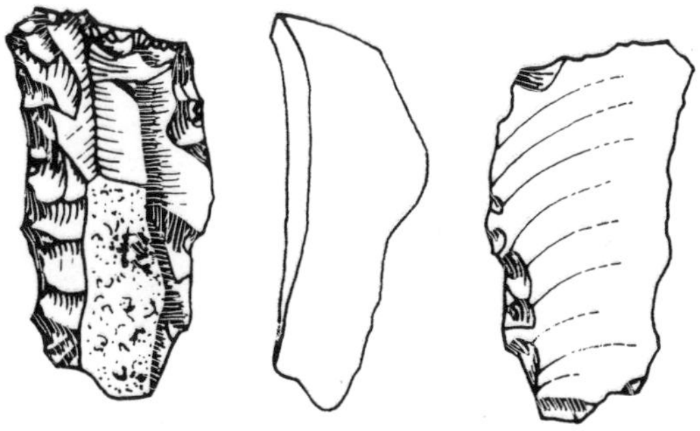

TN7. BN2G. Sílex Cretácico.

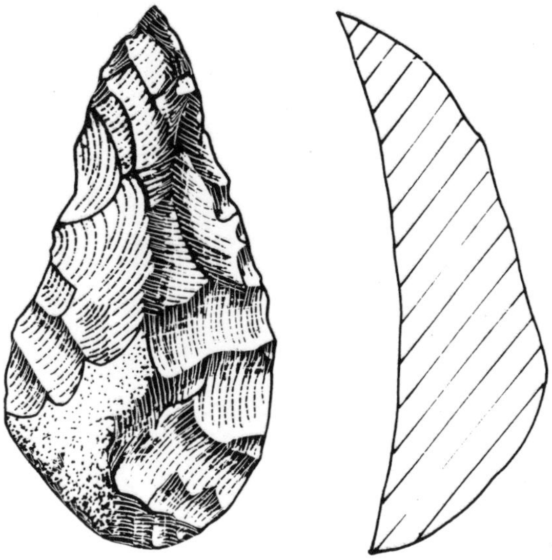

TF(NS1). BN2G. Cuarcita.

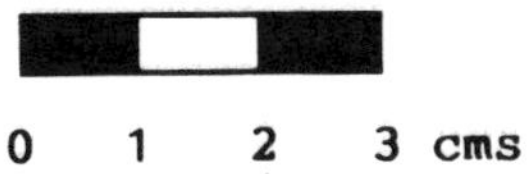

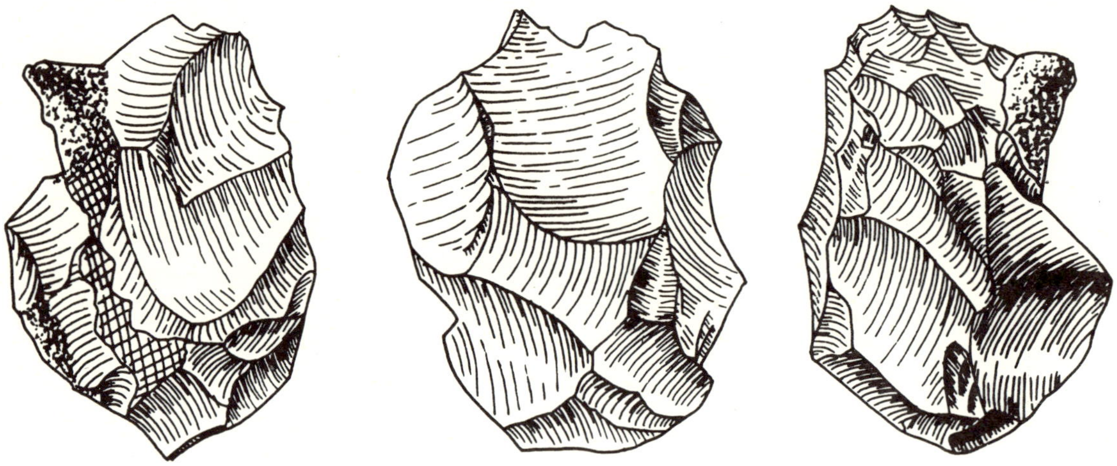

TG10. BN1G. Sílex Neógeno.

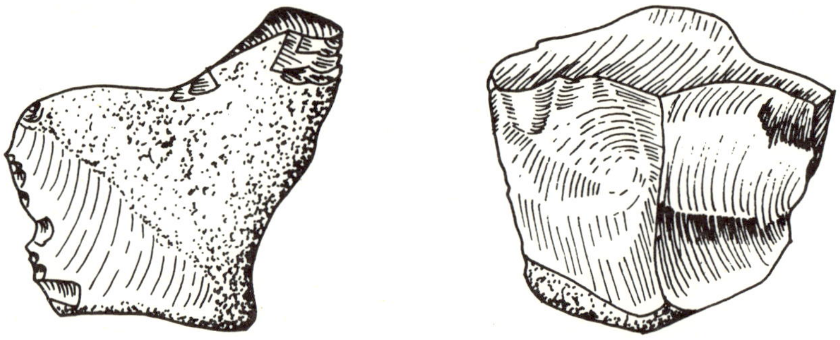

TG10. BN1G. Sílex Cretácico.

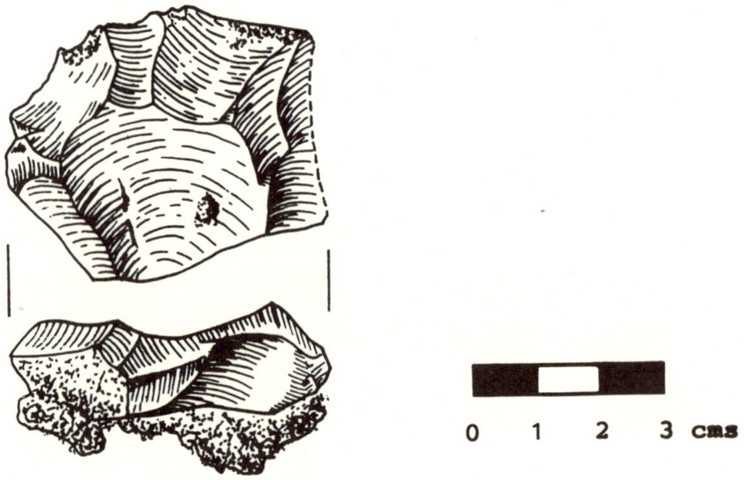

TG11(GSU11). BN1G. Sílex Neógeno

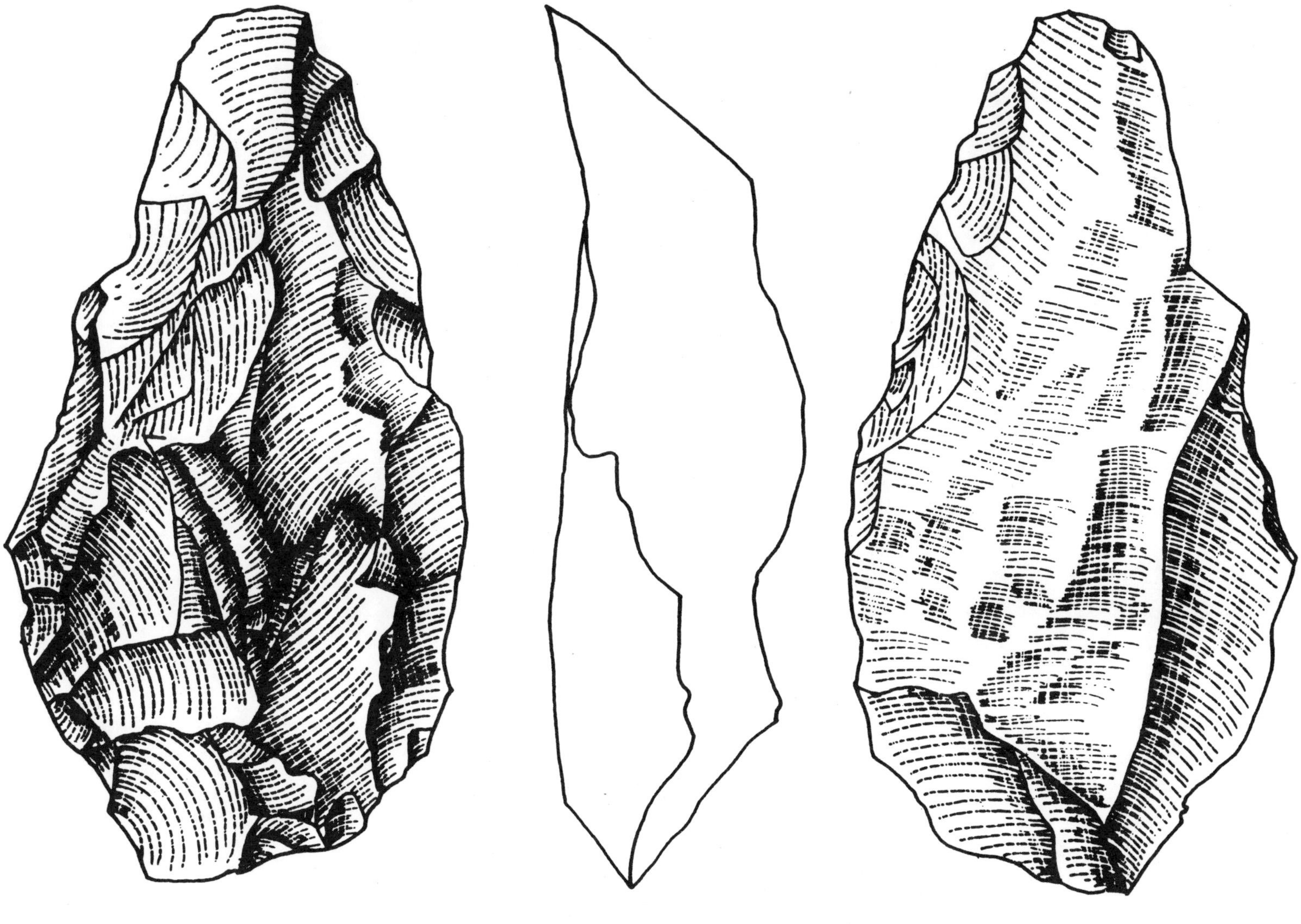

TG10. BN2G. Cuarcita.

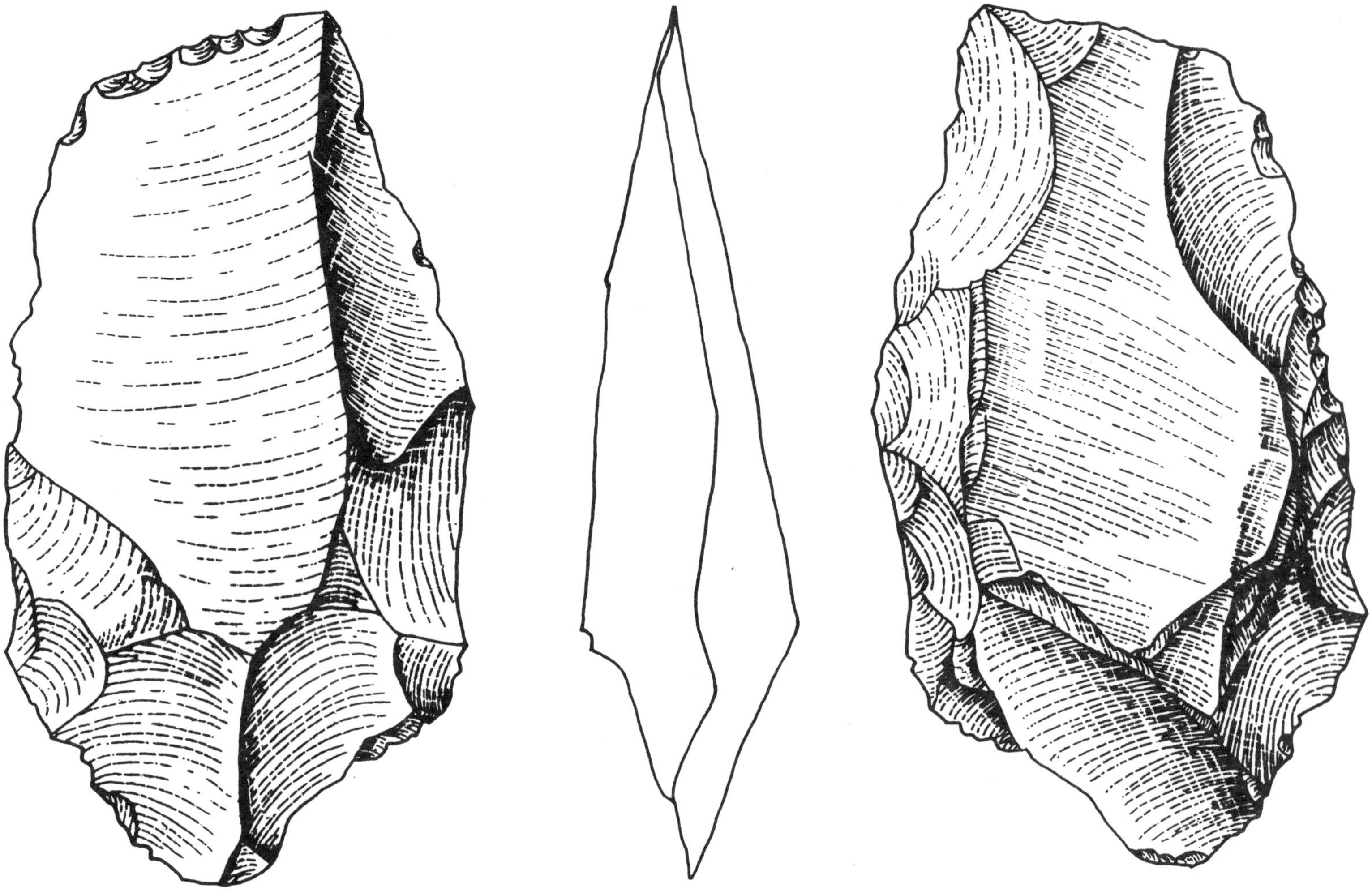

TG10. BN2G. Arenisca.

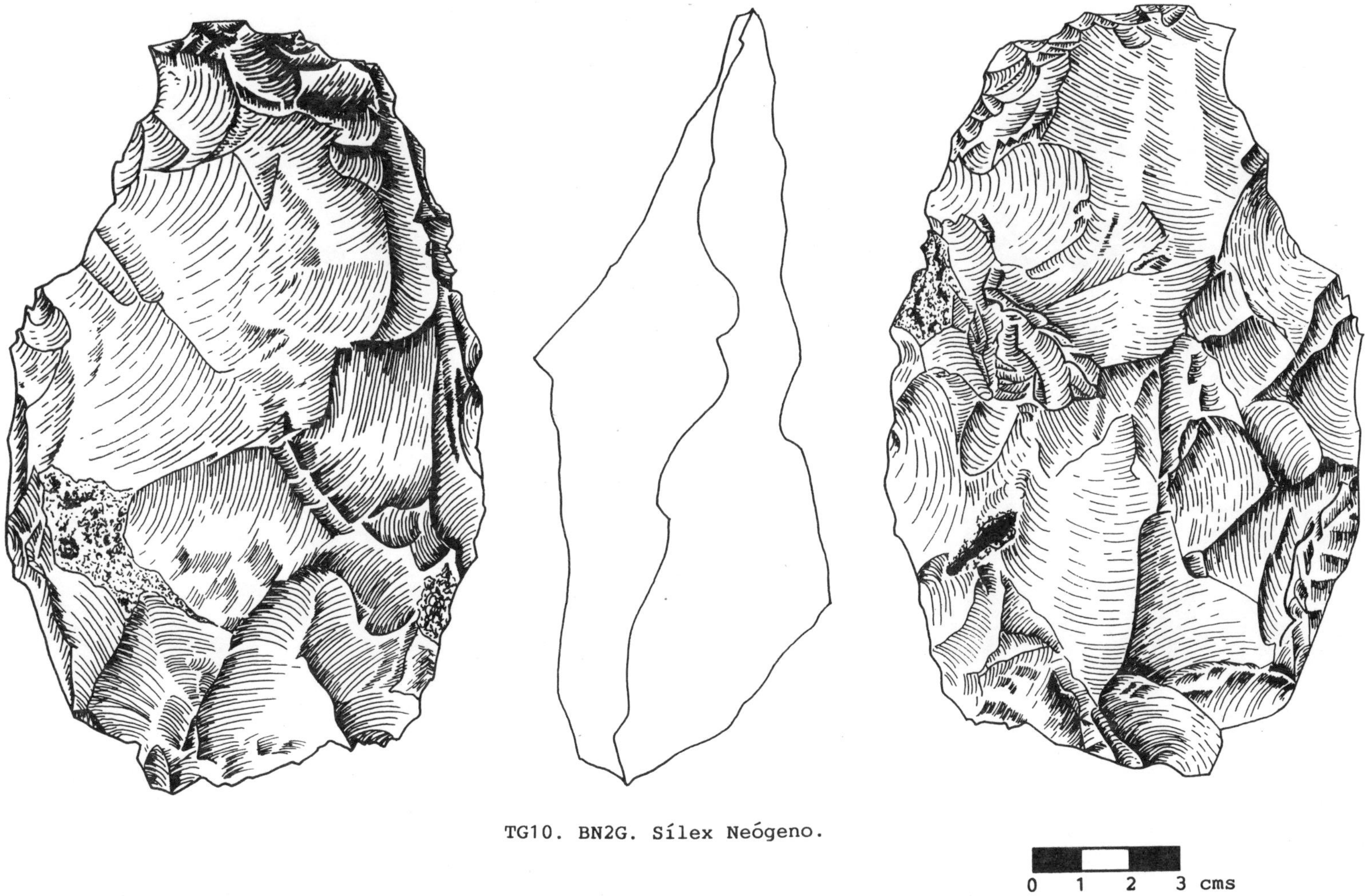

TG10. BN2G. Sílex Neógeno.

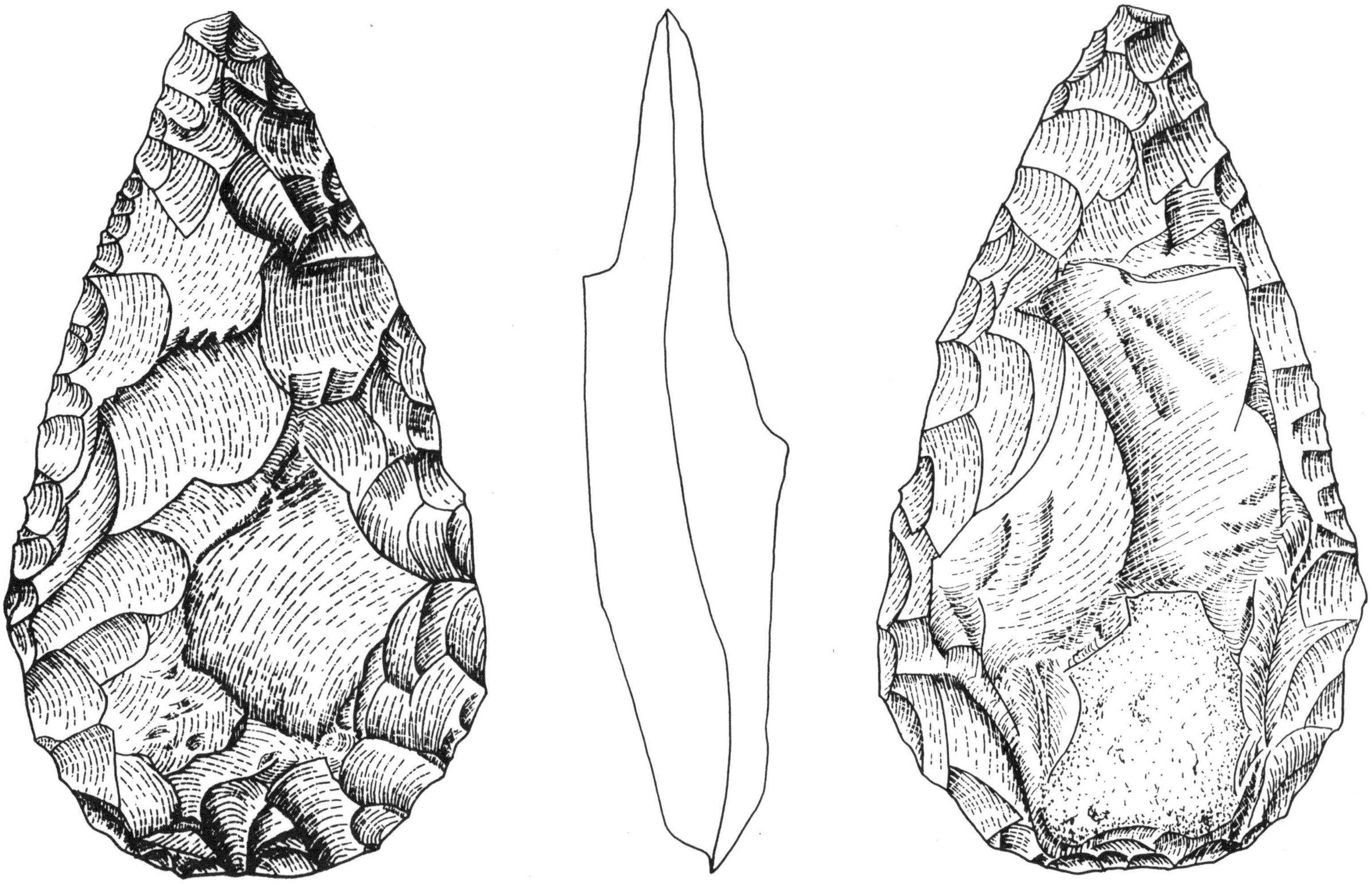

TG10. BN2G. Cuarcita.

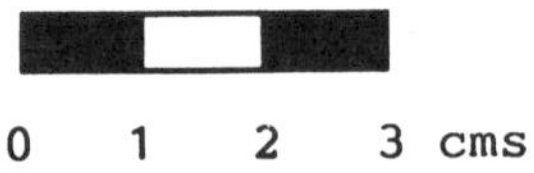

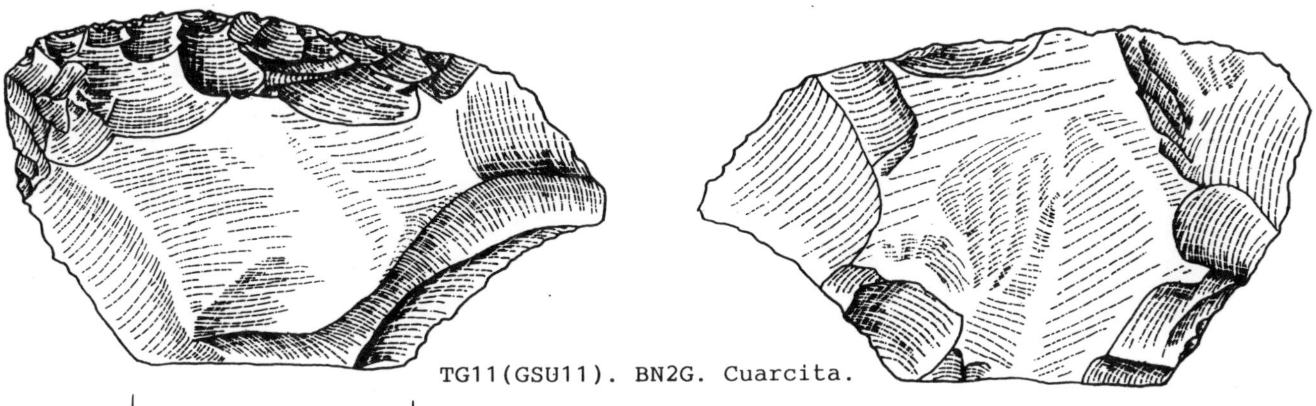

TG11(GSU11). BN2G. Cuarcita.

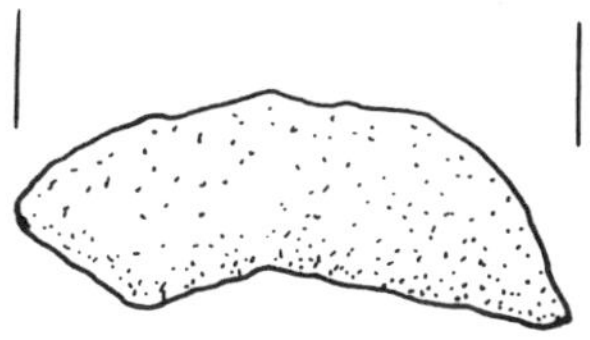

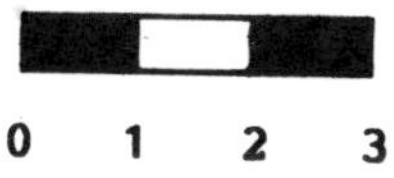

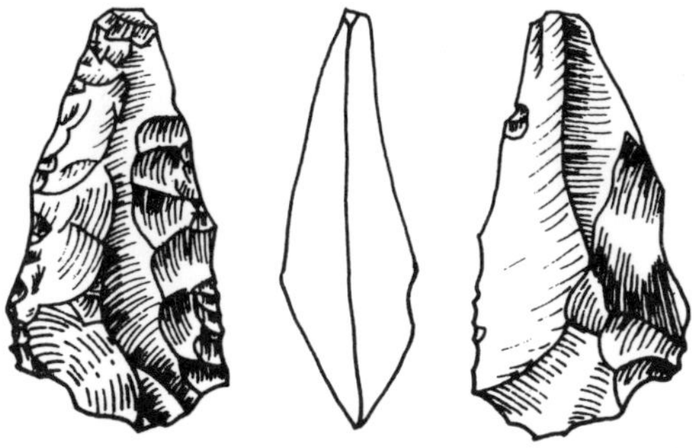

TG10. BN2G. Sílex Neógeno.

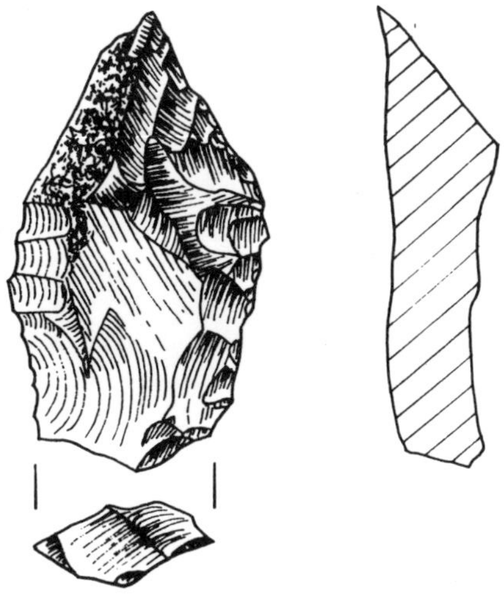

TG10. BN2G. Sílex Neógeno.

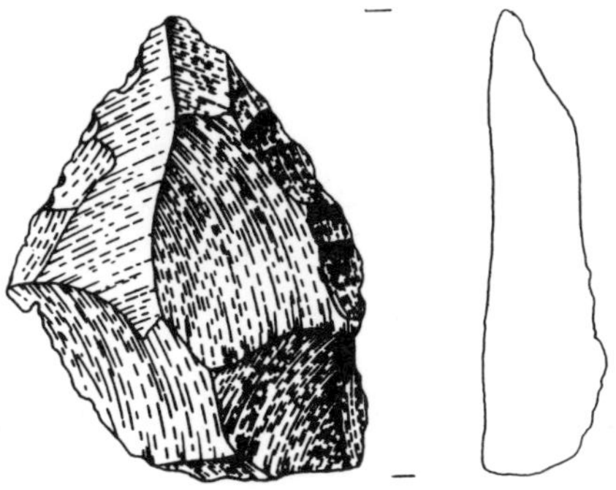

TG11(GSU12). BN2G. Arenisca.

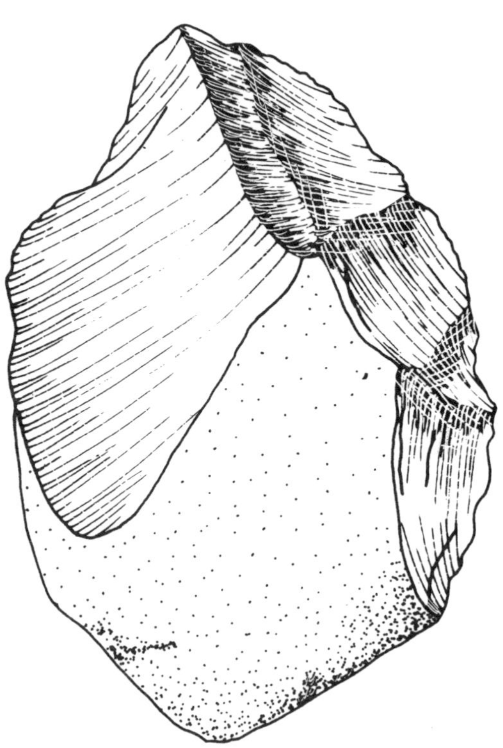

TG11(GSU11). BN1G. Arenisca.

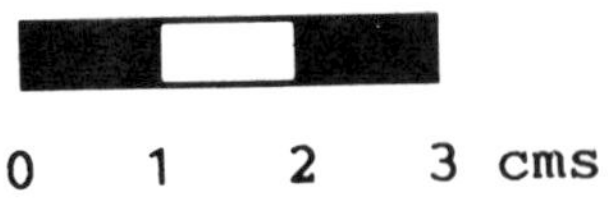

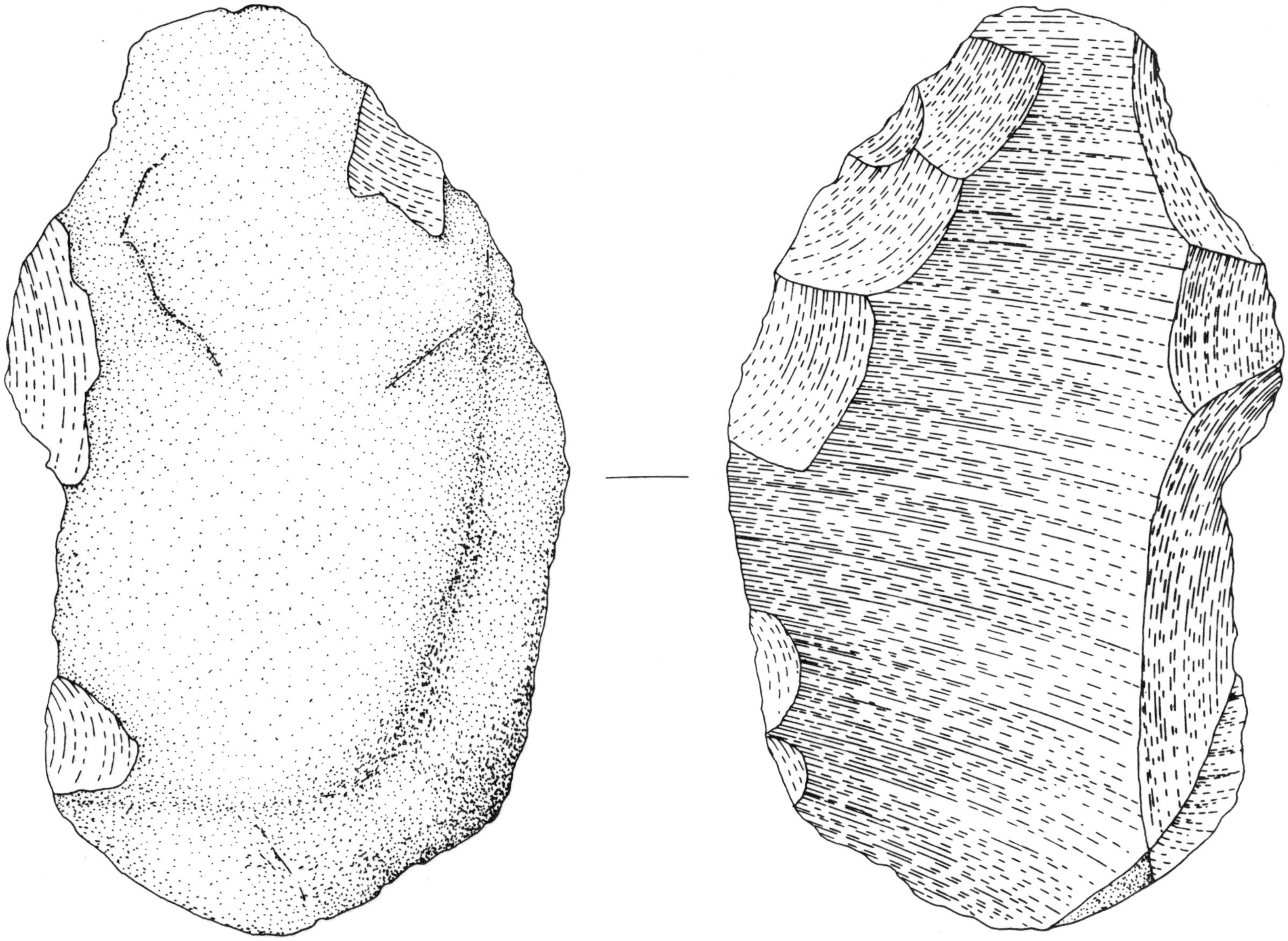

TG11(GSU12). BN2G. Cuarcita.

0 1 2 3 cms

Evolución humana en Europa y los yacimientos de la Sierra de Atapuerca, págs. 535-582

Acumulaciones faunísticas y homínidos en los yacimientos arqueológicos españoles

Faunal accumulations and Human Activity in Spanish archaeological sites

J. Carlos Díez Fernández-Lomana

Departamento Paleobiología. Museo Nacional de Ciencias Naturales. 28006 Madrid.

Resumen:

Se refieren los tipos de yacimientos que pueden reconocerse mediante el estudio de los restos faunísticos, según los procesos que intervinieron en su producción y conservación. Se definen los criterios que deben emplearse para reconocer la intervención de los homínidos sobre las entidades biológicas. Se expone el panorama actual de los yacimientos del Paleolítico Inferior español bajo esta perspectiva, con especial énfasis en los yacimientos de la Trinchera de Atapuerca.

Abstract:

Mention is made of the archaeological site types which can be recognized through the study of faunal remains, according to the processes that played a part in the production and preservation of those remains. The criteria used for the recognition of hominid intervention on the fauna are here defined. The current situation of Lower Paleolithic sites in Spain is examined with this perspective. Special emphasis is laid on the Atapuerca Trench sites.

Palabras clave:

Tafonomía, Fauna, Tipos de Yacimientos, Ocupaciones Humanas, España, Paleolítico Inferior, Atapuerca.

Key Words:

Taphonomy, Fauna, Site Types, Human Occupations, Spain, Lower Paleolithic, Atapuerca.

1 Introducción.

Los yacimientos del Pleistoceno Inferior y Medio proporcionan en muchas ocasiones restos de macrovertebrados. Su asociación topológica a restos industriales no nos asegura ni su origen ni su significado. Numerosos investigadores han cuestionado la visión antropocéntrica con la que se tiende a explicar la presencia de restos faunísticos (Binford, 1981, 1984). Se discute el papel jugado por los homínidos en la creación de las acumulaciones osteológicas (Isaac, 1983; Bunn y Kroll, 1986), la posibilidad de que los carnívoros fueran los primeros agentes de intervención (Brain, 1981; Binford y Stone, 1986), el modo de adquisición del alimento (Shipman, 1986; Blumenschine y Cavallo, 1992) y la dificultad para establecer criterios inequívocos que permitan reconocer las ocupaciones humanas (Behrensmeyer, 1987; O'Connell *et al.*, 1988).

Los estudios tafonómicos y zooarqueológicos experimentan en la actualidad un gran impulso y desarrollo, debido en parte a que las nuevas investigaciones en África del Este se orientan en este sentido (Bunn, 1986; Potts, 1988) y a que muchos de los yacimientos europeos están siendo revisados desde estas perspectivas (Rigaud, 1988; Klein, 1987; Villa, 1990; White y Toth, 1991).

Los autores españoles no son ajenos a estos nuevos planteamientos (Estévez, 1989) y pueden compararse los análisis zooarqueológicos de los años setenta con los desarrollados por los mismos investigadores en la actualidad (Altuna, 1973, 1990; Estévez, 1979, 1991; Morales, 1977, 1989). De forma simultánea, las excavaciones recientes cuentan con planteamientos previos tafonómicos (Agustí *et al.*, 1985; Gibert, 1986; Aguirre *et al.*, 1987; Alberdi y Bonadona, 1989) y diferentes especialistas desarrollan estudios experimentales o de replicación con los restos óseos (Gibert, 1986; Fernández y Perales, 1990; Pumarejo y Bernaldo de Quirós, 1990). Ha habido también un considerable avance en los aspectos teoréticos y metodológicos (Fernández López, 1982, 1991; Alcalá, 1992; Díez, 1992; Fernández Jalvo, 1992).

En este artículo pretendo exponer los distintos tipos de acumulaciones osteológicas que pueden formarse y converger con restos industriales, los criterios con los que pueden reconocerse y el panorama actual de los yacimientos de la Sierra de Atapuerca a la luz de esta nueva perspectiva.

El análisis que propongo para el estudio de los conjuntos óseos relaciona una teórica sucesión de eventos interactuantes con las evidencias aportadas por distintas disciplinas de investigación. El objeto de estudio está constituido por las pie-

1 Introduction.

Lower and Middle Pleistocene sites very often provide macrofaunal remains. Their topological connections with industrial remains do not safely explain either their origins or their meaning. Many researchers have questioned the anthropocentric approach frequently used to explain the presence of faunal remains (Binford, 1981, 1984). As a result, a debate has taken place about the role played by hominids in the creation of bone accumulations (Isaac, 1983; Brunn & Kroll, 1986); the possibility that carnivores could have been the primary agents of intervention (Brain, 1981; Binford & Stone, 1986); the mode of food-acquisition (Shipman, 1986; Blumenschine & Cavallo, 1992); and the difficulties involved in trying to establish a crystal-clear set of criteria for the recognition of human occupations (Behrensmeyer, 1987; O'Connell *et al.*, 1988).

Taphonomical and zooarchaeological studies are currently undergoing a boom which is partly due to the fact that recent research in Eastern Africa has taken this direction (Bunn, 1986; Potts, 1988) while many European sites are also being reexamined from these perspectives (Rigaud, 1988; Klein, 1987; Villa, 1990; White & Toth, 1991).

Spanish authors have not remained untouched by these ideas (Estévez, 1989). So much so indeed, that an interesting comparison can be made between zooarchaeological analyses done in the 70'S and those currently published by the same researchers (Altuna, 1973, 1990; Estévez, 1979, 1991; Morales 1977, 1989). At the same time, recent excavations have resorted to previous taphonomic approaches (Agustí *et al.*, 1985; Gibert, 1986; Aguirre *et al.*, 1987; Alberdi & Bonadona, 1989), while several experts are carrying out experimental studies or replication tests on bone remains (Gibert, 1986; Fernández & Perales, 1990; Pumarejo & Bernaldo de Quirós, 1990). Considerable progress has also been made in theoretical and methodological aspects (Fernández López, 1982, 1991; Alcalá, 1992; Díez, 1992; Fernández Jalvo, 1992).

In this paper I shall attempt to describe the different types of bone accumulations that can occur and their connection with industrial remains. I shall also define the criteria for the recognition of such accumulations and, finally, I shall try to consider the present state of the Atapuerca sites in the light of this new perspective.

The type of analysis that I am proposing for the study of bone assemblages attempts to relate a theoretical sequence of interacting events to the evidences supplied by the different zas identificadas de un vertebrado mamífero que en vida o muerte pudo tener algún tipo de relación o interactuación con los homínidos del Pleistoceno Medio. Esta presunta relación se formula por la coexistencia espacial de los despojos o productos de los homínidos con los de otros vertebrados. La finalidad de la investigación está encaminada a dar una explicación del origen de tales acumulaciones, calificar y cuantificar el papel de los homínidos en la formación de los yacimientos y realizar inferencias sobre el funcionamiento paleoeconómico de los grupos humanos. Presupongo que los elementos esqueléticos recuperados en un yacimiento así como su estado y situación son el resultado y la imagen de los distintos procesos físicos, químicos y biológicos que sobre ellos actuaron. Por tanto, partiendo del referente primario (la pieza o señal registrada) e integrando los estudios zoológicos, geográficos, paleontológicos, etnográficos, etc. de que se dispone, pueden formularse hipótesis interpretativas de cada acumulación osteológica, al ser éstas una evidencia diacrónica de cada uno de los estadios o procesos que ha experimentado.

2 Procesos generales.

El primer estadio a considerar está constituido por el esqueleto íntegro de un individuo. En suelos sin aire, húmedos y ácidos como la turba, es posible la preservación no sólo osteológica sino del tejido blando, pero en general todos los tejidos blandos desaparecen con una mayor o menor rapidez y sólo las materias duras tienen posibilidades de conservarse.

La presencia de esqueletos íntegros y sin ningún tipo de desarticulación es un fenómeno poco frecuente ligado a trampas naturales y a mortalidades en masa, sin transporte ni intervención de carroñeros (Badgley, 1986a).

El proceso más común en los esqueletos es su desarticulación. En la medida en que la muerte del individuo haya sido natural, con ausencia de carroñeros y rápido enterramiento, las posibilidades de pérdidas osteológicas se reducen. Hay ejemplos actuales y pretéritos que nos informan de los estadios por los que atraviesan los esqueletos antes de su enterramiento. Las temperaturas bajas, una reducida tasa de insolación y aire cargado de arena favorecen un rápido enterramiento y reducen la alteración subaérea (Behrensmeyer y Dechant Boaz, 1980). Los márgenes lacustres, una pequeña

research disciplines. The object of study will be the already identified elements of a vertebrate mammal that, either while living or after its death, might have had some sort of connection or interaction with Middle Pleistocene hominids. This hypothetical connection is postulated because the hominids' spoils and other by-products of their activity coexist in space with those of other vertebrates. The aim of my research is to provide an explanation for such accumulations, to qualify and quantify the role of hominids in the formation of sites and to reach some inferences about the paleoeconomic strategy of human groups. I take it for granted that the skeletal elements recovered from a site, as well as their condition and situation, are all the result and the reflection of the several physical, chemical and biological processes that acted upon them. Therefore, after considering the primary reference point (the skeletal piece or signal) and then incorporating the available research –zoological, geographical, paleontological, ethnographic, etc.–, it is possible to formulate hypothetical interpretations for every bone accumulation. These accumulations, are a diachronic evidence for each of the stages or processes that every accumulation has gone through.

2 General processes.

The first stage to consider is constituted by the whole of an individual's skeleton. In non-aired humid acid soils like turf it is not only possible to preserve the osteological matter, but the soft tissues as well. In general terms, however, soft tissues tend to disappear sooner or later and only hard matter stands any chance of survival.

The presence of complete, fully-connected skeletons is a rare phenomenon often associated with the existence of natural traps or mass mortality, thus excluding transportation or scavenging activities (Badgley, 1986a).

The most common process undergone by skeletons is the loss of anatomical connections. Insofar as the individual's death has been natural and followed by a quick burial and no scavenging activity, the probabilities of osteological losses will be reduced. Examples both present and past provide the information about the several stages undergone by skeletons before becoming buried. Low temperatures, a small insolation rate and a high level of sand in the air contribute towards a quick burying process while at the same time reducing subaerial alterations (Behrensmeyer & Dechant capa de vegetación y la deposición de cenizas volcánicas son también frenos a la degradación y desarticulación, pero el tamaño, la anatomía y la situación del cadáver (Hill, 1980a) influyen en la desarticulación y destrucción osteológica.

El factor primordial para evitar la destrucción de elementos es la rapidez del enterramiento (Johnson, 1980). Si ésta no se produce comienza la paulatina desarticulación, en un orden que está bien estudiado (Toots, 1965; Hill y Behrensmeyer, 1984) y que sólo se detiene con el enterramiento.

En general, la exposición subaérea, movimientos gravitacionales, pisoteo o la manipulación del cadáver por agentes biológicos, conlleva la desaparición de elementos con excepciones muy puntuales (Todd, 1987) y en las que la dispersión final varía con amplitud. Cuanto menor es el número y grado de los factores que intervienen en el proceso, encontraremos un mayor número de segmentos articulados, una baja proporción de fragmentos, superficies óseas no alteradas, menor distancia de separación entre elementos pares o sucesivos y con mínima variación en el espesor del nivel. La relación entre el número de elementos y el número de individuos debe estar próxima a la del animal en vida.

La evidencia arqueológica sugiere por el contrario que la desaparición osteológica es inherente a la formación de los yacimientos (Behrensmeyer, 1982).

Brain ha dedicado numerosos trabajos al tema de la conservación diferencial (Brain, 1967, 1981) y demuestra que las epífisis que primero se sueldan tienen más posibilidades de conservación que las últimas, aunque la forma, estructura y resistencia de cada hueso es diferencial y conlleva una diferente posibilidad de preservación. Bouchud (1977) ha llegado a conclusiones semejantes estudiando diferencias numéricas de elementos de équidos y bóvidos. Añade consideraciones mecánicas, contenidos en carne y médula e incluso el sesgo que se produce por las técnicas de excavación, en la misma línea que la evidenciada por Payne (1975) y Mays (1992).

En los artículos que Brain publica sobre los rebaños de cabras abandonadas por los hotentotes muestra que los elementos menos abundantes son las vértebras, sacro, falanges, y costillas. Brain (1969) señala que gran parte de las diferencias en la conservación anatómica tienen una relación directa con el volumen del hueso o segmento anatómico considerado. Poplin (1977) llega a la misma evidencia pesando carpales y tarsales de caballo y dentición de zorro: los huesos y dientes más pesados son más abundantes en los yacimientos que los livianos. Behrensmeyer (1975a) amplía estos estudios midiendo densidades, volúmenes y pesos en la mayoría

Boaz, 1980). Lacustrine margins, a thin layer of vegetation and volcanic ash deposits all check degradation and disarticulation, but the corpse's size, anatomy and situation (Hill, 1980a) also influence disarticulation and osteological destruction.

The most important influence in avoiding the destruction of skeletal parts is the velocity burial (Johnson, 1980). When this is not the case, gradual disarticulation begins according to a sequence that has been well described (Toots, 1965; Hill & Behrensmeyer, 1984) and that will not stop until the carcass is finally buried.

Generally speaking, subaerial exposure, gravitational movements, trampling or carcass manipulation by biological agents all involve the disappearance of elements, the exception being a few specific cases (Todd, 1987) in which final dispersion widely varies. The smaller the number and the degree of the intervening agents are, the more likely we are to come across a greater amount of articulated segments, a low proportion of fragments, unaltered bone surfaces and shorter separations between even or successive elements together with a minimum variation in the level's thickness. The ratio between the number of elements and the number of individuals must be close to the one for the living animal.

Archaeological evidence suggests instead that osteological loss goes hand in hand with the formation of sites (Behrensmeyer, 1982).

Brain, who has written many papers on the subject of variable preservation patterns (Brain, 1967; 1981), has been able to demonstrate that those epiphyses that first become fused have higher chances of preservation than those which become fused at a later stage, even though there is variability in each bone's shape, structure and resistance, and they all involve their own chances of preservation. Bouchud (1977) has reached similar conclusions after studying the difference in the number of elements from equids and bovids. He has also put forward some mechanical considerations and other observations about the meat and marrow content and even about the bias caused by excavation techniques very much in the same direction as that taken by Payne (1975) and Mays (1992).

In his articles on goat herds left behind by Hottentots, Brain shows that the elements that are most scarcely represented are the vertebrae, the sacrum, the phalanges and the ribs. He also points out (1969) that, to a great extent, differences in anatomic preservation are directly related to the volume of the bone or segment in question. Poplin (1977) has arrived at the same conclusion after weighing the carpal and de las piezas de varias especies, obteniendo resultados concordantes con los anteriores.

Binford y Bertram (1977) y Binford (1981) aplican tales estudios sobre densidades a dos especies, oveja y reno, cuantificando la posibilidad de supervivencia de cada elemento. Sus resultados son similares a los comentados: falanges, carpales, costillas, tarsales, vértebras cervicales, torácicas, metacarpos y fémures son las piezas con menores posibilidades de supervivencia. Binford comprueba que las epífisis que primero se fusionan tienen una mayor posibilidad de supervivencia.

Las principales diferencias entre Brain y Binford se refieren a la mayor supervivencia de las zonas proximales sobre las distales en los metápodos y a la fuerte presencia de radio/ulnas distales en los datos de Binford. Es posible que la edad de los individuos objeto de estudio haga variar tales proporciones: en los huesos en los que una de sus epífisis está soldada y la otra no, o es de reciente fusión, se conserva con más facilidad la de fusión más antigua; en los casos en que ninguna o las dos estén fusionadas, es más probable recuperar la más densa, con independencia de su edad de soldadura.

Por último, todos los autores reconocen la mejor conservación de la mandíbula respecto a los maxilares, la falange primera respecto a las distales o la mayor abundancia de dentición aislada frente a la conservada en los alveolos en los conjuntos más alterados (Tobias, 1987).

Mediante los estudios citados se obtienen dos conclusiones de interés: (1) la ausencia en numerosos yacimientos de algunas piezas esqueléticas (vértebras caudales o torácicas, carpales, etc.), suele estar más ligada a su destrucción durante el proceso de formación del yacimiento que a un transporte o traslado diferencial por alguna entidad biológica. (2) Los yacimientos que presentan una proporción de elementos o segmentos óseos similares a los ejemplos precedentes tendrán más posibilidades de explicarse como fenómenos naturales de muerte, dispersión y fosilización que como el producto de factores físicos o biológicos que intervinieran en su producción.

El modelo original se complica cuando interviene el transporte fluvial, que puede asociar esqueletos de variado origen espacial y temporal. Las observaciones de Voorhies (1969), las hipótesis de Behrensmeyer (1975) y las experimentaciones de campo y laboratorio (Boaz y Behrensmeyer, 1976; Hanson, 1980) no han sido coincidentes en determinar el comportamiento de los distintos huesos de diferentes especies sometidos a un flujo hidráulico. Para Hanson no hay grandes variaciones entre los elementos: lo que posibilita su

tarsal bones of horses and the dental elements of foxes: heavier bones and heavier teeth appear more frequently in sites than lighter ones. Behrensmeyer (1975a) has carried these studies further by measuring the density, volume and weight of most skeletal pieces from several species. His results are consistent with the earlier research.

Binford & Bertram (1977) and Binford (1981) have applied these studies on density to two species, the sheep and the reindeer, and have quantified each element's survival chances. Their results are again similar to those already mentioned: phalanges, carpal bones, ribs, tarsal bones, cervical and thoracic vertebrae, metacarpals and femora are the elements with fewest chances of survival. Binford has also noticed that the epiphyses that first become fused are more likely to survive.

The main differences between Brain and Binford have to do with the most frequent survival of proximal versus distal zones in metapodial bones and the high occurrence of distal radio/ulnas in Binford's data. Possibly the age of the sampled individuals is responsible for such variations: in those bones where one of the epiphyses is fused while the other is not (or is only very recently fused), the former is more likely to be preserved than the latter; if both epiphyses are fused —or if neither of them is— we are more likely to recover the one that has a higher density, regardless of the fusion time.

Finally, all authors acknowledge the better preservation of mandibles as against maxillary bones, and of the first phalanx as against distal phalanges. Likewise, the more frequent occurrence of isolated dental parts as against those pieces preserved inside their alveolar sockets has also been acknowledged in those assemblages showing important alterations (Tobias, 1987).

The above-mentioned studies suggest two interesting conclusions: 1.—In many sites, the absence of certain skeletal parts (caudal and thoracic vertebrae, carpal bones, etc.) is often associated with attritional processes that took place while the site was being formed, rather than with variable transport patterns introduced by some biological agents. 2.—Sites showing a proportion of osteological parts or segments similar to the preceding examples are more likely to be the result of natural phenomena of death, dispersion and fossilization than the outcome of physical or biological factors intervening in their production.

The original model becomes more complex if fluvial transport, which is likely to assemble skeletons from different times and places, has a part to play in the whole process. Neither Voorhies' observations (1969) nor Behrensmeyer's transporte es la fuerza de la corriente y la capacidad de rodar que tienen algunos huesos por su morfología. Para Badgley (1986b) sólo las vértebras muestran una tendencia a ser más abundantes con el aumento del caudal acuífero. Todos coinciden en que la talla del taxón y el peso del elemento tiene una relación directa con su transportabilidad, siendo los huesos más pequeños muy fácilmente desplazados.

Se puede concluir, por tanto, que, aunque no existe un modelo claro de comportamiento de cada pieza esquelética o fragmento ante un flujo hidráulico, los elementos pequeños, de baja densidad y con una morfología redondeada son más fácilmente transportados que los restos grandes, con alta densidad y de morfología rectangular.

Pueden realizarse varias aproximaciones para conocer, desde la perspectiva osteológica, si los elementos presentan evidencias de transporte por corrientes fluviales: se reflejan las conexiones anatómicas, las orientaciones de los restos, la conservación diferencial de elementos esqueléticos según su densidad y la aparición de restos con abrasión o pátina lustrada (Behrensmeyer, 1990). La capacidad del transporte acuífero de mezclar cadáveres y piezas esqueléticas exige considerar los individuos aisladamente. Realizando el estudio individuo a individuo pueden encontrarse diferencias que tengan una explicación satisfactoria si se los considera procedentes de distintos eventos tafonómicos.

El siguiente agente que vamos a tener en consideración es el biológico. Dejando para el final a los homínidos, los carnívoros son los principales agentes de mortandad y de alteración de los cadáveres, modificando y creando acumulaciones constantemente, dada su dependencia cárnica. El principal problema al que me enfrento a la hora de encontrar unas pautas en el tratamiento de los cadáveres por parte de los predadores es la diversidad de especies que componen el orden de los carnívoros, con su consiguiente etología diferencial.

Los conjuntos creados por los carnívoros son de tres tipos, que tienen su base en el diferencial comportamiento que reflejan ante los cadáveres: (1) Consumición parcial del cadáver en el lugar de muerte, abandonando allí una parte variable del esqueleto. (2) Traslado a un cubil o refugio de cadáveres enteros o de parte del esqueleto, para su posterior consumición. (3) Modificación de despojos precedentes, sea consumiendo en el lugar o trasladando los elementos abandonados por anteriores predadores. Los tres tipos son creados por prácticas carroñeras, pero sólo los dos primeros pueden realizarse por caza.

Según el grado de consumición se pueden caracterizar tres tipos de conjuntos: (1) el formado por leones o cánidos

hypotheses (1975) nor field and laboratory experiments carried out by Boaz & Berensmeyer (1976) and Hanson (1980) have been consistent enough to establish unique patterns for different bones from different species exposed to the action of a hydraulic flume. Hanson does not see important variations among the different elements: their transport is made possible by the stream's flow and by the fact that the morphology of certain bones makes them particularly apt to roll. For Badgley (1986b), only vertebrae tend to appear more frequently as a result of an increase in the water level. They all remark, however, that the taxon's size as well as the element's weight are directly related to the latter's capacity for being transported, so that smaller bones are very easily moved from one place to another.

We might therefore conclude that, even though there is no clear pattern as regards the behavior of each skeletal piece or pattern affected by a hydraulic flume, small elements having a low density and a round morphology are more easily transported than large dense rectangular pieces.

Several approaches can be used in order to know, from an osteological perspective, whether the elements show any evidence of having been transported by a fluvial current: anatomical connections are generally described as well as the remains' orientation; the variable preservation of skeletal elements according to their density and the appearance of worn-away or polished elements is also taken into account (Behrensmeyer, 1990). The fact that water transport is likely to mix up carcasses and skeletal pieces demands that we should study each individual in isolation. Only in this way is it possible to find some differences that can be satisfactorily explained if the individuals are regarded as coming from different taphonomic events.

The next agent to consider is the biological one. With the exception of hominids, which we shall study later, carnivores are the main agents of mortality and food remains-alteration: their dependence on meat makes them create and modify accumulations all the time. The main difficulty I run up against as I try to establish a number of patterns for the handling of corpses by predators is the great diversity of species belonging to the carnivore order and the resulting differential ethology.

Assemblages created by carnivores can be classified into three types, depending on the differential behavior these animals display in the presence of a carcass: 1.—Partial consumption of the carcass on the site of its death, after which a variable part of the skeleton is left; 2.—Transport of the carcass to a den or storeplace for full bodies or skeletal parts that will la-en el lugar de muerte del cadáver, sin posterior intervención de hienas; (2) el formado por hienas en el lugar de muerte de la presa, sean o no las primeras en acceder a los despojos; y (3) el conjunto aportado por los carnívoros a sus cubiles, sea que se trate de individuos íntegros o de zonas seleccionadas. En los tres tipos habrá diferencias según se trate de grandes ungulados o bien de pequeñas presas.

Los leones y cánidos comen de inmediato las vísceras seguido de la carne de los cuartos traseros y de la caja torácica y cuanto más grande es la presa más carne dejan. Los leones abandonan en general entre un 12 por 100 y un 70 por 100 del potencial alimenticio, dependiendo de la menor o mayor talla del cadáver (Blumenschine, 1986). Richardson (1980) refiere que casi el 80 por 100 de los huesos largos se abandonan en el lugar, de los que sólo el 5 por 100 están mordidos. También este autor refiere que para presas de entre 100 y 300 kg. el 75 por 100 de los huesos están articulados.

La secuencia de consumición de hienas (Blumenschine, o. c.) es semejante, salvo que empiezan a comer la médula de las patas traseras antes de terminar con la carne del cuello o la cabeza. La destrucción que realizan de los cadáveres y huesos es también de mayor magnitud, sobre todo en lo que respecta al contenido medular. Cuando actúan sobre despojos su acción es muy superior, dejando apenas cabezas, falanges y metápodos, salvo cuando se trata de animales de gran talla. Richardson (o. c.) refiere que en los animales de más de 300 kg. pueden conservarse gran parte de sus articulaciones y más de la mitad de los huesos largos, pero la mayoría mordidos y fragmentados.

Las características de los cubiles de hienas están bien estudiadas. En caso de aportar cadáveres enteros éstos suelen pertenecer a animales jóvenes de pequeña talla (Hill, 1980b). Sutcliffe (1970) refiere también que los individuos de gran talla suelen estar representados por huesos de inmaduros y que los restos humanos no son infrecuentes. Binford (1981), trabajando con zonas anatómicas amplias, encuentra un cierto orden en el transporte de cadáveres a los cubiles, tanto para las hienas africanas como en los lobos norteamericanos: se acarrea siempre la pata delantera, en segundo término el cráneo, mandibula, primeras vértebras cervicales y la escápula; por último la pata trasera. Según el peso del cadáver encontraremos más cráneos, cuellos y coxales en los individuos de talla pequeña que en los de gran talla. Son muy frecuentes los restos postcraneales, mucho más abundantes que el esqueleto axial. Klein (1980) sostiene que la abundancia o no de restos craneales en los cubiles es una cuestión de talla, registrándose muchos cráneos de bóvidos pequeños y muchas

ter be consumed; 3.–Modification of previous spoils, either by on-the-spot consumption or by the transport of remains left behind by previous predators. All three types can be the result of scavenging activities, but only the first two can derive from hunting.

According to the degree of consumption, three types of assemblages can be distinguished: 1.–Accumulations formed by the action of lyons or canids on the site of the animal's death without any later intervention of hyenas; 2.–Accumulations formed by hyenas acting on the spot where the prey has died, regardless of whether or not hyenas were the first to approach the carcasses; 3.–Assemblages transported by carnivores to their dens, whether they consist of whole skeletons or selected parts. Within each type, further distinctions can be made according to whether they consist of large ungulates or small preys.

Lyons and canids eat the body organs at once and then the meat from the hindquarters and the rib cage. The larger the prey is the greater the amount of meat the leave uneaten. Lyons generally leave over between 12 % and 70 % of the food potential, depending on the size of the carcass (Blumenschine, 1986). Richardson (1980) reports that nearly 80 % of limb bones, of which no more than 5 % have been gnawed, are left on the spot. The same author also remarks that in the case of preys weighing between 100 and 300 kgs., 75 % of the bones are articulated.

The hyenas' sequence of consumption (Blumenschine, o.c.) is similar, save for the fact that they begin eating the marrow from the hind legs before having done with the meet from the head or the neck. The destruction they cause in bones and corpses is also more significant, particularly as regards marrow content. When they act upon animal spoils, the effects are even more powerful, since they hardly leave heads, phalanges or metapodials, except in the case of large-sized animals. Richardson (o.c.) remarks that in animals over 300 Kgs. a great deal of articulations and more than a half of the limb bones can be preserved, even though most of them will be gnawed and fragmented.

Hyena dens have received considerable attention. In the case of complete skeletons being stored in such dens, they will normally belong to small young specimens (Hill, 1980b). Sutcliffe (1970) also reports that large-size individuals are normally represented by immature bones and that human remains are not rare. Binford (1981), who has analyzed large anatomical sections, detects a certain order in the transport of carcasses to dens belonging to both African hyenas and North American wolves: the foreleg is dragged in extremidades en grandes bóvidos. Los huesos largos son numerosos, en particular los metápodos, de los cuales muchos están enteros. Húmeros y fémures proximales suelen ser los menos representados.

En último término debo hacer referencia a los depósitos formados o alterados por los homínidos, auténtica piedra angular de la investigación arqueológica. Existen problemas en la aplicación del actualismo (Shipman, 1983), muy superiores a los comentados para los carnívoros, y nos faltan yacimientos incontestables del Pleistoceno Medio que ayuden a encontrar ciertas pautas de conducta (Villa, 1988). El principal obstáculo viene del hecho de la gran variabilidad de comportamiento que caracteriza a las poblaciones humanas, en función de su adaptabilidad. Los datos que se pueden extraer sobre yacimientos "inequívocamente" formados por homínidos serán siempre problemáticos. Son más seguros a medida que nos acercamos hacia el presente, pero al mismo tiempo los homínidos causantes de dichas acumulaciones son progresivamente menos semejantes a los del período que estudio.

Los grupos humanos pueden crear tres tipos de conjuntos discernibles a nivel arqueológico: los resultantes de la ocupación de un campamento o lugar central al que se llevan el producto de la caza; la acumulación creada en el lugar de caza, sea por abandono o por consumición; y el conjunto creado por prácticas carroñeras, que puede coincidir a nivel funcional con los dos tipos anteriores. En segundo lugar, hay una tendencia a realizar traslados íntegros en los casos en que la talla del animal lo permite. Por contra, se tiende a no llevarse ningún elemento si el taxón aprehendido es de gran talla.

Los equipos de Binford, Bunn y O'Connell (Binford, 1981; Bunn *et al.*, 1988; O'Connell *et al.*, 1988) estudian las prácticas de traslados esqueléticos de los Hadza y los esquimales. Los tres concuerdan en los siguientes aspectos: se aporta en primer término el esqueleto apendicular, después la columna vertebral y, por último, la cabeza y costillas. Se llevan antes húmeros y fémures que otros elementos de las patas y la escápula antes que el coxal. Los tipos de vértebras y la mayor o menor aportación de metápodos son los aspectos menos coincidentes.

Los trabajos ya mencionados de Brain sobre los hotentotes y de Robertshaw (1978) sobre los nama han puesto de manifiesto que en estos poblados de pastores los animales son completamente consumidos, con todos los huesos largos fragmentados para extraer la médula. Sin embargo no se realiza una destrucción osteológica, salvo en el caso de las vértebras caudales. Por consiguiente sus restos reflejan el

first, followed by the skull, the mandible, the first few cervical vertebrae and the scapula; the hind leg is transported last. Ar regards the corpse's weight, we are more likely to come across more skulls, necks and pelvis in smaller individuals than in large-sized ones. Postcranial remains are very frequent indeed, a lot more so than elements from the axial skeleton. Kleig (1980) has argued that the more or less frequent appearance of cranial remains in dens is a matter of the animal's size, so that there are a lot of skulls from small bovids as against a great number of leg parts belonging to large bovids. Long bones are numerous, particularly metapodials, many of which are complete. Humeri and proximal femora are generally the most poorly represented.

I finally must refer to deposits formed or altered by hominid intervention, the real cornerstone of archeological research. Here we come up against a number of problems concerning the early hominids' lifestyle (Shipman, 1983) that are far more complex than those discussed in respect of carnivores. Besides, we do not have unequivocal evidence from Middle Pleistocene sites to help us come out with certain behavioral patterns (Villa, 1988). The main obstacle lies in the great behavioral variability that characterizes human populations by virtue of their adaptability. Data drawn from "unequivocally" hominid sites are bound to be problematic. The closer we get to present times, the more reliable these data will become, but at the same time hominids responsible for such accumulations will less and less resemble those from the period we are studying.

From an archaeological point of view, human groups can create three types of discernible assemblages: those resulting from the occupation of a campsite or home base where the product of hunting is taken; accumulations formed on the hunting spot, either after consumption or as the result of abandonment; and assemblages produced by scavenging, which, at a functional level, might overlap with the two former types. In the second place, there is a tendency for hominids to transport the whole carcass as long as the animal's size is manageable enough. Conversely, no element is normally transported if the taxon seized is very large.

Research teams headed by Binford, Bunn and O'Connell (Binford, 1981; Bunn *et al.*, 1988; O'Connell *et al.*, 1988) have been studying Hazda and Eskimo skeletal transport patterns. The three writers agree on the following items: the appendicular skeleton is transported first, followed by the vertebral column and, last of all, by the head and the ribs. Humeri and femora are more likely to be earlier transported than the leg parts; similarly, the scapula is generally taken "modelo predecible de supervivencia (...) de los esqueletos al ser sometidos a una acción destructiva" (Brain, 1969: 22).

Para Potts y Bunn son diagnósticos de intervencion de homínidos la abundancia de extremidades, en particular de los huesos ricos en carne o, como afirman Klein y Brain, la abundancia de diáfisis y huesos largos. El esquema sería antagónico al de los lugares de caza (Binford, Klein, O'Connell y col.) en donde cabezas, vértebras y costillas (y a veces cinturas) forman el núcleo primordial. Binford lo ha resumido en dos ejes con bastante claridad: desde las falanges hasta las cinturas se van reduciendo en los lugares de mortandad y aumentando en los lugares de transporte antrópico, y lo mismo cabe decir desde el cráneo hasta las vértebras lumbares.

away sooner than the coxal elements. Where these authors least agree is on the types of vertebrae and the contribution of metapodial elements.

Brain's above-mentioned research on Hottentots, as well as Robertson's studies on the Nama people (1978), have shown that in these settlements of herdsmen animals are fully consumed and all their longer bones are splinted into pieces in order to extract the marrow. Nevertheless, osteological destruction does not take place, except in the case of caudal vertebrae. Therefore, as Brain has pointed out (1969: 22), their remains reflect the predictable survival pattern for skeletons subject to destructive action.

Potts and Bunn are able to diagnose hominid intervention in view of the abundant presence of limbs, and –more specifically– of bones rich in meat content. In a similar context, Kleig and Brain write about the great representation of shafts and long bones. This pattern would be the opposite of the one used for hunting sites (Binford, Kleig, O'Connell & col.), where heads, vertebrae and ribs (and occasionally waists) constitute the main contribution. Binford has summarized the whole pattern by describing two axes: bones tend to be more rare from the phalanges to the waist in death sites, and on the contrary, they tend to be more abundant in places where anthropic transport has taken place. The same can be said about the axis going from the skull to the lumbar vertebrae.

3 Interacción de agentes.

Hasta el momento he analizado las distintas posibilidades de alteración de esqueletos considerando un único factor de sesgo. Podemos también plantearnos las resultantes de la intervención consecutiva de dos de los agentes estudiados.

Una corriente fluvial puede actuar sobre un cadáver parcialmente dispersado antes de su enterramiento, o puede arrastrar los despojos enterrados y en los que se había producido ya una pérdida diferencial de elementos. Estas posibilidades parecen más frecuentes que el arrastre de cadáveres recién muertos, ya que en éstos generalmente la causa de la muerte suele ser la propia dinámica fluvial, mediante grandes inundaciones (Kurten, 1953).

Cuando la fuerza de la corriente es muy alta su acción sobre cadáveres no enterrados será poco selectiva. Podemos encontrar un conjunto esquelético semejante al comentado

3 Interacting agents.

So far I have analyzed the different skeletal alteration patterns while considering one single factor of bias. We might as well try to imagine what patterns would emerge from the consecutive action of two of the agents that we have analyzed in the preceding section.

A fluvial current may act upon a carcass that has been partially dispersed before becoming buried; or else it might sweep along buried spoils that had already undergone the differential loss of some elements. Such occurrences seem to be more frequent than that a newly dead corpse should be swept away by the current, since in these cases the death is normally caused by the stream's own dynamics, characterized by flooding (Kurten, 1953).

When the flood is very high its action upon non-buried carcass is not very selective. We are then likely to find skeletal para cadáveres enteros. En general, sin embargo, la corriente arrastrará los elementos o segmentos ya desarticulados, al no tener carga suficiente para desplazar cadáveres en conexión anatómica.

En el caso de transporte fluvial de un esqueleto sometido a destrucciones durante su tránsito a la litosfera, la corriente sólo puede afectar a las piezas conservadas. Su acción será la misma que en casos anteriores, pero deben eliminarse los elementos o segmentos de rápida pérdida o destrucción.

Ejemplos de yacimientos en los que la corriente acuífera desentierra elementos, incorporándolos a otros conjuntos y creando nuevos yacimientos son comentados por Behrensmeyer en sus estudios de canales de Amboseli, indicando que principalmente se añaden "los más densos y compactos, como dientes, mandíbulas, podios y epífisis" (Behrensmeyer, 1982: 220), aunque es de suponer que si no hubo gran destrucción en el yacimiento primario, deben también incorporarse cinturas, vértebras cervicales y tubos diafisarios, como se aprecia en las localidades 102-0201 y 105-1311 (ID. 1975a).

Otro esquema teórico de interacción se produce en las acumulaciones dejadas por carnívoros sometidas a conservación diferencial natural y a transporte o desplazamiento endokárstico o acuífero. No es necesario tener en cuenta la secuencia de desarticulación natural en estos casos dado que el grado de conexión anatómica será variable. En lo que respecta a la destrucción natural, basta con aplicar los resultados de Brain (1969) o el índice de supervivencia de Binford (1981) a los diferentes conjuntos. Binford aplica el orden inverso, es decir, considera que los datos que poseemos de los yacimientos ya han experimentado una destrucción natural, y por tanto debemos reconstruir el conjunto originalmente depositado.

Richardson (1980) ha estudiado en ambientes actuales los efectos de la exposición subaérea en cadáveres abandonados tras la consumición inicial de los carnívoros. Seis meses más tarde apenas quedan restos de los individuos de talla media o pequeña si es un área ocupada de hienas, mientras que en individuos de gran talla o en áreas no ocupadas por las hienas los elementos experimentan pocas variaciones respecto a los huesos frescos. Binford encuentra que "el grado de destrucción osteológica en el lugar de muerte está en función inversa a la intensidad de la competencia entre predadores/carroñeros" (1981: 221), aumentando la destrucción en cubiles en función directa a dicha competencia.

Los ejemplos en los que con seguridad se haya indicado la acción fluvial o el transporte endokárstico sobre despojos de

assemblages similar to the ones we discussed for complete carcasses. In general terms, however, the current will sweep along the disarticulated elements or segments, the flow not being strong enough to transport articulated carcasses.

When fluvial transport affects a skeleton undergoing attritional processes as it passes into the lithosphere, the current can only act upon the preserved pieces. Its action will be similar to the preceding cases, although elements or segments that are easily lost or destroyed must be eliminated.

Several instances of sites where a fluvial transport has diged up some elements and transferred them to other assemblages, thus creating new sites, have been discussed by Behrensmeyer in his studies on the Amboseli canals. There she points out that these additions are normally made up of the densest and most compact elements, such as teeth, mandibles, podial and epiphyses (Behrensmeyer, 1982: 220). We may safely suppose, though, that unless a great deal of destruction has taken place in the primary site, waists, cervical vertebrae and long bones cylinders must also incorporate in, as is shown in 102-0201 and 105-1311 (ID. 1975a).

Another theoretical interaction pattern takes place in accumulations left by carnivores and then subject to a differential natural preservation or to aquiferous or endokarstic transport. In such cases it will not be necessary to pay attention to the natural disarticulation sequence, as the degree of anatomical connection is bound to be variable. As regards natural destruction, it will be enough to apply Brain's results (1969) or Binford's survival percentage (1981) to the different assemblages. Binford uses the reverse order, that is to say, he considers that the data provided by sites have already suffered some natural destruction, so that we must reconstruct the original deposit.

Richardson (1980) has turned his attention to present-day environments in order to study the effects of weathering on carcasses abandoned after initial consumption by carnivores. Six months later there are hardly any remains from medium —or small— sized individuals if the area is a hyena-occupation. On the contrary, in the case of large-sized individuals or in areas that are not populated by hyenas the elements suffer little alteration if compared with fresh bones. Binford believes that "the degree of bone destruction at the kill-site will be an inverse function of the intensity of competition among predator and scavengers" (1981: 221), and that, conversely, the extent of destruction in dens increases as this competition becomes greater.

Examples clearly showing fluvial action or endokarstic transport on carnivore spoils are indeed rare. Open-air death carnívoros son muy raros. En conjuntos de muerte creados al aire libre permanecerán una gran parte de los elementos craneales y los huesos largos, con tendencia a la disminución de las falanges y elementos del esqueleto axial. La presencia o no de huesos largos dependería de la talla de los individuos y de la intervención o no de hienas, como ya se ha visto con anterioridad. En cavidades se constatará la práctica desaparición de costillas y vértebras, dado el bajo número original, subsistiendo algún atlas o axis. Se reducen las escápulas, carpales y falanges, y los elementos más abundantes deben ser cuernas, dientes, mandíbulas y metápodos.

A continuación se deben considerar las acumulaciones resultantes de la intervención de homínidos y otros agentes.

En los casos de gran fragmentación, exposición atmosférica y bioturbaciones, el modelo en campamentos o lugares con esqueletos íntegros no debería diferir de lo expuesto para Kuiseb River (Brain, 1969), o Sendelingsdrif (Robertshaw, 1978) si intervienen carnívoros con posterioridad, o de Scott's cave (Klein y Scott, 1974) si no es así y el enterramiento es rápido.

La influencia acuífera sobre un conjunto acumulado por homínidos no ha sido registrada en estudios etnográficos. Es posible que sobre esqueletos fragmentados las predicciones de Boaz y Behrensmeyer (1976) sean más apropiadas que las de Voorhies (1969), pero habría que conocer previamente el estado de fragmentación de los cadáveres, aspecto harto difícil. Debemos suponer que sobre esqueletos en los que se ha realizado un transporte selectivo previo, la incidencia acuífera será semejante a la contemplada al hablar de muertes naturales. Si se trata de lugares de matanza en los que falta gran parte del esqueleto apendicular, se reforzará la presencia de mandíbulas y dientes; por contra, en los campamentos a los que se hubiera aportado extremidades proximales, áreas vertebrales y quizá patas íntegras, las vértebras, carpales o falanges tenderán a ser arrastrados. Los niveles de La Cotte (Scott, 1986) pudieran ser interpretados bajo ambas posibilidades.

El comportamiento de los carroñeros sobre los esqueletos abandonados por los homínidos tampoco debe ser diferente del que he explicado al mencionar su actividad sobre individuos muertos de forma natural, salvo en lo que respecta a su acción sobre cadáveres ya sesgados por una aportación antrópica diferencial. Blumenschine (1988) considera que el porcentaje de huesos mordidos, su localización y el grado de fragmentación permiten reconocer el primario agente de intervención.

Es más difícil evaluar la actividad carroñera de los homínidos y sus diferencias respecto a otros conjuntos (principal-

assemblages will preserve a great deal of cranial elements and of longer bones, the tendency being for phalanges and parts of the axial skeleton to become fewer. The presence or absence of limb bones will depend on the individuals' size and of whether or not hyenas intervene, as we have seen before. In cavities we shall see the virtual disappearance of ribs and vertebrae, their original number being so low, and the survival of a few atlas or axis. Scapulas, carpals and phalanges also become fewer, and the most common elements are probably antlers and horns, teeth, mandibles and metapodials.

We shall now consider accumulations resulting from the intervention of hominids and other agents.

In cases where we have considerable fragmentation, weathering and biological perturbations, the model for campsites or places containing full skeletons should not greatly differ from the one described for Kuiseb River (Brain, 1969) or Sendelingsdrif (Robertshaw, 1978), if there is a later carnivore intervention, or for Scott's Cave (Kleig & Scott, 1974) if that is not the case and there is a quick burial.

The fluvial processes on assemblages gathered by hominids have not been recorded in ethnographic studies. In the case of skeletons fragmented, Boaz's and Behrensmeyer's predictions (1976) are probably more accurate than Voorhies' (1969), but one would need to know beforehand the carcasses' state of fragmentation: something which is highly problematic. We must therefore take for granted that on those skeletons that have undergone a previous selective transport the incidence of water action will be similar to the one described when we discussed natural deaths.If what we have, on the other hand, is a kill-site from where a great deal of the appendicular skeleton is missing, the presence of mandibles and dental elements will probably be increased. Conversely, in those campsites receiving leg bones, vertebral sections and, possibly, complete extremities, we are likely to come across vertebrae, carpals or phalanges that have been dragged. La Cotte records (Scott, 1986) might be interpreted in both ways.

The behavior of scavengers in front of skeletons left by hominids must not be very different either from the one described when we discussed their action on individuals having died a natural death. This is not the case, however, when we are dealing with carcasses already biassed by a differential anthropic contribution. According to Blumenschine (1988), the percentage of bitten bones, their location and the degree of fragmentation they display enable us to recognize the primary agent of intervention.

mente los de hienas). Blumenschine (1986: 139-146) considera que tal actividad puede discernirse por las siguientes (entre otras) características: predominio de extremidades fragmentadas y zonas craneales (de conformidad con Binford, 1981, y en contra de Bunn y Kroll, 1986) y más probable la adquisición de patas delanteras que traseras en un tardío acceso a los despojos (en contra de Potts, 1982); preponderancia de elementos de tardía consumición por carnívoros en las especies de talla pequeña (cabezas, miembro delantero, metatarsos y falanges) en relación a tronco y cinturas.

Klein (1980, 1987) piensa sin embargo que la abundancia de pies y cabezas en individuos de gran talla se debe sólo a una práctica economizadora en el transporte de cadáveres por los homínidos. Pero tal aserto está en contradicción con las observaciones de Bunn *et al.*, (1988) y con la abundancia de falanges que los Hadza trasladan al campamento, independientemente de la integridad del cadáver (O'Connell *et al.*, 1988).

Behrensmeyer (1987) señala que son varios los factores que pueden provocar la abundancia de extremidades inferiores: una es la actividad carroñera, otra es la caza seguida de actividad carroñera, y una tercera es el rápido enterramiento de falanges y podios y su mejor conservación respecto al esqueleto axial. La opinión es matizable dada la demostrada abundancia de elementos de la cabeza y la preponderancia de maxilares sobre mandíbulas en individuos de gran talla (Binford y Stone, 1986; Binford, 1988), características ambas indicativas de prácticas carroñeras.

It is more difficult to evaluate the hominids' scavenging activity and to find out the main differences between themselves and other groups (mainly hyenas). Blumenschine (1986: 139-146) believes that the existence of such activities can be discerned from a number of characteristics. Among them, he mentions: predominance of fragments limbs and cranial zones (thus agreeing with Binford, 1981, and disagreeing with Bunn & Kroll, 1986) and more likely acquisition of forelegs than of hindlegs after a late access to the spoils (as against Potts, 1982); in the case of small-sized species, overall importance of elements suitable for late consumption by carnivores (heads, forelimbs, metatarsals and phalanges) by contrast with axial elements and waists.

Kleig (1980, 1987) argues, however, that the great representation of foot bones and heads from large-sized individuals is only due to an economical pattern of behavior in the transport of carcasses by hominids. This statement is nevertheless inconsistent with observations by Bunn *et al.* (1988) and with the fact that Hazda hunters carry a great amount of phalanges to their campsites in spite of the corpse's integrity (O'Connell *et al.*, 1988).

Behrensmeyer (1987) suggests several factors that might be responsible for the accumulation of foot bones: one is scavenging, another one is hunting followed by scavenging and in the third place we have the quick burial of phalanges and podials and their better preservation as compared with the axial skeleton. This opinion can be qualified in the light of the great amount of head elements that has been recorded and the predominance of maxillary bones over mandibles in large-sized individuals (Binford & Stone, 1986; Binford, 1988), both features indicating the existence of scavenging practices.

4 Criterios diagnósticos.

Retomando el enunciado escrito en la introducción del artículo, el estudio de los restos faunísticos puede proporcionar claves discriminantes para reconocer los agentes de acumulación y alteración. He seleccionado 27 criterios cuya presencia o ausencia, o su abundancia o rareza, en el conjunto estudiado, ayudan a diferenciar tales agentes.

La *dispersión* o frecuencia de huesos por metros cuadrados es un crietrio que puede ser empleado para evaluar el posible origen de las acumulaciones. Johnson (1980: 1081)

4 Diagnostic criteria.

If we now go back to our initial statements in the introduction to this paper, we shall argue again that the study of faunal remains can provide us with discriminating keys whereby to recognize the agents of accumulation and alteration. I have selected 27 criteria whose presence or absence, and their frequent or rare occurrence, might help us perform that recognition.

Dispersion—or frequency of bone findings per square meter— provides a criterion for the evaluation of the possible define la densidad de fósiles como "la proporción relativa de restos orgánicos y sedimento", la cual depende de la biomasa, grado de exposición, velocidad de deposición y la diagénesis. Así, un esqueleto expuesto y transportado tendrá una dispersión mayor que otro enterrado *in situ* con mínima alteración. Badgley (1986a) añade que el transporte acuífero es la principal fuente de dispersión de elementos, mientras que la de los predadores es baja. La ausencia de corrientes, predadores o carroñeros por tanto suele manifestarse por la aparición de esqueletos agrupados.

Muy asociados al tema de la dispersión están los estudios sobre *articulación.* Hill y Behrensmeyer (1984) han demostrado que existe una relación entre el número de huesos articulados y el tiempo y grado de exposición. Tanto los homínidos (Todd, 1987) como muchos carnívoros (Andrea y Gotthardt, 1984) suelen dejar bastantes elementos articulados en los lugares de muerte, mientras que en esos mismos sitios los carroñeros producen una mayor desarticulación. En ausencia de transporte la articulación es frecuente, mientras que Badgley (1986a) distingue entre articulación ausente y variable, típicas del transporte de elementos por corrientes fluviales o carnívoros respectivamente. La presencia de elementos en articulación es mucho más frecuente en los cubiles de hiena (Skinner *et al.,* 1980) que en las cavidades ocupadas por homínidos (Klein, 1980).

Otras vías para conocer el origen de las acumulaciones se han desarrollado teniendo en cuenta la *fragmentación* osteológica. Ya he comentado con anterioridad el consenso existente entre los investigadores sobre la abundancia de fragmentos en yacimientos arqueológicos. Por contra, en los cubiles de hiena algunos huesos largos y gran parte de los metápodos están enteros (Hill, 1980b). Además, tanto en los cubiles como en los lugares de muerte los carnívoros tienden a fragmentar dichos huesos en mucho menor grado que los homínidos; es frecuente la presencia de una epífisis con gran parte de la diáfisis (Bunn, 1983), o la ausencia de ambas epífisis formando *elementos tubulares o cilindros* (Binford, 1981). Por contra se ha postulado la abundancia de epífisis con metáfisis en yacimientos formados por homínidos (Potts, 1988) o la simple existencia de *epífisis* (Klein, 1980), ya que éstas son completamente consumidas por los carnívoros (Brain, 1981), pero son también muy abundantes tras una fuerte exposición atmosférica (Belinchon, 1987). El alto grado de fragmentación que caracteriza a las ocupaciones humanas provoca un número elevado de *diáfisis,* con señales de percusión y fracturas muy características (Blumenschine y Selvaggio, 1988; Villa y Mahieu, 1991). El transporte

origin of accumulations. Johnson (1980: 1081) defines fossil density as the relative proportion of organic remains and sediment, which in turn depends on biomass, degree of exposure, rate of deposition and diagenesis. Thus, a skeleton that has been exposed and transported will show greater dispersion than another one that has been buried *in situ* and has suffered very little alteration. Badgley (1986a) adds that water transport is the main source of element dispersion, which is on the other hand low in the case of predators. Therefore, the absence of water currents, predators and scavengers is normally reflected in the apparition of skeletal groupings.

Closely connected with dispersion, we next have studies on *articulation.* Hill and Behrensmeyer (1984) have proved that a ratio exists between the number of articulated bones and the time and degree of exposure. Both hominids (Todd, 1987) and a great number of carnivores (Andrea & Gotthardt, 1984) tend to leave a fair amount of articulated elements on the kill site, while in the same places scavengers are likely to produce a greater disarticulation. Articulation is quite frequent when no transport occurs, while for Badgley (1986a) a distinction can be made between absence and variability of articulation, which typically take place as a result of water transport and carnivore transport, respectively. The presence of articulated elements is much more frequent in hyena dens (Skinner *et al.,* 1980) than in caves occupied by hominids (Kleig, 1980).

Further means to find out the sources of bone accumulations can be developed according to osteological *fragmentation.* I have already mentioned the agreement reached by researchers on the large amount of fragments found in archaeological sites. By contrast, in hyena dens a few long bones as well as the majority of metapodials have been preserved entire (Hill, 1980b). Furthermore, both in the dens and in the kill-sites carnivores are a lot less likely to fragment those bones than hominids. A frequent sight is to have one articulator end and a great part of the shaft attached to it (Bunn, 1983); or else, both epiphyses may be missing so that the bones look like *tubular or long bones cylinders* (Binford, 1981). Conversely, the abundance of epiphyses with shank in sites formed by hominids has been postulated (Potts, 1988), and so has been the existence of bare *epiphyses* (Kleig, 1980): indeed, they are fully consumed by carnivores (Brain, 1981), although it is also true that plenty of them have survived after a long atmospheric exposure (Belinchon, 1987). The high degree of fragmentation typical of human occupations is responsible for the considerable amount of *diaphyses* bearing percussion marks and characteristic breakage pathidráulico no parece ser relevante para el estudio de la fragmentación. Su influencia se manifiesta en un menor desplazamiento de piezas previamente fragmentadas (Fiorillo, 1991).

La posibilidad de realizar *remontajes* es muchas veces antagónica al grado de fragmentación. Es mínima en yacimientos antrópicos o con transporte fluvial y aumenta en los conjuntos formados por carnívoros. A mayor rapidez de enterramiento y menor incidencia de factores físicos aumenta el número de remontajes, por lo que en lugares de muerte es más factible que en comederos o campamentos.

Otros estudios que se están realizando conciernen a la *diversidad de especies y tallas* en los taxones identificados. O'Connell *et al.*, refieren como característica de las acumulaciones antrópicas la presencia de "más de un individuo de más de una especie de más de una talla" (1988: 145), basándose en que en los carnívoros, en ambientes naturales, más del 50 por 100 de su caza se realiza sobre una determinada especie (Vrba, 1980) y la casi totalidad sobre un mismo grupo de talla. Sin embargo, cuando se trata de una acumulación formada por carroñeros (humanos o carnívoros) los rangos de talla se diversifican y amplían (Vrba, o. c.). En ambientes naturales los animales de mayor peso tienden a conservarse mejor que los individuos de pequeña talla. Con fuerte exposición atmosférica o en esqueletos sometidos a la acción fluvial el sesgo será mucho más marcado, pudiendo llegar a establecerse una cierta equivalencia entre el tamaño del sedimento y el de los huesos que contiene (Behrensmeyer, 1990).

Hay también relaciones entre el *hábitat* de las especies y sus procesos de acumulación y destrucción (Blumenschine, 1989). La adecuación de unos determinados taxones a su contexto ecológico puede también utilizarse para reconocer el transporte biológico o fluvial. Por ejemplo, la presencia de especies lacustres en una cueva o una gran abundancia de predadores en una terraza, exigen en ambos casos la existencia de un agente de transporte.

La *abundancia de carnívoros* (en número de individuos y diversidad) está asociada a su intervención, y en particular de inmaduros para el caso de los cubiles. Klein (1980) refiere para los yacimientos arqueológicos en cavidades sudafricanas un máximo del 13 por 100 de individuos del orden de los carnívoros, mientras que en el cubil de posible hiena parda de Swartklip 1 el porcentaje se eleva al 22 por 100. Esta misma especie es estudiada en ocho cubiles del Kalahari, alcanzando los carnívoros el 39 por 100 de los individuos (cit. Potts, 1988). Skinner *et al.*, (1980) refieren para Arad (cubil de hiena rayada) un porcentaje del 23 por 100 para los carnívoros.

terns (Blumemschine & Selvaggio, 1988); Villa & Mahieu, 1991). Water transport does not seem to be relevant for the study of fragmentation. Its influence can be traced in the rather more limited displacement of already fragmented pieces (Fiorillo, 1991).

The possibility of *refitting* these remains often runs counter to the rate of fragmentation. The chances are very scarce in the case of anthropic sites or if water transport has played a part, while they clearly improve for assemblages formed by carnivores. The quicker the burial is and the lesser the incidence of physical factors, the greater becomes the number of refitting. This is why the latter are more feasible in death sites than in feeding or campsites.

There are other studies in progress concerning the *species and size diversity* of identified taxa. O'Connell *et al.*, report that a characteristic feature of anthropic accumulations is the presence of more than one individual from more than one species of more than one size (1988: 145). This statement is based on the fact that carnivores, in their natural environment, focus over 50 % of their hunting activity on one particular species (Vrba, 1980) and certainly most of it on the same size-group. On the other hand, when the accumulation has been formed through the action of scavengers (whether they be human or carnivore) the size range becomes wider and more varied (Vrba, o.c.). In natural environments heavier animals tend to be better preserved than smaller individuals. Skeletons suffering a high degree of weathering exposure or the effects of fluvial processes will show a greater bias, so that eventually we might postulate some sort of equivalence between the sediment's size and the size of the bones it contains (Behrensmeyer, 1990).

A relationship can also be established between a species' *habitat* and the accumulation and destruction processes that it undergoes (Blumenschine, 1989). The fact that some taxa are more or less suited to their ecological context can also be used to detect fluvial or biological transport. For example, the presence of lacustrine species in a cave or the existence of a great number of predators in a terrace both require that there should have been some transport agent.

The *abundance of carnivores* (in terms of both number of individuals and diversity) is also related to their intervention, particularly (and as far as dens are concerned) that of immature individuals. While dealing with archaeological sites located in South African caves, Klein (1980) has reported the presence of a maximum of 13 % individuals of the carnivore order, whereas this percentage rises to 22 % in what might have been a brown hyena den in Swartklip 1. This same spe-

La *edad* de los individuos aprehendidos permite también hacer inferencias sobre el posible predador. Los perfiles catastróficos "sólo" pueden lograrse por conducción de rebaños (ej. Solutre) o por grandes catástrofes naturales (años de sequía en ecosistemas poco dúctiles). Tanto Vrba (1980) como Klein (1982a) han insistido en la abundancia de inmaduros en los yacimientos arqueológicos, pero Vrba matiza que un alto porcentaje de inmaduros es indicativo de conjuntos primarios, obtenidos por predación (sea por homínidos o carnívoros) o por temprano acceso a cadáveres, mientras que un bajo número de juveniles suele indicar, con más probabilidad, prácticas carroñeras (aceptado por Behrensmeyer, 1987). Una de las características que según Klein (1982a) puede servir para diferenciar una pirámide atricional provocada por carnívoros respecto a otra producto de una acción antrópica, es la gran abundancia (en torno al 33 por 100) de individuos neonatos cuando intervienen los homínidos.

En el caso de transporte fluvial, así como en esqueletos con alta exposición atmosférica, es factible suponer que el número de individuos inmaduros sea bajo, independientemente del número original que murieran en esta cohorte de edad (lo cual apoya la hipótesis citada de Vrba).

Esta misma línea de representación diferencial puede abordarse teniendo en cuenta la *relación de individuos y elementos*. Al igual que la desarticulación, la abundancia de elementos por individuo traduce la integridad de los cadáveres y la cantidad y grado de los factores de alteración. En acumulaciones sometidas a transportes acuíferos se observará un número de elementos muy bajo en relación al n.m.i.; algo mayor será para transportes biológicos. Es indudable que las prácticas carroñeras o un traslado selectivo deben ofrecer una relación entre elementos e individuos más baja que cuando la presa es obtenida por caza o se realiza un transporte íntegro; puede utilizarse (Klein, 1978), en ciertas condiciones, para distinguir lugares de matanza respecto a campamentos. Una alta exposición atmosférica y pisoteos también producirá unos valores más bajos que en conjuntos de rápido enterramiento y mínima alteración (Behrensmeyer y Dechant Boaz, 1980). Parece fiable relacionar el porcentaje de inmaduros con sus zonas esqueléticas representadas (Binford, 1981). La abundancia de restos craneales y pies de individuos juveniles de gran talla en las cuevas sudafricanas (Klein, 1978) podría interpretarse como el reflejo de prácticas carroñeras (Blumenschine, 1986; Binford y Stone, 1986), aunque el transporte de cabezas juveniles a los cubiles de hiena también está atestiguado (Klein, 1980).

cies has been studied in eight Kalahari dens where carnivores make as much 39 % of all individuals (cit. Potts, 1988). While referring to Arad (a striped hyena den), Skinner *et al.* (1980) have reported a percentage of 23 % for carnivores.

The *age* of seized individuals also allows us to make inferences as to the likely predator. Catastrophic profiles can "only" be achieved through the herding of flocks (i.e., Solutre) or after great natural catastrophes (a several-year drought in non-flexible ecosystems). Both Vrba (1980) and Klein (1982a) have insisted on the abundant presence of immature individuals in archaeological sites. The former has nevertheless qualified his assessment by saying that a high percentage of immature individuals is normally an indication of primary assemblages obtained through the predating agency of either carnivores or hominids or perhaps as a result of a quick access to carcasses; on the other hand, a low number of juvenile individuals would normally mean the existence of scavenging activities (this was shared by Behrensmeyer in 1987). One of the features that, according to Klein (1982a), can help us tell the difference between an attritional pyramid caused by carnivores from another one produced as a result of anthropic action is that whenever there has been hominid intervention there is normally a great number (around 33 %) of new born individuals.

In the case of fluvial transport, as well as when we have greatly weathered carcasses, it seems possible to suggest that the number of immature individuals should be low regardless of the original number of them which died while belonging to this age group. (This is consistent with the abovemention thesis by Vrba).

The differential representation can be approached bearing in mind the *ratio between elements and individuals*. As with disarticulation, the existence of a great number of elements per individual can be translated in terms of the carcasses' integrity and the amount and degree of the factors that cause the alterations. In accumulations that have suffered the effects of water transport we shall find a very low number of elements in relation to the m.n.i.; in the case of biological transport, this number will be a little higher. Undoubtedly, scavenging practices as well as selective transport, bring about a lower ratio between elements and individuals than when the prey is the product of hunting or when complete transport has taken place. This, too, can be used (Klein, 1978) under certain conditions to distinguish killsites from campsites. High weathering and trampling will also produce lower values than those we find in assemblages where burial has been quick and alteration minimal (Behrensmeyer & Dechant Boaz, 1980). A reliable procedure seems to establish a

Se han realizado también inferencias sobre la *estacionalidad* de los individuos, basándose en la edad de muerte de los taxones en relación a su época de nacimiento (Klein *et al.*, 1982; Klein y Cruz-Uribe, 1984). Blumenschine (1986) y Fischer (1987) registran que las mejores oportunidades para conseguir cadáveres se producen en épocas concretas. En esta línea, una actividad carroñera puede postularse por la coincidencia de ungulados muertos durante la estación de estrés, aunque tal circunstancia no sea una prueba en sí misma.

Perfiles de edad catastróficos en unión de coincidencia estacional de muerte puede ser indicativo tanto de algún desastre repentino, como epidemias o inundaciones, como de una posible caza por conducción de manadas (Klein, 1982a). Siguiendo este razonamiento, la presencia de perfiles de edad atricionales con una marcada estacionalidad puede deberse tanto al uso de un territorio durante una época concreta del año por parte de los homínidos (Altuna y Mariezkurrena, 1984) como a la actividad predadora de los carnívoros (Klein, 1982b).

Las acumulaciones compuestas por individuos muertos a lo largo del año son las más frecuentes en yacimientos arqueológicos, y son indicativas bien de una reiterada visita al lugar o de la ocupación continua de dicho espacio por los mismos o distintos agentes de acumulación. El estudio de la estacionalidad aporta por consiguiente un factor temporal a las acumulaciones y sirve para exigir una coherencia entre la supuesta funcionalidad del asentamiento y el período en que se realizó. Aunque no poseo datos al respecto, es conocido que los cubiles de muchos carnívoros son ocupados durante bastante tiempo (Brain, 1981), por lo que en ellos debe apreciarse la aportación de individuos en todas las épocas del año. En la mayoría de las acumulaciones formadas al aire libre sin transporte se produce una sucesiva agregación de esqueletos, lo cual queda reflejado por perfiles de edad atricionales con individuos muertos en distintas épocas del año (Behrensmeyer y Dechant Boaz, 1980). Su ingreso en un sistema fluvial dará como resultado la ausencia de una estacionalidad marcada, al mezclarse cadáveres con perfiles de edad diferenciales (Behrensmeyer, 1982).

En lo que respecta a los elementos esqueléticos ya han sido comentados a lo largo del artículo. Los *cráneos* son abundantes en prácticas carroñeras, mientras que el *esqueleto axial* predomina en los lugares de aprehensión del cadáver y en las acumulaciones de rápido enterramiento. *Miembros traseros* y *metapodios* son frecuentes en cubiles y suelen estar ausentes en los conjuntos producidos por carnívoros en los lugares de muerte; lo mismo acontece para los *estilopodios* respecto a las

relationship between the percentage of immature individuals and the skeletal zones that are represented (Binford, 1981). The great amount of cranial remains and foot bones from juvenile individuals of great size in South African caves could be interpreted as the reflection of scavenging practices (Blumenschine, 1986; Binford & Stone, 1986), although the transport of juvenile heads into hyena dens has also been documented (Klein, 1980).

Some conclusions have been reached, too, concerning the individuals' *seasonal patterns*. The basis for such inferences is the taxa's age-at-death in relation to their time of birth (Klein *et al.*, 1982; Klein & Cruz-Uribe, 1984). Blumenschine (1986) and Fischer (1987) report that the best opportunities to obtain corpses tend to occur at specific times in the year. In this sense, the existence of scavenging activities can be postulated in view of the number of ungulates dying during the stress season. However, this cannot be taken as an evidence in itself.

Catastrophic age profiles in connection with a high rate of seasonal death can indicate either some sudden disaster, like epidemics or flooding, or the possibility of hunting through flock-herding (Klein, 1982a). It follows that the occurrence of attritional age-profiles with a high level of seasonality can be due either to the use of territory by hominids during a particular time of the year (Altuna & Mariezkurrena, 1984), or to the carnivores' predating activities (Klein, 1982b).

Accumulations consisting of individuals dead in the course of the year are the most frequent ones in archaeological sites. They indicate either recurring visits or continuous occupation by the same or different agents of accumulation. The study of seasonal patterns, therefore, provides a time factor for accumulations and also demands the necessary consistency between the settlement's functionality and the time period in which this settlement took place. Although I cannot produce any evidence here, it is a well-known fact that many carnivore dens remain occupied for quite a long time (Brain, 1981). This means that such dens must certainly show the contribution of individuals through the year. In most accumulations that have been formed in the open and without any transporting agent carcasses have been successively added, and this process has been reflected in attritional death-profiles including individuals dead at different times of the year (Behrensmeyer & Dechant Boaz, 1980). If they enter a fluvial system, the result will be the absence of a marked degree of seasonality, since carcass with different age profiles will inevitably mix (Behrensmeyer, 1982).

As far as skeletal elements are concerned, these have already been discussed above. *Crania* are abundant when the-acumulaciones de origen antrópico, ya que son los elementos que primero transportan y consumen. Las *epífisis proximales de húmeros y tibias* desaparecen con rapidez en los conjuntos afectados por carnívoros, aunque debe tenerse en cuenta la edad de los individuos analizados.

Por último, ha habido un gran desdarrollo en los estudios iconológicos debido a su relevancia inferencial. Los diferentes agentes que han actuado sobre los cadáveres van escribiendo su acción sobre las materias duras, de tal suerte que su lectura es una precisa indicación tafonómica. La sobreimposición de señales diferentes indicará el orden en el que los distintos agentes actuaron. Así se puede reconocer una exposición subaérea previa o posterior al transporte o una acumulación de individuos con diferentes procesos y orígenes. Los distintos rasgos cuantitativos y cualitativos pueden emplearse como medida del número e intensidad de los agentes que han actuado.

Un criterio para reconocer y medir la *exposición atmosférica* es el desarrollado por Behrensmeyer (1978) observando las fisuras y exfoliaciones de los elementos. La presencia de tales alteraciones, en contraposición a las superficies frescas, indicarían un ritmo lento de enterramiento, pero hay variaciones espaciales, zonales y anatómicas que inciden en su grado de alteración (Bunn y Kroll, 1986; en contra de Potts, 1986, 1988). Los elementos muy expuestos son tan frágiles que no resisten los procesos de enterramiento y fosilización.

Son también indicativos de procesos subaéreos y de prefosilización las huellas de *pisoteo* y resedimentación. Las características que presentan los huesos sometidos a dichos procesos han sido bien estudiadas por Olsen y Shipman (1988). La presencia de estrías superficiales, abundantes, finas y cortas, distribuidas al azar por todo el hueso, sin ninguna direccionalidad preferencial (aunque ver Andrews y Cook, 1985) y con ligeros pulidos en las áreas más protuberantes o zonas curvadas, son un claro indicio de pisoteos y movimientos gravitacionales.

Las señales dejadas por la acción acuífera abarcan desde un ligero *pulido* de bordes hasta la completa abrasión del elemento hasta hacerlo irreconocible. La fuerza de la corriente, la distancia de transporte y la densidad del elemento o fragmento pueden ser las variables que mejor expliquen tales diferencias (Hanson, 1980). La combinación de estos criterios con los *grupos de transporte de Voorhies* (1969) o el índice morfológico de Hill y Walker (1972) pueden indicar el grado y condiciones de dicho transporte.

Señales también muy evidentes son las dejadas por puercoespines (Sutcliffe y Collings, 1972; Maguire *et al.*, 1980),

re are scavenging activities, while the *axial skeleton* is the prevailing feature in those places where the carcasses are seized as well as in quick-burial accumulations. *Hind limbs* and *metapodials* are frequent in dens and tend to be absent in assemblages produced by carnivores in the sites of death; the same can be said of *stylopodia* with regard to accumulations of anthropic origin, since these are the elements that are first transported and consumed. The *proximal epiphyses of humeri and tibias* are quick to disappear in assemblages affected by carnivore action, although the age of analyzed individuals must also be taken into account.

Finally, ichnologic studies have experienced a great boom by virtue of their inferential relevance. The different agents acting upon corpses have spelt, as it were, their contribution on hard materials, so that the reading of such testimonies constitutes a taphonomic evidence of great accuracy. The superimposition of several signals will tell us the order in which the different agents worked. Thus it becomes possible to detect, for example, if weathering took place before or after transport, or to recognize the accumulation of individuals undergoing different processes and having different origins. The different features, both quantitative and qualitative, can be used as a means to gauge the number and intensity of intervening agents.

A criterion that can be used to recognize and determine the extent of *weathering* has been formulated by Behresnmeyer (1978) after close observation of the elements' fissures and exfoliations. The presence of such alterations, by contrast with fresh surfaces, could indicate a slow burial, although we also have to consider several spatial, zonal and anatomic variations that also affect the extent of alteration (Brunn & Kroll, 1986 thus disagreeing with Potts, 1986, 1988). Highly-exposed elements are so fragile that they cannot resist burial and fossilization processes.

Trampling and redeposition are also suggestive of subaerial processes and of pre-fossilization. Features shown by bones undergoing such processes have been carefully analyzed by Olsen & Shipman (1988). The presence of a great number of short fine shallow striations on the surface that are scattered along the bone at random, point at no preferential direction (but see Andrews & Cook, 1985) and are slightly polished where the bone becomes most protruding or curved, can be taken as a sure proof that there has been trampling or gravitational movements.

Marks left by the action of water range from a slight *polish* on the edges to such complete abrasion as to make it impossible for the element to be recognized. The force of the stream, the distance covered by transport and the density of the eleque acumulan y roen huesos en sus cubiles para paliar su deficiencia en fósforo (Skinner *et al.,* 1980). Brain (1981) ha comentado que en tales cubiles el número de *huesos roídos* suele superar el 60 por 100. Su exclusiva dedicación a los huesos secos implica que la presencia de huesos roídos es un exponente de la existencia de elementos sin enterrar, sometidos a exposición atmosférica prolongada.

Las *mordeduras de carnívoros* y las estrías dejadas por los homínidos son las evidencias más empleadas para reconocer los agentes acumuladores (Bunn y Kroll, 1986), dado que ambos grupos han librado una gran competencia por los restos esqueléticos. En general los carnívoros muerden con profusión los huesos, y con mayor intensidad si se trata de hienas o prácticas carroñeras que cuando son grandes felinos o el producto de la caza (Blumenschine, 1986).

Las características que presentan los huesos fracturados por carnívoros son bien conocidas aunque no se alcance todo el espectro de posibilidades (Binford, 1981; Haynes, 1980, 1983). Los paños de fractura dentados y suavizados constituyen la evidencia más común. Maguire *y col.* (1980: 79-80) resumen las principales características que muestran los huesos afectados por las hienas: bordes crenulados, depresiones localizadas superficiales y próximas, perforaciones, borde de fractura de forma semilunar, estrías o marcas acanaladas, surcos contiguos o cercanos aleatoriamente orientados, extracción de hueso esponjoso, corrosión por ácidos digestivos y erosión del hueso y resquebrajamientos.

No se mide con el mismo criterio la presencia o abundancia de *estrías.* Villa (1988) comenta cómo sobre grandes especies no constituyen un criterio diagnóstico, dado que la abundancia de carne que rodea al hueso impide que éste quede marcado. Sin embargo se han encontrado tales trazas sobre grandes proboscídeos (Shipman y Rose, 1983) y son abundantes sobre especies de mediana o pequeña talla y en épocas posteriores (Noe-Nygaard, 1989). La existencia de estrías y/o huesos quemados (separando la posibilidad de incendios naturales) permite reconocer la intervención de los homínidos, aun cuando su intensidad y el modo de consecución de los restos siga estando a debate (Shipman, 1986 *versus* Blumenschine, 1986).

ment or fragment can be the variables that best explain such differences (Hanson, 1980). The combination of these criteria with *Voorhies' transport groups* (1969) or with Hill & Walker's morphological index (1972) can give us the extent and circumstances of such transport.

Equally telling marks are those left by porcupines (Sutcliffe & Collings, 1972; Maguire *et al.,* 1980). Porcupines gather bones and gnaw them in their lairs in order to make up for their lack of phosphorus (Skinner *et al.,* 1980). Brain (1981) has pointed out that in these lairs the number of *gnawed bones* normally exceeds 60 %. Since porcupines are only interested in dry bones, the presence of gnawed bones betrays the existence of elements that have not been buried and have suffered prolonged weathering.

Carnivore tooth marks and cut marks left by hominids are the evidences most commonly used to identify the agents of accumulation (Bunn & Kroll, 1986), since both groups are great competitors for skeletal remains. In general, carnivores gnaw bones profusely. In the case of hyenas, or if scavenging has taken place, gnawing is more intense than it is if we are dealing with large felids or with the product of hunting (Blumenschine, 1986).

Bones broken by carnivores present a number of features that are well known, even though the whole range of possibilities has not really been described (Binford, 1981; Haynes, 1980, 1983). The surfaces of the break that are crenulated and eroded constitute the most common evidence. Maguire and others (1980: 79-80) have summed up the main characteristics that can be found in bones damaged by the action of hyenas: ragged-edges chewing, shallow biting localized and close to each other, perforations, lunate o crescent shaped fracture scars, striations or gouge marks, contiguous grooves or close and randomly oriented, scooping or hollowing out, corrosive action of digestive acids, bone erosion and bone splintering.

The same sort of criteria do not apply when we are dealing with bone *cut marks.* Villa (1988) has pointed out that these do not constitute a diagnostic criterion for large species, since the great amount of flesh surrounding the bone prevents it from being marked. However, such traces have been found in large proboscidians (Shipman & Rose, 1983), and they are a frequent occurrence in medium and small-sized species as well as in later times (Noe-Nygaard, 1989). The existence of cut marks and/or burned bones (leaving aside the possibility of natural fires) allows us to identify hominid intervention, even though the intensity of this intervention and the way in which bones were obtained are issues still open to discussion (Shipman, 1986 *versus* Blumenschine, 1986).

5
Tipos y Características de las acumulaciones.

He distinguido en un primer nivel la causa de muerte del organismo. No siempre ello es posible y en ocasiones se debe inferir por los procesos posteriores. El segundo nivel recoge los procesos que acontecen en la biosfera, distinguiendo dos modalidades: modificaciones que no afectan a la autoctonía del cadáver y los desplazamientos o remociones laterales de una parte o todo el conjunto acumulado. El tercer nivel recoge los procesos redundantes, que pueden manifestarse sea por reelaboración (desenterramiento) o por aprovechamiento secundario (prácticas carroñeras). Por último, aunque no necesariamente en último lugar si hay reelaboración, se distinguen los procesos en la litosfera, que pueden ser tanto conservativos como degenerativos.

5.1.
Muerte natural.

Se refiere a los organismos cuya muerte no ha sido debida a un acto de predación. También incluyo aquí los individuos que murieran por tal acción pero en los que no se encuentran evidencias de dicha intervención. Las causas más frecuentes son el hambre, enfermedades, epidemias, trampas naturales y los fenómenos sísmicos.

5.1.1. Inmediato enterramiento.

Se presenta sobre todo en cuevas y áreas lacustres debido a que ambas son los lugares de más fácil producción y sobre todo de conservación. Los esqueletos suelen estar íntegros y articulados, sin dispersión ni fragmentación. Predominan los individuos inmaduros. Superficies óseas apenas alteradas. Sin gran distribución vertical. Su edad y estacionalidad suele estar ligada a fases de gran riesgo específico.

5.1.2. Desarticulación y exposición subaérea.

Comentaré las características generales. Las de los conjuntos con mayor o menor incidencia de dichos factores pueden definirse variando el grado de estas posibilidades. Muchos individuos juveniles, predominando los de talla media. Alta articulación y baja dispersión. El número de elementos por

5
Types and characteristics of accumulations.

The first stage of analysis attempts to identify what caused the death of the organism. This is not always possible and sometimes it has to be deduced in view of the later processes. The second stage deals with processes taking place in the biosphere. Two types of occurrences can be distinguished here: modifications which do not affect the corpse's autochthony and lateral displacement or removal of a part or the whole of the accumulation. The third stage is concerned with redundant processes, which can result in reelaboration (reworking) or secondary uses (scavenging). Finally (although this need not always be done last, particularly if reelaboration has taken place), processes going on in the lithosphere, which could be either conservative or degenerative, are described.

5.1.
Natural death.

The term applies to organisms whose death has not been caused as a result of an act of predation. We can also include here individuals whose death was caused by predation but whose corpses bear no traces of such intervention. Amongst the most frequent causes we have starvation, disease, epidemics, natural traps and seismic movements.

5.1.1. Non selective burial.

It takes place especially in caves and lacustrine areas, since both places offer the best setting for production and, above all, conservation. Skeletons are normally entire and articulated, without any dispersion or fragmentation of elements. Immature individuals are predominant. Bone surfaces show hardly any damage. Vertical distribution is not important. Age and seasonality are normally associated to stages with a high level of specific stress.

5.1.2. Disarticulation and weathering.

I shall discuss the general features. Assemblages affected to a greater or lesser extent by the above-mentioned factors can be characterized according to the latter's degree of incidence. Many juvenile individuals, especially of medium size. High level of articulation and little dispersion. The number of eleindividuo es alto y la fragmentación no es elevada. Signos de exposición atmosférica, raíces, microorganismos, puercoespines. Desaparición de elementos de tardía fusión, huesos articulares, falanges, ulnas, peroné y algunas vértebras y costillas. Predominio de elementos axiales y de la pata trasera sobre la delantera. Estrías de pisoteo y/o con pátinas de deslizamiento. Hay fracturas en fresco y de fosilización, con grandes posibilidades de hacer remontajes.

5.1.3. *Transporte fluvial.*

Grandes arroyadas e inundaciones provocan la muerte y desplazamiento de individuos. Abundancia de inmaduros y perfiles de edad catastróficos. Dispersión media de elementos. Ligera orientación preferencial. Huesos pulidos. Desaparición de algunos elementos pequeños y de baja densidad. La fracturación se desarrolla sobre los huesos y zonas más frágiles.

El transporte fluvial, sin embargo, es más probable que se realice sobre individuos ya desarticulados, con mínima o máxima exposición atmosférica. Al igual que en 5.1.2, las características variarán según las distintas condiciones. Presencia de especies alóctonas. La relación de elementos por individuo es baja. Gran dispersión, sin conexiones anatómicas. Alineamientos paralelos y perpendiculares a la corriente. Sesgos según la talla de la especie, edad de los individuos, tipometrías y morfologías. Estrecha relación entre el tamaño del sedimento y el de los huesos. Perfiles de edad atricionales y con estacionalidad no marcada. Fragmentación variable aunque en general abundante, sin posibilidad de remontajes. Predominio de elementos y zonas densas, con numerosos dientes, epífisis y huesos largos, también cuernas y mandíbulas; en zonas deltaicas por contra las vértebras y falanges pueden ser muy abundantes. Signos de exposición atmosférica, raíces, etc. Huesos redondeados con pátinas lustradas.

El transporte fluvial puede también provocar el desenterramiento de esqueletos. Es el caso primordialmente de canales fluviales con erosión de bordes. Los conjuntos resultantes serán variables. En general sus características serán semejantes a las anteriores, aunque los sesgos por selección serán muy superiores en todos los aspectos. Además serán frecuentes las fracturas de fosilización y columnares, las alteraciones químicas que no encajan con su nueva matriz y las dobles pátinas. Sólo los elementos muy densos están presentes, con elevada fragmentación.

ments per individual is high while fragmentation is not very important. Traces of weathering, roots, microorganisms, porcupines. Disappearance of late-fusion elements, articular bones, phalanges, ulnas, fibulas and some ribs and vertebrae. Predominance of axial elements and of hindlegs over forelegs. Trampling marks and/or patinated surface as a result of sliding. There are green and fossilized fractures and refitting is fairly possible.

5.1.3. *Fluvial transport.*

Great rises and flooding bring about the death and removal of individuals. Abundance of immature and catastrophic age profiles. Average dispersion. Slightly preferential orientation. Polished bones. Loss of some elements of small size and low density. Breakage takes place on the most fragile bones and areas.

Fluvial transport, however, is more likely to affect already disjointed individuals undergoing minimal or maximum weathering. As with 5.1.2., features will vary depending on the different conditions. Allochthonous species are present. The ratio of elements per individual is low. Great dispersion, no anatomical connections. Alignments run parallel or perpendicular to the stream. The picture is biassed depending on the species' size, the age of individuals and several measurements and morphologies. Close connection between the size of the sediment and the size of bones. Attritional age profiles lacking clear seasonal patterns. Variable fragmentation, though high as a general rule, so that refitting are impossible. Predominance of dense elements and parts, including a great number of dental remains, epiphyses and limb bones; also antlers/horns and mandibles; by contrast, in deltaic areas there can be plenty of vertebrae and phalanges. Traces of weathering, roots, etc. Rounded and polished bones.

Fluvial transport can also reworking skeletons. This is especially the case with fluvial channel in which the stream margins are subject to water erosion. The resulting assemblages will vary in several respects. In general terms they will share quite a number of features with the above-mentioned types, although here the biases caused by selection will be much more powerful in all regards. Moreover, we are very likely to come across fossilization and columnar fractures, as well as chemical alterations that are not consistent with their new matrix and double patinas. Only highly dense elements are present and the degree of fragmentation is equally high.

5.2.
Muerte por carnívoros.

Incluyo aquí los cadáveres que presentan la evidencia de que los carnívoros fueron los primeros agentes biológicos que intervinieron. Pudieron acceder por caza o carroñeo. En todo caso actuaron antes que homínidos o el transporte fluvial.

5.2.1. *Inmediato enterramiento.*

Especies de pequeña o mediana talla con alta fragmentación, sobre todo transversal y oblícua, y con pocos remontajes. Abundan los juveniles, con perfiles de edad tendentes a atricionales. Permanecen articulaciones en el esqueleto axial y en extremidades distales. Predominio de vértebras y costillas, metápodos, mandíbula y cráneo. Mejor representación de patas delanteras que traseras. Porcentaje medio de elementos por individuo. Superficies óseas afectadas exclusivamente por mordeduras. Presencia de cilindros diafisarios.

En especies de gran talla los perfiles de edad son más catastróficos, con más individuos infantiles. Hay menor fragmentación y mayor articulación. Porcentaje de elementos por individuo alto. Desaparecen principalmente escápulas, húmeros proximales, vértebras lumbares, fémures y tibias proximales. Huesos largos con una epífisis y diáfisis no fracturadas son frecuentes.

5.2.2. *Desarticulación y exposición subaérea.*

Se produce una combinación de las características señaladas en el apartado anterior con las referidas bajo el epígrafe 5.1.2. Los factores vistos en 5.1.2 incidirán más sobre especies de pequeña talla que sobre las grandes. Numerosas escápulas, vértebras, costillas y cráneos tenderán a estar muy fragmentados o a no conservarse. A las fracturas y señales dejadas por los carnívoros se añadirán las de pisoteo, exposición aérea y fosilización, por tanto las fracturas de hueso seco pueden ser abundantes, con posible intervención de puercoespines e invertebrados.

5.2.
Death by carnivore action.

This category includes carcasses where we clearly see that carnivores were the first biological agents to intervene, whether through hunting or through scavenging. In any case, their intervention happened earlier than that of hominids or fluvial transport.

5.2.1. *Non selective burial.*

Small or medium-sized species, with a high rate of fragmentation (especially transversal and oblique fractures) and little chances of refitting. Abundance of juvenile individuals, their age profiles tending to attritional. The axial skeleton and the distal limbs have preserved a few articulations. Above all we have ribs and vertebrae, metapodials, mandibles and crania. Forelegs are better represented than hindlegs. Average ratio of elements per individual. Bone surfaces exclusively affected by biting. Diaphyseal cylinders are present.

In large-sized species the age profiles are rather more catastrophic, there being a greater representation of infantile individuals. Fragmentation is lower, while articulations have been better preserved. High ratio of elements per individual. The elements most likely to be missing are: scapulas, proximal humeri, lumbar vertebrae, femora and proximal tibias. The presence of limb bones with one epiphysis and non-fractured diaphyses is fairly frequent.

5.2.2. *Disarticulation and weathering exposure.*

Here what we have is a combination of the features mentioned in the former section and those discussed under 5.1.2. The factors considered in the latter section are more likely to affect small-sized species than larger ones. A great number of scapulas, vertebrae, ribs and crania will tend to reach us in a very fragmented condition or absent. To fractures and marks left by carnivores we must add those produced by trampling, weathering and fossilization. Therefore we are likely to come across a great number of dry-bone fractures, showing the possible intervention of porcupines and invertebrates.

5.2.3. *Transporte fluvial.*

Muchas de las características icnológicas son semejantes a las contempladas en 5.1.3, así como los factores de dispersión, articulación, número de elementos y selección de individuos, tallas, zonas y morfologías. Los dientes, metápodos, húmeros y tibias distales, así como mandíbulas, astrágalos y calcáneos conforman el conjunto primordial. Los elementos menos densos son arrastrados de forma mucho más dispersa.

En el caso de reelaboración, de nuevo conviene recordar las características vistas para individuos de muerte natural (apartado 5.1.3). Los elementos anatómicos más abundantes son los mencionados antes: dientes, metápodos (ahora sobre todo proximales), húmeros y tibias distales, mandíbulas y menor número de astrágalos y calcáneos. Los restos craneales serán más escasos que con anterioridad.

5.2.4. *Traslado a cubiles.*

Entiendo bajo este epígrafe el trasporte de cadáveres, zonas anatómicas o elementos a lugares distintos del de muerte. En el caso de grandes predadores o de presas menores de 100 kg. el traslado suele ser íntegro, por lo que no encontraremos muchas diferencias con los despojos abandonados en el lugar de muerte. Se hallarán especies alóctonas, un mayor porcentaje de inmaduros, una mayor diversidad específica, individuos abatidos a lo largo de todo el año, posible presencia de coprolitos y huesos regurgitados, y frecuencia de mordeduras realizadas por individuos inmaduros.*

Estas características se presentan también para presas superiores a los 100 kg., pero en este caso se realiza una selección anatómica. Son frecuentes las cuernas, cráneos y mandíbulas en individuos juveniles, así como vértebras cervicales. Las cinturas son abundantes, predominando las escápulas. En extremidades los metápodos son los más abundantes, seguidos de tibias y radio/ulnas. Abundan los huesos sin fragmentar o poco fragmentados.

5.3.
Muerte por homínidos.

Me refiero a aquellos cadáveres que presentan signos de la primaria intervención de los homínidos, sea por caza o carroñeo. En todos los casos actuaron antes que los carnívoros o al menos los signos de éstos (si existen) son posteriores.

5.2.3. *Fluvial transport.*

Many of the ichnologic features are similar to those discussed under 5.1.3., and so are factors like dispersion, articulation, number of elements and selection of individuals, sizes, zones and morphologies. Dental elements, metapodials, and distal humerus and tibia, as well as mandibles, astragalus and calcaneus constitute the most important assemblage. Less dense elements are scattered along after a much more disperse fashion.

In the case of reworking, we should perhaps review the features discussed for natural death (section 5.1.3). The anatomic elements that are most richly represented are the ones mentioned earlier: teeth, metapodials (especially, proximal ones), distal humeri and tibia, mandibles and a smaller number of astragalus and calcaneus. Cranial remains will now be more scarce than before.

5.2.4. *Transport to dens.*

By this I mean the transport of corpses, anatomic parts or elements to places other than the death site. In the case of large predators, or when the preys are under 100 Kgs., the carcass is normally transported in its entirety, so that the picture will very much resemble that of spoils simply left on the site of death. We shall find alochthonous species, a higher percentage of immature individuals, a greater specific diversity and individuals killed throughout the whole year. Besides, we are likely to come across coprolites, regurgitated bones and frequent tooth marks by immature individuals.

These features can also be found in preys over 100 Kg., but in this case anatomical selection takes place. It is common to find antlers/horns, crania and mandibles in juvenile individuals, and also cervical vertebrae. There are plenty of waists and scapulas are predominant. As far as extremities are concerned, metapodials are the most abundant elements, followed by tibias and radius/ulnas. Bones are frequently entire or show little fragmentation.

5.3.
Death by hominids.

Here I include carcasses showing traces of primary intervention by hominids, whether it be hunting or scavenging. In all these cases, hominids intervened earlier than carnivores, or at least traces left by the latter (if any) seem to belong to a later stage.

5.3.1. Inmediato enterramiento.

Presencia de industria lítica, estrías, huellas de percusiones, carbón o huesos quemados. Tendencia a hallar perfiles catastróficos, de marcada estacionalidad y con posible selección sexual. No suele haber restos de carnívoros y coexisten especies autóctonas de diferentes tallas. El número de elementos por individuo es variable pero en general alto, con poca dispersión y gran articulación en vértebras, metápodos, falanges y huesos articulares. La fragmentación es media o alta, en particular de huesos largos. Los metápodos están más fragmentados que en los despojos de carnívoros. Los huesos muestran fractura en fresco, longitudinal u oblicua, epífisis con metáfisis y las diáfisis suelen estar abiertas. Los homínidos no suelen producir una gran destrucción osteológica, por lo que tras el abandono la mayoría de los elementos están presentes, incidiendo a continuación factores extraantrópicos.

5.3.2. Desarticulación y exposición subaérea.

Las características reseñadas con anterioridad en unión de las comentadas en el apartado 5.1.2. Las especies de talla pequeña y los individuos inmaduros tendrán un menor número de elementos. Aumenta la dispersión, desarticulación y fragmentación, ahora con numerosas fracturas en seco. Icnología propia de exposición aérea. La pérdida de elementos es la inherente a la conservación diferencial previa y durante el enterramiento.

5.3.3. Transporte fluvial.

Los conjuntos resultantes tras la acción fluvial se han comentado bajo los epígrafes 5.1.3 y 5.2.3. Las diferencias que se pueden establecer respecto a aquéllos son las siguientes: el número de metápodos es igual o menor que el de otros huesos largos, y éstos están representados en proporción semejante por sus zonas proximales o distales salvo en el caso de inmaduros. Mayor abundancia de epífisis con metáfisis que en los conjuntos abandonados por carnívoros, mayor número de restos craneales y menor número de vértebras.

5.3.1. Non selective burial.

Here we should mention the presence of lithic industry, cut marks, percussion marks, coal remains or burned bones. Also the tendency to come across catastrophic profiles, showing marked seasonal patterns and, possibly, sexual selection. Carnivore remains are rare and there is coexistence of autochthonous species of several sizes. The number of elements per individual varies, but it is normally high, while there is little dispersion and a high degree of articulation in vertebrae, metapodials, phalanges and articular bones. Fragmentation is medium or high, particularly in limb bones. Metapodials are more likely to be fragmented than in carnivore spoils. Limb bones show green bone fractures, longitudinal or oblique, and epiphyses with shanks, while diaphyses are normally open. Hominids do not normally cause a great osteological destruction, so that once the carcass has been abandoned, the majority of elements remain, only to be later exposed to non-anthropic factors.

5.3.2. Disarticulation and weathering.

Features here are the same as the ones discussed above, together with those mentioned in section 5.1.2. Small-sized species and immature individuals will present fewer elements. Scattered increases, and so do disarticulation and fragmentation, there being a great number of dried bone fractures. Ichnology typically suggests subaerial exposure. The loss of elements is directly related to the differential preservation of elements before and during burial.

5.3.3. Fluvial Transport.

Assemblages resulting from fluvial action have already been discussed in sections 5.1.3 and 5.2.3. Otherwise, there are some significant differences: the number of metapodials is similar or lower than that of other limb bones, and these are equally represented by proximal and distal zones, save in the case of immature individuals. There is a greater number of epiphyses with shanks than in assemblages left by carnivores. The amount of cranial remains is also greater, while vertebrae are fewer.

5.3.4. Traslado a campamentos.

Al igual que algunos carnívoros, y posiblemente con más frecuencia, los homínidos tienden a trasladar cadáveres o restos esqueléticos a lugares centrales, refugios o campamentos. Suelen trasladar los cadáveres enteros o a seleccionar cinturas, huesos largos, cabezas y algunas vértebras. El resto de características serán las propias del 5.3.1. La selección que se establece en función de edad y talla resultará en un número de elementos por individuo en grandes ungulados y una mayor aportación de elementos con mayor contenido alimenticio: cráneos, cinturas y estilopodios. En todo los casos aumentarán en estos lugares las evidencias de la presencia humana: industria lítica, estrías y señales de percusión, carbón y huesos quemados. Al tratarse de traslados, las presas pueden ser alóctonas y habrá un amplio espectro específico.

5.3.4. Transport to campsites.

Like some carnivores (and probably more often), hominids tend to carry corpses or skeletal remains to home bases, sheltered places or campsites.They normally transport full skeletons or else they select waists, limb bones, heads and some vertebrae. The remaining features are those discussed under 5.3.1. The selection is made according to age and size and it results in a greater number of elements per individual in the case on ungulates and a lesser presence of elements with a higher food content: crania, waists and stylopodia. In all cases, these places will contain more evidence of human presence: lithic industry, cut and percussion marks, charcoal remains and burnt bones. Since transport has taken place, it is possible to have alochthonous preys and there will be a wide specific spectrum.

5.4. Procesos redundantes.

Incluyo aquí los conjuntos resultantes de la interacción de homínidos y carnívoros. En algunos casos no es posible reconocer el agente de mortandad o la sucesión en la intervención de los distintos predadores. Las acumulaciones formadas por reelaboración ya han sido comentadas, y su acción sobre los conjuntos creados tras la convergencia de homínidos y carnívoros es inferible con facilidad.

No trato aquí la mezcla de cadáveres con distintos agentes de aportación, ya que las acumulaciones podrán distinguirse realizando estudios específicos, sino la alteración de conjuntos preexistentes por prácticas carroñeras. Las posibilidades teóricas de interacción pueden ascender a ocho, que surgen de los cuatro tipos de conjuntos que crean los homínidos y carnívoros. Voy a ceñirme a dos de ellas: las acumulaciones de homínidos en las que con posterioridad intervinieron carroñeros y las de carnívoros en las que a continuación accedieron los homínidos. No incluyo por tanto las nuevas acumulaciones formadas (en campamentos o cubiles) por el traslado de piezas (a campamentos o a cubiles).

5.4. Redundant processes.

Here I include assemblages resulting from the interaction of carnivores and hominids. In some cases it is not possible to identify the agent of death or the sequence of intervention of the different predators. Accumulations formed through reworking have already been discussed, and it is easy to infer the effects on assemblages created as a result of the convergence of carnivores and hominids.

I shall not deal here with the mixture of carcasses severally contributed, since different accumulations can be distinguished after specific analyses, but rather the alteration of pre-existing assemblages by scavenging. There are as many as eight possible modes of interaction resulting from the four types of assemblage created by hominids and carnivores. I shall now consider two of them: hominid accumulations that were later affected by the action of scavengers and carnivore assemblages that have suffered hominid intervention at a later stage. I shall not be dealing therefore with new accumulations formed (in campsites or dens) by the transport of elements (into campsites or dens).

5.4.1. Acumulaciones formadas originalmente por homínidos.

Los aspectos que no varían tras la intervención de carnívoros son los siguientes: en el lugar de aprehensión del cadáver la industria lítica, señales de carbón o huesos quemados pueden

5.4.1. Accumulations originally formed by hominids.

The features that remain unchanged after carnivore intervention are the following ones: in the place where the carcass was seized we may find lithic industry and charcoal traces or estar presentes, la primera en cantidad variable mientras que las segundas no serán muy abundantes. Suele haber diversidad de tallas y especies, de carácter autóctono y con estacionalidad concreta. El número de elementos por individuo será medio. Presencia semejante de miembros delanteros y traseros, con abundantes diáfisis.

En los campamentos, la industria lítica, carbón y huesos quemados pueden ser muy abundantes. Hay gran diversidad específica y de tallas, con frecuentes taxones alóctonos. La estacionalidad será variable, generalmente prolongada. El número de elementos por individuo inmaduro será bajo. Predominio de miembros delanteros y gran abundancia de diáfisis.

Otras características que se definían antes como propias de los homínidos van ahora a variar.

En los lugares de aprehensión pueden aparecer coprolitos y algunos restos de carnívoros. Abundancia de inmaduros y juveniles, representados primordialmente por elementos de la cabeza y esqueleto axial. Los perfiles de edad serán semicatastróficos. La dispersión de los elementos será alta, con algunas articulaciones anatómicas presentes. El grado de fragmentación es muy alto, con raros remontajes. El número de elementos por individuo tiende a ser medio en los adultos. Los coxales pueden superar a las escápulas y la proporción de estilopodios, zigopodios y metapodios será semejante, con los primeros representados exclusivamente por sus zonas distales en los adultos. Los metápodos son raros y están fragmentados, lo mismo que las epífisis con metáfisis. Los cilindros diafisarios están presentes. Las fracturas transversales y oblicuas rompen antiguos paños oblicuos y longitudinales.

En los lugares que he denominado campamentos pueden también aparecer algunos coprolitos y restos de carnívoros. Los perfiles de edad serán semicatastróficos, con muchos inmaduros, los cuales tendrán un gran número de elementos del esqueleto axial seguido del apendicular, al contrario posiblemente que en los adultos. Los remontajes serán muy raros al ser la articulación nula, la dispersión muy amplia y la fragmentación muy alta. También aquí los metápodos serán raros y fracturados, y la abundancia de estilopodios estará reducida a sus zonas distales. Los miembros delanteros suelen superar a los traseros, con semejante proporción de escápulas y coxales. Los cilindros diafisarios estarán presentes, al igual que las epífisis con metáfisis.

burned bones. While the amount of the former varies, the latter are bound to be rather scarce. There is often variability as far as sizes and species are concerned. Autochthonous species can be found, showing particular seasonal patterns. We also find an average number of elements per individual. The amount of forelimbs is similar to that of hind legs, and bone shafts are abundant.

In campsites we are likely to find plenty of lithic industry, charcoal remains and burned bones. There is a great diversity of species and sizes and alochthonous taxa appear quite frequently. Seasonality can vary, but it is generally rather long. The number of elements per immature individual is low. Forelimbs are predominant and there is a great number of bone shafts.

We observe variability in certain features that we earlier defined as typically hominid.

In the site of seizure we may find coprolites together with some carnivore remains. There is a fair number of immature and juvenile individuals, which are primarily represented by elements from the head and the axial skeleton. Age profiles are semicatastrophic. There is a considerable element dispersion, although some anatomical connections are present. The degree of fragmentation is quite high, though, so that refitting are rare. The number of elements per individual tends to average in the case of adults. The number of pelvis may exceed that of scapulas, while the proportion of stylopodials, zygopodials and metapodials will be similar, the former being exclusively represented by distal zones in the case of adults. Metapodials are rare and show fragmentation, just as epiphyses with shanks. Diaphyseal cylinders are present. Oblique and transversal fractures break through older fracture scarring obliquely and longitudinally oriented.

In those sites I have named campsites may also appear some coprolites and carnivore remains. The age profiles are semicatasthrophic, with many immature individuals mainly represented by numerous elements of the axial skeleton, and in smaller quantity by elements of the extremities. The opposite pattern could be found in the adult individuals. Reffitings are very rare, because of the null articulation, as well as the very wide dispersion and high fragmentation. Metapodials should be also rare and fractured, and stylopodia are represented especially by their distal zones. Fore limbs usually are more aboundant than the hind limbs, though the pelvis and scapulas maintain the same proportion. The long bones cylinders, as well as the epiphyses with metaphyses, are present.

582 *5.4.2. Acumulaciones formadas originalmente por carnívoros.*

Algunas de las características propias de las acumulaciones formadas por los carnívoros en el lugar del hallazgo del cadáver y en sus refugios, comederos o cubiles, no van a variar tras la actividad carroñera posterior de los homínidos.

En las acumulaciones formadas en el lugar de aprehensión, los restos de carnívoros y los coprolitos pueden estar presentes, con poca diversidad específica y de tallas. Los taxones son autóctonos y la estacionalidad marcada. En los cubiles, los coprolitos y carnívoros serán abundantes, con especies y tallas diversas, muchas de ellas alóctonas, y con estacionalidad prolongada. Los remontajes de piezas seguirán siendo raros, como también lo eran en el lugar de aprehensión.

La intervención de los homínidos va a caracterizar los conjuntos de la siguiente forma:

En el lugar de aprehensión puede aparecer industria lítica o huesos quemados. Abundancia de individuos adultos, con perfiles de edad atricionales. El número de elementos por individuo será medio en el caso de adultos y muy bajo en el de inmaduros. Algunas articulaciones estarán presentes, con dispersión y fragmentación muy alta. En los individuos adultos serán abundantes los restos craneales, seguidos del esqueleto axial y extremidades, mientras que en los inmaduros predominará el esqueleto axial. El número de miembros delanteros y traseros será semejante, predominando los coxales sobre las escápulas, se reducen los metápodos frente a los zigopodios y desaparecen las porciones proximales de húmeros, fémures y tibias o todo el elemento. Se reduce el número de cilindros, aparecen algunas epífisis con metáfisis y crece el número de diáfisis indeterminadas. Las fracturas oblicuas y longitudinales rompen algunos paños oblicuos y transversales.

En los refugios o cubiles puede aparecer industria en piedra y huesos quemados. Hay muchos individuos jóvenes, con un perfil de edad semicatastrófico. El número de elementos por individuo será muy bajo, con raras articulaciones, alta dispersión y fragmentación. El esqueleto axial puede ser más abundante que el apendicular, con predominio de miembros traseros, coxales y matápodos, éstos poco fragmentados. Los estilopodios pueden estar ausentes o representados en exclusiva por sus zonas distales. Aumenta el número de diáfisis y de epífisis con metáfisis y se reduce el número de cilindros diafisarios.

Las características distintivas de las diferentes acumulaciones se exponen en la Tabla 1. Debe tenerse en cuenta que

5.4.2. Accumulations originally formed by carnivores.

Some of the particular characteristics of the accumulations formed by carnivores in those places where the corpses are found (shelters, feeding places or dens), remain unchanged after the scavenging activity by the hominids.

In those accumulations formed in the site of seizure, the carnivore remains and the coprolites may be present, with scanty specific and size diversity. The taxa are autochthonous and the seasonal pattern is marked. In contrast, the coprolites and carnivore remains are aboundant in dens, and they belong to diverse species and sizes, most of them alochthonous. A lengthy seasonal pattern is distinct, and reffiting are also rare.

The intervention of the hominids are demonstrated by the following characteristics of the assemblages:

In the site of sizure, stone tools and burnt bones may be present. The adult individuals are abundant, and the age profiles are attritional. The number of elements corresponding to each individual is well represented in the case of the adults, but this number should be very low in the case of the immature individuals. Some articulations should be present, with a very high degree of dispersion and fragmentation. In the adult individuals the cranial remains are the most abundant, followed by the axial skeleton and the long bones. In the immature individuals the elements of the axial skeleton are predominant. The number of fore limbs and hind limbs should be similar, though the pelvis predominate over the scapulas; metapodials are reduced as contrasted with the zygopodia, and either the proximal portions of humeri, femur and tibias, or the complete element are absent. The number of long bones cylinders is reduced, whereas some epiphyses with metaphyses appear, and there is an increase in the amount of the indetermined diaphyses. Oblique and longitudinal fractures cut some transversal and oblique surfaces of breakage.

In dens and shelters we may also find lithic industry and burned bones. There are many young individuals showing semicatastrophic age profiles. The number of elements per individual is likely to be very low, while articulations are rare. On the other hand, both scattered and fragmentation are high. The axial skeleton may be more richly represented than the appendicular one, the predominant elements being hind limbs, coxals and metapodials (the latter with little fragmentation). Stylopodials may be absent or exclusively represented by distal parts. The number of diaphyses and epiphyses with shanks increases, while diaphyseal cylinders become fewer.

Tabla 1.–*Tipos de acumulación y criterios diagnósticos normalizados.*

Table 1.–*Types of accumulation and normalized diagnostic criteria.*

	1.1	1.2	1.3	2.1	2.2	2.3	2.4	3.1	3.2	3.3	3.4	4.1	4.2
Carnívoros	1	2	2	1	3	3	4	1	2	2	2	3	4
Especies	2	3	3	1	3	4	2	3	4	4	4	4	3
Tallas	3	4	3	1	3	3	2	3	4	3	4	4	2
Hábitat	1	3	4	1	3	4	3	2	3	4	4	4	3
Inmaduros	4	3	2	4	2	1	3	4	2	1	2	2	2
Estacional.	4	2	1	3	2	1	1	3	2	1	3	3	3
Elems./indiv.	4	3	1	4	2	1	3	4	2	1	3	2	2
Articulación	4	3	1	3	2	1	3	3	1	1	1	1	2
Dispersión	1	3	4	1	3	4	2	2	4	4	4	4	4
Fragmentac.	1	2	3	1	3	4	2	3	4	4	4	4	3
Remontajes	4	3	1	4	2	1	3	4	2	1	2	2	3
Cráneo	1	3	2	2	4	3	4	1	3	2	4	3	4
Esq. axial	4	2	1	4	2	1	1	3	2	1	3	2	2
M. trasero	1	3	2	1	2	2	4	2	3	3	2	2	4
Estilopodio	1	3	2	1	3	2	1	4	4	3	4	3	1
Metapodio	1	3	2	1	3	2	4	1	3	2	4	3	4
Hm/tb. prox.	3	2	1	2	1	1	1	4	3	2	4	2	3
Epif/metaf.	1	3	4	1	3	4	2	3	4	4	4	2	3
Diáfisis	1	2	1	2	3	1	3	3	4	3	4	4	4
Densidad	4	2	4	3	2	4	2	3	2	4	1	2	4
Cilindros	1	2	2	4	2	2	4	1	2	2	1	2	3
Pisoteo	1	4	2	1	4	2	4	1	4	2	4	4	3
Exp. atmosf.	1	4	3	1	4	3	2	1	4	3	3	2	2
Pulidos	1	2	4	1	2	4	3	1	2	4	2	2	3
Roídos	1	4	2	1	4	2	2	1	4	2	3	3	2
Mordidos	1	1	1	4	4	3	4	1	1	1	1	3	4
Cortes	1	1	1	1	1	1	1	4	3	3	4	3	3

Tabla 2.–*Especies de los yacimientos estudiados y criterios diagnósticos normalizados.*

Table 2.–*Analyzed species and sites according to the normalized diagnostic criteria.*

	SHu	SHh	TDc	TDe	TGc	TGe	PIc	PIf	TOp	TOh	ARp	ARh	SOb	SOe
Carnívoros	4	4	3	3	4	4	3	3	1	1	2	2	1	1
Especies	1	1	2	2	3	3	4	4	3	3	2	2	4	4
Tallas	1	1	3	3	2	2	2	2	4	4	3	3	4	4
Hábitat	1	1	4	4	2	2	4	4	3	3	3	3	1	1
Inmaduros	3	3	2	4	3	2	1	2	2	1	1	4	2	4
Estacional.	3	3	3	4	3	4	2	2	1	2	1	3	2	2
Elems./indiv.	3	1	2	2	3	2	3	1	4	2	4	1	3	3
Articulación	4	3	2	1	3	2	2	1	4	2	4	2	3	3
Dispersión	1	4	3	3	2	3	2	4	1	3	1	4	2	2
Fragmentac.	3	4	3	1	3	2	4	2	4	2	1	1	3	2
Remontajes	3	3	2	1	4	3	1	2	4	3	4	2	2	1
Cráneo	1	4	1	3	2	3	3	3	4	2	4	2	1	2
Esq. axial	4	2	2	2	3	3	3	1	4	3	4	2	1	1
M. trasero	2	2	1	1	3	4	3	2	3	4	1	4	3	2
Estilopodio	2	4	4	2	3	2	1	2	4	2	3	3	1	1
Metapodio	3	1	3	1	2	2	4	2	1	3	3	2	4	4
Hm/tb. prox.	3	2	2	1	2	3	2	1	4	3	4	1	3	2
Epif/metaf.	2	1	1	3	2	2	2	1	3	4	1	1	3	4
Diáfisis	3	2	3	1	2	3	3	2	4	1	1	2	4	4
Densidad	4	3	1	2	3	2	1	1	3	2	4	2	3	4
Cilindros	1	3	3	1	3	1	4	1	2	2	1	3	2	2
Pisoteo	2	2	2	3	3	2	1	1	4	4	1	1	3	3
Exp. atmosf.	1	1	3	1	2	2	1	1	4	4	4	2	3	3
Pulidos	4	3	1	1	2	3	2	2	4	4	1	3	2	3
Roídos	1	1	1	1	4	4	2	1	1	1	1	1	1	2
Mordidos	2	1	3	1	4	4	4	2	3	3	1	3	2	2
Cortes	1	1	4	3	3	4	1	1	3	4	1	1	3	2

son criterios laxos y no pueden por tanto aplicarse de forma mecánica. Se ha representado con 1 la ausencia o mínima presencia de una determinada categoría o característica; con 2 si aparece en bajo número; el dígito 3 se refiere a que el aspecto considerado suele ser común o importante; el número 4 indica abundancia o máxima representación. Su representación gráfica mediante un A.C.P. (Lesage, 1984) se expone en la figura 1, mientras que su fenograma más verosímil (Rohlf, 1988) se plasma en la figura 2. Ambas figuras ponen de manifiesto la facilidad en la separación de los conjuntos poco alterados (1.1, 2.1, 3.1) de los restantes, mientras que la distinción de algunos procesos (1.1, 3.1; 1.2, 3.2, 3.4, 4.1; 1.3, 2.3) debe abordarse por características más cualitativas que cuantitativas, o mediante rasgos más definitorios que los aquí contemplados.

Table 1 shows the different accumulations' distinctive features. One must bear in mind that the criteria employed are quite rough and should not be applied mechanically. A 1 sign has been used to represent the absence or minimal presence of a particular category or feature. The number 2 indicates that this feature occurs in small quantity. The number 3 shows that the aspect under consideration is often quite common or important; a number 4 will be used to indicate abundance or maximum representation. Figure 1 shows a graphic representation of these facts in the form of a P.C.A. (Lesage, 1984), while a more likely phaenogramme (Rohlf, 1984) appears in figure 2. Both figures show how easy it is to separate assemblages that have suffered little alteration (1.1, 2.1, 3.1) from the remaining ones. They also suggest that identifying certain processes (1.1, 3.1; 1.2, 3.2, 3.4, 4.1; 1.3, 2.3) is more a matter of qualitative features than of quantitative ones, so that we should probably need more distinctive characteristics than the ones here discussed.

6
Los yacimientos del Pleistoceno Medio español.

Los yacimientos del Paleolítico Inferior que tomo en consideración son Dolina, Galería, Sima de los Huesos (los tres del complejo de Atapuerca en Burgos, Aguirre *et al.*, (1987); Pinilla del Valle (Alférez, *et al.*, 1982, Áridos 1 y Áridos 2

6
Spanish Middle Pleistocene Sites.

The Lower Paleolithic sites that I am going to consider are Dolina, Galería, Sima de los Huesos (all three at the Atapuerca ensemble in Burgos, Aguirre *et al.*, 1987); Pinilla del valle (Alférez *et al.*, 1982), Aridos I and Aridos 2 (Santonja *et al.*,

1. *A.C.P. de los tipos de acumulación según las 27 variables diagnósticas.*

1. *PCA chart of accumulation types according to the 27 diagnostic variables.*

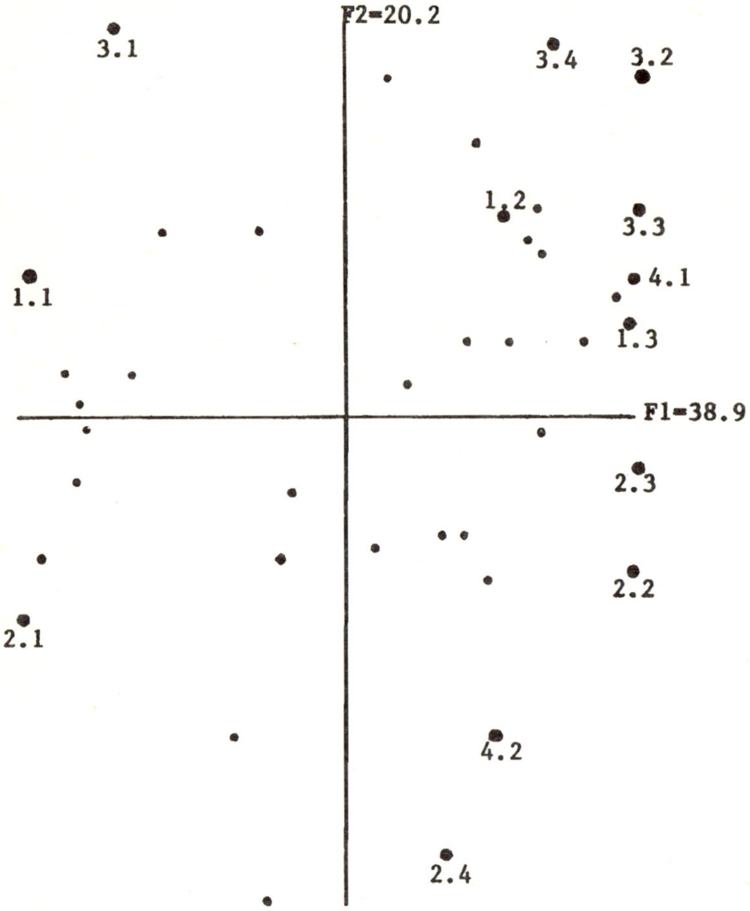

2. *Fenograma de los tipos de acumulación considerados, según las 27 variables.*

2. *Phaenogramme of accumulation types according to the 27 variables.*

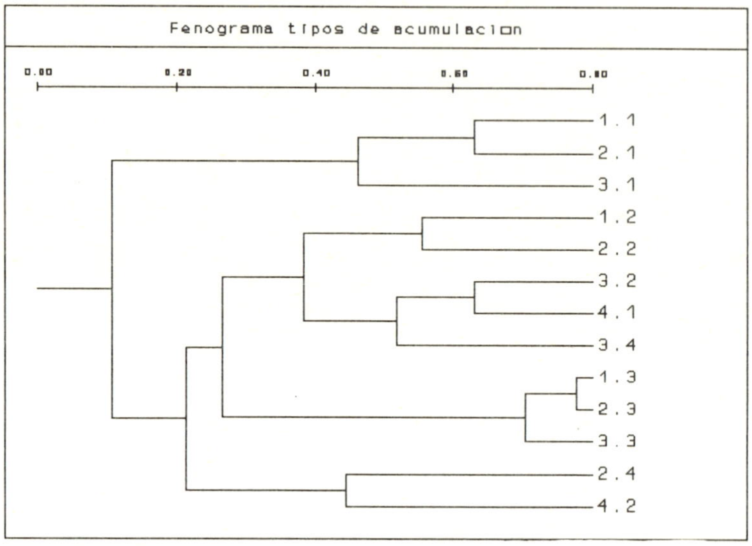

(Santonja, *et al.,* 1980) (los tres de Madrid); Torralba (Soria, Howell *et al.,* 1962) y La Solana del Zamborino (Granada, Botella *et al.,* 1975). Los cuatro primeros se sitúan en cavidades y los restantes al aire libre; Solana y Torralba en margen lacustre y Aridos 1 y 2 en terraza fluvial (bibliografía actualizada de todos ellos en Díez, 1992).

El conjunto osteológico de los ocho yacimientos ha sido estudiado personalmente y en los dos primeros he participado en su excavación. Todos los datos son por tanto de primera mano salvo en lo que respecta al grado de articulación y dispersión en los seis restantes yacimientos, en los que se han utilizado los planos de campo y la información de los excavadores. Una parte de los resultados que aquí se exponen están sintetizados de mi Tesis Doctoral (Díez, 1992).

Los datos se han codificado y representado[1] de la misma forma que la realizada para los tipos de acumulaciones (Tabla II). Su representación gráfica mediante un A.C.P. puede verse en la figura 3. Se ha realizado también un fenograma

1980) (the three of them in Madrid); Torralba (Soria, Howell *et al.,* 1962) and La Solana del Zamborino (Granada, Botella *et al.,* 1975). The first four are located inside cavities, while the remaining ones are in the open: Solana and Torralba lie on a lacustrine margin and Aridos 1 and 2 on a fluviatile terrace (for an up-dated bibliography on these sites see Díez, 1992).

I have personally studied the osteological assemblage produced by these eight sites and participated in excavation works in the first two. I shall therefore be dealing with first-hand information, except as regards the degree of articulation and scatter in the remaining six sites, which I have studied with the aid of field maps and information provided by the excavation team. Part of the results discussed here can also be found, in a more synthetic version, in my Ph. D. (Díez, 1992).

Data have been codified and represented in the same way as accumulation types (Table 2). A graphic representation

3. *A.C.P. de yacimientos y especies según las 27 variables diagnósticas.*

3. *PCA chart of species and sites according to the 27 diagnostic variables.*

4. *Fenograma de especies y yacimientos según las 27 variables.*

4. *Phaenogramme of species and sites according to the 27 variables.*

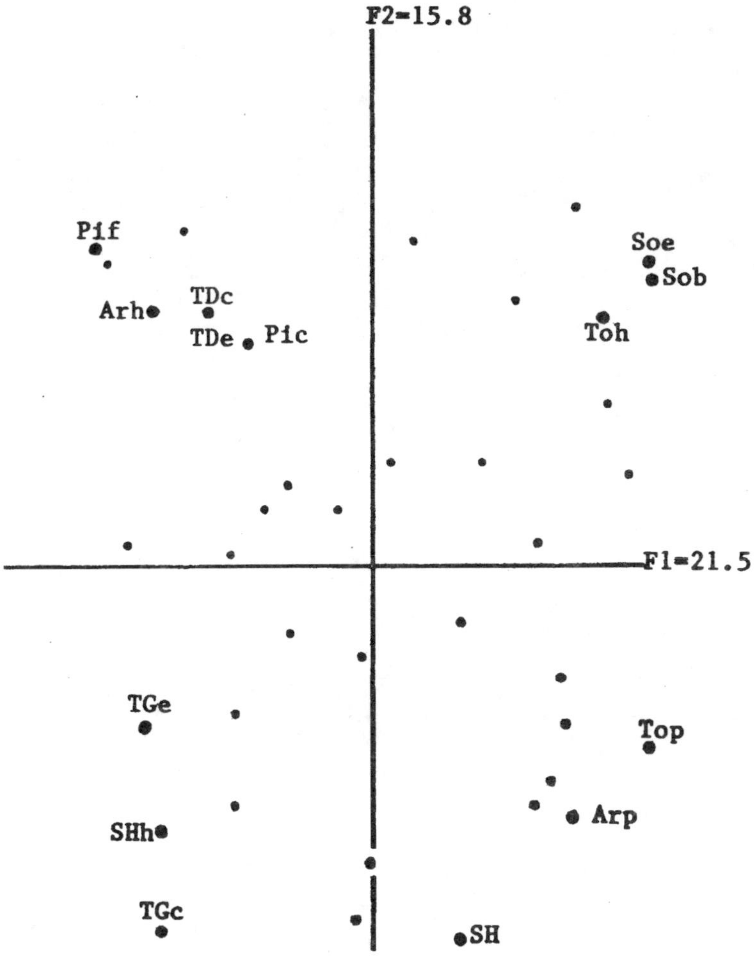

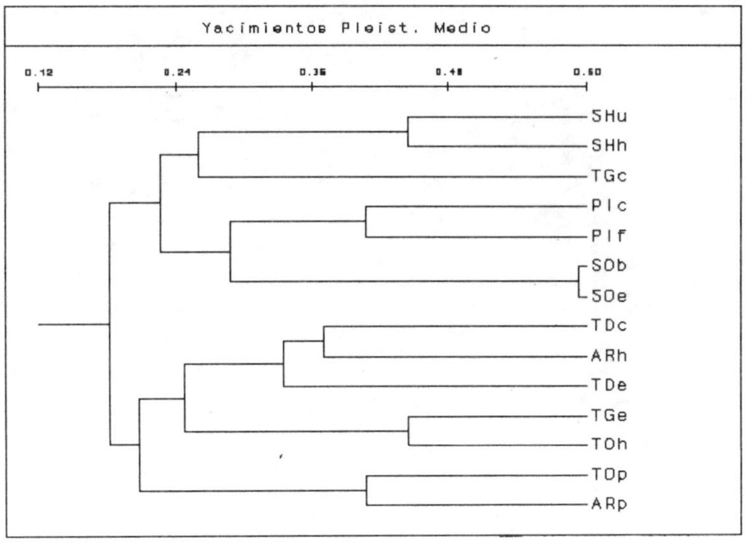

(figura 4), seleccionado entre los posibles árboles de agrupación.

Por último, he considerado que la representación anatómica de las especies en los distintos tipos de acumulación debe ser diferencial, y traduce los agentes y procesos que intervinieron en su formación. De esta forma, he seleccionado y normalizado 13 elementos esqueléticos, dándoles valores de 100, 70, 40 y 10 en función de su mayor o menor abundancia en la especie o acumulación considerada.

Los valores de los ocho tipos de acumulación definidos (según el número de elementos identificados respecto a los esperados y porcentualizado) se exponen en la tabla III. Los datos pueden verificarse, ya que corresponden a:

1.1. Cápridos de Erralla 4 (Altuna y Mariezkurrena, 1984), úrsidos de Ekain X (Altuna y Mariezkurrena, 1985), carnívoros de Lazaret (Patou, 1984).

through a P.C.A. graph is presented in figure 3. I also include a phaenogramme (Figure 4) selected from all possible trees.

Finally, I have considered that anatomic representation of species present in the several types of accumulations has to be differential and reflect the agents and processes taking part in their formation. Thus, I have selected and normalized 13 skeletal elements and I have attached to each one a value of 100, 70, 40 and 10 depending on the amount of them found for each species or accumulation that I have studied.

Table 3 includes values for the eight types of accumulations described (the percentage expressing the ratio between the number of identified elements and the number of expected ones). These data are subject to verification. Here is a list of correspondences:

1.1. Erralla 4 caprids (Altuna & Mariezkurrena, 1984), Ekain X ursids (Altuna & Mariezkurrena, 1985), Lazaret carnivores (Patou, 1984).

Tabla 3.—*Tipos de acumulación y elementos anatómicos normalizados.*

Table 3.—*Types of accumulation and normalized anatomical elements.*

	cra	mdb	esc	hum	rad	uln	mtc	cox	fem	tib	mtt	tar	fal
1.1	100	100	10	70	70	10	10	40	100	70	70	40	40
1.2	100	100	70	70	70	70	10	100	40	40	10	40	10
1.3	70	100	10	70	70	10	40	40	100	100	70	40	10
2.1	100	100	70	10	40	40	40	100	70	70	70	10	10
2.2	70	100	100	40	70	70	10	100	40	70	10	10	40
2.3	10	100	70	70	40	10	100	40	10	70	100	70	40
2.4	40	100	10	100	70	70	100	40	10	40	70	70	10
3.1	100	100	10	40	70	40	70	10	10	70	70	100	40
3.2	100	40	40	70	70	40	100	100	70	10	70	10	10
3.3	100	70	100	40	40	40	10	100	70	70	10	40	10
3.4	40	10	100	100	70	70	70	100	70	40	40	10	10
4.1	70	100	70	100	100	40	40	40	10	70	70	10	10
4.2	70	100	10	40	10	40	100	40	10	70	100	70	70

1.2. Reno de L'Aven des Planes (Aujard-Catot *et al.,* 1979), índices de supervivencia de reno y oveja (Binford, 1981), cadáveres de Amboseli (Behrensmeyer, 1980).

1.3. Grupos de densidad (Vo̊orhies, 1969), Siwalik 1 (Badgley, 1986b), úrsidos de Jaurens (Ballesio, 1983).

2.1. Bóvido de Draycott (Andrews y Cook, 1985), équidos del Yukón (Andrea y Gotthardt, 1984), cérvidos en Alaska (Binford, 1981).

2.2. Cobos de Murchison (Hill, 1979), yacimiento de Arikare (Hunt, 1990), proboscídeos de Bisa y carnívoros (Crader, 1983).

2.3. Verdigre Quarry (Voorhies, 1969), Chandler Lake (Binford, 1981).

2.4. Herbívoros de Layna (Pérez, 1987), cápridos de Lazaret (Patou, 1984), cubiles de Alaska (Binford, 1981).

3.1. Lugares de matanza de esquimales (Binford, 1981) y hadza (a partir de O'Connell *et al.,* 1988).

3.2. Garnsey (Speth, 1983), esquimales (Binford, 1981), Cueva de Scott (Klein y Scott, 1974), y Pincevent (David, 1972).

3.3. La Cotte de St. Brelade (Scott, 1986).

3.4. Campamento de los hadza (O'Connell *et al.,* 1988) y nama (Robertshaw, 1978). También Stellmoor (Read Martin y Read, 1975).

4.1. Bóvidos de FLK-Zinj. (Bunn y Kroll, 1986), cápridos de los hotentotes (Brain, 1981), campamento alterado de los hadza (Bunn *et al.,* 1988).

4.2. Bóvidos de Klasies River (Binford y Stone, 1986), bóvidos de Zhoukoudian (Binford y Stone, 1986), équidos de l'Arago (Moigne, 1983).

1.2. L'Aven des Planes reindeer (Aujard-Catot *et al.,* 1979), survival percentages for reindeer and sheep (Binford, 1981), carcasses from Amboseli (Behrensmeyer, 1980).

1.3. Density groups (Voorhies, 1969), Siwalik 1 (Badgley, 1986b), Jaurens ursids (Ballesio, 1983).

2.1. Draycott bovids (Andrews & Cook, 1985), Yukon equids (Andrea & Gotthardt, 1984), Alaska cervids (Binford, 1981).

2.2. Murchison waterbuck (Hill, 1979), Arikare site (Hunt, 1990), Bisa proboscideans and carnivores (Crader, 1983).

2.3. Verdigre Quarry (Voorhies, 1969), Chandler Lake (Binford, 1981).

2.4. Layna herbivores (Pérez, 1987), Lazaret caprids (Patou, 1984), Alaska dens (Binford, 1981).

3.1. Nunamiut (Binford, 1981) and Hazda (from O'Connell *et al.,* 1988) kill sites.

3.2. Garnsey (Speth, 1983), nunamiut (Binford, 1981), Scott Cave (Kleig & Scott, 1974) and Pincevent (David, 1972).

3.3. La Cotte de St. Brelade (Scott, 1986).

3.4. Hazda (O'Connell *et al.,* 1988) and Nama (Robertshaw, 1978) campsite. Also Stellmoor (Read Martin & Read, 1975).

4.1. FLK-Zinj bovids (Brunn & Kroll, 1986), Hottentot caprids (Brain, 1981), altered Hazda campsite (Bunn *et al.,* 1988).

4.2. Klasies River bovids (Binford & Stone, 1986), Zhoukoudian bovids (Binford & Stone, 1986), L'Arago equids (Moigne, 1983).

5. *A.C.P. de los tipos de acumulación según su representación anatómica.*

5. *PCA chart of accumulation types according to their anatomical representation.*

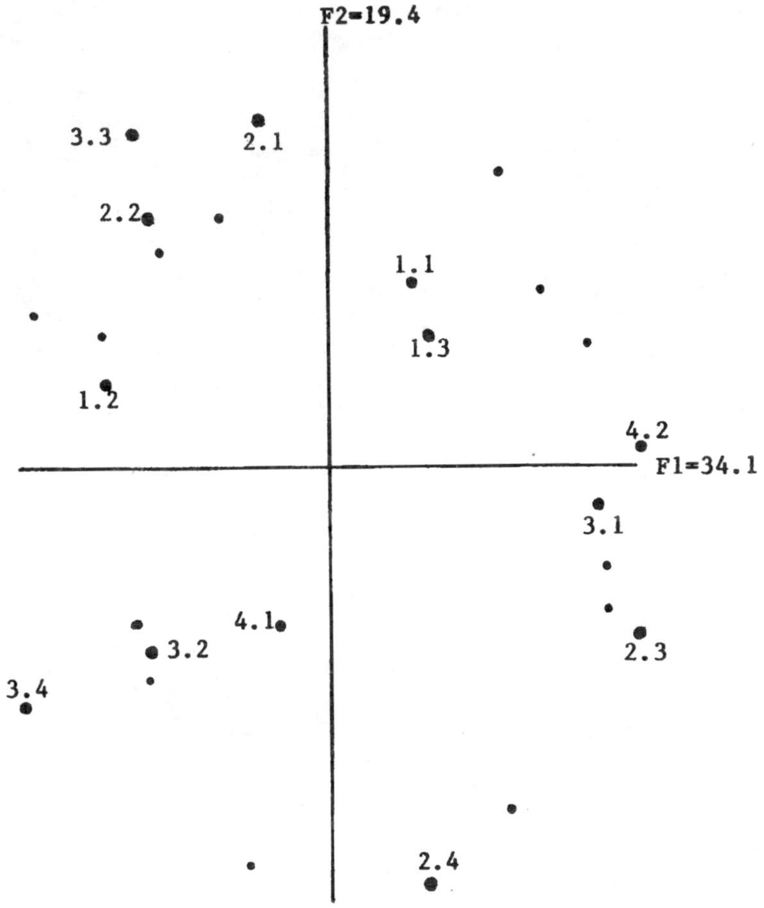

6. *Fenograma de los tipos de acumulación según las 13 variables anatómicas.*

6. *Phaenogramme of accumulation types according to the 13 anatomical variables.*

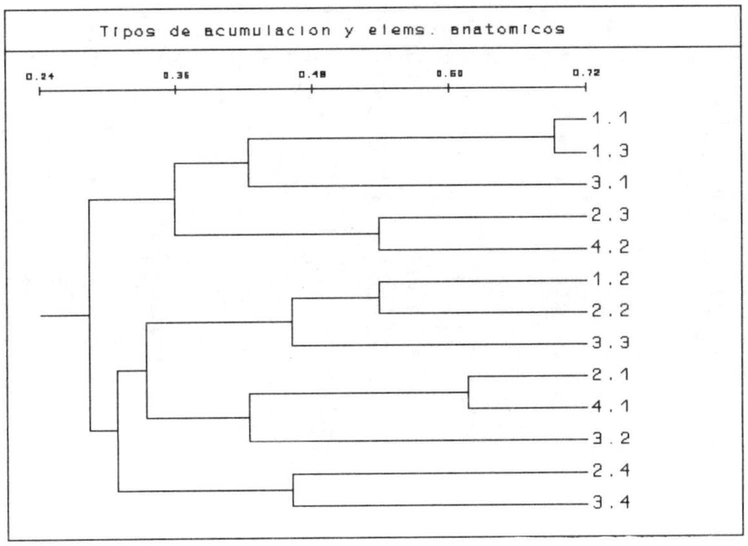

La representación gráfica mediante el ACP y fenogramas puede verse en las figuras 5 y 6, en las que se aprecia de nuevo la dificultad en la separación de algunos procesos (1.2, 2.1, 2.2, 3.3; 2.3, 3.1, 4.2), al tiempo que sí permiten acotar el rango de hipótesis a generar.

El mismo proceso se ha seguido con las especies de los yacimientos españoles del Pleistoceno medio (Tabla 4)[2]. Se incluye un nuevo ACP basado en estas 13 variables anatómicas (Figura 7). En los fenogramas se han distinguido los yacimientos al aire libre de los de cavidades (figuras 8 y 9), para ejemplificar que determinados procesos que acontecen en medios subaéreos (p. ej. 3.1) no suelen suceder en cavidades, y viceversa (p. ej. 2.4).

A graphic representation of these data, including a PCA chart and a phaenogramme, can be found in figures 5 and 6. These again show the difficulty involved in separating certain processes (1.2, 2.1, 2.2, 3.3, 2.3, 3.1, 4.2) while at the same time allow us to delimit the range of hypotheses.

The same procedure has been followed with species from Spanish Middle Pleistocene sites (Table 4). A new PCA chart, based on these 13 anatomical variables, is included (Figure 7). In phaenogrammes a distinction has been made between open-air sites and cave sites (figures 8 and 9) in order to illustrate that certain processes operating in subaerial environments (for example, 3.1.) do not normally take place in caves, and vice versa (for example, 2.4.).

Tabla 4.—*Especies y yacimientos analizados con su representación anatómica normalizada.*

Table 4.—*Analyzed species and sites with their normalized anatomic representation.*

	cra	mdb	esc	hum	rad	uln	mtc	cox	fem	tib	mtt	tar	fal
Sob	10	100	40	10	70	10	100	10	10	10	100	70	70
Soe	70	70	10	40	40	10	70	10	40	100	100	70	70
Soc	100	40	10	100	70	10	70	40	40	40	70	100	40
Sof	10	100	10	70	70	70	70	70	70	10	40	40	40
Top	100	70	70	40	40	40	10	70	100	100	10	40	10
Tob	100	70	70	40	100	40	70	40	40	100	10	10	10
Toe	70	100	100	40	40	10	70	100	40	70	70	10	10
Toc	100	70	100	10	10	10	70	40	70	70	100	10	40
Arp	100	100	100	70	10	10	70	70	10	10	10	10	10
Arc	100	10	10	10	10	10	70	10	100	100	70	10	70
Shu	40	70	10	40	100	100	70	10	70	100	70	40	10
Shh	100	100	40	100	40	70	10	10	70	70	40	10	70
Tdc	70	100	40	100	100	40	70	10	40	70	70	10	10
Tde	100	100	10	70	100	10	40	70	10	70	40	40	70
Tdf	100	40	70	70	100	10	40	70	10	10	40	40	40
Tgc	70	100	70	100	70	40	40	70	40	40	10	10	10
Tge	100	100	70	10	10	10	40	100	70	70	40	40	40
Tgf	70	70	40	70	100	70	40	70	40	100	10	10	10
Tg2	100	100	100	70	70	40	40	70	70	10	40	10	10
Tg3	10	10	10	10	10	10	100	10	10	100	100	100	70
Tg7	100	100	100	70	70	10	40	70	40	70	40	10	10
Pid	100	100	10	70	70	40	100	10	10	70	70	40	40
Pie	40	70	10	40	40	10	100	40	10	100	100	70	70
Pif	100	100	70	70	70	100	40	10	10	70	40	40	10

7. *A.C.P. de yacimientos y especies según su representación anatómica.*

7. *PCA chart of species and sites according to their anatomical representation.*

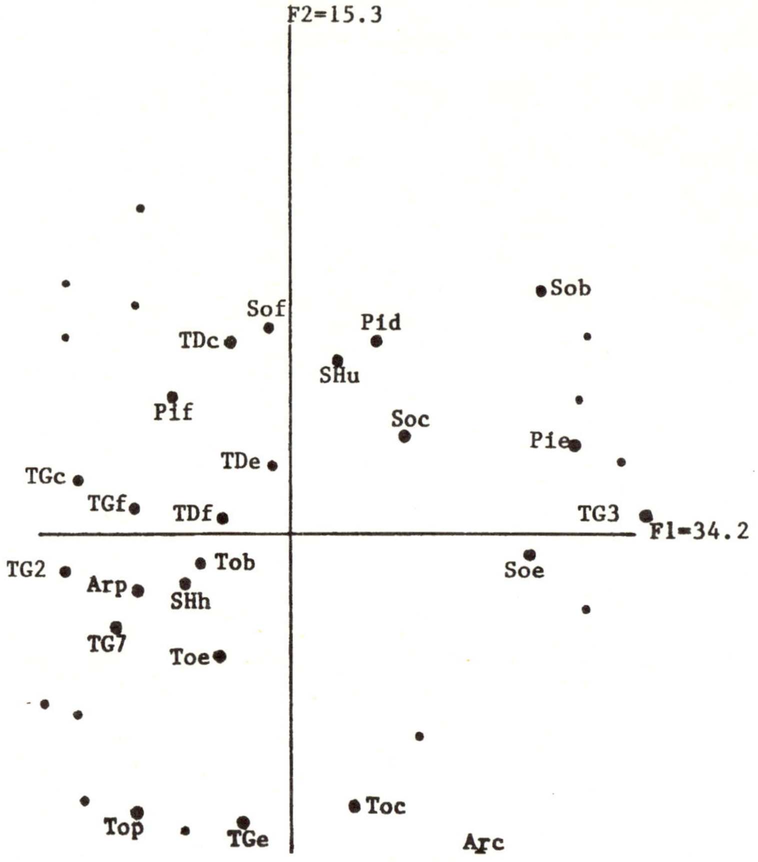

7
Discusión.

Las comparaciones realizadas mediante los análisis estadísticos nos muestran como, en general, las especies consideradas tienden a agruparse con las de su mismo yacimiento, debido en gran parte a que los procesos de acumulación y alteración han sido semejantes. Sin embargo, en casi todos los yacimientos se observan diferencias entre los taxones dominantes (proboscídeos en Torralba y Aridos, úrsidos en la Sima, équidos y bóvidos en Solana, cérvidos en Pinilla y Galería, y cérvidos y équidos en Dolina) y los restantes considerados. Las diferencias implican para estos lugares la existencia de más de un agente de mortalidad y/o la acontemporaneidad de la tafocenosis. Las relaciones puestas de manifiesto mediante las 27 variables son resumidas en la figura 10, y los grupos más probables entre dichos conjuntos, según las 13 variables anatómicas, se sintetizan en la figura 11.

7
Discussion.

Comparisons made through statistical analysis show that, in general terms, the species under consideration tend to come together with others from the same site. This is largely due to the fact that accumulation and alteration processes have been similar in all these cases. However, in almost all sites certain differences can be observed between the dominating taxa (proboscideans in Torralba and Aridos, ursids in the Sima, equids and bovids in Solana, cervids in Pinilla and Galería, and cervids and equids in Dolina) and the remaining ones that have been studied. Such differences imply that in these places there has been more than one mortality agent and/or that taphocenosis was not contemporaneous. Relations expressed by the 27 variables have been summarized in figure 10, and the most likely groups, according to the 13 anatomical variables, are synthetically presented in figure 11.

8. *Fenograma de especies y yacimientos al aire libre según su representación anatómica.*

8. *Phaenogramme of open-air sites and species according to their anatomical representation.*

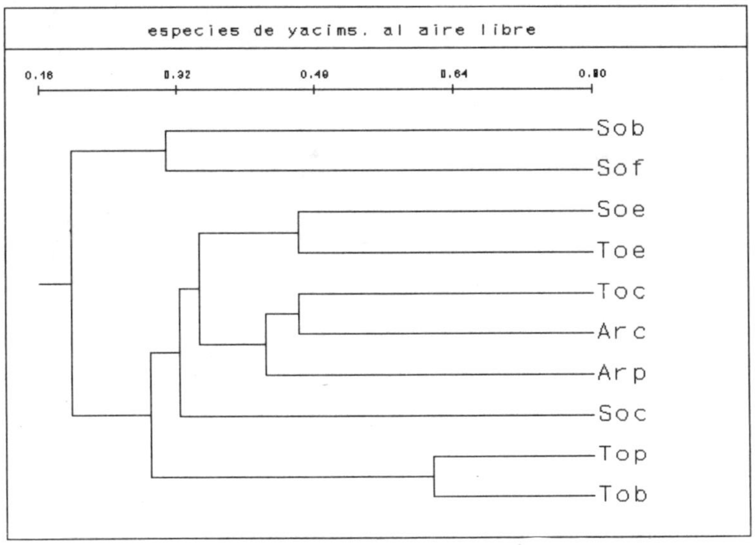

9. *Fenograma de especies y yacimientos en cavidades según su representación anatómica.*

9. *Phaenogramme of cave sites and species according to their anatomical representation.*

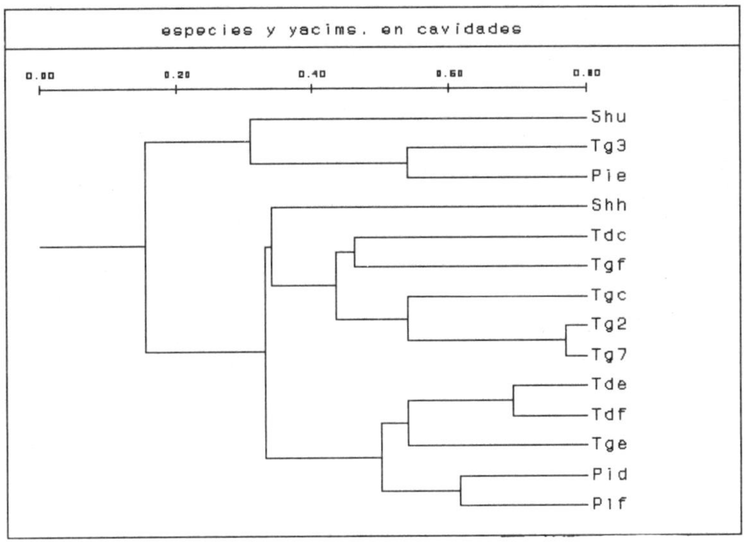

Hay similitud entre los úrsidos y homínidos de la Sima de los Huesos y con las acumulaciones de muerte natural, pero las alteraciones posteriores parecen superiores para los primeros que en los homínidos. Los proboscídeos de Aridos y Torralba se asemejarían a los anteriores en lo que respecta a la posible causa de muerte, pero sus cadáveres experimentaron alteraciones físicas subaéreas y aprovechamiento *in situ* por los homínidos.

En Pinilla la intervención de carnívoros es innegable, la cual explica las diferencias entre los taxones. Sólo en los équidos pudieron intervenir los homínidos. Las semejanzas entre los carnívoros y los cérvidos sugieren fenómenos de alteración similares. La presión de sedimentos y caída de bloques, destrucción físico-química y transporte endocárstico parecen los principales agentes de alteración. Por contra, si sus semejanzas se debieran a los agentes de acumulación, la existencia de una trampa intracárstica sería la hipótesis más factible.

Los cérvidos y équidos de Dolina, así como los herbívoros de Aridos 1, forman un grupo intermedio entre SH y Pinilla, caracterizado por elementos *ex situ* sometidos a exposición subaérea y desplazamiento gravitacional en el caso de Dolina, y a desplazamiento acuífero los restos de Aridos. En ambos casos hay evidencias de la intervención de carnívoros, mientras que la acción antrópica sólo se manifiesta en Dolina.

Las especies de Solana se muestran muy diferenciadas de las de los restantes yacimientos. Mínimas semejanzas se aprecian con los herbívoros de Aridos y Torralba y con los úrsidos de SH. Su producción autóctona con enterramiento *in situ* y la existencia de fuertes alteraciones físico-químicas son

Certain similarities have been traced between ursids and hominids from the Sima de los Huesos, and between these and natural death accumulations. However, later alterations seem to have been more important for the former than for hominids themselves. Proboscideans from Aridos and Torralba would resemble these in as far as their possible cause of death is concerned, but their carcasses seem to have been subject to physical subaerial alterations and *in situ* use by hominids.

In Pinilla, carnivore intervention is undeniable and explains the differences existing among taxa. Only in the case of equids could there have been hominid intervention. Similarities between carnivores and cervids suggest the existence of also similar alteration patterns. The main agents of alteration seem to have been the pressure of sediments and the fall of blocks, together with physical and chemical destruction and endokarstic transport. On the other hand, if such similarities were due to the agents of accumulation, the most feasible hypothesis would then be the existence of an intrakarstic trap.

Dolina cervids and equids, as well as herbivores from Aridos 1, form an intermediate group between SH and Pinilla. This group is characterized by *ex-situ* elements subject to weathering and gravitational displacement in the case of Dolina, and fluvial displacement in the case of the Aridos remains. In both cases the evidence suggests the intervention of carnivores, while anthropic action only takes place in Dolina.

Solana species are very different from those found in other sites. We can notice very slight similarities between

10. *Esquema simplificado de las asociaciones de especies y yacimientos según los 27 criterios diagnósticos. Se señala con doble línea las agrupaciones más fuertes. Se separan las acumulaciones al aire libre de las de cavidades.*

10. *Simplified graph showing the species/sites associations according to the 27 diagnostic criteria. A double line indicates the strongest groupings. Open-air accumulations are separated from cave accumulations.*

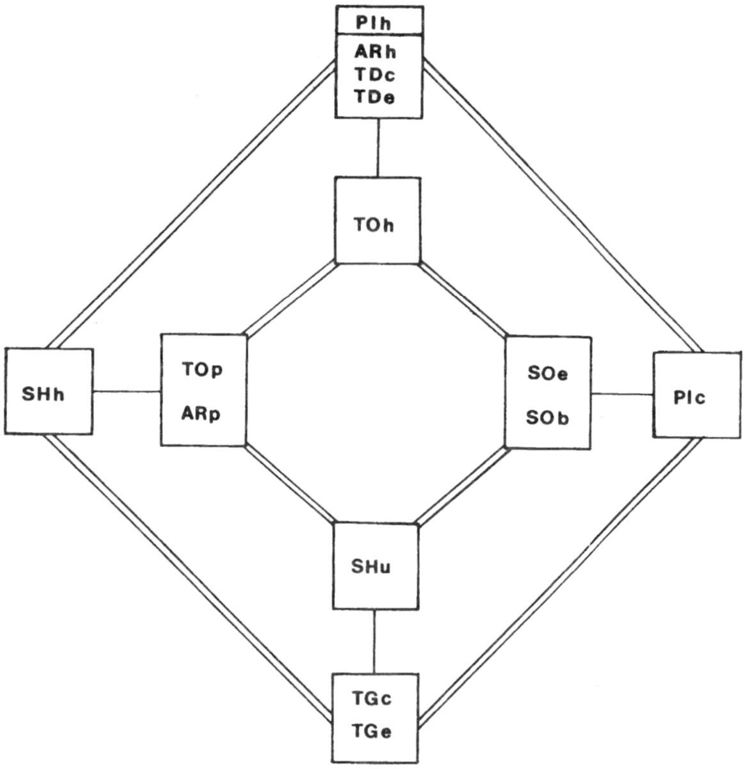

11. *Esquema simplificado de las asociaciones de especies y yacimientos según las 13 variables anatómicas. Se señala con doble línea las agrupaciones más fuertes. Se separan las acumulaciones al aire libre de las de cavidades.*

11. *Simplified graph showing the species/sites associations according to the 13 anatomical variables. A double line indicates the strongest groupings. Open-air accumulations are separated from cave accumulations.*

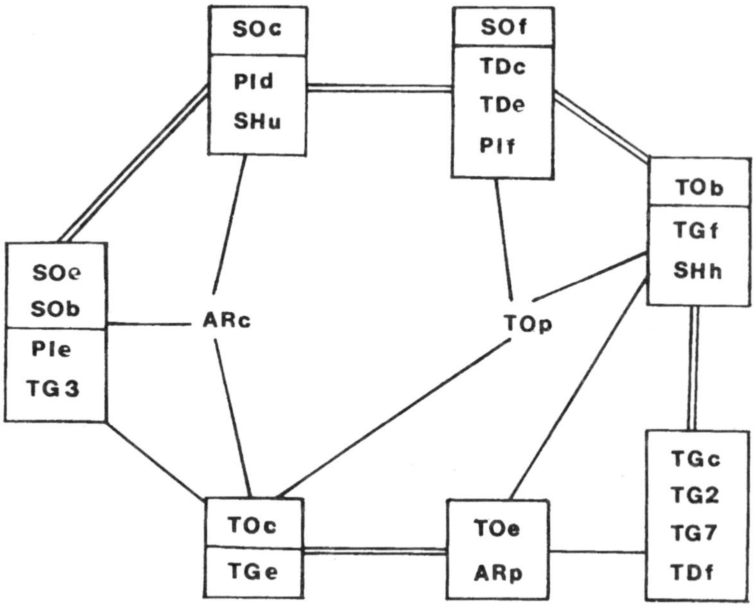

los fenómenos que explican tales similitudes. La importante intervención antrópica las individualiza y, a diferencia de Torralba y Aridos, los homínidos modificaron el conjunto esquelético descuartizando cadáveres y transportando los elementos.

Los équidos y cérvidos de Galería y Torralba muestran la fuerte intervención de los carnívoros, con un enterramiento rápido y/o poco selectivo. La agrupación de los herbívoros de menor talla de Torralba con los équidos de Galería considero que se debe a la intervención antrópica sobre tales taxones como carroñeros. Los despojos abandonados por los cánidos serían consumidos por los homínidos, creando un modelo de aprovechamiento cárnico intermedio entre los practicados en Solana y en los elefantes de Torralba y Aridos.

them and herbivores from Aridos and Torralba or ursids from SH. Such similarities can be accounted for by their autochthonous production and *in situ* burial, and also by the existence of strong physical and chemical alterations. These species became individualized through an important anthropic intervention. Here, unlike in Torralba and Aridos, hominids modified the skeletal assemblage by butchering carcasses and carrying their elements.

Equids and cervids found in Galería and Torralba show a strong carnivore intervention, as well as a quick or/and not very selective burial. In my opinion, the grouping formed by small-sized herbivores from Torralba and equids from Galería can be explained by the intervention of hominids on these taxa in their role as scavengers. Spoils left by canids would then be consumed by hominids, so that the pattern of meat consumption would lie half way between the one documented for Solana and the model practiced on elephants at Torralba and Aridos.

8
Hipótesis de formación de los yacimientos de Atapuerca.

8.1.
Hipótesis 1.2.–Muerte natural o indeterminada, con desarticulación y enterramiento.

Los úrsidos de SH están desarticulados, pero ello se debe a que el conjunto que estudiamos procede de un nivel revuelto en época reciente por clandestinos. Su concentración es alta, hay ausencia de industria lítica, los huesos quemados lo han sido por carbureros, es autóctona, hay muchos individuos juveniles y hembras, con una pirámide de edad catastrófica. Pueden hacerse remontajes con los huesos fragmentados y las fracturas transversales de hueso seco y fosilización son más del 50 por 100. Las proporciones anatómicas son casi idénticas a las de los individuos en vida, salvo una mayor abundancia de dientes en detrimento de costillas y vértebras en SH.

El lapso entre la muerte y el enterramiento pudo ser prolongado pero no hay datos que lo confirmen. En la fase subaérea sólo siete restos fueron mordidos y 24 muestran una pátina acuífera. Es posible que la ausencia de tibias proximales se deba a la intervención de carnívoros, pero no parece probable ante la abundancia de húmeros proximales. Puede que una desarticulación previa haya incidido en la carencia relativa de falanges, escápulas o vértebras caudales, pero su incidencia no debió ser importante. El bajo número de escápulas y coxales puede deberse a la acción de los clandestinos, ya que también la mandíbula y el cráneo ofrecen bajos efectivos. Estos huesos, planos y frágiles, están tan fragmentados que han sido mal reconocidos.

El sustrato es el causante del gran número de alteraciones químicas que se registran, de la abundancia de fracturas transversales, la buena conservación de la dentición respecto al esqueleto postcraneal, del mayor número de mandíbulas frente a maxilares, primeras falanges respecto a segundas y terceras, metápodos centrales frente a los laterales, o astrágalos y calcáneos frente a otros huesos articulares. Es muy probable que el número original de oseznos fuera mayor que el registrado y hay datos que confirman que un sesgo semejante ha beneficiado a los machos frente a las hembras. Los elementos anatómicos representados, en su diferencial identificación, coinciden casi a la perfección con los datos de acumulaciones naturales poco alteradas.

8
Several Hypothesis concerning the formation of the Atapuerca sites.

8.1.
Hypothesis 1.2. Natural or uncertain cause of death. Disarticulation and burial.

SH ursids are disarticulated, but the reason for this is that the assemblage in question comes from a level that was recently disturbed by clandestine collectors. Concentration is high and there is no lithic industry. Burned bones can be explained by the action of furtive cave-visitors. Production is autochthonous and there are many females and juvenile individuals. The age pyramid is catastrophic. Fragmented bones allow refitting and fossilized transversal fractures on dry bones amount to over 50 %. Anatomical proportions are almost identical with those of living individuals, except for the fact that in SH there is a considerable amount of dental elements at the expense of ribs and vertebrae.

The time gap between death and burial might have been quite long, but we certainly lack the evidence to prove it. During the subaerial stage only seven remains were gnawed, while 24 are patinated by fluvial action. The absence of proximal tibias might possibly be due to carnivore intervention, but this seems unlikely given the great number of proximal humeri that have survived. Some previous disarticulation might have caused the relative lack of phalanges, scapulas or caudal vertebrae, but its incidence does not seem to have been very important. The low number of scapulas and pelvis may be explained by clandestine excavations, since the number of mandibles and crania is equally low. These bones, flat and fragile, suffer such fragmentation that they have been ill-identified.

The substratum is responsible for several features: the great number of chemical alterations that have been recorded, the abundance of transversal fractures, the fine preservation of dental parts as opposed to the postcranial skeleton, and the predominance of mandibles over maxillary bones, of first over second and third phalanges, of central over lateral metapodials and of astragalus and calcaneus over other articular bones. The original number of bear cubs is very likely to have been higher than the number that has been recorded and the evidence confirms that a similarly biassed record favored males over females. After differential identification, the anatomical elements that are represented coincide almost

Para los homínidos de SH, la ausencia de mordeduras, estrías o algún tipo de modificación provocada por agentes biológicos hace que considere su muerte o deposición por otros homínidos. La posibilidad de que los leopardos u otros carnívoros dieran caza a estos individuos es factible ante la abundancia de juveniles, pero ni su representación esquelética ni el estudio de las superficies óseas lo confirma. La desarticulación y exposición subaérea parecen haber sido menores que en los úrsidos, aunque se registra también una conservación diferencial que ha primado los elementos más resistentes y a los individuos adultos sobre los infantiles. Las variaciones esqueléticas en los homínidos pudieran ser indicativas de que éstos no experimentaron los mismos procesos que los úrsidos y, por tanto, se depositaron en un área distinta a la de aquellos (en SH o en un conducto cercano), mezclándose con posterioridad en el depósito vertical que ahora se excava. La presencia de más de 25 homínidos en un mismo depósito pudiera sugerir la existencia de una trampa intracárstica, en la que cayeran los individuos a lo largo de cientos de años, cuando inspeccionaban un posible hábitat, pero me parece más factible acudir a paralelos etnográficos y suponer su deposición intencional por otros homínidos, al modo de los Gagudju de Kakadu (Australia), que arrojan a sus muertos en la misma cavidad durante muchas generaciones (Díez y Bermúdez de Castro, *in litt.)*. La ausencia de herbívoros o de industria lítica implica que sólo los úrsidos fueron asiduos ocupantes de la cavidad.

completely with records from natural accumulations that have suffered little alteration.

In the case of SH hominids, the absence of tooth marks, cut marks or any other damages introduced by biological agents suggest their possible death or deposition by other hominids. The idea that leopards or other carnivores might have hunted these individuals is feasible in view of the great amount of juveniles, but neither their skeletal representation nor the study of bone surfaces serve to confirm this hypothesis. Disarticulation and subaerial exposure seem to have been less important than in the case of ursids, although there is also differential preservation in the sense that it has favored more resistant elements and adults over infantile individuals. The fact that hominids show skeletal variations might indicate that they did not undergo the same processes as ursids and that, therefore, their deposition took place in a different area (in SH or in a nearby gallery). Later, they became mixed up with the vertical deposit that is now being excavated. The presence of more than 25 hominids in the same deposit might suggest the existence of an intrakarstic trap. For hundreds of years, individuals would have been falling there while inspecting a possible habitat. In my opinion, however, it makes more sense to see the whole thing from an ethnographic perspective and imply the intentional deposition of these individuals by other hominids after the fashion of the Gagudju in Kakadu (Australia), who have thrown their dead into the same cave over many generations (Díez & Bermudez de Castro, in litt.). The absence of herbivores or lithic industry implies that ursids were the sole occupants of the cave.

8.2.
Hipótesis 1.3.–Muerte natural o indeterminada. Exposición subaérea o transporte endocárstico. Tardío enterramiento.

Acontece con más facilidad en cavidades que al aire libre, ya que aquí la incidencia de carroñeros es muy superior, y así ha podido constatarse.

Los carnívoros de TD muestran un ejemplo claro de desarticulación gravitacional, ya que los elementos encontrados corresponden a las porciones de más rápida desarticulación: cráneo, vértebras cervicales y caudales, escápula, húmero, radio y falanges. Los individuos son adultos, que es la mortalidad propia de los carnívoros no hibernantes en las cavidades. Sólo uno de los elementos está mordido, otro muestra claras evidencias de haber rodado, mientras que cinco poseen tra-

8.2.
Hypothesis 1.3.: Natural or uncertain cause of death. Weathering or endokarstic transport. Selective burial.

This is more likely to happen in caves than in open-air sites, since here the incidence of scavengers, and as has been verified, is considerably higher.

TD carnivores provide a clear instance of gravitational disarticulation, since the elements found correspond to those parts that are particularly apt to lose their articulations: cranium, cervical and caudal vertebrae, scapula, humerus, radius and phalanges. Individuals are of adult age, which is the right mortality age for non-hibernating carnivores in caves. Only one element shows gnaw marks while another one presents evident traces of rolling. Some other five elements seem to zas de haber experimentado cambios de humedad o temperatura. Todas las fracturas son transversales, de fosilización.

El número de elementos es tan bajo que la dispersión debe considerarse muy amplia. Ni la actividad de los carroñeros ni la acción fluvial pueden explicarla. El número de dientes y epífisis es bajo, se conservan elementos frágiles como las cinturas y elementos de baja densidad, como vértebras caudales y falanges. Es presumible pensar que se excava una zona alejada del lugar de muerte original, y aunque las especies representadas pueden considerarse autóctonas, se encuentran *ex situ*. Teniendo en cuenta las observaciones sobre desarticulación natural, los elementos de los carnívoros de TD responden claramente a esqueletos muertos de forma natural desplazados por gravitación.

Es también probable que los bóvidos de TD hayan experimentado un proceso semejante. Se trata de individuos adultos, con un mayor número de elementos por individuo que en los carnívoros, y en los que se registran elementos rodados y con exposición atmosférica. Abundan los elementos enteros, las fracturas transversales de fosilización y no hay trazas de intervención de carnívoros ni de homínidos. Es probable que los elementos ausentes fueran desplazados por carnívoros, pero faltan las evidencias icnológicas inherentes a tal posibilidad. Asumo por tanto que la desarticulación natural y el desplazamiento gravitacional explica, mejor que otras hipótesis (ver 4.3), la presencia en TD de éstos individuos.

Los carnívoros de TG (excepto el *Cuon* del S.O.O. 7) muestran muchas de las características reseñadas en los de TD: mínima incidencia de carroñeros o movimientos acuíferos, ausencia de signos de exposición atmosférica, fracturas por presión de sedimentos y postenterramiento. El número de elementos por individuo es muy bajo, lo cual es indicativo de la dispersión de los cadáveres y de su origen diferencial respecto a los herbívoros. En la mayoría de las ocupaciones se registran falanges, dentición, vértebras, ulnas, tibias, tarsales y metápodos, es decir, los elementos más abundantes en el esqueleto en vida más el hueso largo de menor densidad y las tibias. Según los elementos esperables por individuo y ocupación, se advierte que, al igual que en los carnívoros de TD, el miembro delantero, cabeza y coxal constituyen el núcleo principal de elementos. La comentada ausencia de mordeduras y la abundancia de zonas proximales en húmeros y tibias aleja a los carroñeros como posible explicación del conjunto. La desarticulación y desplazamiento gravitacional parece la hipótesis más acorde con los datos, máxime si se combina con una conservación diferencial inherente a la resistibilidad

have undergone moisture and temperature changes. Existing fractures are all transversal fossilization breakages.

The number of elements is so low that dispersion must necessarily have been very important. Neither scavenging nor fluvial processes can in fact account for it. The number of teeth and epiphyses is low, while some fragile elements, like waists, and low density pieces, like caudal vertebrae and phalanges, have survived. We might safely presume that the excavated area is far from the original site of death and that, even though the species that are represented can be regarded as autochthonous, these have been found *ex situ*. In view of some observations concerning natural disarticulation, it seems that our TD carnivore elements clearly fit the pattern of natural death followed by gravitational displacement.

It is also likely that TD bovids should have undergone a similar process. They are adult individuals and present a higher number of elements per individual than carnivores. In some elements there are rolling marks and traces of weathering. There are plenty of complete elements and transversal fossilization fractures, while evidence of carnivore or hominid intervention is non-existent. The missing elements might have been moved away by the action of carnivores, but again we lack the necessary ichnological support for that hypothesis. I shall therefore assume that natural disarticulation and gravitational displacement, rather than other hypotheses (see *4.3.)*, can account for the presence of these individuals in TD.

TG carnivores (except for the S.O.O.7 *Cuon)* share many characteristics with TD ones: very slight incidence of scavenging or aquiferous processes, absence of subaereal exposure traces, fractures caused by sediments pressures and subsequent burial. The number of elements per individual is very low, which suggests the carcasses' dispersion and their differential origin with respect to herbivores. In most occupations findings include phalanges, dental elements, vertebrae, ulnas, tibias, tarsals and metapodials: in other words, the most abundant skeletal parts for living individuals plus the least dense limb bone and the tibias. As far as the expectation of elements per individual and occupation is concerned, we notice that, as in the case of TD carnivores, the main set of elements is constituted by forelegs, heads and coxal bones. The absence of gnaw marks, which we have already discussed, and the rich representation of proximal ends in the case of humeri and tibias prevent us from considering scavengers as the possible key to this assemblage. Disarticulation and gravitational displacement appear to be the hypothesis that is most consistent with the available evidence, especially if it osteológica, para explicar la abundancia de tibias o la ausencia de costillas.

is complemented by the notion of differential preservation inherent in osteological resistibility. The latter could certainly explain the great number of tibias or the absence of ribs.

8.3.
Hipótesis 1.5. Muerte natural e intervención de carnívoros.

En TG-S.O.O. 7 se ha identificado un *Cuon* adulto representado por buena parte de su esqueleto (47 elementos), cuyas características no lo asemejan al resto de los carnívoros (hipótesis 1.3). A diferencia de aquellos, el *Cuon* se encuentra primordialmente *in situ*. Pueden realizarse remontajes, hay piezas en conexión anatómica (metacarpos-falange I; falanges II-III; vértebra cervical-1.ª vértebra torácica; vértebras caudales; radio-ulna) y su dispersión es muy baja. Falta el cráneo (aunque están los maxilares), bastantes vértebras, la mayoría de las costillas, algunos metápodos y muchas de las falanges y huesos articulares. Estas características pudieran hacer pensar en la combinación de factores como la desarticulación natural, dispersión gravitacional y conservación diferencial. Pero el individuo no tiene ninguna de las patas traseras, desde los coxales hasta, al menos, los metatarsos (las falanges no han sido diferenciadas entre delanteras y traseras), lo cual no parece ajustarse a la desarticulación natural. No hay en las superficies óseas evidencias de mordeduras, sin embargo los elementos ausentes corresponden perfectamente a las prácticas carroñeras de las hienas, por lo que, con ciertas dudas, creo que dichas zonas anatómicas fueron destruidas o trasladadas a un cubil de carroñero. El enterramiento debió ser poco selectivo en lo que a alteraciones se refiere.

8.3.
Hypothesis 1.5.: Natural cause of death and carnivore intervention.

In TG-S.O.O.7 an adult *Cuon,* represented by a large portion of its skeleton (47 elements), has been identified. Its characteristics do not fit the pattern for the other carnivores (hypothesis *1.3.).* Unlike them, this *Cuon* has been primarily found *in situ.* Refitting are possible, some pieces have preserved the anatomical articulations (metacarpals-phalanx I; phalanges II-III; cervical vertebra-1st thoracic vertebra; caudal vertebrae; radius-ulna) and the degree of dispersion is very low. The cranium is missing (although the maxillary bones have survived), and so are a fair number of vertebrae, most ribs, some metapodials and many phalanges and articular bones. These features might suggest a combination of factors like natural disarticulation, gravitational dispersion and differential preservation. However, the individual has lost its hind legs, from the pelvis to, at least, the metatarsals (the phalanges from fore-and hind limbs have not been differentiated) and this can hardly be explained by natural disarticulation. Bone surfaces do not present any gnaw marks, while, on the other hand, the missing elements perfectly fit the pattern of scavenging hyenas. I shall therefore advance the arguable hypothesis that those anatomic parts were destroyed or transported into a hyena den. Burial cannot have been very selective as far as alterations are concerned.

8.4.
Hipótesis 2.1. Acción de carnívoros e inmediato enterramiento.

Los cérvidos de TG constituyen el ejemplo más claro. Los datos de que se dispone no avalan diferencias muy significativas entre los distintos suelos de ocupación. Los perfiles de edad son atricionales, con muchos individuos jóvenes. El número de elementos por individuo es variable, en general alto y con buena o gran representación de inmaduros en el esqueleto postcraneal. Las alteraciones químicas o fosildiagenéticas, acuíferas, erosión, exposición subaérea u otras alteraciones no biológicas son casi inexistentes. La incidencia de

8.4.
Hypothesis 2.1.: Carnivore action and non selective burial.

TG cervids provide the best illustration in this respect.The available evidence does not support the existence of relevant differences among the several living floors. Age profiles are attritional, there being many young individuals. The number of elements per individual varies, though it is generally high and includes a good representation of immature individuals in the case of the postcranial skeleton. There are hardly any chemical or fossil/diagenetic alterations, and the same can be said of aquiferous alterations, erosion, subaerial exposure or puercoespines es mínima, los remontajes son frecuentes, hay piezas semiarticuladas y con fracturas en fresco. Todas estas características indican un rápido enterramiento con mínima desarticulación. Los huesos enteros son frecuentes y las fracturas producidas por caída de bloques o presión de sedimentos son evidentes durante la excavación. El conjunto muestra todas las características de los cadáveres consumidos por carnívoros, tanto por los elementos identificados como por los ausentes, así como por sus características icnológicas.

Los elementos de la cabeza son abundantes, incluyendo algunas cuernas; las vértebras y, sobre todo, costillas, están bien representadas para su normal fragilidad. La mayoría de ellas están mordidas. El esqueleto apendicular es muy frecuente, con bastantes diáfisis de huesos largos. Metápodos, falanges y huesos articulares presentan pocos efectivos, lo mismo que los miembros traseros respecto a los delanteros, ambos mordidos con profusión. En varias ocupaciones hay también restos regurgitados por carnívoros. Dada la pauta de conducta de los cánidos y grandes félidos, supongo que se llevaron a sus cubiles algunas extremidades distales y patas traseras con los coxales. A favor de una caza por los carnívoros juega la edad y talla de los cérvidos y la completitud de los cadáveres, así como la abundancia de mordeduras de individuos inmaduros. Pero la hipótesis carroñera debe también reseñarse, ya que sería más probable el traslado directo del individuo a su cubil que un doble transporte, por lo que la hipótesis de trampa natural para TG es la más verosímil.

La posibilidad de que algún cérvido fuera consumido por los homínidos está también fundamentada, aunque su número sería siempre menor que el abandonado por los carnívoros. Su incidencia sobre ciertos de los cérvidos se basa en la abundancia de fémures y húmeros, la presencia de zonas proximales en tibias y húmeros, la fracturación de varios huesos largos y la presencia de una estría sobre una falange. Dado el comportamiento que se aprecia sobre las especies de mayor talla en este yacimiento, es probable una actividad carroñera de los homínidos sobre los cérvidos abandonados por otros predadores.

any other non-biological changes. The activity of porcupines has had little or no incidence, while refitting are frequent and there are some semiarticulated pieces and green bone fractures. All these features indicate quick burial and minimal disarticulation. Entire bones are frequent and fractures caused by the fall of blocks or by sediments pressure become apparent in the course of excavation. Judging from both identified and missing elements, as well as from the ichnological features that have been recorded, the assemblage presents all the characteristics of carcasses consumed by carnivores.

Head elements are abundant, including some antlers; there is a fair representation of vertebrae and, above all, ribs, particularly if we consider their natural fragility. Most of them have been gnawed. The appendicular skeleton is also frequently present and there is quite a number of limb bone shafts. Metapodials, phalanges and articular bones are rare, and so are hind limbs if compared with forelegs (both show a very high number of tooth marks). In several occupations some remains have been found that are the product of carnivore regurgitation.Given the behavioral patterns of canids and large felids, it seems possible that these should have carried a few distal extremities and hind legs (with coxal bones) to their dens. The hypothesis of carnivore hunting is supported by the cervids' age and size, and by the integrity of carcasses, as well as by the great number of gnawed marks of the immature carnivores. But the possibility that there should have been scavenging also deserves consideration, since direct transport into a den seems more likely than double transport. In short, the most feasible hypothesis for TG seems to be the existence of a natural trap.

We can also find support for the possibility that a few cervids might have been consumed by hominids, but the number of such individuals is bound to fall below that of cervids abandoned by carnivores. The main arguments for this hypothesis are, in the case of some cervids, the great number of femora and humeri, the presence of proximal ends in tibias and humeri, the breakage of several long bones and the existence of a cut mark on one phalanx. Given the incidence of certain behavioral patterns on large-sized species in this site, we may probably infer that cervids left over by other predators were later scavenged by hominids.

8.5.

Hipótesis 2.6.–Intervención de carnívoros con traslado de cadáveres.

El bisonte de TG-S.O.O. 3 está identificado por tarsales, metatarso y falanges en semi-conexión anatómica. Pertenecen a un individuo subadulto. Aunque ningún elemento de esta extremidad está mordido, la representación anatómica, la conexión osteológica y la ausencia de fragmentación, coinciden con la hipótesis planteada.

La representación de los bóvidos y équidos en algunas ocupaciones de TG es mínima, con exclusiva presencia de dientes, mandíbulas y alguna vértebra. Los datos sugieren o bien una fuerte alteración gravitacional o prácticas carroñeras, hipótesis entre las cuales es difícil decidirse.

8.6.

Hipótesis 4.1.–Cadáveres consumidos por homínidos y carroñeados por los carnívoros.

Los cérvidos y équidos de TD tienen aspectos en común con los carnívoros y bóvidos del mismo yacimiento (hipótesis 1.3), y es por tanto probable que el desplazamiento gravitacional y la presencia de algún individuo muerto de forma natural se haya producido también sobre estas especies. En este sentido, hay restos con señales de erosión acuífera y alteración subaérea, quizá en el exterior de la cueva. Sin embargo, en ambos taxones la completitud de los especímenes es superior, por lo que o bien los individuos están más próximos a su lugar de deposición original o los factores fosildiagenéticos les afectaron en menor medida. Cérvidos y équidos se asemejan en la abundancia de cabezas, elementos delanteros y zigopodios, alta fragmentación y presencia de estrías antrópicas de descarnación (cérvidos y équidos) y desmembramiento (cérvidos). Las principales diferencias entre los taxones están motivadas por la abundancia de mordeduras de los carnívoros, muy superior en los cérvidos, y por la baja representación del esqueleto postcraneal en los équidos. En los cérvidos buena parte de sus elementos han sido fracturados por carnívoros, creando cilindros diafisarios; es muy probable la aportación de una pata delantera (desde la escápula al metacarpo), quizá por cánidos, y la destrucción de buena parte del esqueleto axial de los individuos. En tal sentido, la intervención de los homínidos pudo ser posterior a la de los carnívoros, como carroñero, o incidir sobre menos individuos que los carnívoros. La inclusión de los cérvidos de TD en la hipótesis

8.5.

Hypothesis 2.6.: Carnivore intervention and carcass transport.

The bison found in TG-S.O.O. 3 has been identified by its tarsals, metatarsal and semiconnected phalanges. These belong to a subadult individual. Although none of these elements has gnaw marks, anatomical representation, osteological connection and the absence of fragmentation all support the above-mentioned hypothesis.

In some TG occupations the representation of bovids and equids is minimal, since we only have dental parts, mandibles and some vertebrae. The available data suggest either a strong gravitational alteration or the existence of scavenging activities. It is difficult to decide which of the two hypotheses is more satisfactory.

8.6.

Hypothesis 4.1.: Carcasses consumed by hominids and scavenged by carnivores.

TD cervids and equids share some common features with carnivores and bovids from the same site (hypothesis 1.3.). We are therefore likely to find in both species the effects of gravitational displacement and the occasional presence of individuals dying as a result of a natural cause. In this respect, some remains show signs of having suffered water erosion and weathering, perhaps outside the cave. Nevertheless, both taxa the integrity of the specimens is higher, which means either that individuals have remained closer to their original site of deposition or that fossil/diagenetic factors affected them to a lesser extent. Cervids and equids share the abundance of heads, fore elements and zygopodials, as well as a high level of fragmentation and the presence of butchering marks (cervids and equids) or dismembering marks (cervids). As for the main differences among taxa, carnivore tooth marks are abundant, especially in cervids, while the postcranial skeleton is poorly represented in the case of equids. Most cervid elements have been fractured by carnivores, and diaphyseal cylinders have been produced as a result. We are also likely to come across the contribution of a fore leg (from the scapula to the metatarsal), perhaps the result of the canids' activities, and the destruction of a great part of the individuals' axial skeleton. In this sense, the intervention of hominids may have taken place after that of carnivores, like scavengers, or at least affected a smaller number of individuals. We can therefore wonder if TD cervids should

4.2 puede por tanto ser contemplada. En los équidos el número de huesos mordidos es inferior, con ausencia de cilindros diafisarios, hay mayor equivalencia entre cuartos traseros y delanteros, los metápodos están más fragmentados y el esqueleto axial es más abundante, lo mismo que las extremidades distales. Dichas características y proporciones guardan gran semejanza con los despojos que abandonan los homínidos cuando tienen un acceso temprano a los cadáveres y trasladan elementos y con los despojos que abandonan los carnívoros y son seleccionados por los homínidos. Estas características híbridas del conjunto provocan que en TD sólo podamos concluir que homínidos y carnívoros actuaron sobre los individuos, sin que pueda reconocer el agente de aportación ante el bajo número de restos, su alto grado de fragmentación (provocado también por el paulatino desplome de la cavidad) y la parcial selección anatómica inherente al desplazamiento gravitacional.

8.7.
Hipótesis 4.2. Cadáveres abandonados por carnívoros y carroñeados por los homínidos.

En TG, la acumulación de los équidos y bóvidos en algunos suelos postulo que es debida a prácticas carroñeras de los homínidos. Es posible que pudieran integrarse bajo la hipótesis 4.3, pero creo que la intervención de los homínidos se desarrolló con una selección de elementos externos al karst, ante la desigual representación de estas especies respecto a los cérvidos asociados.

En los équidos predominan los recién nacidos, con buen número de inmaduros. En los bóvidos predominan los juveniles pero ninguno es infantil. El número de elementos por individuo es en ambas especies muy bajo, y en las dos la dentición, cráneo y mandíbulas son las piezas esqueléticas mejor representadas. No es posible que la conservación diferencial haya afectado a los restos de inmaduros dado que apenas hay elementos postcraneales de adultos y a que se conservan piezas tan frágiles como los hioides y las epífisis de inmaduros. Las cabezas, algunas vértebras y costillas y distintos elementos postcraneales son precisamente los elementos abandonados por hienas cuando cazan o carroñean individuos infantiles de pequeña talla o los adultos de talla media. Si se llevan extremidades prefieren las traseras, y si son porciones los metapodios (con acropodios o zigopodios), lo cual es la representación antagónica de los bóvidos de TG y diferencial respecto a los équidos. En relación a los bóvidos, en los équidos

not be included in hypothesis *4.2.* In equids, the number of gnawed bones is lower and there are no diaphyseal cylinders. The proportion between fore-and hindquarters is more balanced, the metapodials are more fragmented, and the axial skeleton, as well as the distal extremities, are more abundantly present. Such features and proportions bear a great resemblance to spoils left by hominids after they have had an early access to carcasses and effected transportation. They also remind us of spoils left by carnivores and selected by hominids. The hybrid characteristics of this bone assemblage, therefore, make it difficult any conclusion about TD, except that both hominids and carnivores acted on individuals. The contributing agent will then remain unknown, in view of low number of remains, their high degree of fragmentation (also aused by the cave's gradual collapse) and the partial anatomical selection brought about by gravitational displacement.

8.7.
Hypothesis 4.2.: Carcasses left by carnivores and scavenged by hominids.

I shall now argue that in TG the accumulation of equids and bovids in some living floors is due to hominid scavenging. We may possibly resort to hypothesis 4.3. to account for this case, but in my view, and judging from the unequal representation of these species by contrast with related cervids, the intervention of hominids took place in the form of a selection of elements outside the Karst.

In the case of equids the greatest part corresponds to newborn specimens and there is also a fair number of immature individuals. With bovids it is juveniles that are predominant, but none of them can be said to be infantile. In both species the number of elements per individual is quite low, and for both the skeletal parts that are best represented are dental parts, crania and mandibles. Differential preservation cannot possibly have affected immature remains, since there are hardly any postcranial elements from adults and such fragile pieces as hyoid bones and epiphyses from immature have been preserved. It is precisely heads, certain vertebrae and ribs, and several postcranial elements that are most often left by hyenas after hunting or scavenging small-sized infantile individuals or medium-sized adults. When they take limbs with them, they normally prefer hind legs, and if it is portions that they carry away, metapodials (with acropodials and zygopodials) are their most likely choice. This sort of re-aumentan las extremidades distales, se reducen los restos craneales y abundan los coxales y elementos traseros. Estas características pudieran indicar un temprano acceso a los despojos. La constante aportación del esqueleto axial, coxales, falanges y huesos articulares prueba en cualquier caso el carácter marginal de la actividad.

En TG intervinieron roedores y carnívoros. Los primeros prácticamente sólo tuvieron incidencia en S.O.O. 7, revelando que el enterramiento aquí fue más lento que en niveles posteriores. 47 restos de équidos y 11 de bóvidos presentan mordeduras de carnívoros, lo que supone la cuarta parte de sus restos sin la dentición. Las modificaciones causadas por estos predadores no parece que hayan sido importantes. Su acción se ha dirigido más hacia los inmaduros y especies de menor talla, y hacia costillas y vértebras. En los huesos largos se reconocen húmeros y tibias proximales y los metápodos están fracturados. No hay tubos diafisarios. Dos costillas de caballo y otra de bóvido muestran estrías de descarnación, al igual que una rótula de rinoceronte presenta estrías de desmembramiento. Dado que a este individuo sólo puede añadírsele un metatarsiano, la hipótesis carroñera explicaría su aparición mejor que otras posibles causas. Es posible que tal extremidad fuera aportada por los carnívoros, y por tanto carroñeada en el lugar por los homínidos, ya que sorprende la inexistencia de otros elementos. La desproporción entre la abundancia de huesos mordidos y las evidencias de la intervención de los homínidos sugieren que el papel de éstos debió ser inferior al de aquéllos.

presentation is opposed to the sample of TG bovids and shows important differences with respect to TG equids. If compared with bovids, the latter present a greater number of distal extremities, fewer cranial remains and a considerable amount of pelvis parts and hind elements. Such features might indicate an early access to spoils. At any rate, the steady contribution of the axial skeleton, pelvis parts, phalanges and articular bones suggests that we are dealing with a marginal activity.

The intervention of rodents and carnivores in TG has also been recorded. The former's incidence is practically limited to S.O.O.7, which shows that here burial took longer than in later levels. Carnivore tooth marks have been found on 47 equid remains and on 11 bovid remains, that is to say, on a fourth part of these remains with the exception of dental parts. Modifications introduced by these predators do not seem to have been very important. Their activity tended to concentrate on immature and small-sized species, and on ribs and vertebrae. As for limb bones, proximal humeri and tibia have been identified, while metapodials are fractured. No diaphyseal tubes have been found. Two ribs from a horse and another one from a bovid show butchering marks, while a rhinoceros' patella bears dismembering marks. Since only one metatarsal can be added to this individual, the scavenging hypothesis, rather than the existence of other causes, can best explain this finding. Given the surprising lack of other elements, the extremity in question could have been a contribution made by carnivores and then scavenged by hominids on the site. The imbalance between the great number of gnawed bones and the evidences of hominid intervention suggests that the latter played a less important part than carnivores.

9 Conclusiones.

En la Sima de los Huesos, los úrsidos y homínidos de este yacimiento muestran las características propias de los individuos muertos de forma natural, experimentando una desarticulación y acumulándose en un conducto cerrado por desplazamiento gravitacional no selectivo. El alto grado de humedad, el bajo contenido en oxígeno y la disolución calcárea explicarían casi todas las alteraciones osteológicas y su conservación diferencial. La mayor parte de los úrsidos debieron morir durante su período de hibernación; hembras y

9 Conclusions.

In the Sima de los Huesos site, ursids and hominids present the typical features shared by individuals dying from natural causes: they have undergone disarticulation and have accumulated inside a closed gallery as a result of non-selective gravitational displacement. Almost all osteological alterations, as well as differential preservation, could be accounted for by the high degree of humidity, the low oxygen content and the effects of calcareous dissolution. Most ursids must have died while hibernating, the largest part corresponding, as is nor-oseznos con prioridad como es frecuente en esta especie. La deposición de los homínidos tampoco debió ser sincrónica, y sus perfiles de edad revelan una gran mortalidad en los períodos de máximo riesgo; excluyendo la intervención de carnívoros, sólo otros homínidos pudieron depositar tales cadáveres.

Dolina muestra en su composición específica, osteológica e icnológica más evidencias de factores físicos que antrópicos, y más de éstos que de otros predadores. Algunos de los individuos, en particular los carnívoros y bóvidos, debieron morir por causas naturales en la entrada de la cavidad o en sus inmediaciones, desarticulándose y desplazándose por la acción de arroyadas o coladas de barro intracársticas. Este fenómeno debió acontecer también con algunos individuos adscritos a cérvidos y équidos, pero sobre ellos se manifiesta el preponderante papel de los homínidos en su desmembramiento y consumición. El posterior tránsito por la cavidad de carroñeros ha tenido consecuencias innegables, modificando la tafocenosis preexistente, tanto por consumición en el lugar como por traslado de despojos.

Galería no ha constituido un cubil salvo en la fase de formación de S.O.O. 3, en que los hiénidos aportaron una pata de bisonte. En el resto de las fases la presencia de carnívoros fue constante, pero más como moradores ocasionales que como continuos ocupantes. Su intervención ha sido paulatinamente más importante, al menos en comparación con la intervención antrópica, más acentuada en los niveles inferiores. Algunos de los predadores murieron de forma natural en la cavidad, desarticulándose y desplazándose por factores gravitacionales, con ocasionales intervenciones de carroñeros que consumieron y transportaron sus despojos. Los principales carnívoros fueron los cánidos, y son los responsables de la aportación y consumición de la mayoría de los cérvidos y quizá de algunos équidos y bóvidos. Por el contrario la intervención de los homínidos parece haberse desarrollado más sobre la mayoría de los équidos y algunos bóvidos, aunque también en estos casos nuevos carroñeros alteraron las acumulaciones producidas por los homínidos. Hay algunas evidencias para suponer que los équidos, bóvidos y un rinoceronte fueron obtenidos por carroñerismo de los homínidos.

Pinilla ha constituido un cubil de hienas durante gran parte de sus formación. Éstas son las causantes de la introducción de los herbívoros, íntegros los de pequeña talla y parciales los adultos de gran talla. También carroñearon los cadáveres de otros carnívoros, y es probable que fueran los responsables de la muerte o aportación del homínido recuperado en este

mally the case with this species, to females and cubs. The deposition of hominids cannot have been synchronic either. Age profiles reveal a high mortality rate at maximum-risk times. Barring the intervention of carnivores, only other hominids could have deposited those corpses there.

The specific, osteological and ichnologic composition of Dolina shows more evidence of physical than of anthropic factors, while the latter are more important than the influence of other predators. Some individuals, particularly carnivores and bovids, must have died from natural causes at the cave's entrance or in nearby spots. The rise of floods or the action of interkarstic mud-flows wash would have then caused their disarticulation and displacement. The same phenomenon must have affected some individuals classified as cervids or equids, although these show the predominant role played by hominids in their dismemberment and consumption. Their later passage through the scavengers' cave had undeniable consequences, since it modified the preexisting taphocenosis as a result of on-the-spot consumption and spoils transport.

As for Galería, it was never used as a den except during SOO 3's formation stage, when hyaenids contributed a bison's leg. In the remaining stages, the presence of carnivores was a constant feature, although they acted more as occasional dwellers than as permanent occupants. Their intervention became increasingly important, at least if we compare it with anthropic influences, which were stronger on lower levels. Some predators died in a natural way inside the cave, and then became disarticulated and displaced as a result of gravitational factors and the occasional intervention of scavengers, which ate and transported their spoils. The main carnivores were canids and they were responsible for the contribution and consumption of most cervids and, perhaps, of a few equids and bovids too. On the contrary, the intervention of hominids seems to have affected most equids and a few bovids, although even in these cases scavengers would bring further alterations. Some evidence suggest that the equids and bovids, as well as one rhinoceros, were contributed by hominid scavenging.

During most of its formation stage, Pinilla functioned as a hyena den. Hyenas were responsible for the introduction of herbivores. Among them, the smaller-sized ones have been carried entire, while the adults of large size have only been transported partially. Hyenas also scavenged the carcasses of other carnivores and they could also be responsible for the death or the contribution of one hominid recovered at this site. The number of lithic pieces found in Pinilla is very yacimiento. En Pinilla el número de piezas líticas es exiguo, lo cual es indicativo de la esporádica presencia de los homínidos y su mínima contribución a la orictocenosis, que de producirse fue exclusivamente como carroñeros.

El yacimiento de Torralba es el más complejo de los analizados, debido a la convergencia de factores físicos y biológicos. La muerte natural, quizá con el concurso de leones, es la hipótesis más probable para explicar la concentración de proboscídeos y bóvidos; así como la muerte natural y la intervención de cánidos explica bastante bien la presencia de los équidos y cérvidos. En todas las especies el desplazamiento acuífero y gravitacional ha jugado un importante papel acumulador y dispersador. Las evidencias de la intervención antrópica son superiores a las de los predadores mencionados. Por consiguiente parece probable que los homínidos consumieran muchos de los cadáveres identificados en Torralba. Algunos proboscídeos y bóvidos no debieron ser consumidos por ningún predador, en otros casos los homínidos aprovecharon los grandes despojos que abandonan los leones o fueron los primeros consumidores. Para las especies de menor talla es más probable la actividad carroñera de los homínidos, aprovechando restos abandonados por cánidos y/o cazando y trasladando la piel y distintos elementos a un campamento más seguro.

Al igual que en Torralba, los yacimientos de Aridos muestran la importancia de los factores no biológicos y el concurso de los homínidos para explicar la diversidad específica. El papel de los carnívoros ha sido mínimo, debido a que gran parte de la acumulación responde a movimientos hidráulicos y a que la acción fluvial enterró y preservó los despojos con prontitud. El elefante de Aridos 1 pudiera responder al cadáver parcialmente consumido por los homínidos. Semejante hipótesis puede formularse del elefante de Aridos 2, pero aquí la evidencia de muerte natural es superior y la intervención de los homínidos más residual. La influencia acuífera sobre los bóvidos, cérvidos y el cánido de Aridos 1 es manifiesta, y nada indica que los homínidos jugaran algún papel en su mortandad.

En Solana la exposición subaérea ha sido más prolongada. La erosión y el pisoteo son causantes de numerosas alteraciones y del bajo número de elementos por individuo. Especies como los elefantes, hipopótamos, suidos, corzos y cercopitécidos están representadas, y siempre por sus elementos más resistentes. Los restos de carnívoros corresponden a individuos muertos de forma natural, algunos carroñeados y sometidos a pisoteo. La acción de los carnívoros, quizá hiénidos, es patente sobre los cérvidos, al estar ausentes

small, and this in turn suggests the occasional presence of hominids and their minimal contribution to orichtocenosis. Should this have taken place, the role of hominids would have been restricted to scavenging.

The Torralba site is the most complex of all sites analyzed in this paper and this is due to the combination of several physical and biological factors. Natural death, aided perhaps by the intervention of lions, is the hypothesis that can most likely explain the concentration of proboscideans and bovids. In the same way, natural death and canid intervention also account rather satisfactorily for the presence of equids and cervids. For all these species water transport and gravitational displacement have played an important role as agents of accumulation and dispersion. The evidence to support hominid intervention is stronger than it is for the intervention of other predators. Hominids are therefore likely to have consumed many of the carcasses identified at Torralba. Some proboscideans and bovids were not apparently consumed by any predator. In other cases, hominids used large spoils left over by lions or were themselves the primary consumers. For smaller-sized species we may more safely postulate the scavenging action of hominids, which made use of remains abandoned by canids and/or themselves hunted those individuals and then carried their skins and several other elements to a safer campsite.

As in the case of Torralba, the sites at Aridos prove the importance of non-biological factors and the intervention of hominids in order to explain specific diversity. There, the role of carnivores was minimal, since a great portion of the accumulation was motivated by the action of water and by certain fluvial processes which quickly buried and preserved the spoils. The elephant found at Aridos 1 might fit the pattern of a carcass partially consumed by hominids. The same hypothesis could apply to the elephant recovered at Aridos 2, but here the evidence for a natural death is stronger and the intervention of hominids seems to have had a more residual nature. The influence of water action on the bovids and cervids and on the canid found at Aridos 1 is quite clear, while nothing apparently indicates that hominids played any part in their death.

In Solana, weathering exposure was more prolonged. Erosion and trampling were the cause of many alterations and were also responsible for the small number of elements per individual. Such species as elephants, hippopotami, suidae, roe deer and cercopithecidae are represented (in all cases by the most resistant elements). Carnivore remains correspond to individuals dead as a result of a natural cause and in las patas traseras y los metápodos, y ser abundantes las señales de sus mordeduras. Su intervención sobre las especies principales, bóvidos y équidos, es también innegable, pero sobre ellas se documenta igualmente la influencia antrópica. En los bóvidos han existido distintas causas de mortalidad y alteración, jugando los homínidos un papel secundario frente a los carnívoros, pero sin que existan evidencias de carroñerismo por parte de una u otras especies. En los équidos, sin embargo, las evidencias a favor de una caza y consumición realizada por los homínidos son superiores, aunque tampoco en esta especie se aprecia la existencia de posteriores prácticas carroñeras.

some cases scavenged and trampled over. The action of carnivores, particularly hyaenids, is quite clear in the case of cervids, which have lost their hind legs and metapodials and show plenty of tooth marks. Carnivore intervention is also evident in the main species, bovids and equids, but these show traces of anthropic influence as well. Bovids were affected by several causes of death and alteration. In their case, hominids played a secondary role by comparison with carnivores. At any rate, no evidence of scavenging has been found for either species. In the case of equids, however, the evidence for hunting and consumption by hominids is stronger, although no support has been found for any further scavenging practice on these species.

10 Agradecimientos.

Deseo agradecer a los Directores de las excavaciones españolas aquí mencionadas las facilidades que me dieron para estudiar el material osteológico: E. Aguirre, F. Alférez, M. Botella, E. Carbonell, F. C. Howell y M. Santonja. Me ayudaron en los análisis B. Sánchez, E. Soto y R. Mora. Parte de este manuscrito ha sido mejorado gracias a los comentarios de M. A. Querol, M. Mosquera y B. Sánchez, y a la ayuda gráfica de V. Moreno y T. Montero. La investigación ha contado con la ayuda económica de la D.G.I.C.Y.T., Proyecto n.º PB90-0126-603-01.

Febrero, 1993

10 Acknowledgements.

I would like to express my gratitude to excavation Directors in Spain who kindly allowed me to study the osteological material recovered at the above-mentioned sites: E. Aguirre, F. Alférez, M. Botella, E. Carbonell, F. C. Howell and M. Santonja. I am also indebted to B. Sánchez, E. Soto and R. Mora for their help in my analysis work. Part of this paper has been improved on the advice of M. A. Querol, M. Mosquera, B. Sánchez and, as far as the graphic part is concerned, V. Moreno and T. Montero. This research has received D.G.I.C.Y.T. funds (Project Number: PB90-0126-603-01).

NOTAS

[1] Las dos primeras letras en las tablas y gráficos se refieren al yacimiento estudiado (SH = Sima de los Huesos, TD = Dolina, TG = Galería, PI = Pinilla, TO = Torralba, AR = Aridos, SO = Solana). La tercera letra designa las especies analizadas (u = úrsidos, h = homínidos, c = cérvidos, e = équidos, f = carnívoros, p = proboscídeos, h = herbívoros, b = bóvidos).

[2] Respecto a la Tabla 2 he añadido varias especies (cérvidos y carnívoros de Solana, équidos de Pinilla, etc., y he desglosado algunos taxones que antes consideraba de forma conjunta (d = gamos de Pinilla, cérvidos, équidos y bóvidos de Torralba).

NOTES

[1] The first two letters in tables and charts indicate the site under consideration (SH = Sima de los huesos, TD = Dolina, TG = Galería, PI = Pinilla, TO = Torralba, AR = Aridos, SO = Solana). The third letter designates the analyzed species (u = ursids, h = hominids, c = cervids, e = equids, f = carnivores, p = proboscideans, h = herbivores, b = bovids).

[2] As far as Table 2 is concerned, I have added a few species (Solana cervids and carnivores, Pinilla equids, etc.) and I have separated several taxa which I had so far considered globally (d = Pinilla fallow deer, Torralba cervvids, equids and bovids).

AGUIRRE, E., CARBONELL, E., BERMÚDEZ DE CASTRO, J. M. (1987): *El Hombre fósil de Ibeas y el Pleistoceno de la Sierra de Atapuerca.* Junta de Castilla y León. Soria, 439 p.

AGUSTÍ, J., ANADÓN, P., GIBERRT, J., JULIA R., MARTÍN E., MENÉNDEZ, E., MOYA, A., PONS, J., RIVAS, P., TORO, I. (1985): Estratigrafía y Paleontología del Pleistoceno Inferior de Venta Micena (Orce, Depresión de Guadix-Baza, Granada). Resultados preliminares. *Paleontologia i Evolució,* XVIII: 19-38.

ALBERDI, M. T., BONADONNA, F. P. (1989): *Geología y Paleontología de la Cuenca de Guadix-Baza,* Trabajos sobre el Neógeno-Cuaternario, 11: 355 pp.

ALCALÁ, L. (1992): *Macromamíferos neógenos de la Fosa de Alfambra-Teruel.* Tesis Doctoral. Dpto. Paleontología, Univ. Complutense de Madrid.

ALFÉREZ, F., MOLERO, G., MALDONADO, E., BUSTOS, V., BREA, P., BUITRAGO, A. M. (1982): Descubrimiento del primer yacimiento cuaternario (Riss-Wurm) de vertebrados con restos humanos en la provincia de Madrid. *Col-Pa,* 37: 15-32.

ALTUNA, J. (1973): Fauna de mamíferos de la Cueva de Morín (Santander). In: GONZÁLEZ-ECHEGARAY, FREEMAN (Eds.) "Cueva Morín. Excavaciones 1969". Patronato Cvas. Prehistóricas de Santander, 10.

ALTUNA, J., BALDEÓN, A., MARIEZKURRENA, K. (1990): *La cueva de Amalda (Zestoa, País Vasco): ocupaciones paleolíticas y postpaleolíticas.* Fundación J. M. Barandiarán, 276 pp.

ALTUNA, J., MARIEZKURRENA, K. (1984): Bases de subsistencia de origen animal de los pobladores de Ekain. In: ALTUNA, MERINO "El yacimiento prehistórico de la cueva de Ekain (Deba, Guipúzcoa)": 211-280. Eusko Ikaskuntza. Guipúzcoa.

ALTUNA, J., MARIEZKURRENA, K. (1985): Bases de subsistencia de los pobladores de Erralla. *Munibe,* 37: 87-117.

ANDREA, A. C., GOTTHARDT, R. M. (1984): Predator and scavenger modification of recent equid skeletal assemblages. *Arctic,* 37 (3): 276-283.

ANDREWS, P., COOK, J. (1985): Natural modifications to bones in a temperate setting. *Man (n. s.),* 20: 675-691.

AUJARD-CATOT, R., CREGUT, E., GAGNIÉRE, S., GRUNEISEN, A., MOURER-CHAUVIRE, C. (1979): Un esquelette complet de renne, *Rangifer tarandus* (Mammalia, Artiodactyla), dans le Pléistocène Supérieur du remplissage karstique de l'Aven des Planes (Monieux, Vaucluse, France). *Nouv. Arch. Mus. Hist. Nat. Lyon,* 17: 15-20.

BADGLEY, C. (1986a): Counting individuals in mammalian fossil assemblages from fluvial environments. *Palaios,* 1: 328-338.

BADGLEY, C. (1986b): Taphonomy of mammalian fossil remains from Siwalik rocks of Pakistan. *Paleobiology,* 12 (2): 119-142.

BALLESIO, R. (1983): Le gisement pléistocène supérieur de la grotte de Jaurens à Nespouls, Corrèze, France: Les carnivores (Mammalia, Carnivora). III. Ursidae. *Ursus arctos* Linnaeus. *Nouv. Arch. Mus. Hist. Nat. Lyon,* 21: 9-43.

BEHRENSMEYER, A. K. (1975): The Taphonomy and Paleoecology of Plio-Pleistocene vertebrate assemblages East of Lake Rudolf, Kenya. *Bull. of Mus. of Comparative Zoology,* 146 (10): 473-578.

BEHRENSMEYER, A. K. (1978): Taphonomic and ecologic information from bone weathering. *Paleobiology,* 4 (2): 150-162.

BEHRENSMEYER, A. K. (1982): Time resolution in fluvial vertebrate assemblages. *Paleobiology,* 8 (3): 211-227.

BEHRENSMEYER, A. K. (1987): Taphonomy and hunting. In: NITECKI, NITECKI (Eds.) "The Human Hunting": 423-450. Plenum Press.

BEHRENSMEYER, A. K. (1990): Bones, In: BRIGGS, CROWTHER (Eds.) "Palaeobiology. A synthesis": 232-235. Blackwell Sc. Publ.

BEHRENSMEYER, A. K., DECHANT BOAZ, D. E. (1980): The recent bones of Amboseli National Park, Kenya, in relation to East African paleoecology. In: BEHRENSMEYER, HILL (Eds.) "Fossils in the Making": 72-93. Univ. Chicago Press.

BEHRENSMEYER, A. K., SCHINDEL, D. (1983): Resolving time in Paleobiology. *Paleobiology,* 9 (1): 1-8.

BELINCHON, M. (1987): *Estudio tafonómico y sistemático de la fauna de macromamíferos del Mioceno de Buñol (País Valencià).* Tesis Doctoral (Inéd.). Univ. Valencia.

BINFORD, L. R. (1981): *Bones: Ancient Men and Modern Myths.* Acad. Press. New York. 312 pp.

BINFORD, L. R. (1984): *Faunal remains from Klasies River Mouth.* Academic Press.

BINFORD, L. R. (1988): Etude taphonomique des restes fauniques de la Grotte Vaufrey, Couche VIII, In: RIGAUD (Dir.) "La Grotte Vaufrey. Paléoenvironnement, chronologie, activités humaines": 535-563. Soc. Préh. Franç., XIX.

BINFORD, L. R., BERTRAM, J. B. (1977) Bone frequencies and attritional processes. In: BINFORD (Ed.) "For theory building in Archaeology": 77-153. Acad. Press.

BINFORD, L. R., STONE, N. M. (1986): Zhoukoudian: A Closer Look. *Current Anthrop.,* 27 (5): 453-475.

BLUMENSCHINE, R. J. (1986): *Early hominid scavenging opportunities.* B.A.R. Intern. Sér. 283. 163 p. Oxford.

BLUMENSCHINE, R. J. (1988): An experimental model of the timing of hominid and carnivore influence on archaeological bone assemblages. *Jl. archaeol. Sc.,* 15: 483-502.

BLUMENSCHINE, R. J. (1989): A landscape taphonomic model of the scale of prehistoric scavenging opportunities. *Jl. hum. Evol.,* 18: 345-371.

BLUMENSCHINE, R. J., CAVALLO, J. A. (1992): Scavenging and human evolution. *Scientific American,* October: 70-76.

BLUMENSCHINE, R. J., SELVAGGIO, M. (1988) Percussion marks on bone surfaces as a new diagnostic of hominid behaviour. *Nature,* 333: 763-765.

BOAZ, N. T., BEHRENSMEYER, A. K. (1976): Hominid taphonomy: transport of human skeketal parts in an artificial fluviatile environment. *Amer. Journ. of Physical Anthrop.,* 45 (1): 53-60.

BOTELLA, M., MARQUES, I., BENITO, A. DE, DELGADO, M. T. (1975): La excavación y sus resultados arqueológicos. *Cuad. de Prehistoria, Univ. Granada,* 1: 25-45.

BOUCHUD, J. (1977): Étude de la conservation differentielle des os et des dents. In: LAVILLE, RENAULT-MISKOVSKY (Eds.) "Approche écologique de l'Homme Fossile": 69-73.

BRAIN, C. K. (1967): Hottentof food remains and their bearing on the interpretation of fossil bone assemblages. *Scient. Pap. Namib. Desert Res. Stn.,* 32: 1-11.

BRAIN, C. K. (1969): The contribution of Namib Desert Hottentots to an understanding of Australopithecus bone accumulations. *Scient. Pap. Namib Desert Res. Stn.,* 39: 13-22.

BRAIN, C. K. (1981): *The hunters or the hunted? An introduction to African Cave Taphonomy.* Univ. Chicago Press. 365 pp.

BUNN, H. T. (1983): Comparative analysis of modern bone assemblages from a San hunter-gatherer camp in the Kalahari Desert, Botswana, and from a Spotted Hyena den near Nairobi, Kenya. In: CLUTTON-BROCK, GRIGSON (Eds.) "Animals and Archaeology. 1. Hunters and their prey": 143-148. B.A.R. Oxford.

BUNN, H. T. (1986): Patterns of skeletal element representation and hominid subsistence activities at Olduvai Gorge, Tanzania, and Koobi Fora, Kenya. *Jl. human Evol.,* 15: 673-690.

BUNN, H. T. BARTRAM, H. T., KROLL, E. M. (1988): Variability in bone assemblages formation from hadza hunting, scavenging and carcass processing. *Jl. of Anthropol. Archaeol.,* 7: 412-457.

BUNN, H. T., KROLL, E. M. (1986): Systematic butchery by Plio-Pleistocene hominids at Olduvai Gorge, Tanzania. *Current Antrop.,* 27 (5): 431-452.

CRADER, D. C. (1983): Recent single-carcass bone scatters and the problem of "butchery" sites in the archaeological record. In: CLUTTON-BROCK, GRIGSON (Eds.) "Animals and Archaeology. 1. Hunters and their prey": 107-141. B.A.R. Oxford.

DAVID, F. (1972): Témoins osseux. In: LEROI-GOURHAN, BREZILLON (Eds.) "Fouilles de Pincevent. Essai d'analyse ethnographique d'un habitat magdalénien": 295-320.

DÍEZ, J. C. (1992): *Zooarqueología de Atapuerca (Burgos) e implicaciones paleoeconómicas del estudio tafonómico de yacimientos del Pleistoceno Medio.* Univ. Complutense de Madrid. 365 pp.

ESTÉVEZ, J. (1979): *La fauna del Pleistoceno catalán.* Tesis Doctoral. Univ. Barcelona.

ESTÉVEZ, J. (1989): Apostillas a la edición en español. In: DAVIS "La arqueología de los animales": 199-205, 219-226.

ESTÉVEZ, J. (1991): Cuestiones de fauna en Arqueología. In: VILA "Arqueología": 57-81. Col. Nuevas Tendencias. C.S.I.C. Madrid.

FERNÁNDEZ, S. (1982): La evolución tafonómica (un planteamiento neodarwinista). *Bol. R. Soc. Esp. Hist. Nat.,* 79: 243-254.

FERNÁNDEZ, S. (1991): Sistemas tafonómicos: función y evolución. *Revista Esp. de Paleontología,* N.° Extraord.: 21-34.

FERNÁNDEZ JALVO, Y. (1992): *Tafonomía de microvertebrados del complejo cárstico de Atapuerca (Burgos).* Tesis Doctoral. Dpto. Paleontología, Univ. Complutense de Madrid.

FERNÁNDEZ JALVO, Y., PERALES PIQUER, C. (1990): Análisis macroscópico de huesos quemados experimentalmente. *Com. Reunión de Tafonomía y Fosilización,* pp. 105-114.

FIORILLO, A. R. (1991): Taphonomy and depositional setting of Careless Creek Quarry (Judith River Formation), Wheatland County, Montana, U.S.A. *Palaeogeogr., Palaeoclimatol., Palaeoecol.,* 81: 281-311.

FISHER, D. C. (1987): Mastodont procurement by Paleoindians of the Great Lakes Region: hunting or scavenging? In: NITECKI, NITECKI (Eds.) "The evolution of human hunting": 309-421. Plenum Press. New York.

GIBERT, J. (1986): Evidences of human presence in the S.E. of Iberian Peninsula for the inferior Pleistocene. *World Archeological Congress. The Pleistocene Perspective I.* Southampton, 11 pp.

HANSON, C. B. (1980): Fluvial taphonomic processes: models and experiments. In: BEHRENSMEYER, HILL (Eds.) "Fossils in the Making": 156-181. Chicago Press.

HAYNES, G. (1980): Evidence of carnivore gnawing on Pleistocene and recent mammalian bones. *Paleobiology,* 6: 341-351.

HAYNES, G. (1983): Frequences of spiral and green-bone fractures on ungulate limb bones in modern surface assemblages. *Amer. Antiquity,* 48 (1): 102-114.

HILL, A. (1979): *Taphonomy of contemporary and late Cenozoic east african vertebrate.* Ph. D. dissertation, Univ. of London.

HILL, A. (1980a): Early postmortem damage to the remains of some contemporary east African mammals. In: BEHRENSMEYER, HILL "Fossils in the Making": 131-152. Univ. Chicago Press.

HILL, A. (1980b): A modern hyaena den in Amboseli National Park, Kenya. *Proc. 8th PACPQS. Nairobi:* 137-138.

HILL, A. BEHRENSMEYER, A. K. (1984): Disarticulation patterns of some modern East African mammals. *Paleobiology,* 10 (3): 366-376.

HILL, A., WALKER, A. (1972): Procedures in vertebrate taphonomy; notes on a Uganda Miocene fossil locality. *Jl. geol. Soc. London,* 128: 399-406.

HOWELL, F. C., BUTZER, K., AGUIRRE, E. (1962): El yacimiento acheulense de Torralba. *Exc. Arq. España,* 10: 1-38.

HUNT, R. M. JR. (1990): Taphonomy and Sedimentology of Arikaree (lower Miocene) fluvial, eolian and lacustrine paleoenvironments, Nebraska and Wyoming: a paleobiotica entombed in fine-grained volcaniclastic rocks. In: LOCKLEY, RICE (Eds.) "Volcanism and fossil biotas". *Geol. Soc. of America Special Paper,* 244: 69-111.

ISAAC, G. (1983): Bones in contention: competing explanations for the juxtaposition of early pleistocene artifacts and faunal remains. In: CLUTTON-BROCK, GRIGSON "Animals and Archaeology: 1. Hunters and their Prey": 3-19. B.A.R. Oxford.

JOHNSON, R. G. (1980): Models and methods for analysis of the mode of formation of fossil assemblages. *Bull. of the Geol. Soc. of America,* 71: 1075-1085.

KITCHING, J. W. (1963): *Bone, tooth and horn tools of Palaeolithic man: An account of the osteodontokeratic discoveries in Pin Hole Cave, Derbyshire.* Manchester Univ. Press.

KLEIN, R. G. (1975): Paleoanthropological implications of the non-archaeological bone assemblage from Swartklip I, Southwestern Cape Province, South Africa. *Quaternary Research,* 5: 275-288.

KLEIN, R. G. (1978): The fauna and overall interpretation on the "Cutting 10" Acheulian Site at Elandsfontein (Hopefield), Southwestern Cape Province, South Africa. *Quaternary Research,* 10: 69-83.

KLEIN, R. G. (1980): The interpretation of mammalian faunas from Stone-age archeological sites, with special reference to sites in the Southern Cape Province, South Africa. In: BEHRENSMEYER, HILL (Eds.) "Fossils in the Making": 223-246. Chicago Press.

KLEIN, R. G. (1982a) Age (mortality) profiles as a means of distinguishing hunted species from scavenged ones in Stone Age archaeological sites. *Paleobiology,* 8 (2): 151-158.

KLEIN, R. G. (1982b) Patterns of ungulate mortality and ungulate mortality profiles from Langebaanweg (Early Pliocene) and Elandsfontein (Middle Pleistocene), South-Western Cape Province, South Africa. *Ann. S. Afr. Mus.,* 90 (2): 49-94.

KLEIN, R. G. (1987): Reconstructing how early people exploted animals: problems and prospects. In: NITECKI, NITECKI (Eds.) "The human hunting": 11-45. Plenum Press.

KLEIN, R. G., ALLWARDEN, K. y WOLF, C. (1982): The calculation and interpretation of ungulate age profiles from dental crown heights. In: BAILEY (Ed.) "Hunter-gatherer Economics in Late Pleistocene Europe": 47-57. Cambridge Univ. Press.

KLEIN, R. G., CRUZ-URIBE, K. (1984): *The analysis of animal bones from archeological sites.* Univ. of Chicago Press.

KLEIN, R. G., SCOTT, K. (1974): The fauna of Scott's cave, Gamtoos Valley, South-eastern Cape province. *African Jl. of Science,* 70: 186-187.

KURTEN, B. (1953): On the variation and population dynamics of fossil and recent mammal populations. *Acta Zool. Fennica,* 76: 1-122.

LESAGE, J. (1984): Les analyses factorielles. In: MORA, CARBONELL "Estadística e informática aplicadas a la Arqueología": 40-70. C.R.P.E.S., Girona.

MAGUIRE, J. M., PEMBERTON, D., COLLET, M. H. (1980): The Makapansgat limeworks grey breccia: Hominids, Hyaenas, Hystricids or Hillwash? *Palaeont. afr.,* 23: 75-98.

MAYS, S. (1992): Taphonomic factors in a human skeletal assemblage. *Circaea,* 9: 54-58.

MOIGNE, A. M. (1983): *Taphonomie des faunes quaternaires de la Caune de l'Arago, Tautavel.* Thèse 3ème Cycle. Paris VI. 344 p.

MORALES, A. (1978): El análisis zoológico de las faunas subfósiles: nueva disciplina biológica. *Las Ciencias,* XLII: 272-275.

MORALES, A. (1989): Zooarqueología. In: AGUIRRE (Ed.) "Paleontología", pp. 381-410. C.S.I.C.

NOE-NYGAARD, N. (1989): Man-made trace fossils on bones. *Human evolution,* 4 (6): 461-491.

O'CONNELL, J. F., HAWKES, K., BLURTON-JONES, N. (1988): Hadza hunting, butchering, and bone transpor and their archaeological implications. *Jl. Anthropol. Research,* 44 (2): 113-181.

OLSEN, S., SHIPMAN, P. (1988): Surface modification on bone: trampling versus butchery. *Jl. of Archaeol. Science,* 15: 535-553.

PATOU, M. (1984): *Contribution à l'étude des mammifères des couches supérieures de la grotte du Lazaret (Nice, A.-M.).* Thèse de 3ème. Cycle. Paris VI. 437 p.

PAYNE, S. (1975): Partial recovery and sample bias. In: CLASON (Ed.) "Archaeozological Studies": 7-17. North-Holland Comp. Amsterdam.

PÉREZ LEGIDO, B. (1987): *Paleoecología del yacimiento cárstico plioceno de Layna (Provincia de Soria).* Tesis de Licenciatura (Inéd.). Facultad de Ciencias. Univ. Autónoma de Madrid. 139 p.

POPLIN, F. (1977): Problèmes d'ostéologie quantitative relatifs à l'étude de l'écologie des hommes fossiles. In: LAVILLE, RENAULT-MISKOVSKY (Eds.) "Approche écologique de l'homme fossile": 63-68. París.

POTTS, R. (1982): *Lower Pleistocene site formation and hominid activities at Olduvai Gorge, Tanzania.* Ph. D. dissertation, Harvard University.

POTTS, R. (1986): Temporal span of bone accumulations at Olduvai Gorge and implications for early hominid foraging behavior. *Paleobiology,* 12 (1): 25-31.

POTTS, R. (1988): *Early hominid activities at Olduvai.* Aldine de Gruyter, New York.

PUMAREJO, P. G., BERNALDO DE QUIRÓS, F. (1990): Huellas humanas en huesos. Análisis de sus implicaciones económicas. *Revista de Arqueología,* 108-109 (abril-mayo): 14-24.

READ MARTIN, C. E., READ, D. W. (1975): Australopithecine scavenging and human evolution: an approach from faunal analysis. *Current Anthrop.,* 16 (3): 359-368.

RICHARDSON, P. R. K. (1980): Carnivore damage to antelope bones and its archaeological implications. *Palaeont. afr.,* 23: 109-125.

RIGAUD, J. P. (Dir.) (1988): *La grotte Vaufrey. Paléoenvironnement, chronologie, activités humaines.,* Mémoires Soc. Préh. Franç., XIX.

ROBERTSHAW, P. T. (1978): The Archaeology of an abandoned pastoralist campsite. *S. Afr. J. Sci.,* 74: 29-31.

ROHLF, F. J. (1988): *NTSYS-Pc. Numerical taxonomy and multivariate analysis system.* Exeter Ltd., New York.

SANTONJA, M., LÓPEZ, N., PÉREZ GONZÁLEZ, A. (1980): *Ocupaciones achelenses en el valle del Jarama.* Dip. Prov. de Madrid. 352 p.

SCOTT, K. (1986): The large mammal fauna. In: CALLOW, CORNFORD (Dir.) "La Cotte de St. Brelade 1961-1978: Excavations by C.B.M. Mc. Burney": 109-137. Geobooks. Cambridge.

SHIPMAN, P. (1981): *Life History of a fossil.* Harvard Univ. Press. Cambridge. 222 p.

SHIPMAN, P. (1983): Early hominid lifestile: hunting and gathering or foraging and scavenging? In: CLUTTON-BROCK, GRIGSON (Eds.) "Animals and Archaeology 1. Hunters and their prey": 31-49. B.A.R. Oxford.

SHIPMAN, P. (1986): Scavenging or hunting in Early Hominids: Theoretical framework and tests. *Amer. Anthrop.,* 88 (1): 27-43.

SHIPMAN, P., ROSE, J. (1983): Evidence of butchery and hominid activities at Torralba and Ambrona; an evaluation using microscopic techniques. *Jl. of Archaeol. Sc.,* 10: 465-474.

SKINNER, J. D., DAVIS, S., ILANI, G. (1980): Bone collecting by striped hyaenas, *Hyaena hyaena,* in Israel. *Paleontologia Afr.,* 23: 99-104.

SPETH, J. D. (1983): *Bison kills and bone counts.* Chicago Press. 227 p.

SUTCLIFFE, A. (1970): Spotted hyaena: crusher, gnawer, digester and collector of bones. *Nature,* 227: 1110-1113.

SUTCLIFFE, A. J., COLLINGS, H. D. (1971): Gnawed bones from the crag and forest bed deposits of East Anglia. *Suffolk Nat. Hist.,* 15 (6): 497-498.

TOBIAS, P. V. (1987): On the relative frequencies of hominid maxillary and mandibular teeth and jaws as taphonomic indicators. *Human Evolution,* 2: 297-309.

TODD, L. C. (1987): Analysis of kill-butchery bonebeds and interpretation of Paleoindian hunting. In: NITECKI, NITECKI (Eds.) "The evolution of human hunting": 225-266. Plenum Press. New York.

TOOTS, H. (1965): Sequence of disarticulation in mammalian skeletons. *Univ. of Wyoming Contribs. to Geol.,* 4 (1): 37-39.

VILLA, P. (1988): A propos d'analyse spatiale et de taphonomie. *Les nouvelles de l'Archéologie,* 31: 55-58.

VILLA, P. (1990): Torralba and Aridos: elephant explotation in Middle Pleistocene, Spain. *Jl. human Evol.,* 19: 299-309.

VILLA, P., MAHIEU, E. (1991): Breakage patterns of human long bones. *Jl. hum. Evol.,* 21: 27-48.

VOORHIES, M. (1969): Taphonomy and population dynamics of an early Pliocene vertebrate fauna, Knox County, Nebraska. *Contrib. geol. spec. Paper,* 1: 1-69.

VRBA, E. S. (1980): The significance of bovid remains as indicators of environment and predation patterns, In: BEHRENSMEYER, HILL (Eds.) "Fossils in the making. Vertebrate taphonomy and Paleoecology": 247-271. Univ. Chicago Press.

WHITE, T. D., TOTH, N. (1991): The question of ritual canibalism at Grotta Guattari. *Current Anthrop.,* 32 (2): 118-124.

PARTICIPANTES EN LAS JORNADAS "EVOLUCIÓN HUMANA EN LA SIERRA DE ATAPUERCA Y LOS PRIMEROS EUROPEOS"

AGUIRRE, Emiliano. *Museo Nacional de Ciencias Naturales, C.S.I.C., Madrid.*
ALDHOUSE-GREEN, Stephen, H. R. *National Museum of Wales, Cathays Park, Cardiff.*
ALEIXANDRE, Trinidad. *Instituto de Ciencias Medioambientales, C.S.I.C., Madrid.*
ANDREWS, Peter. *The Natural History Museum, London.*
ARNÁIZ ALONSO, Benito. *Junta de Castilla y León, Servicio de Museos y Arqueología, Valladolid.*
ARNÁIZ, Miguel Ángel. *Colegio Universitario de Burgos, Dpto. de Prehistoria.*
ARSUAGA, Juan Luis. *Universidad Complutense de Madrid, Dpto. de Paleontología.*
BENAYAS, Josefina. *Instituto de Ciencias Medioambientales, C.S.I.C., Madrid.*
BERMÚDEZ DE CASTRO, José María. *Museo Nacional de Ciencias Naturales, C.S.I.C., Madrid.*
BERTRANPETIT, Jaume. *Universitat de Barcelona, Dpto. de Antropología.*
BUENO VILLANUEVA, Esther. *Universidad de Valladolid, Dpto. de Arqueología.*
CALAFELL, Francesc. *Universitat de Barcelona, Dpto. de Antropología.*
CARBONELL, Eudald. *Universitat Rovira i Virgili, Dpto. de Prehistoria, Tarragona.*
CARO, Luis. *Laboratorio de Antropología de la Universidad de León.*
CARRETERO, José Miguel. *Universidad Complutense de Madrid, Dpto. de Paleontología.*
CERVERA, José. *Museo Geominero, I.T.G.E., Madrid.*
CORCHÓN, Soledad. *Universidad de Salamanca, Dpto. de Prehistoria.*
CUENCA, Gloria. *Universidad de Zaragoza, Dpto. de Geología.*
DÍEZ, J. Carlos. *Museo Nacional de Ciencias Naturales, C.S.I.C., Madrid.*
DOMÍNGUEZ, Manuel. *Universidad Complutense de Madrid, Dpto. Prehistoria.*
ESCRIBANO, María Consuelo. *Junta de Castilla y León, Servicio Territorial de Cultura y Turismo de Valladolid.*
FARRAND, William R. *University of Michigan, Department of Geological Sciences.*
FERNÁNDEZ, Jorge Juan. *Junta de Castilla y León, Servicio de Museos y Arqueología, Valladolid.*
FERNÁNDEZ MORENO, José Javier. *Junta de Castilla y León, Servicio de Museos y Arqueología, Valladolid.*
FERNÁNDEZ-JALVO, Yolanda. *Museo Nacional de Ciencias Naturales, C.S.I.C., Madrid.*
GALLARDO, Juan. *Dpto. de Química Agrícola, Geología y Geoquímica. Universidad Autónoma, Madrid.*
GAMBLE, Clive. *University of Southampton, Department of Archaeology.*
GARCÍA RUIZ, María Luz. *Universidad de Valladolid.*
GARCÍA ANTÓN, Mercedes. *Universidad Autónoma de Madrid, Dpto. de Biología.*
GRACIA, Ana. *Universidad Complutense de Madrid, Dpto. de Paleontología.*
HOWELL, Clark Francis. *University of California, Berkeley, Department of Anthropology.*
HUBLIN, Jean-Jacques. *Musée de l'Homme, Paris.*
KING, Tania. *The Natural History Museum, London.*
KUKLA, George. *Lamont Doherty Geol.-Observatory. Palisades, New York of Columbia University.*
MARTÍNEZ, Ignacio. *Universidad Complutense de Madrid, Dpto. de Paleontología.*
MARTÍNEZ, María Jesús. *Instituto de Ciencias Medioambientales, C.S.I.C., Madrid.*
MOSQUERA, Marina. *Museo Nacional de Ciencias Naturales, C.S.I.C., Madrid.*
NUÍN CABELLO, Javier. *Universidad de Salamanca.*

608 ORTEGA, Ana Isabel. *Grupo Espeleológico Edelweeis, Excma. Diputación de Burgos.*
PERETTO, Carlo. *Universitá di Ferrara, Dipartimento di Scienze Geologiche e Paleontologiche.*
PÉREZ, Pilar Julia. *Universidad Complutense de Madrid, Dpto. de Paleontología.*
PÉREZ GONZÁLEZ, Alfredo. *Instituto de Ciencias Medioambientales, C.S.I.C., Madrid.*
PINILLA, Ascensión. *Instituto de Ciencias Medioambientales, C.S.I.C., Madrid.*
PINTO, Ana. *Universitat Rovira i Virgili, Dpto. de Prehistoria, Tarragona.*
PRADA, Encina. *Laboratorio Antropológico de la Universidad de León.*
RANOV, Vladimir A. *Institute of History, Dushanbe.*
RENAULT-MISKOVSKY, Josette. *Institut de Paléontologie Humaine, Paris.*
RODRÍGUEZ, Humildad. *Laboratorio Antropológico de la Universidad de León.*
RODRÍGUEZ MARCOS, José A. *Colegio Universitario de Burgos, Dpto. de Prehistoria.*
RODRÍGUEZ, José Pedro. *Universitat Rovira i Virgili, Dpto. de Prehistoria, Tarragona.*
ROMÁN GÓMEZ, Fernando. *Universidad de Valladolid.*
ROSAS, Antonio. *Universidad Complutense de Madrid. Dpto. de Paleontología.*
SACRISTÁN, José David. *Junta de Castilla y León, Servicio Territorial de Cultura y Turismo de Burgos.*
SALA, Robert. *Universitat Rovira i Virgili, Dpto. de Prehistoria, Tarragona.*
SÁNCHEZ, Eduardo. *Laboratorio Antropológico de la Universidad de León.*
SANTONJA, Manuel. *Museo de Salamanca.*
SAHNOUNI, Mohamed. *Université d'Alger.*
STRINGER, Christopher B. *The Natural History Museum, London.*
TEXIER, Pierre-Jean. *Centre de Recherches, Archéologiques du CNRS, Sophie-Antipolis.*
TORRES, Trinidad de. *Escuela Técnica Superior de Ingenieros de Minas, Madrid.*
TRINKAUS, Erik. *University of New Mexico, Department of Anthropology.*
TURNER, Alan. *The University of Liverpool, Department of Human Anatomy and Cell Biology.*
VAL RECIO, Jesús María del. *Junta de Castilla y León, Servicio de Museos y Arqueología de Valladolid.*
VAN DER MEULEN, Albert. *Afdeling Stratigrafic Paleontologie Institut, Utrecht.*
VELÁZQUEZ TAPIA, Antonio. *Universidad de Salamanca.*
WOLPOFF, Milford H. *University of Michigan, Department of Geological Sciences.*
XINZHI, Wu. *Academia Sinica, Beijing.*